離散數學

第七版

Discrete Mathematics and Its Applications, 7e

Kenneth H. Rosen
Monmouth University
(and formerly AT&T Laboratories)
著

謝良瑞
陳志賢
譯

國家圖書館出版品預行編目(CIP)資料

離散數學 / Kenneth H. Rosen 著；謝良瑜、陳宏宜 譯.
-- 七版. -- 臺北市：麥格羅希爾, 2013.01
    面；19 * 26 公分. -- (數學叢書：MA016)
    譯自：Discrete mathematics and its applications, 7th ed.
    ISBN 978-986-157-911-5 (平裝附光碟片)

1. CST: 離散數學

314.8   101023864

數學叢書 MA016

離散數學 第七版

作 者	Kenneth H. Rosen
譯 者	謝良瑜、陳宏宜
執行編輯	胡美璦
特約編輯	張文軍
企劃編輯	陳郁欣
業務經理	李永傑
業務行銷	游懿慧
出 版 者	美商麥格羅希爾國際股份有限公司台灣分公司
地 址	104105 台北市中山區南京東路三段 168 號之 15 樓之 2
讀者服務	E-mail: mietw.mhe@mheducation.com 免服專線：00801-136996
法律顧問	惇安法律事務所盧偉銘律師、蔡嘉政律師 暨資深商務法律顧問群
總 經 銷(台灣)	東華書局股份有限公司
地 址	100004 台北市中正區重慶南路一段 147 號 3 樓 TEL: (02) 2311-4027 FAX: (02) 2311-6615 劃撥帳號：0006481 3
網 址	https://www.tunghua.com.tw
門 市	100004 台北市中正區重慶南路一段 147 號 1 樓 TEL: (02) 2371-9320
出版日期	2023 年 8 月 (七版七刷)

Traditional Chinese abridged edition copyright © 2013 by McGraw-Hill International Enterprises LLC
Taiwan Branch

Original title: Discrete Mathematics and Its Applications, 7e
Original title copyright © 2012 by McGraw Hill LLC
ISBN: 978-0-07-338309-5
All rights reserved.
Photo credit: McGraw Hill Education/Shutterstock/jiris

ISBN：978-986-157-911-5

※著作權所有，侵害必究。如有破損或裝訂、缺頁問題，請寄回總經銷

譯序

「離散數學」望文生義，指的是研究離散物件的學問。隨著電腦科學的飛速發展，離散數學的重要性日益彰顯。

第一次接觸 Rosen 教授所著之 *Discrete Mathematics and its Applications*（第四版）是還在美國就讀博士班時。當時正為論文的進展心力交瘁之際，一本文字淺顯易懂又不至偏離當下所思所慮太遠的數學書，的確能稍解心中之焦慮。返國後，有機會教授離散數學這門課時，第一時間在心裡出現的就是這本好書。心同此理，就譯者所知，光於北美就有六百多所學校使用本書。

理工及電資學院學生修習離散數學的原因在於：本門課是進入高階數理課程的重要途徑。它為許多資訊科學課程提供了數學基礎，包括資料結構、演算法、資料庫理論、自動機理論、形式語言、編譯理論、資訊安全與作業系統等等。如果沒有離散數學的相關數學基礎，學生在學習上述課程中，便會遇到較多的困難。此外，離散數學也包含了解決作業研究、化學、工程學、生物學等眾多領域的數學背景。

在使用 Rosen 教授的教科書授課期間，譯者發現，凡書中能更新的資料，作者皆細心地附上最新的資訊與主題。加上原書原本就有相當豐富的習題、補充內容，使授課教師不時獲得更新的訊息。本書的親和力在作者的寫作風格與數學的嚴謹精確中得到了平衡，使用精準的數學語言，但又不過度形式化與抽象化。書中數學家的生平簡介，更為抽象的數學概念增添了些許人文氣息，豐富了上課的趣味。

為了介紹這本好書，又不希望學生因為厚實的原文內容而退避三舍，譯者在數年前翻譯了 Rosen 教授之 *Discrete Mathematics and its Applications* 第六版。儘管先前的版本已經展現高度的成效，作者依舊投入大量的時間與精力，根據許多教師及長期使用者提供之建議思索改善之道。《離散數學》第七版的組織架構因而更具有彈性，譬如將演算法（第 3 章）獨立成新的一章，數論與密碼學（第 4 章）亦然。新版改善並加入了許多一般性及挑戰性的練習題；在邏輯、集合與證明上增加廣度，更新虛擬碼，更清楚地介紹演算法中的典範。在第七版發行之際，非常感謝麥格羅‧希爾公司繼續提供我提前一覽本書新版的機會。

此外，譯者要感謝陳志賢教授、簡熾華博士以授課者的身分提供數學與資訊工程上的專業建議；我的學生陳忠璟先生、蔡百仁先生提供讀者的看法，讓我得以較貼近學生的語詞來翻譯本書。當然，還有本書編輯陳佩狄、胡天慈及其他工作夥伴費心仔細的校正與編排，讓這本成功的教科書，甚至是職涯中重要的參考書得以再次推薦給台灣的莘莘學子。

謝良瑜
義守大學應用數學系
2012 年秋季

目 次

第 1 章 ■ 基礎：邏輯與證明

1.1 命題邏輯 1
　　習題 11
1.2 命題邏輯的應用 18
　　習題 22
1.3 等值命題 24
　　習題 33
1.4 述詞與量詞 35
　　習題 48
1.5 推論規則 55
　　習題 64
1.6 證明之簡介 69
　　習題 79

💿 第 1 章補充　請見隨書光碟

第 2 章 ■ 基本結構：集合、函數、序列、總和與矩陣

2.1 集合 81
　　習題 91
2.2 集合的運算 94
　　習題 103
2.3 函數 107
　　習題 120
2.4 序列與總和 125
　　習題 137
2.5 矩陣 141
　　習題 147

💿 第 2 章補充　請見隨書光碟

第 3 章 ■ 演算法

3.1 演算法 152
　　習題 163

3.2 函數的成長 167
　　習題 178
3.3 演算法的複雜度 182
　　習題 192

第 4 章 ■ 數論與密碼學

4.1 除法與模算術 199
　　習題 205
4.2 整數表示法與演算法 208
　　習題 216
4.3 質數與最大公因數 220
　　習題 232
4.4 求解同餘方程式 236
　　習題 246
4.5 同餘的應用 249
　　習題 254
4.6 密碼學 256
　　習題 266

第 5 章 ■ 歸納與遞迴

5.1 數學歸納法 269
　　習題 281
5.2 強歸納法與良序 286
　　習題 293
5.3 遞迴定義 297
　　習題 306
5.4 遞迴演算法 309
　　習題 318

第 5 章補充　請見隨書光碟

第 6 章 ■ 計數

6.1 計數的基礎 321
　　習題 332

6.2 鴿洞原理 338
　　習題 343
6.3 排列與組合 346
　　習題 352
6.4 二項式係數及其等式 356
　　習題 361
6.5 一般化的排列與組合 364
　　習題 371
6.6 產生排列與組合 375
　　習題 379

第 7 章 ■ 進階計數技巧

7.1 遞迴關係的應用 380
　　習題 389
7.2 求解線性遞迴關係 393
　　習題 402
7.3 分部擊破演算法與遞迴關係 406
　　習題 414
7.4 生成函數 417
　　習題 428
7.5 排容 434
　　習題 438

第 7 章補充　請見隨書光碟

第 8 章 ■ 關係

8.1 關係與其性質 440
　　習題 448
8.2 n 元關係及其應用 453
　　習題 459
8.3 表現關係 461
　　習題 466
8.4 關係的閉包 469
　　習題 478

8.5　等價關係 480
　　　習題 487
8.6　偏序 492
　　　習題 503

第 9 章 ■ 圖形

9.1　圖形與圖學模型 509
　　　習題 517
9.2　圖學術語與特殊的圖形 521
　　　習題 534
9.3　圖形的表現與圖形的同構 538
　　　習題 546
9.4　圖形的連通性 552
　　　習題 562
9.5　尤拉路徑與漢米爾頓路徑 568
　　　習題 578
9.6　最短路徑問題 583
　　　習題 591
9.7　平面圖 594
　　　習題 601
9.8　圖形的著色 603
　　　習題 609

第 10 章 ■ 樹圖

10.1　樹圖簡介 612
　　　習題 622
10.2　樹圖的應用 625
　　　習題 636
10.3　樹圖追蹤 640
　　　習題 650
10.4　生成樹圖 653
　　　習題 663
10.5　最小生成樹圖 666
　　　習題 670

索引 672

第 11 章 ■ 布林代數 請見隨書光碟

11.1 布林函數 1
　　 習題 7
11.2 布林函數之表達 10
　　 習題 13
11.3 邏輯閘 14
　　 習題 19
11.4 電路的最小化 21
　　 習題 33

附錄 1 ■ 實數與正整數的公理 請見隨書光碟

附錄 2 ■ 指數函數與對數函數 請見隨書光碟

附錄 3 ■ 虛擬碼 請見隨書光碟

CHAPTER 1

基礎：邏輯與證明
The Foundations: Logic and Proofs

邏輯規則明確指明了數學語句的意義。舉例來說，這些規則幫助我們理解「存在一個整數，並非兩數的平方和」以及「對所有正整數 n 而言，不超過 n 的正整數之和等於 $n(n + 1)/2$」等語句到底是什麼意思，並據以推論。邏輯可謂所有數學推理與自動推理（automated reasoning）之基礎。它可實際應用於計算機設計、系統規格、人工智慧、電腦程式、程式語言等資訊科學之領域，以及許許多多不同的學科領域。

要理解數學，必先了解如何建構正確的數學論證，也就是「證明」。當一個數學語句被證明為真，我們稱之為「定理」。特定主題之定理總和，便成為此一主題的知識。要學會某一數學主題，我們必須積極建構相關的數學論證，而非單單閱讀解釋性的說明。再者，通透定理之證明才可能適切修正結果以因應新的情況。

每個人都知道證明在數學學門裡的重要性；然而，許多人對證明在資訊科學中的重要地位感到驚訝。事實上，證明被用來：檢測電腦程式對所有可能的輸入值皆能產生正確輸出、顯現演算法能得到正確的結果、建立系統安全，以及創造人工智慧。很幸運地，新一代的自動推理系統，已經賦予電腦自我建構證明的能力。

本章將詳盡說明構成數學論證的要件，並介紹一些建構論證的工具。我們試圖展現各式各樣的證明方法，以因應不同形態的問題。介紹多種證明方法之後，還會引導讀者了解建構證明的一些策略。在此將探討「臆測」（conjecture）的觀念，我們會解釋如何藉由臆測之探究發展數學的過程。

1.1　命題邏輯 Propositional Logic

引言

　　邏輯規則賦予數學語句精準的意義。這些規則可以用來區分有效和無效的數學論證。既然本書的一項主要目標是教導讀者如何理解並建構正確的數學論證，我們就以邏輯概論作為研究離散數學的起點。

　　除了在數學推理的理解上扮演重要角色之外，邏輯對資訊科學也有非常廣泛的應用。這些規則可運用在資訊電路的設計、電腦程式的建構、程式精準性的檢測，以及其他種種面向。更進一步，現在的科技已經發展出能夠自動建構某些形態之證明的軟體系統。在後續的章節中，我們將陸續探討邏輯之應用。

命題

一開始，先介紹架構邏輯的基本材料——「命題」。**命題**（proposition）是指有真假值之「述句」（declarative sentence，陳述事實的語句），非真即假，但不能既真又假。

例題 1 以下之述句皆為命題：

1. 華盛頓特區是美國的首府。
2. 多倫多是加拿大的首都。
3. $1 + 1 = 2$。
4. $2 + 2 = 3$。

這當中，命題 1 和命題 3 為真，而命題 2 和命題 4 為假。◀

哪些語句不能稱為命題呢？例題 2 提供了一些例子。

例題 2 讓我們考慮以下這些語句：

1. 現在幾點？
2. 小心閱讀。
3. $x + 1 = 2$。
4. $x + y = z$。

語句 1 和語句 2 不能稱為命題，因為它們不是陳述性的語句（前者為疑問句，後者為祈使句）；至於語句 3 和語句 4，就現有的文句來看，亦無真假可言，既不真也不假，所以不能成為命題。值得注意的是，如果將這兩個語句中的變數值設定好，它們就變成命題。在 1.4 節中，我們將討論更多將這類語句轉換為命題的方式。◀

我們通常用小寫的英文字母標示**命題變數**〔propositional variable；或稱**述言變數**（statement variable）〕，也就是代表命題的變數；這跟用英文字母標示數值變數的情形一樣。習慣上，常用 p、q、r、s …等字母來代表命題變數。一個真的命題，它的**真假值**（truth value）為真，以 T 表示；假的命題，其真假值為假，以 F 表示。

專門處理命題之邏輯系統稱為**命題演算**（propositional calculus）或**命題邏輯**（propositional logic）。以系統性的方式發展命題邏輯，最早可追溯至兩千三百年前的希臘哲學家亞里斯多德。

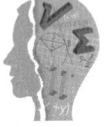

亞里斯多德（Aristotle，384 B.C.E. - 322 B.C.E.）出生於希臘。十七歲時，前往雅典的柏拉圖學園（Plato's Academy）進修。之後，曾經擔任亞歷山大大帝（Alexander the Great）的私人教師，並在呂克昂（Lyceum）建立自己的哲學學校，人稱「逍遙學派」（peripatetics），因為他們常藉散步的方式討論哲學問題。其著作可分為三種形態：為普羅大眾撰寫之通俗作品、科學事實之編纂，以及系統性的論文；涵蓋範圍包括邏輯、哲學、心理學、物理和自然史。

現在，讓我們把焦點放在如何將現有命題製成新命題的方法。英國數學家喬治·布爾於其 1854 年之著作《思想法則》中，詳盡地討論這些方法。許多數學語句，都是由一個或多個命題建構而成。將原有命題藉由邏輯運算符號建造組合之新命題，我們稱為**複合命題（compound proposition）**。

> **定義 1** ■ 令 p 為任一命題。p 的否定句（negation）為「p 不成立」，以 $\neg p$ 代表（有時也表示為 $\overline{p}$）。此命題 $\neg p$ 讀作「非 p」，其真假值與 p 之真假值剛好相反。

例題 3 找出「麥可的個人電腦使用的是 Linux 作業系統」的否定句，並以簡單而流利的文句表達。

解：否定句為「麥可的個人電腦使用 Linux 作業系統這種說法是不成立的」；更常用的表達方式是「麥可的個人電腦使用的不是 Linux 作業系統」。◀

例題 4 找出「范達娜的智慧型手機記憶體容量至少有 32 GB」的否定句，並以簡單而流利的文句表達。

解：否定句為「范達娜的智慧型手機記憶體容量至少有 32 GB 的說法並不成立」；更常用的表達方式為「范達娜的智慧型手機記憶體容量少於 32 GB」。◀

表 1 顯示了命題 p 之否定句的**真值表（truth table）**。表中有兩列，每一列代表了 p 可能的真假值，並顯示 $\neg p$ 對應於該真假狀況所呈現之真假值。

一個命題的否定句可視為**否定運算符號（negation operator）**加諸於原命題所得之運算結果。藉由否定運算符號，將現存之命題建構出一個新的命題。這些邏輯運算符號也稱為**連接詞（connective）**。

表 1 否定句的真值表

p	$\neg p$
T	F
F	T

> **定義 2** ■ 令 p 與 q 為任兩命題。p 與 q 的連言(conjunction)為「p 和 q」，以 $p \wedge q$ 表示。當 p 和 q 同時為真時，$p \wedge q$ 為真；否則為假。

喬治·布爾（George Boole，1815-1864） 出生於英國，為十九世紀最重要的數學家之一。1848 年出版《邏輯之數學分析》(*The Mathematical Analysis of Logic*)，為符號邏輯提出卓越的貢獻；1854 年出版《思想法則》(*The Laws of Thought*)，介紹現今被尊稱為「布林代數」(Boolean algebra)的理論，可說是他最著名的作品。

表 2 為 $p \wedge q$ 的真值表。表中有四列，每一列代表了 p 和 q 可能的真假組合，分別是 TT、TF、FT 和 FF；每一對真假組合中，前者代表 p 的真假值，後者代表 q 的真假值。

表 2	連言的真值表	
p	q	$p \wedge q$
T	T	T
T	F	F
F	T	F
F	F	F

值得注意的是，在邏輯中「但是」與「而且」（或「和」）地位相當，所表達的都是連言，可以互換。舉例來說，「陽光普照，但卻正在下雨」此一述句跟「陽光普照，而且正在下雨」並無不同。（在自然語言中，「而且」、「但是」或許有些微的語意差異，但這種差異並不在我們討論之列。）

例題 5 令 p 命題為「麗蓓嘉的個人電腦中，硬碟有超過 16 GB 的未使用空間」，q 命題為「麗蓓嘉的個人電腦中，處理器運算速度超過 1 GHz」。請找出 p 與 q 的連言。

解：命題 p 與 q 的連言 $p \wedge q$ 是「麗蓓嘉的個人電腦中，硬碟有超過 16 GB 的未使用空間，而且麗蓓嘉的個人電腦中，處理器運算速度超過 1 GHz」。此命題可以簡單地表示為「麗蓓嘉的個人電腦中，硬碟有超過 16 GB 的未使用空間，而且處理器運算速度超過 1 GHz」。此複合命題只有在兩個條件皆為成立時方為真；只要有一個或兩個條件為假，則複合命題為假。◀

定義 3 ■ 令 p 與 q 為任兩命題。p 與 q 的選言（disjunction）為「p 或 q」，以 $p \vee q$ 表示。當 p 和 q 同時為假時，$p \vee q$ 為假；否則為真。

表 3 為 $p \vee q$ 的真值表。

表 3	選言的真值表	
p	q	$p \vee q$
T	T	T
T	F	T
F	T	T
F	F	F

關於連接詞「或」，日常語言有兩種用法，邏輯之選言對應其中一種，也就是**兼容性**（inclusive）用法：用選言連詞連接的兩個命題，其中至少有一個為真時，整個選言即為真。以下的述句便是兼容性用法的一個例子：

「修過微積分或電腦課程的同學可以選修這門課。」

這句話的意思是：已經修過微積分和電腦兩門課程的同學，以及只修過其中任何一門課程的同學，都可以來選修這門課。另一方面，我們也有**互斥性**（exclusive）用法：

「修過微積分或電腦課程（但不包括兩者皆修）的同學，可以選修這門課。」

這個語句的意思是：微積分和電腦兩門課程都修過的同學不能選修這門課；只有恰好修過其中一門的同學才能選修這門課。

同樣地，如果我們去餐廳吃飯，菜單上寫著：「主菜附贈湯或沙拉」，它的意思一般都是讓顧客點了主菜之後，可以從湯或沙拉中選擇一項，但不能兩者都選；也就是這裡的「或」是互斥性的，而非兼容性的。

例題 6　令 p 與 q 所代表的命題跟例題 5 相同。請找出 p 與 q 的選言。

解：命題 p 與 q 的選言 $p \vee q$ 是

「麗蓓嘉的個人電腦中，硬碟有超過 16 GB 的未使用空間，或者處理器運算速度超過 1 GHz」。

當麗蓓嘉的個人電腦中，硬碟有超過 16 GB 的未使用空間，或當麗蓓嘉的個人電腦中，處理器運算速度超過 1 GHz，或是兩者皆為真的時候，此複合命題為真；只有在麗蓓嘉的個人電腦中，硬碟的未使用空間不足 16 GB，而且處理器運算速度為 1 GHz 或者更慢的時候才為假。◀

如前所言，選言連詞的「或」對應了日常用語的其中一種，也就是兼容性用法；因此，當選言連詞連接的兩個命題至少有一為真，整個選言即為真。但是，有時候我們也會以互斥性的用法連接兩個命題 p 與 q，而形成新的命題：「p 或 q（但並非兩者皆是）。」在這種情形下，當 p 真 q 假，以及 p 假 q 真時，此一複合命題為真；當 p、q 皆假及 p、q 皆真時，複合命題為假。

定義 4　令 p 與 q 為任兩命題。p 與 q 之互斥或（exclusive or），以 $p \oplus q$ 表示。當 p 和 q 恰為一真一假時，$p \oplus q$ 為真；否則為假。

兩命題互斥或的真值表請見表 4。

表 4　互斥或的真值表

p	q	$p \oplus q$
T	T	F
T	F	T
F	T	T
F	F	F

條件句

以下我們將繼續討論其他幾個建構複合命題的重要方式。

定義 5　令 p 與 q 為任兩命題。條件句 $p \to q$ 代表「如果 p，則 q」的命題。當 p 真 q 假時，條件句 $p \to q$ 為假；否則為真。其中，p 稱為前件（或假設、前提），q 稱為後件（或結果、結論）。

$p \to q$ 之所以稱為條件句，是因為 $p \to q$ 這個述句所表達的是：當 p 條件成立時，q 即為真。條件句有時也稱為**蘊涵**（implication）。

條件句 $p \to q$ 的真值表，顯示於表 5。我們可以注意，當 p 與 q 皆真，以及 p 為假時（不管 q 是真是假），$p \to q$ 皆為真。

表 5　條件句的真值表

p	q	$p \to q$
T	T	T
T	F	F
F	T	T
F	F	T

由於條件句在數學推理中扮演了不可或缺的角色，我們必須審慎考量各種表達 $p \to q$ 的方式：

「如果 p，那麼 q」；「若 p，則 q」；「p 蘊涵 q」；「只有在 q 時，才可能 p」；

「p 是 q 的充分條件」；「q 是 p 的必要條件」；「每當 p 發生，q 就發生」；

「沒有 q，就沒有 p」；「q 從 p 推得」；「除非 $\neg p$，否則 q」。

想要了解條件句的真假值狀況，可以設想一種義務或契約性的情形。舉例來說，許多政客在競選時都會宣示：

「如果我當選的話，我將降低稅賦。」

如果宣示的政客真的當選了，選民自然期盼政客實現諾言，降低稅賦；反之，如果宣示的政客落選，選民將不會期待此人致力於降稅的舉動，即便他依然具備充分的影響力可以達致降稅的結果。只有在這個政客順利當選卻不降稅時，選民才會憤慨指責政客違背競選承諾。最後一種狀況正對應著 p 真 q 假時，$p \to q$ 為假的情形。

同樣地，一個教授可能對學生宣示：

「如果你期末考得了滿分，最後成績一定會是 A。」

當你努力用功，設法在期末考取得滿分時，自然會預期自己最後成績是 A；反之，如果期末考未能順利取得滿分時，最後成績是否為 A 就取決於其他因素。不過重點是，只有在你期末考拿了滿分，但最後成績卻不是 A 時，你才會有被教授欺騙的感覺。

關於日常用語與條件句之間的轉換方式，例題 7 有實際的說明。

例題 7 令 p 命題為「瑪莉雅學習離散數學」，q 命題為「瑪莉雅將會找到很好的工作」。請以日常語言表達 $p \to q$ 這個命題。

解： 根據條件句的定義，$p \to q$ 代表的述句應該是：

「如果瑪莉雅學習離散數學，那麼她將會找到很好的工作。」

當然，還有很多其他的日常語句可以表達這樣的命題，比如說：「對瑪莉雅而言，學習離散數學足以讓她找到很好的工作」以及「瑪莉雅將會找到很好的工作，除非她不學習離散數學」等。

值得注意的是，這裡所定義的條件句要比日常用語寬鬆許多。在正規語言中使用條件句，比如：「如果今天出太陽，我們就去海邊玩」，往往都會要求前件（假設）與後件（結論）間有某種關係。但在邏輯系統裡，並沒有這樣的要求。再者，根據我們定義的真假值狀況，只有在前件真且後件假的時候，條件句方為假。因此，「如果裘恩有智慧型手機，則 $2 + 3 = 5$」根據定義就應該是真的語句，因為它的後件（結論）是真的（而假設是否為真並不重要）。條件句：「如果裘恩有智慧型手機，那麼 $2 + 3 = 6$」。若裘恩沒有智慧型手機，則此條件句為真，即使我們知道 $2 + 3 = 6$ 為假。當然，後面這兩個語句並不

會出現在自然語言當中（除非為了嘲諷的效果），因為前件（假設）與後件（結論）間毫無任何關係。數學概念中的條件句，獨立於假設與結論間之因果關係，其定義只在指明對應於各個狀況的真假值。要知道，命題邏輯是種人工語言，它跟日常用語並不完全契合；我們拿日常語言的例子來說明，只是為了使用上的方便及容易記憶。

另外，許多程式語言採行之「如果－則」的架構，也跟邏輯上的使用不盡相同。在大部分的程式語言中，倘若出現了像「**如果** p，**則** S」這樣的語句（p 為一命題；S 為一程式區段，存在一個或多個有待執行之述句）。當程式啟動後，如果 p 為真，S 就會被執行；但是如果 p 為假，S 就不會被執行。實例參見例題 8。

例題 8 考量下列述句：

　　如果 $2 + 2 = 4$，**則** $x := x + 1$

倘若於程式執行的過程中，在尚未遇到此語句之前，$x = 0$；請問，處理此語句之後的變數值 x 為多少？〔「:=」這個符號代表賦值（assignment）。$x := x + 1$ 的意思是：把 $x + 1$ 的值賦予 x。〕

解：因為 $2 + 2 = 4$ 是真的，所以賦值語句 $x := x + 1$ 將被執行。因此，經過上述語句之後，x 的值為 $0 + 1 = 1$。　　◀

逆命題、反命題與質位互換命題　　從條件句 $p \to q$，我們可以改造出一些新的命題。其中，有三種形態最為常見，也因此各有其特殊之名。$q \to p$ 稱為 $p \to q$ 的**逆命題**（ **converse**，換位命題）。$\neg p \to \neg q$ 稱為 $p \to q$ 的**反命題**（**inverse**，異質命題）。$\neg q \to \neg p$ 則稱為 $p \to q$ 的**質位互換命題**（**contrapositive**）。三者皆從 $p \to q$ 而來，但只有質位互換命題始終保持原語句的真假值。

$\neg q \to \neg p$ 跟 $p \to q$ 的真假值狀況完全一致。因為對 $\neg q \to \neg p$ 而言，只有在 $\neg p$ 為假、$\neg q$ 為真時為假（否則皆為真）；也就是只有在 p 為真、q 為假時為假。這跟 $p \to q$ 的情形完全相同。逆命題與反命題則不然，$q \to p$、$\neg p \to \neg q$ 的真假值狀況跟 $p \to q$ 不盡相同：當 p 真 q 假時，$p \to q$ 為假，但 $q \to p$、$\neg p \to \neg q$ 皆為真。

兩個複合命題，在任何可能的情況真假值皆相同時，稱此兩命題在邏輯上**相等**（**equivalent**）。因此，一個條件句會跟它的質位互換命題相等；至於其逆命題與反命題，彼此是相等的（讀者可自行證明），但跟原來的條件句卻是不等的。（在 1.3 節中，我們將針對邏輯上相等的命題加以討論。）這裡我們要特別提醒，很多人習慣把逆命題或反命題看成是跟原有條件句相等的命題，這是邏輯上最常見的錯誤之一。

關於條件句的使用，我們可用例題 9 實際說明。

例題 9　　條件句「每當下雨時，地主隊都會獲勝」的質位互換命題、逆命題、反命題各是什麼？

解：「每當 p 時，都 q」是表達條件句 $p \to q$ 的一種方式；所以，原來的語句可改寫為「如果下雨，則地主隊就會獲勝」。因此，其質位互換命題為「如果地主隊並未贏得比賽，就表示沒有下雨」；逆命題為「如果地主隊獲勝，就表示有下雨」；反命題則為「如果沒有下雨，地主隊就未贏得比賽」。其中，只有質位互換命題與原語句相等。◀

雙條件句 現在讓我們再介紹另一種連結命題的方式，雙條件句表達了被連結之兩命題具有同樣的真假值。

> **定義 6** ■ 令 p 與 q 為任兩命題。雙條件句 $p \leftrightarrow q$，代表「p 若且唯若 q」。當 p 和 q 具有相同真假值時，雙條件句 $p \leftrightarrow q$ 為真；否則為假。雙條件句又可稱為雙蘊涵（bi-implications）。

$p \leftrightarrow q$ 的真值表顯示於表 6。值得注意的是，當 $p \to q$ 及 $q \to p$ 都為真時，$p \leftrightarrow q$ 為真；否則為假。這也就是為什麼我們用「若且唯若」（if and only if）及雙箭頭來代表此邏輯符號。另外還有其他方式可表達 $p \leftrightarrow q$，例如：「p 是 q 的充要條件」、「p 對 q 而言，既充分且必要」、「若 p 則 q，並且反之亦然」、「p iff q」等。其中，最後一種表達方式是以英文的縮寫「iff」代表，也就是「if and only if」。$p \leftrightarrow q$ 與 $(p \to q) \land (q \to p)$ 在邏輯上相等，真假值狀況完全相同。

表 6 雙條件句 $p \leftrightarrow q$ 的真值表

p	q	$p \leftrightarrow q$
T	T	T
T	F	F
F	T	F
F	F	T

例題 10 令 p 代表「你可以搭這班飛機」，q 代表「你買了機票」。那麼，$p \leftrightarrow q$ 為下列述句：

「你可以搭這班飛機，若且唯若你買了機票。」

當 p 和 q 同時為真（你買了機票，而且可以搭這班飛機）或同時為假（你沒買機票，而且不能搭這班飛機）時，此複合語句為真；反之，當 p 和 q 有不同的真假值（亦即你沒買機票卻可以搭這班飛機，或者你買了機票卻不能搭這班飛機）時，雙條件句為假。◀

複合命題的真值表

到目前為止，我們介紹了否定句，以及四種重要的邏輯連接詞——連言、選言、條件句和雙條件句。藉由這些連接詞，我們可以建立非常複雜的複合命題，不管其中包含多少命題變數。同時，也能利用真值表判定這些複合命題的真假值狀況，如例題 11 所示。面對複合命題，我們依照其建構步驟，以不同的行分別標示每個組合命題的真假值。每一列代表命題變數所有可能之真假值組合；複合命題對應於各個可能性的最終真假值，則顯示於最後一行。

例題 11　建構下列複合命題的真值表：

$(p \vee \neg q) \to (p \wedge q)$

解： 因為相關的命題變數有 p 和 q 兩個，所以真值表會有四列，分別對應於 TT、TF、FT、FF 四種真假值組合。前兩行分別表示命題變數 p 和 q 的真假值；第三行找出 $\neg q$ 的真假值，再藉此找出第四行 $p \vee \neg p$ 的真假值；$p \wedge q$ 的真假值顯示於第五行；最後再把整個複合命題串連起來，找出正確的真假值，標示於最後一行。詳細結果請見表 7。◀

表 7　$(p \vee \neg q) \to (p \wedge q)$ 的真值表

p	q	$\neg q$	$p \vee \neg q$	$p \wedge q$	$(p \vee \neg q) \to (p \wedge q)$
T	T	F	T	T	T
T	F	T	T	F	F
F	T	F	F	F	T
F	F	T	T	F	F

邏輯運算符號的優先順序

我們使用否定運算符號及邏輯連接詞來建構複合語句，其運算之順序通常用括號表示。舉例來說，$(p \vee q) \wedge (\neg r)$ 基本上是一個連言，連結了 $p \vee q$ 和 $\neg r$。然而，為了減少括號的數量，我們規定否定號優先於其他的邏輯運算符號。所以，$\neg p \wedge q$ 代表連結 $\neg p$ 和 q 的連言（也就是 $(\neg p) \wedge q$），而非 $p \cdot q$ 連言之否定句（也就是 $\neg(p \wedge q)$）。

另外有一個通則：連言符號優先於選言符號。所以，$p \wedge q \vee r$ 代表 $(p \wedge q) \vee r$，而非 $p \wedge (q \vee r)$。不過，由於這項規則不容易記得，我們將仍使用括號來明確顯示連言和選言的順序。

最後，還有一項規則是：連言和選言的符號優先於條件句及雙條件句的符號。因此，$p \vee q \to r$ 代表 $(p \vee q) \to r$。至於 → 和 ↔ 之間的優先順序，嚴格說來是前者先於後者，不過我們也會使用括號來表明。表 8 列舉了 ¬、∧、∨、→ 和 ↔ 這五個邏輯運算符號的優先層級與順序。

表 8　邏輯運算符號的優先順序

運算符號	優先順序
¬	1
∧	2
∨	3
→	4
↔	5

邏輯與位元運算

電腦利用位元呈現資訊。**位元（bit）** 是一種符號，有兩個可能的值，也就是 0 與 1。英文 "bit" 是由 "binary"（二進位）和 "digit"（位數）組合而成的字詞，用二元方式表達數字的運算。最早提出者為著名的統計學家約翰・杜奇，時間是 1946 年。位元也可以

約翰・杜奇（**John Tukey, 1915-2000**）出生於美國麻州，上大學前都在家中受教育。於布朗大學獲得化學碩士學位，然後進入普林斯頓大學攻讀數學。杜奇在統計學上有許多重要的貢獻，包括變異數分析與時間序列等。他最著名的貢獻則是與庫里（J. W. Cooley）共同發現的快速傅立葉轉換。

歷史註記　有些人建議以其他的組合字來替代二進位數字（binary digit），例如 binit 和 bigit，但都未被廣泛使用，或許是因為 bit 作為一個常用英文字比較適切。想要知道杜奇為何採用 bit 的原因，請參見 1984 年 4 月份的 *Annals of History of Computing*。

用來代表真假值，因為真假值也是有兩個可能性：真與假。習慣上，我們用 1 代表「真」（T），0 代表「假」（F）。當變數值不是真就是假時，我們稱之為**布林變數**（Boolean variable）；布林變數顯然可用位元方式表達。

真假值	位元
T	1
F	0

電腦之**位元運算**（bit operation）可對應於邏輯連詞的運用。表 9 列出 ∧、∨、⊕ 等邏輯運算符號經過轉換之後——以 1 取代 T，0 取代 F——相對應之位元運算狀況。在許多程式語言中，分別用 OR、AND、XOR 代表 ∧、∨、⊕。

表 9 ■ 位元運算 OR、AND 及 XOR 的列表

x	y	$x \vee y$	$x \wedge y$	$x \oplus y$
0	0	0	0	0
0	1	1	0	1
1	0	1	0	1
1	1	1	1	0

資訊往往以位元字串——0 與 1 的序列——表達，然後再加以運算。

定義 7 ■ 位元字串（bit strings）是指 0 個、1 個或多個位元的序列。字串長度為字串中位元的數量。

例題 12　101010011 為長度 9 的位元字串。

位元運算可延伸至字串之間。兩個相同長度的字串進行**位元化**（bitwise）的運算——將兩序列相對應之位元逐一進行 OR、AND 及 XOR 的運算，我們分別稱之為 **bitwise OR**、**bitwise AND** 及 **bitwise XOR**。運算實例請見例題 13。

例題 13　有兩個位元字串分別為 01 1011 0110 和 11 0001 1101（為了方便閱讀，本書的位元字串寫法都採取每四位元一間隔的方式），請找出其間之 bitwise *OR*、bitwise *AND* 及 bitwise *XOR*。

解：將字串相對應之位元逐一進行邏輯性的位元運算，結果分別如下：

```
01 1011 0110
11 0001 1101
-----------
11 1011 1111   bitwise OR
01 0001 0100   bitwise AND
10 1010 1011   bitwise XOR
```

習題 *Exercises*

習題未標示者為一般練習；* 表示為較難的練習；** 表示為高度挑戰性的練習。習題推演出的結果會使用於正文者，將以 ☞ 表示。需要使用微積分才能解答的習題將會特別註明。

1. 下列語句哪些是命題？若為命題，其真假值分別為何？
   a) 波士頓是麻薩諸塞州的首府。
   b) 邁阿密是佛羅里達州的首府。
   c) $2 + 3 = 5$。
   d) $5 + 7 = 10$。
   e) $x + 2 = 11$。
   f) 請回答這個問題。

2. 下列語句哪些是命題？若為命題，其真假值分別為何？
   a) 不要通過。
   b) 現在幾點？
   c) 在緬因州，沒有黑色的蒼蠅。
   d) $4 + x = 5$。
   e) 月亮是由綠色起司製成的。
   f) $2^n \geq 100$。

3. 下列命題的否定句分別為何？
   a) 梅有一台 MP3 播放器。
   b) 在紐澤西州沒有任何污染。
   c) $2 + 1 = 3$。
   d) 緬因州的夏天既炎熱又晴朗。

4. 下列命題的否定句分別為何？
   a) 珍妮佛和泰亞是朋友。
   b) 麵包師的一打麵包裡有 13 個。
   c) 愛比每天發送的訊息超過 100 封。
   d) 121 是一個完全平方數。

5. 下列命題的否定句分別為何？
   a) 史帝夫的桌上型電腦中，硬碟有超過 100 GB 的未使用空間。
   b) 查克封鎖了來自珍妮佛的電子郵件和簡訊。
   c) $7 \cdot 11 \cdot 13 = 999$。
   d) 黛安娜星期天騎了 100 英里的腳踏車。

6. 假設 A 型智慧型手機的記憶體容量為 256 MB，唯讀記憶體容量是 32 GB，相機的解析度為 8 MP；B 型智慧型手機的記憶體容量為 288 MB，唯讀記憶體容量是 64 GB，相機的解析度為 4 MP；C 型智慧型手機的記憶體容量為 128 MB，唯讀記憶體容量是 32 GB，相機的解析度為 5 MP。判斷下列命題的真假值。
   a) 在這三型的智慧型手機中，B 型的記憶體容量最多。
   b) C 型的唯讀記憶體容量比 B 型更大或解析度比 B 型更高。
   c) B 型的記憶體容量、唯讀記憶體容量都比 A 型更大，而且解析度也比 A 型更高。
   d) 若 B 型的記憶體容量和唯讀記憶體容量比 C 型更大，則也有比較高的解析度。
   e) A 型有比 B 型更大的記憶體容量若且唯若 B 型有比 A 型更大的記憶體容量。

7. 假設在最近的會計年度裡，Acme 電腦公司的年收益為 1,380 億美元，淨收益為 80 億美元；Nadir 軟體公司的年收益為 870 億美元，淨收益為 50 億美元；Quixote 傳播公司的年收益為 1,110 億美元，而淨收益為 130 億美元。判斷下列有關該會計年度之命題的真假值。

a) Quixote 傳播公司的年收益最多。
b) Nadir 軟體公司的淨收益最少，而且 Acme 電腦公司的年收益最多。
c) Acme 電腦公司的淨收益最多，或者 Quixote 傳播公司的淨收益最多。
d) 若 Quixote 傳播公司的淨收益最少，則 Acme 電腦公司的年收益最多。
e) Nadir 軟體公司的淨收益最少若且唯若 Acme 電腦公司的年收益最多。

8. 令 p 和 q 分別代表以下兩個命題。

    p：這星期我買了一張彩券。

    q：星期五我中了 100 萬美元的獎金。

    將下列命題用日常語言表達。

    a) $\neg p$
    b) $p \vee q$
    c) $p \to q$
    d) $p \wedge q$
    e) $p \leftrightarrow q$
    f) $\neg p \to \neg q$
    g) $\neg p \wedge \neg q$
    h) $\neg p \vee (p \wedge q)$

9. 令 p 和 q 分別代表「紐澤西州的海邊可以游泳」及「這個海邊附近曾經發現鯊魚」這兩個命題。試將下列複合命題用日常語言表達。

    a) $\neg q$
    b) $p \wedge q$
    c) $\neg p \vee q$
    d) $p \to \neg q$
    e) $\neg q \to p$
    f) $\neg p \to \neg q$
    g) $p \leftrightarrow \neg q$
    h) $\neg p \wedge (p \vee \neg q)$

10. 令 p 和 q 分別代表「選舉結果已經確定」及「票數已經計算完畢」這兩個命題。試將下列複合命題用日常語言表達。

    a) $\neg p$
    b) $p \vee q$
    c) $\neg p \wedge q$
    d) $q \to p$
    e) $\neg q \to \neg p$
    f) $\neg p \to \neg q$
    g) $p \leftrightarrow q$
    h) $\neg q \vee (\neg p \wedge q)$

11. 令 p 和 q 分別代表以下兩個命題。

    p：現在氣溫低於冰點以下。

    q：現在正在下雪。

    請用 p 和 q 及適當的邏輯連詞表達下列述句。

    a) 現在氣溫低於冰點以下，而且正在下雪。
    b) 現在氣溫低於冰點以下，但並未下雪。
    c) 現在氣溫不在冰點以下，同時也沒下雪。
    d) 現在正在下雪或氣溫低於冰點以下（或兩者皆是）。
    e) 如果現在氣溫低於冰點以下，就同時會下雪。
    f) 現在氣溫低於冰點以下或正在下雪，但是如果氣溫低於冰點以下就不會下雪。
    g) 現在氣溫低於冰點以下是下雪的充要（充分且必要）條件。

12. 令 p、q、r 分別代表以下三個命題。

    p：你得了流行性感冒。

    q：你錯過了期末考。

    r：你這門課及格了。

    將下列命題用日常語言表達。

    a) $p \to q$
    b) $\neg q \leftrightarrow r$
    c) $q \to \neg r$
    d) $p \vee q \vee r$
    e) $(p \to \neg r) \vee (q \to \neg r)$
    f) $(p \wedge q) \vee (\neg q \wedge r)$

13. 令 p 和 q 分別代表以下兩個命題。

    p：你開車時速超過 65 英里。

    q：你收到超速罰單。

    請用 p 和 q 及適當的邏輯連詞（包括否定句）表達下列述句。

    a) 你開車時速沒有超過 65 英里。
    b) 你開車時速超過 65 英里，但並沒有收到超速罰單。
    c) 如果你開車時速超過 65 英里，就會收到超速罰單。
    d) 如果你開車時速沒有超過 65 英里，就不會收到超速罰單。
    e) 開車時速超過 65 英里是收到超速罰單的充分條件。
    f) 雖然你收到超速罰單，但是你開車時速並沒有超過 65 英里。
    g) 每當你收到超速罰單時，就表示你開車時速超過 65 英里。

14. 令 p、q、r 分別代表以下三個命題。

    p：你期末考得 A。

    q：你做過書中所有的習題。

    r：你這門課得 A。

    請用 p、q、r 及適當的邏輯連詞（包括否定句）表達下列述句。

    a) 你這門課得 A，但是你並沒有做過書中所有的習題。
    b) 你期末考得 A，做過書中所有的習題，而且最後這門課也得 A。
    c) 你想在這門課得 A，期末考就非得 A 不可。
    d) 你期末考得 A，但是你並沒有做過書中所有的習題；儘管如此，你這門課最後還是得了 A。
    e) 期末考得 A 並做過書中所有習題，是這門課得 A 的充分條件。
    f) 你這門課得 A，若且唯若你做過書中所有習題或期末考得 A。

15. 令 p、q、r 分別代表以下三個命題。

    p：發現棕熊在此區域出沒。

    q：在這裡的步道健行是安全的。

    r：成熟的莓果沿著步道生長。

    請用 p、q、r 及適當的邏輯連詞（包括否定句）表達下列述句。

a) 成熟的莓果沿著步道生長，不過並未發現棕熊在此區域出沒。
b) 並未發現棕熊在此區域出沒，在這裡的步道健行是安全的，然而成熟的莓果確實沿著步道生長。
c) 如果成熟的莓果沿著步道生長，那麼在步道健行是安全的若且唯若並未發現棕熊在此區域出沒。
d) 在這裡的步道健行是不安全的，但是並未發現棕熊在此區域出沒，而且成熟的莓果確實沿著步道生長。
e) 要讓健行於步道變得安全，以下的條件是必要的但並不充分：既未發現成熟的莓果沿著步道生長，也並未發現棕熊在此區域出沒。
f) 每當我們發現棕熊在此區域出沒，成熟的莓果又沿著步道生長，那就表示健行於步道是不安全的。

16. 判定下列各雙條件句的真假值。
    a) $2+2=4$ 若且唯若 $1+1=2$。
    b) $1+1=2$ 若且唯若 $2+3=4$。
    c) $1+1=3$ 若且唯若猴子會飛。
    d) $0>1$ 若且唯若 $2>1$。

17. 判定下列各條件句的真假值。
    a) 如果 $1+1=2$，則 $2+2=5$。
    b) 如果 $1+1=3$，則 $2+2=4$。
    c) 如果 $1+1=3$，則 $2+2=5$。
    d) 如果猴子會飛，則 $1+1=3$。

18. 判定下列各條件句的真假值。
    a) 如果 $1+1=3$，則獨角獸是存在的。
    b) 如果 $1+1=3$，則狗會飛。
    c) 如果 $1+1=2$，則狗會飛。
    d) 如果 $2+2=4$，則 $1+2=3$。

19. 下列語句出現的「或」是意圖表達兼容或互斥的意涵？請說明你的理由。
    a) 咖啡或紅茶會隨正餐附送。
    b) 密碼至少要有三個數字或八個字母長。
    c) 要修這門課，必須先修過數論或密碼學的課程。
    d) 你可以用美金或歐元付帳。

20. 下列語句出現的「或」是意圖表達兼容或互斥的意涵？請說明你的理由。
    a) 必須具有程式語言 C++ 或 Java 的經驗。
    b) 午餐包括湯或沙拉。
    c) 要進入這個國家，你必須有護照或選民註冊卡。
    d) 在學界，你要不出版論文，或要不就被淘汰。

21. 針對下列語句，分別闡述句子中的邏輯連詞「或」是兼容之「或」（即邏輯上的選言）還是互斥之「或」。你認為這些語句之使用者意圖表達的意思為何？
    a) 要修離散數學，你必須先修過微積分或一門電腦課程。
    b) 當你從 Acme 車廠購買新車時，可以獲得 2,000 美元的現金折扣或 2% 的車貸優惠。
    c) 雙人套餐包括從 A 組合挑選兩樣，或從 B 組合挑選三樣。
    d) 如果降雪量超過 2 英尺或風寒指數低於 −100，學校就會停課。

22. 將下列語句改寫為「如果 p，則 q」的形式。〔提示：參考前文列舉之表達條件句的常用方式。〕
    a) 想要獲得升遷，幫老闆洗車是必要的。
    b) 南風吹來，代表春天融雪現象的出現。
    c) 一項保固有效的充分條件是你的電腦是在一年之內購買的。
    d) 每當威利作弊時都會被逮到。
    e) 只有在你付了申請費的情況下，才可以上網。
    f) 結識有力人士就能贏得選舉。
    g) 每當凱蘿上船，她就會暈船。

23. 將下列語句改寫為「如果 p，則 q」的形式。〔提示：參考前文列舉之表達條件句的常用方式。〕
    a) 每當東北風吹來時，就會下雪。
    b) 倘若天氣維持暖和一星期，蘋果樹就會盛開。
    c) 底特律活塞隊贏得總冠軍代表著他們打敗了洛杉磯湖人隊。
    d) 要登上隆氏峰（Long's Peak）頂，步行 8 英里是必須的。
    e) 對一個教授而言，能夠聞名於世就足以獲得終身職之聘任。
    f) 如果你開車超過 400 英里的路程，就必須去加油。
    g) 只有在 CD 購買時間少於 90 天的情況下，商品保證才是有效的。
    h) 除非水太冷，否則珍就會去游泳。

24. 將下列語句改寫為「如果 p，則 q」的形式。〔提示：參考前文列舉之表達條件句的常用方式。〕
    a) 只有在你寄給我電子郵件的情況下，我才會記得把住址寄給你。
    b) 要成為美國公民，只要你在美國出生就已足夠。
    c) 倘若你把這本教科書留下，你就會發現它對你未來的課程很有幫助。
    d) 底特律紅翼隊將贏得史坦利盃的冠軍，如果他們的守門員表現好的話。
    e) 你能得到這份工作代表著你各方面的條件是最好的。
    f) 每當暴風雨來襲，沙灘都會遭受侵蝕。
    g) 要連接到這個伺服器，必須擁有有效的密碼。
    h) 除非你太晚開始登山，否則你將攻頂成功。

25. 將下列語句改寫為「p 若且唯若 q」的形式。
    a) 如果外面天氣很熱，你就會買冰淇淋來吃；而且，如果你買冰淇淋來吃，就表示外面天氣很熱。
    b) 你想要贏得比賽，擁有唯一的中獎單既是充分也是必要條件。
    c) 只有在你擁有良好人際脈絡的情況下，才能獲得升遷；而且只有在你獲得升遷的情況下，才表示你擁有良好的人際脈絡。
    d) 如果你看電視，就代表你的心靈墮落；而且反之亦然。
    e) 每當我搭火車時，火車就誤點；而且只有在我搭火車時，火車才誤點。

26. 將下列語句改寫為「p 若且唯若 q」的形式。
    a) 想要在這門課得 A，學習如何解決離散數學的問題是充分且必要的。
    b) 如果你每天閱讀報紙，就表示你消息靈通；而且反之亦然。
    c) 如果遇到週末，就會下雨；而且如果下雨，就一定是遇到週末。
    d) 只有在巫師未施魔法的情況下，你才可能看見他；而且只有在你看見巫師時，才表示他未施魔法。

27. 陳述下列各條件句之逆命題、質位互換命題及反命題。
    a) 如果今天下雪，我明天就會去滑雪。
    b) 每當有小考時，我都會去上課。
    c) 一個正整數要為質數，只有在它除了 1 和自己外沒有其他任何因數的情況下才會成立。

28. 陳述下列各條件句之逆命題、質位互換命題及反命題。
    a) 如果今晚下雪，我就會待在家裡。
    b) 每當遇上晴朗的夏日，我都會跑去海邊。
    c) 當我熬夜時，睡到中午才起床是必然的。

29. 下列複合命題的真值表各會出現幾列？
    a) $p \to \neg p$
    b) $(p \vee \neg r) \wedge (q \vee \neg s)$
    c) $q \vee p \vee \neg s \vee \neg r \vee \neg t \vee u$
    d) $(p \wedge r \wedge t) \leftrightarrow (q \wedge t)$

30. 下列複合命題的真值表各會出現幾列？
    a) $(q \to \neg p) \vee (\neg p \to \neg q)$
    b) $(p \vee \neg t) \wedge (p \vee \neg s)$
    c) $(p \to r) \vee (\neg s \to \neg t) \vee (\neg u \to v)$
    d) $(p \wedge r \wedge s) \vee (q \wedge t) \vee (r \wedge \neg t)$

31. 建立下列複合命題的真值表。
    a) $p \wedge \neg p$
    b) $p \vee \neg p$
    c) $(p \vee \neg q) \to q$
    d) $(p \vee q) \to (p \wedge q)$
    e) $(p \to q) \leftrightarrow (\neg q \to \neg p)$
    f) $(p \to q) \to (q \to p)$

32. 建立下列複合命題的真值表。
    a) $p \to \neg p$
    b) $p \leftrightarrow \neg p$
    c) $p \oplus (p \vee q)$
    d) $(p \wedge q) \to (p \vee q)$
    e) $(q \to \neg p) \leftrightarrow (p \leftrightarrow q)$
    f) $(p \leftrightarrow q) \oplus (p \leftrightarrow \neg q)$

33. 建立下列複合命題的真值表。
    a) $(p \vee q) \to (p \oplus q)$
    b) $(p \oplus q) \to (p \wedge q)$
    b) $(p \vee q) \oplus (p \wedge q)$
    d) $(p \leftrightarrow q) \oplus (\neg p \leftrightarrow q)$
    e) $(p \leftrightarrow q) \oplus (\neg p \leftrightarrow \neg r)$
    f) $(p \oplus q) \to (p \oplus \neg q)$

34. 建立下列複合命題的真值表。
    a) $p \oplus p$
    b) $p \oplus \neg p$
    c) $p \oplus \neg q$
    d) $\neg p \oplus \neg q$
    e) $(p \oplus q) \vee (p \oplus \neg q)$
    f) $(p \oplus q) \wedge (p \oplus \neg q)$

35. 建立下列複合命題的真值表。

    a) $p \rightarrow \neg q$ **b)** $\neg p \leftrightarrow q$

    c) $(p \rightarrow q) \vee (\neg p \rightarrow q)$ **d)** $(p \rightarrow q) \wedge (\neg p \rightarrow q)$

    e) $(p \leftrightarrow q) \vee (\neg p \leftrightarrow q)$ **f)** $(\neg p \leftrightarrow \neg q) \leftrightarrow (p \leftrightarrow q)$

36. 建立下列複合命題的真值表。

    a) $(p \vee q) \vee r$ **b)** $(p \vee q) \wedge r$

    c) $(p \wedge q) \vee r$ **d)** $(p \wedge q) \wedge r$

    e) $(p \vee q) \wedge \neg r$ **f)** $(p \wedge q) \vee \neg r$

37. 建立下列複合命題的真值表。

    a) $p \rightarrow (\neg q \vee r)$ **b)** $\neg p \rightarrow (q \rightarrow r)$

    c) $(p \rightarrow q) \vee (\neg p \rightarrow r)$ **d)** $(p \rightarrow q) \wedge (\neg p \rightarrow r)$

    e) $(p \leftrightarrow q) \vee (\neg q \leftrightarrow r)$ **f)** $(\neg p \leftrightarrow \neg q) \leftrightarrow (q \leftrightarrow r)$

38. 為 $((p \rightarrow q) \rightarrow r) \rightarrow s$ 建立真值表。

39. 為 $(p \leftrightarrow q) \leftrightarrow (r \leftrightarrow s)$ 建立真值表。

☞ **40.** 請不要使用真值表，解釋當 p、q 與 r 有相同的真假值時，$(p \vee \neg q) \wedge (q \vee \neg r) \wedge (r \vee \neg p)$ 為真；而其他情況則為假。

☞ **41.** 請不要使用真值表，解釋當 p、q 與 r 至少有一個為真，以及 p、q 與 r 至少有一個為假時，$(p \vee q \vee r) \wedge (\neg p \vee \neg q \vee \neg r)$ 為真；而當三個變數有相同真假值時，命題為假。

42. 在電腦程式中，尚未執行下列各語句之前 $x = 1$；請問處理下列語句之後，x 的值各為多少？

    a) **if** $x + 2 = 3$ **then** $x := x + 1$

    b) **if** $(x + 1 = 3)$ **OR** $(2x + 2 = 3)$ **then** $x := x + 1$

    c) **if** $(2x + 3 = 5)$ **AND** $(3x + 4 = 7)$ **then** $x := x + 1$

    d) **if** $(x + 1 = 2)$ **XOR** $(x + 2 = 3)$ **then** $x := x + 1$

    e) **if** $x < 2$ **then** $x := x + 1$

43. 將下列各對字串進行位元化的運算：bitwise *OR*、bitwise *AND* 及 bitwise *XOR*。

    a) 101 1110, 010 0001   **b)** 1111 0000, 1010 1010

    c) 00 0111 0001, 10 0100 1000   **d)** 11 1111 1111, 00 0000 0000

44. 評估下列算式。

    a) $1\ 1000 \wedge (0\ 1011 \vee 1\ 1011)$ **b)** $(0\ 1111 \wedge 1\ 0101) \vee 0\ 1000$

    c) $(0\ 1010 \oplus 1\ 1011) \oplus 0\ 1000$ **d)** $(1\ 1011 \vee 0\ 1010) \wedge (1\ 0001 \vee 1\ 1011)$

1.2 命題邏輯的應用 Applications of Propositional Logic

引言

邏輯在數學、資訊和許多學門中都有相當重要的應用。在數學、科學以及自然語言上使用的命題經常不夠嚴謹或是語意含糊。為了使命題的意義更精確，可將命題轉換成邏輯語言。例如，邏輯可用於軟硬體的計畫書上，因為這些計畫在研發之初就必須非常精準。此外，命題邏輯及其規則也可用來設計電腦迴路、建構電腦程式、驗證程式的正確性，以及建立專家系統。邏輯也可以用來分析並求解許多著名的謎題。以邏輯規則為基礎，軟體系統已經研發出能夠自動建構某些形態的證明。在本節以及稍後的章節中，我們將討論一些命題邏輯的應用。

將日常語言翻譯成邏輯符號

有許多理由支持我們將日常語言翻譯成包含命題變數與邏輯符號的語句形態。其中一項重點是，人類的自然語言往往含糊不清、模稜兩可。將自然語言轉換成邏輯語句，可以避免含混模糊的情形。當然，在轉換的過程中，我們會對日常語言意圖表達之意義做些合理的假設。再者，一旦將日常語言譯為邏輯語句之後，就可進一步分析，決定其真假值狀況，並依據推論規則（將於 1.5 節中討論）做合理的推論。

例題 1 與例題 2 為如何將日常語句轉換為邏輯符號的實際例子。

例題 1 請將下列語句翻譯成邏輯符號：

「只有在你主修電腦或不是大一學生時，才可以在校園中使用網際網路。」

解：要用邏輯符號表達這個語句的方法很多。我們也可以用單一的命題變數 p 來代表整個語句；但如此一來，就不能進一步分析其意義或據以推論。我們通常會用不同的命題變數代表每一個組成複合語句的簡單命題。在這個例子中，相關的簡單命題為「你可以在校園中使用網際網路」、「你主修電腦」及「你是大一學生」；倘若我們分別令 a（使用網際網路）、c（主修電腦）、f（大一學生）代表這些簡單命題，則原來語句就可翻譯成：

$$a \to (c \vee \neg f)$$

必須注意，前面提過，「只有 p 時，才 q」應該譯為 $q \to p$，而非 $p \to q$。◀

例題 2 請將下列語句翻譯成邏輯符號：

「如果你身高不足 4 英尺，就不能搭乘雲霄飛車，除非你已經滿 16 歲。」

解：令 q、r、s 分別代表「你可以搭乘雲霄飛車」、「你身高不足 4 英尺」及「你已經滿 16 歲」，則原來語句可譯為：

$(r \land \neg s) \to \neg q$

當然，表達方式不只這一種，你可以多思考看看。 ◀

系統規格

如何將自然語言翻譯成邏輯符號，對訂立硬體及軟體系統規格而言，也是非常重要的。系統及軟體工程師必須將原本用自然語言表達的特殊規定，轉換成精準而無絲毫模糊空間的定義，如此才能作為系統發展的基礎。例題 3 說明了複合命題在此過程中的使用情形。

例題 3 利用邏輯連詞，表達下列規定：「當檔案系統滿載時，自動回覆功能無法執行。」

解： 令 p、q 分別代表「自動回覆功能被執行」和「檔案系統滿載」，則此項規定可用條件句 $q \to \neg p$ 表達。 ◀

值得注意的是，系統規格的定義說明必須具有一**致性**（**consistent**）；也就是說，不能有相互衝突、進而導致矛盾現象的規定。當規則不一致，就不可能發展出能夠滿足所有規範的系統。

例題 4 請判定下列的系統規格是否一致：

「此診斷訊息儲存於緩衝記憶體或被重新傳送。」
「此診斷訊息並未儲存於緩衝記憶體。」
「如果此診斷訊息儲存於緩衝記憶體，則它將被重新傳送。」

解： 要判定規格說明是否一致，我們先將其轉換成邏輯語句。令 p 代表「此診斷訊息儲存於緩衝記憶體」，q 代表「此診斷訊息被重新傳送」。如此一來，上述三項規則就可分別翻譯成 $p \lor q$、$\neg p$ 和 $p \to q$。接下來，我們分析其真假值狀況。要判定一組語句是否具有一致性，就是要看這些語句是否可能同時為真（若可能同時為真，即具一致性）。如果我們要讓 $\neg p$ 為真，p 一定得假；在 p 假的情況下，又要讓 $p \lor q$ 為真，則 q 非真不可。當 p 假 q 真時，$p \to q$ 亦為真。因此，我們可以判定這組規則是一致的，因為在 p 假 q 真時，三個語句都為真。我們也可以利用真值表，檢視四種可能的真假值組合，進而得到相同的結論。 ◀

例題 5 如果例題 4 的系統規格中，再加上一項規定：「此診斷訊息並未被重新傳送」；那麼，它們還是一致的嗎？

解： 根據例題 4 的分析，只有在 p 假 q 真時，原來的三個語句才會同時為真。然而，新的規定為 $\neg q$；當 q 真時，$\neg q$ 為假。這表示，四個語句不可能同時為真，因此它們是不一致的。 ◀

布林搜尋

邏輯連詞在大規模的資訊搜尋上（比如網頁索引）也被廣泛地運用。由於這種搜尋方式採用了命題邏輯的技術，因此也被稱為**布林搜尋（Boolean search）**。

布林搜尋中，連接詞 AND 是用來找尋同時符合兩個搜尋條件的資訊，OR 是用來找尋至少符合其中一項條件的資訊（包括兩者皆符合的情況），NOT（有時也被寫作 AND NOT）則被用來排除某種搜尋條件。例題 6 說明了布林搜尋的實際範例。

例題 6　網頁搜尋　大部分的網站搜尋引擎都採用布林搜尋的技術，藉此可以針對個別主題找尋符合條件的網頁。舉例來說，如果要用布林搜尋找位於新墨西哥的大學，我們可以尋找符合「新」AND「墨西哥」AND「大學」的網頁。如此一來，搜尋的結果就會是所有包含這三個字的網頁──除了關於新墨西哥的大學外，也包括位於墨西哥的新大學等等。（在 Google 及其他許多搜尋引擎中，搜尋條件間的 AND 是可以省略的。在這些搜尋引擎中，可使用引號來搜尋特殊的片語。所以，搜尋「新墨西哥」AND「大學」應該是比較有效率的方式。）

倘若我們要搜尋位於新墨西哥或亞利桑納的大學，我們可以尋找符合（「新」AND「墨西哥」OR「亞利桑納」）AND「大學」的網頁（請注意：在這裡 AND 優先於 OR；若用 Google 搜尋引擎，會以「新」「墨西哥」OR「亞利桑納」的方式輸入）。如此一來，搜尋結果會是所有包括「大學」以及「新」「墨西哥」或「亞利桑納」字詞的網頁。最後，假設想要搜尋位於墨西哥的大學，一開始我們會試圖以「墨西哥」AND「大學」為搜尋條件；然而如此一來，不僅位於墨西哥的大學會出現，就連位於新墨西哥州的大學也會被納入。因此，比較好的方式是修改搜尋條件為（「墨西哥」AND「大學」）NOT「新」。這樣的結果將包括所有同時具備「墨西哥」和「大學」兩字詞但不含「新」字的網頁。（在 Google 及其他許多搜尋引擎中，「NOT」被符號「－」所取代，於是搜尋條件變為「墨西哥」「大學」「－」「新」。）◀

邏輯迴路

命題邏輯可用於設計電腦硬體。這類應用首次出現於克勞德·夏農（Claude Shannon）在 1938 年就讀麻省理工學院的碩士論文中。我們將於第 11 章（請見隨書光碟）再深入討論這個話題（夏農的簡介將置於該章）。在此，我們簡單說明這個應用。

一個**邏輯迴路〔logic circuit**，或稱**數位迴路（digital circuit）**〕接受輸入的位元信號 $p_1, p_2, ..., p_n$〔0（關）或 1（開）〕，以及產生的輸出位元信號 $s_1, s_2, ..., s_n$。在本節我們只專注於單一輸出信號。一般而言，數位迴路會有數個輸出。

較複雜的數位迴路可以利用圖 1 中這三種基本**邏輯閘（gate）**組合而成。**反閘（inverter, NOT gate）**將輸入位元 p 轉換成輸出位元 $\neg p$。**或閘（OR gate）**將兩個位元輸入 p 與 q 轉換成輸出信號 $p \vee q$。最後，**及閘（AND gate）**則將兩個位元輸入 p 與 q 轉換成輸出信號 $p \wedge q$。我們將這三種基本閘組合成較複雜的迴路，如圖 2 所示。

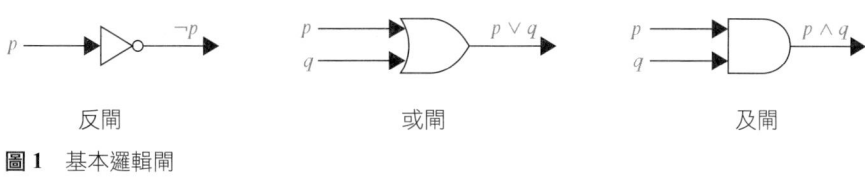

圖 1 基本邏輯閘

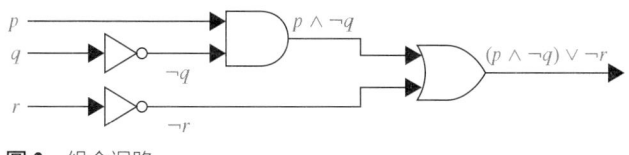

圖 2 組合迴路

給定一個建構的邏輯閘以及迴路的輸入信號，只要沿著迴路追溯就能判斷出迴路的輸出，如例題 7 所示。

例題 7 判斷圖 2 之組合迴路的輸出。

解：在圖 2 上已經標示迴路中每個邏輯閘的輸出。我們可以看到及閘的輸入為 p 與 $\neg q$（其中 $\neg q$ 來自於反閘的輸入 q），而及閘的輸出則為 $p \wedge \neg q$。接下來，我們發現或閘的輸入為 $p \wedge \neg q$，以及來自輸入為 r 之反閘的輸出 $\neg r$。最後的產生的輸出則為 $(p \wedge \neg q) \vee \neg r$。◀

假設我們能有一個公式來表現數位迴路的否定、連言及選言，便能有系統地建立一個數位迴路來產生所需的輸出，見例題 8。

例題 8 建立一個輸出為 $(p \vee \neg r) \wedge (\neg p \vee (q \vee \neg r))$ 的數位迴路，其輸入為位元 p、q 與 r。

解：為建立所需的迴路，我們首先分別建立迴路來產生 $p \vee \neg r$ 與 $\neg p \vee (q \vee \neg r)$，然後以及閘來組合。為建立產生 $p \vee \neg r$ 的迴路，先使用反閘將輸入 r 轉換成輸出 $\neg r$，再使用或閘組合 p 與 $\neg r$。為了建立 $\neg p \vee (q \vee \neg r)$ 的迴路，首先使用反閘製造出 $\neg r$，然後利用或閘將 q 與 $\neg r$ 組合成 $q \vee \neg r$。最後，利用一個反閘與一個或閘將輸入 p 與 $q \vee \neg r$ 結合成 $\neg p \vee (q \vee \neg r)$。

要完成最後的步驟，需要引進及閘，將輸入 $p \vee \neg r$ 與 $\neg p \vee (q \vee \neg r)$ 連結。最終的迴路展示於圖 3 中。◀

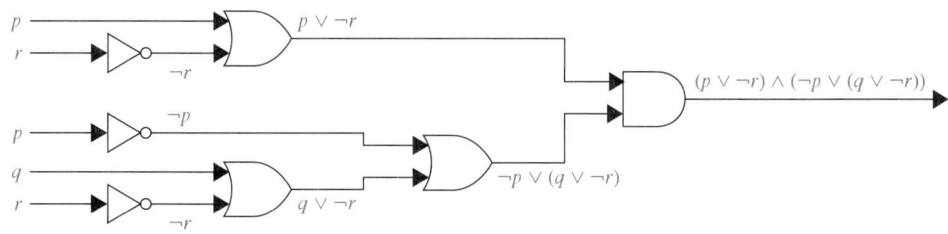

圖 3 產生 $(p \vee \neg r) \wedge (\neg p \vee (q \vee \neg r))$ 的迴路

習題 Exercises

*表示為較難的練習；**表示為高度挑戰性的練習；☞ 對應正文。

習題 1-6，使用給定的命題符號，將下列語句轉換成命題邏輯語句。

1. 你不能編輯維基百科中受保護的項目，除非你是管理員。試以下列符號來表示你的答案，e：「你能編輯維基百科中受保護的項目」，以及 a：「你是管理員」。

2. 你可以看這部電影，只有當你已經滿 18 歲或是得到你父母親的允許。試以下列符號來表示你的答案，m：「你能看這部電影」，e：「你已經滿 18 歲」，以及 p：「你有雙親的允許」。

3. 你可以畢業，只有當你修過所有必要的學分，沒有欠學校錢，並且沒有逾期未歸還的圖書。試以下列符號來表示你的答案，g：「你可以畢業」，m：「你欠學校錢」，r：「你修過所有必要的學分」，以及 b：「你手上還有圖書館的書」。

4. 使用機場的無限網路必須按日計費，除非你是這項服務的用戶。試以下列符號來表示你的答案，w：「你能使用機場的無限網路」，d：「你必須按日付費」，以及 s：「你是這項服務的用戶」。

5. 你有資格當上美國總統，只有當你至少 35 歲，出生於美國，或是你出生時父母都是美國公民，而且你在這個國家居住超過 14 年。試以下列符號來表示你的答案，e：「你有資格當上美國總統」，a：「你至少 35 歲」，b：「你出生於美國」，p：「你出生時父母都是美國公民」，以及 s：「你在這個國家居住超過 14 年」。

6. 你可以升級你的作業系統，只有當你有 32 位元的處理器而且速度至少有 1 GHz、超過 1 GB 的記憶體容量，以及硬碟有 16 GB 的未使用空間；或者有 64 位元的處理器而且速度至少有 2 GHz、超過 2 GB 的記憶體容量，以及硬碟有 32 GB 的未使用空間。試以下列符號來表示你的答案，u：「你可以升級你的作業系統」，b_{32}：「你有 32 位元的處理器」，b_{64}：「你有 64 位元的處理器」，g_1：「你的處理器速度至少有 1 GHz」，g_2：「你的處理器速度至少有 2 GHz」，r_1：「你的處理器有超過 1 GB 的記憶體容量」，r_2：「你的處理器有超過 2 GB 的記憶體容量」，h_{16}：「你的硬碟有 16 GB 的未使用空間」，以及 h_{32}：「你的硬碟有 32 GB 的未使用空間」。

7. p 命題為「此訊息被進行病毒掃描」，q 命題為「此訊息來自不明系統」，請配合適當的邏輯連詞表達下列系統規格：
   a) 「每當訊息來自不明系統時，都會被進行病毒掃描。」
   b) 「此訊息來自不明系統，但卻沒有被進行病毒掃描。」
   c) 「每當訊息來自不明系統時，對此訊息進行病毒掃描是必要的。」
   d) 「當訊息並非來自不明系統時，它將不會被進行病毒掃描。」

8. p 命題為「使用者輸入有效密碼」，q 命題為「被允許上線」，r 命題為「使用者付清費用」，請配合適當的邏輯連詞表達下列系統規格：
   a) 「使用者已經付清費用，但並未輸入有效密碼。」
   b) 「每當使用者付清費用且輸入有效密碼時，就會被允許上線。」

c)「如果使用者並未付清費用，就不被允許上線。」

d)「如果使用者並未輸入有效密碼但已經付清費用，還是會被允許上線。」

9. 下列系統規格的陳述是否一致？「此系統處於多重使用者的狀態，若且唯若系統運作正常。倘若系統運作正常，核心就能發揮功能。系統核心不能發揮功能，或系統處於中斷模式。如果系統不是處於多重使用者的狀態，就是處於中斷模式。此系統並非處於中斷模式。」

10. 下列系統規格的陳述是否一致？「每當系統軟體正在更新時，使用者都不能進入檔案系統。如果使用者不能進入檔案系統，就無法儲存新的檔案。如果使用者不能儲存新的檔案，系統軟體就無法更新。」

11. 下列系統規格的陳述是否一致？「只有在路由器可以支援新的位址空間時，它才可能將封包送抵邊緣系統。要讓路由器能夠支援新的位址空間，安裝最新軟體是必要的。如果安裝了最新的軟體，路由器就能把封包送抵邊緣系統。但是，此路由器並不能支援新的位址空間。」

12. 下列系統規格的陳述是否一致？「如果檔案系統並未封鎖，新的訊息將被納入傳送佇列。如果檔案系統並未封鎖，就表示系統運作正常；並且反之亦然。如果新的訊息並未納入傳送佇列，就將被送往訊息緩衝區。如果檔案系統並未封鎖，新的訊息將被送往訊息緩衝區。新的訊息將不被送往訊息緩衝區。」

13. 倘若你想要運用布林搜尋技術尋找關於「紐澤西海灘」（beaches in New Jersey；美國紐澤西州的海灘）的網頁，應該輸入什麼樣的搜尋條件？倘若要尋找的是「位於澤西島的海灘」（beaches on the isle of Jersey；澤西島位於英吉利海峽）呢？

14. 倘若你想要運用布林搜尋技術尋找關於「西維吉尼亞州健行步道」（hiking in West Virginia）的網頁，應該輸入什麼樣的搜尋條件？倘若要尋找的是「位於維吉尼亞州，但不在西維吉尼亞州的健行步道」（hiking in Virginia, but not in West Virginia）呢？

*15. 在某遙遠的村莊裡，只有兩種住民：總說實話者及總說謊話者。當外來遊客提問時，他們只會用「是」或「不是」來回答。現在假設你來到這個村莊，遇上叉路：一條通往你想要參觀的遺跡，另一條則通往叢林深處。這時正好看見一位住民站在叉路口，你該怎麼詢問他（只問一個問題）才能知道該走哪條路？

16. 有位探險家被一群食人族抓到。這些食人族有兩種類型——總說實話者及總說謊話者。除非這位探險家能準確判定某一特定食人者是總說實話或總說謊話的類型，否則食人族將把他烤來吃。他只被允許問此食人者一個問題。

a) 請說明為什麼提「你是說謊者嗎？」這個問題並不能順利逃生。

b) 請找出到底該問什麼問題才能準確判斷出這個食人者是說謊者或說實話者。

17. 有三個教授坐在餐廳中，女主人過來問道：「三位都要咖啡嗎？」第一位教授說：「我不知道。」第二位教授接著說：「我不知道。」最後，第三位教授說：「不，不是每個人都要咖啡。」女主人離去，回來時將咖啡端給需要的教授。她是如何知道哪個人需要咖啡的？

18. 當計畫舉辦一個宴會時，你必須知道要邀請哪些人。在你想要邀請的人中，有三人非常棘手。你知道如果薩米爾在場，賈斯明會很不開心。只有侃帝出席時，薩米爾才會參加。而侃帝不會來，除非賈斯明也在。就這三位朋友而言，你應該以何種組合方式邀請，才不會有人不高興？

19. 求出每個組合迴路的輸出。

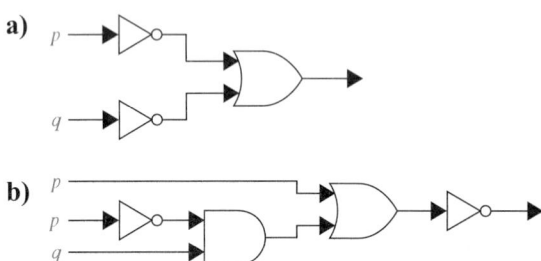

20. 求出每個組合迴路的輸出。

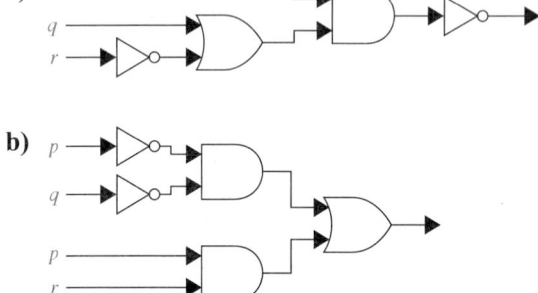

21. 利用反閘、或閘和及閘建構一個組合迴路，其輸入位元為 p、q 和 r，而輸出為 $(p \land \neg r) \lor (\neg q \land r)$。

22. 利用反閘、或閘和及閘建構一個組合迴路，其輸入位元為 p、q 和 r，而輸出為 $((\neg p \lor \neg r) \land \neg q) \lor (\neg p \land (q \lor r))$。

1.3 等值命題 *Propositional Equivalences*

引言

在數學論證中，有個步驟非常重要：用具有相同真假值的語句取代原有語句。正因為如此，如何產生與特定複合命題等值之命題的方法，在數學論證的建構上被廣泛地使用。值得注意的是，「複合命題」意指運用邏輯符號連接命題變數之表述，例如 $p \land q$。

在此，我們先依據複合命題的真假值狀況進行分類。

定義 1 ■ 一個複合命題，無論組成該命題之命題變數的真假值為何，它都永遠是真的，我們稱之為**恆真句**或**套套邏輯**（tautology）。一個永遠是假的複合命題，我們稱之為**矛盾句**（contradiction）。一個既非恆真句亦非矛盾句的複合命題，我們則稱之為**適真句**（contingency）。

在數學推理中，恆真句與矛盾句經常扮演了重要的角色。例題 1 是這類命題常見的範例。

例題 1 我們只需要一個命題變數，就可建構恆真句及矛盾句的例子。檢視表 1 關於 $p \lor \neg p$ 及 $p \land \neg p$ 的真假值狀況。無論 p 的真假值為何，$p \lor \neg p$ 都是真的，所以它是一個恆真句；$p \land \neg p$ 永遠都是假的，所以是個矛盾句。◀

表 1 恆真句與矛盾句的範例

p	$\neg p$	$p \lor \neg p$	$p \land \neg p$
T	F	T	F
F	T	T	F

邏輯上的等值

兩個複合命題在所有可能的情況下真假值皆相同，我們稱之為**邏輯上相等**或**等值**（logically equivalent）。這個概念也可採用下列的方式定義。

定義 2 ■ 如果 $p \leftrightarrow q$ 為一恆真句，則複合命題 p 和 q 邏輯上等值；我們用符號 $p \equiv q$ 代表。

注意：" $\equiv$ " 並非邏輯運算符號，所以 $p \equiv q$ 不是由 p 和 q 組成的複合命題，而是表達 $p \leftrightarrow q$ 為一恆真句。有時候，我們也會用符號 " $\Leftrightarrow$ " 取代 " $\equiv$ " 來表達邏輯上的等值。

要判定兩個複合命題是否在邏輯上相等，利用真值表是一個方法。特別的是，複合命題 p 和 q 等值，若且唯若它們在表中的真假值狀況完全一致（每一列的真假值皆相同）。例題 2 舉出一組非常重要且實用的等值命題：$\neg(p \lor q)$ 和 $\neg p \land \neg q$ 在邏輯上相等；這是**笛摩根定律**（De Morgan's Laws）之一（參見表 2），以紀念十九世紀中葉的英國數學家奧古斯特斯·笛摩根而命名。

表 2 笛摩根定律

$\neg(p \land q) \equiv \neg p \lor \neg q$
$\neg(p \lor q) \equiv \neg p \land \neg q$

奧古斯特斯·笛摩根（Augustus De Morgan，1806-1871）是英國著名的數學家，作品豐富且多元，領域涵蓋邏輯、機率、微積分、代數等。1838 年，他首度清楚呈現重要的數學技巧，並命名為「數學歸納法」（mathematical induction；參見 5.1 節）。1840 年代，對符號邏輯之開展提出基礎性的貢獻，運用符號命名及形式化的過程，證明許多等值命題（包括眾所皆知的笛摩根定律）。1842 年，首度為極限概念提出精準的定義，並發展許多檢驗無窮序列是否收斂的方法。此外，他對數學史也有高度的興趣，曾為牛頓、哈雷等人寫過傳記。

例題 2 證明 $\neg(p \vee q)$ 和 $\neg p \wedge \neg q$ 在邏輯上相等。

解：關於這些複合命題的真值表，請見表 3。對於所有 p 和 q 可能的真假值組合，$\neg(p \vee q)$ 和 $\neg p \wedge \neg q$ 相對應之真假值完全相同，所以 $\neg(p \vee q) \leftrightarrow (\neg p \wedge \neg q)$ 為一恆真句，也就是說此兩複合命題在邏輯上相等。

表 3 $\neg(p \vee q)$ 與 $\neg p \wedge \neg q$ 的真值表

p	q	$p \vee q$	$\neg(p \vee q)$	$\neg p$	$\neg q$	$\neg p \wedge \neg q$
T	T	T	F	F	F	F
T	F	T	F	F	T	F
F	T	T	F	T	F	F
F	F	F	T	T	T	T

例題 3 證明 $\neg p \vee q$ 和 $p \rightarrow q$ 在邏輯上相等。

解：我們在表 4 中建構這些複合命題的真值表。由於 $\neg p \vee q$ 和 $p \rightarrow q$ 在表中的真假值狀況完全一致，所以它們在邏輯上相等。

表 4 $\neg p \vee q$ 與 $p \rightarrow q$ 的真值表

p	q	$\neg p$	$\neg p \vee q$	$p \rightarrow q$
T	T	F	T	T
T	F	F	F	F
F	T	T	T	T
F	F	T	T	T

以下要探討之邏輯上等值的複合命題，包含 p、q、r 三個命題變數。若要為此建構真值表，我們需要八列，因為三個變數可能的真假值組合共有八種：TTT、TTF、TFT、TFF、FTT、FTF、FFT 及 FFF（每個組合的第一、二、三個位置分別代表 p、q、r 三者的真假值）。值得注意的是，每增加一個命題變數，真值表就必須要有兩倍的列數；所以如果探討的等值複合命題包含四個命題變數，我們就需要 16 列的真值表。總括而言，包含 n 個命題變數的複合命題需要 2^n 列的真值表。

例題 4 證明 $p \vee (q \wedge r)$ 和 $(p \vee q) \wedge (p \vee r)$ 在邏輯上相等；這是選言對連言之分配律（distributive law）。

解：我們在表 5 中建構這些複合命題的真值表。由於 $p \vee (q \wedge r)$ 和 $(p \vee q) \wedge (p \vee r)$ 在表中的真假值狀況完全一致，所以它們在邏輯上相等。

表 5 $p \vee (q \wedge r)$ 和 $(p \vee q) \wedge (p \vee r)$ 邏輯上等值之證明

p	q	r	$q \wedge r$	$p \vee (q \wedge r)$	$p \vee q$	$p \vee r$	$(p \vee q) \wedge (p \vee r)$
T	T	T	T	T	T	T	T
T	T	F	F	T	T	T	T
T	F	T	F	T	T	T	T
T	F	F	F	T	T	T	T
F	T	T	T	T	T	T	T
F	T	F	F	F	T	F	F
F	F	T	F	F	F	T	F
F	F	F	F	F	F	F	F

表 6 列舉了一些重要的邏輯等式[1]。在這些等值命題中，**T** 代表永遠都是真的恆真句，**F** 代表始終為假的矛盾句。另外，表 7 及表 8 中也分別列舉了一些包含條件句及雙條件句的邏輯等式。本節習題會要求讀者證明這些等式。

表 6 邏輯等式

等式	名稱
$p \wedge \mathbf{T} \equiv p$ $p \vee \mathbf{F} \equiv p$	同一律（identity laws）
$p \vee \mathbf{T} \equiv \mathbf{T}$ $p \wedge \mathbf{F} \equiv \mathbf{F}$	支配律（domination laws）
$p \vee p \equiv p$ $p \wedge p \equiv p$	冪等律或重複增減法（idempotent laws）
$\neg(\neg p) \equiv p$	雙重否定律（double negation law）
$p \vee q \equiv q \vee p$ $p \wedge q \equiv q \wedge p$	交換律（commutative laws）
$(p \vee q) \vee r \equiv p \vee (q \vee r)$ $(p \wedge q) \wedge r \equiv p \wedge (q \wedge r)$	結合律（associative laws）
$p \vee (q \wedge r) \equiv (p \vee q) \wedge (p \vee r)$ $p \wedge (q \vee r) \equiv (p \wedge q) \vee (p \wedge r)$	分配律（distributive laws）
$\neg(p \wedge q) \equiv \neg p \vee \neg q$ $\neg(p \vee q) \equiv \neg p \wedge \neg q$	笛摩根定律（De Morgan's laws）
$p \vee (p \wedge q) \equiv p$ $p \wedge (p \vee q) \equiv p$	吸收律（absorption laws）
$p \vee \neg p \equiv \mathbf{T}$ $p \wedge \neg p \equiv \mathbf{F}$	否定律（negation laws）

註 1：表 6 中的等式可以看成 11.1 節（請參見隨書光碟）表 5 的布林代數等式的特例。請與 2.2 節表 1 的集合恆等式進行比較。

表 7　包含條件句之邏輯等式
$p \to q \equiv \neg p \vee q$
$p \to q \equiv \neg q \to \neg p$
$p \vee q \equiv \neg p \to q$
$p \wedge q \equiv \neg(p \to \neg q)$
$\neg(p \to q) \equiv p \wedge \neg q$
$(p \to q) \wedge (p \to r) \equiv p \to (q \wedge r)$
$(p \to r) \wedge (q \to r) \equiv (p \vee q) \to r$
$(p \to q) \vee (p \to r) \equiv p \to (q \vee r)$
$(p \to r) \vee (q \to r) \equiv (p \wedge q) \to r$

表 8　包含雙條件句之邏輯等式
$p \leftrightarrow q \equiv (p \to q) \wedge (q \to p)$
$p \leftrightarrow q \equiv \neg p \leftrightarrow \neg q$
$p \leftrightarrow q \equiv (p \wedge q) \vee (\neg p \wedge \neg q)$
$\neg(p \leftrightarrow q) \equiv p \leftrightarrow \neg q$

　　選言之結合律顯示 "$p \vee q \vee r$" 是個定義完整的表述方式，因為我們不論先處理 p 和 q 的選言，再用選言符號連結 r，或是先處理 q 和 r 的選言，再用選言符號將 p 與 $q \vee r$ 連結起來，結果都是相同的。同理，"$p \wedge q \wedge r$" 也被視為定義完整之表式。以此類推，不管 p_1、p_2、…、p_n 分別代表什麼樣的命題，$p_1 \vee p_2 \vee \cdots \vee p_n$ 和 $p_1 \wedge p_2 \wedge \cdots \wedge p_n$ 都是定義完整的。

　　同時，我們也可將笛摩根定律延伸成

$$\neg(p_1 \vee p_2 \vee \cdots \vee p_n) \equiv (\neg p_1 \wedge \neg p_2 \wedge \cdots \wedge \neg p_n)$$

以及

$$\neg(p_1 \wedge p_2 \wedge \cdots \wedge p_n) \equiv (\neg p_1 \vee \neg p_2 \vee \cdots \vee \neg p_n)$$

　　有時，我們會使用符號 $\bigvee_{j=1}^{n} p_j$ 來表示 $p_1 \vee p_2 \vee \cdots \vee p_n$ 以及 $\bigwedge_{j=1}^{n} p_j$ 來表示 $p_1 \wedge p_2 \wedge \cdots \wedge p_n$。使用這些符號，能將延伸的笛摩根定律表示成 $\neg(\bigvee_{j=1}^{n} p_j) \equiv \bigwedge_{j=1}^{n} \neg p_j$ 以及 $\neg(\bigwedge_{j=1}^{n} p_j) \equiv \bigvee_{j=1}^{n} \neg p_j$（證明這些恆等式的方法，見 5.1 節。）

笛摩根定律之運用

　　笛摩根定律的兩個邏輯等式非常重要，它讓我們知道如何否定連言及否定選言。特別的是，等值命題 $\neg(p \vee q) \equiv \neg p \wedge \neg q$ 告訴我們，一個選言的否定句，是將兩個選言因子分別否定之後的連言；同樣地，等值命題 $\neg(p \wedge q) \equiv \neg p \vee \neg q$ 告訴我們一個連言的否定句，是將兩個連言因子分別否定之後的選言。例題 5 說明了笛摩根定律實際運用的狀況。

例題 5　利用笛摩根定律，分別表達「馬奎爾有一支手機和一台筆記型電腦」及「海德或史帝夫將參加音樂會」的否定句。

解：令 p 代表「馬奎爾有一支手機」，q 代表「馬奎爾有一台筆記型電腦」；如此一來，「馬奎爾有一支手機和一台筆記型電腦」就可表述為 $p \wedge q$。依據笛摩根定律的第一式，$\neg(p \wedge q)$

等同於 ¬p ∨ ¬q。因此，我們可將原語句之否定句表達成「馬奎爾沒有一支手機或沒有一台筆記型電腦」。

同樣地，令 r 代表「海德將參加音樂會」，s 代表「史帝夫將參加音樂會」，那麼「海德或史帝夫將參加音樂會」即可被 r ∨ s 所取代。依據笛摩根定律的第二式，¬(r ∨ s) 等同於 ¬r ∧ ¬s；因此，原語句之否定句可表達為「海德不參加音樂會，而且史帝夫也不參加音樂會」（「海德和史帝夫兩人都不參加音樂會」）。

建構新的邏輯等式

結合表 6 及其他常見的邏輯等式（如表 7、表 8 所列舉），我們可以建構更多的等值命題。其中的道理是，複合命題中之組成份子可以任意被與組成份子邏輯等值的命題所取代，而不會改變原複合命題的真假值。建構的技巧可見例題 6 至例題 8。在此，我們也運用了以下的事實：如果 p 和 q 在邏輯上相等，而且 q 和 r 在邏輯上也相等，那麼 p 和 r 必然在邏輯上相等。

例題 6　證明 ¬(p → q) 和 p ∧ ¬q 在邏輯上相等。

解：我們可用真值表來證明這兩個複合命題是等值的（類似於例題 4 的方法）。事實上，對此特定題目而言，這種方法做起來也並不困難。然而，如何由已知之邏輯等式建立新的邏輯等式其實是很重要的，特別是當我們面對的複合命題包含了大量變數時。因此，為了讓讀者明瞭這樣的過程，我們將用邏輯等式推演的方法（主要運用表 6 中之等式）解說此例（由 ¬(p → q) 開始，逐步建造新的等值命題，直至 p ∧ ¬q）。

$$\begin{aligned}
\neg(p \to q) &\equiv \neg(\neg p \lor q) && \text{藉由例題 3} \\
&\equiv \neg(\neg p) \land \neg q && \text{藉由笛摩根定律的第二式} \\
&\equiv p \land \neg q && \text{藉由雙重否定律}
\end{aligned}$$

例題 7　藉由邏輯等式的推演，證明 ¬(p ∨ (¬p ∧ q)) 和 ¬p ∧ ¬q 在邏輯上相等。

解：我們將運用表 6 中的邏輯等式，由 ¬(p ∨ (¬p ∧ q)) 逐步建造新的等值命題，直至 ¬p ∧ ¬q（當然，真值表的方法也可輕易解決此題）。

$$\begin{aligned}
\neg(p \lor (\neg p \land q)) &\equiv \neg p \land \neg(\neg p \land q) && \text{藉由笛摩根定律的第二式} \\
&\equiv \neg p \land [\neg(\neg p) \lor \neg q] && \text{藉由笛摩根定律的第一式} \\
&\equiv \neg p \land (p \lor \neg q) && \text{藉由雙重否定律} \\
&\equiv (\neg p \land p) \lor (\neg p \land \neg q) && \text{藉由分配律的第二式} \\
&\equiv \mathbf{F} \lor (\neg p \land \neg q) && \text{因為 } \neg p \land p \equiv \mathbf{F} \\
&\equiv (\neg p \land \neg q) \lor \mathbf{F} && \text{藉由選言的交換律} \\
&\equiv \neg p \land \neg q && \text{藉由 } \mathbf{F} \text{ 之同一律}
\end{aligned}$$

因此，¬(p ∨ (¬p ∧ q)) 和 ¬p ∧ ¬q 在邏輯上相等。

例題 8 證明 $(p \wedge q) \to (p \vee q)$ 為一恆真句。

解：要證明此命題為一恆真句，我們可藉邏輯等式顯示它與 T 在邏輯上相等（我們同樣也可利用真值表證明）。

$$\begin{aligned} (p \wedge q) \to (p \vee q) &\equiv \neg(p \wedge q) \vee (p \vee q) & \text{藉由例題 3} \\ &\equiv (\neg p \vee \neg q) \vee (p \vee q) & \text{藉由笛摩根定律的第一式} \\ &\equiv (\neg p \vee p) \vee (\neg q \vee q) & \text{藉由選言的結合律與交換律} \\ &\equiv T \vee T & \text{藉由例題 1 及選言的交換律} \\ &\equiv T & \text{藉由支配律} \end{aligned}$$

命題可滿足性

我們稱一個複合命題是**可滿足的**（satisfiable），如果其變數存在一組真假值能夠使得這個命題為真。如果找不到這樣一組真假值，也就是說，無論如何指定變數的真假值，命題皆為假。這樣的複合命題稱為**不可滿足的**（unsatisfiable）。一個複合命題是不可滿足的，若且唯若當變數指定任何真假值時，其否定命題是恆真句。

當能找到一組特殊的真假值，使得複合命題為真。我們不但證明了命題是可滿足的，而這組特殊的真假值則為這個可滿足性問題的**解**（solution）。反之，欲證明某個複合命題為不可滿足的，必須證明當變數指定所有可能的真假值時，命題都為假。雖然我們總是能使用真值表來檢驗一個複合命題是否為可滿足的，然而通常為了效率，我們不會使用這種方式。請見例題 9。

例題 9 判斷下列每個複合命題是否為可滿足的？$(p \vee \neg q) \wedge (q \vee \neg r) \wedge (r \vee \neg p)$，$(p \vee q \vee r) \wedge (\neg p \vee \neg q \vee \neg r)$ 以及 $(p \vee \neg q) \wedge (q \vee \neg r) \wedge (r \vee \neg p) \wedge (p \vee q \vee r) \wedge (\neg p \wedge \neg q \wedge \neg r)$。

解：不使用真值表來求解這個問題，我們將直接討論變數的真假值。我們注意到當三個變數 p、q 和 r 有相同的真假值時，$(p \vee \neg q) \wedge (q \vee \neg r) \wedge (r \vee \neg p)$ 為真（見 1.1 節習題 40）。因此，命題為可滿足的，因為存在一組變數的真假值使命題為真。利用相似的方法，當三個變數 p、q 和 r 至少有一個為真，至少有一個為假時，$(p \vee q \vee r) \wedge (\neg p \vee \neg q \vee \neg r)$ 便為真（見 1.1 節習題 41）。因此，命題 $(p \vee q \vee r) \wedge (\neg p \vee \neg q \vee \neg r)$ 為可滿足的，因為能找到一組變數的真假值使命題為真。

最後，我們發現若要 $(p \vee \neg q) \wedge (q \vee \neg r) \wedge (r \vee \neg p) \wedge (p \vee q \vee r) \wedge (\neg p \wedge \neg q \wedge \neg r)$ 為真，必須 $(p \vee \neg q) \wedge (q \vee \neg r) \wedge (r \vee \neg p)$ 與 $(p \vee q \vee r) \wedge (\neg p \wedge \neg q \wedge \neg r)$ 同時為真。前者為真，三個變數必須有相同的真假值；後者為真，三個變數必須同時有一真一假。這兩個條件互相矛盾，也就是說，找不到一組真假值來定義三個變數使得 $(p \vee \neg q) \wedge (q \vee \neg r) \wedge (r \vee \neg p) \wedge (p \vee q \vee r) \wedge (\neg p \wedge \neg q \wedge \neg r)$ 為真。因此，這個複合命題是不可滿足的。

可滿足性的應用

有許多不同領域的問題，例如機器人學、軟體測試、電腦輔助設計、機器視覺、積體電路設計、電腦網路和遺傳學等，都能使用命題可滿足性的術語來建構其模型。雖然上述應用超出了本書的範圍，但我們仍然要在此介紹一種應用，說明如何利用命題可滿足性來模型化**數獨謎題**（Sudoku puzzles）。

數獨　數獨謎題是個 9×9 的小方格，由九個 3×3 的方塊組成，見圖 1。每一個謎題的 81 個小方格中有些已經給定一個 1、2、…、9 的數字，而其他的小方格則是空白的。謎題的設計是每一行、每一列以及每一個 3×3 的方塊都包含一組 1 至 9 的數字，而且每個數字都只出現一次。當然，數獨謎題可以不使用 9×9 的方格而使用 $n^2 \times n^2$ 大小方格，由 n^2 個 $n \times n$ 的方塊組成。

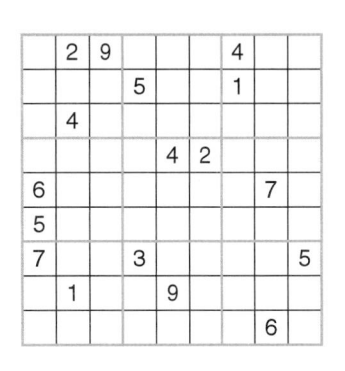

目前非常受歡迎的數獨於 1980 年代由日本開始流行，在 20 年間傳遍全世界，到了 2005 年已經蔚為風尚。數獨的名稱

圖 1　一個 9×9 的數獨謎題

來自日文 *suuji wa dokushin ni kagiru*（限制數字單一）的縮寫。現代的數獨是美國謎題設計師於 1970 年代末期所設計，若要再往前追溯，1890 年代法國的報紙上就印有類似但不全然相同的遊戲。

為娛樂而設計出的數獨有兩個重要的附加條件：第一，只有一組解。第二，能利用單一尋解的方式找出所有的數字，也就是說，不需要一次考慮所有小方格中的所有可能數字。在求解數獨時，空白方格中的數字可以由已經出現的數字判定。例如，在圖 1 中，數字 4 必須出現於第二列，我們如何判斷它應該出現於剩下七個空白位置中的哪一格？首先，我們觀察到 4 不能出現於最左邊三格，也不能出現於最右邊三格中，因為在左邊與右邊的 3×3 方塊中已經有 4 了。我們也看到 4 不能位於第五個小方格中，因為第五行中已經出現數字 4 了。如此一來，4 只能放在第六個小方格中。

許多邏輯與數學的策略被用來設計數獨（見 [Da10]）。在此我們將討論其中一種使用電腦輔助的求解方法，其根據就在數獨是種命題可滿足性問題。根據描述的模型，我們可以利用求解可滿足性問題而發展的軟體來解決某些數獨謎題。目前，這種方式可以在 10 毫秒之內解出數獨謎題。必須注意的是，除了電腦之外，還有許多利用其他技巧求解數獨的方法。

在編譯數獨謎題時，如果數字 n 位於第 i 列第 j 行的小格中，則令命題 $p(i, j, n)$ 為真。可能的命題個數為 9×9×9 = 729，因為 i、j 和 n 都各有 9 種可能。例如，在圖 1 中，數字 6 出現在第五列第一行中，所以 $p(5, 1, 6)$ 為真，而且 $p(5, j, 6)$ 皆為假，當 $j = 2, 3, ..., 9$。

對一個特定的數獨，我們首先編譯每個給定之數的命題。然後，便需建構複合命題來聲稱每列、每行、每個 3 × 3 方塊都包含所有的數字恰巧一次。接下來，讀者便需自行檢驗數獨是可解的，也就是可以指定一組 729 個 $p(i, j, n)$ 的真假值，使得複合命題為真。列出所有的可能後，我們將建構一組可能的真假值來聲稱每一列都包含數字 1 到 9。至於建構聲稱每行、每個 3 × 3 方塊都恰巧包含所有的數字一次，則留給讀者們當成習題。

- 對每個小方格給定一個值 $p(i, j, n)$，當數字 n 位於第 i 列第 j 行的小格中。
- 確立每一列包含每個數字：

$$\bigwedge_{i=1}^{9} \bigwedge_{n=1}^{9} \bigvee_{j=1}^{9} p(i, j, n)$$

- 確立每一行包含每個數字：

$$\bigwedge_{j=1}^{9} \bigwedge_{n=1}^{9} \bigvee_{i=1}^{9} p(i, j, n)$$

- 確立 3 × 3 方塊包含每個數字：

$$\bigwedge_{r=0}^{2} \bigwedge_{s=0}^{2} \bigwedge_{n=1}^{9} \bigvee_{i=1}^{3} \bigvee_{j=1}^{3} p(3r + i, 3s + j, n)$$

- 為了保證沒有一個小方格會包含一個以上的數字，我們考慮下面之命題的連言：對所有變數 n，n'、i 和 j 的值由 1 至 9 以及 $p(i, j, n) \rightarrow \neg p(i, j, n')$，其中 $n \neq n'$。

現在我們將解釋如何來建構每一行都包含所有的數字這個主張。首先，為聲明第 i 列中有數字 n，我們使用 $\bigvee_{j=1}^{9} p(i, j, n)$，而為保證第 i 列中包含所有的數字 n，我們利用連言 $\bigwedge_{n=1}^{9} \bigvee_{j=1}^{9} p(i, j, n)$。最後，為聲稱所有的列都包含所有的數字，我們將所有九個列再次利用連言 $\bigwedge_{n=1}^{9} \bigvee_{j=1}^{9} p(i, j, n)$ 得到 $\bigwedge_{i=1}^{9} \bigwedge_{n=1}^{9} \bigvee_{j=1}^{9} p(i, j, n)$。（在習題 39 和 40，要求解釋為何每一行和每個 3 × 3 的方格都包含所有的數字。）

為求解一個給定的數獨，我們可以試圖找出一個可滿足問題的解（一組變數的真假值），而此問題為包含 729 個以 $p(i, j, n)$ 為變數的連言。

求解可滿足問題

真值表可以用來判斷一個複合命題是否可滿足；或者說，可以判斷某複合命題的否定句恆真（見習題 34）。當複合命題的變數個數很少時，我們能利用紙筆來驗證；但是當變數個數增加時，利用紙筆將變得不可行。譬如，若命題中有 20 個變數，則真值表中將出現 2^{20} = 1,048,576 這麼多列。很明顯地，當複合命題的變數有 20 個時，你會需要電腦來幫助判定命題是否可滿足。

在我們模型化某些應用時，可能必須面對有上千萬個變數的可滿足問題。例如當變數有 1000 個時，欲檢查變數之真假值的所有可能組合（2^{1000} 個，超過 300 位數），就算

是使用電腦所需要的時間也是個天文數字。目前為止，還沒有可知的方式可以檢驗變數相當大之複合命題是否可滿足。然而，在某些應用下所產生的特殊形態之複合命題，的確已經發展出一些方法來判斷其是否可滿足，譬如求解數獨謎題。許多有特殊功能的電腦程式目前已經被研發出來解決某些特定的可滿足問題。有關這個主題的演算法將於第3章更深入地討論。尤其，我們將解釋命題可滿足性在探討演算法之複雜性上所扮演的重要角色。

習題 Exercises　　*表示為較難的練習；**表示為高度挑戰性的練習；☞ 對應正文。

1. 利用真值表證明下列等式。
   a) $p \wedge \mathbf{T} \equiv p$
   b) $p \vee \mathbf{F} \equiv p$
   c) $p \wedge \mathbf{F} \equiv \mathbf{F}$
   d) $p \vee \mathbf{T} \equiv \mathbf{T}$
   e) $p \vee p \equiv p$
   f) $p \wedge p \equiv p$

2. 證明 $\neg(\neg p)$ 和 p 在邏輯上相等。

3. 利用真值表證明交換律。
   a) $p \vee q \equiv q \vee p$
   b) $p \wedge q \equiv q \wedge p$

4. 利用真值表證明結合律。
   a) $(p \vee q) \vee r \equiv p \vee (q \vee r)$
   b) $(p \wedge q) \wedge r \equiv p \wedge (q \wedge r)$

5. 利用真值表證明連言對選言之分配律。
   $p \wedge (q \vee r) \equiv (p \wedge q) \vee (p \wedge r)$

6. 利用真值表證明笛摩根定律的第一式。
   $\neg(p \wedge \neg q) \equiv \neg p \vee \neg q$

7. 運用笛摩根定律，表述下列語句之否定句。
   a) 珍既富有又快樂。
   b) 卡羅明天將騎腳踏車或跑步。
   c) 梅走路或搭公車上學。
   d) 亞柏拉罕既聰明又用功。

8. 運用笛摩根定律，表述下列語句之否定句。
   a) 寬恩將去就業或上研究所。
   b) 美子懂得 Java 程式和微積分。
   c) 詹姆斯既年輕又強壯。
   d) 莉達將搬去奧瑞岡或華盛頓州。

☞ 9. 利用真值表證明以下的條件句為恆真句。
   a) $(p \wedge q) \rightarrow p$
   b) $p \rightarrow (p \vee q)$
   c) $\neg p \rightarrow (p \rightarrow q)$
   d) $(p \wedge q) \rightarrow (p \rightarrow q)$
   e) $\neg(p \rightarrow q) \rightarrow p$
   f) $\neg(p \rightarrow q) \rightarrow \neg q$

☞ 10. 利用真值表證明以下的條件句為恆真句。
   a) $[\neg p \wedge (p \vee q)] \rightarrow q$
   b) $[(p \rightarrow q) \wedge (q \rightarrow r)] \rightarrow (p \rightarrow r)$
   c) $[p \wedge (p \rightarrow q)] \rightarrow q$
   d) $[(p \vee q) \wedge (p \rightarrow r) \wedge (q \rightarrow r)] \rightarrow r$

11. 不要使用真值表，證明習題 9 的條件句為恆真句。

12. 不要使用真值表，證明習題 10 的條件句為恆真句。

13. 利用真值表證明吸收律。
    a) $p \vee (p \wedge q) \equiv p$
    b) $p \wedge (p \vee q) \equiv p$
14. 判定 $(\neg p \wedge (p \to q)) \to \neg q$ 是否為恆真句。
15. 判定 $(\neg q \wedge (p \to q)) \to \neg p$ 是否為恆真句。

習題 16 至 28 要求讀者證明兩個複合命題在邏輯上相等。為達此目的，讀者可以證明能讓兩者為真或為假（挑選較容易者去做）的變數真假值組合剛好完全相同。

16. 證明 $p \leftrightarrow q$ 和 $(p \wedge q) \vee (\neg p \wedge \neg q)$ 在邏輯上相等。
17. 證明 $\neg(p \leftrightarrow q)$ 和 $p \leftrightarrow \neg q$ 在邏輯上相等。
18. 證明 $p \to q$ 和 $\neg q \to \neg p$ 在邏輯上相等。
19. 證明 $\neg p \leftrightarrow q$ 和 $p \leftrightarrow \neg q$ 在邏輯上相等。
20. 證明 $\neg(p \oplus q)$ 和 $p \leftrightarrow q$ 在邏輯上相等。
21. 證明 $\neg(p \leftrightarrow q)$ 和 $\neg p \leftrightarrow q$ 在邏輯上相等。
22. 證明 $(p \to q) \wedge (p \to r)$ 和 $p \to (q \wedge r)$ 在邏輯上相等。
23. 證明 $(p \to r) \wedge (q \to r)$ 和 $(p \vee q) \to r$ 在邏輯上相等。
24. 證明 $(p \to q) \vee (p \to r)$ 和 $p \to (q \vee r)$ 在邏輯上相等。
25. 證明 $(p \to r) \vee (q \to r)$ 和 $(p \wedge q) \to r$ 在邏輯上相等。
26. 證明 $\neg p \to (q \to r)$ 和 $q \to (p \vee r)$ 在邏輯上相等。
27. 證明 $p \leftrightarrow q$ 和 $(p \to q) \wedge (q \to p)$ 在邏輯上相等。
28. 證明 $p \leftrightarrow q$ 和 $\neg p \leftrightarrow \neg q$ 在邏輯上相等。
29. 證明 $(p \to q) \wedge (q \to r) \to (p \to r)$ 為恆真句。
30. 證明 $(p \vee q) \wedge (\neg p \vee r) \to (q \vee r)$ 為恆真句。
31. 證明 $(p \to q) \to r$ 和 $p \to (q \to r)$ 在邏輯上不相等。
32. 證明 $(p \wedge q) \to r$ 和 $(p \to r) \wedge (q \to r)$ 在邏輯上不相等。
33. 證明 $(p \to q) \to (r \to s)$ 和 $(p \to r) \to (q \to s)$ 在邏輯上不相等。
34. 證明一個不可滿足的複合命題，其否定式為恆真句；同時，一個恆真句的否定視為不可滿足之複合命題。
35. 下列哪些複合命題是可滿足的？
    a) $(p \vee \neg q) \wedge (\neg p \vee q) \wedge (\neg p \vee \neg q)$
    b) $(p \to q) \wedge (p \to \neg q) \wedge (\neg p \to q) \wedge (\neg p \to \neg q)$
    c) $(p \leftrightarrow q) \wedge (\neg p \leftrightarrow q)$
36. 下列哪些複合命題是可滿足的？
    a) $(p \vee q \vee \neg r) \wedge (p \vee \neg q \vee \neg s) \wedge (p \vee \neg r \vee \neg s) \wedge (\neg p \vee \neg q \vee \neg s) \wedge (p \vee q \vee \neg s)$
    b) $(\neg p \vee \neg q \vee r) \wedge (\neg p \vee q \vee \neg s) \wedge (p \vee \neg q \vee \neg s) \wedge (\neg p \vee \neg r \vee \neg s) \wedge (p \vee q \vee \neg r) \wedge (p \vee \neg r \vee \neg s)$
    c) $(p \vee q \vee r) \wedge (p \vee \neg q \vee \neg s) \wedge (q \vee \neg r \vee s) \wedge (\neg p \vee r \vee s) \wedge (\neg p \vee q \vee \neg s) \wedge (p \vee \neg q \vee \neg r) \wedge (\neg p \vee \neg q \vee s) \wedge (\neg p \vee \neg r \vee \neg s)$

37. 證明為何一個 4×4 的數獨謎題能以求解可滿足問題的方式找出解答。
38. 建構一個複合命題確立每個 9×9 數獨謎題的小方格中至少包含一個數字。
39. 解釋在書上建構之複合命題的步驟能確立 9×9 之數獨謎題的每一列都包含所有的數字。
* 40. 解釋在書上建構之複合命題的步驟能確立 9×9 之數獨謎題的每一個 3×3 方塊都包含所有的數字。

1.4 述詞與量詞 Predicates and Quantifiers

引言

1.1 至 1.3 節所討論之命題邏輯，並不足以妥善表達數學和自然語言中的語句。舉例來說，倘若我們知道以下事實：

「跟學校網路連線的每一台電腦都運作正常。」

現在即使我們知道 MATH3 是一台跟學校網路連線的電腦，命題邏輯的規則也不足以讓我們推論出以下之語句為真：

「MATH3 運作正常。」

同樣地，倘若 CS2 是一台跟學校網路連線的電腦，單單運用命題邏輯的規則，也無法從以下事實：

「CS2 被侵入者破壞。」

推論出以下述句為真：

「有一台跟學校網路連線的電腦被侵入者破壞。」

本節我們將介紹效力更強的邏輯系統，稱為**述詞邏輯**（predicate logic）。運用述詞邏輯，我們可以妥善表達更多的數學及電腦語句，並據此探究與推論事物之間的關係。要了解述詞邏輯，第一步得先介紹述詞的概念；接下來，就要引進量詞（quantifier）的觀念——表達所有屬於某一形態的事物都具備某種特性，以及至少存在一個屬於某種形態的事物具備某種特性。

述詞

包含變數的述句在數學語言、電腦程式及系統規格中經常出現。下面是幾個例子：

「$x > 3$」；「$x = y + 3$」；「$x + y = z$」；

與

「電腦 x 被侵入者破壞」；

以及

「電腦 x 運作正常」。

在變數值未設定的情況下，這些述句沒有真假值——既非真，亦非假。本節中，我們將探討如何從這類述句產生命題的方式。

述句「x 大於 3」包含了兩個部分。首先是主詞的部分，變數 x；其次是**述詞**（**predicate**）「大於 3」，表達該述句之主詞可以具備的特性。我們可以用符號 $P(x)$ 代表述句「x 大於 3」，此處的 P 代表述詞「大於 3」，x 則為變數。述句 $P(x)$ 也可稱為**命題函數**（**propositional function**）P 在 x 的值。一旦變數 x 的值被設定，述句 $P(x)$ 就成為一個具有真假值的命題。

例題 1 令 $P(x)$ 代表述句「$x > 3$」，請問 $P(4)$ 和 $P(2)$ 的真假值分別為何？

解：我們要得到 $P(4)$，就把 $x = 4$ 套入述句「$x > 3$」當中；因此，$P(4)$ 為「$4 > 3$」，其真假值為真。同理，$P(2)$ 為「$2 > 3$」，其真假值為假。◂

例題 2 令 $A(x)$ 代表述句「電腦 x 被侵入者破壞」。假設校園內的電腦當中，只有 CS2 和 MATH1 遭受侵入者破壞，請問 A(CS1)、A(CS2) 及 A(MATH1) 的真假值分別為何？

解：把 $x = $ CS1 套入述句「電腦 x 被侵入者破壞」，就可得到 A(CS1)。由於 CS1 並沒有在被破壞的電腦名單之內，所以 A(CS1) 為假。同理，因為 CS2 和 MATH1 都在被破壞的電腦名單之內，所以 A(CS2) 和 A(MATH1) 皆為真。◂

我們也會遇到超過一個變數的述句，例如：「$x = y + 3$」。這時，我們可用 $Q(x, y)$ 來代表，其中 x 和 y 為變數，Q 為述詞。當 x 和 y 的值被設定之後，$Q(x, y)$ 就有了真假值。

例題 3 令 $Q(x, y)$ 代表述句「$x = y + 3$」，請問命題 $Q(1, 2)$ 和 $Q(3, 0)$ 的真假值分別為何？

解：把 $x = 1$ 和 $y = 2$ 套入「$x = y + 3$」，就可得到 $Q(1, 2)$。因此，$Q(1, 2)$ 為述句「$1 = 2 + 3$」，其真假值為假。述句 $Q(3, 0)$ 為命題「$3 = 0 + 3$」，其真假值為真。◂

例題 4 令 $A(c, n)$ 代表述句「電腦 c 連線到網路 n」，其中 c 為代表電腦的變數，n 為代表網路的變數。倘若電腦 MATH1 連線至網路 CAMPUS2，但未連線到網路 CAMPUS1。請問 A(MATH1, CAMPUS1) 和 A(MATH1, CAMPUS2) 的真假值分別為何？

解：由於 MATH1 並未連線到 CAMPUS1，所以 A(MATH1, CAMPUS1) 的真假值應該為假。然而，MATH1 有連線到 CAMPUS2，所以 A(MATH1, CAMPUS2) 為真。◂

同樣地，我們也可用 $R(x, y, z)$ 代表述句「$x + y = z$」。一旦變數 x、y、z 的值被設定之後，$R(x, y, z)$ 就有了真假值。

例題 5 命題 $R(1, 2, 3)$ 和 $R(0, 0, 1)$ 的真假值分別為何？

解：把 $x = 1$，$y = 2$ 及 $z = 3$ 套入述句 $R(x, y, z)$ 中，就可得到 $R(1, 2, 3)$，亦即述句「$1 + 2 = 3$」，其真假值為真。同理，$R(0, 0, 1)$ 為述句「$0 + 0 = 1$」，其真假值為假。◀

一般而言，包含 n 個變數 $x_1, x_2, ..., x_n$ 的述句，可用符號 $P(x_1, x_2, ..., x_n)$ 代表。述句 $P(x_1, x_2, ..., x_n)$ 為**命題函數**（propositional function）P 在 n 元組 $(x_1, x_2, ..., x_n)$ 的值，P 亦可稱為 **n 元述詞**（**n-place** 或 **n-ary predicate**）。

命題函數也會出現電腦程式當中，如例題 6 所示。

例題 6 考量以下述句：

如果 $x > 0$，那麼 $x := x + 1$

倘若電腦程式遇到這樣的述句，執行當下之 x 值就會被嵌入 $P(x)$，亦即 $x > 0$ 中。如果此時的 x 值讓 $P(x)$ 為真，$x := x + 1$ 就會被執行，於是 x 的值就增加 1；如果當下之 x 值讓 $P(x)$ 為假，$x := x + 1$ 就不會被執行，則 x 值便保持不變。◀

先決條件與後置條件 述詞也可用來建立電腦程式的正確性，換句話說，用來證明電腦程式在有效輸入的情況下，總能產生令人滿意的輸出。描述有效輸入的述句，被稱為**先決條件**（precondition）；至於程式執行後，輸出所應滿足的條件則被稱為**後置條件**（postcondition）。如例題 7 所示，我們可用述詞描述先決條件與後置條件。更多細節會在 5.5 節中討論。

例題 7 下列程式是關於 x 與 y 值的相互轉換：

```
temp := x
x := y
y := temp
```

找出適當的述詞，描述用以驗證程式正確性之先決與後置條件，再說明如何使用這些述詞驗證程式。

解：關於先決條件，我們必須表達在程式執行前，x 和 y 就已經有了特定值。因此，我們可用述詞 $P(x, y)$ 代表述句「$x = a$ 且 $y = b$」，其中 a 和 b 分別是程式執行前 x 和 y 的值。此處意圖驗證的是，程式對所有輸入值皆可正確執行 x 與 y 值的交換，所以關於後置條件，我們可用 $Q(x, y)$ 代表述句「$x = b$ 且 $y = a$」。

為了驗證程式總能正確達成任務，我們假設 $P(x, y)$ 成立，也就是述句「$x = a$ 且 $y = b$」為真。程式的第一個步驟是 $temp := x$，將 x 的值設定給變數 $temp$；因此，此步驟之後，$x = a$、$temp = a$、$y = b$。經過第二個步驟 $x := y$ 後，我們知道 $x = b$、$temp = a$、$y = b$。最後，經過第三個步驟，我們得到 $x = b$、$temp = a$、$y = a$。因此，執行此程式之後置條件 $Q(x, y)$ 是確立的，也就是述句「$x = b$ 且 $y = a$」為真。◀

量詞

前面提到，當命題函數的變數值設定好之後，原述句就變成具有真假值的命題。然而，還有另一種重要的方式，稱為**量化**（quantification），也可由命題函數創造命題。「量化」所表達的是，一個述詞在多大範圍的元素中為真。在自然語言中，我們可能用「所有」（all）、「有些」（some）、「許多」（many）、「沒有」（none）、「很少」（few）等字眼表達某種程度的量化；但在這裡，我們討論的焦點只放在兩種形態的量化：「全稱量化」（universal quantification）——表達一個述詞對所有考量之元素而言皆為真；以及「存在量化」（existential quantification）——表達至少有一個考量的元素會讓述詞為真。處理述詞與量詞之邏輯，我們稱作**述詞演算**（predicate calculus）。

全稱量詞　許多數學語句主張某個性質對某特定範圍中的所有變數值皆成立，我們稱此範圍為**論域**（domain of discourse 或 universe of discourse），有時也可稱為**定義域**（domain）。這樣的語句，我們會用全稱量化的方式表達。述詞 $P(x)$ 對某一特定範圍之全稱量化代表以下的命題：對此範圍內之所有 x 值而言，$P(x)$ 皆為真。值得注意的是，論域表明了變數 x 可能的值；當我們改變論域時，$P(x)$ 全稱量化的意義也隨之改變。我們在使用全稱量詞時，論域一定要明確；否則，此語句之全稱量化就定義不清了。

定義 1 ■ $P(x)$ 之全稱量化為述句

「對論域中的所有 x 值而言，$P(x)$。」

符號 $\forall x P(x)$ 代表 $P(x)$ 之全稱量化；此處之 $\forall$ 稱為**全稱量詞**（universal quantifier）。我們將 $\forall x P(x)$ 讀作「對所有的（或每一個）x 而言，$P(x)$。」會讓 $P(x)$ 為假的元素，叫做 $\forall x P(x)$ 之**反例**（counterexample）或異例。

全稱量詞的意義總結於表 1 中的第一列；其實際使用情形，見例題 8 至例題 13。

表 1　量詞

述句	什麼時候為真？	什麼時候為假？
$\forall x P(x)$	每一個 x 都讓 $P(x)$ 為真	存在一個 x 讓 $P(x)$ 為假
$\exists x P(x)$	存在一個 x 讓 $P(x)$ 為真	每一個 x 都讓 $P(x)$ 為假

例題 8　令 $P(x)$ 代表述句「$x + 1 > x$」。倘若論域包含所有實數，請問 $\forall x P(x)$ 的真假值為何？

解：對所有實數 x 而言，$P(x)$ 皆真；因此，$\forall x P(x)$ 的真假值為真。◀

注意：一般而言，當我們使用量詞時，似乎隱約假設其論域並非空集合。倘若論域為空集合，$\forall x P(x)$ 為真（無論 $P(x)$ 代表什麼命題函數），因為論域中沒有任何一個元素可讓 $P(x)$ 為假。

表達全稱量化的用語，除了「對所有」及「對每一個」之外，還包括「所有的」、「任意指定」、「對任何一個」等等。

注意：我們最好避免使用「對任何 x」（"for any x"）這樣的表達方式，因為它究竟意指「每一個」還是「某一個」，有時並不十分清楚。當然在某些狀況，例如用於否定句時，「任何」一詞並不會產生歧義，例如：「沒有任何理由可以逃避讀書。」

對命題函數 $P(x)$ 而言，述句 $\forall x P(x)$ 為假，若且唯若定義域中的 x 不總讓 $P(x)$ 為真。要證明定義域中之 x 並不總讓 $P(x)$ 為真的一種方式，就是去尋找 $\forall x P(x)$ 的反例。只要能找到一個反例，便足以證明 $\forall x P(x)$ 為假。反例之實際運用，可見例題 9。

例題 9 令 $Q(x)$ 代表述句「$x < 2$」。倘若論域包含了所有的實數，全稱量化 $\forall x Q(x)$ 的真假值為何？

解：$Q(x)$ 並不是對所有實數 x 皆為真；例如 $Q(3)$ 即為假。也就是說，$x = 3$ 為述句 $\forall x Q(x)$ 的一個反例。因此，$\forall x Q(x)$ 的真假值為假。◂

例題 10 假設 $P(x)$ 為「$x^2 > 0$」。在論域包含所有整數的情況下，要證明 $\forall x P(x)$ 為假，一種方式就是尋找反例。明顯地，$x = 0$ 為一反例，因為當 $x = 0$ 時，$x^2 = 0$；也就是說，$x = 0$ 時，x^2 並不大於 0，$P(0)$ 為假。◂

從後面章節的討論中我們會發現，為全稱量化述句尋找反例，對數學探索而言是非常重要的活動。

倘若定義域中的所有元素可以完全列舉出來──例如：$x_1, x_2, ..., x_n$──則全稱量化述句 $\forall x P(x)$ 就和以下之連言相等：

$P(x_1) \land P(x_2) \land \cdots \land P(x_n)$

因為上述連言為真，若且唯若 $P(x_1)$、$P(x_2)$、$\cdots$、$P(x_n)$ 皆為真。

例題 11 倘若 $P(x)$ 為述句「$x^2 < 10$」，論域包含所有不大於 4 的正整數，則 $\forall x P(x)$ 的真假值為何？

解：述句 $\forall x P(x)$ 與連言 $P(1) \land P(2) \land P(3) \land P(4)$ 相等，因為論域包含的所有元素為 1、2、3、4。其中 $P(4)$ 代表述句「$4^2 < 10$」，其真假值為假，因此 $\forall x P(x)$ 為假。◂

例題 12 倘若 $N(x)$ 代表「電腦 x 連線到網路」，論域包含了校園內的所有電腦，則述句 $\forall x N(x)$ 的意思為何？

解：述句 $\forall x P(x)$ 意指：對校園內的每一台電腦 x 而言，x 均連線至網路。我們可用日常語言表達如下：「校園內的每一台電腦都已連線到網路。」 ◀

如同先前所言，當使用量詞時，必須清楚說明論域。量化述句之真假值，跟論域包含哪些元素息息相關；對此，我們可從例題 13 獲得理解。

例題 13 倘若論域包含所有實數，$\forall x\,(x^2 \geq x)$ 的真假值為何？若將論域改成所有整數，真假值又該為何？

解：當論域包含所有實數時，全稱量化述句 $\forall x\,(x^2 \geq x)$ 為假。舉例來說，$(\frac{1}{2})^2 \not\geq \frac{1}{2}$。我們要知道，$x^2 \geq x$ 若且唯若 $x^2 - x = x(x-1) \geq 0$。由此可推得，$x^2 \geq x$ 若且唯若 $x \leq 0$ 或 $x \geq 1$。所以說，$\forall x\,(x^2 \geq x)$ 在論域包含所有實數的情況下為假（因為當 $0 < x < 1$ 時，$x^2 \geq x$ 為假）。然而，倘若論域只限定在所有整數時，$\forall x\,(x^2 \geq x)$ 為真，因為並沒有存在任何整數 x 滿足 $0 < x < 1$。 ◀

存在量詞 許多數學語句主張至少存在某個元素具備某一性質。這樣的語句，要用存在量化的方式表達。由此，我們形成一個存在量化的命題，此命題為真若且唯若論域中至少存在一個變數值 x 可讓 $P(x)$ 為真。

定義 2 ■ $P(x)$ 之存在量化為命題

「論域中存在一個元素 x，使 $P(x)$ 為真。」

我們用 $\exists x P(x)$ 表達此存在量化，$\exists$ 稱為**存在量詞**（existential quantifier）。

當使用 $\exists x P(x)$ 時，必須要清楚說明論域；論域改變時，$\exists x P(x)$ 的意義亦隨之變化。若未指明論域為何，$\exists x P(x)$ 便無意義可言。除了「存在」一詞外，我們也可用其他方式表達存在量化，例如，「某些」、「有的」、「至少有一個」等等。我們將述詞 $\exists x P(x)$ 讀作：

「存在一個 x 使得 $P(x)$」；

「至少有一個 x 使得 $P(x)$」；或

「對某 x 而言，$P(x)$」。

存在量詞的意義總結於表 1 中的第二列；其實際使用情形，見例題 14 至例題 16。

例題 14 令 $P(x)$ 代表述句「$x > 3$」。當論域包含所有實數時，存在量詞 $\exists x P(x)$ 的真假值為何？

解：由於「$x > 3$」在某些狀況為真——例如，當 $x = 4$ 時——所以 $P(x)$ 之存在量詞，亦即 $\exists x P(x)$ 的真假值為真。 ◀

值得觀察的是，述句 $\exists xP(x)$ 為假，若且唯若論域中沒有任何元素 x 可讓 $P(x)$ 為真；也就是說，論域中的每一個元素都讓 $P(x)$ 為假。例題 15 給予實際的說明。

例題 15 令 $Q(x)$ 代表述句「$x = x + 1$」。當論域包含所有實數時，存在量詞 $\exists xQ(x)$ 的真假值為何？

解： 對每一個實數 x 而言，$Q(x)$ 皆為假；因此，$Q(x)$ 之存在量詞 $\exists xQ(x)$ 的真假值為假。◀

注意： 一般而言，當我們使用量詞時，似乎隱約假設其論域並非空集合。倘若論域為空集合，$\exists xQ(x)$ 為假（無論 $Q(x)$ 代表什麼命題變數），因為論域中沒有任何一個元素可讓 $Q(x)$ 為真。

倘若論域中的所有元素可以完全列舉出來——例如，$x_1, x_2, ..., x_n$——則存在量化述句 $\exists xP(x)$ 就和以下之選言相等：

$P(x_1) \lor P(x_2) \lor \cdots \lor P(x_n)$

因為上述選言為真，若且唯若 $P(x_1)$、$P(x_2)$、$\cdots$、$P(x_n)$ 中至少有一個為真。

例題 16 倘若 $P(x)$ 為述句「$x^2 > 10$」，論域包含所有不超過 4 的正整數，則 $\exists xP(x)$ 的真假值為何？

解： 既然論域為 $\{1, 2, 3, 4\}$，$\exists xP(x)$ 便與以下之選言相等：

$P(1) \lor P(2) \lor P(3) \lor P(4)$

由於 $P(4)$ 代表述句「$4^2 > 10$」，其真假值為真；因此，$\exists xP(x)$ 為真。◀

當我們要判定量化述句之真假值時，或許用迴圈搜尋（looping and searching）的方式思考會有幫助。假設對變數 x 而言，定義域中有 n 個對象。要判斷 $\forall xP(x)$ 是否為真，我們可以針對 x 的 n 個值做迴圈判斷，看看 $P(x)$ 是否皆真。倘若有任何一個 x 值讓 $P(x)$ 為假，我們就可確立 $\forall xP(x)$ 為假；否則，$\forall xP(x)$ 為真。同理，要判斷 $\exists xP(x)$ 是否為真，我們也可以針對 x 的 n 個值做迴圈判斷，看看是否有任何值讓 $P(x)$ 為真。如果真有這樣的值存在，$\exists xP(x)$ 即為真；否則，$\exists xP(x)$ 為假。（值得注意的是，倘若論域中有無限多個值，這樣的步驟就無法適用；不過，以此方式思考量化之真假值依然是有用的。）

唯一量詞 截至目前為止，我們介紹了全稱與存在量詞，這是在數學及資訊科學中最重要的兩種量詞。但是，我們也可再定義其他不同的量詞，例如，「恰好有二」、「不超過三」、「至少有 100」等等。在這些其他的量詞當中，最常見的是**唯一量詞**（**uniqueness quantifier**），以符號 $\exists!$ 或 $\exists_1$ 代表。$\exists!xP(x)$（或 $\exists_1xP(x)$）意指「存在一個獨特的 x，使 $P(x)$ 為真。」對唯一量化的表述方式，還包括「恰好有一」、「存在一個也只有一個」等等。例如，$\exists!x(x - 1 = 0)$，在此論域為實數集合，述句說明存在唯一的實數 x 使得 $x - 1 = 0$。此述句為真，因為 $x = 1$ 是唯一滿足 $x - 1 = 0$ 的實數。其實，我們也可用原本的兩

種量詞及命題邏輯來表達唯一性，如此一來就不需要唯一量詞了。大體而言，我們最好還是專注於存在與全稱兩種量詞，據此演練適當之推論規則。

限定論域之量詞

限定量詞論域的簡便方法是將變數必須滿足的條件直接描述在量詞之後，實際的說明請見例題 17。在 2.1 節中，我們還會介紹其他包含集合隸屬之符號形式。

例題 17 倘若論域包含所有的實數，述句 $\forall x < 0 \, (x^2 > 0)$、$\forall y \neq 0 \, (y^3 \neq 0)$、$\exists z > 0 \, (z^2 = 2)$ 分別代表什麼意思？

解：述句 $\forall x < 0 \, (x^2 > 0)$ 所表達的是：對所有滿足 $x < 0$ 的實數 x 而言，$x^2 > 0$；也就是說，它代表著「所有負實數的平方都是正的」。我們也可將原來的符號寫成 $\forall x \, (x < 0 \to x^2 > 0)$。

述句 $\forall y \neq 0 \, (y^3 \neq 0)$ 所表達的是：對所有滿足 $y \neq 0$ 的實數 y 而言，$y^3 \neq 0$；也就是說，它代表著「所有非零實數的三次方不等於零」，與表式 $\forall y \, (y \neq 0 \to y^3 \neq 0)$ 在邏輯上相等。

述句 $\exists z > 0 \, (z^2 = 2)$ 所表達的是：存在一個滿足 $z > 0$ 的實數 z，使得 $z^2 = 2$；也就是說，它代表著「2 的正平方根是存在的」，與表式 $\exists z \, (z > 0 \land z^2 = 2)$ 在邏輯上相等。 ◀

全稱量化之限定性表述其實跟條件句之全稱量化是相同的。舉例來說，$\forall x < 0 \, (x^2 > 0)$ 所表達的正是 $\forall x \, (x < 0 \to x^2 > 0)$。另一方面，存在量化之限定性表述跟連言之存在量化是相同的。例如，$\exists z > 0 \, (z^2 = 2)$ 所表達的正是 $\exists z \, (z > 0 \land z^2 = 2)$。

包含量詞之邏輯等式

在 1.3 節中，我們介紹了複合命題在邏輯上相等的觀念。此觀念可延伸至包含述詞與量詞之表式。

> **定義 3** ■ 包含述詞與量詞的兩個述句在邏輯上相等（或等值），若且唯若無論用什麼樣的述詞取代，也無論命題函數中之變數的論域為何，這兩個述句的真假值始終相同。S 與 T 為兩個包含述詞與量詞的述句，我們用符號 $S \equiv T$ 代表它們在邏輯上相等。

例題 18 告訴我們如何證明包含述詞與量詞的兩個述句在邏輯上相等。

例題 18 證明 $\forall x \, (P(x) \land Q(x))$ 和 $\forall x P(x) \land \forall x Q(x)$ 在邏輯上相等。（注意，全稱量詞之於連言和存在量詞之於選言的分配律是成立的；但是，全稱量詞之於選言和存在量詞之於連言的分配律是不成立的。見習題 46、47。）

解：要證明這兩個述句邏輯等值，必須證明無論述詞 P 和 Q 為何，也無論使用之論域是什麼，它們的真假值都相同。倘若 P 和 Q 代表任兩特定之述詞，論域也已被任意指定，我們可由下

面兩個步驟證明此兩述句在邏輯上相等：首先，證明如果 $\forall x(P(x) \wedge Q(x))$ 為真，則 $\forall xP(x) \wedge \forall xQ(x)$ 為真；其次，證明如果 $\forall xP(x) \wedge \forall xQ(x)$ 為真，則 $\forall x(P(x) \wedge Q(x))$ 為真。

所以，我們第一步先假設 $\forall x(P(x) \wedge Q(x))$ 為真。也就是說，如果 a 處於論域之中，$P(a) \wedge Q(a)$ 必為真；既然 $P(a) \wedge Q(a)$ 為真，$P(a)$ 和 $Q(a)$ 皆為真。這代表著對於論域中的任何一個元素 a 而言，$P(a)$ 為真，$Q(a)$ 亦為真；因此，$\forall xP(x)$ 和 $\forall xQ(x)$ 皆為真。由此我們可以推得，$\forall xP(x) \wedge \forall xQ(x)$ 為真。

下一步，我們假設 $\forall xP(x) \wedge \forall xQ(x)$ 為真。由此可知，$\forall xP(x)$ 為真，$\forall xQ(x)$ 亦為真。因此，對於論域中的所有 a 而言，$P(a)$ 為真，$Q(a)$ 亦為真；由此可推，對所有 a 而言，$P(a) \wedge Q(a)$ 為真。這正代表著，$\forall x(P(x) \wedge Q(x))$ 為真。由上面兩個步驟，我們可以得到以下結論：

$$\forall x(P(x) \wedge Q(x)) \equiv \forall xP(x) \wedge \forall xQ(x)$$

◀

量化語句之否定

我們經常想要探知某一量化語句的否定形態為何。舉例來說，考量以下述句之否定：

「你班上的每一位學生都修過微積分。」

這是一個全稱量化的語句，可寫成：

$$\forall x\,P(x)$$

此處之 $P(x)$ 代表「x 修過微積分」，論域則為你班上的學生。原語句之否定應該是「你班上並不是每一位學生都修過微積分」；或者可改寫為「你班上至少有一位學生沒修過微積分。」明顯地，後面的表達方式可視為原命題函數之否定的存在量化，也就是：

$$\exists x\,\neg P(x)$$

這個例子說明了以下的邏輯等式：

$$\neg \forall x\,P(x) \equiv \exists x\,\neg P(x)$$

要證明 $\neg \forall xP(x)$ 和 $\exists x\,\neg P(x)$ 在邏輯上相等（無論命題函數 $P(x)$ 代表什麼，也不論論域為何），我們可從下面方向思考：首先，$\neg \forall xP(x)$ 為真，若且唯若 $\forall xP(x)$ 為假。其次，$\forall xP(x)$ 為假，若且唯若論域中至少有一個元素 x 讓 $P(x)$ 為假；後者成立，若且唯若論域中至少有一個元素 x 讓 $\neg P(x)$ 為真，也就是 $\exists x\,\neg P(x)$ 為真。我們把這些步驟合在一起看，可以得到：$\neg \forall xP(x)$ 為真，若且唯若 $\exists x\,\neg P(x)$ 為真；因此，$\neg \forall xP(x)$ 和 $\exists x\,\neg P(x)$ 在邏輯上相等。

接下來，我們試圖探知存在量化之否定。例如：「班上有學生修過微積分」，這是個存在量化的命題；倘若 $Q(x)$ 代表「x 修過微積分」，論域為班上學生，此命題可寫成：

$$\exists x\,Q(x)$$

原句之否定為命題「班上並沒有學生修過微積分」，此命題與「班上所有同學都沒有修過微積分」相等；後者正是原命題函數之否定的全稱量化，用量詞表達可寫成：

$\forall x \neg Q(x)$

這個例子說明了以下的邏輯等式：

$\neg \exists x Q(x) \equiv \forall x \neg Q(x)$

要證明 $\neg \exists x Q(x)$ 和 $\forall x \neg Q(x)$ 在邏輯上相等（無論 $Q(x)$ 和論域為何），我們可從下面方向思考：首先，$\neg \exists x Q(x)$ 為真，若且唯若 $\exists x Q(x)$ 為假；後者成立，若且唯若論域中不存在任何一個 x 讓 $Q(x)$ 為真。其次，論域中不存在任何一個 x 讓 $Q(x)$ 為真，若且唯若論域中所有的 x 都讓 $Q(x)$ 為假。最後，論域中所有的 x 都讓 $Q(x)$ 為假，若且唯若論域中所有的 x 都讓 $\neg Q(x)$ 為真，也就是 $\forall x \neg Q(x)$ 為真。把上述步驟合在一塊，我們可以得到：$\neg \exists x Q(x)$ 為真，若且唯若 $\forall x \neg Q(x)$ 為真；因此，$\neg \exists x Q(x)$ 和 $\forall x \neg Q(x)$ 在邏輯上相等。

量詞否定的規則稱為**量詞之笛摩根定律（De Morgan's law for quantifiers）**，這些規則總結於表 2。

表 2 量詞之笛摩根定律

否定句	等值命題	什麼時候為真？	什麼時候為假？
$\neg \exists x P(x)$	$\forall x \neg P(x)$	對所有 x，$P(x)$ 為假	存在一個 x 讓 $P(x)$ 為真
$\neg \forall x P(x)$	$\exists x \neg P(x)$	存在一個 x 讓 $P(x)$ 為假	對所有 x，$P(x)$ 為假

注意：當述詞 $P(x)$ 之論域包含 n 個元素，其中 n 為大於 1 的正整數時，否定量詞的規則和 1.3 節中所討論之笛摩根定律其實是一樣的，這也是為什麼我們將之稱為量詞的笛摩根定律。倘若論域包含 $x_1, x_2, ..., x_n$ 等 n 個元素，$\neg \forall x P(x)$ 等同於 $\neg (P(x_1) \land P(x_2) \land \cdots \land P(x_n))$；根據笛摩根定律，這與 $\neg P(x_1) \lor \neg P(x_2) \lor \cdots \lor \neg P(x_n)$ ——也就是 $\exists x \neg P(x)$ ——在邏輯上相等。同樣地，$\neg \exists x P(x)$ 等同於 $\neg (P(x_1) \lor P(x_2) \lor \cdots \lor P(x_n))$；根據笛摩根定律，這與 $\neg P(x_1) \land \neg P(x_2) \land \cdots \land \neg P(x_n)$ ——也就是 $\forall x \neg P(x)$ ——在邏輯上相等。

關於量化述句之否定實例，請見例題 19 和例題 20。

例題 19 述句「有誠實的政客存在」及「所有美國人都吃起司漢堡」的否定句分別為何？

解：令 $H(x)$ 代表「x 是誠實的」，論域為所有政客，則述句「有誠實的政客存在」即可寫成 $\exists x H(x)$。其否定句為 $\neg \exists x H(x)$；根據量詞之笛摩根定律，它與 $\forall x \neg H(x)$ 在邏輯上相等。因此，原述句之否定可表達為「每一個政客都是不誠實的」或「所有政客都是不誠實的」。

令 $C(x)$ 代表「x 吃起司漢堡」，論域包含所有美國人，則述句「所有美國人都吃起司漢堡」即為 $\forall x C(x)$。其否定句為 $\neg \forall x C(x)$；根據量詞之笛摩根定律，它與 $\exists x \neg C(x)$ 在邏輯

上相等。因此，我們可用「有美國人不吃起司漢堡」或「至少存在一個美國人不吃起司漢堡」等方式來表達原語句之否定。◀

例題 20 　述句 $\forall x\,(x^2 > x)$ 和 $\exists x\,(x^2 = 2)$ 的否定句分別為何？

解：$\forall x\,(x^2 > x)$ 之否定為 $\neg\forall x\,(x^2 > x)$，它與 $\exists x\,\neg(x^2 > x)$ 在邏輯上相等；後者也可改寫為 $\exists x\,(x^2 \leq x)$。$\exists x\,(x^2 = 2)$ 之否定為 $\neg\exists x\,(x^2 = 2)$，它與 $\forall x\,\neg(x^2 = 2)$ 在邏輯上相等；後者也可改寫為 $\forall x\,(x^2 \neq 2)$。這些語句的真假值要視論域而定。◀

我們在例題 21 中，將運用量詞之笛摩根定律解題。

例題 21 　證明 $\neg\forall x\,(P(x) \to Q(x))$ 和 $\exists x\,(P(x) \wedge \neg Q(x))$ 在邏輯上相等。

解：根據量詞之笛摩根定律，我們知道 $\neg\forall x\,(P(x) \to Q(x))$ 等值於 $\exists x\,(\neg(P(x) \to Q(x)))$；根據 1.3 節表 7 中的第五個邏輯等式，我們知道 $\neg(P(x) \to Q(x))$ 等值於 $P(x) \wedge \neg Q(x)$。由於等值命題可以相互取代，所以我們可以推得 $\neg\forall x\,(P(x) \to Q(x))$ 與 $\exists x\,(P(x) \wedge \neg Q(x))$ 在邏輯上相等。◀

將日常語言譯為邏輯表式

如何將日常語言翻譯成邏輯符號，對數學、邏輯程式、人工智慧、軟體工程及其他許多學科而言，都是非常重要的。在 1.1 節中我們開始討論這個主題，當時只使用命題邏輯的符號，刻意避免了需要述詞與量詞的翻譯；因為一旦引入量詞，問題將複雜許多，翻譯的方式也變得非常多樣（並不存在「食譜」般可以一步一步完全遵循的準則）。在此，我們將用實例說明如何將日常語言轉換為包含述詞與量詞之邏輯表式，掌握的原則是簡單且實用。本節中，我們只限定於單一量詞之述句；下一節再探討更複雜的語句，往往需要多個量詞。

例題 22 　利用述詞與量詞表達「班上每個學生都修過微積分」。

解：首先，我們將原句改寫成以下的形式（如此可更清楚辨認該用何種量詞）：

「對班上每一個學生而言，他都修過微積分。」

再將變數 x 代入述句：

「對班上每一個學生 x 而言，x 修過微積分。」

接下來，用述詞 $C(x)$ 代表「x 修過微積分」。倘若論域設定為班上所有學生，原句便可譯為 $\forall x\,C(x)$。

然而，還有其他方式——採用不同的論域、不同的述詞——可以真確表達原來的述句。到底該用何種方式，往往要視接下來的推理路線而定。舉例來說，也許我們關切的不只是班

上的學生，還包括其他更寬廣的群組。因此，倘若論域改成所有的人，原句就該用下列方式表達：

「對每一個人 x 而言，如果 x 是班上的學生，x 就修過微積分。」

若以 $S(x)$ 代表「x 為班上學生」，原句即譯為 $\forall x\,(S(x) \to C(x))$。〔注意！此句不可翻譯成 $\forall x\,(S(x) \wedge C(x))$，因為它所表達的是：所有人都是班上學生，且都修過微積分！〕

最後我們再想想，倘若關切的不只是微積分，還包括人們的其他學科背景，或許可用雙變數述詞 $Q(x, y)$ 代表「x 修過 y 課程」。如此一來，前面兩種方式的 $C(x)$ 都將被 $Q(x, 微積分)$ 所取代，於是分別得到 $\forall x Q(x, 微積分)$ 及 $\forall x(S(x) \to Q(x, 微積分))$。◀

例題 22 中，我們展現了不同的方式表達同一個包含述詞與量詞的述句。然而，最後的選擇應該參酌後續之推理，挑出最簡單的路線。

例題 23 運用述詞與量詞表達「班上有學生去過墨西哥」及「班上每一個學生都去過加拿大或墨西哥」。

解：述句「班上有學生去過墨西哥」意指：

「班上有名學生具備去過墨西哥的特性。」

將變數 x 代入語句之後，變成：

「班上有名學生 x，x 具備去過墨西哥的特性。」

我們用 $M(x)$ 代表「x 去過墨西哥」；倘若論域為班上的學生，原句即可翻譯成 $\exists x M(x)$。

然而，倘若我們關切的還包括班上學生以外的人，翻譯方式就會有所不同。原語句將表達成：

「有個人 x 具備以下兩種特性：x 是班上學生，且 x 去過墨西哥。」

在這裡，變數 x 的論域包含了所有的人。我們用 $S(x)$ 代表「x 是班上的學生」，則原述句就會翻譯成 $\exists x(S(x) \wedge M(x))$，因為它所表達的是：有一個人 x，他既為班上學生，亦曾去過墨西哥。〔注意！此句不能翻譯成 $\exists x(S(x) \to M(x))$，因為只要有人不是班上學生，該式即為真——在這種情況，條件句 $S(x) \to M(x)$ 的真假值狀況變成 $\mathbf{F} \to \mathbf{T}$ 或 $\mathbf{F} \to \mathbf{F}$，兩者皆為真。〕

同樣地，第二個述句「班上每一個學生都去過加拿大或墨西哥」可表達成：

「對班上每一個學生 x 而言，x 具備了以下特性：x 去過加拿大或 x 去過墨西哥。」

（在此，我們假設兼容性而非互斥性的或。）令 $C(x)$ 代表「x 去過加拿大」；根據先前之推理，倘若論域為班上學生，原句即可翻譯成 $\forall x(C(x) \vee M(x))$。然而，如果 x 的論域包含了所有的人，該述句將表達成：

「對每一個人 x 而言，如果 x 是班上的學生，x 去過加拿大或 x 去過墨西哥。」

因此，原句將翻譯為 $\forall x(S(x) \to (C(x) \lor M(x)))$。

我們也可用雙位述詞取代 $M(x)$ 和 $C(x)$──令 $V(x, y)$ 代表「x 去過 y 國家」。如此一來，$V(x, 墨西哥)$ 和 $V(x, 加拿大)$ 跟 $M(x)$ 和 $C(x)$ 的意義是完全相同的。倘若我們探討的脈絡中，包含了數個被造訪的國家，則雙變數之表達方式會比較適合；否則，為了簡單起見，我們傾向使用單變數述詞 $M(x)$ 和 $C(x)$。

在系統規格中使用量詞

在 1.2 節中，我們利用命題來表達系統規格的語句。然而，許多系統規格也牽扯到述詞與量詞；實際說明請見例題 24。

例題 24　運用述詞與量詞來表達下列系統規格：「所有超過一百萬位元組的郵件訊息都將被壓縮」；以及「如果有使用者正在操作，至少會有一個網路鏈結可供使用」。

解：令 $S(m, y)$ 代表「郵件訊息 m 超過 y 百萬位元組」，變數 m 的論域為郵件訊息，變數 y 的論域為正實數；且令 $C(m)$ 代表「郵件訊息 m 將被壓縮」。如此一來，系統規格「所有超過一百萬位元組的郵件訊息都將被壓縮」即可寫成 $\forall m(S(m, 1) \to C(m))$。

令 $A(u)$ 代表「使用者 u 正在操作」，變數 u 的論域為所有的使用者；且令 $S(n, x)$ 代表「網路鏈結 n 處於狀態 x」，變數 n 的論域為網路鏈結，變數 x 的論域則為網路鏈結所有可能的狀態。如此一來，系統規格「如果有使用者正在操作，至少會有一個網路鏈結可供使用」即可寫成 $\exists u A(u) \to \exists n S(n, 可供使用)$。

路易士·卡洛爾的例子

路易士·卡洛爾（Lewis Carroll，本名為 C. L. 道奇森），以《愛麗絲夢遊仙境》（*Alice in Wonderland*）及眾多符號邏輯之著作聞名於世。其著作包含許多運用量詞進行邏輯推理的例子；例題 25 和例題 26（及本節許多習題）皆選自於他的《符號邏輯》（*Symbolic Logic*）一書。從這些例子，我們可以學習如何使用量詞來表達各種形態的述句。

例題 25　讓我們來考量以下之述句。前兩者為前提（premises），最後一句為結論（conclusion）；前提與結論組成的集合，被稱為論證（argument）。

「所有的獅子都是凶猛的。」
「有些獅子不喝咖啡。」
「有些凶猛的動物不喝咖啡。」

查理士·路德維吉·道奇森（Charles Lutwidge Dodgson，1832-1898）以筆名路易士·卡洛爾撰寫邏輯著作而享譽於世。身為牧師之子，在 11 個子女中排行老三，兄弟姊妹全都有結巴的毛病。有趣的是，道奇森只有在跟年輕女孩相處時不會結巴；他們一起玩樂，甚至拍下不雅的照片，但道奇森始終忠於宗教信仰，嚴格節制慾望。他與狄恩·利德爾（Dean Liddell）三個女兒間的友誼，促使他完成《愛麗絲夢遊仙境》，為他帶來可觀的金錢和名氣。

自 1855 年起，受聘於牛津基督教會大學（Christ Church College），擔任數學講師，著作主要包括幾何學、行列式，以及關於賽程與選舉之應用數學。

（在 1.5 節中，我們會探討如何判定結論是否為可從前提有效推出的議題。就本例而言，它確實是個有效的論證。）令 $P(x)$、$Q(x)$、$R(x)$ 分別代表「x 是隻獅子」、「x 是凶猛的」及「x 喝咖啡」。倘若論域包括所有動物，請用量詞及 $P(x)$、$Q(x)$、$R(x)$ 表達上述語句。

解： 我們可將上述語句分別表達成：

$\forall x(P(x) \to Q(x))$
$\exists x(P(x) \land \neg R(x))$
$\exists x(Q(x) \land \neg R(x))$

要小心的是，第二個述句不能寫成 $\exists x(P(x) \to \neg R(x))$。其道理如下：每當 x 不是獅子時，$P(x) \to \neg R(x)$ 皆為真；這代表著，只要至少有一個不是獅子的動物存在，$\exists x(P(x) \to \neg R(x))$ 即為真，即便所有獅子都喝咖啡也一樣。同理，最後一個述句也不能寫成 $\exists x(Q(x) \to \neg R(x))$。 ◂

例題 26 考量以下之述句（其中前三句為前提，第四句為有效的結論）：

「所有的蜂鳥都是色彩鮮豔的。」
「沒有大鳥靠蜂蜜維生。」
「不以蜂蜜維生的鳥都是色彩單調的。」
「蜂鳥是小鳥。」

令 $P(x)$、$Q(x)$、$R(x)$、$S(x)$ 分別代表「x 是隻蜂鳥」、「x 是大的」、「x 靠蜂蜜維生」及「x 是色彩鮮豔的」。倘若論域包含所有的鳥，請以量詞及 $P(x)$、$Q(x)$、$R(x)$、$S(x)$ 表達上述語句。

解： 我們可將上述語句分別表達成：

$\forall x(P(x) \to S(x))$
$\neg \exists x(Q(x) \land R(x))$
$\forall x(\neg R(x) \to \neg S(x))$
$\forall x(P(x) \to \neg Q(x))$

（在此，我們假設「小的」等同於「不是大的」，「色彩單調的」等同於「不是色彩鮮豔的」。要證明第四個語句為前三述句之有效結論，必須使用 1.5 節中才會討論的推論規則。） ◂

習題

＊表示為較難的練習；＊＊表示為高度挑戰性的練習；☞ 對應正文。

1. 令 $P(x)$ 代表「$x \leq 4$」，下列各項的真假值為何？
   a) $P(0)$　　　　　　　　　　b) $P(4)$
   c) $P(6)$

2. 令 $P(x)$ 代表「英文單字 x 包含字母 a」，下列各項的真假值為何？
   a) $P(\text{orange})$　　　　　　　b) $P(\text{lemon})$
   c) $P(\text{true})$　　　　　　　　d) $P(\text{false})$

3. 令 $Q(x, y)$ 代表「x 是 y 州的首府」，下列各項的真假值為何？
   a) $Q($丹佛, 科羅拉多$)$
   b) $Q($底特律, 密西根$)$
   c) $Q($麻薩諸塞, 波士頓$)$
   d) $Q($紐約, 紐約$)$

4. 有一電腦執行述句為「如果 $P(x)$，那麼 $x := 1$」，其中 $P(x)$ 代表「$x > 1$」。下列狀況為述句執行前的 x 值，試求執行之後的 x 值。
   a) $x = 0$
   b) $x = 1$
   c) $x = 2$

5. 令 $P(x)$ 代表述句「x 在每個工作天為課程花超過五小時的時間」，論域包含所有的學生。試將下列量化語句用中文表達。
   a) $\exists x P(x)$
   b) $\forall x P(x)$
   c) $\exists x \neg P(x)$
   d) $\forall x \neg P(x)$

6. 令 $N(x)$ 代表述句「x 去過北達科塔州」，論域包含你學校的所有學生。試將下列量化語句用中文表達。
   a) $\exists x N(x)$
   b) $\forall x N(x)$
   c) $\neg \exists x N(x)$
   d) $\exists x \neg N(x)$
   e) $\neg \forall x N(x)$
   f) $\forall x \neg N(x)$

7. 將下列邏輯表式翻譯成日常語句，其中 $C(x)$ 代表「x 是個喜劇演員」，$F(x)$ 代表「x 是好笑的」，論域包含所有的人。
   a) $\forall x (C(x) \rightarrow F(x))$
   b) $\forall x (C(x) \land F(x))$
   c) $\exists x (C(x) \rightarrow F(x))$
   d) $\exists x (C(x) \land F(x))$

8. 將下列邏輯表式翻譯成日常語句，其中 $R(x)$ 代表「x 是隻兔子」，$H(x)$ 代表「x 會用跳的」，論域為所有的動物。
   a) $\forall x (R(x) \rightarrow H(x))$
   b) $\forall x (R(x) \land H(x))$
   c) $\exists x (R(x) \rightarrow H(x))$
   d) $\exists x (R(x) \land H(x))$

9. 令 $P(x)$ 代表「x 會說俄語」，$Q(x)$ 代表「x 懂得計算機語言 C++」，論域為你學校的所有學生。利用 $P(x)$、$Q(x)$、量詞及邏輯連詞表達下列語句。
   a) 在你的學校，有學生既會說俄語，也懂得 C++。
   b) 在你的學校，有學生會說俄語，但不懂 C++。
   c) 在你的學校，每位學生都會說俄語或懂得 C++。
   d) 在你的學校，沒有學生會說俄語或懂得 C++。

10. 令 $C(x)$ 代表「x 有一隻貓」，$D(x)$ 代表「x 有一隻狗」，$F(x)$ 代表「x 有一隻雪貂」，論域為你班上的所有學生。利用 $C(x)$、$D(x)$、$F(x)$、量詞及邏輯連詞表達下列語句。
    a) 你班上有學生養了一隻貓、一隻狗和一隻雪貂。
    b) 你班上所有的學生都有一隻貓、一隻狗或一隻雪貂。
    c) 你班上有學生養了一隻貓和一隻雪貂，但並沒有養狗。
    d) 你班上沒有學生同時養一隻貓、一隻狗和一隻雪貂。
    e) 關於貓、狗和雪貂這三種動物，你班上都有學生將它當成寵物飼養。

11. 令 $P(x)$ 代表「$x = x^2$」，倘若論域包含所有整數，則下列各項的真假值為何？
   a) $P(0)$
   b) $P(1)$
   c) $P(2)$
   d) $P(-1)$
   e) $\exists x P(x)$
   f) $\forall x P(x)$

12. 令 $Q(x)$ 代表「$x + 1 > 2x$」，倘若論域包含所有整數，則下列各項的真假值為何？
   a) $Q(0)$
   b) $Q(-1)$
   c) $Q(1)$
   d) $\exists x Q(x)$
   e) $\forall x Q(x)$
   f) $\exists x \neg Q(x)$
   g) $\forall x \neg Q(x)$

13. 倘若論域包含所有整數，則下列各項的真假值為何？
   a) $\forall n(n + 1 > n)$
   b) $\exists n(2n = 3n)$
   c) $\exists n(n = -n)$
   d) $\forall n(3n \leq 4n)$

14. 倘若論域包含所有實數，則下列各項的真假值為何？
   a) $\exists x(x^3 = -1)$
   b) $\exists x(x^4 < x^2)$
   c) $\forall x((-x)^2 = x^2)$
   d) $\forall x(2x > x)$

15. 倘若論域包含所有整數，則下列各項的真假值為何？
   a) $\forall n(n^2 \geq 0)$
   b) $\exists n(n^2 = 2)$
   c) $\forall n(n^2 \geq n)$
   d) $\exists n(n^2 < 0)$

16. 倘若論域包含所有實數，則下列各項的真假值為何？
   a) $\exists x(x^2 = 2)$
   b) $\exists x(x^2 = -1)$
   c) $\forall x(x^2 + 2 \geq 1)$
   d) $\forall x(x^2 \neq x)$

17. 假設命題函數 $P(x)$ 之論域是由整數 0、1、2、3、4 所組成，試將下列命題用選言、連言和否定符號來表達。
   a) $\exists x P(x)$
   b) $\forall x P(x)$
   c) $\exists x \neg P(x)$
   d) $\forall x \neg P(x)$
   e) $\neg \exists x P(x)$
   f) $\neg \forall x P(x)$

18. 假設命題函數 $P(x)$ 之論域是由整數 −2、−1、0、1、2 所組成，試將下列命題用選言、連言和否定符號來表達。
   a) $\exists x P(x)$
   b) $\forall x P(x)$
   c) $\exists x \neg P(x)$
   d) $\forall x \neg P(x)$
   e) $\neg \exists x P(x)$
   f) $\neg \forall x P(x)$

19. 假設命題函數 $P(x)$ 之論域是由整數 1、2、3、4、5 所組成；在不用量詞的情況下，只用否定、言和連言符號表達下列述句。
   a) $\exists x P(x)$
   b) $\forall x P(x)$
   c) $\neg \exists x P(x)$
   d) $\neg \forall x P(x)$
   e) $\forall x((x \neq 3) \to P(x)) \lor \exists x \neg P(x)$

20. 假設命題函數 $P(x)$ 之論域是由整數 -5、-3、-1、1、3 所組成；在不用量詞的情況下，只用否定、選言和連言符號表達下列述句。

  a) $\exists x P(x)$ **b)** $\forall x P(x)$

  c) $\forall x((x \neq 1) \rightarrow P(x))$ **d)** $\exists x((x \geq 0) \wedge P(x))$

  e) $\exists x(\neg P(x)) \wedge \forall x((x < 0) \rightarrow P(x))$

21. 為下列每一述句，尋找一個讓該句為真的論域和一個讓該句為假的論域。

  a) 每個人都正在學離散數學。

  b) 每個人都超過 21 歲。

  c) 每兩個人都有相同的母親。

  d) 任兩個不同之人，都不會有相同的祖母。

22. 為下列每一述句，尋找一個讓該句為真的論域和一個讓該句為假的論域。

  a) 每個人都講北印度語。

  b) 有人超過 21 歲。

  c) 每兩個人都有相同的名字。

  d) 有人除了自己之外，還認識超過兩個人。

23. 運用述詞、量詞及邏輯連接詞，以兩種方式將下列語句譯成邏輯表式：首先，令論域包含你班上的所有學生；其次，變更論域為所有的人。

  a) 你班上有人會說北印度語。

  b) 你班上的每一個人都很友善。

  c) 你班上有人不是生於加州。

  d) 你班上有學生演過電影。

  e) 你班上沒有學生修過邏輯程式的課。

24. 運用述詞、量詞及邏輯連接詞，以兩種方式將下列語句譯成邏輯表式：首先，令論域包含你班上的所有學生；其次，變更論域為所有的人。

  a) 你班上的每一個人都有手機。

  b) 你班上有人看過外國電影。

  c) 你班上有人不會游泳。

  d) 你班上所有的學生都會解二次方程式。

  e) 你班上有人不想變富有。

25. 使用述詞、量詞及邏輯連接詞，將下列語句翻譯成邏輯表式。

  a) 沒有人是完美的。

  b) 並不是每個人都是完美的。

  c) 你所有的朋友都是完美的。

  d) 你朋友當中至少有一個是完美的。

  e) 每一個人都是你的朋友，且都是完美的。

  f) 並不是每個人都是你的朋友，或有人是不完美的。

26. 以三種不同的方式（藉由變更論域、轉換單變數述詞為雙變數述詞）將下列語句翻譯成邏輯表式。

   a) 你學校有人去過烏茲別克。
   b) 你班上所有人都學過微積分和 C++。
   c) 在你的學校，沒有人既擁有腳踏車又擁有摩托車。
   d) 在你的學校，有人不快樂。
   e) 在你的學校，每個人都生於二十世紀。

27. 以三種不同的方式（藉由變更論域、轉換單變數述詞為雙變數述詞）將下列語句翻譯成邏輯表式。

   a) 你學校有學生住在越南。
   b) 你學校有學生不會說北印度語。
   c) 你學校有學生懂得 Java、Prolog 和 C++ 三種程式語言。
   d) 你班上每個人都喜歡吃泰國菜。
   e) 你班上有人不打曲棍球。

28. 使用述詞、量詞及邏輯連接詞，將下列語句翻譯成邏輯表式。

   a) 有東西不在正確的地方。
   b) 所有工具都放在正確的地方，而且狀況都很良好。
   c) 每一樣東西都放在正確的地方，而且狀況都很良好。
   d) 沒有東西既放在正確的地方，狀況又很良好。
   e) 你有工具並沒有放在正確的地方，但狀況卻很良好。

29. 使用述詞、量詞及邏輯連接詞，將下列語句翻譯成邏輯表式。

   a) 有些命題是恆真句。
   b) 矛盾句的否定句是恆真句。
   c) 兩個適真句的選言可以是個恆真句。
   d) 兩個恆真句的連言是個恆真句。

30. $P(x, y)$ 為一命題函數，論域由成對的變數 x 和 y 所組成，其中 x 為 1、2 或 3，y 亦為 1、2 或 3。運用選言和連言寫出下列命題。

   a) $\exists x P(x, 3)$
   b) $\forall y P(1, y)$
   c) $\exists y \neg P(2, y)$
   d) $\forall x \neg P(x, 2)$

31. 倘若 $Q(x, y, z)$ 的論域是由三個一組的變數 x、y 和 z 所組成，其中 x 為 0、1 或 2，y 為 0 或 1，z 為 0 或 1。運用選言和連言寫出下列命題。

   a) $\forall y Q(0, y, 0)$
   b) $\exists x Q(x, 1, 1)$
   c) $\exists z \neg Q(0, 0, z)$
   d) $\exists x \neg Q(x, 0, 1)$

32. 先利用量詞表達下列述句；然後，找出該量化語句的否定句，但此否定句不能只是在量詞前加否定符號；最後，再將否定句用日常語言表達〔不能單純地用「……為假（或不成立）」來表達〕。

a) 所有的狗都有跳蚤。
b) 有一隻馬會做加法。
c) 每一隻無尾熊都會爬樹。
d) 沒有狗會說法語。
e) 有一隻豬既會游泳又會抓魚。

33. 先利用量詞表達下列述句；然後，找出該量化語句的否定句，但此否定句不能只是在量詞前加否定符號；最後，再將否定句用日常語言表達〔不能單純地用「……為假（或不成立）」來表達〕。
    a) 有些老狗會學新把戲。
    b) 沒有兔子懂微積分。
    c) 每一隻鳥都會飛。
    d) 沒有狗會講話。
    e) 班上沒有人既懂法文又懂俄文。

34. 利用量詞表達下列命題的否定句，再將符號化的否定句還原成日常語言。
    a) 有些司機不遵守時速限制。
    b) 所有的瑞典電影都很嚴肅。
    c) 沒有人可以保守祕密。
    d) 班上有人態度不好。

35. 如果可能，為下列全稱量化語句尋找一個反例（變數之論域包含所有整數）。
    a) $\forall x(x^2 \geq x)$
    b) $\forall x(x > 0 \vee x < 0)$
    c) $\forall x(x = 1)$

36. 如果可能，為下列全稱量化語句尋找一個反例（變數之論域包含所有實數）。
    a) $\forall x(x^2 \neq x)$
    b) $\forall x(x^2 \neq 2)$
    c) $\forall x(|x| > 0)$

37. 運用述詞與量詞表達下列述句。
    a) 如果乘客一年之內飛行超過 25,000 英里或搭乘超過 25 次班機，該乘客就有資格成為尊榮會員。
    b) 如果一名男性先前的最佳紀錄是在 3 小時之內，他就有資格參加這次的馬拉松賽；而且，如果一名女性先前的最佳紀錄是在 3.5 小時以內，她就有資格參加這次的馬拉松賽。
    c) 要獲得碩士學位，一名學生必須修滿 60 個學分或 45 個學分加一篇碩士論文，而且所有必須要修滿的學分都不能低於 B。
    d) 有一名學生在某學期修超過 21 個學分，而且全部都拿 A。

習題 38 至 42 處理系統規格和量化邏輯表式之間的翻譯問題。

38. 將下列符號化的系統規格翻譯成日常語句；其中，述詞 $S(x, y)$ 代表「x 處於狀態 y」，x 和 y 的論域分別為所有系統和所有可能的狀態。
    a) $\exists x S(x, \text{open})$
    b) $\forall x(S(x, \text{malfunctioning}) \vee S(x, \text{diagnostic}))$
    c) $\exists x S(x, \text{open}) \vee \exists x S(x, \text{diagnostic})$
    d) $\exists x \neg S(x, \text{available})$
    e) $\forall x \neg S(x, \text{working})$

39. 將下列符號化的系統規格翻譯成日常語句；其中，$F(p)$ 為「印表機 p 暫停服務」，$B(p)$ 為「印表機 p 正在忙碌」，$L(j)$ 為「列印工作 j 遺失了」，$Q(j)$ 為「列印工作 j 在佇列中」。
    a) $\exists p(F(p) \wedge B(p)) \to \exists j L(j)$
    b) $\forall p B(p) \to \exists j Q(j)$
    c) $\exists j(Q(j) \wedge L(j)) \to \exists p F(p)$
    d) $(\forall p B(p) \wedge \forall j Q(j)) \to \exists j L(j)$

40. 利用述詞、量詞及邏輯連接詞表達下列系統規格。
    a) 當硬碟可使用空間少於 30 MB 時，警告訊息會傳送給所有的使用者。
    b) 當偵測到系統錯誤時，檔案系統沒有資料夾可以被開啟，也沒有檔案可以被關閉。
    c) 如果正有使用者登入，檔案系統就不能進行備份。
    d) 當記憶體可使用空間至少還有 8 MB 且連線速度每秒至少 56 KB 時，便可傳送隨選視訊。

41. 利用述詞、量詞及邏輯連接詞表達下列系統規格。
    a) 如果磁碟可用空間超過 10 KB，就至少可以儲存一封郵件。
    b) 每當有警訊時，所有佇列中的訊息都會被傳送。
    c) 此診斷監視程序會追蹤主控台以外的所有系統狀態。
    d) 所有參與視訊通話的人員，若其通話主機不在特別名單上就必須付款。

42. 利用述詞、量詞及邏輯連接詞表達下列系統規格。
    a) 每個使用者都可以使用一個電子郵件信箱。
    b) 如果檔案系統被鎖住，系統郵件信箱可以被群組中的每個人使用。
    c) 只有在代理伺服器處於診斷狀態時，防火牆才會處於診斷狀態。
    d) 如果傳輸率在 100 kbps 到 500 kbps 之間，且代理伺服器不處於診斷模式時，至少會有一台路由器是正常運作的。

43. 判定 $\forall x(P(x) \to Q(x))$ 和 $\forall x P(x) \to \forall x Q(x)$ 在邏輯上是否相等，並予以證明。

44. 判定 $\forall x(P(x) \leftrightarrow Q(x))$ 和 $\forall x P(x) \leftrightarrow \forall x Q(x)$ 在邏輯上是否相等，並予以證明。

45. 證明 $\exists x(P(x) \vee Q(x))$ 和 $\exists x P(x) \vee \exists x Q(x)$ 在邏輯上相等。

46. 證明 $\forall x P(x) \vee \forall x Q(x)$ 和 $\forall x(P(x) \vee Q(x))$ 在邏輯上不相等。

47. 證明 $\exists x P(x) \wedge \exists x Q(x)$ 和 $\exists x(P(x) \wedge Q(x))$ 在邏輯上不相等。

48. 如同內文所述，$\exists! x P(x)$ 意指「存在一個獨特的 x 使 $P(x)$ 為真。」倘若論域包含所有整數，下列述句的真假值為何？
    a) $\exists! x(x > 1)$
    b) $\exists! x(x^2 = 1)$
    c) $\exists! x(x + 3 = 2x)$
    d) $\exists! x(x = x + 1)$

49. 下列述句的真假值為何？
    a) $\exists! x P(x) \to \exists x P(x)$
    b) $\forall x P(x) \to \exists! x P(x)$
    c) $\exists! x \neg P(x) \to \neg \forall x P(x)$

50. 倘若論域是由整數 1、2、3 所組成，試用否定、連言和選言符號表達 $\exists! x P(x)$。

1.5 推論規則 Rules of Inference

引言

本章稍後將探討證明的問題。數學證明是指為數學語句之真建構有效的論證。此處之**論證**（argument），意指以某結論收尾之系列述句；**有效的**（valid）則意指結論（或論證中最後一個述句）之真必須由先前的述句，亦即論證的**前提**（premise）而來；也就是說，一個論證是有效的，若且唯若不可能出現前提全真但結論為假的情形。欲由既有之述句推得新的述句，我們使用推論規則來達成，它們可說是建構有效論證的基石，也是確保述句之真的基本工具。

在探究數學證明之前，我們先檢視只包含複合命題的論證。何時複合命題之論證是有效的將被清楚定義，在命題邏輯中的推論規則也將被整理介紹。這些推論規則是建構有效論證最重要的元素。實際說明如何運用推論規則建構有效論證之後，我們會討論一些常見的**謬誤**（fallacy）形式，它們是引領無效論證的錯誤推理。

除了命題邏輯的推論規則之外，我們也將介紹量化語句的推論規則，並說明如何運用這些規則製造有效論證。包含存在和全稱量詞的推論規則，對數學及電腦科學的證明顯得格外重要，即便在使用時不一定會清楚提及。

最後，我們會說明如何將命題及量化語句的推論規則結合在一起；對比較複雜的論證而言，兩者是經常合併使用的。

命題邏輯的有效論證

下列論證是由一系列的命題所組成：

「如果你有正確的密碼，就可以登入網路。」
「你有正確的密碼。」

因此，

「你可以登入網路。」

我們想要判定的是，此論證是否有效；也就是說，當兩前提「如果你有正確的密碼，就可以登入網路」和「你有正確的密碼」皆為真時，結論「你可以登入網路」是否必然為真？

在探究個別論證之有效性前，我們先看看它的形式。令 p 代表「你有正確的密碼」，q 代表「你可以登入網路」。如此一來，原論證的形式為

$$\begin{array}{l} p \to q \\ p \\ \hline \therefore q \end{array}$$

其中，符號 ∴ 代表「因此」。

我們知道，當 p 和 q 為命題變數時，述句 $((p \to q) \land p) \to q$ 為恆真句（見 1.3 節習題 10(c)）。特別的是，當 $p \to q$ 和 p 皆真時，q 必然為真。此一論證形式有效，因為每當所有前提（論證中的所有語句，除了最後一句結論之外）皆真時，結論也必然為真。現在假設「如果你有正確的密碼，就可以登入網路」和「你有正確的密碼」都是真的語句，則當我們用「你有正確的密碼」取代 p 及「你可以登入網路」取代 q 時，必然得到結論「你可以登入網路」為真。此論證是**有效的（valid）**，因為它的形式有效。事實上，不管用什麼命題取代 p 和 q，只要 $p \to q$ 和 p 為真，q 就一定是真的。

那麼，如果在此論證中，我們用來取代 p 和 q 的命題並不讓 $p \to q$ 和 p 同時為真，情形又是如何？舉例來說，倘若 p 代表「你有進入網路系統的管道」，q 代表「你可以更改你的成績」；而且 p 為真，但 $p \to q$ 為假。原來的論證形式套入這些特定的命題之後變成：

「如果你有進入網路系統的管道，你就可以更改你的成績。」
「你有進入網路系統的管道。」

∴「你可以更改你的成績」

此論證依然是有效的，只是由於其中一個前提（也就是第一個前提）為假，因此不能確保結論為真。

為了解析一個論證，我們經常用命題函數取代實際的命題，這讓個別論證轉換成一種**論證形式（argument form）**。從前面的例子可以看出，實質論證之有效性取決於其論證形式。關於這些術語的使用及核心觀念的定義，我們整理如下。

> **定義 1** ■ 命題邏輯中的論證為一系列的命題。除了最後一個命題被稱為結論之外，其餘所有命題皆為前提。如果一個論證所有前提之真蘊涵了結論之真，則此論證為有效的。
>
> 　　命題邏輯中的論證形式為一系列包含命題函數的複合命題。如果不管用什麼命題代入命題函數，只要前提全真則結論必真，則此論證形式便是有效的。

從有效論證形式的定義可知：當 $(p_1 \land p_2 \land \cdots \land p_n) \to q$ 為一恆真句時，由 p_1、p_2、$\cdots$、p_n 做為前提及 q 做為結論之論證形式是有效的。

欲探究命題邏輯中的論證是否有效，關鍵在其論證形式；因此，我們把重點放在如何證明論證形式有效的技巧和方法。

命題邏輯的推論規則

我們總是可以利用真值表來判定論證形式的有效性；只要顯示出每當前提全真時結論必真，就證明了它是有效的。然而，這樣的工作有時是非常冗長且繁瑣的。例如，當一個論證包含 10 個不同的命題變數時，我們要證明此論證形式有效，必須使用 $2^{10} =$

1024 列的真值表。幸運地，真值表不是唯一的方法。我們也可以先確立一些相對簡單的有效論證形式——稱作**推論規則**（rules of inference）——然後再由此建構更為複雜的有效論證形式。以下，我們將介紹命題邏輯中最重要的一些推論規則。

首先，前面提及之恆真句 $(p \wedge (p \rightarrow q)) \rightarrow q$ 為推論規則「**肯定前件**」（modus ponens）或稱「**分離律**」（law of detachment）的基礎。此一恆真句引導出下列有效論證形式（同樣地，符號 ∴ 代表「因此」）：

$$\begin{array}{l} p \\ p \rightarrow q \\ \hline \therefore q \end{array}$$

「肯定前件」告訴我們：如果一個條件句本身和它的假設（即前件）皆為真，則其結論（即後件）必然為真。例題 1 是肯定前件的一個實例。

例題 1　假設條件句「如果今天下雪，我們就會去滑雪」及其前件「今天下雪」皆真；那麼，根據肯定前件的規則，我們可以確定此條件句之後件「我們會去滑雪」亦為真。◄

如前所述，一個有效的論證有可能引領出錯誤的結論，那是因為前提中至少有一個語句是假的。實際說明請見例題 2。

例題 2　判定下列論證是否有效，以及其結論是否會因論證之有效而必然為真。

「如果 $\sqrt{2} > \frac{3}{2}$，則 $(\sqrt{2})^2 > (\frac{3}{2})^2$。我們知道，$\sqrt{2} > \frac{3}{2}$。因此，$(\sqrt{2})^2 = 2 > (\frac{3}{2})^2 = \frac{9}{4}$。」

解：令 p 代表命題「$\sqrt{2} > \frac{3}{2}$」，q 代表命題「$2 > (\frac{3}{2})^2$」。如此一來，此論證之前提為 $p \rightarrow q$ 和 p，結論為 q。這是一個有效的論證，因為它是由有效之論證形式「肯定前件」建構而來。然而，由於其中一個前提 $\sqrt{2} > \frac{3}{2}$ 為假，我們不能因此認定結論為真。事實上，此論證之結論為假，因為 $2 < \frac{9}{4}$。◄

命題邏輯有許多重要的推論規則，表 1 列舉的或許是最重要的推論規則。1.3 節的習題 9、10、15 和 30，即在證明這些推論規則為有效的論證形式。以下實例說明了如何運用推論規則。在每一個論證當中，我們先使用命題變數表達各相關命題，然後再說明其論證形式符合表 1 中的推論規則。

例題 3　說明下列論證是以什麼推論規則為基礎：「現在氣溫低於冰點以下。因此，現在不是氣溫低於冰點以下，就是正在下雨。」

解：令 p 代表「現在氣溫低於冰點以下」，q 代表「現在正在下雨」；則其論證形式為：

$$\begin{array}{l} p \\ \hline \therefore p \vee q \end{array}$$

此論證使用的是添加律。◄

表 1　推論規則

推論規則	恆真句	名稱
p $p \to q$ $\therefore q$	$(p \land (p \to q)) \to q$	肯定前件 （modus ponens）
$\neg q$ $p \to q$ $\therefore \neg p$	$(\neg q \land (p \to q)) \to \neg p$	否定後件 （modus tollens）
$p \to q$ $q \to r$ $\therefore p \to r$	$((p \to q) \land (q \to r)) \to (p \to r)$	假言三段論證 （hypothetical syllogism）
$p \lor q$ $\neg p$ $\therefore q$	$((p \lor q) \land \neg p) \to q$	選言三段論證 （disjunctive syllogism）
p $\therefore p \lor q$	$p \to (p \lor q)$	添加律 （addition）
$p \land q$ $\therefore p$	$(p \land q) \to p$	簡化律 （simplification）
p q $\therefore p \land q$	$((p) \land (q)) \to (p \land q)$	連言律 （conjunction）
$p \lor q$ $\neg p \lor r$ $\therefore q \lor r$	$((p \lor q) \land (\neg p \lor r)) \to (q \lor r)$	預解律 （resolution）

例題 4　說明下列論證是以什麼推論規則為基礎：「現在氣溫低於冰點以下且正在下雨。因此，現在氣溫低於冰點以下。」

解：令 p 代表「現在氣溫低於冰點以下」，q 代表「現在正在下雨」。如此一來，其論證形式為：

$p \land q$
$\therefore p$

此論證使用的是簡化律。

例題 5　說明下列論證是以什麼推論規則為基礎：

如果今天下雨，我們今天就不會去烤肉。如果我們今天不去烤肉，明天就會去烤肉。因此，如果今天下雨，我們明天會去烤肉。

解：令 p 代表「今天下雨」，q 代表「我們今天不去烤肉」，r 代表「我們明天去烤肉」。如此一來，其論證形式為：

$$\begin{array}{l} p \to q \\ q \to r \\ \hline \therefore p \to r \end{array}$$

此論證使用的是假言三段論證。

運用推論規則建構論證

當論證有很多前提時，往往需要多個推論規則來證明它的有效性。例題 6 和例題 7 為實際說明，其論證被拆解成數個步驟，分行書寫，且每個步驟都清楚標示成立的理由。這些實例也說明了如何運用推論規則分析日常語言的論證。

例題 6 證明「今天下午的天氣並不晴朗，而且比昨天還要冷」、「只有在天氣晴朗的時候，我們才會去游泳」、「如果我們不去游泳，就會去泛舟」以及「如果我們去泛舟，我們就會在太陽下山前回家」等假設，可以推出結論「我們會在太陽下山前回家」。

解：令 p 代表「今天下午的天氣晴朗」、q 代表「今天比昨天還要冷」、r 代表「我們會去游泳」、s 代表「我們會去泛舟」及 t 代表「我們會在太陽下山前回家」。如此一來，論證的假設為 $\neg p \wedge q$、$r \to p$、$\neg r \to s$ 和 $s \to t$，結論則為簡單的 t。在此，我們需要建構以 $\neg p \wedge q$、$r \to p$、$\neg r \to s$ 和 $s \to t$ 為假設，以 t 為結論之有效論證。

從既有假設引領出想要的結論，步驟如下：

步驟	理由
1. $\neg p \wedge q$	假設
2. $\neg p$	簡化律，由 (1)
3. $r \to p$	假設
4. $\neg r$	否定後件，由 (2) 和 (3)
5. $\neg r \to s$	假設
6. s	肯定前件，由 (4) 和 (5)
7. $s \to t$	假設
8. t	肯定前件，由 (6) 和 (7)

值得注意的是，雖然我們也可用真值表證明，每當這四個假設皆真時，結論亦為真；但是，因為論證包含了 p、q、r、s、t 五個命題變數，我們需要 32 列的真值表。

例題 7 證明「如果你寄電子郵件給我，我就會把程式寫完」、「如果你沒有寄電子郵件給我，我就會早點去睡」以及「如果我早點去睡，我醒來時就會覺得精神百倍」等假設，可以推出結論「如果我沒把程式寫完，我醒來時就會覺得精神百倍」。

解：令 p 代表「你寄電子郵件給我」、q 代表「我會把程式寫完」、r 代表「我會早點去睡」及 s 代表「我醒來時會覺得精神百倍」。如此一來，論證的假設為 $p \to q$、$\neg p \to r$ 和 $r \to s$，結論則為 $\neg q \to s$。在此，我們需要建構以 $p \to q$、$\neg p \to r$ 和 $r \to s$ 為假設，以 $\neg q \to s$ 為結論之有效論證。

此論證形式顯示既有假設可以推得想要的結論。

步驟	理由
1. $p \to q$	假設
2. $\neg q \to \neg p$	(1) 的質位互換命題
3. $\neg p \to r$	假設
4. $\neg q \to r$	假言三段論證，由 (2) 和 (3)
5. $r \to s$	假設
6. $\neg q \to s$	假言三段論證，由 (4) 和 (5)

◀

預解律

電腦程式已經發展到可以進行自動化推理及證明定理。這些程式經常使用一種推論規則叫做**預解律**（resolution），它是以下列恆真句為基礎：

$$((p \lor q) \land (\neg p \lor r)) \to (q \lor r)$$

（1.3 節的習題 30 要求讀者證明上述表式為一恆真句。）規則中的最後一個選言 $q \lor r$ 被稱為**預解式**（resolvent）。如果令 $q = r$，原恆真句可變成 $(p \lor q) \land (\neg p \lor q) \to q$。如果令 $r = \mathbf{F}$，原恆真句可變成 $(p \lor q) \land (\neg p) \to q$（因為 $q \lor \mathbf{F} \equiv q$），此為選言三段論證的基礎。

例題 8 運用預解律，證明「賈斯敏正在滑雪或現在並沒有下雪」和「現在正在下雪或巴爾特正在打曲棍球」兩個假設蘊涵結論「賈斯敏正在滑雪或巴爾特正在打曲棍球」。

解：令 p 代表「現在正在下雪」，q 代表「賈斯敏正在滑雪」，r 代表「巴爾特正在打曲棍球」。如此一來，兩個假設可分別寫成 $\neg p \lor q$ 和 $p \lor r$。在此，運用預解律，即可推得 $q \lor r$，亦即「賈斯敏正在滑雪或巴爾特正在打曲棍球」。 ◀

預解律在以邏輯規則為基礎的程式語言（例如 Prolog，其應用了許多關於量化語句的預解律）上扮演了重要的角色。其次，它也被用來建構自動化定理之證明系統。若讓預解律做為建構命題邏輯之證明的唯一推論規則，所有的假設與結論都必須拆解成特殊的**分句**（clause）形式——只由變數及變數之否定組成的選言。在命題邏輯中，我們可以將不符合分句形式的述句改寫成一個或多個分句，合起來與原句邏輯等值。例如，倘若有個述句的形式是 $p \lor (q \land r)$，它並不符合分句形式；但是由於 $p \lor (q \land r) \equiv (p \lor q) \land (p \lor r)$，我們可以用 $p \lor q$ 和 $p \lor r$ 兩個分句取代原句 $p \lor (q \land r)$。同理，我們可用 $\neg p$

和 ¬q 取代 ¬(p ∨ q)，因為根據笛摩根定律，¬(p ∨ q) ≡ ¬p ∧ ¬q；我們也可用 ¬p ∨ q 取代條件句 p → q。

例題 9 證明 (p ∧ q) ∨ r 和 r → s 蘊涵 p ∨ s。

解：我們可將 (p ∧ q) ∨ r 改寫成兩個分句：p ∨ r 與 q ∨ r；再將 r → s 用 ¬r ∨ s 取代。針對 p ∨ r 和 ¬r ∨ s 兩個分句，運用預解律即可獲致結論 p ∨ s。◀

謬誤

從錯誤的論證當中，我們發現數個常見的謬誤形式。這些謬誤跟有效的推論規則十分相似，但其立論的基礎不在恆真句而在適真句。以下討論的重點，即在區分正確與不正確的推理。

命題 ((p → q) ∧ q) → p 不是一個恆真句，因為當 p 假 q 真時，原句為假。然而，有許多不正確的論證卻誤將它視作恆真句。也就是說，許多時候我們把以 p → q 和 q 為前提、p 為結論之論證當成是有效的，但事實上並非如此。這種錯誤的推論形式被稱為**肯定後件之謬誤**（fallacy of affirming the conclusion）。

例題 10 下列論證是有效的嗎？

如果你做完本書中的每一個問題，你就學會了離散數學。
你學會了離散數學。
因此，你做完本書中的每一個問題。

解：令 p 代表命題「你做完本書中的每一個問題」，q 代表命題「你學會了離散數學」；此論證形式為：如果 p → q 和 q，則 p。這正是肯定後件之謬誤的一個實例，論證是無效的。事實上，你有可能是因為別種方式而學會離散數學（透過閱讀、專心聽講、練習部分而非全部問題等等）。◀

命題 ((p → q) ∧ ¬p) → ¬q 不是一個恆真句，因為當 p 假 q 真時，原句為假。許多論證把它當做推論規則是不對的；此一錯誤的推論形式被稱為**否定前件之謬誤**（fallacy of denying the hypothesis）。

例題 11 令 p 和 q 所代表的命題與例題 10 相同。倘若 p → q 和 ¬p 皆真，我們能否有效推論出 ¬q 為真？換句話說，假設你沒有做完本書中的每一個問題，又假設如果你做完本書中的每一個問題，你就學會了離散數學，我們可以據此斷言你未學會離散數學嗎？

解：即使你未做完本書中的每一個問題，你還是有可能學會離散數學的。此論證形式：如果 p → q 和 ¬p，則 ¬q，這正是否定前件之謬誤的一個實例，推論是無效的。◀

量化語句的推論規則

探討了命題的推論規則之後,現在要針對量化語句描述一些重要的推論規則。這些規則在數學論證中被廣泛地使用,雖然經常並未清楚指明。

全稱個例化(universal instantiation)是根據前提 $\forall x P(x)$ 獲致 $P(c)$ 的推論規則,其中 c 為論域中之個別元素。運用全稱個例化,我們可從述句「所有女人都是聰明的」推論出「麗莎是聰明的」,其中麗莎是論域所有女人中的一員。

全稱通則化(universal generalization)是由前提「對論域所有元素 c 而言 $P(c)$ 皆真」進而獲致 $\forall x P(x)$ 為真的推論規則。使用全稱通則化來證明 $\forall x P(x)$ 為真的方式是:從論域中任意挑選一個元素 c,進而證明 $P(c)$ 為真。任意挑選的 c 必須是一個不特定的元素;我們不能掌控 c,對 c 沒有任何假設,唯一的特性就是其來自於論域。全稱通則化在許多數學證明中被廣泛使用,只是沒有明說而已。然而,一項經常發生的錯誤是,任選之元素 c 被賦予不被允許的假設,進而造成不正確的推論。

存在個例化(existential instantiation)的規則是:已知 $\exists x P(x)$ 為真,我們即可斷言論域中存在一個元素 c 可使 $P(c)$ 為真。這裡的 c 不是任意挑選的,而是能讓 $P(c)$ 為真之特定的 c。通常,我們並不確知 c 是哪一個元素,只知道它是存在的。因為這樣的元素是存在的,於是我們給它一個名字 (c),並據此做進一步的推論。

存在通則化(existential generalization)的規則是:當我們知道有某個特定的元素 c 使得 $P(c)$ 為真,便可斷言 $\exists x P(x)$ 為真。也就是說,如果論域中有一個元素 c 可使 $P(c)$ 為真,我們就可確定 $\exists x P(x)$ 為真。

上述規則整理於表 2;如何在量化語句的推論中使用這些規則,可見例題 12 和例題 13。

表 2　量化語句的推論規則	
推論規則	名稱
$\forall x P(x)$ $\therefore P(c)$	全稱個例化
對任意的 c 而言,$P(c)$ $\therefore \forall x P(x)$	全稱通則化
$\exists x P(x)$ $\therefore$ 對某元素 c 而言,$P(c)$	存在個例化
對某元素 c 而言,$P(c)$ $\therefore \exists x P(x)$	存在通則化

例題 12 證明前提「離散數學班上的每一個學生都修過一門電腦課」和「瑪拉是此班的一名學生」蘊涵結論「瑪拉修過一門電腦課」。

解：令 $D(x)$ 代表「x 在離散數學的班上」，$C(x)$ 代表「x 修過一門電腦課」。如此一來，前提為 $\forall x(D(x) \to C(x))$ 和 $D($瑪拉$)$，結論為 $C($瑪拉$)$。

下列步驟說明了由前提獲致結論的過程：

步驟	理由
1. $\forall x(D(x) \to C(x))$	前提
2. $D($瑪拉$) \to C($瑪拉$)$	全稱個例化，由 (1)
3. $D($瑪拉$)$	前提
4. $C($瑪拉$)$	肯定前件，由 (2) 和 (3)

◀

例題 13 證明前提「班上有學生還沒讀過這本書」和「班上所有人都通過了第一次考試」蘊涵結論「有人通過了第一次考試但還沒讀過這本書」。

解：令 $C(x)$ 代表「x 是班上的學生」，$B(x)$ 代表「x 讀過這本書」，$P(x)$ 代表「x 通過了第一次考試」。如此一來，前提為 $\exists x(C(x) \land \neg B(x))$ 和 $\forall x(C(x) \to P(x))$，結論為 $\exists x(P(x) \land \neg B(x))$。下列步驟確認了結論可由前提有效推得：

步驟	理由
1. $\exists x(C(x) \land \neg B(x))$	前提
2. $C(a) \land \neg B(a)$	存在個例化，由 (1)
3. $C(a)$	簡化律，由 (2)
4. $\forall x(C(x) \to P(x))$	前提
5. $C(a) \to P(a)$	全稱個例化，由 (4)
6. $P(a)$	肯定前件，由 (3) 和 (5)
7. $\neg B(a)$	簡化律，由 (2)
8. $P(a) \land \neg B(a)$	連言律，由 (6) 和 (7)
9. $\exists x(P(x) \land \neg B(x))$	存在通則化，由 (8)

◀

結合命題與量化語句的推論規則

先前我們分別討論了一些關於命題及量化語句的推論規則。在例題 12 和例題 13 的論證中，其實已經開始融合這兩組規則：皆使用了全稱個例化——關於量化語句的推論規則，以及肯定前件——命題邏輯中的推論規則。由於全稱個例化和肯定前件經常被合在一起使用，我們有時稱此結合性規則為**全稱性的肯定前件（universal modus ponens）**。它告訴我們：倘若 $\forall x(P(x) \to Q(x))$ 為真，且論域中又有某一特定元素 a 使得 $P(a)$ 為真，則 $Q(a)$ 也必為真。其中的道理是：根據全稱個例化，$P(a) \to Q(a)$ 為真；再根據肯定前件，$Q(a)$ 也必為真。全稱性的肯定前件可描述成：

$\forall x(P(x) \rightarrow Q(x))$

$P(a)$，其中 a 為論域中某一特定元素

∴ $Q(a)$

此項規則在數學論證中被普遍使用，實際說明請見例題 14。

例題 14 假設「對所有正整數 n 而言，如果 n 大於 4，則 n^2 小於 2^n」為真。運用全稱性的肯定前件，證明 $100^2 < 2^{100}$。

解：令 $P(n)$ 代表「$n > 4$」，$Q(n)$ 代表「$n^2 < 2^n$」。如此一來，述句「對所有正整數 n 而言，如果 n 大於 4，則 n^2 小於 2^n」可被表達為 $\forall n(P(n) \rightarrow Q(n))$，其中論域是由所有正整數所組成。我們假設 $\forall n(P(n) \rightarrow Q(n))$ 為真；又知 $P(100)$ 為真，因為 $100 > 4$。根據全稱性的肯定前件，可推得 $Q(100)$ 為真，亦即 $100^2 < 2^{100}$。◀

另一個非常有用的結合性規則是**全稱性的否定後件**（universal modus tollens），由量化語句之全稱個例化和命題邏輯之否定後件共同組成。其內容可描述成：

$\forall x(P(x) \rightarrow Q(x))$

$\neg Q(a)$，其中 a 為論域中某一特定元素

∴ $\neg P(a)$

我們將此規則之證明當成習題 25 留給讀者自行檢驗。習題 26 至 29 則衍伸出另一個結合命題邏輯與量化語句的推論規則。

習題

*表示為較難的練習；** 表示為高度挑戰性的練習；☞ 對應正文。

1. 找出下列論證的論證形式，並判定它是否有效。如果前提皆真，我們能因此斷定結論亦真嗎？

    如果蘇格拉底是人，則他會死。
    蘇格拉底是人。
    ∴ 蘇格拉底會死。

2. 找出下列論證的論證形式，並判定它是否有效。如果前提皆真，我們能因此斷定結論亦真嗎？

    如果喬治沒有八隻腳，他就不是昆蟲。
    喬治是隻昆蟲。
    ∴ 喬治有八隻腳。

3. 下列論證分別運用了什麼推論規則？
   a) 愛莉絲主修數學。因此，愛莉絲主修數學或主修電腦。
   b) 傑利主修數學和電腦。因此，傑利主修數學。
   c) 如果下雨，游泳池就會關閉。現在正在下雨，所以游泳池是關閉的。

d) 如果今天下雪，學校就會停課。學校今天並未停課，所以今天並沒有下雪。

e) 如果我去游泳，我就會暴露在陽光下太久。如果我暴露在陽光下太久，我就會被曬傷。因此，如果我去游泳，我就會被曬傷。

4. 下列論證分別運用了什麼推論規則？
   a) 袋鼠住在澳洲且是有袋動物。因此，袋鼠是有袋動物。
   b) 今天不是氣溫超過華氏 100 度，就是污染程度具有威脅性。今天氣溫並未超過華氏 100 度。因此，污染程度具有威脅性。
   c) 琳達是個傑出的泳者。如果琳達是名傑出的泳者，她就可以當救生員。因此，琳達可以當救生員。
   d) 今年夏天史帝夫將去一間電腦公司上班。因此，今年夏天史帝夫將去一間電腦公司上班或成天待在海邊遊玩。
   e) 如果我整晚都在做這份作業，所有習題就能解答完畢。如果習題都能解答完畢，我就充分理解課程內容。因此，如果我整晚都在做這份作業，我就能充分理解課程內容。

5. 運用推論規則，證明「蘭迪工作勤奮」、「如果蘭迪工作勤奮，他就是個愚鈍的人」及「如果蘭迪是個愚鈍之人，他就得不到這份工作」三個假設蘊涵結論「蘭迪得不到這份工作」。

6. 運用推論規則，證明「今天如果沒有下雨或如果沒有起霧的話，帆船競賽就會舉行且救生表演也會持續進行」、「如果帆船競賽如期舉行，獎盃就會頒發出去」及「獎盃並未頒發出去」三個假設蘊涵結論「今天下雨了」。

7. 著名的論證：「所有人都會死。蘇格拉底是人。所以蘇格拉底會死」運用了什麼推論規則？

8. 論證「沒有人是座島嶼。曼哈頓是座島嶼。因此，曼哈頓不是人」運用了什麼推論規則？

9. 由下面各組前提可以推出什麼相關的結論？說明獲致這些結論運用了什麼推論規則。
   a) 「如果我請假，那天不是下雨就是下雪」、「我星期二或星期四請假」、「星期二是晴天」及「星期四沒有下雪」。
   b) 「如果我吃辣的食物，我就會做奇怪的夢」、「如果睡覺時出現雷聲，我就會做奇怪的夢」及「我並沒有做奇怪的夢」。
   c) 「我是聰明或幸運的」、「我並不幸運」及「如果我是幸運的，我就會中樂透」。
   d) 「每一個主修電腦的學生都有一台個人電腦」、「洛夫並沒有一台個人電腦」及「安有一台個人電腦」。
   e) 「對企業有利的事情就對國家有利」、「對國家有利的事情就對你有利」及「對企業有利的事情就是你去買很多的東西」。
   f) 「所有囓齒類動物都啃牠們的食物」、「老鼠是囓齒類動物」、「兔子不啃牠們的食物」及「蝙蝠不是囓齒類動物」。

10. 由下面各組前提可以推出什麼相關的結論？說明獲致這些結論運用了什麼推論規則。
    a) 「如果我打曲棍球，隔天就會肌肉酸痛」、「當我肌肉酸痛時，我會使用按摩浴缸」及「我並沒有使用按摩浴缸」。
    b) 「如果我去工作，就表示天氣晴朗或半晴」、「我上星期一或上星期五有去工作」、「星期二天氣並不晴朗」及「星期五天氣不是半晴」。
    c) 「所有昆蟲都有六隻腳」、「蜻蜓是昆蟲」、「蜘蛛並沒有六隻腳」及「蜘蛛會吃蜻蜓」。
    d) 「每個學生都有網路帳號」、「赫莫並沒有網路帳號」及「瑪姬有網路帳號」。
    e) 「所有健康食品味道都不好」、「豆腐是健康食品」、「你只吃味道好的食物」、「你不吃豆腐」及「起司漢堡不是健康食品」。
    f) 「我要不正在做夢，要不正在幻覺」、「我並不在做夢當中」及「如果我正在幻覺，我會看見大象在馬路上奔跑」。

11. 證明如果前提為 $\{p_1, p_2, ..., p_n, q\}$ 結論為 r 之論證是有效的，前提為 $\{p_1, p_2, ..., p_n\}$ 結論為 $q \rightarrow r$ 之論證也是有效的。

12. 先利用習題 11，再運用表 1 的推論規則，證明前提為 $(p \wedge t) \rightarrow (r \vee s)$、$q \rightarrow (u \wedge t)$、$u \rightarrow p$、$\neg s$ 且結論為 $q \rightarrow r$ 之論證是有效的。

13. 針對下列各論證，說明每個步驟使用的推論規則。
    a) 「道格是班上的一名學生，他知道如何用 JAVA 寫程式。每個知道如何用 JAVA 寫程式的人都能獲得高薪的工作。因此，班上有學生能獲得高薪的工作。」
    b) 「班上有人喜歡賞鯨。每個喜歡賞鯨的人都關心海洋污染的問題。因此，班上有人關心海洋污染的問題。」
    c) 「班上 93 位學生當中，每個人都擁有一台個人電腦。每一個擁有個人電腦的人都會使用一種文字處理軟體。因此，班上學生澤克會使用一種文字處理軟體。」
    d) 「紐澤西州的所有人都住在距離海洋 50 英里之內。紐澤西州有人從來沒見過海洋。因此，有人雖然住在距離海洋 50 英里之內，卻從未見過海洋。」

14. 針對下列各論證，說明每個步驟使用的推論規則。
    a) 「班上學生琳達擁有一台紅色跑車。每一個擁有紅色跑車的人都至少拿過一張超速罰單。因此，班上有學生拿過超速罰單。」
    b) 「五名室友瑪莉莎、艾倫、洛夫、薇妮莎和基紹恩都修過離散數學的課。每一個修過離散數學的學生都可以修演算法的課程。因此，這五名室友明年都可以修演算法。」
    c) 「約翰·賽雷斯製作的每一部電影都很棒。約翰·賽雷斯製作過一部關於煤礦工人的電影。因此，有一部很棒的電影是關於煤礦工人的。」
    d) 「班上有人去過法國。每一個去過法國的人都會參觀羅浮宮。因此，班上有人參觀過羅浮宮。」

15. 判斷下列論證是否有效，並說明理由。
    a) 班上所有學生都了解邏輯。賽維爾是班上的一名學生。因此，賽維爾了解邏輯。

b) 每一個主修電腦的學生都要修離散數學。娜塔莎正在修離散數學。因此，娜塔莎主修電腦。

c) 所有鸚鵡都喜歡水果。我的寵物鳥不是鸚鵡。因此，我的寵物鳥不喜歡水果。

d) 每天吃燕麥片的人都很健康。琳達並不健康。因此，琳達並沒有每天吃燕麥片。

16. 判斷下列論證是否有效，並說明理由。

a) 在這間大學唸書的所有人都住過學生宿舍。米雅從未住過學生宿舍。因此，米雅並未就讀於這所大學。

b) 開跑車很拉風。愛薩克的車不是跑車。因此，開愛薩克的車並不拉風。

c) 昆西喜歡所有的動作片。昆西喜歡《陰謀密戰》這部電影。因此，《陰謀密戰》是部動作片。

d) 所有捕龍蝦的漁夫都設下至少一打的陷阱。漢米爾頓是名捕龍蝦的漁夫。因此，漢米爾頓設下至少一打的陷阱。

17. 下列論證出了什麼問題？令 $H(x)$ 為「x 是快樂的」。根據前提 $\exists x H(x)$，我們推出 $H($蘿拉$)$；因此，蘿拉是快樂的。

18. 下列論證出了什麼問題？令 $S(x, y)$ 為「x 比 y 矮」。根據前提 $\exists s S(s, 馬克斯)$，推得 $S($馬克斯$, 馬克斯)$；再根據存在通則化，推論出 $\exists x S(x, x)$，也就是說有人比他自己還要矮。

19. 判斷下列論證是否有效。如果有效，是使用了什麼推論規則？如果無效，是犯了什麼樣的邏輯錯誤？

a) n 是一個實數。如果 $n > 1$，則 $n^2 > 1$。現在假設 $n^2 > 1$，因此推得 $n > 1$。

b) n 是一個實數。如果 $n > 3$，則 $n^2 > 9$。現在假設 $n^2 \leq 9$，因此推得 $n \leq 3$。

c) n 是一個實數。如果 $n > 2$，則 $n^2 > 4$。現在假設 $n \leq 2$，因此推得 $n^2 \leq 4$。

20. 判斷下列論證是否有效。

a) 如果 x 是一個正實數，則 x^2 是一個正實數。因此，倘若 a^2 為正（其中 a 為實數），則 a 必為一個正實數。

b) 如果 $x^2 \neq 0$（其中 x 為一實數），則 $x \neq 0$。因此，若令 a 為一實數且 $a^2 \neq 0$，則 $a \neq 0$。

21. 在 1.4 節例題 25 所描述之路易士‧卡洛爾的論證，其結論是由什麼推論規則建構出來的？

22. 在 1.4 節例題 26 所描述之路易士‧卡洛爾的論證，其結論是由什麼推論規則建構出來的？

23. 下列論證意圖證明：如果 $\exists x P(x) \wedge \exists x Q(x)$ 為真，則 $\exists x(P(x) \wedge Q(x))$ 為真。請指出過程中有哪些錯誤。

1. $\exists x P(x) \vee \exists x Q(x)$ 前提
2. $\exists x P(x)$ 簡化律，由 (1)
3. $P(c)$ 存在個例化，由 (2)
4. $\exists x Q(x)$ 簡化律，由 (1)
5. $Q(c)$ 存在個例化，由 (4)

6. $P(c) \wedge Q(c)$ 連言律，由 (3) 和 (5)
7. $\exists x(P(x) \wedge Q(x))$ 存在通則化

24. 下列論證意圖證明：如果 $\forall x(P(x) \vee Q(x))$ 為真，則 $\forall xP(x) \vee \forall xQ(x)$ 為真。請指出過程中有哪些錯誤。

   1. $\forall x(P(x) \vee Q(x))$ 前提
   2. $P(c) \vee Q(c)$ 全稱個例化，由 (1)
   3. $P(c)$ 簡化律，由 (2)
   4. $\forall xP(x)$ 全稱通則化，由 (3)
   5. $Q(c)$ 簡化律，由 (2)
   6. $\forall xQ(x)$ 全稱通則化，由 (5)
   7. $\forall xP(x) \vee \forall xQ(x)$ 連言律，由 (4) 和 (6)

25. 證明全稱性的否定後件：前提 $\forall x(P(x) \to Q(x))$ 及論域中某一特定元素 a 使得 $\neg Q(a)$，蘊涵 $\neg P(a)$。

26. 證明**全稱之傳遞性**（universal transitivity）：如果 $\forall x(P(x) \to Q(x))$ 和 $\forall x(Q(x) \to R(x))$ 皆真，則 $\forall x(P(x) \to R(x))$ 亦為真，其中所有量詞之論域皆相同。

27. 運用推論規則，證明下列事實：如果 $\forall x(P(x) \to (Q(x) \wedge S(x)))$ 和 $\forall x(P(x) \wedge R(x))$ 皆真，則 $\forall x(R(x) \wedge S(x))$ 亦為真。

28. 運用推論規則，證明下列事實：如果 $\forall x(P(x) \vee Q(x))$ 和 $\forall x((\neg P(x) \wedge Q(x)) \to R(x))$ 皆真，則 $\forall x(\neg R(x) \to P(x))$ 亦為真，其中所有量詞之論域皆相同。

29. 運用推論規則，證明下列事實：如果 $\forall x(P(x) \vee Q(x))$、$\forall x(\neg Q(x) \vee S(x))$、$\forall x(R(x) \to \neg S(x))$ 及 $\exists x \neg P(x)$ 皆真，則 $\exists x \neg R(x)$ 亦為真。

30. 運用預解律，證明「亞倫是個壞男孩或希拉蕊是個好女孩」和「亞倫是個好男孩或大衛是快樂的」兩個假設蘊涵結論「希拉蕊是個好女孩或大衛是快樂的」。

31. 運用預解律，證明「現在沒有下雨或伊凡特有帶雨傘」、「伊凡特沒帶雨傘或她沒有淋溼」和「現在正在下雨或伊凡特沒有淋溼」三個假設蘊涵結論「伊凡特沒有淋溼」。

32. 藉由預解律及「前件為假的條件句必為真」這個事實，證明邏輯等式 $p \wedge \neg p \equiv \mathbf{F}$。〔提示：在預解過程中令 $q = r = \mathbf{F}$。〕

33. 運用預解律，證明下列複合命題是不可滿足的：$(p \vee q) \wedge (\neg p \vee q) \wedge (p \vee \neg q) \wedge (\neg p \vee \neg q)$。

*34. 從邏輯遊戲 *WFF'N PROOF* 中擷取的邏輯問題有下列兩個假設：

   1.「邏輯是困難的或沒有很多學生喜歡邏輯。」
   2.「如果數學是容易的，則邏輯就不困難。」

   將上述假設翻譯為包含命題變數及邏輯連接詞的述句，再判斷下列語句能否為其有效結論。

   a) 如果很多學生喜歡邏輯，數學就不是容易的。
   b) 如果數學不是容易的，就沒有很多學生喜歡邏輯。

c) 數學不是容易的或邏輯是困難的。

d) 邏輯並不困難或數學並不容易。

e) 如果沒有很多學生喜歡邏輯，則數學並不容易或邏輯並不困難。

* 35. 判斷下列論證是否有效（摘自 [KaMo64]）：

倘若超人能夠並願意防止邪惡，他就會這樣做。如果超人不能防止邪惡，則他就是無能的；如果他不願意防止邪惡，則他就是壞心腸的。超人並沒有防止邪惡。如果超人是存在的，則他既非無能亦非壞心腸。因此，超人並不存在。

1.6 證明之簡介 Introduction to Proofs

引言

本節中我們將介紹證明的概念並描述建構證明的方法。證明是指建立數學真理之有效論證。我們可使用定理的假設（如果有假設的話）、被設定為真的公理，以及先前已被證實的定理來進行證明。利用這些成分和推論規則，證明的最後一個步驟就是要確立意圖證明之數學語句為真。

在討論當中，我們將定理之形式化證明轉向非形式化的證明。1.5 節介紹之論證是關於命題與量化語句的形式化證明，所有步驟都清楚交代，並說明每一個步驟所使用的規則。然而，一些有用定理的形式化證明往往過於冗長，難以消化。在實務上，讓人們容易吸收之定理證明，幾乎都是**非形式化的證明**（informal proof）──每個步驟運用了不只一個推論規則、有些步驟被省略，或者假定之公理及使用之推論規則並未清楚顯示。當電腦可以完美無缺地運用自動化推理系統進行形式化證明之際，非形式化的證明經常扮演解釋性的角色，告訴人們為什麼這些定理為真的來龍去脈。

本節所討論的證明方法之所以重要，不僅因為它們被拿來證明數學定理，也因為它們在電腦科學中深具應用價值。其實際應用包括檢驗電腦程式正確無誤、確保作業系統安全無虞、在人工智慧領域裡進行推論、顯示系統規格前後一致等。因此，明瞭證明所運用的技巧，對數學及電腦科學而言都是必要的。

一些專用術語

形式上，一個**定理**（theorem）指的是能被證明為真的述句。在數學書籍中，定理一詞通常被保留給重要性到達某種程度的語句。比較不重要的定理，有時就稱為**命題**（proposition）。〔定理也可意指**事實**（fact）或**結果**（result）。〕定理的形式可能是一個條件句的全稱量化，也可能是別種邏輯形式；實際例子在本章稍後將會出現。我們用**證明**（proof）來顯示一個定理為真；證明可說是確立定理為真之有效論證。在證明中，我們可以使用**公理**〔axiom；或稱**基設**（postulate）〕──被設定為真的語句（例如，隨書光碟的附錄 1 列舉了實數系統的公理）、定理的前提（如果有任何前提的話），以及先前已被證明

過的定理。公理本身可以用不需要定義的原始語詞（primitive term）敘述，但是其他用於定理及其證明中的語詞都必須定義清楚。配合語詞的定義，再運用推論規則從其他斷言（assertion）逐步獲致結論的整個過程就是證明。就實際面而言，證明的最後一個步驟通常是定理的結論；不過為了讓證明更加清楚，我們有時也會在最後重述整個定理。

可以輔助證明其他結果的次要定理被稱為**引理**（lemma）。面對複雜之數學論證，用一系列的引理（每個引理皆被單獨證明）逐步證明時，問題通常會比較容易理解。**系理**（corollary）指的是能從某個已被證實的定理直接獲致之衍生性定理。**假說**（conjecture）則是被提議為真但有待證實的語句，通常基於某種不完全的證據、嘗試性的論證，或專家的直覺判斷。一旦找到臆測的證明，此臆測就變為定理。有時候臆測卻被確認為假，那就不會形成定理了。

理解定理陳述的方式

在介紹證明定理的方法之前，我們必須先明瞭許多數學定理是如何被陳述的。常見的一種方式是，定理宣稱某種特性對論域中的所有元素皆成立，例如整數或實數等等。對於這類型的定理，比較精準的表達應該包含全稱量詞，不過習慣上經常被省略。舉例來說，述句

「如果 $x > y$，其中 x 和 y 為正實數，則 $x^2 > y^2$。」

真正意指的是：

「對所有正實數 x 和 y 而言，如果 $x > y$，則 $x^2 > y^2$。」

其次，當這類型定理被證明時，全稱個例化的法則經常被使用，但並沒有明確提及。證明的第一個步驟通常包括任選一個論域中不特定的元素，接下來再證明此元素具有問題所敘述的特性。最後，利用全稱通則化斷言定理對論域所有元素皆成立。

直接證明

條件句 $p \rightarrow q$ 的**直接證明**（direct proof）是先假設 p 為真，再運用推論規則逐步演繹，最後一個步驟則要推得 q 亦必為真。倘若能證明在 p 真的情況之下，q 非真不可，就表示 p 真 q 假的情形不可能發生，也因此確立條件句 $p \rightarrow q$ 為真。在直接證明中，我們假設 p 為真，希望獲致 q 必然為真的結果，推演過程可以使用公理、定義及先前證明過的定理，再配合適當的推論規則。你會發現，許多定理的直接證明完全不拐彎抹角，一系列明顯的步驟直截了當地從假設獲致結論。然而，有時候直接證明還是需要敏銳的觀察，因為它可能充滿陷阱。一開始，我們提供的直接證明算是相當簡易，可以一目了然，到後來才會出現一些不那麼明顯的例子。

定義 1 ■ 對整數 n 而言，如果存在一個整數 k 使得 $n = 2k$，則 n 是偶數；如果存在一個整數 k 使得 $n = 2k + 1$，則 n 是奇數。（注意，一個整數不是偶數就是奇數，也不會既是偶數也是奇數。）兩整數有相同的奇偶性（parity），如果兩個整數同為奇數或同為偶數；反之，若一個整數是奇數一個為偶數，則稱此二整數有相異的奇偶性。

例題 1 為定理「如果 n 是奇數，則 n^2 也是奇數」提供一個直接證明。

解： 此定理可陳述為 $\forall n(P(n) \rightarrow Q(n))$，其中 $P(n)$ 為「n 是奇數」，$Q(n)$ 為「n^2 是奇數」。如前所言，我們將依循數學實務上的習慣，證明 $P(n)$ 蘊涵 $Q(n)$，但並不明示全稱個例化的使用。為了直接證明這個定理，我們假設條件句的前件為真，也就是假設 n 為奇數。根據奇數的定義，我們可以推出 $n = 2k + 1$，其中 k 為整數。為了證明 n^2 也是奇數，我們可將上述等式的兩邊同時平方（意圖獲致關於 n^2 之等式），得到 $n^2 = (2k+1)^2 = 4k^2 + 4k + 1 = 2(2k^2 + 2k) + 1$。再根據奇數的定義，我們可以斷言 n^2 為一奇數（它是某整數的兩倍加一）。由此，我們證明了如果 n 是奇數，則 n^2 也是奇數。◀

例題 2 為「如果 m 和 n 都是**完全平方數（perfect square）**，則 mn 也是完全平方數」提供一個直接證明。（對整數 a 而言，如果存在一個整數 b 使得 $a = b^2$，則 a 為完全平方數。）

解： 為直接證明此定理，我們假設該條件句的前件為真，亦即假設 m 和 n 都是完全平方數。根據完全平方數的定義可以推出：存在整數 s 和 t 使得 $m = s^2$ 和 $n = t^2$。證明的目標是要獲致 mn 亦為完全平方數的結果。因此，我們可以嘗試將上述兩等式相乘，得到 $mn = s^2 t^2$；再運用乘法的交換律和結合律，得到 $mn = (st)^2$。根據完全平方數的定義，mn 也是一個完全平方數，因為它是整數 st 的平方。由此，我們證明了如果 m 和 n 都是完全平方數，則 mn 也是個完全平方數。◀

反證法

直接證明是直接由定理的假設，經過一系列之演繹步驟，進而獲致結論。然而，我們有時候會發現直接證明可能進入一個死胡同，不得其解。此時，我們需要別種方法來證明形式為 $\forall x(P(x) \rightarrow Q(x))$ 的定理。不由假設出發推演至結論的證明方法，稱為**間接證明（indirect proof）**。

間接證明非常有用的一種類型是**藉由質位互換之證明（proof by contraposition）**，或稱反證法。此證明運用了 $p \rightarrow q$ 與 $\neg q \rightarrow \neg p$ 在邏輯上相等的事實；也就是說，藉由 $\neg q \rightarrow \neg p$ 的證明來完成 $p \rightarrow q$ 的證明。在質位互換的證明當中，我們先假設 $\neg q$ 為真，再利用公理、定義及先前證明過的定理，配合推論規則導引出 $\neg p$ 亦必為真。以下兩個例子，說明了在直接證明難以奏效的情況下，藉由反證法有可能成功。

例題 3 證明如果 n 是整數且 $3n+2$ 為一奇數，則 n 為奇數。

解： 我們先嘗試直接證明。假設 $3n+2$ 為一奇數，也就是存在一個整數 k 使得 $3n+2 = 2k+1$。我們能據此推出 n 為奇數嗎？我們可從前一個等式得到 $3n+1 = 2k$，但接下來呢？似乎沒有直接的方法可以獲致 n 為奇數的結論。既然直接證明的嘗試失敗，我們改用反證法試看看。

反證法的第一步是假設條件句「如果 $3n+2$ 為一奇數，則 n 為奇數」的後件為假，也就是假設 n 為偶數。根據偶數的定義，存在某個整數 k 使得 $n = 2k$。再用 $2k$ 取代 n，得到 $3n+2 = 3(2k)+2 = 6k+2 = 2(3k+1)$，這表示 $3n+2$ 為一偶數（因為它是 2 的倍數），也就是 $3n+2$ 不是奇數，此為定理之假設的否定。既然條件句之後件的否定蘊涵前件的否定，就表示原條件句為真。我們藉由反證法成功地證明了定理「如果 $3n+2$ 為一奇數，則 n 為奇數」。 ◀

例題 4 證明如果 $n = ab$（其中 a 和 b 為正整數），則 $a \leq \sqrt{n}$ 或 $b \leq \sqrt{n}$。

解： 由於並沒有明顯的方法可以從 $n = ab$（其中 a 和 b 為正整數）直接證明 $a \leq \sqrt{n}$ 或 $b \leq \sqrt{n}$，我們嘗試質位互換的證明。

反證法的第一步是假設條件句「如果 $n = ab$（其中 a 和 b 為正整數），則 $a \leq \sqrt{n}$ 或 $b \leq \sqrt{n}$」的後件為假，也就是假設 $(a \leq \sqrt{n}) \vee (b \leq \sqrt{n})$ 為假。根據選言的意義和笛摩根定律，它蘊涵了 $a \leq \sqrt{n}$ 和 $b \leq \sqrt{n}$ 兩者皆假，也就是 $a > \sqrt{n}$ 且 $b > \sqrt{n}$。將此兩個不等式合併相乘（利用事實：如果 $0 < s < t$ 且 $0 < u < v$，則 $su < tv$），可以獲得 $ab > \sqrt{n} \cdot \sqrt{n} = n$。這代表著 $ab \neq n$，與條件句之前件 $n = ab$ 矛盾。

由於條件句之後件的否定蘊涵前件的否定，可知原條件句為真。我們藉由反證法成功地證明了定理「如果 $n = ab$（其中 a 和 b 為正整數），則 $a \leq \sqrt{n}$ 或 $b \leq \sqrt{n}$」。 ◀

空泛證明與平庸證明 當我們知道 p 為假時，很快就證明出條件句 $p \rightarrow q$ 為真，因為只要 p 假，$p \rightarrow q$ 必真。因此，倘若我們能證明 p 為假，事實上就完成了條件句 $p \rightarrow q$ 之證明，此方法被稱為**空泛證明**（vacuous proof）。空泛證明經常使用在為一全稱條件句（例如，某一條件句對所有正整數而言皆為真）建立特殊案例的情況。（關於形如 $\forall nP(n)$ 之定理證明，其中 $P(n)$ 為命題函數，請見 5.1 節。）

例題 5 證明命題 $P(0)$ 為真，其中 $P(n)$ 為「如果 $n > 1$，則 $n^2 > n$」，論域包含所有整數。

解： 由題意可知，$P(0)$ 為「如果 $0 > 1$，則 $0^2 > 0$」。運用空泛證明，我們很快獲致 $P(0)$ 為真，因為條件句之假設 $0 > 1$ 明顯為假，整個條件句即自動為真。 ◀

注意： 條件句之結論 $0^2 > 0$ 為假的事實與條件句的真假並無關連，因為一旦條件句之假設為假即確保了條件句為真。

倘若我們知道 q 為真，也很快就證明出條件句 p → q 為真。一旦證明 q 為真，事實上就完成了條件句 p → q 之證明，因為 p → q 也必然為真；此方法被稱為**平庸證明**（trivial proof）。當定理之個別案例被證明時以及在數學歸納法中（5.1 節討論之證明技巧），平庸證明經常成為重要的方法。

例題 6　令 P(n) 為「如果 a 和 b 為正整數且 a ≥ b，則 $a^n ≥ b^n$」，論域為所有的整數。證明 P(0) 為真。

解：命題 P(0) 為「如果 a ≥ b，則 $a^0 ≥ b^0$」。由於 $a^0 = b^0 = 1$，滿足條件句中的結論，因此整個條件句自然為真，也就是 P(0) 為真。此為平庸證明的一個例子。至於條件句的假設，亦即 a ≥ b，對證明毫無影響。　◀

簡單的證明策略　對於形式為 $\forall x(P(x) \to Q(x))$ 的定理，我們介紹了兩種重要的證明方式：直接證明及反證法。我們也提供了一些如何實際運用的例子。然而，當你面對 $\forall x(P(x) \to Q(x))$ 這樣的定理，究竟該嘗試什麼方法來證明呢？我們將提供數個基本的準則。要證明形如 $\forall x(P(x) \to Q(x))$ 之定理，先評估直接證明是否可行。擴展假設中的定義，再配合公理及可用之定理進行推論；如果發現直接證明無法繼續下去，就用同樣的方式處理質位互換之證明。記得在反證法當中，先假設條件句的後件為假，再直接證明條件句的前件亦必為假。例題 7 和例題 8 實際說明了這種策略；在面對實例之前，我們必須要介紹一個定義。

定義 2　■　對於實數 r 而言，如果存在整數 p 和 q（其中 q ≠ 0）使得 r = p/q，則 r 為一個**有理數**；不是有理數的實數被稱為**無理數**。

例題 7　證明兩個有理數的和亦為有理數。（注意，如果我們把未予明示之量詞加進來，此定理可表達為「對每一個實數 r 和每一個實數 s 而言，如果 r 和 s 為有理數，則 r + s 亦為有理數」。）

解：我們先嘗試直接證明。假設 r 和 s 為有理數；根據有理數的定義，必然存在整數 p 和 q（其中 q ≠ 0）使得 r = p/q，並存在整數 t 和 u（其中 u ≠ 0）使得 s = t/u。我們能否利用此資訊證明 r + s 為有理數呢？明顯地，下一個步驟應該是將兩數相加：

$$r + s = \frac{p}{q} + \frac{t}{u} = \frac{pu + qt}{qu}$$

由於 q ≠ 0 且 u ≠ 0，所以 qu ≠ 0。也因此，我們已經將 r + s 表達成兩個整數間的比例——分子為 pu + qt，分母為 qu（≠ 0）。這表示，r + s 為一有理數。我們已經證實兩個有理數的和亦為有理數，直接證明是成功的。　◀

例題 8 證明如果 n 為整數且 n^2 為奇數，則 n 為奇數。

解： 我們先嘗試直接證明。假設 n 為整數且 n^2 為奇數，則就必然存在一個整數 k 使得 $n^2 = 2k + 1$。我們能否利用這個資訊證明 n 為奇數呢？似乎沒有明顯的方式可以達此目的，因為我們所能獲得關於 n 的等式為 $n = \pm\sqrt{2k+1}$，這看來並沒有什麼用處。

既然直接證明不能成功，我們就改用反證法。假設 n 不是奇數（條件句之後件的否定），亦即 n 是偶數；這表示存在一個整數 k 使得 $n = 2k$。為了證明此定理，我們的目標是要證得 n^2 不是奇數（條件句之前件的否定），亦即 n^2 為偶數。等式 $n = 2k$ 能否幫助我們達成目標？將等式兩邊平方，可以得到 $n^2 = 4k^2 = 2(2k^2)$；這表示 n^2 為偶數，因為倘若令 $t = 2k^2$，則 $n^2 = 2t$（t 為整數），符合偶數之定義。由此，我們透過反證法證明了如果 n 為整數且 n^2 為奇數，則 n 為奇數。

歸謬證法

假設我們想要證明述句 p 為真。又假設我們能找到一個矛盾句 q，使得 $\neg p \rightarrow q$ 為真。由於 q 假且 $\neg p \rightarrow q$ 為真，我們因此推得 $\neg p$ 為假，亦即 p 為真。這樣的方法可以用來證明 p，但是要如何才能找到矛盾句 q？

我們知道，倘若 r 是個命題，$r \wedge \neg r$ 為一矛盾句。因此，如果我們能夠證明對某命題 r 而言，$\neg p \rightarrow (r \wedge \neg r)$ 為真，則我們就證明了 p 為真。這種形態的證明被稱為**歸謬證法**（**proof by contradiction**）。由於歸謬證法並非直接證明結果，所以也是間接證明的一種。以下介紹了三個歸謬證法的例子；其中第一個是鴿洞原理（pigeonhole principle）之應用，攸關組合學的技巧，在 6.2 節會深入探討。

例題 9 證明任選 22 天中，至少有 4 天落在同樣的星期別。

解： 令 p 為命題「任選 22 天中，至少有 4 天落在同樣的星期別」。現在假設 $\neg p$ 為真，這表示 22 天當中最多有 3 天落在同樣的星期別。然而，既然有七種星期別，最多 3 天落在同樣的星期別代表最多只有 21 天可以被選擇，這與原假設任選 22 天不符。也就是說，如果 r 為述句「22 天被選擇」，我們已經證得 $\neg p \rightarrow (r \wedge \neg r)$。因此，我們證明了 p 為真，也就是任選 22 天中，至少有 4 天落在同樣的星期別。

例題 10 藉由歸謬證法證明 $\sqrt{2}$ 為無理數。

解： 令 p 為命題「$\sqrt{2}$ 為無理數」。歸謬證法的第一步應該假設 $\neg p$ 為真，也就是 $\sqrt{2}$ 為有理數；由此再試圖導引出矛盾句來。

如果 $\sqrt{2}$ 為有理數，就會存在整數 a 和 b 使得 $\sqrt{2} = a/b$，其中 $b \neq 0$ 且 a 和 b 並無公因數（所以 a/b 為最簡分數。）（這裡，我們運用了事實：每一個有理數都可以寫成最簡分數。）將等式 $\sqrt{2} = a/b$ 兩邊平方，可得

$$2 = \frac{a^2}{b^2}$$

因此，

$$2b^2 = a^2$$

根據偶數的定義，a^2 為一偶數。再根據習題 16 延伸而來的事實，如果 a^2 為一偶數，則 a 也是偶數。既然 a 是偶數，就存在某個整數 c 使得 $a = 2c$。因此，

$$2b^2 = 4c^2$$

兩邊皆除以 2，可得

$$b^2 = 2c^2$$

根據偶數的定義，b^2 為一偶數。再根據前面提到的事實：如果某整數的平方為一偶數，此整數本身也是偶數；我們因此推得 b 是偶數。

由假設 $\neg p$，我們導引出 $\sqrt{2} = a/b$，其中 a 和 b 並無公因數；但又同時推得 a 和 b 都是偶數，也就是都能被 2 整除。當我們說 a 和 b 並無公因數時，也包括它們不能同時被 2 整除。所以，假設 $\neg p$ 蘊涵了相互矛盾的語句：2 同時整除 a 和 b，以及 2 不能同時整除 a 和 b。根據歸謬證法，我們知道 $\neg p$ 必為假，也就是 p 必為真。我們因此證明出 $\sqrt{2}$ 為無理數。◀

反證法也可被用來證明一個條件句。首先假設定理之結論為假，亦即條件句後件之否定為真，再配合定理的前提（即條件句之前件），共同導引出一個矛盾句。（此證明之所以有效，乃立基於 $p \to q$ 與 $(p \wedge \neg q) \to \mathbf{F}$ 在邏輯上相等。要明瞭這兩者為何等值，想想它們只有在同一個狀況 p 真 q 假時為假，其餘皆真。）

值得注意的是，我們可將條件句的反證法改寫成歸謬證法。在反證 $p \to q$ 的過程中，我們假設 $\neg q$ 為真，然後試圖證明 $\neg p$ 亦必為真。將上述過程用歸謬證法表達，可先假設 p 和 $\neg q$ 為真，再用剛才獲致 $\neg q \to \neg p$ 的步驟證明 $\neg p$ 為真。如此一來，就得到矛盾句 $p \wedge \neg q$，因而完成證明。例題 11 說明了如何將條件句的反證法轉換成歸謬證法。

例題 11　利用歸謬證法證明定理「如果 $3n + 2$ 是奇數，則 n 也是奇數」。

解： 令 p 為「$3n + 2$ 是奇數」，q 為「n 是奇數」。為了建構歸謬證法，我們假設 p 和 $\neg q$ 為真，也就是假設 $3n + 2$ 為一奇數，但 n 不是奇數──是偶數。由於 n 是偶數，必然存在一個整數 k 使得 $n = 2k$；由此可得 $3n + 2 = 3(2k) + 2 = 6k + 2 = 2(3k + 1)$。若令 $t = 3k + 1$，則 $3n + 2 = 2t$，明顯為一偶數。「$3n + 2$ 為一偶數」，代表 $3n + 2$ 不是奇數，也就是 $\neg p$。在此，我們得到 p 和 $\neg p$ 皆為真，產生了一個矛盾句，因而完成歸謬證法，順利證明出如果 $3n + 2$ 是奇數，則 n 也是奇數。◀

有趣的是，面對條件句 $p \to q$ 時，我們也能運用歸謬證法先假設 p 和 $\neg q$ 為真，再試圖獲致 q 亦為真；如此一來，$\neg q$ 和 q 皆為真，產生了矛盾，因而完成證明。上述過程其實跟直接證明相仿，這表示直接證明也可改寫成歸謬證法。

等式的證明 要證明形式為雙條件句 $p \leftrightarrow q$ 的定理，我們可從證明 $p \to q$ 和 $q \to p$ 皆為真著手。其推論有效乃立基於以下之恆真式：

$$(p \leftrightarrow q) \leftrightarrow (p \to q) \land (q \to p)$$

例題 12 證明定理「如果 n 是一個正整數，則 n 為奇數若且唯若 n^2 為奇數」。

解： 此定理之形式為「p 若且唯若 q」，其中 p 為「n 是奇數」，q 為「n^2 是奇數」。（如慣例，我們並不明確處理全稱量化的部分。）為了證明這個定理，我們必須證明 $p \to q$ 和 $q \to p$ 兩者皆真。

在例題 1 中，我們已經證明 $p \to q$ 為真；在例題 8 中，我們也證明了 $q \to p$ 為真。既然 $p \to q$ 和 $q \to p$ 兩者皆真，就表示此定理已獲得證明。◀

有時候，定理表達的是數個命題 p_1、p_2、$\cdots$、p_n 皆等值；它可寫成：

$$p_1 \leftrightarrow p_2 \leftrightarrow \cdots \leftrightarrow p_n$$

這表示所有 n 個命題皆有相同的真假值；因此，對所有符合 $1 \le i \le n$ 和 $1 \le j \le n$ 的 i 和 j 而言，p_i 與 p_j 在邏輯上相等。要證明這些命題相互等值的一種方法，可利用以下之恆真式：

$$p_1 \leftrightarrow p_2 \leftrightarrow \cdots \leftrightarrow p_n \leftrightarrow (p_1 \to p_2) \land (p_2 \to p_3) \land \cdots \land (p_n \to p_1)$$

也就是說，如果 $p_1 \to p_2$、$p_2 \to p_3$、$\cdots$、$p_n \to p_1$ 等條件句皆被證明為真，即證明了 p_1、p_2、$\cdots$、p_n 等命題皆等值。

這樣的方式比證明「對所有滿足 $i \ne j$、$1 \le i \le n$ 和 $1 \le j \le n$ 的 i 和 j 而言，$p_i \to p_j$」來得有效率許多。

當我們想要證明一組述句邏輯等值時，可以建構某種頭尾相連之條件句鏈，只要能夠連結任兩個命題即可。例如，若要證明 p_1、p_2 和 p_3 在邏輯上相等，便可藉由 $p_1 \to p_2$、$p_2 \to p_3$ 和 $p_3 \to p_1$ 的證明來完成。

例題 13 證明下列關於整數 n 的敘述在邏輯上皆相等：

p_1：n 是偶數
p_2：$n-1$ 是奇數
p_3：n^2 是偶數

解： 為了證明這三個語句邏輯等值，我們將證明 $p_1 \to p_2$、$p_2 \to p_3$ 和 $p_3 \to p_1$ 皆為真。

首先關於 $p_1 \to p_2$，我們使用直接證明法。假設 n 是偶數，則存在某個整數 k 使得 $n = 2k$。由此可得，$n - 1 = 2k - 1 = 2(k - 1) + 1$。這表示 $n - 1$ 是奇數，因為其形式為 $2m + 1$，其中 m 為整數 $k - 1$。

其次關於 $p_2 \to p_3$，也採用直接證明法。假設 $n - 1$ 是奇數，則存在某個整數 k 使得 $n - 1 = 2k + 1$。由此可得，$n = 2k + 2$，$n^2 = (2k + 2)^2 = 4k^2 + 8k + 4 = 2(2k^2 + 4k + 2)$。這表示 n^2 為整數 $2k^2 + 4k + 2$ 的兩倍，所以 n^2 是偶數。

最後關於 $p_3 \to p_1$，我們利用反證法來證明；也就是證明如果 n 不是偶數，則 n^2 也不是偶數。這跟證明如果 n 是奇數，則 n^2 也是奇數為同一回事——此證明已在例題 1 中完成。由上述三個條件句的證明，我們證明了 p_1、p_2 和 p_3 在邏輯上相等。　◀

反例　在 1.4 節中，我們提到若要證明形如 $\forall xP(x)$ 之語句為假，只需提供一個**反例**（**counterexample**）即可，也就是某個 x 使得 $P(x)$ 為假。當我們遇到一個形式為 $\forall xP(x)$ 的語句，如果相信它是假的，或所有證明為真的嘗試都失敗時，我們會開始尋找它的反例。反例之實際使用可見例題 14。

例題 14　證明「每個正整數皆為兩個整數的平方和」為假。

解：為了證明此句為假，我們要尋找一個反例，也就是某個正整數它不等於兩個整數的平方和。反例並不難尋找，像 3 就不能寫成兩個整數的平方和。如何證明呢？因為不超過 3 的完全平方數只有 $0^2 = 0$ 及 $1^2 = 1$，而 3 不等於 0 或 1 任兩者之和；由此我們證明了「每個正整數皆為兩個整數的平方和」為假。　◀

證明中的錯誤

在建構數學證明時，常有一些共通的毛病；在此簡短敘述其中數種錯誤。最常見的錯誤之一，是在算術或基本代數上出了問題。即便專業數學家也可能發生這樣的失誤，尤其是在處理比較複雜的式子時。每當從事複雜的計算，都要儘可能小心地檢查。（在進入 5.1 節前，你應該要複習基本代數中比較令人困擾的部分。）

數學證明中的每一個步驟都必須正確，而結論也必須從前面步驟有效推得。許多錯誤是發生在某個步驟並不能從先前之步驟邏輯推演而來。實際說明可見例題 15 至例題 17。

例題 15　下列是有名的 1 = 2 之「證明」，哪個地方出了問題？

「**證明**」：下列步驟中 a 和 b 為兩個相等的正整數。

步驟	理由
1. $a = b$	設定好的
2. $a^2 = ab$	(1) 兩邊各乘以 a
3. $a^2 - b^2 = ab - b^2$	(2) 兩邊各減 b^2

4. $(a-b)(a+b) = b(a-b)$　　　　　　(3) 兩邊因式分解
5. $a+b = b$　　　　　　　　　　　　(4) 兩邊各除以 $a-b$
6. $2b = b$　　　　　　　　　　　　　(5) 中的 a 用 b 取代（因為 $a=b$），並予以簡化
7. $2 = 1$　　　　　　　　　　　　　 (6) 兩邊各除以 b

解：每一個步驟都是有效的，除了步驟 5 將原式兩邊各除以 $a-b$。等式兩邊各除以相同的數原本是成立的，只要這個數不等於零；但偏偏 $a-b=0$，因而產生錯誤。◀

例題 16　下列「證明」出了什麼問題？

「定理」：如果 n^2 是正數，n 就是正數。

「證明」：假設 n^2 是正數。由於條件句「如果 n 是正數，n^2 就是正數」為真，因此我們可以斷言 n 是正數。

解：令 $P(n)$ 代表「n 是正數」，$Q(n)$ 代表「n^2 是正數」。上述「證明」的假設為 $Q(n)$，引用之述句「如果 n 是正數，n^2 就是正數」可寫成 $\forall n(P(n) \to Q(n))$。然而，由 $Q(n)$ 及 $\forall n(P(n) \to Q(n))$ 並無法推得 $P(n)$，因為沒有有效的推論規則予以支持；事實上，此處所顯現的正是肯定後件之謬誤。我們很容易可以找到上述「定理」之反例：當 $n=-1$ 時，$n^2=1$ 為正，但 n 卻為負。◀

例題 17　下列「證明」出了什麼問題？

「定理」：如果 n 不是正數，則 n^2 也不是正數。（此為例題 16 之「定理」的質位互換命題。）

「證明」：假設 n 不是正數。由於條件句「如果 n 是正數，n^2 就是正數」為真，因此我們可以斷言 n^2 不是正數。

解：令 $P(n)$ 和 $Q(n)$ 所代表的命題與例題 16 相同。如此一來，上述「證明」的假設為 $\neg P(n)$，述句「如果 n 是正數，n^2 就是正數」可寫成 $\forall n(P(n) \to Q(n))$。然而，由 $\neg P(n)$ 及 $\forall n(P(n) \to Q(n))$ 並無法推得 $\neg Q(n)$，因為沒有有效的推論規則予以支持；事實上，此處所顯現的正是否定前件之謬誤。如同例題 16，我們可用 $n=-1$ 的情況做為上述「定理」之反例。◀

最後，我們將簡短地討論一種相當棘手的錯誤形式——許多不當論證皆立基於此，一般被稱為**丐題謬誤**或**乞求論點的謬誤**（fallacy of begging the question）。當證明中的某個或某些步驟是根據原本要證明的定理而來，這種謬誤就隨之產生。換句話說，就是拿自己或與自己等值的語句來證明自己，因此也被稱為**循環論證**（circular reasoning）。

例題 18　下列論證是否正確？它意圖證明「當 n^2 是偶數時，n 也是偶數」。

假設 n^2 是偶數，則存在某個整數 k 使得 $n^2 = 2k$。令 $n = 2l$，其中 l 為整數。由此可知，n 是偶數。

解：這個論證並不正確。述句「令 $n = 2l$，其中 l 為整數」出現在證明當中。n 被寫成這種形式，並沒有提供任何論證予以支持。這是一個循環性的推論，因為它與要被證明的結果「n 是偶數」完全相等。當然，結果本身是正確的，只是證明方法不當。◀

在證明當中犯錯，也是學習過程的一部分。當別人指出你的錯誤時，你應該仔細分析錯誤的來源，確保以後不再犯相同的錯誤。即使是專業數學家也會犯錯；這也是為什麼有些重要定理的證明矇騙世人數年，直到其中細微的錯誤被發現為止。

習題

* 表示為較難的練習；** 表示為高度挑戰性的練習；☞ 對應正文。

1. 利用直接證明法證明兩個奇數的和是偶數。
2. 利用直接證明法證明兩個偶數的和是偶數。
3. 利用直接證明法證明偶數的平方也是偶數。
4. 利用直接證明法證明偶數的加法反元素（即它的負數）也是偶數。
5. 證明如果 $m + n$ 和 $n + p$ 是偶數（其中 m、n、p 皆為整數），則 $m + p$ 也是偶數。你所使用的是哪一種證明法？
6. 利用直接證明法證明兩個奇數的乘積是奇數。
7. 利用直接證明法證明每一個奇數皆為兩個平方數的差。
8. 證明如果 n 是完全平方數，則 $n + 2$ 不是完全平方數。
9. 利用歸謬證法證明無理數和有理數的和是無理數。
10. 利用直接證明法證明兩個有理數的乘積是有理數。
11. 證明或反駁兩個無理數的乘積是無理數。
12. 證明或反駁非零有理數和無理數的乘積是無理數。
13. 證明如果 x 是無理數，則 $1/x$ 也是無理數。
14. 證明如果 x 是有理數且 $x \neq 0$，則 $1/x$ 是有理數。
15. 利用反證法證明如果 $x + y \geq 2$（其中 x 和 y 為實數），則 $x \geq 1$ 或 $y \geq 1$。
☞ 16. 證明如果 m 和 n 是整數且 mn 為偶數，則 m 是偶數或 n 是偶數。
17. 採用以下兩種方法證明如果 n 為整數且 $n^3 + 5$ 是奇數，則 n 是偶數。
    a) 反證法。
    b) 歸謬證法。
18. 採用以下兩種方法證明如果 n 為整數且 $3n + 2$ 是偶數，則 n 是偶數。
    a) 反證法。
    b) 歸謬證法。
19. 證明 $P(0)$ 成立，其中 $P(n)$ 代表命題「如果 n 是大於 1 的正整數，則 $n^2 > n$」。你所使用的是哪一種證明法？
20. 證明 $P(1)$ 成立，其中 $P(n)$ 代表命題「如果 n 是正整數，則 $n^2 \geq n$」。你所使用的是哪一種證明法？
21. 令 $P(n)$ 代表命題「如果 a 和 b 為正實數，則 $(a + b)^n \geq a^n + b^n$」；證明 $P(1)$ 為真。你所使用的是哪一種證明法？

22. 證明你如果從只有藍襪子和黑襪子的抽屜拿三隻襪子，將會得到兩隻藍襪子或兩隻黑襪子。
23. 證明任選 64 天當中至少有 10 天會落到相同的星期別。
24. 證明任選 25 天當中至少有 3 天會落到相同的月份。
25. 利用歸謬證法證明沒有任何一個有理數 r 使得 $r^3 + r + 1 = 0$。〔提示：假設 $r = a/b$ 為等式之根，其中 a 和 b 為整數且 a/b 為最簡分數。將 $r = a/b$ 代入等式並於等式兩端同乘以 b^3，然後觀察 a 和 b 是奇數還是偶數。〕
26. 證明如果 n 是正整數，則 n 是偶數若且唯若 $7n + 4$ 是偶數。
27. 證明如果 n 是正整數，則 n 是奇數若且唯若 $5n + 6$ 是奇數。
28. 證明 $m^2 = n^2$ 若且唯若 $m = n$ 或 $m = -n$。
29. 證明或反駁如果 m 和 n 為整數且 $mn = 1$，則 $m = 1$ 且 $n = 1$，或者 $m = -1$ 且 $n = -1$。
30. 證明以下三個述句在邏輯上相等，其中 a 和 b 為實數：(i) a 小於 b；(ii) a 和 b 的平均數大於 a；以及 (iii) a 和 b 的平均數小於 b。
31. 證明以下三個述句在邏輯上相等，其中 x 為整數：(i) $3x + 2$ 是偶數；(ii) $x + 5$ 是奇數；以及 (iii) x^2 是偶數。
32. 證明以下三個述句在邏輯上相等，其中 x 為實數：(i) x 是有理數；(ii) $x/2$ 是有理數；以及 (iii) $3x - 1$ 是有理數。
33. 證明以下三個述句在邏輯上相等，其中 x 為實數：(i) x 是無理數；(ii) $3x + 2$ 是無理數；以及 (iii) $x/2$ 是無理數。
34. 下面求 $\sqrt{2x^2 - 1} = x$ 之解的推論過程是否正確？(1) $\sqrt{2x^2 - 1} = x$ 是被設定好的；(2) 將 (1) 的兩邊平方，得到 $2x^2 - 1 = x^2$；(3) 將 (2) 的兩邊同減 x^2，得到 $x^2 - 1 = 0$；(4) 藉由因式分解，得到 $(x-1)(x+1) = 0$；(5) $x = 1$ 或 $x = -1$，因為 $ab = 0$ 蘊涵了 $a = 0$ 或 $b = 0$。
35. 下面求 $\sqrt{x + 3} = 3 - x$ 之解的推論過程是否正確？(1) $\sqrt{x + 3} = 3 - x$ 是被設定好的；(2) 將 (1) 的兩邊平方，得到 $x + 3 = x^2 - 6x + 9$；(3) 將 (2) 的兩邊同減 $x + 3$，得到 $0 = x^2 - 7x + 6$；(4) 藉由因式分解，得到 $0 = (x - 1)(x - 6)$；(5) $x = 1$ 或 $x = 6$，因為 $ab = 0$ 蘊涵了 $a = 0$ 或 $b = 0$。
36. 證明可藉由 $p_1 \leftrightarrow p_4$、$p_2 \leftrightarrow p_3$ 和 $p_1 \leftrightarrow p_3$ 之確立來證明 p_1、p_2、p_3 和 p_4 在邏輯上相等。
37. 證明可藉由 $p_1 \rightarrow p_4$、$p_3 \rightarrow p_1$、$p_4 \rightarrow p_2$、$p_2 \rightarrow p_5$ 和 $p_5 \rightarrow p_3$ 之確立來證明 p_1、p_2、p_3、p_4 和 p_5 在邏輯上相等。
38. 為下列述句尋找一個反例：每一個正整數都可寫成三個整數的平方和。
39. 證明實數 $a_1, a_2, ..., a_n$ 當中，至少有一個大於或等於其平均數。你使用的是哪一種證明？
40. 運用習題 39 證明：如果前 10 個正整數以任一種順序排成一個圓圈，則在此圓圈中存在三個相鄰的整數和大於或等於 17。
41. 證明如果 n 是整數，則下列四個語句在邏輯上相等：(i) n 是偶數；(ii) $n + 1$ 是奇數；(iii) $3n + 1$ 是奇數；(iv) $3n$ 是偶數。
42. 證明如果 n 為整數，則下列四個語句在邏輯上相等：(i) n^2 是奇數；(ii) $1 - n$ 是偶數；(iii) n^3 是奇數；(iv) $n^2 + 1$ 是偶數。

CHAPTER 2

基本結構：集合、函數、序列、總和與矩陣

Basic Structures: Sets, Functions, Sequences, Sums, and Matrices

大部分的離散數學是用來研究離散結構，以表現離散物件。許多重要的離散結構利用集合（即物件的積聚）來建立。經由集合來建立的離散結構，包括組合（無順序物件的聚集，用於計數問題）、關係（利用有序對的集合來表現兩物件之間的關聯）、圖學（頂點和連結頂點之邊的集合）等等。稍後的章節中將會介紹其他主題。

函數的概念在離散數學中扮演著非常重要的角色。函數將某集合中的元素唯一指定到另一個集合中的元素（此兩集合不一定相異）。函數可以表現演算法的複雜度、研究集合的大小、計算物件的數量，以及其他無數種應用。一些有用的結構（例如序列和字串），都可視為某種特別形式的函數。本章將介紹序列的符號，其可用來表現有順序的物件表列。此外，也將介紹一些重要的序列，並證明如何利用前幾項來找出定義數列的規則。

在研究離散數學的過程中，我們經常將數列的一些連續項相加，所以也必須討論一些特殊的符號來表現這些項的總和。因此，本節將介紹總和的符號，並發展出一些明確公式。總和會出現在離散數學的各個領域，例如當分析某程序的所需步驟數目時，必須將一序列的數目依遞增方式排序。

矩陣在離散數學中用來表現多種不同的離散結構。本章將複習矩陣的基本內容與計算，用來表現關係與圖形。矩陣計算將出現在許多有關這些結構的演算法中。

2.1 集合 *Sets*

引言

在本節中，我們將研究基本的離散結構——集合，所有其他的離散結構都是根據集合來建立。集合用來將物件聚集在一起。在同一個集合內的物件通常都有相同的性質，例如在某所學校註冊的所有學生便形成一個集合。此外，在這些學生中，修習離散數學的學生，也可形成一個集合。下面我們將提供一個集合的定義，這個定義只是直覺的定義，並非正式的集合論。

> **定義 1** ■ 集合（set）是無順序之物件的聚集，集合中的物件稱為集合的元素（element 或 member）。我們稱集合包含（contain）它的元素。$a \in A$ 表示元素 a 為集合 A 的元素；$a \notin A$ 表示 a 並非集合 A 的元素。

我們通常使用大寫字母來表示集合，而小寫字母表示集合的元素。

描述集合有許多方式，其中一種是盡可能地列出所有的元素。我們使用大括弧將所有的元素收集在一起，例如 $\{a, b, c, d\}$ 表示一個包含四個元素 a、b、c 和 d 的集合。這種方法我們稱為**列舉法（roster method）**。

例題 1 英文字母中所有母音所形成的集合 $V = \{a, e, i, o, u\}$。 ◀

例題 2 所有小於 10 之正奇數所形成的集合 $O = \{1, 3, 5, 7, 9\}$。 ◀

例題 3 一般而言，一個集合中的元素通常有相同的性質，不過，將一些不相關的元素收集在一起也能形成一個集合。例如，$\{a, 2, 弗瑞得, 紐澤西\}$ 就是個包含四個元素 a、2、弗瑞得和紐澤西的集合。 ◀

有時在大括弧內無法一一列出所有的元素，若已知元素的規則時，我們可以用省略符號（…）來代表未能列出的元素。

例題 4 小於 100 之正整數所形成的集合可以表示成 $\{1, 2, 3, ..., 99\}$。 ◀

另一種描述集合的方式稱為**集合建構式（set builder）**符號，陳述出集合中元素的特性。例如，若 O 表示所有小於 10 之正奇數所形成的集合，則

$$O = \{x \mid x \text{ 是小於 10 之正奇數}\}$$

或者，論域為正整數所形成的集合如下：

$$O = \{x \in \mathbf{Z}^+ \mid x \text{ 是奇數，而且 } x < 10\}$$

當一個集合的元素無法表列時，我們通常會使用這種表示法。例如，所有正有理數所形成的集合為

$$\mathbf{Q}^+ = \{x \in \mathbf{R} \mid x = p/q, \text{ 其中 } p \text{ 與 } q \text{ 為正整數}\}$$

下面這些以粗體字標記的集合，在離散數學中扮演重要的角色：

$\mathbf{N} = \{0, 1, 2, 3, ...\}$ 為**自然數（natural number）**集合

$\mathbf{Z} = \{..., -2, -1, 0, 1, 2, ...\}$ 為**整數（integer）**集合

$\mathbf{Z}^+ = \{1, 2, 3, ...\}$ 為**正整數（positive integer）**集合

$Q = \{p/q \mid p \in \mathbf{Z}, q \in \mathbf{Z},$ 且 $q \neq 0\}$ 為**有理數**（rational number）集合
$\mathbf{R}$ 為**實數**（real number）集合
$\mathbf{R}^+$ 為正實數集合
$\mathbf{C}$ 為複數集合

（必須注意，有些人不將 0 視為自然數。所以，在其他書中看到這個名詞時，必須小心其用法。）

下面回顧實數**區間**（intervals）的表示法，其中 a 與 b 為實數且 $a < b$：

$[a, b] = \{x \mid a \leq x \leq b\}$
$[a, b) = \{x \mid a \leq x < b\}$
$(a, b] = \{x \mid a < x \leq b\}$
$(a, b) = \{x \mid a < x < b\}$

其中 $[a, b]$ 稱為由 a 到 b 的**閉區間**（closed interval），而 (a, b) 稱為由 a 到 b 的**開區間**（open interval）。

集合的元素也可以是其他集合，見例題 5。

例題 5　集合 $\{\mathbf{N}, \mathbf{Z}, \mathbf{Q}, \mathbf{R}\}$ 中包含四個元素，其中每個元素都是個集合：$\mathbf{N}$ 為自然數集合，$\mathbf{Z}$ 為整數集合，$\mathbf{Q}$ 為有理數集合，$\mathbf{R}$ 為實數集合。　◀

注意：我們必須注意，在資訊科學中，**datatype** 或 **type** 的概念是根據集合的概念而來。在這裡，**datatype** 或 **type** 是指一個集合加上在此集合上定義的運算。例如，*boolean* 指的是集合 $\{0, 1\}$ 以及定義於此集合上的運算，如 AND、OR 和 NOT。

因為有許多數學述句聲稱兩種看似不同的物件聚集，事實上是相同的集合，因此我們必須先定義兩集合相等的意思。

定義 2　兩集合相等（equal），若且唯若它們包含相同的元素；也就是若 A 與 B 為集合，A 與 B 相等若且唯若 $\forall x (x \in A \leftrightarrow x \in B)$。若 A 與 B 相等，記為 $A = B$。

例題 6　集合 $\{1, 3, 5\}$ 與集合 $\{5, 3, 1\}$ 相等，因為它們包含相同的元素。注意，元素的排列順序並不重要。此外也要注意，一個元素就算出現很多次，依然視為一個元素，所以 $\{1, 3, 3, 3, 5, 5, 5, 5\}$ 與 $\{1, 3, 5\}$ 也是相同的集合。　◀

空集合　有個非常特殊的集合不含任何元素，稱為**空集合**（empty set 或 null set），記為 ∅ 或 { }（亦即一對沒有包含任何元素的大括弧）。含有某些特性的元素所形成的集合往往其實只是個空集合，例如由所有大於本身之平方的正整數所形成的集合就是個空集合。

只包含一個元素的集合稱為**單點集（singleton set）**。一個常見的錯誤就是搞混空集合 ∅ 和單元集 {∅}。{∅} 中只有一個元素，就是空集合本身。有一個比喻可以幫助我們記住這兩者的不同：考慮電腦系統中的檔案夾，空集合就像一個空的檔案夾，而包含空集合的單元集就像包含唯一一個空檔案的檔案夾。

素樸的集合論　我們注意到在定義 1 中使用物件（object）這個名詞時，不需特別指定物件為何。上述對集合的描述是基於對物件的直觀認知，德國數學家康托於 1895 年第一次使用這種說法。一種使用直觀定義或直覺符號的理論，經常會產生**困境**（**paradox**，或稱悖論）或邏輯上的不一致。這類問題由英國哲學家羅素在 1902 年提出（習題 46 將描述一個這類的困境）。這些邏輯上的不一致，可藉由建立集合論上的公理來避免。然而，我們將使用康托原始的集合論版本，即所謂的**素樸集合論（naive set theory）**，也就是不發展公理化的集合論，因為本書所使用的集合在康托的集合論中不會產生不一致的情況。如果繼續學習公理化的集合論，將會發現熟悉素樸的集合論是非常有幫助的。同時也會發現發展公理化的集合論比本書的內容更為抽象。有興趣的讀者可以參考 [Su72] 學習更多有關公理化的集合論。

范氏圖

集合可以用范氏圖（Venn diagram）來表示，這是根據英國數學家約翰·范的名字來命名，他於 1881 年引入這些圖形的用法。在范氏圖中，包含所有會考慮到的物件的集合以矩形表示，稱為**宇集（universal set）**。（必須注意，宇集內的物件在不同的討論範疇中各不相同。）在矩形內，以圓形或任何幾何圖形來表示集合，以點來表示某些集合中的特殊元素。范氏圖一般用來表現集合間的關係，例題 7 將說明如何使用范氏圖。

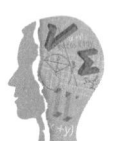

喬治·康托（Georg Cantor，1845-1918）出生於俄國聖彼得堡，父親是個成功的商人。康托的數學天分在少年時期就展現出來。1867 年，他以一篇有關數論的論文獲得柏林大學的博士學位。康托被視為集合論的奠基者，在這方面的貢獻還包括發現實數集合是不可數的。

康托也是個哲學家，發表過若干論文，並將集合論與形上學聯繫在一起。康托晚年受到精神疾病的折磨，逝世於精神病院。

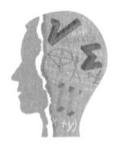

羅素（Bertrand Russell，1872-1970）出生於英國。幼年時期就成為孤兒，由祖父母撫養長大，一直在家中接受教育，直至 1910 年方進入劍橋的三一學院修習數學與倫理學。羅素畢生都為推動文明的進步而努力，有著強烈的和平主義觀點，曾因一篇文章而入獄，甚至在 89 歲高齡還因參加抗議活動而二次入獄。

羅素最偉大的工作是提出所有數學基礎的原理。他最著名的著作是與懷特海（Alfred North Whitehead）合著的《數學原理》（*Principia Mathematica*），試圖利用一套原始公理推導出所有的數學。此外，他還寫過許多有關哲學、物理和政治觀點的書籍，並於 1950 年獲得諾貝爾文學獎。

約翰·范（John Venn，1834-1923）出生於英國倫敦。范氏在他所著的《符號邏輯》（*Symbolic Logic*）一書中，澄清由布爾提出的一些概念，並使用了一些幾何圖形，也就是後人所稱的范氏圖。現今，人們用這種圖形來分析邏輯論證關係。除了符號邏輯外，范氏對機率論也有重要的貢獻。

例題 7 畫出表現母音集合 V 的范氏圖。

解：畫一個矩形代表宇集 U，即由 26 個英文字母所形成的集合。在矩形中畫一個圓形表示集合 V，在圓形內標出一些點來代表 V 中的元素（見圖 1）。◀

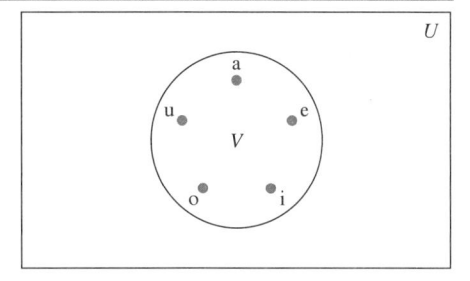

圖 1　母音集合的范氏圖

子集合

我們經常遇到一種情況：某個集合中的元素，正巧也是另一個集合的元素。現在，我們將介紹一些術語以及符號來表現集合間的這些關係。

> **定義 3** ■ 集合 A 稱為集合 B 的子集合（subset），若且唯若 A 中的每一個元素也都是 B 中的元素。我們使用符號 $A \subseteq B$ 來表示 A 為 B 的子集合。

我們發現 $A \subseteq B$，若且唯若量詞

$$\forall x(x \in A \rightarrow x \in B)$$

為真。注意，在證明 A 不是 B 的子集合時，只要找到一個元素 $x \in A$，而 $x \notin B$，這個 x 即為往證由 $x \in A$ 推導出 $x \in B$ 的反例。

我們可使用下列法則來判斷一個集合是否為另一個集合的子集合：

> **證明 A 是 B 的子集合** ■ 為證明 $A \subseteq B$，往證若 x 屬於 A，則 x 也會屬於 B。
>
> **證明 A 不是 B 的子集合** ■ 為證明 $A \nsubseteq B$，尋找一個元素 $x \in A$ 使得 $x \notin B$。

例題 8 所有小於 10 之正奇數所形成的集合是所有小於 10 之正整數所形成集合的子集合；有理數集合是實數集合的子集合；學校中主修資訊科學的學生所形成集合是所有學生所形成集合的子集合；所有中國人所形成的集合是所有中國人集合的子集合（亦即集合本身是自己的子集合）。上面的事實都只因為一個元素屬於一對集合的前者的同時，也屬於後者。◀

例題 9 平方後小於 100 的整數所形成的集合，並不是所有非負整數集合的子集合。因為，-1 在前一個集合中〔$(-1)^2 < 100$〕，但並不在第二個集合中。只要有一個非資訊系的學生修過離散數學，則學校中有修過離散數學的人，便非學校中所有資訊系學生所形成集合的子集合。◀

定理 1 證明所有非空集合 S 至少有兩個子集合：空集合和其本身 S；也就是說，$\emptyset \subseteq S$ 而且 $S \subseteq S$。

定理 1 ■ 對所有集合 S，(i) $\emptyset \subseteq S$ 而且 (ii) $S \subseteq S$。

證明：我們只證明 (i)，(ii) 則留給讀者練習。

令 S 為集合。為證明 $\emptyset \subseteq S$，我們必須證明 $\forall x(x \in \emptyset \to x \in S)$ 為真。因為空集合中沒有任何元素，所以 $x \in \emptyset$ 永遠為假。如此一來，條件述句 $x \in \emptyset \to x \in S$ 永遠為真，因為此述句的假設永遠為假，而只要其假設為假，則條件述句為真。如此即完成 (i) 的證明。讀者應該注意到，這是個空泛證明的範例。 ◁

當我們要強調集合 A 為集合 B 的子集合，而且 $A \neq B$ 時，將之記為 $A \subset B$，稱集合 A 為集合 B 的**真子集**（proper subset）。當 $A \subset B$ 為真時，除了 $A \subseteq B$，還必須存在集合 B 的元素 x，其不為 A 的元素。也就是若

$$\forall x(x \in A \to x \in B) \land \exists x(x \in B \land x \notin A)$$

為真，集合 A 為集合 B 的真子集。范氏圖可用來說明 A 為 B 的子集合。首先，畫一個矩形表示宇集 U，在矩形之中畫一個圓表示集合 B。由於 A 是 B 的子集合，所以在代表 B 的圓形內再畫一個圓表示 A。這個關係顯示於圖 2。

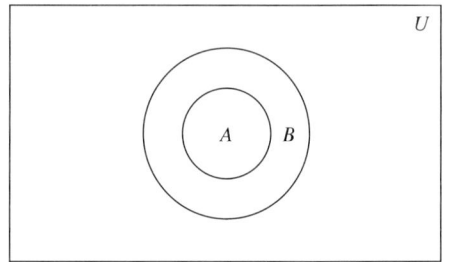

圖 2 顯示 A 為 B 的子集合之范氏圖

有個非常有用的方法能證明兩個集合有完全相同的元素，就是證明這兩個集合互為對方的子集合；換句話說，我們能利用 $A \subseteq B$ 與 $B \subseteq A$ 來證明 $A = B$。也就是說，$A = B$ 若且唯若 $\forall x(x \in A \to x \in B)$ 與 $\forall x(x \in B \to x \in A)$，或是證明等價的 $\forall x(x \in A \leftrightarrow x \in B)$。由於這個方法在證明兩集合相等時非常有用，我們將之特別標記於下：

證明兩集合相等 ■ 為證明兩集合 A 與 B 相等，可證明 $A \subseteq B$ 與 $B \subseteq A$。

集合中可能也會把其他的集合當成元素。例如，若

$$A = \{\emptyset, \{a\}, \{b\}, \{a, b\}\} \quad \text{和} \quad B = \{x \mid x \text{ 為集合 } \{a, b\} \text{ 的子集合}\}$$

注意，這兩個集合是相等的，亦即 $A = B$。而且 $\{a\} \in A$，但是 $a \notin A$。

集合的大小

集合廣泛地使用在計數問題上，在這類的應用中，我們必須討論集合的大小。

定義 4 ■ 令 S 為集合。若在 S 中有 n 個相異元素，其中 n 為非負整數，我們說 S 是有限集合（infinite set），而 n 是 S 的基數（cardinality）。集合 S 的基數記為 |S|。

注意：基數（cardinality）這個用詞來自於 cadinal number，即有限集合的大小。

例題 10　令 A 為所有小於 10 之正奇數所形成的集合，則 |A| = 5。◀

例題 11　令 S 為所有英文字母所形成的集合，則 |S| = 26。◀

例題 12　因為空集合中沒有元素，所以 |∅| = 0。◀

我們同樣也會對不是有限的集合感興趣。

定義 5 ■ 如果一個集合不是有限的，則稱為無限集合（infinite set）。

例題 13　正整數集合是無限的。◀

無限集合的基數將於第 2 章補充的 2.1S 節中討論（請見隨書光碟），那將是個相當具有挑戰性的主題，充滿著許多令人驚奇的結果。

冪集合

許多問題都要一一檢驗集合元素的所有可能組合，以判斷是否滿足某些性質。為考慮集合 S 之中元素的所有可能組合，我們將建構一個新的集合，將所有 S 的子集合視為其元素。

定義 6 ■ 給定一個集合 S，其冪集合（power set）是由所有 S 的子集合所形成的集合，記為 $\mathcal{P}(S)$。

例題 14　{0, 1, 2} 的冪集合為何？

解：$\mathcal{P}(\{0, 1, 2\})$ 是所有 {0, 1, 2} 之子集合所形成的集合，所以，

$\mathcal{P}(\{0, 1, 2\}) = \{\emptyset, \{0\}, \{1\}, \{2\}, \{0, 1\}, \{0, 2\}, \{1, 2\}, \{0, 1, 2\}\}$

注意，空集合與集合本身都是冪集合中的元素。◀

例題 15 空集合的冪集合為何？{∅} 的冪集合為何？

解：空集合的冪集合只包含一個元素，就是它自己：

$$\mathcal{P}(\emptyset) = \{\emptyset\}$$

{∅} 的冪集合則恰巧有兩個元素，∅ 與本身。所以，

$$\mathcal{P}(\{\emptyset\}) = \{\emptyset, \{\emptyset\}\}$$

◀

若集合中有 n 個元素，則它的冪集合有 2^n 個元素。我們將陸續以不同的方式證明這個事實。

笛卡兒積

在一個聚集中，元素的順序通常是重要的。因為集合是沒有順序的，所以必須有一種不同的結構來表現有序聚集。在此，我們使用**有序 n 項**（ordered n-tuple）的概念。

> **定義 7** ■ 所謂有序 n 項 $(a_1, a_2, ..., a_n)$ 是一種有序的聚集，其中 a_1 為第一個元素，a_2 為第二個元素……，而 a_n 為第 n 個元素。

我們說兩個有序 n 項是相等的，若且唯若每個對應位置的元素都相等。換言之，$(a_1, a_2, ..., a_n) = (b_1, b_2, ..., b_n)$ 若且唯若 $a_i = b_i$，$i = 1, 2, ..., n$。其中，$n = 2$ 的情況稱為**有序對**（**ordered pair**）。有序對 $(a, b) = (c, d)$，若且唯若 $a = c$ 且 $b = d$。注意，(a, b) 和 (b, a) 並不相等，除非 $a = b$。

在稍後章節將討論的許多離散結構中，皆根基於集合的笛卡兒積（根據笛卡兒而命名）。首先，定義兩個集合的笛卡兒積。

> **定義 8** ■ 令 A 與 B 為集合。A 與 B 的笛卡兒積（Cartesian product），記為 $A \times B$，是所有有序對 (a, b) 的集合，其中 $a \in A$，$b \in B$。也就是，
>
> $$A \times B = \{(a, b) \mid a \in A \wedge b \in B\}$$

笛卡兒（René Descartes，1596-1650）是法國人，出生數日後母親便逝世。幼年時身體羸弱，遲至 8 歲才就學。基於健康的緣故，學校禁止笛卡兒太早起床，要求他待在床上。笛卡兒自己認為，這段時間他都在思考。

笛卡兒於 1612 年來到巴黎，花了兩年的時間修習數學，1616 年時拿到法學學位。在 18 歲時，笛卡兒突然厭倦學習，決定到世界各地看看。然而，他很快便對這種到處漂流的生活感到厭煩，決定加入軍伍。不過，他並未參加過任何戰役。有一天，因為感冒在軍營內休養時，笛卡兒做了幾個昏昏沉沉的夢，夢中告訴笛卡兒將來的職業應該是個數學家與哲學家。

最後笛卡兒決定搬到荷蘭，在那裡完成了最重要的工作，包括他最著名的著作《方法論》（*Discours*），書中包含其對解析幾何的貢獻。此外，笛卡兒在哲學上也有基礎性的貢獻。

例題 16 令 A 表示某大學中所有學生所形成的集合，而 B 為此大學所開課程所形成的集合。笛卡兒積 $A \times B$ 為何？

解：笛卡兒積 $A \times B$ 包含所有有序對 (a, b)，其中 a 是大學中的學生，而 b 為學校的課程。集合 $A \times B$ 經常用來表示所有學生與修習的課程。◀

例題 17 $A = \{1, 2\}$ 和 $B = \{a, b, c\}$ 的笛卡兒積為何？

解：笛卡兒積 $A \times B$ 為

$$A \times B = \{(1, a), (1, b), (1, c), (2, a), (2, b), (2, c)\}$$ ◀

一般而言，笛卡兒積 $A \times B$ 與 $B \times A$ 並不相同，除非 $A = \emptyset$ 或 $B = \emptyset$（此時 $A \times B = \emptyset$），或是 $A = B$（見習題 31 和 38）。例題 18 將說明這種情況。

例題 18 證明笛卡兒積 $A \times B$ 並不等於笛卡兒積 $B \times A$，其中集合 A 與 B 與例題 17 相同。

解：笛卡兒積 $B \times A$ 為

$$B \times A = \{(a, 1), (a, 2), (b, 1), (b, 2), (c, 1), (c, 2)\}$$

這與例題 17 中求出的 $A \times B$ 並不相同。◀

兩個以上之集合的笛卡兒積也能被定義。

定義 9 ■ 集合 $A_1, A_2, ..., A_n$ 的笛卡兒積，記為 $A_1 \times A_2 \times \cdots \times A_n$，是所有有序 n 項 $(a_1, a_2, ..., a_n)$ 所形成的集合，其中 a_i 屬於 A_i，$i = 1, 2, ..., n$。換言之，

$$A_1 \times A_2 \times ... \times A_n = \{(a_1, a_2, ..., a_n) \mid a_i \in A_i，其中 i = 1, 2, ..., n\}$$

例題 19 $A = \{0, 1\}$，$B = \{1, 2\}$ 和 $C = \{0, 1, 2\}$ 的笛卡兒積 $A \times B \times C$ 為何？

解：笛卡兒積 $A \times B \times C$ 包含所有的有序 3 項 (a, b, c)，其中 $a \in A$，$b \in B$ 和 $c \in C$。所以，

$$\begin{aligned}A \times B \times C = \{&(0, 1, 0), (0, 1, 1), (0, 1, 2), (0, 2, 0), (0, 2, 1), (0, 2, 2),\\ &(1, 1, 0), (1, 1, 1), (1, 1, 2), (1, 2, 0), (1, 2, 1), (1, 2, 2)\}\end{aligned}$$ ◀

注意：當 A、B 與 C 為集合時，$(A \times B) \times C$ 與 $A \times B \times C$ 並不相同（見習題 39）。

我們使用符號 A^2 來表示 $A \times A$，也就是集合 A 與它本身的笛卡兒積。同樣地，$A^3 = A \times A \times A$，$A^4 = A \times A \times A \times A$ 以此類推。更一般化，我們有

$$A^n = \{(a_1, a_2, ..., a_n) \mid a_i \in A，對所有的 i = 1, 2, ..., n\}$$

例題 20 假設 $A = \{1, 2\}$，可知 $A^2 = \{(1, 1), (1, 2), (2, 1), (2, 2)\}$，而 $A^3 = \{(1, 1, 1), (1, 1, 2), (1, 2, 1), (1, 2, 2), (2, 1, 1), (2, 1, 2), (2, 2, 1), (2, 2, 2)\}$。◀

笛卡兒積 $A \times B$ 的子集合 R 稱為由集合 A 到集合 B 的**關係**（relation）。R 中的元素為有序數對，數對中第一個元素屬於 A，而第二個屬於 B。例如，$R = \{(a, 0), (a, 1), (a, 3), (b, 1), (b, 2), (c, 0), (c, 3)\}$ 就是一個由集合 $\{a, b, c\}$ 到集合 $\{0, 1, 2, 3\}$ 的關係。一個由集合 A 到它本身的關係稱為在 A 上的關係。

例題 21 在集合 $\{0, 1, 2, 3\}$ 上小於或等於關係的有序數對（也就是，(a, b) 若 $a \leq b$）有哪些？

解：有序數對 (a, b) 屬於 R 若且唯若 a 與 b 都屬於 $\{0, 1, 2, 3\}$ 而且 $a \leq b$。因此，R 中的有序數對有 $(0, 0), (0, 1), (0, 2), (0, 3), (1, 1), (1, 2), (1, 3), (2, 2), (2, 3)$ 以及 $(3, 3)$。◀

我們將於第 8 章中探討關係以及其性質。

使用量詞的集合符號

有時，我們會使用特殊符號來明確地限制量詞陳述的論域。例如，$\forall x \in S(P(x))$ 表示全稱量化的論域為 S；換句話說，$\forall x \in S(P(x))$ 即為 $\forall x(x \in S \rightarrow P(x))$ 的簡化。同理，$\exists x \in S(P(x))$ 表示存在量化的論域為 S；換句話說，$\exists x \in S(P(x))$ 即為 $\exists x(x \in S \land P(x))$ 的簡化。

例題 22 陳述 $\forall x \in \mathbf{R}\ (x^2 \geq 0)$ 和 $\exists x \in \mathbf{Z}\ (x^2 = 1)$ 各代表什麼意義？

解：陳述 $\forall x \in \mathbf{R}\ (x^2 \geq 0)$ 表示對所有的實數 x 而言，$x^2 \geq 0$；也能表示成「每個實數的平方都是非負的。」此陳述為真。

陳述 $\exists x \in \mathbf{Z}\ (x^2 = 1)$ 表示存在整數 x，使得 $x^2 = 1$；也能表示成「存在一個整數，其平方為 1。」此陳述亦為真，因為 $x = 1$ 即為這類整數（-1 也是）。◀

量詞的真值集合

現在，我們將來自集合論與述詞邏輯的觀念連結在一起。給定一個述詞 P 和一個論域 D，定義一個 P 的**真值集合**（truth set），其為在論域 D 中使得 $P(x)$ 為真之所有元素 x 的集合。P 的真值集合記為 $\{x \in D \mid P(x)\}$。

例題 23 下列述句 $P(x)$、$Q(x)$ 和 $R(x)$ 的真值集合為何？其中，其論域皆為整數集合，$P(x)$ 為「$|x| = 1$」，$Q(x)$ 為「$x^2 = 2$」，而 $R(x)$ 為「$|x| = x$」。

解：P 的真值集合為 $\{x \in \mathbf{Z} \mid |x| = 1\} = \{1, -1\}$，也就是使得 $|x| = 1$ 的整數所形成的集合。因為當 $x = 1$ 或 $x = -1$ 時，$|x| = 1$，而且沒有其他的整數。所以 P 的真值集合為 $\{1, -1\}$。

Q 的真值集合為 $\{x \in \mathbf{Z} | x^2 = 2\}$，也就是使得 $x^2 = 2$ 的整數所成之集合。由於找不到平方後等於 2 的整數，所以 Q 的真值集合為空集合。

R 的真值集合為 $\{x \in \mathbf{Z} | |x| = x\}$，也就是使得 $|x| = x$ 的整數所成之集合。因為，$|x| = x$ 若且唯若 $x \geq 0$，因此 R 的真值集合為非負整數集合。 ◂

注意，$\forall x P(x)$ 對整個論域 U 皆為真，若且唯若 P 的真值集合為 U。同理，$\exists x P(x)$ 在論域 U 為真，若且唯若 P 的真值集合不是空集合。

習題 Exercises   * 表示為較難的練習；** 表示為高度挑戰性的練習；☞ 對應正文。

1. 列出下列集合的元素。
    a) $\{x | x$ 為實數，使得 $x^2 = 1\}$
    b) $\{x | x$ 為小於 12 的正整數$\}$
    c) $\{x | x$ 為整數的平方，且 $x < 100\}$
    d) $\{x | x$ 為整數，使得 $x^2 = 2\}$

2. 以集合建構式符號表示下列集合。
    a) $\{0, 3, 6, 9, 12\}$
    b) $\{-3, -2, -1, 0, 1, 2, 3\}$
    c) $\{m, n, o, p\}$

3. 根據給定的兩個集合，判斷第一個集合是第二個集合的子集合，還是第二個為第一個的子集合，亦或是兩集合間沒有子集合的關係。
    a) 所有由紐約飛往新德里的航班所形成的集合；由紐約直飛新德里的航班所形成的集合。
    b) 所有說英語的人所形成的集合；所有說中文的人所形成的集合。
    c) 所有飛鼠所形成的集合；所有能飛之生物所形成的集合。

4. 根據給定的兩個集合，判斷第一個集合是第二個集合的子集合，還是第二個為第一個的子集合，亦或是兩集合間沒有子集合的關係。
    a) 所有說英語的人所形成的集合；所有說英語有澳洲腔的人所形成的集合。
    b) 由水果所形成的集合；柑橘類水果所形成的集合。
    c) 修習離散數學的學生所形成的集合；修習資料結構的學生所形成的集合。

5. 判斷下列各對集合是否相等。
    a) $\{1, 3, 3, 3, 5, 5, 5, 5, 5\}$; $\{5, 3, 1\}$
    b) $\{\{1\}\}$; $\{1, \{1\}\}$
    c) $\emptyset$; $\{\emptyset\}$

6. 假設 $A = \{2, 4, 6\}$，$B = \{2, 6\}$，$C = \{4, 6\}$ 且 $D = \{4, 6, 8\}$，判斷哪些集合是其他集合的子集合。

7. 就下列給定的每個集合，判斷 2 是否為集合的元素。
    a) $\{x \in \mathbf{R} | x$ 為大於 1 的整數 $\}$
    b) $\{x \in \mathbf{R} | x$ 為整數的平方 $\}$
    c) $\{2, \{2\}\}$
    d) $\{\{2\}, \{\{2\}\}\}$
    e) $\{\{2\}, \{2, \{2\}\}\}$
    f) $\{\{\{2\}\}\}$

8. 就習題 7 給定的每個集合，判斷 $\{2\}$ 是否為集合的元素。

9. 判斷下列陳述是否為真。
   a) $0 \in \emptyset$
   b) $\emptyset \in \{0\}$
   c) $\{0\} \subset \emptyset$
   d) $\emptyset \subset \{0\}$
   e) $\{0\} \in \{0\}$
   f) $\{0\} \subset \{0\}$
   g) $\{\emptyset\} \subseteq \{\emptyset\}$

10. 判斷下列陳述是否為真。
    a) $\emptyset \in \{\emptyset\}$
    b) $\emptyset \in \{\emptyset, \{\emptyset\}\}$
    c) $\{\emptyset\} \in \{\emptyset\}$
    d) $\{\emptyset\} \in \{\{\emptyset\}\}$
    e) $\{\emptyset\} \subset \{\emptyset, \{\emptyset\}\}$
    f) $\{\{\emptyset\}\} \subset \{\emptyset, \{\emptyset\}\}$
    g) $\{\{\emptyset\}\} \subset \{\{\emptyset\}, \{\emptyset\}\}$

11. 判斷下列陳述是否為真。
    a) $x \in \{x\}$
    b) $\{x\} \subseteq \{x\}$
    c) $\{x\} \in \{x\}$
    d) $\{x\} \in \{\{x\}\}$
    e) $\emptyset \subseteq \{x\}$
    f) $\emptyset \in \{x\}$

12. 利用范氏圖，說明在所有不大於10之正整數集合中，由奇數形成的子集合。

13. 利用范氏圖，說明在一年中所有月份所形成的集合中，由名稱不含字母 R 之月份所形成的子集合。

14. 利用范氏圖，說明關係 $A \subseteq B$ 和 $B \subseteq C$。

15. 利用范氏圖，說明關係 $A \subset B$ 和 $B \subset C$。

16. 利用范氏圖，說明關係 $A \subset B$ 和 $A \subset C$。

17. 假設 A、B 和 C 為集合，其中 $A \subseteq B$ 和 $B \subseteq C$。證明 $A \subseteq C$。

18. 求出兩個集合 A 與 B，使得 $A \in B$ 且 $A \subseteq B$。

19. 下列各集合的基數為何？
    a) $\{a\}$
    b) $\{\{a\}\}$
    c) $\{a, \{a\}\}$
    d) $\{a, \{a\}, \{a, \{a\}\}\}$

20. 下列各集合的基數為何？
    a) $\emptyset$
    b) $\{\emptyset\}$
    c) $\{\emptyset, \{\emptyset\}\}$
    d) $\{\emptyset, \{\emptyset\}, \{\emptyset, \{\emptyset\}\}\}$

21. 求出下列各集合的冪集合，其中 a 與 b 為相異元素。
    a) $\{a\}$
    b) $\{a, b\}$
    c) $\{\emptyset, \{\emptyset\}\}$

22. 若 A 與 B 兩集合有完全相同的冪集合，$A = B$ 是否成立？

23. 求出下列集合有多少元素，其中 a 與 b 為相異元素。
    a) $\mathcal{P}(\{a, b, \{a, b\}\})$
    b) $\mathcal{P}(\{\emptyset, a, \{a\}, \{\{a\}\}\})$
    c) $\mathcal{P}(\mathcal{P}(\emptyset))$

24. 判斷下列集合是否為某集合的冪集合，其中 a 與 b 為相異元素。
    a) ∅
    b) $\{\emptyset, \{a\}\}$
    c) $\{\emptyset, \{a\}, \{\emptyset, a\}\}$
    d) $\{\emptyset, \{a\}, \{b\}, \{a, b\}\}$

25. 證明 $\mathcal{P}(A) \subseteq \mathcal{P}(B)$ 若且唯若 $A \subseteq B$。

26. 證明若 $A \subseteq C$ 與 $B \subseteq D$，則 $A \times B \subseteq C \times D$。

27. 令 $A = \{a, b, c, d\}$ 與 $B = \{y, z\}$，求出
    a) $A \times B$
    b) $B \times A$

28. 若 A 為數學系所開的課程所形成的集合，B 為數學系教授所形成的集合，則 $A \times B$ 為何？找出一個利用此笛卡兒積的例子。

29. 若 A 為所有空中航線所形成的集合，B 與 C 為美國境內所有城市所形成的集合，則 $A \times B \times C$ 為何？找出一個利用此笛卡兒積的例子。

30. 若 A 與 B 為兩集合，其中 $A \times B = \emptyset$，則我們能得出什麼結論？

31. 令 A 為集合，證明 $\emptyset \times A = A \times \emptyset = \emptyset$。

32. 令 $A = \{a, b, c\}$，$B = \{x, y\}$ 與 $C = \{0, 1\}$，求出
    a) $A \times B \times C$
    b) $C \times B \times A$
    c) $C \times A \times B$
    d) $B \times B \times B$

33. 求出 A^2。
    a) $A = \{0, 1, 3\}$
    b) $A = \{1, 2, a, b\}$

34. 求出 A^3。
    a) $A = \{a\}$
    b) $A = \{0, a\}$

35. 若 A 有 m 個元素，B 有 n 個元素，則 $A \times B$ 有多少個不同的元素？

36. 若 A 有 m 個元素，B 有 n 個元素，而 C 有 p 個元素，則 $A \times B \times C$ 有多少個不同的元素？

37. 若 A 有 m 個元素，而 n 為正整數，則 A^n 有多少個不同的元素？

38. 證明當 A 與 B 為非空集合時，$A \times B \neq B \times A$，除非 $A = B$。

39. 解釋為何 $A \times B \times C$ 與 $(A \times B) \times C$ 並不相同。

40. 解釋為何 $(A \times B) \times (C \times D)$ 與 $A \times (B \times C) \times D$ 並不相同。

41. 將下面量詞以文字表示並判斷其真假值。
    a) $\forall x \in \mathbf{R}(x^2 \neq -1)$
    b) $\exists x \in \mathbf{Z}(x^2 = 2)$
    c) $\forall x \in \mathbf{Z}(x^2 > 0)$
    d) $\exists x \in \mathbf{R}(x^2 = x)$

42. 將下面量詞以文字表示並判斷其真假值。
    a) $\exists x \in \mathbf{R}(x^3 = -1)$
    b) $\exists x \in \mathbf{Z}(x + 1 > x)$
    c) $\forall x \in \mathbf{Z}(x - 1 \in \mathbf{Z})$
    d) $\forall x \in \mathbf{Z}(x^2 \in \mathbf{Z})$

43. 求出下列述句的真值集合，其中論域為整數集合。
    a) $P(x): x^2 < 3$
    b) $Q(x): x^2 > x$
    c) $R(x): 2x + 1 = 0$

44. 求出下列述句的真值集合，其中論域為整數集合。
    a) $P(x): x^3 \geq 1$
    b) $Q(x): x^2 = 2$
    c) $R(x): x < x^2$

* 45. 在有序對的原始定義中，我們說兩個有序對相等，若且唯若其對應的第一個元素與第二個元素都相等。令人意外的是，我們也能使用集合論的符號來建構有序對。若有序對 (a, b) 定義為 $\{\{a\}, \{a, b\}\}$，證明 $(a, b) = (c, d)$ 若且唯若 $a = c$ 且 $b = d$。〔提示：首先證明 $\{\{a\}, \{a, b\}\} = \{\{c\}, \{c, d\}\}$ 若且唯若 $a = c$ 且 $b = d$。〕

* 46. 本題將介紹羅素悖論（Rusell's paradox）。令 S 為包含集合 x 的集合，其中集合 x 並不屬於本身，亦即 $S = \{x \mid x \notin x\}$。
    a) 證明假設 S 是其本身 S 的元素，將得到一個矛盾的結論。
    b) 證明假設 S 不是其本身 S 的元素，也將得到一個矛盾的結論。
    根據 (a) 與 (b) 的結果，我們發現 S 不能如此定義。藉由對集合元素的適當限制可以避免這個困境。

* 47. 描述找出一個有限集合之所有子集合的程序。

2.2 集合的運算 *Set Operations*

引言

兩個或更多個集合能以許多種方法結合在一起。例如，考慮學校中主修數學與主修資訊科學的學生，我們能找出學校中主修數學或是主修資訊科學的學生，也能找出同時主修數學與資訊科學的學生，當然也能找出既非主修數學也非主修資訊科學的學生。

> **定義 1** ■ 令 A 與 B 為集合。集合 A 與 B 的聯集（union），記為 $A \cup B$，是指包含 A 中元素與 B 中元素的集合。

一個元素 x 屬於集合 A 與 B 的聯集，若且唯若 x 屬於 A 或 x 屬於 B。亦即，

$$A \cup B = \{x \mid x \in A \vee x \in B\}$$

在圖 1 的范氏圖中，陰影部分就是集合 A 與 B 的聯集。我們將討論一些集合聯集的例題。

例題 1 集合 $\{1, 3, 5\}$ 與 $\{1, 2, 3\}$ 的聯集為 $\{1, 2, 3, 5\}$，亦即 $\{1, 3, 5\} \cup \{1, 2, 3\} = \{1, 2, 3, 5\}$。◀

例題 2 學校中主修資訊科學的學生集合與主修數學的學生集合，兩者的聯集為學校中主修資訊科學或數學（或是雙主修）的學生所形成之集合。◀

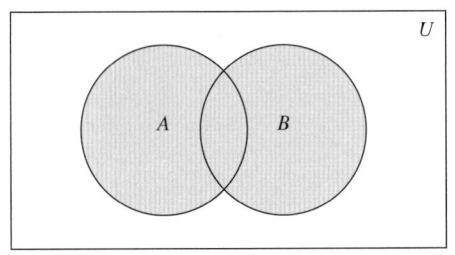

陰影部分為 $A \cup B$

圖 1 顯示集合 A 與 B 之聯集的范氏圖

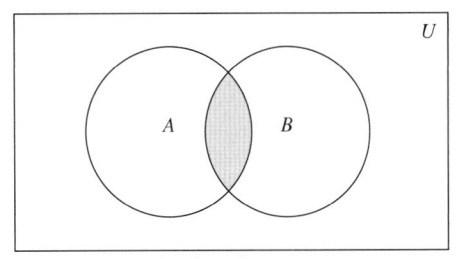

陰影部分為 $A \cap B$

圖 2 顯示集合 A 與 B 之交集的范氏圖

定義 2 ■ 令 A 與 B 為集合。集合 A 與 B 的**交集**（intersection），記為 $A \cap B$，是指同時在 A 也在 B 中之元素所形成的集合。

一個元素 x 屬於集合 A 與 B 的交集，若且唯若 x 屬於 A 且 x 屬於 B。亦即，

$$A \cap B = \{x \mid x \in A \land x \in B\}$$

在圖 2 的范氏圖中，陰影部分就是集合 A 與 B 的交集。我們將討論一些集合交集的例題。

例題 3 集合 $\{1, 3, 5\}$ 與 $\{1, 2, 3\}$ 的交集為 $\{1, 3\}$，亦即 $\{1, 3, 5\} \cap \{1, 2, 3\} = \{1, 3\}$。 ◀

例題 4 學校中主修資訊科學的學生集合與主修數學的學生集合，兩者的交集為學校中雙主修資訊科學與數學的學生所形成之集合。 ◀

定義 3 ■ 若兩個集合的交集為空集合，則稱為**互斥**（disjoint）。

例題 5 令 $A = \{1, 3, 5, 7, 9\}$ 與 $B = \{2, 4, 6, 8, 10\}$。因為 $A \cap B = \emptyset$，所以 A 與 B 是互斥的。 ◀

我們經常對找出兩個有限集合 A 與 B 之聯集的基數非常感興趣。注意，$|A| + |B|$ 計算了在 A 中不在 B 中的元素一次，也計算了在 B 中不在 A 中的元素一次，但是同時在 A 與 B 中的元素則被計算兩次。所以，要將同時在 A 與 B 中的元素個數自 $|A| + |B|$ 中減掉，也就是減掉 $A \cap B$ 中的元素個數。亦即，

$$|A \cup B| = |A| + |B| - |A \cap B|$$

將這個結果一般化至任意多個集合，就是所謂的**排容原理**（**principle of inclusion-exclusion**）。排容原理在計數問題中是非常重要的技巧，我們將在第 6 章和第 7 章中討論這個原理和其他計數問題。

還有一些重要的方法可以計算集合的組合。

定義 4 ■ 令 A 與 B 為集合。集合 A 與 B 的差集（difference），記為 $A-B$，是指在 A 中但不在 B 中之元素所形成的集合。

注意：集合 A 與 B 的差集，有時記為 $A \backslash B$。

一個元素 x 屬於集合 A 與 B 的差集，若且唯若 x 屬於 A 且不屬於 B。亦即，

$$A - B = \{x \mid x \in A \wedge x \notin B\}$$

在圖 3 的范氏圖中，陰影部分就是集合 A 與 B 的差集。我們將討論一些集合差集的例題。

例題 6 集合 $\{1, 3, 5\}$ 與 $\{1, 2, 3\}$ 的差集為 $\{5\}$，亦即 $\{1, 3, 5\} - \{1, 2, 3\} = \{5\}$；集合 $\{1, 2, 3\}$ 與 $\{1, 3, 5\}$ 的差集則為 $\{2\}$，與前者不同。◀

例題 7 學校中主修資訊科學的學生集合與主修數學的學生集合之差集，為學校中主修資訊科學但不主修數學的學生所形成的集合。◀

一旦宇集 U 被明確定義之後，便能定義一個集合的**補集**（complement）。

定義 5 ■ 令 U 為宇集。集合 A 的補集，記為 $\overline{A}$，是指對應於 U 的補集。換言之，集合 A 的補集為 $U-A$。

一個元素 x 屬於 $\overline{A}$，若且唯若 $x \notin A$。亦即，

$$\overline{A} = \{x \in U \mid x \notin A\}$$

在圖 4 的范氏圖中，陰影部分就是集合 A 的補集 $\overline{A}$。我們將討論一些集合補集的例題。

例題 8 令 $A = \{a, e, i, o, u\}$（其中宇集為所有的英文字母所形成的集合），則 $\overline{A} = \{b, c, d, f, g, h, j, k, l, m, n, p, q, r, s, t, v, w, x, y, z\}$。◀

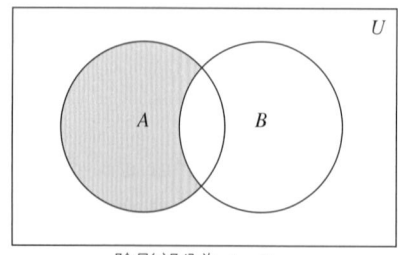

陰影部分為 $A - B$

圖 3 顯示集合 A 與 B 之差集的范氏圖

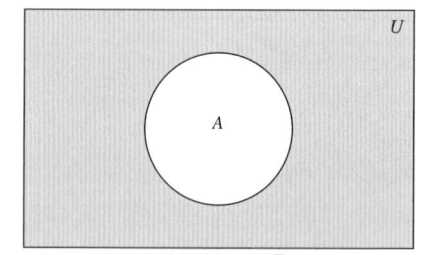

陰影部分為 $\overline{A}$

圖 4 顯示集合 A 之補集的范氏圖

例題 9　令 A 為大於 10 之正整數所形成的集合（其中宇集為正整數集合），則 $\overline{A}$ = {1, 2, 3, 4, 5, 6, 7, 8, 9, 10}。

我們留給讀者自行驗證（習題 19）集合 A 與 B 的差集也可表示成集合 A 與集合 B 之補集的交集。亦即，

$$A - B = A \cap \overline{B}$$

集合等式

表 1 列出了最重要的集合等式，我們將使用三種不同的方法來證明其中一些等式。這些方法告訴我們，求解一個問題通常可能有數種不同的方式。未證明的等式則當成習題。讀者可能會發現這些集合等式與 1.3 節中討論的邏輯等值有許多相似之處（請比較表 1 與 1.3 節表 6）。事實上，這些集合等式都能用相關的邏輯等值直接證明。

一種證明兩個集合相等的方式，就是證明兩者互為對方的子集合。回想證明某集合為另一集合之子集合的方式，為證明前一個集合的元素也是第二個集合的元素。我們將用這種方式來證明笛摩根定律的第一式。

表 1　集合等式

等式	名稱
$A \cap U = A$ $A \cup \emptyset = A$	同一律（identity laws）
$A \cup U = U$ $A \cap \emptyset = \emptyset$	支配律（domination laws）
$A \cup A = A$ $A \cap A = A$	冪等律（idempotent laws）
$\overline{(\overline{A})} = A$	補集律（complementation law）
$A \cup B = B \cup A$ $A \cap B = B \cap A$	交換律（commutative laws）
$A \cup (B \cup C) = (A \cup B) \cup C$ $A \cap (B \cap C) = (A \cap B) \cap C$	結合律（associative laws）
$A \cup (B \cap C) = (A \cup B) \cap (A \cup C)$ $A \cap (B \cup C) = (A \cap B) \cup (A \cap C)$	分配律（distributive laws）
$\overline{A \cap B} = \overline{A} \cup \overline{B}$ $\overline{A \cup B} = \overline{A} \cap \overline{B}$	笛摩根定律（De Morgan's laws）
$A \cup (A \cap B) = A$ $A \cap (A \cup B) = A$	吸收律（absorption laws）
$A \cup \overline{A} = U$ $A \cap \overline{A} = \emptyset$	補律（complement laws）

例題 10 證明 $\overline{A \cap B} = \overline{A} \cup \overline{B}$。

解：為證明兩集合 $\overline{A \cap B}$ 與 $\overline{A} \cup \overline{B}$ 相等，我們將驗證兩集合互為對方之子集合。

首先證明 $\overline{A \cap B} \subseteq \overline{A} \cup \overline{B}$，也就是證明若 x 在 $\overline{A \cap B}$ 中，則 x 也必須在 $\overline{A} \cup \overline{B}$ 中。假設 $x \in \overline{A \cap B}$，根據補集的定義，$x \notin A \cap B$。由交集的定義可知，$\neg((x \in A) \wedge (x \in B))$ 為真。

根據邏輯上的笛摩根定律，$\neg(x \in A)$ 或 $\neg(x \in B)$。使用否定句的定義，即 $x \notin A$ 或 $x \notin B$，再根據補集的定義，可得 $x \in \overline{A}$ 或 $x \in \overline{B}$。如此一來，$x \in \overline{A} \cup \overline{B}$，完成了 $\overline{A \cap B} \subseteq \overline{A} \cup \overline{B}$ 的證明。

接下來，證明 $\overline{A} \cup \overline{B} \subseteq \overline{A \cap B}$，也就是證明若 x 在 $\overline{A} \cup \overline{B}$ 中，則 x 也必須在 $\overline{A \cap B}$ 中。假設 $x \in \overline{A} \cup \overline{B}$，根據聯集的定義，$x \in \overline{A}$ 或 $x \in \overline{B}$，再利用補集的定義，$x \notin A$ 或 $x \notin B$。就邏輯上而言，命題 $\neg(x \in A) \vee \neg(x \in B)$ 為真。

根據笛摩根定律，$\neg((x \in A) \wedge (x \in B))$ 為真。使用交集的定義，可得 $\neg(x \in A \cap B)$。根據補集的定義，$x \in \overline{A \cap B}$，完成了 $\overline{A \cap B} \subseteq \overline{A} \cup \overline{B}$ 的證明。

由於等式兩端的集合分別為另一端的子集合，所以等式成立。◀

利用集合建構式符號，我們能更簡潔地完成例題 10 的證明，見例題 11。

例題 11 利用集合建構式符號與邏輯等值，證明 $\overline{A \cap B} = \overline{A} \cup \overline{B}$。

解：我們能根據下列步驟證明此等式。

$$\begin{aligned}
\overline{A \cap B} &= \{x \mid x \notin A \cap B\} & &\text{根據補集的定義} \\
&= \{x \mid \neg(x \in (A \cap B))\} & &\text{根據不屬於符號的定義} \\
&= \{x \mid \neg(x \in A \wedge x \in B)\} & &\text{根據交集的定義} \\
&= \{x \mid \neg(x \in A) \vee \neg(x \in B)\} & &\text{根據邏輯等式的笛摩根定律第一式} \\
&= \{x \mid x \notin A \vee x \notin B\} & &\text{根據不屬於符號的定義} \\
&= \{x \mid x \in \overline{A} \vee x \in \overline{B}\} & &\text{根據補集的定義} \\
&= \{x \mid x \in \overline{A} \cup \overline{B}\} & &\text{根據聯集的定義} \\
&= \overline{A} \cup \overline{B} & &\text{根據集合建構式符號的意義}
\end{aligned}$$

我們注意到，除了使用補集、聯集、集合元素的定義，集合建構式表示法之外，我們還利用了邏輯等式的笛摩根定律第一式。◀

利用互為子集合來證明集合等式時，有時必須分別討論各種不同的情況，如例題 12 中證明集合的分配律。

例題 12 證明表 1 的第一個分配律，對所有的集合 A、B 與 C，$A \cap (B \cup C) = (A \cap B) \cup (A \cap C)$。

解：我們將利用證明等式兩邊之集合互為對方之子集合，來證明等式成立。

假設 $x \in A \cap (B \cup C)$，則 $x \in A$ 且 $x \in B \cup C$。根據聯集的定義，$x \in A$，而且 $x \in B$ 或 $x \in C$（也可能兩者都對）。換句話說，複合命題 $(x \in A) \wedge ((x \in B) \vee (x \in C))$ 為真。根據連言對選言的分配律，可得 $((x \in A) \wedge (x \in B)) \vee ((x \in A) \wedge (x \in C))$。考慮兩種情況：$x \in A$ 且 $x \in B$，或是 $x \in A$ 且 $x \in C$。根據交集的定義，我們得到 $x \in A \cap B$ 或 $x \in A \cap C$。再次使用聯集的定義，$x \in (A \cap B) \cup (A \cap C)$，因此 $A \cap (B \cup C) \subseteq (A \cap B) \cup (A \cap C)$。

從另一方面來看，若 $x \in (A \cap B) \cup (A \cap C)$，則 $x \in A \cap B$ 或 $x \in A \cap C$，可推出 $x \in A$ 且 $x \in B$，或是 $x \in A$ 且 $x \in C$。因此，我們可知 $x \in A$，而且 $x \in B$ 或 $x \in C$，所以 $x \in A$ 且 $x \in B \cup C$，即 $x \in A \cap (B \cup C)$，如此完成了 $(A \cap B) \cup (A \cap C) \subseteq A \cap (B \cup C)$。得證等式成立。◀

集合等式也能用**成員表（membership table）**來證明。考慮一些集合組合，其中每個集合組合都包含元素，證明在相同之集合組合的元素，同時屬於等式兩端的集合。以 1 表示元素在某集合中，而 0 表示元素不在。（讀者可以發現成員表與真值表的相似處。）

例題 13 利用成員表來證明 $A \cap (B \cup C) = (A \cap B) \cup (A \cap C)$。

解：這些集合組合的成員表如表 2 所示。表中有八列，因為表示 $A \cap (B \cup C)$ 的行與表示 $(A \cap B) \cup (A \cap C)$ 的行完全一樣，所以能證明兩者相等。◀

可以利用已經證明過的集合等式來證明其他的等式，見例題 14。

例題 14 令 A、B 與 C 為集合。證明 $\overline{A \cup (B \cap C)} = (\overline{C} \cup \overline{B}) \cap \overline{A}$。

解：我們有

$$\begin{aligned}
\overline{A \cup (B \cap C)} &= \overline{A} \cap \overline{(B \cap C)} && \text{根據笛摩根定律的第二式} \\
&= \overline{A} \cap (\overline{B} \cup \overline{C}) && \text{根據笛摩根定律的第一式} \\
&= (\overline{B} \cup \overline{C}) \cap \overline{A} && \text{根據交集的交換律} \\
&= (\overline{C} \cup \overline{B}) \cap \overline{A} && \text{根據聯集的交換律}
\end{aligned}$$
◀

表 2 分配性質的成員表

A	B	C	$B \cup C$	$A \cap (B \cup C)$	$A \cap B$	$A \cap C$	$(A \cap B) \cup (A \cap C)$
1	1	1	1	1	1	1	1
1	1	0	1	1	1	0	1
1	0	1	1	1	0	1	1
1	0	0	0	0	0	0	0
0	1	1	1	0	0	0	0
0	1	0	1	0	0	0	0
0	0	1	1	0	0	0	0
0	0	0	0	0	0	0	0

一般化的聯集與交集

因為集合的聯集與交集都滿足結合律，集合 $A \cup B \cup C$ 與 $A \cap B \cap C$ 都是良好定義的；也就是說，當 A、B 與 C 為集合時，這些符號的意義並不會混淆不清，因此我們不需要擔心括號所在的位置。因為 $A \cup (B \cup C) = (A \cup B) \cup C$，$A \cap (B \cap C) = (A \cap B) \cap C$。注意，集合 $A \cup B \cup C$ 中的元素包含至少屬於集合 A、B 或 C 三者之一的元素，集合 $A \cap B \cap C$ 包含所有同時在集合 A、B 與 C 中的元素。圖 5 即為這兩個集合組合的范氏圖。

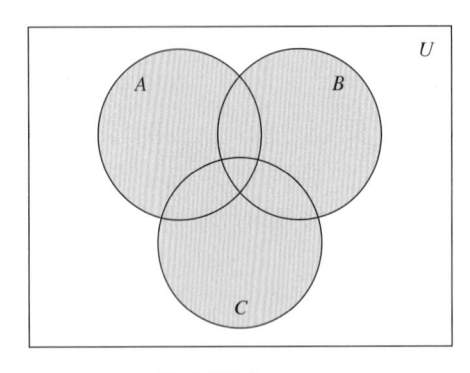

(a) 陰影部分為 $A \cup B \cup C$ 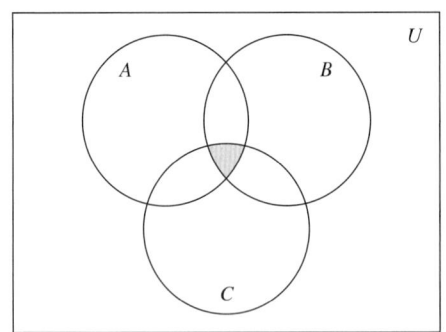　　(b) 陰影部分為 $A \cap B \cap C$

圖 5　集合 A、B 與 C 的聯集和交集

例題 15　令 $A = \{0, 2, 4, 6, 8\}$，$B = \{0, 1, 2, 3, 4\}$ 與 $C = \{0, 3, 6, 9\}$。$A \cup B \cup C$ 與 $A \cap B \cap C$ 為何？

解：集合 $A \cup B \cup C$ 中的元素包含至少屬於集合 A、B 或 C 三者之一的元素，所以

$A \cup B \cup C = \{0, 1, 2, 3, 4, 6, 8, 9\}$

集合 $A \cap B \cap C$ 包含所有同時在集合 A、B 與 C 中的元素，所以

$A \cap B \cap C = \{0\}$

◂

我們也能考慮任意個集合的交集與聯集，見下列定義。

定義 6 ■ 一組集合的聯集是一個包含屬於至少一個集合之元素所形成的集合。

我們使用下列符號

$$A_1 \cup A_2 \cup \cdots \cup A_n = \bigcup_{i=1}^{n} A_i$$

來表示集合 $A_1, A_2, ..., A_n$ 的聯集。

定義 7 ■ 一組集合的交集是一個包含同時屬於所有集合之元素所形成的集合。

我們使用下列符號

$$A_1 \cap A_2 \cap \cdots \cap A_n = \bigcap_{i=1}^{n} A_i$$

來表示集合 $A_1, A_2, ..., A_n$ 的交集。例題 16 將說明一般化的聯集與交集。

例題 16 對於 $i = 1, 2, ...$，令 $A_i = \{i, i+1, i+2, ...\}$，則

$$\bigcup_{i=1}^{n} A_i = \bigcup_{i=1}^{n} \{i, i+1, i+2, ...\} = \{1, 2, 3, ...\}$$

且

$$\bigcap_{i=1}^{n} A_i = \bigcap_{i=1}^{n} \{i, i+1, i+2, ...\} = \{n, n+1, n+2, ...\} = A_n$$

我們能將這些符號擴大至其他的集合族群，例如，以

$$A_1 \cup A_2 \cup \cdots \cup A_n \cup \cdots = \bigcup_{i=1}^{\infty} A_i$$

來表示集合 $A_1, A_2, ..., A_n, ...$ 的聯集。同理，以

$$A_1 \cap A_2 \cap \cdots \cap A_n \cap \cdots = \bigcap_{i=1}^{\infty} A_i$$

來表示集合 $A_1, A_2, ..., A_n, ...$ 的交集。

另外，當 I 是一個集合，符號 $\bigcap_{i \in I} A_i$ 和 $\bigcap_{i \in I} A_i$ 表示一組集合 A_i 之交集與聯集，其中 $i \in I$，A_i 可以是任何集合。亦即，$\bigcup_{i \in I} A_i = \{x \mid \forall i \in I (x \in A_i)\}$ 和 $\bigcup_{i \in I} A_i = \{x \mid \exists i \in I (x \in A_i)\}$。

例題 17 假設 $A_i = \{1, 2, 3, ..., i\}$，$i = 1, 2, 3, ...$，則

$$\bigcup_{i=1}^{\infty} A_i = \bigcup_{i=1}^{\infty} \{1, 2, 3, ..., i\} = \{1, 2, 3, ...\} = \mathbf{Z}^+$$

且

$$\bigcap_{i=1}^{\infty} A_i = \bigcap_{i=1}^{\infty} \{1, 2, 3, ..., i\} = \{1\}$$

我們發現每個正整數都至少屬於一個 A_i，例如 n 屬於 $A_n = \{1, 2, ..., n\}$，所以其聯集為所有正整數集合。同理，只有整數 1 會屬於所有的集合 $A_1, A_2, ...$，尤其是 $A_1 = \{1\}$ 只包含一個元素。所以，其交集只有一個元素 1。

集合的電腦表示法

利用電腦來表現集合會有許多不同的方式，其中一種就是將集合元素以無序方式儲存。然而，這樣的方式在執行集合運算時將耗費許多時間，因為執行運算時需要大量地搜尋集合元素。本節將介紹一種以任意順序儲存宇集中元素的方法，這種表現集合的方法讓集合運算變得容易些。

假設宇集 U 是有限的（而且是合理的大小，其數目不會大於電腦所使用的記憶體容量）。首先，對 U 中的元素做一個任意的排序，例如 $a_1, a_2, ..., a_n$。如此一來，便能用長度為 n 的位元字串來表現 U 的子集 A。當第 i 個位置為 1 時，表示 a_i 屬於 A；當第 i 個位置為 0 時，則表示 a_i 不屬於 A。例題 18 將說明此技巧。

例題 18　令 $U = \{1, 2, 3, 4, 5, 6, 7, 8, 9, 10\}$，以遞增方式來排列 U 之元素，亦即 $a_i = i$。什麼樣的位元字串表示所有奇數所形成之集合、所有偶數所形成之集合和不大於 5 之整數所形成之集合？

解：奇數集合為 $\{1, 3, 5, 7, 9\}$，表示奇數集合的位元字串，也就是第 1, 3, 5, 7, 9 個位置的元素屬於奇數集合的位元字串為

10 1010 1010

（我們將字串分成四個位元一個區塊，以方便閱讀）。同樣地，偶數集合為 $\{2, 4, 6, 8, 10\}$，表示偶數集合的位元字串為

01 0101 0101

不大於 5 的集合為 $\{1, 2, 3, 4, 5\}$，表示不大於 5 的集合之位元字串為

11 1110 0000

◀

利用位元字串的方式表示集合時，其聯集、交集和差集等運算皆非常容易求出。要找出集合的補集，只要將表示字串中的 1 換成 0，而 0 換成 1 即可。因為 $x \in A$ 若且唯若 $x \notin \overline{A}$。我們注意到，如果將位元對應到真假值——其中 1 表示真，而 0 表示假，則這個運算就等同於取每個位元的否定句。

例題 19　由前面的例題，已知表示奇數集合 $\{1, 3, 5, 7, 9\}$ 之位元字串（宇集為 $\{1, 2, 3, 4, 5, 6, 7, 8, 9, 10\}$）為

10 1010 1010

則表示奇數集合之補集的位元字串為何？

解：將表示奇數集合之位元字串中的 1 換成 0，而 0 換成 1，便可形成表示奇數集合之補集的位元字串：

01 0101 0101

不出人意料地，此字串表示的是偶數集合 {2, 4, 6, 8, 10}。◂

要得到兩集合的聯集或是交集，我們必須對表示集合的字串作布林運算。若兩字串的第 i 個位置中有一個是 1 時，表示聯集的字串的第 i 個位置便為 1；若兩字串的第 i 個位置都是 0 時，表示聯集的字串的第 i 個位置便為 0。所以，聯集的位元字串是將兩集合之位元字串中對應位置之位元作 OR 運算。計算交集時，若兩字串的第 i 個位置中有一個是 0 時，表示交集的字串的第 i 個位置便為 0；若兩字串的第 i 個位置都是 1 時，表示交集的字串的第 i 個位置便為 1。同樣地，交集的位元字串是將兩集合之位元字串中對應位置之位元做 AND 運算。

例題 20 表示 {1, 2, 3, 4, 5} 與 {1, 3, 5, 7, 9} 的位元字串分別為 11 1110 0000 和 10 1010 1010。利用字串找出兩集合的聯集與交集。

解： 兩集合的聯集為

11 1110 0000 ∨ 10 1010 1010 = 11 1110 1010

其表示的是集合 {1, 2, 3, 4, 5, 7, 9}。兩集合的交集為

11 1110 0000 ∧ 10 1010 1010 = 10 1010 0000

其表示的是集合 {1, 3, 5}。◂

習題 Exercises   *表示為較難的練習；**表示為高度挑戰性的練習；☞ 對應正文。

1. 令 A 為住在離學校一英里內之學生所形成的集合；B 為走路上學之學生所形成的集合。描述下列集合所代表的學生集合。
   a) $A \cap B$
   b) $A \cup B$
   c) $A - B$
   d) $B - A$

2. 假設 A 為學校中二年級的學生集合；B 為有修離散數學之學生所形成的集合。將下列述句表示集合 A 與 B 的運算。
   a) 有修離散數學之二年級學生所形成的集合。
   b) 二年級學生中沒有修離散數學之學生所形成的集合。
   c) 學校中二年級或是有修離散數學之學生所形成的集合。
   d) 學校中既沒有修離散數學，也不是二年級學生所形成的集合。

3. 令 $A = \{1, 2, 3, 4, 5\}$，$B = \{0, 3, 6\}$，求出下列集合：
   a) $A \cup B$
   b) $A \cap B$
   c) $A - B$
   d) $B - A$

4. 令 $A = \{a, b, c, d, e\}$，$B = \{a, b, c, d, e, f, g, h\}$，求出下列集合：
   a) $A \cup B$
   b) $A \cap B$
   c) $A - B$
   d) $B - A$

習題 5 至習題 10 中，假定 A 為某個宇集 U 的子集合。

5. 證明表 1 中的補集律，$\overline{\overline{A}} = A$。

6. 證明表 1 中的同一律。
   a) $A \cup \emptyset = A$
   b) $A \cap U = A$

7. 證明表 1 中的支配律。
   a) $A \cup U = U$
   b) $A \cap \emptyset = \emptyset$

8. 證明表 1 中的冪等律。
   a) $A \cup A = A$
   b) $A \cap A = A$

9. 證明表 1 中的補律。
   a) $A \cup \overline{A} = U$
   b) $A \cap \overline{A} = \emptyset$

10. 證明
    a) $A - \emptyset = A$
    b) $\emptyset - A = \emptyset$

11. 令 A 與 B 為集合，證明表 1 中的交換律。
    a) $A \cup B = B \cup A$
    b) $A \cap B = B \cap A$

12. 證明表 1 中的吸收律第一式，若 A 與 B 為集合，$A \cup (A \cap B) = A$。

13. 證明表 1 中的吸收律第二式，若 A 與 B 為集合，$A \cap (A \cup B) = A$。

14. 若 $A - B = \{1, 5, 7, 8\}$，$B - A = \{2, 10\}$，以及 $A \cap B = \{3, 6, 9\}$，求出集合 A 與 B。

15. 證明表 1 中的笛摩根定律第二式，若 A 與 B 為集合，$\overline{A \cup B} = \overline{A} \cap \overline{B}$。
    a) 利用證明等式兩端之集合分別為另一端之集合的子集合。
    b) 利用成員表。

16. 令 A 與 B 為集合，證明
    a) $(A \cap B) \subseteq A$
    b) $A \subseteq (A \cup B)$
    c) $A - B \subseteq A$
    d) $A \cap (B - A) = \emptyset$
    e) $A \cup (B - A) = A \cup B$

17. 若 A、B 與 C 為集合，證明 $\overline{A \cap B \cap C} = \overline{A} \cup \overline{B} \cup \overline{C}$。
    a) 利用證明等式兩端之集合分別為另一端之集合的子集合。
    b) 利用成員表。

18. 令 A、B 與 C 為集合，證明
    a) $(A \cup B) \subseteq (A \cup B \cup C)$
    b) $(A \cap B \cap C) \subseteq (A \cap B)$
    c) $(A - B) - C \subseteq A - C$
    d) $(A - C) \cap (C - B) = \emptyset$
    e) $(B - A) \cup (C - A) = (B \cup C) - A$

19. 證明若 A 與 B 為集合，則
    a) $A - B = A \cap \overline{B}$
    b) $(A \cap B) \cup (A \cap \overline{B}) = A$

20. 證明若 A 與 B 為集合且 $A \subseteq B$，則
   a) $A \cup B = B$
   b) $A \cap B = A$

21. 證明表 1 中的第一結合律，若 A、B 與 C 為集合，$A \cup (B \cup C) = (A \cup B) \cup C$。

22. 證明表 1 中的第二結合律，若 A、B 與 C 為集合，$A \cap (B \cap C) = (A \cap B) \cap C$。

23. 證明表 1 中的第二分配律，若 A、B 與 C 為集合，$A \cup (B \cap C) = (A \cup B) \cap (A \cup C)$。

24. 若 A、B 與 C 為集合，證明 $(A - B) - C = (A - C) - (B - C)$。

25. 令 $A = \{0, 2, 4, 6, 8, 10\}$，$B = \{0, 1, 2, 3, 4, 5, 6\}$ 與 $C = \{4, 5, 6, 7, 8, 9, 10\}$，求出下列集合。
   a) $A \cap B \cap C$
   b) $A \cup B \cup C$
   c) $(A \cup B) \cap C$
   d) $(A \cap B) \cup C$

26. 若 A、B 與 C 為集合，繪出下列集合組合之范氏圖。
   a) $A \cap (B \cup C)$
   b) $\overline{A} \cap \overline{B} \cap \overline{C}$
   c) $(A - B) \cup (A - C) \cup (B - C)$

27. 若 A、B 與 C 為集合，繪出下列集合組合之范氏圖。
   a) $A \cap (B - C)$
   b) $(A \cap B) \cup (A \cap C)$
   c) $(A \cap \overline{B}) \cup (A \cap \overline{C})$

28. 若 A、B、C 與 D 為集合，繪出下列集合組合之范氏圖。
   a) $(A \cap B) \cup (C \cap D)$
   b) $\overline{A} \cup \overline{B} \cup \overline{C} \cup \overline{D}$
   c) $A - (B \cap C \cap D)$

29. 令 A 與 B 為集合，若滿足下列條件，我們能得到什麼結論？
   a) $A \cup B = A$
   b) $A \cap B = A$
   c) $A - B = A$
   d) $A \cap B = B \cap A$
   e) $A - B = B - A$

30. 令 A、B 與 C 為集合，若滿足下列條件，我們能否得到 $A = B$ 的結論？
   a) $A \cup C = B \cup C$
   b) $A \cap C = B \cap C$
   c) $A \cup B = B \cup C$ 且 $A \cap C = B \cap C$

31. 令 A 與 B 為宇集 U 的子集合，證明 $A \subseteq B$ 若且唯若 $\overline{B} \subseteq \overline{A}$。

集合 A 與 B 的**對稱差集（symmetric difference）**，記為 $A \oplus B$，是指由屬於 A 或 B 但不同時屬於 A 與 B 之元素所形成的集合。

32. 找出 $\{1, 3, 5\}$ 與 $\{1, 2, 3\}$ 的對稱差集。

33. 找出主修資訊科學的學生集合與主修數學的學生集合之對稱差集。

34. 當 A 與 B 為集合時，繪出其對稱差集的范氏圖。

35. 證明 $A \oplus B = (A \cup B) - (A \cap B)$。

36. 證明 $A \oplus B = (A - B) \cup (B - A)$。

37. 若 A 為宇集 U 的子集合，證明
    a) $A \oplus B = \emptyset$
    b) $A \oplus \emptyset = A$
    c) $A \oplus U = \overline{A}$
    d) $A \oplus \overline{A} = U$

38. 若 A 與 B 為集合，證明
    a) $A \oplus B = B \oplus A$
    b) $(A \oplus B) \oplus B = A$

39. 若 $A \oplus B = A$，則我們能得到什麼結論？

* 40. 判斷對稱差集是否滿足結合律，亦即判斷等式 $A \oplus (B \oplus C) = (A \oplus B) \oplus C$ 是否成立？

* 41. 若 A、B 與 C 為集合，使得 $A \oplus C = B \oplus C$，則等式 $A = B$ 是否必然成立？

42. 若 A、B、C 與 D 為集合，則等式 $(A \oplus B) \oplus (C \oplus D) = (A \oplus C) \oplus (B \oplus D)$ 是否成立？

43. 若 A、B、C 與 D 為集合，則等式 $(A \oplus B) \oplus (C \oplus D) = (A \oplus D) \oplus (B \oplus C)$ 是否成立？

44. 證明若 A 與 B 為有限集合，則 $A \cup B$ 亦為有限集合。

45. 證明若 A 為無限集合，而無論 B 為何種集合，$A \cup B$ 亦為無限集合。

* 46. 若 A、B 與 C 為集合，證明
    $|A \cup B \cup C| = |A| + |B| + |C| - |A \cap B| - |A \cap C| - |B \cap C| + |A \cap B \cap C|$
    （此等式為排容定理的特殊情況。）

47. 令 $A_i = \{1, 2, 3, ..., i\}$，$i = 1, 2, 3, ...$。求出
    a) $\bigcup_{i=1}^{n} A_i$
    b) $\bigcap_{i=1}^{n} A_i$

48. 令 $A_i = \{..., -2, -1, 0, 1, 2, ..., i\}$，$i = 1, 2, 3, ...$。求出
    a) $\bigcup_{i=1}^{n} A_i$
    b) $\bigcap_{i=1}^{n} A_i$

49. 令 A_i 為所有長度不大於 i 之非空位元字串（也就是說，字串長度至少為 1）所形成的集合。求出
    a) $\bigcup_{i=1}^{n} A_i$
    b) $\bigcap_{i=1}^{n} A_i$

50. 根據下列給定的集合，求出 $\bigcup_{i=1}^{\infty} A_i$ 和 $\bigcap_{i=1}^{\infty} A_i$。
    a) $A_i = \{i, i + 1, i + 2, ...\}$
    b) $A_i = \{0, i\}$
    c) $A_i = (0, i)$，$0 < x < i$ 之所有實數 x 所形成的集合。
    d) $A_i = (i, \infty)$，$x > i$ 之所有實數 x 所形成的集合。

51. 根據下列給定的集合，求出 $\bigcup_{i=1}^{\infty} A_i$ 和 $\bigcap_{i=1}^{\infty} A_i$。
    a) $A_i = \{-i, -i + 1, ..., -1, 0, 1, ..., i - 1\}$
    b) $A_i = \{-i, i\}$
    c) $A_i = [-i, i]$，$-i \leq x \leq i$ 之所有實數 x 所形成的集合。
    d) $A_i = (i, \infty)$，$x \geq i$ 之所有實數 x 所形成的集合。

52. 假設宇集 $U = \{1, 2, 3, 4, 5, 6, 7, 8, 9, 10\}$，寫出表示下列集合的位元字串。

a) $\{3, 4, 5\}$ b) $\{1, 3, 6, 10\}$

c) $\{2, 3, 4, 7, 8, 9\}$

53. 利用上題之宇集，求出下列位元字串所表示的集合。

a) 11 1100 1111   b) 01 0111 1000

c) 10 0000 0001

54. 在有限宇集中，下列位元字串各表示哪個子集合？

a) 全為 0 的位元字串   b) 全為 1 的位元字串

55. 如何利用位元字串表示法求出兩集合之差集？

56. 如何利用位元字串表示法求出兩集合之對稱差集？

57. 給定 $A = \{a, b, c, d, e\}$，$B = \{b, c, d, g, p, t, v\}$，$C = \{c, e, i, o, u, x, y, z\}$ 與 $D = \{d, e, h, i, n, o, t, u, x, y\}$。說明如何使用位元字串之運算找出下列集合。

a) $A \cup B$ b) $A \cap B$

c) $(A \cup D) \cap (B \cup C)$ d) $A \cup B \cup C \cup D$

58. 如何使用位元字串求出在同一個宇集 U 下，n 個子集合的交集與聯集？

2.3 函數 Functions

引言

在許多例子中，我們將指定某個集合中的每個元素一個其他集合（或是本身的集合）的特定元素。例如，指定所有修習離散數學的學生一個分數集合 $\{A, B, C, D, F\}$ 中的元素。若將 A 指定給亞當，C 指定給趙，B 指定給古德弗瑞德，A 指定給羅德瑞格茲，而 F 指定給史帝芬。這種分數的指定可見圖 1。

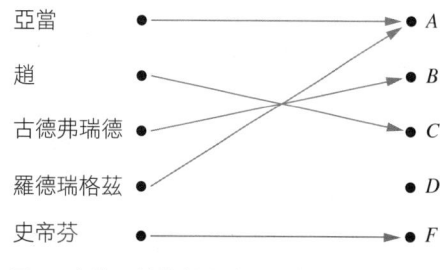

圖 1 在修習離散數學的班級中指定分數

這種指定是函數的一個例子。函數的概念在數學與資訊科學中非常重要。在離散數學中，函數用來定義序列和字串這類的離散結構。函數也能用來表現電腦在求解某規模之問題時所需要的時間。許多程式和子程式都需要計算函數之值。遞迴函數——以函數本身來定義的函數，幾乎貫穿所有資訊科學，將於第 5 章討論。本節將回顧離散數學會用到的函數概念。

定義 1 ■ 令 A 與 B 為非空集合。由 A 到 B 的函數（function）是將恰巧一個 B 中的元素指定給每個 A 的元素。若 b 是集合 B 中唯一指定給 a（屬於 A）的元素，則寫成 $f(a) = b$。若 f 是一個由 A 到 B 的函數，記為 $f: A \to B$。

注意：函數有時也稱為**映射**（**mapping**）或**轉換**（**transformation**）。

函數的表示法有許多不同的方式，有些明確地表示出元素間的指派，如圖 1。通常，我們會給出一個公式（例如 $f(x) = x + 1$）來定義函數。有時候，也會以電腦程式來指定函數。

函數 $f: A \to B$ 也可定義成由 A 到 B 之關係中的項。回顧 2.1 節，由 A 到 B 之關係，其實就是 $A \times B$ 的子集合。一個由 A 到 B 之關係，對所有的 $a \in A$，包含唯一的有序對 (a, b)，就能定義一個由 A 到 B 的函數。

> **定義 2** ■ 若 f 是一個由 A 到 B 的函數，我們稱 A 為函數 f 的定義域（domain），而 B 為函數 f 的對應域（codomain）。若 $f(a) = b$，則稱 b 為 a 的映像（image），而 a 為 b 的前像（preimage）。f 的值域（range）是所有 A 之元素的映像所形成之集合。若 f 為由 A 到 B 的函數，我們也稱 f 將 A 映射到 B。

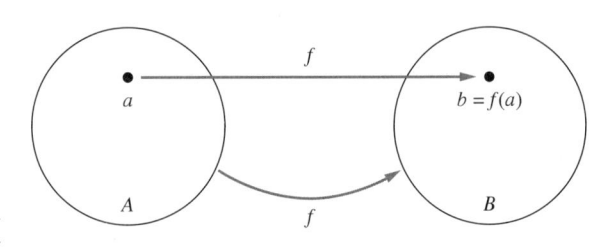

圖 2 顯示由 A 到 B 的函數 f。

當定義一個函數時，我們必須指明其定義域、對應域和定義域中元素與對應域中元素的映射。若兩個函數**相等**(**equal**)，它們必須有相同的定義域、對應域，而且元素間的對應關係也必須相同。所以可知，若兩個函數的定義域或對應域不同時，必然為不同的函數。同理，若改變元素間的對應方式，則函數也不相同。

圖 2 由 A 到 B 的函數 f

例題 1 至例題 5 提供了數個函數的範例。在每個情況中，我們都會描述函數的定義域、對應域和定義域中元素與對應域中元素的映射方式。

例題 1 在本節一開始描述之修離散數學之學生與其分數間的函數中，其定義域、對應域和值域分別為何？

解：令 G 為所描述之函數，即 $G($亞當$) = A$。G 的定義域為 { 亞當 , 趙 , 古德弗瑞德 , 羅德瑞格茲 , 史帝芬 }；G 的對應域為 $\{A, B, C, D, F\}$；而 G 的值域為 $\{A, B, C, F\}$，因為沒有人得到 D 的分數。◀

例題 2 令關係 R 包含下列序對：(阿巴都 , 22), (布蘭達 , 24)，(卡拉 , 21), (笛賽耳 , 22)，(艾迪 , 24) 和 (費利西亞 , 22)。每個序對表示研究生的姓名與年齡。請說明由此關係所形成的函數。

解： 令此關係 R 所得出的函數為 f，則 $f($阿巴都$) = 22$，$f($布蘭達$) = 24$，$f($卡拉$) = 21$，$f($笛賽耳$) = 22$，$f($艾迪$) = 24$) 和 $f($費利西亞$) = 22$。(其中，$f(x)$ 為 x 的年齡，而 x 為學生。) f 的定義域為 {阿巴都, 布蘭達, 卡拉, 笛賽耳, 艾迪, 費利西亞}；我們指定的對應域必須包含所有學生的年齡。因為所有學生的年齡幾乎皆小於 100，我們可以使用小於 100 的正整數所形成集合來當作對應域。(注意，我們也可以不同的集合當成對應域，譬如所有正整數所形成集合，或是 10 到 90 間所有整數所形成集合，不同的對應域並不會改變函數的對應。我們在解答中選擇的對應域有助於稍後我們在函數中加入其他學生的名字與年齡。) 最後，我們發現函數的值域，即這些學生的不同年齡所形成集合，為 {21, 22, 24}。◀

例題 3 函數 f 將長度大於或等於 2 的位元字串，指定成此字串之最後兩個位元。例如，$f(11010) = 10$。函數 f 之定義域為所有長度大於等於 2 之位元字串所形成的集合，而對應域和值域都是集合 {00, 01, 10, 11}。◀

例題 4 令 $f: \mathbf{Z} \to \mathbf{Z}$，將整數的平方指定給此整數，即 $f(x) = x^2$，則函數 f 的定義域為所有整數所形成的集合，對應域也可令為所有整數所形成的集合，而 f 的值域便為所有完全平方數所形成的集合 $\{0, 1, 4, 9, ...\}$。◀

例題 5 在程式語言中，函數的定義域與對應域也經常會被明確地指定。例如，Java 陳述

    int **floor** (float real){...}

和 C++ 函數陳述

    int **function** (float x){...}

皆說明 floor 函數的定義域為實數集合(使用浮點數值表示法)，而對應域為整數集合。◀

若函數的對應域為實數集合，則此函數稱為**實數函數**(real-valued function)，若對應域為整數集合，則稱為**整數函數**(integer-valued function)。有相同對應域的兩個實數值函數可以相加和相乘。

定義 3 ■ 令 f_1 與 f_2 為由 A 到 $\mathbf{R}$ 的函數，則 $f_1 + f_2$ 與 $f_1 f_2$ 也是由 A 到 $\mathbf{R}$ 的函數，分別定義為

$$(f_1 + f_2)(x) = f_1(x) + f_2(x)$$
$$(f_1 f_2)(x) = f_1(x) f_2(x)$$

注意，$f_1 + f_2$ 和 $f_1 f_2$ 在 x 的函數值，是利用 f_1 與 f_2 在 x 的函數值來定義的。

例題 6 令 f_1 與 f_2 為由 $\mathbf{R}$ 到 $\mathbf{R}$ 的函數，其中 $f_1(x) = x^2$ 且 $f_2(x) = x - x^2$，則函數 $f_1 + f_2$ 和 $f_1 f_2$ 為何？

解：根據函數加法與乘法的定義，

$$(f_1 + f_2)(x) = f_1(x) + f_2(x) = x^2 + (x - x^2) = x$$

和

$$(f_1 f_2)(x) = x^2(x - x^2) = x^3 - x^4$$

當 f 為由集合 A 對應到集合 B 的函數，則 A 之子集合的映像也能定義。

> **定義 4** ■ 令函數 f 由集合 A 對應到集合 B，而 S 為 A 的子集合，則 S 在函數 f 下的映像是 B 的一個子集合，包含所有 S 之元素的映像。將 S 在函數 f 下的映像記為 $f(S)$，所以
>
> $$f(S) = \{t \mid \exists s \in S \ (t = f(s))\}$$
>
> 我們通常將此集合簡單地記成 $f(S) = \{f(s) \mid s \in S\}$。

注意：S 在函數 f 下的映像 $f(S)$ 是一個集合，不可誤解為集合 S 的函數值。

例題 7 令 $A = \{a, b, c, d, e\}$ 且 $B = \{1, 2, 3, 4\}$，定義 $f(a) = 2$，$f(b) = 1$，$f(c) = 4$，$f(d) = 1$ 和 $f(e) = 1$，則集合 $S = \{b, c, d\}$ 之映像 $f(S) = \{1, 4\}$。

一對一函數與映成函數

有些函數不會將一個元素指派給定義域中的兩個元素，這類函數稱為一對一（one-to-one）函數。

> **定義 5** ■ 一個函數 f 稱為一對一或嵌射（injunction），若且唯若對所有定義域的元素 a 和 b，若 $f(a) = f(b)$ 能推論出 $a = b$。

注意，一個函數是一對一，若且唯若當 $a \neq b$ 時，$f(a) \neq f(b)$。這種說法是根據定義中蘊含式的換質位法。

注意：我們也能將 f 是一對一以下面的量詞來表現：$\forall a \forall b(f(a) = f(b) \rightarrow a = b)$，或是等值的：$\forall a \forall b(a \neq b \rightarrow f(a) \neq f(b))$，其中考慮的論域為函數的定義域。

下面將討論一對一函數與非一對一函數的例題，以說明上述概念。

例題 8 判斷由 $\{a, b, c, d\}$ 對應到 $\{1, 2, 3, 4, 5\}$，定義為 $f(a) = 4$，$f(b) = 5$，$f(c) = 1$ 和 $f(d) = 3$ 的函數 f 是否為一對一。

解：函數 f 為一對一，因為定義域中的四個元素分別對應到四個不同的元素。見圖 3。

圖 3 一對一函數

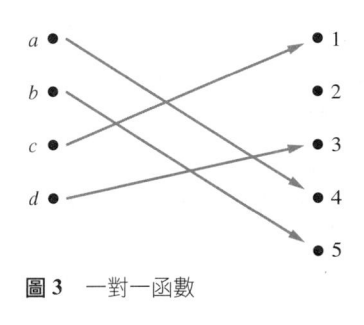

例題 9 判斷由整數集合對應到整數集合的函數 $f(x) = x^2$ 是否為一對一。

解：函數不是一對一，因為 $f(1) = f(-1) = 1$，但是 $1 \neq -1$。

然而，我們注意到若將函數 $f(x) = x^2$ 的定義域限制在 $\mathbf{Z}^+$，則是一對一的。(就技術上而言，當我們將定義域做了限制後，便得到一個新的函數，但在限制後之定義域內元素的函數值與原先之函數值相吻合。原先之定義域中的元素若處於限制後的定義域之外，在這個限制函數中是沒有定義的。)

例題 10 判斷由實數集合對應到本身的函數 $f(x) = x + 1$ 是否為一對一。

解：函數 $f(x) = x + 1$ 是一對一函數。因為當 $x \neq y$ 時，可得到 $x + 1 \neq y + 1$。

例題 11 假定某雇主指派每個雇員一個工作，而每個工作只指派一位雇員負責。在這種情形下，將工作指定給雇員的函數是一對一函數。為驗證這一點，我們發現若 x 與 y 為不同的雇員，則 $f(x) \neq f(y)$，因為他們被指派的工作不相同。

下面將給定一些條件，保證函數都是一對一。

定義 6 ■ 一個定義域與對應域都是實數集合之子集合的函數 f，若 x 與 y 都是定義域中的元素，而且 $x < y$ 時，可得到 $f(x) \leq f(y)$，則稱函數 f 為遞增的 (increasing)。相同條件下；若 $f(x) < f(y)$，則稱為嚴格遞增 (strictly increasing)。相同地，若 x 與 y 都是定義域中的元素，而且 $x < y$ 時，可得到 $f(x) \geq f(y)$，則稱函數 f 是遞減的 (decreasing)；若 $f(x) > f(y)$，則稱為嚴格遞減 (strictly decreasing)。

注意：若 $\forall x \forall y (x < y \rightarrow f(x) \leq f(y))$，則函數 f 是遞增的；若 $\forall x \forall y (x < y \rightarrow f(x) < f(y))$，則是嚴格遞增的；若 $\forall x \forall y (x < y \rightarrow f(x) \geq f(y))$，則是遞減的；若 $\forall x \forall y (x < y \rightarrow f(x) > f(y))$，則是嚴格遞減的，其中論域為函數 f 的定義域。

根據這些定義，我們發現當函數是嚴格遞增或是嚴格遞減時，一定是一對一的，但是遞增與遞減則不保證函數是一對一的。

有些函數的值域與對應域完全相等，亦即每個對應域中的元素都找得到定義域的元素來對應。具有這樣性質的函數稱為**映成（onto）**函數。

> **定義 7** ■ 一個由 A 對應到 B 的函數 f 稱為映成或蓋射（surjection），若且唯若對每一個元素 $b \in B$，都存在一個元素 $a \in A$，使得 $f(a) = b$。

注意：一個函數是映成的，若 $\forall y \exists x(f(x) = y)$，其中 x 的論域是函數 f 的定義域，而 y 的論域則是 f 的對應域。

接下來將討論一些映成與非映成函數的例題。

例題 12 令 f 為由 $\{a, b, c, d\}$ 對應到 $\{1, 2, 3\}$ 的函數，定義為 $f(a) = 3$，$f(b) = 2$，$f(c) = 1$ 和 $f(d) = 3$。f 是否為映成函數？

解：因為所有對應域的元素都是某個定義域元素的映像，所以 f 是映成的，參見圖 4。注意，若對應域為 $\{1, 2, 3, 4\}$，則 f 便不是映成的。◀

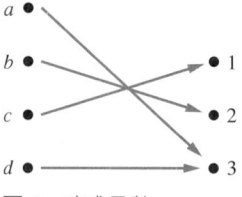

圖 4 映成函數

例題 13 由整數集合對應到整數集合的函數 $f(x) = x^2$ 是否為映成函數？

解：函數 f 不是映成的，因為找不到整數 x，使得 $x^2 = -1$。◀

例題 14 由整數集合對應到整數集合的函數 $f(x) = x + 1$ 是否為映成函數？

解：函數 f 是映成的，因為對所有整數 y，都存在整數 $x = y - 1$，使得 $f(x) = y$。為驗證這一點，我們發現 $f(x) = y$ 若且唯若 $x + 1 = y$，而等式成立若且唯若 $x = y - 1$。◀

例題 15 考慮例題 11 中指派工作給雇員的函數 f。函數 f 為映成的，如果所有的工作都被指派出去了。反之，如果有工作沒被指派出去，則函數就不是映成。◀

> **定義 8** ■ 若函數 f 既是一對一，也是映成，則稱為一對一對應關係（one-to-one correspondence）或雙射（bijection）。

例題 16 與例題 17 說明雙射的概念。

例題 16 令 f 為由 $\{a, b, c, d\}$ 對應到 $\{1, 2, 3, 4\}$ 的函數，其中 $f(a) = 4$，$f(b) = 2$，$f(c) = 1$ 和 $f(d) = 3$。f 是否為雙射函數？

解：函數 f 是一對一且映成的。因為沒有兩個定義域中的元素被指派成相同的函數值，所以函數是一對一的。對應域中的四個元素都是某個定義域中元素的映像，所以函數是映成的。因此，f 為雙射函數。◀

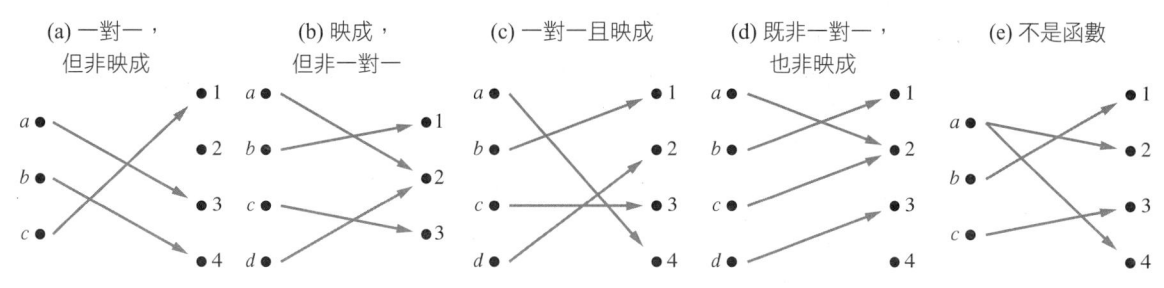

(a) 一對一，但非映成　　(b) 映成，但非一對一　　(c) 一對一且映成　　(d) 既非一對一，也非映成　　(e) 不是函數

圖 5　不同對應關係的例子

　　圖 5 展示四個函數：第一個是一對一，但非映成；第二個是映成，但非一對一；第三個既是一對一也是映成；第四個則既非一對一，也非映成。最後一個對應關係不是函數，因為有一個元素對應到兩個不同的元素。

　　假設 f 是一個由集合 A 對應到本身的函數。若 A 是有限的，f 是一對一若且唯若 f 是映成的（由習題 72 可得到此結果）。但若 A 是無限的，則上述結果不一定會成立。

例題 17　令 A 為集合。在 A 上的自身函數（identity function）$\iota_A : A \to A$ 為

$$\iota_A(x) = x$$

對所有的 $x \in A$。換言之，自身函數是將每個元素對應到本身的函數。函數 ι_A 是一對一且映成，所以是雙射函數。（注意，ι 為希臘字母 iota。）◀

　　為了將來方便參考，我們將證明一個函數是否為一對一或映成的方式整理於下。這些方法可用於例題 8 到例題 17。

假設 $f : A \to B$。

證明 f 為嵌射　證明對任意的 $x, y \in A$，$x \neq y$ 時，若 $f(x) = f(y)$，則 $x = y$。

證明 f 不為嵌射　找出特定的 $x, y \in A$，使得 $x \neq y$，但是 $f(x) = f(y)$。

證明 f 為蓋射　考慮任意的元素 $y \in B$，然後找出元素 $x \in A$，使得 $f(x) = y$。

證明 f 不為蓋射　找出特定的元素 $y \in B$，使得對所有的 $x \in A$，$f(x) \neq y$。

反函數與合成函數

　　現在考慮由集合 A 對應到集合 B 之一對一對應關係。因為 f 是映成函數，每個 B 上的元素都只是某個 A 中元素的映像。又因為 f 是一對一的，所以 A 中的這個元素是唯一的。因此，我們能利用函數 f 的反對應，定義一個由 B 對應到 A 的新函數。見定義 9。

定義 9 ■ 函數 f 的反函數（inverse function）是將集合上唯一的元素 a 指派給 B 上的元素 b，使得 $f(a) = b$。f 的反函數記為 f^{-1}。當 $f(a) = b$ 時，$f^{-1}(b) = a$。

注意：請勿混淆函數 f^{-1} 與函數 $1/f$。函數 $1/f$ 是將定義域中的每一個 x 對應至函數值 $1/f(x)$（此函數只有在 $f(x)$ 為非零實數時才有意義）。

圖 6 說明反函數的概念。

若函數 f 不是一對一對應關係，我們便無法定義 f 的反函數。當函數 f 不是一對一對應關係，則可能不是一對一，或者不是映成。若 f 非一對一，則某個對應域之元素 b 會被指派給一個以上之定義域中的元素。若 f 非映成，則有些對應域之元素並未被指派給定義域的元素。如此一來，我們便無法定義一個由對應域對應到定義域的函數（因為某個對應域的 b 要不有數個對應的 a，要不找不到對應的 a）。

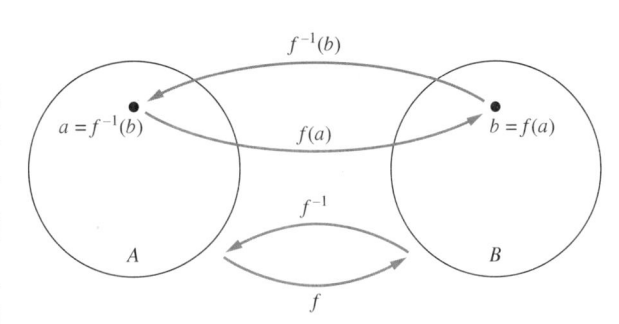

圖 6 函數 f^{-1} 是函數 f 的反函數

一個一對一對應關係稱為**可逆的（invertible）**，因為我們能定義這個函數的反函數。若一個函數不是一對一對應關係，則稱為**不可逆的（not invertible）**，因為這個函數的反函數不存在。

例題 18 令 f 為由 $\{a, b, c\}$ 對應到 $\{1, 2, 3\}$ 的函數，定義為 $f(a) = 2$，$f(b) = 3$，$f(c) = 1$。f 是否為可逆的？若是，其反函數為何？

解：函數 f 是可逆的，因為它是一對一對應關係。其反函數 f^{-1} 定義為：$f^{-1}(1) = c$，$f^{-1}(2) = a$，$f^{-1}(3) = b$。

例題 19 由整數集合對應到整數集合的函數 $f(x) = x + 1$ 是否為可逆的？若是，其反函數為何？

解：函數 f 是可逆的，因為它是一對一對應關係。假設 y 為 x 的映像，則 $y = f(x) = x + 1$。所以 $x = y - 1$，故其反函數 $f^{-1}(y) = y - 1$。

例題 20 由整數集合對應到整數集合的函數 $f(x) = x^2$ 是否為可逆的？若是，其反函數為何？

解：因為 $f(-2) = f(2) = 4$，所以 f 不是一對一。如果反函數存在，則將有兩個元素被指定成函數值 4，因此 f 不可逆。（因為函數 f 不是映成的，也可用來證明函數是不可逆的。）

有時，我們能藉由限制函數的定義域或對應域，來滿足反函數存在的條件。見例題 21。

例題 21 若將例題 20 中函數 $f(x) = x^2$ 的限制到由非負實數集合對應到非負實數集合，證明 f 為可逆的。

解： 若 $f(x) = x^2$ 由非負實數集合對應到非負實數集合，函數將是一對一的。因為若 $f(x) = f(y)$，則 $x^2 = y^2$，得到 $x^2 - y^2 = (x+y)(x-y) = 0$。所以，$x + y = 0$ 或 $x - y = 0$，亦即 $x = -y$ 或 $x = y$。因為 x 與 y 都必須是非負的，$x = y$ 是唯一的可能，因此函數為一對一。此外，函數也會是映成的，因為對所有的非負實數 y，都能找到非負實數 $x = \sqrt{y}$，使得 $f(x) = x^2 = y$。函數 f 既是一對一，也是映成，因而反函數存在，且 $f^{-1}(y) = \sqrt{y}$。◂

定義 10 ■ 令 g 是由集合 A 對應到集合 B 的函數，而 f 為由集合 B 對應到集合 C 的函數。函數 f 與 g 的合成（composition），記為 $f \circ g$，定義成

$$(f \circ g)(a) = f(g(a))$$

換句話說，函數 $f \circ g$ 是將在 f 中指派給 $g(a)$ 之元素，在 $f \circ g$ 中指派給 a。也就是說，為求出 $(f \circ g)(a)$，我們先將函數 g 作用在 a 上，求出 $g(a)$。然後再將函數 f 作用在所求出的 $g(a)$ 上，以求出 $(f \circ g)(a) = f(g(a))$。另外，除非 g 的值域是 f 之定義域的子集合，否則 $f \circ g$ 無法定義。函數的合成如圖 7 所示。

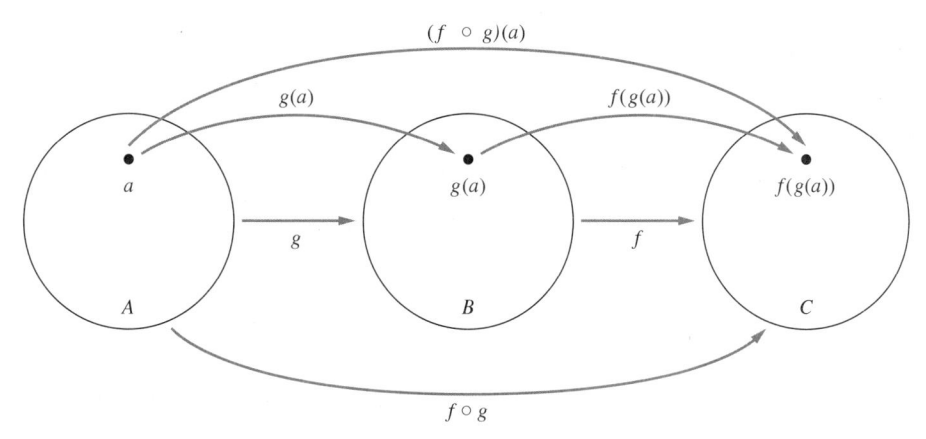

圖 7 函數 f 與 g 的合成

例題 22 令 g 為由 $\{a, b, c\}$ 對應到同一個集合的函數，定義為 $g(a) = b$，$g(b) = c$，$g(c) = a$。令 f 為由 $\{a, b, c\}$ 對應到 $\{1, 2, 3\}$ 的函數，定義為 $f(a) = 3$，$f(b) = 2$，$f(c) = 1$，則函數 $f \circ g$ 為何？函數 $g \circ f$ 為何？

解： 函數 $f \circ g$ 是有定義的：$(f \circ g)(a) = f(g(a)) = f(b) = 2$，$(f \circ g)(b) = f(g(b)) = f(c) = 1$，$(f \circ g)(c) = f(g(c)) = f(a) = 3$。

然而，$g \circ f$ 沒有定義，因為 f 的值域不是 g 之定義域的子集合。◂

例題 23 令 f 與 g 為由整數集合對應到整數集合的函數，定義為 $f(x) = 2x + 3$ 與 $g(x) = 3x + 2$。函數 $f \circ g$ 為何？函數 $g \circ f$ 為何？

解：兩個函數 $f \circ g$ 與 $g \circ f$ 都是有定義的：

$$(f \circ g)(x) = f(g(x)) = f(3x + 2) = 2(3x + 2) + 3 = 6x + 7$$

而

$$(g \circ f)(x) = g(f(x)) = g(2x + 3) = 3(2x + 3) + 2 = 6x + 11$$

◀

注意：我們發現，即使函數 $f \circ g$ 與 $g \circ f$ 都是有定義的，由例題 23 可以知道，這兩個函數是不相等的。換句話說，在合成函數上，交換律並不成立。

將某函數與其反函數做合成時，會得到自身函數。因為若 $f(a) = b$，而且其反函數存在時，$f^{-1}(b) = a$，則

$$(f^{-1} \circ f)(a) = f^{-1}(f(a)) = f^{-1}(b) = a$$

且

$$(f \circ f^{-1})(b) = f(f^{-1}(b)) = f(a) = b$$

因此，$f^{-1} \circ f = \iota_A$，$f \circ f^{-1} = \iota_B$，其中 ι_A 與 ι_B 分別為集合 A 與 B 上的自身函數。所以，$(f^{-1})^{-1} = f$。

函數圖形

我們能結合集合 $A \times B$ 中的有序對與每個由 A 對應到 B 的函數。這個有序對的集合稱為函數的**圖形（graph）**，繪出函數圖形通常能幫助我們了解函數的行為。

> **定義 11** ■ 令 f 為由集合 A 對應到集合 B 的函數。函數 f 的圖形是有序對集合 $\{(a, b) \mid a \in A$，而 $f(a) = b\}$。

根據定義，從 A 對應到到 B 之函數 f 的圖形，其實是 $A \times B$ 的子集合，其包含的有序數對之第二項被 f 指定給第一項。同時，我們注意到從 A 對應到 B 之函數 f 的圖形，與由函數 f 定義的由 A 到 B 之關係（見 107 頁的描述）完全相同。

例題 24 繪出由整數集合對應到整數集合之函數 $f(n) = 2n + 1$ 的圖形。

解：函數 f 的圖形為有序數對 $(n, 2n + 1)$，其中 n 為整數。圖形呈現於圖 8。 ◀

例題 25 繪出由整數集合對應到整數集合之函數 $f(x) = x^2$ 的圖形。

解：函數 f 的圖形為有序數對 $(x, f(x)) = (x, x^2)$，其中 x 為整數。圖形呈現於圖 9。 ◀

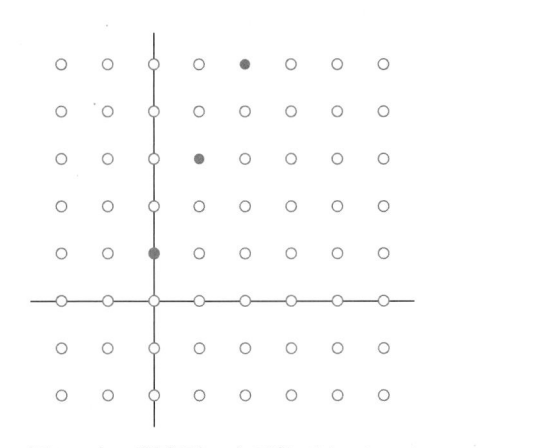

圖 8 由 **Z** 對應到 **Z** 之函數 $f(n) = 2n + 1$ 的圖形

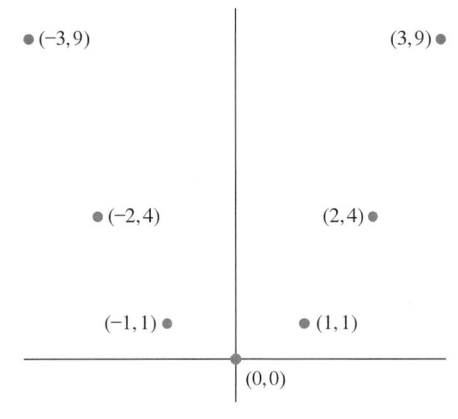

圖 9 由 **Z** 對應到 **Z** 之函數 $f(x) = x^2$ 的圖形

一些重要的函數

接下來，我們將介紹兩個在離散數學中相當重要的函數：底函數與頂函數。令 x 為實數，底函數將 x 對應至小於等於 x 之整數中，最接近 x 的整數；頂函數則將 x 對應至大於等於 x 之整數中，最接近 x 的整數。這兩個函數經常使用於計算物件，在分析求解某些規模的問題所需之步驟次數時，扮演相當重要的角色。

定義 12 ■ 底函數（floor function）將小於等於 x 之最大整數指派給實數 x，記為 $\lfloor x \rfloor$；頂函數（ceiling function）則將大於等於 x 之最小指派給實數 x，記為 $\lceil x \rceil$。

注意：底函數通常稱為最大整數函數（greatest integer function），記為 $[x]$。

例題 26 下列為一些底函數與頂函數之值：

$$\lfloor \tfrac{1}{2} \rfloor = 0, \lceil \tfrac{1}{2} \rceil = 1, \lfloor -\tfrac{1}{2} \rfloor = -1, \lceil -\tfrac{1}{2} \rceil = 0, \lfloor 3.1 \rfloor = 3, \lceil 3.1 \rceil = 4, \lfloor 7 \rfloor = 7, \lceil 7 \rceil = 7$$

我們將底函數與頂函數的圖形呈現於圖 10 之中。圖 10(a) 是底函數 $\lfloor x \rfloor$，我們注意到整個區間 $[n, n + 1)$ 的函數值都是 n，然後當 $x = n + 1$ 時，函數值跳至 $n + 1$。圖 10(b) 是頂函數 $\lceil x \rceil$，類似地，在整個區間 $(n, n + 1]$ 的函數值都是 $n + 1$，然後當 x 一旦稍稍大於 $n + 1$ 時，函數值便跳至 $n + 2$。

底函數與頂函數有相當多樣的應用，包括在資料儲存和轉移時。考慮例題 27 與例題 28，在研究資料庫與資料通訊問題時，將需要這些基本的計算。

例題 27 在電腦磁片中儲存資料或透過電腦網路傳輸資料時，通常都是使用位元組字串。每個位元組由八個位元組成。在編碼 100 個位元的資料時，需要多少位元組？

解：為判斷所需的位元組數目，我們需求出大於 100 除以 8 之商的最小整數，因此所需的位元組數目為 $\lceil 100/8 \rceil = \lceil 12.5 \rceil = 13$。

(a) $y = \lfloor x \rfloor$
(b) $y = \lceil x \rceil$

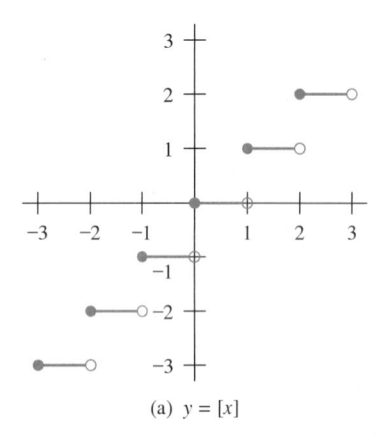

圖 10 (a) 底函數的圖形與 (b) 頂函數的圖形

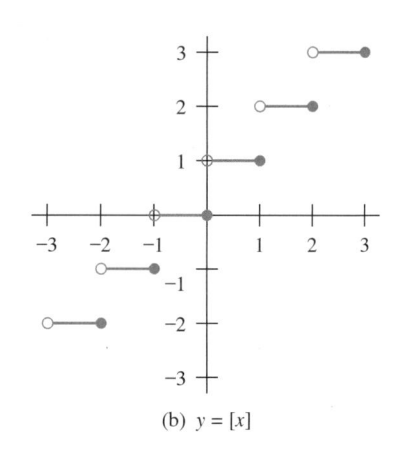

例題 28 在非同步傳輸模式（asynchronous transfer mode, ATM，用於骨幹網路上的通訊協定）下，資料以 53 個位元組來分組，每組稱為一個細胞。若某條連線上，資料能以每秒鐘 500 千位元的速度傳輸，則一分鐘能傳輸多少 ATM 細胞？

解：這一條連線在一分鐘內能傳輸 500,000 · 60 = 30,000,000 位元。每個 ATM 細胞是 53 位元組，即 53 · 8 = 424 位元。要知道一分鐘能傳輸多少細胞，必須計算不超過 30,000,000 除以 424 之商的最大整數，也就是 $\lfloor 30,000,000/424 \rfloor = 70,754$。 ◀

表 1 呈現出底函數與頂函數中簡單但非常重要的性質，其中 x 表示實數。因為在離散數學中，這些函數出現的頻率非常高，參考表中的等式是非常有用的。表中的每個性質皆能利用底函數與頂函數的定義證明。性質 (1a)、(1b)、(1c) 和 (1d) 可直接來自函數定義。例如，(1a) 陳述 $\lfloor x \rfloor = n$ 若且唯若整數 n 小於等於 x，而整數 $n + 1$ 大於 x，明確表示出 n 是個不超過 x 的最大整數，即 $\lfloor x \rfloor = n$ 的定義。性質 (1b)、(1c) 和 (1d) 也可以相同的方式得到。以下將提供 (4a) 的證明。

證明：假設 $\lfloor x \rfloor = m$，其中 m 為正整數。根據性質 (1a)，我們有 $m \leq x < m + 1$。將不等式的兩端同時加上 n，$m + n \leq x + n < m + n + 1$。再次使用 (1a)，我們得到 $\lfloor x + n \rfloor = m + n = \lfloor x \rfloor + n$，得證。其他性質的證明，留給讀者當成練習。 ◁

表 1 底函數與頂函數的有用性質（n 為整數，x 為實數）

(1a)	$\lfloor x \rfloor = n$ 若且唯若 $n \leq x < n + 1$
(1b)	$\lceil x \rceil = n$ 若且唯若 $n - 1 < x \leq n$
(1c)	$\lfloor x \rfloor = n$ 若且唯若 $x - 1 < n \leq x$
(1d)	$\lceil x \rceil = n$ 若且唯若 $x \leq n < x + 1$
(2)	$x - 1 < \lfloor x \rfloor \leq x \leq \lceil x \rceil < x + 1$
(3a)	$\lfloor -x \rfloor = -\lceil x \rceil$
(3b)	$\lceil -x \rceil = -\lfloor x \rfloor$
(4a)	$\lfloor x + n \rfloor = \lfloor x \rfloor + n$
(4b)	$\lceil x + n \rceil = \lceil x \rceil + n$

除了表 1 的性質外，底函數與頂函數還有許多有用的應用。有些陳述看起來是正確的，其實不然，可參考例題 29 與例題 30。

第 2 章 ■ 基本結構：集合、函數、序列、總和與矩陣

有關底函數的一個有效逼近方式為，當 $\lfloor x \rfloor = n$ 時，令 $x = n + \epsilon$，其中 ϵ 為 x 中滿足 $0 \leq \epsilon < 1$ 之分數部分。同理，當 $\lceil x \rceil = n$ 時，令 $x = n - \epsilon$，其中 ϵ 滿足 $0 \leq \epsilon < 1$。

例題 29　證明若 x 為實數，則 $\lfloor 2x \rfloor = \lfloor x \rfloor + \lfloor x + \frac{1}{2} \rfloor$。

解：令 $x = n + \epsilon$，其中 n 為整數，$0 \leq \epsilon < 1$。必須考慮兩種情況：$\epsilon < \frac{1}{2}$ 與 $\epsilon \geq \frac{1}{2}$。

首先考慮 $0 \leq \epsilon < \frac{1}{2}$。$2x = 2n + 2\epsilon$ 且 $\lfloor 2x \rfloor = 2n$，因為 $0 \leq 2\epsilon < 1$。同理，$x + \frac{1}{2} = n + (\frac{1}{2} + \epsilon)$，所以 $\lfloor x + \frac{1}{2} \rfloor = n$，因為 $0 < \frac{1}{2} + \epsilon < 1$。結果可得，$\lfloor 2x \rfloor = 2n$ 且 $\lfloor x \rfloor + \lfloor x + \frac{1}{2} \rfloor = n + n = 2n$。

然後考慮 $\frac{1}{2} \leq \epsilon < 1$。$2x = 2n + 2\epsilon = (2n + 1) + (2\epsilon - 1)$，因為 $0 \leq 2\epsilon - 1 < 1$。同理，我們可得 $\lfloor 2x \rfloor = 2n + 1$。又因為 $\lfloor x + \frac{1}{2} \rfloor = \lfloor n + (\frac{1}{2} + \epsilon) \rfloor = \lfloor n + 1 + (\epsilon - \frac{1}{2}) \rfloor$ 且 $0 \leq \epsilon - \frac{1}{2} < 1$，所以 $\lfloor x + \frac{1}{2} \rfloor = n + 1$。結果可得，$\lfloor 2x \rfloor = 2n + 1$ 且 $\lfloor x \rfloor + \lfloor x + \frac{1}{2} \rfloor = n + (n + 1) = 2n + 1$。◀

例題 30　證明或反證對所有實數 x 和 y，$\lceil x + y \rceil = \lceil x \rceil + \lceil y \rceil$。

解：雖然這個等式看來非常合理，然而並不成立。反例如下：令 $x = \frac{1}{2}$ 與 $y = \frac{1}{2}$。$\lceil x + y \rceil = \lceil \frac{1}{2} + \frac{1}{2} \rceil = \lceil 1 \rceil = 1$，但是 $\lceil x \rceil + \lceil y \rceil = \lceil \frac{1}{2} \rceil + \lceil \frac{1}{2} \rceil = 1 + 1 = 2$。◀

還有一些特殊的函數在本書中也經常出現，例如多項式函數、對數函數與指數函數。這些函數的簡單性質回顧，請見隨書光碟的附錄 2。在本書中符號 $\log x$ 是指底數為 2 的對數函數，因為 2 是對數函數經常使用的底數。當對數函數的底數為大於 1 的實數 b 時，記為 $\log_b x$，而自然對數函數則記為 $\ln x$。

另一個經常出現的函數為**階乘函數**（factorial function）$f: \mathbf{N} \to \mathbf{Z}^+$，記為 $f(n) = n! = 1 \cdot 2 \cdots (n-1) \cdot n$，其中 n 為正整數；另外，定義 $f(0) = 0! = 1$。

例題 31　我們有 $f(1) = 1! = 1$，$f(2) = 2! = 1 \cdot 2 = 2$，$f(6) = 6! = 1 \cdot 2 \cdot 3 \cdot 4 \cdot 5 \cdot 6 = 720$ 以及 $f(20) = 1 \cdot 2 \cdot 3 \cdot 4 \cdot 5 \cdot 6 \cdot 7 \cdot 8 \cdot 9 \cdot 10 \cdot 11 \cdot 12 \cdot 13 \cdot 14 \cdot 15 \cdot 16 \cdot 17 \cdot 18 \cdot 19 \cdot 20 = 2,432,902,008,176,640,000$。◀

在例題 31 中，可以看出當 n 增加時，階乘函數成長地非常快速。階乘函數的快速成長可由斯特林公式（Stirling's formula）中很清楚地發現。由較高階的數學分析可以得到 $n! \sim \sqrt{2\pi n}(n/e)^n$。這裡使用 $f(n) \sim g(n)$ 的符號，表示當 n 沒有限制地成長時，$f(n)/g(n)$ 將趨近 1（亦即 $\lim_{n \to \infty} f(n)/g(n) = 1$）。符號「$\sim$」讀為「漸近至」。斯特林函數是根據十八世紀的蘇格蘭數學家詹姆士·斯特林而命名。

詹姆士·斯特林（James Stirling，1692-1770）出生於蘇格蘭，其家族是詹姆斯黨（Jacobite）的強力支持者。斯特林於 1717 年發表第一篇文章，延伸牛頓在平面曲線上的結果。1730 年，旅居倫敦的斯特林出版了最重要的著作《微分方法》（*Methodus Differentialis*）。

習題 Exercises　　*表示為較難的練習；**表示為高度挑戰性的練習；☞ 對應正文。

1. 為何下列 f 不為由 **R** 到 **R** 的函數？
   a) $f(x) = 1/x$　　　　　　　　　b) $f(x) = \sqrt{x}$
   c) $f(x) = \pm\sqrt{(x^2+1)}$

2. 判斷下列 f 是否為由 **Z** 到 **R** 的函數。
   a) $f(n) = \pm n$　　　　　　　　b) $f(n) = \sqrt{n^2+1}$
   c) $f(n) = 1/(n^2-4)$

3. 判斷下列 f 是否為由位元字串集合對應到整數集合的函數。
   a) $f(S)$ 為 S 中 0 所在的位置　　b) $f(S)$ 為 S 中 1 的個數
   c) $f(S)$ 為最小的整數 i，使得 S 的第 i 個位置是 1。當 S 是空字串時，$f(S)=0$。

4. 求出下列函數的定義域與值域。
   a) 將每個非負整數對應至其數字之個位數字的函數。
   b) 將每個正整數之函數值定義為下一個最大整數。
   c) 將位元字串對應於此字串中 1 之個數的函數。
   d) 將位元字串對應於此字串中位元個數的函數。

5. 求出下列函數的定義域與值域。
   a) 將位元字串對應於此字串中 1 的個數減掉 0 的個數之函數。
   b) 將位元字串對應於此字串中 0 之個數的兩倍之函數。
   c) 將位元字串對應於此字串分割成（八位元）位元組後不夠一個位元組的位元數之函數。
   d) 將每個正整數對應於不大於此數之完全平方數的函數。

6. 求出下列函數的定義域與值域。
   a) 將每個正整數數對對應於數對中的第一個整數之函數。
   b) 將每個正整數對應於此數中最大的數字之函數。
   c) 將位元字串對應於此字串中 1 的個數減掉 0 的個數之函數。
   d) 將位元字串對應於此字串中最長之 1 的字串長度之函數。

7. 求出下列函數的定義域與值域。
   a) 將每對正整數數對對應於兩數中較大者之函數。
   b) 將每個正整數對應於此數中沒有出現之十進位數字的個數之函數。
   c) 將位元字串對應於此字串中 11 出現的次數之函數。
   d) 將位元字串對應於其第一個 1 出現之位置，而全為 0 之位元字串則對應至 0 之函數。

8. 求出下列各值。
   a) $\lfloor 1.1 \rfloor$　　　　　　　　　　b) $\lceil 1.1 \rceil$
   c) $\lfloor -0.1 \rfloor$　　　　　　　　　d) $\lceil -0.1 \rceil$
   e) $\lceil 2.99 \rceil$　　　　　　　　　f) $\lceil -2.99 \rceil$
   g) $\lfloor \frac{1}{2} + \lceil \frac{1}{2} \rceil \rfloor$　　　　　　　h) $\lceil \lfloor \frac{1}{2} \rfloor + \lceil \frac{1}{2} \rceil + \frac{1}{2} \rceil$

9. 求出下列各值。
    a) $\lceil \frac{3}{4} \rceil$
    b) $\lfloor \frac{7}{8} \rfloor$
    c) $\lceil -\frac{3}{4} \rceil$
    d) $\lfloor -\frac{7}{8} \rfloor$
    e) $\lceil 3 \rceil$
    f) $\lfloor -1 \rfloor$
    g) $\lfloor \frac{1}{2} + \lceil \frac{3}{2} \rceil \rfloor$
    h) $\lfloor \frac{1}{2} \cdot \lfloor \frac{5}{2} \rfloor \rfloor$

10. 判斷下列由 $\{a, b, c, d\}$ 對應到同一個集合的函數是否為一對一。
    a) $f(a) = b, f(b) = a, f(c) = c, f(d) = d$
    b) $f(a) = b, f(b) = b, f(c) = d, f(d) = c$
    c) $f(a) = d, f(b) = b, f(c) = c, f(d) = d$

11. 判斷習題 10 中的函數是否為映成。

12. 判斷下列由 **Z** 到 **Z** 的函數是否為一對一。
    a) $f(n) = n - 1$
    b) $f(n) = n^2 + 1$
    c) $f(n) = n^3$
    d) $f(n) = \lceil n/2 \rceil$

13. 判斷習題 12 中的函數是否為映成。

14. 判斷下列 $f: \mathbf{Z} \times \mathbf{Z} \to \mathbf{Z}$ 是否為映成。
    a) $f(m, n) = 2m - n$
    b) $f(m, n) = m^2 - n^2$
    c) $f(m, n) = m + n + 1$
    d) $f(m, n) = |m| - |n|$
    e) $f(m, n) = m^2 - 4$

15. 判斷下列 $f: \mathbf{Z} \times \mathbf{Z} \to \mathbf{Z}$ 是否為映成。
    a) $f(m, n) = m + n$
    b) $f(m, n) = m^2 + n^2$
    c) $f(m, n) = m$
    d) $f(m, n) = |n|$
    e) $f(m, n) = m - n$

16. 考慮下列定義於離散數學修課學生所形成集合上的函數。若指定給每位學生的元素如下列所示，則在什麼條件下，函數為一對一？
    a) 手機號碼
    b) 學號
    c) 學期成績
    d) 家鄉

17. 考慮下列定義於學校老師所形成集合上的函數。若指定給每位老師的元素如下列所示，則在什麼條件下，函數為一對一？
    a) 辦公室
    b) 在學生戶外教學時，擔任隨車的導護老師
    c) 薪資
    d) 身分證字號

18. 指出習題 16 中每個函數的對應域。就找出的對應域，討論在什麼條件下，函數為映成的？

19. 指出習題 17 中每個函數的對應域。就找出的對應域，討論在什麼條件下，函數為映成的？

20. 找出滿足下列條件之由 **N** 到 **N** 之函數的例子。
    a) 一對一但非映成
    b) 映成但非一對一
    c) 既是一對一，也是映成（但非自身函數）
    d) 既非一對一，也非映成

21. 找出滿足下列條件之由整數集合到正整數集合之函數的例子，寫出明確的式子。
    a) 一對一但非映成
    b) 映成但非一對一
    c) 既是一對一，也是映成（但非自身函數）
    d) 既非一對一，也非映成

22. 判斷下列由 **R** 對應到 **R** 的函數是否為雙射函數。
    a) $f(x) = -3x + 4$
    b) $f(x) = -3x^2 + 7$
    c) $f(x) = (x + 1)/(x + 2)$
    d) $f(x) = x^5 + 1$

23. 判斷下列由 **R** 對應到 **R** 的函數是否為雙射函數。
    a) $f(x) = 2x + 1$
    b) $f(x) = x^2 + 1$
    c) $f(x) = x^3$
    d) $f(x) = (x^2 + 1)/(x^2 + 2)$

24. 令 $f: \mathbf{R} \to \mathbf{R}$ 與對所有 $x \in \mathbf{R}$，$f(x) > 0$。證明若函數 $1/g(x)$ 為嚴格遞減，若且唯若 $f(x)$ 為嚴格遞增。

25. 令 $f: \mathbf{R} \to \mathbf{R}$ 與對所有 $x \in \mathbf{R}$，$f(x) > 0$。證明若函數 $1/g(x)$ 為嚴格遞增，若且唯若 $f(x)$ 為嚴格遞減。

26. a) 證明由 **R** 對應到自己的嚴格遞增函數為一對一。
    b) 舉出一個由 **R** 對應到自己之遞增但非一對一的函數。

27. a) 證明由 **R** 對應到自己的嚴格遞減函數為一對一。
    b) 舉出一個由 **R** 對應到自己之遞減但非一對一的函數。

28. 證明以實數集合為定義域與對應域之函數 $f(x) = e^x$ 是不可逆的，但若將對應域限制到正實數集合，則函數變成可逆的。

29. 證明由實數集合對應到非負實數集合之函數 $f(x) = |x|$ 是不可逆的，但若將定義域限制到非負實數集合，則函數變成可逆的。

30. 令 $S = \{-1, 0, 2, 4, 7\}$。若函數如下，求出 $f(S)$。
    a) $f(x) = 1$
    b) $f(x) = 2x + 1$
    c) $f(x) = \lceil x/5 \rceil$
    d) $f(x) = \lfloor (x^2 + 1)/3 \rfloor$

31. 令 $f(x) = \lfloor x^2/3 \rfloor$。若集合如下，求出 $f(S)$。
    a) $S = \{-2, -1, 0, 1, 2, 3\}$
    b) $S = \{0, 1, 2, 3, 4, 5\}$
    c) $S = \{1, 5, 7, 11\}$
    d) $S = \{2, 6, 10, 14\}$

32. 令 $f(x) = 2x$，其定義域為實數集合。求出
    a) $f(\mathbf{Z})$
    b) $f(\mathbf{N})$
    c) $f(\mathbf{R})$

33. 假設 g 是由 A 對應到 B 的函數，而 f 為由 B 對應到 C 的函數。
    a) 證明若 f 與 g 都是一對一函數，則 $f \circ g$ 也是一對一。
    b) 證明若 f 與 g 都是映成函數，則 $f \circ g$ 也是映成。

*34. 若 f 與 $f \circ g$ 是一對一，則 g 是否為一對一？證明你的結果。

*35. 若 f 與 $f \circ g$ 是映成，則 g 是否為映成？證明你的結果。

36. 若 $f(x) = x^2 + 1$ 與 $g(x) = x + 2$ 皆為由 **R** 對應到 **R** 的函數，求出 $f \circ g$ 與 $g \circ f$。

37. 針對習題 36 的 f 與 g，求出 $f+g$ 與 fg。
38. 令 $f(x) = ax + b$ 與 $g(x) = cx + d$，其中 a、b、c 與 d 為常數。找出 a、b、c 與 d 之充要條件，使得 $f \circ g = g \circ f$。
39. 證明由 **R** 對應到 **R** 的函數 $f(x) = ax + b$ 是可逆的，其中 a 與 b 為常數，且 $a \neq 0$，並求出 f 的反函數。
40. 假設 f 是由 A 對應到 B 的函數，令 S 與 T 為 A 的子集合。證明
    a) $f(S \cup T) = f(S) \cup f(T)$
    b) $f(S \cap T) \subseteq f(S) \cap f(T)$
41. a) 找出一個例子，使得習題 40(b) 的結論是真子集。
    b) 證明若 f 為一對一，則習題 40(b) 的結論是個等式。

令 f 是由 A 對應到 B 的函數，而 S 為 B 的子集合。我們定義 S 的**逆映像（inverse image）** 為集合 A 的子集合，其元素為所有 S 中元素之前像。將此集合記為 $f^{-1}(S) = \{a \in A \mid f(a) \in S\}$。（注意，不要混淆 f 之反函數 f^{-1} 與 S 之逆映像 $f^{-1}(S)$。）

42. 令 f 是由 **R** 對應至 **R** 的函數，定義為 $f(x) = x^2$。求出
    a) $f^{-1}(\{1\})$
    b) $f^{-1}(\{x \mid 0 < x < 1\})$
    c) $f^{-1}(\{x \mid x > 4\})$
43. 令 $g(x) = \lfloor x \rfloor$。求出
    a) $g^{-1}(\{0\})$
    b) $g^{-1}(\{-1, 0, 1\})$
    c) $g^{-1}(\{x \mid 0 < x < 1\})$
44. 令 f 是由 A 對應到 B 的函數，而 S 與 T 為 B 的子集合。證明
    a) $f^{-1}(S \cup T) = f^{-1}(S) \cup f^{-1}(T)$
    b) $f^{-1}(S \cap T) = f^{-1}(S) \cap f^{-1}(T)$
45. 令 f 是由 A 對應到 B 的函數，而 S 為 B 的子集合。證明 $f^{-1}(\overline{S}) = \overline{f^{-1}(S)}$。
46. 證明 $\lfloor x + \frac{1}{2} \rfloor$ 是最接近 x 的整數，除非 x 是兩相鄰整數的中間點，此時是兩整數中較大者。
47. 證明 $\lfloor x - \frac{1}{2} \rfloor$ 是最接近 x 的整數，除非 x 是兩相鄰整數的中間點，此時是兩整數中較小者。
48. 證明當 x 是實數時，若 x 不為整數，則 $\lceil x \rceil - \lfloor x \rfloor = 1$；若 x 為整數，則 $\lceil x \rceil - \lfloor x \rfloor = 0$。
49. 證明當 x 是實數時，則 $x - 1 < \lfloor x \rfloor \leq x \leq \lceil x \rceil < x + 1$。
50. 證明當 x 是實數，而 m 是整數時，則 $\lceil x + m \rceil = \lceil x \rceil + m$。
51. 證明當 x 是實數，而 n 是整數時，
    a) $x < n$ 若且唯若 $\lfloor x \rfloor < n$。
    b) $n < x$ 若且唯若 $n < \lceil x \rceil$。
52. 證明當 x 是實數，而 n 是整數時，
    a) $x \leq n$ 若且唯若 $\lceil x \rceil \leq n$。
    b) $n \leq x$ 若且唯若 $n \leq \lfloor x \rfloor$。
53. 證明若 n 為整數，當 n 為偶數，則 $\lfloor n/2 \rfloor = n/2$；當 n 為奇數，則 $\lfloor n/2 \rfloor = (n-1)/2$。
54. 證明若 x 是實數，則 $\lfloor -x \rfloor = -\lceil x \rceil$ 且 $\lceil -x \rceil = -\lfloor x \rfloor$。
55. 在某些計算機中能看到 INT 函數，當 n 為非負實數時，$\text{INT}(x) = \lfloor x \rfloor$；當 n 為負實數時，$\text{INT}(x) = \lceil x \rceil$。證明 INT 函數滿足等式 $\text{INT}(-x) = -\text{INT}(x)$。

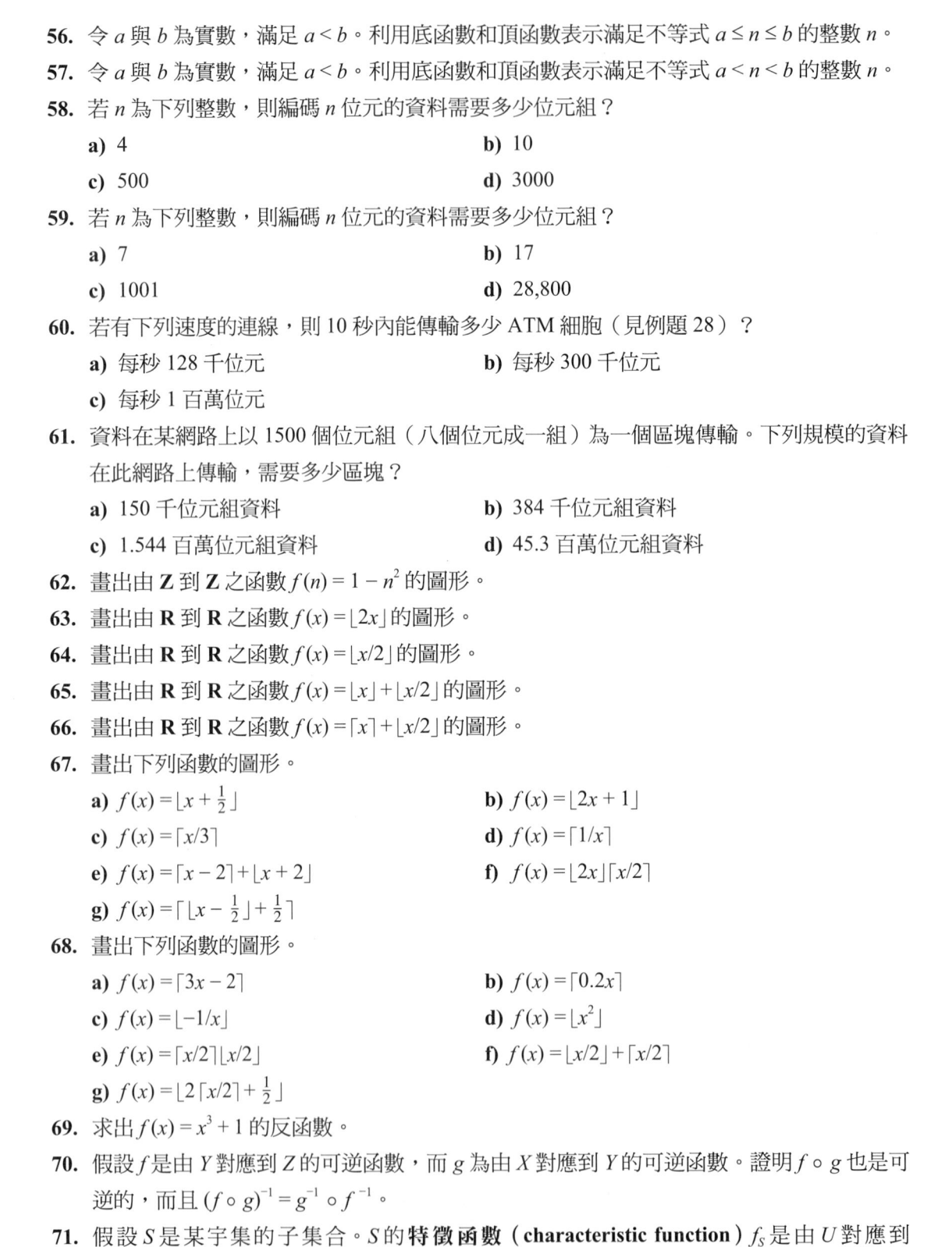

56. 令 a 與 b 為實數，滿足 $a<b$。利用底函數和頂函數表示滿足不等式 $a \leq n \leq b$ 的整數 n。
57. 令 a 與 b 為實數，滿足 $a<b$。利用底函數和頂函數表示滿足不等式 $a<n<b$ 的整數 n。
58. 若 n 為下列整數，則編碼 n 位元的資料需要多少位元組？
    a) 4
    b) 10
    c) 500
    d) 3000
59. 若 n 為下列整數，則編碼 n 位元的資料需要多少位元組？
    a) 7
    b) 17
    c) 1001
    d) 28,800
60. 若有下列速度的連線，則 10 秒內能傳輸多少 ATM 細胞（見例題 28）？
    a) 每秒 128 千位元
    b) 每秒 300 千位元
    c) 每秒 1 百萬位元
61. 資料在某網路上以 1500 個位元組（八個位元成一組）為一個區塊傳輸。下列規模的資料在此網路上傳輸，需要多少區塊？
    a) 150 千位元組資料
    b) 384 千位元組資料
    c) 1.544 百萬位元組資料
    d) 45.3 百萬位元組資料
62. 畫出由 **Z** 到 **Z** 之函數 $f(n) = 1 - n^2$ 的圖形。
63. 畫出由 **R** 到 **R** 之函數 $f(x) = \lfloor 2x \rfloor$ 的圖形。
64. 畫出由 **R** 到 **R** 之函數 $f(x) = \lfloor x/2 \rfloor$ 的圖形。
65. 畫出由 **R** 到 **R** 之函數 $f(x) = \lfloor x \rfloor + \lfloor x/2 \rfloor$ 的圖形。
66. 畫出由 **R** 到 **R** 之函數 $f(x) = \lceil x \rceil + \lfloor x/2 \rfloor$ 的圖形。
67. 畫出下列函數的圖形。
    a) $f(x) = \lfloor x + \frac{1}{2} \rfloor$
    b) $f(x) = \lfloor 2x + 1 \rfloor$
    c) $f(x) = \lceil x/3 \rceil$
    d) $f(x) = \lceil 1/x \rceil$
    e) $f(x) = \lceil x - 2 \rceil + \lfloor x + 2 \rfloor$
    f) $f(x) = \lfloor 2x \rfloor \lceil x/2 \rceil$
    g) $f(x) = \lceil \lfloor x - \frac{1}{2} \rfloor + \frac{1}{2} \rceil$
68. 畫出下列函數的圖形。
    a) $f(x) = \lceil 3x - 2 \rceil$
    b) $f(x) = \lceil 0.2x \rceil$
    c) $f(x) = \lfloor -1/x \rfloor$
    d) $f(x) = \lfloor x^2 \rfloor$
    e) $f(x) = \lceil x/2 \rceil \lfloor x/2 \rfloor$
    f) $f(x) = \lfloor x/2 \rfloor + \lceil x/2 \rceil$
    g) $f(x) = \lfloor 2 \lceil x/2 \rceil + \frac{1}{2} \rfloor$
69. 求出 $f(x) = x^3 + 1$ 的反函數。
70. 假設 f 是由 Y 對應到 Z 的可逆函數，而 g 為由 X 對應到 Y 的可逆函數。證明 $f \circ g$ 也是可逆的，而且 $(f \circ g)^{-1} = g^{-1} \circ f^{-1}$。
71. 假設 S 是某宇集的子集合。S 的**特徵函數（characteristic function）** f_S 是由 U 對應到 $\{0, 1\}$ 之函數，若 $x \in S$，則 $f(x) = 1$；若 $x \notin S$，則 $f(x) = 0$。令 A 與 B 為集合，對所有的 x，證明下列等式。

a) $f_{A\cap B}(x) = f_A(x) \cdot f_B(x)$
b) $f_{A\cup B}(x) = f_A(x) + f_B(x) - f_A(x) \cdot f_B(x)$
c) $f_{\overline{A}}(x) = 1 - f_A(x)$
d) $f_{A\oplus B}(x) = f_A(x) + f_B(x) - 2f_A(x)f_B(x)$

☞ **72.** 假設 f 是由 A 對應到 B 的函數，而 A 與 B 是有限集合，$|A| = |B|$。證明 f 是一對一，若且唯若 f 是映成。

73. 證明或反證下列與底函數和頂函數有關之陳述。
 a) 對所有的實數 x，$\lceil \lfloor x \rfloor \rceil = \lfloor x \rfloor$。
 b) 當 x 為實數時，$\lfloor 2x \rfloor = 2\lfloor x \rfloor$。
 c) 當 x 與 y 為實數時，$\lceil x \rceil + \lceil y \rceil - \lceil x+y \rceil = 0$ 或 1。
 d) 當 x 與 y 為實數時，$\lceil xy \rceil = \lceil x \rceil \lceil y \rceil$。
 e) 對所有的實數 x，$\left\lceil \dfrac{x}{2} \right\rceil = \left\lfloor \dfrac{x+1}{2} \right\rfloor$。

74. 證明或反證下列與底函數和頂函數有關之陳述。
 a) 對所有的實數 x，$\lfloor \lceil x \rceil \rfloor = \lceil x \rceil$。
 b) 當 x 與 y 為實數時，$\lfloor x + y \rfloor = \lfloor x \rfloor + \lfloor y \rfloor$。
 c) 對所有的實數 x，$\lceil \lceil x/2 \rceil /2 \rceil = \lceil x/4 \rceil$。
 d) 對所有的實數 x，$\lfloor \sqrt{\lceil x \rceil} \rfloor = \lfloor \sqrt{x} \rfloor$。
 e) 對所有的實數 x 與 y，$\lfloor x \rfloor + \lfloor y \rfloor + \lfloor x+y \rfloor \le \lfloor 2x \rfloor + \lfloor 2y \rfloor$。

75. 證明若 x 是正實數，則
 a) $\lfloor \sqrt{\lfloor x \rfloor} \rfloor = \lfloor \sqrt{x} \rfloor$
 b) $\lceil \sqrt{\lceil x \rceil} \rceil = \lceil \sqrt{x} \rceil$

76. 令 x 為實數，證明 $\lfloor 3x \rfloor = \lfloor x \rfloor + \lfloor x + \tfrac{1}{3} \rfloor + \lfloor x + \tfrac{2}{3} \rfloor$。

2.4 序列與總和 *Sequences and Summations*

引言

序列是元素有序的表列，在離散數學有許多種使用方式。例如，序列能用來表現某些計數問題的解（見第 7 章），也是資訊科學中很重要的資料結構。在離散數學中，我們經常需要探討數列之總和。（譯按：當序列中的每一項皆為數字時，序列通常稱為數列。）本節中將回顧表現序列的符號，以及數列之項的總和。

數列之每一項經常都能以公式來表現。本節中，我們將描述另一種表現數列的方式──遞迴關係，其中每一項都能表示成前面幾項的組合。我們也將介紹所謂的迭代法，用來求出數列的明確公式。利用數列的前面幾項來辨識數列，在求解離散問題中是非常有用的技巧。我們將提供一些方法，包括在網路中的工具，來幫助我們找出數列。

數列

序列是用來表現有序表列的離散結構，例如 1, 2, 3, 5, 8 是個有五項的序列，而 1, 3, 9, 27, 81, ..., 3^n, ... 則是個無限序列。

> **定義 1** ■ 序列（sequence）是一個函數，由整數集合（通常是 {0, 1, 2, ...} 或是 {1, 2, 3, ...}）之子集合對應到某集合 S。我們用符號 a_n 來表示整數 n 的映像，也稱 a_n 為序列的項（term）。

我們使用符號 $\{a_n\}$ 來描述序列。（必須注意 a_n 是指序列 $\{a_n\}$ 中個別的項。另外，序列 $\{a_n\}$ 的符號與集合符號相衝突。然而，根據使用的時機，我們應該可以清楚地區別當符號 $\{a_n\}$ 出現時，是表示集合或序列。）

在描述序列時，我們將各項之下標以遞增方式排列。

例題 1 考慮序列 $\{a_n\}$，其中

$$a_n = \frac{1}{n}$$

序列由 a_1 開始，可記為

$a_1, a_2, a_3, a_4, \ldots$

前幾項為

$1, \dfrac{1}{2}, \dfrac{1}{3}, \dfrac{1}{4}, \ldots$

◀

> **定義 2** ■ 幾何數列（geometric progression）有下列形式：
>
> $$a, ar, ar^2, \ldots, ar^n, \ldots$$
>
> 其中 a 稱為首項（initial term），而實數 r 稱為公比（common ratio）。

注意：幾何數列是指數函數 $f(x) = ar^x$ 的離散類似型。

例題 2 序列 $\{b_n\}$，$b_n = (-1)^n$；$\{c_n\}$，$c_n = 2 \cdot 5^n$；$\{d_n\}$，$d_n = 6 \cdot (1/3)^n$ 都是幾何數列。若由 $n = 0$ 開始，其首項與公比分別為 1 和 -1；2 和 5；6 和 1/3。序列 $b_0, b_1, b_2, b_3, b_4, \ldots$ 的前幾項為

$1, -1, 1, -1, 1, \ldots$

序列 $c_0, c_1, c_2, c_3, c_4, \ldots$ 的前幾項為

$2, 10, 50, 250, 1250, \ldots$

序列 $d_0, d_1, d_2, d_3, d_4, \ldots$ 的前幾項為

$6, 2, \dfrac{2}{3}, \dfrac{2}{9}, \dfrac{2}{27}, \ldots$

◀

> **定義 3** ■ **算術數列**（arithmetic progression）有下列形式：
> $$a, a+d, a+2d, \ldots, a+nd, \ldots$$
> 其中 a 稱為首項，而實數 d 稱為**公差**（common difference）。

注意：算術數列是線性函數 $f(x) = dx + a$ 的離散類似型。

例題 3　序列 $\{s_n\}$，$s_n = -1 + 4n$ 和 $\{t_n\}$，$t_n = 7 - 3n$ 都是算術數列。若由 $n = 0$ 開始，其首項與公比分別為 -1 和 4；7 和 -3。序列 $s_0, s_1, s_2, s_3, \ldots$ 的前幾項為

$-1, 3, 7, 11, \ldots$

序列 $t_0, t_1, t_2, t_3, \ldots$ 的前幾項為

$7, 4, 1, -2, \ldots$ ◀

在資訊科學中，序列的項通常都使用 $a_1, a_2, \ldots, a_n$。這種有限項的序列稱為**字串**（string）。字串也記為 $a_1 a_2 \cdots a_n$。（回顧 1.1 節的位元字串。）字串 S 的**長度**（length）為其所有的項數。一個不含任何項的字串稱為**空字串**（empty string），記為 λ。空字串的長度為 0。

例題 4　字串 $abcd$ 是長度為 4 的字串。　◀

遞迴關係

在例題 1 到例題 3 中，我們以明確的公式來具體說明數列中的每一項。事實上，還有許多其他的方法來陳述一個數列。另一個說明數列的方法是透過提供數列的一或多個初始項，以及一個利用初始項產生後續項的規則。

> **定義 4** ■ 序列 $\{a_n\}$ 的**遞迴關係**是一個表示 a_n 的等式，將 a_n 表示成前面項（亦即 $a_0, a_1, \ldots, a_{n-1}$）某項或某些項的算式，其中 n 為大於等於 n_0 的整數，n_0 為非負整數。如果序列的各項滿足遞迴關係，這個序列就稱為遞迴關係的**解**（solution）。〔一個遞迴關係又稱為數列的**遞迴定義**（recursively define），我們將於第 5 章中解釋這個術語。〕

例題 5　令 $\{a_n\}$ 是一個滿足遞迴關係 $a_n = a_{n-1} + 3$ 的數列，其中 $n = 1, 2, 3, \ldots$。假如 $a_0 = 2$，則 a_1、a_2 和 a_3 是多少？

解：從遞迴關係可以看出 $a_1 = a_0 + 3 = 2 + 3 = 5$，接下來 $a_2 = 5 + 3 = 8$ 以及 $a_3 = 8 + 3 = 11$。　◀

例題 6 令 $\{a_n\}$ 是一個滿足遞迴關係 $a_n = a_{n-1} - a_{n-2}$ 的序列，其中 $n = 2, 3, 4, \ldots$。假如初始條件為 $a_0 = 3$，$a_1 = 5$，則 a_2 和 a_3 是多少？

解：從遞迴關係可以看出 $a_2 = a_1 - a_0 = 5 - 3 = 2$ 且 $a_3 = a_2 - a_1 = 2 - 5 = -3$，可以用同樣的方法求解 a_4、a_5 以及接下來各項。 ◂

序列的**初始條件**（**initial condition**）說明在遞迴關係起作用的某一項之前的若干項，例如，例題 5 的初始條件是 $a_0 = 2$，而例題 6 的初始條件則為 $a_0 = 3$ 和 $a_1 = 5$。利用第 5 章中將介紹的方法——數學歸納法，我們可以證明遞迴關係和初始條件唯一地決定一個序列。

接下來，我們將定義一個相當有用的遞迴關係——**費氏數列**（**Fibonacci sequence**），用來紀念十二世紀的數學家費布納西。我們將在第 5 章以及第 7 章研究此數列，透過許多應用，包括兔子數量的成長，來了解其重要性。

定義 5 ■ 費氏數列 f_0、f_1、f_2、… 的初始條件為 $f_0 = 0$、$f_1 = 1$，其遞迴關係為 $f_n = f_{n-1} + f_{n-2}$，其中 $n = 2, 3, 4, \ldots$。

例題 7 求出費氏數 f_2、f_3、f_4、f_5 和 f_6。

解：費氏數列的遞迴關係告訴我們，後續項是前兩項之和。由於初始條件為 $f_0 = 0$ 和 $f_1 = 1$，根據遞迴關係可得

$f_2 = f_1 + f_0 = 1 + 0 = 1$
$f_3 = f_2 + f_1 = 1 + 1 = 2$
$f_4 = f_3 + f_2 = 2 + 1 = 3$
$f_5 = f_4 + f_3 = 3 + 2 = 5$
$f_6 = f_5 + f_4 = 5 + 3 = 8$ ◂

例題 8 假設 $\{a_n\}$ 是一個整數數列，定義為 $a_n = n!$，也就是整數 n 的階乘函數，其中 $n = 1, 2, 3, \ldots$。因為 $n! = n[(n-1)(n-2) \ldots 2 \cdot 1] = n(n-1)! = na_{n-1}$，我們可以看出階乘函數的遞迴關係是 $a_n = na_{n-1}$，而其初始條件為 $a_1 = 1$。 ◂

我們求解附帶初始條件的遞迴關係便可找出數列之項的**明顯公式**（**closed formula**）。

例題 9 序列 $\{a_n\}$ 滿足遞迴關係 $a_n = 2a_{n-1} - a_{n-2}$，其中 $n = 2, 3, 4, \ldots$。判斷 $a_n = 3n$ 是否為此序列的解，其中 n 是非負整數。當 $a_n = 2^n$ 或 $a_n = 5$ 時，回答相同的問題。

費布納西（Fibonacci，1170-1250）誕生於義大利的商業中心比薩。因為經商的緣故，費布納西遊遍中東各地，進而接觸阿拉伯數學。他透過著作《算書》（*Liber Abaci*），將阿拉伯數學介紹給西歐人。

第 2 章 ■ 基本結構：集合、函數、序列、總和與矩陣

解：假設對每個非負整數 n，$a_n = 3n$，則當 $n \geq 2$，可以得到 $2a_{n-1} - a_{n-2} = 2[3(n-1)] - 3(n-2)$ $= 3n = a_n$，於是 $a_n = 3n$ 是遞迴關係的解。

假設對每個非負整數 n，$a_n = 2^n$。我們注意到 $a_0 = 1$、$a_1 = 2$ 和 $a_2 = 4$。因為 $2a_1 - a_0 =$ $2 \cdot 2 - 1 = 3 \neq a_2$，於是 $a_n = 2^n$ 不是遞迴關係的解。

假設對每個非負整數 n，$a_n = 5$。當 $n \geq 2$，$a_n = 2a_{n-1} - a_{n-2} = 2 \cdot 5 - 5 = 5 = a_n$，於是 $a_n = 5$ 是遞迴關係的解。 ◀

例題 10　求解例題 5 的遞迴關係及其初始條件。

解：我們由初始條件 $a_0 = 2$ 開始，連續使用例題 5 的遞迴關係持續尋找下一項直至 a_n，便可找出明顯公式如下：

$a_1 = 2 + 3$
$a_2 = (2 + 3) + 3 = 2 + 3 \cdot 2$
$a_3 = (2 + 3 \cdot 2) + 3 = 2 + 3 \cdot 3$
$\vdots$
$a_n = a_{n-1} + 3 = (2 + 3 \cdot (n-1)) + 3 = 2 + 3 \cdot n$。

我們也可由 a_n 開始，連續使用例題 5 的遞迴關係持續找出前一項直至 $a_0 = 2$，其步驟如下：

$a_n = a_{n-1} + 3$
$ = (a_{n-2} + 3) + 3 = a_{n-2} + 3 \cdot 2$
$ = (a_{n-3} + 3) + 3 \cdot 2 = a_{n-3} + 3 \cdot 3$
$ \vdots$
$ = a_1 + 3(n-1) = (a_0 + 3) + 3(n-1) = 2 + 3 \cdot n$。

兩種遞迴關係的迭代法都是將前一項加 3 來求得下一項。在求第 n 項時，一共做了 n 次遞迴關係的迭代，也就是加了 $3n$ 至 a_0 上。所以，得到明顯公式 $a_n = 2 + 3n$。我們發現這個數列是個等差數列。 ◀

在例題 10 中使用的方式稱為**迭代法**（iteration），是一種重複使用遞迴關係的方法。第一種方式稱為**向前替代法**（forward substitution）——由初始條件開始向前計算至 a_n；第二種方式則稱為**回溯替代法**（backward substitution）——由 a_n 開始使用遞迴關係迭代直至達到初始條件為止。必須注意的是，我們使用迭代法，原則上是猜測一個數列的公式。至於要證明猜測的公式是正確的，則需使用第 5 章介紹的數學歸納法。

在第 7 章中，我們將證明遞迴關係能用來模型化相當廣泛的問題。在此介紹一個遞迴關係用來求解複利利息的例題。

例題 11　複利利息
假設在銀行儲蓄 10,000 元，複利利息是 11%。30 年後帳戶內的總額為多少？

解：為求解這個問題，令 P_n 表示 n 年後帳戶內的總額。因為 n 年後，帳戶內的總額等於在 $n-1$ 年後帳戶內的總額，加上第 n 年的利息，數列 $\{P_n\}$ 滿足下列遞迴關係：

$$P_n = P_{n-1} + 0.11 P_{n-1} = (1.11) P_{n-1}$$

初始條件是 $P_0 = 10,000$。

可以使用迭代法求出表示 P_n 的公式：

$$P_1 = (1.11) P_0$$
$$P_2 = (1.11) P_1 = (1.11)^2 P_0$$
$$P_3 = (1.11) P_2 = (1.11)^3 P_0$$
$$\vdots$$
$$P_n = (1.11) P_{n-1} = (1.11)^n P_0$$

代入初始條件 $P_0 = 10,000$，就得到公式 $P_n = (1.11)^n 10,000$。

將 $n = 30$ 代入公式 $P_n = (1.11)^n 10,000$，得到 30 年後帳戶內的總額為 $P_{30} = (1.11)^{30} 10,000 = \$228,922.97$。

特殊的整數數列

在離散數學中，一種常見的問題是希望能找出建構序列（尤其是稱為數列之整數數列）各項的公式或一般法則。有時，只知道求解問題的少數幾項，而要找出所有序列的項。雖然知道首項無法判斷出其他項（畢竟，有許許多多不同序列的前幾項皆相同），但是知道前面幾項能幫助我們找出建構序列的假說。一旦建構出一個假說，便能利用證明來檢驗其正確性。

試圖用前面幾項演繹出序列可能的法則或公式時，應先試著找出規則。這時，你可能會問許多問題，以下這些問題是很有幫助的：

- 是否會出現相同的值？若有相同的項，會出現多少次？
- 是否能利用前幾項加上某個固定量，或是加上與位置有關之量來求得接下來的項？
- 是否能利用前幾項乘上某個固定量來求得接下來的項？
- 是否能以某種固定方式結合前幾項來求得接下來的項？
- 序列之項是否會循環？

例題 12
給定數列的前五項，求出序列的公式：(a) 1, 1/2, 1/4, 1/8, 1/16；(b) 1, 3, 5, 7, 9；(c) 1, −1, 1, −1, 1。

解：(a) 我們發現每一項的分母都是 2 的冪次，所以 $a_n = 1/2^n$，$n = 0, 1, 2, \ldots$ 是個可能的序列。這個可能的序列是個幾何數列，首項 $a = 1$，公比 $r = 1/2$。

(b) 我們發現每一項都是前一項加上 2，所以 $a_n = 2n + 1$，$n = 0, 1, 2, \ldots$ 是個可能的序列。這個可能的序列是個算術數列，首項 $a = 1$，公差 $d = 2$。

(c) 這個序列的前幾項是 1 與 −1 交錯，所以 $a_n = (-1)^n$，$n = 0, 1, 2, \ldots$ 是個可能的序列。這個可能的序列是個幾何數列，首項 $a = 1$，公比 $r = -1$。 ◀

例題 13 至例題 15 說明如何分析給定之序列的前幾項來建構序列的公式。

例題 13 若序列的前 10 項為 1, 2, 2, 3, 3, 3, 4, 4, 4, 4，該如何產生序列的一般項？

解：我們注意到 1 出現一次，2 出現兩次，3 出現三次，而 4 則出現四次。所以一個合理的推測是整數 n 將出現 n 次。因此，接下去的項應該是 5 出現五次，6 出現六次，依此類推。 ◀

例題 14 若序列的前 10 項為 5, 11, 17, 23, 29, 35, 41, 47, 53, 59，該如何產生序列的一般項？

解：我們發現序列中的每一項都是前一項加上 6，所以可以推論第 n 項為 $5 + 6(n - 1) = 6n - 1$。（這是個算術數列，首項為 5，公差為 6。） ◀

例題 15 若序列的前 10 項為 1, 3, 4, 7, 11, 18, 29, 47, 76, 123，該如何產生序列的一般項？

解：我們觀察數列的連續幾項，發現自第三項開始每項都是前兩項的和。也就是，$4 = 3 + 1$，$7 = 4 + 3$，$11 = 7 + 4$ 等等。所以，若 L_n 為數列的第 n 項，我們可以猜測此數列能由遞迴關係 $L_n = L_{n-1} + L_{n-2}$，以及初始條件 $L_1 = 1$ 與 $L_2 = 3$ 來求出。（此遞迴關係與費氏數列的遞迴關係相同，只是初始條件不同。）這個數列稱為**盧卡司數列（Lucas sequence）**，為紀念法國數學家法蘭科依斯·盧卡司（François Édouard Lucas）。盧卡司於十九世紀鑽研此數列與費氏數列。 ◀

另一種有用的技巧是將已知序列的項，與一些有名的整數序列比較，例如算術數列、幾何數列、完全平方數數列、完全立方數數列等等。表 1 列出一些特殊數列的前 10 項。

表 1 一些有用的數列

第 n 項	前 10 項
n^2	1, 4, 9, 16, 25, 36, 49, 64, 81, 100, ...
n^3	1, 8, 27, 64, 125, 216, 343, 512, 729, 1000, ...
n^4	1, 16, 81, 256, 625, 1296, 2401, 4096, 6561, 10000, ...
2^n	2, 4, 8, 16, 32, 64, 128, 256, 512, 1024, ...
3^n	3, 9, 27, 81, 243, 729, 2187, 6561, 19683, 59049, ...
$n!$	1, 2, 6, 24, 120, 720, 5040, 40320, 362880, 3628800, ...
f_n	1, 1, 2, 3, 5, 8, 13, 21, 34, 55, 89, ...

例題 16 若給定數列 $\{a_n\}$ 的前 10 項為 1, 7, 25, 79, 241, 727, 2185, 6559, 19681, 59047。建構一個 a_n 的簡單公式。

解： 我們首先檢查相鄰兩項之差，結果未能發現規律。接下來，檢驗相鄰兩項的比率，我們發現雖然比值並非常數，但是與 3 非常相近，所以可以合理地假設一般項與 3^n 有關係。將給定的項與數列 $\{3^n\}$ 相比，發現都少 2，也就是 $a_n = 3^n - 2$，$1 \leq n \leq 10$，並推測此公式對所有的 n 都成立。 ◀

整數序列出現在離散數學的許多脈絡之中，我們將會看到的包括：質數數列（第 4 章）、n 個有序的離散物件（第 6 章）、求解有 n 個圓盤之河內塔問題移動步驟數列（第 7 章），以及 n 個月後島上兔子數目的數列（第 7 章）。

整數序列不只出現在離散數學中，很令人驚訝地，它也出現在生物、工程、化學和物理等學科中。一個驚人的資料庫「整數序列之線上百科全書」（*On-Line Encyclopedia of Integer Sequences, OEIS*）收集了超過 200,000 種不同的整數序列。這個資料庫由尼爾·史隆於 1960 年代開始整理，紙本的最後一版發行於 1995 年（[SIPI95]）。目前的百科比 1995 年的書要多出 750 冊，而且每年都有超過 10,000 個新序列。網路也提供一個方便的程式利用一些已知項來搜尋百科中可能的數列。

總和

接著，我們考慮將數列之所有項相加，介紹**總和符號**（summation notation）。首先描述表示下列數列 $\{a_n\}$ 的連續項總和的符號：

$$a_m, a_{m+1}, \ldots, a_n$$

我們將使用符號

$$\sum_{j=m}^{n} a_j, \quad \sum_{j=m}^{n} a_j, \quad \text{或} \quad \sum_{m \leq j \leq n} a_j$$

來表示

$$a_m + a_{m+1} + \cdots + a_n$$

其中，變數 j 稱為**總和索引**（index of summation）。既然是變數，我們能使用任意符號，例如 i 或 k：

$$\sum_{j=m}^{n} a_j = \sum_{i=m}^{n} a_i = \sum_{k=m}^{n} a_k$$

尼爾·史隆（Neil Sloane，生於 1939 年）在墨爾本大學修習數學與電機工程。暑假工讀期間，接觸了許多與電話有關的工作。他在畢業後設計出澳洲成本最低的電話線網路。1962 年，史隆到美國康乃爾大學研讀電機工程，其博士論文與目前稱為類神經的網路有關。

第 2 章 ■ 基本結構：集合、函數、序列、總和與矩陣

由上面的式子，我們稱求和索引由**下限**（lower limit）m 經過所有整數到**上限**（upper limit）n。大寫希臘字母 $\sum$（sigma）用來表示求和。

一些常見的算術法則也適用於總和符號。例如，當 a 與 b 為實數時，我們可知 $\sum_{j=1}^{n}(ax_j + by_j) = a\sum_{j=1}^{n} x_j + b\sum_{j=1}^{n} y_j$，其中 $x_1, x_2, ..., x_n$ 與 $y_1, y_2, ..., y_n$ 皆為實數。（我們將不在此證明這個等式。這可以利用第 5 章介紹的數學歸納法來證明，此外還需要用到加法的交換律、結合律以及乘法與加法的分配律。）

以下將介紹數個總和符號的例題。

例題 17 以總和符號表示出數列 $\{a_j\}$ 的前 100 項總和，其中 $a_j = 1/j$，$j = 1, 2, 3, ...$。

解：由於欲求出之總和的下限為 1，上限為 100，所以能將總和寫為

$$\sum_{j=1}^{100} \frac{1}{j}$$

◀

例題 18 $\sum_{j=1}^{5} j^2$ 的值為何？

解：
$$\begin{aligned}\sum_{j=1}^{5} j^2 &= 1^2 + 2^2 + 3^2 + 4^2 + 5^2 \\ &= 1 + 4 + 9 + 16 + 25 \\ &= 55\end{aligned}$$

◀

例題 19 $\sum_{k=4}^{8}(-1)^k$ 的值為何？

解：
$$\begin{aligned}\sum_{k=4}^{8}(-1)^k &= (-1)^4 + (-1)^5 + (-1)^6 + (-1)^7 + (-1)^8 \\ &= 1 + (-1) + 1 + (-1) + 1 \\ &= 1\end{aligned}$$

◀

有時，將總和索引平移會非常有用。在兩個總和相加，但總和索引不同時，經常會採用這種方式。例題 20 即說明平移總和索引的情形。

例題 20 假設我們有個總和

$$\sum_{j=1}^{5} j^2$$

但是，我們想要的總和索引是由 0 到 4，而非 1 到 5。此時，令 $k = j - 1$，則總和索引便成為 0 到 4（因為 $k = 1 - 0 = 0$，當 $j = 1$；而 $k = 5 - 1 = 4$，當 $j = 5$），而 $j^2 = (k+1)^2$。因此，

$$\sum_{j=1}^{5} j^2 = \sum_{k=0}^{4}(k+1)^2$$

可知總和為 $1 + 4 + 9 + 16 + 25 = 55$。

◀

我們能求出幾何數列的總和，這個總和稱為**幾何級數（geometric series）**。見定理 1。

> **定理 1** ■ 若 a 與 r 為實數，$r \neq 0$，則
> $$\sum_{j=0}^{n} ar^j = \begin{cases} \dfrac{ar^{n+1} - a}{r - 1} & \text{當 } r \neq 1 \\ (n+1)a & \text{當 } r = 1 \end{cases}$$

證明：令

$$S_n = \sum_{j=0}^{n} ar^j$$

為計算 S，將等式兩端同時乘上 r：

$$\begin{aligned}
rS_n &= r\sum_{j=0}^{n} ar^j & &\text{將總和公式代替 } S \\
&= \sum_{j=0}^{n} ar^{j+1} & &\text{根據分配律} \\
&= \sum_{k=1}^{n+1} ar^k & &\text{將總和索引平移，} k = j+1 \\
&= \left(\sum_{k=0}^{n} ar^k\right) + (ar^{n+1} - a) & &\text{移去 } k = n+1 \text{ 項，並加上 } k = 0 \text{ 項} \\
&= S_n + (ar^{n+1} - a) & &\text{以 } S \text{ 代替總和公式}
\end{aligned}$$

根據等式之最右端與最後之結果

$$rS_n = S_n + (ar^{n+1} - a)$$

求解 S_n 以證明，若 $r \neq 1$，則

$$S_n = \frac{ar^{n+1} - a}{r - 1}$$

若 $r = 1$，則總和等於 $S_n = \sum_{j=0}^{n} ar^j = \sum_{j=0}^{n} a = (n+1)a$。 ◁

例題 21 雙重總和在許多範圍中都會出現（例如電腦程式中的巢狀迴路分析）。下面是個雙重總和的例子：

$$\sum_{i=1}^{4} \sum_{j=1}^{3} ij$$

要計算這個總和的值，首先展開內部的總和，即

$$\sum_{i=1}^{4}\sum_{j=1}^{3} ij = \sum_{i=1}^{4}(i+2i+3i)$$
$$= \sum_{i=1}^{4} 6i$$
$$= 6+12+18+24 = 60$$

我們也可以使用總和符號來加總函數的值，或是一組索引集合的各項，這時我們寫成

$$\sum_{s \in S} f(s)$$

來表示將在 S 中所有元素 s 的函數值 $f(s)$ 加總起來。

例題 22 $\sum_{s \in \{0,2,4\}} s$ 的值為何？

解：$\sum_{s \in \{0,2,4\}} s$ 表示將在集合 $\{0, 2, 4\}$ 內的元素 s 加總，所以

$$\sum_{s \in \{0,2,4\}} s = 0+2+4 = 6$$

有些總和在離散數學中不斷重複出現，我們將這些有用的總和公式列於表 2。

我們已在定理 1 中推導過第一個公式。接下來三個公式都是 n 個正整數相加，推導方式有許多種（見習題 37 與 38）。另外，我們也發現每一個公式都能以數學歸納法（將於 5.1 節介紹）證明。最後兩個公式是無窮級數，稍後將簡短地討論。

表 2 一些有用的總和公式

總和	公式形式
$\sum_{k=0}^{n} ar^k \ (r \neq 0)$	$\dfrac{ar^{n+1}-a}{r-1}, r \neq 1$
$\sum_{k=1}^{n} k$	$\dfrac{n(n+1)}{2}$
$\sum_{k=1}^{n} k^2$	$\dfrac{n(n+1)(2n+1)}{6}$
$\sum_{k=1}^{n} k^3$	$\dfrac{n^2(n+1)^2}{4}$
$\sum_{k=0}^{\infty} x^k, |x|<1$	$\dfrac{1}{1-x}$
$\sum_{k=1}^{\infty} kx^{k-1}, |x|<1$	$\dfrac{1}{(1-x)^2}$

例題 23 說明如何使用表 2 的公式。

例題 23 求出 $\sum_{k=50}^{100} k^2$。

解：首先，注意到 $\sum_{k=1}^{100} k^2 = \sum_{k=1}^{49} k^2 + \sum_{k=50}^{100} k^2$，因此

$$\sum_{k=50}^{100} k^2 = \sum_{k=1}^{100} k^2 - \sum_{k=1}^{49} k^2$$

利用表 2 中的公式 $\sum_{k=1}^{n} k^2 = n(n+1)(2n+1)/6$（證明於習題 38），得到

$$\sum_{k=50}^{100} k^2 = \frac{100 \cdot 101 \cdot 201}{6} - \frac{49 \cdot 50 \cdot 99}{6} = 338{,}350 - 40{,}425 = 297{,}925$$

◀

一些無窮級數　雖然本書中大部分的級數都是有限級數，但無窮級數在離散數學中依然有其重要性。無窮級數通常會在微積分這類課程學到，甚至有些無窮級數的定義需要微積分的知識。但有些無窮級數的問題也會出現在離散數學中，因為有時我們會探討離散物件的無窮集合，見例題 24 與例題 25。

例題 24　（需要微積分的基礎）令 x 為實數，且 $|x| < 1$，求出 $\sum_{n=0}^{\infty} x^n$。

解：根據定理 1，令 $a = 1$ 且 $r = x$，可得 $\sum_{n=0}^{k} x^n = \dfrac{x^{k+1} - 1}{x - 1}$。因為 $|x| < 1$，當 k 趨近無窮大時，x^{k+1} 會趨近 0。所以，

$$\sum_{n=0}^{\infty} x^n = \lim_{k \to \infty} \frac{x^{k+1} - 1}{x - 1} = \frac{0 - 1}{x - 1} = \frac{1}{1 - x}$$

◀

我們能對已知的總和公式微分或積分。

例題 25　（需要微積分的基礎）將例題 24 中得到的公式

$$\sum_{k=0}^{\infty} x^k = \frac{1}{1 - x}$$

兩端都微分，可得

$$\sum_{k=1}^{\infty} k x^{k-1} = \frac{1}{(1 - x)^2}$$

（根據無窮級數的定理，微分後的等式成立，只在當 $|x| < 1$ 時。）

◀

習題 Exercises　　　* 表示為較難的練習；** 表示為高度挑戰性的練習；☞ 對應正文。

1. 求出序列 $\{a_n\}$ 中的下列各項，其中 $a_n = 2 \cdot (-3)^n + 5^n$。
   a) a_0　　　　　　　　　　　　b) a_1
   c) a_4　　　　　　　　　　　　d) a_5

2. 求出下列序列 $\{a_n\}$ 中的 a_8，其中 $a_n =$
   a) 2^{n-1}　　　　　　　　　　b) 7
   c) $1 + (-1)^n$　　　　　　　　d) $-(-2)^n$

3. 求出下列序列 $\{a_n\}$ 中的 a_0, a_1, a_2 和 a_3，其中 $a_n =$
   a) $2^n + 1$　　　　　　　　　　b) $(n+1)^{n+1}$
   c) $\lfloor n/2 \rfloor$　　　　　　　　　　d) $\lfloor n/2 \rfloor + \lceil n/2 \rceil$

4. 求出下列序列 $\{a_n\}$ 中的 a_0, a_1, a_2 和 a_3，其中 $a_n =$
   a) $(-2)^n$　　　　　　　　　　b) 3
   c) $7 + 4^n$　　　　　　　　　　d) $2^n + (-2)^n$

5. 列出下列序列的前 10 項。
   a) 序列由 2 開始，接下去的項都比前項多 3。
   b) 序列以遞增方式列出每個正整數的三倍。
   c) 序列以遞增方式列出所有的正奇數，每個奇數列兩次。
   d) 序列的第 n 項為 $n! - 2^n$。
   e) 序列由 3 開始，接下去的項都是前項的兩倍。
   f) 序列的首項為 2，第二項為 4，接下去的項都是前兩項之和。
   g) 序列的第 n 項為整數 n 之二進位表示法（定義於 4.2 節）使用的位元數目。
   h) 序列的第 n 項為數字 n 之英文的字母數。

6. 列出下列序列的前 10 項。
   a) 序列由 10 開始，接下去的項都是前項減 3。
   b) 序列的第 n 項為首 n 個正整數之和。
   c) 序列的第 n 項為 $3^n - 2^n$。
   d) 序列的第 n 項為 $\lfloor \sqrt{n} \rfloor$。
   e) 序列的首兩項為 1 與 5，接下去的項都是前兩項之和。
   f) 序列的第 n 項為二進位表示法中使用 n 個位元數所能得到的最大整數。
   g) 序列之項以下面方法建立：首項為 1，然後加 1，接下去為前項乘 1，然後加 2，前項再乘 2，依此類推。
   h) 序列的第 n 項為最大整數 k，使得 $k! \leq n$。

7. 找出三個能以簡單公式表示的不同數列，其前三項都是 1, 2, 4。

8. 找出三個能以簡單公式表示的不同數列，其前三項都是 3, 5, 7。

9. 序列的遞迴關係和初始條件定義如下，求出序列的前五項。
   a) $a_n = 6a_{n-1}, a_0 = 2$
   b) $a_n = a_{n-1}^2, a_1 = 2$
   c) $a_n = a_{n-1} + 3a_{n-2}, a_0 = 1, a_1 = 2$
   d) $a_n = na_{n-1} + n^2 a_{n-2}, a_0 = 1, a_1 = 1$
   e) $a_n = a_{n-1} + a_{n-3}, a_0 = 1, a_1 = 2, a_2 = 0$

10. 序列的遞迴關係和初始條件定義如下，求出序列的前六項。
    a) $a_n = -2a_{n-1}, a_0 = -1$
    b) $a_n = a_{n-1} - a_{n-2}, a_0 = 2, a_1 = -1$
    c) $a_n = 3a_{n-1}^2, a_0 = 1$
    d) $a_n = na_{n-1} + a_{n-2}^2, a_0 = -1, a_1 = 0$
    e) $a_n = a_{n-1} - a_{n-2} + a_{n-3}, a_0 = 1, a_1 = 1, a_2 = 2$

11. 令 $a_n = 2^n + 5 \cdot 3^n$，其中 $n = 0, 1, 2, \ldots$。
    a) 求出 a_0, a_1, a_2, a_3 和 a_4。
    b) 證明 $a_2 = 5a_1 - 6a_0, a_3 = 5a_2 - 6a_1$ 且 $a_4 = 5a_3 - 6a_2$。
    c) 證明對所有 $n \geq 2$ 的整數，$a_n = 5a_{n-1} - 6a_{n-2}$。

12. 證明下列序列 $\{a_n\}$ 都是遞迴關係 $a_n = -3a_{n-1} + 4a_{n-2}$ 的解：
    a) $a_n = 0$
    b) $a_n = 1$
    c) $a_n = (-4)^n$
    d) $a_n = 2(-4)^n + 3$

13. 下列序列 $\{a_n\}$ 是否為遞迴關係 $a_n = 8a_{n-1} - 16a_{n-2}$ 的解？
    a) $a_n = 0$
    b) $a_n = 1$
    c) $a_n = 2^n$
    d) $a_n = 4^n$
    e) $a_n = n4^n$
    f) $a_n = 2 \cdot 4^n + 3n4^n$
    g) $a_n = (-4)^n$
    h) $a_n = n^2 4^n$

14. 求出能夠滿足下列序列的遞迴關係。（因為任何一個序列都可以滿足無限多個遞迴關係，所以答案並不唯一。）
    a) $a_n = 3$
    b) $a_n = 2n$
    c) $a_n = 2n + 3$
    d) $a_n = 5^n$
    e) $a_n = n^2$
    f) $a_n = n^2 + n$
    g) $a_n = n + (-1)^n$
    h) $a_n = n!$

15. 證明下列序列 $\{a_n\}$ 都是遞迴關係 $a_n = a_{n-1} + 2a_{n-2} + 2n - 9$ 的解。
    a) $a_n = -n + 2$
    b) $a_n = 5(-1)^n - n + 2$
    c) $a_n = 3(-1)^n + 2^n - n + 2$
    d) $a_n = 7 \cdot 2^n - n + 2$

16. 依照下列初始條件及遞迴關係，求出序列解。利用例題 10 所使用的迭代法。
    a) $a_n = -a_{n-1}, a_0 = 5$
    b) $a_n = a_{n-1} + 3, a_0 = 1$
    c) $a_n = a_{n-1} - n, a_0 = 4$
    d) $a_n = 2a_{n-1} - 3, a_0 = -1$
    e) $a_n = (n+1)a_{n-1}, a_0 = 2$
    f) $a_n = 2na_{n-1}, a_0 = 3$
    g) $a_n = -a_{n-1} + n - 1, a_0 = 7$

17. 依照下列初始條件及遞迴關係，求出序列解。利用例題 10 所使用的迭代法。

   a) $a_n = 3a_{n-1}, a_0 = 2$
   b) $a_n = a_{n-1} + 2, a_0 = 3$
   c) $a_n = a_{n-1} + n, a_0 = 1$
   d) $a_n = a_{n-1} + 2n + 3, a_0 = 4$
   e) $a_n = 2a_{n-1} - 1, a_0 = 1$
   f) $a_n = 3a_{n-1} + 1, a_0 = 1$
   g) $a_n = na_{n-1}, a_0 = 5$
   h) $a_n = 2na_{n-1}, a_0 = 1$

18. 某人在銀行存了 1,000 元，複利年息為 9%。

   a) 求出第 n 年年末時該帳戶存款總額的遞迴關係。
   b) 求出第 n 年年末時該帳戶存款總額的明確公式。
   c) 一百年後該帳戶會有多少存款？

19. 假設一群細菌以每小時增加為三倍的速度增加。

   a) 求出過了 n 小時後，細菌總量的遞迴關係。
   b) 如果現在有一百隻細菌，求出 10 小時之後的細菌數目。

20. 假設 2010 年的世界總人口數為 69 億，並以每年 1.1% 的速率增加。

   a) 求出在 2010 年的 n 年後人口總數的遞迴關係。
   b) 求出在 2010 年的 n 年後人口總數的明確公式。
   c) 在 2030 年時，世界總人口數將會是多少？

21. 某工廠生產客製化的跑車，逐月增加產量。第 1 個月只生產了 1 輛，第 2 個月生產了 2 輛，依此類推，第 n 個月生產了 n 輛。

   a) 求出該工廠前 n 個月生產總數的遞迴關係。
   b) 在第一年生產多少輛？
   c) 求出該工廠前 n 個月生產總數的明確公式。

22. 一位員工在 2009 年進入公司，一開始的年薪是 50,000 美元。這位員工每年加薪 1,000 美元及前一年薪水的 5%。

   a) 求出該名員工在 2009 年的 n 年後薪水的遞迴關係。
   b) 該名員工在 2017 年將有多少薪水？
   c) 求出該名員工在 2009 年的 n 年後薪水的明確公式。

23. 假定以 7% 的年利率貸款 5,000 元。若每個月償還 100 元，找出第 k 個月的結餘 $B(k)$ 的遞迴關係。〔提示：以 $B(k-1)$ 來表示 $B(k)$，每個月的利息為 $(0.07/12)B(k-1)$。〕

24. a) 假定貸款的年利率為 r。若每個月償還 P 元，找出第 k 個月的結餘 $B(k)$ 的遞迴關係。
      〔提示：以 $B(k-1)$ 來表示 $B(k)$，注意，每個月的利率為 $r/12$。〕
   b) 若要在 T 個月後還清貸款，求出每個月需償還 P 元為何？

25. 為下面給定的序列找出簡單的一般項公式。假設你的公式為正確的，列出接下來的三項。

   a) 1, 0, 1, 1, 0, 0, 1, 1, 1, 0, 0, 0, 1, ...
   b) 1, 2, 2, 3, 4, 4, 5, 6, 6, 7, 8, 8, ...
   c) 1, 0, 2, 0, 4, 0, 8, 0, 16, 0, ...
   d) 3, 6, 12, 24, 48, 96, 192, ...
   e) 15, 8, 1, −6, −13, −20, −27, ...
   f) 3, 5, 8, 12, 17, 23, 30, 38, 47, ...
   g) 2, 16, 54, 128, 250, 432, 686, ...
   h) 2, 3, 7, 25, 121, 721, 5041, 40321, ...

26. 為下面給定的序列找出簡單的一般項公式。假設你的公式為正確的，列出接下來的三項。

　　a) 3, 6, 11, 18, 27, 38, 51, 66, 83, 102, ...
　　b) 7, 11, 15, 19, 23, 27, 31, 35, 39, 43, ...
　　c) 1, 10, 11, 100, 101, 110, 111, 1000, 1001, 1010, 1011, ...
　　d) 1, 2, 2, 2, 3, 3, 3, 3, 3, 5, 5, 5, 5, 5, 5, 5, ...
　　e) 0, 2, 8, 26, 80, 242, 728, 2186, 6560, 19682, ...
　　f) 1, 3, 15, 105, 945, 10395, 135135, 2027025, 34459425, ...
　　g) 1, 0, 0, 1, 1, 1, 0, 0, 0, 0, 1, 1, 1, 1, 1, ...
　　h) 2, 4, 16, 256, 65536, 4294967296, ...

**27. 證明若 a_n 表示不為完全平方數的第 n 個正整數，則 $a_n = n + \{\sqrt{n}\}$，其中 $\{x\}$ 表示最靠近 x 之整數。

*28. 令 a_n 表示數列 1, 2, 2, 3, 3, 3, 4, 4, 4, 4, 5, 5, 5, 5, 5, 6, 6, 6, 6, 6, 6, ... 的第 n 項，數列中的整數 k 重複 k 次。證明 $a_n = \lfloor \sqrt{2n} + \frac{1}{2} \rfloor$。

29. 下列總和之值為何？

　　a) $\sum_{k=1}^{5} (k+1)$
　　b) $\sum_{j=0}^{4} (-2)^j$
　　c) $\sum_{i=1}^{10} 3$
　　d) $\sum_{j=0}^{8} (2^{j+1} - 2^j)$

30. 下列總和之值為何？其中 $S = \{1, 3, 5, 7\}$。

　　a) $\sum_{j \in S} j$
　　b) $\sum_{j \in S} j^2$
　　c) $\sum_{j \in S} (1/j)$
　　d) $\sum_{j \in S} 1$

31. 下列幾何數列之值為何？

　　a) $\sum_{j=0}^{8} 3 \cdot 2^j$
　　b) $\sum_{j=1}^{8} 2^j$
　　c) $\sum_{j=2}^{8} (-3)^j$
　　d) $\sum_{j=0}^{8} 2 \cdot (-3)^j$

32. 求出下列總和之值。

　　a) $\sum_{j=0}^{8} (1 + (-1)^j)$
　　b) $\sum_{j=0}^{8} (3^j - 2^j)$
　　c) $\sum_{j=0}^{8} (2 \cdot 3^j + 3 \cdot 2^j)$
　　d) $\sum_{j=0}^{8} (2^{j+1} - 2^j)$

33. 計算下面的多重總和。

　　a) $\sum_{i=1}^{2} \sum_{j=1}^{3} (i+j)$
　　b) $\sum_{i=0}^{2} \sum_{j=0}^{3} (2i + 3j)$
　　c) $\sum_{i=1}^{3} \sum_{j=0}^{2} i$
　　d) $\sum_{i=0}^{2} \sum_{j=1}^{3} ij$

34. 計算下面的多重總和。

   a) $\sum_{i=1}^{3}\sum_{j=1}^{2}(i-j)$ **b)** $\sum_{i=0}^{3}\sum_{j=0}^{2}(3i+2j)$

   c) $\sum_{i=1}^{3}\sum_{j=0}^{2}j$ **d)** $\sum_{i=0}^{2}\sum_{j=0}^{3}i^2j^3$

35. 證明 $\sum_{j=1}^{n}(a_j - a_{j-1}) = a_n - a_0$，其中 $a_0, a_1, ..., a_n$ 為實數序列。這種形式的總和稱為**套疊式（telescoping）**。

36. 利用等式 $1/(k(k+1)) = 1/k - 1/(k+1)$ 與習題 35，計算 $\sum_{k=1}^{n} 1/(k(k+1))$。

37. 將等式 $k^2 - (k-1)^2 = 2k - 1$ 兩邊同時由 $k = 1$ 加到 $k = n$，然後利用習題 35 求出

   a) $\sum_{k=1}^{n}(2k-1)$ 的公式。

   b) $\sum_{k=1}^{n} k$ 的公式。

* 38. 利用習題 35 的技巧與習題 37(b) 的結果，推導表 2 中的公式 $\sum_{k=1}^{n} k^2$。〔提示：在習題 35 之套疊總和中，取 $a_k = k^3$。〕

39. 求出 $\sum_{k=100}^{200} k$。（利用表 2）

* 40. 求出 $\sum_{k=99}^{200} k^3$。（利用表 2）

* 41. 求出 $\sum_{k=0}^{m} \lfloor\sqrt{k}\rfloor$ 的公式，其中 m 為正整數。

42. 求出 $\sum_{k=0}^{m} \lfloor\sqrt[3]{k}\rfloor$ 的公式，其中 m 為正整數。

有個特殊的符號可以用來表示連乘積：$a_m, a_{m+1}, ..., a_n$ 的乘積表示為 $\prod_{j=m}^{n} a_j$。

43. 下列乘積之值為何？

   a) $\prod_{i=0}^{10} i$ **b)** $\prod_{i=5}^{8} i$

   c) $\prod_{i=1}^{100}(-1)^i$ **d)** $\prod_{i=1}^{10} 2$

令 n 為一個正整數，階乘函數 $n!$ 是整數 1 到 n 的連乘積。此外，我們定義 $0! = 1$。

44. 利用連乘積符號表示 $n!$。

45. 求出 $\sum_{j=0}^{4} j!$。

46. 求出 $\prod_{j=0}^{4} j!$。

2.5　矩陣 Matrices

引言

在離散數學中，矩陣普遍用來表現集合中元素間的關係。後續章節中，我們將在許多不同的模型中使用到矩陣，例如用矩陣來模型化通訊網路和傳輸系統。利用這些矩陣模型，將研發出許多演算法。本節先複習這些演算法中會使用到的矩陣計算。

定義 1 ■ 矩陣（matrix）是一個矩形的數字陣列。有 m 列和 n 行之矩陣稱為 $m \times n$ 矩陣。列數與行數相同的矩陣稱為方陣（square）。如果兩個矩陣所有行列對應位置的數字完全相同，則稱兩個矩陣相同（equal）。

例題 1

矩陣 $\begin{bmatrix} 1 & 1 \\ 0 & 2 \\ 1 & 3 \end{bmatrix}$ 是個 3×2 矩陣。 ◀

下面將介紹一些有關矩陣的術語，將用粗體的大寫英文字母來表示矩陣。

定義 2 ■ 令 m 與 n 為正整數，且令

$$\mathbf{A} = \begin{bmatrix} a_{11} & a_{12} & \ldots & a_{1n} \\ a_{21} & a_{22} & \ldots & a_{2n} \\ \vdots & \vdots & & \vdots \\ a_{m1} & a_{m2} & \ldots & a_{mn} \end{bmatrix}$$

$\mathbf{A}$ 的第 i 列是一個 $1 \times n$ 矩陣 $[a_{i1}, a_{i2}, ..., a_{in}]$。$\mathbf{A}$ 的第 j 行是一個 $n \times 1$ 矩陣

$$\begin{bmatrix} a_{1j} \\ a_{2j} \\ \vdots \\ a_{mj} \end{bmatrix}$$

$\mathbf{A}$ 的第 (i, j) 個元素（element 或 entry）以 a_{ij} 來表示，位於 $\mathbf{A}$ 的第 i 列與第 j 行的位置。一個表現矩陣較為方便的方式為 $\mathbf{A} = [a_{ij}]$。

矩陣計算

現在將討論矩陣的基本運算，由矩陣加法的定義開始。

定義 3 ■ 令 $\mathbf{A} = [a_{ij}]$ 與 $\mathbf{B} = [b_{ij}]$ 為 $m \times n$ 矩陣。矩陣 $\mathbf{A}$ 與 $\mathbf{B}$ 的和，記為 $\mathbf{A} + \mathbf{B}$，是一個 $m \times n$ 矩陣，其第 (i, j) 個元素為 $a_{ij} + b_{ij}$。換句話說，$\mathbf{A} + \mathbf{B} = [a_{ij} + b_{ij}]$。

兩個相同大小的矩陣相加，其實就是將相對應之元素相加；大小不同的矩陣不能相加。

例題 2

我們有 $\begin{bmatrix} 1 & 0 & -1 \\ 2 & 2 & -3 \\ 3 & 4 & 0 \end{bmatrix} + \begin{bmatrix} 3 & 4 & -1 \\ 1 & -3 & 0 \\ -1 & 1 & 2 \end{bmatrix} = \begin{bmatrix} 4 & 4 & -2 \\ 3 & -1 & -3 \\ 2 & 5 & 2 \end{bmatrix}$。 ◀

現在討論矩陣的乘法。兩個矩陣的乘法只有在第一個矩陣的行數等於第二個矩陣的列數時才有定義。

定義 4 ■ 令 **A** 為 $m \times k$ 矩陣，而 **B** 為 $k \times n$ 矩陣。矩陣 **A** 與 **B** 的積，記為 **AB**，是一個 $m \times n$ 矩陣，其第 (i, j) 個元素等於 **A** 的第 i 列與 **B** 的第 j 行之對應元素乘積的總和。換句話說，若 $\mathbf{AB} = [c_{ij}]$，則 $c_{ij} = a_{i1}b_{1j} + a_{i2}b_{2j} + \cdots + a_{ik}b_{kj}$。

在圖 1 中，以灰色標示出 **A** 的列與 **B** 的行用來計算產生 **AB** 之元素 c_{ij}。若第一個矩陣的列數不等於第二個矩陣的行數，則兩矩陣無法相乘。

例題 3 令

$$\mathbf{A} = \begin{bmatrix} 1 & 0 & 4 \\ 2 & 1 & 1 \\ 3 & 1 & 0 \\ 0 & 2 & 2 \end{bmatrix} \quad \text{與} \quad \mathbf{B} = \begin{bmatrix} 2 & 4 \\ 1 & 1 \\ 3 & 0 \end{bmatrix}$$

若乘法有定義，求出 **AB**。

解：因為 **A** 為 4×3 矩陣，而 **B** 為 3×2 矩陣，矩陣的積 **AB** 是一個 4×2 矩陣。為了求出 **AB** 的元素，必須先將對應的元素相乘後再加總。例如，**AB** 第 (3, 1) 個元素為 $3 \cdot 2 + 1 \cdot 1 + 0 \cdot 3 = 7$。計算 **AB** 得

$$\mathbf{AB} = \begin{bmatrix} 14 & 4 \\ 8 & 9 \\ 7 & 13 \\ 8 & 2 \end{bmatrix}$$

◀

矩陣的乘法是不能交換的；也就是說，若 **A** 與 **B** 為兩個矩陣，**AB** 與 **BA** 不必然相等。事實上，這兩個乘積可能只有一個是有定義的，例如若 **A** 為 2×3 矩陣，而 **B** 為 3×4 矩陣，則 **AB** 是 2×4 矩陣，但 **BA** 無法相乘。

$$\begin{bmatrix} a_{11} & a_{12} & \cdots & a_{1k} \\ a_{21} & a_{22} & \cdots & a_{2k} \\ \vdots & \vdots & & \vdots \\ a_{i1} & a_{i2} & \cdots & a_{ik} \\ \vdots & \vdots & & \vdots \\ a_{m1} & a_{m2} & \cdots & a_{mk} \end{bmatrix} \begin{bmatrix} b_{11} & b_{12} & \cdots & b_{1j} & \cdots & b_{1n} \\ b_{21} & b_{22} & \cdots & b_{2j} & \cdots & b_{2n} \\ \vdots & \vdots & & \vdots & & \vdots \\ b_{k1} & b_{k2} & \cdots & b_{kj} & \cdots & b_{kn} \end{bmatrix} = \begin{bmatrix} c_{11} & c_{12} & \cdots & c_{1n} \\ c_{21} & c_{22} & \cdots & c_{2n} \\ \vdots & \vdots & c_{ij} & \vdots \\ c_{m1} & c_{m2} & \cdots & c_{mn} \end{bmatrix}$$

圖 1 $A = [a_{ij}]$ 和 $B = [b_{ij}]$ 的乘積

一般而言，若 **A** 為 $m \times n$ 矩陣，而 **B** 為 $r \times s$ 矩陣，則 **AB** 只有在 $n = r$ 時才有定義；而 **BA** 只有在 $s = m$ 時才有定義。就算兩者都有定義，**AB** 與 **BA** 的大小也可能不相等，除非 $m = n = r = s$。然而，儘管兩個矩陣都是大小相同的 $n \times n$ 方陣，**AB** 與 **BA** 還是有可能不相等，見例題 4。

例題 4　令

$$\mathbf{A} = \begin{bmatrix} 1 & 1 \\ 2 & 1 \end{bmatrix} \quad 與 \quad \mathbf{B} = \begin{bmatrix} 2 & 1 \\ 1 & 1 \end{bmatrix}$$

AB = **BA** 會成立嗎？

解：我們求出

$$\mathbf{AB} = \begin{bmatrix} 3 & 2 \\ 5 & 3 \end{bmatrix} \quad 與 \quad \mathbf{BA} = \begin{bmatrix} 4 & 3 \\ 3 & 2 \end{bmatrix}$$

所以，**AB** ≠ **BA**。

矩陣的轉置與冪次

我們現在將介紹一種重要的矩陣，其元素只有零與壹。

定義 5 ■ n 階單位矩陣（identity matrix of order n）為 $\mathbf{I}_n = [\delta_{ij}]$，其中 $\delta_{ij} = 1$，若 $i = j$；而 $\delta_{ij} = 0$，若 $i \neq j$。亦即，

$$\mathbf{I}_n = \begin{bmatrix} 1 & 0 & \cdots & 0 \\ 0 & 1 & \cdots & 0 \\ \cdot & \cdot & & \cdot \\ \cdot & \cdot & & \cdot \\ \cdot & \cdot & & \cdot \\ 0 & 0 & \cdots & 1 \end{bmatrix}$$

將單位矩陣乘上任意大小適當的矩陣並不會改變這個矩陣。也就是說，若 **A** 為 $m \times n$ 矩陣，則

$$\mathbf{AI}_n = \mathbf{I}_m \mathbf{A} = \mathbf{A}$$

我們也能定義方陣的冪次。當 **A** 為 $n \times n$ 矩陣，則

$$\mathbf{A}^0 = \mathbf{I}_n, \quad \mathbf{A}^r = \underbrace{\mathbf{AAA} \cdots \mathbf{A}}_{r\ 次}$$

矩陣的列與行對調也將在許多演算法中使用。

定義 6 ■ 令 $\mathbf{A} = [a_{ij}]$ 為 $m \times n$ 矩陣。**A** 的轉置矩陣（transpose），記為 A^t，是一個 $n \times m$ 矩陣，由交換矩陣 **A** 的列與行而得。換句話說，若 $A^t = [b_{ij}]$，則對所有的 $i = 1, 2, ..., n$ 與所有的 $j = 1, 2, ..., m$，$b_{ij} = a_{ji}$。

例題 5

矩陣 $\begin{bmatrix} 1 & 2 & 3 \\ 4 & 5 & 6 \end{bmatrix}$ 之轉置矩陣為 $\begin{bmatrix} 1 & 4 \\ 2 & 5 \\ 3 & 6 \end{bmatrix}$。 ◀

一個行與列對調時並不會改變的矩陣是重要的。

定義 7 ■ 若 $\mathbf{A} = \mathbf{A}^t$，則個矩陣 $\mathbf{A}$ 稱為**對稱的**（symmetric）。換句話說，若 $\mathbf{A} = [a_{ij}]$ 是對稱的，則 $a_{ij} = a_{ji}$，對所有 i 和 j，其中 $1 \leq i \leq n$ 且 $1 \leq j \leq n$。

我們注意到，當矩陣是對稱時，若且唯若此矩陣為方陣，且元素對稱於主對角線，如圖 2 所示。

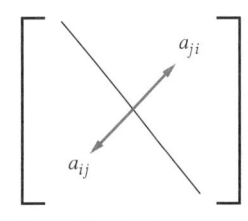

圖 2　對稱矩陣

例題 6

矩陣 $\begin{bmatrix} 1 & 1 & 0 \\ 1 & 0 & 1 \\ 0 & 1 & 0 \end{bmatrix}$ 為對稱的。 ◀

零－壹矩陣

若一個矩陣的元素只有 0 和 1，則稱為**零－壹矩陣**（zero-one matrix）。零－壹矩陣經常用來表現離散結構，我們將於第 8 章與第 9 章介紹。這種結構的演算法根據的是零－壹矩陣之布林算術中的 ∧ 和 ∨ 運算，定義如下：

$$b_1 \wedge b_2 = \begin{cases} 1 & \text{若 } b_1 = b_2 = 1 \\ 0 & \text{其他} \end{cases}$$

$$b_1 \vee b_2 = \begin{cases} 1 & \text{若 } b_1 = 1 \text{ 或 } b_2 = 1 \\ 0 & \text{其他} \end{cases}$$

定義 8 ■ 令 $\mathbf{A} = [a_{ij}]$ 與 $\mathbf{B} = [b_{ij}]$ 為 $m \times n$ 的零－壹矩陣。矩陣 $\mathbf{A}$ 與 $\mathbf{B}$ 之**聯合**（join）是一個零－壹矩陣，其第 (i, j) 個元素定義為 $a_{ij} \vee b_{ij}$。$\mathbf{A}$ 與 $\mathbf{B}$ 之聯合矩陣，記為 $\mathbf{A} \vee \mathbf{B}$。矩陣 $\mathbf{A}$ 與 $\mathbf{B}$ 之**交遇**（meet）也是一個零－壹矩陣，其第 (i, j) 個元素定義為 $a_{ij} \wedge b_{ij}$，記為 $\mathbf{A} \wedge \mathbf{B}$。

例題 7 求下列矩陣之聯合矩陣與交遇矩陣：

$$\mathbf{A} = \begin{bmatrix} 1 & 0 & 1 \\ 0 & 1 & 0 \end{bmatrix}, \quad \mathbf{B} = \begin{bmatrix} 0 & 1 & 0 \\ 1 & 1 & 0 \end{bmatrix}$$

解：$\mathbf{A}$ 與 $\mathbf{B}$ 之聯合矩陣為

$$\mathbf{A} \vee \mathbf{B} = \begin{bmatrix} 1 \vee 0 & 0 \vee 1 & 1 \vee 0 \\ 0 \vee 1 & 1 \vee 1 & 0 \vee 0 \end{bmatrix} = \begin{bmatrix} 1 & 1 & 1 \\ 1 & 1 & 0 \end{bmatrix}$$

$\mathbf{A}$ 與 $\mathbf{B}$ 之交遇矩陣為

$$\mathbf{A} \wedge \mathbf{B} = \begin{bmatrix} 1 \wedge 0 & 0 \wedge 1 & 1 \wedge 0 \\ 0 \wedge 1 & 1 \wedge 1 & 0 \wedge 0 \end{bmatrix} = \begin{bmatrix} 0 & 0 & 0 \\ 0 & 1 & 0 \end{bmatrix}$$

◀

現在，我們定義兩個矩陣的**布林積**（Boolean product）。

定義 9 ■ 令 $\mathbf{A} = [a_{ij}]$ 為 $m \times k$ 零－壹矩陣，而 $\mathbf{B} = [b_{ij}]$ 為 $k \times n$ 零－壹矩陣。矩陣 $\mathbf{A}$ 與 $\mathbf{B}$ 之布林積，記為 $\mathbf{A} \odot \mathbf{B}$，為一個 $m \times n$ 矩陣，其第 (i,j) 個元素 c_{ij} 定義為

$$c_{ij} = (a_{i1} \wedge b_{1j}) \vee (a_{i2} \wedge b_{2j}) \vee \cdots \vee (a_{ik} \wedge b_{kj})$$

我們注意到，兩個矩陣的布林積與兩矩陣之乘積非常相似，只是將乘法換成了 $\wedge$，而加法換成 $\vee$。下面是一個布林積的例題。

例題 8 求出矩陣 $\mathbf{A}$ 與 $\mathbf{B}$ 之布林積，其中

$$\mathbf{A} = \begin{bmatrix} 1 & 0 \\ 0 & 1 \\ 1 & 0 \end{bmatrix}, \quad \mathbf{B} = \begin{bmatrix} 1 & 1 & 0 \\ 0 & 1 & 1 \end{bmatrix}$$

解：矩陣 $\mathbf{A}$ 與 $\mathbf{B}$ 之布林積 $\mathbf{A} \odot \mathbf{B}$ 為

$$\mathbf{A} \odot \mathbf{B} = \begin{bmatrix} (1 \wedge 1) \vee (0 \wedge 0) & (1 \wedge 1) \vee (0 \wedge 1) & (1 \wedge 0) \vee (0 \wedge 1) \\ (0 \wedge 1) \vee (1 \wedge 0) & (0 \wedge 1) \vee (1 \wedge 1) & (0 \wedge 0) \vee (1 \wedge 1) \\ (1 \wedge 1) \vee (0 \wedge 0) & (1 \wedge 1) \vee (0 \wedge 1) & (1 \wedge 0) \vee (0 \wedge 1) \end{bmatrix}$$

$$= \begin{bmatrix} 1 \vee 0 & 1 \vee 0 & 0 \vee 0 \\ 0 \vee 0 & 0 \vee 1 & 0 \vee 1 \\ 1 \vee 0 & 1 \vee 0 & 0 \vee 0 \end{bmatrix}$$

$$= \begin{bmatrix} 1 & 1 & 0 \\ 0 & 1 & 1 \\ 1 & 1 & 0 \end{bmatrix}$$

◀

我們同樣能定義零－壹矩陣之布林冪次。這種冪次矩陣在後面的章節中，將用來求出圖形內可能路徑的個數。

定義 10 ■ 令 **A** 為零－壹方陣，而 r 為正整數。矩陣 **A** 的第 r 個布林冪次積是將 **A** 作 r 次布林積，記為 $A^{[r]}$。亦即，

$$\mathbf{A}^{[r]} = \underbrace{\mathbf{A} \odot \mathbf{A} \odot \mathbf{A} \odot \cdots \odot \mathbf{A}}_{r \text{ 次}}$$

（這是個良好定義，因為矩陣的布林積具有結合性。）我們也將 $\mathbf{A}^{[0]}$ 定義為 $\mathbf{I}_n$。

例題 9

令 $\mathbf{A} = \begin{bmatrix} 0 & 0 & 1 \\ 1 & 0 & 0 \\ 1 & 1 & 0 \end{bmatrix}$。對所有的正整數 n，求出 $\mathbf{A}^{[n]}$。

解：我們可以求出

$$\mathbf{A}^{[2]} = \mathbf{A} \odot \mathbf{A} = \begin{bmatrix} 1 & 1 & 0 \\ 0 & 0 & 1 \\ 1 & 0 & 1 \end{bmatrix}$$

此外，

$$\mathbf{A}^{[3]} = \mathbf{A}^{[2]} \odot \mathbf{A} = \begin{bmatrix} 1 & 0 & 1 \\ 1 & 1 & 0 \\ 1 & 1 & 1 \end{bmatrix}, \quad \mathbf{A}^{[4]} = \mathbf{A}^{[3]} \odot \mathbf{A} = \begin{bmatrix} 1 & 1 & 1 \\ 1 & 0 & 1 \\ 1 & 1 & 1 \end{bmatrix}$$

繼續往下計算，

$$\mathbf{A}^{[5]} = \begin{bmatrix} 1 & 1 & 1 \\ 1 & 1 & 1 \\ 1 & 1 & 1 \end{bmatrix}$$

讀者可以自行檢驗 $\mathbf{A}^{[n]} = \mathbf{A}^{[5]}$，對所有大於 5 的正整數 n。

習題 Exercises   *表示為較難的練習；**表示為高度挑戰性的練習；☞ 對應正文。

1. 令 $\mathbf{A} = \begin{bmatrix} 1 & 1 & 1 & 3 \\ 2 & 0 & 4 & 6 \\ 1 & 1 & 3 & 7 \end{bmatrix}$。

a) **A** 的大小為何？
b) **A** 的第三行為何？
c) **A** 的第二列為何？
d) **A** 的第 (3, 2) 個元素為何？
e) $\mathbf{A}^t$ 為何？

2. 求出 $A + B$。

   a) $A = \begin{bmatrix} 1 & 0 & 4 \\ -1 & 2 & 2 \\ 0 & -2 & -3 \end{bmatrix}$, $B = \begin{bmatrix} -1 & 3 & 5 \\ 2 & 2 & -3 \\ 2 & -3 & 0 \end{bmatrix}$

   b) $A = \begin{bmatrix} -1 & 0 & 5 & 6 \\ -4 & -3 & 5 & -2 \end{bmatrix}$, $B = \begin{bmatrix} -3 & 9 & -3 & 4 \\ 0 & -2 & -1 & 2 \end{bmatrix}$

3. 求出 AB。

   a) $A = \begin{bmatrix} 2 & 1 \\ 3 & 2 \end{bmatrix}$, $B = \begin{bmatrix} 0 & 4 \\ 1 & 3 \end{bmatrix}$

   b) $A = \begin{bmatrix} 1 & -1 \\ 0 & 1 \\ 2 & 3 \end{bmatrix}$, $B = \begin{bmatrix} 3 & -2 & -1 \\ 1 & 0 & 2 \end{bmatrix}$

   c) $A = \begin{bmatrix} 4 & -3 \\ 3 & -1 \\ 0 & -2 \\ -1 & 5 \end{bmatrix}$, $B = \begin{bmatrix} -1 & 3 & 2 & -2 \\ 0 & -1 & 4 & -3 \end{bmatrix}$

4. 求出 AB。

   a) $A = \begin{bmatrix} 1 & 0 & 1 \\ 0 & -1 & -1 \\ -1 & 1 & 0 \end{bmatrix}$, $B = \begin{bmatrix} 0 & 1 & -1 \\ 1 & -1 & 0 \\ -1 & 0 & 1 \end{bmatrix}$

   b) $A = \begin{bmatrix} 1 & -3 & 0 \\ 1 & 2 & 2 \\ 2 & 1 & -1 \end{bmatrix}$, $B = \begin{bmatrix} 1 & -1 & 2 & 3 \\ -1 & 0 & 3 & -1 \\ -3 & -2 & 0 & 2 \end{bmatrix}$

   c) $A = \begin{bmatrix} 0 & -1 \\ 7 & 2 \\ -4 & -3 \end{bmatrix}$, $B = \begin{bmatrix} 4 & -1 & 2 & 3 & 0 \\ -2 & 0 & 3 & 4 & 1 \end{bmatrix}$

5. 求出矩陣 A，使得

$$\begin{bmatrix} 2 & 3 \\ 1 & 4 \end{bmatrix} A = \begin{bmatrix} 3 & 0 \\ 1 & 2 \end{bmatrix}$$

〔提示：求解矩陣 A，需要求解線性方程組。〕

6. 求出矩陣 A，使得

$$\begin{bmatrix} 1 & 3 & 2 \\ 2 & 1 & 1 \\ 4 & 0 & 3 \end{bmatrix} A = \begin{bmatrix} 7 & 1 & 3 \\ 1 & 0 & 3 \\ -1 & -3 & 7 \end{bmatrix}$$

7. 令 A 為 $m \times n$ 矩陣，而 0 為每個元素都是 0 的 $m \times n$ 矩陣。證明 $A = A + 0 = 0 + A$。

8. 證明矩陣的加法是可交換的（commutative），亦即若 A 與 B 都是 $m \times n$ 矩陣，則 $A + B = B + A$。

9. 證明矩陣的加法是具有結合性的（associative），亦即若 A、B 與 C 都是 $m \times n$ 矩陣，則 $A + (B + C) = (A + B) + C$。

10. 令 **A** 為 3×4 矩陣，**B** 為 4×5 矩陣，而 **C** 為 4×4 矩陣。判斷下列矩陣之積是否有定義，並求出有定義之積矩陣的大小。
    a) **AB**   b) **BA**
    c) **AC**   d) **CA**
    e) **BC**   f) **CB**

11. 若矩陣積 **AB** 與 **BA** 皆有定義，則矩陣 **A** 與 **B** 之大小為何？

12. 證明矩陣的乘法對加法是具有分配性的（distributive）。
    a) 假設 **A** 與 **B** 皆為 $m \times k$ 矩陣，而 **C** 為 $k \times n$ 矩陣。證明 $(A + B)C = AC + BC$。
    b) 假設 **C** 為 $m \times k$ 矩陣，而 **A** 與 **B** 皆為 $k \times n$ 矩陣。證明 $C(A + B) = CA + CB$。

13. 證明矩陣的乘法是具有結合性的。假設 **A** 為 $m \times p$ 矩陣，**B** 為 $p \times k$ 矩陣，而 **C** 為 $k \times n$ 矩陣。證明 $A(BC) = (AB)C$。

14. 一個 $n \times n$ 矩陣 $A = [a_{ij}]$ 稱為**對角矩陣**（diagonal matrix），如果當 $i \neq j$ 時，$a_{ij} = 0$。證明兩個對角矩陣的乘積依然是對角矩陣。找出一個簡單的法則來求出乘積。

15. 令 $A = \begin{bmatrix} 1 & 1 \\ 0 & 1 \end{bmatrix}$。求出 A^n 的公式，其中 n 為任意正整數。

16. 證明 $(A^t)^t = A$。

17. 令 **A** 與 **B** 皆為 $n \times n$ 矩陣。證明
    a) $(A + B)^t = A^t + B^t$
    b) $(AB)^t = B^t A^t$

若 **A** 與 **B** 皆為 $n \times n$ 矩陣，而且 $AB = BA = I_n$，則 **B** 稱為矩陣 **A** 的**反矩陣**（inverse）。（這個名詞非常適切，因為矩陣 **B** 是唯一的。）矩陣 **A** 稱為是**可逆的**（invertible）。符號 $B = A^{-1}$ 表示 **B** 為 **A** 的反矩陣。

18. 證明 $\begin{bmatrix} 2 & 3 & -1 \\ 1 & 2 & 1 \\ -1 & -1 & 3 \end{bmatrix}$ 是 $\begin{bmatrix} 7 & -8 & 5 \\ -4 & 5 & -3 \\ 1 & -1 & 1 \end{bmatrix}$ 的反矩陣。

19. 令一個 2×2 矩陣 $A = \begin{bmatrix} a & b \\ c & d \end{bmatrix}$。證明若 $ad - bc \neq 0$，則
$$A^{-1} = \begin{bmatrix} \dfrac{d}{ad - bc} & \dfrac{-b}{ad - bc} \\ \dfrac{-c}{ad - bc} & \dfrac{a}{ad - bc} \end{bmatrix}$$

20. 令 $A = \begin{bmatrix} -1 & 2 \\ 1 & 3 \end{bmatrix}$。
    a) 求出 A^{-1}。〔提示：利用習題 19。〕
    b) 求出 A^3。
    c) 求出 $(A^{-1})^3$。
    d) 利用 (b) 與 (c) 求出之結果證明 $(A^{-1})^3$ 是 A^3 的反矩陣。

21. 令 **A** 是可逆矩陣，證明 $(\mathbf{A}^n)^{-1} = (\mathbf{A}^{-1})^n$，其中 n 為正整數。

22. 令 **A** 為矩陣，證明 **AA**′ 是對稱的。〔提示：利用習題 17(b)，證明這個矩陣與其轉置矩陣相等。〕

23. 假設 **A** 是 $n \times n$ 矩陣，其中 n 為正整數。證明 **A** + **A**′ 是對稱的。

24. **a)** 若 $x_1, x_2, ..., x_n$ 為變數，證明下列線性方程組

$$a_{11}x_1 + a_{12}x_2 + \cdots + a_{1n}x_n = b_1$$
$$a_{21}x_1 + a_{22}x_2 + \cdots + a_{2n}x_n = b_2$$
$$\vdots$$
$$a_{n1}x_1 + a_{n2}x_2 + \cdots + a_{nn}x_n = b_n$$

可以表示為 **AX** = **B**，其中 **A** = $[a_{ij}]$；**X** 是 $n \times 1$ 矩陣，其第 i 行的元素是變數 x_i；而 **B** 是 $1 \times n$ 矩陣，其第 i 行的元素是 b_i。

b) 證明若 **A** = $[a_{ij}]$ 是可逆的（如習題 18 前面的定義），則 (a) 中方程組的解為 **X** = **A**$^{-1}$**B**。

25. 利用習題 18 與 24，求出下列系統的解

$$7x_1 - 8x_2 + 5x_3 = 5$$
$$-4x_1 + 5x_2 - 3x_3 = -3$$
$$x_1 - x_2 + x_3 = 0$$

26. 令 $\mathbf{A} = \begin{bmatrix} 1 & 1 \\ 0 & 1 \end{bmatrix}$ 與 $\mathbf{B} = \begin{bmatrix} 0 & 1 \\ 1 & 0 \end{bmatrix}$。求出

a) **A** ∨ **B**　　　　　　　　　　　　**b)** **A** ∧ **B**

c) **A** ⊙ **B**

27. 令 $\mathbf{A} = \begin{bmatrix} 1 & 0 & 1 \\ 1 & 1 & 0 \\ 0 & 0 & 1 \end{bmatrix}$ 與 $\mathbf{B} = \begin{bmatrix} 0 & 1 & 1 \\ 1 & 0 & 1 \\ 1 & 0 & 1 \end{bmatrix}$。求出

a) **A** ∨ **B**　　　　　　　　　　　　**b)** **A** ∧ **B**

c) **A** ⊙ **B**

28. 當 $\mathbf{A} = \begin{bmatrix} 1 & 0 & 0 & 1 \\ 0 & 1 & 0 & 1 \\ 1 & 1 & 1 & 1 \end{bmatrix}$ 與 $\mathbf{B} = \begin{bmatrix} 1 & 0 \\ 0 & 1 \\ 1 & 1 \\ 1 & 0 \end{bmatrix}$ 時，求出 **A** 與 **B** 的布林積。

29. 令 $\mathbf{A} = \begin{bmatrix} 1 & 0 & 0 \\ 1 & 0 & 1 \\ 0 & 1 & 0 \end{bmatrix}$。求出

a) $\mathbf{A}^{[2]}$　　　　　　　　　　　　**b)** $\mathbf{A}^{[3]}$

c) $\mathbf{A} \vee \mathbf{A}^{[2]} \vee \mathbf{A}^{[3]}$

30. 令 **A** 為零－壹矩陣，證明
    a) **A** ∨ **A** = **A** b) **A** ∧ **A** = **A**

31. 在這個習題中，我們將證明聯合與交遇這兩個運算都具有交換性。令 **A** 與 **B** 都是 $m \times n$ 的零－壹矩陣，證明
    a) **A** ∨ **B** = **B** ∨ **A** b) **A** ∧ **B** = **B** ∧ **A**

32. 在這個習題中，我們將證明聯合與交遇這兩個運算都具有結合性。令 **A**、**B** 與 **C** 都是 $m \times n$ 的零－壹矩陣，證明
    a) (**A** ∨ **B**) ∨ **C** = **A** ∨ (**B** ∨ **C**) b) (**A** ∧ **B**) ∧ **C** = **A** ∧ (**B** ∧ **C**)

33. 我們將在此習題中建立交遇對聯合之分配律。令 **A**、**B** 與 **C** 都是 $m \times n$ 矩陣，證明
    a) **A** ∨ (**B** ∧ **C**) = (**A** ∨ **B**) ∧ (**A** ∨ **C**) b) **A** ∧ (**B** ∨ **C**) = (**A** ∧ **B**) ∨ (**A** ∧ **C**)

34. 令 **A** 為 $m \times n$ 的零－壹矩陣，**I** 為 $m \times n$ 的單位矩陣，證明 **A** ⊙ **I** = **I** ⊙ **A** = **A**。

35. 在這個習題中，我們將證明零－壹矩陣之布林積具有結合性。假設 **A** 是 $m \times p$ 的零－壹矩陣，**B** 是 $p \times k$ 的零－壹矩陣，**C** 是 $k \times n$ 的零－壹矩陣，證明 **A** ⊙ (**B** ⊙ **C**) = (**A** ⊙ **B**) ⊙ **C**。

CHAPTER 3 演算法
Algorithms

許多問題能以考慮較一般化的問題來求解。例如，想要找出序列 101, 12, 144, 212, 98 的最大值，其實是找出數列中最大者的一個特例。為解決較一般化的問題，需要發展出一個演算法（即一連串為求解問題而採取的特定步驟）。本書將討論許多用來解決不同類型問題的演算法。例如，在本章中我們將介紹解決兩個在電腦科學上最重要問題的演算法：在表列中找尋某元素，以及將表列中的元素依序（遞增、遞減或是依字典順序）排列。稍後將描述找出兩整數之最大公因數之演算法、為一組有限集合排序的演算法，或是找出網路中最短路徑的演算法，以及求解其他問題的演算法。

我們也將介紹設計演算法的一些方式。尤其是暴力破解法，一種不靠任何技巧以直接方式求出解答的方法；貪婪演算法，一種用來求出最佳解的演算法。在研究演算法時，證明非常重要。本章中，我們將證明某個貪婪演算法永遠都能得到最佳解。

一個演算法非常關心的問題，就是此演算法之計算複雜度。亦即，解決特定大小之問題，需要多少處理的時間以及電腦記憶空間？衡量演算法的複雜度，將使用大 O 符號和大 Θ 符號，本章稍後將會介紹。此外，本章亦將說明演算法複雜度的分析，尤其針對求解問題所需的時間，也會就實務與理論上來探究演算法時間複雜度的意義。

3.1　演算法 *Algorithms*

引言

離散數學中有許多一般性的問題：給定一序列的整數，找出之間最大者；給定一個集合，表列出所有的子集合；給定一個整數集合，將其元素依遞增方式排列；給定一個網路，找出兩頂點間的最短路徑等等。在面對這些問題時，第一件事就是將問題轉化成數學模式。在這些數學模型中會使用到的離散結構有集合、序列和函數（已於第 2 章討論），其他的結構還有排列、關係、圖形、樹圖、網路等（將於稍後章節討論）。

設定適切的數學模型只是求解的一部分。為求出完整的解答，還必須找出求解這類模型之一般化問題的方法。最理想的方式，就是找出一連串的步驟，能趨向所要的解。這種一序列之步驟稱為**演算法（algorithm）**。

定義 1 ■ 一個演算法是由一組精確的指示序列所形成的有限集合，用來求解某問題或表現某些計算。

英文 algorithm 這個名詞其實是第九世紀數學家阿爾花拉子模（al-Khowarizmi）名字的誤植。其關於印度數字的著作，可說是現代十進位數字的基礎。最初 algorism 這個字用在十進位數字計算的法則中，於十八世紀演化成 algorithm。基於對計算器之興趣，演算法的概念也有了愈來愈寬廣的意義，不再只是表現算術，也泛指所有解題之明確過程。（我們將於第 4 章討論整數計算的演算法。）

本書將討論許多不同類型問題之演算法。本節利用尋找一個有限數列之最大值的問題，來探討演算法的概念與其性質。此外，我們亦將描述在集合中尋找某特定元素之演算法。稍後的章節，則將繼續介紹找出兩整數之最大公因數、網路中兩頂點之最短路徑、矩陣乘法等問題之演算法。

例題 1　描述找出一個有限整數列中的最大值的演算法。

雖然找出一個有限序列中的最大元素這個問題相當簡單，但是卻能提供演算法之概念一個相當清楚的說明。而且，在許多例題中，找出一個有限序列中的最大元素是必需的。例如，在大學中，校方必須在數千個參加競試的學生中，找出分數最高者；某體育組織，每個月都必須找出最佳的成績等。我們希望能研發出一個演算法，可以解決所有這種類型的題目。

有許多種方法能描述解決問題的過程，其中一種就是直接以一般文字來描述。

例題 1 之解法：我們將採取下列步驟：

1. 先暫定最大值為序列之第一個元素。（在此過程的任何階段中，這個暫定最大值都將是已檢驗過之整數中最大者。）
2. 將序列中下一個數與暫定最大值相比，若其大於暫定最大值，則將暫定最大值定為這個數值。
3. 若序列中還有其他的數，則重複先前之步驟。
4. 若序列中已經沒有數字，則暫定最大值即為序列之最大值。

演算法也能用電腦語言來表現。然而，只能使用電腦語言能夠允許的結構。通常這種限制會使得演算法的描述變得更為複雜且難以了解。此外，因為有許多種廣為使用的電腦語言，選擇某種特定語言是不需要的。本書將使用**虛擬碼（pseudocode**，請見隨書光碟附錄 3）的形式來描述。（同時，也將使用一般文字直接描述演算法。）虛擬碼是一種介於程式語言與一般文字間的中間步驟。在演算法的步驟中使用的指令都類似於程式語言中的用法。然而，虛擬碼中可以使用任何有良好定義的運算與陳述。以虛擬碼描述出發，便可使用任何電腦語言寫成電腦程式。

本書使用之虛擬碼大抵上皆很容易了解。它能用來當成以某種特定語言編寫程式的中間步驟。儘管虛擬碼並不遵循 Java、C、C++ 或是任何程式語言的語法，但熟悉現代

阿爾花拉子模（Abu Ja' Far Mohammed Ibn Musa Al-Khowarizmi，約 780-850 年）是天文學家及數學家，著有天文學、數學和幾何學相關的著作。西歐人就是經由他的著作而學習到代數。*algebra* 這個字來自 al-jabr，正是其著作 *Kitab al-jabr w'al muquabala* 書名中的一部分。

程式語言的學生將會非常容易理解。虛擬碼與程式語言最主要的差異性在於我們能利用任何良好定義的指令,雖然它需要編寫許多列的程式語言來執行該指令。本書虛擬碼的詳細使用內容可見隨書光碟中的附錄 3。有需要時,讀者可自行參照。

找出一個有限序列中最大元素的演算法陳述如下:

演算法 1　找出一個有限序列中的最大元素

procedure $max(a_1, a_2, \ldots, a_n:$ integers)
$max := a_1$
for $i := 2$ **to** n
　　if $max < a_i$ **then** $max := a_i$
return $max\{max$ is the largest element$\}$

演算法首先將序列中第一項 a_1 指定給變數 max。「for」迴圈用於逐一檢查序列中的每一項。若檢查之項大於現存於 max 中的值時,將新的值指定給 max。

演算法的特性　演算法具有某些共同的特性,當描述演算法時,牢記下列性質是非常有用的:

- 輸入:演算法由一個特定集合中得到輸入值。
- 輸出:演算法中每一個輸入值都將自某特定集合中得到輸出值,輸出值則為程式的結果。
- 確定性:演算法的步驟必須非常明確地定義。
- 正確性:對於每一個輸入值,演算法必須產生正確的輸出值。
- 有限性:任何輸入值在演算法中必須在有限的(也許會非常多)步驟後便能得到輸出。
- 有效性:演算法的步驟必須能夠在有限的時間內確實執行。
- 通用性:演算法的過程必須能適用於所有希望解決之問題,而非某些特殊的輸入。

例題 2　證明為找出一個有限序列中最大元素的演算法 1 滿足上述之各個特性。

解:演算法 1 的輸入是一序列的整數,輸出值則為序列中最大的整數。演算法中的步驟皆定義得十分明確,因為步驟中只有指定、有限迴圈和條件語句。為證明演算法是正確的,必須證明當演算法終結時,變數 max 的值正好是有限序列中的最大元素。我們注意到,變數 max 的初始值為序列的第一個元素。然後一一與序列中的數比較,比較後變數 max 的值將漸漸遞增。這個(非正式的)論證說明,當所有序列中的項數都檢驗過後,變數 max 的值將是有限序列中的最大元素。(嚴格的證明需要 5.1 節介紹的技巧。)演算法只用到有限個步驟,因為需要檢驗之序列中的項數是有限的。演算法將會在有限的時間內結束,因為每個步驟都只是比較或指定而已。這些步驟是有限的,而兩種運算執行的時間也是有限的。最後,演算法 1 是有通用性的,因為它適用於所有尋找有限序列中最大元素的問題。　◂

搜尋演算法

在許多情況下都會發生在列表中找尋某元素的問題。例如，利用搜尋字典（一種字的表列）來檢查是否有拼字上的錯誤。這類的問題稱為**搜尋問題**（**searching problem**）。本節將介紹數種有關搜尋的演算法，3.3 節將探討這些演算法的步驟。

一般化的搜尋問題可描述如下：在不同元素 $a_1, a_2, ..., a_n$ 中，找出元素 x，或是判斷其並不在列表之中。問題的解為找出位置 i，使得 $a_i = x$；若 x 不在集合之間，回傳 0。

線性搜尋　首先介紹的演算法稱為**線性搜尋**（**linear search**）或是**序列搜尋**（**sequential search**）。線性搜尋由比較 x 與第一項 a_1 開始，若 $x = a_1$ 則回傳 1，表示 x 在第一個位置上。若是 $x \neq a_1$，則與下一項 a_2 比較。若 $x = a_2$ 則回傳 2，表示 x 在第二個位置上。若是 $x \neq a_2$，則繼續向下比較，直到找出 x 所在的位置，或是與表列中所有的元素都不相同為止。若在表列中找不到相同的元素，則令解答為 0。線性搜尋演算法的虛擬碼如演算法 2 所示。

演算法 2　線性搜尋演算法

procedure *linear search*(x: integer, $a_1, a_2, \ldots, a_n$: distinct integers)
$i := 1$
while ($i \leq n$ **and** $x \neq a_i$)
　　$i := i + 1$
if $i \leq n$ **then** *location* := i
else *location* := 0
return *location*{*location* is the subscript of the term that equals x, or is 0 if x is not found}

二元搜尋　現在考慮另一種搜尋演算法，這種演算法通常使用在以遞增方式排列的序列。（例如，若欲尋找的是數字序列，則其排序為由小到大；若是字的序列，則為詞彙編撰排序或是字母排序。）第二種搜尋法稱為**二元搜尋演算法**（**binary search algorithm**），其進行的方式是與表列中間的項比較。將表列分為兩個相等或是項數差一的子表列。經過比較後，選擇恰當的子表列，繼續與子表列中間的項比較。在 3.3 節中，我們會證明二元搜尋演算法比線性搜尋演算法有效率。例題 3 說明二元搜尋是如何運作的。

例題 3　在下列表列中，找出 19：

　　1 2 3 5 6 7 8 10 12 13 15 16 18 19 20 22

因為表列中共有 16 項，將之分成兩部分，每部分各 8 項：

　　1 2 3 5 6 7 8 10　　12 13 15 16 18 19 20 22

將 19 與第一部分最大的數相比。因為 10 < 19，我們只比較後面部分（第二部分）的子表列，亦即第 9 項到第 16 項。再將之區分成兩部分，每部分各 4 項：

　　12 13 15 16　　18 19 20 22

因為 16 < 19，將搜尋再度限制至第二部分，亦即原始表列之第 13 項至第 16 項。再將子表列分割成各 2 項的子表列：

    18 19   20 22

由於 19 並不大於第一部分的最後一項（也是 19），將搜尋限制至第一部分，亦即原始表列之第 13、14 項。將子表列分割成各 1 項的子表列：18 與 19。因為 18 < 19，搜尋限制至第二部分，只剩下原始表列之第 14 項，正好為 19。如此一來便完成了搜尋，19 為表列之第 14 項。 ◀

我們現在列出二元搜尋演算法的步驟。為了在表列 $a_1, a_2, ..., a_n$ 中搜尋整數 x，其中 $a_1 < a_2 < \cdots < a_n$。首先將 x 與中間項 a_m 相比，其中 $m = \lfloor (n+1)/2 \rfloor$。（回顧 $\lfloor x \rfloor$ 為不大於 x 之最大整數。）若 $x > a_m$，則 x 的搜尋將限制在表列的第二部分，即 $a_{m+1}, a_{m+2}, ..., a_n$。反之，若 x 不大於 a_m，則 x 的搜尋將限制在表列的第一部分，即 $a_1, a_2, ..., a_m$。

如此一來，需要搜尋的表列元素不超過 $\lceil n/2 \rceil$（$\lceil x \rceil$ 為大於等於 x 的最小整數。）使用相同的程序，將 x 與限制後之表列的中間項相比，繼續將表列分成第一部分與第二部分。重複這樣的方式，直到表列只剩下一個元素為止，即為 x 所在位置。二元搜尋演算法以虛擬碼呈現於演算法 3。

演算法 3　二元搜尋演算法

procedure *binary search* (x: integer, $a_1, a_2, \ldots, a_n$: increasing integers)
$i := 1$ {i is left endpoint of search interval}
$j := n$ {j is right endpoint of search interval}
while $i < j$
    $m := \lfloor (i+j)/2 \rfloor$
    if $x > a_m$ **then** $i := m + 1$
    else $j := m$
if $x = a_i$ **then** *location* := i
else *location* := 0
return *location* {*location* is the subscript i of the term a_i equal to x, or 0 if x is not found}

在演算法 3 中，不斷地將欲比較的表列縮減至 a_i 到 a_j，而 a_i 為序列的最小項，a_j 為最大項。當最後只剩一項時，搜尋便完成了，只要與此項相比，便能知道想要尋找的元素在原始表列中的位置，或是不在表列中。

排序

將表列中的元素依序排列也是經常需要處理的問題。例如，編製電話簿時必須將登錄者的姓名依字母順序排列；同樣地，將一組歌曲分享至下載區時，也需要一個依字母順序排列的歌單。將電子郵件的地址依序排列，便能知道是否有重複的地址；另外，印製字典時，必須先將所有的字依英文字母的順序排列。

假設我們手邊有一組元素名單，而且也有將表列中元素依照順序排列的方法。（排序元素之符號將於 8.6 節詳加介紹。）所謂**排序**（sorting）就是將表列中元素依遞增方式排

列。例如，排序 7, 2, 1, 4, 5, 9，將會產生如下的表列：1, 2, 4, 5, 7, 9。同樣地，將 d, h, c, a, f 排序將會得到 a, c, d, f, h。

　　令人驚訝的是，有相當高比例的電腦資源是用於排序。因此，有許多精力都投入排序演算法的研發。有非常大量依循不同策略發展出的演算法，而且每隔一段時間就有新的演算法出現。高德納（Donald Knuth）在其重要著作《電腦程式的藝術》（*The Art of Computer Programming*）中，以近 400 頁的篇幅來介紹排序，其中涵蓋了 15 種不同的演算法。現今已有超過 100 種不同的排序演算法，新的排序演算法出現的頻率令人意外的快。最近的排序演算法為圖書館排序，或稱間隔插入排序法（gapped insertion sort），出現於 2006 年。有許多原因讓電腦科學家與數學家對排序演算法產生濃厚的興趣，這些原因包括有些演算法非常容易執行、有些則比較有效率、有些演算法對某些特定的電腦結構特別佔優勢、而有些則特別聰明。本節將介紹兩種排序方法：氣泡排序法和插入排序法。另外兩種方法：選擇排序法與二元插入排序法，則在習題中介紹。在 5.4 節中，我們討論合併排序，並於習題中介紹快速排序法。本書之所以會介紹這些排序法，一來因為排序本身就是個很重要的課題，二來可以用這些演算法引介出許多重要的觀念。

氣泡排序法　氣泡排序法(bubble sort)是最簡單的排序法之一，但並非最有效率的方法。它利用不停比較相鄰兩元素（若次序有錯，則對調兩元素）的方式，將表列中的元素依遞增方式排列。執行氣泡排序法是使用一個基本運算：將較大的元素與接續於其後之較小元素對調。由表列之第一個元素開始，一一經過所有元素。氣泡排序法的虛擬碼如演算法 4 所示。我們能想像將所有的元素排成一行。在氣泡排序的過程中，較小的元素，宛如「氣泡」般，因為與較大的元素對調，而慢慢上升，至於較大元素則漸漸「下沉」，見例題 4。

例題 4　利用氣泡排序法將 3, 2, 4, 1, 5 排序成遞增順序。

解：演算法的步驟如圖 1。首先比較最前面的兩數 3 和 2。因為 3 > 2，兩者對調，形成數列 2, 3, 4, 1, 5。因為 3 < 4，繼續比較 4 與 1。4 > 1，兩者交換，新的數列為 2, 3, 1, 4, 5。因為 4 < 5，第一階段完成。在第一階段中，保證了最大數 5 位於正確的位置。

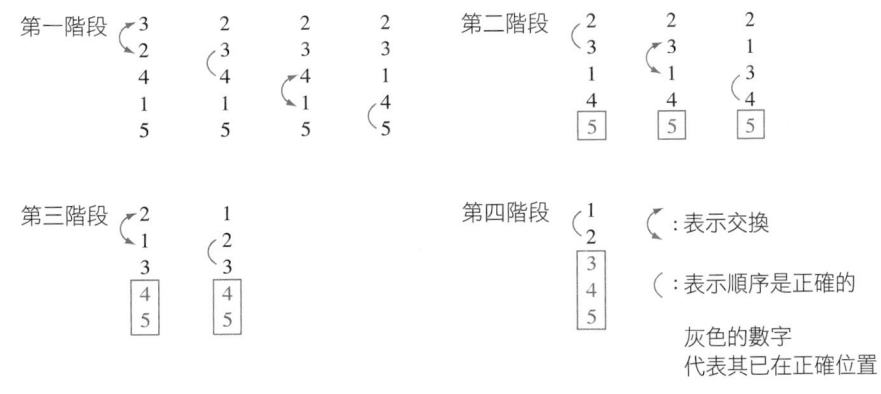

圖 1　氣泡排序法的步驟

第二階段由比較 2 和 3 開始，因為順序是正確的，繼續比較 3 與 1。因為 3 > 1，交換兩數，得到新數列 2, 1, 3, 4, 5。由於 3 < 4，可知兩者的相對位置是正確的。因為 5 的位置在第一階段已經確定。所以，不需再與 5 比較。完成這個階段後，也確定了最大的兩個數 4 與 5 都在正確位置。

第三階段同樣由比較最前面兩數 2 和 1 開始。因為 2 > 1，交換後得 1, 2, 3, 4, 5。由於 2 < 3，不需要交換。在此階段不需再做比較，因為 4、5 都在正確的位置了。完成此階段後，3, 4, 5 的位置都確定了。

第四階段只需做一次比較。因為 1 < 2，所有的元素都已經位於正確位置。整個氣泡排序法完成了。 ◀

演算法 4 氣泡排序法

procedure $bubblesort(a_1, \ldots, a_n :$ real numbers with $n \geq 2)$
for $i := 1$ **to** $n - 1$
    for $j := 1$ **to** $n - i$
        if $a_j > a_{j+1}$ **then** interchange a_j and a_{j+1}
$\{a_1, \ldots, a_n$ is in increasing order$\}$

插入排序法 插入排序法（insertion sort）是種簡單的排序法，但通常並不太有效率。要排序 n 個元素，插入排序法由插入第二個元素開始。先將第二個元素與第一個元素比較，若不大於第一個元素，則置於第一個元素前；反之，則將第二個元素置於第一個元素之後。如此可得到一個包含兩個元素，而且順序正確的序列。接下來，將第三個元素依序與第一個和第二個元素比較。根據比較之大小來決定置於此數之前或之後。元素一個一個依正確位置被插入序列中。

一般而言，在插入排序法的第 j 個步驟中，表列的第 j 個元素將被插入已經排序完成的前 $j - 1$ 個元素中的正確位置。第 j 個元素以線性搜尋技巧（見習題 43）插入：第 j 個元素持續地與已經排序好的 $j - 1$ 個元素比較，直到第一次遇到不小於此元素的數字，或是與所有的 $j - 1$ 個元素都比較過了。將第 j 個元素插入正確位置後，表列中的前 j 個元素便被排序了。演算法將持續進行，直至最後一個元素被正確地插入前 $n - 1$ 個已經排列好的表列中。插入排序法之虛擬碼可見演算法 5。

例題 5 使用插入排序法將 3, 2, 4, 1, 5 依遞增方式排列。

解：插入排序法首先比較 2 和 3。因為 3 > 2，將 2 置於第一個位置，得到的序列為 2, 3, 4, 1, 5（被排序過的部分以灰色標示）。此時，2 與 3 位於正確的順序。接下來，插入第三個數 4。4 > 2，4 > 3，將 4 插入第三個位置，得到 2, 3, 4, 1, 5。我們知道，前三者的順序是正確的。然後，必須找出第四個數 1 的正確位置。因為 1 < 2，可得 1, 2, 3, 4, 5。最後將 5 插入正確位置。因為 5 > 4，所以將 5 置於序列的最後。 ◀

演算法 5 插入排序法

procedure *insertion sort*($a_1, a_2, \ldots, a_n$: real numbers with $n \geq 2$)
for $j := 2$ **to** n
    $i := 1$
    while $a_j > a_i$
        $i := i + 1$
    $m := a_j$
    for $k := 0$ **to** $j - i - 1$
        $a_{j-k} := a_{j-k-1}$
    $a_i := m$
{$a_1, \ldots, a_n$ is in increasing order}

貪婪演算法

本書中有許多演算法是用來求解**最佳化問題**（**optimization problem**）。這些問題的目的都在求解給定問題之最大或最小值。本書稍後會討論到的最佳化問題包括：找出在公路地圖中，兩城市間最小的總里程數；盡可能使用最少的位元來編譯訊息等等。

令人驚訝的是，有種最簡單的逼近法經常可以求出最佳化問題的解法。這種方法在每個步驟都會做出當時最佳的選擇，而不會考慮達到最佳解應經過的步驟。在每一步驟都做「最好」選擇的演算法，稱為**貪婪演算法**（**greedy algorithm**）。一旦我們知道貪婪演算法找出一個合理的解時，便必須判斷此解是否為最佳解。（必須注意的是，我們稱演算法是「貪婪的」，無論找到的是否為最佳解。）為達到此目的，我們必須證明所得解為最佳解，或是找出一個反例，說明演算法找出的並非最佳解。我們將以兌換零錢的演算法來解說這個概念。

例題 6 考慮用二十五分（quarter）、十分（dime）、五分（nickel）與一分（penny）這四種銅板來組成 n 分錢，而且希望所用銅板的個數會最少。我們為此研發出一個貪婪演算法（見下面的演算法 6），在每個步驟都加入不會使總數超越 n 的最大面額銅板。例如，若希望總數為 67 分錢，首先加入一個二十五分（剩下 42 分錢）。第二步，再加入一個二十五分（剩下 17 分錢），接下來加入一個十分（剩下 7 分錢）。然後，加入一個五分（剩下 2 分錢）。最後，則是一個一分，再加另一個一分。

演算法 6 兌換零錢的貪婪演算法

procedure *change*($c_1, c_2, \ldots, c_r$: values of denominations of coins, where
    $c_1 > c_2 > \cdots > c_r$; n: a positive integer)
for $i := 1$ **to** r
    $d_i := 0$ {d_i counts the coins of denomination c_i used}
    while $n \geq c_i$
        $d_i := d_i + 1$ {add a coin of denomination c_i}
        $n := n - c_i$
{d_i is the number of coins of denomination c_i in the change for $i = 1, 2, \ldots, r$}

在著手證明此貪婪演算法能找出用二十五分、十分、五分與一分四種銅板來組成 n 分錢所需之最少銅板個數之前，我們要先說明，若使用的銅板面額只有二十五分、十分和一分時，這個貪婪演算法找出的並非最佳解。例如，當總額為 30 分錢時，依演算法會得一個二十五分和五個一分，共六個銅板。可是，我們很容易就會知道，只要三個十分的銅板就能組成 30 分錢。

> **引理 1** ■ 若 n 為正整數，想要用二十五分、十分、五分與一分四種銅板來組成 n 分錢，而且所用之銅板個數最少時，最多只能有兩個十分錢、一個五分錢、四個一分錢，而且不能同時有兩個十分和一個五分。十分、五分加上一分之銅板的總和不能超過 24 分錢。

證明：利用歸謬證法。我們將證明若有個數超過引理中所說之銅板組合存在，則一定能使用較少個數的銅板來替換。第一，若有三個十分，則能以一個二十五分和一個五分來替換。第二，若有兩個五分，則可以一個十分來替代。若有五個一分，則能以五分來替換。如果同時有兩個十分和一個五分，則能替換成一個二十五分。最後，如果十分、五分加上一分之銅板的總和超過 24 分錢，則能替換成一個二十五分。所以，若能滿足上述條件，則能找出 n 分錢所需之最少銅板數。◁

> **定理 1** ■ 貪婪演算法（演算法 6）能找出兌換零錢所需之最少銅板數。

證明：假設我們有比貪婪演算法 6 更好的最佳演算法。若利用最佳演算法組成 n 分錢需要 q' 個二十五分的銅板，而利用演算法 6 得到 q 個二十五分的銅板的話，應該有 $q' \leq q$。因為貪婪演算法中，使用的二十五分個數是最多的。然而，我們也會有 $q \leq q'$。否則，便必須將一個二十五分，換成十分、五分和一分的銅板，但根據引理 1，我們知道那是不可能的。

如此一來，我們知道在最佳解中，二十五分的個數與貪婪演算法中得到的二十五分銅板個數相同。以相同的方式來探討十分、五分和一分之個數都會相等，所以貪婪演算法（演算法 6）得到的是最佳解。◁

貪婪演算法在每個步驟都根據某種判定法做最佳的選擇。下面的例子說明當有可能的準則太多時，如何選擇會變得相當困難。

例題 7 假設有一組被推薦的演講分別列出了開始與結束的時間。假設一旦演講開始就必須持續到結束，兩場演講的時間不能重疊，但是一場演講結束後可以馬上接續下一場。設計一個貪婪演算法讓某演講廳中排入最多的演講場次。假設第 j 個演講的開始時間為 s_j，而結束的時間為 e_j。

解：使用貪婪演算法來排定最多場次，是個最佳化排程。我們必須決定在每一個步驟之後如何選擇下一場演講。當兩場演講時間不能重複的情況下，有許多準則可以用來選擇下一場。例如，我們可以將開始時間最早的場次加入；可以將時間最短的演講加入；也可以將結束時間最早的場次加入，或者使用其他的準則。

現在考慮這些可能的準則。假設在可能的演講場次中選擇開始時間最早的。我們可以建構一個反例，使得所得之演算法並沒有找出最佳的演講排程，如下：假定有三場演講，演講 1 上午八點開始，正午十二點結束；演講 2 上午九點開始，上午十點結束；演講 3 上午十一點開始，十二點結束。我們首先會選擇演講 1，因為它開始的時間最早。但接下來便無法排入演講 2 或 3，因為它們跟演講 1 都有時間上的重疊。因此，演算法的結果只有一場演講。然而，這並非最佳結果。因為我們可以先安排演講 2，然後演講 3，這兩場演講的時間並不重疊。

假定我們在允許的情況下選擇時間最短的演講。同樣地，我們可以建構一個反例，使貪婪演算法找不到最佳排程。假定有三場演講，演講 1 上午八點開始，上午九點十五分結束；演講 2 上午九點開始，上午十點結束；演講 3 上午九點四十五分開始，十一點結束。此時，我們會先選演講 2，因為它的時間最短。然而一旦選定後，便無法再排入演講 1 或 3，因為它們的時間都與演講 2 衝突。但是，我們可以同時排入演講 1 與演講 3，因為它們的時間並不重疊，而這才是最佳的排程。

然而，我們可以證明在每個步驟都選擇結束時間最早的演講，便能排入最多場次的演講。我們將在第 5 章中，以數學歸納法來證明這個結果。因而，第一步我們必須先依結束時間將所有的演講做一個排序。之後重新將演講編號，使得 $e_1 \leq e_2 \leq \cdots \leq e_n$。所得之貪婪演算法見演算法 7。◀

停機問題

現在將描述在電腦科學中一個非常著名之定理的證明。我們將證明有個問題無法以任何程序來求解——亦即所謂的**停機問題（halting problem）**。此問題想知道是否有程序能處理下面的狀況：由電腦程式中取出一個輸入值，然後將此輸入值放進程式中，判斷

演算法 7 演講排程的貪婪演算法

procedure $schedule(s_1 \leq s_2 \leq \cdots \leq s_n:$ start times of talks,
    $e_1 \leq e_2 \leq \cdots \leq e_n:$ ending times of talks)
sort talks by finish time and reorder so that $e_1 \leq e_2 \leq \cdots \leq e_n$
$S := \emptyset$
for $j := 1$ **to** n
    if talk j is compatible with S **then**
        $S := S \cup \{\text{talk } j\}$
return $S\{S$ is the set of talks scheduled$\}$

這個程式根據此輸入值執行時，最終是否會停止。若這樣的程式是存在的，則擁有此種程式會非常方便。畢竟，在編寫或除錯電腦程式時，能測試程式會不會捲入一個永無止境的迴圈中是很有用的。然而，在 1936 年時，艾倫·圖靈（Alan Turing）便證明了這樣的程式並不存在。

在證明停機問題無解之前，首先注意到，我們無法只簡單地給定輸入、執行程式、依靠觀察程式做了什麼，就得以判斷出它是否終將停止。因為，若程式終止，我們當然能得到程式會停止的答案。可是，若執行了固定的時間而被迫中斷，我們無法判斷到底是程式永遠不會停止，還是只是因為給定的時間不夠長。

接下來將簡述圖靈對停機問題的證明——使用歸謬證法。（此證明並不嚴謹，因為我們並未明確地定義何謂一個程序。要解決這個問題，我們需要圖靈機的概念。）

證明： 假設停機問題有個解法，一個稱作 $H(P, I)$ 的程序。程序 $H(P, I)$ 需要兩個輸入，一個程式 P 與另一個視為 P 之輸入的程式 I。若 H 判斷，當給定輸入 I 時，P 會停止，則輸出字串「halt」（停機）；反之，則製造字串「loops forever」（死循環）當作輸出。現在，我們將導出矛盾。

當程序被編碼時，以字元字串來表示。這個字串能以位元序列來解釋；也就是說，程式本身能夠被當成數據來使用。也因此，程式本身能作為另一個（甚至是自身）程式的輸入。所以，H 能同時以程式 P 當成兩個輸入；而 $H(P, P)$ 應該能判定以 P 當成本身的輸入時，P 是否會停機。

為證明沒有這種能解決停機問題的程式 H 存在，我們建構一個簡單的程式 $K(P)$，其利用 $H(P, P)$ 之輸出的運作方式如下：若 $H(P, P)$ 的輸出為死循環，則 $K(P)$ 停機；若 $H(P, P)$ 的輸出為停機，則 $K(P)$ 不斷地循環（死循環），見圖 2。

現在，假定以 K 為程式 K 的輸入。我們會發現，若 $H(K, K)$ 的輸出為「死循環」，則根據 K 的定義，$K(K)$ 會停機；反之，若 $H(K, K)$ 的輸出為「停機」，則 $K(K)$ 會不斷地循環。這與 H 告訴我們的自相矛盾。

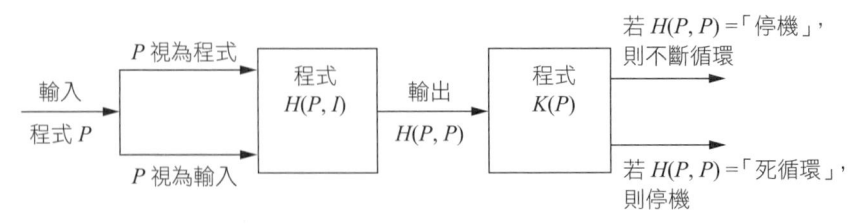

也就是說，H 並沒有辦法永遠得到正確的答案。所以，沒有程式能解決停機問題。 ◁

圖 2 證明停機問題是不可解的

習題 Exercises

* 表示為較難的練習；** 表示為高度挑戰性的練習；☞ 對應正文。

1. 利用演算法 1 找出下列有限序列中的最大元素，並列出演算法中所有的步驟：1, 8, 12, 9, 11, 2, 14, 5, 10, 4。

2. 判斷下列之演算法具有何種特性（陳述於演算法 1 之後），而且缺少哪些特性？

    a) **procedure** *double*(*n*: positive integer)
       while *n* > 0
          n := 2*n*

    b) **procedure** *divide*(*n*: positive integer)
       while *n* ≥ 0
          m := 1/*n*
          n := *n* − 1

    c) **procedure** *sum*(*n*: positive integer)
       sum := 0
       while *i* < 10
          sum := *sum* + *i*

    d) **procedure** *choose*(*a*, *b*: integers)
       x := either *a* or *b*

3. 設計一個演算法，找出某個整數集合中所有數目的總和。

4. 描述一個演算法，其輸入值為 *n* 個整數的串列，輸出值為序列中任一個整數減掉其下一個整數所得之差中最大的數目。

5. 描述一個演算法，其輸入值為 *n* 個非遞減整數的串列。列出所有在串列中出現兩次以上的數。〔一個整數表列稱為**非遞減的（nondecreasing）**，如果表列中的每個整數都至少與前一個整數一樣大。〕

6. 描述一個演算法，其輸入值為 *n* 個整數的串列。找出串列中所有的負整數。

7. 描述一個演算法，其輸入值為 *n* 個整數的串列。找出串列中的最後一個偶數，若串列中沒有偶數，則回傳 0。

8. 描述一個演算法，其輸入值為 *n* 個相異整數的串列。找出串列中最大的偶數，若串列中沒有偶數，則回傳 0。

9. 所謂**迴文（palindrome）**是指順念與反念都相同的字串。描述一個演算法，用來判斷一個包含 *n* 個符號的字串是否為迴文。

10. 提出一個演算法用來計算 x^n，其中 *x* 為實數，而 *n* 為整數。〔提示：首先找出一個計算 x^n 的過程，其中 *n* 為非負整數，x^n 為連續將 *x* 乘 *n* 次，初始值由 1 開始。接下來，利用 $x^{-n} = 1/x^n$，來計算當 *n* 為負整數時的 x^n。〕

11. 描述一個演算法，用來交換變數 *x* 與 *y* 的賦值。最少需要多少賦值語句？

12. 描述一個只使用賦值語句的演算法以 (*x*, *y*, *z*) 代替 (*y*, *z*, *x*)。最少需要多少賦值語句？

13. 列出用來尋找序列 1, 3, 4, 5, 6, 8, 9, 11 中之 9，使用下列搜尋之所有步驟。

    a) 線性搜尋   b) 二元搜尋

14. 分別列出線性搜尋與二元搜尋用來尋找習題 13 之序列中之 7 的所有步驟。
15. 描述一個演算法，將整數 x 依正確順序插入遞增的整數表列 $a_1, a_2, ..., a_n$ 中。
16. 描述一個演算法，在一個自然數的有限序列中找出最小的數。
17. 描述一個演算法，在一個整數序列中，找出最大數第一次出現的位置，其中序列中的數不一定都相異。
18. 描述一個演算法，在一個整數序列中，找出最小數最後一次出現的位置，其中序列中的數不一定都相異。
19. 描述一個演算法，在一個只有三個整數的集合中，找出最大數、最小數、中位數與平均數。〔所謂**中位數（median）**是指當序列依遞增方式排列時，位於最中間的數。**平均數（mean）**是集合中所有數的總和除以元素之個數。〕
20. 描述一個演算法，能同時找出一個整數序列的最大數與最小數。
21. 描述一個演算法，在任意長度的整數序列中，將前三個數依遞增方式排列。
22. 描述一個演算法，在一個英文句子中，找出最長的英文單字。
23. 描述一個演算法，判斷一個由有限整數集合對應至另一個有限整數集合的函數是否為映成。
24. 描述一個演算法，判斷一個由有限整數集合對應至另一個有限整數集合的函數是否為一對一。
25. 描述一個演算法，以逐一比較的方式求出在位元字串中有多少個 1。
26. 修改演算法 3，使得二元搜尋過程中，每一個步驟都比較 x 和 a_m。若 $x = a_m$，則終止演算法。這個改寫過的演算法有什麼優點？
27. **三元搜尋演算法（ternary search algorithm）**用於在遞增整數序列中找出某元素。首先，將欲搜尋的列表等分成（或是盡量接近等分）三個子序列，然後將搜尋侷限於某個合適的子序列。說明這種演算法的步驟。
28. 在遞增整數序列中找出某元素，採將欲搜尋的列表等分成（或是盡量接近等分）四個子序列，然後將搜尋侷限於某個合適的子序列。詳細說明這種演算法的步驟。

在一個表列中，相同元素可能出現數次。一個整數表列之**眾數（mode）**是指在這個表列中出現次數最多的整數。一個整數表列可能會有數個眾數。

29. 設計一個演算法，找出非遞減數列中的一個眾數。
30. 設計一個演算法，找出非遞減數列中的所有眾數。
31. 設計一個演算法，找出整數序列中第一個與先前出現過的數字相同的項。
32. 設計一個演算法，找出有限整數序列中，大於其前面項所有整數和的所有項數。
33. 設計一個演算法，找出正整數序列中，第一個小於前一項數字的項數。
34. 利用氣泡排序法將 6, 2, 3, 1, 5, 4 排序，標示出每一個步驟得到的表列。
35. 利用氣泡排序法將 3, 1, 5, 7, 4 排序，標示出每一個步驟得到的表列。
36. 利用氣泡排序法將 d, f, k, m, a, b 排序，標示出每一個步驟得到的表列。
*37. 修改氣泡排序法，使得當不需要再做交換時，演算法便會終止。將這種比較有效率的方法以虛擬碼表示。

38. 利用插入排序法將習題 34 的表列排序，列出每一個步驟得到的表列。
39. 利用插入排序法將習題 35 的表列排序，列出每一個步驟得到的表列。
40. 利用插入排序法將習題 36 的表列排序，列出每一個步驟得到的表列。

選擇排序法（selection sort） 是先找出表列中的最小元素，將它放到第一項，然後找出其餘項數的最小元素，將它放到第二項。依此類推，重複這個過程，直到所有的項數都被排序為止。

41. 利用選擇排序法將下列數列排序。
    a) 3, 5, 4, 1, 2
    b) 5, 4, 3, 2, 1
    c) 1, 2, 3, 4, 5
42. 將選擇排序演算法以虛擬碼表示。
43. 描述一個根據線性搜尋寫成的演算法，用來判斷將新元素插入已排序表列中的位置是否正確。
44. 描述一個根據二元搜尋寫成的演算法，用來判斷將新元素插入已排序表列中的位置是否正確。
45. 利用插入排序法為 1, 2, ..., n 排序時，需要用到多少次比較？
46. 利用插入排序法為 $n, n-1, ..., 2, 1$ 排序時，需要用到多少次比較？

二元插入排序法（binary insertion sort） 是插入排序法的變化版本。利用二元搜尋技巧而非線性搜尋技巧，將第 i 個元素插入已排序好的序列中。

47. 列示出利用二元排序法將 3, 2, 4, 5, 1, 6 排序的所有步驟。
48. 比較利用插入排序法與二元插入排序法將 7, 4, 3, 8, 1, 5, 4, 2 排序所需比較的次數。
*49. 將二元插入排序法以虛擬碼表示。
50. a) 設計一個插入排序法的變化版本，利用線性搜尋技巧將第 j 個元素與第 $j-1$ 個元素比較，然後與第 $j-2$ 個元素比較。逐一與前一項比較，比較結束後，將其插入正確的位置。
    b) 利用此演算法排序 3, 2, 4, 5, 1, 6。
    c) 利用此演算法回答習題 45。
    d) 利用此演算法回答習題 46。
51. 若一個元素表列已經接近正確排序的順序，使用插入排序法是否會比習題 50 的排序法好？
52. 利用貪婪演算法將下列總和之金額兌換成二十五分、十分、五分與一分四種銅板。
    a) 87 分錢。
    b) 49 分錢。
    c) 99 分錢。
    d) 33 分錢。
53. 利用貪婪演算法將下列總和之金額兌換成二十五分、十分、五分與一分四種銅板。
    a) 51 分錢。
    b) 69 分錢。
    c) 76 分錢。
    d) 60 分錢。
54. 利用貪婪演算法將習題 52 之金額兌換成二十五分、十分與一分三種銅板。這些金額中，哪些可用貪婪演算法求出最少銅板個數？

55. 利用貪婪演算法將習題 53 之金額兌換成二十五分、十分與一分三種銅板。這些金額中，哪些可用貪婪演算法求出最少銅板個數？

56. 若有十二分面額的銅板，證明利用二十五分、十二分、十分、五分與一分五種銅板，貪婪演算法無法為每種金額都找出最少的兌換銅板個數。

57. 利用演算法 7，從一組可能的演講中為某演講廳做最多場演講的排程。這組演講的開始與結束時間如下：9:00 AM 到 9:45 AM；9:30 AM 到 10:00 AM；9:50 AM 到 10:15 AM；10:00 AM 到 10:30 AM；10:10 AM 到 10:25 AM；10:30 AM 到 10:55 AM；10:15 AM 到 10:45 AM；10:30 AM 到 11:00 AM；10:45 AM 到 11:30 AM；10:55 AM 到 11:25 AM；11:00 AM 到 11:15 AM。

58. 例題 7 描述的貪婪演算法，是在每個步驟中，挑出尚未排入行程且與其他演講時間重疊最少者，將之排入行程表中。證明這種演算法不見得能找到最佳排程。

* **59. a)** 設計一個貪婪演算法，當知道 n 場演講的開始與結束時間，便能決定容納所有演講所需要的最少演講廳數目。

  b) 證明你的演算法能找到最佳解。

假設有 s 個男人 $m_1, m_2, ..., m_s$，與 s 個女人 $w_1, w_2, ..., w_s$，我們希望替每個人找到一個異性伴侶。若每個人對於異性中的所有人選都有個喜好的順序（沒有相同喜好順序存在）。當我們說，某種配對方式是**穩定的**（**stable**），表示無法找到兩個沒有互相配成對的男人 m 和女人 w，其中 m 喜愛 w 超過自己的伴侶，而且 w 喜歡 m 也超過自己的伴侶。

60. 假定有三個男人 m_1, m_2, m_3 與三個女人 w_1, w_2, w_3。每個人對異性之喜好順序由高至低如下：$m_1: w_3, w_1, w_2$；$m_2: w_1, w_2, w_3$；$m_3: w_2, w_3, w_1$；$w_1: m_1, m_2, m_3$；$w_2: m_2, m_1, m_3$；$w_3: m_3, m_2, m_1$。就形成三對伴侶的六種可能性，一一探究其是否為穩定的配對。

延遲接受演算法（deferred acceptance algorithm，或稱 **Gale-Sharpley 演算法**）能用來建構男女穩定配對的問題。在演算法中，將一種性別稱為**求婚者**（**suitor**），而另一種性別稱為**匹配者**（**suitee**）。演算法中採取一系列的回合，在每個回合中，每位求婚者都向尚未拒絕過自己而且喜好順序最高的匹配者求婚。而同一回合中，喜好順序最高的求婚者將被擱置，直到更具吸引力的求婚者出現，該求婚者時結束才會被拒絕。這一系列的回合，將在每一位求婚者都恰巧只有一個擱置求婚時結束。接下來，所有的擱置求婚都將被接受。

61. 寫出延遲接受演算法的虛擬碼。

62. 證明延遲接受演算法會結束。

* **63.** 證明延遲接受演算法終將結束於一個穩定的配對。

64. 證明下面的問題無解：判斷某程式給定輸入是否終將印出 1 這個數字。

65. 證明下面的問題有解：給定兩個程式及其輸入，而且知道其中剛巧會有一個停機，判斷何者會停機。

66. 證明下面的問題有解：決定一個特定程式及其特定輸入是否會停機。

3.2 函數的成長 The Growth of Functions

引言

我們在 3.1 節討論演算法的概念，並介紹解決數種不同問題的演算法，包括在某表列中，搜尋一個元素和排序。3.3 節將研究這些演算法所使用的運算次數，並估計線性和二元搜尋演算法中的比較次數；同樣也會計算在氣泡排序和插入排序法中的比較次數。執行演算法所需的時間取決於使用運算次數的多寡，當然也受到執行演算法程式使用之硬體與軟體的影響。然而，我們發現更換執行程式的軟硬體，其使用時間的長短只有常數倍數的差別而已。例如，使用超級電腦求解 n 個元素的問題會比個人電腦快十萬倍。但是，十萬這個數字與 n 的大小並無關聯（或者只有很些微的關係）。本節介紹之**大 O 符號**（big-*O* notation）在估計函數之成長上有個很大的強項，我們不需要擔心常數倍數和次數較小的項數。也就是說，我們可以不必擔心更換軟硬體所發生的改變。此外，使用大 O 符號可以假設所有不同的運算所需要的時間是相同的。這樣一來，便能簡化分析過程。

大 O 符號被廣泛地用來估算，當輸入量增加時，演算法使用之運算次數。基於這個緣由，我們能判斷在輸入量增加時，使用某個特殊演算法是否實際。此外，大 O 符號也能用來判定兩種演算法中，何者較有效率。例如，利用兩種演算法同時求解一個相同的問題，若一個需要 $100n^2 + 17n + 4$ 的運算次數，而另一種需要 n^3 個運算，大 O 符號能告訴我們，在 n 很大時，第一種演算法所需要的運算次數要少得多。儘管當 n 比較小時（例如，當 n = 10），第二種演算法用到的運算次數較少。

本節將介紹大 O 符號以及相關的大 Ω 符號和大 Θ 符號。我們將解釋應如何建構大 O、大 Ω 符號和大 Θ 符號，也會建立用來分析演算法之重要函數的估計。

大 O 符號

函數的成長經常使用一個特殊的符號來描述。定義 1 即為此符號之描述。

> **定義 1** ■ 令 f 與 g 為由整數集合或實數集合對映至實數集合的函數。我們說 $f(x)$ 是 $O(g(x))$，如果存在常數 C 與 k，使得
>
> $$|f(x)| \le C|g(x)|$$
>
> 每當 $x > k$ 時。〔讀作 $f(x)$ 是 $g(x)$ 的大 O。〕

注意：就直觀上而言，$f(x)$ 是 $O(g(x))$ g 的定義告訴我們，當 x 愈來愈大時，$f(x)$ 的函數值增加的速度小於某固定函數 $g(x)$ 之函數值的倍數。

大 O 符號定義中的常數 C 與 k 稱為 $f(x)$ 是 $O(g(x))$ 這個關係的**證人**（witness）。要建立 $f(x)$ 是 $O(g(x))$，只需要一對這個關係的證人。換言之，欲證明 $f(x)$ 是 $O(g(x))$，只要找到一對（證人）C 與 k，使得每當 $x > k$ 時，$|f(x)| \leq C|g(x)|$。

我們注意到，若存在一對 $f(x)$ 是 $O(g(x))$ 的證人，其實便存在著無限多對證人。若 C 與 k 是一對證人，則任何一對滿足 $C < C'$ 與 $k < k'$ 的 C' 與 k'，每當 $x > k' > k$，也會使得 $|f(x)| \leq C|g(x)| \leq C'|g(x)|$。

大 O 符號的歷史　數學家使用大 O 符號已經超過一個世紀了。在電腦科學的領域中，大 O 符號則廣泛地用來分析演算法。德國數學家保羅‧巴赫曼於 1892 年一本有關數論的書中，首先介紹這個符號。大 O 符號有時也稱為**蘭道符號**（Landau symbol），用以紀念德國數學家艾蒙德‧蘭道，他所有的研究幾乎都與這個符號有關。在電腦科學中，普遍大量使用大 O 符號的數學家為高德納，他也引入了大 Ω 符號與大 Θ 符號，將於本節稍後介紹。

如何使用大 O 符號的定義　尋找證人的有效方式為：先選擇一個 k 的值，當 $x > k$ 時，$|f(x)|$ 的大小能很快地估算出來。接下來看看是否能用這個估算值，求出當 $x > k$ 時，可以滿足 $|f(x)| \leq C|g(x)|$ 的 C。我們以例題 1 說明這種方式。

保羅‧巴赫曼（Paul Gustav Heinrich Bachmann，1837-1920）是路德教派牧師之子，承襲父親虔敬的生活與對音樂的喜愛。在大學任教退休後，依然繼續從事數學研究，並於報紙中撰寫樂評。其數學著作包括五卷有關數論方法與結果的論述、兩卷基礎數論的研究、一本與無理數有關的書籍，以及一本關於著名的費馬最後定理之專書。他於 1892 年出版的著作《解析數論》（*Analytische Zahlentheorie*）中介紹大 O 符號。

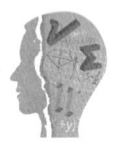

艾蒙德‧蘭道（Edmund Landau，1877-1938）出生於柏林，1899 年畢業後於柏林大學教書，而後轉至哥廷根擔任全職教授，直至納粹迫使他停止授課為止。蘭道在數學上的貢獻主要在於解析數論，並建立了數個與質數分布有關的結果。其著作有三卷和數論有關的評註，以及數論和數學分析方面的書籍。

高德納（Donald E. Knuth，生於 1938）成長於美國密爾瓦基市。高德納可說是複雜度計算現代研究的奠基者，對編譯器方面有許多重要的貢獻。因為不滿意數學的排版印刷，研發出目前廣為人使用的 TeX 與 Metafont 系統。現在，TeX 已經成為電腦印刷的標準語言。高德納曾獲得許多獎項，其中最重要的是 1974 年的圖靈獎與 1979 年由當時的美國總統卡特親手頒發的國家技術獎。

高德納非常熱衷於寫作。對電腦科學影響深遠的叢書《電腦程式的藝術》，始於 1962 年，是當高德納還是研究生時所寫有關編譯器的文章。在一般的行話中，「高德納」是指「電腦程式的藝術」，是所有有關資料結構和演算法之問題的解答。

高德納的學術文章出現在許多電腦科學與數學領域之中。第一篇文章出版於 1957 年，當年他還是大一新鮮人。高德納也是個教堂風琴手，甚至也編寫風琴樂曲。他相信編寫電腦程式也可以是一種美學經驗，一如創作詩篇與音樂。

高德納會付給第一個發現他書中錯誤的人 2.56 美元，對提出有價值建議的人也會支付 0.32 美元。但是，如果你寫信告訴他你發現的錯誤，可能需要等待數月之久才能得到回覆。因為他收到的郵件實在太多了。而且，你必須以一般郵件的方式寄給他，因為高德納已經放棄閱讀電子郵件了。（本書作者曾寄信指出高德納書中的錯誤。經過數個月後，終於收到高德納的回信，他告訴本書作者，這個錯誤早在數個月前就已經有人發現了。）

例題 1 證明 $f(x) = x^2 + 2x + 1$ 是 $O(x^2)$。

解： 我們能很快地估算出當 $x > 1$ 時 $f(x)$ 的大小。因為 $x < x^2$ 而且 $1 < x^2$。因此，當 $x > 1$ 時，$0 \leq x^2 + 2x + 1 \leq x^2 + 2x^2 + x^2 = 4x^2$，可參照圖 1。結果，可令 $C = 4$，$k = 1$ 為證人來得證 $f(x)$ 是 $O(x^2)$。（在此，我們可省略絕對值，因為在 x 為正數時，所有討論的函數皆為正。）

另外，我們也能估算當 $x > 2$ 時 $f(x)$ 的大小。因為 $2x < x^2$ 而且 $1 < x^2$。因此，當 $x > 1$ 時，$0 \leq x^2 + 2x + 1 \leq x^2 + x^2 + x^2 = 3x^2$。結果，可令 $C = 3$，$k = 2$ 為證人來得證 $f(x)$ 是 $O(x^2)$。

觀察「$f(x)$ 是 $O(x^2)$」這個關係，我們發現 x^2 能換成所有值大於 x^2 的函數；也就是說，$f(x)$ 是 $O(x^3)$、$f(x)$ 是 $O(x^2 + x + 7)$ 等等。

此外，x^2 是 $O(x^2 + 2x + 1)$ 亦成立，因為當 $x > 1$ 時，$x^2 < x^2 + 2x + 1$。因此，$C = 1$ 而 $k = 1$ 為 x^2 是 $O(x^2 + 2x + 1)$ 這個關係的證人。　◀

在例題 1 中，我們發現兩函數 $f(x) = x^2 + 2x + 1$ 與 $g(x) = x^2$，同時有「$f(x)$ 是 $O(g(x))$」與「$g(x)$ 是 $O(f(x))$」。我們稱這兩個同時滿足大 O 符號的函數 $f(x)$ 與 $g(x)$ 為**同階（same order）**。本節稍後將會再回來討論這個符號。

注意： $f(x)$ 是 $O(g(x))$ 這個事實，有時會記為 $f(x) = O(g(x))$。只是，此處的等號並不是真正的等號。這樣的符號是在說明，當定義域中的值夠大時，關於 f 與 g 的不等式成立。不過，寫成 $f(x) \in O(g(x))$ 是能接受的，因為能將 $O(g(x))$ 視為所有為 $O(g(x))$ 之函數所成的集合。

當 $f(x)$ 是 $O(g(x))$，而且當 x 相當大時，$h(x)$ 為絕對值大於 $g(x)$ 的函數。我們可得 $f(x)$ 是 $O(h(x))$。換言之，在 $f(x)$ 是 $O(g(x))$ 的關係中，函數 $g(x)$ 能被置換成一個絕對值較大的函數。上述事實的證明如下：

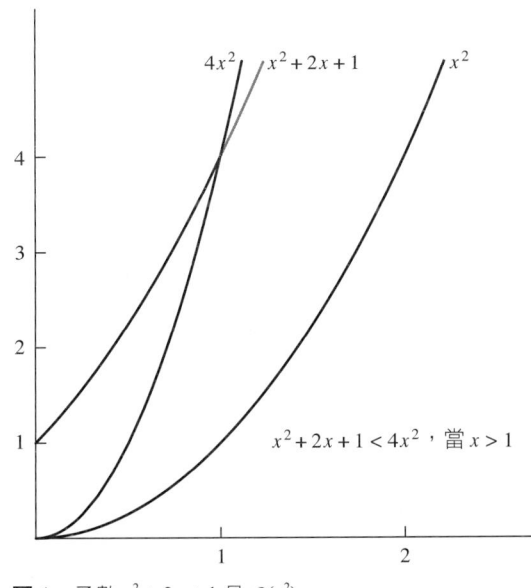

圖 1 函數 $x^2 + 2x + 1$ 是 $O(x^2)$

若當 $x > k$ 時，$|f(x)| \leq C|g(x)|$

而且，對所有的 $x > k$，$|h(x)| > |g(x)|$。因此，

當 $x > k$ 時，$|f(x)| \leq C|h(x)|$

所以，$f(x)$ 是 $O(h(x))$。

當使用大 O 符號時，在 $f(x)$ 是 $O(g(x))$ 中僅可能選擇較小的函數 $g(x)$。(有時，從參考的函數集合中，我們會選擇 x^n 形式的函數，其中 n 為正整數。)

在後續討論中，我們幾乎只處理函數值為正數的部分。因此，在大 O 估算這類函數時，可以省略絕對值。圖 2 說明 $f(x)$ 是 $O(g(x))$ 的關係。

例題 2 說明大 O 符號如何用來估計函數的成長。

例題 2　證明 $7x^2$ 是 $O(x^3)$。

解：當 $x > 7$ 時，我們有 $7x^2 < x^3$。(要得到這個不等式，可以將 x^2 乘到不等式 $x > 7$ 的兩端。) 所以，令 $C = 1$，$k = 7$ 為證人來建立 $7x^2$ 是 $O(x^3)$ 這個關係。同樣地，$7x^2 < 7x^3$。所以，$C = 7$，$k = 7$ 也是 $7x^2$ 是 $O(x^3)$ 這個關係的證人。◀

例題 3 陳述一個大 O 關係不存在的例子。

例題 3　證明 n^2 不是 $O(n)$。

解：要證明 n^2 不是 $O(n)$，我們必須證明找不到一對證人 C 與 k，使得當 $n > k$ 時，$n^2 \leq Cn$。我們將以歸謬證法來證明。

假定存在常數 C 與 k，使得當 $n > k$ 時，$n^2 \leq Cn$。由於 $n > 0$，我們能將 $n^2 \leq Cn$ 兩邊同時除以 n，得到 $n \leq C$。無論 C 與 k 為何，我們都無法使所有符合 $n > k$ 的數 n，都滿足 $n \leq C$。這個矛盾證明了 n^2 不是 $O(n)$。◀

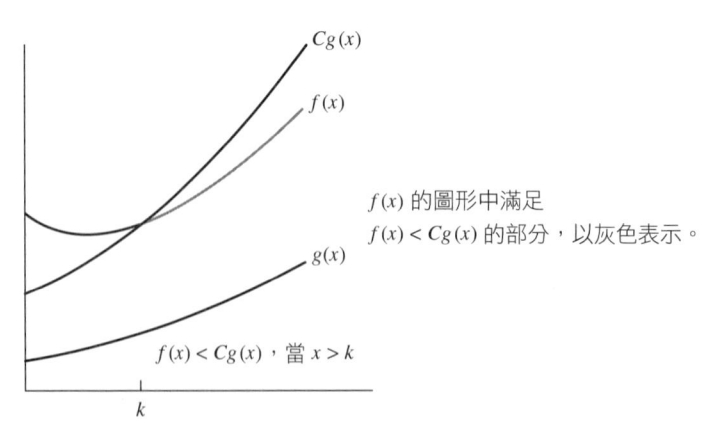

圖 2　函數 $f(x)$ 是 $O(g(x))$

例題 4　在例題 2 中證明，$7x^2$ 是 $O(x^3)$，則 x^3 是否為 $O(7x^2)$？

解：要判斷 x^3 是否為 $O(7x^2)$，必須判斷是否找得到證人 C 與 k，使得當 $x > k$ 時，$x^3 \leq C(7x^2)$。我們將使用歸謬證法來證明滿足不等式的證人並不存在。

若 C 與 k 為證人，則不等式 $x^3 \leq C(7x^2)$ 對所有的 $x > k$ 都成立。將不等式兩端都除以大於零的 x^2，不等式 $x^3 \leq C(7x^2)$ 等價於 $x \leq 7C$。然而我們發現，不可能找到 C 與 k，使得所有符合 $x > k$ 的數 x，都滿足 $x \leq 7C$。所以，x^3 不是 $O(7x^2)$。　◀

一些重要函數的大 O 估計

多項式將常用來估計函數的成長。因此，與其分析個別出現的多項式，不如求出一個能用來估算多項式成長的結果。定理 1 就是一個這樣的結果。定理證明多項式的首項支配了多項式的成長。

定理 1　■　令 $f(x) = a_n x^n + a_{n-1} x^{n-1} + \cdots + a_1 x + a_0$，其中 $a_0, a_1, ..., a_{n-1}, a_n$ 皆為實數，則 $f(x)$ 為 $O(x^n)$。

證明：利用三角不等式：如果 x 和 y 為實數，則 $|x| + |y| \geq |x + y|$，若 $x > 1$，我們有

$$|f(x)| = |a_n x^n + a_{n-1} x^{n-1} + \cdots + a_1 x + a_0|$$
$$\leq |a_n| x^n + |a_{n-1}| x^{n-1} + \cdots + |a_1| x + |a_0|$$
$$= x^n \left(|a_n| + |a_{n-1}|/x + \cdots + |a_1|/x^{n-1} + |a_0|/x^n \right)$$
$$\leq x^n \left(|a_n| + |a_{n-1}| + \cdots + |a_1| + |a_0| \right)$$

這些不等式證明了

$$|f(x)| \leq C x^n$$

其中，每當 $x > 1$，$C = |a_n| + |a_{n-1}| + \cdots + |a_1| + |a_0|$。所以，$C = |a_n| + |a_{n-1}| + \cdots + |a_1| + |a_0|$ 與 $k = 1$ 可以當成證人，證明 $f(x)$ 為 $O(x^n)$。　◀

下面例題中，函數之定義域都是正整數所形成的集合。

例題 5　大 O 符號如何用來估計前 n 個正整數之和？

解：因為前 n 個正整數之和滿足下列不等式

$$1 + 2 + \cdots + n \leq n + n + \cdots + n = n^2$$

令 $C = 1$ 與 $k = 1$ 當成證人，可證出 $1 + 2 + 3 + \cdots + n$ 為 $O(n^2)$。（在這個例題中，大 O 關係內之函數的定義域為正整數集合。）　◀

在例題 6 中，大 O 估計將推導至階乘函數及其對數函數，這些估計對將來分析排序程序所需之步驟數目非常重要。

例題 6 求出階乘函數及其對數函數的大 O 估計。階乘函數 $f(n) = n!$ 定義為

$$n! = 1 \cdot 2 \cdot 3 \cdot \cdots \cdot n$$

其中，n 為正整數，而且 $0! = 1$。此外，

$$1! = 1, \quad 2! = 1 \cdot 2 = 2, \quad 3! = 1 \cdot 2 \cdot 3 = 6, \quad 4! = 1 \cdot 2 \cdot 3 \cdot 4 = 24$$

我們發現函數 $n!$ 成長得非常快速。例如，$20! = 2,432,902,008,176,640,000$。

解：$n!$ 的大 O 估計可以由下面的觀察得到：

$$\begin{aligned} n! &= 1 \cdot 2 \cdot 3 \cdot \cdots \cdot n \\ &\leq n \cdot n \cdot n \cdot \cdots \cdot n \\ &= n^n \end{aligned}$$

不等式證明 $n!$ 是 $O(n^n)$，令此關係的證人為 $C = 1$ 與 $k = 1$。若對不等式的兩端同時取對數，得到

$$\log n! \leq \log n^n = n \log n$$

如此可得 $\log n!$ 為 $O(n \log n)$，其證人依然是 $C = 1$ 與 $k = 1$。◀

例題 7 在 4.1 節中，我們將證明當 n 為正整數時，$n < 2^n$。證明此不等式能推論出 n 是 $O(2^n)$，以及 $\log n$ 是 $O(n)$。

解：利用不等式 $n < 2^n$，取證人為 $C = 1$ 與 $k = 1$，我們能很快地證明 n 是 $O(2^n)$。因為對數函數是遞增的，將不等式兩端同時取對數（以 2 為底），可得

$$\log n < n$$

因此，$\log n$ 是 $O(n)$。（再次以 $C = 1$ 與 $k = 1$ 為證人。）

如果我們以不同於 2 的整數 b 為底來取對數，依然會得到 $\log n$ 是 $O(n)$。因為，

$$\log_b n = \frac{\log n}{\log b} < \frac{n}{\log b}$$

取 $C = 1/\log b$ 與 $k = 1$ 為證人，再次得到 $\log n$ 是 $O(n)$。（我們在此用到隨書光碟中附錄 2 的定理 3，$\log_b n = \log n / \log b$。）◀

就如我們先前提到的，大 O 符號是用來估算利用某特殊過程或演算法求解某問題時，所需要的運算次數。在估計中使用到的函數通常有

$$1, \log n, n, n \log n, n^2, 2^n, n!$$

利用微積分的知識，我們發現上面所列出的函數中，前面的函數都小於後面的函數。換一種方式來說，當 n 趨近於無窮大時，前一個函數與後一個函數的比值將趨近於零。圖 3 呈現出這些函數的成長。圖形中垂直刻度以對數方式呈現，也就是說，上面刻度是下面刻度的兩倍。

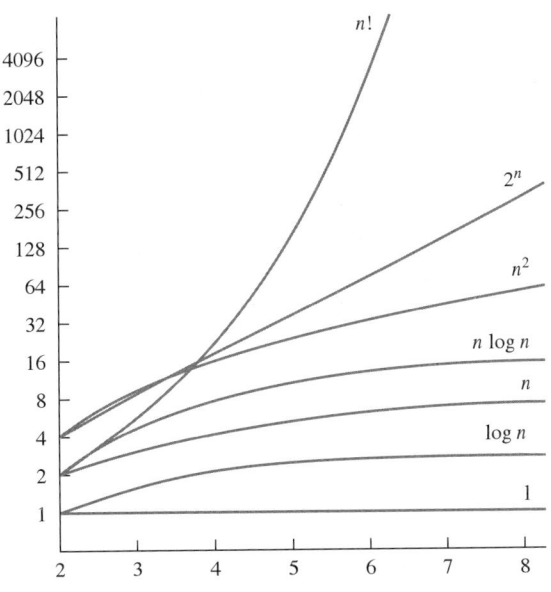

圖 3 經常用於大 O 估計之函數的成長圖形

牽涉到對數、冪次和指數函數的大 O 估計　下面將給定數個重要的事實，用來幫助我們判斷兩函數間是否有大 O 關係，我們將關注與 b^n（$b>1$）有關之對數、冪次與指數函數。這些事實的證明需要微積分的知識，將留在習題 57 至習題 60。

定理 1 說明若 $f(n)$ 為一個 d 次多項式，則 $f(n)$ 為 $O(n^d)$。使用這個定理可得，若 $d > c > 1$，則 n^c 是 $O(n^d)$。這個結果的逆命題並不成立，讀者請自行檢驗。綜合所得結果，可得知若 $d > c > 1$，則

n^c 是 $O(n^d)$，但是 n^d 並不是 $O(n^c)$

在例題 7 中，曾證明當 $b > 1$ 時，$\log_b n$ 是 $O(n)$。推廣到更一般化的情況，當 $b > 1$ 且 c 與 d 為正，我們有

$(\log_b n)^c$ 是 $O(n^d)$，但是 n^d 並不是 $O((\log_b n)^c)$

也就是說，每個以 b ($b > 1$) 為底之對數 n 的冪次方都是每個 n 之正冪次方的大 O，但其逆命題並不成立。

在例題 7 中，我們也證明了 n 是 $O(2^n)$。更一般化的結果為：當 d 為正，$b > 1$，我們有

n^d 是 $O(b^n)$，但是 b^n 並不是 $O(n^d)$

這個事實告訴我們，每個 n 的正冪次方都是大於 1 之數 n 次方的大 O，其逆命題還是不成立。更進一步的事實為：當 $c > b > 1$，

b^n 是 $O(c^n)$，但是 c^n 並不是 $O(b^n)$

也就是說，兩個不同底，但底都大於 1 的指數函數，若其中一個是另一個的大 O，若且唯若前者的底小於或等於後者的底。

組合函數之成長

有許多演算法由兩個或兩個以上分開的子程序所組成。使用演算法來求解某種特殊規模之輸入量的問題時，其使用之總步驟數等於所有子程序的步驟數之和。為求出演算法執行步驟數之大 O 估計，就必須求出所有子程序執行步驟數之大 O 估計。

如果能小心地處理各個不同函數的大 O 估計，則能夠求出組合函數的大 O 估計。由於經常要求兩函數之和或者是乘積的大 O 估計，如果知道個別函數的大 O 估計會有什麼幫助呢？為了解哪一種估計對已知兩函數之和與積能夠成立，我們假設 $f_1(x)$ 是 $O(g_1(x))$，而且 $f_2(x)$ 是 $O(g_2(x))$。

根據大 O 符號的定義，存在常數 C_1、C_2、k_1 和 k_2，使得每當 $x > k_1$ 時，

$$|f_1(x)| \leq C_1|g_1(x)|$$

以及每當 $x > k_2$ 時，

$$|f_2(x)| \leq C_2|g_2(x)|$$

為了估計 $f_1(x)$ 和 $f_2(x)$ 的和，我們注意到

$$|(f_1 + f_2)(x)| = |f_1(x) + f_2(x)|$$
$$\leq |f_1(x)| + |f_2(x)| \quad \text{（使用三角不等式 } |a + b| \leq |a| + |b|\text{）}$$

當 x 同時大於 k_1 和 k_2 時，會得到下列不等式：

$$|f_1(x)| + |f_2(x)| \leq C_1|g_1(x)| + C_2|g_2(x)|$$
$$\leq C_1|g(x)| + C_2|g(x)|$$
$$= (C_1 + C_2)|g(x)|$$
$$= C|g(x)|$$

其中，$C = C_1 + C_2$，而 $g(x) = \max(|g_1(x)|, |g_2(x)|)$。〔$\max(a, b)$ 表示 a 和 b 兩數中比較大者。〕

上述不等式證明了 $|(f_1 + f_2)(x)| \leq C|g(x)|$，當 $x > k$ 時，其中 $k = \max(k_1, k_2)$。我們得到定理 2。

定理 2 ■ 假設 $f_1(x)$ 是 $O(g_1(x))$ 與 $f_2(x)$ 是 $O(g_2(x))$，則 $(f_1 + f_2)(x)$ 是 $O(\max(|g_1(x)|, |g_2(x)|))$。

我們通常利用相同的函數 $g(x)$ 來作函數 $f_1(x)$ 及 $f_2(x)$ 的大 O 估計。在這種情況下，定理 2 告訴我們 $(f_1 + f_2)(x)$ 也是 $O(g(x))$。因為 $\max(g(x), g(x)) = g(x)$。這個結果為系理 1。

系理 1 ■ 假設 $f_1(x)$ 與 $f_2(x)$ 都是 $O(g(x))$，則 $(f_1 + f_2)(x)$ 也是 $O(g(x))$。

我們能以相似的方法，推導出函數 f_1 與 f_2 的大 O 估計。當 x 大於 $\max(k_1, k_2)$，我們有

$$|(f_1 f_2)(x)| = |f_1(x)||f_2(x)|$$
$$\leq C_1|g_1(x)|C_2|g_2(x)|$$
$$\leq C_1 C_2|(g_1 g_2)(x)|$$
$$\leq C|(g_1 g_2)(x)|$$

其中，$C = C_1 C_2$。觀察不等式，$f_1(x)f_2(x)$ 是 $O(g_1 g_2(x))$，因為存在常數 $C = C_1 C_2$ 與 $k = \max(k_1, k_2)$，使得當 $x > k$ 時，$|(f_1 f_2)(x)| \leq C|g_1(x)g_2(x)|$。此結果陳述於定理 3。

定理 3 ■ 假設 $f_1(x)$ 是 $O(g_1(x))$，$f_2(x)$ 是 $O(g_2(x))$，則 $(f_1 f_2)(x)$ 是 $O(g_1(x)g_2(x))$。

利用大 O 符號來估計函數，主要的目標就在求出盡量簡單的函數 $g(x)$，其相對的成長速度較為緩慢，使得 $f(x)$ 是 $O(g(x))$。例題 8 和例題 9 顯示如何使用定理 2 和定理 3 來求出所需的函數。這些例題所使用的分析方法，也是電腦程式求解問題時用來分析所花費時間的方法。

例題 8 給定一個函數 $f(n) = 3n \log(n!) + (n^2 + 3) \log n$，當 n 為正整數時，求出其大 O 估計。

解：首先，估計兩函數的積 $3n \log(n!)$。根據例題 6，我們知道 $\log(n!)$ 是 $O(n \log n)$，利用這個估計與 $3n$ 是 $O(n)$ 的事實。定理 3 告訴我們 $3n \log(n!)$ 是 $O(n^2 \log n)$。

接下來，估計 $(n^2 + 3) \log n$。因為當 $n > 2$，$(n^2 + 3) < 2n^2$，可知 $n^2 + 3$ 是 $O(n^2)$。所以，根據定理 3，$(n^2 + 3) \log n$ 是 $O(n^2 \log n)$。利用定理 2 結合兩個大 O 估計，得證 $f(x) = 3n \log(n!) + (n^2 + 3) \log n$ 是 $O(n^2 \log n)$。◀

例題 9 求出函數 $f(x) = (x + 1) \log(x^2 + 1) + 3x^2$ 的大 O 估計。

解：首先，求出 $(x + 1) \log(x^2 + 1)$ 的大 O 估計。因為 $(x + 1)$ 是 $O(x)$。此外，當 $x > 1$，$x^2 + 1 \leq 2x^2$。所以，當 $x > 2$ 時，

$$\log(x^2 + 1) \leq \log(2x^2) = \log 2 + \log x^2 = \log 2 + 2\log x \leq 3\log x$$

這證明了 $\log(x^2 + 1)$ 是 $O(\log x)$。

根據定理 3 可得 $(x + 1) \log(x^2 + 1)$ 是 $O(x \log x)$。因為 $3x^2$ 是 $O(x^2)$，定理 2 告訴我們函數 $f(x)$ 是 $O(\max(x \log x, x^2))$。因為當 $x > 1$ 時，$x \log x \leq x^2$，所以 $f(x)$ 是 $O(x^2)$。◀

大 Ω 符號與大 Θ 符號

雖然大 O 符號廣泛地用來描述函數的成長，但仍有其限制。具體地來說，當 $f(x)$ 是 $O(g(x))$ 時，對相當大的 x，函數值 $f(x)$ 能找到一個與 $g(x)$ 有關的上界。然而，大 O 符號

並不能提供當 x 相當大時，函數值 $f(x)$ 的下界。此時，我們使用**大 Ω 符號**（big-Omega notation）。若打算同時求出當 x 相當大時，函數值 $f(x)$ 的上界與下界，則使用**大 Θ 符號**（big-Theta notation）。大 Ω 符號與大 Θ 符號都是高德納於 1970 年代引介的。他介紹這兩種符號的目的，是因為當同時需要知道函數的上下界時，大 O 符號經常遭到誤用。

我們先介紹大 Ω 符號並說明其用法，然後再介紹大 Θ 符號。

定義 2 ■ 令 f 和 g 為由整數集合（或實數集合）對應到實數集合的函數。我們說 $f(x)$ 是 $\Omega(g(x))$，如果存在正的常數 C 和 k，使得

當 $x > k$ 時，$|f(x)| \geq C|g(x)|$

〔讀作 $f(x)$ 是 $g(x)$ 的大 Ω。〕

大 O 符號和大 Ω 符號有非常強的關聯。具體來說，$f(x)$ 是 $\Omega(g(x))$，若且唯若 $g(x)$ 是 $O(f(x))$。我們將這個事實的證明留給讀者當成練習。

例題 10 函數 $f(x) = 8x^3 + 5x^2 + 7$ 是 $\Omega(g(x))$，其中 $g(x) = x^3$。我們很容易就能看出，對所有的正實數 x，$f(x) = 8x^3 + 5x^2 + 7 \geq 8x^3$。這個不等式也同樣證明 $g(x) = x^3$ 是 $O(8x^3 + 5x^2 + 7)$。◀

通常，了解相對簡單函數的成長速度十分重要。例如，當 n 是正整數時的 x^n，與當 $c > 1$ 時的 c^x。此時，便同時需要知道函數值大小的上界與下界。也就是說，給定函數 $f(x)$，我們需要求出參考函數 $g(x)$，使得 $f(x)$ 是 $O(g(x))$，而且同時 $f(x)$ 是 $\Omega(g(x))$。大 Θ 符號的定義如下，它能同時提供函數的上界及下界。

定義 3 ■ 令 f 和 g 為由整數集合（或實數集合）對應到實數集合的函數。我們說 $f(x)$ 是 $\Theta(g(x))$，如果 $f(x)$ 是 $O(g(x))$，而且同時 $f(x)$ 也是 $\Omega(g(x))$。當 $f(x)$ 是 $\Theta(g(x))$，我們說 $f(x)$ 是 $g(x)$ 的大 Θ，也可以說 $f(x)$ 與 $g(x)$ 同階（order）。

當 $f(x)$ 是 $\Theta(g(x))$ 時，另一個方向的情形 $g(x)$ 是 $\Theta(f(x))$ 也成立。我們同時也注意到，$f(x)$ 是 $\Theta(g(x))$ 若且唯若 $f(x)$ 是 $O(g(x))$，而且同時 $g(x)$ 也是 $O(f(x))$（見習題 31）。此外，我們注意到 $f(x)$ 是 $\Theta(g(x))$ 若且唯若存在實數 C_1、C_2 與正實數 k，使得

$C_1|g(x)| \leq |f(x)| \leq C_2|g(x)|$

其中 $x > k$。常數 C_1、C_2 與 k 的存在，分別告訴我們 $f(x)$ 是 $O(g(x))$ 以及 $f(x)$ 是 $\Omega(g(x))$。

通常在使用大 Θ 符號時，若函數 $f(x)$ 非常複雜，則參考函數 $g(x)$ 經常都相對簡單。例如，x^n、c^x、$\log x$ 等等。

例題 11 我們已經證明（例題 5）首 n 個正整數的和是 $O(n^2)$。首 n 個正整數的和與 n^2 是否同階？

解： 令 $f(n) = 1 + 2 + \cdots + n$。已知 $f(n)$ 是 $O(n^2)$，為了證明 $f(n)$ 與 n^2 同階，必須求出正的常數 C，使得對相當大的整數 n 而言，$f(n) > Cn^2$。要得到這個總和的下界，我們將忽視前面一半的項數。只將大於 $\lceil n/2 \rceil$ 的項相加，得到

$$1 + 2 + \cdots + n \geq \lceil n/2 \rceil + (\lceil n/2 \rceil + 1) + \cdots + n$$
$$\geq \lceil n/2 \rceil + \lceil n/2 \rceil + \cdots + \lceil n/2 \rceil$$
$$= (n - \lceil n/2 \rceil + 1) \lceil n/2 \rceil$$
$$\geq (n/2)(n/2)$$
$$= n^2/4$$

不等式證明了 $f(n)$ 是 $\Omega(n^2)$。如此一來，我們得到結論為 $f(n)$ 與 n^2 同階，以術語來説，$f(n)$ 是 $\Theta(n^2)$。◀

例題 12 證明 $3x^2 + 8x \log x$ 是 $\Theta(x^2)$。

解： 當 $x > 1$，因為 $0 \leq 8x \log x \leq 8x^2$，可以得到 $3x^2 + 8x \log x \leq 11x^2$，所以 $3x^2 + 8x \log x$ 是 $O(x^2)$。很明顯地，x^2 是 $O(3x^2 + 8x \log x)$。所以，$3x^2 + 8x \log x$ 是 $\Theta(x^2)$。◀

有個很有用的事實告訴我們，多項式的首項能決定它的階。例如，若 $f(x) = 3x^5 + x^4 + 17x^3 + 2$，則 $f(x)$ 與 x^5 同階。此結果陳述於定理 4，其證明留在習題 50。

定理 4 ■ 令 $f(x) = a_n x^n + a_{n-1} x^{n-1} + \cdots + a_1 x + a_0$，其中 $a_0, a_1, ..., a_n$ 皆為實數，且 $a_n \neq 0$，則 $f(x)$ 與 x^n 同階。

例題 13 多項式 $3x^8 + 10x^7 + 221x^2 + 1444$、$x^{19} - 18x^4 - 10,112$ 和 $-x^{99} + 40,001x^{98} + 100,003x$ 的階數分別為 x^8、x^{19} 和 x^{99}。◀

很不幸地，高德納發現有些作者或講者，經常不小心地將大 Θ 符號誤用成大 O 符號。所以，當看到大 O 符號時，必須提醒自己，是否該使用大 Θ 符號。近年來，當需要求出函數值之上下界時，便使用大 Θ 符號。

習題 Exercises

*表示為較難的練習；**表示為高度挑戰性的練習；☞ 對應正文。

習題 1-14，建立大 O 的關係，請找出證人 C 與 k，使得當 x > k 時，$|f(x)| \leq C|g(x)|$。

1. 判斷下列各函數是否為 $O(x)$。
   a) $f(x) = 10$
   b) $f(x) = 3x + 7$
   c) $f(x) = x^2 + x + 1$
   d) $f(x) = 5 \log x$
   e) $f(x) = \lfloor x \rfloor$
   f) $f(x) = \lceil x/2 \rceil$

2. 判斷下列各函數是否為 $O(x^2)$。
   a) $f(x) = 17x + 11$
   b) $f(x) = x^2 + 1000$
   c) $f(x) = x \log x$
   e) $f(x) = x^4/2$
   e) $f(x) = 2^x$
   f) $f(x) = \lfloor x \rfloor \cdot \lceil x \rceil$

3. 利用「$f(x)$ 是 $O(g(x))$」的定義來證明 $x^4 + 9x^3 + 4x + 7$ 是 $O(x^4)$。

4. 利用「$f(x)$ 是 $O(g(x))$」的定義來證明 $2^x + 17$ 是 $O(3^x)$。

5. 證明 $(x^2 + 1)/(x + 1)$ 是 $O(x)$。

6. 證明 $(x^3 + 2x)/(2x + 1)$ 是 $O(x^2)$。

7. 求出最小的整數 n，使得 $f(x)$ 是 $O(x^n)$。
   a) $f(x) = 2x^3 + x^2 \log x$
   b) $f(x) = 3x^3 + (\log x)^4$
   c) $f(x) = (x^4 + x^2 + 1)/(x^3 + 1)$
   d) $f(x) = (x^4 + 5\log x)/(x^4 + 1)$

8. 求出最小的整數 n，使得 $f(x)$ 是 $O(x^n)$。
   a) $f(x) = 2x^2 + x^3 \log x$
   b) $f(x) = 3x^5 + (\log x)^4$
   c) $f(x) = (x^4 + x^2 + 1)/(x^4 + 1)$
   d) $f(x) = (x^3 + 5\log x)/(x^4 + 1)$

9. 證明 $x^2 + 4x + 17$ 是 $O(x^3)$，但 x^3 不是 $O(x^2 + 4x + 17)$。

10. 證明 x^3 是 $O(x^4)$，但 x^4 不是 $O(x^3)$。

11. 證明 $3x^4 + 1$ 是 $O(x^4/2)$，而且 $x^4/2$ 是 $O(3x^4 + 1)$。

12. 證明 $x \log x$ 是 $O(x^2)$，但 x^2 不是 $O(x \log x)$。

13. 證明 2^n 是 $O(3^n)$，但 3^n 不是 $O(2^n)$。（注意：這是習題 60 的特殊形式。）

14. 若 $g(x)$ 為下列給定函數，x^3 是否為 $O(g(x))$？
    a) $g(x) = x^2$
    b) $g(x) = x^3$
    c) $g(x) = x^2 + x^3$
    d) $g(x) = x^2 + x^4$
    e) $g(x) = 3^x$
    f) $g(x) = x^3/2$

15. 解釋一個函數是 $O(1)$ 的意義。

16. 證明若 $f(x)$ 是 $O(x)$，則 $f(x)$ 是 $O(x^2)$。

17. 假設 $f(x)$、$g(x)$ 和 $h(x)$ 為函數，且滿足 $f(x)$ 是 $O(g(x))$，以及 $g(x)$ 是 $O(h(x))$。證明 $f(x)$ 是 $O(h(x))$。

18. 令 k 為正整數，證明 $1^k + 2^k + \cdots + n^k$ 是 $O(n^{k+1})$。

19. 判斷函數 2^{n+1} 與 2^{2n} 是否為 $O(2^n)$。

20. 判斷函數 $\log(n+1)$ 與 $\log(n^2+1)$ 是否為 $O(\log n)$。

21. 重新排列下列函數，使得前一個函數是後一個函數的大 O：$\sqrt{n}$, $1000 \log n$, $n \log n$, $2n!$, 2^n, 3^n 以及 $n^2/1{,}000{,}000$。

22. 重新排列下列函數，使得前一個函數是後一個函數的大 O：$(1.5)^n$, n^{100}, $(\log n)^3$, $\sqrt{n} \log n$, 10^n, $(n!)^2$ 以及 $n^{99} + n^{98}$。

23. 假設你有兩個不同的演算法能求解相同的問題。當問題的大小為 n 時，若第一個演算法用到 $n(\log n)$ 個運算，而第二個演算法用到 $n^{3/2}$ 個運算。當 n 愈來愈大時，哪一個演算法使用的運算次數較少？

24. 假設你有兩個不同的演算法能求解相同的問題。當問題的大小為 n 時，若第一個演算法用到 $n^2 2^n$ 個運算，而第二個演算法用到 $n!$ 個運算。當 n 愈來愈大時，哪一個演算法使用的運算次數較少？

25. 盡可能求出下列函數最好的大 O 估計。

   a) $(n^2+8)(n+1)$
   b) $(n \log n + n^2)(n^3+2)$
   c) $(n! + 2^n)(n^3 + \log(n^2+1))$

26. 求出下列函數 f 的大 O 估計 $O(g(x))$，使用最低階的簡單函數 $g(x)$。

   a) $(n^3 + n^2 \log n)(\log n + 1) + (17 \log n + 19)(n^3 + 2)$
   b) $(2^n + n^2)(n^3 + 3^n)$
   c) $(n^n + n2^n + 5^n)(n! + 5^n)$

27. 求出下列函數 f 的大 O 估計 $O(g(x))$，使用最低階的簡單函數 $g(x)$。

   a) $n \log(n^2+1) + n^2 \log n$
   b) $(n \log n)^2 + (\log n + 1)(n^2+1)$
   c) $n^{2^n} + n^{n^2}$

28. 判斷習題 1 中的函數是否為 $\Omega(x)$？是否為 $\Theta(x)$？

29. 判斷習題 2 中的函數是否為 $\Omega(x^2)$？是否為 $\Theta(x^2)$？

30. 證明下面給定的函數對為同階。

   a) $3x+7$, x
   b) $2x^2 + x - 7$, x^2
   c) $\lfloor x + 1/2 \rfloor$, x
   d) $\log(x^2+1)$, $\log_2 x$
   e) $\log_{10} x$, $\log_2 x$

31. 證明 $f(x)$ 為 $\Theta(g(x))$，若且唯若 $f(x)$ 是 $O(g(x))$ 而且 $g(x)$ 是 $O(g(x))$。

32. 若 $f(x)$ 與 $g(x)$ 皆為由實數集合對應至實數集合，證明 $f(x)$ 是 $O(g(x))$ 若且唯若 $g(x)$ 是 $\Omega(f(x))$。

33. 若 $f(x)$ 與 $g(x)$ 皆為由實數集合對應至實數集合，證明 $f(x)$ 為 $\Theta(g(x))$ 若且唯若存在常數 k、C_1 與 C_2，使得每當 $x > k$ 時，$C_1 |g(x)| \leq |f(x)| \leq C_2 |g(x)|$。

34. a) 根據習題 33，由直接求出常數 k、C_1 與 C_2 來證明 $3x^2 + x + 1$ 是 $\Theta(3x^2)$。

   b) 利用繪出函數 $3x^2 + x + 1$、$C_1 \cdot 3x^2$ 和 $C_2 \cdot 3x^2$ 的圖形，而常數 k 在 x 軸上，比較圖形來表示 $3x^2 + x + 1$ 是 $\Theta(3x^2)$ 這個關係。

35. 利用圖形來表現 $f(x)$ 是 $\Theta(g(x))$ 這個關係。繪出函數 $f(x)$、$C_1|g_1(x)|$ 和 $C_2|g_2(x)|$，而 k 在 x 軸上。

36. 解釋一個函數是 $\Omega(1)$ 的意義。

37. 解釋一個函數是 $\Theta(1)$ 的意義。

38. 求出首 n 個正奇數之積的大 O 估計。

39. 證明若 f 和 g 為實函數且 $f(x)$ 是 $O(g(x))$，則對每個正整數 n 而言，$f^n(x)$ 是 $O(g^n(x))$。〔注意 $f^n(x) = f(x)^n$。〕

40. 證明對所有大於 1 的實數 a 與 b，若 $f(x)$ 是 $O(\log_b x)$，則 $f(x)$ 是 $O(\log_a x)$。

41. 假設 $f(x)$ 是 $O(g(x))$，其中 f 和 g 是遞增和無界函數。證明 $\log|f(x)|$ 是 $O(\log|g(x)|)$。

42. 假設 $f(x)$ 是 $O(g(x))$，$2^{f(x)}$ 是否為 $O(2^{g(x)})$？

43. 令 $f_1(x)$ 和 $f_2(x)$ 為由實數集合對應到正實數集合的函數。證明若 $f_1(x)$ 和 $f_2(x)$ 皆為 $\Theta(g(x))$，其中 $g(x)$ 為由實數集合對應到正實數集合的函數，則 $f_1(x) + f_2(x)$ 也是 $\Theta(g(x))$。若 $f_1(x)$ 和 $f_2(x)$ 也能對應到負實數，則上述結果是否依然成立？

44. 假設 $f(x)$、$g(x)$ 和 $h(x)$ 為函數，使得 $f(x)$ 為 $\Theta(g(x))$，而 $g(x)$ 為 $\Theta(h(x))$。證明 $f(x)$ 是 $\Theta(h(x))$。

45. 令 $f_1(x)$ 和 $f_2(x)$ 為由正實數集合對應到正實數集合的函數，而且 $f_1(x)$ 和 $f_2(x)$ 皆為 $\Theta(g(x))$，則 $(f_1 - f_2)(x)$ 是否也是 $\Theta(g(x))$？證明上述結論成立，或舉出反例。

46. 令 $f_1(x)$ 和 $f_2(x)$ 為由正整數集合對應到正實數集合的函數，且 $f_1(x)$ 為 $\Theta(g_1(x))$，而 $f_2(x)$ 為 $\Theta(g_2(x))$，則證明 $(f_1 f_2)(x)$ 是 $\Theta(g_1 g_2(x))$。

47. 求出由正整數對應到實數的函數 f 和 g，使得 $f(n)$ 不為 $O(g(n))$，而 $g(n)$ 不為 $O(f(n))$。

48. 繪出函數 $f(x)$ 與 $Cg(x)$ 的圖形，以及令常數 k 在 x 軸上。利用圖形來表現 $f(x)$ 是 $\Omega(g(x))$ 的關係。

49. 證明若 $f_1(x)$ 為 $\Theta(g_1(x))$ 與 $f_2(x)$ 為 $\Theta(g_2(x))$，而且對所有正實數 $x > 0$，$f_2(x) \neq 0$ 及 $g_2(x) \neq 0$，則 $(f_1/f_2)(x)$ 是 $\Theta(g_1/g_2(x))$。

50. 令 $f(x) = a_n x^n + a_{n-1} x^{n-1} + \cdots + a_1 x + a_0$，其中 $a_0, a_1, \ldots, a_{n-1}, a_n$ 皆為實數，且 $a_n \neq 0$。證明 $f(x)$ 為 $\Theta(x^n)$。

大 O 符號、大 Θ 符號與大 Ω 符號也能推廣至多個變數。例如，當我們說 $f(x, y)$ 是 $O(g(x, y))$，是指存在常數 C、k_1 與 k_2，使得當 $x > k_1$ 與 $y > k_2$ 時，$|f(x, y)| \leq C|g(x, y)|$。

51. 定義「$f(x, y)$ 是 $\Theta(g(x, y))$」。

52. 定義「$f(x, y)$ 是 $\Omega(g(x, y))$」。

53. 證明 $(x^2 + xy + x \log y)^3$ 為 $O(x^6 y^3)$。

54. 證明 $x^5 y^3 + x^4 y^4 + x^3 y^5$ 為 $\Omega(x^3 y^3)$。

55. 證明 $\lfloor xy \rfloor$ 為 $O(xy)$。

56. 證明 $\lceil xy \rceil$ 為 $\Omega(xy)$。

57. （需要微積分的基礎）證明若 $c > d > 0$，則 n^d 是 $O(n^c)$，但是 n^c 並不是 $O(n^d)$。

58. （需要微積分的基礎）證明當 $b > 1$ 且 c 與 d 為正，我們有 $(\log_b n)^c$ 是 $O(n^d)$，但是 n^d 並不是 $O((\log_b n)^c)$。

59. （需要微積分的基礎）當 d 為正，$b > 1$，我們有 n^d 是 $O(b^n)$，但是 b^n 並不是 $O(n^d)$。

60. （需要微積分的基礎）當 $c > b > 1$，b^n 是 $O(c^n)$，但是 c^n 並不是 $O(b^n)$。

接下來的問題牽涉到其他形態的漸近符號，稱為**小 o 符號**（little-o notation）。小 o 符號的基礎為極限的概念，求解下列問題也需要微積分的基礎。我們說 $f(x)$ 是 $o(g(x))$〔讀作 $f(x)$ 是 $g(x)$ 的小 o〕，若

$$\lim_{x \to \infty} \frac{f(x)}{g(x)} = 0$$

61. （需要微積分的基礎）證明
   a) x^2 是 $o(x^3)$
   b) $x \log x$ 是 $o(x^2)$
   c) x^2 是 $o(2^x)$
   d) $x^2 + x + 1$ 不是 $o(x^2)$

62. （需要微積分的基礎）
   a) 證明若 $f(x)$ 和 $g(x)$ 為函數，使得 $f(x)$ 為 $o(g(x))$ 而 c 為常數，則 $cf(x)$ 為 $o(g(x))$，其中 $(cf)(x) = cf(x)$。
   b) 證明若 $f_1(x)$、$f_2(x)$ 和 $g(x)$ 為函數，使得 $f_1(x)$ 與 $f_2(x)$ 皆為 $o(g(x))$，則 $(f_1 + f_2)(x)$ 亦為 $o(g(x))$，其中 $(f_1 + f_2)(x) = f_1(x) + f_2(x)$。

63. （需要微積分的基礎）繪出 $x \log x$、x^2 和 $x \log x / x^2$ 的圖形，解釋此圖如何證明 $x \log x$ 是 $o(x^2)$。

64. （需要微積分的基礎）繪出 $f(x)$、$g(x)$ 和 $f(x)/g(x)$ 的圖形，利用圖形來解釋 $f(x)$ 是 $o(g(x))$ 的關係。

* **65.** （需要微積分的基礎）假設 $f(x)$ 為 $o(g(x))$，是否能推論出 $2^{f(x)}$ 是 $o(2^{g(x)})$？

* **66.** （需要微積分的基礎）假設 $f(x)$ 為 $o(g(x))$，是否能推論出 $\log|f(x)|$ 是 $o(\log|g(x)|)$？

67. （需要微積分的基礎）本題有兩部分，用來描述小 o 符號與大 O 符號的關係。
   a) 證明若 $f(x)$ 和 $g(x)$ 為函數，使得 $f(x)$ 為 $o(g(x))$，則 $f(x)$ 為 $O(g(x))$。
   b) 證明若 $f(x)$ 和 $g(x)$ 為函數，使得 $f(x)$ 為 $O(g(x))$，則不必然有 $f(x)$ 為 $o(g(x))$。

68. （需要微積分的基礎）證明若 $f(x)$ 為 n 階多項式，而 $g(x)$ 為 m 階多項式，其中 $m > n$，則 $f(x)$ 是 $o(g(x))$。

69. （需要微積分的基礎）證明若 $f_1(x)$ 為 $O(g(x))$，而 $f_2(x)$ 是 $o(g(x))$，則 $f_1(x) + f_2(x)$ 為 $O(g(x))$。

70. （需要微積分的基礎）令 H_n 為**調和數**（harmonic number）

$$H_n = 1 + \frac{1}{2} + \frac{1}{3} + \cdots + \frac{1}{n}$$

證明 H_n 為 $O(\log n)$。〔提示：首先驗證

$$\sum_{j=2}^{n} \frac{1}{j} < \int_1^n \frac{1}{x} dx$$

用來證明將 $j = 2, 3, ..., n$，底為 1 而高為 $1/j$ 之矩形面積總和小於由 2 至 n 間 $1/x$ 之曲線下的面積。〕

* **71.** 證明 $n \log n$ 為 $O(\log n!)$。
☞ **72.** 判斷 $\log n!$ 是否為 $\Theta(n \log n)$，驗證你的答案。
* **73.** 證明當 $n > 4$ 時，$\log n!$ 大於 $(n \log n)/4$。〔提示：由不等式 $n! > n(n-1)(n-2)\ldots\lceil n/2 \rceil$ 開始。〕

令 $f(x)$ 與 $g(x)$ 皆為由實數集合對應至實數集合的函數。我們稱 $f(x)$ 與 $g(x)$ **漸近**（**asymptotic**），記為 $f(x) \sim g(x)$，若 $\lim_{x \to \infty} f(x)/g(x) = 1$。

74.（需要微積分的基礎）判斷下列給定之函數對是否漸近？

a) $f(x) = x^2 + 3x + 7$, $g(x) = x^2 + 10$
b) $f(x) = x^2 \log x$, $g(x) = x^3$
c) $f(x) = x^4 + \log(3x^8 + 7)$, $g(x) = (x^2 + 17x + 3)^2$
d) $f(x) = (x^3 + x^2 + x + 1)^4$, $g(x) = (x^4 + x^3 + x^2 + x + 1)^3$

75.（需要微積分的基礎）判斷下列給定之函數對是否漸近？

a) $f(x) = \log(x^2 + 1)$, $g(x) = \log x$
b) $f(x) = 2^{x+3}$, $g(x) = 2^{x+7}$
c) $f(x) = 2^{2^x}$, $g(x) = 2^{x^2}$
d) $f(x) = 2^{x^2 + x + 1}$, $g(x) = 2^{x^2 + 2x}$

3.3 演算法的複雜度 Complexity of Algorithms

引言

演算法何時可以提供問題一個令人滿意的解？首先，演算法必須永遠得到正確的解答。第 5 章將會探討如何證明解的正確性。其次，演算法必須有效率。此即本節要探討的課題。

如何分析演算法的效率？有一種度量效率的方法是在某特定輸入規模時，測量電腦使用該演算法解題所花費的時間。第二種度量方法則是在某特定輸入規模時，觀察電腦使用該演算法解題所需的記憶體。

上述問題皆與演算法的**計算複雜度**（**computational complexity**）有關。分析求解特定規模問題所需要的時間牽涉到演算法的**時間複雜度**（**time complexity**）。分析需要多少電腦記憶體則與演算法的**空間複雜度**（**space complexity**）有關。在實際操作演算法時，考慮演算法時間複雜度與空間複雜度是不容忽視的。很明顯地，了解演算法是否能在一微秒、一分鐘或是數十億年後才能產生正確解非常重要。同樣地，求解問題所需的記憶體也應該是能夠負荷的，所以空間複雜度也應納入考量。

空間複雜度與執行演算法的資料結構密切相關。因為本書並不打算深入探討資料結構，所以暫不考慮空間複雜度，而是將注意力集中在時間複雜度上。

時間複雜度

演算法的時間複雜度可以用該演算法在特定輸入規模的狀況下，電腦執行的演算次數表示。用以測量時間複雜度所需的運算可能是比較整數大小、整數加法、整數除法或者其他的基本運算。

時間複雜度是以所需的運算次數來表示，而不是以電腦執行的實際時間來表示。因為不同的電腦執行基本運算時所需的時間並不相同，而且要將所有運算分解為電腦所使用的基本的位元操作是非常複雜的過程。除此之外，目前已知最快速的電腦可以在 10^{-11} 秒內（10 微微秒）執行基本位元運算（包括加法、乘法、比較與位元交換），但個人電腦可能需要 10^{-8} 秒（10 奈秒），兩者執行相同運算的時間相差 1000 倍。

下面舉例說明如何分析一個演算法的時間複雜度，考慮 3.1 節演算法 1：求出有限整數集合中最大值的演算法。

例題 1　說明 3.1 節演算法 1 的時間複雜度。

解：既然數值比較為該演算法所使用的基本運算，我們便以比較的次數作為時間複雜度的測度值。

想要求出依照任意順序排列的 n 個元素中的最大元素，先將暫時的最大值設為表列中的第一項。然後，經過一次「判斷是否達到表列末端」的比較（$i \leq n$）之後，才繼續比較暫時最大值與表列第二項，如果第二項較大，則將暫時最大值更新為第二項。針對表列中的每一項，不斷以下列的兩次比較重複前述程序；一個比較是判斷是否到達表列末端（$i \leq n$），另一個比較則是判斷要將暫時最大值更新（$\max < a_i$）。既然從第二項到第 n 項都要執行兩次比較，而且當 $i = n + 1$ 時還需要一次離開迴圈所需的比較，所以使用這個演算時所執行的比較次數恰為 $2(n - 1) + 1 = 2n - 1$ 次。因此，找出 n 個元素中最大元素的演算法其時間複雜度為 $\Theta(n)$，這是以演算法所執行次數加以測量的結果。我們注意到，在此演算法中，比較次數與輸入之 n 個數的值是獨立無關的。◀

接下來，探討搜尋演算法的時間複雜度。

例題 2　說明線性搜尋演算法（3.1 節演算法 2）的時間複雜度。

解：演算法所執行的比較次數將會作為時間複雜度的測度值。在演算法迴圈的每一個步驟裡，電腦執行了兩次比較；其一是檢查是否到達列表末端（$i \leq n$），其二是比較 x 與列表的項（$x \leq a_i$）。最後，在迴圈外還有一次比較。因此，如果 $x = a_i$，則使用了 $2i + 1$ 次比較。當元素不在表列中時，最多需要比較 $2n + 2$ 次。在這種狀況下，為了判斷 x 不等於 a_i，其中 $i = 1, 2, ..., n$，則需 $2n$ 次比較；另外一次比較用於離開迴圈，以及一次用於迴圈之外的比較。所以當 x 不在列表中時，總共執行 $2n + 2$ 次比較。因此，在最差狀況下，線性搜尋執行 $\Theta(n)$ 次的比較，因為 $2n + 2$ 是 $\Theta(n)$。◀

最差狀況的複雜度　例題 2 的複雜度分析是**最差狀況（worst-case）**的分析。所謂演算法的最差狀況，是指為了使用特定演算法求解已知輸入規模的問題時所需要的最多運算次數。最差狀況分析可以告訴我們需要多少次的運算才能保證演算法可以產生解。

例題 3 說明二元搜尋運算法（3.1 節演算法 3）的時間複雜度（忽略計算 $m = \lfloor (i+j)/2 \rfloor$ 所需的時間，只依據所使用的比較次數）。

解：為了簡化問題，假設表列 $a_1, a_2, ..., a_n$ 中有 $n = 2^k$ 個元素，其中 k 是非負整數。請注意，$k = \log n$。（如果表列中的元素個數 n 不是 2 的次方，可以將該表列視為一個具有 2^{k+1} 個元素較大列表的其中一部分，其中 $2^k < n < 2^{k+1}$。在這裡，2^{k+1} 是大於 n 的最小 2 乘方數字。）

在演算法的每個步驟中，i 與 j 分別是該步驟裡所限定表列的第一項與最後一項，而且會進行比較，以判斷限定的表列是否含有超過一個的元素。如果 $i < j$，則會執行比較以判斷 x 是否大於所限定表列的中項。

在第一個步驟裡，搜尋限制於 2^{k-1} 個項之中。到目前為止，已經執行兩次比較。繼續這個程序，在每一個階段裡都會執行兩次比較，以便於將搜尋限制在表列中一半的項。換句話說，當表列原先有 2^k 個元素時，第一階段會執行兩次比較；當表列縮減為 2^{k-1} 個元素時，會再次執行兩次比較；又縮減為 2^{k-2} 時，同樣執行兩次比較；依此類推，直到搜尋將表列縮減為 $2^1 = 2$ 個元素並且執行兩次比較為止。最後，當表列僅剩下一個元素時，會執行一次比較以確定沒有其他的項尚未比較，以及另一次比較以決定該項是否等於 x。

因此，當所搜尋的表列具有 2^k 個元素時，二元搜尋法至多執行 $2k + 2 = 2 \log n + 2$ 次比較。（如果 n 不是 2 的次方，可以將原來的表列擴展為含有 2^{k+1} 個項的表列，其中 $k = \lfloor \log n \rfloor$，因此必須執行 $2 \lceil \log n \rceil + 2$ 次比較。）由此可知二元搜尋需要執行 $O(\log n)$ 次比較。在最差狀況時，二元搜尋使用到 $2 \log n + 2$ 次比較。所以在最差狀況下，二元搜尋使用 $\Theta(\log n)$ 次比較，因為 $2 \log n + 2 = \Theta(\log n)$。而上述分析也顯示在最差狀況下，二元搜尋法比線性搜尋法還要有效率。 ◀

平均狀況的複雜度　除了最差狀況的分析之外，還有一種重要的複雜度分析，稱為**平均狀況（average-case）**分析。這種分析方式可以求出，針對輸入規模已知的所有問題，運算的平均次數是多少。平均狀況時間複雜度分析通常比最差狀況還要複雜得多。然而，對於線性搜尋演算法而言，平均狀況分析卻不難完成，如例題 4 所示。

例題 4 說明線性搜尋演算法的平均狀況，依據使用之比較次數的平均。假設表列中含有整數 x，而 x 在任何位置的可能性都相等。

解：根據假設，整數 x 可能是表列 $a_1, a_2, ..., a_n$ 中的某一個數。如果 x 是表列的第一項 a_1，必須執行三次比較，一次用以判斷是否到達表列的末端（$i \leq n$），一次比較 x 與第一項（$x \neq a_i$），一次比較則是在迴圈外執行（$i \leq n$）。如果 x 是表列的第二項 a_2，則還需要兩次比較，這使得執行的比較總數為五次。一般而言，如果 x 是表列中的第 i 項 a_i，則迴圈中的 i 個步驟裡各自都會執行兩次比較，而迴圈外還有一次，因此需要的比較總數是 $2i + 1$。所以比較次數的平均值是

$$\frac{3+5+7+\cdots+(2n+1)}{n} = \frac{2(1+2+3+\cdots+n)+n}{n}$$

上述等式來自 2.4 節表 2 第二列的公式（見 2.4 節習題 37(b)）：

$$1 + 2 + 3 + \cdots + n = \frac{n(n+1)}{2}$$

因此，（已知 x 在表列中時）線性搜尋演算法所執行的平均比較次數是

$$\frac{2[n(n+1)/2]}{n} + 1 = n + 2$$

也就是 $\Theta(n)$。 ◀

注意： 在例題 4 的分析裡，我們假設 x 屬於被搜尋的表列，x 出現在表列中任何位置的機率都相等。但當 x 不在表列中時，也可以針對這個演算法進行平均狀況分析（見習題 23）。

注意： 雖然在例題中也納入了為判斷是否達到迴圈終端所執行的比較次數，但這種比較一般來說並不計入。因此，從現在開始，我們將忽略這一類的比較次數。

兩種排序演算法之最差狀況複雜度　我們在例題 5 與例題 6 裡，將會分析氣泡排序法與插入排序法的最差狀況分析。

例題 5　以比較次數為測度值時，氣泡排序法的最差狀況分析為何？

解： 氣泡排序法（曾於 3.1 節例題 4 中介紹）是透過在表列中依序比較而將表列加以排序。在每一步驟裡，氣泡排序法不斷與相鄰的項比較，而且在必要時執行對調互換。當第 i 回合開始的時候，可以保證前 $i-1$ 個元素已經位於正確的位置；而且在這個回合裡，必須執行 $n-i$ 次比較。因此，為了將含有 n 個元素的表列加以排序，氣泡排序法所執行的比較總數是

$$(n-1) + (n-2) + \cdots + 2 + 1 = \frac{(n-1)n}{2}$$

等式來自 2.4 節表 2 中求連續整數和的公式（見 2.4 節習題 37(b)），同時要注意第一項（即 1）在這個總和中不見了。請注意，氣泡排序法所執行的比較次數一定就是這麼多，因為即使在某個步驟裡，表列已經是排序完成的狀態，這個方法仍然會繼續執行比較。因此，氣泡排序法執行共 $(n-1)n/2$ 次比較，就執行的比較次數而言，最差狀況的複雜度是 $\Theta(n^2)$。 ◀

例題 6　以比較次數為測度值時，插入排序法的最差狀況為何？

解： 插入排序法（曾於 3.1 節例題 5 中介紹）是將第 j 個元素插入到前 $j-1$ 個已經依照正確順序排序完成的表列中的正確位置。插入排序法使用線性搜尋技術，連續不斷地將第 j 個元素與一連串相繼的元素加以比較，直到找出大於或等於這個第 j 個元素的項。否則，就會比較 a_j 與它本身之後停止，那是因為 a_j 不會比本身還要小。因此，在最差狀況裡，為了將第 j 個元素插入到正確的位置，必須執行 j 次比較。要將 n 個元素排序時，插入排序法所執行的比較總數是

$$2 + 3 + \cdots + n = \frac{n(n+1)}{2} - 1$$

等式來自 2.4 節表 2 中求連續整數和的公式（見 2.4 節習題 37(b)）。請注意，原本公式中的第一項，也就是 1，並不在上述的總和裡。此外，如果較小的元素是位於表列的末端，插入排序法可能執行相當少的比較次數。我們可以做出結論：插入排序法的最差狀況複雜度是 $\Theta(n^2)$。◀

在例題 5 與例題 6 中，我們證明了氣泡排序法與插入排序法之最差狀況時間複雜度皆為 $\Theta(n^2)$。然而，最有效率的排序演算法能在 $O(n \log n)$ 的時間內排序 n 個元素，我們將在稍後的章節中證明此事實。因而，我們將認定排序 n 個元素的時間為 $O(n \log n)$。

矩陣乘法的複雜度

兩個矩陣乘法定義能夠寫成下列演算法：假設 $\mathbf{C} = [c_{ij}]$ 為 $m \times n$ 矩陣，是 $m \times k$ 矩陣 $\mathbf{A} = [a_{ij}]$ 與 $k \times n$ 矩陣 $\mathbf{B} = [b_{ij}]$ 之乘積。根據定義，演算法 1 的虛擬碼如下：

演算法 1 矩陣乘法

procedure *matrix multiplication*($\mathbf{A}$, $\mathbf{B}$: matrices)
for $i := 1$ **to** m
    for $j := 1$ **to** n
        $c_{ij} := 0$
        for $q := 1$ **to** k
            $c_{ij} := c_{ij} + a_{iq}b_{qj}$
return $\mathbf{C}$ {$\mathbf{C} = [c_{ij}]$ is the product of $\mathbf{A}$ and $\mathbf{B}$}

我們能以數字加法與乘法的次數來決定此演算法之複雜度。

例題 7 利用演算法 1 來求兩個 $n \times n$ 矩陣之乘積，需要用到多少次整數的加法與乘法運算？

解： 相乘之矩陣 $\mathbf{A}$ 與 $\mathbf{B}$ 各有 n^2 個元素。欲得到乘積矩陣的每個元素，至少需要 n 次乘法與 $n - 1$ 次加法，所以總共需要 n^3 次乘法與 $n^2(n-1)$ 次加法。◀

令人驚訝地，演算法 1 較其他矩陣乘法之演算法有效率。如例題 7 中所計算，對於 $n \times n$ 矩陣的乘法，演算法 1 需要的計算次數為 $O(n^3)$，而其他演算法則需要 $O(n^{\sqrt{7}})$ 次。（此類演算法的細節可參考 [CoLeRist09]。）

我們也能分析在第 2 章介紹，用來計算兩矩陣布林積之演算法（見下面的演算法 2）的複雜度。

> **演算法 2** 零－壹矩陣之布林積
>
> **procedure** *Boolean product of Zero-One Matrices* (**A**, **B**: zero–one matrices)
> **for** $i := 1$ **to** m
>   **for** $j := 1$ **to** n
> $c_{ij} := 0$
>   **for** $q := 1$ **to** k
> $c_{ij} := c_{ij} \vee (a_{iq} \wedge b_{qj})$
> **return C** {**C** $= [c_{ij}]$ is the Boolean product of **A** and **B**}

兩個 $n \times n$ 矩陣求布林積所需用到的位元計算次數非常容易求出。

例題 8 當 **A** 與 **B** 為 $n \times n$ 的零－壹矩陣，計算 **A** ⊙ **B** 需用到多少次位元計算？

解：根據演算法 2，計算 **A** ⊙ **B** 的每一個元素需用到 n 個 *OR* 運算與 n 個 *AND* 運算，也就是，計算一個元素需要 $2n$ 次位元計算。由於 **A** ⊙ **B** 共有 n^2 個元素。所以，利用演算法 2 來計算 **A** ⊙ **B** 需用到 $2n^3$ 次位元運算。◀

矩陣連乘 還有一些重要的問題會使用到相當複雜的矩陣乘法。如何使用較少次的乘法運算來計算**矩陣連乘 (matrix-chain)** $\mathbf{A}_1\mathbf{A}_2 \ldots \mathbf{A}_n$，其中 $\mathbf{A}_1, \mathbf{A}_2, \ldots, \mathbf{A}_n$ 分別為 $m_1 \times m_2$, $m_2 \times m_3$, ..., $m_n \times m_{n+1}$ 大小的整數矩陣？〔由於矩陣的乘法有結合性（associative），見 2.5 節習題 13，所以先乘哪兩個相連矩陣並無差別。〕在探討此問題前，我們發現利用演算法 1 計算大小為 $m_1 \times m_2$ 與 $m_2 \times m_3$ 之兩矩陣，所需的乘法計算次數為 $m_1m_2m_3$。例題 9 能說明此問題。

例題 9 給定三個元素皆為整數的矩陣 $\mathbf{A}_1$、$\mathbf{A}_2$ 與 $\mathbf{A}_3$，其大小分別為 30×20、20×40 與 40×10。哪一種乘法順序所需之乘法次數最少？

解：求乘積 $\mathbf{A}_1\mathbf{A}_2\mathbf{A}_3$ 有兩種方式：$\mathbf{A}_1(\mathbf{A}_2\mathbf{A}_3)$ 與 $(\mathbf{A}_1\mathbf{A}_2)\mathbf{A}_3$。

若先乘 $\mathbf{A}_2\mathbf{A}_3$，需要計算 $20 \cdot 40 \cdot 10 = 8000$ 次乘法，再將 $\mathbf{A}_1$ 乘上所得之 20×10 的矩陣，需要計算 $30 \cdot 20 \cdot 10 = 6000$ 次乘法，因此共需要 $8000 + 6000 = 14000$ 次乘法運算。另一種方式，若先乘 $\mathbf{A}_1\mathbf{A}_2$，需要計算 $30 \cdot 20 \cdot 40 = 24000$ 次乘法，得到一個 30×40 的矩陣，再與 $\mathbf{A}_3$ 相乘，需要計算 $30 \cdot 40 \cdot 10 = 12000$ 次乘法，因此共需要 $24000 + 12000 = 36000$ 次乘法運算。

很明顯地，第一種方法要有效得多。◀

判斷矩陣連乘方式最有效的演算法之細節，可參考 [CoLeRiSt09]。

演算法典範

在 3.1 節中我們介紹了演算法的基本概念，也提供數種不同的演算法，包括搜尋與排序演算法。我們同時說明貪婪演算法的觀念，並提供數個能利用貪婪演算法求解的例

題。貪婪演算法提供了一個經典的**演算法典範（algorithm paradigm）**，也就是根據某個特殊概念而形成的一般化程序，能用來建構求解許多不同問題的演算法。

本書中將利用數種廣為使用的演算法典範來建構求解不同問題的演算法。以這些典範為基礎，建構求解許多面向之問題的有效演算法。

有些先前討論過的演算法是以本節中探討之演算法典範——暴力破解法為基礎。本書稍後還會討論到的典範有第 7 章的分部擊破演算法與動態程式、第 9 章的回溯法。除了本書中討論的之外，尚有許多演算法典範。讀者可以參考有關演算法設計的書籍，如 [K1Ta06]。

暴力破解演算法 暴力破解法是非常基本而且重要的演算法典範。**暴力破解演算法（brute-force algorithm）**利用問題本身的陳述以及使用之術語的定義，以最直接的方式面對問題。在使用暴力破解法時，將忽視計算資源的需求。例如，在某些暴力演算法中，以檢驗所有的可能性來求出問題的解，找出最好的答案。簡單來說，暴力破解法是種以素樸的方式面對問題，既不利用問題的特殊架構，也不考慮是否有聰明技巧的想法。

注意，3.1 節演算法 1 找出數列中的最大者，就是一個暴力破解演算法。此法以直接檢驗比較每一個數來找出最大者。若利用一次加入一個數的方式來求出 n 個數的總和，也是種暴力破解法。使用矩陣乘法的定義來求出兩矩陣相乘的結果（見演算法 1）也是暴力破解演算法。至於 3.1 節中討論的氣泡、插入與選擇排序法也都是暴力破解法的例子。這三種排序法都是以直接的方式比較、調換位置來作排序，相較於其他方式，如第 5 章和第 7 章中提到的合併和快速排序法，就比較缺乏效率。

雖然暴力破解演算法相對上比較缺乏效率，但是相當有用。這種方法通常都能解決某些特定的問題，尤其是輸入量不會太大時，但一旦輸入量太多時便不管用。此外，在設計新演算法來解決某些問題時，通常關鍵都在於是否能比暴力破解法更有效率。請見例題 10。

例題 10 設計一個暴力破解演算法，在平面上給定的 n 個點中找出最接近的兩點，並求出此演算法在最差狀況下所需要之運算次數的大 O 估計。

解：假設給定的 n 個點為 $(x_1, y_1), (x_2, y_2), ..., (x_n, y_n)$。已知兩點 (x_i, y_i) 與 (x_j, y_j) 間的距離為 $\sqrt{(x_j - x_i)^2 + (y_j - y_i)^2}$。要使用暴力破解演算法找出最接近的兩點，可以計算出任意兩點間的距離，然後一一比較找出最短的距離。（為了讓計算稍微簡單些，我們可以比較開根號前的數，因為兩個正數的大小順序並不會因為開根號而改變。）

> **演算法 3**　找出最短距離之兩點的暴力破解法
>
> **procedure** closest-pair$((x_1, y_1), (x_2, y_2), \ldots, (x_n, y_n)$: pairs of real numbers)
> $min = \infty$
> **for** $i := 2$ **to** n
> 　　**for** $j := 1$ **to** $i - 1$
> 　　　　**if** $(x_j - x_i)^2 + (y_j - y_i)^2 < min$ **then**
> 　　　　　　$min := (x_j - x_i)^2 + (y_j - y_i)^2$
> 　　　　　　closest pair $:= ((x_i, y_i), (x_j, y_j))$
> **return** closest pair

估計此演算法的運算次數，首先我們注意到 $((x_i, y_i), (x_j, y_j))$ 一共有 $n(n-1)/2$ 對，也就是我們迴圈的次數（請自行檢驗）。對每一對 $((x_i, y_i), (x_j, y_j))$，我們必須計算 $(x_j - x_i)^2 + (y_j - y_i)^2$ 並與 min 的值做比較，若所得之值小於 min，則將 min 換成所求出的值。這樣一來，在演算法中所需要的運算次數為 $\Theta(n^2)$，其中包含算術運算與比較的次數。

在第 7 章中，我們將設計一個在平面上給定的 n 個點中找出最接近的兩點的演算法，其最差狀況複雜度只有 $O(n \log n)$。這種比暴力破解演算法要有效率的方法，原則上都是相當令人感到驚訝的。

理解演算法之複雜度

表 1 列出一些描述演算法時間複雜度的常用術語。例如，從具有 n 個元素的表列中找出前 100 項元素中最大者的演算法，其中 n 是整數且 $n \geq 100$，可以應用演算法 1，其複雜度是**常數複雜度**（constant complexity），因為無論 n 多大，它所執行的比較次數都是 99 次（讀者可自行驗證）。線性搜尋演算法（就最差狀況或平均狀況而言）具有**線性複雜度**（linear complexity），而二元搜尋演算法（在最差狀況下）具有**對數複雜度**（logarithmic complexity）。許多重要的演算法都具有 $n \log n$ 複雜度，或稱**線性對數複雜度**（linearithmic complexity），例如在第 4 章將介紹的合併排序法。〔linearithmic 這個字是由 linear（線性）與 logarithmic（對數）這兩個字組合而成。〕

表 1　演算法複雜度的常用術語

複雜度	術語
$\Theta(1)$	常數複雜度
$\Theta(\log n)$	對數複雜度
$\Theta(n)$	線性複雜度
$\Theta(n \log n)$	線性對數複雜度
$\Theta(n^b)$	多項式複雜度
$\Theta(b^n)$，當 $b > 1$	指數複雜度
$\Theta(n!)$	階乘複雜度

如果演算法複雜度是 $\Theta(n^b)$，則具有**多項式複雜度**（polynomial complexity），其中 b 是正整數。例如，氣泡排序法是多項式時間的演算法，因為它在最差狀況所執行的比較次數是 $\Theta(n^2)$。如果演算法的時間複雜度是 $\Theta(b^n)$，其中 $b > 1$，則我們說它具有**指數複雜度**（exponential complexity）。對一個有 n 個變數之複合命題，利用檢查所有變數之可能真假值，來判斷此命題是否為可滿足的，這樣的演算法具有指數複雜度，因為它用到

了 $\Theta(2^n)$ 個運算。最後，如果演算法的時間複雜度為 $\Theta(n!)$，則稱該演算法為**階乘複雜度**（factorial complexity）的演算法。針對推銷員問題而言，要找出所有可能走訪路線的演算法就具有階乘複雜度，我們會在第 8 章討論這種演算法。

易處理性 可以使用最差狀況為多項式複雜度的演算法來解決的問題稱為**易處理的**（tractable），因為只要問題的規模合理，就可以預期演算法可以在相對較短的時間內解出答案。然而，如果大 Θ 估計中的次數較高（例如次數為 100），或者多項式的係數非常大，則演算法可能會花費超長的時間求解。因此，就算是可以使用最差狀況下具有多項式複雜度演算法求解的問題，即使輸入規模相對較小，也不能保證在合理的時間裡得到解答。幸好，在實務上，估計中多項式的階數或係數都不大。

若遇到不能使用最差狀況為多項式時間複雜度的演算法所求解的問題，則會麻煩得多。這種問題稱為**不易處理的**（intractable）。通常（但並非絕對如此），如果某個問題需要超級大量的時間才能求解最差狀況時，即使輸入規模較小也仍須耗費相當多時間。然而在實務上，大多數使用這種演算法求解問題時所花費的時間，比最差狀況時間複雜度估計的時間要快得多。如果我們可以忍受在少數狀況下，問題無法在合理的時間內求出答案，則對於演算法求解問題所需時間而言，平均狀況時間複雜度是較好的測度值方法。在業界中有許多重要問題是不易處理的，但是在實務上，一般出現的可能輸入集合都可以得到問題的解。另一種處理實務上不易處理問題的方法是不求問題的精確解，而是求近似解。有時候確實存在求近似解的快速演算法，而且該近似解與精確解的差異不大。

我們已經知道有些問題並不存在可求解的演算法。這種問題就稱為**不可解的**（unsolvable）〔相對於存在演算法可以求解，稱為**可解的**（solvable）問題〕。第一個證明不可解問題存在的人是偉大的英國數學家／電腦科學家圖靈，他所證明的不可解問題是停機問題。這個問題的輸入有兩個：一個是某個程式，另一個則是該程式的輸入。該問題是說：若在輸入之後執行該程式，則程式是否有終有停止的時候？我們已在 3.1 節討論過停機問題。

P 對上 NP 演算法複雜度的研究遠超過本書所能夠涵蓋的範圍。但是請注意，一般相信許多可解的問題並不具有最差狀況為多項式時間的演算法可用，可是一旦找出解，便可以用多項式時間對該解進行檢驗。能在多項式時間裡驗證解答的問題，屬於 **NP 類**（class NP）〔易處理的問題屬於 **P 類**（class P）〕。NP 這兩個字母是由 *nondeterministic polynomial time*（無法判定為多項式時間）縮寫而來。1.3 節中討論的滿足性問題（satisfiability problem）是 NP 問題的一個例子——我們可以很快地檢驗：將一組真值指定給複合命題的各變數是否會使其為真，但是針對可以找出這種真值分配的演算法而言，目前還找不出多項式時間的演算法。（例如，使用窮舉法將所有可能的真值找出需要 $\Omega(2^n)$ 的位元操作，其中 n 是複合命題中的變數個數。）

還有一種重要的問題類別稱為 **NP-complete 問題（NP-complete problems）**，這種問題具有下列性質：如果這種類別中的任何一個問題可以被最差狀況為多項式時間的演算法所解決，則該類別中所有問題都可以被最差狀況為多項式時間的演算法解決。滿足性問題也是 NP-complete 問題的例子。如果已知一個可用以求解滿足性問題的多項式時間演算法，則屬於這個類別的問題就都具有多項式時間的演算法（這個類別裡包含許多重要的問題）。至今已有超過 3000 個 NP-complete 問題，而滿足性問題則是最早被界定為 NP-complete 的問題。由庫克（Stephen Cook）與李文（Leonid Levin）於 1970 年代早期在他們的**庫克－李文定理**（**Cook-Levin theorem**）中提出。

所謂 **P 對上 NP 問題（P versus NP problem）**是想知道 NP 類的問題（有可能在多項式時間裡驗證解答的問題）是否就是 P 類問題（易處理的問題）？如果 P ≠ NP，則應該有些問題無法在多項式時間內求出解答，但可以在多項式時間內驗證已知的解。NP-comlete 的概念對這個問題（P 對上 NP 問題）的研究相當有幫助。大部分的理論電腦科學家都相信 P ≠ NP，其中一個理由在於沒有人能成功地證明 P = NP。尤其是，沒有能找到一個最差狀況是多項式時間複雜度的演算法能夠解出 NP- 複雜度問題。P 對上 NP 問題可以算是數學科學中（包含資訊科學）最有名的未解問題之一。克雷數學學院（Clay Mathematics Institute）提出了 100 萬美元的獎金，尋求七個未解問題的答案（目前還有六個沒有被解出），P 對上 NP 問題就是其中之一。

關於更多演算法複雜度的資訊，請參考 [CoLeRiSt09]。

實務上的考量　請注意，演算法時間複雜度的大 Θ 估計表示：為了求解問題，當問題規模變大，所需時間會增加。在實務上，我們會使用最好的估計（亦即，使用最小的參考函數）。然而，時間複雜度的大 Θ 估計無法直接轉換成電腦真正所花費的時間。其中一個原因是大 Θ 估計「$f(n)$ 是 $\Theta(g(n))$」，其中 $f(n)$ 是演算法的時間複雜度，而 $g(n)$ 是參考函數，表示當 $n > k$ 而 C_1、C_2 與 k 都是常數時，$C_1 g(n) \leq f(n) \leq C_2 g(n)$。所以，若不清楚不等式中的常數 C_1、C_2 與 k，就無法判斷在最差狀況下使用運算次數的上下界是多少。此外，之前也提過，一個運算所要的時間取決於運算的種類與所使用的電腦。就如先前在注意中所提到的，運算所需的時間取決於運算型態與使用之電腦。通常在估算最差狀況的時間複雜度時，是使用大 O 估計而非大 Θ 估計。我們注意到，對於演算法時間複雜度的大 O 估計是將演算法所需要的最差狀況時間，表示為輸入規模的函數，然後再求出其上界，而非下界。若要求出下界，則需使用大 Θ 估計。然而，為了簡化描述，我們在描述演算法時間複雜度時都會使用大 O 估計，並預設讀者都了解大 Θ 估計可以提供更多資訊。

史帝芬·庫克（Stephen Cook，生於 1939）出生於美國水牛城，雙親都是大學教師。於 1961 年畢業於密西根大學數學系，隨後進入哈佛大學攻讀研究所課程，並於 1966 年得到博士學位。庫克被視為計算複雜度理論的奠基者之一，是 1982 年圖靈獎得主。他於 1971 年發表的論文中正式定義了 NP- 複雜度與多項式時間約化，證明了 NP- 複雜度問題的存在性，並提出了 P 對上 NP 問題。

表 2 演算法所使用的電腦運算時間

問題規模	使用之位元運算					
n	$\log n$	n	$n \log n$	n^2	2^n	$n!$
10	3×10^{-11} s	10^{-10} s	3×10^{-10} s	10^{-9} s	10^{-8} s	3×10^{-7} s
10^2	7×10^{-11} s	10^{-9} s	7×10^{-9} s	10^{-7} s	4×10^{11} yr	*
10^3	1.0×10^{-10} s	10^{-8} s	1×10^{-7} s	10^{-5} s	*	*
10^4	1.3×10^{-10} s	10^{-7} s	1×10^{-6} s	10^{-3} s	*	*
10^5	1.7×10^{-10} s	10^{-6} s	2×10^{-5} s	0.1 s	*	*
10^6	2×10^{-10} s	10^{-5} s	2×10^{-4} s	0.17 min	*	*

表 2 列出使用給定個數的位元運算時，演算法為求解各種規模的問題所需要的時間是多少，假設每個位元運算需要 10^{-11} 秒（就現今最快速的電腦而言，這是個相當合理的估計）。當所需時間超過 10^{100} 年時，便以星號表示。儘管未來電腦科技的發展會很快速地下修這個時間，我們還是能夠使用表 2 來判斷，當知道最差狀況的複雜度時間後，是否能合理地期待在現代電腦中使用該演算法來求解問題。不過請注意，我們無法確切計算出某特定大小輸入的求解時間，因為那將牽涉到電腦硬體與某些演算法所需要的軟體需求。

合理估算使用電腦解題將會花費多少時間是非常重要的。例如，若演算法需要大約 10 小時，則以電腦解題時所花費的時間（與記憶體）應該是值得的。但若估計出演算法需要一百億年才能求解每個問題，則將資源投入該演算法並不划算。現代科技最令人振奮的現象之一是電腦的執行速度與記憶體空間大小以極快的速度進步。另一個使電腦求解問題所需時間降低的重要方法是**平行處理（parallel processing）**，即是同時執行一系列運算的技術。

有效率的演算法，包括大多數具有多項式時間的演算法，都會由於科技的重大進展而受惠。然而，對於指數時間與階乘時間的演算法而言，這些科技上的進展對於克服複雜度的幫助並不大。在五年前被認為難解的問題由於計算速度的增加、電腦記憶體的擴大以及平行處理的演算法的協助，現在以常規的方式都可解了。許多五年前不可解的問題，現在都已解決，今後的五年相信這句話依然還能成立。甚至對求解不易處理問題的演算法一樣成立。

習題 Exercises　　*表示為較難的練習；**表示為高度挑戰性的練習；☞ 對應正文。

1. 使用給定之演算法的片段，求出運算次數（加法與乘法）的大 O 估計。

    $t := 0$
    for $i := 1$ **to** 3
    　for $j := 1$ **to** 4
    　　$t := t + ij$

2. 使用給定之演算法的片段，求出運算次數（加法與乘法）的大 O 估計。

   $t := 0$
   for $i := 1$ **to** n
     for $j := 1$ **to** n
       $t := t + i + j$

3. 使用給定之演算法的片段，求出運算次數（比較與乘法）的大 O 估計。（忽略用在 **for** 迴圈中測試條件的比較，其中 $a_1, a_2, ..., a_n$ 為正實數。）

   $m := 0$
   for $i := 1$ **to** n
     for $j := i + 1$ **to** n
       $m := \max(a_i a_j, m)$

4. 使用給定之演算法的片段，求出運算次數（加法與乘法）的大 O 估計。（忽略用在 **while** 迴圈中測試條件的比較。）

   $i := 0$
   $t := 0$
   while $i \leq n$
       $t := t + i$
       $i := 2i$

5. 為了找出 n 個由自然數組成之序列中最小的數，3.1 節習題 16 的演算法使用了幾次比較？

6. **a)** 使用虛擬碼描述出一個演算法，可以將任意長度之實數表列中的前四項利用插入排序法依照遞增的順序排列。

   b) 試證上述之演算法以使用的比較次數定義時，其時間複雜度是 $O(1)$。

7. 假設某個元素是由 32 個元素所組成之表列中的前四項之一，則要找出該元素在表列中的位置時，使用線性搜尋法或二元搜尋法會比較快？

8. 給定實數 x 與正整數 k，計算 x^{2^k} 所使用的乘法次數，從 x 開始並且不斷地計算平方（也就是會陸續求出 x^2、x^4 等等）。這個計算 x^{2^k} 的方法是否比每次都只讓 x 自乘適當次數的方法還要有效率？

9. 針對下面演算法提出大 O 估計：利用一一檢視位元字串中的每個位元是否為 1 來求出字串中有幾個 1。（見 3.1 節習題 25。）

* 10. **a)** 試證下列的演算法可以求出位元字串 S 所含位元 1 的個數：

    procedure *bit count* (S: bit string)
    $count := 0$
    while $S \neq 0$
      $count := count + 1$
      $S := S \wedge (S - 1)$
    return *count* { *count* is the number of 1s in S}

    這裡的 $S - 1$ 是將 S 最右邊的 1 換成 0，並將這個最右邊的 1 右邊所有的 0 都換成 1 之後所得到的位元字串。（$S \wedge (S - 1)$ 是對 S 與 $S - 1$ 執行逐位元 AND 運算的結果。）

b) 使用上述之演算法，為了求解字串 S 所含 1 的個數，所需要的 AND 運算次數為何？

11. a) 假定有 n 個集合 {1, 2, ..., n} 的子集合 $S_1, S_2, ..., S_n$。如何使用暴力破解演算法來決定這 n 個子集合中是否有一對完全互斥的集合？〔提示：此演算法必須巡過所有的子集合；也就是說，對每個子集合 S_i，它必須與所有其他的子集合 S_j 比較。同時，對每個 S_i 中的元素 k，我們都必須判斷 k 是否屬於其他的集合 S_j。〕

 b) 對演算法中判斷某個整數是否屬於其他集合的片段，找出其比較次數的大 O 估計。

12. 給定下面的演算法，其輸入為一個整數數列 $a_1, a_2, ..., a_n$ 而輸出為矩陣 **M** = $\{m_{ij}\}$，其中當 $j \geq i$ 時，m_{ij} 為數列 $a_i, a_{i+1}, ..., a_j$ 中最小的整數；對其他的 ij，則令 $m_{ij} = 0$。

    initialize **M** so that $m_{ij} = a_i$ if $j \geq i$ and $m_{ij} = 0$ otherwise
    for $i := 1$ **to** n
      for $j := i + 1$ **to** n
        for $k := i + 1$ **to** j
          $m_{ij} := \min\{m_{ij}, a_k\}$
    return M = $\{m_{ij}\}$ {m_{ij} is the minimum term of $a_i, a_{i+1}, ..., a_j$}

 a) 證明演算法在計算矩陣 **M** 時使用了 $O(n^3)$ 的比較次數。

 b) 證明演算法在計算矩陣 **M** 時使用了 $\Omega(n^3)$ 的比較次數。根據這個事實與 (a) 小題得到的結果，我們可以推論此演算法使用了 $\Theta(n^3)$ 的比較次數。〔提示：只考慮演算法中 $i \leq n/4$ 與 $j \geq 3n/4$ 這兩種狀況的迴圈。〕

13. 對多項式 $a_n x^n + a_{n-1} x^{n-1} + \cdots + a_1 x + a_0$ 在 $x = c$ 取此數值的傳統演算法，可用虛擬碼表示如下：

    procedure *polynomial*($c, a_0, a_1, ..., a_n$: real numbers)
    power := 1
    $y := a_0$
    for $i := 1$ **to** n
      power := *power* * *c*
      $y := y + a_i * power$
    return y {$y = a_n c^n + a_{n-1} c^{n-1} + \cdots + a_1 c + a_0$}

其中 y 的最終值是多項式在 $x = c$ 時的值。

 a) 執行上述演算法虛擬碼的每一個步驟，計算 $3x^2 + x + 1$ 在 $x = 2$ 時的值。

 b) 為求出 n 階多項式在 $x = c$ 的值，實際上所使用的乘法與加法次數各為何？（用來使迴圈變數遞增的加法不計。）

14. 相較於前一個習題所描述的傳統演算法，要求多項式的值還有一個更有效率的演算法（就使用的乘法次數與加法次數而言）。這個演算法稱為**霍納法（Horner's method）**。下列虛擬碼顯示如何以霍納法求算 $a_n x^n + a_{n-1} x^{n-1} + \cdots + a_1 x + a_0$ 在 $x = c$ 的值。

    procedure *Horner*($c, a_0, a_1, ..., a_n$: real numbers)
    $y := a_n$
    for $i := 1$ **to** n
      $y := y * c + a_{n-i}$
    return y {$y = a_n c^n + a_{n-1} c^{n-1} + \cdots + a_1 c + a_0$}

a) 執行上述演算法虛擬碼的每一個步驟，計算 $3x^2 + x + 1$ 在 $x = 2$ 時的值。

b) 為求出 n 階多項式在 $x = c$ 的值，這個演算法所使用的乘法次數與加法次數各為何？（用來使迴圈變數遞增的加法不計。）

15. 如果某個演算法需要的位元運算次數為 $f(n)$，其中每個位元運算的執行時間是 10^{-9} 秒，而 $f(n)$ 如下列各小題所示，則使用該演算法在 1 秒鐘內可以解出最大的 n 為何？

   a) $\log n$
   b) n
   c) $n \log n$
   d) n^2
   e) 2^n
   f) $n!$

16. 如果某個演算法需要的位元運算次數為 $f(n)$，其中每個位元運算的執行時間是 10^{-11} 秒，而 $f(n)$ 如下列各小題所示，則使用該演算法在 1 天內可以解出最大的 n 為何？

   a) $\log n$
   b) $1000n$
   c) n^2
   d) $1000n^2$
   e) n^3
   f) 2^n
   g) 2^{2n}
   h) 2^{2^n}

17. 如果某個演算法需要的位元運算次數為 $f(n)$，其中每個位元運算的執行時間是 10^{-12} 秒，而 $f(n)$ 如下列各小題所示，則使用該演算法在 1 分鐘內可以解出最大的 n 為何？

   a) $\log \log n$
   b) $\log n$
   c) $(\log n)^2$
   d) $1000000n^2$
   e) n^2
   f) 2^n
   g) 2^{n^2}

18. 如果某個演算法使用 $2n^2 + 2^n$ 次位元運算，其中每次運算需時 10^{-9} 秒，而 n 如下列各小題所示，則針對這些 n 值，該演算法所花費的時間是多少？

   a) 10
   b) 20
   c) 50
   d) 100

19. 針對使用 2^{50} 次位元運算的演算法而言，如果每次位元運算需時如下列各小題所示，則該演算法花費的時間是多少？

   a) 10^{-6} 秒
   b) 10^{-9} 秒
   c) 10^{-12} 秒

20. 假設演算法求解輸入量為 n 之問題所需之毫秒函數給定如下。試求出當問題的輸入量由 n 增加為 $2n$ 時，求解問題所需的時間。〔將答案以儘可能簡單的方式表現，可以是分數、差，你的答案必須是 n 的函數或是常數。〕

   a) $\log \log n$
   b) $\log n$
   c) $100n$
   d) $n \log n$
   e) n^2
   f) n^3
   g) 2^n

21. 假設演算法求解輸入量為 n 之問題所需之毫秒函數給定如下。試求出當問題的輸入量由 n 增加為 $n+1$ 時，求解問題所需的時間。〔將答案以儘可能簡單的方式表現，可以是分數、差，你的答案必須是 n 的函數或是常數。〕
    a) $\log n$
    b) $100n$
    c) n^2
    d) n^3
    e) 2^n
    f) 2^{n^2}
    g) $n!$

22. 試求下列各題所需的最少比較次數，或者最佳狀況的效能。
    a) 以 3.1 節演算法 1 找出 n 個整數所組成表列中的最大值。
    b) 以線性搜尋法找出由 n 個項所組成表列中的某個元素。
    c) 以二元搜尋法找出由 n 個項所組成表列中的某個元素。

23. 如果恰有一半的時間，元素 x 並不在表列中，而且若 x 在表列中，則出現在任何位置的可能性都相等。分析線性搜尋演算法在平均狀況的效能。

24. 如果求解某個問題的演算法比求解同一問題的其他演算法所使用的運算次數來得少，則稱其為**最佳化的**（optimal）。
    a) 就整數比較次數而言，試證 3.1 節演算法 1 是最佳化的。〔注意：記錄迴圈所使用的比較不計。〕
    b) 就整數比較次數而言，線性搜尋演算法是否為最佳化的？〔注意：記錄迴圈所使用的比較不計。〕

25. 描述 3.1 節習題 27 的三元搜尋演算法之最差狀況的時間複雜度，以比較次數為依據。

26. 描述 3.1 節習題 28 的搜尋演算法之最差狀況的時間複雜度，以比較次數為依據。

27. 分析 3.1 節習題 29 中用以找出非遞減整數表列之一個眾數的演算法，其最差狀況的時間複雜度。

28. 分析 3.1 節習題 30 中用以找出非遞減整數表列之所有眾數的演算法，其最差狀況的時間複雜度。

29. 分析 3.1 節習題 31 中用以找出整數表列之第一次重複之元素所在之位置的演算法，其最差狀況的時間複雜度。

30. 分析 3.1 節習題 32 中用以找出序列所有項，其中每一項都會大於前面所有項的總和之演算法的最差狀況時間複雜度。

31. 分析 3.1 節習題 33 中用以找出序列中第一個小於前一項之元素的位置之演算法，其最差狀況的時間複雜度。

32. 判斷 3.1 節習題 5 中用以決定某個已排序整數表列中出現超過一次的所有元素的演算法，其最差狀況的時間複雜度。

33. 判斷 3.1 節習題 9 中用以決定某長度為 n 的字串是否為迴文的演算法，其最差狀況的時間複雜度。

34. 將 n 個項目加以排序時，選擇排序法所執行的比較次數是多少（見 3.1 節習題 41 前言）？利用這個答案，提出關於選擇排序法執行比較次數的複雜度之大 O 估計。

35. 找出 3.1 節習題 47 前言所描述的二元插入排序法，以元素交換次數與比較次數為依據之最差狀況複雜度的大 O 估計。

36. 試證：如果以比較次數為依據，以二十五分、十分、五分與一分面額銅板兌換總額 n 分錢的貪婪演算法複雜度為 $O(n)$。

習題 37 與習題 38 處理演講排程的問題，已知 n 場演講開始與結束的時間。

37. 求出利用檢驗所有可能之演講排程的方式這種暴力演算法所需的時間複雜度。〔提示：使用下列事實：一個包含 n 個元素之集合共有 2^n 個子集合。〕

38. 若使用在每場排定的演講之後，加入最早結束之可能演講這種貪婪演算法來排出最多場次的演講排程（見 3.1 節演算法 7）。假定我們並未依據時間結束的早晚為每場演講做排序，並且給定排序之最差狀況複雜度為 $O(n \log n)$。求出此貪婪演算法之時間複雜度。

39. 使用下列各指定的演算法搜尋表列中的某個元素時，如果表列的大小從 n 個變成兩倍，亦即變成 $2n$ 個時，說明最差狀況下演算法所使用的比較次數會如何變化。

    a) 線性搜尋   **b)** 二元搜尋

40. 使用下列各指定的排序演算法時，如果欲排序的表列的大小從 n 個變成兩倍，亦即變成 $2n$ 個，說明最差狀況下演算法所使用的比較次數會如何變化。

    a) 氣泡排序法

    b) 插入排序法

    c) 選擇排序法（見 3.1 節習題 41 前言）

    d) 二元插入排序法（見 3.1 節習題 47 前言）

一個 $n \times n$ 矩陣稱為**上三角**（upper triangular），如果當 $i > j$ 時，$a_{ij} = 0$。

41. 根據矩陣乘法的定義，以文字描述計算兩個上三角矩陣相乘的演算法。忽略乘法中會自動成為 0 的計算過程。

42. 以虛擬碼描述習題 41 中計算兩個上三角矩陣相乘的演算法。

43. 在習題 41 中，計算兩個 $n \times n$ 上三角矩陣之乘積的演算法需要使用多少次乘法？

習題 44 與習題 45 中，假設計算 $p \times q$ 與 $q \times r$ 之矩陣相乘所需的乘法次數為 pqr。

44. 若 **A**、**B** 與 **C** 分別為 3×9、9×4 與 4×2 的矩陣，則計算 **ABC** 的最佳乘法順序為何？

45. 若 **A**、**B**、**C** 與 **D** 分別為 30×10、10×40、40×50 與 50×30 的矩陣，則計算 **ABCD** 的最佳乘法順序為何？

CHAPTER 4 數論與密碼學
Number Theory and Cryptography

在數學中牽涉到整數及其性質的分支稱為數論。在本章中，我們將闡述數論中的一些重要觀念，包含許多在資訊科學中使用到的觀念。在闡述的過程中，我們將使用在第 1 章裡介紹的證明方式來驗證定理。

我們首先介紹整數除法的概念，再將之推廣到模算術。模算術是將整數除以某固定正整數（模數）後之餘數的運算。我們將證明許多與模算術有關的重要結果，這些結果將廣泛地應用於本章。

整數的表示法可以使用任何大於 1 的正整數 b 為底。在這一章，將介紹以 b 為底之整數表示法，並且提供求出表示法的演算法，特別是二進位、八進位與十六進位（分別以 2、8 和 16 為底）的表示法。我們將描述一些演算法來計算這些表示法的運算，並研究其複雜度。這些演算法是最早被稱作演算法的程序。

我們也將討論質數，一個只有 1 與本身為因數的正整數。我們將證明質數有無限多個，此證明被認為是數學中許多最美妙的證明之一。同時亦將討論質數的分佈與許多與質數有關的著名未解問題。我們也將討論最大公因數，並使用歐基里得演算法來計算，這個演算法在數千年前就存在了。我們還將介紹算術基本定理，這個定理告訴我們每個正整數都能唯一分解成質數的乘積。

我們將解釋如何求解線性同餘以及聯立的線性同餘系統，用來求解著名的中國餘數定理。此外，也將介紹虛擬質數的概念，這種數在合成整數時被視為質數。同時也說明這個概念如何幫助我們很快速地產生質數。

本章也介紹許多數論的重要應用。特別是，利用數論產生虛擬隨機數，可用來指定電腦檔案的記憶位址；用來找出鑑定數字以偵測許多不同種類之辨識號碼的錯誤。我們還將介紹密碼學這個主題。數論在密碼學中扮演極端重要的角色，無論是有數千年歷史的傳統密碼學，或是在電子通訊中扮演重要角色的近代密碼學。我們會說明這些概念在密碼協定中如何應用，並介紹分享密鑰與傳送符號信息的協定。數論一般被認為是最理論的純數學，現今已成為電腦與網路安全上不可或缺的工具。

4.1 除法與模算術 *Divisibility and Modular Arithmetic*

引言

本節將研討根據除法發展的概念。除數為正整數之除法將產生商數與餘數,對餘數的深入探討將得到電腦計算中經常出現的模算術。我們將討論三種模數算術的應用:產生虛擬隨機數、為電腦檔案指定記憶位址,以及訊息之加密與解密。

除法

當一個整數被另一個非零的整數除時,所得結果可能是整數,也有可能不是。例如,12/3 = 4 是整數,而 11/4 = 2.75 則不是整數。因此,得到定義 1。

定義 1 ■ 若 a 與 b 為整數,而 $a \neq 0$。如果存在整數 c 使得 $b = ac$,我們說 a 整除 b(a divides b)。當 a 整除 b,稱 a 為 b 之因數(factor),而 b 為 a 之倍數(multiple)。以符號 $a|b$ 來表示 a 整除 b,而 $a \nmid b$ 表示 a 不能整除 b。

注意:我們能用 $a|b$ 來表示量詞 $\exists c\,(ac = b)$,其中論域為整數集合。

圖 1 中的數線指出可被正整數 d 整除的整數。

例題 1 判斷是否 $3|7$ 與 $3|12$ 是否成立。

解:$3 \nmid 7$,因為 7/3 不是整數。但是,$3|12$,因為 12/3 = 4。

例題 2 令 n 與 d 為正整數。有多少個小於 n 的正整數能被 d 整除?

解:所有能被 d 整除的正整數能以 dk 表示,其中 k 為正整數。因為要找出小於 n 的正整數,即 $0 < dk \leq n$,也可表示為 $0 < k \leq n/d$,所以一共有 $\lfloor n/d \rfloor$ 個小於 n 的正整數能被 d 整除。

定理 1 列出一些整數可除性之基本性質。

定理 1 ■ 令 a、b 與 c 為整數 $(a \neq 0)$,則
 (i) 若 $a|b$ 且 $a|c$,則 $a|(b+c)$。
 (ii) 若 $a|b$,則對所有的整數 c,$a|bc$。
 (iii) 若 $a|b$ 且 $b|c$,則 $a|c$。

```
←———|———|———|———|———|———|———|———→
   -3d  -2d  -d   0    d   2d   3d
```
圖 1 所有能被 d 整除的整數

證明：我們將直接證明 (i)。假設 $a \mid b$ 且 $a \mid c$，根據定義，存在整數 s 和 t，使得 $b = as$ 和 $c = at$。所以，

$$b + c = as + at = a(s + t)$$

亦即 a 整除 $b + c$，完成了 (i) 的證明。(ii) 與 (iii) 的證明，留給讀者當成習題。◁

定理 1 有下面相當有用的結果。

> **系理 1** ■ 若 a、b 與 c 為整數 ($a \neq 0$)，使得 $a \mid b$ 和 $a \mid c$，則 $a \mid mb + nc$，其中 m 與 n 為整數。

證明：根據定理 1(ii)，可得 $a \mid mb$ 與 $a \mid nc$。根據定理 1(i)，$a \mid mb + nc$。◁

除法演算法

當一個整數除以一個整數時，如除法演算法所示，存在一個商數與餘數。

> **定理 2** ■ **除法演算法** 令 a 為整數，d 為正整數，則存在唯一的整數 q 和 r，使得 $a = dq + r$，其中 $0 \leq r < d$。

我們將除法演算法的證明留待 5.2 節（見例題 5 與習題 37）。

注意：定理 2 並不是個真正的演算法。（為什麼不是？）雖然如此，我們還是以傳統的方式來命名。

> **定義 2** ■ 在除法演算法的等式中，d 稱為除數（divisor），a 稱為被除數（dividend），q 稱為商數（quotient），r 稱為餘數（remainder）。下面的符號用來表現商數與餘數：
> $$q = a \text{ div } d, \quad r = a \text{ mod } d$$

注意：當 d 固定時，$a \text{ div } d$ 與 $a \text{ mod } d$ 都是定義於整數集合上的函數。若 a 為整數，而 d 為正整數，則 $a \text{ div } d = \lfloor a/d \rfloor$，而 $a \text{ mod } d = a - d\lfloor a/d \rfloor$（見習題 18）。

例題 3 與例題 4 將說明除法演算法。

例題 3 當 101 除以 11 時，商數與餘數各為何？

解：我們有

$$101 = 11 \cdot 9 + 2$$

所以，當 101 除以 11 時，商數為 $9 = 101 \text{ div } 11$，而餘數為 $2 = 101 \text{ mod } 11$。◁

> **例題 4** 當 −11 除以 3 時，商數與餘數各為何？

解：我們有

$$-11 = 3(-4) + 1$$

所以，當 −11 除以 3 時，商數為 −4 = −11 **div** 3，而餘數為 1 = −11 **mod** 3。

必須注意的是，餘數不能是負數。所以餘數不會是 −2，雖然

$$-11 = 3(-3) - 2$$

因為 $r = -2$ 並不滿足 $0 \leq r < 3$。 ◂

我們發現，整數 a 被整數 d 整除，若且唯若當 d 整除 a 時，餘數為零。

注意：一個程式語言或許會提供一個或者兩個模算術的算子：mod（在 BASIC、Mapple、Mathematica、EXCEL 和 SQL）、%（在 C、C++、Java 和 Python）、rem（在 Ada 和 Lisp）或是其他。請小心使用，因為當 $a < 0$ 時，有些算子回覆的是 $a - m \lceil a/m \rceil$，而非 a **mod** $m = a - m \lfloor a/m \rfloor$（見習題 18）。同時，與本書的 a **mod** d 不同的是，有些算子在 $m < 0$，甚至 $m = 0$ 時，都有定義。

模算術

在某些情況下，當整數除以某個特定正整數時，我們只關心餘數為何。例如，我們想知道距離現在 50 小時以後的時間為何（24 小時制）？我們只想知道現在的時間加上 50 除以 24 的餘數。因為我們只對餘數有興趣，所以將給餘數一些特殊的符號。先前已經給定 a **mod** m 表示整數 a 除以正整數 m 的餘數，現在給定另一種相關的符號，用來表示兩整數除以同一個正整數 m 有相同的餘數。

> **定義 3** ■ 若 a 與 b 為整數，而 m 為正整數。若 m 整除 $a - b$，稱為在模 m 時，a 同餘於 b（a is congruent to b modulo m），記為 $a \equiv b \pmod{m}$。我們說 $a \equiv b \pmod{m}$ 為**同餘**（**congruence**），而 m 為它的**模數**（**modulus**，複數為 moduli）。若在模 m 時 a 不同餘於 b，則記為 $a \not\equiv b \pmod{m}$。

雖然 $a \equiv b \pmod{m}$ 與 a **mod** $m = b$ 都使用了 "mod"，但它們基本上是不同的概念。前者表現的是整數集合中的一種關係，而後者則是一個函數。然而，$a \equiv b \pmod{m}$ 與 **mod** m 的關係是非常密切的，見定理 3。

> **定理 3** ■ 若 a 與 b 為整數，而 m 為正整數，則 $a \equiv b \pmod{m}$ 若且唯若 a **mod** $m = b$ **mod** m。

定理 3 之證明留在習題 15 和 16 中。回顧 a **mod** m 與 b **mod** m 分別表示 a 與 b 除以 m 的餘數。因而，定理 3 也說明了 $a \equiv b \pmod{m}$ 若且唯若 a 與 b 除以 m 有相同的餘數。

例題 5　判定在模 6 時 17 是否同餘於 5，而 24 是否同餘於 14？

解：因為 6 整除 17 − 5 = 12，可知在模 6 時 17 同餘於 5。而 6 無法整除 24 − 14 = 10，所以在模 6 時 24 不同餘於 14。◀

在十八世紀末時，偉大的德國數學家高斯發展出同餘的概念。同餘在數論中扮演相當重要的角色。

定理 4 提供在操作同餘上非常有用的方法。

定理 4 ■ 令 m 為正整數。在模 m 時 a 同餘於 b，若且唯若存在整數 k，使得 $a = b + km$。

證明：若 $a \equiv b \pmod{m}$，則 $m \mid (a-b)$。也就是說，存在整數 k，使得 $a - b = km$，因此 $a = b + km$；反之，若存在整數 k，使得 $a = b + km$，則 $km = a - b$。也就是說，$m \mid (a-b)$，亦即 $a \equiv b \pmod{m}$。◁

所有模 m 時同餘於 a 的整數所形成的集合，稱為模 m 時 a 的**同餘類**（congruence class）。在第 8 章，我們將證明在模 m 下，一共有 m 個相異的等價類，而且這 m 個等價類之聯集正好為所有的整數。

定理 5 中說明同餘在加法與乘法上的性質。

定理 5 ■ 令 m 為正整數。若 $a \equiv b \pmod{m}$ 且 $c \equiv d \pmod{m}$，則

$$a + c \equiv b + d \pmod{m} \qquad 且 \qquad ac \equiv bd \pmod{m}$$

證明：因為 $a \equiv b \pmod{m}$ 且 $c \equiv d \pmod{m}$，根據定理 4，存在整數 s 與 t，滿足 $b = a + sm$ 且 $d = c + tm$。所以，

$$b + d = (a + sm) + (c + tm) = (a + c) + m(s + t)$$

和

$$bd = (a + sm)(c + tm) = ac + m(at + cs + stm)$$

卡爾‧高斯（**Karl Friedrich Gauss**，1777-1855）是著名的數學家，在年幼時就表現出驚人的數學天賦。1796 年，高斯證明了正 17 邊形能以尺規作圖法得之，這個幾何學的基本發現，為許久沒有進展的幾何學開啟了新頁。1799 年，高斯發表了他第一個代數基本定理的嚴格證明，證出 n 階多項式恰有 n 個根（包含重根）。

高斯被稱為當代的數學王子，其貢獻廣泛地出現在各個領域，包括幾何學、代數學、分析、天文學以及物理學。其中，他最感興趣的便是數論。他曾表示「數學為科學之后，而數論則為數學之后。」

因此，

$$a + c \equiv b + d \pmod{m} \qquad 且 \qquad ac \equiv bd \pmod{m}$$

◁

例題 6 因為 $7 \equiv 2 \pmod 5$ 與 $11 \equiv 1 \pmod 5$，根據定理 5，

$$18 = 7 + 11 \equiv 2 + 1 = 3 \pmod 5$$

所以，

$$77 = 7 \cdot 11 \equiv 2 \cdot 1 = 2 \pmod 5$$

◁

我們必須小心處理同餘。有些性質感覺上好像是對的，其實不然。例如，若 $ac \equiv bc \pmod m$，則 $a \equiv b \pmod m$ 未必成立。同樣地，若 $a \equiv b \pmod m$ 與 $c \equiv d \pmod m$，同餘關係 $a^c \equiv b^d \pmod m$ 也未必成立。(見習題 37。)

系理 2 證明如何使用兩數之 **mod** m 的函數值來求出這兩數相加、相乘的 **mod** m 函數值。在 5.4 節中，我們將用到這個結果。

系理 2 ■ 令 a 與 b 為整數，而 m 為正整數，則

$$(a + b) \bmod m = ((a \bmod m) + (b \bmod m)) \bmod m$$

且

$$ab \bmod m = ((a \bmod m)(b \bmod m)) \bmod m$$

證明：根據 **mod** m 的定義與模 m 同餘的定義，可得 $a \equiv (a \bmod m) \pmod m$ 與 $b \equiv (b \bmod m) \pmod m$。所以，定理 5 告訴我們，

$$a + b \equiv (a \bmod m) + (b \bmod m) \pmod m$$

與

$$ab \equiv (a \bmod m)(b \bmod m) \pmod m$$

系理中的等式可以直接從定理 3 中的兩個結果而來。

◁

模 m 的計算

我們能定義 $\mathbf{Z}_m$ 上的算術。$\mathbf{Z}_m$ 是小於 m 的非負整數所形成之集合，也就是 $\{0, 1, ..., m - 1\}$。我們定義這些數的加法，記為 $+_m$，如下：

$$a +_m b = (a + b) \bmod m$$

其中等式右邊之加法為一般整數常用的加法。同時，定義這些數的乘法，記為 $\cdot_m$，如下：

$$a \cdot_m b = (a \cdot b) \bmod m$$

其中等式右邊之加法為一般整數常用的乘法。這兩種運算 $+_m$ 與 $\cdot_m$ 分別稱為模 m 的加法與乘法。使用這些運算時，會說我們正在做**模 m 的計算**（arithmetic modulo m）。

例題 7 利用定義於 $\mathbf{Z}_m$ 上的加法與乘法，求出 $7 +_{11} 9$ 與 $7 \cdot_{11} 9$。

解：使用模 11 的加法與乘法定義，我們有

$$7 +_{11} 9 = (7 + 9) \bmod 11 = 16 \bmod 11 = 5$$

與

$$7 \cdot_{11} 9 = (7 \cdot 9) \bmod 11 = 63 \bmod 11 = 8$$

所以，$7 +_{11} 9 = 5$ 和 $7 \cdot_{11} 9 = 8$。 ◀

運算 $+_m$ 與 $\cdot_m$ 滿足許多一般整數之加法與乘法的性質，如下：

封閉性（closure） 若 a 與 b 屬於 $\mathbf{Z}_m$，則 $a +_m b$ 與 $a \cdot_m b$ 也屬於 $\mathbf{Z}_m$。

結合性（associativity） 若 a、b 與 c 屬於 $\mathbf{Z}_m$，則 $(a +_m b) +_m c = a +_m (b +_m c)$ 且 $(a \cdot_m b) \cdot_m c = a \cdot_m (b \cdot_m c)$。

交換性（commutativity） 若 a 與 b 屬於 $\mathbf{Z}_m$，則 $a +_m b = b +_m a$ 且 $a \cdot_m b = b \cdot_m a$。

單位元素（identity elements） 元素 0 與 1 分別為模 m 之加法與乘法的單位元素。也就是，若 a 屬於 $\mathbf{Z}_m$，則 $a +_m 0 = 0 +_m a = a$ 且 $a \cdot_m 1 = 1 \cdot_m a = a$。

加法反元素（additive inverses） 若 $a \neq 0$ 屬於 $\mathbf{Z}_m$，則 $m - a$ 是 a 在模 m 的加法反元素，而 0 是自己的加法反元素。即，$a +_m (m - a) = 0$ 且 $0 +_m 0 = 0$。

分配性（distributivity） 若 a、b 與 c 屬於 $\mathbf{Z}_m$，則 $a \cdot_m (b +_m c) = (a \cdot_m b) +_m (a \cdot_m c)$ 且 $(a +_m b) \cdot_m c = (a \cdot_m c) +_m (b \cdot_m c)$。

這些性質來自於我們已經發展出的同餘與模 m 的餘數，以及在整數上的性質。我們將證明留在習題 42 至 44。注意，我們提到每個 $\mathbf{Z}_m$ 的元素都有加法反元素，但並沒有提到對應的乘法反元素。這是因為乘法反元素並不見得對每個模 m 都存在。例如在模 6 時，2 的乘法反元素就不存在，讀者可自行檢驗。在本章的最後，我們將回到這個問題，探討何時一個整數在模 m 下有乘法反元素。

注意：因為 $\mathbf{Z}_m$ 與模 m 的加法與乘法滿足上面所列出的性質，所以 $\mathbf{Z}_m$ 與模 m 的加法可以稱為一個**交換群**（commutative group），而 $\mathbf{Z}_m$ 與這兩個運算形成一個**交換環**（commutative ring）。我們注意到，整數集合與一般的加法和乘法同樣形成一個交換環。群與環的探討屬於抽象代數的範疇。

注意：在習題 30 與稍後的章節中，當在 $\mathbf{Z}_m$ 中使用 $+_m$ 與 $\cdot_m$ 時，我們將以符號 $+$ 與 $\cdot$ 來代替。

習題 Exercises

*表示為較難的練習；**表示為高度挑戰性的練習；☞ 對應正文。

1. 17 能整除下列哪些整數？
   a) 68
   b) 84
   c) 357
   d) 1001

2. 證明若 a 為非零的整數，則
   a) 1 整除 a
   b) a 整除 0

3. 證明定理 1(ii) 是成立的。

4. 證明定理 1(iii) 是成立的。

5. 證明若 $a \mid b$ 和 $b \mid a$，其中 a 與 b 皆為整數，則 $a = b$ 或 $a = -b$。

6. 證明若 a、b、c 與 d 為整數，$a \neq 0$，使得 $a \mid c$ 和 $b \mid d$，則 $ab \mid cd$。

7. 證明若 a、b 與 c 為整數，$a \neq 0$，而且 $c \neq 0$，使得 $ac \mid bc$，則 $a \mid b$。

8. 證明或反證若 $a \mid bc$，其中 a、b 與 c 為正整數，$a \neq 0$，則 $a \mid b$ 或是 $a \mid c$。

9. 求出下列情況之商數與餘數：
   a) 19 除以 7
   b) −111 除以 7
   c) 789 除以 23
   d) 1001 除以 13
   e) 0 除以 19
   f) 3 除以 5
   g) −1 除以 3
   h) 4 除以 1

10. 求出下列情況之商數與餘數：
    a) 44 除以 8
    b) 777 除以 21
    c) −123 除以 19
    d) −1 除以 23
    e) −2002 除以 87
    f) 0 除以 17
    g) 1,234,567 除以 1001
    h) −100 除以 101

11. 在一個 12 小時的時鐘上，如何表示下列的時間？
    a) 80 個小時以後是 11:00
    b) 40 個小時以前是 12:00
    c) 100 個小時以後是 6:00

12. 在一個 24 小時的時鐘上，如何表示下列的時間？
    a) 100 個小時以後是 2:00
    b) 45 個小時以前是 12:00
    c) 168 個小時以後是 19:00

13. 假設 a 與 b 為整數，$a \equiv 4 \pmod{13}$ 且 $b \equiv 9 \pmod{13}$。求出整數 c，$0 \leq c \leq 12$，使得
    a) $c \equiv 9a \pmod{13}$
    b) $c \equiv 11b \pmod{13}$
    c) $c \equiv a + b \pmod{13}$
    d) $c \equiv 2a + 3b \pmod{13}$
    e) $c \equiv a^2 + b^2 \pmod{13}$
    f) $c \equiv a^3 - b^3 \pmod{13}$

14. 假設 a 與 b 為整數，$a \equiv 11 \pmod{19}$ 且 $b \equiv 3 \pmod{19}$。求出整數 c，$0 \leq c \leq 18$，使得
    a) $c \equiv 13a \pmod{19}$
    b) $c \equiv 8b \pmod{19}$
    c) $c \equiv a - b \pmod{19}$
    d) $c \equiv 7a + 3b \pmod{19}$
    e) $c \equiv 2a^2 + 3b^2 \pmod{19}$
    f) $c \equiv a^3 + 4b^3 \pmod{19}$

15. 令 m 為正整數，證明若 $a \bmod m = b \bmod m$，則 $a \equiv b \pmod{m}$。
16. 令 m 為正整數，證明若 $a \equiv b \pmod{m}$，則 $a \bmod m = b \bmod m$。
17. 證明若 n 與 k 為正整數，則 $\lceil n/k \rceil = \lfloor (n-1)/k \rfloor + 1$。
18. 證明若 a 為整數，而 d 為大於 1 的正整數，則當 a 除以 d 時，其商數與餘數分別為 $\lfloor a/d \rfloor$ 和 $a - d\lfloor a/d \rfloor$。
19. 求出在模數 m 時，與整數 a 同餘之整數中，絕對值最小的數之公式，其中 m 為正整數。
20. 計算下列之值。

    a) $-17 \bmod 2$
    b) $144 \bmod 7$
    c) $-101 \bmod 13$
    d) $199 \bmod 19$

21. 計算下列之值。

    a) $13 \bmod 3$
    b) $-97 \bmod 11$
    c) $155 \bmod 19$
    d) $-221 \bmod 23$

22. 給定 a 與 m 的值如下，求出 $a \text{ div } m$ 及 $a \bmod m$。

    a) $a = -111, m = 99$
    b) $a = -9999, m = 101$
    c) $a = 10299, m = 999$
    d) $a = 123456, m = 1001$

23. 給定 a 與 m 的值如下，求出 $a \text{ div } m$ 及 $a \bmod m$。

    a) $a = 228, m = 119$
    b) $a = 9009, m = 223$
    c) $a = -10101, m = 333$
    d) $a = -765432, m = 38271$

24. 求出整數 a 使得

    a) $a \equiv 43 \pmod{23}$ 且 $-22 \leq a \leq 0$
    b) $a \equiv 17 \pmod{29}$ 且 $-14 \leq a \leq 14$
    c) $a \equiv -11 \pmod{21}$ 且 $90 \leq a \leq 110$

25. 求出整數 a 使得

    a) $a \equiv -15 \pmod{27}$ 且 $-26 \leq a \leq 0$
    b) $a \equiv 24 \pmod{31}$ 且 $-15 \leq a \leq 15$
    c) $a \equiv 99 \pmod{41}$ 且 $100 \leq a \leq 140$

26. 在模 12 時，列出四個與 4 同餘的整數。
27. 列出介於 -100 與 100 之間在模 25 下同餘於 -1 的所有整數。
28. 判斷下列何者在模 7 時，與 3 同餘。

    a) 37
    b) 66
    c) -17
    d) -67

29. 判斷下列何者在模 17 時，與 5 同餘。

    a) 80
    b) 103
    c) -29
    d) -122

30. 求出下列之值。

    a) $(177 \bmod 31 + 270 \bmod 31) \bmod 31$
    b) $(177 \bmod 31 \cdot 270 \bmod 31) \bmod 31$

31. 求出下列之值。

    a) $(-133 \bmod 23 + 261 \bmod 23) \bmod 23$
    b) $(457 \bmod 23 \cdot 182 \bmod 23) \bmod 23$

32. 求出下列之值。

    a) $(19^2 \bmod 41) \bmod 9$

    b) $(32^3 \bmod 13)^2 \bmod 11$

    c) $(7^3 \bmod 23)^2 \bmod 31$

    d) $(21^2 \bmod 15)^3 \bmod 22$

33. 求出下列之值。

    a) $(99^2 \bmod 32)^3 \bmod 15$

    b) $(3^4 \bmod 17)^2 \bmod 11$

    c) $(19^3 \bmod 23)^2 \bmod 31$

    d) $(89^3 \bmod 79)^4 \bmod 26$

34. 證明若 $a \equiv b \pmod{m}$ 和 $c \equiv d \pmod{m}$，其中 a、b、c、d 與 m 為整數，而且 $m \geq 2$，則 $a - c \equiv b - d \pmod{m}$。

35. 證明若 $n \mid m$，其中 n 與 m 為大於 1 的整數，而且 $a \equiv b \pmod{m}$，a 與 b 為整數，則 $a \equiv b \pmod{n}$。

☞ 36. 證明若 a、b、c、d 與 m 為整數，而且 $m \geq 2$，$c > 0$，如果 $a \equiv b \pmod{m}$，則 $ac \equiv bc \pmod{mc}$。

37. 找出下列關於同餘之敘述的反例。

    a) 若 $ac \equiv bc \pmod{m}$，其中 a、b、c 與 m 為整數，而且 $m \geq 2$，則 $a \equiv b \pmod{m}$。

    b) 若 $a \equiv b \pmod{m}$ 且 $c \equiv d \pmod{m}$，其中 a、b、c、d 與 m 為整數，而且 c、d 為正數，$m \geq 2$，則 $a^c \equiv b^d \pmod{m}$。

38. 證明若 n 為整數，則 $n^2 \equiv 0$ 或 $1 \pmod{4}$。

39. 利用習題 38 證明若 m 是一個形如 $4k + 3$ 的正整數，其中 k 為某非負整數，則 m 不能表示成兩個整數之平方和。

40. 證明若 n 為正奇數，則 $n^2 \equiv 1 \pmod{8}$。

41. 證明若 a、b、k 與 m 為整數，而且 $k \geq 1$，$m \geq 2$。如果 $a \equiv b \pmod{m}$，則 $a^k \equiv b^k \pmod{m}$。

42. 證明定義於 $\mathbf{Z}_m$ 上的加法，其中 $m \geq 2$ 為整數，滿足封閉性、結合性和交換性，還有 0 是一個加法單位元素，以及任何非零的元素 $a \in \mathbf{Z}_m$，$m - a$ 是模 m 下 a 的反元素。

43. 證明定義於 $\mathbf{Z}_m$ 上的乘法，其中 $m \geq 2$ 為整數，滿足封閉性、結合性和交換性，以及 1 是一個乘加法單位元素。

44. 證明 $\mathbf{Z}_m$ 上的加法和乘法運算，其中 $m \geq 2$ 為整數，滿足乘法對加法的分配性。

45. 寫出 $\mathbf{Z}_5$ 的加法和乘法表（此處的加法與乘法指的是 $+_5$ 和 $\cdot_5$）。

46. 寫出 $\mathbf{Z}_6$ 的加法和乘法表（此處的加法與乘法指的是 $+_6$ 和 $\cdot_6$）。

47. 若 d 為固定的正整數，判斷由整數集合對應到整數集合的函數 $f(a) = a \text{ div } d$ 與 $g(a) = a \bmod d$ 是否為一對一，又是否為映成。

4.2 整數表示法與演算法 *Integers Representations and Algorithms*

引言

本節中，我們將證明整數的表示法能以任何大於 1 的數為底。雖然，我們通常使用的都是十進位表示法（以 10 為底），但是，二進位（以 2 為底）、八進位（以 8 為底）和十六進位（以 16 為底）的表示法也很常見，尤其在資訊科學上。給定一個底 b 和整數 n，我們將說明如何建構這個整數以 b 為底的表示法，並解釋如何在二進位與八進位，以及二進位與十六進位之間快速地轉換。

一如我們在 3.1 節中提到的術語 algorithm（演算法），這個名詞最初是用來表示十進位整數的算術運算。現今也用於電腦算術使用的二進位表示法上，它們能提供演算法概念與複雜度非常好的例子，因此本節將討論這些觀念。

我們也將介紹求出 a **div** d 與 a **mod** d 的演算法，其中 a 與 d 都是整數，且 $d > 1$。最後，我們將介紹一個在密碼學中非常重要的演算法來計算模指數，我們將於 4.6 節中討論密碼學。

整數表示法

在日常生活中，使用的都是十進位的整數表示法。例如，965 用來表示 $9 \cdot 10^2 + 6 \cdot 10 + 5$。然而，有時使用 10 為底以外的表示法會比較方便，尤其在電腦上二元符號（亦即以 2 為底）是最常使用的算術計算方式。在表示字元、字母和數字時，也經常使用八進位和十六進位。事實上，我們能選擇任何以大於 1 的整數為底來表示整數，見定理 1。

> **定理 1** ■ 令 b 為大於 1 的整數。若 n 為正整數，其可唯一表示成下列形態：
> $$n = a_k b^k + a_{k-1} b^{k-1} + \cdots + a_1 b + a_0$$
> 其中 k 為非負整數，而 $a_k, a_{k-1}, \ldots, a_1, a_0$ 為小於 b 的非負整數，且 $a_k \neq 0$。

本定理能以數學歸納法證明，我們將於 5.1 節介紹這個證明方法。定理 1 中整數 n 的表示法稱為 **n 以 b 為底的表示法**（**base b expansion of n**），記為 $n = (a_k a_{k-1} \ldots a_1 a_0)_b$。例如，$(245)_8$ 表示 $2 \cdot 8^2 + 4 \cdot 8 + 5 = 165$。很典型地，在以 10 為底的**十進位表示法**（**decimal expansion**）中，下標 10 通常都被省略，也就是常見的整數表示法。

二進位表示法 選擇 2 為底的表示法稱為整數之**二進位表示法**（**binary expansion**）。在二元符號中，每個位數不是 0 就是 1；也就是說，二進位表示法其實就是一個位元字串。在電腦中使用二進位表示法來代表整數，並用來計算。

例題 1 二進位表示法 $(1\,0101\,1111)_2$ 的十進位表示法為何？

解：由於

$$(1\,0101\,1111)_2 = 1 \cdot 2^8 + 0 \cdot 2^7 + 1 \cdot 2^6 + 0 \cdot 2^5 + 1 \cdot 2^4$$
$$+ 1 \cdot 2^3 + 1 \cdot 2^2 + 1 \cdot 2^1 + 1 \cdot 2^0 = 351$$

◀

八進位與十六進位表示法　在電腦科學中，最重要的底為 2、8 與 16。以 8 為底的表示法稱為**八進位**（**octal**），而以 16 為底的表示法稱為**十六進位**（**hexadecimal**）。

例題 2 以八進位表示的整數 $(7016)_8$ 的十進位表示法為何？

解：利用以 b 為底之表示法的定義，當 $b = 8$ 時，

$$(7016)_8 = 7 \cdot 8^3 + 0 \cdot 8^2 + 1 \cdot 8 + 6 = 3598$$

◀

十六進位表示法需要十六個不同的字元。通常使用 0, 1, 2, 3, 4, 5, 6, 7, 8, 9, A, B, C, D, E 和 F，其中字母 A 到 F 表示數字 10 到 15（十進位符號）。

例題 3 十六進位表示法 $(2AE0B)_{16}$ 的十進位表示法為何？

解：利用以 b 為底之表示法的定義，當 $b = 16$ 時，

$$(2AE0B)_{16} = 2 \cdot 16^4 + 10 \cdot 16^3 + 14 \cdot 16^2 + 0 \cdot 16 + 11 = 175627$$

◀

每一個十六進位的數字皆能以四個位元來表示。例如，我們發現 $(1110\,0101)_2 = (E5)_{16}$。因為 $(1110)_2 = (E)_{16}$，而且 $(0101)_2 = (5)_{16}$。所謂**位元組**（**byte**）是指一個長度為 8 的位元字串，能用來表示兩個十六進位的數字。

底的轉換　我們將介紹一個演算法，用來建構整數 n 以 b 為底的表示法。首先將 n 除以 b，會得到一個商數和餘數如下：

$$n = bq_0 + a_0 \text{，其中 } 0 \le a_0 < b$$

而餘數 a_0 就是以 b 為底的表示法中最右邊的數字。接下來，再將商數 q_0 除以 b，所得商數和餘數如下：

$$q_0 = bq_1 + a_1 \text{，其中 } 0 \le a_1 < b$$

而餘數 a_1 就是以 b 為底的表示法中右邊數來第二個數字。繼續這種方法，直至商數等於零為止。如此一來，就由右至左將整數 n 以 b 為底的數字一一產生。

例題 4 求出 $(12345)_{10}$ 的八進位表示法。

解：首先將 12345 除以 8 得到

$$12345 = 8 \cdot 1543 + 1$$

接下來，繼續將商數除以 8 得到

$$1543 = 8 \cdot 192 + 7$$
$$192 = 8 \cdot 24 + 0$$
$$24 = 8 \cdot 3 + 0$$
$$3 = 8 \cdot 0 + 3$$

根據每個除式所得的餘數，我們知道

$$(12345)_{10} = (30071)_8$$ ◀

例題 5 　求出 $(177130)_{10}$ 的十六進位表示法。

解：首先將 177130 除以 16 得到

$$177130 = 16 \cdot 11070 + 10$$

接下來，繼續將商數除以 16 得到

$$11070 = 16 \cdot 691 + 14$$
$$691 = 16 \cdot 43 + 3$$
$$43 = 16 \cdot 2 + 11$$
$$2 = 16 \cdot 0 + 2$$

根據每個除式所得的餘數，我們知道

$$(177130)_{10} = (2B3EA)_{16}$$ ◀

例題 6 　求出 $(241)_{10}$ 的二進位表示法。

解：首先將 241 除以 2 得到

$$241 = 2 \cdot 120 + 1$$

接下來，繼續將商數除以 16 得到

$$120 = 2 \cdot 60 + 0$$
$$60 = 2 \cdot 30 + 0$$
$$30 = 2 \cdot 15 + 0$$
$$15 = 2 \cdot 7 + 1$$
$$7 = 2 \cdot 3 + 1$$
$$3 = 2 \cdot 1 + 1$$
$$1 = 2 \cdot 0 + 1$$

根據每個除式所得的餘數，我們知道

$$(241)_{10} = (1111\ 0001)_2$$ ◀

在演算法 1 中的虛擬碼可以求出整數 n 以 b 為底的表示法 $(a_{k-1} \ldots a_1 a_0)_b$。

> **演算法 1** 建構以 b 為底的表示法
>
> **procedure** *base b expansion*(n, b: positive integers with $b > 1$)
> $q := n$
> $k := 0$
> **while** $q \neq 0$
> $\quad a_k := q \bmod b$
> $\quad q := q \text{ div } b$
> $\quad k := k + 1$
> **return** ($a_{k-1}, \ldots, a_1, a_0$) {$(a_{k-1} \ldots a_1 a_0)_b$ is the base b expansion of n}

在演算法 1 中，q 表示持續除以 b 之除式中的商數，由 $q = n$ 開始。而以 b 為底之表示法之數字，則以餘數 $q \bmod b$ 來表示。當商數 $q = 0$ 時，演算法便終止。

注意：我們注意到演算法 1 可以視為貪婪演算法。因為在每個步驟中以 b 為底的數字都盡量取最大的。

轉換二進位、八進位和十六進位表示法　二進位與八進位，以及二進位與十六進位間的轉換非常簡單，因為每個八進位的數字都能用三個一組的位元區塊，而每個十六進位的數字都能用四個一組的位元區塊來表示。數種常用的進位法如表 1 所示。（我們將留待習題 13 至 16 來證明。）轉換方法可見例題 7。

例題 7　求出 (11 1110 1011 1100)$_2$ 的八進位與十六進位表示法，以及 (765)$_8$ 和 (A8D)$_{16}$ 的二進位表示法。

解：在轉換成八進位時，只要將所有的位元，三個三個分成區塊，若位元不夠則在最左邊補上 0。如此一來，我們得到 011, 111, 010, 111 和 100，分別對應餘 3, 7, 2, 7 以及 4。所以，(11 1110 1011 1100)$_2$ = (37274)$_8$。轉換成十六進位時，只要將所有的位元以四個為一組分成區塊，若位元數不夠則在最左邊補上 0。如此一來，我們得到 0011, 1110, 1011, 1100 四個區塊，將其表為十六進位的數字，分別為 3, E, B 和 C。所以，(11 1110 1011 1100)$_2$ = (3EBC)$_{16}$。

將八進位的 (765)$_8$ 轉換成二進位時，只要將每一個數字都改寫成一個三個位元的區塊即可。這些區塊為 111, 110 和 101，所以，(765)$_8$ = (1 1111 0101)$_2$。將十六進位的 (A8D)$_{16}$ 轉換成二進位時，只要將每一個數字都改寫成一個四個位元的字串即可，亦即將 A 轉換成 1010，8 轉換成 1000，而 D 換成 1101。所以，(A8D)$_{16}$ = (1010 1000 1101)$_2$。

表 1　由整數 0 到 15 的十六進位、八進位和二進位表示法

十進位	0	1	2	3	4	5	6	7	8	9	10	11	12	13	14	15
十六進位	0	1	2	3	4	5	6	7	8	9	A	B	C	D	E	F
八進位	0	1	2	3	4	5	6	7	10	11	12	13	14	15	16	17
二進位	0	1	10	11	100	101	110	111	1000	1001	1010	1011	1100	1101	1110	1111

整數運算之演算法

有關二進位表示法之算術運算的演算法在電腦科學中特別重要。我們將介紹二進位整數之加法與乘法的演算法，同時也將利用演算法中使用之位元運算次數來分析這些演算法的複雜度。在這些討論中，整數 a 與 b 有下列二進位表示法：

$$a = (a_{n-1}a_{n-2}\ldots a_1a_0)_2,\ b = (b_{n-1}b_{n-2}\ldots b_1b_0)_2$$

所以，a 與 b 皆有 n 個位元（如果有需要，可在最右邊補上 0）。

我們將以整數之位元個數來測度整數運算之演算法的複雜度。

加法演算法 考慮將兩個二進位的整數相加。一種程序是利用紙與筆，將兩個對應位置的位元相加，如果相加後變成兩個位元，則將之進位至左邊的位元。程序的步驟如下：

將 a 與 b 相加，由最右邊的位元開始，得到

$$a_0 + b_0 = c_0 \cdot 2 + s_0$$

其中，s_0 為相加後留在對應位置（最右邊）的位元，而 c_0 則為**進位（carry）**之位元 0 或 1。接下來，

$$a_1 + b_1 + c_0 = c_1 \cdot 2 + s_1$$

其中，s_1 為相加後留在對應位置（右邊數來第二位）的位元，而 c_1 則為進位之位元。持續這個過程，將二進位表示法中對應位置的位元以及由右邊之運算所得之進位位元相加，直至 $a_{n-1} + b_{n-1} + c_{n-2} = c_{n-1} \cdot 2 + s_{n-1}$，而 $s_n = c_{n-1}$ 為止。所以，$a + b = (s_n s_{n-1} s_{n-2} \ldots s_1 s_0)_2$。

例題 8 將 $a = (1110)_2$ 與 $b = (1011)_2$ 相加。

解：根據上述的步驟：

$$a_0 + b_0 = 0 + 1 = 0 \cdot 2 + 1$$

所以 $c_0 = 0$ 和 $s_0 = 1$。然後，因為

$$a_1 + b_1 + c_0 = 1 + 1 + 0 = 1 \cdot 2 + 0$$

所以 $c_1 = 1$ 和 $s_1 = 0$。繼續計算如下，

$$a_2 + b_2 + c_1 = 1 + 0 + 1 = 1 \cdot 2 + 0$$

所以 $c_2 = 1$ 和 $s_2 = 0$。最後，

$$a_3 + b_3 + c_2 = 1 + 1 + 1 = 1 \cdot 2 + 1$$

```
  1 1 1
    1 1 1 0
  + 1 0 1 1
  ---------
  1 1 0 0 1
```

圖 1 將 $a = (1110)_2$ 與 $b = (1011)_2$ 相加

因此，$c_3 = 1$ 和 $s_3 = 0$。而且，$s_4 = c_3 = 1$。所以，$s = a + b = (1\,1001)_2$。加法的過程如圖 1 所示。◀

加法演算法的虛擬碼描述如下。

演算法 2 整數之加法

procedure $add(a, b$: positive integers)
{the binary expansions of a and b are $(a_{n-1}a_{n-2}\ldots a_1a_0)_2$
   and $(b_{n-1}b_{n-2}\ldots b_1b_0)_2$, respectively}
$c := 0$
for $j := 0$ **to** $n-1$
   $d := \lfloor (a_j + b_j + c)/2 \rfloor$
   $s_j := a_j + b_j + c - 2d$
   $c := d$
$s_n := c$
return $(s_0, s_1, \ldots, s_n)$ {the binary expansion of the sum is $(s_n s_{n-1} \ldots s_0)_2$}

接下來，我們將分析演算法 2 中的位元加法次數。

例題 9 使用演算法 2 將兩個 n 位元的整數相加，需要用到多少次的位元加法次數？

解： 兩整數相加，基本上是連續相加一對位元和一個進位位元（若必須進位的話），所以每一個位置需要相加的次數至多為 3 次。因此，使用演算法 2 將兩個 n 位元的整數相加，需要用到的位元加法次數為 $O(n)$。　◀

乘法演算法 接下來，考慮兩個 n 位元整數的相乘。一個方便的演算法（能以紙與筆來執行）如下：根據分配律，我們有

$$ab = a(b_0 2^0 + b_1 2^1 + \cdots + b_{n-1} 2^{n-1})$$
$$= a(b_0 2^0) + a(b_1 2^1) + \cdots + a(b_{n-1} 2^{n-1})$$

我們能用這個方程式計算 ab。首先我們注意到 $ab_j = a$，如果 $b_j = 1$；而 $ab_j = 0$，如果 $b_j = 0$。每次我們對一項乘上 2 時，將二進位表示法向左移動一個位置，然後在最右邊補上一個 0。也就是說，$(ab_j)2^j$ 其實只要將 ab_j 向左**位移（shifting）** j 個位置，然後在右邊加上 j 個 0。最後，將 n 個整數 $ab_j 2^j$，$n = 0, 1, 2, \ldots, n-1$，加在一起得到 ab。

演算法 3 為乘法程序之虛擬碼。

演算法 3 整數之乘法

procedure $multiply(a, b$: positive integers)
{the binary expansions of a and b are $(a_{n-1}a_{n-2}\ldots a_1a_0)_2$
   and $(b_{n-1}b_{n-2}\ldots b_1b_0)_2$, respectively}
for $j := 0$ **to** $n-1$
   if $b_j = 1$ **then** $c_j := a$ shifted j places
   else $c_j := 0$
{$c_0, c_1, \ldots, c_{n-1}$ are the partial products}
$p := 0$
for $j := 0$ **to** $n-1$
   $p := p + c_j$
return p {p is the value of ab}

例題 10 說明演算法的用法。

例題 10　將 $a = (110)_2$ 與 $b = (101)_2$ 相乘。

解：首先注意到

$$ab_0 \cdot 2^0 = (110)_2 \cdot 1 \cdot 2^0 = (110)_2$$
$$ab_1 \cdot 2^1 = (110)_2 \cdot 0 \cdot 2^1 = (0000)_2$$

和

$$ab_2 \cdot 2^2 = (110)_2 \cdot 1 \cdot 2^2 = (11000)_2$$

```
      1 1 0
    × 1 0 1
    -------
      1 1 0
    0 0 0
  1 1 0
  ---------
  1 1 1 1 0
```

圖 2　將 $a = (110)_2$ 與 $b = (101)_2$ 相乘

為了得到乘積，利用演算法 2 將 $(110)_2$、$(0000)_2$ 和 $(11000)_2$ 加在一起，得到 $ab = (1\,1110)_2$。整個乘法的過程如圖 2 所示。

接下來，將分析演算法 3 中的位元乘法次數。

例題 11　利用演算法 3 將整數 a 與 b 相乘時，需要用到多少次的位元加法以及位元位移？

解：在演算法中，使用將部分積 $c_0, c_1, c_2, \ldots$ 和 c_{n-1} 相加來求出 a 與 b 的乘積。當 $b_j = 1$ 時，計算部分積 c_j 是將 a 的二進位表示法位移 j 個位置；當 $b_j = 0$ 時，不需要位移，因為 $c_j = 0$。所以，求出 n 個整數，$ab_j 2^j$，$n = 0, 1, 2, \ldots, n - 1$，需要至多

$$0 + 1 + 2 + \cdots + n - 1$$

個位移。根據 3.2 節例題 5，移動次數為 $O(n^2)$。

將整數 ab_j 由 $j = 0$ 加到 $j = n - 1$，需要將 n 位元整數加上一個 $(n + 1)$ 位元整數、……、一個 $(2n)$ 位元整數。根據例題 9，知道每次相加需要做 $O(n)$ 次的位元加法。所以，總共需要的加法次數為 $O(n^2)$。

令人驚訝的是，有許多比上述簡便演算法更有效率的演算法，其中一種只需要 $O(n^{1.585})$ 的位元運算次數。我們將於 7.3 節中描述。

div 和 mod 的演算法　給定整數 a 和 $d\,(> 0)$，我們能利用演算法 4 求出 $q = a\,\mathbf{div}\,d$ 和 $r = a\,\mathbf{mod}\,d$。在此暴力演算法中，當 a 為正數，我們減掉多次 d，直到剩下的部分小於 d 為止。做減法的次數就是商數，而留下來的即為餘數。演算法 4 也能推廣至當 a 為負數時，利用演算法將 $|a|$ 除以 d，得到商數 q 與餘數 r，則當 $a < 0$ 與 $r > 0$，商數為 $-(q + 1)$，而餘數為 $d - r$。若 $a > d$，則演算法使用位元運算次數為 $O(q \log a)$。

演算法 4 計算 **div** 與 **mod**

procedure *division algorithm*(a: integer, d: positive integer)
$q := 0$
$r := |a|$
while $r \geq d$
    $r := r - d$
    $q := q + 1$
if $a < 0$ and $r > 0$ **then**
    $r := d - r$
    $q := -(q + 1)$
return (q, r) {$q = a$ **div** d is the quotient, $r = a$ **mod** d is the remainder}

當 a 與 d 都是正整數時，有些更有效率的演算法可以用來決定商 $q = a$ **div** d 和餘數 $r = a$ **mod** d（詳見 [Kn98]）。這些演算法需要的運算次數為 $O(\log a \cdot \log d)$。若 a 與 d 的二進位表示法的位元數都小於 n，則我們可將 $\log a \cdot \log d$ 換成 n^2。也就是說，求出 a 除以 d 的商與餘數需要 $O(n^2)$ 次運算。

模指數

在密碼學中，當 b、n 和 m 都是很大的整數時，有效率地求出 b^n **mod** m 是非常重要的。先計算出 b^n 再求出其除以 m 的餘數並不實際，因為 b^n 是非常非常大的數。事實上，我們將利用指數 n 的二進位表示法，即 $n = (a_{k-1}a_{k-2}\ldots a_1 a_0)_2$。

在陳述演算法之前，先介紹一下基本的概念。我們將解釋如何用 n 的二進位表示法來計算 b^n。首先，注意到

$$b^n = b^{a_{k-1}\cdot 2^{k-1}+\cdots+a_1\cdot 2+a_0} = b^{a_{k-1}\cdot 2^{k-1}} \cdots b^{a_1\cdot 2} \cdot b^{a_0}$$

為計算 b^n，我們只需計算下面的值：b、b^2、$(b^2)^2 = b^4$、$(b^4)^2 = b^8$、$\cdots$、b^{2^k}。接著，將 b^{2^j} 乘到每一項，其中 $a_j = 1$。（為了更有效率，每次做完乘法後可以先求出 mod m 的結果。）這樣就能求出 b^n。例如，要計算 3^{11}，我們首先注意到 $11 = (1011)_2$，因此 $3^{11} = 3^8 3^2 3^1 = 6561 \cdot 9 \cdot 3 = 177{,}147$。

由演算法持續求出 b **mod** m，b^2 **mod** m，b^4 **mod** m，$\cdots$，$b^{2^{k-1}}$ **mod** m，接著，將 b^{2^j} **mod** m 乘到每一項，其中 $a_j = 1$，再將每項乘積除以 m 的餘數求出。這個演算法的虛擬碼如演算法 5 所示。值得一提的是，在演算法 5 中，我們使用所知最有效率的方法來計算 **mod** 函數，而不使用演算法 4。

> **演算法 5**　模指數
>
> **procedure** *modular exponentiation*(*b*: integer, $n = (a_{k-1}a_{k-2}\ldots a_1a_0)_2$,
> 　　　*m*: positive integers)
> $x := 1$
> *power* := *b* **mod** *m*
> **for** $i := 0$ **to** $k - 1$
> 　　**if** $a_i = 1$ **then** $x := (x \cdot power)$ **mod** *m*
> 　　*power* := (*power* $\cdot$ *power*) **mod** *m*
> **return** *x* {*x* equals b^n **mod** *m*}

我們將在例題 12 中說明演算法 5 如何運作。

例題 12　利用演算法 5 求出 3^{644} **mod** 645。

解：演算法 5 的初始設定為 $x = 1$，而 *power* = 3 **mod** 645 = 3。在計算 3^{644} **mod** 645 的過程中，演算法不停地利用平方與以模數 645 簡化的方式，決定出當 $j = 1, 2, \ldots, 9$ 時，3^{2^j} **mod** 645 的值。若 $a_j = 1$，將目前 *x* 的值乘上 3^{2^j} **mod** 645，再以模數 645 簡化。下面為每個步驟：

> $i = 0$：因為 $a_0 = 0$，我們有 $x = 1$ 與 *power* = 3^2 **mod** 645 = 9 **mod** 645 = 9；
>
> $i = 1$：因為 $a_1 = 0$，我們有 $x = 1$ 與 *power* = 9^2 **mod** 645 = 81 **mod** 645 = 81；
>
> $i = 2$：因為 $a_2 = 1$，我們有 $x = (1 \cdot 81)$ **mod** 645 = 81 與 *power* = 81^2 **mod** 645 = 6561 **mod** 645 = 111；
>
> $i = 3$：因為 $a_3 = 0$，我們有 $x = 81$ 與 *power* = 111^2 **mod** 645 = 12321 **mod** 645 = 66；
>
> $i = 4$：因為 $a_4 = 0$，我們有 $x = 81$ 與 *power* = 66^2 **mod** 645 = 4356 **mod** 645 = 486；
>
> $i = 5$：因為 $a_5 = 0$，我們有 $x = 81$ 與 *power* = 486^2 **mod** 645 = 236196 **mod** 645 = 126；
>
> $i = 6$：因為 $a_6 = 0$，我們有 $x = 81$ 與 *power* = 126^2 **mod** 645 = 15876 **mod** 645 = 396；
>
> $i = 7$：因為 $a_7 = 1$，我們有 $x = (81 \cdot 396)$ **mod** 645 = 471 與 *power* = 396^2 **mod** 645 = 156816 **mod** 645 = 81；
>
> $i = 8$：因為 $a_8 = 0$，我們有 $x = 471$ 與 *power* = 81^2 **mod** 645 = 6561 **mod** 645 = 111；
>
> $i = 9$：因為 $a_9 = 1$，我們有 $x = (471 \cdot 111)$ **mod** 645 = 36。

根據演算法 5 的步驟，我們得到 3^{644} **mod** 645 = 36。◀

演算法 5 是相當有效率的，求出 b^n **mod** *m* 只需要 $O((\log m)^2 \cdot \log n)$ 的位元計算次數。

習題 Exercises　　＊表示為較難的練習；＊＊表示為高度挑戰性的練習；☞ 對應正文。

1. 將下列整數由十進位表示法改為二進位表示法。
   a) 231　　　　　　　　　　　　　　**b)** 4532
   c) 97644

2. 將下列整數由十進位表示法改為二進位表示法。
   a) 321
   b) 1023
   c) 100632

3. 將下列整數由二進位表示法改為十進位表示法。
   a) $(1\ 1111)_2$
   b) $(10\ 0000\ 0001)_2$
   c) $(1\ 0101\ 0101)_2$
   d) $(110\ 1001\ 0001\ 0000)_2$

4. 將下列整數由二進位表示法改為十進位表示法。
   a) $(1\ 1011)_2$
   b) $(10\ 1011\ 0101)_2$
   c) $(11\ 1011\ 1110)_2$
   d) $(111\ 1100\ 0001\ 1111)_2$

5. 將下列整數由八進位表示法改為二進位表示法。
   a) $(572)_8$
   b) $(1604)_8$
   c) $(423)_8$
   d) $(2417)_8$

6. 將下列整數由二進位表示法改為八進位表示法。
   a) $(1111\ 0111)_2$
   b) $(1010\ 1010\ 1010)_2$
   c) $(111\ 0111\ 0111\ 0111)_2$
   d) $(101\ 0101\ 0101\ 0101)_2$

7. 將下列整數由十六進位表示法改為二進位表示法。
   a) $(80E)_{16}$
   b) $(135AB)_{16}$
   c) $(ABBA)_{16}$
   d) $(DEFACED)_{16}$

8. 將整數 $(BADFACED)_{16}$ 由十六進位表示法改為二進位表示法。

9. 將整數 $(ABCDEF)_{16}$ 由十六進位表示法改為二進位表示法。

10. 將習題 6 中的整數由二進位表示法改為十六進位表示法。

11. 將整數 $(1011\ 0111\ 1011)_2$ 由二進位表示法改為十六進位表示法。

12. 將整數 $(1\ 1000\ 0110\ 0011)_2$ 由二進位表示法改為十六進位表示法。

13. 證明在將二進位表示法轉換成十六進位時，只要將二進位表示法所有的位元，四個四個分成區塊，若位元數不夠則在最左邊補上 0。然後，將每個區塊轉換成一個十六進位的數字即可。

14. 證明在將十六進位表示法轉換成二進位時，只要將十六進位的數字，一一轉換成一個四個位元的字串，若位元數不夠則在最左邊補上 0 即可。

15. 證明在將二進位表示法轉換成八進位時，只要將二進位表示法所有的位元，三個三個分成區塊，若位元數不夠則在最左邊補上 0。然後，將每個區塊轉換成一個八進位的數字即可。

16. 證明在將八進位表示法轉換成二進位時，只要將八進位的數字，一一轉換成一個三個位元的字串，若位元數不夠則在最左邊補上 0 即可。

17. 將 $(7345321)_8$ 轉換成二進位表示法，並將 $(10\ 1011\ 1011)_2$ 轉換成八進位表示法。

18. 找出一個將整數的十六進位表示法轉換成八進位表示法的程序，並且利用二元符號為中間媒介。

19. 找出一個將整數的八進位表示法轉換成十六進位表示法的程序，並且利用二元符號為中間媒介。

20. 解釋如何將二進位轉換成以 64 為底的表示法，以及將以 64 為底的表示法轉換成二進位表示法；如何將八進位轉換成以 64 為底的表示法，以及將以 64 為底的表示法轉換成八進位表示法。

21. 求出下列給定之整數的和與積，將答案以二進位表示。
    a) $(100\ 0111)_2$, $(111\ 0111)_2$
    b) $(1110\ 1111)_2$, $(1011\ 1101)_2$
    c) $(10\ 1010\ 1010)_2$, $(1\ 1111\ 0000)_2$
    d) $(10\ 0000\ 0001)_2$, $(11\ 1111\ 1111)_2$

22. 求出下列給定之整數的和與積，將答案表示成以 3 為底的整數表示法。
    a) $(112)_3$, $(210)_3$
    b) $(2112)_3$, $(12021)_3$
    c) $(20001)_3$, $(1111)_3$
    d) $(120021)_3$, $(2002)_3$

23. 求出下列給定之整數的和與積，將答案以八進位表示。
    a) $(763)_8$, $(147)_8$
    b) $(6001)_8$, $(272)_8$
    c) $(1111)_8$, $(777)_8$
    d) $(54321)_8$, $(3456)_8$

24. 求出下列給定之整數的和與積，將答案以十六進位表示。
    a) $(1AE)_{16}$, $(BBC)_{16}$
    b) $(20CBA)_{16}$, $(A01)_{16}$
    c) $(ABCDE)_{16}$, $(1111)_{16}$
    d) $(E0000E)_{16}$, $(BAAA)_{16}$

25. 利用演算法 5 求出 $7^{644} \bmod 645$。

26. 利用演算法 5 求出 $11^{644} \bmod 645$。

27. 利用演算法 5 求出 $3^{2003} \bmod 99$。

28. 利用演算法 5 求出 $123^{1001} \bmod 101$。

29. 證明每個正整數都能唯一表示成 2 之不同冪次的和。〔提示：考慮整數之二進位表示法。〕

30. 我們能夠證明，每一個整數都能唯一表示成下列形式：
    $$e_k 3^k + e_{k-1} 3^{k-1} + \cdots + e_1 3 + e_0$$
    其中 $e_j = -1, 0$ 或 1，$j = 0, 1, 2, ..., k$。這種形態的表示法稱為**平衡的三進位表示法**（**balanced ternary expansion**）。求出下列整數之平衡的三進位表示法：
    a) 5
    b) 13
    c) 37
    d) 79

31. 證明一個正整數能被 3 整除，若且唯若其所有數字（十進位表示法）的和可以被 3 整除。

32. 證明一個正整數能被 11 整除，若且唯若其偶數位數字和與奇數位數字和的差，正好能被 11 整除。

33. 證明一個正整數能被 3 整除，若且唯若其二進位表示法的偶數位數字和與奇數位數字和的差，正好能被 3 整除。

整數之 1 的補數表示法（one's complement representation）是用來簡化電腦計算的表示法。絕對值小於 2^{n-1} 的整數（可為正或為負）能用總共 n 個位元來表示。最左邊的位元用來表示正負符號，0 代表整數為正數，而 1 代表整數為負數。對正整數而言，剩下來的位元正好是此數之二進位表示法。對負整數而言，先求出其絕對值之二進位表示法，然後再將每個位元換成此位元之補數。其中 1 的補數為 0，而 0 的補數則是 1。

34. 利用長度為 6 的位元字串求出下列各整數之 1 的補數表示法。

    a) 22   b) 31
    c) -7 d) -19

35. 下列長度為 5 之 1 的補數表示法分別代表哪些整數？

    a) 11001   b) 01101
    c) 10001   d) 11111

36. 若 m 為小於 2^{n-1} 的正整數，如何利用 m（位元字串長度為 n）之 1 的補數表示法，求出 $-m$ 之 1 的補數表示法？

37. 如何用兩整數之 1 的補數表示法，求出這兩數和之 1 的補數表示法？

38. 如何用兩整數之 1 的補數表示法，求出這兩數差之 1 的補數表示法？

39. 若整數 m 之 1 的補數表示法為 $(a_{n-1} a_{n-2} \ldots a_1 a_0)$，試證明我們也能用下列等式求出 m：
    $m = -a_{n-1}(2^{n-1} - 1) + a_{n-2} 2^{n-2} + \cdots + a_1 \cdot 2 + a_0$

整數之 2 的補數表示法（two's complement representation）也是用來簡化電腦計算的表示法，而且比 1 的補數表示法更常用。$-2^{n-1} \leq x \leq 2^{n-1} - 1$ 的整數 x 能用總共 n 個位元來表示。最左邊的位元用來表示正負符號，0 代表整數為正數，而 1 代表整數為負數，與 1 的補數表示法相同。對正整數而言，剩下來的位元正好是此數之二進位表示法。對負整數而言，剩下來的位元則為 $2^{n-1} - |x|$ 之二進位表示法。2 的補數表示法經常使用於電腦上，因為兩整數之加法與減法用這種表示法很容易執行。

40. 利用整數長度為 6 之 2 的補數表示法回答習題 34。
41. 利用整數長度為 5 之 2 的補數表示法回答習題 35。
42. 利用整數之 2 的補數表示法回答習題 36。
43. 利用整數之 2 的補數表示法回答習題 37。
44. 利用整數之 2 的補數表示法回答習題 38。
45. 若整數 m 之 2 的補數表示法為 $(a_{n-1} a_{n-2} \ldots a_1 a_0)$，證明我們也能用下列等式求出 m：
    $m = -a_{n-1} 2^{n-1} + a_{n-2} 2^{n-2} + \cdots + a_1 \cdot 2 + a_0$
46. 描述一個能將整數之 1 的補數表示法轉換成整數之 2 的補數表示法的簡單演算法。
47. 有時我們會將十進位的每位數字以四個位元之二進位來表示，這個程序稱為整數的**二元編碼十進位（binary coded decimal）**形式。例如，791 的二元編碼十進位表示法為 011110010001。一個 n 位數的十進位，改寫成二元編碼十進位表示法需要多少長度的位元？

4.3 質數與最大公因數 Primes and Greatest Common Divisors

引言

在 4.1 節中探究的是整數的除法,而一個根植於除法的重要概念為質數。所謂質數是指一個大於 1 的整數,只能夠被 1 和其本身整除。質數的研究可以追溯至相當古老的時代,在數千年前就已經知道質數有無限多個。這個證明是歐基里得的貢獻,以其優雅美麗而聞名。

我們也將討論質數在整數中的分布,以及近四百年來許多偉大的數學家研究質數的結果。特別是,一個重要的定理──算術基本定理──說明每個正整數都能唯一表示成質數的乘積。此外,也將討論許多古老但至今依然懸宕未解的臆測。

質數在現代密碼學系統中已經是不可或缺的工具,我們將探討一些在密碼學上重要的性質。例如,尋找非常大的質數在現代密碼學上相當必要。將很大的數分解成質因數乘積所需要花的時間,在密碼學中便扮演極關鍵的角色。

本節也將探討兩個整數的最大公因數以及最小公倍數。我們將研討歐基里得演算法,這是一個計算最大公因數之演算法。

質數

每一個大於 1 的整數至少都能被兩個整數整除,就是 1 與本身。一個正整數恰好有兩個不同之正因數,稱為**質數(prime)**。

> **定義 1** ■ 一個大於 1 的正整數 p 稱為質數,如果 p 只有 1 和 p 兩個正因數。若一個大於 1 的正整數不是質數,便稱為合成數(composite)。

注意:整數 n 為合成數,若且唯若存在整數 a,$1 < a < n$,使得 $a \mid n$。

例題 1 　整數 7 為質數,因為其正因數只有 1 與 7。而 9 是合成數,因為它能被 3 整除。　◀

質數是正整數的基石,一如算術基本定理所示,證明則留待 5.2 節討論。

> **定理 1** ■ **算術基本定理**　每個大於 1 的正整數都能唯一表示為一個質數,或是兩個或兩個以上之質數(依非遞減之方式排列)的乘積。

例題 2 給定某些整數的質因數分解。

例題 2　100、641、999 和 1024 之質因數分解如下：

$$100 = 2 \cdot 2 \cdot 5 \cdot 5 = 2^2 5^2$$
$$641 = 641$$
$$999 = 3 \cdot 3 \cdot 3 \cdot 37 = 3^3 \cdot 37$$
$$1024 = 2 \cdot 2 \cdot 2 \cdot 2 \cdot 2 \cdot 2 \cdot 2 \cdot 2 \cdot 2 \cdot 2 = 2^{10}$$

◀

除法試驗

通常判斷一個數是否為質數是很重要的。例如，在密碼學中，某些製造祕密訊息的方法會需要使用很大的質數。有一種用來證明某數為質數的過程，基於下述之觀察。

定理 2　若 n 為合成數，則 n 有一個不大於 $\sqrt{n}$ 的質因數。

證明：若 n 為合成數，則根據合成數的定義，存在因數 a，$1 < a < n$，使得 $a|n$，因此 $n = ab$，其中 b 為大於 1 的正整數。我們將證明 $a \leq \sqrt{n}$ 或是 $b \leq \sqrt{n}$。若 $a > \sqrt{n}$ 且 $b > \sqrt{n}$，則 $ab > \sqrt{n} \cdot \sqrt{n} = n$，會產生矛盾。所以，得證 $a \leq \sqrt{n}$ 或是 $b \leq \sqrt{n}$。因為 a 和 b 皆為 n 的因數，因此 n 存在著不大於 $\sqrt{n}$ 的因數。這個因數要不是個質數，要不根據算術基本定理，有一個質因數小於此因數。也因此，存在一個 n 的質因數不大於 $\sqrt{n}$。　◁

由定理 2 可以推得，一個整數為質數，若此數無法被小等於 $\sqrt{n}$ 的所有質數整除。由此可以推導出一個暴力演算法，即所謂的**除法試驗**（**trial division**）。使用除法試驗，我們將 n 除以所有不大於 $\sqrt{n}$ 的質數，若 n 皆不能被整除，則 n 便是質數。例題 3 即是根據除法試驗證明 101 為質數。

例題 3　證明 101 為質數。

解：不大於 $\sqrt{101}$ 的質數只有 2、3、5 和 7。因為 101 不能被這幾個質數整除，所以 101 為質數。　◁

因為每個整數都有質因數，所以有一個找出所有質因數的方法應該是相當重要的。考慮找出整數 n 所有的質因數。首先，由最小的質數 2 開始。若 n 有質因數，依據定理 3，存在一個不大於 $\sqrt{n}$ 的質因數 p。若找不到這樣的質因數，則 n 為質數；否則，存在一個不大於 $\sqrt{n}$ 的質因數 p，繼續分解 n/p。要注意的是，n/p 沒有小於 p 的質因數。相同地，若 n/p 找不到一個小於等於其根號的質因數，則 n/p 為質數；否則，令 q 為一個不大於 n/p 之根號的質因數。接下來，繼續分解 $n/(pq)$。重複這樣的步驟，直至找出所有的質因數為止。例題 4 將說明這個過程。

> **例題 4** 求出 7007 的質因數分解。

解：要求出 7007 的質因數分解，首先，找出所有的質因數。先由 2 開始，我們發現 2、3 與 5 皆不能整除 7007，但 7 便能整除 7007，7007/7 = 1001。接下來，由 7 開始，找尋 1001 的質因數，我們馬上發現 7 是 1001 的質因數，1001/7 = 143。接下來，檢驗 7 能否整除 143。因為 7 不能整除 143，接著檢驗下一個質數 11，143/11 = 13。由於 13 本身為質數，所以整個過程便結束了。因此 7007 的質因數分解為 $7 \cdot 7 \cdot 11 \cdot 13 = 7^2 \cdot 11 \cdot 13$。◀

在古早時期，對質數的研究是因為某些哲學上的原因。然而，現在有許多非常實際的理由讓人們繼續研究質數，尤其是超大質數，其在密碼學上扮演著相當關鍵的角色，見 4.6 節。

埃拉托斯特尼篩選法

我們注意到不大於 100 的合成數，一定有一個不大於 10 的質因數。因為不大於 10 的質數只有 2、3、5 和 7，所以不大於 100 的質數除了這四個之外，就是所有大於 1 且不大於 100 而無法被 2、3、5 和 7 整除的正整數。

埃拉托斯特尼篩選法（sieve of Eratosthenes）可以找出不超過某特定正整數的所有質數。例如，下面的程序可以找出不大於 100 的質數。首先，保留 2 但將所有能被 2 整除的整數都刪去。因為 3 是下一個留下來的整數，所以保留 3 但將所有剩下來且能被 3 整除的整數都刪去。然後 5 是下一個留下來的整數，所以保留 5 但將所有剩下來且能被 5 整除的整數都刪去。接下來處理的整數為 7，保留 7 但將所有剩下來且能被 7 整除的整數都刪去。由於不大於 100 的合成數一定都能被 2、3、5 或 7 整除，所以留下來的必然都是質數。表 1 以數個區塊來顯示在每個步驟中被刪去的整數。第一個區塊中，除了 2 之外，所有能被 2 整除的整數都被畫上底線；第二個區塊中，除了 3 之外，所有能被 3 整除的整數都被畫上底線；第三個區塊中，除了 5 之外，所有能被 5 整除的整數都被畫上底線；第四個區塊中，除了 7 之外，所有能被 7 整除的整數都被畫上底線。最後，沒有被畫底線的數字即為不大於 100 的質數。因此，我們知道不大於 100 的質數有 2, 3, 5, 7, 11, 13, 17, 19, 23, 29, 31, 37, 41, 43, 47, 53, 59, 61, 67, 71, 73, 79, 83, 89 和 97。

質數的無限性質 從很早以前，人們就知道質數有無限多個。也就是，若列出最小的 n 個質數 $p_1, p_2, ..., p_n$，無論 n 有多大，都依然有更大的質數未被列出來。我們將利用歐基里得在其著名的著作《幾何原本》(*The Elements*) 中所使用的方式來證明這個事實。這個簡單但典雅的證明，被公認是數學界最美麗的證明之一，它是第一個被放進《*THE*

埃拉托斯特尼（Eratosthenes，西元前 276-194 年）出生於埃及西方希臘人聚集的希藍尼，曾在柏拉圖學園從事研究。埃拉托斯特尼是個多才多藝的學者，其著作包含數學、地理學、天文學、歷史、哲學與文學評論等方面，最受人注意的是古歷史的編年表與著名的地球大小測量。

表1　埃拉托斯特尼篩選法

除了 2 之外，所有能被 2 整除的整數都被畫上底線。	除了 3 之外，所有能被 3 整除的整數都被畫上底線。
1　2　3　4　5　6　7　8　9　10 11　12　13　14　15　16　17　18　19　20 21　22　23　24　25　26　27　28　29　30 31　32　33　34　35　36　37　38　39　40 41　42　43　44　45　46　47　48　49　50 51　52　53　54　55　56　57　58　59　60 61　62　63　64　65　66　67　68　69　70 71　72　73　74　75　76　77　78　79　80 81　82　83　84　85　86　87　88　89　90 91　92　93　94　95　96　97　98　99　100	1　2　3　4　5　6　7　8　9　10 11　12　13　14　15　16　17　18　19　20 21　22　23　24　25　26　27　28　29　30 31　32　33　34　35　36　37　38　39　40 41　42　43　44　45　46　47　48　49　50 51　52　53　54　55　56　57　58　59　60 61　62　63　64　65　66　67　68　69　70 71　72　73　74　75　76　77　78　79　80 81　82　83　84　85　86　87　88　89　90 91　92　93　94　95　96　97　98　99　100

除了 5 之外，所有能被 5 整除的整數都被畫上底線。	除了 7 之外，所有能被 7 整除的整數都劃被畫上底線；以灰色表示的整數即為質數。
1　2　3　4　5　6　7　8　9　10 11　12　13　14　15　16　17　18　19　20 21　22　23　24　25　26　27　28　29　30 31　32　33　34　35　36　37　38　39　40 41　42　43　44　45　46　47　48　49　50 51　52　53　54　55　56　57　58　59　60 61　62　63　64　65　66　67　68　69　70 71　72　73　74　75　76　77　78　79　80 81　82　83　84　85　86　87　88　89　90 91　92　93　94　95　96　97　98　99　100	1　2　3　4　5　6　7　8　9　10 11　12　13　14　15　16　17　18　19　20 21　22　23　24　25　26　27　28　29　30 31　32　33　34　35　36　37　38　39　40 41　42　43　44　45　46　47　48　49　50 51　52　53　54　55　56　57　58　59　60 61　62　63　64　65　66　67　68　69　70 71　72　73　74　75　76　77　78　79　80 81　82　83　84　85　86　87　88　89　90 91　92　93　94　95　96　97　98　99　100

BOOK》[AiZi10] 的證明。《*THE BOOK*》這本書收集許多完美的證明，著名數學家艾狄胥（Paul Erdös）聲稱這些證明是經過上帝的篩選。當然，還有許多不同的方法可以證明質數有無限多個，非常令人驚訝的是發表新方法的頻率相當高。

定理 3 ■ 質數有無限多個。

證明：我們將使用歸謬證法。假設質數只有有限多個，$p_1, p_2, ..., p_n$。令

$$Q = p_1 p_2 \cdots p_n + 1$$

根據算術基本定理，Q 為質數，或是可以表成兩個或兩個以上質因數的乘積。然而由於 $Q - p_1 \cdot p_2 \cdot \cdots \cdot p_n = 1$，沒有任何一個質數 p_j 能整除 Q，因為沒有一個質數能整除 Q，所以 Q 本身為質數。如此一來，便與一開始的質數假設矛盾。在這個證明中，我們明確地找出一個質數不在原來的質數序列之中。　◁

由於質數有無限多個，給定任意個整數，一定能找到比這個整數大的質數。有一個持續發展的問題：找出愈來愈大的質數。近三百年來，所能找出的最大質數，都有個特殊的形式，$2^p - 1$，其中 p 為質數。（必須注意，在 n 不是質數的時候，$2^n - 1$ 也不會是質數，見習題 9。）這樣的質數稱為**梅遜質數**（Mersenne primes），根據法國修道士馬梅遜之姓氏命名。之所以知道質數通常有這樣的形式，是因為有個測試法，稱為盧卡司－里莫測試法（Lucas-Lehmer test），能非常有效地判斷出 $2^p - 1$ 的數是否為質數。而且，現今任何測試其他形式的數是否為質數的方法，都未能如盧卡司－里莫測試法來得有效率。

例題 5 $2^2 - 1 = 3$，$2^3 - 1 = 7$ 與 $2^5 - 1 = 31$ 都是梅遜質數，而 $2^{11} - 1 = 2047$ 則不為梅遜質數，因為 $2047 = 23 \cdot 89$。 ◀

電腦發明後，找尋梅遜質數的工作就持續地進行。至 2011 年初，已經找到了 47 個梅遜質數，其中 16 個在 1990 年之後才被發現。至 2011 年初為止，所知最大的梅遜質數為 $2^{43,112,609} - 1$，這個數字超過了十三億位數，在 2008 年時被證明是質數。有一個社群——大型梅遜質數搜尋網路（Great Internet Mersenne Prime Search, GIMPS）——成立的目的就在尋找新的梅遜質數。你也可以加入搜尋，如果夠幸運，或許你能發現新的梅遜質數而獲得獎金。現今找尋梅遜質數有了新的意涵。一種針對超級電腦品質控制的測試法，就是重複利用盧卡司－里莫測試法對一個很大的質數進行測試。（想知道更多有關梅遜質數的資訊，請見 [Ro10]。）

質數的分布　定理 3 告訴我們質數有無限多個。然而，小於正整數 x 的質數有多少個呢？這個問題吸引數學家的興趣好一段時間。十八世紀末期，數學家列出了相當大的質數表，希望能從中找出質數分布的證據。根據這些證據，歷代許多偉大的數學家，例如高斯和勒讓德（Legendre）都得到了定理 4 這個未經證明的假說。

定理 4 ■ 質數定理　當 x 趨近於無窮大時，不大於 x 之質數的個數和 $x/\ln x$ 的比值會趨近 1。（其中 $\ln x$ 為 x 之自然對數。）

質數定理在 1896 年首先由法國數學家阿達馬（Jacques Hadamard）和比利時數學家 Charles-Jean-Gustave-Nicholas de la Vallée-Poussin 利用複變理論證出。雖然現今已有數個不需用到複變的證明，但所有已知的質數定理證明都相當複雜。

馬梅遜（Marin Mersenne，1588-1648） 出生於法國一個勞工家庭，於 1611 年加入宗教團體。該團體的成員除了宗教活動外，也致力於學術研究。在 1619 年回到巴黎後，他的宿舍變成當時法國科學家、哲學家與數學家聚會的場所，來往的人士包括費馬和帕斯卡等人。其著作涵蓋許多領域，包括力學、數學物理、數學、音樂和聲音學等。他曾於 1644 年聲稱 $2^p - 1$ 在 $p = 2, 3, 5, 7, 13, 17, 19, 31, 67, 127, 257$ 時，皆為質數，但其他小於 257 之質數 p，則將使得 $2^p - 1$ 為合成數。三百年來，數學家發現了 5 個反例，當 $p = 67, 257$ 時，$2^p - 1$ 不為質數。但當 $p = 61, 87$ 與 107 時，$2^p - 1$ 則為質數。值得一提的是，馬梅遜曾為當時不容於教會的兩位著名人士笛卡兒和伽利略辯護。

我們能利用質數定理來估計隨機選取一個整數正巧是質數的機會有多少。質數定理告訴我們，不大於 x 之質數的個數與 $x/\ln x$ 非常接近。所以，隨機選取一個小於 n 的整數正巧是質數的機會，應該會接近 $(n/\ln n)/n = 1/\ln n$。有時，我們會想要找出某個特定位數的質數，因此自然會想估計在碰到想要的質數之前，可能要選出多少個數。例如，在接近 10^{1000} 個整數中，選到質數的機會大約是 $1/\ln 10^{1000}$，即約 $1/2300$。（當然，由於可以只在奇數中挑選，所以機率應該有兩倍。）

利用定理 2 中的除法試驗可以分解某數或是證明某數為質數。然而，這些方法並不是有效率的演算法，目前已有許多更實際、更有效率的演算法。測試分解與檢驗是否為質數的方法，是數論在密碼學中非常重要的應用。因此，導致許多人對這兩個目標產生相當大的興趣。近三十年來，有許多聰明的方式來產生相當大的質數。而且，於 2002 年，阿古沃（Manindra Agrawal）、凱依沃（Neeraj Kayal）和薩克森納（Nitin Saxena）在理論上有了重大的進展，他們證明存在一個演算法，當以二進位表示一個整數時，能以其位元個數的多項式時間，來判斷此正整數是否為質數。根據他們發現的演算法，使用 $O((\log n)^6)$ 次位元運算便能判斷正整數 n 是否為質數。

雖然，同樣也發展出有效力的分解程序。但是，分解很大的質數相對上需要比較多時間。目前尚未發現多項式時間之因數分解演算法。儘管如此，分解大質數的挑戰依然吸引著許多人。在網路上有個人數相當多的社群，致力於 $k^n \pm 1$ 這種特殊形態的數，其中 k 為一個小的正整數，而 n 是個大整數（這種數稱為康寧漢數 (Cunningham numbers)）。不管任何時間，都會有「十大最急切」這種形態的整數等著被分解。

質數與其形式　每個奇數都是下面兩種形式之一：$4k + 1$ 或 $4k + 3$，$k = 1, 2, 3, \ldots$。由於已知質數有無限多個，我們想知道，這兩種形式的質數是否也各有無限多個？質數 5, 13, 17, 29, 37, 41, ... 的形式為 $4k + 1$；而 3, 7, 11, 19, 23, 41, ... 則為 $4k + 3$。由觀察的證據顯示，兩種形態的質數都有無限多個。那其他形態的質數個數呢？如 $ak + b$，$k = 1, 2, \ldots$，其中沒有一個大於 1 的整數能同時整除 a 與 b。這樣形式的質數也有無限多個嗎？答案來自德國數學家狄利克雷（G. Lejeune Dirichlet）。他證明出所有這類形式的質數都有無窮多個。他的證明，包括之後發現的類似證明，都超出了本書的範圍。然而，利用本書所提到的概念，或許可以證明出狄利克雷定理中的某些特例。例如習題 54 和 55 證明 $3k + 2$ 與 $4k + 3$ 形式的質數有無限多個。（提示中的基本概念在證明中是需要的。）

我們已經解釋過：若沒有一個大於 1 的整數能同時整除 a 與 b，則 $ak + b$，$k = 1, 2, \ldots$，這樣形式的質數有無限多個。但是，是否存在某些固定長度而且由質數所形成之等差數列？例如，5, 11, 17, 23, 29 則是個長度為五的等差數列，而 199, 409, 619, 829, 1039, 1249, 1459, 1669, 1879, 2089 則是長度為十的等差數列。1930 年代，著名數學家艾狄胥有個猜想：對於任何大於 2 的正整數 n，都能找到長度為 n 的質數等差數列。直至 2006 年，班·葛林（Ben Green）和陶哲軒（Terence Tao）證明了這個猜想。這個證明堪稱數學中的傑作，是種非建構式的證明，綜合了許多進階數學中重要的概念。

最大公因數與最小公倍數

一個能同時整除兩個整數的最大整數，稱為這兩個數的**最大公因數**（greatest common divisor）。

> **定義 2** ■ 令 a 與 b 為兩個非零的整數。滿足 $d|a$ 與 $d|b$ 的最大整數 d，稱為 a 與 b 的最大公因數，記為 $\gcd(a, b)$。

兩個非零整數的最大公因數一定存在，因為兩個整數的公因數集合是有限的。一種求出兩個整數最大公因數的方法，是找出所有的公因數，然後選出其中最大者，如例題 6 與例題 7 所示。稍後將介紹一種較有效率的方法，可以求出兩個整數的最大公因數。

例題 6 24 與 36 的最大公因數為何？

解：24 與 36 的公因數有 1, 2, 3, 4, 6 和 12。所以，最大公因數 $\gcd(24, 36) = 12$。◀

例題 7 17 與 22 的最大公因數為何？

解：除了 1 之外，17 與 22 沒有其他的公因數。所以，$\gcd(17, 22) = 1$。◀

因為指出兩整數除了 1 以外沒有其他的公因數十分重要，我們給定下面定義。

> **定義 3** ■ 若整數 a 與 b 的最大公因數是 1，則稱它們為**互質的**（relatively prime）。

例題 8 根據例題 7，可知整數 17 與 22 互質，因為 $\gcd(17, 22) = 1$。◀

由於我們經常需要指出一個整數集合中，任意兩個數都沒有大於 1 的公因數，因而有下列定義。

> **定義 4** ■ 整數 $a_1, a_2, ..., a_n$ 稱為**兩兩互質的**（pairwise relatively prime），如果對任意 $1 \leq i < j \leq n$，$\gcd(a_i, a_j) = 1$。

例題 9 判斷 10、17 和 21 是否兩兩互質？10、19 和 24 是否兩兩互質？

解：因為 $\gcd(10, 17) = 1$，$\gcd(10, 21) = 1$，而且 $\gcd(17, 21) = 1$，我們知道 10、17 和 21 兩兩互質。

由於 $\gcd(10, 24) = 2 > 1$，可以得到 10、19 和 24 並非兩兩互質。◀

另一種求出最大公因數的方法，是利用整數的質因數分解。假設 a 與 b 為兩個非零整數，而且

$$a = p_1^{a_1} p_2^{a_2} \cdots p_n^{a_n}, \ b = p_1^{b_1} p_2^{b_2} \cdots p_n^{b_n}$$

其中所有的指數都是非負整數（有可能為零），則

$$\gcd(a, b) = p_1^{\min(a_1, b_1)} p_2^{\min(a_2, b_2)} \cdots p_n^{\min(a_n, b_n)}$$

其中 $\min(x, y)$ 表示兩數 x 與 y 中較小者。為了證明 $\gcd(a, b)$ 的公式是有效的，我們必須證明等式之右側能同時整除 a 與 b，而且沒有更大的整數能同時整除 a 與 b。因為等號右式中的質數指數並不會大於 a 之質因數分解中同一質數的指數，所以能整除 a；同理，亦能整除 b。又因為沒有其他的質數會出現於 $\gcd(a, b)$ 等式之右側，所以其為能同時整除 a 與 b 之整數中最大者。

例題 10 因為 120 與 500 之質因數分解為 $120 = 2^3 \cdot 3 \cdot 5$ 與 $500 = 2^2 \cdot 5^3$。所以，它們的最大公因數為

$$\gcd(120, 500) = 2^{\min(3, 2)} 3^{\min(1, 0)} 5^{\min(1, 3)} = 2^2 3^0 5^1 = 20$$ ◀

質因數分解一樣能用來求出兩整數之**最小公倍數**（least common multiple）。

定義 5 ■ 正整數 a 與 b 之最小公倍數為能同時被 a 與 b 整除之最小正整數，記為 $\mathrm{lcm}(a, b)$。

最小公倍數一定會存在，因為能同時被 a 與 b 整除之整數集合不為空集合，而每個非空的正整數集合一定存在最小元素（此為良序定理，將於 5.2 節中介紹）。令 a 與 b 的質因數分解如前所述，則 a 與 b 之最小公倍數為

$$\mathrm{lcm}(a, b) = p_1^{\max(a_1, b_1)} p_2^{\max(a_2, b_2)} \cdots p_n^{\max(a_n, b_n)}$$

其中 $\max(x, y)$ 表示兩數 x 與 y 中較大者。此公式之所以有效，因為兩數 a 與 b 之公倍數必須有兩者質因數中指數較大者 $\max(a_i, b_i)$，而最小公倍數則不會有在 a 與 b 之質因數以外的質因數。

例題 11 $2^3 \cdot 3^5 \cdot 7^2$ 與 $2^4 \cdot 3^3$ 的最小公倍數為何？

解：根據公式，

$$\mathrm{lcm}(2^3 3^5 7^2, 2^4 3^3) = 2^{\max(3, 4)} 3^{\max(5, 3)} 7^{\max(2, 0)} = 2^4 3^5 7^2$$ ◀

定理 5 告訴我們最大公因數與最小公倍數之間的關係，能以前面給定之公式證明出來，留給讀者當成習題。

定理 5 ■ 令 a 與 b 為正整數，則 $ab = \gcd(a, b) \cdot \text{lcm}(a, b)$。

歐基里得演算法

利用兩整數的質因數分解來求出最大公因數是沒有效率的方法，因為求出質因數分解相當耗費時間。在此將介紹一種比較有效率的方法，也就是所謂的**歐基里得演算法**（**Euclidean algorithm**，或稱為輾轉相除法）。這個方法很早就為人所知，是依古希臘數學家歐基里得而命名。歐基里得在他所著的《幾何原本》一書中，提到了這個演算法。

在描述演算法之前，我們先來看歐基里得演算法是如何求出 $\gcd(91, 287)$。首先，將比較大的數 287 除以比較小的數 91，得到

$$287 = 91 \cdot 3 + 14$$

任何能同時整除 287 與 91 的數，一定也能整除 $287 - 91 \cdot 3 = 14$。當然，能同時整除 91 與 14 的數，一定也能整除 $287 = 91 \cdot 3 + 14$。所以，287 與 91 的最大公因數，其實也就是 91 與 14 的最大公因數。亦即，求出 $\gcd(91, 287)$ 的問題可以化約成求出 $\gcd(91, 14)$。

接下來，將 91 除以 14，可得

$$91 = 14 \cdot 6 + 7$$

同理，$\gcd(91, 14) = \gcd(14, 7)$。

然後，將 14 除以 7，得到

$$14 = 7 \cdot 2$$

亦即 7 能整除 14，所以 $\gcd(14, 7) = 7$，也因此 $\gcd(91, 287) = \gcd(91, 14) = \gcd(14, 7) = 7$。

我們現在說明，在一般狀況下，歐基里得演算法是如何運作的。我們不斷地將想要求出最大公因數的兩個整數，利用除法將數字化約，直至其中一個變成零為止。

歐基里得演算法是根據下面有關最大公因數與除法定理的結果。

引理 1 ■ 令 $a = bq + r$，其中 a, b, q 與 r 皆為整數，則 $\gcd(a, b) = \gcd(b, r)$。

證明：如果我們能證明 a 與 b 的公因數和 b 與 r 的公因數相同，便能證明 $\gcd(a, b) = \gcd(b, r)$。因此，假設 d 能同時整除 a 與 b，則 d 也能整除 $a - bq = r$（根據 4.1 節定理 1）。因此，任何 a 與 b 的公因數，也會是 b 與 r 的公因數。

歐基里得（Euclid，西元前 325-265 年）是《幾何原本》——被尊為有史來最成功的數學著作——的作者。目前有超過 1000 種版本流通於世。歐基里得的生平，世人所知甚少，只知道他曾任教於埃及著名的亞歷山卓（Alexandria）學院。很明顯地，歐基里得並不熱衷於應用問題。曾有學生問他：「學習幾何有什麼用？」他解釋說：「知識本身就值得探索。」然後歐基里得要他的僕人給這位學生一個銅板：「因為他必須自學習中獲得利益。」

同樣地，若 d 能同時整除 b 與 r，則 d 也能整除 $bq + r = a$。因此，任何 b 與 r 的公因數，也會是 a 與 b 的公因數。

結果，$\gcd(a, b) = \gcd(b, r)$。◁

假定 a 與 b 為正整數，且 $a \geq b$。令 $r_0 = a$ 與 $r_1 = b$，當我們持續使用除法定理，將會得到

$$r_0 = r_1 q_1 + r_2 \qquad 0 \leq r_2 < r_1,$$
$$r_1 = r_2 q_2 + r_3 \qquad 0 \leq r_3 < r_2,$$
$$\vdots$$
$$r_{n-2} = r_{n-1} q_{n-1} + r_n \qquad 0 \leq r_n < r_{n-1},$$
$$r_{n-1} = r_n q_n$$

餘數終究會等於零，因為 $a = r_0 > r_1 > r_2 > \cdots \geq 0$ 不可能超過 a 項。利用引理 1，

$$\gcd(a, b) = \gcd(r_0, r_1) = \gcd(r_1, r_2) = \cdots = \gcd(r_{n-2}, r_{n-1})$$
$$= \gcd(r_{n-1}, r_n) = \gcd(r_n, 0) = r_n$$

所以，最大公因數為這些除法中最後一個非零的餘數。

例題 12　利用歐基里得演算法求出 414 與 662 的最大公因數。

解：持續利用除法定理：

$$662 = 414 \cdot 1 + 248$$
$$414 = 248 \cdot 1 + 166$$
$$248 = 166 \cdot 1 + 82$$
$$166 = 82 \cdot 2 + 2$$
$$82 = 2 \cdot 41$$

所以，$\gcd(414, 662) = 2$，因為 2 是最後一個非零的餘數。◀

歐基里得演算法的虛擬碼描述於演算法 1。

演算法 1　歐基里得演算法

procedure $gcd(a, b$: positive integers)
$x := a$
$y := b$
while $y \neq 0$
　　$r := x \bmod y$
　　$x := y$
　　$y := r$
return $x\{\gcd(a, b) \text{ is } x\}$

在演算法 1 中，初始值 x 與 y 分別為 a 與 b。在程序中的每一個階段，都將 x 換成 y，而將 y 換成 x **mod** y，也就是 x 除以 y 的餘數。若 $y \neq 0$，則過程持續進行。演算法會終止於當 $y = 0$ 時。這時，x 為整個過程中最後一個非零的餘數，也就是 a 與 b 的最大公因數。

我們將在 5.3 節討論歐基里得演算法的複雜度，並證明在求 a 與 b ($a \geq b$) 的最大公因數時，所需要的除法次數是 $O(\log b)$。

最大公因數的線性組合表示方式

一個重要的結果將貫穿本節內容，也就是兩整數 a 與 b 的最大公因數能表為下列形式：

$$sa + tb$$

其中 s 與 t 為整數。換句話說，$\gcd(a, b)$ 能表成 a 與 b 之整數係數的**線性組合**（**linear combination**）。例如，$\gcd(6, 14) = 2$，而 $2 = (-2) \cdot 6 + 1 \cdot 14$。上述事實陳述如定理 6。

> **定理 6** ■ **貝祖定理（Bézout's Theorem）**　若 a 與 b 為正整數，則存在整數 s 與 t，使得 $\gcd(a, b) = sa + tb$。

> **定義 6** ■ 若 a 與 b 為正整數，則使得 $\gcd(a, b) = sa + tb$ 的整數 s 與 t，稱為 a 與 b 的貝祖係數〔Bézout coefficients，用以紀念十八世紀之法國數學貝祖 (Étienne Bézout)〕，而 $\gcd(a, b) = sa + tb$ 稱為貝祖等式（Bézout's identity）。

我們不打算在此提供定理 6 的證明（見 5.2 節習題 34 與 [Ro10]）。我們將以例題介紹一般化的方法，求出兩整數的線性組合恰等於此兩數的最大公因數。（在本節，我們假定線性組合之係數為整數。）這個方法是由歐基里得演算法倒推而來〔習題 41 將介紹另一種方法，稱為**推廣的歐基里得演算法**（**extended Euclidean algorithm**）〕。

例題 13　將 $\gcd(252, 198) = 18$ 表為 252 與 198 之線性組合。

解：利用歐基里得演算法來求 $\gcd(252, 198) = 18$，會得到下面的除式：

$$252 = 1 \cdot 198 + 54$$
$$198 = 3 \cdot 54 + 36$$
$$54 = 1 \cdot 36 + 18$$
$$36 = 2 \cdot 18$$

利用倒數第二式與第三式，我們有

$$18 = 54 - 1 \cdot 36$$

與

$$36 = 198 - 3 \cdot 54$$

將兩等式結合：

$$18 = 54 - 1 \cdot 36 = 54 - 1 \cdot (198 - 3 \cdot 54) = 4 \cdot 54 - 1 \cdot 198$$

根據演算法第一個除式，

$$54 = 252 - 1 \cdot 198$$

可得

$$18 = 4 \cdot (252 - 1 \cdot 198) - 1 \cdot 198 = 4 \cdot 252 - 5 \cdot 198$$

◀

我們將利用定理 1 推導出數個有用的結果，其中有一個目標是證明算術基本定理中整數質因數分解的唯一性。

首先，先探討一些有關可整除性的結果。

引理 2 ■ 若 a、b 與 c 為正整數，滿足 $\gcd(a, b) = 1$ 和 $a \mid bc$，則 $a \mid c$。

證明： 因為 $\gcd(a, b) = 1$，根據貝祖定理，存在整數 s 與 t 使得

$$sa + tb = 1$$

等式兩端同乘整數 c，

$$sac + tbc = c$$

利用 4.1 節定理 1 來往證 $a \mid c$。根據定理 (ii)，因為 $a \mid bc$，得到 $a \mid tbc$。又因為 $a \mid sac$ 與 $a \mid tbc$，根據 (i)，可得 a 能整除 $sac + tbc$。因為 $sac + tbc = c$，所以 $a \mid c$，得證。 ◁

我們將利用下面推廣的引理 2 來證明整數質因數分解的唯一性。（引理 3 的證明留在 5.1 節習題 64 當成練習，因為這個證明需要用到該節介紹的數學歸納法。）

引理 3 ■ 若 p 為質數，且 $p \mid a_1 a_2 \ldots a_n$，其中每一個 a_i 都是整數，則存在某個 j，使得 $p \mid a_j$。

現在證明整數質因數分解的唯一性，也就是要證明當整數分解成一連串非遞增質數的乘積時，只有一種方法。這是算術基本定理中的一部分，其他的部分（所有的整數都能分解成質數的乘積）將於 5.2 節中再加以證明。

證明（正整數質因數分解的唯一性）：我們將利用歸謬證法。假設正整數 n 能分解成兩組不同質數的乘積，亦即 $n = p_1 p_2 \ldots p_s$ 與 $n = q_1 q_2 \ldots q_t$，其中，p_i 與 q_j 皆為質數，而且 $p_1 \leq p_2 \leq \cdots \leq p_s$ 與 $q_1 \leq q_2 \leq \cdots \leq q_t$。

如果消去相同的質數，可以得到等式

$$p_{i_1} p_{i_2} \cdots p_{i_u} = q_{j_1} q_{j_2} \cdots q_{j_v}$$

等式兩端沒有相同的質數，而且 u 與 v 皆為正整數。然而，根據引理 3，存在整數 k，使得 p_{i_1} 整除 q_{j_k}。這是不可能的，因為沒有一個質數能整除另一個質數。所以，同一個數不會有兩組不同的質因數分解。◁

引理 2 也能用來化約同餘等式的兩端。我們已經證明（4.1 節定理 5）能在同餘等式的兩端同時乘上相同的整數。然而，在等式兩端同除以某數，並不見得能保有原來的同餘關係，見例題 14。

例題 14 同餘等式 $14 \equiv 8 \pmod 6$ 成立，但兩邊同除以 2 將使得同餘等式不成立，即 $7 \not\equiv 4 \pmod 6$。◁

雖然，我們不能在同餘等式的兩端同除以任意整數，而依然保持同餘等式成立。然而，我們能證明同餘等式兩端同除以一個與模數互質的數時，同餘等式依舊會成立。定理 7 闡述這個重要的事實。我們將使用引理 2 來證明。

定理 7 ■ 令 m 為正整數，而 a、b 與 c 為整數。若 $ac \equiv bc \pmod m$，而且 $\gcd(c, m) = 1$，則 $a \equiv b \pmod m$。

證明：因為 $ac \equiv bc \pmod m$，根據定義，$m \mid ac - bc = c(a - b)$。因為 $\gcd(c, m) = 1$，由引理 2，可得 $m \mid a - b$，亦即 $a \equiv b \pmod m$。◁

習題 Exercises　　＊表示為較難的練習；＊＊表示為高度挑戰性的練習；☞ 對應正文。

1. 判斷下列整數是否為質數。
   a) 21　　　　　　　　　　　　b) 29
   c) 71　　　　　　　　　　　　d) 97
   e) 111　　　　　　　　　　　 f) 143

2. 判斷下列整數是否為質數。
   a) 19　　　　　　　　　　　　b) 27
   c) 93　　　　　　　　　　　　d) 101
   e) 107　　　　　　　　　　　 f) 113

3. 求出下列各整數之質因數。
   a) 88
   b) 126
   c) 729
   d) 1001
   e) 1111
   f) 909,090

4. 求出下列各整數之質因數。
   a) 39
   b) 81
   c) 101
   d) 143
   e) 289
   f) 899

5. 求出 10! 之質因數。

* 6. 數字 100! 後面有幾個 0？

7. 陳述一個除法試驗的虛擬碼來判斷一個整數是否為質數。

8. 陳述一個虛擬碼來描述書中求出整數質因數分解的演算法。

9. 證明若 a 與 m 為大於 1 的整數，且 m 是奇數，則 $a^m + 1$ 為合成數。〔提示：證明若 m 是奇數，則 $x + 1$ 是多項式 $x^m + 1$ 的因式。〕

10. 證明若 $2^m + 1$ 為大於 2 的質數，則 $m = 2^n$，其中 n 為非負整數。〔提示：首先，證明多項式等式 $x^m + 1 = (x^k + 1)(x^{k(t-1)} - x^{k(t-2)} + \cdots -x^k + 1)$ 成立，其中 $m = kt$，而 t 是奇數。〕

* 11. 證明 $\log_2 3$ 是無理數。記得，無理數是指無法表示成兩個整數之比值的實數。

12. 證明對所有正整數 n，都能找到連續 n 個合成數。〔提示：考慮由 $(n + 1)! + 2$ 開始的 n 個數。〕

* 13. 證明或提出反證：存在三個連續奇數都為質數；也就是說，p、$p + 2$ 和 $p + 4$ 皆為奇質數。

14. 有哪些小於 12 的整數與 12 互質？

15. 有哪些小於 30 的整數與 30 互質？

16. 判斷下列哪些集合中的整數兩兩互質？
    a) 21, 34, 55
    b) 14, 17, 85
    c) 25, 41, 49, 64
    d) 17, 18, 19, 23

17. 判斷下列哪些集合中的整數兩兩互質？
    a) 11, 15, 19
    b) 14, 15, 21
    c) 12, 17, 31, 37
    d) 7, 8, 9, 11

18. 若某數小於等於所有除了本身之正因數之和，則我們稱該數是**完全數**（perfect number）。
    a) 證明 6 和 28 為完全的。
    b) 證明當 $2^p - 1$ 為質數時，$2^{p-1}(2^p - 1)$ 是完全數。

19. 證明若 $2^n - 1$ 為質數，則 n 為質數。〔提示：利用等式 $2^{ab} - 1 = (2^a - 1) \cdot (2^{a(b-1)} + 2^{a(b-1)} + \cdots + 2^a + 1)$。〕

20. 驗證下面的梅遜質數，判斷這些整數是否為質數。

  a) $2^7 - 1$
  b) $2^9 - 1$
  c) $2^{11} - 1$
  d) $2^{13} - 1$

正整數 n 的 **尤拉 ϕ 函數**（Euler ϕ-function）值為小於等於 n 並與 n 互質之正整數個數。

21. 求出下列之尤拉 ϕ 函數值。

  a) $\phi(4)$
  b) $\phi(10)$
  c) $\phi(13)$

22. 證明 n 為質數若且唯若 $\phi(n) = n - 1$。

23. 當 p 為質數且 k 為正整數時，$\phi(p^k)$ 之值為何？

24. 求出下列數對之最大公因數。

  a) $2^2 \cdot 3^3 \cdot 5^5, 2^5 \cdot 3^3 \cdot 5^2$
  b) $2 \cdot 3 \cdot 5 \cdot 7 \cdot 11 \cdot 13, 2^{11} \cdot 3^9 \cdot 11 \cdot 17^{14}$
  c) $17, 17^{17}$
  d) $2^2 \cdot 7, 5^3 \cdot 13$
  e) $0, 5$
  f) $2 \cdot 3 \cdot 5 \cdot 7, 2 \cdot 3 \cdot 5 \cdot 7$

25. 求出下列數對之最大公因數。

  a) $3^7 \cdot 5^3 \cdot 7^3, 2^{11} \cdot 3^5 \cdot 5^9$
  b) $11 \cdot 13 \cdot 17, 2^9 \cdot 3^7 \cdot 5^5 \cdot 7^3$
  c) $23^{31}, 23^{17}$
  d) $41 \cdot 43 \cdot 53, 41 \cdot 43 \cdot 53$
  e) $3^{13} \cdot 5^{17}, 2^{12} \cdot 7^{21}$
  f) $1111, 0$

26. 習題 24 中數對的最小公倍數為何？

27. 習題 25 中數對的最小公倍數為何？

28. 求出 gcd(1000, 625) 和 lcm(1000, 625)，並且驗證 gcd(1000, 625) · lcm(1000, 625) = 1000 · 625。

29. 求出 gcd(92928, 123552) 和 lcm(92928, 123552)，並且驗證 gcd(92928, 123552) · lcm(92928, 123552) = 92928 · 123552。〔提示：先求出 92928 和 123552 的質因數分解。〕

30. 若兩整數的乘積為 $2^7 3^8 5^2 7^{11}$，而其最大公因數為 $2^3 3^4 5$，則兩數之最小公倍數為何？

31. 證明若 a 與 b 為正整數，則 ab = gcd(a, b) · lcm(a, b)。〔提示：利用 a 與 b 的質因數分解，以及用質因數分解所表示的 gcd(a, b) 和 lcm(a, b)。〕

32. 利用歐基里得演算法求出

  a) gcd(1, 5)
  b) gcd(100, 101)
  c) gcd(123, 277)
  d) gcd(1529, 14039)
  e) gcd(1529, 14038)
  f) gcd(11111, 111111)

33. 利用歐基里得演算法求出

  a) gcd(12, 18)
  b) gcd(111, 201)
  c) gcd(1001, 1331)
  d) gcd(12345, 54321)
  e) gcd(1000, 5040)
  f) gcd(9888, 6060)

34. 利用歐基里得演算法計算 gcd(21, 34) 需要用到多少次除法？

35. 利用歐基里得演算法計算 gcd(34, 55) 需要用到多少次除法？

* 36. 證明若 a 與 b 皆為正整數，則 $(2^a - 1) \bmod (2^b - 1) = 2^{a \bmod b} - 1$。

* 37. 利用習題 36，證明若 a 與 b 皆為正整數，則 $\gcd(2^a - 1, 2^b - 1) = 2^{\gcd(a, b)} - 1$。〔提示：證明利用歐基里得演算法求出之 $\gcd(2^a - 1, 2^b - 1)$ 之餘式皆有 $2^r - 1$ 的形式，而 r 則為以歐基里得演算法計算 $\gcd(a, b)$ 之餘式。〕

38. 利用習題 37，證明 $2^{35} - 1$、$2^{34} - 1$、$2^{33} - 1$、$2^{31} - 1$、$2^{29} - 1$ 和 $2^{23} - 1$ 這些數兩兩互質。

39. 利用例題 13 的方法，將下列每對整數之最大公因數表示為兩整數之線性組合。

   a) 10, 11   b) 21, 44
   c) 36, 48   d) 34, 55
   e) 117, 213   f) 0, 223
   g) 123, 2347   h) 3454, 4666
   i) 9999, 11111

40. 利用例題 13 的方法，將下列每對整數之最大公因數表示為兩整數之線性組合。

   a) 9, 11   b) 33, 44
   c) 35, 78   d) 21, 55
   e) 101, 203   f) 124, 323
   g) 2002, 2339   h) 3457, 4669
   i) 10001, 13422

推廣的歐基里得演算法（extend Euclidean algorithm） 能用來將 $\gcd(a, b)$ 表示為 a 與 b 之整係數線性組合。令 $s_0 = 1$, $s_1 = 0$, $t_0 = 0$ 與 $t_1 = 1$，然後令 $s_j = s_{j-2} - q_{j-1}s_{j-1}$ 與 $t_j = t_{j-2} - q_{j-1}t_{j-1}$，其中，$j = 2, 3, ..., n$，而 q_j 為利用歐基里得演算法求出 $\gcd(a, b)$ 時，各個除式的商數。我們能證明 $\gcd(a, b) = s_n a + t_n b$（見 [Ro10]）。這個方法的好處是：每個步驟只要做一次計算，而不像書中的歐基里得演算法，每個步驟都要做兩次計算。

41. 利用推廣的歐基里得演算法將 $\gcd(26, 91)$ 表為 26 與 91 之線性組合。

42. 利用推廣的歐基里得演算法將 $\gcd(252, 356)$ 表為 252 與 356 之線性組合。

43. 利用推廣的歐基里得演算法將 $\gcd(144, 89)$ 表為 144 與 89 之線性組合。

44. 利用推廣的歐基里得演算法將 $\gcd(1001, 100001)$ 表為 1001 與 100001 之線性組合。

45. 使用虛擬碼描述推廣的歐基里得演算法。

46. 給定整數 n 如下，求出最小的正整數正好有 n 個不同的因數。

   a) 3   b) 4
   c) 5   d) 6
   e) 10

47. 求出一個有關於質數或是質因數分解的公式，用來計算序列的第 n 項，而所得之序列的前幾項如下面給定之數列。

   a) 0, 1, 1, 0, 1, 0, 1, 0, 0, 0, 1, 0, 1, ...   b) 1, 2, 3, 2, 5, 2, 7, 2, 3, 2, 11, 2, 13, 2, ...
   c) 1, 2, 2, 3, 2, 4, 2, 4, 3, 4, 2, 6, 2, 4, ...   d) 1, 1, 1, 0, 1, 1, 1, 0, 0, 1, 1, 0, 1, 1, ...
   e) 1, 2, 3, 3, 5, 5, 7, 7, 7, 7, 11, 11, 13, 13, ...
   f) 1, 2, 6, 30, 210, 2310, 30030, 510510, 9699690, 223092870, ...

48. 求出一個有關於質數或是質因數分解的公式，用來計算序列的第 n 項，而所得之序列的前幾項如下面給定之數列。

  a) 2, 2, 3, 5, 5, 7, 7, 11, 11, 11, 11, 13, 13, ...
  b) 0, 1, 2, 2, 3, 3, 4, 4, 4, 4, 5, 5, 6, 6, ...
  c) 1, 0, 0, 1, 0, 1, 0, 1, 1, 1, 0, 1, 0, 1, ...
  d) 1, −1, −1, 0, −1, 1, −1, 0, 0, 1, −1, 0, −1, 1, 1, ...
  e) 1, 1, 1, 1, 1, 0, 1, 1, 1, 0, 1, 0, 1, 0, 0, ...
  f) 4, 9, 25, 49, 121, 169, 289, 361, 529, 841, 961, 1369, ...

49. 證明連續三個整數的乘積能被 6 整除。

50. 證明若 a、b 與 m 為整數，$m \geq 2$，而且 $a \equiv b \pmod{m}$，則 $\gcd(a, m) = \gcd(b, m)$。

* **51.** 證明或舉出反例，當 n 為正整數時，$n^2 - 79n + 1601$ 為質數。

52. 證明或舉出反例，當 n 為正整數而 $p_1, p_2, ..., p_n$ 為首 n 個質數時，$p_1 p_2 ... p_n + 1$ 為一個質數。

53. 證明每個 $ak + b$，$k = 1, 2, ...$ 而且 a 與 b 都是正整數，這樣的算術形式一定存在著合成數。

54. 模仿書中質數有無限多個的證明，往證 $3k + 2$ 形式的質數有無限多個，其中 k 為非負整數。〔提示：假設這種形態的質數只有有限多個 $q_1, q_2, ..., q_n$，考慮整數 $3q_1q_2...q_n - 1$。〕

55. 模仿書中質數有無限多個的證明，往證 $4k + 3$ 形式的質數有無限多個，其中 k 為非負整數。〔提示：假設這種形態的質數只有有限多個 $q_1, q_2, ..., q_n$，考慮整數 $4q_1q_2...q_n - 1$。〕

* **56.** 證明正有理數的集合是可數的。將有理數 p/q，其中 $\gcd(p, q) = 1$，對應至一個以 11 為底的數：p 的十進位表示法跟著第 11 個數字 A（對應於十分位數字 10），再接著 q 的十進位表示法。

* **57.** 證明正有理數的集合是可數的。利用證明函數 K 是一個正有理數集合與正整數集合間的一對一對映函數，其中，$K(m/n) = p_1^{2a_1} p_2^{2a_2} \cdots p_s^{2a_s} q_1^{2b_1-1} q_2^{2b_2-1} \cdots q_t^{2b_t-1}$，$\gcd(m, n) = 1$，而且 m 與 n 的質因數表示法分別為 $m = p_1^{a_1} p_2^{a_2} \cdots p_s^{a_s}$ 與 $n = q_1^{b_1} q_2^{b_2} \cdots q_t^{b_t}$。

4.4 求解同餘方程式 *Solving Congruences*

引言

求解同餘方程式，$ax \equiv b \pmod{m}$，在研究數論與其應用上是個必要的工作，就如線性方程式在微積分以及線性代數中所扮演的角色。為求解同餘方程式，我們將引進模 m 的反元素，並解釋如何利用歐基里得演算法的步驟回溯求出模 m 的反元素。一旦求出 a 在模 m 的反元素，我們只要在同餘方程 $ax \equiv b \pmod{m}$ 的兩端同時乘上這個反元素，便能求出解。

聯立同餘方程式的研究可以追溯到很古老的時代。例如，中國數學家孫子早在第一世紀的時候就開始研究它們。我們將說明如何求解模數兩兩互質的聯立同餘方程式，這個結果就是所謂的中國餘數定理。在證明的過程中，將提供一個求出這類問題之通解的方式。同時，我們也將說明如何利用中國餘數定理來進行大整數的計算。

我們將介紹一個非常有用的費馬小定理，說明若 p 是質數且 p 不能整除 a，則 $a^{p-1} \equiv 1 \pmod{p}$。此外，也將檢驗這個敘述的逆命題，然後推演出虛擬質數這個概念。一個以 a 為底的虛擬質數 m 是合成數，但被當成一個質數來滿足同餘方程 $a^{m-1} \equiv 1 \pmod{m}$。我們也會提供一個卡邁克爾數的例題，其是一個合成的虛擬質數，與所有的底 a 都互質。

我們也將介紹離散對數的概念，用來對應一般的對數函數。在定義離散對數前，必須先了解什麼是元根。一個質數的元根是個整數 r，使得所有不能被 p 整除的整數在模 p 下都同餘於某個 r 的冪次。若 r 是 p 的元根，且 $r^e \equiv a \pmod{p}$，則 e 稱為模 p 下以 r 為底的離散對數。一般而言，要求出離散對數的值是非常困難的問題，而這個問題的困難度保障了許多密碼系統的安全性。

線性同餘

當 m 為正整數，a 和 b 為整數，而 x 為變數時，下列同餘等式

$$ax \equiv b \pmod{m}$$

稱為**線性同餘（linear congruence）**。這種同餘關係，在數論及其應用中處處可見。

要如何求線性同餘方程式 $ax \equiv b \pmod{m}$ 的解？也就是，要如何求出所有滿足同餘方程的 x？一種方法是求出整數 $\bar{a}$（如果該整數存在），使得 $\bar{a}a \equiv 1 \pmod{m}$。〔這樣的整數 $\bar{a}$ 稱為 a 在模 m 下的**反元素（inverse）**。定理 1 中保證，若 a 與 m 互質時，a 在模 m 下的反元素一定存在。〕

> **定理 1** ■ 若 a 與 m（> 1）為互質整數時，則 a 在模 m 下的反元素存在。此外，在模 m 下，此反元素是唯一的。（也就是說，存在唯一比 m 小的正整數 $\bar{a}$，使得 $\bar{a}$ 是 a 在模 m 下的反元素，而其他的反元素與 $\bar{a}$ 在模 m 下皆同餘。）

證明：利用 4.3 節定理 6，因為 $\gcd(a, m) = 1$，存在整數 s 與 t 使得

$$sa + tm = 1$$

也可看成

$$sa + tm \equiv 1 \pmod{m}$$

因為 $tm \equiv 1 \pmod{m}$，我們有

$$sa \equiv 1 \pmod{m}$$

所以，s 是 a 在模 m 下的反元素。反元素唯一的證明留在習題 7 中給讀者練習。◁

當 m 很小時，利用觀察法求出模 m 下 a 的反元素非常簡單。只要找出與 a 相乘後會變成 m 的倍數加 1 的整數，即是 a 在模 m 下的反元素。例如，若要求出 3 在模 7 下的反元素，只要計算 $j \cdot 3$，$j = 1, 2, ..., 6$，一旦乘積等於 7 的倍數加 1 便停止。就這個例子而言，我們注意到，$2 \cdot 3 \equiv -1 \pmod{7}$。也就是說，$(-2) \cdot 3 \equiv 1 \pmod{7}$，即 $5 \cdot 3 \equiv 1 \pmod{7}$，故 5 是 3 在模 7 下的反元素。

當 $\gcd(a, m) = 1$ 時，我們可以利用歐基里得演算法的步驟，來設計一個比暴力破解更有效率的演算法。倒推在 4.3 節例題 13 的步驟，可以求出線性組合 $sa + tm = 1$，其中 s 和 t 為整數。將等式兩邊同時取模數 m，我們將發現 s 就是在模 m 下 a 的反元素。例題 1 將闡述這個過程。

例題 1 首先求出 3 與 7 的貝祖係數，然後求出 3 在模 7 下的反元素。（注意，我們根據觀察已經知道 5 是 3 在模 7 下的反元素。）

解：因為 $\gcd(3, 7) = 1$，定理 3 告訴我們 3，在模 7 下的反元素一定存在。利用歐基里得演算法求出 3 與 7 的最大公因數

$$7 = 2 \cdot 3 + 1$$

我們可得

$$-2 \cdot 3 + 1 \cdot 7 = 1$$

所以，-2 與 1 為 3 與 7 的貝祖係數，而 -2 為 3 在模 7 下的反元素。我們必須注意，所有與 -2 模 7 同餘的整數都是 3 在模 7 下的反元素，也就是 5、-9、12 等等，皆是 3 在模 7 下的反元素。◁

例題 2 求出 101 在模 4620 下的反元素。

解：為了完整討論，我們列出所有的步驟。（只有最後一個步驟不同於 4.3 節例題 13。）首先使用歐基里得演算法證明 $\gcd(101, 4620) = 1$。然後倒推這些步驟，求出貝祖係數 a 與 b，使得 $101a + 4620b = 1$。接著便能得到 a 就是 101 在模 4620 下的反元素。利用歐基里得演算法求出 $\gcd(101, 4620)$ 的步驟如下：

$$4620 = 45 \cdot 101 + 75$$
$$101 = 1 \cdot 75 + 26$$
$$75 = 2 \cdot 26 + 23$$
$$26 = 1 \cdot 23 + 3$$
$$23 = 7 \cdot 3 + 2$$
$$3 = 1 \cdot 2 + 1$$
$$2 = 2 \cdot 1$$

因為最後非零的餘數是 1，可得 gcd(101, 4620) = 1。現在利用回推這些步驟來求出 101 與 4620 的貝祖係數。在每個步驟，我們都將餘數表示成除數與被除數的線性組合。

$$\begin{aligned}
1 &= 3 - 1 \cdot 2 \\
&= 3 - 1 \cdot (23 - 7 \cdot 3) = -1 \cdot 23 + 8 \cdot 3 \\
&= -1 \cdot 23 + 8 \cdot (26 - 1 \cdot 23) = 8 \cdot 26 - 9 \cdot 23 \\
&= 8 \cdot 26 - 9 \cdot (75 - 2 \cdot 26) = -9 \cdot 75 + 26 \cdot 26 \\
&= -9 \cdot 75 + 26 \cdot (101 - 1 \cdot 75) = 26 \cdot 101 - 35 \cdot 75 \\
&= 26 \cdot 101 - 35 \cdot (4620 - 45 \cdot 101) = -35 \cdot 4620 + 1601 \cdot 101
\end{aligned}$$

$-35 \cdot 4620 + 1601 \cdot 101 = 1$ 告訴我們 -35 和 1601 是 4620 和 101 的貝祖係數，而且 1601 是 101 在模 4620 下的反元素。◀

當我們有 a 在模 m 下的反元素 $\bar{a}$ 時，便能很容易地求出線性同餘 $ax \equiv b \pmod{m}$ 的解，只要在等式兩端同時乘上 $\bar{a}$ 即可，見例題 3。

例題 3　線性同餘 $3x \equiv 4 \pmod{7}$ 的解為何？

解：根據例題 1，我們知道 -2 是 3 在模 7 下的反元素。在等式兩端同乘 -2，得到

$$-2 \cdot 3x \equiv -2 \cdot 4 \pmod{7}$$

因為 $-6 \equiv 1 \pmod{7}$ 且 $-8 \equiv 6 \pmod{7}$，所以 $x \equiv -8 \equiv 6 \pmod{7}$ 即為線性同餘之解。

我們想判斷是否每個滿足 $x \equiv 6 \pmod{7}$ 的整數 x 都是解。根據 4.1 節定理 5，

$$3x \equiv 3 \cdot 6 = 18 \equiv 4 \pmod{7}$$

如此，證明了所有這樣的整數 x 都是線性同餘 $3x \equiv 4 \pmod{7}$ 的解，即 $x = 6, 13, 20, \ldots$ 以及 $-1, -8, -15, \ldots$ 都是解。◀

中國餘數定理

線性同餘方程式系統在許多脈絡下都會出現，例如，我們在稍後會看到的，它是大數計算方法的基礎。這類的系統，甚至在古老中國的字謎中出現，也見於古印度數學中，見例題 4。

例題 4　在一世紀時，中國數學家孫子問到：

今有物，不知其數。三三數之，賸二；五五數之，賸三；七七數之，賸二。問物幾何？

這個問題翻譯成數學模型如下：求解下列同餘方程式系統

$$x \equiv 2 \pmod{3}$$
$$x \equiv 3 \pmod{5}$$
$$x \equiv 2 \pmod{7}$$

稍後，我們將解出這個問題，當然也就解出了孫子的謎題。◀

中國餘數定理（Chinese Remainder Theorem）是依據牽涉到同餘方程式系統的中國古老問題而命名。定理描述如下：當同餘方程式系統中的模數兩兩互質時，則在以所有模數的乘積之下有唯一解。

> **定理 2** ■ **中國餘數定理** 令 $m_1, m_2, ..., m_n$ 為兩兩互質的正整數，而 $a_1, a_2, ..., a_n$ 為任意整數，則下列系統
>
> $$x \equiv a_1 \pmod{m_1},$$
> $$x \equiv a_2 \pmod{m_2},$$
> $$\vdots$$
> $$x \equiv a_n \pmod{m_n}$$
>
> 在模數 $m = m_1 m_2 ... m_n$ 下有唯一解。（也就是說，有一個解 x，$0 \leq x < m$，而其他的解都與 x 在模數 m 下同餘。）

證明： 要證明此定理，不但要求出同餘方程式系統的解，而且要指出在模數 m 下，解是唯一的。首先，我們將找出一個方法來建構方程式系統的解。至於證明解的唯一性，將留至習題 30。

令 $M_k = m/m_k$，其中 $k = 1, 2, ..., n$。也就是說，M_k 是除了 m_k 的所有模數乘積。因為當 $i \neq k$ 時，m_i 與 m_k 沒有公因數，所以 $\gcd(m_k, M_k) = 1$。根據定理 3，能找到 M_k 在模數 m_k 下的反元素 y_k，使得

$$M_k y_k \equiv 1 \pmod{m_k}$$

接下來令

$$x = a_1 M_1 y_1 + a_2 M_2 y_2 + \cdots + a_n M_n y_n$$

我們將證明 x 即為方程式系統的解。因為 $M_j \equiv 0 \pmod{m_k}$，其中 $j \neq k$。所以，x 中所有的項，除了第 k 項外，其他項在模數 m_k 下皆與 0 同餘。因此，對所有的 $k = 1, 2, ..., n$，

$$x \equiv a_k M_k y_k \equiv a_k \pmod{m_k}$$

亦即 x 為方程式系統的解。◁

例題 5 將說明如何以中國餘數定理的證明，來求出同餘方程式系統的解。我們將求解例題 4，亦即孫子所提出的謎題。

例題 5 求解例題 4 之同餘方程式系統。首先，令 $m = 3 \cdot 5 \cdot 7 = 105$，$M_1 = m/3 = 35$，$M_2 = m/5 = 21$，$M_3 = m/7 = 15$。在模數 3 下，2 是 $M_1 = 35$ 的反元素，因為 $2 \cdot 35 \equiv 2 \cdot 2 \equiv 1 \pmod{3}$；在模數 5 下，1 是 $M_2 = 21$ 的反元素，因為 $1 \cdot 21 \equiv 1 \pmod{5}$；而在模數 7 下，1 是 $M_3 = 15$ 的反元素，因為 $1 \cdot 15 \equiv 1 \pmod{7}$。因此，

$$x \equiv a_1 M_1 y_1 + a_2 M_2 y_2 + a_3 M_3 y_3 = 2 \cdot 35 \cdot 2 + 3 \cdot 21 \cdot 1 + 2 \cdot 15 \cdot 1$$
$$= 233 \equiv 23 \pmod{105}$$

我們因此能說 23 是方程式系統最小正整數的解。總結這個問題，我們得到 23 是除以 3 餘 2、除以 5 餘 3 且除以 7 餘 5 的整數中最小的正整數。　◀

例題 6　利用**回溯代換 (back substitution)** 的方法求出所有整數 x 滿足 $x \equiv 1 \pmod 5$、$x \equiv 2 \pmod 6$ 以及 $x \equiv 3 \pmod 7$。

解：根據 4.1 節定理 4，第一個同餘方程式可以改寫成 $x = 5t + 1$，其中 t 為整數。將改寫之 x 代入第二個同餘方程式，得到

$$5t + 1 \equiv 2 \pmod 6$$

非常容易就能得到等價的方程式 $t \equiv 5 \pmod 6$（請自行檢驗）。再次利用 4.1 節定理 4，我們有 $t = 6u + 5$，其中 u 為整數。將 t 代回 $x = 5t + 1$，可得 $x = 5(6u + 5) + 1 = 30u + 26$。再將這個 x 代入第三個同餘方程式，可以得到

$$30u + 26 \equiv 3 \pmod 7$$

求解此同餘方程式，得到 $u \equiv 6 \pmod 7$（請自行驗證）。4.1 節定理 4 告訴我們，$u = 7v + 6$，其中 v 為整數。將 u 代入 $x = 30u + 26$，可得 $x = 30(7v + 6) + 26 = 210v + 206$。將等式改寫成同餘方程式便能求出所有的解，

$$x \equiv 206 \pmod{210}$$　◀

大數之電腦算術

假設 $m_1, m_2, ..., m_n$ 為大於 2 且兩兩互質的整數，且令 m 為這些整數之積。根據中國餘數定理，我們知道整數 a ($0 \leq a \leq m$) 能被表示成一個由 a 除以 m_i，$i = 1, 2, ..., n$，所得餘數之有序 n 項（見習題 28）。也就是說，a 能唯一表示成

$(a \bmod m_1, a \bmod m_2, \ldots, a \bmod m_n)$

例題 7　將 12 以下的整數，利用除以 3 與 4 之餘數，表示成數對的形式。

解：分別求出每個整數對 3 與 4 的餘數，可得

$0 = (0, 0)$　$4 = (1, 0)$　$8 = (2, 0)$
$1 = (1, 1)$　$5 = (2, 1)$　$9 = (0, 1)$
$2 = (2, 2)$　$6 = (0, 2)$　$10 = (1, 2)$
$3 = (0, 3)$　$7 = (1, 3)$　$11 = (2, 3)$　◀

為進行大數之算術，選出大於 2 且兩兩互質的整數（模數）$m_1, m_2, ..., m_n$，且 $m = m_1m_2...m_n$ 大於我們將用來計算的整數。

一旦選定模數，便將欲計算的整數利用這些模數表成有序 n 項，然後將各個分量分別運算後，再利用求解 n 個同餘方程式的方法求出答案。以這樣的方式做整數的計算有下列優點。首先，它能利用電腦來處理相當大的整數運算；其次，不同模數的計算能平行處理，以加快計算的速度。

例題 8 假定在電腦處理器上，計算小於 100 的整數要比大整數快得多，我們便能試著將大整數表示成數個小於 100 之整數的有序多項。例如，分別以 99、98、97 和 95 為模數。

利用中國餘數定理，我們能處理所有小於 $99 \cdot 98 \cdot 97 \cdot 95 = 89,403,930$ 之整數的計算。例如，因為 123,684 **mod** 99 = 33；123,684 **mod** 98 = 8；123,684 **mod** 97 = 9；123,684 **mod** 95 = 89，將 123,684 表示為 (33, 8, 9, 89)。同樣地，可將 431,456 表示成 (32, 92, 42, 16)。

想要求出 123,684 與 431,456 之和，能將兩個有序四項直接相加。將兩個有序四項直接相加，並對每個分量取適當的模數，可得到下式：

(33, 8, 9, 89) + (32, 92, 42, 16)
　　　　= (65 **mod** 99, 100 **mod** 98, 51 **mod** 97, 105 **mod** 95)
　　　　= (65, 2, 51, 10)

然後，將所得之有序四項 (65, 2, 51, 10)，轉換成 4 個同餘方程式系統如下：

$x \equiv 65 \pmod{99}$
$x \equiv 2 \pmod{98}$
$x \equiv 51 \pmod{97}$
$x \equiv 10 \pmod{95}$

我們可以求出唯一小於 89,403,930 的正整數解 537,140。因此，解為 537,140。我們注意到，只有在求 (65, 2, 51, 10) 所代表之整數時，才會執行大於 100 之整數的運算。◀

在大數運算時，選擇 $2^k - 1$ 形式的模數有個極大的好處，因為以這種模數所得之整數以二進位方式運算十分容易。其次，這樣形式的整數經常都是互質的。〔第二個理由，如 4.3 節習題 37 所示，可由 $\gcd(2^a - 1, 2^b - 1) = 2^{\gcd(a, b)} - 1$ 這個等式證明之。〕假設，我們能以電腦很快地計算 2^{35} 以內數字之運算，但對較大的數便需要特殊的程序，我們便可以 2^{35} 以內兩兩互質的模數來進行運算。如 4.3 節習題 38 所示，整數 $2^{35} - 1$、$2^{34} - 1$、$2^{33} - 1$、$2^{31} - 1$、$2^{29} - 1$ 和 $2^{23} - 1$ 兩兩互質。因為這六個數字的乘積超過了 2^{184}，只要運算後的結果不大於此數，我們便能以這六個數為模數（沒有一個大於 2^{35}）來幫助我們做大數的運算。

費馬小定理

偉大的法國數學家費馬在數論上有許多重要的貢獻，其中一個最重要的發現是，當 p 為質數且 a 為不能被 p 整除的整數時，p 能整除 $a^{p-1} - 1$。費馬在一封信裡提到了這個定理，並說明因為害怕證明的內容過長，而沒有寫在信中。雖然費馬並沒有真正地證明這個發現，但人們並不懷疑他能夠證明這個定理（不同於他另一個著名的費馬最後定理）。首先提出完整證明的人為尤拉。下面我們以同餘的方式闡述這個定理。

> **定理 3** ■ **費馬小定理 (Fermat's Little Theorem)** 若 p 為質數且 a 為不能被 p 整除的整數，則
> $$a^{p-1} \equiv 1 \pmod{p}$$
> 更進一步來說，對所有的整數 a 而言，
> $$a^p \equiv a \pmod{p}$$

注意：費馬小定理告訴我們，若 $a \in \mathbf{Z}_p$，則在 $\mathbf{Z}_p$ 中，$a^{p-1} = 1$。

定理 3 的證明請參考習題 19。

費馬小定理在計算整數高冪次時模 p 的餘數有非常大的幫助，見下面的例題 9。

例題 9 求出 $7^{222} \bmod 11$。

解：我們可以使用費馬小定理來計算 $7^{222} \bmod 11$ 而不需要用到快速模指數演算法。根據費馬小定理，$7^{10} \equiv 1 \pmod{11}$。所以，對每個正整數 k，$(7^{10})^k \equiv 1 \pmod{11}$。為使用這個等式，我們先將 222 除以 10，得到 $222 = 22 \cdot 10 + 2$，

$$7^{222} = 7^{22 \cdot 10 + 2} = (7^{10})^{22} 7^2 \equiv (1)^{22} \cdot 49 \equiv 5 \pmod{11}$$

所以，$7^{222} \bmod 11 = 5$。◀

例題 9 說明，當 p 為質數且 a 不能被 p 整除時，如何使用費馬小定理來計算 $a^n \bmod p$。首先利用除法公式求出 n 除以 $p - 1$ 的商 q 與餘數 r，$n = q(p-1) + r$，其中 $0 \leq r < p - 1$。接下來，$a^n = a^{q(p-1)+r} = (a^{p-1})^q a^r \equiv 1^q a^r \equiv a^r \pmod{p}$。因此，想要求出 $a^n \bmod p$ 只需要計算 $a^r \bmod p$。在研究數論時，我們將多次使用這個簡化方式。

> **費馬**（Pierre De Fermat，1601-1665）的本業是個律師，但他是十七世紀重要的數學家，也是數學史上最偉大的業餘數學家之一。他很少發表數學文章，後人多透過其他數學家來知道他的貢獻。費馬是解析幾何的創始者之一，也發展出一些微積分的基本概念。同時，他與巴斯卡共同建立了機率論的基礎。費馬曾經提出一個可能是數學史上最有名的未解問題，他聲稱當 n 大於 2 時，方程式 $x^n + y^n = z^n$ 沒有正整數解。費馬在一本有關古數學家丟番圖的書後空白頁中，聲稱他完成了這個定理的證明，但因為空白處不夠所以未能寫下來。接下來的三百年中，沒有人能夠證明這個定理（但也提不出反例）。直至 1994 年，才由安德魯．懷爾（Andrew Wile）以相當複雜的現代數學提出證明。

擬質數

在 4.2 節中，我們證明若一個整數 n 不能被小於等於 $\sqrt{n}$ 的質數整除時，整數 n 即為質數。很可惜的是，以這個準則來判斷質數相當沒有效率。因為需要找出所有小於等於 $\sqrt{n}$ 的質數，還要一一檢驗它們是否能整除 n。

有沒有比較有效的方法來檢驗某整數是否為質數？古老的中國數學家相信，整數 n 為質數的充要條件為

$2^{n-1} \equiv 1 \pmod{n}$

若這種說法成立，則不失為一個有效的判別方式。為什麼這些數學家會有這樣的想法？首先，他們觀察到，當 n 為大於 2 的質數時，這個同餘方程式皆成立。例如，5 是質數，而且，

$2^{5-1} = 2^4 = 16 \equiv 1 \pmod{5}$

利用費馬小定理，我們知道這個觀察是正確的，也就是說，當 n 為大於 2 的質數時，$2^{n-1} \equiv 1 \pmod{n}$。然而古代的中國數學家只對了一半，當 n 為大於 2 的質數時，同餘方程式成立；但是，當同餘方程式成立時，n 不見得是質數。

很遺憾地，我們可以找到滿足同餘方程式 $2^{n-1} \equiv 1 \pmod{n}$ 的合成數 n。這樣的整數，我們稱為以 2 為底的**擬質數**（**pseudoprime**）。

例題 10　整數 341 是以 2 為底的擬質數，因為它是一個合成數（$341 = 11 \cdot 31$），如習題 37 所示，

$2^{340} \equiv 1 \pmod{341}$　◀

在研究擬質數時，能使用 2 以外的數當成底。

定義 1　令 b 為正整數。若 n 為合成數，而且滿足 $b^{n-1} \equiv 1 \pmod{n}$，我們稱 n 為以 b 為底的擬質數。

給定一個質數 n，判斷其是否滿足 $2^{n-1} \equiv 1 \pmod{n}$ 是個很有用的測試，能提供 n 是否為質數的證據。也可以說，滿足上述同餘方程式的整數，不是質數就是以 2 為底的擬質數；但若 n 不滿足方程式，則一定是合成數。對於任何不同於 2 的底 b 而言，這個事實亦成立。在所有不大於某正整數 x 而言，以 b 為底的擬質數相對上比質數的個數要少得多。這對我們判斷某數是否為質數將提供相當有力的證據。例如，小於 10^{10} 的數中，有 455,052,512 個質數，但以 2 為底的擬質數只有 14,884 個。很可惜的是，我們仍然無法依此來區分質數與擬質數。因為，所有滿足 $\gcd(b, n) = 1$ 的合成數 n 都會通過 $b^{n-1} \equiv 1 \pmod{n}$ 的測試。見定義 2。

定義 2 ■ 一個合成數 n，若對所有 $\gcd(b, n) = 1$ 的正整數 b，都滿足同餘方程式 $b^{n-1} \equiv 1 \pmod{n}$，則稱為卡邁克爾數（Carmichael number）。（用來紀念二十世紀早期研究這類整數的羅勃特·卡邁克爾。）

例題 11 整數 561 是卡邁克爾數。首先，注意到 561 是合成數，$561 = 3 \cdot 11 \cdot 17$。其次，我們發現，若 $\gcd(b, 561) = 1$，則 $\gcd(b, 3) = \gcd(b, 11) = \gcd(b, 17) = 1$。

利用費馬小定理，

$$b^2 \equiv 1 \pmod{3},\ b^{10} \equiv 1 \pmod{11},\ 和\ b^{16} \equiv 1 \pmod{17}$$

所以，

$$b^{560} = (b^2)^{280} \equiv 1 \pmod{3}$$
$$b^{560} = (b^{10})^{56} \equiv 1 \pmod{11}$$
$$b^{560} = (b^{16})^{35} \equiv 1 \pmod{17}$$

根據習題 29，對所有與 561 互質的正整數 b 而言，$b^{560} \equiv 1 \pmod{561}$。所以說，561 是卡邁克爾數。◀

雖然卡邁克爾數有無限多個，習題將提供更精細的測試法作為有效判定質數的基石。利用這樣的測試，可以很快地知道整數是否幾乎確定為質數。更精確地說，一個非質數要通過這樣一系列測試的機率為零。目前，我們已經利用這種機率性的質數測試法找出很大的質數。

元根與離散對數

在正實數集合中，若 $b > 1$ 且 $x = b^y$，我們說 y 是 x 以 b 為底的離散對數。我們將介紹當 p 為質數時，正整數之模 p 的對數概念。首先，定義如下：

定義 3 ■ 一個模 p 之元根（primitive root）為一個在 $\mathbf{Z}_p$ 中的整數 r，使得每個 $\mathbf{Z}_p$ 中的非零元素都能表示成 r 的冪次。

例題 12 判斷 2 和 3 是否為模 11 的元根。

解：首先計算在 $\mathbf{Z}_{11}$ 中 2 的冪次：$2^1 = 2$、$2^2 = 4$、$2^3 = 8$、$2^4 = 5$、$2^5 = 10$、$2^6 = 9$、$2^7 = 7$、$2^8 = 3$、$2^9 = 6$、$2^{10} = 1$。因為所有 $\mathbf{Z}_{11}$ 中的元素都能表示成 2 的冪次，所以 2 為 $\mathbf{Z}_{11}$ 的元根。

羅勃特·卡邁克爾（Robert Carmichael，1879-1967）出生於美國阿拉巴馬州。卡邁克爾是個相當活躍的研究學者，橫跨許多領域，舉凡數論、實分析、微分方程、數學物理和群論都可見其貢獻。

接下來計算在 $\mathbf{Z}_{11}$ 中 3 的冪次：$3^1 = 3$、$3^2 = 9$、$3^3 = 5$、$3^4 = 4$、$3^5 = 1$。我們發現這樣的情況會在接下來求 3 的冪次中重複，便不再繼續。因為並非所有 $\mathbf{Z}_{11}$ 中的元素都能表示成 3 的冪次，所以 3 不是 $\mathbf{Z}_{11}$ 的元根。◀

在數論中有個重要的事實：每個質數 p 都能找到模 p 的元根。讀者能在 [Ro10] 找到這個事實的證明。假設 p 為質數，而 r 為模 p 的元根。若 a 為介於 1 與 $p-1$ 的整數，也就是 $\mathbf{Z}_p$ 中的元素，我們知道存在唯一的指數 e，使得在 $\mathbf{Z}_p$ 中 $r^e = a$，即 $r^e \bmod p = a$。

定義 4 ■ 假定 p 為質數，r 為模 p 的元根，而 a 為介於 1 與 $p-1$ 的整數（含 1 與 $p-1$）。若 $r^e \bmod p = a$ 且 $0 \le e \le p-1$。我們稱 e 為 a 以 r 為底的模 p 離散對數，記為 $\log_r a = e$（必須記住是在模 p，且 p 為質數的情況下）。

例題 13 求出 3 和 5 以 2 為底的模 11 離散對數。

解：在例題 12 中，我們計算了模 11 中所有 2 的冪次。我們發現在 $\mathbf{Z}_{11}$ 中，$2^8 = 3$ 以及 $2^4 = 5$。所以，3 和 5 以 2 為底的模 11 離散對數分別為 8 與 4。（也就是在 $\mathbf{Z}_{11}$ 中等於 3 和 5 之 2 的次方。）記為 $\log_2 3 = 8$ 與 $\log_2 5 = 4$。（必須記住是在模 11 的情況下，雖然在等式中看不出來）。◀

離散指數問題（discrete logarithm problem）中輸入了質數 p、模 p 的元根 r 和正整數 $a \in \mathbf{Z}_p$；其輸出為 a 以 r 為底的模 p 離散對數。雖然這樣的問題看起來並不困難，但事實上，找不到多項式時間的演算法來求解。這種問題的困難度，我們將於 4.6 節看到，其在密碼學中扮演的重要地位。

習題 Exercises　　*表示為較難的練習；**表示為高度挑戰性的練習；☞ 對應正文。

1. 證明 15 是 7 在模 26 下的反元素。
☞ 2. 證明 937 是 13 在模 2436 下的反元素。
3. 利用檢視法（見例題 1）求出 4 在模 9 下的反元素。
4. 利用檢視法（見例題 1）求出 2 在模 17 下的反元素。
5. 下面給定的數對皆互質，利用例題 2 的方法，求出 a 在模 m 下的反元素。
    a) $a = 4, m = 9$　　　　　　　　　b) $a = 19, m = 141$
    c) $a = 55, m = 89$　　　　　　　　d) $a = 89, m = 232$
6. 下面給定的數對皆互質，利用例題 2 的方法，求出 a 在模 m 下的反元素。
    a) $a = 2, m = 17$　　　　　　　　b) $a = 34, m = 89$
    c) $a = 144, m = 233$　　　　　　 d) $a = 200, m = 1001$
*7. 證明若 a 與 m 為互質的兩個正整數，則 a 在模 m 下的反元素是唯一的。〔提示：假設線性同餘 $ax \equiv 1 \pmod{m}$ 有兩個解 b 與 c。利用 4.3 節定理 7 證明 $b \equiv c \pmod{m}$。〕

8. 證明若 gcd(a, m) > 1，則 a 在模 m 下的反元素不存在，其中 a 為整數，而 $m > 2$ 為正整數。

9. 利用習題 5(a) 求出之 4 在模 9 下的反元素，求解同餘方程式 $4x \equiv 5 \pmod{9}$。

10. 利用習題 6(a) 求出之 2 在模 17 下的反元素，求解同餘方程式 $2x \equiv 7 \pmod{17}$。

11. 利用習題 5(b)、(c) 與 (d) 求出的反元素，求解下列同餘方程式。
    a) $19x \equiv 4 \pmod{141}$ b) $55x \equiv 34 \pmod{89}$
    c) $89x \equiv 2 \pmod{232}$

12. 利用習題 6(b)、(c) 與 (d) 求出的反元素，求解下列同餘方程式。
    a) $34x \equiv 77 \pmod{89}$ b) $144x \equiv 4 \pmod{233}$
    c) $200x \equiv 13 \pmod{1001}$

13. 求解同餘方程式 $15x^2 + 19x \equiv 5 \pmod{11}$。〔提示：方程式等價於 $15x^2 + 19x + 6 \equiv 0 \pmod{11}$。將右式作因式分解，證明二次方程式之解即為分解後之兩個線性方程式之解。〕

14. 求解同餘方程式 $12x^2 + 25x \equiv 10 \pmod{11}$。〔提示：方程式等價於 $12x^2 + 25x + 12 \equiv 0 \pmod{11}$。將右式作因式分解，證明二次方程式之解即為分解後之兩個線性方程式之解。〕

* 15. 證明若 m 是大於 1 的正整數，而且 $ac \equiv bc \pmod{m}$，則 $a \equiv b \pmod{m/\gcd(c, m)}$。

16. a) 證明小於 11 的正整數除了 1 與 10，都能兩兩組成數對，數對中一個為另一個在模 11 下的反元素。
    b) 利用 (a) 證明 $10! \equiv -1 \pmod{11}$。

17. 證明當 p 為質數時，同餘方程式 $x^2 \equiv 1 \pmod{p}$ 的解只有 $x \equiv 1 \pmod{p}$ 與 $x \equiv -1 \pmod{p}$。

* 18. a) 將習題 16(a) 的結果一般化；也就是說，證明當 p 為質數時，小於 p 的正整數中，除了 1 與 $p - 1$ 外，能兩兩組成 $(p - 3)/2$ 個數對，數對中一個為另一個在模 p 下的反元素。〔提示：利用習題 17 的結果。〕
    b) 利用 (a) 可得**威爾森定理（Wilson's Theorem）**：$(p - 1)! \equiv -1 \pmod{p}$。
    c) 若 n 只是任意正數，$(n - 1)! \not\equiv -1 \pmod{p}$ 是否成立？

* 19. 此習題能用來證明費馬小定理。
    a) 假設 a 不能被 p 整除，證明下列整數 $1 \cdot a, 2 \cdot a, ..., (p - 1) \cdot a$ 中，找不到兩個數在模數 p 下是同餘的。
    b) 根據 (a) 的結果，可得下列整數 $1, 2, ..., p - 1$ 的乘積，在模數 p 下與整數 $a, 2a, ..., (p-1)a$ 的乘積同餘。利用上述事實證明 $(p - 1)! \equiv a^{p-1}(p - 1)! \pmod{p}$。
    c) 利用 4.3 節定理 7，根據 (b) 的結果，證明若 $p \nmid a$，則 $a^{p-1} \equiv 1 \pmod{p}$。〔提示：利用 4.3 節引理 3 證明 p 不能整除 $(p - 1)!$，然後再分別利用定理 7 與威爾森定理。〕
    d) 利用 (c) 的結果來證明 $a^p \equiv a \pmod{p}$。

20. 利用建構中國餘數定理之證明，求出滿足同餘方程式 $x \equiv 2 \pmod{3}$、$x \equiv 1 \pmod{4}$ 與 $x \equiv 3 \pmod{5}$ 之所有解。

21. 利用建構中國餘數定理之證明，求出滿足同餘方程式 $x \equiv 1 \pmod{2}$、$x \equiv 2 \pmod{3}$、$x \equiv 3 \pmod{5}$ 與 $x \equiv 4 \pmod{11}$ 之所有解。

22. 利用回溯替代的方法求出 $x \equiv 3 \pmod{6}$ 和 $x \equiv 4 \pmod{7}$ 之所有解。
23. 利用回溯替代的方法求出習題 20 之所有解。
24. 利用回溯替代的方法求出習題 21 之所有解。
25. 根據中國餘數定理的證明，寫出求解聯立同餘方程式系統之演算法的虛擬碼。
* 26. 如果同餘方程式系統 $x \equiv 5 \pmod 6$、$x \equiv 3 \pmod{10}$ 與 $x \equiv 8 \pmod{15}$ 有解，求出所有的解。
* 27. 如果同餘方程式系統 $x \equiv 7 \pmod 9$、$x \equiv 4 \pmod{12}$ 與 $x \equiv 16 \pmod{21}$ 有解，求出所有的解。
28. 若 $m = m_1 m_2 \ldots m_n$，其中 $m_1, m_2, \ldots, m_n$ 為兩兩互質的整數。利用中國餘數定理證明整數 a ($0 \le a < m$) 能唯一表示為一個有序 n 項 ($a \bmod m_1, a \bmod m_2, \ldots, a \bmod m_n$)。
* 29. 令 $m_1, m_2, \ldots, m_n$ 為兩兩互質的整數。證明若對所有的 $i = 1, 2, \ldots, n$，$a \equiv b \pmod{m_i}$，則 $a \equiv b \pmod m$，其中 $m = m_1 m_2 \ldots m_n$。（這個結果將於習題 30 用來證明中國餘數定理，因此不可以用中國餘數定理證明。）
* 30. 證明模數為兩兩互質之整數的同餘方程式系統，在模數為系統中所有模數之乘積下，系統的解是唯一的。利用上述結果，完成中國餘數定理的證明。〔提示：假設 x 與 y 都是同餘方程式系統的解，證明 $m_i | x - y$，對所有 i。再使用習題 29 的結果，可得 $m = m_1 m_2 \ldots m_n | x - y$。〕
31. 哪些整數除以 2 餘 1，除以 3 也餘 1？
32. 哪些整數能被 5 整除，但除以 3 餘 1？
33. 利用費馬小定理求出 $7^{121} \bmod 13$。
34. 利用費馬小定理求出 $23^{1002} \bmod 41$。
35. 利用費馬小定理證明若 p 為質數，且 $p \nmid a$，則 a^{p-2} 為 a 在模 p 下之反元素。
36. 利用習題 35 求出 5 在模 41 下的反元素。
37. a) 證明 $2^{340} \equiv 1 \pmod{11}$，利用費馬小定理以及等式 $2^{340} = (2^{10})^{34}$。
    b) 證明 $2^{340} \equiv 1 \pmod{31}$，利用等式 $2^{340} = (2^5)^{68} = 32^{68}$。
    c) 綜合 (a) 與 (b) 的結果，證明 $2^{340} \equiv 1 \pmod{341}$。
38. a) 利用費馬小定理計算 $3^{302} \bmod 5$、$3^{302} \bmod 7$ 以及 $3^{302} \bmod 11$。
    b) 利用 (a) 的結果與中國餘數定理，求出 $3^{302} \bmod 385$（注意，$385 = 5 \cdot 7 \cdot 11$）。
39. a) 利用費馬小定理計算 $5^{2003} \bmod 7$、$5^{2003} \bmod 11$ 以及 $5^{2003} \bmod 13$。
    b) 利用 (a) 的結果與中國餘數定理，求出 $5^{2003} \bmod 1001$（注意，$1001 = 7 \cdot 11 \cdot 13$）。
40. 使用費馬小定理證明若 n 為正整數，則 42 整除 $n^7 - n$。
41. 證明若 p 為奇數質數，則梅森數 $2^p - 1$ 的因數皆有 $2kp + 1$ 的形式，其中 k 是非負整數。〔提示：利用費馬小定理與 4.3 節習題 37。〕
42. 利用習題 41，判斷 $M_{13} = 2^{13} - 1 = 8191$ 和 $M_{23} = 2^{23} - 1 = 8{,}388{,}607$ 是否為質數。
43. 利用習題 41，判斷 $M_{11} = 2^{11} - 1 = 2047$ 和 $M_{17} = 2^{17} - 1 = 131{,}071$ 是否為質數。

4.5 同餘的應用 Applications of Congruences

引言

同餘在許多領域，包括離散數學、資訊科學以及其他許多學門，都有著相當多的應用。本節我們將介紹三種應用：利用同餘為電腦檔案指定記憶位址、產生虛擬隨機數、校驗碼。

假設一個顧客的辨識號碼有十個數字，為了能快速地取出顧客的檔案，我們不希望使用十個數字來指定顧客資料的儲存位置，而是使用較少但與辨識號碼這十個數字有關的較小整數。這個問題可以使用所謂的雜湊函數來解決，本節將說明如何使用模運算來作雜湊。

建構隨機數列在隨機運算、模擬以及其他許多用途上皆很重要。然而，建構一個純然的隨機數列極端困難，或者可以說是幾乎不可能，因為找出隨機數列的生成方法，或許本身存有隱藏未知的模式。因此研發出某些方法，來找出含有隨機數列某些性質的數列，然後在許多場合取代隨機數列。本節中，我們將介紹如何使用同餘來產生所謂的虛擬隨機數列。其優點在於這樣的數列很容易建立，而缺點則是用在許多工作上的虛擬隨機數列有太多的可預期性。

同餘也能使用於產生許多種辨識數字的校驗碼，例如用來辨識零售商的代碼、書本的辨識碼、機票號碼等等。我們將解釋如何使用同餘在許多形態的辨識碼中建立校驗碼。我們也將證明當印製辨識號碼時，這些校驗碼能用來偵測出某些形態的常見錯誤。

雜湊函數

在保險公司的中央電腦內都會存有每位客戶的資料，應如何安排每位客戶資料的記憶位址，才能很方便地進行檢索？這個問題的解決辦法是，選擇一個合適的**雜湊函數**（hashing function）。資料使用**鍵值（key）**來識別，例如，在美國，客戶資料通常以社會安全號碼當成鍵值來做識別。雜湊函數 h 指派記憶位址 $h(k)$ 給鍵值為 k 的資料。

在實務上有許多不同的雜湊函數，其中最常用的雜湊函數為

$$h(k) = k \bmod m$$

其中 m 為可使用之記憶位址個數。

雜湊函數必須很容易計算，這樣檔案才能很快找到，而雜湊函數 $h(k) = k \bmod m$ 則符合這個要求。要求出 $h(k)$，只要求出 k 除以 m 的餘數即可。此外，雜湊函數應為映成函數，這樣所有記憶位址都有可能使用到。同樣地，$h(k) = k \bmod m$ 亦符合此性質。

例題 1 求出雜湊函數 $h(k) = k \bmod 111$ 指派給社會安全號碼為 064212848 與 037149212 之顧客的記憶位址。

解：指派給社會安全號碼為 064212848 之顧客的記憶位址為 14。因為，

$h(064212848) = 064212848 \bmod 111 = 14$

同樣地，因為

$h(037149212) = 037149212 \bmod 111 = 65$

社會安全號碼為 064212848 的客戶，其指定記憶位址為 65。◂

由於雜湊函數不是一對一函數（因為可能的鍵值個數比記憶位址多），會有超過一個檔案被指派到同一個記憶位址。當這種情形發生時，我們稱為發生**碰撞**（collision）。一種解決碰撞的方法是將檔案指定到下一個尚未被分配的位址。

例題 2 在完成了例題 1 中指派給顧客的記憶位址後，指派一個記憶位址給社會安全號碼為 107405723 的顧客。

解：首先注意到 $h(k) = k \bmod 111$ 將社會安全號碼為 107405723 的顧客指定到 14 的位址。因為，

$h(107405723) = 107405723 \bmod 111 = 14$

但是，位址 14 已經使用（指派給社會安全號碼為 064212848 的客戶），而下一個位址 15 則尚未被分配，所以，我們將社會安全號碼為 107405723 的顧客指定到 15 的位址。◂

在例題 1 中使用**線性探索函數**（linear probing function）$h(k, i) = h(k) + i \bmod m$ 來找出下一個尚未被分配的記憶位址，其中 i 可以從 0 至 $m - 1$。還有一些更複雜的方式可以處理碰撞的問題，可以參閱雜湊函數的參考文獻。

虛擬隨機數

電腦模擬經常需要隨機選取數字，有許多不同的方法可以產生具有隨機性質的數字。因為以系統方法所產生的數字並不是真正的隨機，所以稱為**虛擬隨機數**（pseudorandom number）。

最常用來產生虛擬隨機數的過程是**線性同餘方法**（linear congruential method）。我們選出四個整數：**模數**（modulo）m、**乘數**（multiplier）a、**增量**（increment）c 和**種子**（seed）x_0，其中 $2 \leq a < m$，$0 \leq c < m$ 和 $0 \leq x_0 < m$。我們將利用下列同餘式

$x_{n+1} = (ax_n + c) \bmod m$

持續產生一序列的虛擬隨機數 $\{x_n\}$，$0 \leq x_n < m$。（這是遞迴定義，將於 5.3 節討論。本節我們將證明這樣的數列是良好定義的。）

有許多電腦實驗希望虛擬隨機數能介於 0 與 1 之間。為了產生這樣的數字，我們將線性同餘方法產生的數除以模數，也就是使用 x_n/m。

例題 3 給定模數 $m = 9$，乘數 $a = 7$，增量 $c = 4$ 和種子 $x_0 = 3$，求出以線性同餘方法所產生的虛擬隨機數。

解：使用遞迴定義函數 $x_{n+1} = (7x_n + 4) \bmod 9$，我們能將數列中的每一項一一計算出來。首先代入種子 $x_0 = 3$，求出 x_1，得到

$x_1 = 7x_0 + 4 \bmod 9 = 7 \cdot 3 + 4 \bmod 9 = 25 \bmod 9 = 7,$
$x_2 = 7x_1 + 4 \bmod 9 = 7 \cdot 7 + 4 \bmod 9 = 53 \bmod 9 = 8,$
$x_3 = 7x_2 + 4 \bmod 9 = 7 \cdot 8 + 4 \bmod 9 = 60 \bmod 9 = 6,$
$x_4 = 7x_3 + 4 \bmod 9 = 7 \cdot 6 + 4 \bmod 9 = 46 \bmod 9 = 1,$
$x_5 = 7x_4 + 4 \bmod 9 = 7 \cdot 1 + 4 \bmod 9 = 11 \bmod 9 = 2,$
$x_6 = 7x_5 + 4 \bmod 9 = 7 \cdot 2 + 4 \bmod 9 = 18 \bmod 9 = 0,$
$x_7 = 7x_6 + 4 \bmod 9 = 7 \cdot 0 + 4 \bmod 9 = 4 \bmod 9 = 4,$
$x_8 = 7x_7 + 4 \bmod 9 = 7 \cdot 4 + 4 \bmod 9 = 32 \bmod 9 = 5,$
$x_9 = 7x_8 + 4 \bmod 9 = 7 \cdot 5 + 4 \bmod 9 = 39 \bmod 9 = 3$

因為 $x_9 = x_0$，而且每一項只與前一項有關，產生的數列為：

3, 7, 8, 6, 1, 2, 0, 4, 5, 3, 7, 8, 6, 1, 2, 0, 4, 5, 3, …

在產生重複之前，數列中包含了 9 個不同數字。 ◀

有許多電腦的確利用線性同餘生成器來產生虛擬隨機數。通常，線性同餘生成器的增量 $c = 0$。這種生成器稱為**純乘法生成器（pure multiplicative generator）**。例如，模數為 $2^{31} - 1$ 和乘數為 $7^5 = 16,807$ 的純乘法生成器則廣泛地使用。就這些數值來看，在重複之前，會有 $2^{31} - 2$ 個數字被產生。

使用線性同餘生成器所產生的虛擬隨機數列，長久以來應用於許多工作上。遺憾的是，這類虛擬隨機數列並沒有純然隨機數列某些重要的統計性質。也因為如此，它們並未被使用在某些形態的工作上，例如大型的模擬。對於這種比較敏感的工作，會用其他方式來生成虛擬隨機數列，例如某種演算法或是由隨機物理現象產生數列。想知道更多虛擬隨機變數的相關知識，可參閱 [Kn97] 與 [Re10]。

校驗碼

同餘也被用來檢查數字字串中的錯誤。為偵測字串中的錯誤，一種經常使用的技巧是在字串末加上額外的數字。這個最末端的數字，稱為校驗碼，是使用特殊函數計算所得。然後，為判定某個數字字串是否正確，可以檢驗這個末端數字是否正確。我們將由檢驗位元字串是否正確開始。

例題 4 **奇偶檢查位元** 數位資訊是利用位元字串，區隔成固定大小的區塊來表現。每個區塊在儲存或傳輸前，都會添加一個位元，稱作**奇偶檢查位元**（**parity check bit**）。字串 $x_1 x_2 \ldots x_n$ 的奇偶檢查位元 x_{n+1} 定義為

$$x_{n+1} = x_1 + x_2 + \cdots + x_n \bmod 2$$

如果在這 n 個位元的區塊中有偶數個位元 1，則 x_{n+1} 為 0；若有奇數個位元 1，則 x_{n+1} 為 1。當我們檢查一個包含奇偶檢查位元的字串時，若奇偶檢查位元有誤，便知道字串中有錯誤。但是，儘管奇偶檢查位元是正確的，字串還是有錯誤的可能。奇偶檢查位元只能偵測出是否發生了奇數個錯誤，但無法知道是否發生了偶數個錯誤（見習題 14）。

假設我們接收到傳來的位元字串 01100101 和 11010110，字串的最後一位為奇偶檢查位元。接收到的字串是否正確？

解： 在接受這兩個字串為正確之前，必須先檢驗奇偶檢查位元。第一個字串的奇偶檢查位元為 1，由於 $0 + 1 + 1 + 0 + 0 + 1 + 0 \equiv 1 \pmod{2}$，奇偶檢查位元是正確的。第二個字串的奇偶檢查位元為 0，由於 $1 + 1 + 0 + 1 + 0 + 1 + 1 \equiv 1 \pmod{2}$，故奇偶檢查位元是不正確的。所以，我們認為第一個字串為正確的而接受（儘管可能發生了偶數個錯誤），但會拒絕第二個字串。◀

使用模運算來計算校驗碼，廣泛地應用在檢驗各種形態之辨識數字。例題 5 與例題 6 說明如何計算通用商品碼以及國際標準書號的校驗碼。習題 18、28 與 32 前的引言，分別介紹在郵政匯票號碼、機票辨識序號和國際標準期刊辨識碼上的同餘用法，用來找出並使用校驗碼。我們也發現同餘亦被用來計算銀行帳戶、駕照號碼、信用卡號以及許多其他辨識號碼的校驗碼。

例題 5 **UPC** 零售商可以使用**通用商品碼**（**Universal Product Code, UPC**）來辨識。最常用的 UPC 包含 12 個數字：第一個數字為商品種類，接下來五個數字為廠商代碼，然後是五個數字的商品代碼，最後則是校驗碼。計算校驗碼是根據同餘算式

$$3x_1 + x_2 + 3x_3 + x_4 + 3x_5 + x_6 + 3x_7 + x_8 + 3x_9 + x_{10} + 3x_{11} + x_{12} \equiv 0 \pmod{10}$$

回答下列問題：

(a) 假設一個 UPC 的前 11 個數字為 79357343104，則校驗碼為何？
(b) 041331021641 是不是一個有效的 UPC？

解： (a) 將 79357343104 代入計算校驗碼，$3 \cdot 7 + 9 + 3 \cdot 3 + 5 + 3 \cdot 7 + 3 + 3 \cdot 4 + 3 + 3 \cdot 1 + 0 + 3 \cdot 4 + x_{12} \equiv 0 \pmod{10}$。經過化簡後得到 $98 + x_{12} \equiv 0 \pmod{10}$，所以校驗碼為 2。

(b) 檢查 041331021641 是否有效，我們將所有的數字代入，看看是否滿足同餘算式。$3 \cdot 0 + 4 + 3 \cdot 1 + 3 + 3 \cdot 3 + 1 + 3 \cdot 0 + 2 + 3 \cdot 1 + 6 + 3 \cdot 4 + 1 \equiv 4 \not\equiv 0 \pmod{10}$。所以，041331021641 不是一個有效的 UPC。◀

例題 6　ISBN　所有的書籍都可以利用**國際標準書號（International Standard Book Number, ISBN-10）**來辨識，ISBN 是分配給出版商的 10 位數字代碼 $x_1 x_2 \ldots x_{10}$。（近年來則使用 13 位數的 ISBN-13 以因應大量的出版品。）一個 ISBN-10 分成數個區塊，分別用來表示語言、出版者、出版公司及最後的校驗碼或字母 X（代表數字 10）。校驗碼的選取根據同餘等式：

$$x_{10} \equiv \sum_{i=1}^{9} i x_i \pmod{11}$$

或者可以等同於

$$\sum_{i=1}^{10} i x_i \equiv 0 \pmod{11}$$

回答下列有關 ISBN-10 的問題：

(a) 本書第六版原文書的 ISBN-10 前九個數字為 007288008，則校驗碼為何？
(b) 084930149X 是否為一個有效的 ISBN-10？

解：(a) 將 007288008 的數字代入同餘等式 $\sum_{i=1}^{10} i x_i \equiv 0$，得到 $x_{10} \equiv 1 \cdot 0 + 2 \cdot 0 + 3 \cdot 7 + 4 \cdot 2 + 5 \cdot 8 + 6 \cdot 8 + 7 \cdot 0 + 8 \cdot 0 + 9 \cdot 8 \equiv 189 \equiv 2 \pmod{11}$，所以校驗碼為 2。

(b) 為知道 084930149X 是否為一個有效的 ISBN-10，必須檢驗等式 $\sum_{i=1}^{10} i x_i \equiv 0$。將數字代入得到 $1 \cdot 0 + 2 \cdot 8 + 3 \cdot 4 + 4 \cdot 9 + 5 \cdot 3 + 6 \cdot 0 + 7 \cdot 1 + 8 \cdot 4 + 9 \cdot 9 + 10 \cdot 10 = 299 \equiv 2 \not\equiv 0 \pmod{11}$。所以，084930149X 不是一個有效的 ISBN-10。　◂

　　在辨識號碼中有數種錯誤經常出現。**單一錯誤（single error）**是辨識號碼中有一個數字是錯的，這種或許是最常出現的錯誤形態。另一種常見的錯誤為**調換錯誤（transposition error）**，兩個數字意外地互換位置。對每種形態的辨識號碼，包括校驗碼，我們都希望能偵測出這些常見的錯誤，當然也希望能處理其他的錯誤。我們將研究能否偵測出 ISBN 之單一錯誤與調換錯誤。而 UPC 能否偵測出單一錯誤與調換錯誤，則留作習題 26 與 27。

　　假設 $x_1 x_2 \ldots x_{10}$ 是個有效的 ISBN（也就是說，$\sum_{i=1}^{10} i x_i \equiv 0 \pmod{10}$），接下來將證明我們能偵測出單一錯誤與兩個數字的調換錯誤（其中包括表示 10 的數字 X）。若表示成 $y_1 y_2 \ldots y_{10}$ 的 ISBN 有單一錯誤，也就是有個整數 j，使得 $y_i = x_i$，而且 $y_j = x_j + a$，其中 $i \neq j$，$-10 \leq a \leq 10$ 且 $a \neq 0$。我們注意到 $a = y_j - x_j$ 是在第 j 個位置發生的錯誤，所以有

$$\sum_{i=1}^{10} i y_i = \left(\sum_{i=1}^{10} i x_i \right) + ja \equiv ja \not\equiv 0 \pmod{11}$$

最後的等號來自於 $\sum_{i=1}^{10} x_i \equiv 0 \pmod{10}$ 以及 $11 \nmid ja$，因為 $11 \nmid j$ 且 $11 \nmid a$。也因此，$y_1 y_2 \ldots y_{10}$ 不是個有效的 ISBN，而我們偵測出了單一錯誤。

　　現在假設有兩個不相等的數字被調換了，所以有兩個相異的整數 j 與 k，使得 $y_j = x_k$ 和 $y_k = x_j$，但是 $i \neq j$ 與 $i \neq k$ 時，$y_i = x_i$。因此，

$$\sum_{i=1}^{10} i y_i = \left(\sum_{i=1}^{10} i x_i\right) + (j x_k - j x_j) + (k x_j - k x_k) \equiv (j-k)(x_k - x_j) \not\equiv 0 \pmod{11}$$

因為 $\sum_{i=1}^{10} x_i \equiv 0 \pmod{10}$ 以及 $11 \nmid (j-k)$ 且 $11 \nmid (x_k - x_j)$。也因此，$y_1 y_2 \ldots y_{10}$ 不是個有效的 ISBN，而我們偵測出兩個不相等的數字被對調了。

習題 Exercises　　*表示為較難的練習；**表示為高度挑戰性的練習；☞ 對應正文。

1. 根據雜湊函數 $h(k) = k \bmod 97$，下列保險公司客戶的社會安全號碼將被指派於哪一個記憶位址？
   a) 034567981
   b) 183211232
   c) 220195744
   d) 987255335

2. 根據雜湊函數 $h(k) = k \bmod 101$，下列保險公司客戶的社會安全號碼將被指派於哪一個記憶位址？
   a) 104578690
   b) 432222187
   c) 372201919
   d) 501338753

3. 一個停車場有 31 個停車位，標號由 0 至 30。利用雜湊函數 $h(k) = k \bmod 31$，其中 k 為車牌前三個數所形成之數字。
   a) 下列車牌號碼將被指定於哪一個停車位？317, 918, 007, 100, 111, 310。
   b) 當某輛車被指定之位置已經被使用，描述一個可以依循的方法來尋找停車位。

另一種解決雜湊碰撞的方法稱作雙重雜湊（double hashing）。我們使用原先的雜湊函數 $h(k) = k \bmod p$，其中 p 為質數，也使用第二個雜湊函數 $g(k) = (k + 1) \bmod (p - 2)$。當碰撞發生時，便使用探索數列（probing sequence）$h(k, i) = (h(k) + i \cdot g(k)) \bmod p$。

4. 使用雙重雜湊程序來指派記憶位址給員工之檔案。令 $p = 4969$，而員工的社會安全號碼如下：$k_1 = 132489971$, $k_2 = 509496993$, $k_3 = 546332190$, $k_4 = 034367980$, $k_5 = 047900151$, $k_6 = 329938157$, $k_7 = 212228844$, $k_8 = 325510778$, $k_9 = 353354519$, $k_{10} = 053708912$。

5. 利用線性同餘生成器 $x_{n+1} = (3x_n + 2) \bmod 13$，且種子 $x_0 = 1$ 可以得到之虛擬隨機數的序列為何？

6. 利用線性同餘生成器 $x_{n+1} = (4x_n + 1) \bmod 7$，且種子 $x_0 = 3$ 可以得到之虛擬隨機數的序列為何？

7. 利用線性同餘生成器 $x_{n+1} = 3x_n \bmod 11$，且種子 $x_0 = 2$ 可以得到之虛擬隨機數的序列為何？

8. 使用虛擬碼寫出利用線性同餘生成器產生虛擬隨機數的演算法。

使用**平方取中法**（middle-square method）來生成虛擬隨機數，由一個 n 位數字開始。將這個數平方，在數字前補上 0 得到一個 $2n$ 位的數字。然後中間的 n 個數，則用來生成數列的下一個數。重複這樣的過程來得到後續的項。

9. 若給定第一個 4 位數為 2357，使用平方取中法 4 位數之虛擬隨機數列的前八項。
10. 說明在利用平方取中法來生成虛擬隨機數時，為何使用 3792 與 2915 為第一個 4 位數字都不好？

冪次生成器（power generator） 是一種產生虛擬隨機數的方法。在冪次生成器中，參數 p 與 d 是已指定的，其中 p 為質數，而 d 是不被 p 整除的正整數，此外還會指定種子 x_0。虛擬隨機數 $x_1, x_2, ...$，則利用遞迴定義 $x_{n+1} = x_n^d \bmod p$ 來產生。

11. 當 $p = 7, d = 3$ 以及 $x_0 = 2$ 時，利用冪次生成器找出虛擬隨機數列。
12. 當 $p = 11, d = 2$ 以及 $x_0 = 3$ 時，利用冪次生成器找出虛擬隨機數列。
13. 假設自一個通訊連結接收到下面的位元字串，其中最後一個數字為奇偶檢查位元。哪些字串可以肯定是沒有錯誤的？
    a) 00000111111
    b) 10101010101
    c) 11111100000
    d) 10111101111
14. 證明奇偶檢查位元能夠在字串中偵錯，若且唯若這個字串有奇數個錯誤。
15. 本書第五版之歐洲版本的 ISBN-10 前九個數字為 0-07-119881，則校驗碼為何？
16. 《基本數論及其應用》（*Elementary Number Theory and Its Application*）第六版的 ISBN-10 為 0-321-500Q1-8，求出 Q 所代表的數字。
17. 判斷本書出版商是否正確地計算出 ISBN-10 數字的校驗碼。

美國郵政販售之匯票上的號碼有 11 位數 $x_1 x_2 ... x_{11}$。前十個數字為匯票的辨識號碼，最後一碼 x_{11} 則為校驗碼，滿足等式 $x_{11} = x_1 + x_2 + \cdots + x_{10} \bmod 9$。

18. 給定郵政匯票的前十碼如下，求出校驗碼。
    a) 7555618873
    b) 6966133421
    c) 8018927435
    d) 3289744134
19. 判斷下列之郵政匯票號碼是否有效。
    a) 74051489623
    b) 88382013445
    c) 56152240784
    d) 66606631178
20. 郵政匯票上的號碼有一個數字被污損了（以 Q 表示），你能還原污損的數字嗎？
    a) Q1223139784
    b) 6702120Q988
    c) 27Q41007734
    d) 213279032Q1
21. 郵政匯票上的號碼有一個數字被污損了（以 Q 表示），你能還原污損的數字嗎？
    a) 493212Q0688
    b) 850Q9103858
    c) 2Q941007734
    d) 66687Q03201
22. 判斷在郵政匯票中哪種單一錯誤能被偵測出來？
23. 判斷在郵政匯票中哪種調換錯誤能被偵測出來？
24. 若郵政匯票的號碼有 11 位，求出校驗碼。
    a) 73232184434
    b) 63623991346
    c) 04587320720
    d) 93764323341

25. 判斷下列郵政匯票的 12 個號碼是否有效。
    a) 036000291452
    b) 012345678903
    c) 782421843014
    d) 726412175425
26. 郵政匯票的校驗碼能偵測出所有的單一錯誤嗎？證明你的答案，或是找出一個反例。
27. 判斷郵政匯票的校驗碼能偵測出哪種調換錯誤。

有些機票上的辨識序號有 15 位數 $a_1a_2\ldots a_{15}$，其中 a_{15} 為校驗碼，等於 $a_1a_2\ldots a_{14}$ **mod** 7。

28. 給定機票辨識序號的前十四碼如下，求出校驗碼。
    a) 10237424413392
    b) 00032781811234
    c) 00611232134231
    d) 00193222543435
29. 判斷下列之機票辨識序號是否有效。
    a) 101333341789013
    b) 007862342770445
    c) 113273438882531
    d) 000122347322871
30. 在 15 個機票辨識序號中，哪些單一錯誤能被偵測出來？
* 31. 使用機票辨識序號校驗碼能夠偵測出兩個相鄰數字被對調的錯誤嗎？

期刊利用**國際標準期刊號**（International Standard Serial Number, ISSN）來辨識。一個 ISSN 包含兩個各 4 個數字的區塊。第二個區塊的最後一碼為校驗碼，校驗碼由同餘等式 $d_8 \equiv 3d_1 + 4d_2 + 5d_3 + 6d_4 + 7d_5 + 8d_6 + 9d_7 \pmod{11}$ 來決定。當 $d_8 \equiv 10 \pmod{11}$ 時，以 X 來表示。

32. 給定 ISSN 的前七個數字，求出校驗碼（有可能是字母 X）。
    a) 1570-868
    b) 1553-734
    c) 1089-708
    d) 1383-811
33. 下列是有效的 ISSN 嗎？也就是說，最後一位校驗碼是否正確？
    a) 1059-1027
    b) 0002-9800
    c) 1530-8669
    d) 1007-120X
34. ISSN 的校驗碼能偵測出所有的單一錯誤嗎？證明你的答案，或是找出一個反例。
35. ISSN 的校驗碼能偵測出所有的調換錯誤嗎？證明你的答案，或是找出一個反例。

4.6 密碼學 Cryptography

引言

　　密碼學是探討傳遞祕密信息的學問。數論在密碼學中扮演相當重要的角色，是許多傳統密碼法的基石。第一個出現的密碼法已有數千年之歷史，至 20 世紀，密碼的使用依舊相當廣泛。這些密碼法將信息中的單一字母以不同的字母來取代，或是將某個字母區塊替換成另一個字母區塊。本節將討論一些傳統密碼法，包括位移密碼法，也就是將每個字母做固定數目的位移。我們討論的位移密碼是私密金鑰的例子；也就是，加密的金鑰與解密金鑰是相同的，因而互通信息的兩造必須透過通訊方式來分享私密金鑰。這類

密碼系統就企圖破解密碼的密碼分析而言，是非常不安全的。我們也將說明如何分析利用位移密碼法傳送的祕密信息。

數論對 1970 年代發明的公開金鑰密碼系統同樣扮演關鍵角色。在公開金鑰密碼系統中，知道加密金鑰對解碼並無幫助。最廣泛使用的公開金鑰密碼系統為 RSA 密碼系統，其使用兩個大質數之乘積的模指數來加密。只要知道模數與指數便能加密（但不需知道模數是由哪兩個大質數相乘而得），然而解碼時，則必須知道這兩個大質因數為何。本節將解釋 RSA 之運作原理，包括如何加密與解密。

在密碼學中也包含密碼協商這個議題。所謂密碼協商是指互通信息的雙方（或多方）如何安全地交換信息。本節將討論兩種重要的協商，一種是允許雙方分享一個共同密鑰，而另一種則是發送符號信息，讓接收者知道信息是來自某個特定的發送者。

傳統密碼學

已知最早使用密碼的是凱撒大帝，他將傳送的信息字母皆向後位移三個位置（而最後的三個字母則位移至最前面的三個字母）。例如，將 B 位移成 E，而 X 位移成 A。這是個**加密**（encryption）的例子，是一種讓信息保密的程序。

將凱撒加密法以數學模型來表示，我們首先將每個字母一一對應到 $\mathbf{Z}_{26}$（也就是 0 到 25 的整數）中的元素，例如以 0 表示 A，10 表示 K，而 Z 則為 25。凱撒加密法能用下面的函數 f 來表示：

$$f(p) = (p + 3) \bmod 26$$

函數 f 將非負整數 p，$p \leq 25$，對應至集合 $\{0, 1, 2, ..., 25\}$ 中，也就是將由數字 p 代表的字母以數字 $(p + 3) \bmod 26$ 代表的字母來取代。

例題 1 利用凱撒密碼加密 "MEET YOU IN THE PARK" 所得之祕密信息為何？

解：首先將信息中的字母轉換成數字，

12 4 4 19　　24 14 20　　8 13　　19 7 4　　15 0 17 10

接著將每個數字利用函數 $f(p) = (p + 3) \bmod 26$ 轉換，可得到

15 7 7 22　　1 17 23　　11 16　　22 10 7　　18 3 20 13

再找出對應的字母可以得到加密信息為 "PHHW BRX LQ WKH SDUN"。　◀

要將經過凱撒密碼加密過的信息還原成原來的文字，可以使用 f 的反函數 f^{-1}。我們發現函數 f^{-1} 將 $\mathbf{Z}_{26}$ 中的整數 p 對應到 $f^{-1}(p) = (p - 3) \bmod 26$。換句話說，要找出原來的信息，只要將字母往前移動三個位置即可，而最開頭的三個字母則移動至最後三個字母。這種找出原來信息的程序稱為**解密**（decryption）。

有許多方法能推廣凱撒密碼法。例如，每個字母移動的位置不是 3 而是 k，則加密函數將變成

$$f(p) = (p + k) \bmod 26$$

這樣的方式稱為位移密碼法（shift cipher）。可以發現解密函數將變成

$$f^{-1}(p) = (p - k) \bmod 26$$

這裡的數字 k 稱為**密鑰（key）**。例題 2 與例題 3 將說明位移密碼的應用。

例題 2 　使用位移量 $k = 11$ 的位移密碼加密原始信息 "STOP GLOBAL WARMING"。

解：加密信息 "STOP GLOBAL WARMING" 要先將字母轉換成 $\mathbf{Z}_{26}$ 中的元素，可得到數字字串：

18 19 14 15　　6 11 14 1 0 11　　22 0 17 12 8 13 6

使用函數 $f(p) = (p + 11) \bmod 26$ 可得

3 4 25 0　　17 22 25 12 11 22　　7 11 2 23 19 24 17

再轉換成字母便可得到祕密文字 "DEZA BRZMLW HLCXTYR"。　◀

例題 3 　若使用位移量 $k = 7$ 的位移密碼解密 "LEWLYPLUJL PZ H NYLHA ALHJOLY"。

解：解密 "LEWLYPLUJL PZ H NYLHA ALHJOLY"，首先將字母轉換成 $\mathbf{Z}_{26}$ 中的元素，可得到數字字串：

11 4 22 11 24 15 11 20 9 11　　15 25　　7　　13 24 11 7 0　　0 11 7 9 14 11 24

接下來，將每個字母移動 $-k = -7$ 模 26 個位置，可得

4 23 15 4 17 8 4 13 2 4　　8 18　　0　　6 17 4 0 19　　19 4 0 2 7 4 17

最後，再轉換成字母便可得到原始信息 "EXPERIENCE IS A GREAT TEACHER"。　◀

我們能一般化位移密碼法成下列之函數形態，用來增加其安全性：

$$f(p) = (ap + b) \bmod 26$$

其中選取整數 a 與 b 使得 f 為雙射函數。（函數 $f(p) = (ap + b) \bmod 26$ 為雙射函數若且唯若 $\gcd(a, 26) = 1$。）這樣的函數稱為仿射轉換（affine transformation），以這種函數來編碼的密碼法稱為仿射密碼法（affine cipher）。

例題 4 　當編碼時使用函數 $f(p) = (7p + 3) \bmod 26$ 時，會以哪個字母來替換 K？

解：首先找出代替字母 K 的數字 10，將數字代入編碼函數得到 $f(10) = (7 \cdot 10 + 3) \bmod 26 = 21$。由於數字 21 代表的是字母 V，所以 V 為 K 之密文。　◀

接下來，我們將解釋如何解碼仿射密碼法。假設 $c = (ap + b)$ **mod** 26 且 $\gcd(a, 26) = 1$。解碼時必須知道如何以 c 來表示 p。也就是，利用同餘方程式 $c \equiv (ap + b)$ **mod** 26 求解出 p。首先，在等式兩端同時減去 b，$c - b \equiv ap \pmod{26}$。因為 $\gcd(a, 26) = 1$，我們可以求出在模 26 下 a 的乘法反元素 $\bar{a}$。於等式兩端同乘 $\bar{a}$ 可以得到 $\bar{a}(c - b) \equiv \bar{a}ap \pmod{26}$。由於 $\bar{a}a \equiv 1 \pmod{26}$，我們可以得到 $p \equiv \bar{a}(c - b) \pmod{26}$。

密碼分析　在不知道使用的編碼函數與密鑰的情況下，想要由密文得知明文內容的過程稱為**密碼分析（cryptanalysis）**或是**破解密碼（breaking code）**。一般而言，密碼分析是相當困難的，尤其是不知道編碼方式的時候。在這裡，我們不打算討論一般的密碼分析，只將解釋如何破解位移密碼法。

若我們得知一個密文訊息是根據位移密碼法編碼而來，只要將所有的密文字母再位移回原來的明文字母，就可以還原訊息。而位移的可能性只有 26 種（包括字母位移 0 個位置），只要嘗試所有的可能性，就能保證找出明文訊息。然而，我們將介紹一種較有效率的方法，也可以用以分析其他密碼法的密文。分析位移密碼法最主要的工具就是計算密文中字母出現的頻率。九個最常出現的英文字母及其頻率分別為：E 13%，T 9%，A 8%，O 8%，I 7%，N 7%，S 7%，H 6% 以及 R 6%。因此，分析使用位移密碼得到的密文時，在密文中出現最多次的密文字母，極有可能就是由字母 E 編碼而來。根據這種假說，我們可以判斷出位移的量（假設為 k）。因而解碼的方式即為將密文字母位移 $-k$，若還原的明文看不出任何意義，我們可以重新假設最多次的密文字母，可能就是由字母 T 編碼而來。重複相同的步驟，檢視還原的明文是否為有意義的文字。

例題 5　假設我們截獲了一段密文 ZNK KGXRE HOXJ MKZY ZNK CUXS。如果知道使用的是位移密碼，則原始的明文訊息為何？

解：由於知道截獲的密文使用的是位移密碼法，因此先找出出現最多次的字母。我們發現最常出現的字母為 K。假定其為字母 E 的密文，將代表的數字代入編碼函數 $10 = 4 + k$ mod 26，則 $k = 6$。將所有的字母位移 -6，還原的明文為 THE EARLY BIRD GETS THE WORM 是一段有意義的文字，可以推斷 $k = 6$ 是正確的。　◀

區塊密碼法　無論是位移密碼法還是仿射密碼法，都是將一個字母用另一個字母來取代。因此，這樣的密碼法也稱為**字元密碼法（character cipher）**或是**單套字母密碼法（monoalphabetic cipher）**替代密碼。這類密碼法非常容易受到前面介紹之字元頻率分析法的攻擊。為了強固安全性，我們能將替代方式改成由一個區塊字元去替代另一個區塊字元的方式，也就是所謂的**區塊密碼法（block ciphers）**。

我們將介紹一種簡單的區塊密碼法──**轉換密碼法（transposition cipher）**。利用一個集合 $\{1, 2, ..., m\}$ 的排列函數 σ 當成密鑰。所謂集合 $\{1, 2, ..., m\}$ 的排列函數指的是一個由 $\{1, 2, ..., m\}$ 對應到自己的一對一函數。在編碼時，我們先將訊息字母每 m 個分成一個區塊。（如果訊息長度無法被 m 整除時，可以在最後面補上些隨機產生的字母，形

成一個長度為 m 的區塊。) 隨後將區塊中的文字 $p_1 p_2 \ldots p_m$ 編碼成 $c_1 c_2 \ldots c_m = p_{\sigma(1)} p_{\sigma(2)} \ldots p_{\sigma(m)}$，解碼時則必須找出反函數 σ^{-1}。例題 6 將說明轉換密碼法的編碼與解碼。

例題 6 根據集合 $\{1, 2, 3, 4\}$ 的排列函數 $\sigma(1) = 3$，$\sigma(2) = 1$，$\sigma(3) = 4$ 以及 $\sigma(4) = 2$ 執行轉換密碼法。

(a) 將明文 PIRATE ATTACK 編碼。
(b) 將密文 SWUE TRAE OEHS 解碼。

解：(a) 首先將明文字母四個四個分成三個區塊 PIRA TEAT TACK。然後每個區塊根據給定的排列函數編碼，將第一個字母轉換至第三個位置，第二個字母換至第一個位置，第三個字母換到第四個位置，而第四個字母換至第二個位置。我們將得到 IAPR ETTA AKTC，即為編碼後的密文。

(b) 我們注意到 σ 的反函數 σ^{-1} 將 1 送至 2，將 2 送至 4，將 3 對應至 1，而將 4 對應至 3。將 σ^{-1} 作用於給定之密文，可以得到 USEW ATER HOSE。(將字母重新斷字，可得 USE WATER HOSE。) ◀

密碼系統 我們已經定義了兩種密碼形態：位移密碼與仿射密碼。現在將介紹密碼系統的概念，用以定義新形態密碼法的一般結構。

定義 1 ■ 一個密碼系統包含了五個集合 $(\mathcal{P}, \mathcal{C}, \mathcal{K}, \mathcal{E}, \mathcal{D})$，其中 $\mathcal{P}$ 為明文字串所形成的集合，$\mathcal{C}$ 為密文字串所形成的集合，$\mathcal{K}$ 為密鑰空間 (也就是所有可能密鑰所形成的集合)，$\mathcal{E}$ 為編碼函數所形成的集合，而 $\mathcal{D}$ 為解碼函數所形成的集合。E_k 表示 $\mathcal{E}$ 中與密鑰 k 相關的編碼函數，D_k 則表示 $\mathcal{D}$ 中用來解碼由 E_k 編碼的解碼函數，也就是，對所有的明文字串 p，$D_k(E_k(p)) = p$。

接下來闡明密碼系統之定義的使用法。

例題 7 描述位移密碼形態之密碼系統。

解：利用位移密碼法編碼一個英文字串時，首先將每個字母改寫成一個 0 到 25 的整數，也就是一個 $\mathbf{Z}_{26}$ 的元素。然後將每個數字位移一個固定的整數後，再求出其模 26 的整數。最後，再將得到的數字轉換成英文字母。現在，將密碼系統的定義應用到位移密碼法上。首先假定訊息都是整數，也就是集合 $\mathbf{Z}_{26}$ 中的元素。換言之，我們將英文字母與數字間的轉換，置於密碼系統之外。因此，集合 $\mathcal{P}$ 與 $\mathcal{C}$ 都是 $\mathbf{Z}_{26}$ 中的元素所形成之字串的集合；密鑰集合 $\mathcal{K}$ 為所有可能的位移量，所以 $\mathcal{K} = \mathbf{Z}_{26}$；最後，集合 $\mathcal{E}$ 包含所有可能的編碼函數 $E_k(p) = (p + k)$ **mod** 26，而集合 $\mathcal{D}$ 包含所有可能的解碼函數 $D_k(p) = (p - k)$ **mod** 26。 ◀

密碼系統的概念在討論其他形態的密碼法上非常有用，亦在密碼學上廣泛使用。

公開金鑰密碼學

所有的古典密碼法，例如位移密碼法及仿射密碼法，都是**私密金鑰密碼系統**（private key cryptosystem）的例子。在私密金鑰密碼系統中，一旦知道加密的密鑰，便能很快地找出解密的密鑰。也就是說，如果知道如何以某個特定密鑰編譯訊息，就能使用同樣的密鑰來解碼。例如，使用平移密碼時，若密鑰為 k，則代表某字母的數字會變成

$$c = (p + k) \bmod 26$$

解密時，只要平移 $-k$ 即可，也就是，

$$p = (c - k) \bmod 26$$

所以，在位移密碼中，知道如何編碼就可以知道該如何解碼。

使用私密金鑰密碼系統時，祕密互通訊息的雙方必須各自擁有密鑰。因為任何擁有密鑰的人都能用其解密。因此，祕密通訊的兩人必須私下交換對方的加密金鑰。（本節稍後將介紹一個祕密交換密鑰的方法。）位移密碼與仿射密碼都屬於私密金鑰密碼系統，皆相當簡單，也很容易受到密碼分析的攻擊。不過，許多近代的私密金鑰密碼法就不見得如此。尤其是目前美國政府標準化的私密金鑰密碼系統——高階加密系統（Advanced Encryption Standard, AES）就非常複雜，被認為是相當強固的密碼系統。（想要了解高階加密系統及其他現代的私密金鑰密碼系統，可以參見 [St06]。）高階加密系統廣泛地使用於政府機關與商業界。然而，相互通信的兩造依舊需要私下祕密交換密鑰。因此，需要一種能夠生成密鑰並交換的方法。

為了避免互通訊息的每一方都需要私下祕密通信交換密鑰。在 1970 年代中期，密碼學家引入了**公開金鑰密碼系統**（public key cryptosystem）。使用公開金鑰密碼系統時，知道訊息如何加密並無助於解密。在此系統下，每個人都知道加密的金鑰，但是解密金鑰則是個祕密。只有指定的接收者方能得到解密金鑰，並用以解密。因為不經過一道極繁複的手續，無法得到解密金鑰（以電腦運算大約需要數十億年的時間）。

RSA 密碼系統

1976 年，麻省理工學院的三位研究員——李維斯特、薩米爾和阿德曼——將公開金鑰密碼系統介紹給全世界，也就是 **RSA 密碼系統**（RSA system），以三位發明者的姓氏縮寫命名之。一如密碼學發明的一貫情形，RSA 密碼早在 1973 年便由英國政府通信總部

李維斯特（Ronald Rivest，**生於 1948 年**）1969 年畢業於耶魯大學，1974 年取得史丹佛電腦科學博士。目前是麻省理工學院的教授，其研究領域除了密碼學外，還包括機器學習、VLSI 設計與電腦演算法。

（United Kindom's Government Communications Headquarters）的研究員庫克斯研發出。由於他的研究並沒有公佈，所以世人直到 1990 年代晚期才知道。〔想認識一些絕頂聰明，如李維斯特、薩米爾和阿德曼這些早期密碼發明家，可參考 [Si99]。〕

在 RSA 密碼系統中，每個人都能使用公開金鑰 (n, e) 來編碼，其中 $n = pq$，p 與 q 為兩個很大的質數，例如，各有 200 位數；而使用之指數的底 e 與 $(p - 1)(q - 1)$ 互質。為了產生一個可用的金鑰，必須找出兩個很大的質數。此時，便能使用前述之機率性質數測試法。由於此時 n 幾乎是 400 位數的正整數，截至目前為止，要在合理的時間內將之分解是不可能的。這也就是為何沒有各自的解密金鑰時，無法快速解密的原因。

RSA 加密法

在使用公開金鑰 (n, e) 的 RSA 加密法中，首先訊息 M 被轉換成一個整數數列，每個字母轉換成一個兩位數的整數，可以使用和位移密碼一樣的方法，只是將 A 轉換成 00，B 轉換成 01，依此類推，J 換成 09。將這些數字字串切割成大小為 $2N$ 的區塊，形成較大的整數，其中 $2N$ 為一個不大於 n 的偶數。（有需要的時候，可以在 M 後面加上數個多餘的字母 X。）

經過這些步驟後，明文訊息 M 已經被轉換成一個整數數列 $m_1 m_2 ... m_k$，其中 k 為正整數。加密程序是利用下面的函數將代表每個區塊明文 m_i 轉換成密文區塊 c_i：

$C = M^e \bmod n$

（為執行加密，我們使用高速模指數演算法，例如 4.2 節演算法 5。）將密文以數字區塊的方式，送給指定的接收者。由於 RSA 密碼法將一個個區塊分別加密，所以也是一種區塊加密法。

薩米爾（Adi Shamir，生於 1952 年） 出生於以色列，1972 年畢業於特拉維夫大學，1977 年獲得博士學位。目前是威茲曼（Weizmann）大學應用數學系的教授，帶領一個研究團隊，專研電腦安全。其貢獻除了 RSA 密碼系統外，還有破解背包密碼系統（knapsack cryptosystem）、資料加密標準（Data Encryption Standard, DES）的密碼分析以及多項密碼協定的設計。

阿德曼（Leonard Adleman，生於 1945 年） 出生於美國加州，是加州大學柏克萊分校的電腦科學博士。1980 年任教於南加州大學電腦科學系，其研究領域包括電腦安全、計算複雜度、免疫學與分子生物學。「電腦病毒」（computer virus）一詞就是阿德曼發明的。

庫克斯（Clifford Cocks，生於 1950 年） 出生於英國，畢業於劍橋大學國王學院數學系。1973 年放棄研究所的學業，進入大英國聯政府通信總部工作。兩個月後，研讀了有關公開金鑰密碼法的論文，進而研發出現在所謂的 RSA 密碼法。直到 1997 年，他的貢獻才得到總部的允許得以公開。

例題 8 說明 RSA 加密法是如何執行的。為了便於說明與了解，我們使用較小的質數，而非超過 200 位數的質數。儘管這個例子看來並不安全，但能充分解釋 RSA 密碼法所使用的技巧。

例題 8 使用 RSA 加密法將 "STOP" 加密。利用 $p = 43$，$q = 59$，所以 $n = 43 \cdot 59 = 2537$。同時，令 $e = 13$。我們注意到，

$$\gcd(e, (p-1)(q-1)) = \gcd(13, 42 \cdot 58) = 1$$

解：將 STOP 轉換成四個數字一組的數字區塊：

1819 1415

將每個區塊利用函數加密：

$$C = M^{13} \bmod 2537$$

使用快速模指數乘法得到 $1819^{13} \bmod 2537 = 2081$，而 $1415^{13} \bmod 2537 = 2182$。如此一來，加密後的訊息變成 2081 2182。 ◀

RSA 解密法

如果知道在模 $(p-1)(q-1)$ 下 e 的反元素，也就是解密金鑰 d，則很快就能找出明文。〔因為 $\gcd(e, (p-1)(q-1)) = 1$，所以此反元素存在。〕更詳細地說，若 $de \equiv 1 \pmod{(p-1)(q-1)}$，則存在整數 k，使得 $de = 1 + k(p-1)(q-1)$。因此，

$$C^d \equiv (M^e)^d = M^{de} = M^{1+k(p-1)(q-1)} \pmod{n}$$

根據費馬小定理〔假設 $\gcd(M, p) = \gcd(M, q) = 1$，在大部分的情況下都會成立，習題 28 將討論例外情況〕，我們有 $M^{p-1} \equiv 1 \pmod{p}$ 與 $M^{q-1} \equiv 1 \pmod{q}$。結果，

$$C^d \equiv M \cdot (M^{p-1})^{k(q-1)} \equiv M \cdot 1 = M \pmod{p}$$

與

$$C^d \equiv M \cdot (M^{q-1})^{k(p-1)} \equiv M \cdot 1 = M \pmod{q}$$

因為 $\gcd(p, q) = 1$，根據中國餘數定理：

$$C^d \equiv M \pmod{pq}$$

例題 9 說明如何使用 RSA 解密法。

例題 9 如果收到的密文為 0981 0461，而 RSA 加密法如例題 8 所描述，則解密後的明文為何？

解：在所使用的 RSA 加密系統中，$n = 43 \cdot 59$，而 $e = 13$。如 4.4 節例題 2 所示，$d = 937$ 是在模 $42 \cdot 58 = 2436$ 下 13 的反元素。利用 937 作為解密的指數，計算

$$M = C^{937} \bmod 2537$$

使用快速模指數演算法，求出 $0981^{937} \bmod 2537 = 0704$ 和 $0461^{937} \bmod 2537 = 1115$。所以，數字版本的明文為 0704 1115，轉換成英文字母為 "HELP"。 ◀

公開金鑰系統 RSA

為什麼 RSA 密碼系統適用於公開金鑰密碼學？首先，找到兩個位數大於 200 位的大質數（假定並不困難）便能產生公開金鑰中的 n，然後找出與 $(p-1)(q-1)$ 互質的整數 e。當我們知道模數 n 以及其分解的 p 與 q 時，可以利用歐基里得演算法求出指數 d（也就是，e 在模 $(p-1)(q-1)$ 下的反元素），以當成解密金鑰來解密。然而，目前所知的解密法都與 n 的因數分解有關，或者說，若無法分解 n 便無法解碼。

一般認為因數分解是相當困難的。可是，找出兩個大質數卻不難。到 2010 年止，已知最有效率地因數分解一個 400 位數的大整數需要數十億年的時間。因此，當 p 與 q 都是 200 位數的質數時，以 $n = pq$ 為模數加密的訊息，我們相信無法在合理的時間內被破解，除非已經知道 p 與 q。

雖然尚未找到在多項式時間內就能分解大整數的演算法，目前相當活躍的研究是找出有效率的新方法來分解整數。以往無法在合理時間處理的整數，最近有了新的進展。超過 150 位數、甚至 200 位數的整數，已經因為某些個人或團體的努力而分解成功。基於新的分解技巧之發明，我們便需要使用更大的質數來保證密文的安全性。不幸的是，就算目前被認為安全無虞的 RSA 加密方式，已可能被有心人儲存起來，直到能成功分解 $n = pq$ 為止。

RSA 方法近年來被廣泛地使用。然而，最常使用的密碼系統其實是私密金鑰密碼系統。透過 RSA 系統，公開金鑰密碼系統的使用量也日益增加。不過，有些應用同時使用私密金鑰和公開金鑰系統。例如，可以利用公開金鑰系統用在傳輸私密金鑰給想要通訊的對方，但用來加密與解密的方法則皆透過私密金鑰。

密碼學上的協商

到目前為止，我們已經說明了如何利用密碼學來傳送祕密訊息。然而，密碼學還有許多其他重要的應用。其中一種就是**密碼協商（cryptographic protocols）**，也就是在需要交換訊息的兩方或多方之間達到某種祕密傳遞的目的。我們將介紹密碼學如何透過公開的管道交換密鑰。此外，也將說明如何利用密碼學傳送符號祕密訊息，讓接收者清楚地知道訊息是否來自期待中的某一方。參考資料 [St05] 提供數種密碼協商的討論。

密鑰交換　我們將在此討論一種協商，能讓交換訊息的兩造，不需要事先分享任何資訊便能透過公開管道交換密鑰。生成一個雙方都能使用的密鑰，在許多密碼學上的應用都非常重要。例如，當兩個人使用私密金鑰密碼系統傳送祕密訊息時，便需要分享一

個相同的密鑰。我們將介紹的是**迪菲－黑爾曼密鑰協商（Diffie-Hellman key agreement protocol）**，由迪菲（Whitfield Diffie）和黑爾曼（Martin Hellman）於 1976 年提出。然而，英國政府通信總部的威廉森（Malcolm Williason）早在 1974 年便已經發明，只是他的成果至 1997 年才被公開。

假設愛莉絲與鮑伯將分享一個共同的金鑰。他們的協商有下面數個步驟，其計算都在集合 $\mathbf{Z}_p$ 中。

(1) 愛莉絲與鮑伯先協議出一個質數 p，以及一個 p 的元根 a。
(2) 愛莉絲選擇一個祕密整數 k_1，計算出 $a^{k_1} \bmod p$，然後將值傳送給鮑伯。
(3) 鮑伯選擇一個祕密整數 k_2，計算出 $a^{k_2} \bmod p$，然後將值傳送給愛莉絲。
(4) 愛莉絲計算 $(a^{k_2})^{k_1} \bmod p$。
(5) 鮑伯計算 $(a^{k_1})^{k_2} \bmod p$。

最後，愛莉絲與鮑伯兩人分別都計算出可以分享的密鑰：

$$(a^{k_2})^{k_1} \bmod p = (a^{k_1})^{k_2} \bmod p$$

在分析此協商之安全性時，我們注意到步驟 (1)、(2) 與 (3) 可以透過公開的管道交換訊息，不需祕密進行。我們甚至可以說這些通信是透明的公開資訊，即 p、a、$a^{k_1} \bmod p$ 與 $a^{k_2} \bmod p$ 被視為公開資訊；而 k_1, k_2 以及共同金鑰 $(a^{k_2})^{k_1} \bmod p = (a^{k_1})^{k_2} \bmod p$ 則保持祕密。想要根據公開的訊息找出祕密的資訊，必須反推求解出離散對數問題，也就是分別由 $a^{k_1} \bmod p$ 與 $a^{k_2} \bmod p$ 反推出 k_1 與 k_2。此外，也沒有已知的方法能直接使用公開資訊求出分享的金鑰。在此必須強調，在 p 與 a 都非常大的時候，計算無法執行。當 p 大於 300 個位數，k_1 與 k_2 大於 100 個位數時，現今存在的強力計算機器也無法破解。

數位簽章 密碼學不只可以用來保障訊息的安全性，也能幫助接收者確認訊息的發送者的身分。為了完成確認發信者的目的，我們將證明如何使用 RSA 密碼法位訊息加上**數位簽章（digital signature）**。

假設愛莉絲的 RSA 公開金鑰為 (n, e)，而私密金鑰為 d，則她能使用函數 $E_{(n, e)}(x) = x^e \bmod n$ 為明文 x 加密；而收到密文 y 後，便可以用函數 $D_{(n, e)}(y) = y^d \bmod n$ 解密。當愛莉絲傳送訊息 M 給他人時，她該如何讓接收者知道這個訊息是她發送的？一如 RSA 加密方式，當她將訊息文字轉換成數字後，將數字字串分成數個區塊 $m_1, m_2, ..., m_k$，$0 \le m_i \le n$，$i = 1, 2, ..., k$，並且讓區塊愈大愈好。將她的解密函數作用在每個區塊上，得到 $D_{(n, e)}(m_i)$，將此結果也傳送給接收者。

當接收者收到加密後的訊息後，便能使用公開的加密函數來解密，因為 $E_{(n, e)}(D_{(n, e)}(x)) = x$。如此一來，當愛莉絲將訊息傳送給接收者後，他們便能確定這個訊息的發送者就是愛莉絲了。例題 10 將說明這個協商。

例題 10 假設愛莉絲的公開金鑰如例題 8 所示，即 $n = 43 \cdot 59 = 2537$，$e = 13$，而解密金鑰 $d = 937$。當她以例題 9 說明的方法，想將訊息 "MEET AT NOON" 傳送給她的朋友們。為了讓他們知道訊息是她傳送的，愛莉絲該如何做呢？

解：首先，愛莉絲必須先將訊息轉換成區塊數字字串 1204 0419 0019 1314 1413（請自行檢驗）。接下來將解密函數 $D_{(2537,\,13)}(x) = x^{937}$ **mod** 2537 作用在每個區塊上：1204^{937} **mod** $2537 = 817$，419^{937} **mod** $2537 = 555$，19^{937} **mod** $2537 = 1310$，1314^{937} **mod** $2537 = 2173$ 以及 1413^{937} **mod** $2537 = 1026$。

因此，她傳送的區塊密文數字字串為 0817 0555 1310 2173 1026。當她的朋友收到密文後，將編碼函數 $E_{(2537,\,13)}$ 作用到每個區塊上，便能得到明文區塊數字字串，再將數字還原成字母就可以知道愛莉絲傳送的訊息了。◀

上面證明了 RSA 密碼法能用在數位簽章上。我們也能將這個方法拓展到傳送簽名的祕密訊息。發送者先將自己的解密函數作用在欲傳送的區塊訊息上，再將所得的區塊以公開的加密函數作用，然後將最後的結果傳送給接收者。而收到訊息的人逆向操作，先將訊息以使用私密金鑰的解密函數作用，再將公開的機密函數作用在所得結果上即可。（習題 32 將討論這個協商所得之結果。）

習題 Exercises　　*表示為較難的練習；**表示為高度挑戰性的練習；☞ 對應正文

1. 編譯訊息 "DO NOT PASS GO"。先利用下列給定的編碼函數，將字母轉換成數字。最後，再將數字轉換成字母。
   a) $f(p) = (p + 3)$ **mod** 26（凱撒密碼）　　b) $f(p) = (p + 13)$ **mod** 26
   c) $f(p) = (3p + 7)$ **mod** 26

2. 編譯訊息 "STOP POLLUTION"。先利用下列給定的編碼函數，將字母轉換成數字。最後，再將數字轉換成字母。
   a) $f(p) = (p + 4)$ **mod** 26　　b) $f(p) = (p + 21)$ **mod** 26
   c) $f(p) = (17p + 22)$ **mod** 26

3. 編譯訊息 "WATCH YOUR STEP"。先利用下列給定的編碼函數，將字母轉換成數字。最後，再將數字轉換成字母。
   a) $f(p) = (p + 14)$ **mod** 26（凱撒密碼）　　b) $f(p) = (4p + 21)$ **mod** 26
   c) $f(p) = (-7p + 1)$ **mod** 26

4. 還原下列以凱撒密碼法編譯之訊息。
   a) EOXH MHDQV　　b) WHVW WRGDB
   c) HDW GLP VXP

5. 還原下列以位移密碼法 $f(p) = (p + 10)$ **mod** 26 編譯之訊息。
   a) CEBBOXNOB XYG　　b) LO WI PBSOXN
   c) DSWO PYB PEX

6. 若一個長文字字串使用位移密碼法 $f(p) = (p + k)$ **mod** 26 編碼後，出現最多次的密文字母為 X。如果明文為典型的英文文句，則最有可能的 k 值為何？

7. 假設一個英文字串以位移密碼法 $f(p) = (p + k)$ **mod** 26 編碼後的結果為 "DY CVOOZ ZOBMRKXMO DY NBOKW"，則明文字串為何？

8. 假設英文字串以位移密碼法編碼後的結果為 "DVE CFMV KF NFEUVI, REU KYRK ZJ KYV JVVU FW JTZVETV"，則明文字串為何？

9. 假設英文字串以位移密碼法編碼後的結果為 "ERC WYJJMGMIRXPC EHZERGIH XIGLRSPSKC MW MRHMWXMRKYMWLEFPI JVSQ QEKMG"，則明文字串為何？

10. 判斷是否存在位移密碼的密鑰，使得經過編譯後的密文與明文完全相同。

11. 若仿射密碼法的編碼函數為 $c = (15p + 13)$ **mod** 26，則其解碼函數為何？

*12. 求出所有可能的數對 (a, b)，使得仿射密碼法的編碼函數 $c = (ap + b)$ **mod** 26 以及其對應的解碼函數完全相同。

13. 假設在一個以仿射密碼法 $f(p) = (ap + b)$ **mod** 26 編譯出的長密文字串中出現頻率最高和第二高的字母分別為 Z 與 J，則最可能的 a 值與 b 值分別為何？

14. 給定在集合 {1, 2, 3, 4, 5} 上的排列函數 $\sigma(1) = 3$, $\sigma(2) = 5$, $\sigma(3) = 1$, $\sigma(4) = 2$ 以及 $\sigma(5) = 4$。以區塊大小為 5 和上述排列函數所形成之轉換密碼法編譯 "GRIZZLY BEARS"。有需要時，在字串後面補上字母 X，使得最後一個區塊也包含 5 個字母。

15. 給定在集合 {1, 2, 3, 4} 上的排列函數 $\sigma(1) = 3$, $\sigma(2) = 1$, $\sigma(3) = 4$ 以及 $\sigma(4) = 2$。若以區塊大小為 4 和根據上述排列函數之轉換密碼編譯後的密文為 "EABW EFRO ATMR ASIN"，則明文為何？

*16. 假設已知密文是以轉換密碼法編譯而來，則該如何破解此密碼法？

17. 假設你截獲一段密文並分析字母出現的頻率，如果字母出現的頻率與典型的英文文句相同，則你會考慮哪種密碼法？

維瓊內爾密碼法（Vigenère cipher） 是種區塊密碼法，它的密鑰是一串等價於數字字串 $k_1, k_2, ..., k_m$ 的字母，其中 $k_i \in \mathbf{Z}_{26}$，$i = 1, 2, ..., m$。假設明文文字對應的數字字串為 $p_1 p_2 ... p_m$，則密文對應之數字字串便為 $(p_1 + k_1)$ **mod** 26 $(p_2 + k_2)$ **mod** 26 ... $(p_m + k_m)$ **mod** 26。最後，再將數字轉換成字母即可。例如，密鑰為 "RED"，其等價數字字串為 17 4 3；如果明文為 "ORANGE"，其等價數字字串為 14 17 00 13 06 04。加密過程先將明文數字字串分成兩個區塊 14 17 00 和 13 06 04，然後將每個區塊的第一個字母位移 17 個位置，第二個字母位移 4，而第三個位移 3；分別加密後得到密文數字字串為 5 21 03 與 04 10 07，所以密文文字為 "FVDEKH"。

18. 利用 "BLUE" 為維瓊內爾密碼法的密鑰將訊息 "SNOWFALL" 加密。

19. 若密文 "OIKYWVHBX" 是以密鑰為 "HOT" 之維瓊內爾密碼法加密而來，其明文為何？

20. 說明維瓊內爾密碼法為一個密碼系統。

想要還原不知道密鑰之維瓊內爾密碼法的明文，首先必須找出密鑰字串的長度。接下來，利用對應位置的位移量找出密鑰字串的字元。習題 21 與 22 分別處理上述之兩個面向。

21. 假設已知一個使用維瓊內爾密碼法加密之長文字字串，其中相同的字串在許多地方都重複出現，解釋為何這種現象能幫助我們判斷密鑰字串的長度？

22. 一旦知道了維瓊內爾密碼法之密鑰長度，說明該如何判斷出密鑰字串中每個位置的字元。我們假設明文長度足夠合理地使用典型文字的頻率分析。

*23. 證明當知道 n 是兩個質數 p 和 q 的乘積，也知道 $(p-1)(q-1)$ 的值時，分解 n 是非常容易的。

習題 24 到 27，首先將你的答案以模指數的方式表示，然後使用計算工具完成所有的計算。

24. 使用 $n = 43 \cdot 59$，$e = 13$ 的 RSA 密碼系統將訊息 "ATTACK" 加密。將每個字母轉換成數字，然後兩兩組成一個數字區塊，如例題 8 所示。

25. 使用 $n = 53 \cdot 61$，$e = 17$ 的 RSA 密碼系統將訊息 "UPLOAD" 加密。將每個字母轉換成數字，然後兩兩組成一個數字區塊，如例題 8 所示。

26. 若使用 $n = 53 \cdot 61$，$e = 17$ 的 RSA 密碼系統加密後的密文為 3185 2038 2460 2550，則明文為何？（解密時，先求出 $e = 17$ 在模 $52 \cdot 60$ 下的乘法反元素。）

27. 若使用 $n = 43 \cdot 59$，$e = 13$ 的 RSA 密碼系統加密後的密文為 0667 1947 0671，則明文為何？（解密時，先求出 $e = 13$ 在模 $42 \cdot 58$ 下的乘法反元素。）

*28. 假設 (n, e) 為 RSA 密碼系統的加密公開金鑰，其中 $n = pq$，p 與 q 為兩個大質數，而 $\gcd(e, (p-1)(q-1)) = 1$。若 d 為 e 在模數 $(p-1)(q-1)$ 下的乘法反元素，且 $C \equiv M^e \pmod{pq}$。在本節中，我們已經證明當 $\gcd(M, pq) = 1$ 時，同餘方程式 $C^d \equiv M \pmod{pq}$ 成立。證明當 $\gcd(M, pq) > 1$ 時，同餘方程式 $C^d \equiv M \pmod{pq}$ 同樣成立。〔提示：使用同餘模數 p 與模數 q 之同餘方程式，以及中國餘數定理。〕

29. 描述當愛莉絲與鮑伯利用迪菲－黑爾曼密鑰交換協定來產生密鑰時兩人所執行的步驟。假設他們使用質數 $p = 23$ 與 23 之元根 $a = 5$，其中愛莉絲選擇的 $k_1 = 8$，而鮑伯選擇的 $k_2 = 5$。（你或許需要使用某些運算工具。）

30. 描述當愛莉絲與鮑伯利用迪菲－黑爾曼密鑰交換協定來產生密鑰時兩人所執行的步驟。假設他們使用質數 $p = 101$ 與 101 之元根 $a = 2$，其中愛莉絲選擇的 $k_1 = 7$，而鮑伯選擇的 $k_2 = 9$。（你或許需要使用某些運算工具。）

習題 31 與 32，假設愛莉絲與鮑伯使用之公開金鑰與對應的私密金鑰分別為：$(n_{愛莉絲}, e_{愛莉絲}) = (2867, 7) = (61 \cdot 47, 7)$，$d_{愛莉絲} = 1183$ 和 $(n_{鮑伯}, e_{鮑伯}) = (3127, 21) = (59 \cdot 53, 21)$，$d_{鮑伯} = 1149$。首先不使用計算機，以算式表現你的答案，接下來使用運算工具表現出計算過程，並求出表現答案的數字。

31. 愛莉絲想要傳送給她所有的朋友（包括鮑伯）下面的訊息 "SELL EVERYTHING"，而且想讓鮑伯知道是她發送這個消息。愛莉絲該如何發送訊息給她的朋友？假設她使用 RSA 密碼系統來簽章。

32. 若愛莉絲想要傳送訊息 "BUY NOW" 給鮑伯，而且只想讓鮑伯知道內容並且明白訊息來自於她。她應該傳送什麼樣的訊息給鮑伯？假定愛莉絲使用鮑伯的公開金鑰，並在訊息中簽章。

CHAPTER

5 歸納與遞迴
Induction and Recursion

有許多數學述句聲稱,對所有正整數而言,某性質是成立的。例如,對所有正整數 n 而言,「$n! \le n^n$」、「$n^3 - n$ 能被 3 整除」、「一個含有 n 個元素的集合,共有 2^n 個子集合」,以及「首 n 個正整數之和為 $n(n+1)/2$」等。本節的主要目的(也是本書的主要目的之一),就是讓讀者徹底了解用以證明上述結果的數學歸納法。

利用數學歸納法證明包含兩個部分:首先,證明陳述在 $n = 1$ 時是成立的;接下來,證明若陳述對某正整數成立,則對其下一個(較大的)正整數也必須成立。數學歸納法所依據的推論規則如下:當定義域為所有的正整數,若 $P(1)$ 與 $\forall k(P(k) \to P(k+1))$ 對定義域皆為真,則 $\forall n P(n)$ 皆為真。數學歸納法能用來證明許多不同種類的結果。了解如何看懂與建構數學歸納法的證明,是學習離散數學一個非常重要的目標。

在第 2 章,我們明確定義了集合與函數。我們可以藉由一一列出集合中的元素,或是列出這些元素共有性質的方式來描述集合,並討論許多求函數值的公式。然而,另一個定義這些物件的重要方法是數學歸納法。(在第 2 章,為了說明如何使用遞迴關係定義數列時,我們概略介紹了這個定義。)要定義函數,要先指定一些初始值,然後就已知的函數值,找出一個規則來求出後續之函數值。要定義集合,可以先找出某些已知元素,然後就這些元素,根據某些規律定義出其他的元素。這樣的定義方式稱為遞迴定義(recursive definition),在離散數學與資訊科學中處處可見這種定義方式。

5.1 數學歸納法 *Mathematical Induction*

引言

假設有一把無限長的梯子,如圖 1 所示,我們想知道是否能到達梯子的每一階。若已知下面兩件事:

1. 我們能到達梯子的第一階。
2. 若能到達梯子的某一階,就必能到達梯子的下一階。

是否能推論出我們能到達梯子的每一階?利用 (1),可知能到達梯子的第一階。因為能到達第一階,由於 (2),便能到達第二階。再次使用 (2),便能到達第三階。持續這種方式,我們能到達第四階、第五階等等。例如,使用 (2) 100 次後,我們就能到達梯子的第 101 階。然而這樣是否就能推論出我們可以到達這個無限長梯子的每一階?答案是肯定的,

因為我們能使用一個非常重要的證明技巧——**數學歸納法（mathematical induction）**來證明。

數學歸納法是一種非常重要的證明技巧，能用來證明這一類的聲明。在本節以及後續的章節中，皆會看到數學歸納法的應用。例如，用來證明演算法的複雜度、某些電腦程式的正確性、圖學和樹圖的定理，還有許多等式與不等式。

在本節中，我們描述如何使用數學歸納法，並證明它的有效性。要特別注意的是，數學歸納法是用來證明某個結果的技巧，而非找出公式或定理的方法。

數學歸納法

一般而言，數學歸納法是用來證明「對所有正整數 n 而言，$P(n)$ 為真，其中 $P(n)$ 為一個命題函數」。數學歸納法的證明分為兩個步驟：**基礎步驟（basis step）**，證明 $P(1)$ 為真；**歸納步驟（inductive step）**，證明對所有正整數 k，若 $P(k)$ 為真，則 $P(k + 1)$ 亦為真。

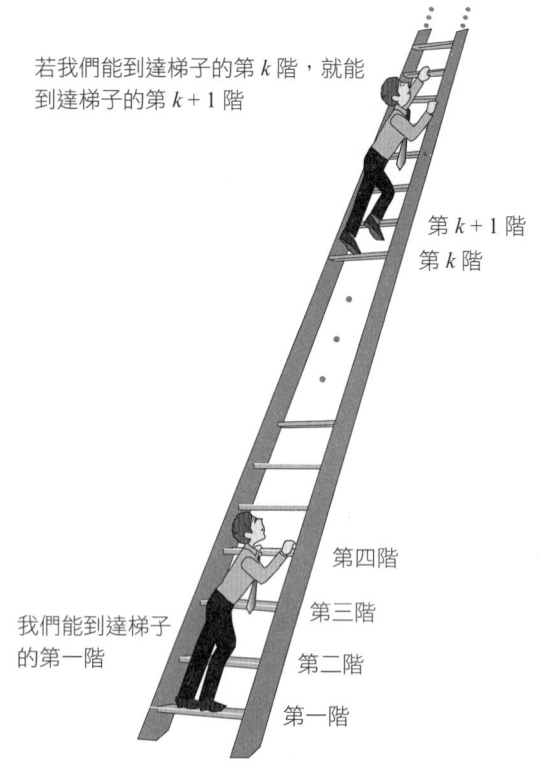

圖1　爬一把無限長的梯子

> **數學歸納法原理**　為了證明對所有正整數 n 而言，$P(n)$ 皆為真，其中 $P(n)$ 為一個命題函數。我們必須完成兩個步驟：
>
> **基礎步驟：**證明 $P(1)$ 為真。
>
> **歸納步驟：**證明對所有正整數 k，條件命題 $P(k) \to P(k + 1)$ 為真。

為完成使用數學歸納法原理的歸納步驟，我們假設對任意正整數 $P(k)$ 為真，然後在此假設下證明 $P(k + 1)$ 也必須為真。$P(k)$ 為真的假設稱為**歸納假說（inductive hypothesis）**。一旦完成這兩個步驟的證明，我們就證明出對所有的正整數而言，$P(n)$ 皆為真。換言之，我們已經證明了 $\forall n\, P(n)$ 為真，其中量詞的範圍是所有的正整數集合。在歸納步驟中，我們證明 $\forall k\, (P(k) \to P(k + 1))$ 為真，同樣地，量詞的範圍是所有的正整數集合。

很遺憾地，使用「數學歸納法」這個名詞會與不同形態之推論產生衝突。在邏輯學中，**演繹推論（deductive reasoning）**使用推論規則由前提推導出結論；反之，**歸納推論（inductive reasoning）**則根據所擁有的證據來支持（但非保證）所得之結論。但是，數學證明（包括使用數學歸納法的論證）都是演繹而非歸納的。

以推論規則來表示這個證明技巧如下：

$(P(1) \land \forall k(P(k) \to P(k+1))) \to \forall n P(n)$

其定義域為正整數的集合。

注意：在數學歸納法的證明中，並未假設對所有的正整數 $P(k)$ 皆為真。我們只是證明「若 $P(k)$ 為真，可推論出 $P(k+1)$ 也為真。」因此，數學歸納法並不屬於規避問題或是循環論證的情形。

當使用數學歸納法來證明一個定理時，我們首先證明 $P(1)$ 為真。因為 $P(1)$ 可推論出 $P(2)$，所以 $P(2)$ 為真。接下來，可得 $P(3)$ 為真。繼續推論下去，可以得出對所有的正整數而言，$\forall P(n)$ 皆為真。

我們將使用許多不同的例題來說明如何以數學歸納法來證明定理，例如加法公式、有關集合的等式、可整除的結果，以及與演算法有關的定理等等。然而必須注意，數學歸納法也有被誤用的時候。我們將於本節及習題介紹一些誤用數學歸納法的例子。為了避免誤用的產生，請試著依循本節末提供的指導步驟。

檢驗歸納假說是否有使用到　為了幫助讀者了解本節之數學歸納法的證明，我們將記住歸納假說使用的地方。標記的方法有數種不同方式：可能是正文中明顯提及、以縮寫 IH 標記於使用之等號或不等號的上方、或是在使用的式子之後加註。

加法公式的證明　我們將會看到，數學歸納法對證明某些公式非常有用。當然，還有其他方法可以證明求和公式。數學歸納法最大的缺點就是只能證明公式的有效性，但無法推導出有用的公式；也就是說，在使用數學歸納法之前，我們必須先知道公式為何，然後再加以證明。

例題 1 至例題 4 說明數學歸納法如何用來證明總和公式。第一個總和公式，見例題 1，是最小的 n 個正整數之和的明顯公式。

例題 1　證明當 n 為正整數時，

$$1 + 2 + \cdots + n = \frac{n(n+1)}{2}$$

解：令 $P(n)$ 為首 n 個正整數的和為 $n(n+1)/2$ 的命題，也就是 $1 + 2 + \cdots + n = n(n+1)/2$。我們必須完成兩件事以證明，對所有的 $n = 1, 2, 3, \ldots$，$P(n)$ 皆為真。首先，說明 $P(1)$ 為真；然後再證明條件命題 $P(k) \to P(k+1)$ 為真，其中 $k = 1, 2, 3, \ldots$。

基礎步驟：$P(1)$ 為真，因為 $1 = \dfrac{1(1+1)}{2}$。（等式左邊為 1，因為第一個正整數之和為 1。等式的右邊將 $n = 1$ 代入 $n(n+1)/2$，其結果也是 1。）

歸納步驟： 令歸納假說為對任意整數 k，$P(k)$ 為真，亦即

$$1 + 2 + \cdots + k = \frac{k(k+1)}{2}$$

在歸納假說下，我們將證明 $P(k+1)$ 為真，亦即

$$1 + 2 + \cdots + k + (k+1) = \frac{(k+1)[(k+1)+1]}{2} = \frac{(k+1)(k+2)}{2}$$

為真。將 $(k+1)$ 加到假說 $P(k)$ 的等式兩端，得到

$$1 + 2 + \cdots + k + (k+1) \stackrel{\text{IH}}{=} \frac{k(k+1)}{2} + (k+1)$$

$$= \frac{k(k+1) + 2(k+1)}{2}$$

$$= \frac{(k+1)(k+2)}{2}$$

最後一式告訴我們 $P(k+1)$ 為真，如此便完成歸納步驟的證明。

完成基礎步驟與歸納步驟後，根據數學歸納法，可知對所有的正整數 n，$P(n)$ 為真，也就證明當 n 為正整數時，$1 + 2 + \cdots + n = n(n+1)/2$。 ◀

我們注意到，數學歸納法不能用來作為找尋與正整數 n 有關的定理，所以在使用數學歸納法之前，我們必須先有個假說。例題 2 將說明上述過程。

例題 2 先找出將首 n 個正奇數相加之公式的假說，再利用數學歸納法加以證明。

解： 當 $n = 1, 2, 3, 4, 5$ 時，

$1 = 1,$ $\qquad\qquad$ $1 + 3 = 4,$ $\qquad\qquad$ $1 + 3 + 5 = 9,$
$1 + 3 + 5 + 7 = 16,$ $\quad$ $1 + 3 + 5 + 7 + 9 = 25$

根據上面的等式，可以合理地假定「首 n 個正奇數之和為 n^2」，亦即 $1 + 3 + 5 + \cdots + (2n-1) = n^2$。現在，我們需要一個方法來證明這個假說是正確的。

令 $P(n)$ 為首 n 個正奇數之和為 n^2 的命題。為使用數學歸納法，必須證明下面兩個步驟：

基礎步驟： $P(1)$ 為真，因為 $1 = 1^2$。

歸納步驟： 令歸納假說為對任意整數 k，$P(k)$ 為真，亦即

$$1 + 3 + 5 + \cdots + (2k-1) = k^2$$

（注意，第 k 個正奇數為 $2k-1$。）在歸納假說 $P(k)$ 的等式兩端分別加上第 $k+1$ 個正奇數（即 $2k+1$）：

$$1 + 3 + 5 + \cdots + (2k-1) + (2k+1) = [1 + 3 + \cdots + (2k-1)] + (2k+1)$$
$$\stackrel{\text{IH}}{=} k^2 + (2k+1)$$
$$= k^2 + 2k + 1$$
$$= (k+1)^2$$

上述推論證明 $P(k+1)$ 為真，也就是

$$1 + 3 + 5 + \cdots + (2k-1) + (2k+1) = (k+1)^2$$

如此便完成歸納步驟的證明。

完成基礎步驟與歸納步驟後，根據數學歸納法，可知對所有的正奇數 n，$P(n)$ 為真，也就證明當 n 為正奇數時，$1 + 3 + 5 + \cdots + (2n-1) = n^2$。 ◀

通常，我們必須證明當 $n = b, b+1, b+2, \ldots$ 時，$P(n)$ 為真，其中 b 為不等於 1 的正整數。此時，可以透過修正數學歸納法的基礎步驟，以 $P(b)$ 取代 $P(1)$ 來得到證明。換句話說，欲證明 $P(n)$ 為真，當 $n = b, b+1, b+2, \ldots$，而 b 為不等於 1 的正整數時，我們將在基礎步驟中證明 $P(b)$ 為真。然後在歸納步驟中，證明當 $k = b, b+1, b+2, \ldots$ 時，$P(k) \rightarrow P(k+1)$，其中 b 可為負數、零或某個正整數。回想先前提過的骨牌例子，可以想像成將由推倒第 b 個骨牌開始。這種情況的歸納法有效性可見習題 74，留給讀者練習。

在例題 3 中，我們將說明上述的概念，證明一個能滿足所有非負整數的總和公式。在這個例題中，我們想要證明 $P(n)$ 對所有的 $n = 0, 1, 2, \ldots$ 皆為真。所以，在例題 3 中的基礎步驟證明的是 $P(0)$ 為真。

例題 3 利用數學歸納法，證明對所有非負整數 n，

$$1 + 2 + 2^2 + \cdots + 2^n = 2^{n+1} - 1$$

解：令 $P(n)$ 為 $1 + 2 + 2^2 + \cdots + 2^n = 2^{n+1} - 1$ 的命題，其中 n 為非負整數。

基礎步驟：$P(0)$ 為真，因為 $2^0 = 1 = 2^1 - 1$。

歸納步驟：令歸納假設為對任意非負整數 k，$P(k)$ 為真，亦即

$$1 + 2 + 2^2 + \cdots + 2^k = 2^{k+1} - 1$$

為證明條件命題 $P(k) \rightarrow P(k+1)$ 為真，在歸納假設的等式兩端分別加上 2^{k+1}，可得

$$1 + 2 + 2^2 + \cdots + 2^k + 2^{k+1} = (1 + 2 + 2^2 + \cdots + 2^k) + 2^{k+1}$$
$$\stackrel{\text{IH}}{=} (2^{k+1} - 1) + 2^{k+1}$$
$$= 2 \cdot 2^{k+1} - 1$$
$$= 2^{k+2} - 1$$

上述推論證明 $P(k+1)$ 為真，如此便完成歸納步驟的證明。

完成基礎步驟與歸納步驟後，根據數學歸納法，可知對所有的非負整數 n，$P(n)$ 為真，也就證明當 n 為非負整數時，$2^0 + 2^1 + 2^2 + \cdots + 2^n = 2^{n+1} - 1$。 ◀

例題 3 中的等式為幾何級數的特例（見 2.4 節定理 1），我們可以利用數學歸納法進行定理的另一種證明。

例題 4 **幾何級數之求和公式** 利用數學歸納法證明有限幾何級數的求和公式，其首項為 a，公比為 r：

$$\sum_{j=0}^{n} ar^j = a + ar + ar^2 + \cdots + ar^n = \frac{ar^{n+1} - a}{r - 1}，其中 r \neq 1，n 為非負整數$$

解：令 $P(n)$ 為上述 $n+1$ 項之幾何級數的求和公式是正確的命題。

基礎步驟：$P(0)$ 為真，因為

$$\frac{ar^{0+1} - a}{r - 1} = \frac{ar - a}{r - 1} = \frac{a(r - 1)}{r - 1} = a$$

歸納步驟：令歸納假設為對任意非負整數 k，$P(k)$ 為真，亦即

$$a + ar + ar^2 + \cdots + ar^k = \frac{ar^{k+1} - a}{r - 1}$$

為證明條件命題 $P(k) \to P(k+1)$ 為真，在歸納假設的等式兩端分別加上 ar^{k+1}，可得

$$a + ar + ar^2 + \cdots + ar^k + ar^{k+1} \stackrel{\text{IH}}{=} \frac{ar^{k+1} - a}{r - 1} + ar^{k+1}$$

$$= \frac{ar^{k+1} - a}{r - 1} + \frac{ar^{k+2} - ar^{k+1}}{r - 1}$$

$$= \frac{ar^{k+2} - a}{r - 1}$$

上述推論證明 $P(k+1)$ 為真，如此便完成歸納步驟的證明。

完成基礎步驟與歸納步驟後，根據數學歸納法，可知對所有的正整數 n，$P(n)$ 為真。 ◀

如先前提過的，將例題 4 的公式代入 $a = 1$ 及 $r = 2$，便能得到例題 3 的公式，讀者請自行檢驗。

證明不等式 數學歸納法也能用來證明許多不等式，見例題 5 至例題 7。

例題 5 利用數學歸納法證明，對所有的正整數 n，不等式 $n < 2^n$ 皆成立。

解：令 $P(n)$ 為 $n < 2^n$ 的命題。

基礎步驟：$P(1)$ 為真，因為 $1 < 2^1 = 2$。

歸納步驟：令歸納假設為對任意正整數 k，$P(k)$ 為真，亦即對任意整數 k，不等式 $k < 2^k$ 成立。為證明條件命題 $P(k) \to P(k+1)$ 為真，也就是必須證明不等式 $k+1 < 2^{k+1}$ 成立，在歸納假設的不等式兩端分別加上 1，可得

$$k+1 \stackrel{\text{IH}}{<} 2^k + 1 \leq 2^k + 2^k = 2 \cdot 2^k = 2^{k+1}$$

我們得到不等式 $k+1 < 2^{k+1}$。其中，我們使用了不等式 $1 \leq 2^k$，所以 $P(k+1)$ 為真。

如此一來，完成基礎步驟與歸納步驟，根據數學歸納法，可知對所有的正整數 n，不等式 $n < 2^n$ 皆成立。◀

例題 6 利用數學歸納法證明，對所有大於等於 4 的整數 n ($n \geq 4$)，不等式 $2^n < n!$ 皆成立。

解：令 $P(n)$ 為 $2^n < n!$ 的命題。

基礎步驟：由於 $n \geq 4$，基礎步驟必須證明 $P(4)$ 為真。因為 $2^4 = 16 < 24 = 4!$，所以 $P(4)$ 為真。

歸納步驟：令歸納假設為對任意正整數 $k \geq 4$，$P(k)$ 為真，亦即對任意整數 $k \geq 4$，不等式 $2^k < k!$ 成立。我們必須證明若對任意正整數 $k \geq 4$，不等式 $2^k < k!$ 成立，則不等式 $2^{k+1} < (k+1)!$ 也成立。

$$\begin{aligned}
2^{k+1} &= 2 \cdot 2^k && \text{根據指數的定義} \\
&< 2 \cdot k! && \text{根據歸納假設} \\
&< (k+1)k! && \text{因為 } 2 < k+1 \\
&= (k+1)! && \text{根據階乘函數的定義}
\end{aligned}$$

上述推論證明 $P(k+1)$ 為真，如此便完成歸納步驟的證明。

如此一來，完成基礎步驟與歸納步驟，根據數學歸納法，可知對所有大於等於 4 的正整數 n ($n \geq 4$)，不等式 $2^n < n!$ 皆成立。◀

有一個重要的不等式牽涉到首 n 個正整數倒數之和，將於例題 7 證明。

例題 7 **調和數之不等式** 調和數（harmonic number）H_j 的定義如下，其中 $j = 1, 2, 3, \ldots$：

$$H_j = 1 + \frac{1}{2} + \frac{1}{3} + \cdots + \frac{1}{j}$$

例如，

$$H_4 = 1 + \frac{1}{2} + \frac{1}{3} + \frac{1}{4} = \frac{25}{12}$$

利用數學歸納法證明，對所有的非負整數 n，不等式

$$H_{2^n} \geq 1 + \frac{n}{2}$$

皆成立。

解：令 $P(n)$ 為 $H_{2^n} \geq 1 + \frac{n}{2}$ 的命題。

基礎步驟：$P(0)$ 為真，因為 $H_{2^0} = H_1 = 1 \geq 1 + \frac{0}{2}$。

歸納步驟：令歸納假說為當 k 為任意非負整數，不等式 $H_{2^k} \geq 1 + \frac{k}{2}$ 成立。我們必須證明當 $P(k)$ 為真時，$P(k+1)$ 也會為真；也就是必須證明 $H_{2^{k+1}} \geq 1 + \frac{k+1}{2}$ 成立。

$$\begin{aligned}
H_{2^{k+1}} &= 1 + \frac{1}{2} + \frac{1}{3} + \cdots + \frac{1}{2^k} + \frac{1}{2^k + 1} + \cdots + \frac{1}{2^{k+1}} && \text{根據調和數的定義} \\
&= H_{2^k} + \frac{1}{2^k + 1} + \cdots + \frac{1}{2^{k+1}} && \text{根據第 } 2^k \text{ 個調和數的定義} \\
&\geq \left(1 + \frac{k}{2}\right) + \frac{1}{2^k + 1} + \cdots + \frac{1}{2^{k+1}} && \text{根據歸納假說} \\
&\geq \left(1 + \frac{k}{2}\right) + 2^k \cdot \frac{1}{2^{k+1}} && \text{因為剩下的 } 2^k \text{ 項，每項都} \geq 1/2^{k+1} \\
&\geq \left(1 + \frac{k}{2}\right) + \frac{1}{2} && \text{約分} \\
&= 1 + \frac{k+1}{2}
\end{aligned}$$

上述推論證明了 $P(k+1)$ 為真，如此便完成歸納步驟的證明。

完成基礎步驟與歸納步驟，根據數學歸納法，可知對所有的非負整數 n，不等式 $H_{2^n} \geq 1 + \frac{n}{2}$ 皆成立。 ◀

注意：這個不等式能幫我們證明**調和級數**（**harmonic series**）

$$1 + \frac{1}{2} + \frac{1}{3} + \cdots + \frac{1}{n} + \cdots$$

是發散的無窮級數。這是研究無窮級數一個很重要的範例。

證明整除性的結果　數學歸納法能用來證明某些整數能整除一些特殊形態的整數，雖然這類結果通常直接利用數論的基本結果來證明會比較簡單，見例題 8 與例題 9。

例題 8　利用數學歸納法來證明，當 n 為正整數時，3 能整除 $n^3 - n$。（我們注意到，這是 4.4 節定理 3 之費馬小定理 $p = 3$ 的情況。）

解：令 $P(n)$ 為 3 能整除 $n^3 - n$ 的命題。

基礎步驟：$P(1)$ 為真，因為 $1^3 - 1 = 0$，而 3 能整除 0。

歸納步驟：令歸納假說為當 k 為任意正整數，$k^3 - k$ 能被 3 整除。我們必須證明當 $P(k)$ 為真時，$P(k + 1)$ 也會為真；也就是必須證明 3 能整除 $(k + 1)^3 - (k + 1)$。注意，

$$(k+1)^3 - (k+1) = (k^3 + 3k^2 + 3k + 1) - (k + 1)$$
$$= (k^3 - k) + 3(k^2 + k)$$

使用歸納假說，$k^3 - k$ 能被 3 整除，而第二項很明顯是 3 的倍數。根據 4.1 節定理 1(*i*)，我們知道 3 能整除 $(k + 1)^3 - (k + 1)$。

完成基礎步驟與歸納步驟，根據數學歸納法，可知當 n 為正整數時，3 能整除 $n^3 - n$。◀

下面是利用數學歸納法證明有關整除結果之例題中，較具挑戰性的例子。

例題 9　利用數學歸納法證明對所有非負整數 n 而言，$7^{n+2} + 8^{2n+1}$ 能被 57 整除。

解：令 $P(n)$ 為 57 能整除 $7^{n+2} + 8^{2n+1}$ 的命題。

基礎步驟：由於考慮所有的非負整數 n，我們必須先證明 $P(0)$ 為真。由於 $7^{0+2} + 8^{2 \cdot 0+1} = 7^2 + 8^1 = 57$ 可以被 57 整除，所以 $P(0)$ 為真。

歸納步驟：令歸納假說為當 k 為任意非負整數時，$7^{k+2} + 8^{2k+1}$ 能被 57 整除。我們必須證明當 $P(k)$ 為真時，$P(k + 1)$ 也會為真，也就是必須證明 57 能整除 $7^{(k+1)+2} + 8^{2(k+1)+1}$。

此證明困難的部分在於歸納假說的使用。為利用歸納假說，我們使用下列步驟：

$$7^{(k+1)+2} + 8^{2(k+1)+1} = 7^{k+3} + 8^{2k+3} = 7 \cdot 7^{k+2} + 8^2 \cdot 8^{2k+1}$$
$$= 7 \cdot 7^{k+2} + 64 \cdot 8^{2k+1} = 7(7^{k+2} + 8^{2k+1}) + 57 \cdot 8^{2k+1}$$

接下來便能使用歸納假說，$7^{k+2} + 8^{2k+1}$ 能被 57 整除。分別根據 4.1 節定理 1(*i*) 與 (*ii*)，最後一個等號的右式第一項與第二項皆能被 57 整除，所以，$7^{(k+1)+2} + 8^{2(k+1)+1} = 7(7^{k+2} + 8^{2k+1}) + 57 \cdot 8^{2k+1}$ 能被 57 整除。

完成基礎步驟與歸納步驟，根據數學歸納法，可知所有非負整數 n 而言，$7^{n+2} + 8^{2n+1}$ 能被 57 整除。◀

證明與集合有關的結果　數學歸納法也能用來證明許多與集合相關的結果。例題 10 便是用來證明一個有限集合之子集合個數，而例題 11 則證明一個等式。

例題 10　**有限集合之子集合個數**　利用數學歸納法，證明若集合 S 中有 n 個元素，其中 n 為非負整數，則 S 有 2^n 個子集合。（在第 6 章中，我們將使用數種不同的方法來證明這個結果。）

解：令 $P(n)$ 為一個包含 n 個元素的集合共有 2^n 個子集合的命題。

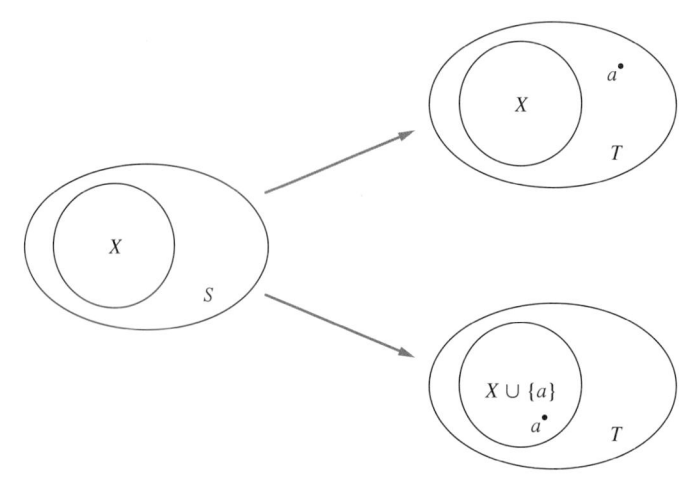

图 2　產生一個含 $k+1$ 個元素之集合的子集合，其中 $T = S \cup \{a\}$

基礎步驟：$P(0)$ 為真，因為一個沒有元素的空集合只有 $2^0 = 1$ 個子集合（也就是自己）。

歸納步驟：令歸納假說 $P(k)$ 為一個包含 k 個元素的集合共有 2^k 個子集合。我們必須證明 $P(k+1)$ 也為真，也就是必須證明一個包含 $k+1$ 個元素的集合共有 2^{k+1} 個子集合。假設 T 為一個包含 $k+1$ 個元素的集合，任意挑選一個元素 $a \in T$，我們能將集合 T 表示為 $T = S \cup \{a\}$，其中 S 為包含 k 個元素的集合。令 X 為一個 S 的子集合，則 X 本身為 T 的子集合，而 $X \cup \{a\}$ 也是 T 的子集合（見圖 2）。根據歸納假說，S 有 2^k 個子集合，所以 T 有 $2 \cdot 2^k = 2^{k+1}$ 個子集合，如此便完成歸納步驟的證明。

完成基礎步驟與歸納步驟，根據數學歸納法，可知一個包含 n 個元素的集合共有 2^n 個子集合。　◀

例題 11　利用數學歸納法證明笛摩根定理：

$$\overline{\bigcap_{j=1}^{n} A_j} = \bigcup_{j=1}^{n} \overline{A_j}$$

其中 $A_1, A_2, ..., A_n$ 為宇集 U 中的子集合，且 $n \geq 2$。

解：令 $P(n)$ 表示在 n 個集合時，等式成立的命題。

基礎步驟：命題 $P(2)$ 聲稱 $\overline{A_1 \cap A_2} = \overline{A_1} \cup \overline{A_2}$。這是在 2.2 節例題 11 已經證明過的笛摩根定理，所以 $P(2)$ 為真。

歸納步驟：歸納假說為 $P(k)$ 成立，也就是說，當 $k \geq 2$ 時，

$$\overline{\bigcap_{j=1}^{k} A_j} = \bigcup_{j=1}^{k} \overline{A_j}$$

其中 $A_1, A_2, ..., A_k$ 為宇集 U 中的子集合。為完成歸納步驟，必須證明 $P(k)$ 為真。假設 $A_1, A_2, ..., A_k, A_{k+1}$ 為宇集 U 中的子集合，

$$\overline{\bigcap_{j=1}^{k+1} A_j} = \overline{\left(\bigcap_{j=1}^{k} A_j\right) \cap A_{k+1}} \quad \text{根據交集的定義}$$

$$= \overline{\left(\bigcap_{j=1}^{k} A_j\right)} \cup \overline{A_{k+1}} \quad \text{根據笛摩根定理（當兩個集合為 } \bigcap_{j=1}^{k} A_j \text{ 和 } A_{k+1} \text{ 時）}$$

$$= \left(\bigcup_{j=1}^{k} \overline{A_j}\right) \cup \overline{A_{k+1}} \quad \text{根據歸納假說}$$

$$= \bigcup_{j=1}^{k+1} \overline{A_j} \quad \text{根據聯集的定義}$$

這些等式證明了歸納步驟。

完成基礎步驟與歸納步驟，根據數學歸納法，可知當 $A_1, A_2, ..., A_n$ 為宇集 U 中的子集合，且 $n \geq 2$ 時，

$$\overline{\bigcap_{j=1}^{n} A_j} = \bigcup_{j=1}^{n} \overline{A_j}$$

◀

證明與演算法有關的結果 接下來，我們將提供一個例題（比先前的例題稍微困難）說明數學歸納法如何用在演算法的研究上。我們將利用數學歸納法證明一個求出最佳解的貪婪演算法。

例題 12 回顧 3.1 節例題 7 中，我們可用演算法來安排已經預定在某單一演講廳中的演講場次。假定有 m 場演講，依結束的時間排序，分別設為 $t_1, t_2, ..., t_m$。若其中 t_j 場開始的時間為 s_j，而結束時間為 e_j。（兩場不同演講時間不能重疊，但下一場演講的開始時間，可以是前一場的結束時間。）

不失一般性，我們可以假定演講次序根據結束的時間依次排列，也就是，$e_1 \leq e_2 \leq \cdots \leq e_m$。貪婪演算法的運作方式為，選取結束時間最早的演講加入行程之中。在盡可能排入最多場演講的前提下，可以證明貪婪演算法所得的結果就是最佳解。我們將使用數學歸納法來證明此結果。令 $P(n)$ 表示「若貪婪演算法排入 n 場演講，則不可能再排入更多場演講」的命題。

基礎步驟： 假設只排入 1 場演講為 t_1，則表示沒有其他演講能在時間 e_1 開始，或在時間 e_1 後再開始，所以只能排入一場演講，因此 $P(1)$ 為真。

歸納步驟： 歸納假說為 $P(k)$ 成立，我們必須證明 $P(k+1)$ 為真，也就是若演算法排入了 $k+1$ 場，則不可能再排入更多的場次。首先，我們發現在所有能包含最多場次的演講行程中，一

定有一種包含 t_1，因為這個演講結束的時間最早。這點並不難發現，若有某種行程的第一場排的是 t_i，$i>1$，因為 t_1 結束的時間較早，可以將 t_i 換成 t_1。因為 $e_1 \leq e_i$，所以原先的演講行程並不需要改變。

只要確定排入了 t_1，接下來問題便簡化成在 e_1 或是更晚的時間中，盡量排入最多的演講場次。除了演講 t_1 外，若貪婪演算法已經排入了最多的場次，根據歸納假說，其必為最佳解。加上這 t_1 場，可得 $P(k+1)$ 為真。歸納步驟證明結束。因此，完成數學歸納法的證明，亦即若貪婪演算法排入了 n 場演講，則不可能再排入更多場演講，也就是貪婪演算法所得為最佳解。◀

數學歸納法的指導步驟

例題 1 至例題 12 利用數學歸納法證明了各式各樣的定理。每個例題都包含了數學歸納法證明的所有元素；我們也提供了一個錯誤使用數學歸納法的例題。綜合從這些例題中所學到的，我們整理出正確使用數學歸納法的指導步驟。

數學歸納法的證明步驟

1. 將欲證明的命題改寫成下面的形式：對所有的 $n \geq b$，$P(n)$，其中 b 為一個固定的整數。
2. 寫下「基礎步驟」四個字，然後證明 $P(b)$ 為真，必須注意使用正確的 b 值。這樣就完成了證明的第一步。
3. 寫下「歸納步驟」四個字。
4. 使用句型「當 k 為任意大於 b 的固定整數，假設 $P(k)$ 為真。」清楚地陳述歸納假說。
5. 在假設歸納假說為真的情況下，列出希望證明的命題，也就是寫出 $P(k+1)$ 表示什麼。
6. 使用假設的 $P(k)$ 來證明命題 $P(k+1)$ 為真。必須確認證明對所有 $k \geq b$ 的整數 k 都成立。要注意證明對較小的整數 k，包括 $k=b$，證明都有效。
7. 清楚地指出歸納步驟的結果，例如，「這樣便完成了歸納步驟」。
8. 當完成了基礎步驟與歸納步驟，陳述結果，對所有的正整數 n，當 $n \geq b$ 時，$P(n)$ 為真。

根據上面的指導步驟，我們應該將例題 1 至例題 12 再看一遍。這樣對如何依循指導步驟，完成要求以數學歸納法證明的命題有很大的幫助。我們在上面所列的指導步驟將有助於完成數學歸納法的證明，並且對各樣的數學歸納法都成立。我們能依照這個指導步驟來證明許多不同形式的數學歸納法證明，包括本節與稍後所有的數學歸納法。

習題 Exercises

* 表示為較難的練習；** 表示為高度挑戰性的練習；☞ 對應正文。

1. 在一條火車路線中有無限多的車站，假設火車必停靠第一個車站；若火車停靠於某個車站，則必停靠下一個車站。證明火車必停靠所有的車站。

2. 在一個有無限多洞的高爾夫球場，若一名打球者必先進行第一洞；而且，若此人進行了某一洞，則必繼續玩下一洞。證明此打球者必玩遍此高爾夫球場的每一個洞。

利用數學歸納法證明習題 3 至 17 的公式，並註明使用歸納假設之處。

3. 令命題 $P(n)$ 為：對所有的正整數 n，$1^2 + 2^2 + \cdots + n^2 = n(n+1)(2n+1)/6$。
   a) 命題 $P(1)$ 為何？
   b) 證明 $P(1)$ 為真，完成基礎步驟。
   c) 歸納假說為何？
   d) 在歸納步驟中，我們必須證明什麼？
   e) 完成歸納步驟，並註明使用歸納假說之處。
   f) 解釋為何這些步驟能證明當 n 為正整數時，公式是成立的。

4. 令命題 $P(n)$ 為：對所有的正整數 n，$1^3 + 2^3 + \cdots + n^3 = (n(n+1)/2)^2$。
   a) 命題 $P(1)$ 為何？
   b) 證明 $P(1)$ 為真，完成基礎步驟。
   c) 歸納假說為何？
   d) 在歸納步驟中，我們必須證明什麼？
   e) 完成歸納步驟，並註明使用歸納假說之處。
   f) 解釋為何這些步驟能證明當 n 為正整數時，公式是成立的。

5. 證明當 n 為非負整數時，$1^2 + 3^2 + 5^2 + \cdots + (2n+1)^2 = (n+1)(2n+1)(2n+3)/3$。

6. 證明當 n 為正整數時，$1 \cdot 1! + 2 \cdot 2! + \cdots + n \cdot n! = (n+1)! - 1$。

7. 證明當 n 為非負整數時，$3 + 3 \cdot 5 + 3 \cdot 5^2 + \cdots + 3 \cdot 5^n = 3(5^{n+1} - 1)/4$。

8. 證明當 n 為非負整數時，$2 - 2 \cdot 7 + 2 \cdot 7^2 - \cdots + 2 \cdot (-7)^n = (1 - (-7)^{n+1})/4$。

9. a) 求出首 n 個偶數和之公式。
   b) 證明你在 (a) 求出的公式是正確的。

10. a) 求出下述展式之公式：
    $$\frac{1}{1 \cdot 2} + \frac{1}{2 \cdot 3} + \cdots + \frac{1}{n(n+1)}$$
    b) 證明你在 (a) 求出的公式是正確的。

11. a) 求出下述展式之公式：
    $$\frac{1}{2} + \frac{1}{4} + \frac{1}{8} + \cdots + \frac{1}{2^n}$$
    b) 證明你在 (a) 求出的公式是正確的。

12. 證明當 n 為非負整數時，
    $$\sum_{j=0}^{n} \left(-\frac{1}{2}\right)^j = \frac{2^{n+1} + (-1)^n}{3 \cdot 2^n}$$

13. 證明當 n 為正整數時，$1^2 - 2^2 + 3^2 - \cdots + (-1)^{n-1} n^2 = (-1)^{n-1}$。

14. 證明對所有正整數 n，$\sum_{k=1}^{n} k2^k = (n-1)2^{n+1} + 2$。
15. 證明對所有正整數 n，$1 \cdot 1 + 2 \cdot 3 + \cdots + n(n+1) = n(n+1)(n+2)/3$。
16. 證明對所有正整數 n，$1 \cdot 2 \cdot 3 + 2 \cdot 3 \cdot 4 + \cdots + n(n+1)(n+2) = n(n+1)(n+2)(n+3)/4$。
17. 證明當 n 為正整數時，$\sum_{j=1}^{n} j^4 = n(n+1)(2n+1)(3n^2+3n-1)/30$。

利用數學歸納法證明習題 18 至 30 中的不等式。

18. 令命題 $P(n)$ 為：當 n 為大於 1 的整數時，$n! < n^n$。
    a) 命題 $P(2)$ 為何？
    b) 證明 $P(2)$ 為真，完成基礎步驟。
    c) 歸納假設為何？
    d) 在歸納步驟中，我們必須證明什麼？
    e) 完成歸納步驟。
    f) 解釋為何這些步驟能證明當 n 為大於 1 的整數時，不等式是成立的。

19. 令命題 $P(n)$ 為：當 n 為大於 1 的整數時，
    $$1 + \frac{1}{4} + \frac{1}{9} + \cdots + \frac{1}{n^2} < 2 - \frac{1}{n}$$
    a) 命題 $P(2)$ 為何？
    b) 證明 $P(2)$ 為真，完成基礎步驟。
    c) 歸納假設為何？
    d) 在歸納步驟中，我們必須證明什麼？
    e) 完成歸納步驟。
    f) 解釋為何這些步驟能證明當 n 為大於 1 的整數時，不等式是成立的。

20. 證明當 n 為大於 6 的整數時，$3^n < n!$。
21. 證明當 n 為大於 4 的整數時，$2^n > n^2$。
22. 對什麼樣的非負整數 n，$n^2 \leq n!$？證明你的答案是正確的。
23. 對什麼樣的非負整數 n，$2n + 3 \leq 2^n$？證明你的答案是正確的。
24. 證明當 n 為正整數時，$1/(2n) \leq [1 \cdot 3 \cdot 5 \cdots (2n-1)]/(2 \cdot 4 \cdots 2n)$。
* 25. 證明對所有非負整數 n，若 $h > -1$，則 $1 + nh \leq (1+h)^n$。這個不等式稱作**伯努利不等式**（Bernulli's inequality）。
* 26. 假設 a 與 b 為滿足 $0 < b < a$。證明若 n 為正整數時，則 $a^n - b^n \leq na^{n-1}(a-b)$。
* 27. 證明對所有正整數 n，
    $$1 + \frac{1}{\sqrt{2}} + \frac{1}{\sqrt{3}} + \cdots + \frac{1}{\sqrt{n}} > 2(\sqrt{n+1} - 1)$$
28. 證明當 n 為大於等於 3 的整數時，$n^2 - 7n + 12$ 是非負的。

在習題 29 和 30 中，H_n 表示第 n 個調和數。

* 29. 證明當 n 為非負整數時，$H_{2^n} \leq 1 + n$。
* 30. 證明 $H_1 + H_2 + \cdots + H_n = (n+1)H_n - n$。

利用數學歸納法證明習題 31 至 37 中有關「整除」的事實。

31. 證明當 n 為正整數時，2 能整除 $n^2 + n$。
32. 證明當 n 為正整數時，3 能整除 $n^3 + 2n$。
33. 證明當 n 為非負整數時，5 能整除 $n^5 - n$。

34. 證明當 n 為非負整數時，6 能整除 $n^3 - n$。
* 35. 證明當 n 為奇正整數時，8 能整除 $n^2 - 1$。
* 36. 證明當 n 為正整數時，21 能整除 $4^{n+1} + 5^{2n-1}$。
* 37. 證明當 n 為正整數時，133 能整除 $11^{n+1} + 12^{2n-1}$。

利用數學歸納法證明習題 38 至 46 中與集合有關的結果。

38. 若 $A_1, A_2, ..., A_n$ 與 $B_1, B_2, ..., B_n$ 為集合，滿足 $A_j \subseteq B_j$，$j = 1, 2, ..., n$。證明
$$\bigcup_{j=1}^{n} A_j \subseteq \bigcup_{j=1}^{n} B_j$$

39. 若 $A_1, A_2, ..., A_n$ 與 $B_1, B_2, ..., B_n$ 為集合，滿足 $A_j \subseteq B_j$，$j = 1, 2, ..., n$。證明
$$\bigcap_{j=1}^{n} A_j \subseteq \bigcap_{j=1}^{n} B_j$$

40. 若 $A_1, A_2, ..., A_n$ 與 B 為集合，證明
$$(A_1 \cap A_2 \cap \cdots \cap A_n) \cup B = (A_1 \cup B) \cap (A_2 \cup B) \cap \cdots \cap (A_n \cup B)$$

41. 若 $A_1, A_2, ..., A_n$ 與 B 為集合，證明
$$(A_1 \cup A_2 \cup \cdots \cup A_n) \cap B = (A_1 \cap B) \cup (A_2 \cap B) \cup \cdots \cup (A_n \cap B)$$

42. 若 $A_1, A_2, ..., A_n$ 與 B 為集合，證明
$$(A_1 - B) \cap (A_2 - B) \cap \cdots \cap (A_n - B) = (A_1 \cap A_2 \cap \cdots \cap A_n) - B$$

43. 若 $A_1, A_2, ..., A_n$ 為宇集 U 的子集合，證明
$$\overline{\bigcup_{k=1}^{n} A_k} = \bigcap_{k=1}^{n} \overline{A_k}$$

44. 若 $A_1, A_2, ..., A_n$ 與 B 為集合，證明
$$(A_1 - B) \cup (A_2 - B) \cup \cdots \cup (A_n - B) = (A_1 \cup A_2 \cup \cdots \cup A_n) - B$$

45. 證明當 n 為大於等於 2 的整數時，一個包含 n 個元素的集合剛好有 $n(n-1)/2$ 個子集合，其元素個數為 2。

* 46. 證明當 n 為大於等於 3 的整數時，一個包含 n 個元素的集合剛好有 $n(n-1)(n-3)/6$ 個子集合，其元素個數為 3。

在習題 47 和 48 中，我們考慮在一條直線道路上依序建築的許多大樓，為使每棟建築都能有行動電話訊號的問題。假設建築在某棟有發射台的大樓附近一英里內，便能接收到訊號。

47. 先依高樓的順序為每棟建築標號，由 1 開始。設計一個貪婪演算法求出最少需要在 d 棟建築物上（建築物的標號分別為 $x_1, x_2, ..., x_d$）架設發射台，方能使得道路上所有的大樓都能接收到行動電話的訊號。〔提示：在每一個步驟，皆找出最遠的建築，使得在這棟建築物之前的大樓都能收到訊號。〕

* 48. 利用數學歸納法證明習題 47 中設計的演算法能求出最佳的解答。也就是，在最少的大樓上架設發射台，使得所有的建築物都能收到行動電話的訊號。

習題 49 至 51 是一些誤用數學歸納法的證明，指出其中的謬誤。

49. 下面證明「所有的馬都有相同的顏色。」其中的錯誤何在？

    令命題 $P(n)$ 為：當一個集合中有 n 匹馬時，牠們的顏色都相同。

    基礎步驟：很明顯地，$P(1)$ 為真。

    歸納步驟：假設 $P(k)$ 為真，也就是說，當有 k 匹馬時，所有馬匹的顏色都一樣。考慮任意 $k+1$ 匹馬，分別標號為 $1, 2, ..., k, k+1$。我們發現前 k 匹馬有一樣的顏色；同樣地，後 k 匹馬也有一樣的顏色。由於前 k 匹馬與後 k 匹馬有重疊的馬匹，所以所有的馬顏色都相同。

50. 下面「證明」有何錯誤？

    「定理」：對所有的正整數 n，$\sum_{i=1}^{n} i = (n+\frac{1}{2})^2/2$。

    基礎步驟：當 $n=1$ 時，等式成立。

    歸納步驟：假設 $\sum_{i=1}^{n} i = (n+\frac{1}{2})^2/2$，則 $\sum_{i=1}^{n+1} i = (\sum_{i=1}^{n} i) + (n+1)$，根據歸納假說，

    $$\sum_{i=1}^{n+1} i = (n+\tfrac{1}{2})^2/2 + n + 1 = (n^2 + n + \tfrac{1}{4})/2 + n + 1 = (n^2 + 3n + \tfrac{9}{4})/2$$
    $$= (n+\tfrac{3}{2})^2/2 = [(n+1) + \tfrac{1}{2}]^2/2$$

    完成了歸納步驟。

51. 下面「證明」有何錯誤？

    「定理」：對所有的正整數 n，若 x 與 y 為正整數，滿足 $\max(x, y) = n$，則 $x = y$。

    基礎步驟：當 $n=1$ 時，若 x 與 y 為正整數，滿足 $\max(x, y) = 1$，則 $x=1$ 與 $y=1$。

    歸納步驟：令 k 為正整數，假設 $\max(x, y) = k$，且 x 與 y 為正整數，則 $x=y$。現在，假設 $\max(x, y) = k+1$，其中 x 與 y 為正整數，則 $\max(x-1, y-1) = k$，根據歸納假說，$x-1 = y-1$，故 $x=y$，完成歸納步驟。

52. 假設 m 與 n 為正整數，$m > n$，而且 f 為由集合 $\{1, 2, ..., m\}$ 對應到集合 $\{1, 2, ..., n\}$ 的函數。利用對變數 n 作數學歸納法，證明函數 f 不可能是一對一。

* 53. 利用數學歸納法證明 n 個人能公平地分享一個蛋糕（每個人能分到一塊或數塊蛋糕。而公平的定義，指的是每個人都認為自己分得至少 $(1/n)$ 個蛋糕。）〔提示：在歸納步驟中假定前 k 個人都分得他們認為公平的 $(1/k)$ 份蛋糕。然後每個人都將自己所得的切出一部分，重新分成 $k+1$ 份，然後由第 $k+1$ 個人來分配這些蛋糕給其他 k 個人。假設在分配的過程中不會損失蛋糕。〕

54. 利用數學歸納法證明，不大於 $2n$ 的 $n+1$ 個正整數集合中，至少有一個整數能整除集合中另一個不同的整數。

* 55. 西洋棋中，騎士移動方式為水平移動一格後垂直移動兩格，或垂直移動一格後水平移動兩格。假設我們有一個無限大的棋盤，每個格子都以非負整數序對 (m, n) 來表示其在棋盤中列與行的位置。證明一個位於 $(0, 0)$ 處的騎士，經過有限次的移動後，能到達棋盤中的所有位置。〔提示：對整數 $s = m + n$ 來作歸納法。〕

56. 假設

$$A = \begin{bmatrix} a & 0 \\ 0 & b \end{bmatrix}$$

其中 a 與 b 為實數。對所有的正整數 n，證明

$$A^n = \begin{bmatrix} a^n & 0 \\ 0 & b^n \end{bmatrix}$$

57. （需要微積分的基礎）利用數學歸納法證明，當 n 為正整數時，函數 $f(x) = x^n$ 的導函數為 nx^{n-1}。（在歸納步驟中，使用導函數的乘法法則。）

58. 假設 **A** 與 **B** 為方陣，滿足 **AB** = **BA**。證明對所有的正整數 n，**AB**^{n} = **B**^{n}**A**。

59. 假設 m 為正整數，利用數學歸納法證明，若 a 與 b 為整數，滿足 $a \equiv b \pmod{m}$，則當 k 為非負整數時，$a^k \equiv b^k \pmod{m}$。

60. 利用數學歸納法證明 $\neg(p_1 \lor p_2 \lor \cdots \lor p_n)$ 等價於 $\neg p_1 \land \neg p_2 \land \cdots \land \neg p_n$，其中 $p_1, p_2, ..., p_n$ 為命題。

* **61.** 證明

$$[(p_1 \to p_2) \land (p_2 \to p_3) \land \cdots \land (p_{n-1} \to p_n)] \to [(p_1 \land p_2 \land \cdots \land p_{n-1}) \to p_n]$$

是恆真句，其中 $p_1, p_2, ..., p_n$ 為命題，且 $n \geq 2$。

* **62.** 證明平面中 n 條直線將平面分割成 $(n^2 + n + 2)/2$ 個區域，其中任兩條直線都不平行，而且任意三條直線都不會交於一個共同點。

** **63.** 令 $a_1, a_2, ..., a_n$ 為正實數，其**算術平均數**（arithmetic mean）定義為

$A = (a_1 + a_2 + \cdots + a_n)/n$

幾何平均數（geometric mean）則定義為

$G = (a_1 a_2 \cdots a_n)^{1/n}$

利用數學歸納法證明 $A \geq G$。

64. 利用數學歸納法證明 4.3 節引理 3：若 p 為質數，且 $p \mid a_1 a_2 ... a_n$，其中每一個 a_i 都是整數，則存在某個 i，使得 $p \mid a_i$。

65. 若 n 為正整數，證明

$$\sum_{\{a_1, ..., a_k\} \subseteq \{1, 2, ..., n\}} \frac{1}{a_1 a_2 \cdots a_k} = n$$

（上述加法加遍所有 $\{1, 2, ..., n\}$ 的子集合。）

* **66.** 利用良序原理，證明下面形式的數學歸納法可以有效地證明「對所有的正整數 n，$P(n)$ 為真。」

基礎步驟：$P(1)$ 和 $P(2)$ 為真。

歸納步驟：對所有的正整數 k 而言，若 $P(k)$ 和 $P(k+1)$ 為真，則 $P(k+2)$ 為真。

67. 令 $A_1, A_2, ..., A_n$ 為集合，其中 $n \geq 2$。若任意一對集合 A_i 和 A_j，$1 \leq i < j \leq n$，要不是 A_i 為 A_j 的子集合，就是 A_j 為 A_i 的子集合。證明一定找得到整數 i，$1 \leq i \leq n$，使得 A_i 為 A_j 的子集合，其中 j 為整數且 $1 \leq j \leq n$。

* **68.** 一個客人在某宴會中是個**名流（celebrity）**，如果每個客人都認識他，但是他不認識任何一個客人。在一個宴會中，至多只有一個名流，因為若有兩個名流，則他們兩人會認識對方。在某個特別的宴會中，可能沒有名流。你的任務是在某宴會中找出這個名流（如果存在），但只能以下面這個方式發問——詢問某個客人是否認識某位客人。被詢問者必須誠實作答。例如，若愛莉絲與鮑伯都是宴會中的客人。你能詢問愛莉絲是否認識鮑伯，而她也會誠實作答。利用數學歸納法，證明若宴會中有 n 個客人，如果其中有一位名流，則你在問了 $3(n-1)$ 個問題後，就能找出這位名流。〔提示：首先詢問一個問題來排除一位不是名流的客人，接著利用歸納假說來指出某位可能的名流，最後再詢問兩個問題來判斷某人是否為名流。〕

在 n 個人的團體中，每個人都知道一個別人不知道的醜聞。這些人以電話來閒聊，內容都是自己知道的醜聞。例如，第一通電話時，通話的兩端互相分享知道的消息，通話結束後，這兩人便知道兩個醜聞。這個**八卦問題（gossip problem）**想知道最少需要打幾通電話，令為 $G(n)$，所有 n 個人就會知道所有的醜聞。習題 69 至 71 都在處理這種八卦問題。

69. 求出 $G(1)$、$G(2)$、$G(3)$ 和 $G(4)$。

70. 利用數學歸納法證明當 $n \geq 4$，$G(n) \leq 2n-4$。〔提示：在歸納步驟，有個新加入的人第一通和最後一通都打給某個特定的人。〕

** **71.** 證明當 $n \geq 4$，$G(n) = 2n-4$。

* **72.** 證明有可能安排數字 1, 2, ..., n 成一排，使得任兩數的平均數決不會出現在兩數之間。〔提示：證明此問題只要往證當 n 為 2 的冪次方時，上述結果為真。然後利用數學歸納法證明當 n 為 2 的冪次方時，上述結果為真。〕

* **73.** 若 $I_1, I_2, ..., I_n$ 為實數線上的**開區間（open interval）**，$n \geq 2$，而且每對區間的交集都不是空集合，也就是 $I_i \cap I_j \neq \emptyset$，$1 \leq i, j \leq n$，則這些集合的交集也不為空集合，即 $I_1 \cap I_2 \cap \cdots \cap I_n \neq \emptyset$。

74. 若 b 為整數，$P(b)$ 為真，而且對所有整數 k，$k \geq b$，條件命題 $P(k) \to P(k+1)$ 為真。利用數學歸納法原理證明，當 $n = b, b+1, b+2, ...$ 時，$P(n)$ 為真。

5.2 強歸納法與良序 Strong Induction and Well-Ordering

引言

在 5.1 節中，我們介紹了數學歸納法，並用來證明許多不同類型的定理。本節我們將介紹另一種形態的歸納法——**強歸納法（strong induction）**。當使用數學歸納法不太容易得到要證明的結果時，強歸納法經常是另一種嘗試的證明方式。強歸納法的基礎步驟與數學歸納法相同，亦即往證 $P(1)$ 為真。然而，兩種歸納法的歸納步驟卻不太相同。在數學歸納法中，當 $P(k)$ 為真，往證 $P(k+1)$ 為真；而在強歸納法中，當 $P(j)$ 為真時，其中 $j = 1, 2, ..., k$，往證 $P(k+1)$ 為真。

這兩種歸納法之所以有效的原因都是因為良序原理（見隨書光碟的附錄1）。事實上，數學歸納法、強歸納法和良序都是等價的原理（見習題39、40和41）。也就是說，三者間任一個原理的有效性都能以其他兩者之一來證明。因此，在選擇證明方式時，可以考慮何種原理較容易得到結果。本節亦將介紹以良序原理來證明的例題。

強歸納法

在說明如何使用強歸納法之前，我們先陳述這個原理。

> **強歸納法** 當 $P(n)$ 為一個命題函數，為證明對所有的正整數 n，$P(n)$ 為真，必須完成下面兩個步驟：
> **基礎步驟**：證明命題 $P(1)$ 為真。
> **歸納步驟**：證明條件命題對所有正整數 k，$[P(1) \land P(2) \land ... \land P(k)] \to P(k+1)$ 為真。

注意，在強歸納法中，歸納步驟為當 $P(j)$ 為真時，其中 $j = 1, 2, ..., k$，證明 $P(k+1)$ 為真；也就是說，利用 k 個命題 $P(1)$、$P(2)$、...、$P(k)$ 來證明 $P(k+1)$ 為真，而不是只使用 $P(k)$ 一個命題。所以，強歸納法是一種比較有彈性的證明技巧。也因為如此，有些數學家總是使用強歸納法來證明，儘管使用一般的數學歸納法的證明顯而易見。

我們或許會很驚訝，數學歸納法與強歸納法是等價的。利用強歸納法來證明數學歸納法的有效性十分容易，因為強歸納法之歸納步驟的前提 $P(1) \land P(2) \land ... \land P(k)$ 為真，能得到數學歸納法之歸納步驟的前提 $P(k)$ 為真。但是，另一個方向的證明並非如此明顯（見習題40）。

強歸納法有時也稱為**數學歸納法的第二原理**（second principle of mathematical induction）或是**完備歸納法**（complete induction）。當使用「完備歸納法」這個術語時，一般的數學歸納法原理便稱為**不完備歸納法**（incomplete induction）——這是一種不太好的術語，因為這種證明方式沒有不完備之處。

強歸納法與無限長的梯子 想要對強歸納法有較好的理解，再次考慮5.1節所提到的無限梯子。強歸納法說明，我們能達到梯子中的每一階，如果

1. 我們能到達梯子的第一階。
2. 對所有的整數 k，若能到達所有的第 k 階，則必能達到第 $k+1$ 階。

亦即，若 $P(n)$ 表示我們能達到梯子的第 n 階。(1) 告訴我們 $P(1)$ 為真，完成了基礎步驟；而 (2) 證明了 $P(1) \land P(2) \land ... \land P(k)$ 可推導出 $P(k+1)$，得證歸納步驟。

例題1將說明如何使用強歸納法來證明一個不容易用數學歸納法證明的結果。

例題 1 　假設我們能達到無限梯子的第一階與第二階,而且也知道若能到達梯子的某一階,則必能達到上面第二階。能利用數學歸納法證明出我們能達到梯子的任一階嗎?能利用強歸納法證明出我們能達到梯子的任一階嗎?

解:首先利用數學歸納法。

基礎步驟:我們能到達第一階,所以完成此步驟的證明。

歸納步驟:歸納假說為能達到梯子的第 k 階。為完成歸納步驟的證明,我們必須往證能達到第 $k+1$ 階。但似乎找不出一個明顯的方法來完成這個步驟,我們所知的只有能達到第 $k+2$ 階而已。

現在考慮使用強歸納法。

基礎步驟:與先前相同,我們能到達第一階,所以完成此步驟的證明。

歸納步驟:令歸納假說為能達到梯子所有的前 k 階。為完成歸納步驟的證明,我們必須往證當歸納假說為真時,能達到第 $k+1$ 階。由於我們能一次達二階,所以可以令歸納假說中,$k > 2$。因為 $k-1 \leq k$,根據歸納假說,我們能到達 $k-1$ 階,故能到達 $k+1$ 階,得證。

完成基礎步驟與歸納步驟,根據強歸納法,可知我們能達到梯子的任一階。 ◀

利用強歸納法證明的例題

現在,我們有了數學歸納法與強歸納法兩種證明技巧,如何判斷該使用哪一種方式呢?雖然並沒有一個既定的判斷法則,但是在此還是提供一些有用的準則。數學歸納法可用於直接證明當 k 為所有正整數,$P(k) \to P(k+1)$ 的問題,例如 5.1 節的所有例題。一般而言,必須有限制地使用這種數學歸納法,除非你非常清楚在強歸納法中的歸納步驟可以完整地被證明。也就是說,當你知道可以由假設對所有不大於 k 的 j,$P(j)$ 皆為真,證明出 $P(k+1)$ 為真。但是,當歸納步驟無法只由 $P(k)$ 來推導出結果($P(k+1)$ 為真)時,便必須考慮強歸納法。

我們將在例題 2 至例題 4 中說明強歸納法的使用。注意,在每個例題,證明 $P(k+1)$ 為真都必須使用當 $P(j)$ 為真,其中 $j = 1, 2, ..., k$。

首先利用強歸納法證明基本算術定理的一部分。這是強歸納法一個非常重要的例題:往證任何正整數都能表示成質數的乘積。

例題 2 　若 n 為任意大於 1 的整數,證明 n 能表示成一些質數的乘積。

解:令命題 $P(n)$ 為 n 能表示成一些質數的乘積。

歸納步驟:$P(2)$ 為真,因為 2 能表示成一個質數的乘積,即 2 本身。

基礎步驟:歸納假說為假設對所有的整數 j,$2 \leq j \leq k$,$P(j)$ 皆為真。亦即,j 能表示成一些質數的乘積。為完成歸納步驟,我們必須證明 $P(k+1)$ 為真。

有兩種情況必須考慮：當 $k+1$ 為質數與當 $k+1$ 為合成數。若 $k+1$ 為質數，則馬上可以得到 $P(k+1)$ 為真。若 $k+1$ 為合成數，而且可以表示成兩個正整數 a 與 b 的乘積，其中 $2 \leq a \leq b \leq k+1$。因為 a 與 b 皆為大於等於 2 不大於 k 的整數，根據歸納假說，a 與 b 皆能表示成一些質數的乘積，所以若 $k+1$ 為合成數，則能表示成一些質數（包含所有乘積為 a 與 b 之質數）的乘積。◀

注意： 由於可將 1 視為沒有質數相乘之空乘積，所以 $P(1)$ 為真，所以在例題 2 中的基礎步驟可以 $P(1)$ 為真開始。我們之所以不以此為基礎步驟，是因為許多人會感到混淆。

例題 2 使算術基本定理的證明變得完整。此定理聲稱所有非負整數都能唯一表示成一些依非遞減方式排列之質數的乘積。我們在 4.3 節證明了一個整數至多有一個這樣的質數分解方式，而例題 2 則證明這種分解方式至少有一種。

接下來，我們將使用強歸納法來證明比賽中參賽者有個獲勝策略。

例題 3 假設有兩個人輪流移去兩堆火柴中任一堆內任何數目的火柴，而拿走最後一根火柴的人獲勝。證明若兩堆火柴的數目相同時，第二個人必定會獲勝。

解： 假設 n 表示兩堆火柴的數目。命題 $P(n)$ 為當兩堆火柴的數目皆為 n 時，第二個人會獲勝。

基礎步驟： 當 $n=1$，很明顯地，第二個移動火柴的人會獲勝，所以 $P(1)$ 為真。

歸納步驟： 歸納假說為假設對所有的正整數 j，$1 \leq j \leq k$，$P(j)$ 皆為真。也就是，當兩堆火柴皆有 j 根火柴時，第二個移動火柴的人會獲勝，其中 $1 \leq j \leq k$。我們必須證明當 $P(k+1)$ 亦為真。亦即，在 $P(j)$，$j=1, 2, ..., k$ 皆為真的假設下，若兩堆火柴皆有 $k+1$ 根火柴，第二個移動火柴的人會獲勝。現在令兩堆火柴各有 $k+1$ 根，首先第一個人必須由某堆中移去 r ($1 \leq r \leq k$) 根火柴，而在這一堆中留下 $k+1-r$ 根火柴。此時，第二個人只要從另一堆中移去相同數目的火柴，則情況將變成有兩堆火柴皆有 $k+1-r$ 根火柴。因為 $k+1-r \leq k$ 根據歸納假說，第二個人將獲勝，亦即 $P(k+1)$ 為真。完成兩個步驟，根據強歸納法，得證所需結果為真。◀

就例題 2 與例題 3 而言，若想用數學歸納法來證明是有困難的，但例題 4 能用任何一種歸納法原理來證明。

在開始介紹例題 4 之前，我們發現稍微修改一下強歸納法，便能使之適用於欲證明的結果只在大於某整數 b 的整數時有效。使用強歸納法證明當 $n \geq b$ 時，對所有的整數 n，$P(n)$ 皆為真，我們必須完成下面兩個步驟：

基礎步驟： 證明命題 $P(b), P(b+1), ..., P(b+j)$ 為真。

歸納步驟： 證明當 $k \geq b+j$ 時，$[P(b) \wedge P(b+1) \wedge ... \wedge P(k)] \to P(k+1)$ 為真。

我們將使用這種修改過的版本來證明例題 4。此版本等價於強歸納法的證明，留至習題 26 當成練習。

例題 4　證明所有大於等於 12 分的郵資，皆能只使用 4 分與 5 分的郵票來組合。

解：令命題 $P(n)$ 為 n 分的郵資能只使用 4 分與 5 分的郵票來組合。

　　首先，利用數學歸納法。

基礎步驟：12 分的郵資能使用三枚 4 分的郵票來組合，所以 $P(12)$ 為真。

歸納步驟：歸納假說為 $P(k)$ 為真。當 $k(k \geq 12)$ 分的郵資能只使用 4 分與 5 分的郵票來組合時。若有使用 4 分的郵票，則將之替換成 5 分的郵票，如此一來，$k + 1$ 分的郵資也能只使用 4 分與 5 分的郵票來組合，所以 $P(k + 1)$ 為真。得證。

　　接下來，使用前面介紹過修改的強歸納法來證明此結果。

基礎步驟：12 分的郵資能使用三枚 4 分的郵票來組合；13 分的郵資能使用兩枚 4 分和一枚 5 分的郵票來組合；14 分的郵資能使用一枚 4 分和兩枚 5 分的郵票來組合；最後，15 分的郵資能使用三枚 5 分的郵票來組合。所以，$P(12)$、$P(13)$、$P(14)$ 和 $P(15)$ 為真。

歸納步驟：歸納假說為假設對所有的正整數 j，$12 \leq j \leq k$，$P(j)$ 皆為真，其中 $k \geq 15$。往證 $P(k + 1)$ 為真。根據歸納假說，我們有 $P(k - 3)$ 為真，因為 $k - 3 \geq 12$。只要將 $k - 3$ 分郵資的組合方式，加上一枚 4 分的郵票，便得證 $P(k + 1)$ 為真。

　　完成兩個步驟，根據強歸納法，得證所需結果為真。（還有其他方法也能解決這個問題，能找出一個不使用數學歸納法的證明方式嗎？）◀

在幾何計算上利用強歸納法

　　下面要談的強歸納法例題來自**計算幾何**（**computational geometry**）──屬於離散數學中牽涉到幾何圖形的計數問題。幾何計算在圖學計算、賽局計算、機器人學與科學計算等範疇中到處可見。在介紹結果之前，先引介一些術語。

　　多邊形（**polygon**）是一種封閉的幾何圖形，包含一序列稱為**邊**（**side**）的線段 s_1, s_2, ..., s_n。每對連續的邊，以及邊 s_n 和邊 s_1 都有一個共同端點，稱作**頂點**（**vertex**）。如果一個多邊形的任兩個不相鄰的邊都不相交，則此多邊形稱為**簡單的**（**simple**）。每個簡單的多邊形將平面分成兩個區域：**內部**（**interior**）──包含所有曲線內的點；以及**外部**（**exterior**）──包含所有曲線外的點。令人驚訝的是，這個事實的證明極度困難，是著名的喬登曲線定理（Jordan Curve Theorem）之特例（可見 [Or00]）。

　　如果一個多邊形內部任何兩點所連成的線段完全落在內部，則此多邊形是**凸的**（**convex**）。不是凸的多邊形稱為**非凸的**（**nonconvex**）。圖 1 呈現數個多邊形，其中 (a) 與 (b) 是凸的，(c) 與 (d) 則是非凸的。所謂簡單多邊形的**對角線**（**diagonal**），是指兩個不相鄰頂點的連結線段。若對角線（除了端點）完全落在多邊形的內部，則稱為**內部對角線**（**interior diagonal**）。例如，在多邊形 (d) 中，連接頂點 a 與頂點 f 的對角線就是內部對角線，但是連接頂點 a 與頂點 d 的對角線就不是內部對角線。

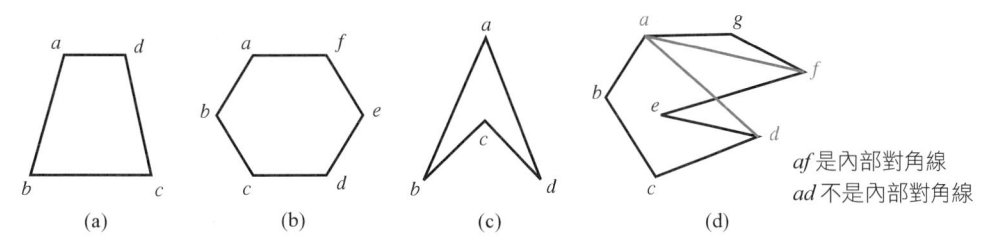

圖 1　凸的多邊形和非凸的多邊形

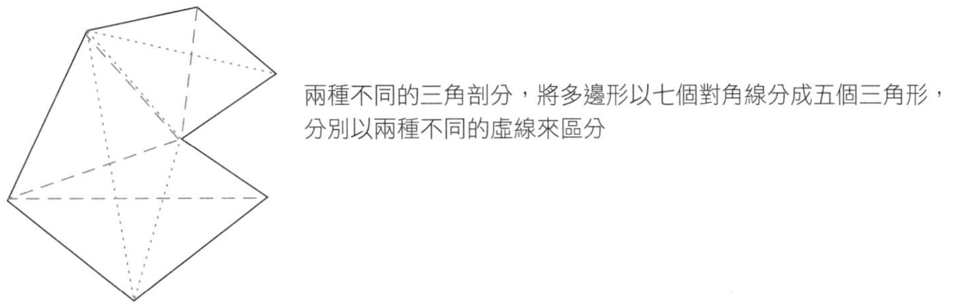

af 是內部對角線
ad 不是內部對角線

兩種不同的三角剖分，將多邊形以七個對角線分成五個三角形，分別以兩種不同的虛線來區分

圖 2　三角剖分一個多邊形

　　一種最基本的幾何計算，就是將簡單多邊形利用不相交的對角線分割成三角形。這種過程稱為**三角剖分（triangulation）**。我們注意到，一個簡單多邊形能有許多不同的剖分方式，見圖 2。但最基本的事實（如定理 1 所陳述）則為，三角剖分一個有 n 個邊的簡單多邊形，會得到 $n-2$ 個三角形。

定理 1 ■ 一個有 n 個邊的簡單多邊形（其中 $n \geq 3$）能被剖分成 $n-2$ 個三角形。

　　定理 1 的證明似乎只要不停地加入新的內部對角線，就能利用強歸納法得證。然而，我們必須先得到引理 1 的結果。

引理 1 ■ 每個簡單多邊形（邊數大於 4）都有內部對角線。

　　引理 1 看似簡單，但卻出人意料地不好證明。事實上，大約三十年以前，有許多被誤以為正確的證明在許多書籍與文章中經常出現。我們將先證明定理 1，然後才證明引理 1。

定理 1 的證明：利用強歸納法。令命題 $T(n)$ 為每個有 n 個邊的簡單多邊形，都能被剖分成 $n-2$ 個三角形。

基礎步驟：$T(3)$ 為真，因為有 3 個邊的多邊形就是個三角形。不需要添加任何對角線來剖分，就有 $3-2=1$ 個三角形。

歸納步驟：歸納假說為假設對所有的正整數 j，$3 \leq j \leq k$，$T(j)$ 皆為真。我們將往證 $T(k+1)$ 為真，亦即有 $k+1$ 個邊的簡單多邊形都能被剖分成 $(k+1) - 2 = k - 1$ 個三角形。

若有個多邊形 P，其有 $k+1$ 個邊，根據引理 1，一定有內部對角線 ab。連接此對角線可得到兩個多邊形 Q 與 R，令其分別有 s 個邊和 t 個邊（其中有一個共用的邊 ab，而其他的邊都是多邊形 P 的邊），所以，$(s-1) + (t-1) = k+1$，即 $s + t = k + 3$。由於 $s, t \geq 3$，我們有 $3 \leq s, t \leq k$。根據歸納假說，多邊形 Q 能被剖分成 $s - 2$ 個三角形，而多邊形 R 能被剖分成 $t - 2$ 個三角形，所以我們證明出多邊形 P 能被剖分成 $(s-2) + (t-2) = (s+t) - 4 = (k+1) - 2$ 個三角形，此等式證明了 $T(k+1)$ 為真。

完成兩個步驟，根據強歸納法，得證結果為真。◁

我們現在回頭證明引理 1。雖然省略這個證明並不會影響內容的連貫性，但是此證明讓我們知道，有時一些看來相當淺顯的事實，其證明有相當的困難度。

證明：假定 P 為繪於平面上的多邊形，而且點 b 為 P 上或內部 y 座標最小的點中，x 座標最小者。我們能得到 b 點一定在多邊形 P 上，因為若其為內點，則同一個 y 座標上一定還有一個更小的 x 座標。假定 a 與 c 分別為與 b 相鄰的頂點，我們能推斷由邊 ab 與邊 bc 所形成的角，一定小於 180 度（否則，會在 P 上找到比 b 之 x 座標更小的點）。

現在，令 T 為三角形 Δabc。若沒有其他 P 的頂點在 T 的內部，則連接 ac 便能形成一個內部對角線。若有其他 P 的頂點 p 在 T 的內部，則 bp 則為一個內部對角線。（這就是最難處理的部分。在許多發表的論文中，我們發現 bp 不見得會是內部對角線，見習題 19。）我們必須選取頂點 p 使得角 $\angle bap$ 最小。這樣一來，延長由頂點 a 到頂點 p 之對角線可以交多邊形於點 q。這時，三角形 Δbaq 的內部便不會包含多邊形 P 的頂點。而 bp 必然是內部對角線，可參見圖 3。 ◁

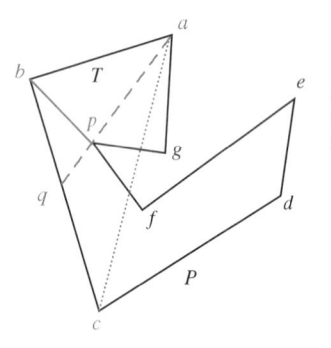

T 為三角形 Δabc
頂點 p 在 T 的內部使得角 $\angle bap$ 最小 bp 必然是內部對角線

圖 3　建構一個簡單多邊形的內部對角線

利用良序原理的證明

兩種歸納法（數學歸納法與強歸納法）的有效性皆來自整數集合的一個基本公理——**良序原理（well-ordering property）**（見隨書光碟的附錄 1）。良序原理陳述每個非空的非負正整數集合都有一個最小元素。我們將說明良序原理如何在證明之中直接使用，進而說明良序原理、數學歸納法和強歸納法三者等價（見習題 39、40 和 41）。我們在 5.1 節中，已經利用良序原理證明數學歸納法，其他方向的證明則留在習題 29、40 和 41 中當成練習。

良序原理　每個非空的非負正整數集合都有一個最小元素。

良序原理經常能在證明之中直接使用。

例題 5 利用良序原理證明除法公式：若 a 為整數，而 d 為正整數，則存在唯一的整數 q 與 r，其中 $0 \le r < d$，使得 $a = dq + r$。

解： 令 S 為所有形如 $a - dq$ 之非負整數的集合，其中 q 為整數。這個集合是非空集合，因為可以選擇夠大的負整數 q，使得 $a - dq$ 為非負整數。根據良序原理，S 有個最小的元素 $r = a - dq_0$。

我們也能因而推論 $r < d$；否則，將有個更小的非負元素 $r - d = a - d(q_0 + 1)$ 在集合 S 中。我們已經證明了 q 與 r 的存在性，唯一性則留在習題 35 中。 ◀

例題 6 在循環賽中，每兩位選手都會恰巧比賽一次，而且比賽一定會分出勝負，不會出現平手的情況。如果選手 p_1 打敗了 p_2，p_2 打敗了 p_3，……，p_{m-1} 打敗了 p_m，而且 p_m 打敗了 p_1，我們說選手 $p_1, p_2, ..., p_m$ 形成了一個環圈 (cycle)。利用良序原理證明，若在比賽中存在一個長度為 $m(m \ge 3)$ 的環圈，則某三個選手間必定存在一個環圈。

解： 已知存在長度為 m 的環圈，若令 S 為存在之環圈長度的集合，則 S 為一個非空的非負整數集合。根據良序原理，存在一個最小元素 k，亦即選手 $p_1, p_2, ..., p_k$ 間存在一個環圈。

假設在三個選手間沒有環圈存在，亦即 $k > 3$。考慮前三個選手 p_1、p_2 和 p_3。已知 p_1 打敗了 p_2，p_2 打敗了 p_3，由於沒有長度為 3 的環圈，所以 p_3 不能打敗 p_1，而是 p_1 打敗了 p_3。如此一來，我們得到一個移去 p_2 的新環圈 $p_1, p_3, ..., p_k$，此環圈的長度為 $k - 1$。這樣與 k 為 S 中的最小元素這個事實矛盾。所以我們推論，一定存在一個長度為 3 的環圈。 ◀

習題 Exercises   * 表示為較難的練習；** 表示為高度挑戰性的練習；☞ 對應正文。

1. 若你能跑 1 英里或是 2 英里，而且若你能跑若干英里，就一定能再跑 2 英里。利用強歸納法證明，如此一來，無論任何長度的跑步，你都能跑完。
2. 利用強歸納法證明一個無限長的骨牌全部會被推倒。若已知前三個骨牌會被推倒，而且如果某個骨牌被推倒，則此骨牌後面第三個也會被推倒。
3. 令命題 $P(n)$ 表示 n 分的郵資能只以 3 分和 5 分的郵票來組合。此練習勾勒出一個當 $n \ge 8$，$P(n)$ 皆為真的強歸納法證明。
    a) 以證明 $P(8)$、$P(9)$ 和 $P(10)$ 為真來完成基礎步驟的證明。
    b) 歸納假說為何？
    c) 在歸納步驟中，我們必須證明什麼？
    d) 完成當 $n \ge 10$ 的歸納步驟。
    e) 解釋為何這些步驟證明了當 $n \ge 8$ 時，命題為真。

4. 令命題 $P(n)$ 表示 n 分的郵資能只以 4 分和 7 分的郵票來組合。此練習勾勒出一個當 $n \geq 18$，$P(n)$ 皆為真的強歸納法證明。
   a) 以證明 $P(18)$、$P(19)$、$P(20)$ 和 $P(21)$ 為真來完成基礎步驟的證明。
   b) 歸納假說為何？
   c) 在歸納步驟中，我們必須證明什麼？
   d) 完成當 $n \geq 21$ 的歸納步驟。
   e) 解釋為何這些步驟證明了當 $n \geq 18$ 時，命題為真。

5. a) 判斷僅由 4 分和 11 分的郵票能組成多少的郵資。
   b) 利用數學歸納法來證明你在 (a) 中求出的答案。明確地陳述在歸納步驟的歸納假說。
   c) 利用強歸納法來證明你在 (a) 中求出的答案。說明在兩種歸納法中，歸納步驟的歸納假說有何不同。

6. a) 判斷僅由 3 分和 10 分的郵票能組成多少的郵資。
   b) 利用數學歸納法來證明你在 (a) 中求出的答案。明確地陳述在歸納步驟的歸納假說。
   c) 利用強歸納法來證明你在 (a) 中求出的答案。說明在兩種歸納法中，歸納步驟的歸納假說有何不同。

7. 僅由 2 元和 5 元的紙鈔能組成多少大小的金額？利用強歸納法來證明答案。

8. 假設某商店發行 25 元和 40 元的禮券，判斷可以組合出的金額。利用強歸納法來證明答案。

*9. 利用強歸納法證明 $\sqrt{2}$ 是無理數。〔提示：令命題 $P(n)$ 表示對任意的整數 b，$\sqrt{2} \neq n/b$。〕

10. 有一個由 n 個小方塊組成的長方形巧克力塊，我們能沿著水平或垂直線將整個巧克力塊分成較小的長方形巧克力塊。假設一次只能分出一塊，判斷要經過多少次才能將長方形巧克力塊分成 n 個正方形的小巧克力塊。利用強歸納法來證明答案。

11. 考慮捻（Nim）這個遊戲。一開始有 n 根火柴，兩個遊戲者輪流取走 1、2 或 3 根火柴，取走最後一根火柴的人算輸。利用強歸納法證明，若 $n = 4j, 4j+2$ 和 $4j+3$ 時（j 為非負整數），第一位遊戲者會贏；若 $n = 4j+1$，第二位遊戲者會贏。

12. 利用強歸納法證明，每個正整數 n 都能表示成不同之 2 的冪次之和，也就是能表示成某些 $2^0 = 1, 2^1 = 2, 2^2 = 4, \ldots$ 的和。〔提示：在歸納步驟中，分別考慮當 $k+1$ 為奇數或偶數。當 $k+1$ 為偶數時，可知 $(k+1)/2$ 為整數。〕

*13. 在一個有 n 塊的拼圖中，所謂完成一步，是指將一個小塊加入拼好的一大塊，或是將兩個完成的大塊接在一起。利用強歸納法證明，無論採取上述哪一種方法，共需要 $n-1$ 步方能完成整個拼圖。

14. 假設由一堆含 n 個石頭的石頭堆開始。我們的目的是透過每次都將一堆石頭分成兩小堆，把所有石頭分成 n 堆，其中每堆只有一個。如果我們將一堆石頭分成兩小堆時，便將此兩小堆石頭的個數相乘，每分一次就得到一個正整數。利用強歸納法證明，無論使用哪種分法，所有得到的正整數總和都是 $n(n-1)/2$。

15. 利用強歸納法，證明當一個邊數大於 4 之簡單多邊形做三角剖分時，至少有兩個三角形，它們各有兩個邊與多邊形的外部相接。

* 16. 假設凸多邊形 P，其頂點分別為 $v_1, v_2, ..., v_n$。利用強歸納法，證明當 P 被剖分成標示為 $1, 2, ..., n-2$ 的 $n-2$ 個三角形時，頂點 v_i 可以是第 i 個三角形的一個頂點，$i = 1, 2, ..., n-2$。

* 17. **皮克定理（Pick's theorem）** 說明在一個頂點都是格子點（也就是頂點的 xy 座標都是整數的點）的平面簡單多邊形，其面積等於 $I(P) + B(P)/2 - 1$，其中 $I(P)$ 和 $B(P)$ 分別表示在 P 內部和邊界上格子點的數目。在 P 的頂點數上做強歸納法來證明皮克定理。〔提示：基礎步驟是當 P 為矩形，然後是直角三角形。利用引理 1 來幫助證明。〕

** 18. 假設多邊形 P 的頂點分別為 $v_1, v_2, ..., v_n$。如果某頂點的兩個相鄰頂點連線是 P 的內部對角線，則稱該頂點為**耳朵（ear）**。若兩個耳朵頂點的相鄰頂點所連成之內部對角線並不相交，則稱此兩頂點為**不重疊（nonoverlapping）**。證明一個包含四個頂點以上的簡單多邊形至少有兩個不重疊的耳朵。

19. 在證明引理 1 時，我們提到有許多誤用 bp 是內部對角線之不正確證明，本題將說明這些誤用的證明。就給定的多邊形與下列條件，證明 bp 不見得是內部對角線。

    a) p 是 P 的頂點中使得 $\angle abp$ 最小的。

    b) p 是 P 的頂點中 x 座標最小者（除了 b 以外）。

    c) p 是 P 的頂點中最靠近 b 的。

習題 20 和 21 給定兩個例子，證明歸納法能用來證明幾何計數的結果。

* 20. 命題 $P(n)$ 表示在有 n 個頂點的凸多邊形內部畫出不相交的對角線時，至少有兩個頂點不是這些對角線的端點。

    a) 證明當試圖以強歸納法證明當 $n \geq 3$，$P(n)$ 皆為真時，歸納步驟無法完成。

    b) 我們能以強歸納法證明一個較強之命題 $Q(n)$ 來往證當 $n \geq 3$，$P(n)$ 皆為真。其中命題 $Q(n)$ 為有 n 個頂點的凸多邊形內部畫出不相交的對角線時，至少有兩個不相鄰的頂點不是這些對角線的端點。證明當 $n \geq 4$ 時，$Q(n)$ 皆為真。

21. 命題 $E(n)$ 表示在三角剖分一個有 n 個邊的簡單多邊形時，至少有一個三角形的兩個邊與多邊形的外部相接。

    a) 利用強歸納法證明當 $n \geq 4$，$E(n)$ 皆為真時，在何處會遇到困難？

    b) 我們能以強歸納法證明一個較強之命題 $T(n)$ 來往證當 $n \geq 4$，$E(n)$ 皆為真。其中命題 $T(n)$ 為三角剖分一個有 n 個邊的簡單多邊形時，至少有兩個三角形的兩個邊與多邊形的外部相接。

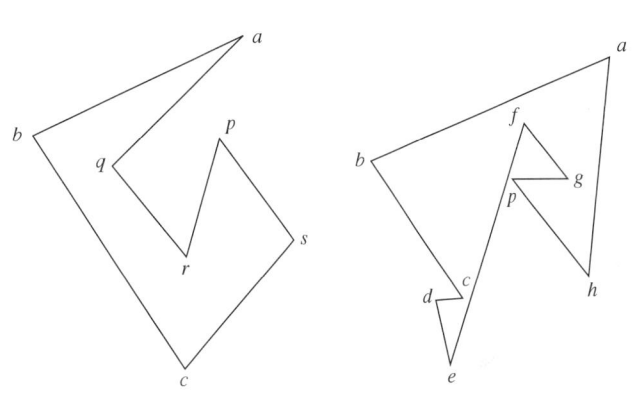

* 22. 3.1 節習題 60 曾定義穩定配對，在這個穩定配對下，如果沒有另一個讓求婚者更為喜愛的匹配者的配對存在，則此配對稱為**求婚者的最佳解**（optimal for suitors）。利用強歸納法證明延遲接受演算法能夠找出穩定配對中求婚者的最佳解。

23. 假設 $P(n)$ 為命題函數。判斷當 n 為哪個正整數時，$P(n)$ 一定為真。驗證你的答案。
  a) $P(1)$ 為真；對所有的正整數 n，若 $P(n)$ 為真，則 $P(n+2)$ 為真。
  b) $P(1)$ 與 $P(2)$ 為真；對所有的正整數 n，若 $P(n)$ 與 $P(n+1)$ 為真，則 $P(n+2)$ 為真。
  c) $P(1)$ 為真；對所有的正整數 n，若 $P(n)$ 為真，則 $P(2n)$ 為真。
  d) $P(1)$ 為真；對所有的正整數 n，若 $P(n)$ 為真，則 $P(n+1)$ 為真。

24. 假設 $P(n)$ 為命題函數。判斷當 n 為哪個正整數時，$P(n)$ 一定為真。驗證你的答案。
  a) $P(0)$ 為真；對所有的非負整數 n，若 $P(n)$ 為真，則 $P(n+2)$ 為真。
  b) $P(0)$ 為真；對所有的非負整數 n，若 $P(n)$ 為真，則 $P(n+3)$ 為真。
  c) $P(0)$ 與 $P(1)$ 為真；對所有的非負整數 n，若 $P(n)$ 與 $P(n+1)$ 為真，則 $P(n+2)$ 為真。
  d) $P(0)$ 為真；對所有的非負整數 n，若 $P(n)$ 為真，則 $P(n+2)$ 與 $P(n+3)$ 為真。

25. 若命題 $P(n)$ 在無限多個正整數時皆為真，而且對所有的正整數 $P(n+1) \rightarrow P(n)$ 為真。證明對所有的正整數 n，$P(n)$ 皆為真。

26. 令 b 為一個固定整數，而 j 為一個固定正整數。若 $P(b)$、$P(b+1)$、...、$P(b+j)$ 為真，而且對所有的整數 $k \geq b+j$，$[P(b) \wedge P(b+1) \wedge ... \wedge P(k)] \rightarrow P(k+1)$ 為真。證明對所有的整數 $n \geq b$，$P(n)$ 為真。

27. 下面強歸納法的「證明」有何錯誤？
  「定理」：對所有的非負整數 n，$5n = 0$。
  基礎步驟：$5 \cdot 0 = 0$。
  歸納步驟：假設對所有的非負整數 j，$5j = 0$，其中 $0 \leq j \leq k$。將 $k+1$ 表為 $k+1 = i+j$，其中 i 與 j 為小於 $k+1$ 的非負整數。根據歸納假說，$5(k+1) = 5(i+j) = 5i + 5j = 0 + 0 = 0$。

* 28. 找出「當 n 為所有非負正整數時，$a^n = 1$，其中 a 為非零實數」的證明瑕疵。
  基礎步驟：根據定義對所有的非零實數 a，$a^0 = 1$。
  歸納步驟：假設對所有非負正整數 j，$j \leq k$，$a^j = 1$。我們發現
  $$a^{k+1} = \frac{a^k \cdot a^k}{a^{k-1}} = \frac{1 \cdot 1}{1} = 1$$

* 29. 根據良序原理，證明強歸納法是有效的證明方式。

30. 找出「所有金額的郵資都能僅用 3 分與 4 分的郵票來組合」的證明瑕疵。
  基礎步驟：當郵資為 3 分時，能以一枚 3 分的郵票來組成；而當郵資為 4 分時，能以一枚 4 分的郵票來組成。
  歸納步驟：假設 j 分的郵資都能僅用 3 分與 4 分的郵票來組合，其中 $j \leq k$。$k+1$ 分的郵資，只要將一枚 3 分的郵票換成一枚 4 分的郵票便可。

31. 證明能以下面的過程證明對所有的正整數 n 和 k，$P(n, k)$ 為真。
    a) $P(1, 1)$ 為真，而且對所有的正整數 n 和 k，$P(n, k) \to [P(n+1, k) \wedge P(n, k+1)]$ 為真。
    b) 對所有的正整數 k，$P(1, k)$ 為真，而且對所有的正整數 n 和 k，$P(n, k) \to P(n+1, k)$ 為真。
    c) 對所有的正整數 n，$P(n, 1)$ 為真，而且對所有的正整數 n 和 k，$P(n, k) \to P(n, k+1)$ 為真。
32. 證明對所有的正整數 n 和 k，$\sum_{j=1}^{n} j(j+1)(j+2) \ldots (j+k-1) = n(n+1)(n+2) \ldots (n+k)/(k+1)$。〔提示：利用習題 33 的技巧。〕
* 33. 證明求出 n 個不相同的實數的乘積必須做 $n-1$ 次乘法，無論如何在乘式之中加入括弧。
* 34. 良序原理能用來證明任兩個正整數必然存在唯一的最大公因數。令 a 與 b 為正整數，而 S 是所有形如 $as + bt$ 的正整數，其中 s 與 t 可以是任意整數。
    a) 證明 S 為非空集合。
    b) 利用良序原理證明 S 中有一個最小元素 c。
    c) 證明若 d 為 a 與 b 的公因數，則 d 也是 c 的因數。
    d) 證明 $c \mid a$ 且 $c \mid b$。〔提示：首先假設 $c \nmid a$，則 $a = qc + r$，其中 $0 < r < c$。然後證明 $r \in S$，與 c 是 S 的最小元素矛盾。〕
    e) 綜合 (c) 與 (d) 的結果，得到 a 與 b 的最大公因數存在。最後證明唯一性。
35. 令 a 為整數而 d 為正整數。證明滿足 $a = qd + r$ 的整數 q 與 r 是唯一的，其中 $0 \le r < d$。
36. 利用數學歸納法證明一個有偶數個方格的方形棋盤，若缺少一個白色格子和一個黑色格子，一定能用骨牌蓋滿。
** 37. 良序原理能證明下列陳述嗎？「任何正整數都能用不多於 15 個英文字來描述。」其中英文字是指能在英文字典中找到的字彙。〔提示：假設有個正整數不能用 15 個以內的英文字來描述。根據良序原理，一定會存在不能以 15 個英文字描述的最小正整數。〕
38. 利用良序原理，證明若 x 與 y 為實數，$x < y$，則存在一個有理數 r 使得 $x < r < y$。〔提示：利用隨書光碟中附錄 1 的阿基米得性質求出正整數 A，使得 $A > 1/(y-x)$。然後證明存在一個介於 x 與 y 之間的有理數 r，其分母為 A。考慮 $\lfloor x \rfloor + j/A$，其中 j 為正整數。〕
* 39. 證明若將數學歸納原理法當成公理，則可以用來證明良序原理。
* 40. 證明數學歸納法原理和強歸納法是等價的，亦即兩者可以相互證明。
* 41. 若將強歸納法視作公理，而非將良序原理當成公理，請證明良序原理。

5.3　遞迴定義 *Recursive Definitions*

引言

　　有時難以用明確的方式來定義一個物件，不過，用這個物件來定義它自己卻可能很容易。這種過程稱為**遞迴**（recursion）。例如，圖 1 所示的圖畫就是以遞迴的方式產生。首先，提供一幅原來的圖畫，然後不斷地在圖畫的中央上方，放置較小的縮圖。

圖 1 以遞迴方式定義的圖畫

我們可以用遞迴來定義序列、函數和集合。在 2.4 節，以及幾乎所有數學科目的一開始，都會用明確的公式來表示序列裡的項。例如，對 $n = 0, 1, 2, \ldots$，用 $a_n = 2^n$ 來敘述冪次為 2 的序列。不過，藉由這個序列的第一項（即 $a_0 = 1$）以及從該序列的前項來求出後項的規則（即 $a_{n+1} = 2a_n$，當 $n = 0, 1, 2, \ldots$），也可以定義這個序列。

當我們利用遞迴定義集合時，會在基礎步驟中指定某些起始元素，並且在遞迴步驟中提出從已有的元素來產生新元素的規則。

以遞迴方式定義函數

用下列兩個步驟來定義以非負整數集合作為定義域的函數：

基礎步驟：指定這個函數在 0 處的值。

遞迴步驟：給出從較小整數處的函數值來求出目前函數值的規則。

這樣的定義稱為**遞迴定義（recursive definition）**或**歸納定義（inductive definition）**。我們注意到由非負整數對應到實數的函數 $f(n)$，與實數數列 $a_0, a_1, \ldots$ 表示相同的物件。因此，如在 2.4 節中，以遞迴關係定義實數數列 $a_0, a_1, \ldots$ 與定義一個非負整數對應到實數的函數是完全相同的。

例題 1 假設 f 是以

$$f(0) = 3$$
$$f(n+1) = 2f(n) + 3$$

來遞迴定義，求出 $f(1)$、$f(2)$、$f(3)$ 和 $f(4)$。

解：由遞迴定義得到

$$f(1) = 2f(0) + 3 = 2 \cdot 3 + 3 = 9$$
$$f(2) = 2f(1) + 3 = 2 \cdot 9 + 3 = 21$$
$$f(3) = 2f(2) + 3 = 2 \cdot 21 + 3 = 45$$
$$f(4) = 2f(3) + 3 = 2 \cdot 45 + 3 = 93$$

◀

遞迴定義的函數是**良好定義（well defined）**，也就是說，對任何正整數，函數在這個整數上的值能以明確的方式判定出來，我們能以數學歸納法原理推論出這個結果。例題 2 與例題 3 為遞迴定義的其他例子。

例題 2 求出 a^n 的遞迴定義，其中 a 是非零實數，而 n 是非負整數。

解：這個遞迴定義包括兩個部分，首先規定 a^0，即 $a^0 = 1$。然後找出從 a^n 求出 a^{n+1} 的規則，即對 $n = 0, 1, 2, \ldots$，可知 $a^{n+1} = a \cdot a^n$。這兩個等式對所有非負整數 n 唯一定義了 a^n 的值。 ◀

例題 3 描述 $\sum_{k=0}^{n} a_k$ 的遞迴定義。

解：遞迴定義的第一部分是

$$\sum_{k=0}^{0} a_k = a_0$$

第二部分是

$$\sum_{k=0}^{n+1} a_k = \left(\sum_{k=0}^{n} a_k \right) + a_{n+1}$$

◀

在某些函數的遞迴定義裡，規定了函數前 k 個正整數的函數值，而且定義一個規則，告訴我們一個較大的整數可以從這個整數之前的部分或全部 k 個函數值來確定在該整數處的函數值。根據強歸納法，可得知這樣定義的遞迴會產生良好定義的函數。

回顧在 2.4 節介紹的費氏數 f_0、f_1、f_2、…，定義為 $f_0 = 0$、$f_1 = 1$ 以及

$$f_n = f_{n-1} + f_{n-2}$$

其中 $n = 2, 3, 4 \ldots$。〔我們可以將 f_n 視為費氏數的第 n 項，也可以看成是函數 $f(n)$ 的值。〕

我們可以用費氏數的遞迴定義來證明這些數的某些性質，見例題 4。

例題 4　證明當 $n \geq 3$ 時，$f_n > \alpha^{n-2}$，其中 $\alpha = (1+\sqrt{5})/2$。

解：可以用強歸納法來證明這個不等式。令命題 $P(n)$ 為 $f_n > \alpha^{n-2}$。我們想證明當 n 為整數且大於等於 3 時，$P(n)$ 為真。

基礎步驟：首先，注意到

$$\alpha < 2 = f_3, \qquad \alpha^2 = (3+\sqrt{5})/2 < 3 = f_4$$

所以 $P(3)$ 和 $P(4)$ 都為真。

歸納步驟：假設 $P(j)$ 為真，即對所有滿足 $3 \leq j \leq k$ 的整數 j，$f_j > \alpha^{j-2}$，其中 $k \geq 4$。往證 $P(k+1)$ 為真，即 $f_{k+1} > \alpha^{k-1}$。因為 α 是 $x^2 - x - 1 = 0$ 的解，得出 $\alpha^2 = \alpha + 1$。因此，

$$\alpha^{k-1} = \alpha^2 \cdot \alpha^{k-3} = (\alpha+1)\alpha^{k-3} = \alpha \cdot \alpha^{k-3} + 1 \cdot \alpha^{k-3} = \alpha^{k-2} + \alpha^{k-3}$$

根據歸納假設，若 $k \geq 4$，則得出

$$f_{k-1} > \alpha^{k-3}, \qquad f_k > \alpha^{k-2}$$

因此就有

$$f_{k+1} = f_k + f_{k-1} > \alpha^{k-2} + \alpha^{k-3} = \alpha^{k-1}$$

由此得出 $P(k+1)$ 為真。得證。◀

注意：歸納步驟證明了每當 $k \geq 4$ 時，對於 $3 \leq j \leq k$，$P(j)$ 皆為真的假設就可得出 $P(k+1)$ 為真。因此，歸納步驟沒有證明 $P(3) \to P(4)$，所以不得不單獨證明 $P(4)$ 為真。

現在可以證明在 4.3 節中介紹的歐幾里得演算法用 $O(\log b)$ 次除法運算來求出正整數 a 和 b 的最大公因數，其中 $a \geq b$。

定理 1 ■ **拉梅定理（Lamé's theorem）**　令 a 和 b 為正整數，滿足 $a \geq b$，則歐基里得演算法求出 $\gcd(a,b)$ 使用的除法次數將會小於等於 b 之（十進位）位數的 5 倍。

證明：回顧歐基里得演算法，求出 $\gcd(a,b)$ 時，將使用下列等式（其中 $a = r_0$，$b = r_1$）：

$$r_0 = r_1 q_1 + r_2 \qquad 0 \leq r_2 < r_1,$$
$$r_1 = r_2 q_2 + r_3 \qquad 0 \leq r_3 < r_2,$$

加布里爾・拉梅（Gabriel Lamé，1795-1870）是法國人，曾任聖彼得堡公路與運輸學校的校長。在俄國的時期，他不但教書，還參與道路與橋樑的設計。回到法國後，擔任工業高等專科學校的教授。這段時間，拉梅也擔任工程顧問，活躍於與學術無關的事務。拉梅在數論、應用數學和熱力學都有開創性的貢獻。在大數學家高斯的眼中，拉梅是那個時代最出色的數學家。然而，法國的數學家認為他太實際，而法國的科學家則認為他太理論。

$$r_{n-2} = r_{n-1}q_{n-1} + r_n \qquad 0 \le r_n < r_{n-1},$$
$$r_{n-1} = r_n q_n$$

為求出 $r_n = \gcd(a, b)$，使用了 n 次除法，而商數 $q_1, q_2, ..., q_{n-1}$ 都至少為 1。此外，$q_n \ge 2$，因為 $r_n < r_{n-1}$。我們可得下面的推論：

$$r_n \ge 1 = f_2,$$
$$r_{n-1} \ge 2r_n \ge 2f_2 = f_3,$$
$$r_{n-2} \ge r_{n-1} + r_n \ge f_3 + f_2 = f_4,$$
$$\vdots$$
$$r_2 \ge r_3 + r_4 \ge f_{n-1} + f_{n-2} = f_n,$$
$$b = r_1 \ge r_2 + r_3 \ge f_n + f_{n-1} = f_{n+1}.$$

由此可知，若歐基里得演算法為了求出滿足 $a \ge b$ 的 $\gcd(a, b)$ 而使用了 n 次除法，則 $b \ge f_{n+1}$。從例題 4 中知道，對 $n > 2$，$f_{n+1} > \alpha^{n-1}$，其中 $\alpha = (1 + \sqrt{5})/2$。因此得出 $b > \alpha^{n-1}$。另外，因為 $\log_{10} \alpha \approx 0.208 > 1/5$，所以可以得到

$$\log_{10} b > (n-1) \log_{10} \alpha > (n-1)/5$$

因此，$n - 1 < 5 \cdot \log_{10} b$。現在假設 b 有 k 個十進位數位，則 $b < 10^k$，即 $\log_{10} b < k$。由此得出 $n - 1 < 5k$，而且因為 k 是整數，得出 $n \le 5k$。得證。　◁

因為 b 的十進位數位等於 $\lfloor \log_{10} b \rfloor + 1$，亦即小於或等於 $\log_{10} b + 1$，故定理 1 說明求出滿足 $a > b$ 的 $\gcd(a, b)$ 所需要的除法次數小於或等於 $5(\log_{10} b + 1)$。因為 $5(\log_{10} b + 1)$ 是 $O(\log b)$，可知每當 $a > b$ 時，歐基里得演算法需用 $O(\log b)$ 次除法求出 $\gcd(a, b)$。

以遞迴方式定義的集合與結構

我們已經探討過如何以遞迴的方式定義函數。現在，將注意力放在如何以遞迴的方式定義集合。就如同函數的遞迴定義中所提到的，集合的遞迴定義也有兩個部分，即**基礎步驟（basis step）**與**遞迴步驟（recursive step）**。在基礎步驟裡，必須指定初始的集合元素；在遞迴步驟裡，則必須提供已知元素形成新元素的規則。遞迴定義也可能包含**排除規則（exclusion rule）**：以遞迴方式所定義的集合，除了基礎步驟所指定的元素以及應用遞迴步驟所產生的元素以外，不含任何其他的元素。在後續的討論裡，會自然而然地假設排除規則成立，因此除非基礎步驟具體指明一開始所收集的元素，或者使用遞迴步驟一次以上所產生的元素，否則以遞迴方式定義的集合將不包含其他元素。

例題 5、例題 6、例題 8 及例題 9 舉例說明集合的遞迴定義。在每一個例題中，都會顯示如何使用一次以上的遞迴步驟產生這些元素。

例題 5　令 S 是正整數集合的子集合，遞迴定義成

基礎步驟：$3 \in S$。

遞迴步驟：若 $x \in S$ 且 $y \in S$，則 $x + y \in S$。

根據基礎步驟，在 S 裡找到的新元素是 3，而第一次應用遞迴步驟產生 $3 + 3 = 6$，第二次應用遞迴步驟產生 $3 + 6 = 6 + 3 = 9$ 與 $6 + 6 = 12$，依此類推。在例題 10 中，我們將證明 S 即為所有 3 的倍數所形成的集合。◀

遞迴定義在字串的研究中扮演很重要的角色。回顧 2.4 節，所謂字母集 Σ 上的字串是從 Σ 而來的有限序列。我們可以用遞迴的方式將 Σ^* 定義成 Σ 上字串的集合，如定義 1 所示。

定義 1　字母集 Σ 上字串的集合 Σ^* 遞迴地定義成

基礎步驟：$\lambda \in \Sigma^*$（其中 λ 是不包含任何符號的空字串）。

遞迴步驟：若 $w \in \Sigma^*$ 且 $x \in \Sigma^*$，則 $wx \in \Sigma^*$。

這個字串之遞迴定義的基礎步驟說明空字串屬於 Σ^*。遞迴步驟說明把 Σ^* 的字串與 Σ 的符號連接起來就產生新的字串。在每個應用遞迴定義的步驟裡，都能產生將原本字串增加一個符號所產生的新字串。

例題 6　如果 $\Sigma = \{0, 1\}$，則在所有位元字串的集合 Σ^* 中可以找到的字串包括：基礎步驟指定屬於 Σ^* 的 λ，第一次遞迴步驟所產生的為 0 和 1，第二次運用遞迴步驟所產生的 00、01、10 與 11，依此類推。◀

遞迴定義可以用來定義由遞迴方式所定義集合上的運算或函數。定義 2 將說明這一點，而例題 7 將討論字串的長度。

定義 2　透過串接(concatenation)的操作可以將兩個字串加以結合。令 Σ 是符號集合，而 Σ^* 是由 Σ 裡的符號所形成字串的集合。將兩個字串的串接透過記號 $\cdot$，以遞迴的方式定義如下：

基礎步驟：如果 $w \in \Sigma^*$，則 $w \cdot \lambda = w$，其中 λ 是空字串。

遞迴步驟：如果 $w_1 \in \Sigma^*$，$w_2 \in \Sigma^*$，而且 $x \in \Sigma$，則 $w_1 \cdot (w_2 x) = (w_1 \cdot w_2) x$。

字串 w_1 與 w_2 的串接通常寫成 w_1w_2，而不寫成 $w_1 \cdot w_2$。重複應用遞迴定義，可知 w_1 與 w_2 的兩個字串由 w_1 中的符號之後緊接的 w_2 裡的符號所組成。舉例而言，$w_1 = abra$ 與 $w_2 = cadabra$ 的串接是 $w_1w_2 = abracadabra$。

例題 7 **字串的長度** 給出字串 w 的長度 $l(w)$ 的遞迴定義。

解： 字串的長度可以定義成

$l(\lambda) = 0$;
$l(wx) = l(w) + 1$ 若 $w \in \Sigma^*$ 而且 $x \in \Sigma$ ◀

遞迴定義最重要的用途之一是定義各種型式的**合式公式**（well-formed formula），見例題 8 和例題 9。

例題 8 **命題邏輯的合式公式** 定義包含 **T**、**F**、命題變數，以及運算符號形成的集合 $\{\neg, \wedge, \vee, \rightarrow, \leftrightarrow\}$ 中運算符號之命題邏輯的合式公式集合，來代表複合命題。

基礎步驟： **T**、**F** 和 s 都是合式公式，其中 s 是命題變數。

遞迴步驟： 如果 E 和 F 都是合式公式，則 $(\neg E)$、$(E \wedge F)$、$(E \vee F)$、$(E \rightarrow F)$ 和 $(E \leftrightarrow F)$ 都是合式公式。

例如，由基礎步驟中知道 **T**、**F**、p 和 q 都是合式公式，其中 p 和 q 是合式變數。根據第一次使用遞迴步驟的結果，我們知道 $(p \vee q)$、$(p \rightarrow \mathbf{F})$、$(\mathbf{F} \rightarrow q)$ 和 $(q \wedge \mathbf{F})$ 是合式公式。第二次使用遞迴步驟則顯示出 $((p \vee q) \rightarrow (q \wedge \mathbf{F}))$、$(q \vee (p \vee q))$ 以及 $((p \rightarrow \mathbf{F}) \rightarrow \mathbf{T})$ 都是合式公式。我們留給讀者自行證明 $p\neg \wedge q$、$pq\wedge$ 以及 $\neg \wedge pq$ 都不是合式公式。 ◀

例題 9 **運算和運算元的合式公式** 遞迴定義合式公式的集合包含變數、數字和由 $\{+$、$-$、$*$、$/$、$\uparrow\}$ 組成的運算元集合（其中 $*$ 代表乘法，$\uparrow$ 代表指數）。

基礎步驟： 如果 x 是數字或變數，則 x 是一個合式公式。

遞迴步驟： 如果 F 和 G 是合式公式，則 $(F + G)$、$(F - G)$、$(F * G)$、(F/G) 和 $(F \uparrow G)$ 都是合式公式。

例如，從基礎步驟中看出 x、y、0 和 3 都是合式公式（因為是任意的數字和變數）。應用遞迴步驟一次所產生的合式公式，包括 $(x + 3)$、$(3 + y)$、$(x - y)$、$(3 - 0)$、$(x * 3)$、$(3 * y)$、$(3/0)$、(x/y)、$(3\uparrow x)$ 以及 $(0\uparrow 3)$。應用遞迴步驟兩次，則可證明 $((x + 3) + 3)$ 與 $(x - (3 * y))$ 等公式都是合式公式。〔$(3/0)$ 是合式公式，因為在這裡只考慮語法。〕我們留給讀者自行檢驗 $x3 + y$、$y* + x$ 和 $*x/y$ 並非合式公式，因為無法透過基礎步驟或若干次遞迴步驟得出。 ◀

第 10 章會詳細探討樹圖（一種特殊型態的圖形）。圖形是由頂點與連結頂點的邊（線段）所組成，我們會在第 9 章討論圖論，這裡僅簡短說明，顯示它們如何用遞迴的方式加以定義。

> **定義 3** ■ 有根樹圖（rooted tree）的集合可以依照下列步驟以遞迴的方式加以定義。一個有根樹圖的組成包含稱為根點（root）的特殊頂點，以及其他頂點和連結這些頂點的邊所形成的集合。
>
> **基礎步驟**：單一頂點 r 是有根樹圖。
>
> **遞迴步驟**：假設 T_1、T_2、…、T_n 是有根樹圖，其根點分別為 r_1、r_2、…、r_n，則從某個不屬於有根樹圖 T_1、T_2、…、T_n 的根 r 所開始的圖，再加上每一個從 r 連到頂點 r_1、r_2、…、r_n 的邊，所得結果仍然是有根樹圖。

圖 2 所示為依照基礎步驟與應用遞迴步驟一到二次所形成的有根樹圖。每次應用遞迴步驟都會產生無限多個有根樹圖。

二元樹圖是一種特殊型態的有根樹圖。我們將提供兩種不同的二元樹遞迴定義：滿二元樹圖與延伸二元樹圖。在二元樹圖定義的遞迴步驟中，新的樹圖都是由兩個二元樹圖結合而成，原先的兩個樹圖分別標示為左子樹圖和右子樹圖。如果是延伸二元樹圖，左子樹圖或右子樹圖可能是空集合，但這在滿二元樹圖中不會發生。二元樹圖是資訊科學中最重要的結構之一。在第 10 章我們會看到如何使用樹圖進行搜尋與排序演算，以及壓縮資料的演算法與其他方面的應用。我們首先定義延伸二元樹。

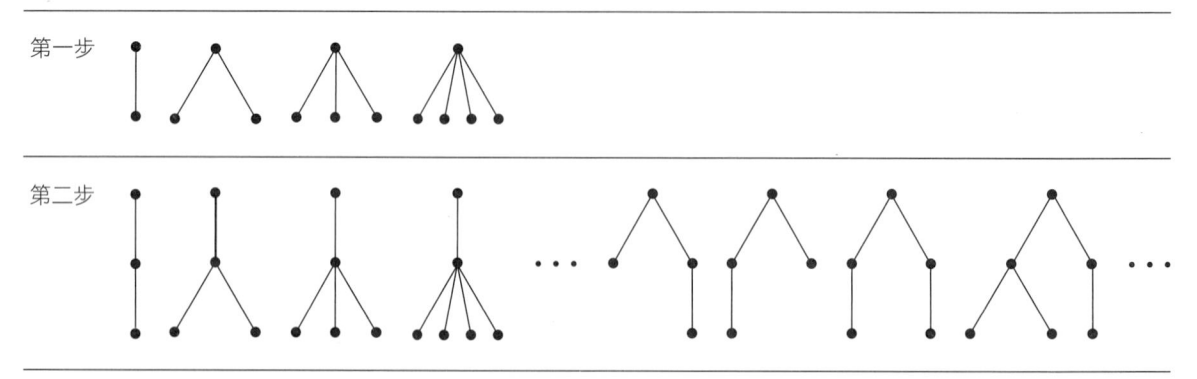

> **定義 4** ■ 延伸二元樹圖（extended binary tree）的集合可以用遞迴的方式定義：
>
> **基礎步驟**：空集合是延伸二元樹圖。
>
> **遞迴步驟**：如果 T_1 與 T_2 是延伸二元樹圖，而且這兩個樹圖非空，則存在延伸二元樹圖（記為 $T_1 \cdot T_2$），其組成是根點 r，再加上連接這個根點與左子樹圖 T_1 和右子樹圖 T_2 之兩個根點的邊。

圖 3 顯示使用遞迴步驟一到三次所建立的延伸二元樹圖。

圖 2 建構一個有根樹圖

基礎步驟	∅
第一步	•
第二步	
第三步	

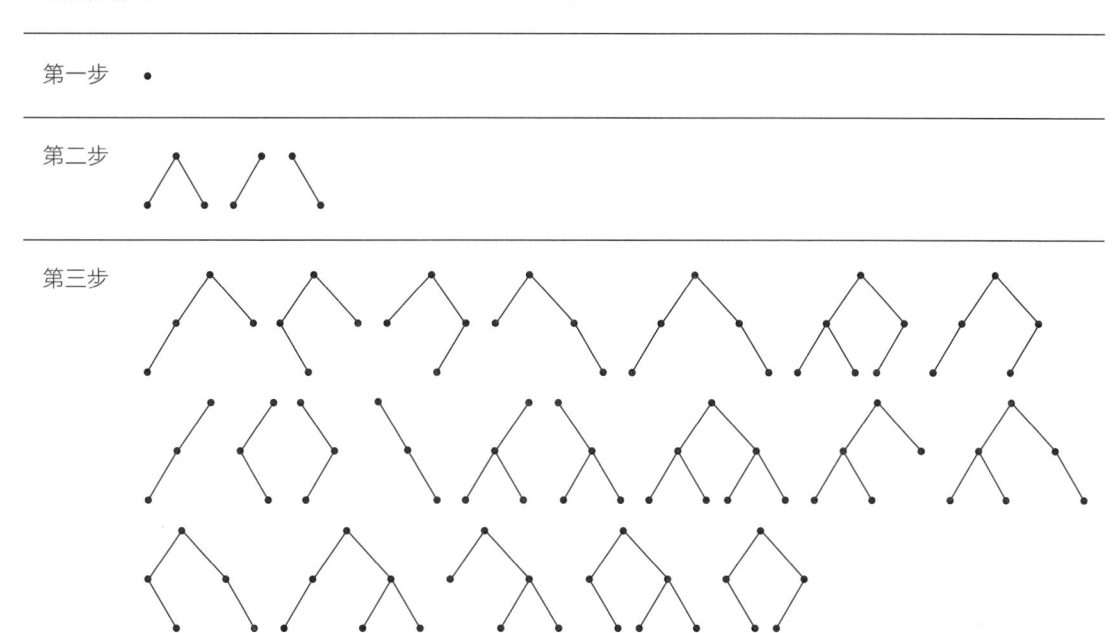

圖 3 建構一個延伸二元樹圖

現在要說明如何定義滿二元樹圖。此遞迴定義與延伸二元樹圖的遞迴定義的不同之處只在兩者的基礎步驟。

> **定義 5** ■ 滿二元樹圖（full binary tree）的集合可依下列步驟以遞迴的方式定義：
> **基礎步驟**：存在僅含單一頂點 r 的完全二元樹。
> **遞迴步驟**：如果 T_1 與 T_2 是滿二元樹圖，則存在滿二元樹圖（記為 $T_1 \cdot T_2$），其組成是根點 r，再加上連接這個根點與左子樹圖 T_1 和右子樹圖 T_2 所含每個根點的邊。

圖 4 顯示使用遞迴步驟一到二次所建立的滿二元樹圖。

基礎步驟	•
第一步	
第二步	

圖 4 建構一個滿二元樹圖

習題 Exercises   * 表示為較難的練習；** 表示為高度挑戰性的練習； ☞ 對應正文。

1. 根據 $f(0) = 1$ 與下列遞迴定義的 $f(n)$，$n = 0, 1, 2, \ldots$，求出 $f(1)$、$f(2)$、$f(3)$ 與 $f(4)$。
    a) $f(n+1) = f(n) + 2$
    b) $f(n+1) = 3f(n)$
    c) $f(n+1) = 2^{f(n)}$
    d) $f(n+1) = f(n)^2 + f(n) + 1$

2. 根據 $f(0) = 3$ 與下列遞迴定義的 $f(n)$，$n = 0, 1, 2, \ldots$，求出 $f(1)$、$f(2)$、$f(3)$、$f(4)$ 與 $f(5)$。
    a) $f(n+1) = -2f(n)$
    b) $f(n+1) = 3f(n) + 7$
    c) $f(n+1) = f(n)^2 - 2f(n) - 2$
    d) $f(n+1) = 3^{f(n)/3}$

3. 根據 $f(0) = -1$，$f(1) = 2$ 與下列遞迴定義的 $f(n)$，$n = 1, 2, \ldots$，求出 $f(2)$、$f(3)$、$f(4)$ 與 $f(5)$。
    a) $f(n+1) = f(n) + 3f(n-1)$
    b) $f(n+1) = f(n)^2 f(n-1)$
    c) $f(n+1) = 3f(n)^2 - 4f(n-1)^2$
    d) $f(n+1) = f(n-1)/f(n)$

4. 根據 $f(0) = f(1) = 1$ 與下列遞迴定義的 $f(n)$，$n = 1, 2, \ldots$，求出 $f(2)$、$f(3)$、$f(4)$ 與 $f(5)$。
    a) $f(n+1) = f(n) - f(n-1)$
    b) $f(n+1) = f(n)f(n-1)$
    c) $f(n+1) = f(n)^2 + f(n-1)^2$
    d) $f(n+1) = f(n)/f(n-1)$

5. 判斷下列從非負整數對應到整數的函數 f 是否為有效的遞迴定義。如果 f 是良好定義的，當 n 是非負整數時，試求 $f(n)$ 的公式，並證明求出的公式是有效的。
    a) $f(0) = 0$；當 $n \geq 1$ 時，$f(n) = 2f(n-2)$。
    b) $f(0) = 1$；當 $n \geq 1$ 時，$f(n) = f(n-1) - 1$。
    c) $f(0) = 2$，$f(1) = 3$；當 $n \geq 2$ 時，$f(n) = f(n-1) - 1$。
    d) $f(0) = 1$，$f(1) = 2$；當 $n \geq 2$ 時，$f(n) = 2f(n-2)$。
    e) $f(0) = 1$；當 n 是正奇數時，$f(n) = 3f(n-1)$，當 n 是正偶數時，$f(n) = 9f(n-2)$。

6. 判斷下列從非負整數對應到整數的函數 f 是否為有效的遞迴定義。如果 f 是良好定義的，當 n 是非負整數時，試求 $f(n)$ 的公式，並證明求出的公式是有效的。
    a) $f(0) = 1$；當 $n \geq 1$ 時，$f(n) = -f(n-1)$。
    b) $f(0) = 1$，$f(1) = 0$，$f(2) = 2$；當 $n \geq 3$ 時，$f(n) = 2f(n-3)$。
    c) $f(0) = 0$，$f(1) = 1$；當 $n \geq 2$ 時，$f(n) = f(n+1)$。
    d) $f(0) = 0$，$f(1) = 1$；當 $n \geq 1$ 時，$f(n) = 2f(n-1)$。
    e) $f(0) = 2$；當 n 是正奇數時，$f(n) = f(n-1)$，當 n 是正偶數時，$f(n) = 2f(n-2)$。

7. 求出序列 $\{a_n\}$，$n = 1, 2, 3, \ldots$ 的遞迴定義，若
    a) $a_n = 6n$
    b) $a_n = 2n + 1$
    c) $a_n = 10^n$
    d) $a_n = 5$

8. 求出序列 $\{a_n\}$，$n = 1, 2, 3, \ldots$ 的遞迴定義，若
    a) $a_n = 4n - 2$
    b) $a_n = 1 + (-1)^n$
    c) $a_n = n(n+1)$
    d) $a_n = n^2$

9. 令 $F(n)$ 為首 n 個正整數之和的函數，求出 $F(n)$ 的遞迴定義。
10. 令 $S_m(n)$ 是整數 m 與非負整數 n 之和的函數，求出 $S_m(n)$ 的遞迴定義。
11. 令 $P_m(n)$ 是整數 m 與非負整數 n 之積的函數，求出 $P_m(n)$ 的遞迴定義。

在習題 12 至 19 中，f_n 表示費氏數的第 n 項。

12. 證明當 n 是正整數時，$f_1^2 + f_2^2 + \cdots + f_n^2 = f_n f_{n+1}$。
13. 證明當 n 是正整數時，$f_1 + f_3 + \cdots + f_{2n-1} = f_{2n}$。
* 14. 證明當 n 是正整數時，$f_{n+1} f_{n-1} - f_n^2 = (-1)^n$。
* 15. 證明當 n 是正整數時，$f_0 f_1 + f_1 f_2 + \cdots + f_{2n-1} f_{2n} = f_{2n}^2$。
* 16. 證明當 n 是正整數時，$f_0 - f_1 + f_2 - \cdots - f_{2n-1} + f_{2n} = f_{2n-1} - 1$。
17. 找出利用歐基里得演算法求出費氏數 f_n 和 f_{n+1} 的最大公因數所使用之除法次數，其中 n 是非負整數。以數學歸納法證明你的答案。
18. 令

$$\mathbf{A} = \begin{bmatrix} 1 & 1 \\ 1 & 0 \end{bmatrix}$$

證明當 n 為正整數時，

$$\mathbf{A}^n = \begin{bmatrix} f_{n+1} & f_n \\ f_n & f_{n-1} \end{bmatrix}$$

19. 對習題 18 的等式兩邊取行列式，證明習題 14 的恆等式。
* 20. 若 $\max(a_1, a_2, ..., a_n)$ 和 $\min(a_1, a_2, ..., a_n)$ 分別是 n 個數 a_1、a_2、...、a_n 中的最大值和最小值，求出函數 max 和 min 的遞迴定義。
* 21. 若 a_1、a_2、...、a_n 和 b_1、b_2、...、b_n 都是實數，利用習題 20 的遞迴定義來證明下列結果：
    a) $\max(-a_1, -a_2, ..., -a_n) = -\min(a_1, a_2, ..., a_n)$
    b) $\max(a_1 + b_1, a_2 + b_2, ..., a_n + b_n) \leq \max(a_1, a_2, ..., a_n) + \max(b_1, b_2, ..., b_n)$
    c) $\min(a_1 + b_1, a_2 + b_2, ..., a_n + b_n) \geq \min(a_1, a_2, ..., a_n) + \min(b_1, b_2, ..., b_n)$
22. 若集合 S 的定義如下：$1 \in S$，而且對於 $s \in S$ 和 $t \in S$，$s + t \in S$。證明 S 正好是正整數所形成的集合。
23. 求出 5 的倍數之正整數集合的遞迴定義。
24. 給出下述集合之遞迴定義：
    a) 正奇數集合。　　　　　　　　b) 3 的正整數次方的集合。
    c) 整數係數多項式的集合。
25. 給出下述集合的遞迴定義：
    a) 偶數集合。　　　　　　　　　b) 除以 3 餘 2 的正整數的集合。
    c) 不能被 5 整除的正整數的集合。
26. 令 S 是依照下列遞迴方式所定義之整數序對集合的子集合：

    基礎步驟：$(0, 0) \in S$。

    遞迴步驟：如果 $(a, b) \in S$，則 $(a + 2, b + 3) \in S$，而且 $(a + 3, b + 2) \in S$。

a) 列出前五次應用遞迴定義所產生的元素。

b) 針對定義中使用遞迴步驟的應用次數，以強歸納法證明當 $(a, b) \in S$ 時，$5 \mid a+b$。

27. 令 S 是依照下列遞迴方式所定義之整數序對集合的子集合：

基礎步驟：$(0, 0) \in S$。

遞迴步驟：如果 $(a, b) \in S$，則 $(a, b+1) \in S$，$(a+1, b+1) \in S$，而且 $(a+2, b+1) \in S$。

a) 列出前四次應用遞迴定義所產生的元素。

b) 針對定義中使用遞迴步驟的應用次數，以強歸納法證明當 $(a, b) \in S$ 時，$a \leq 2b$。

28. 針對下列正整數數對的集合，求出其遞迴定義。〔提示：在平面上繪出集合中的點，並且找出由這些點所形成的直線。〕

a) $S = \{(a, b) \mid a \in \mathbf{Z}^+, b \in \mathbf{Z}^+,$ 而且 $a+b$ 是奇數 $\}$

b) $S = \{(a, b) \mid a \in \mathbf{Z}^+, b \in \mathbf{Z}^+,$ 而且 $a \mid b\}$

c) $S = \{(a, b) \mid a \in \mathbf{Z}^+, b \in \mathbf{Z}^+,$ 而且 $3 \mid a+b\}$

29. 證明在一位元字串中，字串 01 發生的次最多比字串 10 多一次。

30. 定義集合、以變數表示的集合，以及運算形式 $\{\neg, \cup, \cap, -\}$ 的合式公式。

所謂字串的**倒置**（reversal），是指將原字串裡的符號依相反順序重新排列而成新字串。將字串 w 倒置所得之新字串記為 w^R。

31. 求出下列位元字串的倒置。

a) 0101

b) 1 1011

c) 1000 1001 0111

32. 求出字串倒置的遞迴定義。〔提示：首先定義空字串的倒置，然後把長度為 $n+1$ 的字串 w 寫成 xy，其中 x 是長度為 n 的字串，並且利用 x^R 和 y 來表示 w 的倒置。〕

33. 求出 w^i 的遞迴定義，其中 w 是字串，i 是非負整數。（在這裡 w^i 表示字串 w 的 i 份複製的串接。）

* 34. 求出迴文（palindrome）位元字串集合的遞迴定義。

35. 將位元字串集合 A 遞迴地定義成

$\lambda \in A$

若 $x \in A$，則 $0x1 \in A$

其中 λ 是空字串，哪些位元字串屬於 A？

36. 以遞迴定義 0 比 1 多的位元字串的集合。

* 37. 利用習題 33 和數學歸納證明：$l(w^i) = i \cdot l(w)$，其中 w 是字串，i 是非負整數。

* 38. 證明當 w 是字串且 i 是非負整數時，可得 $(w^R)^i = (w^i)^R$，亦即證明一個字串倒置的 i 次方是這個字串 i 次方的倒置。

5.4 遞迴演算法 Recursive Algorithms

引言

有時,我們能將有特定輸入集合的問題簡化成輸入值較小的相同問題。例如,求正整數 a 和 b $(b > a)$ 最大公因數的問題,可以簡化成求一對較小正整數 $b \bmod a$ 和 a 的最大公因數問題,因為 $\gcd(b \bmod a, a) = \gcd(a, b)$。當這類簡化可行時,就能用一系列簡化過程來求出原問題的解。例如,求最大公因數時,可以持續簡化,直到較小的正整數為 0。因為當 $b > 0$ 時,$\gcd(0, b) = b$。

連續將問題簡化成較小輸入之相同問題的演算法,可廣泛應用在許多不同的問題上。

> **定義 1** ■ 藉由把問題簡化到更小輸入的相同問題來解決問題的演算法,稱為遞迴演算法。

本節中,我們將描述數個不同的遞迴演算法。

例題 1 求出計算 $n!$ 的遞迴演算法,其中 n 為非負整數。

解:我們能根據 $n!$ 的遞迴定義:$n! = n \cdot (n-1)!$ 且 $0! = 1$,來建構計算 $n!$ 的遞迴演算法,其中 n 為非負整數。為求出某個特定整數的 $n!$,我們將使用遞迴步驟 n 次,每次都代入一個較小整數的階乘函數,直到最後代入最小的階乘函數為 $0! = 1$ 為止。我們得出的遞迴演算法如演算法 1 所示。

要了解為何演算法可行,我們將依循演算法的步驟,求出 $4!$ 的值。首先,我們利用遞迴步驟得到 $4! = 4 \cdot 3!$。接下來,重複遞迴步驟:$3! = 3 \cdot 2!$,$2! = 2 \cdot 1!$,$1! = 1 \cdot 0!$。最後代入 $0! = 1$,回溯這些步驟,得到 $1! = 1 \cdot 1 = 1$,$2! = 2 \cdot 1! = 2 \cdot 1 = 2$,$3! = 3 \cdot 2! = 3 \cdot 2 = 6$,而 $4! = 4 \cdot 3! = 4 \cdot 6 = 24$。 ◂

演算法 1 計算 $n!$ 的遞迴演算法

procedure *factorial*(n: nonnegative integer)
if $n = 0$ **then return** 1
else return $n \cdot$ *factorial*($n - 1$)
{output is $n!$}

例題 2 將說明如何利用遞迴定義所得的求值函數來建構遞迴演算法。

例題 2
求出計算 a^n 的遞迴演算法，其中 a 是非零實數，而 n 為非負整數。

解： 我們能根據 a^n 的遞迴定義：當 $n > 0$ 時，$a^n = a \cdot a^{n-1}$ 且 $a^0 = 1$，來建構計算 a^n 的遞迴演算法。為求出某個特定整數 n 的 a^n，我們將持續使用遞迴步驟降低指數，直到指數變為 1 為止。遞迴演算法如演算法 2 所示。◀

演算法 2 計算 a^n 的遞迴演算法

procedure $power(a$: nonzero real number, n: nonnegative integer)
if $n = 0$ **then return** 1
else return $a \cdot power(a, n - 1)$
{output is a^n}

接下來介紹一個求最大公因數的遞迴演算法。

例題 3
求出兩個非負整數 a 和 b 的最大公因數的遞迴演算法，其中 $a < b$。

解： 利用 $\gcd(a, b) = \gcd(b \bmod a, a)$ 與當 $b > 0$ 時，$\gcd(0, b) = b$，可得遞迴演算法如演算法 3 所示（這是一個遞迴的歐基里得演算法）。

我們以輸入 $a = 5$ 與 $b = 8$ 來說明演算法 3 如何運作。首先使用 "else" 求出 $\gcd(5, 8) = \gcd(8 \bmod 5, 5) = \gcd(3, 5)$。重複使用 "else"，得到 $\gcd(3, 5) = \gcd(5 \bmod 3, 3) = \gcd(2, 3)$；$\gcd(2, 3) = \gcd(3 \bmod 2, 2) = \gcd(1, 2)$；$\gcd(1, 2) = \gcd(2 \bmod 1, 1) = \gcd(0, 1)$。最後使用第一個步驟，因為 $a = 0$。找出 $\gcd(0, 1) = 1$，因此演算法求出 $\gcd(5, 8) = 1$。◀

演算法 3 計算 $\gcd(a, b)$ 的遞迴演算法

procedure $gcd(a, b$: nonnegative integers with $a < b)$
if $a = 0$ **then return** b
else return $gcd(b \bmod a, a)$
{output is $\gcd(a, b)$}

例題 4
設計一個計算 $b^n \bmod m$ 的遞迴演算法，其中 b、n 和 m 為滿足 $1 \leq b < m$、$n \geq 0$ 和 $m \geq 2$ 的整數。

解： 等式 $b^n \bmod m = (b \cdot (b^{n-1} \bmod m)) \bmod m$（見 4.1 節系理 2），可以作為遞迴演算法的基礎。其中，初始條件為 $b^0 \bmod m = 1$。後續的推論留給讀者練習，見習題 12。

然而，依據下面的觀察：

當 n 是偶數時，$b^n \bmod m = (b^{n/2} \bmod m)^2 \bmod m$

當 n 是奇數時，$b^n \bmod m = ((b^{\lfloor n/2 \rfloor} \bmod m)^2 \bmod m \cdot b \bmod m) \bmod m$

我們能設計出更有效率的遞迴演算法，虛擬碼如演算法 4 所示。

我們以 $b = 2$，$n = 5$ 和 $m = 3$ 來說明為何演算法 4 是可行的。首先，因為 $n = 5$ 是奇數，使用"else"，可得到 $mpower(2, 5, 3) = (mpower(2, 2, 3)^2 \bmod 3 \cdot 2 \bmod 3) \bmod 3$。接下來，使用"else if"得到 $mpower(2, 2, 3) = npower(2, 1, 3)^2 \bmod 3$。再次使用"else"，得到 $mpower(2, 1, 3) = (mpower(2, 0, 3)^2 \bmod 3 \cdot 2 \bmod 3) \bmod 3$。最後，使用"if"，得到 $mpower(2, 0, 3) = 1$。回溯所有的步驟，$mpower(2, 1, 3) = (1^2 \bmod 3 \cdot 2 \bmod 3) \bmod 3 = 2$，$mpower(2, 2, 3) = 2^2 \bmod 3 = 1$。所以，$mpower(2, 5, 3) = (1^2 \bmod 3 \cdot 2 \bmod 3) \bmod 3 = 2$。◂

演算法 4 　遞迴模指數

procedure $mpower(b, n, m$: integers with $b > 0$ and $m \geq 2, n \geq 0)$
if $n = 0$ **then**
　　return 1
else if n is even **then**
　　return $mpower(b, n/2, m)^2 \bmod m$
else
　　return $(mpower(b, \lfloor n/2 \rfloor, m)^2 \bmod m \cdot b \bmod m) \bmod m$
{output is $b^n \bmod m$}

接下來，我們將討論在 3.1 節介紹的搜尋演算法之遞迴形式。

例題 5 　求出線性搜尋演算法的遞迴形式。

解： 為了在序列 $a_1, a_2, ..., a_n$ 中搜尋首先出現的 x，演算法的第 i 個步驟是比較 x 與 a_i。若 a_i 等於 x，則演算法回傳 i 表示 x 在序列中第 i 個位置；否則對首先出現之 x 的搜尋便簡化到少一個元素的序列，即在序列 $a_{i+1}, ..., a_n$ 中搜尋。若在搜尋完所有的序列後並沒有發現 x，則演算法回傳 0。上述演算法的遞迴形式的虛擬碼如演算法 5 所示。

令 $search(i, j, x)$ 是在序列 $a_i, a_{i+1}, ..., a_j$ 中搜尋首先出現之 x 的過程，其輸入為有序三項 $(1, n, x)$。如果剩餘序列中的第一項等於 x，或是序列中只剩下不等於 x 的唯一項，則演算法終止。若 x 不為序列之第一項，而序列中還有其他項，則刪除搜尋序列之第一項，然後執行相同的過程。若在序列中找不到 x，則演算法終止，並回傳數值 0。◂

演算法 5 　遞迴線性搜尋演算法

procedure $search(i, j, x$: i, j, x integers, $1 \leq i \leq j \leq n)$
if $a_i = x$ **then**
　　return i
else if $i = j$ **then**
　　return 0
else
　　return $search(i + 1, j, x)$
{output is the location of x in $a_1, a_2, \ldots, a_n$ if it appears; otherwise it is 0}

> **例題 6** 建構一個二元搜尋演算法的遞迴版本。

解： 假設要在遞增的整數序列 $a_1, a_2, ..., a_n$ 中搜尋 x。在二元搜尋中，先比較 x 與中間項 $a_{\lfloor (n+1)/2 \rfloor}$。若 x 等於這一項，則回傳這一項的位置，演算法終止。若 x 小於此項，則將搜尋數列簡化成原數列的前一半；反之，若 x 大於此項，則將搜尋數列簡化成後一半。然後，重複原來的搜尋過程。若沒有發現要搜尋的 x，則演算法回傳 0。二元搜尋演算法的遞迴形式見演算法 6。◀

演算法 6 遞迴二元搜尋演算法

procedure $binary\ search(i, j, x: i, j, x$ integers, $1 \leq i \leq j \leq n)$
$m := \lfloor (i + j)/2 \rfloor$
if $x = a_m$ **then**
    return m
else if $(x < a_m$ and $i < m)$ **then**
    return $binary\ search(i, m - 1, x)$
else if $(x > a_m$ and $j > m)$ **then**
    return $binary\ search(m + 1, j, x)$
else return 0
{output is location of x in $a_1, a_2, \ldots, a_n$ if it appears; otherwise it is 0}

證明遞迴演算法的正確性

數學歸納法與由其變化而得的強歸納法，皆都能用來證明遞迴演算法的正確性——即對所有可能的輸入，都能得到想要的輸出。例題 7 與例題 8 將說明如何使用數學歸納法來證明遞迴演算法的正確性。首先，證明演算法 2 是正確的。

> **例題 7** 證明計算實數之冪次的演算法 2 是正確的。

解： 對指數 n 做數學歸納法。

基礎步驟： 若 $n = 0$，演算法的第一個步驟告訴我們 $power(a, 0) = 1$。因為對所有的實數 a 而言，$a^0 = 1$，所以結果是正確的。

歸納步驟： 令歸納假說為對所有 $a \neq 0$ 和任意非負整數 k 而言，$power(a, k) = a^k$，也就是說，演算法計算出來的 a^k 是正確的。現在，往證演算法求出的 a^{k+1} 是正確的。因為 $k + 1$ 是正整數，演算法將執行 $power(a, k + 1) = a \cdot power(a, k)$。根據歸納假說，$power(a, k) = a^k$，所以 $power(a, k + 1) = a \cdot power(a, k) = a \cdot a^k = a^{k+1}$。得證。

我們完成了基礎步驟與歸納步驟，可知演算法 2 對所有非零實數 a 與非負整數 n，皆能求出正確的 a^n。◀

通常，我們會使用強歸納法來證明遞迴演算法的正確性，而非一般化歸納法。例題 8 將說明強歸納法能證明演算法 4 是正確的。

例題 8 證明計算模指數的演算法 4 是正確的。

解： 對指數 n 做強歸納法。

基礎步驟： 令 b 為整數，而 m 是大於等於 2 的整數。當 $n = 0$ 時，演算法令 $npower(b, n, m) = 1$。因為 $b^0 \bmod m = 1$，所以計算結果是正確的。

歸納步驟： 令歸納假說為對所有的整數 $0 \le j < k$，當 b 為整數，而 m 是大於等於 2 的整數時，$npower(b, j, m) = b^j \bmod m$。我們將往證 $npower(b, k, m) = b^k \bmod m$。由於遞迴演算法對 k 值為偶數或奇數會有不同的定義，所以我們分成兩種情況來看：

當 k 為偶數時，

$$mpower(b, k, m) = (mpower(b, k/2, m))^2 \bmod m = (b^{k/2} \bmod m)^2 \bmod m = b^k \bmod m$$

其中以歸納假說將 $mpower(b, k/2, m)$ 以 $b^{k/2} \bmod m$ 代入。

當 k 為奇數時，

$$\begin{aligned} mpower(b, k, m) &= ((mpower(b, \lfloor k/2 \rfloor, m))^2 \bmod m \cdot b \bmod m) \bmod m \\ &= ((b^{\lfloor k/2 \rfloor} \bmod m)^2 \bmod m \cdot b \bmod m) \bmod m \\ &= b^{2\lfloor k/2 \rfloor + 1} \bmod m = b^k \bmod m \end{aligned}$$

此處使用 4.1 節系理 2，因為當 k 為奇數時，$2\lfloor k/2 \rfloor + 1 = 2(k - 1)/2 + 1 = k$，也使用歸納假說 $mpower(b, \lfloor k/2 \rfloor, m) = b^{\lfloor k/2 \rfloor} \bmod m$。

完成基礎步驟與歸納步驟，得到演算法 4 是正確的。 ◀

遞迴與迭代

遞迴定義方式是將函數在某正整數上的函數值，表示成數項較小整數的函數值之關係。這意味著，我們能設計一個遞迴演算法來求出函數在正整數上的函數值。不像先前是以簡化的方式求出較小整數的函數值，我們將由基本的情況開始，一一求出連續增加之正整數的函數值。這樣的方式稱為**迭代的**（**iterative**）。通常以迭代方式來求遞迴定義之函數值所需的計算次數，比使用遞迴方式要來得少（除非使用特地為遞迴演算法設計的機器）。下面將分別說明如何以遞迴方式和迭代方式求出第 n 個費氏數。

演算法 7　費氏數的遞迴演算法

procedure *fibonacci*(*n*: nonnegative integer)
if $n = 0$ **then return** 0
else if $n = 1$ **then return** 1
else return *fibonacci*($n - 1$) + *fibonacci*($n - 2$)
{output is *fibonacci*(*n*)}

當我們用遞迴程序來求出 f_n 時，首先將 f_n 表示成 $f_{n-1} + f_{n-2}$，然後再分別以接下去的費氏數來表示這兩個費氏數。見圖 1，先將 f_4 以 $f_3 + f_2$ 表示，然後再以 f_2、f_1 和 f_1、f_0 分別表示 f_3 和 f_2。每個部分在到達 f_1、f_0 時便終止。讀者可以檢驗，求出 f_n 演算法需要 $f_{n+1} - 1$ 個加法。

現在利用演算法 8 的迭代逼近方式求出計算 f_n 所需的次數。

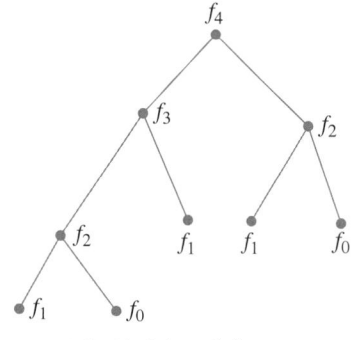

圖 1 遞迴地求出 f_4 的值

演算法 8 計算費氏數的迭代演算法

procedure *iterative fibonacci*(n: nonnegative integer)
if $n = 0$ **then return** 0
else
    $x := 0$
    $y := 1$
    for $i := 1$ to $n - 1$
        $z := x + y$
        $x := y$
        $y := z$
    return y
{output is the nth Fibonacci number}

這個程序先將 x 的初始值令為 $f_0 = 0$，而 y 的初始值為 $f_1 = 1$。經過迴圈後，將 x 與 y 的和賦予變量 z。接下來，將 y 的值賦予 x，而 z 的值賦予 y。如此一來，經過第一次迴圈後，x 的值是 f_1，而 y 的值則變為 $f_0 + f_1$，也就是 f_2。以相同的步驟經過 $n - 1$ 次迴圈後，x 的值變為 f_{n-1}，而 y 的值變為 f_n。在使用迭代逼近時，求出 f_n 的值只需要 n 次加法。很明顯地，使用的運算次數較遞迴演算法來得少。

雖然已證明出使用迭代逼近方式求值所使用的運算次數遠少於使用遞迴演算法，然而有時人們還是喜歡使用效率較低的遞迴演算法，因為遞迴方式較容易執行，而且現今已有專為執行遞迴演算法的機器。如此一來，便抵消了迭代方式的優勢。

合併排序法

在此將介紹一種遞迴的排序演算法，稱為**合併排序法（merge sort algorithm）**。在描述之前，先以一個例題來說明合併排序法如何運作。

例題 9 利用合併排序法，依遞增方式排序 8, 2, 4, 6, 9, 7, 10, 1, 5, 3。

解：合併排序法先對表列中的元素進行二分法，直至變成單一個元素為止。見圖 2 的上半部，將題目給定的序列進行二分法，會得到一個高度為 4 的平衡二元樹圖。

```
                    8 2 4 6 9 7 10 1 5 3
                   /                    \
              8 2 4 6 9              7 10 1 5 3
             /       \               /        \
           8 2 4     6 9          7 10 1      5 3
           /   \     / \          /   \       / \
          8 2   4   6   9        7 10  1     5   3
          / \                    / \
         8   2                  7  10
```

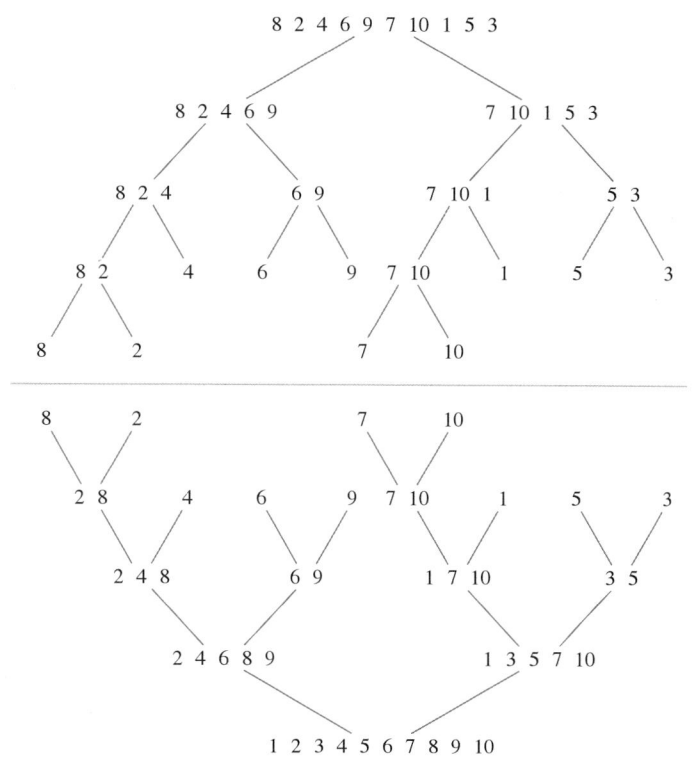

```
         8   2                  7   10
          \ /                    \ /
          2 8     4   6   9     7 10  1    5   3
           \ /     \ /           \ /    \  / 
           2 4 8   6 9          1 7 10   3 5
              \   /                \     /
              2 4 6 8 9           1 3 5 7 10
                    \               /
                    1 2 3 4 5 6 7 8 9 10
```

圖 2 8, 2, 4, 6, 9, 7, 10, 1, 5, 3 的合併排序法

然後，將一對對的表列依下面方法合併便能完成排序。在第一階段，先將單一元素依大小順序合併成一個含兩元素的表列（順序是正確的）。接下來，繼續依正確的順序來合併一對對的表列，直到只剩下一個表列為止。圖 2 的下半部就是合併的過程。（注意，此樹圖是上下顛倒的。）

一般而言，合併排序法先不斷地將表列平分（或只差一項）成兩個子表列，直到每個表列中只剩下一個元素為止，這個過程能以平衡的二元樹圖來表現。然後，再將兩個兩個表列中的元素，依遞增方式合併在一起排序，直至只剩下一個表列為止，這種持續合併的過程也能用平衡二元樹圖來表現。

我們也可以用遞迴的方式來描述合併排序法，見演算法 9。在演算法中，需要使用副程式 merge，見演算法 10。

演算法 9 遞迴的合併排序法

procedure mergesort($L = a_1, \ldots, a_n$)
if $n > 1$ **then**
　　$m := \lfloor n/2 \rfloor$
　　$L_1 := a_1, a_2, \ldots, a_m$
　　$L_2 := a_{m+1}, a_{m+2}, \ldots, a_n$
　　$L := merge(mergesort(L_1),\ mergesort(L_2))$
{L is now sorted into elements in nondecreasing order}

將兩個有序表列合併成一個較大有序表列的有效演算法必須引入合併排序，現在我們將說明這個程序。

例題 10 合併兩個表列 2, 3, 5, 6 和 1, 4。

解：表 1 說明我們使用的步驟。首先，比較兩列中最小的數，即 1 與 2。因為 1 比較小，將它從第二表列中刪去。此時，第一表列還是 2, 3, 5, 6，第二表列只剩下 4，而新表列為 1。

表 1　合併兩個已排序的表列 2, 3, 5, 6 與 1, 4

第一表列	第二表列	合併表列	比較
2 3 5 6	1 4		1 < 2
2 3 5 6	4	1	2 < 4
3 5 6	4	1 2	3 < 4
5 6	4	1 2 3	4 < 5
5 6		1 2 3 4	
		1 2 3 4 5 6	

其次，比較 2 與 4。因為 2 比較小，將 2 自第一表列中刪去，置入新表列中的第二項。此時，第一表列是 3, 5, 6，而第二表列還是 4，新表列則為 1, 2。

繼續比較 3 與 4。因為 3 < 4，將 3 自第一表列中刪去，置入新表列的第三項。此時，第一表列為 5, 6，而第二表列為 4，新表列則為 1, 2, 3。

然後比較 5 與 4，將 4 自第二表列中刪去，置入新表列中。此時，第一表列還剩 5, 6，第二表列中已經沒有元素，新表列則為 1, 2, 3, 4。

最後，將第一表列中所有的元素加入新表列中，完成合併過程，得到 1, 2, 3, 4, 5, 6。 ◀

現在考慮將兩個有序表列 L_1 與 L_2 合併的一般化問題，稍後將說明求解這類問題的演算法。我們由一個空表列 L 開始。比較兩表列中最小的元素，將較小的元素字元表列中移去，放置於新表列 L 之最右方，然後繼續比較兩個表列的最小元素，直到其中一個表列變成空表列為止。

接下來，我們估計合併過程所使用的比較次數。經由演算法 10，很容易得到比較次數的估計值。假設在表列 L_1 中有 m 個元素，而 L_2 中有 n 個元素。在最差的情況下，必須進行 $m + n - 2$ 次的比較，而且此時兩表列中各自剩下 1 個元素。再經過一次比較後，必然有個表列變成空表列，此時便不需再進行比較，所以演算法 10 至多只需要 $m + n - 1$ 次比較。引理 1 將總結上述結果。

> **演算法 10**　合併兩個表列
>
> **procedure** $merge(L_1, L_2:$ sorted lists$)$
> $L :=$ empty list
> **while** L_1 and L_2 are both nonempty
> 　remove smaller of first elements of L_1 and L_2 from its list; put it at the right end of L
> 　**if** this removal makes one list empty **then** remove all elements from the other list and
> 　　append them to L
> **return** $L\{L$ is the merged list with elements in increasing order$\}$

引理 1 ■ 排序兩個分別含有 m 個與 n 個元素的表列，至多使用 $m + n - 1$ 次比較。

　　有時，排序兩個分別含有 m 個與 n 個元素的表列，不需要使用到 $m + n - 1$ 次比較。例如當 $m = 1$ 時，以二元搜尋過程將此元素放置於第二表列中正確的位置即可。這種情形只需要 $\lceil \log n \rceil$ 次比較，遠少於 $m + n - 1 = n$。就另一個方向來說，有些特定的 m 與 n 值，引理 1 提供了一個最佳的比較次數上界。也就是說，當找到兩個分別包含 m 個與 n 個元素的表列無法利用少於 $m + n - 1$ 個比較次數就將之合併（習題 45）。

　　現在將分析合併排序法的複雜度。我們不針對一般化的情況，而假設元素之個數 n 為 2 的冪次，例如 2^m。這樣的假設可以簡化分析的過程，若 n 不是這樣的特殊情況，只要經過一些修正，一樣可以得到相同的估計。

　　在不斷平分表列的過程中，我們得到一個平衡二元樹圖。平分一次在水平 1 時，兩個子表列各包含 2^{m-1} 個元素，直到在水平 k 時，必須平分 2^{k-1} 次，其中 $k = 1, ..., m$。直到水平 m 時，所有 2^m 個子表列都只含一個元素為止。

　　在合併的過程裡，水平 k 中，有 2^{k-1} 對表列需要合併，此時每個表列的元素個數為 2^{m-k}，其中 $k = m, m - 1, ..., 2, 1$。根據引理 1，在此水平中，每合併一對表列至多需要 $2^{m-k} + 2^{m-k} - 1 = 2^{m-k+1} - 1$ 次比較。將上述的比較次數加總，合併排序法最多需要

$$\sum_{k=1}^{m} 2^{k-1}(2^{m-k+1} - 1) = \sum_{k=1}^{m} 2^m - \sum_{k=1}^{m} 2^{k-1} = m2^m - (2^m - 1) = n \log n - n + 1$$

因為 $m = \log n$ 且 $n = 2^m$。（計算 $\sum_{k=1}^{m} 2^{k-1}$ 時，需使用到 2.4 節定理 1 幾何級數的求和公式。）

　　定理 1 整理出合併排序法的最差情況的複雜度。

定理 1 ■ 將含有 n 個元素的表列以合併排序法排序所需的比較次數為 $O(n \log n)$。

　　在第 10 章裡，我們將介紹以比較為基準的排序演算法中最快的一種，其時間複雜度為 $O(n \log n)$。（所謂以比較為基準的排序演算法，指的是利用比較兩個元素之大小為基

本運算。）定理 1 告訴我們，合併排序演算法是所有排序演算法中有最佳大 O 估計複雜度的演算法。在習題 48 中將介紹一種較有效率的演算法——快速排序法。

習題 Exercises　　*表示為較難的練習；**表示為高度挑戰性的練習；☞ 對應正文。

1. 依循演算法 1 的步驟，以 $n = 5$ 為輸入。以例題 1 的方式求出 5! 的值。
2. 依循演算法 1 的步驟，以 $n = 6$ 為輸入。以例題 1 的方式求出 6! 的值。
3. 依循演算法 3 的步驟，求出 gcd(8, 13) 的值。
4. 依循演算法 3 的步驟，求出 gcd(12, 17) 的值。
5. 依循演算法 4 的步驟，以 $m = 5$，$n = 11$ 和 $b = 3$ 為輸入。求出 3^{11} **mod** 5 的值。
6. 依循演算法 4 的步驟，以 $m = 7$，$n = 10$ 和 $b = 2$ 為輸入。求出 2^{10} **mod** 7 的值。
7. 當 n 為正整數且 x 為整數時，只使用加法，求出計算 nx 的遞迴演算法。
8. 求出求首 n 個正整數之和的遞迴演算法。
9. 求出求首 n 個正奇數之和的遞迴演算法。
10. 給定求出一個有限集合中最大元素的遞迴演算法。使用下列事實：n 個元素排成一列，其中最大的元素就是前 $n-1$ 個元素中的最大者與最後一個元素中的較大者。
11. 給定求出一個有限集合中最小元素的遞迴演算法。使用下列事實：n 個元素排成一列，其中最小的元素就是前 $n-1$ 個元素中的最小者與最後一個元素中的較小者。
12. 利用 x^n **mod** $m = (x^{n-1}$ **mod** $m \cdot x$ **mod** $m)$ **mod** m。設計一個求出 x^n **mod** m 的遞迴演算法，其中 n、x 和 m 為正整數。
13. 當 n 和 m 為正整數，求出一個遞迴演算法求出 $n!$ **mod** m。
14. 設計一個遞迴演算法，用來求出整數列表的眾數（**mode**，亦即列表中出現最多次的數字）。
15. 使用 gcd(a, b) = gcd(a, $b - a$)，設計求出兩個非負整數 a 和 b 之最大公因數的遞迴演算法，其中 $a < b$。
16. 證明你在習題 8 所找出求首 n 個正整數之和的遞迴演算法是正確的。
17. 設計一個遞迴演算法，用來求出兩個非負整數之積。根據下列事實：$xy = 2(x \cdot (y/2))$，當 y 為奇數；$xy = 2(x \cdot \lfloor y/2 \rfloor) + x$，當 y 為偶數。初始條件為當 $y = 0$ 時，$xy = 0$。
18. 證明演算法 1（當 n 是非負整數時，計算 $n!$ 的值）是正確的。
19. 證明演算法 3（當 a 與 b 為正整數且 $a < b$ 時，求出 gcd(a, b)）是正確的。
20. 證明你在習題 17 所求出的演算法是正確的。
21. 證明你在習題 7 所求出的遞迴演算法是正確的。
22. 證明你在習題 10 所求出的遞迴演算法是正確的。
23. 設計一個遞迴演算法，用來計算當 n 是非負整數時，n^2 的值。利用下面事實：$(n + 1)^2 = n^2 + 2n + 1$。證明你的演算法是正確的。

24. 設計一個遞迴演算法，用來計算當 a 為實數而 n 是正整數時，a^{2^n} 的值。〔提示：利用等式 $a^{2^{n+1}} = (a^{2^n})^2$。〕

25. 在習題 24 的演算法中，使用多少次乘法運算？與利用演算法 2 來計算 a^{2^n} 所使用的乘法運算次數做比較。

* 26. 利用習題 24 的演算法，設計一個當 n 為非負整數時，計算 a^n 的演算法。〔提示：使用 n 的二進位表示法。〕

* 27. 在習題 26 的演算法中，使用多少次乘法運算？與利用演算法 2 來計算 a^n 所使用的乘法運算次數做比較。

28. 在演算法 7 與演算法 8 中，各使用多少次加法運算來求出費氏數？

29. 設計一個遞迴演算法來求出數列的第 n 項，其中 $a_0 = 1$，$a_1 = 2$，而 $a_n = a_{n-1} \cdot a_{n-2}$，其中 $n = 2, 3, \ldots$。

30. 設計一個迭代演算法，用來求出習題 29 定義之數列的第 n 項。

31. 習題 29 定義數列之第 n 項的遞迴演算法與迭代演算法，何者較有效率？

32. 設計一個遞迴演算法，用來求出下列數列的第 n 項：$a_0 = 1$，$a_1 = 2$，$a_2 = 3$；$a_n = a_{n-1} + a_{n-2} + a_{n-3}$，其中 $n = 3, 4, 5 \ldots$。

33. 設計一個迭代演算法，求出習題 32 中數列的第 n 項。

34. 習題 32 定義數列第 n 項的遞迴演算法與迭代演算法，何者較有效率？

35. 分別求出一個遞迴演算法與迭代演算法，求出下列數列的第 n 項：$a_0 = 1$，$a_1 = 3$，$a_2 = 5$；$a_n = a_{n-1} \cdot a_{n-2}^2 \cdot a_{n-3}^3$，其中 $n = 3, 4, 5 \ldots$。何者較有效率？

36. 給出求一個字串之倒置的遞迴演算法。(參考 5.3 節習題 31 對字串倒置的說明。)

37. 令 w 為一個字串，給出求字串 w^i 的遞迴演算法，其中 w^i 表示由 w 重複 i 次所成之新字串。

38. 證明你在習題 36 所求出的遞迴演算法是正確的。

39. 證明你在習題 37 所求出的遞迴演算法是正確的。

* 40. 設計一個遞迴演算法，求出利用三個正方形組成的骨牌蓋滿缺少一個方塊之 $2^n \times 2^n$ 棋盤的方法。

41. 設計一個遞迴演算法，將一個 n 邊形分割成三角形，請運用 5.2 節引理 1。

42. 利用合併排序法將 4, 3, 2, 5, 1, 8, 7, 6 依遞增方式排序。列出演算法的所有步驟。

43. 利用合併排序法將 $b, d, a, f, g, z, p, o, k$ 依字典方式排序。列出演算法的所有步驟。

44. 利用演算法 10 合併下列表列時，需要多少次比較運算？

    a) 1, 3, 5, 7, 9; 2, 4, 6, 8, 10　　b) 1, 2, 3, 4, 5; 6, 7, 8, 9, 10

    c) 1, 5, 6, 7, 8; 2, 3, 4, 9, 10

45. 令 m 與 n 為正整數。證明利用演算法 10 來合併兩個分別包含 m 個元素與 n 個元素的表列時，必須用到 $m + n - 1$ 次比較運算。

* **46.** 將兩個個數如下所示之遞增表列合併成一個遞增表列時，至少需要多少次比較？
    a) 1, 4
    b) 2, 4
    c) 3, 4
    d) 4, 4
* **47.** 證明合併排序法是正確的。

快速排列法（quick sort）是一種有效率的演算法。要排序 $a_1, a_2, ..., a_n$，先取出第一個元素 a_1，然後將表列分成兩個依原表列之先後順序排列的子表列，第一個表列的元素都小於 a_1，而第二個表列的元素都大於 a_1，最後將 a_1 置於第一個表列的最後一項。接下來，對每個子表列重複相同的步驟，直到分出的子表列只剩下一個元素為止，此時排序便完成了。

48. 利用快速排序法排序 3, 5, 7, 8, 1, 9, 2, 4, 6。

49. 若 $a_1, a_2, ..., a_n$ 為 n 個相異實數，則使用快速排序法將原表列分成兩個子表列需要多少次比較？

50. 利用虛擬碼描述快速排序法。

51. 利用快速排序法排序一個包含四個元素的表列，至多需要幾次比較？

52. 利用快速排序法排序一個包含四個元素的表列，至少需要幾次比較？

53. 利用比較次數，判斷快速排序法在最差情況時的複雜度。

CHAPTER 6 計數
Counting

組合數學是離散數學的一個重要分支,主要研究物件的排列,早在 17 世紀的賭博賽局研究中就已出現組合問題。列舉在特定條件下的物件來加以計數,是組合數學的一個重要課題。有許多不同類型的問題必須以計數來求解,例如,計數可以判斷演算法的複雜度,也可以確定是否存在能夠滿足需求的電話號碼數目或網際網路通訊協定的網址數目。近年來,組合學在生物學上也扮演重要的角色,特別在研究 DNA 的序列上。此外,計數技術也廣泛用於計算事件的機率。

6.1 節將研究求解各種問題的基本計數法則,例如,計算美國境內可能出現的電話號碼個數、電腦系統的登錄密碼個數以及比賽結束時選手的名次。6.2 節的鴿洞原理是個重要的組合工具。這個原理指出,若把物體放在盒子裡,而且物體個數比盒子個數多時,則必定有一個盒子包含至少兩個物體。鴿洞原理可以用來證明在 15 位或者更多學生之中,至少有 3 人出生在一星期中的同一天。

我們可以根據集合中的物件安排是有序或無序來描述計數問題。這些安排分別稱作排列與組合,在許多計數問題中都會使用到。例如,在 2000 位學生參加的競試中,將有 100 位獲勝者被邀請赴宴,我們可以列舉被邀請競試學生的可能組合,同樣也可以列出前 10 名獲獎者的可能組合。

另一個組合數學的問題涉及產生某個特定類型的所有排列,這在電腦模擬中是很重要的,我們將設計演算法來產生各種排列。

6.1 計數的基礎 The Basics of Counting

引言

假設電腦系統的登錄密碼由 6、7 或 8 個字元組成,每個字元必須是數字或英文字母,每個密碼必須至少有一個數字,則一共有幾種可能的密碼呢?本節將回答這個問題,並介紹其他計數問題所需要的技巧。

計數問題來自於數學及資訊科學。例如,要確定離散事件的機率,必須計算成功的試驗結果和所有可能的試驗結果。研究某個演算法的時間複雜度時,需要計算演算法用到的運算次數。

本節將介紹基本的計數技巧,這些方法為所有計數技巧的基礎。

基本計數原則

我們將呈現**乘法法則**（product rule）與**加法法則**（sum rule）這兩個基本計數原理。此外，也將說明如何應用它們來求解許多不同的計數問題。

乘法法則應用在當程序是由不同的任務所組成時。

> **乘法法則** 假設一個程序可以分解為兩個連續的任務。如果完成第一個任務有 n_1 種方法，在完成第一個任務後，有 n_2 種方法完成第二個任務，則完成這整個程序共有 $n_1 n_2$ 種方法。

例題 1 至例題 10 將說明如何使用乘法法則。

例題 1 一間只有兩位雇員（山卓與派托）的新公司，租下一個有 12 間辦公室的房子。有幾種不同的方式，能將這兩個雇員安排於不同的辦公室？

解：要將辦公室分派給不同的員工，首先考慮山卓，我們有 12 種不同的選擇。接下來，分配辦公室給派托時，只剩下 11 種選擇（因為其中 1 間已經分給山卓了）。根據乘法法則，共有 $12 \cdot 11 = 132$ 種方法將 12 間辦公室分配給兩位雇員。◀

例題 2 使用一個大寫的英文字母和一個不超過 100 的正整數替禮堂的座位編號。最多能有多少個不同編號的座位？

解：替座位編號有兩個任務，首先從 26 個大寫英文字母中先選擇一個分配給這個座位，然後再從 100 個可能的正整數中選擇一個。根據乘法法則，每一個座位可以有 $26 \cdot 100 = 2600$ 種不同的編號方法。因此，不同編號的座位數最多有 2600 個。◀

例題 3 某電算中心總共有 32 台微電腦，每台微電腦有 24 個埠，則中心裡的微電腦共有多少個不同的埠？

解：選擇一個埠由兩個任務組成，首先挑一台微電腦，然後在這台微電腦上挑一個埠。由於有 32 種選擇微電腦的方法，而且不論選擇哪台微電腦，皆有 24 種選擇埠的方法。根據乘法法則，共有 $32 \cdot 24 = 768$ 個埠。◀

一個常用的乘法法則延伸版本如下：假設一個程序依 $T_1, T_2, ..., T_m$ 的順序完成，如果每一個任務 T_i 可用 n_i 種方法完成，其中 $i = 1, 2, ..., n$，則無論先前任務完成的順序為何，要完成這個程序共有 $n_1 n_2 ... n_m$ 種方法。這個版本的乘法法則可由兩個任務的乘法法則，透過數學歸納法加以證明（見習題 71）。

例題 4 長度為 7 的二進位字串有多少個？

解：由於每個位元值不是 0 就是 1，所以 7 位元的每一個位元值有兩種選擇方法。因此，根據乘法法則，一共有 $2^7 = 128$ 種不同的長度為 7 的二進位字串。 ◂

例題 5 如果每個車牌號碼是由 3 個大寫英文字母後面接著 3 個數字的序列構成（允許任何字母的排序），則共有多少個不同的有效車牌？

解：3 個大寫英文字母中的每個字母都有 26 種選擇，而 3 個數字中的每個數字都有 10 種選擇。因此，根據乘法法則，總共有 26 · 26 · 26 · 10 · 10 · 10 = 17,576,000 個可能的車牌。 ◂

每個字母有 26 種選擇　每個數字有 10 種選擇

例題 6 **函數的計數**　從一個含有 m 個元素的集合對應到另一個含有 n 個元素的集合，可形成多少個函數？

解：函數定義域中的每個元素，都要對應到對應域中的一個元素。因此，根據乘法法則，從 m 個元素的集合對應到 n 個元素的集合存在 $n \cdot n \cdots n = n^m$ 個不同函數。例如，從一個有 3 個元素的集合對應到一個 5 個元素的集合時，有 5^3 個不同的函數。 ◂

例題 7 **一對一函數的計數*** 從一個含有 m 個元素的集合對應到一個含有 n 個元素的集合，可形成多少個一對一函數？

解：首先，注意到當 $m > n$ 時，不存在一對一函數，所以令 $m \leq n$。假設定義域中的元素是 $a_1, a_2, ..., a_m$。a_1 的函數值有 n 種選擇。因為函數是一對一的，所以 a_2 有 $n - 1$ 種（被 a_1 選過的對應值不能再使用）。依此類推，a_k 有 $n - k + 1$ 種選擇。根據乘法法則，共有 $n(n - 1)(n - 2) ... (n - m + 1)$ 個一對一函數。例如，從一個有 3 個元素的集合對應到一個有 5 個元素的集合，共有 5 · 4 · 3 = 60 個一對一函數。 ◂

例題 8 **電話編碼計畫**　北美洲的電話號碼格式是根據一個編號計畫，一個電話號碼由 10 個數字組成，這些數字各為 3 位地區代碼、3 位分局代碼以及 4 位話機代碼。基於信號的考慮，這些數字有某些限制。為了規定允許的格式，令 X 表示在 0 到 9 之間任意選取的數字，N 表示在 2 到 9 之間選取的數字，而 Y 表示必須取 0 或 1 的數字。下面討論兩個編號計畫，分別稱為舊計畫和新計畫。（舊計畫於 1960 年代使用，目前已被新計畫取代，但因為手機的使用率攀升，對新號碼的需求量正迅速增加，新計畫也顯得過時。例題中所使用的方式為傳統的北美編碼計畫。）正如即將證明的，新計畫允許我們使用更多號碼。

在舊計畫中，地區代碼、分局代碼和話機代碼的格式分別為 *NYX*、*NNX* 和 *XXXX*，因此電話號碼的格式為 *NYX-NNX-XXXX*。在新計畫中，這些代碼的格式為 *NXX*、*NXX* 和 *XXXX*，

---
*計算映成函數的個數比較困難，我們將於第 7 章討論。

所以電話號碼格式為 NXX-NXX-XXXX。在舊計畫和新計畫下，分別有多少種不同的北美電號碼？

解：根據乘法法則，格式為 NYX 的地區代碼有 $8 \cdot 2 \cdot 10 = 160$ 種，格式為 NXX 的有 $8 \cdot 10 \cdot 10 = 800$ 種。同樣地，格式為 NNX 的分局代碼有 $8 \cdot 8 \cdot 10 = 640$ 種。格式為 XXXX 的話機代碼有 $10 \cdot 10 \cdot 10 \cdot 10 = 10,000$ 種。

因此，再次應用乘法法則，舊計畫有

$160 \cdot 640 \cdot 10,000 = 1,024,000,000$

個不同的可用電話號碼。新計畫有

$160 \cdot 640 \cdot 10,000 = 1,024,000,000$

個不同的可用電話號碼。◀

例題 9 執行下面的程式碼後，k 的值是多少？其中 $n_1, n_2, ..., n_m$ 為正整數。

```
k := 0
for i₁ := 1 to n₁
    for i₂ := 1 to n₂
            .
            .
            .
        for iₘ := 1 to nₘ
            k := k + 1
```

解：k 的初始值是 0。這個巢狀迴圈每執行一次，k 就增加 1。令 T_i 表示執行第 i 個迴圈的任務，則迴圈執行的次數就是完成任務 $T_1, T_2, ..., T_m$ 的方法數。執行任務 T_j，$j = 1, 2, ..., m$ 的方法數有 n_j 個，其中 $1 \leq i_j \leq n_j$。根據乘法法則，此巢狀迴圈執行 $n_1 n_2 ... n_m$ 次，亦即 k 值為 $n_1 n_2 ... n_m$。◀

例題 10 有限集合之子集合的計數 利用乘法法則，證明有限集合 S 的不同子集合數為 $2^{|S|}$。

解：假設 S 為有限集合。按任意順序將 S 的元素排列成一個序列。2.2 節提過 S 的各個子集合與長度為 $|S|$ 的二進位字串間存在著一對一的對應；也就是說，若序列的第 i 個元素在這個 S 的子集合裡，則該子集合對應的二進位字串的第 i 位為 1，否則為 0。根據乘法法則，有 $2^{|S|}$ 個長度為 $|S|$ 的二進位字串。因此，$|P(S)| = 2^{|S|}$。(我們曾於 5.1 節例題 10 使用數學歸納法證明這個事實。) ◀

乘法法則也常用集合的方式來表達：如果 $A_1, A_2, ..., A_m$ 為有限集合，這些集合的笛卡兒積之元素個數會是每個集合元素個數之積。為了與乘法法則建立關聯，在笛卡兒

積 $A_1 \times A_2 \times \cdots \times A_m$ 中選一個元素的任務，等於是在 A_1 中選一個元素、A_2 中選一個元素、$\cdots$、A_m 中選一個元素。根據乘法法則，得到

$$|A_1 \times A_2 \times \cdots \times A_m| = |A_1| \cdot |A_2| \cdot \cdots \cdot |A_m|$$

例題 11 **DNA 與基因組** 生物有機體的遺傳訊息記錄於去氧核糖核酸（DNA），或是核糖核酸（RNA）。DNA 與 RNA 都是非常複雜的分子，由不同的分子組成長鏈的聚合物來引導生命的運作。我們在此只以最簡單的方法描述 DNA 和 RNA 如何儲存基因訊息。

DNA 是由兩條稱為核甘酸的基本長鏈組合而成。每條核甘酸又由稱為**鹼基（base）**的子單位組成，鹼基的種類有：腺嘌呤（A）、胞嘧啶（C）、鳥嘌呤（G）以及腺嘧啶（T）。DNA 長鏈上的不同鹼基以氫鍵連結，其中 A 只會與 T 連結，C 只會與 G 連結。與 DNA 不同，RNA 是個單一長鏈，而其鹼基中尿嘧啶（U）取代了腺嘧啶（T）。所以，在 DNA 中可能出現的鹼基對有 A-T 與 C-G，而 RNA 中則有 A-U 和 C-G。生物體內的 DNA 由數個去氧核糖核酸組成染色體。**基因（gene）**是 DNA 分子的一個片段，會合成一種特殊的蛋白質。整個有機體的基因訊息稱為**基因組（genome）**。

DNA 與 RNA 的鹼基序列會形成稱為氨基酸的蛋白質長鏈。人類有 22 種基本氨基酸。我們可以很快地看出，為了形成這 22 種不同的氨基酸，每一個序列都至少需要三種鹼基。因為 DNA 的四個鹼基分別為：A、C、G 與 T，根據乘法公式，由兩個鹼基組成的序列有 4^2（= 16 < 22）種可能性，由三種鹼基形成的序列有 $4^3 = 64$，提供了夠多的組合來形成 22 種不同氨基酸。（儘管事後檢驗發現，有好幾種不同的鹼基組合方式，其實會形成相同的氨基酸。）

簡單的生物，如藻類或是細菌，其 DNA 中的連結數介於 10^5 與 10^7 之間，每個連結都是四種可能鹼基之一。較複雜的生物，如昆蟲、鳥類以及哺乳類，則 DNA 的連結數介於 10^8 到 10^{10}。根據乘法公式，簡單生物的鹼基序列至少有 4^{10^5} 種，而較複雜的生物則會高達 4^{10^8} 種。這都是非常巨大的數目，也因此可以了解為何生物物種會有這樣多不同的種類。過去數十年來，科技的發展已經可用以判定不同組織內的基因組。第一步是找出每個基因在 DNA 中基因組的位置。接下來的任務，則是**基因測序法（gene sequencing）**，用以判斷每個基因中連結之序列。（當然，在這些基因中每股螺旋明確的序列，取決於經過分析之於某物種的選取個體。）例如，人類基因包含了大約 23,000 種基因，每種有超過 1000 個螺旋。基因測序法受惠於許多現有的演算法，並且植基於許多組合學上的新觀念。許多數學家與電腦科學家投身基因組的研究，見證生物資訊學與組合生物學的快速成長。

我們現在將介紹加法法則。

加法法則 如果一種任務有兩種方式可以完成，一個方式有 n_1 種方法，另一個方式有 n_2 種方法，則完成此任務的方法有 $n_1 + n_2$ 種。

例題 12 說明如何使用加法法則。

例題 12 假設要從數學教師或主修數學的學生中選一個人擔任校委會代表。如果有 37 位數學教師和 83 位主修數學的學生，則有多少種不同的選擇？

解：第一種任務為選一位數學教師，有 37 種方式。第二種任務為選一位主修數學的學生，有 83 種方式。根據加法法則，挑選代表的方式有 37 + 83 = 120 種。◀

我們可以把加法法則推廣到兩種任務以上的情況。假設每個任務 $T_1, T_2, ..., T_m$ 分別有 $n_1, n_2, ..., n_m$ 種完成的方法，而且任兩種任務都不能同時完成，則完成其中一項任務有 $n_1 + n_2 + \cdots + n_m$ 種方式。正如例題 13 和例題 14 所示，這種推廣的加法法則在計數問題中非常有用。推廣的加法法則可以由兩個集合的加法法則開始，使用數學歸納法加以證明（見習題 70）。

例題 13 一名學生可以從三份清單中選擇一個電腦計畫來完成，這三份清單分別包含 23、15 和 19 種計畫，則可以選擇的計畫有多少種？

解：這名學生有 23 種方式從第一份清單選擇計畫，有 15 種方式從第二份清單選擇計畫，而有 19 種方式從第三份清單選擇計畫。因此，共有 23 + 15 + 19 = 57 種計畫可以選擇。◀

例題 14 執行下面的程式碼後，k 的值是多少？其中 $n_1, n_2, ..., n_m$ 為正整數。

```
k := 0
for i₁ := 1 to n₁
    k := k + 1
for i₂ := 1 to n₂
    k := k + 1
        .
        .
        .
for iₘ := 1 to nₘ
    k := k + 1
```

解：k 的初始值是 0。上述程式碼由 m 個不同的迴圈構成，迴圈每執行一次，k 就增加 1。要判斷執行程式碼後的 k 值，我們必須知道一共要執行幾次迴圈。由於有 n_i 種方法做第 i 個迴圈，而一次只做一個迴圈，根據加法法則，最後的 k 值，也就是執行 m 個迴圈中其中一個的方法數為 $n_1 + n_2 + \cdots + n_m$。◀

可以用集合方式來敘述加法法則如下：如果 $A_1, A_2, ..., A_m$ 是兩兩互斥的集合，則這些集合聯集起來的元素個數，會是每個集合的元素個數之和。為了與加法法則結合，令 $|A_i|$ 是從 A_i ($i = 1, 2, ..., m$) 中選取一個元素的方法個數。由於無法同時由兩個互斥集合中取出共同的元素，根據加法法則，從任意集合中選取某個元素的方法，即為集合聯集起來的元素個數，也就是

$$|A_1 \cup A_2 \cup \cdots \cup A_m| = |A_1| + |A_2| + \cdots + |A_m| \text{ 當 } A_i \cap A_j = \emptyset \text{ 對所有 } i, j$$

這個等式僅適用於問題中的集合是兩兩互斥的情況，當這些集合含有共同元素時，情況會複雜得多。本節稍後將對這種情況進行簡要的討論，更深入的內容則留待第 7 章再討論。

更複雜的計數問題

有很多的複雜計數問題無法單獨用加法法則或乘法法則解決，不過可以同時使用這兩個法則來解決。我們由計算程式語言 BASIC 有多少不同的變數名稱開始。（在習題中，我們則考慮 JAVA 的變數名稱。）接下來便將計算有限制的登錄密碼之個數。

例題 15 在計算機語言 BASIC 的某個版本中，變數名稱是一個或兩個字元的符號字串，其中大小寫字母視為相同（一個字元符號不是取自 26 個英文字母，就是取自 10 個數字）。此外，變數名稱必須以字母為開頭，並且必須避開 5 個由兩個字元構成的保留字（用於程式設計）。在這個 BASIC 版本中，共有多少個不同的變數名稱？

解：令 V 等於在這個 BASIC 版本中的不同變數名稱個數，V_1 是一個字元的變數名稱個數、V_2 是兩個字元的變數名稱個數。由加法法則，$V = V_1 + V_2$。由於一個字元變數名稱必須是字母，故 $V_1 = 26$；又根據乘法法則，存在 $26 \cdot 36$ 個以字母為開頭的兩個字元字串，但是必須剔除其中 5 個，因此 $V_2 = 26 \cdot 36 - 5 = 931$。因此，這個 BASIC 版本存在 $V = V_1 + V_2 = 26 + 931 = 957$ 個不同的變數名稱。◂

例題 16 電腦系統的每個使用者皆擁有一個 6 到 8 個字元構成的登錄密碼，其中每個字元是一個大寫字母或數字，而且每個密碼必須至少包含一個數字。共有多少種密碼？

解：令 P 是所有可能的密碼總數，P_6、P_7 及 P_8 分別表示有 6、7 及 8 個字元的密碼數。根據加法法則，$P = P_6 + P_7 + P_8$，現在將分別求出 P_6、P_7 和 P_8。直接計算 P_6 是困難的，但是找出長度為 6 的字元字串卻很容易，而這包含那些沒有數字的字串在內，所以要從中減去沒有數字的字串數。根據乘法法則，6 個字元的字串數是 36^6，而沒有數字的字元數是 26^6。因此，

$$P_6 = 36^6 - 26^6 = 2{,}176{,}782{,}336 - 308{,}915{,}776 = 1{,}867{,}866{,}560$$

利用相同的方法，可以得到

$$P_7 = 36^7 - 26^7 = 78{,}364{,}164{,}096 - 8{,}031{,}810{,}176 = 70{,}332{,}353{,}920$$

和

$$P_8 = 36^8 - 26^8 = 2{,}821{,}109{,}907{,}456 - 208{,}827{,}064{,}576 = 2{,}612{,}282{,}842{,}880$$

因此

$$P = P_6 + P_7 + P_8 = 2{,}684{,}483{,}063{,}360$$
◂

例題 17 **網際網路的位址計數**　由電腦的實體網路互聯而構成的網際網路中，每台電腦（或者更精確地，是電腦的每個網路連結）都分配到一個網際網路位址（Internet address）。目前使用的網際網路通訊協定版本 4（IPv4）中，位址是一個 32 位元的二進位字串。它以網路識別（netid）為起始，接著是主機識別（hostid），該識別把一個電腦認定為某個特定網路的成員。

　　目前使用的位址型式有三種。使用於最大網路規模的 **A 類位址**（**Class A address**），由 0 後面跟著 7 位元的網路識別和 24 位元的主機識別構成。使用於中等規模網路的 **B 類位址**（**Class B address**），由 10 後面跟著 14 位元的網路識別和 16 位元的主機識別構成。使用於最小網路規模的 **C 類位址**（**Class C address**），由 110 後面跟著 21 位元的網路識別和 8 位元的主機識別構成。由於特定用途對位址有著某些限制：1111111 在 A 類網路的網路識別中是無效的，全用 0 和全用 1 組成的主機識別對任何網路都是無效的。一台在網際網路的電腦不是具有 A 類或 B 類，就是 C 類位址。（除了 A 類、B 類和 C 類位址外，還有 D 類位址和 E 類位址。D 類位址在多台電腦同時編址時用於多路廣播，是由 1110 後面跟著 28 位元組成。E 類位址則是為了將來而保留，由 11110 後面跟著 27 位元組成。D 類位址和 E 類位址不會被分配給網際網路中的任一台電腦作為 IP 位址。）圖 1 顯示了 IPv4 的編址方式。（A 類和 B 類網路識別的數量限制已經使得 IPv4 編址不敷使用，即將取代 IPv4 的 IPv6 使用 128 位元的位址來解決這個問題。）

　　對網際網路上的電腦而言，有多少不同的有效 IPv4 位址？

解：令 x 是網際網路上電腦的有效位址數，x_A、x_B 和 x_C 分別表示 A 類、B 類和 C 類的有效位址數。由加法法則，$x = x_A + x_B + x_C$。

　　為了求出 x_A，由於網路識別 1111111 是無效的，所以存在 $2^7 - 1 = 127$ 個 A 類的網路識別。對於每個網路識別，存在 $2^{24} - 2 = 16,777,214$ 個主機識別，其中減二是因為全由 0 和全由 1 組成的主機識別是無效的。因此，$x_A = 127 \cdot 16,777,214 = 2,130,706,178$。

　　為了求出 x_B 和 x_C，首先注意到存在 $2^{14} = 16,384$ 種 B 類網路識別和 $2^{21} = 2,097,152$ 種 C 類網路識別。對每個 B 類網路識別，存在 $2^{16} - 2 = 65,534$ 個主機識別，對每個 C 類網路識別存在著 $2^8 - 2 = 254$ 個主機識別，其中減二是因為全由 0 和全由 1 組成的主機識別是無效的。因此，$x_B = 1,073,709,056$ 且 $x_C = 532,676,608$。

位元數	0	1	2	3	4	8	16	24	31
A 類位址	0		網路識別				主機識別		
B 類位址	1	0		網路識別				主機識別	
C 類位址	1	1	0		網路識別				主機識別
D 類位址	1	1	1	0		多路廣播位址			
E 類位址	1	1	1	1	0	位址			

圖 1　網際網路位址（IPv4）

我們可以斷定 IPv4 有效位址的總數是 $x = x_A + x_B + x_C = 2,130,706,178 + 1,073,709,056 + 532,676,608 = 3,737,091,842$。

減法法則（兩個集合的排容原理）

假設一項任務有兩種方式可以完成，但兩種方式中有部分方法是相同的。在這種情況下，不能使用加法法則來計算可完成任務的方法數。把對每種方式中的方法數加總會導致重複計算，因為共同的方法被計算了兩次。為了正確地計算完成任務的方法數，先把完成每個方式的方法數加起來，然後再減去共同的方法數。這種技巧是非常重要的計數規則。

> **減法法則** 有項任務能以兩種方式完成，分別有 n_1 與 n_2 種方法數，則完成此項任務的所有方法數共有 $n_1 + n_2$ 減去在兩種方式中相同的方法。

減法法則也稱為**排容原理**（principle of inclusion-exclusion），特別是指計算的元素只分屬兩個集合的時候。令 A_1 和 A_2 為集合，從 A_1 中選擇一個元素有 $|A_1|$ 種方法，從 A_2 中選擇一個元素有 $|A_2|$ 種方法。從 A_1 或 A_2 中選擇一個元素的方法數，等於從 A_1 中選擇一個元素的方法數加上從 A_2 中選擇一個元素的方法數，減掉同時存在集合 A_1 和 A_2 中的元素個數，所以可得

$$|A_1 \cup A_2| = |A_1| + |A_2| - |A_1 \cap A_2|$$

這也是在 2.2 節中計算兩個集合聯集中元素個數的公式。

例題 18 顯示如何使用這個原理來解決計數問題。

例題 18 以字元 1 開始或者以字串 00 結束的 8 位元字串有多少個？

解：構成以字元 1 開始的 8 位元字串，依據乘法法則有 $2^7 = 128$ 種方式，因為第一個字元只有一種選擇方式，而其他 7 個字元的每一個位元有 2 種選擇方式。

以字串 00 結束的 8 位元字串有 $2^6 = 64$ 種方式，因為前 6 位字元的每一個位元有 2 種選擇方式，而最後兩個位元只有一種選擇方式。

以字元 1 開始且以字串 00 結束的 8 位元二進位字串有 $2^5 = 32$ 種方式。因為第 1 位元只有一種選擇，第 2 位元至第 6 位元的每一個位元皆有 2 種選擇，最後兩個位元也只有一種選擇。因此，以 1 開始或者以 00 結束的 8 位元字串個數等於 $128 + 64 - 32 = 160$。

下面將陳述排容原理的公式如何用來求解計數問題。

例題 19 　一間電腦公司收到 350 個碩士應徵工作的履歷表。假定其中有 220 個主修資訊科學，147 個主修企業管理，51 個人是資訊科學與企業管理雙主修。有多少應徵者的主修既非資訊科學也非企業管理？

解：為求出有多少應徵者的主修既非資訊科學也非企業管理，從所有應徵者數中減掉主修資訊科學或企業管理（或兩者皆是）的應徵者。令 A_1 為主修資訊科學者的集合，A_2 為主修企業管理者的集合，則 $A_1 \cup A_2$ 為主修資訊科學或企業管理者所形成的集合，$A_1 \cap A_2$ 為同時主修資訊科學與企業管理者所形成的集合。減法法則告訴我們，

$$|A_1 \cup A_2| = |A_1| + |A_2| - |A_1 \cap A_2| = 220 + 147 - 51 = 316$$

因此，得知有 350 − 316 = 34 個應徵者的主修既非資訊科學也非企業管理。◀

減法法則，或是排容原理可以推廣到求完成 n 個不同任務中任一個任務之方法的情形，換言之，就是求出 n 個集合聯集中的元素個數，其中 n 是正整數。我們將在第 7 章研究排容原理及其應用。

除法法則

我們已經介紹了乘法、加法和減法法則來處理計數問題。你是否會想，是否有除法法則呢？事實上，的確有除法法則，而且在處理某些形態的問題時相當有用。

> **除法法則** 　若完成某項任務的所有方式總共有 n 個步驟，而每個方式都需要 d 個步驟，則完成此任務的方法有 n/d 種方式。

除法法則也可以使用集合的術語來描述：若集合 A 是由 n 個相異子集合聯集而成，如果每個子集合的元素個數為 d，則 $n = |A|/d$。

也可以用函數的方式來解釋除法法則：若 f 為由有限集合 A 對應到有限集合 B 的函數，如果每個 $y \in B$ 都恰好有 d 個 A 中的元素 x，使得 $f(x) = y$（這種函數我們稱為 d 對一函數），則 $|B| = |A|/d$。

我們使用下面的例題來說明除法法則。

例題 20 　將四個人安排坐在一張圓桌，若每個人左右坐的人相同時，視為同一種方式，則一共有多少種不同的安排方式？

解：我們任意選定一個座位標記為 1，然後以順時鐘方向連續標記座位。我們發現將人安排坐在 1 號座位有四種方式，坐在 2 號座位則有三種方式，坐在 3 號座位有兩種方式，最後坐在 4 號座位只剩一種方式，所以共有 4! = 24 種方式來安排四個人入座一個圓桌。四種選擇 1 號座位的方式都是相同的安排，所以一共有 24/4 = 6 種不同的方式。◀

樹狀圖

樹狀圖（tree diagram）可以用來解決計數問題。一個樹圖包含一個根點、一些由根點分出去的分支，以及由分支端點分出去的分支和端點（第 10 章將詳細研究樹）。在計數中使用樹的概念時，是用每個支點表示可能的選擇。我們使用葉子點表示可能的結果，這些葉子點是某些分支的終點，不再有從它們分出去的分支。

注意，使用樹圖來求解時，達到每個葉子點的選擇數是不同的。

例題 21 不含連續兩個 1 的 4 位元字串共有多少種？

解： 圖 2 的樹狀圖列出所有不含連續兩個 1 的 4 位元字串，可以看出有 8 個不含連續兩個 1 的 4 位元字串。

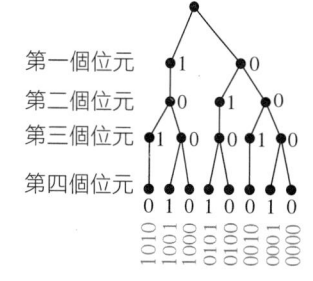

圖 2 長度為 4 且不含連續兩個 1 的位元字串

例題 22 兩隊之間的比賽以五戰三勝來決定輸贏，可能出現多少種不同的結果？

解： 圖 3 的樹狀圖中顯示每場比賽的得勝者，以及決賽可能發生的所有方式，可以看到有 20 種不同的決賽方式。

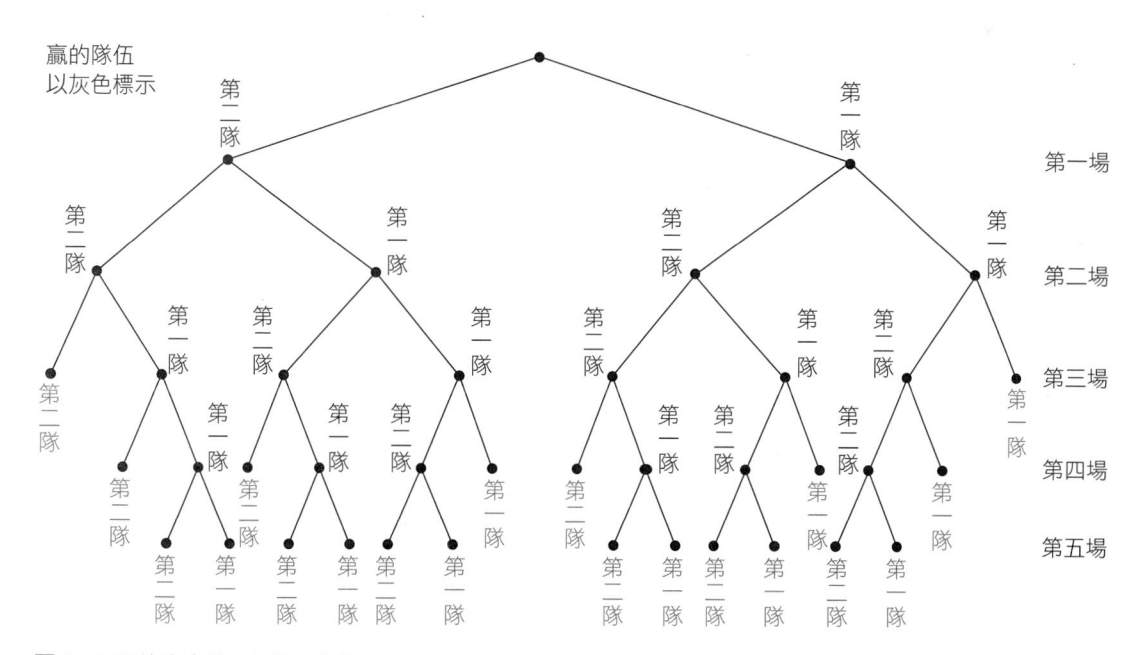

圖 3 五場比賽中勝三場的可能情況

例題 23
假設印有 "I Love New Jersey" 的 T 恤有五種不同的大小，分別為 S、M、L、XL 及 XXL。除了 XL 及 XXL 外，每個大小都有四種顏色，分別為白、紅、綠及黑色。XL 只有紅、綠及黑色；XXL 只有綠色及黑色。紀念品店必須庫存多少件不同的 T 恤，每種顏色及每種大小才會至少都有一件？

解： 圖 4 中顯示所有可能大小及顏色配對的樹狀圖，因此必須庫存至少 17 件不同的 T 恤。◀

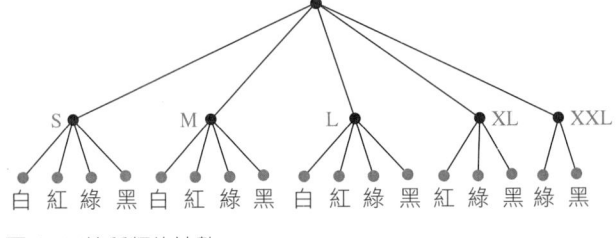

圖 4 T 恤種類的計數

習題 Exercises　　*表示為較難的練習；**表示為高度挑戰性的練習；☞ 對應正文。

1. 在某學院中，有 18 個學生主修數學，325 個學生主修資訊科學。
   a) 有多少方法能選出兩個代表，其中一個主修數學，而另一個主修資訊科學？
   b) 有多少方法能選出一個代表，主修的學科是數學或資訊科學？

2. 在一棟有 27 樓，每樓有 37 間辦公室的大樓中，一共有多少間辦公室？

3. 一場考試有 10 題選擇題，每個問題有 4 種可能的答案。
   a) 如果每個問題都要回答，一名學生可能有多少種答法？
   b) 如果學生可以選擇某些問題不要回答，一名學生可能有多少種答法？

4. 某品牌的襯衫有 12 種顏色，分成男女 2 種樣式，每種樣式有 3 種大小。共有多少種不同類型的襯衫？

5. 從紐約到丹佛有 6 條不同航線，從丹佛到舊金山有 7 條。如果要從紐約經丹佛到舊金山，共有多少種不同的航線組合？

6. 從波士頓到底特律有 4 條公路，從底特律到洛杉磯有 6 條。如果要從波士頓經底特律到洛杉磯，共有多少條公路？

7. 以三個英文字母做為姓名代表，可以有多少種不同的選擇？

8. 承上題，如果這三個英文字母不允許重複，可以有多少種不同的選擇？

9. 承上上題，如果這三個字母以 A 為開頭，可以有多少種不同的選擇？

10. 8 位元字串共有多少個？

11. 首尾都是 1 的 10 位元字串共有多少個？

12. 若不計算空字串，位數不超過 6 的位元字串共有多少個？

13. 若不計算空字串，位數不超過 n 且全由 1 組成的位元字串共有多少個？其中 n 是正整數。

14. 首尾都是 1 的 n 位元字串共有多少個？其中 n 是正整數。

15. 若不計算空字串，位元長度不超過 4 且由小寫字母構成的字串共有多少個？

16. 由 4 個小寫字母構成且含有字母 x 的字串共有多少個？

17. 由 5 個 ASCII 碼構成且至少包含一個 @（符號 at）字元的字串，共有多少個？〔注意，共有 128 個不同的 ASCII 碼。〕

18. 有多少 5 個元素的 DNA 序列？
   a) 最後一個為 A。
   b) 由 T 開頭，G 結尾。
   c) 只包含 A 與 T。
   d) 不包含 C。

19. 有多少 6 個元素的 RNA 序列？
   a) 不包含 U。
   b) 由 GU 結尾。
   c) 開頭為 G。
   d) 只包含 A 與 U。

20. 介於 5 與 31 之間且滿足下列條件的正整數共有多少個？
   a) 被 3 整除。列出所有符合條件的整數。
   b) 被 4 整除。列出所有符合條件的整數。
   c) 同時被 3 和 4 整除。列出所有符合條件的整數。

21. 介於 50 與 100 之間且滿足下列條件的正整數共有多少個？
   a) 被 7 整除。列出所有符合條件的整數。
   b) 被 11 整除。列出所有符合條件的整數。
   c) 同時被 7 和 11 整除。列出所有符合條件的整數。

22. 小於 1000 且滿足下列條件的正整數共有多少個？
   a) 被 7 整除。
   b) 被 7 整除但不被 11 整除。
   c) 同時被 7 和 11 整除。
   d) 被 7 或 11 整除。
   e) 恰好被 7 或 11 中的一個整除。
   f) 既不被 7 整除，也不被 11 整除。
   g) 含有不同數字的數。
   h) 含有不同的數字且是偶數的數。

23. 介於 100 與 999 之間且滿足下列條件的正整數共有多少個？
   a) 被 7 整除。
   b) 奇數。
   c) 有相同的 3 個數字。
   d) 不被 4 整除。
   e) 被 3 或 4 整除。
   f) 既不被 3 整除，也不被 4 整除。
   g) 被 3 整除但不被 4 整除。
   h) 同時被 3 和 4 整除。

24. 介於 1000 與 9999 之間且滿足下列條件的正整數共有多少個？
   a) 被 9 整除。
   b) 偶數。
   c) 有不同的數字。
   d) 不被 3 整除。
   e) 被 5 或 7 整除。
   f) 既不被 5 整除，也不被 7 整除。
   g) 被 5 整除但不被 7 整除。
   h) 同時被 5 和 7 整除。

25. 含有 3 個數字且滿足下列條件的字串共有多少個？
   a) 同一個數字不出現 3 次。
   b) 以奇數數字開始。
   c) 恰有 2 個數字是 4。

26. 含有 4 個數字且滿足下列條件的字串共有多少個？
    a) 同一個數字不出現 2 次。
    b) 以偶數數字開始。
    c) 恰有 3 個數字是 9。
27. 委員是由來自 50 個州的成員組成，每州可從州長或兩位參議員中選一位參加，共有多少種不同的組成方式？
28. 車牌是 3 個數字後面接 3 個大寫英文字母，或者 3 個大寫英文字母後面接 3 個數字的方式編成，共可構成多少面車牌？
29. 車牌是 2 個大寫英文字母後面接 4 個數字，或者 2 個數字後面接 4 個大寫英文字母的方式編成，共可構成多少面車牌？
30. 車牌是 3 個大寫英文字母後面接 3 個數字，或者 4 個大寫英文字母後面接 2 個數字的方式編成，共可構成多少面車牌？
31. 車牌是 2 個或 3 個大寫英文字母後面接 2 個或 3 個數字的方式編成，共可構成多少面車牌？
32. 由 8 個大寫英文字母構成且滿足下列條件的字串共有多少個？
    a) 字母允許重複。
    b) 字母不可重複。
    c) 字母允許重複且以 X 開始。
    d) 字母不可重複且以 X 開始。
    e) 字母允許重複且開始與結束都是 X。
    f) 字母允許重複且以 BO（按此次序）開始。
    g) 字母允許重複且以 BO（按此次序）開始和結束。
    h) 字母允許重複且以 BO（按此次序）開始或結束。
33. 由 8 個英文字母構成且滿足下列條件的字串共有多少個？
    a) 字母允許重複且不包含母音字母。
    b) 字母不可重複且不包含母音字母。
    c) 字母允許重複且以母音字母開始。
    d) 字母不可重複且以母音字母開始。
    e) 字母允許重複且至少包含一個母音字母。
    f) 字母允許重複且恰好包含一個母音字母。
    g) 字母允許重複且以 X 開始，並且至少包含一個母音字母。
    h) 字母允許重複且以 X 開始和結束，並且至少有一個母音字母。
34. 從 10 個元素的集合對應到下述元素個數的集合，共有多少個不同的函數？
    a) 2
    b) 3
    c) 4
    d) 5
35. 從 5 個元素的集合對應到下述元素個數的集合，共有多少個不同的一對一函數？
    a) 4
    b) 5
    c) 6
    d) 7
36. 從集合 {1, 2, ..., n} 對應到集合 {0, 1}，共有多少個不同的函數？其中 n 是正整數。

37. 從集合 {1, 2, ..., n} 對應到集合 {0, 1}，共有多少個滿足下列條件的函數？其中 n 是正整數。
    a) 函數是一對一的。
    b) 函數將 1 和 n 對應至 0。
    c) 小於 n 的正整數恰好有一個對應至 1。

38. 從 m 個元素集合對應到 n 個元素集合，共有多少個部分函數？其中 m 和 n 是正整數。

39. 含有 100 個元素的集合有多少子集合的元素個數大於 1？

40. 如果一個字串反轉後與原來的字串一樣，則稱為**迴文（palindrome）**。長度為 n 的位元字串共有多少個迴文？

41. 有多少 4 個元素的 DNA 序列？
    a) 不包含鹼基 T。
    b) 包含序列 ACG。
    c) 包含所有的鹼基 A、T、C 與 G。
    d) 只恰好包含四個鹼基 A、T、C 與 G 中的三個。

42. 有多少 4 個元素的 RNA 序列？
    a) 包含鹼基 U。
    b) 不包含序列 CUG。
    c) 不包含所有的鹼基 A、U、C 與 G。
    d) 只恰好包含四個鹼基 A、U、C 與 G 中的兩個。

43. 為四組各有十人的團體安排坐在一個圓桌有多少種方法？若一個人的左右兩邊坐的人完全相同，視為同一種方式。

44. 為六個人安排坐在一個圓桌有多少種方法？若一個人的兩邊坐的人完全相同（無論左右），視為同一種方式。

45. 在婚禮中，攝影師從 10 人（包括新娘和新郎）中安排 6 位一起拍照。如果滿足下列條件，共有多少種安排方式？
    a) 新娘必須在照片中。
    b) 新娘和新郎必須都在照片中。
    c) 新娘和新郎恰好有一位在照片中。

46. 在婚禮中，攝影師安排 6 人（包括新娘和新郎）的拍照位置順序。如果滿足下列條件，共有多少種安排方式？
    a) 新娘必須在新郎旁邊。
    b) 新娘不在新郎旁邊。
    c) 新娘在新郎左邊的某個位置。

47. 以 2 個 0 開頭或以 3 個 1 結束的 7 位元字串共有多少個？

48. 以 3 個 0 開頭或以 2 個 0 結束的 10 位元字串共有多少個？

* 49. 包括 5 個連續的 0 或者 5 個連續的 1 之 10 位元字串共有多少個？

** 50. 包括 3 個連續的 0 或者 4 個連續的 1 之 8 位元字串共有多少個？

51. 離散數學課上的每個學生是主修資訊科學或數學，或者是雙主修這兩門學科的。如果有 38 位主修資訊科學（包含雙主修），23 位主修數學（包含雙主修），7 位雙主修，則這個班共有多少位學生？

52. 不超過 100 且能被 4 或 6 其中之一整除的正整數共有多少個？

53. 以 26 個大寫英文字母來代表某人的姓名縮寫。若每人可使用最少兩個，最多五個字母，則共有幾種不同的姓名縮寫？

54. 假設一個電腦系統的密碼必須包括至少 6 個，至多 8 個字元。所謂字元是指小寫的英文字母、大寫英文字母、由 0 到 9 的數字或下面六個特殊字元（*、>、<、!、+ 和 =）。

    a) 在這個電腦系統中，有多少種可使用的密碼？

    b) 有多少不同的密碼包含至少一個特殊字元？

    c) 利用 (a) 中求出的答案來判斷，若駭客需要花費一奈秒的時間來檢驗某個合法密碼是否為某人的密碼，則他必須花多少時間方能檢驗所有可能的密碼？

55. 在 C 程式語言中的變數名稱是一個字串，可以包含大寫字母、小寫字母、數字或下橫線。此外，字串的第一個字元必須是字母（大寫或小寫字母）或下橫線。如果一個變數名稱由它的前 8 個字元決定，則在 C 語言中可以命名多少個不同的變數名稱？（變數名稱包含的字元數可以少於 8 個。）

56. 在 JAVA 中的變數名稱為長度介於 1 與 65535 之間的字元字串，其字元可以是大寫英文字母、小寫英文字母、金錢符號、下橫線或是數字，但第一個字元不能是數字，則在 JAVA 中，可以命名多少個不同的變數名稱？

57. 國際電信聯盟規定電話號碼必須包含一個 1 到 3 位數的國碼，其中 0 不能在國碼中使用，其後接著至多 15 個數字。在這種限制下，可以有多少個電話號碼？

58. 假定在未來的某個時候，世界上的每部電話將被分配一個號碼，這個號碼包含一個 1 到 3 位數字的國家代碼，其形式為 X、XX 或 XXX，後面跟著一個 10 位數字的電話號碼，其形式為 NXX-NXX-XXXX（如例題 8 所述）。在這個編碼計畫中，全世界將有多少個不同的有效電話號碼？

59. 在維瓊內爾密碼系統中的密鑰是一個英文字母字串，不論大小寫。當字串長度分別為三、四、五和六時，各有幾個不同的密鑰？

60. 一個無線相容認證（WiFi）的有線等效加密（WEP）密鑰為長度是 10、26 或 58 的十六進位字元字串，可以有多少個不同的密鑰？

61. 假設 p 與 q 為質數，$n = pq$。利用排容原理求出有多少與 n 互質且小於 n 的正整數？

62. 利用排容原理求出小於 1000000 且不被 4 或 6 整除的正整數個數。

63. 使用樹狀圖求出不含 3 個連續 0 的 4 位元字串的個數。

64. 排列字母 a、b、c 和 d，使得 b 不緊跟在 a 之後，共有多少種不同的排法？

65. 使用樹狀圖求出美國職業棒球世界大賽可能出現的結果賽，其中規定 7 場中先勝 4 場的球隊贏得比賽。

66. 使用樹狀圖決定 {3, 7, 9, 11, 24} 的子集合數，其中子集合中元素的和小於 28。
67. a) 假設某商店販賣可樂、薑汁汽水、橘子汁、沙士、檸檬水以及奶油蘇打六種不同的清涼飲料。若所有種類的飲料都有 12 盎司的瓶裝；除了檸檬水以外，其他種類都有 20 盎司的瓶裝；只有可樂和薑汁汽水有 30 盎司的瓶裝；而且除了檸檬水及奶油蘇打以外，其餘種類都有 64 盎司的瓶裝。利用樹狀圖來決定此商店必須庫存多少瓶飲料來提供所有瓶裝的不同飲料？
    b) 利用計數法則回答 (a)。
68. a) 假設某款流行慢跑鞋有男女鞋款之分。女鞋的尺寸有 6、7、8、9 號，男鞋則有 8、9、10、11、12 號等尺寸。男鞋分黑與白兩色，女鞋則有白、紅、黑三色。若希望男鞋與女鞋的各種顏色與每一種尺寸的該款慢跑鞋皆至少要有一雙的庫存，利用樹狀圖決定應庫存多少雙？
    b) 利用計數法則回答 (a)。
* 69. 利用乘法法則證明，對於 n 個變數的命題而言，存在 2^{2^n} 個不同的真值表。
70. 從兩個任務的加法法則，使用數學歸納法證明出 m 個任務的加法法則。
71. 從兩個任務的乘法法則，使用數學歸納法證明出 m 個任務的乘法法則。
72. 凸 n 邊形有多少條對角線？（當在多邊形內部或邊界的任兩個點連線完全落在這個多邊形之內，則稱之為凸多邊形。）
73. 網際網路中的資料以資料包傳送，**資料包（datagram）**是由二進位位元的區塊構成。每個資料包包含有標頭資訊和資料區。標頭資訊最多被安排成 14 個不同的欄位（詳細說明許多事項，包括發送位址和接收位址），資料區包含被傳輸的實際資料。14 個標頭欄位中有一個**標頭長度欄位**（**header length field**，以 HLEN 表示），根據協定規定是 4 位元的長度，並說明標頭長度為幾個 32 位元的區塊。例如，如果 HLEN = 0110，則標頭資訊由 6 個 32 位元的區塊構成。14 個標頭欄位中的另一個欄位是 16 位元長的**總長度欄位**（**total length field**，以 TOTAL LENGTH 表示），說明整個資料包的總長度，包含標頭資訊和資料區在內，以位元為單位。資料區的長度是資料包的總長度減去標頭資訊的長度。
    a) TOTAL LENGTH 的最大可能值（16 位元長）決定了網際網路資料包以 8 位元組（8 位元的區塊）為單位的最大總長度。這個值是多少？
    b) HLEN 的最大可能值（4 位元長）決定了以 32 位元區塊為單位的標頭資訊的最大總長度，這個值是多少？以 8 位元組為單位的最大標頭資訊的總長度是多少？
    c) 最小（且最常見）的標頭長度是 20 個 8 位元組。一個網際網路資料包的資料區以 8 位元組為單位的最大總長度是多少？
    d) 如果標頭長度是 20 個 8 位元組，並且總長度是盡可能的長，則在資料區可以傳送多少個以 8 位元組為單位的不同字串？

6.2 鴿洞原理 The Pigeonhole Principle

引言

假設一群鴿子飛入一組鴿洞歇息。**鴿洞原理**（pigeonhole principle）指出，如果鴿子數比鴿洞數多，則一定有一個鴿洞裡至少有 2 隻鴿子（見圖 1）。當然，這個原理除了可以用鴿子和鴿洞來敘述外，也能用於其他對象。

> **定理 1** ■ **鴿洞原理** 若 k 為正整數，如果有 $k+1$ 個或更多個物件放入 k 個盒子中，則至少有一個盒子包含 2 個或更多個物件。

證明：假設 k 個盒子中沒有一個盒子包含的物件多於 1 個，則物件總數最多是 k，與至少有 $k+1$ 個物件矛盾。　◁

鴿洞原理也稱為**狄利克雷抽屜原理**（Dirichlet drawer principle），以 19 世紀的德國數學家狄利克雷命名，他的研究中經常使用這個原理。（狄利克雷並不是第一個使用這個定理的人，遠在 17 世紀時，就有人探討在巴黎的人當中，一定有兩個人頭上的頭髮數一樣多，見習題 33。）在稍早的章節中，我們已經提供了重要的證明方式。在本節中再次介紹的原因，是因為此原理在組合學上有許多的應用。

我們將會看到鴿洞原理的用途，首先用它來證明一個函數有用的系理。

> **系理 1** ■ 一個函數 f 由含有 $k+1$ 個（或更多個）元素的集合對應至只有 k 個元素的集合，一定不會是一對一的。

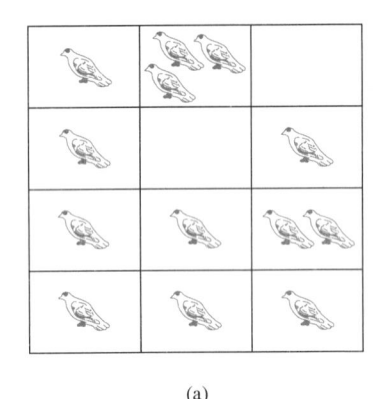

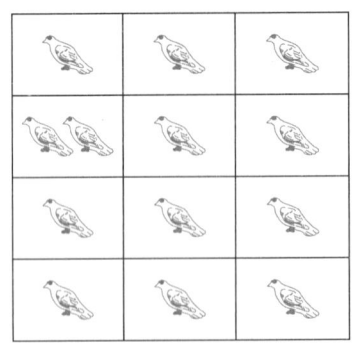

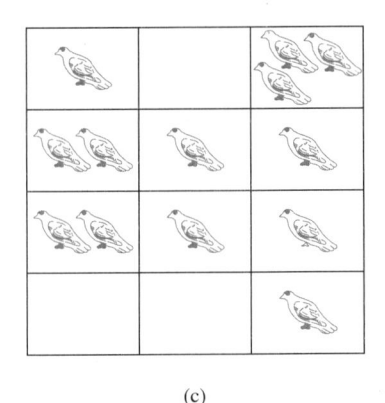

(a)　　　　　　　(b)　　　　　　　(c)

圖 1　鴿子數比鴿洞數多

狄利克雷（G. Lejeune Dirichlet，1805-1859）出生於德國科倫附近的法國家庭。狄利克雷在數論上有許多重要的發現，包括當 a 及 b 互質時，等差數列 $an+b$ 中有無限多個質數。他證明了當 $n=5$ 時的費馬最後定理，也就是 $x^5 + y^5 = z^5$ 沒有非顯然解。狄利克雷在分析上也有許多貢獻。

證明：假設將函數 f 對應域中的每個元素 y 都看成一個箱子，裡面裝的都是由定義域中對應到 y 的元素。因為定義域中有 $k+1$ 個或更多個元素，而對應域中只有 k 個元素。依據鴿洞原理，至少有一個箱子包含兩個以上定義域的元素。因此，函數 f 不會是一對一的。 ◁

例題 1 至例題 3 說明如何應用鴿洞原理。

例題 1　在 367 個人中，一定至少有 2 個人的生日是在一年的同一天，因為一年至多只有 366 天。 ◁

例題 2　在 27 個英文詞彙中，一定至少有 2 個詞彙是以同一個字母開始，因為英文字母只有 26 個。 ◁

例題 3　如果考試分數是從 0 到 100，班上必須有多少名學生才能保證至少有 2 位學生得到相同的分數？

解：考試有 101 種可能分數。鴿洞原理證明在 102 位學生中，一定至少有 2 位學生具有相同的分數。 ◁

在許多證明中，鴿洞原理是一個很有用的工具，例如例題 4 中令人驚訝的證明結果。

例題 4　證明對每一個整數 n，有一個 n 的倍數僅由 0 和 1 組成。

解：令 n 為一個整數。考慮 1、11、111、…、11…1 等 n 個整數的序列（此序列中最後一個整數為由 $n+1$ 個 1 所構成的整數）。注意，一個整數除以 n 的餘數有 n 個可能。我們的序列有 $n+1$ 個整數，根據鴿洞原理，把這些整數除以 n，一定會有兩個整數除以 n 的餘數是相同的，將這兩個數相減所得到的數一定會被 n 整除，而且該數每一位數不是 0 就是 1。 ◁

廣義的鴿洞原理

鴿洞原理指出當物件比盒子多時，一定至少有 2 個物件在同一個盒子裡。但是當物件數超過盒子數的倍數以上時，可以說明更多的結果。例如，任給 21 個數字，其中一定有 3 個是相同的。這是由於 21 個物件被分配到 10 個盒子裡，則某個盒子裡的物件一定多於 2 個。

> **定理 2** ■ **廣義的鴿洞原理**　如果 N 個物件放入 k 個盒子，則至少有一個盒子包含至少 $\lceil N/k \rceil$ 個物件。

證明：假設沒有盒子包含超過 $\lceil N/k \rceil - 1$ 個物件，則物件總數至多是

$$k\left(\left\lceil \frac{N}{k} \right\rceil - 1\right) < k\left(\left(\frac{N}{k} + 1\right) - 1\right) = N$$

這裡用到不等式 $\lceil N/k \rceil < (N/k) + 1$，這與總共存在 N 個物件的事實矛盾。

一個常見的問題為求出下列情況下所需的最少物件個數：將所擁有的物件裝進 k 個箱子，至少有一個箱子內含至少 r 個物件。當擁有 N 個物件時，廣義的鴿洞原理告訴我們，當 $\lceil N/k \rceil \geq r$ 時，其中一定有一個箱子至少裝進了 r 個物件，而滿足最小的整數 N，也就是 $N = k(r-1) + 1$ 即為滿足 $N/k > r - 1$ 的最小的整數。有比 $k(r-1) + 1$ 小的整數能滿足 $\lceil N/k \rceil \geq r$ 嗎？答案是否定的。因為如果只有 $k(r-1)$ 個物件，我們將 $r-1$ 個物件放到每一個箱子，便已用完所有的物件，不可能有任何箱子內的物件數至少為 r 個。

思考這類問題時，在陸續將物件放進箱子的過程中，一個有用的解題方向是：考慮如何才能避免讓其中任一個箱子的物件個數達到 r 個的情形發生。為了達成這個目的，先考慮每一個箱子都放進 $r-1$ 個物件的情況，接著證明所有物件已經放完即可。

例題 5 至例題 8 說明如何使用廣義的鴿洞原理。

例題 5 在 100 個人中，至少有 $\lceil 100/12 \rceil = 9$ 人在同一個月份裡出生。

例題 6 如果成績分為 A、B、C、D 和 F 五種標準。在一個離散數學班裡，最少要多少位學生，才能保證至少有 6 位學生得到相同的分數？

解：為求出至少有 6 位學生得到相同分數的最少學生數，就是求出使得 $\lceil N/5 \rceil = 6$ 的最小整數 N。這樣的最小整數是 $N = 5 \cdot 5 + 1 = 26$。如果只有 25 位學生，有可能僅有 5 位學生得到相同的成績，所以沒有 6 位學生得到相同的成績。於是，至少 6 位學生得到相同分數所需的最少學生數是 26 位。

例題 7 a) 一副標準撲克牌，必須選擇多少張，才能保證至少選到 3 張同花色？
b) 必須選擇多少張撲克牌，才能保證至少選到 3 張紅心？

解：a) 假設有 4 個箱子，當選取了 1 張牌之後，將該牌放到為屬於該花色的箱子內。由廣義的鴿洞原理知道，如果選擇 N 張牌，至少有一個箱子包含至少 $\lceil N/4 \rceil$ 張牌。因此，如果 $\lceil N/4 \rceil \geq 3$ 時，表示至少 3 張牌是同花色的。使得 $\lceil N/4 \rceil \geq 3$ 的最小整數 N 為 $N = 2 \cdot 4 + 1 = 9$，所以 9 張牌已足夠了。如果只選擇 8 張牌，有可能每種花色只有 2 張牌，所以必須多於 8 張牌。因此，必須選擇 9 張牌，以保證至少選到 3 張同花色的牌。這個問題有一個更好的想法，若已選擇 8 張牌，某種花色無可避免地會出現第三張牌。

b) 由於想要確定有 3 張紅心，而不只是 3 張同花色的牌，我們不用廣義的鴿洞原理來回答這個問題。在最差的情況下，在選擇唯一的一張紅心之前，可以選取所有梅花、方塊以及黑桃的牌總共 39 張，接下來的 3 張牌將全部是紅心，所以必須選擇 42 張牌才能得到 3 張紅心。

例題 8 為保證一州的 2500 萬個電話有不同的 10 位電話號碼，所需地區代碼的最小數是多少？（假設電話號碼是 NXX-NXX-XXXX，其中前 3 位是地區代碼，N 表示包含 2 到 9 的數字，X 表示任何數字。）

解：有 800 萬個形式為 *NXX-XXXX* 的不同電話號碼（如 6.1 節例題 8 所示）。因此，根據廣義的鴿洞原理，在 2500 萬個電話號碼中，至少 $\lceil 25,000,000/8,000,000 \rceil$ 個一定具有同樣的電話號碼。因而至少需要 4 個地區代碼來保證所有的十位數字的號碼是不同的。 ◀

雖然例題 9 不是廣義鴿洞原理的應用，但也是利用相似的定理。

例題 9 假設某資訊科學研究室有 15 台工作站以及 10 台伺服器。一條纜線可以用來連接 1 台工作站及 1 台伺服器。對每個伺服器而言，在任何時間點，都只有一條連接到此伺服器的纜線是可以運作的。我們想要保證任何時間內，任何 10 台或少於 10 台的工作站可以透過直接連線來同時使用不同的伺服器。雖然我們可以讓所有的工作站直接連接到所有的伺服器（使用 150 條連線），但要達到這個目標最少要使用多少條直接連線？

解：假設我們將工作站標記為 W_1、W_2、…、W_{15}，同時將伺服器標記為 S_1、S_2、…、S_{10}。進一步假設將 W_k 用纜線連接到 S_k，其中 $k = 1, 2, ..., 10$，而且 W_{11} 到 W_{15} 這五個工作站均同時連接到每一部伺服器。如此一來，有 60 條從工作站到伺服器的直接連線。很明顯地，任何由小於或等於 10 部工作站所組成的工作群組，一定能夠同時各自存取不同的伺服器。藉由以下推論證明此點。假設某部標號 10 以內（包含 10）的工作站 W_j $(1 \leq j \leq 10)$ 在此群組中，則可以直接存取伺服器 S_j。而對於標號大於 10 的工作站而言，假設有某部 W_k（此時 $k \geq 11$）包含在此群組中，此時 W_k 可以存取 S_j。（我們可能如此推論，是因為有數個標號 10 以上的工作站包含在此群組中，一定也至少有同樣數目標號小於或等於 10 的工作站被排除在外。）

現在假設工作站與伺服器之間的直接連線數目小於 60 條，則一定有某部伺服器最多只連接到 $\lfloor 59/10 \rfloor = 5$ 部工作站。（如果所有的伺服器均至少連接到 6 部工作站，則直接連線至少會是 $6 \cdot 10 = 60$ 條，而非 59 條。）如此一來，剩下的 9 部伺服器絕對不足以允許其他 10 部工作站同時各自存取不同的伺服器。也就是說，至少需要 60 條直接連線，所以本題的答案為 60。 ◀

鴿洞原理的巧妙應用

在許多鴿洞原理的有趣應用中，物件必須用某種巧妙的方式選擇放入的箱子。以下將描述一些這類應用。

例題 10 在天數為 30 天的某一個月裡，某棒球隊一天至少打一場比賽，但比賽總數不會超過 45 場。證明這個球隊一定有連續的若干天內恰好比賽了 14 場。

解：令 a_j 是在這個月的第 j 天或第 j 天之前所打的場數，則 a_1、a_2、…、a_{30} 是不同正整數所形成的遞增序列，其中 $1 \leq a_j \leq 45$，由此可得，$a_1 + 14$、$a_2 + 14$、…、$a_{30} + 14$ 也是不同正整數所形成的遞增序列，其中 $15 \leq a_j + 14 \leq 59$。

此 60 個正整數 a_1、a_2、…、a_{30}、$a_1 + 14$、$a_2 + 14$、…、$a_{30} + 14$ 全都小於或等於 59。因此，由鴿洞原理得知有兩個正整數相等。因為整數 a_j $(j = 1, 2, ..., 30)$ 每個都不同，而且 $a_j + 1$ $(j =$

1, 2, ..., 30) 每個也不相同，則一定存在下標 i 和 j 滿足 $a_i = a_j + 14$。這意味著從第 $j + 1$ 天到第 i 天恰好打了 14 場比賽。 ◀

例題 11 證明在不超過 $2n$ 的任意 $n + 1$ 個正整數中，一定存在一個正整數被另一個正整數整除。

解： 把 $n + 1$ 個整數 a_1、a_2、$\cdots$、a_{n+1} 中的每一個都寫成 2 的次方與一個奇數的乘積。換句話說，令 $a_j = 2^{k_j} q_j$，$j = 1, 2, ..., n + 1$，其中 k_j 是非負整數，q_j 是奇數。整數 q_1、q_2、$\cdots$、q_{n+1} 都是小於 $2n$ 的正奇數。因為只存在 n 個小於 $2n$ 的正奇數，根據鴿洞原理 q_1、q_2、$\cdots$、q_{n+1} 中必有兩個相等。於是，存在整數 i 和 j 使得 $q_i = q_j = q$，則有 $a_i = 2^{k_i} q$ 以及 $a_j = 2^{k_j} q$。因而，若 $k_i < k_j$，則 a_i 整除 a_j；若 $k_i > k_j$，則 a_j 整除 a_i。 ◀

有一個巧妙鴿洞原理的應用，說明在不同整數的序列中存在著某個固定長度的遞增或遞減子序列。在說明這個應用之前，我們先回顧一些定義。假設 $a_1, a_2, ..., a_N$ 是實數序列，其**子序列**（subsequence）是形式為 $a_{i_1}, a_{i_2}, ..., a_{i_m}$ 的序列，其中 $1 \leq i_1 \leq i_2 \leq \cdots \leq i_m \leq N$。因此，一個子序列是從原來的序列開始，按照原來的順序選取原來序列的某些項來組成，不包含其他的項。如果這個序列的每一項都大於它前面的項，稱為**嚴格遞增**（strictly increasing）；如果每一項都小於它前面的項，稱為**嚴格遞減**（strictly decreasing）。

定理 3 ■ 在每個由 $n^2 + 1$ 個不同實數構成的序列中，都包含一個長度為 $n + 1$ 的嚴格遞增子序列或嚴格遞減子序列。

在證明定理 3 之前，我們先討論一個例題。

例題 12 序列 8, 11, 9, 1, 4, 6, 12, 10, 5, 7 包含 10 項。注意，$10 = 3^2 + 1$，存在 4 個長度為 4 的遞增子序列，即 1, 4, 6, 12、1, 4, 6, 7、1, 4, 6, 10 和 1, 4, 5, 7，也存在 1 個長度為 4 的遞減子序列，即 11, 9, 6, 5。 ◀

定理 3 的證明如下。

證明： 令 $a_1, a_2, ..., a_{n^2+1}$ 為個相異的實數所構成的序列。對此序列的每一項 a_k 賦予一個有序數對 (i_k, d_k)，其中 i_k 為從 a_k 開始最長遞增子序列的長度值，而 d_k 為從 a_k 開始最長遞減子序列的長度值。

假設所有遞增子序列或遞減子序列的長度均不為 $n + 1$，則 i_k 與 d_k 均為小於或等於 n 的正整數，其中 $k = 1, 2, ..., n^2 + 1$。因此，根據鴿洞原理，此 $n^2 + 1$ 個有序配對中會有兩個一模一樣。換句話說，一定存在 a_s 和 a_t，其中 $s < t$，使得 $i_s = i_t$ 且 $d_s = d_t$。我們將證明這是不可能的。因為此序列中的每一項均相異，因此不是 $a_s < a_t$ 就是 $a_s > a_t$。如果 $a_s < a_t$，又因為 $i_s = i_t$，則可以將從 a_t 開始的遞增子序列（其長度為 i_t）接在 a_s 之後而形成一

個長度為 $i_t + 1$ 的遞增子序列，這表示 i_s 至少為 $i_t + 1$，這與已知 $i_s = i_t$ 的事實互相矛盾。同理，如果 $a_s > a_t$，則我們可以證明 d_s 一定會大於 d_t，同樣產生矛盾。◁

最後一個例題將說明如何把廣義的鴿洞原理應用於組合數學中的**蘭姆西理論**（**Ramsey theory**），這是以英國數學家蘭姆西命名的。一般來說，蘭姆西理論可用於處理集合元素的子集合分配問題。

例題 13 假設一個團體有 6 個人，其中任意 2 人不是朋友就是敵人。證明這 6 人中要不存在 3 人彼此都是朋友的小團體，要不存在一個 3 人都是敵人的小團體。

解：令 A 是 6 人中的一人，其他 5 人中至少有 3 人是 A 的朋友，或至少有 3 人是 A 的敵人。這是根據廣義的鴿洞原理得出，因為當 5 個物件被分成兩個集合時，其中一個集合至少有 $\lceil 5/2 \rceil = 3$ 個元素。在第一種情況中，假設 B、C 和 D 是 A 的朋友，如果這 3 人中有 2 人也是朋友，則這 2 人和 A 構成彼此是朋友的 3 人組；否則 B、C 和 D 構成彼此為敵人的 3 人組。對於第二種情況的證明，當 A 存在 3 個或更多的敵人時，也可以用類似的方法來處理。◁

蘭姆西數字（**Ramsey number**） $R(m, n)$ 表示在任意 2 人不是朋友就是敵人的團體中，存在不是有 m 人彼此為朋友的小團體，就是 n 人彼此為敵人的小團體，所需要的最少人數，其中 m 和 n 為大於等於 2 的正整數。例題 13 顯示 $R(3, 3) \leq 6$。由於在兩人不是朋友就是敵人的 5 人群組中，可能不存在有 3 人彼此為朋友或彼此為敵人的小團體（見習題 26），所以我們推斷出 $R(3, 3) = 6$。

要證明一些蘭姆西數字的有用性質是可能的，但在大多數情況下，要求出確切的數值非常困難。根據對稱性，可知 $R(m, n) = R(n, m)$（見習題 30）。我們也知道對所有 $n \geq 2$ 的正整數而言，$R(2, n) = n$（見習題 29）。目前僅知 9 個蘭姆西數字的確切數值 $R(m, n)$，其中 $3 \leq m \leq n$，包括 $R(2, 2) = 18$；其他的蘭姆西數字只能知道範圍而已，包括 $R(5, 5)$，其已知範圍為 $43 \leq R(5, 5) \leq 49$。對蘭姆西數字有興趣的讀者可以參考 [MiRo91] 與 [GrRoSp90]。

習題 Exercises   * 表示為較難的練習；** 表示為高度挑戰性的練習；☞ 對應正文。

1. 證明在任何六堂課的組合中，一定至少有兩堂課排在同一天（週末不排課）。
2. 證明在一個 30 人的班級中，一定有至少 2 人，其姓氏的開頭字母是相同的。
3. 抽屜裡有一打棕色短襪和一打黑色短襪，全部都未配成對。某人在黑暗中隨機取出一些襪子。

富蘭克．波拉姆頓．蘭姆西（**Frank Plumpton Ramsey**，1903-1930）對數理邏輯和經濟學的數學理論都有相當的貢獻。我們現在所稱的蘭姆西理論，是由他在〈一個形式邏輯問題〉論文中所發表的組合論證開始的。蘭姆西死於 26 歲，他的死使得數學界和劍橋大學損失了一位才華洋溢的年輕學者。

a) 必須取出多少只襪子，才能保證至少有 2 只襪子是同色的？

b) 必須取出多少只襪子，才能保證至少有 2 只襪子是黑色的？

4. 一個碗裡有 10 顆紅球和 10 顆藍球。一位女士不看球而隨機選取。

a) 她必須選多少顆球，才能保證至少有 3 顆球是同色的？

b) 她必須選多少顆球，才能保證至少有 3 顆球是藍色的？

5. 證明在任意 5 個整數中（不一定連續），有 2 個整數除以 4 的餘數相等。

6. 假設 d 是正整數，證明在任意 $d+1$ 個整數中（不一定連續），有 2 個整數除以 d 的餘數相等。

7. 假設 n 是正整數，證明在任意 n 個連續的正整數中，恰好有 1 個能被 n 整除。

8. 證明如果 f 是從 S 到 T 的函數，其中 S 和 T 是有限集合，滿足 $|S| > |T|$，則在 S 中存在元素 s_1 和 s_2 使得 $f(s_1) = f(s_2)$，換句話說，f 不是一對一的。

9. 在一間大學裡，每位學生來自 50 州中的其中一州，則必須有多少位學生註冊才能保證至少有 100 位學生來自同一州？

* 10. 假設 (x_i, y_i) 是 xy 平面上一組具有整數座標的不同點，其中 $i = 1, 2, 3, 4, 5$。證明至少有一對點的中點座標是整數。

* 11. 假設 (x_i, y_i, z_i) 是 xyz 空間中一組具有整數座標的不同點，其中 $i = 1, 2, 3, 4, 5, 6, 7, 8, 9$。證明至少有一對點的中點座標是整數。

12. 至少需要多少個有序對 (a, b) 才能保證存在兩個有序對 (a_1, b_1) 和 (a_2, b_2)，使得 a_1 **mod** 5 = a_2 **mod** 5，並且 b_1 **mod** 5 = b_2 **mod** 5？

13. a) 如果從最小的 8 個正整數中選 5 個整數，一定存在 1 對整數其和等於 9。

b) 如果不是選 5 個而是選 4 個整數，(a) 的結論正確嗎？

14. a) 如果從最小的 10 個正整數中選 7 個整數，一定至少存在 2 對整數其和等於 11。

b) 如果不是選 7 個而是選 6 個整數，(a) 的結論正確嗎？

15. 必須從 {1, 2, 3, 4, 5, 6} 中選取多少數目，才能保證至少存在 1 對整數其和等於 7？

16. 必須從 {1, 3, 5, 7, 9, 11, 13, 15} 中選取多少數目，才能保證至少有 1 對整數其和等於 16？

17. 一個公司在倉庫儲存產品，倉庫中的儲存櫃藉由其通道、在通道中的位置和貨架來定位。整個倉庫有 50 個通道，每個通道有 85 個水平位置，每個位置有 5 個貨架。公司產品數至少要多少才能使得同一個儲存櫃中至少有 2 個產品？

18. 假定一個小型學院的離散數學班中有 9 位學生。

a) 證明這個班裡至少有 5 位男學生，或至少有 5 位女學生。

b) 證明這個班裡至少有 3 位男學生，或至少有 7 位女學生。

19. 假定在 25 位學生的離散數學班上，每位學生可能是一年級、二年級或三年級。

a) 證明這個班裡至少有 9 位一年級學生，或至少 9 位二年級學生，或至少 9 位三年級學生。

b) 證明這個班裡至少有 3 位一年級學生，或至少 19 位二年級學生，或至少 5 位三年級學生。

20. 在序列 22, 5, 7, 2, 23, 10, 15, 21, 3, 17 中，求出一個最長的遞增子序列和一個最長的遞減子序列。

21. 建構一個 16 個正整數的序列，其中沒有連續 5 項的遞增或遞減子序列。

22. 如果 101 位不同身高的人排成一列，證明可以找到 11 位的排列高度是按遞增或遞減順序。

* 23. 證明安排 25 個女孩與 25 個男孩坐在一個圓桌時，一定會有一個人兩旁坐的都是男孩。

** 24. 假設有 21 個女孩和 21 個男孩參加數學競試。若每個參賽者至多求解六個問題，而每一對男女孩都會求解至少一個相同的問題。證明有一個問題至少有三個女孩和三個男孩都求解這個問題。

* 25. 用虛擬碼描述一個可以產生不同整數序列的最長遞增或遞減子序列演算法。

26. 證明在一群 5 個人的團體中（其中任 2 人不是朋友便是敵人），3 人彼此都是朋友或 3 人彼此都是敵人不一定成立。

27. 證明在一群 10 個人的團體中（其中任 2 人不是朋友便是敵人），下列兩種情況必有一種成立（但不會同時成立）：(1) 三人互為朋友或四人互為敵人；(2) 三人互為敵人或四人互為朋友。

28. 利用習題 27 的結果，證明在一群 20 個人的團體中（其中任 2 人不是朋友便是敵人），一定會有下列情況：四人互為朋友或四人互為敵人。

29. 證明如果 n 為正整數且 $n \geq 2$，則蘭姆西數字 $R(2, n)$ 等於 n。（蘭姆西數字定義於 6.2 節例題 13 之後。）

30. 證明如果 m、n 為正整數且 $m \geq 2$、$n \geq 2$，則蘭姆西數字 $R(m, n)$ 與 $R(n, m)$ 相等。（蘭姆西數字定義於 6.2 節例題 13 之後。）

31. 證明在加州（人口數為 3600 萬）至少有 6 人姓氏的前 3 個字母相同，並且出生在一年之中的同一天（但不一定是同一年）。

32. 證明如果在美國受薪階級中，有 100,000,000 人的薪資低於 1,000,000 美元，則去年有 2 人的工資恰好相同（準確到美分）。

33. 在 17 世紀時，巴黎有 800,000 個市民。在那個時代，大家都相信他們的頭髮不會超過 200,000 根。假設這兩個數字是正確的，而且每個人頭上至少都有一根頭髮（也就是說，沒有完全禿頭的人。）利用鴿洞原理證明：巴黎人裡至少有兩個人的頭髮數與法國作家皮爾·尼可（Pierre Nicole）相同。接下來，使用廣義的鴿洞原理證明：在那個時候，至少有 5 個巴黎人有相同的頭髮根數。

34. 假設人的頭髮根數不會超過 1,000,000 根，而於 2010 年時紐約的人口數為 8,008,278，證明在 2010 年時，在紐約至少有九個人的頭髮根數相同。

35. 一個大學有 38 個不同的課程時段，如果有 677 門不同的課程，則需要幾間教室？

36. 一個電腦網路由 6 台電腦組成，每台電腦至少直接連接到另一台電腦。證明網路中至少有兩台電腦直接連接相同數目的其他電腦。

37. 一個電腦網路由 6 台電腦組成，每台電腦直接連接到零台或者更多的電腦。證明網路中至少有兩台電腦直接連接到相同數目的其他電腦。

38. 求出可將 8 台電腦連接至 4 台印表機所需的最少纜線數，並保證每 4 台不同的電腦可直接連接 4 台印表機。證明你的答案是對的。

39. 求出可將 100 台電腦連接至 20 台印表機所需的最少纜線數，並保證每 20 台不同的電腦可直接連接 20 台印表機。證明你的答案是對的。

* 40. 證明在至少 2 個人的聚會中，存在 2 個人認識其他人的數目是相同的。

41. 一位摔角選手是 75 小時之內的冠軍。該選手一小時至少比賽一場，但總共不超過 125 場。證明存在連續的若干小時，該選手在此期間恰好進行 24 場比賽。

* 42. 如果習題 41 的 24 場比賽替換成下列次數，命題是否為真？
    a) 2　　　　　　　　　　b) 23
    c) 25　　　　　　　　　 d) 30

43. 如果 f 是從 S 到 T 的函數，其中 S 和 T 是有限集合，並且 $\lceil |S|/|T| \rceil$，證明在 S 中至少有 m 個元素映射到 T 的同一個值，亦即存在 S 中的元素 s_1、s_2、$\cdots$、s_m 使得 $f(s_1) = f(s_2) = \cdots = f(s_m)$。

44. 一條街道上有 51 棟房子，每棟房子的地址在 1000 到 1099 之間（包含 1000 與 1099），證明至少有 2 棟房子的地址是連續的。

* 45. 假設 x 是無理數。證明對於某個不超過正整數 n 的正整數 j，使得 jx 和到最接近 jx 的整數之間差的絕對值小於 $1/n$。

46. 假設 n_1、n_2、$\cdots$、n_t 是正整數。證明如果 $n_1 + n_2 + \cdots + n_t - t + 1$ 個物件放到 t 個箱子裡，則對某個 i ($i = 1, 2, ..., t$) 來說，第 i 個箱子包含至少 n_i 個物件。

* 47. 定理 3 另一個的證明是以一般的鴿洞原理為基礎，概述在本習題中。此證明所使用的符號與內文的證明相同。
    a) 假設 $i_k \leq n$，$k = 1, 2, ..., n^2 + 1$。利用一般的鴿洞原理，證明存在 $n + 1$ 項 $a_{k_1}, a_{k_2}, ..., a_{k_{n+2}}$，滿足 $i_{k_1} = i_{k_2} = \cdots = i_{k_{n+1}}$，其中 $1 \leq k_1 < k_2 < \cdots < k_{n+1}$。
    b) 證明當 $j = 1, 2, ..., n$ 時，$a_{k_j} > a_{k_{j+1}}$。〔提示：假設 $a_{k_j} < a_{k_{j+1}}$，則能證出 $i_{k_j} > i_{k_{j+1}}$ 的矛盾結果。〕
    c) 利用 (a) 與 (b)，證明若存在長度為 $n + 1$ 的非遞增子序列，則必定有一個相同長度的遞減子序列。

6.3 排列與組合 *Permutations and Combinations*

引言

求出在特定方式下安排某集合中元素有多少種方法，有助於求解許多計數問題，其中，是否牽涉到排列的次序是個需要考慮的問題。有一些計數問題，可以對應至由某集

合中挑選出某特定數量元素的方法數。例如，從五個學生中，選出三人排成一列來拍照有多少種方法？由四個學生中找出三個人組成一個委員會有多少種方法？本節將發展出一些方法來回答這些問題。

排列

我們首先解決在本節引言中所提出的問題。

例題 1 從五個學生中，選出三人排成一列來拍照有多少種方法？將這五個學生排成一列來拍照有多少種方法？

解：首先，我們注意到，排列順序在這個題目中是有關係的。在一列的第一位中，有五種選取方式（因為有五個學生）。一旦第一位學生被選取了，排在第二位的便只剩下四種選擇，然後排在第三位的剩下三種選擇。所以，從五位學生中選出三位排成一列來拍照共有 $5 \cdot 4 \cdot 3 = 60$ 種方法。

若安排所有五位學生排成一列來拍照，排在第一位有五種方式，第二位有四種，第三位有三種，第四位有兩種，而最後一位則只剩一種。所以，共有 $5 \cdot 4 \cdot 3 \cdot 2 \cdot 1 = 120$ 種方法。◀

例題 1 說明安排不同物件的方法數，我們將繼續介紹一些術語。

所謂**排列**（**permutation**）是將不同元素的集合做有序的安排，我們同樣也會對從某集合中取出幾個元素出來排列感興趣。自一個集合中取出 r 個元素來排列稱作 ***r*- 排列**（***r*-permutation**）。

例題 2 令 $S = \{1, 2, 3\}$。有序安排 3, 1, 2 是 S 的排列，而有序安排 3, 2 是 S 的 2- 排列。◀

自一個含有 n 個元素的集合中，選取 r 個元素出來做有序安排記為 $P(n, r)$，我們可以使用乘法法則求出 $P(n, r)$。

例題 3 令 $S = \{a, b, c\}$。所有 S 的 2- 排列有：a, b、a, c、b, a、b, c、c, a 和 c, b，所以有 6 種 S 的 2- 排列。為證明所有含三個元素的集合都有 6 個 2- 排列，注意到選擇第一個元素有 3 種可能，而選取第二個元素則有 2 種可能，因為必須選出和第一個不同的元素。根據乘法法則 $P(3, 2) = 3 \cdot 2 = 6$。◀

現在，利用乘法法則求出對任意正整數 n 與 r ($1 \leq r \leq n$) 的 $P(n, r)$。

定理 1 ■ 若 n 與 r 為正整數 $(1 \leq r \leq n)$，則從含有 n 個元素的集合中選取 r 個元素來做排列的方法數有

$$P(n, r) = n(n-1)(n-2)\cdots(n-r+1)$$

證明： 我們將利用乘法法則來證明這個等式是正確的。在此排列的第一位中有 n 種選擇，因為集合中有 n 個元素；第二位有 $n-1$ 種選擇，因為第一位選定後，集合中只剩下 $n-1$ 個元素。同理，第三位的選取方法剩下 $n-2$ 個，依此類推，直至選取第 r 位時，集合中只剩下 $n-r+1$。結果，根據乘法法則，此集合之 r-排列數為

$$n(n-1)(n-2)\cdots(n-r+1)$$ ◁

必須注意 $P(n, 0) = 1$，因為完全不取物件出來排列的方式只有 1 種。現在，我們陳述定理 1 一個很有用的系理。

系理 1 ■ 若 n 與 r 為整數 $(0 \le r \le n)$，則 $p(n, r) = \dfrac{n!}{(n-r)!}$。

證明： 當 n 與 r 為正整數 $(1 \le r \le n)$，根據定理 1，我們得到

$$P(n, r) = n(n-1)(n-2)\cdots(n-r+1) = \dfrac{n!}{(n-r)!}$$

因為當 n 為非負整數時，$\dfrac{n!}{(n-0)!} = \dfrac{n!}{n!} = 1$，所以 $P(n, r) = \dfrac{n!}{(n-r)!}$ 在 $r = 0$ 時亦成立。 ◁

根據定理 1，我們知道若 n 為正整數，則 $P(n, n) = n!$，接下來將討論一些與這個結果有關的例題。

例題 4 從 100 個參賽者中，可能產生的第一名、第二名和第三名的組合有幾種？

解： 因為與名次有關，所以題目所求為由 100 個人的集合中，選出 3 個人來排列。所以，

$$P(100, 3) = 100 \cdot 99 \cdot 98 = 970{,}200$$ ◁

例題 5 假設有 8 個人參加賽跑。優勝者將得到金牌，第二名得到銀牌，而第三名得到銅牌。可能出現的得獎結果有幾種（不會發生平手的情形）？

解： 此問題等同於在一個 8 個元素的集合中選取 3 個出來排列，所以共有 $P(8, 3) = 8 \cdot 7 \cdot 6 = 336$ 種不同的獲獎方式。 ◁

例題 6 假設一個推銷員必須拜訪 8 個城市。她必須由某個特定的城市開始，接下來的拜訪順序則沒有限制。這個推銷員有多少種安排旅程的方式？

解： 因為第一個城市已經固定，而接下來的七個城市能任意安排，所以有 $7! = 7 \cdot 6 \cdot 5 \cdot 4 \cdot 3 \cdot 2 \cdot 1 = 5040$ 種安排旅程的方式。如果這個推銷員希望旅行的距離愈短愈好，可以個別計算出這 5040 種旅行方式的里程數，然後找出最短的路徑。 ◁

例題 7 在字母 ABCDEFGH 的排列中,包含字串 ABC 的排列有幾種?

解: 因為 ABC 必須排在一起,我們發現此題其實是將六個物件 (ABC)、D、E、F、G 和 H 做排列,所以共有 6! = 720 種方式。

組合

現在,我們將注意力轉到不考慮次序的物件,同樣從本節引言提出的問題開始探討。

例題 8 從四個學生中找出三個人來組成一個委員會有多少種方法?

解: 因為從四個學生中選出三個人,其方法數與從四個學生中剔除一人的方法數相同,所以有四種方法。

例題 8 說明在計數問題中,我們經常需要計算在 n 個元素的集合中選出特定元素個數之集合的方法數,其中 n 為正整數。

一個集合之元素的 **r-組合**(r-combination)是指在此集合中,不考慮次序地選出 r 個元素。其實,一個 r-組合就是集合中包含 r 個元素的子集合。

例題 9 令 S 為集合 $\{1, 2, 3, 4\}$,則 $\{1, 3, 4\}$ 就是一個 S 的 3-組合。(注意:$\{4, 1, 3\}$ 和 $\{1, 3, 4\}$ 為相同的 3-組合,集合的元素與它們的排列無關。)

一個包含 n 個相異元素的集合之 r-組合的個數記為 $C(n, r)$,有時也會表示成**二項式係數**(binomial coefficient)$\binom{n}{r}$,我們將在 6.4 節學習這個名詞。

例題 10 我們發現 $C(4, 2) = 6$,因為集合 $\{a, b, c, d\}$ 的 2-組合有六個子集合,分別為 $\{a, b\}$、$\{a, c\}$、$\{a, d\}$、$\{b, c\}$、$\{b, d\}$ 和 $\{c, d\}$。

利用一個集合的 r-排列公式,可以求出此集合的 r-組合公式。我們發現,先找出 r-組合,然後再將找出的組合做排列就可得到 r-排列。定理 2 的證明,就是根據這個觀察而來。

> **定理 2** ■ 當 n 為非負整數,r 為整數,其中 $0 \leq r \leq n$,則一個包含 n 個相異元素的集合,其 r-組合的個數為
> $$C(n, r) = \frac{n!}{r!(n-r)!}$$

證明: 因為先找出 $P(n, r)$ 個 r-組合,然後再將找出的組合做排列就可得到 r-排列,利用乘法法則

$$P(n, r) = C(n, r) \cdot P(r, r)$$

所以，可得

$$C(n, r) = \frac{P(n, r)}{P(r, r)} = \frac{n!/(n-r)!}{r!/(r-r)!} = \frac{n!}{r!(n-r)!}$$

我們也能使用除法法則來做這個定理的證明。因為元素排列的順序是無關的，由 n 個元素中取出的 r- 組合有 $P(r, r)$ 種排列方式。根據除法法則，$C(n, r) = \frac{P(n,r)}{P(r,r)}$，所以 $C(n, r) = \frac{n!}{r!(n-r)!}$。 ◁

雖然定理 2 的公式很清楚，但是當 n 很大時，並不容易計算。因為只有當整數 n 比較小時，計算階乘函數的真確值才可行。而且，一旦使用浮點計數方式計算時，公式的值有可能不是整數。在計算 $C(n, r)$ 時，首先同時消去分子與分母的 $(n-r)!$，得到

$$C(n, r) = \frac{n!}{r!(n-r)!} = \frac{n(n-1)\cdots(n-r+1)}{r!}$$

許多計算機皆內建計算階乘函數的程式，可以用來求出 $C(n, r)$ 的值。〔這樣的函數有時稱作 choose(n, k) 或是 binom(n, r)。〕

例題 11 說明當 k 相對於 n 很小時，與 k 和 n 的大小相當接近時，如何計算 $C(n, k)$。同時介紹一個關於 $C(n, k)$ 的等式。

例題 11 從一副 52 張的撲克牌中取出 5 張牌有幾種可能的組合？若選取 47 張牌有幾種方法？

解： 因為選 5 張牌與次序無關，所以有

$$C(52, 5) = \frac{52!}{5!47!} = \frac{52 \cdot 51 \cdot 50 \cdot 49 \cdot 48}{5 \cdot 4 \cdot 3 \cdot 2 \cdot 1} = 26 \cdot 17 \cdot 10 \cdot 49 \cdot 12 = 2{,}598{,}960$$

在計算過程中，我們消去分子與分母的公因數。將 52 消去 2 的因數得到 26，51 消去 3 的因數得到 17，50 消去 5 的因數得到 10，最後 48 消去 4 的因數得到 12。

在回答第二個問題時，我們發現

$$C(52, 47) = \frac{52!}{47!5!} = \frac{52!}{5!47!} = C(52, 5)$$

所以，選取 47 張牌的方法數也是 2,598,960。 ◁

在例題 11 中，我們發現 $C(52, 5) = C(52, 47)$。這是個非常有用的等式，將在系理 2 中推廣。

系理 2 ■ 令 n 與 r 為非負整數，其中 $r \leq n$，則 $C(n, r) = C(n, n-r)$。

證明：根據定理 2，我們有

$$C(n, r) = \frac{n!}{r!\,(n-r)!}$$

與

$$C(n, n-r) = \frac{n!}{(n-r)!\,[n-(n-r)]!} = \frac{n!}{(n-r)!\,r!}$$

所以，$C(n, r) = C(n, n-r)$。◁

系理 2 中的等式也可以不用算術運算的方式，而使用計數方式證明。我們以定義 1 來解釋這種重要的證明方式。

> **定義 1** ■ 一個等式的組合證明（combinatorial proof）是一種利用計數論證的證明方式。證明等式兩端都是在計算某種物件的數量，只是使用方法不同，或者說明有一種雙射的對應關係存在於等式兩端的物件。這兩種證明的形態分別稱作二重計數證明（double counting proofs）或是雙射證明（bijective proofs）。

有許多牽涉到二項式係數的等式都能用組合證明方式來證明。以下提供系理 2 的組合證明。根據相同的概念，我們將同時提供二重計數與雙射證明。

證明：首先使用雙射證明法求證對所有的整數 n 與 r，當 $0 \leq r \leq n$，$C(n, r) = C(n, n-r)$。假設 S 為包含 n 個元素的集合，每個由包含 r 個元素之 S 的子集合 A 對應到包含 $n-r$ 個元素的集合 $\overline{A}$ 的函數都是雙射函數（讀者需自行證明）。這樣一來，我們便得證 $C(n, r) = C(n, n-r)$，因為有雙射關係的兩集合之元素個數相同。

接下來，使用二重計數證明。根據定義，包含 r 個元素的子集合 A 有 $C(n, r)$ 個。每個這樣的子集合 A 都決定出哪些元素不在 A 裡，也就是在 $\overline{A}$ 中。因為 S 中包含 r 個元素之子集合的補集有 $n-r$ 個元素，所以應該有 $C(n, n-r)$ 個包含 r 個元素之子集合，所以 $C(n, r) = C(n, n-r)$。◁

例題 12 一個有 10 個隊員的網球隊，要挑出 5 個球員來參加比賽，可以有幾種不同的方式？

解：這個問題等同於求出在 10 個元素的集合中 5- 組合的個數。根據定理 2，

$$C(10, 5) = \frac{10!}{5!\,5!} = 252$$

◁

例題 13 一個 30 個成員的太空人團體，要挑選 6 人參與第一次的火星探險任務，可以有幾種不同的組合團隊（假設所有隊員的工作都相同）？

解：這個問題等同於求出在 30 個元素的集合中 6- 組合的個數。根據定理 2，

$$C(30, 6) = \frac{30!}{6!\,24!} = \frac{30 \cdot 29 \cdot 28 \cdot 27 \cdot 26 \cdot 25}{6 \cdot 5 \cdot 4 \cdot 3 \cdot 2 \cdot 1} = 593,775$$

◀

例題 14　有多少個長度為 n 的位元字串中恰巧含有 r 個 1？

解：這個問題等同於求出在集合 $\{1, 2, ..., n\}$ 中 r- 組合的個數。根據定理 2，長度為 n 的位元字串中恰巧含有 r 個 1 的字串有 $C(n, r)$ 個。 ◀

例題 15　假設數學系有 9 位教授，資訊系有 11 位教授。若想要組成一個離散數學發展委員會，此委員會中必須包含 3 位數學系教授及 4 位資訊系教授，請問委員會有幾種組合方式？

解：此問題的答案是，先在 9 個元素之集合中，求出 3- 組合的個數；再於 11 個元素之集合中，求出 4- 組合的個數。由定理 2 可知，其個數分別是 $C(9, 3)$ 與 $C(11, 4)$。根據乘法法則，組成委員會的方式有

$$C(9, 3) \cdot C(11, 4) = \frac{9!}{3!\,6!} \cdot \frac{11!}{4!\,7!} = 84 \cdot 330 = 27,720$$

◀

習題 Exercises
*表示為較難的練習；**表示為高度挑戰性的練習；☞ 對應正文。

1. 列出所有 $\{a, b, c\}$ 的可能排列。
2. 在集合 $\{a, b, c, d, e, f, g\}$ 中有多少不同的排列？
3. 在 $\{a, b, c, d, e, f, g\}$ 中有多少排列由 a 結尾？
4. 令 $S = \{1, 2, 3, 4, 5\}$。
   a) 列出所有 S 的 3- 排列。　　b) 列出所有 S 的 3- 組合。
5. 求出下列數值。
   a) $P(6, 3)$　　　　　　　　　b) $P(6, 5)$
   c) $P(8, 1)$　　　　　　　　　d) $P(8, 5)$
   e) $P(8, 8)$　　　　　　　　　f) $P(10, 9)$
6. 求出下列數值。
   a) $C(5, 1)$　　　　　　　　　b) $C(5, 3)$
   c) $C(8, 4)$　　　　　　　　　d) $C(8, 8)$
   e) $C(8, 0)$　　　　　　　　　f) $C(12, 6)$
7. 求出包含 9 個元素的集合中 5- 排列的個數。
8. 5 個賽跑者能產生幾種不同的次序（不會發生平手）？
9. 在一場有 12 匹賽馬參加的比賽中，如果所有的結果都可能發生，則前三名有哪幾種情形？
10. 若有 6 個人參加州長選舉，則可以有多少種不同的姓名順序來印製選票？

11. 長度為 10 的位元字串中，滿足下列條件的字串分別有多少個？
    a) 字串中恰巧有 4 個 1。
    b) 字串中至多有 4 個 1。
    c) 字串中至少有 4 個 1。
    d) 字串中 0 與 1 的個數相等。
12. 長度為 12 的位元字串中，滿足下列條件的字串分別有多少個？
    a) 字串中恰巧有 3 個 1。
    b) 字串中至多有 3 個 1。
    c) 字串中至少有 3 個 1。
    d) 字串中 0 與 1 的個數相等。
13. 一個包含 n 個男人與 n 個女人的團體，將所有的人一男一女交錯排成一列的方式有幾種？
14. 選取兩個小於 100 的正整數有幾種不同的情形？
15. 從英文字母中選取 5 個字母有幾種可能性？
16. 一個包含 10 個元素的集合有多少個子集合其元素個數為奇數？
17. 一個包含 100 個元素的集合有多少個子集合其元素個數多於兩個？
18. 丟一個銅板 8 次，假設每回出現的情形不是正面就是反面。
    a) 總共有多少種可能的結果？
    b) 正好出現 3 次正面有幾種可能的結果？
    c) 至少出現 3 次正面有幾種可能的結果？
    d) 出現正面與反面的次數相等有幾種可能？
19. 丟一個銅板 10 次，假設每回出現的情形不是正面就是反面。
    a) 總共有多少種可能的結果？
    b) 正好出現 2 次正面有幾種可能的結果？
    c) 至多出現 3 次反面有幾種可能的結果？
    d) 出現正面與反面的次數相等有幾種可能？
20. 長度為 10 的位元字串中，滿足下列條件的字串分別有多少個？
    a) 正好有三個 0 的字串。
    b) 0 比 1 多的字串。
    c) 至少有七個 1 的字串。
    d) 至少有三個 1 的字串。
21. 由 *ABCDEFG* 的排列中，包含下列字串的排列分別有多少種？
    a) 字串 *BCD*。
    b) 字串 *CFGA*。
    c) 字串 *BA* 與 *GF*。
    d) 字串 *ABC* 與 *DE*。
    e) 字串 *ABC* 與 *CDE*。
    f) 字串 *CBA* 與 *BED*。
22. 由 *ABCDEFGH* 的排列中，包含下列字串的排列分別有多少種？
    a) 字串 *ED*。
    b) 字串 *CDE*。
    c) 字串 *BA* 與字串 *FGH*。
    d) 字串 *AB*、*DE* 與 *GH*。
    e) 字串 *CAB* 與 *BED*。
    f) 字串 *BCA* 與 *ABF*。
23. 將 8 個男人與 5 個女人排成一列，沒有任兩個女人排在一起的方法有多少種？〔提示：先安排男人的位置，然後再考慮女人可能的位置。〕

24. 將 10 個女人與 6 個男人排成一列，沒有任兩個男人排在一起的方法有多少種？〔提示：先安排女人的位置，然後再考慮男人可能的位置。〕

25. 將 100 張標號為 1, 2, 3, ..., 100 的抽獎券賣給 100 個不同的人。一共有 4 個獎項，其中包括特獎（到大溪地旅遊）。在下列條件下，得到這些獎項的方法有多少種？
    a) 沒有限制。
    b) 拿到 47 號抽獎券的人得到特獎。
    c) 拿到 47 號抽獎券的人得到其中一個獎。
    d) 拿到 47 號抽獎券的人沒能得獎。
    e) 拿到 19 和 47 號抽獎券的人都得獎。
    f) 拿到 19、47 和 73 號抽獎券的人都得獎。
    g) 拿到 19、47、73 和 97 號抽獎券的人都得獎。
    h) 拿到 19、47、73 和 97 號抽獎券的人都未得獎。
    i) 特獎落在拿到 19、47、73 和 97 號抽獎券的其中一人。
    j) 拿到 19 和 47 號抽獎券的人得獎，但是拿 73 和 97 號抽獎券的人未得獎。

26. 一個有 13 個球員的壘球隊參加比賽。
    a) 選出 10 人上場比賽有幾種方法？
    b) 在球隊中（13 人）選出 10 人並指定其守備位置的話，有多少種方法？
    c) 若在這 13 個球員中，有 3 個是女球員。選出上場的 10 人中，至少有 1 個女球員的方法有幾種？

27. 一個俱樂部有 25 個會員。
    a) 有多少種方法能選出 4 個會員來組成執行委員會？
    b) 有幾種方式能選出會長、副會長、祕書長和財務長？其中沒有人同時擔任兩個職務。

28. 有個教授出了 40 題離散數學的是非題，其中有 17 題答案為「是」。若考題的順序為任意安排，可能出現的標準答案有多少種？

*29. 在不大於 100 的正整數中，包含三個依序排列之連續數 k、$k+1$ 和 $k+2$，滿足下面條件的 4- 排列有多少種？
    a) 這三個連續數不需排在一起。
    b) 這三個連續數排在一起。

30. 某校數學系中有 7 位女教授及 9 位男教授。
    a) 選出 5 位教授成立委員會，其中至少有 1 位女性的方法有多少種？
    b) 選出 5 位教授成立委員會，其中至少有 1 位女性和 1 位男性的方法有多少種？

31. 英文字母中有 21 個子音和 5 個母音。若有一個含 6 個英文字母的字串符合下列條件，將有多少種可能？
    a) 恰巧有 1 個母音。
    b) 恰巧有 2 個母音。
    c) 至少有 1 個母音。
    d) 至少有 2 個母音。

32. 若有一個含 6 個英文字母的字串符合下列條件，將有多少種可能？
    a) 包含 a。
    b) 包含 a 和 b。
    c) 所有的英文字母皆相異，但包含連接的 a 和 b，而且 a 在 b 之前。
    d) 所有的英文字母皆相異，但包含 a 和 b，而且 a 在 b 之左方。

33. 假設一個部門有 10 個男人和 15 個女人。若要組成一個 6 人小組，其中男人與女人的數目一樣多，有多少種方式？

34. 假設一個部門有 10 個男人和 15 個女人。若要組成一個 6 人小組，其中女人的數目多於男人的數目，有多少種方式？

35. 有多少位元字串正好包含八個 0 和十個 1，而且每個 0 後面馬上接著 1？

36. 有多少位元字串正好包含五個 0 和 14 個 1，而且每個 0 後面馬上接著兩個 1？

37. 一個長度為 10 的位元字串，至少三個 1 和至少三個 0 的情況有多少種？

38. 聯合國要挑選出 12 個國家來組成國際協調會，從一個有 45 個國家的區域中選出 3 個國家有多少種方式？從一個有 57 個國家的區域中選出 4 個國家，而剩下的由其餘 69 個國家中選出有多少種方式？

39. 由三個英文字母接著三個數字的車牌一共有多少可能性？其中不論字母或數字皆不能重複。

n 個人的圓形 r- 排列（circular r-permutation of n people） 指的是由 n 個人中選出 r 個人後安排他們在一個圓桌上的座位。若左右兩邊坐的人完全相同時，視為同一種方式。

40. 求出 5 個人的圓形 3- 排列的個數。

41. 求出 n 個人的圓形 r- 排列的公式。

42. 若一個人的兩邊坐著相同的人（不論左右），便視為相同的坐法，求出從 n 個人中選出 r 個人坐圓形排列之公式。

43. 3 匹馬參加賽跑可能出現的結果有哪些？假設有可能平手。（注意：有可能 2 匹馬或是 3 匹馬平手。）

* 44. 4 匹馬參加賽跑可能出現的結果有哪些？假設有可能平手。

* 45. 6 個選手參加 100 碼賽跑，若有可能出現平手的情況，則前三名可能出現的結果有多少種？（每個名次都只能有一名。）

* 46. 下列是世界盃足球賽的冠軍賽時發生平手時的處理程序。每隊依序選出 5 位球員，兩隊輪流踢十二碼球。5 人都輪完後，以進球多的隊伍勝出。若第一輪踢完仍為平手，則以同樣的程序再來一次。如果踢完 20 球後依然平手，則進入驟死戰（sudden-death shootout），也就是兩隊輪流派球員上場踢十二碼球，若有一隊伍先進球，而且另一隊的下一球沒進，則由先進球的球隊獲勝。
    a) 若在第一輪 10 球踢完後有一隊勝出，則進球的情況有多少種可能？
    b) 若在第二輪踢完十二碼球後才分出勝負，則進球的情況有多少種可能？
    c) 若比賽必須進入驟死戰，而在罰踢 10 球之內分出勝負，則進球的情況有多少種可能？

6.4 二項式係數及其等式 *Binomial Coefficients and Identities*

如同 6.3 節所提到的，在 n 個元素的集合中選出 r-組合的方法數為 $\binom{n}{r}$，這個數也稱作**二項式係數（binomial coefficient）**，因為這些數將出現在二項展開式的係數中，例如 $(a+b)^n$。本節將討論**二項式定理（binomial theorem）**，並以組合證明方式來證明此定理。同樣地，也會以組合證明方式來驗證一些牽涉到二項式係數的等式。

二項式定理

二項式定理給定二項展開式的係數。一個**二項（binomial）**展開式，簡單地說，就是兩項變數之和，例如 $x+y$（這些項可以是常數和變數的乘積，不過此處不考慮這種情況）。

例題 1 中說明如何使用一般的展開式來求出係數，並為學習使用二項式定理做準備。

例題 1 $(x+y)^3$ 的展式可以使用組合，而不需直接乘開。當 $(x+y)^3 = (x+y)(x+y)(x+y)$ 展開時，我們將得到 x^3、x^2y、xy^2 和 y^3 這些項。想要得到 x^3 只有一種方法，就是相乘的三項都用第一項來相乘，所以係數為 1。要得到 x^2y，在相乘的三項中，必須有兩項選擇 x，一項選擇 y，也就是說，在三個元素的集合中，選取 2-組合的方法數，得到係數為 $\binom{3}{2}$。同樣地，xy^2 的係數為 $\binom{3}{1}$。最後，相乘的三項都選擇 y 得到 y^3，係數為 1。總和來說，

$$(x+y)^3 = (x+y)(x+y)(x+y) = (xx + xy + yx + yy)(x+y)$$
$$= xxx + xxy + xyx + xyy + yxx + yxy + yyx + yyy$$
$$= x^3 + 3x^2y + 3xy^2 + y^3$$

◀

現在陳述二項式定理。

定理 1 ■ 二項式定理 令 x 和 y 為變數，而 n 為非負整數，則

$$(x+y)^n = \sum_{j=0}^{n} \binom{n}{j} x^{n-j} y^j = \binom{n}{0} x^n + \binom{n}{1} x^{n-1} y + \cdots + \binom{n}{n-1} xy^{n-1} + \binom{n}{n} y^n$$

證明：我們使用組合證明方式。當 $j = 0, 1, 2, ..., n$，$x^{n-j}y^j$ 項的係數可以由相乘的 n 項 $(x+y)$ 中，選取 $(n-j)$ 項的 x 和 j 項的 y 相乘得到，所以其係數可視為在 n 元素集合中 $(n-j)$ 組合的個數，亦即 $\binom{n}{n-j} = \binom{n}{j}$，得證。 ◁

例題 2 至例題 4 將說明二項式定理的用法。

例題 2 求出 $(x+y)^4$ 的展開式。

解：根據二項式定理，

$$(x+y)^4 = \sum_{j=0}^{4} \binom{4}{j} x^{4-j} y^j$$
$$= \binom{4}{0}x^4 + \binom{4}{1}x^3y + \binom{4}{2}x^2y^2 + \binom{4}{3}xy^3 + \binom{4}{4}y^4$$
$$= x^4 + 4x^3y + 6x^2y^2 + 4xy^3 + y^4$$

例題 3 求出 $(x+y)^{25}$ 展開式中 $x^{12}y^{13}$ 的係數。

解：根據二項式定理，係數為

$$\binom{25}{13} = \frac{25!}{13!\,12!} = 5,200,300$$

例題 4 求出 $(2x-3y)^{25}$ 展開式中 $x^{12}y^{13}$ 的係數。

解：由於 $(2x-3y)^{25}$ 相當於 $(2x+(-3y))^{25}$，根據二項式定理，

$$(2x+(-3y))^{25} = \sum_{j=0}^{25} \binom{25}{j}(2x)^{25-j}(-3y)^j$$

所以，$x^{12}y^{13}$ 的係數是當 $j=13$ 時，

$$\binom{25}{13}2^{12}(-3)^{13} = -\frac{25!}{13!\,12!}2^{12}3^{13}$$

我們將利用二項式定理證明一些有用的等式，例如系理 1、2 和 3。

系理 1 ■ 令 n 為非負整數，則

$$\sum_{k=0}^{n} \binom{n}{k} = 2^n$$

證明：利用二項式定理，當 $x=1$，$y=1$ 時，

$$2^n = (1+1)^n = \sum_{k=0}^{n} \binom{n}{k} 1^k 1^{n-k} = \sum_{k=0}^{n} \binom{n}{k}$$

得證。

系理 1 還有一種非常細膩的證明，如下：

證明：n 元素的集合共有 2^n 個不同的子集合。空集合有 $\binom{n}{0}$ 個，1 個元素的子集合有 $\binom{n}{1}$，2 個元素的子集合有 $\binom{n}{2}$ ……，而 n 個元素的子集合有 $\binom{n}{n}$。所以，$\sum_{k=0}^{n}\binom{n}{k}$ 等於計算 n 個元素的集合其子集合的總個數。兩種公式都用來計算子集合的個數，因此

$$\sum_{k=0}^{n} \binom{n}{k} = 2^n$$

◁

系理 2 ■ 令 n 為正整數,則
$$\sum_{k=0}^{n} (-1)^k \binom{n}{k} = 0$$

證明:利用二項式定理,當 $x = 1$,$y = -1$ 時,
$$0 = 0^n = ((-1)+1)^n = \sum_{k=0}^{n} \binom{n}{k}(-1)^k 1^{n-k} = \sum_{k=0}^{n} \binom{n}{k}(-1)^k$$
得證。 ◁

注意:系理 2 可推導出
$$\binom{n}{0} + \binom{n}{2} + \binom{n}{4} + \cdots = \binom{n}{1} + \binom{n}{3} + \binom{n}{5} + \cdots$$

系理 3 ■ 令 n 為非負整數,則
$$\sum_{k=0}^{n} 2^k \binom{n}{k} = 3^n$$

證明:利用二項式定理,當 $x = 1$,$y = 2$ 時,
$$3^n = (1+2)^n = \sum_{k=0}^{n} \binom{n}{k} 1^{n-k} 2^k = \sum_{k=0}^{n} \binom{n}{k} 2^k$$
得證。 ◁

帕斯卡等式與三角形

二項式係數滿足非常多等式,此處將介紹其中最重要的一種。

定理 2 ■ **帕斯卡等式** 令 n 和 k 為正整數,其中 $n \geq k$,則
$$\binom{n+1}{k} = \binom{n}{k-1} + \binom{n}{k}$$

帕斯卡(Blaise Pascal,1623-1662) 很早就展露出他的數學天份,他的父親必須將與數學有關的書藏起來,以誘使帕斯卡發展其他興趣。帕斯卡和費馬被公認為現代機率論的創始人。1654 年,帕斯卡決定放棄數學而潛心研究神學。但在一個夜晚,因為劇烈的牙疼,他企圖以專心研究擺線的性質來忘記疼痛。不可思議的是,牙疼居然消失了,帕斯卡將此視為上天要他繼續數學研究的信息。

證明：我們將使用組合證明方式。假設 T 為包含 $n+1$ 個元素的集合，而 $a \in T$，$S = T - \{a\}$。我們注意到 T 有 $\binom{n+1}{k}$ 個包含 k 個元素的不同子集合。這類的子集合能分成兩類：一種是包含元素 a 與 $k-1$ 個 S 中的元素，另一種不包含元素 a，而包含 k 個 S 中的元素。由於包含 $k-1$ 個 S 中的元素之子集合個數為 $\binom{n}{k-1}$，而包含 k 個 S 中的元素之子集合個數為 $\binom{n}{k}$。所以，我們有

$$\binom{n+1}{k} = \binom{n}{k-1} + \binom{n}{k}$$

◁

注意：我們也能直接由 $\binom{n}{r}$ 的定義，透過代數計算的方式證明此等式（見習題 19）。

注意：將帕斯卡等式加上初始條件 $\binom{n}{0} = \binom{n}{n} = 1$，便能以遞迴方式定義出二項式係數。這種遞迴定義能夠幫助我們很快計算出二項式係數的值。因為在計算過程中，只需要用到整數的加法，不需要整數的乘法。

帕斯卡等式的二項式係數可以安排成如圖 1 的三角形，此三角形的第 n 列包含二項式係數

$$\binom{n}{k},\ k = 0, 1, \ldots, n$$

這個三角形即著名的**帕斯卡三角形（Pascal's triangle）**。帕斯卡等式讓我們透過兩個相鄰二項式係數的和，來產生帕斯卡三角形的下一列。

$$\binom{0}{0}$$
$$\binom{1}{0}\ \binom{1}{1}$$
$$\binom{2}{0}\ \binom{2}{1}\ \binom{2}{2}$$
$$\binom{3}{0}\ \binom{3}{1}\ \binom{3}{2}\ \binom{3}{3}$$
$$\binom{4}{0}\ \binom{4}{1}\ \binom{4}{2}\ \binom{4}{3}\ \binom{4}{4}$$
$$\binom{5}{0}\ \binom{5}{1}\ \binom{5}{2}\ \binom{5}{3}\ \binom{5}{4}\ \binom{5}{5}$$
$$\binom{6}{0}\ \binom{6}{1}\ \binom{6}{2}\ \binom{6}{3}\ \binom{6}{4}\ \binom{6}{5}\ \binom{6}{6}$$
$$\binom{7}{0}\ \binom{7}{1}\ \binom{7}{2}\ \binom{7}{3}\ \binom{7}{4}\ \binom{7}{5}\ \binom{7}{6}\ \binom{7}{7}$$
$$\binom{8}{0}\ \binom{8}{1}\ \binom{8}{2}\ \binom{8}{3}\ \binom{8}{4}\ \binom{8}{5}\ \binom{8}{6}\ \binom{8}{7}\ \binom{8}{8}$$
$$\ldots$$

(a)

根據帕斯卡等式：

$$\binom{6}{4} + \binom{6}{5} = \binom{7}{5}$$

1
1 1
1 2 1
1 3 3 1
1 4 6 4 1
1 5 10 10 5 1
1 6 15 20 15 6 1
1 7 21 35 35 21 7 1
1 8 28 56 70 56 28 8 1
…

(b)

圖 1 帕斯卡三角形

二項式係數的其他等式

本節最後將介紹兩個利用組合方式來證明的等式。

定理 3 ■ 凡德蒙德等式 令 m、n 和 r 為非負整數,而且 r 不能大於 m 與 n,則

$$\binom{m+n}{r} = \sum_{k=0}^{r} \binom{m}{r-k}\binom{n}{k}$$

注意:此等式由數學家凡德蒙德於 18 世紀時提出。

證明:假定在一個集合中有 m 個元素,而第二個集合中有 n 個元素。從這兩個集合中取出 r 個元素的方法有 $\binom{m+n}{r}$ 個。

另外一種算法,假設這 r 個元素中,有 k 個取自第二個集合,而 $r-k$ 個來自第一個集合,其中 $0 \leq k \leq r$。因為 k 個取自第二個集合的方法有 $\binom{n}{k}$ 種,而 $r-k$ 個來自第一個集合的方法有 $\binom{m}{r-k}$。利用乘法法則,這樣選取的方法有 $\binom{m}{r-k}\binom{n}{k}$ 種。所以從兩集合中取出 r 個元素的方法數為 $\sum_{k=0}^{r} \binom{m}{r-k}\binom{n}{k}$。

我們找出了兩種由 m 個元素集合和 n 個元素集合中取出 r 個元素的計數方法。故得證凡德蒙德等式。 ◁

根據凡德蒙德等式,我們能推論出系理 4。

系理 4 ■ 若 n 為非負整數,則

$$\binom{2n}{n} = \sum_{k=0}^{n} \binom{n}{k}^2$$

證明:令 $m = r = n$,代入凡德蒙德等式,得到

$$\binom{2n}{n} = \sum_{k=0}^{n} \binom{n}{n-k}\binom{n}{k} = \sum_{k=0}^{n} \binom{n}{k}^2$$

最後的等式來自 $\binom{n}{k} = \binom{n}{n-k}$。 ◁

組合等式也能以位元字串不同的性質來證明,見定理 4 的證明。

亞歷山大・凡德蒙德(Alexandre-Théophile Vandermonde,1735-1796)年幼時身體孱弱,他的父親引導他往音樂方向發展,然而稍後他卻展現出數學天份。凡德蒙德對數學的貢獻大多記載於 1771 至 1772 年發表的四篇文章中,包括方程式之根的基本結果、行列式的定理等。凡德蒙德對數學的興趣大約只持續了兩年,之後發表一些有關和聲學與工業製鋼的研究論文。他也參加了法國大革命,擔任政府公職。

定理 4 ■ 令 n 和 r 為非負整數,而且 $r \leq n$,則

$$\binom{n+1}{r+1} = \sum_{j=r}^{n} \binom{j}{r}$$

證明:根據 6.3 節例題 14,我們知道左式 $\binom{n+1}{r+1}$ 等於長度為 $n+1$ 位元字串恰巧包含 $r+1$ 個 1 的字串數。

我們將證明等式右端計算的是相同的物件。考慮在包含 $r+1$ 個 1 的位元字串中,最後一個 1 一定落在第 $r+1$、$r+2$、$\cdots$ 或 $n+1$ 的位置上。若最後一個 1 在第 k 個位置時,表示有 r 個 1 落在前面 $k-1$ 個位置。根據 6.3 節例題 14,我們知道這樣的字串有這樣的字串數等於 $\binom{k-1}{r}$。將 k 由 $r+1$ 加到 $n+1$,可以得到

$$\sum_{k=r+1}^{n+1} \binom{k-1}{r} = \sum_{j=r}^{n} \binom{j}{r}$$

(最後面的等式來自變數代換 $j = k-1$。)因為左式與右式計算的是相同的物件,所以等式成立證明完成。◁

習題 Exercises
*表示為較難的練習;**表示為高度挑戰性的練習;☞ 對應正文。

1. 求出 $(x+y)^4$ 的展開式。
   a) 利用與例題 1 相同的組合方式。　　b) 利用二項式定理。
2. 求出 $(x+y)^5$ 的展開式。
   a) 利用與例題 1 相同的組合方式。　　b) 利用二項式定理。
3. 求出 $(x+y)^6$ 的展開式。
4. 求出 $(x+y)^{13}$ 展開式中 $x^5 y^8$ 的係數。
5. 在同類項合併之後,$(x+y)^{100}$ 共有多少不同的項?
6. 在 $(1+x)^{11}$ 的展開式中,x^7 的係數為何?
7. 在 $(2-x)^{19}$ 的展開式中,x^9 的係數為何?
8. 在 $(3x+2y)^{17}$ 的展開式中,$x^8 y^9$ 的係數為何?
9. 在 $(2x-3y)^{200}$ 的展開式中,$x^{101} y^{99}$ 的係數為何?
* 10. 求出 $(x+1/x)^{100}$ 展開式中 x^k 的係數公式,其中 k 為整數。
* 11. 求出 $(x^2-1/x)^{100}$ 展開式中 x^k 的係數公式,其中 k 為整數。
12. 在帕斯卡三角形中,某列中的數為 $\binom{10}{k}$,$0 \leq k \leq 10$,亦即
    1　10　45　120　210　252　210　120　45　10　1
    利用帕斯卡等式,求出下一列的數。
13. 求出帕斯卡三角形中,包含 $\binom{9}{k}$ 的列中所有的數值,其中 $0 \leq k \leq 9$。

14. 證明若 n 為正整數，則

$$1 = \binom{n}{0} < \binom{n}{1} < \cdots < \binom{n}{\lfloor n/2 \rfloor} = \binom{n}{\lceil n/2 \rceil} > \cdots > \binom{n}{n-1} > \binom{n}{n} = 1$$

15. 證明對所有的正整數 n 和整數 k，$0 \le k \le n$，$\binom{n}{k} \le 2^n$。

16. a) 利用習題 14 和系理 1，證明若 n 為大於 1 的整數，$\binom{n}{\lfloor n/2 \rfloor} \ge 2^n/n$。

    b) 根據 (a) 的結果，證明若 n 為正整數，則 $\binom{2n}{n} \ge 4^n/2n$。

☞ 17. 證明若 n 和 k 為正整數，$1 \le k \le n$，則 $\binom{n}{k} \le n^k/2^{k-1}$。

18. 假設 b 為大於 7 的整數，利用二項式定理和帕斯卡三角形中某個合適的列，求出以 b 為底數的數 $(11)_b^4$。

19. 利用 $\binom{n}{r}$ 的公式證明帕斯卡等式。

20. 若 n 和 k 為正整數，$1 \le k \le n$，**六邊形等式（hexagon identity）** 為

$$\binom{n-1}{k-1}\binom{n}{k+1}\binom{n+1}{k} = \binom{n-1}{k}\binom{n}{k-1}\binom{n+1}{k+1}$$

證明此等式與帕斯卡三角形中形成六邊形的項有關。

☞ 21. 證明若 n 和 k 為正整數，$1 \le k \le n$，則 $k\binom{n}{k} = n\binom{n-1}{k-1}$。

    a) 利用組合證明方式。〔提示：證明等式兩端都等於由 n 個元素的集合中，選取 k 個元素的子集合後，再由此子集合中選出一個元素。〕

    b) 透過代數運算，證明 6.3 節定理 2 介紹的公式 $\binom{n}{r}$。

22. 證明等式 $\binom{n}{r}\binom{r}{k} = \binom{n}{k}\binom{n-k}{r-k}$，其中 n、r 和 k 為非負整數，而且 $r \le n$，$k \le r$。

    a) 利用組合證明方式。

    b) 利用 $\binom{n}{r}$ 的公式證明。

23. 證明若 n 和 k 為正整數，則

$$\binom{n+1}{k} = (n+1)\binom{n}{k-1}/k$$

利用這個等式，建構一個二項式係數的歸納定義。

24. 證明若 p 為一個質數，k 為整數，其中 $1 \le k \le p-1$，則 p 能整除 $\binom{p}{k}$。

25. 令 n 為正整數，證明

$$\binom{2n}{n+1} + \binom{2n}{n} = \binom{2n+2}{n+1}/2$$

* 26. 令 n 和 k 為正整數，$1 \le k \le n$，證明

$$\sum_{k=1}^{n} \binom{n}{k}\binom{n}{k-1} = \binom{2n+2}{n+1}/2 - \binom{2n}{n}$$

* 27. 證明**曲棍球棍等式（hockeystick identity）**。（譯按：將此等式所用到的數目在帕斯卡三角形中連接起來如一根曲棍球棍。）

$$\sum_{k=0}^{r} \binom{n+k}{k} = \binom{n+r+1}{r}$$

其中 n 和 r 為正整數。

a) 利用組合證明方式。

b) 利用帕斯卡等式。

28. 證明若 n 為正整數，則 $\binom{2n}{2} = 2\binom{n}{2} + n^2$。

a) 利用組合證明方式。

b) 利用代數計算推導。

* 29. 給出一個 $\sum_{k=1}^{n} k\binom{n}{k} = n2^{n-1}$ 的組合證明。〔提示：利用兩種方式計算，先選出一個委員會，再選出一個主席。〕

* 30. 給出一個 $\sum_{k=1}^{n} k\binom{n}{k}^2 = n\binom{2n-1}{n-1}$ 的組合證明。〔提示：利用兩種方式計算，由有 n 個教授的數學系和 n 個教授的資訊系中選出委員會，其中主席必須是數學系教授。〕

31. 證明一個非空集合，其奇數元素之子集合個數等於其偶數元素之子集合個數。

* 32. 利用數學歸納法證明二項式定理。

33. 計算在 xy 平面中由原點 (0, 0) 到點 (m, n) 的路徑數目，其中 m 與 n 都是非負整數。每個路徑是一序列的（向上或向右）移動。兩條由 (0, 0) 到 (5, 3) 的路徑如下圖所示。

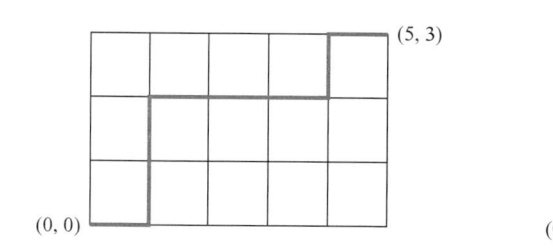

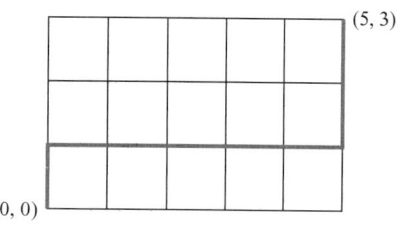

a) 證明每個路徑都能用包含 m 個 0 和 n 個 1 的位元字串來表示，其中 0 表示向右移動，1 表示向上移動。

b) 根據 (a) 的結果，可得這樣的路徑共有 $\binom{m+n}{n}$ 種。

34. 利用習題 33 證明 6.3 節系理 2：$\binom{n}{k} = \binom{n}{n-k}$，其中 k 為正整數，$0 \le k \le n$。〔提示：考慮上述形態的路徑，從 (0, 0) 到 (n − k, k) 和從 (0, 0) 到 (k, n − k)。〕

35. 利用習題 33 證明定理 4。〔提示：計算習題 33 描述的路徑。每個這種形態的路徑必須終止於 (n − k, k)，其中 k = 0, 1, 2, ..., n。〕

36. 利用習題 33 證明帕斯卡等式。〔提示：證明習題 33 描述的路徑由 (0, 0) 到 (n + 1 − k, k) 時，必然會經過 (n + 1 − k, k − 1) 或是 (n − k, k)，但不會同時經過此兩點。〕

37. 利用習題 33 證明習題 27 的曲棍球棍等式。〔提示：首先，注意到由 (0, 0) 到 (n + 1, r) 共有 $\binom{n+1+r}{r}$ 種路徑。然後，依向上移動 k 個單位分別計數可能的路徑個數，其中 k = 0, 1, 2, ...。〕

38. 給出一個組合證明：若 n 為一個正整數，則 $\sum_{k=0}^{n} k^2 \binom{n}{k} = n(n+1)2^{n-2}$。〔提示：證明等式的兩端都是在計算 n 個元素集合的子集合數，然後從子集合中取出兩個不一定要相異的元素。最後，將右式展開成 $n(n-1)2^{n-2} + n2^{n-1}$。〕

* **39.** 決定一個有關二項式係數的公式，其前幾項給定如下。〔提示：檢視帕斯卡三角形會有幫助。〕

   a) 1, 3, 6, 10, 15, 21, 28, 36, 45, 55, 66, ...
   b) 1, 4, 10, 20, 35, 56, 84, 120, 165, 220, ...
   c) 1, 2, 6, 20, 70, 252, 924, 3432, 12870, 48620, ...
   d) 1, 1, 2, 3, 6, 10, 20, 35, 70, 126, ...
   e) 1, 1, 2, 3, 6, 10, 20, 35, 1, 9, ...
   f) 1, 3, 15, 84, 495, 3003, 18564, 116280, 735471, 4686825, ...

6.5 一般化的排列與組合 *Generalized Permutations and Combinations*

引言

在許多計數問題中，元素能重複使用，例如，一個字母或數字在車牌中可能會出現不只一次；買一打甜甜圈時，某種口味可能會重複。這樣一來，與先前討論過的計數問題會有衝突。前面在探討排列與組合時，每一項最多都只能使用一次。本節將研究重複的計數問題。

另外，有些計數問題會牽涉到無法區別的元素，例如，將 *SUCCESS* 的字母重排，有幾種不同的方式？這也與先前討論——所有物件都不相同——衝突。本節也將研究如何解決無法區別物件的問題。

最後，本節將解釋如何解決一些重要的計數問題類型，例如，將不同的物品放進箱子的方法數。四個人玩撲克牌時，每個人手中可能出現的牌型也屬於這類問題。

綜合前面章節與本節的內容，將會成為解決計數問題非常有用的方法。再加上第 7 章介紹的內容，我們將能解決許多研究領域的計數問題。

重複排列

排列時允許元素重複的問題，可以利用乘法法則來解決，如例題 1 所示。

例題 1 利用大寫英文字母能形成多少個長度為 r 的字串？

解：根據乘法法則，因為大寫英文字母有 26 個，又因為可以重複使用，所以長度為 r 的字串共有 26^r 個。◂

允許重複使用 n 個元素的 r- 排列，其可能方法數如定理 1 所示。

定理 1 ■ 有 n 個元素的集合中，允許重複的 r- 排列共有 n^r 種。

證明：在 r- 排列中，每個位置都有 n 個選擇，根據乘法法則，允許重複的 r- 排列共有 n^r 種。 ◁

重複組合

考慮下列允許組合元素重複的例題。

例題 2　從一個裝有蘋果、橘子和梨子的碗中，挑選 4 個水果有幾種可能性？若不計挑選時的順序，而且每種水果在碗中的數目皆大於 4。

解：解決這個問題的一個方法是列出所有的可能性，如下：

4 個蘋果	4 個橘子	4 個梨子
3 個蘋果；1 個橘子	3 個蘋果；1 個梨子	3 個橘子；1 個蘋果
3 個橘子；1 個梨子	3 個梨子；1 個蘋果	3 個梨子；1 個橘子
2 個蘋果；2 個橘子	2 個蘋果；2 個梨子	2 個橘子；2 個梨子
2 個蘋果；1 個橘子；1 個梨子	2 個橘子；1 個蘋果；1 個梨子	2 個梨子；1 個蘋果；1 個橘子

一共有 15 種可能性。 ◁

為解決更複雜的這種類型問題，我們需要一個一般化的求解方法，計算在包含 n 個元素的集合中允許重複之 r- 組合的個數。例題 3 將說明這樣的方法。

例題 3　在一個錢櫃中有 1 元、2 元、5 元、10 元、20 元、50 元和 100 元的紙鈔。從中選取 5 張紙鈔可以有幾種組合？若不計挑選時的順序，而且每種面額的鈔票張數皆至少有 5 張。

解：這個問題等於在 7 個元素的集合中，找出允許重複之 5- 組合。將所有可能性一一列舉出來太過冗長，我們介紹一種計算組合數目的技巧，如下：

假設錢櫃中有 7 個小格，每個小格放置一種面額的紙鈔，如圖 1 所示。分成 7 個小格等於放入 6 個隔板。一共要選擇 5 張紙鈔，等於在 6 個隔板間置入 5 個星號。圖 2 中說明 6 個隔板與 5 個星號的不同排列各代表何種紙鈔的組合。

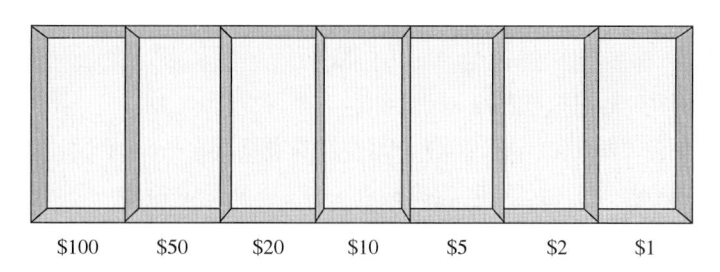

$100　　$50　　$20　　$10　　$5　　$2　　$1

圖 1　有七格放置不同面額之鈔票的錢櫃

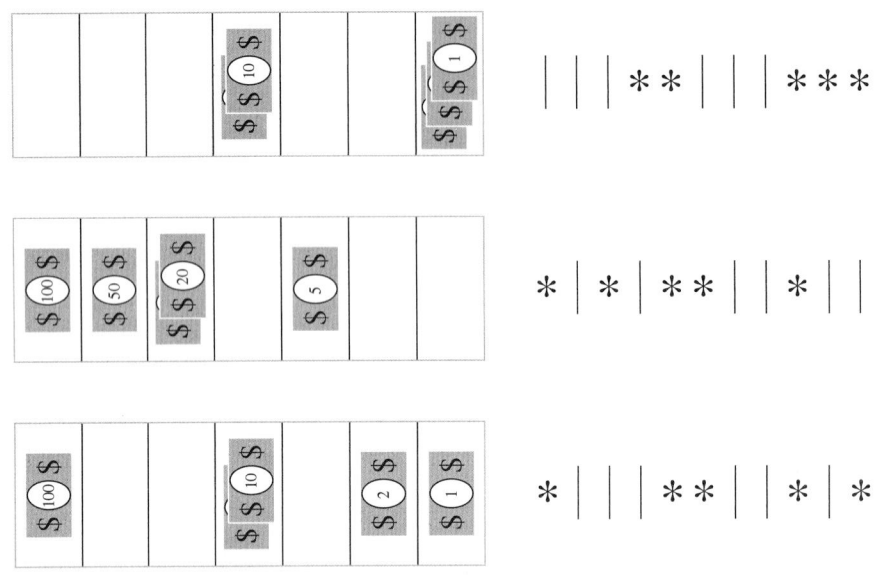

圖 2　選擇五張鈔票的方式

因此選取紙鈔的組合方式個數，就是 6 個隔板（｜）和 5 個星號（＊）一共 11 個物件之排列可能情況數目，亦即 $C(11, 5)$。因此，共有

$$C(11, 5) = \frac{11!}{5!\,6!} = 462$$

種方式。◀

定理 2 將上述討論一般化。

定理 2 ■ 在包含 n 個元素的集合中，允許重複之 r-組合的個數為 $C(n+r-1, r) = C(n+r-1, n-1)$。

證明： 每個在包含 n 個元素的集合中允許重複之 r-組合，都能以 $n-1$ 個隔板和 r 個星號的排列來表示（如例題 3 的討論）。第 i 個隔板和第 $i+1$ 個隔板間的星號個數，代表某元素選取的個數。例如，在 4 個元素的集合中，挑選 6 個。若隔板與星號的排列方式為

＊＊｜＊｜｜＊＊＊

表示第一個元素取兩個，第二個元素取一個，第三個元素不取，而第四個元素取三個。

你會發現，每一種表列法都包含 $n-1$ 個隔板與 r 個星號。如此一來，要解決的問題變成找出 n 個元素中，允許重複的 r-組合個數。其數目為 $C(n-1+r, r)$，因為每個表列法都能想成在 $n-1+r$ 個位置中，選取 r 個位置來擺星號，$n-1$ 個位置擺隔板。這個數目也等於 $C(n-1+r, n-1)$，因為也能想成在 $n-1+r$ 個位置中，選取 $n-1$ 個位置擺隔板。◁

例題 4 至例題 6 說明如何利用定理 2 來解題。

例題 4 假設某餅乾店中有 4 種不同口味的餅乾。若不計挑選時的順序,選取 6 塊餅乾有幾種方法?

解: 此問題等同於求出在 4 個元素所形成集合中,允許重複的 6- 組合方式之個數。根據定理 2,一共有

$$C(9, 6) = C(9, 3) = \frac{9 \cdot 8 \cdot 7}{1 \cdot 2 \cdot 3} = 84$$

種不同的方式來挑選餅乾。 ◀

定理 2 也能用來求出某些線性方程式的整數解,其中變數為有某些限制的整數,見例題 5。

例題 5 下面方程式有多少組解?

$$x_1 + x_2 + x_3 = 11$$

其中 x_1、x_2 和 x_3 為非負整數。

解: 此問題等同於由 3 個元素 $\{x_1, x_2, x_3\}$ 的集合中,允許重複選出 11 個元素進行組合。根據定理 2,共有

$$C(3 + 11 - 1, 11) = C(13, 11) = C(13, 2) = \frac{13 \cdot 12}{1 \cdot 2} = 78$$

組解。

同樣的問題若更動變數的限制,一樣能以類似的方法求出答案。例如,將變數限制更改為 $x_1 \geq 1$,$x_2 \geq 2$,$x_3 \geq 3$。此時,在欲選出的 11 個元素中,先選定 1 個 x_1,2 個 x_2 和 3 個 x_3。然後就剩下的 5 個元素中,任意在 $\{x_1, x_2, x_3\}$ 中挑選,因此改變限制後,根據定理 2,共有

$$C(3 + 5 - 1, 5) = C(7, 5) = C(7, 2) = \frac{7 \cdot 6}{1 \cdot 2} = 21$$

組解。 ◀

下面的例題說明,若有一個變數在執行某種特定形態的迴圈時,其值都會增加,該如何計算因此產生的(可允許重複)組合方法數。

例題 6 執行下列虛擬碼後,k 的值為何?

```
k := 0
for i_1 := 1 to n
    for i_2 := 1 to i_1
        .
        .
        .
        for i_m := 1 to i_{m-1}
            k := k + 1
```

解：已知 k 的初始值為 0。對於滿足

$$1 \leq i_m \leq i_{m-1} \leq \cdots \leq i_1 \leq n$$

的整數 $i_1, i_2, ..., i_m$ 而言，每執行這個迴圈時，k 的值就增加 1。這種整數序列個數，就等於從 $\{1, 2, ..., n\}$ 中允許重複選取 m 個的方法數。（因為一旦數目選出後，只要依非遞減方式排列就可以得到滿足不等式的序列。）所以，由定理 2 得到共有 $C(n + m - 1, m)$ 種方法，所以 $k = C(n + m - 1, m)$。◀

由 n 個元素集合中允許或不允許重複的 r- 排列與 r- 組合的公式整理於表 1。

表 1 允許或不允許重複的 r- 排列與 r- 組合的公式

形態	是否允許重複？	公式
r- 排列	不允許	$\dfrac{n!}{(n-r)!}$
r- 組合	不允許	$\dfrac{n!}{r!(n-r)!}$
r- 排列	允許	n^r
r- 組合	允許	$\dfrac{(n+r-1)!}{r!(n-1)!}$

不可區分物件的排列

有些物件在計數問題中是無法區分的。在這些狀況下，必須小心不可重複計算某些物件。考慮例題 7。

例題 7 將單字 *SUCCESS* 的字母重新排列，將形成多少不同的字串？

解：由於字串中有相同的字母，所以排列方式不等於將 7 個元素排列。字串中有 3 個 S、2 個 C、1 個 U 和 1 個 E。在考慮重排後的字串時，首先將 3 個位置分配給 S，共有 $C(7, 3)$ 種方法；從剩下的 5 個位置中，分配 2 個給 C，有 $C(5, 2)$ 種方法；剩下 2 個位置，分配 1 個給 U，有 $C(2, 1)$ 種方法；最後的位置留給 E，有 $C(1, 1)$ 種方法。利用乘法法則，共有

$$C(7, 3)C(4, 2)C(2, 1)C(1, 1) = \frac{7!}{3!\,4!} \cdot \frac{4!}{2!\,2!} \cdot \frac{2!}{1!\,1!} \cdot \frac{1!}{1!\,0!}$$

$$= \frac{7!}{3!\,2!\,1!\,1!}$$

$$= 420$$
◀

我們可用例題 7 中討論的方式來證明定理 3。

定理 3 ■ 若 n 個物件中，第 1 種相同的物件有 n_1 個，第 2 種相同的物件有 n_2 個，……，第 k 種相同的物件有 n_k 個，則此 n 個物件的排列方法數有

$$\frac{n!}{n_1!\,n_2!\cdots n_k!}$$

證明：將此 n 個物件排成一列（共有 n 個位置）。首先挑選出 n_1 個位置來放第 1 種物件，其方法數為 $C(n, n_1)$。這個時候，只剩下 $n - n_1$ 個位置可以放置新的物件。接下來，選出 n_2 個位置來放第 2 種物件，有 $C(n - n_1, n_2)$ 種方法。這個時候，只剩下 $n - n_1 - n_2$ 個位置可以放置新的物件。繼續這樣的步驟，再根據乘法法則，總排列方法數有

$$C(n, n_1)C(n-n_1, n_2)\cdots C(n-n_1-\cdots-n_{k-1}, n_k)$$
$$= \frac{n!}{n_1!(n-n_1)!} \frac{(n-n_1)!}{n_2!(n-n_1-n_2)!} \cdots \frac{(n-n_1-\cdots-n_{k-1})!}{n_k!0!}$$
$$= \frac{n!}{n_1!n_2!\cdots n_k!}$$

◁

將物件分配至箱子中

有些計數問題可以藉由將不同物件放入不同箱子的所有方法來求解（不論置入箱子的順序）。這些物件可以是可區分的，也可能是不可區分的。同樣地，箱子也可能完全相同（沒有編號）或是可以區分的（編號）。因此在解題時，必須注意物件與箱子間是否可以區分的差別。

有一些清楚的公式可以計算將相同或可區分的物件置入有編號的箱子，但對於不可辨識箱子的問題，似乎就沒有這麼幸運，目前這種狀況還沒有較明確的公式可以套用。

不同物件與不同箱子 首先考慮物件與箱子都是可以區分的，如例題 8 所示，其中物件是撲克牌，而箱子是玩家的手。

例題 8 將一副標準的 52 張撲克牌分給 4 個人，一人 5 張，會有多少種不同的情形？

解：我們將使用乘法法則來解決這個問題。首先，將 5 張牌分給第一個人的方法有 $C(52, 5)$ 種；將 5 張牌分給第二個人的方法有 $C(52 - 5, 5) = C(47, 5)$ 種；將 5 張牌分給第三個人的方法有 $C(42, 5)$ 種；分給第四個人的方法有 $C(37, 5)$ 種。因此，總共有

$$C(52,5)C(47,5)C(42,5)C(37,5) = \frac{52!}{47!\,5!} \cdot \frac{47!}{42!\,5!} \cdot \frac{42!}{37!\,5!} \cdot \frac{37!}{32!\,5!}$$
$$= \frac{52!}{5!\,5!\,5!\,5!\,32!}$$

◁

注意：例題 8 的解等於將 52 個物件排列，其中第一種、第二種、第三種與第四種物件各有 5 個，而第五種物件有 32 個。我們能在這兩個問題間找到一個一對一的對應關係。首先將 52 張牌排序，發給第一個玩家的五張牌其對應的位置視為放入第一種物件。所以，在 52 個物件的排列中，第一種物件有 5 個。同樣地，在發給第二個玩家的牌之位置，放入第二種物件；依此類推，發給第三個玩家的牌之位置，放入第三種物件；發給第四個玩家的牌之位置，放入第四種物件。最後，沒有發出去之牌的位置都放入第五種物件，便能得到上面的說法。

綜合上面的討論，計算不同物件放入不同箱子的計數問題能以定理 4 來求解。

> **定理 4** ■ 將 n 個不同物件分配到 k 個不同的箱子，使得第 i 個箱子中有 n_i 個物件的方法數如下，其中 $i = 1, 2, ..., k$
>
> $$\frac{n!}{n_1! n_2! \cdots n_k!}$$

定理 4 能用乘法法則來證明，見習題 47，留給讀者練習。同樣地，也能找出一個由定理 3 的排列計數與定理 4 之物件分配間的一對一對應關係來證明（見習題 48）。

相同物件與不同箱子　將 n 個相同物件分配到 k 個不同箱子的問題，與自 k 個元素集合中允許重複的 n- 組合相同。因為我們能定義一個一對一對應關係，當第 i 個物件被放入箱子中時，對應至集合中的第 i 個元素被放入 n- 組合中。

例題 9　將 10 個相同的球放進 8 個不同的箱子中，有幾種可能的情況？

解：此問題等同於自 8 個元素的集合中找出 10- 組合的方式，所以可能的情況數為

$$C(8 + 10 - 1, 10) = C(17, 10) = \frac{17!}{10! 7!} = 19,448$$

也就是說，將 n 個相同物件分配到 k 個不同箱子的方法有 $C(n + k - 1, n - 1)$ 種。

不同物件與相同箱子　計算將 n 個不同物件分配到 k 個相同箱子，這類問題比前面幾種情況困難。

例題 10　將四個員工分配到三間相同辦公室有幾種方法？其中辦公室裡的人數可以是任何非負整數。

解：我們將以列舉方法求出這個問題的解。假設四個員工分別為 A、B、C 和 D。我們能將四個人都放在同一間辦公室；三人在同一間辦公室，一個人在另一間辦公室；兩個人在一間辦公室，另外兩人在另一間辦公室；另外，兩個人在同一間辦公室，另外兩個人一人一間辦公室。將各個情況表列如下：

四個人都在同一間辦公室，以 $\{\{A, B, C, D\}\}$ 表示。三人在同一間辦公室，一個人在另一間辦公室的情況有 $\{\{A, B, C\}, \{D\}\}$、$\{\{A, B, D\}, \{C\}\}$、$\{\{A, C, D\}, \{B\}\}$ 和 $\{\{B, C, D\}, \{A\}\}$。兩個人在一間辦公室，另外兩個人在另一間辦公室的情況有 $\{\{A, B\}, \{C, D\}\}$、$\{\{A, C\}, \{B, D\}\}$ 和 $\{\{A, D\}, \{B, C\}\}$。兩個人在同一間辦公室，另外兩個人一人一間辦公室有 $\{\{A, B\}, \{C\}, \{D\}\}$、$\{\{A, C\}, \{B\}, \{D\}\}$、$\{\{A, D\}, \{B\}, \{C\}\}$、$\{\{B, C\}, \{A\}, \{D\}\}$、$\{\{B, D\}, \{A\}, \{C\}\}$ 和 $\{\{C, D\}, \{A\}, \{B\}\}$。共有 14 種方法。

由上面的表列中也能看出，將四個員工安排在三間相同的辦公室，沒有空辦公室的方法有六種。將四個員工安排在兩間相同的辦公室，有一間空辦公室的方法有七種。而將四個員工安排在一間辦公室的方法只有一種。

上述問題沒有簡單的公式可以求解，但是有一個使用到總和的公式，描述如下：令 $S(n, j)$ 表示將 n 個不同的物件分配至 k 個相同的箱子中，而且沒有箱子是空的。$S(n, j)$ 稱為**第二類斯特林數**（Stirling numbers of the second kind）。例如，在例題 10 中證明了 $S(4, 3) = 6$，$S(4, 2) = 7$ 和 $S(4, 1) = 1$。我們發現將 n 個不同物件分配至 k 個相同箱子的方法數為 $\sum_{j=1}^{k} S(n, j)$。就如例題 10 中所討論的，將 4 個不同物件放至 3 個相同箱子的方法數為 $S(4, 1) + S(4, 2) + S(4, 3) = 1 + 7 + 6 = 14$。使用排容原理（見 7.1S 節，請參見隨書光碟第 7 章補充）能證明

$$S(n, j) = \frac{1}{j!} \sum_{i=0}^{j-1} (-1)^i \binom{j}{i} (j - i)^n$$

所以，將 n 個不同物件分配至 k 個相同箱子的方法數為

$$\sum_{j=1}^{k} S(n, j) = \sum_{j=1}^{k} \frac{1}{j!} \sum_{i=0}^{j-1} (-1)^i \binom{j}{i} (j - i)^n$$

相同物件與相同箱子　這類問題的原則將在例題 11 中討論。

例題 11　將同一本書的六份拷貝分配到四個完全相同的包裹中，有幾種不同的分法？其中每個包裹中可以有任何種數目的書本數。

解： 我們列出所有的可能情況，包裹中可能有的書本數目為：

6
5, 1
4, 2
4, 1, 1
3, 3
3, 2, 1
3, 1, 1, 1
2, 2, 2
2, 2, 1, 1

其中 4, 1, 1 表示一個包裹中有 4 份拷貝，另兩個包裹中各有 1 份，而有一個包裹是空的。根據上面表列的方式，我們得知將同一本書的 6 份拷貝分配到 4 個完全相同的包裹中，若每個包裹中可以有任何種數目的書本數，總共有 9 種方法。◀

觀察將 n 個相同物件分配至 k 個相同箱子中，其實就是將 n 分成 j 個小於 k 的正整數，$a_1, a_2, ..., a_j$，其中 $a_1 \geq a_2 \geq \cdots \geq a_j$ 使得 $a_1 + a_2 + \cdots + a_j = n$。目前沒有明顯的公式可以計算這種題目。想知道更多關於分割正整數的資訊，可參考 [Ro11]。

習題 Exercises　　*表示為較難的練習；**表示為高度挑戰性的練習；☞ 對應正文。

1. 在允許重複的情況下，自三個元素之集合依序挑選五個元素有幾種方法？
2. 在允許重複的情況下，自五個元素之集合依序挑選五個元素有幾種方法？

3. 六個字母所組成的字串有多少個？
4. 某學生每天都從一堆有六種口味的三明治中隨機挑選一種當午餐。請問七天下來，這個學生午餐的三明治排列有幾種可能？
5. 將三種工作分配給五個員工，若每個員工可以被分配超過一個工作，則工作分配的情形有多少種可能？
6. 當由三個元素集合中，允許重複地選取五個沒有排序的元素有多少種方法？
7. 當由五個元素集合中，允許重複地選取三個沒有排序的元素有多少種方法？
8. 從一個有 21 種口味的甜甜圈商店中，選出一打甜甜圈有多少種不同的方法？
9. 一個貝果店的貝果（bagel）有下列口味：洋蔥、罌粟籽、雞蛋、鹹味、裸麥、芝麻、葡萄乾和原味。下列選擇將有多少種不同的方法？
    a) 六個貝果。　　　　　　　　　　b) 一打貝果。
    c) 兩打貝果。　　　　　　　　　　d) 一打貝果，每種口味都至少有一個。
    e) 一打貝果，其中至少有三個雞蛋口味，但不超過兩個鹹味口味。
10. 一個麵包店的可頌有下列口味：原味、櫻桃、巧克力、杏仁、蘋果和青花椰菜。下列選擇將有多少種不同的方法？
    a) 一打可頌。　　　　　　　　　　b) 三打可頌。
    c) 兩打可頌，每種口味至少有兩個。
    d) 兩打可頌，其中至多有兩個青花椰菜口味。
    e) 兩打可頌，其中至少有五個巧克力和三個杏仁口味。
    f) 兩打可頌，其中至少有一個原味、兩個櫻桃、一個杏仁、兩個蘋果，但是至多有三個青花椰菜口味。
11. 從有 100 個一分和 80 個五分的撲滿中取出 8 個銅板有多少種不同的方式？
12. 一個撲滿中有 20 個銅板，若銅板總類有 1 分、5 分、10 分、25 分和 50 分五種，共有多少種可能的組合？
13. 一個出版商有 3000 本離散數學的書籍，若想存放在三個倉庫，共有幾種方式？
14. 下面方程式有多少組解？
    $x_1 + x_2 + x_3 + x_4 = 17$
    其中 x_1、x_2、x_3 和 x_4 皆為非負整數。
15. 下面方程式有多少組解？
    $x_1 + x_2 + x_3 + x_4 + x_5 = 21$
    其中 x_i 為非負整數，$i = 1, 2, 3, 4, 5$，並滿足下面條件。
    a) $x_1 \geq 1$　　　　　　　　　　b) $x_i \geq 2$，$i = 1, 2, 3, 4, 5$
    c) $0 \leq x_1 \leq 10$　　　　　　　d) $0 \leq x_1 \leq 3$，$1 \leq x_2 < 4$ 且 $x_3 \geq 15$
16. 下面方程式有多少組解？
    $x_1 + x_2 + x_3 + x_4 + x_5 + x_6 = 29$

其中 x_i 為非負整數，$i = 1, 2, 3, 4, 5, 6$，並滿足下面條件。

a) $x_i > 1$，$i = 1, 2, 3, 4, 5, 6$
b) $x_1 \geq 1$，$x_2 \geq 2$，$x_3 \geq 3$，$x_4 \geq 4$，$x_5 \geq 5$ 和 $x_6 \geq 6$
c) $x_1 \leq 5$
d) $x_1 < 8$ 和 $x_2 > 8$

17. 以三位元 $\{0, 1, 2\}$ 組成的字串，有多少個包含恰巧兩個 0、三個 1 和五個 2？

18. 安排 20 個十進位數字，欲包含兩個 0、四個 1、三個 2、一個 3、兩個 4、三個 5、兩個 7 和三個 9 有多少種方法？

19. 假設一個大家庭中有 14 個小孩，包含兩組三雙胞胎、三對雙胞胎與兩個小孩。有多少種方法能夠將這些小孩排成一列？假定三胞胎與雙胞胎之間是無法區別的。

20. 下面不等式有多少組解？

    $x_1 + x_2 + x_3 \leq 11$

    其中 x_1、x_2 和 x_3 皆為非負整數。〔提示：引入一個輔助的變數 x_4，然後求解 $x_1 + x_2 + x_3 + x_4 = 11$。〕

21. 將 6 個相同的球安排至 9 個不同箱子有多少種方法？

22. 將 12 個相同的球安排至 6 個不同箱子有多少種方法？

23. 將 12 個相同物件安排至 6 個不同箱子，其中每個箱子有兩個物件，共有多少種方法？

24. 將 15 個相同物件安排至 5 個不同箱子，其中每個箱子的物件數目分別為一個、兩個、三個、四個和五個。共有多少種方法？

25. 有多少個小於 1,000,000 的正整數，其中每個整數之數字和等於 19？

26. 有多少個小於 1,000,000 的正整數，其中每個整數之數字和等於 13，而且有個數字為 9？

27. 在離散數學的期末考中有 10 道問題。如果每題的分數至少 5 分，而且總分為 100，有多少種配分的方式？

28. 證明自 r 種不同形態的物件中，取出不計順序 n 個物件的方法數為 $C(n + r - q_1 - q_2 - \cdots - q_r - 1, n - q_1 - q_2 - \cdots - q_r - 1)$，其中第 k 種物件共有 q_k 個，$k = 1, 2, ..., r$。

29. 符合下面條件的位元字串共有多少個？由 1 開始，包含 3 個額外的 1，必須正好有 12 個 0，而且每個 1 後面至少要接著 2 個 0。

30. 將單字 *MISSISSIPPI* 的所有字母重新排列，將形成多少個不同的字串？

31. 將單字 *ABRACADABRA* 的所有字母重新排列，將形成多少個不同的字串？

32. 將單字 *AARDVARK* 的所有字母重新排列，其中三個 *A* 必須相連，將形成多少個不同的字串？

33. 將單字 *ORONO* 的字母取出（全部或部分皆可）排列，將形成多少個不同的字串？

34. 將單字 *SEERESS* 的字母取出五個或以上來排列，將形成多少個不同的字串？

35. 將單字 *EVERGREEN* 的字母取出七個或以上來排列，將形成多少個不同的字串？

36. 使用六個 1 和八個 0 能排出多少個不同的位元字串？

37. 一個學生有三個芒果、兩個木瓜和兩個奇異果。若每天吃一個水果，而且同一種水果視

為相同，則有多少種不同吃水果的方式？

38. 有個教授將收集的 40 本數學期刊分裝於 4 個箱子，每個箱子中有 10 本。在下列情況，她有多少種打包方式？

   a) 箱子上有編號。　　　　　　　　**b)** 四個箱子完全相同。

39. 在 xyz 空間中，由原點 (0, 0, 0) 移動到 (4, 3, 5) 有多少種方法？移動的方式是一次只能向 x、y 和 z 三個方向之正向走一個單位。

40. 在 xyzw 空間中，由原點 (0, 0, 0, 0) 移動到 (4, 3, 5, 4) 有多少種方法？移動的方式是一次只能向 x、y、z 和 w 四個方向之正向走一個單位。

41. 將一副標準的 52 張撲克牌分給 5 個人，一人 7 張，有多少種不同的情形？

42. 將一副標準的 52 張撲克牌分給 4 個人，有多少種不同的情形？

43. 將一副只有 48 張牌的撲克牌分給 6 個人，一人 5 張，有多少種不同的情形？

44. 將 12 本書放到四格不同的書架上，下列情況有多少種不同的擺設方式？

   a) 如果所有的書都是相同的。

   b) 如果沒有兩本書是完全相同的，而且考慮擺在書架上的順序。

45. 將 n 本書放到 k 格不同的書架上，下列情況有多少種不同的擺設方式？

   a) 如果所有的書都是相同的。

   b) 如果沒有兩本書是完全相同的，而且考慮擺在書架上的順序。

46. 書架上有 12 本書排成一列，取出 5 本，其中沒有兩本是相鄰的，共有多少種取法？
* 〔提示：將取出的書與未取出的書分別用兩種不同的符號表示。〕

47. 利用乘法法則，依序將物件放入第一個箱子，第二個箱子……等，依此類推來證明定理
* 4。

48. 利用下面方式來證明定理 4：找出以下兩者的一對一關係，一個是 n 個物件的排列方式，其中第 i 種有 n_i 個，i = 1, 2, ..., k；一個是將 n 個不同物件分配至 k 個箱子，箱子中分別
* 裝有 n_i 個物件，i = 1, 2, ..., k。然後利用定理 3。

49. 在此題中，我們將藉著建立集合 S = {1, 2, 3, ..., n} 中可允許重複的 r- 組合與集合 T = {1, 2, 3, ..., n + r − 1} 中 r- 組合兩者間的一對一對應關係來證明定理 2。

   a) 將 S 中允許重複之 r- 組合的元素依遞增方式排列，$x_1 \leq x_2 \leq \cdots \leq x_r$。證明將第 k 項加上 k − 1 會形成一個嚴格遞增數列，此時新數列中的各項皆屬於 T。

   b) 證明在 (a) 中的程序可定義一個 S 中允許重複的 r- 組合與集合 T 中 r- 組合兩者間的一對一對應關係。

   c) 綜合上述結果，在 n 個元素集合中允許重複之 r- 組合的方法數有 C(n + r − 1, r)。

50. 將五個不同物件分配至三個相同箱子，有多少種方式？

51. 將六個不同物件分配至四個相同箱子，其中每個箱子至少一個，有多少種方式？

52. 將五個臨時雇員分配至四間相同辦公室，有多少種方式？

53. 將六個臨時雇員分配至四間相同辦公室，其中每間辦公室至少分到一位臨時雇員，有多少種方式？

54. 將五個相同物件分配至三個相同箱子，有多少種方式？
55. 將六個相同物件分配至四個相同箱子，其中每個箱子至少一個，有多少種方式？
56. 將八片相同的 DVD 裝入五個相同箱子，其中每個箱子至少一片 DVD，有多少種方式？
57. 將九片相同的 DVD 裝入三個相同箱子，其中每個箱子至少兩片 DVD，有多少種方式？
58. 將五個球放入七個箱子，若每個箱子中至多只有一個球，下列情況會有幾種方式？
    a) 球與箱子都有編號。　　　b) 球有編號，但箱子沒有編號。
    c) 球沒有編號，但箱子有編號。　　　d) 球與箱子都沒有編號。
59. 將五個球放入三個箱子，若每個箱子中至少有一個球，下列情況會有幾種方式？
    a) 球與箱子都有編號。　　　b) 球有編號，但箱子沒有編號。
    c) 球沒有編號，但箱子有編號。　　　d) 球與箱子都沒有編號。
60. 假設一個棒球聯盟中有 32 個隊伍，分成兩個小聯盟，各有 16 隊。每個小聯盟再分成三區。假設北中區有 5 隊，每隊都必須與同區的另外四隊各比賽四場，與同個小聯盟中的其他 11 隊各比賽三場，與另一個小聯盟的 16 個隊伍各比賽兩場。在安排賽程時，某個隊伍的賽程會有多少種不同的方式？
* 61. 假設一個偵查員必須偵查五個不同的地點，每個地點兩次，而且一天只能偵查一個地點。一個偵查員能任意安排偵查的順序，但是不能連續兩天偵查最有嫌疑的地點 X。請問偵查員有多少種安排行程的方式？
* 62. 經過同類項合併後，數學式 $(x_1 + x_2 + \cdots + x_m)^n$ 有多少不同的項？
63. 證明**多項式定理**（**multinomial theorem**）：若 n 是正整數，則

$$(x_1 + x_2 + \cdots + x_m)^n = \sum_{n_1 + n_2 + \cdots + n_m = n} C(n; n_1, n_2, \ldots, n_m) x_1^{n_1} x_2^{n_2} \cdots x_m^{n_m}$$

其中 $C(n; n_1, n_2, \ldots, n_m) = \dfrac{n!}{n_1! \, n_2! \cdots n_m!}$ 稱為**多項式係數**（**multinomial coefficient**）。

64. 求出 $(x + y + z)^4$ 的展開式。
65. 求出 $(x + y + z)^{10}$ 展開式中 $x^3 y^2 z^5$ 的係數。
66. $(x + y + z)^{100}$ 的展開式中，總共有多少不同的項？

6.6　產生排列與組合 *Generating Permutations and Combinations*

引言

　　本章前面幾節已經討論過許多不同類型的排列組合計數問題，但是有時必須產生排列與組合的形態，而不只是計數。考慮下面三個問題。首先，假設有個推銷員必須訪問六個城市，哪種行程的安排能花最少的時間？有一種方式是將 6! = 720 種可能的行程所需時間一一加總，然後選出最短的時間。第二個問題，假定有一個包含六個正整數的集合，如果可能，找出其中相加等於 100 的一組正整數，有一種方式是將所有 2^6 種子集合全都列出來，然後一一加總找出所有元素和為 100 的子集合。最後一個問題，假設一個實驗室中有 95 個成員，若想組成一個 12 人小組來執行一個特別計畫，這個小組的成員

必須擁有 25 項技能（每位成員可能擁有 1 項或多項技能）。一種找出這個小組的方式就是列出所有 12 個人員的子集合，一一檢驗是否滿足所需要的技能。上述例子說明，有時求解問題時必須產生其排列或組合。

產生排列

任何一個包含 n 個元素的集合都能與集合 $\{1, 2, 3, ..., n\}$ 做個一對一的對應關係。任何一種 n 個元素的排列方式，都能對應於一個由整數 1 到 n 的排列。有許多不同的演算法都能產生此集合的 $n!$ 種排列，我們將介紹一種根據**字典順序**（lexicographic (dictionary) ordering）方式而產生的排列。在這種排列中，如果對某個 k，$1 \leq k \leq n$，$a_1 = b_1$，$a_2 = b_2$，……，$a_{k-1} = b_{k-1}$，但是 $a_k < b_k$，則稱排列 $a_1 a_2 \cdots a_n$ 大於排列 $b_1 b_2 \cdots b_n$（或 $b_1 b_2 \cdots b_n$ 排在 $a_1 a_2 \cdots a_n$ 之前）。換句話說，在兩種排列中，在第一次出現不同數字的位置上，數字較大的排列大於數字較小的排列。

例題 1 在集合 $\{1, 2, 3, 4, 5\}$ 的排列中，23415 排在 23514 之前，因為第一次出現不相同數字的第三個位置 4 小於 5。同理，41532 排在 52143 之前。◀

一個產生集合 $\{1, 2, ..., n\}$ 之所有排列的演算法，是基於由某個排列 $a_1 a_2 \cdots a_n$ 產生出依字典排列的下一個排列而來。下面將介紹這個過程：首先假設 $a_{n-1} < a_n$，交換 a_{n-1} 與 a_n 便能得到較大的排列。例如，234156 下一個較大的排列為 234165。反之，若 $a_{n-1} > a_n$，考慮倒數第三個數字，若 $a_{n-2} < a_{n-1}$，則最後三個數字將重新安排以得到下一個較大的排列。將 a_{n-1} 和 a_n 中較小的數字置於第 $n-2$ 個位置，而剩下的兩個數字（其中一個是 a_{n-2}）依遞增方式排列。例如，234165 的下一個較大排列為 234516。

就另一方面來說，若 $a_{n-2} > a_{n-1}$（同時 $a_{n-1} > a_n$），便無法利用交換最後三項的次序來得到較大的排列。在此，我們將描述較一般化的方法來產生排列 $a_1 a_2 \cdots a_n$ 之下一個較大的排列：首先找出整數 a_j 和 a_{j+1} 滿足 $a_j < a_{j+1}$，以及

$$a_{j+1} > a_{j+2} > \cdots > a_n$$

也就是，最後一對第二個數大於第一個數之數對。然後將 a_{j+1} 到 a_n 中，大於 a_j 的最小整數放到第 j 個位置，再將 a_j 到 a_n 中剩下的數依遞增方式排列。這樣得到的排列就是下一個較大的排列，讀者可自行檢驗。

例題 2 依字典順序方式 362541 的下一個較大排列是什麼？

解：最後一對整數 a_j 和 a_{j+1} 滿足 $a_j < a_{j+1}$ 以及 $a_{j+1} > a_{j+2} > \cdots > a_n$ 的是 $a_3 = 2$ 和 $a_4 = 5$。將 5、4、1 中大於 2 的最大整數（即 4）放到第三個位置，然後將 2、5、1 按遞增方式排列得到 125。最後得到排列 364125，即為所求。◀

1, 2, 3, ..., n 的排列一共有 $n!$ 種，從最小的排列 $123 \cdots n$ 開始，經過 $n! - 1$ 次找出下一個排列的過程，便能產生所有的排列形式。

例題 3 求出所有由 1, 2, 3 依據字典順序所得的排列。

解：由 123 開始，下一個將 23 對調，得到 132。然後，最後一對遞增數對是 13，將 2 與 3 中比 1 大的最小數 2 放到第一個位置，而 1 與 3 依遞增方式排列，得到 213。接下來，是 231，因為 1＜3。然後，最後一對遞增數對是 23，將 1 與 3 中比 2 大的最小數 3 放到第一個位置，而 1 與 2 依遞增方式排列，得到 312。最後，交換 1 與 2 得到 321，此為最大排列。因此產生出所有由 1, 2, 3 依據字典順序所得的排列：123, 132, 213, 231, 312 和 321。 ◀

演算法 1 顯示當給定排列不是最大的排列 $n\,n-1\,n-2\cdots 2\,1$ 時，應如何產生下一個較大的排列。

演算法 1 產生下一個依字典順序而來的排序

procedure *next permutation*($a_1a_2\ldots a_n$: permutation of
   $\{1, 2, \ldots, n\}$ not equal to $n\ n-1\ \ldots\ 2\ 1$)
$j := n - 1$
while $a_j > a_{j+1}$
   $j := j - 1$
{j is the largest subscript with $a_j < a_{j+1}$}
$k := n$
while $a_j > a_k$
   $k := k - 1$
{a_k is the smallest integer greater than a_j to the right of a_j}
interchange a_j and a_k
$r := n$
$s := j + 1$
while $r > s$
   interchange a_r and a_s
   $r := r - 1$
   $s := s + 1$
{this puts the tail end of the permutation after the jth position in increasing order}
{$a_1a_2\ldots a_n$ is now the next permutation}

產生組合

對一個有限的集合，該如何產生所有的組合方式？因為組合只不過是個子集合，我們能用 $\{a_1, a_2, \ldots, a_n\}$ 之子集合與長度為 n 之位元字串間的對應關係來說明。

回顧此對應關係，當對應之位元字串的第 k 個位置等於 1 時，表示元素 a_k 在此組合中；而位元字串的第 k 個位置等於 0 時，表示元素 a_k 不在此組合中。同時，我們也知道一個長度為 n 的位元字串對應於一個介於 0 到 $2^n - 1$ 的整數之二進位表示法。為產生所有 n 位二進位數字，由 n 個 0 的表示法 $000\cdots 00$ 開始，持續找出下一個二進位表示法，直至得到 n 個 1 的表示法 $111\cdots 11$ 為止。產生下一個二進位表示法的過程如下：在每個步驟中，從最右邊找出第一個不是 1 的位置，將這個位置的位元換成 1，然後將其右邊的所有位元全部換成 0，就能得到下一個較大的二進位表示法。

例題 4 求出 10 0010 0111 的下一個位元字串。

解：從右邊數來第一個不為 1 的位元在第 4 位。將其換為 1，將其右邊的所有位元全部換成 0，就能得到下一個較大的二進位表示法 10 0010 1000。◀

產生 $b_{n-1}b_{n-2}\cdots b_1b_0$ 下一個較大的位元字串的過程如演算法 2 所示。

演算法 2 產生下一個較大的位元字串

procedure *next bit string*($b_{n-1} b_{n-2}\ldots b_1b_0$: bit string not equal to 11...11)
$i := 0$
while $b_i = 1$
  $b_i := 0$
  $i := i + 1$
$b_i := 1$
{$b_{n-1} b_{n-2}\ldots b_1b_0$ is now the next bit string}

接下來，將給定一個產生集合 $\{1, 2, 3, ..., n\}$ 之 r- 組合的演算法。每一個 r- 組合都可以用一個序列來表現，此序列包含依遞增方式排列的子集合。也就是此 r- 組合能夠用這個序列的字典順序排列出來。在字典順序中，最前面的 r- 組合為 $\{1, 2, ..., r-1\}$，而最後面的 r- 組合為 $\{n-r+1, n-r+2, ..., n-1, n\}$。在 $a_1 a_2 \cdots a_r$ 後面的下一個 r- 組合可依下面程序而得：首先找出最後一個 a_i 的位置，其中 $a_i \neq n-r+i$。然後，以 a_i+1 替換 a_i，當 $j = i+1, i+2, ..., r$ 時，以 $a_i+j-i+1$ 替換 a_j，如此一來便能得到下一個較大的 r- 組合。此證明留給讀者自行驗證。例題 5 將說明這個過程。

例題 5 在集合 $\{1,2,3,4,5,6\}$ 中，找出 $\{1,2,5,6\}$ 的下一個 4- 組合。

解：已知 $n = 6$，$r = 4$，$a_1 = 1$，$a_2 = 2$，$a_3 = 5$ 和 $a_4 = 6$。最後一個 a_i，其中 $a_i \neq n-r+i$，是 $a_2 = 2$。以 3 替換 $a_2 = 2$，而 $a_3 = 2+3-2+1 = 4$，$a_4 = 2+4-2+1 = 5$。得到下一個較大的 4- 組合為 $\{1, 3, 4, 5\}$。◀

演算法 3 顯示上述過程的虛擬碼。

演算法 3 依字典順序產生下一個 r- 組合

procedure *next r-combination*($\{a_1, a_2, \ldots, a_r\}$: proper subset of
    $\{1, 2, \ldots, n\}$ not equal to $\{n-r+1, \ldots, n\}$ with
    $a_1 < a_2 < \cdots < a_r$)
$i := r$
while $a_i = n - r + i$
  $i := i - 1$
$a_i := a_i + 1$
for $j := i + 1$ **to** r
  $a_j := a_i + j - i$
{$\{a_1, a_2, \ldots, a_r\}$ is now the next combination}

習題 Exercises

*表示為較難的練習；** 表示為高度挑戰性的練習；☞ 對應正文。

1. 將下面集合 {1, 2, 3, 4, 5} 的排列依字典順序排序：43521, 15432, 45321, 23451, 23514, 14532, 21345, 45213, 31452, 31542。

2. 將下面集合 {1, 2, 3, 4, 5, 6} 的排列依字典順序排序：234561, 231456, 165432, 156423, 543216, 541236, 231465, 314562, 432561, 654321, 654312, 435612。

3. 一個電腦字典的檔案名由三個大寫英文字母接著一個數字所組成。大寫字母只使用 A、B 和 C，而數字只用 1 和 2。將所有的檔案名依字典順序列出，其中字母的順序依常用的字母順序。

4. 一個電腦字典的檔案名由三個數字接著兩個小寫英文字母所組成。若數字只用 0、1 和 2，而小寫英文字母只使用 a 和 b。將所有的檔案名依字典順序列出，其中字母的順序依常用的字母順序。

5. 求出下列給定排列依字典順序的下一個較大排列。
   a) 1432
   b) 54123
   c) 12453
   d) 45231
   e) 6714235
   f) 31528764

6. 求出下列給定排列依字典順序的下一個較大排列。
   a) 1342
   b) 45321
   c) 13245
   d) 612345
   e) 1623547
   f) 23587416

7. 利用演算法 1 產生集合 {1, 2, 3, 4} 的 24 種排列。
8. 利用演算法 2 產生集合 {1, 2, 3, 4} 的所有子集合。
9. 利用演算法 3 產生集合 {1, 2, 3, 4, 5} 的所有 3-組合。
10. 證明演算法 1 能產生給定排列依字典順序的下一個較大排列。
11. 證明演算法 3 能產生給定之 r-組合依字典順序的下一個較大 r-組合。
12. 建立一個用來產生一個含有 n 個元素集合之 r-排列。
13. 列出所有 {1, 2, 3, 4, 5} 的 3-排列。

CHAPTER 7 進階計數技巧
Advanced Counting Techniques

許多計數問題無法用第 6 章的方法求解，例如，長度為 n 的位元字串，不含有連續兩個 0 的字串有多少個？為求解這個問題，令長度為 n 的位元字串的個數為 a_n，證明數列 $\{a_n\}$ 滿足遞迴關係 $a_{n+1} = a_n + a_{n-1}$ 以及初始條件 $a_1 = 2$ 和 $a_2 = 3$。遞迴關係和初始條件將決定數列 $\{a_n\}$ 的每一項。此外，從與數列各項有關的等式可以求出 a_n 的公式。我們將看到許多不同形態的計數問題可以用類似的技巧來解決。

我們將從兩個面向來討論遞迴關係在演算法中扮演的重要角色。首先介紹一種稱為動態規劃的重要演算範例。演算法將問題分割為部分重複的子問題，然後透過子問題的解所產生的遞迴關係，可求出原來問題的解。其次，將研究相當重要的分部擊破演算法。利用遞迴方式將問題一一拆解成數個不相重複的子問題，直至可直接求出子問題的解答為止。這些演算法的複雜度可以使用特殊形態的遞迴關係來分析。本章將討論多種分部擊破演算法，並利用遞迴關係來討論其複雜度。

有許多計數問題可以用生成函數的形式冪級數（formal power series）來求解，其中，x 次方的係數代表我們感興趣之數列的各項。除了求解計數問題，生成函數也能用來求解遞迴關係以及證明集合恆等式。

許多其他類型的計數問題同樣無法使用第 6 章所討論的技巧求解，例如，把 7 項工作分給 3 位雇員，使得每位雇員至少分到一項工作，共有幾種方式？小於 1000 的質數共有多少個？這兩個問題可用計算集合聯集的元素個數來求解。我們將介紹一種稱為排容原理的技巧，用來計算集合聯集的元素個數，並且綜合說明如何使用這種技巧解決計數問題。

綜合本章所研究的技巧與第 6 章的基本技巧，便能解決許多計數問題。

7.1 遞迴關係的應用 Applications of Recurrence Relations

引言

回顧第 2 章中介紹的數列遞迴定義：給定一個或數個初始條件以及利用前面幾項來求出接下來各項的公式。這個公式就稱為**遞迴關係**（recurrence relation），而滿足此關係的數列就稱為這個遞迴關係的解。

第 7 章 ■ 進階計數技巧

在本節中，我們將證明這類關係能用來研究或是求解某些計數問題。例如，一群細菌的數目每小時增加為兩倍。如果一開始有 5 隻細菌，在 n 小時之後，將有多少隻細菌？為求解這個問題，令 a_n 是 n 小時後的細菌數目。因為細菌數目每小時增加為兩倍，當 n 是正整數時，關係式為 $a_n = 2a_{n-1}$。對所有的非負整數 n，這個遞迴關係式及初始條件 $a_0 = 5$ 唯一決定了 a_n 的值。利用第 2 章中介紹的迭代法，可求出對所有的非負整數 n，$a_n = 5 \cdot 2^n$。

無法利用第 6 章討論的技巧求解的計數問題，可以透過找出數列各項間的遞迴關係來求解，例如上述的細菌問題。我們將研究各種能用遞迴關係構造模型的計數問題。在第 2 章中，已經發展出求解某些特定形態之遞迴關係的方法。在 7.2 節將研究找出滿足某些形態之遞迴關係的明顯公式。

本節最後將介紹動態規劃的範例。在解釋範例如何運作後，將會用例題來闡明其用法。

運用遞迴關係建立模型

許多問題的模型可以用遞迴關係來建立，例如計算複利利息（見 2.4 節例題 11）、島上的兔子數目、河內塔難題的移動次數以及具有確定性質的位元字串數目等等。

例題 1 說明如何運用遞迴關係建立島上兔子數目的模型。

例題 1　兔子和費氏數　考慮下面的問題（在 13 世紀由費布納西於其著作《算書》一書中提出）：一對剛出生的兔子（一公一母）被放到島上，每對兔子出生後兩個月才會開始繁殖後代。如圖 1 所示，在出生兩個月以後，每個月每對兔子都將繁殖一對新的兔子。假設兔子不會死去，求 n 個月後島上兔子數的遞迴關係。

能生育的兔子對 （至少兩個月大）	年輕的兔子對 （小於兩個月大）	月	能生育 兔子對	年輕 兔子對	全部的 兔子對數
	🐇🐇	1	0	1	1
	🐇🐇	2	0	1	1
🐇🐇	🐇🐇	3	1	1	2
🐇🐇	🐇🐇 🐇🐇	4	1	2	3
🐇🐇 🐇🐇	🐇🐇 🐇🐇 🐇🐇	5	2	3	5
🐇🐇 🐇🐇 🐇🐇	🐇🐇 🐇🐇 🐇🐇 🐇🐇 🐇🐇	6	3	5	8

圖 1　島上的兔子

解： 用 f_n 表示 n 個月後兔子對的數目。我們將證明 f_n 是費氏數列的項，其中 $n = 1, 2, 3, \ldots$。

我們可以用遞迴關係建立兔子數的模型。第一個月月底，島上的兔子對數是 $f_1 = 1$。由於這對兔子在第二個月並沒有繁殖，因此 $f_2 = 1$。為了求出 n 個月後的兔子對數，要把前一個月島上的兔子對數目 f_{n-1} 加上新生的兔子對數目 f_{n-2}，因為每對新生的兔子要兩個月才會生出新兔子。

因此，數列 $\{f_n\}$ 滿足遞迴關係：

$$f_n = f_{n-1} + f_{n-2}$$

其中 $n \geq 3$，而初始條件為 $f_1 = 1$ 及 $f_2 = 1$。由於遞迴關係和初始條件唯一地決定了數列，因此 n 個月後島上的兔子對數目可由第 n 個費氏數求出。 ◀

例題 2 是一個著名的難題。

例題 2 **河內塔** 這是 19 世紀後期的著名遊戲，由法國數學家盧卡司（Édouard Lucas）發明，稱為河內塔（Tower of Hanoi），由安裝在一個板子上的三根柱子和若干個不同大小的圓盤構成。在開始時，這些圓盤依照大小順序放在第一根柱子上，使得最大的圓盤在最底部（如圖 2 所示）。遊戲的規則是每一次把一個圓盤從一根柱子移動到另一根柱子，但是較大的圓盤不能放在比它小的圓盤上面。遊戲的目標是把所有的圓盤依照大小順序全部放到第二根柱子上，亦即最大的圓盤放在最底部。

令 H_n 表示河內塔問題移動 n 個圓盤所需的次數，建立一個數列 $\{H_n\}$ 的遞迴關係。

解： 一開始柱子 1 上有 n 個圓盤。按照遊戲規則，可以用 H_{n-1} 次移動將上面的 $n-1$ 個圓盤移到柱子 3（圖 3 標示柱子和圓盤所在的位置）。在這些移動中，最大的圓盤保留不動，接著只用一次移動將最大的圓盤移到第二根柱子上，我們可以再使用 H_{n-1} 次移動將柱子 3 上的 $n-1$ 個圓盤移到柱子 2 之上，把它們放到最大的圓盤上面，最大的圓盤一直放在柱子 2 的底部。很容易看出，無法使用更少的次數解出這個難題，因此我們有

$$H_n = 2H_{n-1} + 1$$

初始條件是 $H_1 = 1$，因為依照規則，一個圓盤從柱子 1 移到柱子 2 只需移動一次。

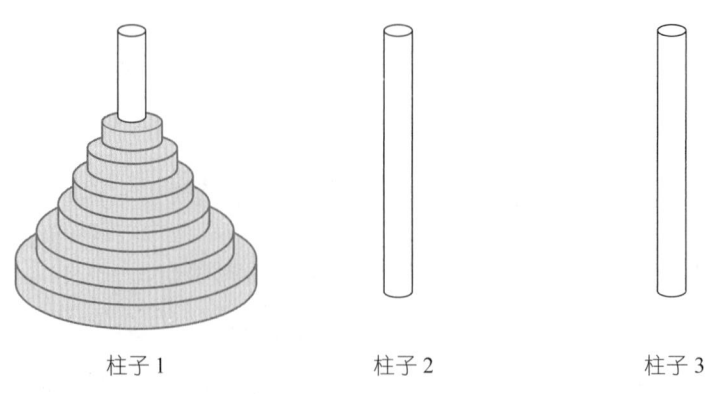

柱子 1　　　　　柱子 2　　　　　柱子 3

圖 2　河內塔初始的圓盤位置

第 7 章 ■ 進階計數技巧

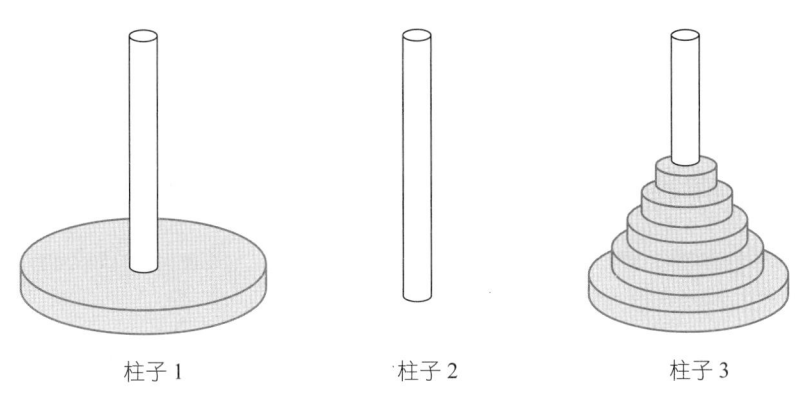

柱子 1　　　　　　柱子 2　　　　　　柱子 3

圖 3　河內塔中間步驟的圓盤位置

使用迭代法求解這個遞迴關係：

$$\begin{aligned}
H_n &= 2H_{n-1} + 1 \\
&= 2(2H_{n-2} + 1) + 1 = 2^2 H_{n-2} + 2 + 1 \\
&= 2^2(2H_{n-3} + 1) + 2 + 1 = 2^3 H_{n-3} + 2^2 + 2 + 1 \\
&\vdots \\
&= 2^{n-1} H_1 + 2^{n-2} + 2^{n-3} + \cdots + 2 + 1 \\
&= 2^{n-1} + 2^{n-2} + \cdots + 2 + 1 \\
&= 2^n - 1
\end{aligned}$$

為了使用數列前面各項求出 H_n，必須重複使用遞迴關係。在倒數第二個等式中代入初始條件 $H_1 = 1$。最後一個等式是幾何級數的求和公式，可以參考 2.4 節定理 1。

上面的公式 $H_n = 2H_{n-1} + 1$ 可以用數學歸納法加以證明，留給讀者作為練習，見習題 1。

這個問題來自於一個古老的傳說，在河內有一座塔，僧侶按照遊戲規則從一個柱子搬動 64 個金圓盤到另一個柱子，他們 1 秒鐘搬動 1 個圓盤，據說當遊戲結束時世界末日就到了。試問世界末日將在僧侶開始搬動圓盤多久之後到來？

根據這個公式，僧侶搬動這些圓盤的次數為

$2^{64} - 1 = 18{,}446{,}744{,}073{,}709{,}551{,}615$

每次搬動需要 1 秒鐘，因此需要超過 5000 億年，看來這個世界的壽命還很長。　◀

注意： 許多人研究例題 2 河內塔難題所延伸的各種變形問題。某些問題用更多的柱子，或允許同樣大小的圓盤，或對圓盤移動方式加以限制。一個最古老也最有趣的問題是**雷夫難題**[*]（Reve's puzzle），在 1907 年由亨利・達得尼在其著作《*The Canterbury Puzzles*》中提出：一位朝聖者把一堆各種大小的乳酪從 4 個凳子中的一個移到另一個，移動中不能把體積較大的乳酪放在較小的乳酪上面。如果用柱子和圓盤的概念來表述雷夫難題，除了使用 4 根柱子外，其他規則和河內塔一樣。你可能會訝異，至今居然還沒

---

[*] *Reve* 通常拼做 *reeve*，是州長（governor）的古字。

有人能夠確定求解 n 個圓盤的雷夫難題所需的最少移動次數，不過這個問題存在一個已經超過 50 年的猜想，所需的最少移動次數可由富雷（Frame）和史都華（Stewart）在 1939 年發表的演算法求出。（更詳細的資料可參考 [St94]。）

例題 3 說明如何使用遞迴關係來計算有特殊性質及特定長度之位元字串的數目。

例題 3　對於不含兩個連續 0 且長度為 n 的位元字串個數，求其遞迴關係和初始條件。符合條件且長度為 5 的位元字串共有多少個？

解：設 a_n 表示不含兩個連續 0 且長度為 n 的位元字串個數。要得到一個 $\{a_n\}$ 的遞迴關係，利用加法法則，不含兩個連續 0 且長度為 n 的位元字串個數等於以 0 結尾的這種位元字串個數加上以 1 結尾的這種位元字串個數。我們假定 $n \geq 3$，使得字串長度至少為 3。

更精確地說，不含兩個連續 0 並以 1 結尾且長度為 n 的位元字串，就是在不含兩個連續 0 且長度為 $n-1$ 的位元字串的尾部加上一個 1，因此存在 a_{n-1} 個這樣的位元字串。

不含兩個連續 0 並以 0 結尾且長度為 n 的位元字串，在其 $n-1$ 位必須是 1，否則即是以兩個 0 結尾。因而，不含兩個連續 0 並以 0 結尾且長度為 n 的位元字串，就是在不含兩個連續 0 且長度為 $n-2$ 的位元字串的尾部加上 10，因此存在 a_{n-2} 個這樣的二進位字串。

如圖 4 所示，可以斷言

$$a_n = a_{n-1} + a_{n-2}$$

其中 $n \geq 3$。

初值條件是 $a_1 = 2$，因為長度為 1 的位元字串是 0 和 1，它們都沒有連續的兩個 0；因為長度為 2 的位元字串中，滿足條件的是 01、10 和 11，所以 $a_2 = 3$。使用 3 次遞迴關係就可得到 a_5 之值：

$a_3 = a_2 + a_1 = 3 + 2 = 5,$
$a_4 = a_3 + a_2 = 5 + 3 = 8,$
$a_5 = a_4 + a_3 = 8 + 5 = 13$

注意：$\{a_n\}$ 和費氏數列滿足同樣的遞迴關係。因為 $a_1 = f_3$ 和 $a_2 = f_4$，因而有 $a_n = f_{n+2}$。

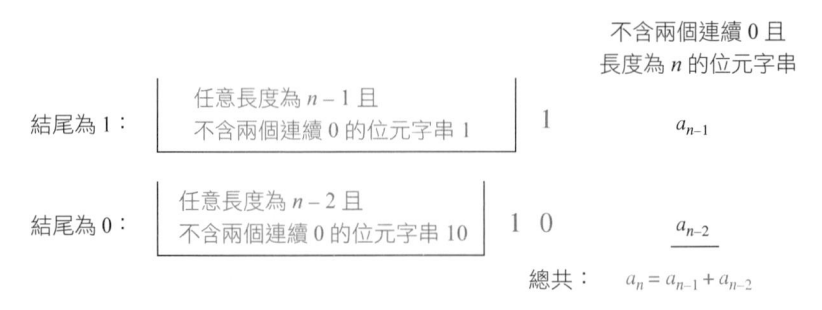

圖 4　計算不含兩個連續 0 且長度為 n 的位元字串

例題 4 說明如何用遞迴關係建立某些允許使用有效驗證之編碼字問題的模型。

例題 4　**編碼字的列舉**　電腦系統把十進位字串轉成編碼字，如果它包含偶數個 0，就是有效的。例如，123040789 是有效的，而 120987045608 則不是有效的。令 a_n 是 n 位有效編碼字的個數，求出 a_n 的遞迴關係。

解：$a_1 = 9$，因為存在 10 個 1 位數的十進制字串，並且只有一個是無效的，亦即字串 0。考慮如何由 $n-1$ 位的字串構成 n 位有效字串，就可以推導出這個數列的遞迴關係。有兩種方式從至少 1 位數字的字串構成 n 位有效字串。

第一種方式，在 $n-1$ 位的有效字串後面加上一個非 0 的數字，就可以得到 n 位有效字串。加上這個數字的方式有 9 種。因此，用這種方法構成 n 位有效字串的方式有 $9a_{n-1}$ 種。

第二種方式，在 $n-1$ 位的無效字串後面加上 0，就可以得到 n 位有效的字串。（這會產生具有偶數個 0 的字串，因為 $n-1$ 位的無效字串有奇數個 0。）這樣看來，增加的字串個數等於 $n-1$ 位的無效字串的個數。因為存在 10^{n-1} 個 $n-1$ 位字串，其中有 a_{n-1} 個是有效的，透過在 $n-1$ 位的無效字串後面加上一個 0，就得到 $10^{n-1} - a_{n-1}$ 個 n 位的有效字串。

因為所有的 n 位有效字串都是用這兩種方式的其中一種產生，所以 n 位的有效字串個數為

$$a_n = 9a_{n-1} + (10^{n-1} - a_{n-1})$$
$$= 8a_{n-1} + 10^{n-1}$$

◀

在許多不同的脈絡中，都可以見到例題 5 介紹的遞迴關係。

例題 5　求出 C_n 的遞迴關係，其中 C_n 是在有 $n+1$ 個數的乘積 $(x_0 \cdot x_1 \cdot x_2 \cdots x_n)$ 中加上括號來規定乘法先後順序的方式數目。例如，$C_3 = 5$，因為在 $x_0 \cdot x_1 \cdot x_2 \cdot x_3$ 中，有 5 種不同的加括號方式可以決定乘法的先後順序：

$((x_0 \cdot x_1) \cdot x_2) \cdot x_3 \qquad (x_0 \cdot (x_1 \cdot x_2)) \cdot x_3 \qquad (x_0 \cdot x_1) \cdot (x_2 \cdot x_3)$
$x_0 \cdot ((x_1 \cdot x_2) \cdot x_3) \qquad x_0 \cdot (x_1 \cdot (x_2 \cdot x_3))$

解：要求得 C_n 的遞迴關係，注意，無論如何在 $x_0 \cdot x_1 \cdot x_2 \cdots x_n$ 中插入括號，總有一個運算符號"$\cdot$"留在所有括號的外邊，即執行最後一次乘法的運算符號。〔例如，$(x_0 \cdot (x_1 \cdot x_2)) \cdot x_3$ 的最後一個"$\cdot$"運算符號，或是 $(x_0 \cdot x_1) \cdot (x_2 \cdot x_3)$ 的第二個"$\cdot$"運算符號。〕當最後的運算符號位於 x_k 與 x_{k+1} 之間時，存在 $C_k C_{n-k-1}$ 種方式插入括號來確定 $k+1$ 個數的乘法順序，因為有 C_k 種方式在乘積 $x_0 \cdot x_1 \cdot x_2 \cdots x_k$ 中插入括號，而且有 C_{n-k-1} 種方式在乘積 $x_{k+1} \cdot x_{k+2} \cdots x_n$ 中插入括號。由於這個最後的運算符號可能出現在 $n+1$ 個數的任兩個數之間，所以

$$C_n = C_0 C_{n-1} + C_1 C_{n-2} + \cdots + C_{n-2} C_1 + C_{n-1} C_0$$
$$= \sum_{k=0}^{n-1} C_k C_{n-k-1}$$

初始條件為 $C_0 = 1$ 和 $C_1 = 1$。◀

例題 5 的遞迴關係可以用生成函數的方法求解，這種方法將在 7.4 節討論。我們可以證明 $C_n = C(2n, n)/(n + 1)$（見 7.4 節習題 41）以及 $C_n \sim \frac{4^n}{n^{3/2}\sqrt{\pi}}$（見 [GrKnPa94]）。數列 $\{C_n\}$ 是**卡塔蘭數（Catalan numbers）**數列，用以紀念歐仁‧查理‧卡塔蘭。這個數列是許多不同計數問題的解（相關細節請見 [MiRo91] 或 [Ro84a] 中有關卡塔蘭數的內容章節）。

演算法與遞迴關係

在研究演算法及其複雜度時，遞迴關係在許多面向都扮演重要角色。7.3 節中，我們將證明如何使用遞迴關係來分析分部擊破法（例如 5.4 節介紹的合併排序法）的複雜度。同時也將說明分部擊破法如何遞迴地將問題分割成固定數目個不重複的子問題，直到較小問題簡單到能直接求解為止。本節最後將介紹另一種演算法的範例，稱作**動態規劃（dynamic programming）**，能有效地解出許多最佳化問題。

一個遵循動態規劃範例的演算法，能遞迴地分割問題成較簡單重疊的子問題，然後利用子問題的答案，計算出原先問題的解答。一般而言，遞迴關係被用在使用子問題的答案找出整個問題的解答。動態規劃被用來求解在許多領域中的重要問題，例如經濟、電腦視覺、安排演講、人工智慧、電腦繪圖和生物資訊學。在此，我們利用建構一個演講排程問題的演算法，來說明動態規劃的應用。不過，我們先說個動態規劃名稱由來的小故事。這個方法是數學家里察‧貝爾曼（Richard Bellman）在 1950 年代時提出的，那時貝爾曼正為 RAND（一個與美國軍方有關的研究單位）工作。由於那時的美國國防部長對數學研究並不友善，貝爾曼為了保障計畫經費，決定在計畫中研發之求解排程演算法裡，絕不透露出任何與數學相關之名稱，所以決定使用動態這個形容詞。他說：「動態這個字是不可能被使用在有貶抑意含之文句中。」同時，他也覺得動態規劃這個名詞「就算是國會議員也不會否決它。」

動態規劃的例題 我們用來闡明動態規劃的例題與 3.1 節例題 7 的問題相關。這個問題的目標是在演講聽中，安排愈多場的演講愈好。已知的情況如下：所有的演講事先就知

歐仁‧查理‧卡塔蘭（Eugène Charles Catalan，1814-1894）出生於法國，他的父親是個成功的建築師。卡塔蘭最初進入巴黎的學校念設計，希望能追隨父親的腳步。然而，因為他的數學天賦，在老師的建議下開始修習數學。

因為追求法西斯共和國的政治傾向，讓他的事業一直很不順利。卡塔蘭在數論上有許多貢獻。在求解將多邊形剖分成三角形問題時，定義了卡塔蘭數。還有一個很有名的卡塔蘭假設：8 和 9 是唯一的連續整數，其中兩數都為整數的冪次。這個假設一直到 2003 年才被證明。

里察‧貝爾曼（Richard Bellman，1920-1984）出生於美國布魯克林區，他的父親是個雜貨商人。貝爾曼小時候經常流連於紐約的博物館與圖書館。1941 年畢業於布魯克林大學數學系。1946 年獲得普林斯頓大學的博士。畢業後，至史丹佛大學擔任教職。在史丹佛時期，貝爾曼研究的是數論。後來，他決定將心力集中於與現實世界有關的問題，1952 年貝爾曼加入 RAND，從事設計程序、作業研究以及社會科學和醫學的應用，並參與許多軍方的計畫。

道開始與結束的時間；一場演講一旦開始，就必須完成；同一個時間不能進行兩場演講；一場演講結束後，下一場可以馬上接著開始。在 5.1 節例題 12 中，我們提供了一個貪婪演算法保證產生最佳排程。假設我們現在的目標不在安排最多的演講，而是安排讓最多人參與的演講排程。

先做下面的假設：有 n 場演講；第 j 場演講開始的時間是 s_j，而結束的時間為 e_j，會參與演講的學生有 w_j 人。我們希望參與聽講的學生人數最大。也就是說，我們將找出所有演講的子集合，使得在子集合中之演講的 w_j 總和最大。（如果有個學生不只聽一場演講，則這個學生將根據其參加的場次被重複計算。）令 $T(j)$ 表示前 j 場演講之最佳排程的聽講人數總和，所以，$T(n)$ 即為 n 場演講之最佳排程的所有聽眾人數總和。

首先，依照演講結束的時間以遞增方式排序，然後重新對所有的演講編號，使得 $e_1 \le e_2 \le \cdots \le e_n$。我們說兩場演講是**相容的（compatible）**，如果它們能被排在同一個行程之中。也就是，設兩場演講的時間並不會重疊（除了一場演講結束的時間，正好是另一場開始的時間）。定義 $p(j)$ 為最大的整數 i，$i < j$。若存在 i，使得 $e_i \le s_j$；而 $p(j) = 0$，若這樣的 i 不存在。換言之，第 $p(j)$ 場演講能與第 j 場演講共處，而且是第 j 場演講結束前的最後一場演講。如果不存在這樣的演講，則令 $p(j) = 0$。

例題 6 假設七場演講的開始與結束時間如圖 5 所示。

第一場演講：開始時間為上午 8 點，結束時間為上午 10 點
第二場演講：開始時間為上午 9 點，結束時間為上午 11 點
第三場演講：開始時間為上午 10 點 30 分，結束時間為正午 12 點
第四場演講：開始時間為上午 9 點 30 分，結束時間為下午 1 點
第五場演講：開始時間為上午 8 點 30 分，結束時間為下午 2 點
第六場演講：開始時間為上午 11 點，結束時間為下午 2 點
第七場演講：開始時間為下午 1 點，結束時間為下午 2 點

求出 $p(j)$，$j = 1, 2, ..., 7$。

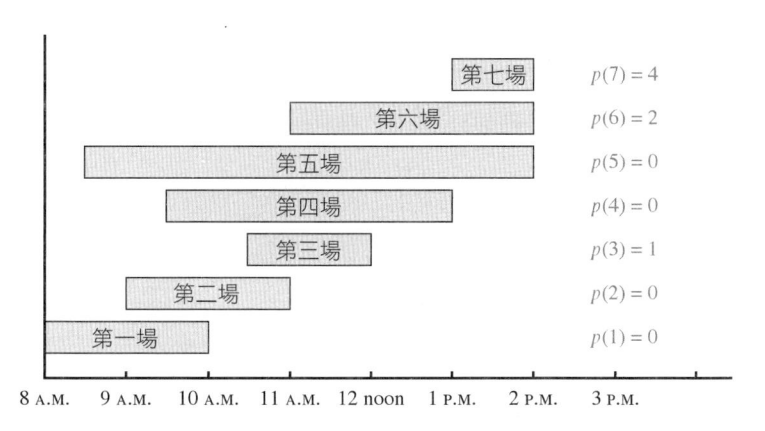

圖 5 在演講行程中的 $p(n)$ 值

解：我們有 $p(1) = 0$ 與 $p(2) = 0$，因為在這兩場演講結束前，不會有其他的演講已經結束。$p(3) = 1$，因為第三場演講與第一場演講能共處，但不能與第二場演講共處。$p(4) = 0$，因為第四場演講與第一、二、三場演講都不能共處。$p(5) = 0$，因為第五場演講與第一、二、三、四場演講都不能共處。然後，$p(6) = 2$，因為第六場演講與第一、二場演講能共處，但不能與第三、四、五場演講共處。最後，$p(7) = 4$，因為第七場演講與第一、二、三、四場演講都能共處，但不能與第五、六場共處。◀

為發展這個問題的動態規劃演算法，我們先找出主要的遞迴關係。首先注意到，若 $j \leq n$，則有兩種可能來安排最佳的前 j 場演講（要記住，我們是以遞增的結束時間來排序演講的號碼）：(i) 第 j 場演講屬於最佳的排程；(ii) 第 j 場演講不屬於最佳的排程。

情況 (i)：我們知道第 $p(j) + 1, ..., j - 1$ 場演講不屬於這個排程，因為它們與第 j 場演講不能共處。至於其他在這個最佳排程中的演講一定會組成第一、二、⋯、$p(j)$ 場這些演講的最佳排程。如果存在一個更好的第一、二、⋯、$p(j)$ 場這些演講的排程，則加上第 j 場演講，應該會形成比最初談到之最佳排程更好的方法。所以，在這個情況我們有 $T(j) = w_j + T(p(j))$。

情況 (ii)：當第 j 場演講不在最佳排程中，則第一、二、⋯、j 場這些演講的最佳排程，與第一、二、⋯、$j - 1$ 場這些演講的最佳排程相同。所以，$T(j) = T(j - 1)$。綜合這兩種情況可以得到遞迴關係

$$T(j) = \max(w_j + T(p(j)), T(j - 1))$$

有了遞迴關係之後，我們便能建構有效的演算法（演算法 1），來計算最大的聽眾參與數。我們將儲存每個計算出來的 $T(j)$，以保證演算法是有效率的。因此，$T(j)$ 只能計算一次。否則，演算法將有指數的最壞情況複雜度。儲存每次計算後之值這樣的過程稱為**製表法（memoization）**，是讓遞迴演算法有效率非常重要的技巧。

演算法 1 安排演講的動態規劃演算法

procedure *Maximum Attendees* ($s_1, s_2, \ldots, s_n$: start times of talks;
    $e_1, e_2, \ldots, e_n$: end times of talks; $w_1, w_2, \ldots, w_n$: number of attendees to talks)
    sort talks by end time and relabel so that $e_1 \leq e_2 \leq \cdots \leq e_n$
for $j := 1$ **to** n
    if no job i with $i < j$ is compatible with job j
        $p(j) = 0$
    else $p(j) := \max\{i \mid i < j \text{ and job } i \text{ is compatible with job } j\}$
$T(0) := 0$
for $j := 1$ **to** n
    $T(j) := \max(w_j + T(p(j)), T(j - 1))$
return $T(n)\{T(n)$ is the maximum number of attendees$\}$

在演算法 1 中，我們求出安排演講的排程中能得到之最大聽眾數目。但是，沒有辦法在演算法中將排程列出來。為找出演講的排程，可以利用下列事實：第 j 場演講屬於

前 j 場演講的最佳排程若且唯若 $w_j + T(p(j)) \geq T(j-1)$。在習題 45 中，我們要求根據這個觀察，建構一個演算法找出能達到最大聽眾總數的最佳演講排程。

演算法 1 是個動態規劃的良好範例。可以利用重疊之子問題，一一判斷前 j 場演講的最大聽眾數目，$1 \leq j \leq n-1$，用以求出最大聽眾總數。習題 48 為其他動態規劃的例子。

習題 Exercises   *表示為較難的練習；**表示為高度挑戰性的練習；☞ 對應正文。

1. 利用數學歸納法驗證例題 2 河內塔難題的移動次數。

2. a) 一個集合有 n 個元素，求出排列方法數的遞迴關係。
   b) 一個集合有 n 個元素，透過迭代法使用上題的遞迴關係求出排列方法數。

3. 一台出售郵票簿的販賣機只接受 1 美元硬幣、1 美元紙幣以及 5 美元紙幣。
   a) 求出投入 n 美元到這台販售機之組合方式的遞迴關係，需考慮硬幣和紙幣投入的順序。
   b) 初始條件為何？
   c) 一本郵票簿售價 10 美元，付款方式有多少種？

4. 一個國家使用的硬幣價值為 1 披索、2 披索、5 披索、10 披索，紙幣的價值為 5 披索、10 披索、20 披索、50 披索和 100 披索。如果將付硬幣和紙幣的順序考慮在內，求出給付 n 披索方法數的遞迴關係。

5. 如果將付硬幣和紙幣的順序考慮在內，則使用習題 4 描述的貨幣系統給付 17 比索的帳單有多少種方式？

*6. a) 一個嚴格遞增的正整數數列首項為 1，末項為 n，其中 n 為正整數，亦即數列 $a_1, a_2, ..., a_k$，其中 $a_1 = 1$，$a_k = n$ 且 $a_j < a_{j+1}$，$j = 1, 2, ..., k-1$，求出數列個數的遞迴關係。
   b) 初始條件為何？
   c) 當 n 為大於等於 2 的正整數時，有多少個 (a) 所描述的數列？

7. a) 求出包含兩個連續 0 且長度為 n 的位元字串個數的遞迴關係。
   b) 初始條件為何？
   c) 包含兩個連續 0 且長度為 7 的位元字串共有多少個？

8. a) 求出包含三個連續 0 且長度為 n 的位元字串個數的遞迴關係。
   b) 初始條件為何？
   c) 包含三個連續 0 且長度為 7 的位元字串共有多少個？

9. a) 求出不包含三個連續 0 且長度為 n 的位元字串個數的遞迴關係。
   b) 初始條件為何？
   c) 不包含三個連續 0 且長度為 7 的位元字串共有多少個？

*10. a) 求出包含字串 01 且長度為 n 的位元字串個數的遞迴關係。
   b) 初始條件為何？
   c) 包含字串 01 且長度為 7 的位元字串共有多少個？

11. a) 如果爬樓梯每次可以走 1 或 2 階，求出爬 n 階樓梯的方法數的遞迴關係。
    b) 初始條件為何？
    c) 若飛機的樓梯共有 8 階，則有多少種走法？
12. a) 如果爬樓梯每次可以走 1、2 或 3 階，求出爬 n 階樓梯的方法數的遞迴關係。
    b) 初始條件為何？
    c) 若飛機的樓梯共有 8 階，則有多少種走法？

一個只包含 0、1 和 2 的字串稱為**三進位字串**（ternary string）。

13. a) 求出不包含兩個連續 0 且長度為 n 的三進位字串個數的遞迴關係。
    b) 初始條件為何？
    c) 不包含兩個連續 0 且長度為 6 的三進位字串共有多少個？
14. a) 求出包含兩個連續 0 且長度為 n 的三進位字串個數的遞迴關係。
    b) 初始條件為何？
    c) 包含兩個連續 0 且長度為 6 的三進位字串共有多少個？
* 15. a) 求出不包含兩個連續 0 或兩個連續 1 且長度為 n 的三進位字串個數的遞迴關係。
    b) 初始條件為何？
    c) 不包含兩個連續 0 或兩個連續 1 且長度為 6 的三進位字串共有多少個？
* 16. a) 求出包含兩個連續 0 或兩個連續 1 且長度為 n 的三進位字串個數的遞迴關係。
    b) 初始條件為何？
    c) 包含兩個連續 0 或兩個連續 1 且長度為 6 的三進位字串共有多少個？
* 17. a) 求出不包含連續的相同符號且長度為 n 的三進位字串個數的遞迴關係。
    b) 初始條件為何？
    c) 不包含連續的相同符號且長度為 6 的三進位字串共有多少個？
** 18. a) 求出包含兩個連續的相同符號且長度為 n 的三進位字串個數的遞迴關係。
    b) 初始條件為何？
    c) 包含連續的相同符號且長度為 6 的三進位字串共有多少個？
19. 資訊透過通訊頻道傳送需要兩個訊號。傳送一個訊號需要 1 微秒，而傳送另一個訊號需要 2 微秒。
    a) 求出在 n 微秒內發送的不同資訊數的遞迴關係，其中資訊由這兩個訊號的數列構成，而且資訊中的每個訊號後面都緊跟著下一個訊號。
    b) 初始條件為何？
    c) 使用這兩個訊號，在 10 微秒內可以發送多少種不同的資訊？
20. 一位駕駛用 5 美分和 10 美分的銅板付過橋費，收費機一次只接受一枚硬幣。
    a) 求出這位駕駛付 n 美分的不同方法數的遞迴關係（需考慮使用硬幣順序）。
    b) 這位駕駛支付 45 美分有幾種方式？
21. a) R_n 是一個平面被 n 條直線劃分的區域個數，沒有任 2 條直線是平行的，也沒有任 3 條直線交於一點。求出 R_n 的遞迴關係。
    b) 使用迭代法求出 R_n。

* **22. a)** R_n 是一個球面被 n 個大圓（球面與通過球心的平面的交線）劃分的區域個數，沒有任 3 個大圓交於一點。求出 R_n 的遞迴關係。

b) 使用迭代法求出 R_n。

* **23. a)** S_n 是一個三維空間被 n 個平面劃分的區域個數，每 3 個平面交於一點，但沒有 4 個平面交於一點。求出 S_n 的遞迴關係。

b) 使用迭代法求出 S_n。

24. 求出具有偶數個 0 且長度為 n 的位元字串個數的遞迴關係。

25. 求出具有偶數個 0 且長度為 7 的位元字串個數。

26. a) 求出用 1×2 的骨牌蓋滿 $2 \times n$ 的棋盤之方法數的遞迴關係。〔提示：分別考慮棋盤右上角的位置用一張骨牌水平放置和垂直放置的覆蓋方法。〕

b) (a) 中遞迴關係的初始條件為何？

c) 用 1×2 的骨牌蓋滿 2×17 的棋盤有多少種方式？

27. a) 以地磚鋪設一條人行道，有紅色、綠色和灰色三種地磚。如果沒有兩塊紅磚相鄰，且同色的地磚視為相同，求出以 n 塊磚鋪設一條人行道之方法數的遞迴關係。

b) (a) 中遞迴關係的初始條件為何？

c) 以 7 塊磚鋪設一條在 (a) 中所描述的人行道有多少種方法？

28. 證明費氏數滿足遞迴關係 $f_n = 5f_{n-4} + 3f_{n-5}$，$n = 5, 6, 7, \ldots$，其中初始條件為 $f_0 = 0, f_1 = 1, f_2 = 1, f_3 = 2$ 和 $f_4 = 3$。利用此遞迴關係證明 f_{5n} 可被 5 整除，$n = 1, 2, 3, \ldots$。

* **29.** 令 $S(m, n)$ 表示從 m 元素集合到 n 元素集合的映成函數個數。證明 $S(m, n)$ 滿足下列遞迴關係：

$$S(m, n) = n^m - \sum_{k=1}^{n-1} C(n, k) S(m, k)$$

其中 $m \geq n$ 且 $n > 1$，初始條件為 $S(m, 1) = 1$。

30. a) 在 x_0, x_1, x_2, x_3, x_4 中，寫出以加括號來決定相乘順序的所有方法。

b) 使用例題 5 的遞迴關係求出 C_4，亦即以加括號來決定五個數相乘順序的方法數。驗證你在 (a) 列出的方法數是正確的。

c) 使用例題 5 的 C_n 公式求出 C_4，並檢驗你在 (b) 得到的結果。

31. a) 使用例題 5 的遞迴關係求出 C_5，亦即以加括號來決定六個數相乘順序的方法數。

b) 使用例題 5 的 C_n 公式求出 C_5，並檢驗你在 (b) 得到的結果。

* **32.** 在河內塔難題中，假設目標是把所有的 n 個圓盤從柱子 1 移到柱子 3，但不能直接在柱子 1 和柱子 3 之間移動圓盤，每次移動圓盤必須透過柱子 2。和一般河內塔問題一樣，不能把較大的圓盤放在較小的圓盤上面。

a) 求出具有附加限制條件的 n 個圓盤所需移動次數的遞迴關係。

b) 求解這個遞迴關係，以決定求解這個 n 個圓盤所需移動次數的公式。

c) 有多少種不同的方法把 n 個圓盤安排在 3 個柱子上，使得沒有一個較大的圓盤放在較小的圓盤上面？

d) 列出本題 n 個圓盤的各種可能安排。

習題 33 至 37 是格雷厄姆（Graham）、克努斯（Knuth）和帕塔什尼克（Patashnik）在 [GrKnPa94] 所描述的**約瑟夫問題 (Josephus problem)** 的變形。這個問題來自歷史學家弗勞瓦斯·約瑟夫的一本記事本：在一世紀猶太羅馬戰爭期間，41 個猶太人被羅馬人趕入山洞，約瑟夫是其中之一。這些猶太人寧願死也不願被捕，他們決定圍成一個圓圈並且繞著這個圓圈重複數數，每數到 3 就殺掉這個位置的人而留下其他人。但是約瑟夫和另一個人不願意就這樣被殺掉，因此他們試圖找出最後兩個活下來的人的位置。這個問題的變形為：開始時有 n 個人，記為 1 到 n，站成一個圓圈。在每個步驟中，第二個仍舊活著的人將被殺死，直到只剩下 1 個人為止，把生還者的編號記作 $J(n)$。

33. 若 n 為正整數且 $1 \leq n \leq 16$，對每個 n 求出 $J(n)$ 的值。
34. 使用你在習題 33 求出的值，猜想一個 $J(n)$ 的公式。〔提示：令 $n = 2^m + k$，其中 m 是非負整數，k 是小於 2^m 的非負整數。〕
35. 對於 $n \geq 1$，證明 $J(n)$ 滿足遞迴關係 $J(2n) = 2J(n) - 1$ 和 $J(2n + 1) = 2J(n) + 1$，且 $J(1) = 1$。
36. 利用習題 34 的遞迴關係，根據數學歸納法證明在習題 35 所猜想的公式。
37. 根據猜想的 $J(n)$ 公式，求出 $J(100)$、$J(1000)$ 和 $J(10000)$。

令 $\{a_n\}$ 是實數數列，這個數列的**後差分（backward difference）**遞迴定義如下：**首項差分（first difference）** ∇a_n 是

$$\nabla a_n = a_n - a_{n-1}$$

從 $\nabla^k a_n$ 得到**第 $(k + 1)$ 差分（$(k + 1)$st difference）** $\nabla^{k+1} a_n$ 是

$$\nabla^{k+1} a_n = \nabla^k a_n - \nabla^k a_{n-1}$$

38. 求出數列 $\{a_n\}$ 的 ∇a_n，其中
    a) $a_n = 4$
    b) $a_n = 2n$
    c) $a_n = n^2$
    d) $a_n = 2^n$
39. 對習題 38 的數列，求出 $\nabla^2 a_n$。
40. 證明 $a_{n-1} = a_n - \nabla a_n$。
41. 證明 $a_{n-2} = a_n - 2\nabla a_n + \nabla^2 a_n$。
* 42. 證明 a_{n-k} 可以用 a_n、∇a_n、$\nabla^2 a_n$、$\cdots$、$\nabla^k a_n$ 表示。
43. 用 a_n、∇a_n 和 $\nabla^2 a_n$ 表示遞迴關係 $a_n = a_{n-1} + a_{n-2}$。
44. 證明數列 $\{a_n\}$ 的任何遞迴關係皆可以用 a_n、∇a_n、$\nabla^2 a_n$、$\cdots$ 表示。包含這個數列及其差分的等式稱為**差分方程（difference equation）**。
* 45. 根據本節演算法 1 之後的描述，建構一個演算法找出能達到演算法 1 得到之最大聽眾總數的最佳演講排程。
46. 使用演算法 1 找出例題 6 描述之演講的最大聽眾總數，其中 w_j 給定如下：
    a) 20, 10, 50, 30, 15, 25, 40
    b) 100, 5, 10, 20, 25, 40, 30
    c) 2, 3, 8, 5, 4, 7, 10
    d) 10, 8, 7, 25, 20, 30, 5
47. 就習題 46 給定的數據，根據你在習題 45 找出的演算法，找出能達到最大聽眾總數的最佳演講排程。

48. 在此習題中，我們將發展出一個動態規劃來找出實數數列中，最大的連續項總和。也就是說，若給定實數數列 $a_1, a_2, ..., a_n$，演算法將找出最大的總和 $\sum_{i=j}^{k} a_i$，其中 $1 \leq j \leq k \leq n$。

  a) 證明若數列中的每一項都是非負的，則最大總和就是將每一項都相加。找出一個例子，其中連續項最大總和並非所有項的總和。

  b) 令 $M(k)$ 表示最末項為 a_k 之連續項的最大總和，即 $M(k) = \max_{1 \leq j \leq k} \sum_{i=j}^{k} a_i$。解釋為何遞迴關係 $M(k) = \max(M(k-1) + a_k, a_k)$，對 $k = 2, ..., n$ 皆成立。

  c) 利用 (b) 發展出求解這個問題的動態規劃演算法。

  d) 列出 (c) 之演算法的每一個步驟，找出給定數列 2, −3, 4, 1, −2, 3 中連續項最大總和。

  e) 證明 (c) 中建構之演算法，其針對加法與比較次數的最壞複雜度為線性的。

7.2 求解線性遞迴關係 Solving Linear Recurrence Relations

引言

在模型中，會發生許多不同類型的遞迴關係。這些遞迴關係有些能以迭代或其他特殊的技巧來求解，然而，有一種重要的遞迴關係能以系統化的方式求解。這類遞迴關係數列中的項，能以先前的項之線性組合來表示。

> **定義 1** ▪ k 階線性齊次常係數遞迴關係的形態如下：
> $$a_n = c_1 a_{n-1} + c_2 a_{n-2} + \cdots + c_k a_{n-k}$$
> 其中 $c_1, c_2, ..., c_k$ 為實數，且 $c_k \neq 0$。

定義中的遞迴關係是**線性的**（**linear**），因為等式右邊是數列之先前項乘上某個 n 的函數的總和。這個遞迴關係是**齊次的**（**homogeneous**），因為每一項皆會乘上某個 a_j。這個遞迴關係的係數都是**常數**（**constant**），而非隨著 n 改變的函數。遞迴關係是 k **階**（**degree**）的，因為 a_n 能以數列之前 k 項來表示。

數學歸納法第二原理的結果告訴我們，滿足這種遞迴關係的數列，將因為給定 k 個初始條件 $a_0 = C_0, a_1 = C_1, ..., a_k = C_k$ 而唯一決定。

例題 1 遞迴關係 $P_n = (1.11)P_{n-1}$ 是一階線性齊次遞迴關係。$f_n = f_{n-1} + f_{n-2}$ 是二階線性齊次遞迴關係。$a_n = a_{n-5}$ 是五階線性齊次遞迴關係。 ◀

例題 2 呈現一些不是線性齊次常係數遞迴關係。

例題 2 遞迴關係 $a_n = a_{n-1} + a_{n-2}^2$ 不是線性的。遞迴關係 $H_n = 2H_{n-1} + 1$ 不是齊次的。$B_n = nB_{n-1}$ 則不是常係數的。 ◀

研究線性齊次遞迴關係的原因有二：第一，它們經常出現在模型化的問題中。第二，它們能以系統化的方式來求解。

求解線性齊次常係數遞迴關係

求解線性齊次常係數遞迴關係的基本處理方式，就是考慮有沒有 $a_n = r^n$ 這樣形式的解，其中 r 為常數。我們注意到，$a_n = r^n$ 會是遞迴關係 $a_n = c_1 a_{n-1} + c_2 a_{n-2} + \cdots + c_k a_{n-k}$ 的解，若且唯若

$$r^n = c_1 r^{n-1} + c_2 r^{n-2} + \cdots + c_k r^{n-k}$$

將等式兩端同時除以 r^{n-k}，然後將右端自左式中減掉，可得

$$r^k - c_1 r^{k-1} - c_2 r^{k-2} - \cdots - c_{k-1} r - c_k = 0$$

$a_n = r^n$ 的數列 $\{a_n\}$ 是個解，若且唯若 r 是最後等式的解。此等式稱為遞迴關係的**特徵方程式**（characteristic equation）。方程式的解稱為遞迴關係的**特徵根**（characteristic root），我們將看到這些特徵根可以用來產生遞迴關係之解的公式。

我們首先處理二階線性齊次常係數遞迴關係，然後再求出對應之較高階的一般解。因為證明一般解成立的證明方式較為複雜，我們不在本書中討論。

現在將注意力集中在二階線性齊次常係數遞迴關係，首先考慮有兩個相異特徵根的情況。

> **定理 1** ■ 令 c_1 和 c_2 為實數。假設 $r^2 - c_1 r - c_2 = 0$ 有兩個相異根 r_1 與 r_2，則數列 $\{a_n\}$ 是遞迴關係 $a_n = c_1 a_{n-1} + c_2 a_{n-2}$ 的解，若且唯若 $a_n = \alpha_1 r_1^n + \alpha_2 r_2^n$，$n = 0, 1, 2, \ldots$，其中 α_1 與 α_2 為常數。

證明：為了證明定理，我們必須做兩件事。第一，必須證明若 r_1 與 r_2 為特徵方程式的根，而 α_1 與 α_2 為常數，則 $a_n = \alpha_1 r_1^n + \alpha_2 r_2^n$ 的數列 $\{a_n\}$ 是遞迴關係的解。第二，必須證明若數列 $\{a_n\}$ 是遞迴關係的解，則 $a_n = \alpha_1 r_1^n + \alpha_2 r_2^n$，其中 α_1 與 α_2 為常數。

現在，我們將證明若 $a_n = \alpha_1 r_1^n + \alpha_2 r_2^n$，則數列 $\{a_n\}$ 是遞迴關係的解。因為 r_1 與 r_2 為特徵方程式 $r^2 - c_1 r - c_2 = 0$ 的根，可得 $r_1^2 = c_1 r_1 + c_2$ 與 $r_2^2 = c_1 r_2 + c_2$。

根據這兩個等式，我們可知

$$\begin{aligned} c_1 a_{n-1} + c_2 a_{n-2} &= c_1(\alpha_1 r_1^{n-1} + \alpha_2 r_2^{n-1}) + c_2(\alpha_1 r_1^{n-2} + \alpha_2 r_2^{n-2}) \\ &= \alpha_1 r_1^{n-2}(c_1 r_1 + c_2) + \alpha_2 r_2^{n-2}(c_1 r_2 + c_2) \\ &= \alpha_1 r_1^{n-2} r_1^2 + \alpha_2 r_2^{n-2} r_2^2 \\ &= \alpha_1 r_1^n + \alpha_2 r_2^n = a_n \end{aligned}$$

如此證明 $a_n = \alpha_1 r_1^n + \alpha_2 r_2^n$ 的數列 $\{a_n\}$ 是遞迴關係的解。

為證明若數列 $\{a_n\}$ 是遞迴關係 $a_n = c_1 a_{n-1} + c_2 a_{n-2}$ 的解，則 $a_n = \alpha_1 r_1^n + \alpha_2 r_2^n$，$n = 0$, 1, 2, ...，其中 α_1 與 α_2 為常數。假設數列 $\{a_n\}$ 是遞迴關係的解，並滿足初始條件 $a_0 = C_0$ 與 $a_1 = C_1$。我們必須求出常數 α_1 與 α_2 使得 $a_n = \alpha_1 r_1^n + \alpha_2 r_2^n$ 的數列 $\{a_n\}$ 是遞迴關係的解滿足上述的初始條件。所以，

$$a_0 = C_0 = \alpha_1 + \alpha_2,$$
$$a_1 = C_1 = \alpha_1 r_1 + \alpha_2 r_2$$

我們能利用這兩個等式來求 α_1 與 α_2。根據第一個等式，$\alpha_2 = C_0 - \alpha_1$。代入第二式，

$$C_1 = \alpha_1 r_1 + (C_0 - \alpha_1)r_2$$

所以，

$$C_1 = \alpha_1(r_1 - r_2) + C_0 r_2$$

如此一來，

$$\alpha_1 = \frac{C_1 - C_0 r_2}{r_1 - r_2}$$

且

$$\alpha_2 = C_0 - \alpha_1 = C_0 - \frac{C_1 - C_0 r_2}{r_1 - r_2} = \frac{C_0 r_1 - C_1}{r_1 - r_2}$$

上述 α_1 與 α_2 的表示式，取決於 $r_1 \neq r_2$ 的事實（因此，當 $r_1 = r_2$ 時，定理並不成立）。如此，我們求出 α_1 與 α_2 的值，$a_n = \alpha_1 r_1^n + \alpha_2 r_2^n$ 的數列 $\{a_n\}$ 滿足這兩個初始條件。

我們知道 $\{a_n\}$ 與 $\{\alpha_1 r_1^n + \alpha_2 r_2^n\}$ 都是遞迴關係 $a_n = c_1 a_{n-1} + c_2 a_{n-2}$ 的解，並且滿足當 $n = 1$ 與 $n = 2$ 的初始條件。因為一個有兩個初始條件的二階線性齊次遞迴關係有唯一解，所以上面兩個解是相同的，亦即對所有的 n，$a_n = \alpha_1 r_1^n + \alpha_2 r_2^n$。我們完成了此定理的證明。◁

線性齊次常係數遞迴關係的特徵方程式之解可能是複數，定理 1（以及本節後續的定理）同樣成立。複數係數的遞迴關係則不在本書的討論範圍，熟悉複數系的讀者或許能試著求解習題 38 和 39。

例題 3 和例題 4 說明如何使用定理 1 來解遞迴關係。

例題 3 滿足 $a_n = a_{n-1} + 2a_{n-2}$ 和初始條件 $a_0 = 2$ 與 $a_1 = 7$ 之遞迴關係的解為何？

解：定理 1 能用來求解此問題。特徵方程式為 $r^2 - r - 2 = 0$，其根為 $r = 2$ 與 $r = -1$。所以，數列 $\{a_n\}$ 是遞迴關係的解，若且唯若

$$a_n = \alpha_1 2^n + \alpha_2(-1)^n$$

對於某些常數 α_1 與 α_2。根據初始條件

$$a_0 = 2 = \alpha_1 + \alpha_2,$$
$$a_1 = 7 = \alpha_1 \cdot 2 + \alpha_2 \cdot (-1)$$

利用這兩個等式，求出 $\alpha_1 = 3$ 與 $\alpha_2 = -1$。所以，滿足遞迴關係和初始條件的解為

$$a_n = 3 \cdot 2^n - (-1)^n$$

◀

例題 4 求出費氏數的公式。

解：費氏數列滿足遞迴關係 $f_n = f_{n-1} + f_{n-2}$ 與初始條件 $f_0 = 0$ 和 $f_1 = 1$。特徵方程式為 $r^2 - r - 1 = 0$，其根為 $r = (1 + \sqrt{5})/2$ 與 $r = (1 - \sqrt{5})/2$。根據定理 1，

$$f_n = \alpha_1 \left(\frac{1+\sqrt{5}}{2}\right)^n + \alpha_2 \left(\frac{1-\sqrt{5}}{2}\right)^n$$

對於某些常數 α_1 與 α_2。初始條件 $f_0 = 0$ 與 $f_1 = 1$ 能用來求解所需常數：

$$f_0 = \alpha_1 + \alpha_2 = 0,$$
$$f_1 = \alpha_1 \left(\frac{1+\sqrt{5}}{2}\right) + \alpha_2 \left(\frac{1-\sqrt{5}}{2}\right) = 1$$

求解上面聯立方程式

$$\alpha_1 = 1/\sqrt{5}, \quad \alpha_2 = -1/\sqrt{5}$$

所以，費氏數為

$$f_n = \frac{1}{\sqrt{5}}\left(\frac{1+\sqrt{5}}{2}\right)^n - \frac{1}{\sqrt{5}}\left(\frac{1-\sqrt{5}}{2}\right)^n$$

◀

當特徵方程式有重根時，無法使用定理 1。若 r_0 為重根，則 $a_n = nr_0^n$ 也是遞迴關係的解。定理 2 顯示如何處理這種情況。

定理 2 ■ 令 c_1 和 c_2 為實數，且 $c_2 \neq 0$。假設 $r^2 - c_1 r - c_2 = 0$ 只有一個根 r_0，則數列 $\{a_n\}$ 是遞迴關係 $a_n = c_1 a_{n-1} + c_2 a_{n-2}$ 的解，若且唯若 $a_n = \alpha_1 r_0^n + \alpha_2 n r_0^n$，$n = 0, 1, 2, \ldots$，其中 α_1 與 α_2 為常數。

定理 2 的證明留於習題 10 給讀者做為練習。例題 5 說明這個定理的使用。

例題 5 滿足 $a_n = 6a_{n-1} - 9a_{n-2}$ 和初始條件 $a_0 = 1$ 與 $a_1 = 6$ 之遞迴關係的解為何？

解：特徵方程式 $r^2 - 6r + 9 = 0$ 的唯一根是 $r = 3$，所以遞迴關係的解為

$$a_n = \alpha_1 3^n + \alpha_2 n 3^n$$

對於某些常數 α_1 與 α_2。根據初始條件

$a_0 = 1 = \alpha_1,$
$a_1 = 6 = \alpha_1 \cdot 3 + \alpha_2 \cdot 3$

利用這兩個等式，求出 $\alpha_1 = 1$ 與 $\alpha_2 = 1$，所以滿足遞迴關係和初始條件的解為

$a_n = 3^n + n3^n$ ◀

我們現在陳述有關線性齊次常係數遞迴關係之解的一般結果，其階數大於 2，而且假定特徵方程式的根皆相異。結果的證明留於習題 16 給讀者練習。

定理 3 ■ 令 $c_1, c_2, ..., c_k$ 為實數。假設特徵方程式

$$r^k - c_1 r^{k-1} - \cdots - c_k = 0$$

有 k 個相異根 $r_1, r_2, ..., r_k$，則數列 $\{a_n\}$ 是遞迴關係

$$a_n = c_1 a_{n-1} + c_2 a_{n-2} + \cdots + c_k a_{n-k}$$

的解，若且唯若

$$a_n = \alpha_1 r_1^n + \alpha_2 r_2^n + \cdots + \alpha_k r_k^n$$

當 $n = 0, 1, 2, ...$，其中 $\alpha_1, \alpha_2, ..., \alpha_k$ 為常數。

我們利用例題 6 來說明定理 3 的使用。

例題 6 求解滿足

$a_n = 6a_{n-1} - 11a_{n-2} + 6a_{n-3}$

和初始條件 $a_0 = 2$，$a_1 = 5$，$a_2 = 15$ 的遞迴關係。

解：遞迴關係的特徵多項式為

$r^3 - 6r^2 + 11r - 6$

其特徵根為 $r = 1$，$r = 2$ 和 $r = 3$。因為 $r^3 - 6r^2 + 11r - 6 = (r-1)(r-2)(r-3)$，所以遞迴關係之解的形式為

$a_n = \alpha_1 \cdot 1^n + \alpha_2 \cdot 2^n + \alpha_3 \cdot 3^n$

為求解 α_1、α_2 和 α_3，使用初始條件，可得

$a_0 = 2 = \alpha_1 + \alpha_2 + \alpha_3,$
$a_1 = 5 = \alpha_1 + \alpha_2 \cdot 2 + \alpha_3 \cdot 3,$
$a_2 = 15 = \alpha_1 + \alpha_2 \cdot 4 + \alpha_3 \cdot 9$

利用這些等式求出 $\alpha_1 = 1$，$\alpha_2 = -1$ 與 $\alpha_3 = 2$，所以滿足遞迴關係和初始條件的解為

$a_n = 1 - 2^n + 2 \cdot 3^n$ ◀

接下來將討論更一般化的線性齊次常係數遞迴關係，我們允許特徵方程式有重根。關鍵點在於，對每個特徵方程式的根 r，遞迴關係的一般解是形態如 $P(n)r^n$ 的總和，其中 $P(n)$ 為 $m-1$ 次多項式，而 m 為此根 r 的重數。

定理 4 ■ 令 $c_1, c_2, ..., c_k$ 為實數。假設特徵方程式

$$r^k - c_1 r^{k-1} - \cdots - c_k = 0$$

有 t 個相異根 $r_1, r_2, ..., r_t$，其重數分別為 $m_1, m_2, ..., m_t$，對所有 $i = 1, 2, ..., t$，$m_i \geq 1$，且 $m_1 + m_2 + \cdots + m_t = k$，則數列 $\{a_n\}$ 是遞迴關係

$$a_n = c_1 a_{n-1} + c_2 a_{n-2} + \cdots + c_k a_{n-k}$$

的解，若且唯若

$$\begin{aligned} a_n =\ & (\alpha_{1,0} + \alpha_{1,1} n + \cdots + \alpha_{1,m_1-1} n^{m_1-1}) r_1^n \\ & + (\alpha_{2,0} + \alpha_{2,1} n + \cdots + \alpha_{2,m_2-1} n^{m_2-1}) r_2^n \\ & + \cdots + (\alpha_{t,0} + \alpha_{t,1} n + \cdots + \alpha_{t,m_t-1} n^{m_t-1}) r_t^n \end{aligned}$$

當 $n = 0, 1, 2, ...$，其中 $\alpha_{i,j}$，$1 \leq i \leq t$ 且 $0 \leq j \leq m_i - 1$ 為常數。

例題 7 說明當特徵方程式有重根時，如何使用定理 4 來求解線性齊次常係數遞迴關係的一般解。

例題 7 假設一個線性齊次常係數遞迴關係的特徵根是 2, 2, 2, 5, 5 和 9（亦即根 2 的重數為 3，5 的重數為 2，而 9 的重數為 1），則其一般解的形式為何？

解：根據定理 4，一般解的形式為

$$(\alpha_{1,0} + \alpha_{1,1} n + \alpha_{1,2} n^2) 2^n + (\alpha_{2,0} + \alpha_{2,1} n) 5^n + \alpha_{3,0} 9^n$$ ◀

接著將說明當特徵方程式有一個重數為 3 的根時，如何使用定理 4 來求出線性齊次常係數遞迴關係的解。

例題 8 求解滿足

$$a_n = -3 a_{n-1} - 3 a_{n-2} - a_{n-3}$$

和初始條件 $a_0 = 1$，$a_1 = -2$，$a_2 = -1$ 的遞迴關係。

解：遞迴關係的特徵方程式為

$$r^3 + 3r^2 + 3r + 1 = 0$$

因為 $r^3 + 3r^2 + 3r + 1 = (r+1)^3$，所以只有一個特徵根 $r = -1$，其重數為 3。根據定理 4，遞迴關係之一般解的形式為

$$a_n = \alpha_{1,0}(-1)^n + \alpha_{1,1}n(-1)^n + \alpha_{1,2}n^2(-1)^n$$

使用初始條件求出常數 $\alpha_{1,0}$、$\alpha_{1,1}$ 和 $\alpha_{1,2}$。

$a_0 = 1 = \alpha_{1,0}$,
$a_1 = -2 = -\alpha_{1,0} - \alpha_{1,1} - \alpha_{1,2}$,
$a_2 = -1 = \alpha_{1,0} + 2\alpha_{1,1} + 4\alpha_{1,2}$

求解聯立方程式，可得 $\alpha_{1,0} = 1$，$\alpha_{1,1} = 3$ 和 $\alpha_{1,2} = -2$，因此滿足遞迴關係及初始條件的唯一解是數列 $\{a_n\}$，其中

$$a_n = (1 + 3n - 2n^2)(-1)^n$$

求解線性非齊次常係數遞迴關係

我們已經知道該如何求出線性齊次常係數遞迴關係的解，是否有類似的技巧可以求解出線性但非齊次的常係數遞迴關係，例如 $a_n = 3a_{n-1} + 2n$？對某些特定形態的這種遞迴關係而言，答案是肯定的。

遞迴關係 $a_n = 3a_{n-1} + 2n$ 是一個**線性非齊次的常係數遞迴關係（linear nonhomogeneous recurrence relation with constant coefficients）**，其一般形式如下：

$$a_n = c_1 a_{n-1} + c_2 a_{n-2} + \cdots + c_k a_{n-k} + F(n)$$

其中 $c_1, c_2, ..., c_k$ 為實數，而 $F(n)$ 是個變數為 n 且不等於零的函數。遞迴關係

$$a_n = c_1 a_{n-1} + c_2 a_{n-2} + \cdots + c_k a_{n-k}$$

稱為**相關的齊次遞迴關係（associated homogeneous recurrence relation）**，在求非齊次遞迴關係之解時扮演非常重要的角色。

例題 9 下列遞迴關係皆為線性非齊次常係數遞迴關係：$a_n = a_{n-1} + 2^n$，$a_n = a_{n-1} + a_{n-2} + n^2 + n + 1$，$a_n = 3a_{n-1} + n3^n$ 和 $a_n = a_{n-1} + a_{n-2} + a_{n-3} + n!$。與它們相關的齊次常係數遞迴關係分別為 $a_n = a_{n-1}$，$a_n = a_{n-1} + a_{n-2}$，$a_n = 3a_{n-1}$ 和 $a_n = a_{n-1} + a_{n-2} + a_{n-3}$。

定理 5 ■ 若 $\{a_n^{(p)}\}$ 為線性非齊次常係數遞迴關係

$$a_n = c_1 a_{n-1} + c_2 a_{n-2} + \cdots + c_k a_{n-k} + F(n)$$

的特殊解，則每個形如 $\{a_n^{(p)} + a_n^{(h)}\}$ 的數列，也都是同一個線性非齊次常係數遞迴關係的解，其中 $\{a_n^{(h)}\}$ 是相關的線性齊次常係數遞迴關係

$$a_n = c_1 a_{n-1} + c_2 a_{n-2} + \cdots + c_k a_{n-k}$$

的解。

證明：因為 $\{a_n^{(p)}\}$ 是線性非齊次常係數遞迴關係

$$a_n = c_1 a_{n-1} + c_2 a_{n-2} + \cdots + c_k a_{n-k} + F(n)$$

的特殊解，所以

$$a_n^{(p)} = c_1 a_{n-1}^{(p)} + c_2 a_{n-2}^{(p)} + \cdots + c_k a_{n-k}^{(p)} + F(n)$$

現在，假設 $\{b_n\}$ 為線性非齊次常係數遞迴關係的第二個解，則

$$b_n = c_1 b_{n-1} + c_2 b_{n-2} + \cdots + c_k b_{n-k} + F(n)$$

將兩式相減，得到

$$b_n - a_n^{(p)} = c_1(b_{n-1} - a_{n-1}^{(p)}) + c_2(b_{n-2} - a_{n-2}^{(p)}) + \cdots + c_k(b_{n-k} - a_{n-k}^{(p)})$$

因而可知 $\{b_n - a_n^p\}$ 是相關的線性齊次常係數遞迴關係的解，令之為 $\{a_n^{(h)}\}$。所以，對所有的 n，$b_n = a_n^{(p)} + a_n^{(h)}$。 ◁

由定理 5，我們發現求出線性非齊次常係數遞迴關係的解的關鍵，在於求出其相關的線性齊次常係數遞迴關係的特殊解。每個解都是相關的線性齊次常係數遞迴關係的解與這個特殊解的和。雖然，沒有一個通用的方法適用於所有的函數 $F(n)$，但是有些技巧能用於某些形態的函數 $F(n)$，例如多項式與常數冪次函數。見例題 10 與例題 11 的說明。

例題 10　求出遞迴關係 $a_n = 3a_{n-1} + 2n$ 的所有解。當 $a_1 = 3$ 時，其解為何？

解：為求解線性非齊次常係數遞迴關係，我們必須求出相關的線性齊次常係數遞迴關係的解。本題相關的線性齊次方程式為 $a_n = 3a_{n-1}$，其解為 $a_n^{(h)} = \alpha 3^n$，而 α 為常數。

我們現在試著求出特殊解。因為 $F(n) = 2n$ 為 n 的一階多項式，一個合理的猜測應該是 n 的線性函數，$p_n = cn + d$，其中 c 和 d 為常數。假設 $p_n = cn + d$ 為解，代入方程式 $a_n = 3a_{n-1} + 2n$，則 $cn + d = 3(c(n-1) + d) + 2n$。經過化簡，可得 $(2 + 2c)n + (2d - 3c) = 0$，因此 $2 + 2c = 0$ 且 $2d - 3c = 0$。我們發現 $p_n = cn + d$ 為方程式 $a_n = 3a_{n-1}$ 的解，若且唯若 $c = -1$ 且 $d = -3/2$。因而，$a_n^{(p)} = -n - 3/2$ 為一個特殊解。

根據定理 5，所有解的形式皆為

$$a_n = a_n^{(p)} + a_n^{(h)} = -n - \frac{3}{2} + \alpha \cdot 3^n$$

其中 α 為常數。

要求出 $a_1 = 3$ 時的解，令 $n = 1$ 代入解的公式，我們得到 $3 = -1 - 3/2 + 3\alpha$，可求出 $\alpha = 11/6$。我們求出解為 $a_n = -n - 3/2 + (11/6)3^n$。 ◁

例題 11 求出下面遞迴關係的解。

$$a_n = 5a_{n-1} - 6a_{n-2} + 7^n$$

解：這是線性非齊次常係數遞迴關係，與其相關的線性齊次常係數遞迴關係為

$$a_n = 5a_{n-1} - 6a_{n-2}$$

可求出其解為 $a_n^{(h)} = \alpha_1 \cdot 3^n + \alpha_2 \cdot 2^n$，其中 α_1 與 α_2 為常數。因為 $F(n) = 7^n$，一個合理的明顯解為 $a_n^{(p)} = C \cdot 7^n$，其中 C 為常數。將之代入非齊次遞迴關係，可得 $C \cdot 7^n = 5C \cdot 7^{n-1} - 6C \cdot 7^{n-2} + 7^n$。將等式兩端同除以 7^{n-2}，$49C = 35C - 6C + 49$，可得 $20C = 49$，亦即 $C = 49/20$。所以，$a_n^{(p)} = (49/20)7^n$ 為一個特殊解。根據定理 5，所有解的形式為

$$a_n = \alpha_1 \cdot 3^n + \alpha_2 \cdot 2^n + (49/20)7^n$$

◀

在例題 10 與例題 11 中，我們猜測特殊解的形式，並順利求出特殊解。這並不令人意外，當 $F(n)$ 是 n 的多項式或某常數的冪次時，可明確地求出特殊解的形式。上述結果陳述於定理 6，至於定理證明則留給讀者做為挑戰性練習。

定理 6 ■ 假設 $\{a_n\}$ 滿足線性非齊次常係數遞迴關係

$$a_n = c_1 a_{n-1} + c_2 a_{n-2} + \cdots + c_k a_{n-k} + F(n)$$

其中 $c_1, c_2, ..., c_k$ 為實數，而

$$F(n) = (b_t n^t + b_{t-1} n^{t-1} + \cdots + b_1 n + b_0) s^n$$

其中 $b_1, b_2, ..., b_t$ 與 s 為實數。當 s 不為相關的線性齊次遞迴關係特徵方程式的根時，特殊解的形式為

$$(p_t n^t + p_{t-1} n^{t-1} + \cdots + p_1 n + p_0) s^n$$

當 s 為相關的線性齊次遞迴關係特徵方程式的根，而且重數為 m 時，特殊解的形式為

$$n^m (p_t n^t + p_{t-1} n^{t-1} + \cdots + p_1 n + p_0) s^n$$

我們發現，當 s 為相關的線性齊次遞迴關係特徵方程式的根，而且重數為 m 時，因數 n^m 告訴我們，原先求出的特殊解將不再是相關的線性齊次遞迴關係的解。例題 12 將說明定理 6 所提供的特殊解用法。

例題 12 線性非齊次遞迴關係 $a_n = 6a_{n-1} - 9a_{n-2} + F(n)$ 的特殊解之形式為何？當 $F(n) = 3^n$，$F(n) = n3^n$，$F(n) = n^2 2^n$ 和 $F(n) = (n^2 + 1)3^n$。

解：相關的線性齊次遞迴關係為 $a_n = 6a_{n-1} - 9a_{n-2}$，其特徵方程式 $r^2 - 6r + 9 = (r-3)^2 = 0$，只有一個重數為 2 之根 3。因為 $F(n)$ 的形式都是 $P(n)s^n$，$P(n)$ 為多項式，s 為常數，使用定理 6，我們必須判斷 s 是否為特徵方程式的根。

因為 $s = 3$ 時是重數 $m = 2$ 的根，而 $s = 2$ 則不是特徵方程式之根。當 $F(n) = 3^n$，特殊解的形式為 $p_0 n^2 3^n$；當 $F(n) = n3^n$，特殊解的形式為 $n^2(p_1 n + p_0)3^n$；當 $F(n) = n^2 2^n$，特殊解的形式為 $(p_2 n^2 + p_1 n + p_0)2^n$；當 $F(n) = (n^2 + 1)3^n$，特殊解的形式則為 $n^2(p_2 n^2 + p_1 n + p_0)3^n$。◀

當利用定理 6 求解遞迴關係時，要特別注意當 $s = 1$ 的情況，尤其當 $F(n) = b_t n^t + b_{t-1} n^{t-1} + \cdots + b_1 n + b_0$ 時，雖然 1^n 在式子中完全看不出來，但是依然要檢驗 1 是否為特徵方程式的根，並且求出其重數。例題 13 將說明如何使用定理 6 求出首 n 個正整數之和的公式。

例題 13　令 a_n 為首 n 個正整數之和，亦即

$$a_n = \sum_{k=1}^{n} k$$

注意，a_n 滿足線性非齊次遞迴關係

$$a_n = a_{n-1} + n$$

（首 n 個正整數之和 a_n 為前 $n - 1$ 個正整數之和 a_{n-1} 加上第 n 個正整數 n。）此遞迴關係的初始條件為 $a_1 = 1$。

相關的線性齊次遞迴關係為

$$a_n = a_{n-1}$$

其解為 $a_n^{(h)} = c(1)^n = c$，其中 c 為常數。為求出所有 $a_n = a_{n-1} + n$ 解的形式，我們需要求出一個特殊解。根據定理 6，當 $F(n) = n = n \cdot (1)^n$，而且 $s = 1$ 是特徵方程式的單根時，其特殊解的形式為 $n(p_1 n + p_0) = p_1 n^2 + p_0 n$。

代回遞迴關係 $p_1 n^2 + p_0 n = p_1(n-1)^2 + p_0(n-1) + n$。化簡後，得到 $n(2p_1 - 1) + (p_0 - p_1) = 0$，亦即 $2p_1 - 1 = 0$ 與 $p_0 - p_1 = 0$，所以 $p_0 = p_1 = 1/2$。因此，

$$a_n^{(p)} = \frac{n^2}{2} + \frac{n}{2} = \frac{n(n+1)}{2}$$

為一個特殊解，所有原始遞迴關係 $a_n = a_{n-1} + n$ 之解的形式為 $a_n = a_n^{(h)} + a_n^{(p)} = c + n(n+1)/2$。因為 $a_1 = 1$，有 $1 = c + 1(1+1)/2$，可得 $c = 0$，因而 $a_n = n(n+1)/2$。（與先前 2.4 節表 2 的公式相同。）◀

習題 Exercises　　*表示為較難的練習；**表示為高度挑戰性的練習；☞對應正文。

1. 判斷下列何者是線性齊次常係數遞迴關係，並求出其階數。

    a) $a_n = 3a_{n-1} + 4a_{n-2} + 5a_{n-3}$
    b) $a_n = 2na_{n-1} + a_{n-2}$
    c) $a_n = a_{n-1} + a_{n-4}$
    d) $a_n = a_{n-1} + 2$
    e) $a_n = a_{n-1}^2 + a_{n-2}$
    f) $a_n = a_{n-2}$
    g) $a_n = a_{n-1} + n$

2. 判斷下列何者是線性齊次常係數遞迴關係，並求出其階數。

   a) $a_n = 3a_{n-2}$
   b) $a_n = 3$
   c) $a_n = a_{n-1}^2$
   d) $a_n = a_{n-1} + 2a_{n-3}$
   e) $a_n = a_{n-1}/n$
   f) $a_n = a_{n-1} + a_{n-2} + n + 3$
   g) $a_n = 4a_{n-2} + 5a_{n-4} + 9a_{n-7}$

3. 求解給定初始條件的遞迴關係。

   a) $a_n = 2a_{n-1}$，當 $n \geq 1$ 且 $a_0 = 3$。
   b) $a_n = a_{n-1}$，當 $n \geq 1$ 且 $a_0 = 2$。
   c) $a_n = 5a_{n-1} - 6a_{n-2}$，當 $n \geq 2$ 且 $a_0 = 1, a_1 = 0$。
   d) $a_n = 4a_{n-1} - 4a_{n-2}$，當 $n \geq 2$ 且 $a_0 = 6, a_1 = 8$。
   e) $a_n = -4a_{n-1} - 4a_{n-2}$，當 $n \geq 2$ 且 $a_0 = 0, a_1 = 1$。
   f) $a_n = 4a_{n-2}$，當 $n \geq 2$ 且 $a_0 = 0, a_1 = 4$。
   g) $a_n = a_{n-2}/4$，當 $n \geq 2$ 且 $a_0 = 1, a_1 = 0$。

4. 求解給定初始條件的遞迴關係。

   a) $a_n = a_{n-1} + 6a_{n-2}$，當 $n \geq 2$ 且 $a_0 = 3, a_1 = 6$。
   b) $a_n = 7a_{n-1} - 10a_{n-2}$，當 $n \geq 2$ 且 $a_0 = 2, a_1 = 1$。
   c) $a_n = 6a_{n-1} - 8a_{n-2}$，當 $n \geq 2$ 且 $a_0 = 4, a_1 = 10$。
   d) $a_n = 2a_{n-1} - a_{n-2}$，當 $n \geq 2$ 且 $a_0 = 4, a_1 = 1$。
   e) $a_n = a_{n-2}$，當 $n \geq 2$ 且 $a_0 = 5, a_1 = -1$。
   f) $a_n = -6a_{n-1} - 9a_{n-2}$，當 $n \geq 2$ 且 $a_0 = 3, a_1 = -3$。
   g) $a_{n+2} = -4a_{n+1} + 5a_n$，當 $n \geq 0$ 且 $a_0 = 2, a_1 = 8$。

5. 使用 7.1 節習題 19 所描述的兩個訊號傳輸方式來傳送訊息，在 n 微秒中能傳輸多少種不同的訊息？

6. 使用三種訊號傳輸，其中一種需要 1 微秒，另外兩種需要 2 微秒，而訊息間的訊號能不間斷地傳輸，在 n 微秒中能傳輸多少種不同的訊息？

7. 一個 $2 \times n$ 的棋盤，以 1×2 和 2×2 兩種骨牌蓋滿該棋盤的方式有幾種？

8. 捕捉龍蝦數量的模型為：每年捕捉的數量是前兩年捕捉數量的平均值。

   a) 求出 $\{L_n\}$ 的遞迴關係，其中 L_n 是根據所使用模型的第 n 年捕捉數量。
   b) 若第一年捕捉 100,000 隻龍蝦，而第二年捕捉 300,000 隻龍蝦，求出 L_n 的公式。

9. 一個投資基金在年初時投入 100,000 美元，到了年底有兩份紅利：一個是該年帳戶中的 20%，一個是前一年帳戶的 45%。

   a) 若沒有領出任何錢，求出 $\{P_n\}$ 的遞迴關係，其中 P_n 是第 n 年底帳戶內的總額。
   b) 若沒有領出任何錢，求 n 年後帳戶內共有多少錢？

*10. 證明定理 2。

11. **盧卡司數（Lucas number）** 滿足遞迴關係

$$L_n = L_{n-1} + L_{n-2}$$

初始條件為 $L_0 = 2$，$L_1 = 1$。

   a) 證明 $L_n = f_{n-1} + f_{n+1}$，其中 $n = 2, 3, \ldots$，f_n 為第 n 個費氏數。

   b) 求出盧卡司數的公式。

12. 求解 $a_n = 2a_{n-1} + a_{n-2} - 2a_{n-3}$，$n = 3, 4, 5, \ldots$，且 $a_0 = 3, a_1 = 6, a_2 = 0$。

13. 求解 $a_n = 7a_{n-2} + 6a_{n-3}$，且 $a_0 = 9, a_1 = 10, a_2 = 32$。

14. 求解 $a_n = 5a_{n-2} - 4a_{n-4}$，且 $a_0 = 3, a_1 = 2, a_2 = 6, a_3 = 8$。

15. 求解 $a_n = 2a_{n-1} + 5a_{n-2} - 6a_{n-3}$，且 $a_0 = 7, a_1 = -4, a_2 = 8$。

* 16. 證明定理 3。

17. 證明有關費氏數與二項式係數的等式
$$f_{n+1} = C(n, 0) + C(n-1, 1) + \cdots + C(n-k, k)$$
其中 n 為正整數，$k = \lfloor n/2 \rfloor$。〔提示：令 $a_n = C(n, 0) + C(n-1, 1) + \cdots + C(n-k, k)$。證明數列 $\{a_n\}$ 滿足費氏數所滿足的同一個遞迴關係與初始條件。〕

18. 求解遞迴關係 $a_n = 6a_{n-1} - 12a_{n-2} + 8a_{n-3}$，且 $a_0 = -5, a_1 = 4, a_2 = 88$。

19. 求解遞迴關係 $a_n = -3a_{n-1} - 3a_{n-2} - a_{n-3}$，且 $a_0 = 5, a_1 = -9, a_2 = 15$。

20. 求出遞迴關係 $a_n = 8a_{n-2} - 16a_{n-4}$ 之解的一般形式。

21. 若一個線性齊次遞迴關係之特徵方程式的根為 1, 1, 1, 1, -2, -2, -2, 3, 3, -4，則此遞迴關係之解的一般形式為何？

22. 若一個線性齊次遞迴關係之特徵方程式的根為 -1, -1, -1, 2, 2, 5, 5, 7，則此遞迴關係之解的一般形式為何？

23. 考慮線性非齊次遞迴關係 $a_n = 3a_{n-1} + 2^n$。

   a) 證明 $a_n = -2^{n+1}$ 為遞迴關係的解。

   b) 利用定理 5 求出所有遞迴關係的解。

   c) 求出當 $a_0 = 1$ 時的解。

24. 考慮線性非齊次遞迴關係 $a_n = 2a_{n-1} + 2^n$。

   a) 證明 $a_n = n2^n$ 為遞迴關係的解。

   b) 利用定理 5 求出所有遞迴關係的解。

   c) 求出當 $a_0 = 2$ 時的解。

25. a) 決定常數 A 與 B，使得 $a_n = An + B$ 是遞迴關係 $a_n = 2a_{n-1} + n + 5$ 的解。

   b) 利用定理 5 求出遞迴關係所有的解。

   c) 求出當 $a_0 = 4$ 時遞迴關係的解。

26. 根據定理 6，當 $F(n)$ 為下面給定的函數時，線性非齊次遞迴關係 $a_n = 6a_{n-1} - 12a_{n-2} + 8a_{n-3} + F(n)$ 之特殊解的一般形式為何？

   a) $F(n) = n^2$　　　　　　　　　　　b) $F(n) = 2^n$

   c) $F(n) = n2^n$　　　　　　　　　　　d) $F(n) = (-2)^n$

   e) $F(n) = n^2 2^n$　　　　　　　　　　f) $F(n) = n^3(-2)^n$

   g) $F(n) = 3$

27. 根據定理 6，當 $F(n)$ 為下面給定的函數時，線性非齊次遞迴關係 $a_n = 8a_{n-2} - 16a_{n-4} + F(n)$ 之特殊解的一般形式為何？

   a) $F(n) = n^3$
   b) $F(n) = (-2)^n$
   c) $F(n) = n2^n$
   d) $F(n) = n^2 4^n$
   e) $F(n) = (n^2 - 2)(-2)^n$
   f) $F(n) = n^4 2^n$
   g) $F(n) = 2$

28. a) 求出遞迴關係 $a_n = 2a_{n-1} + 2n^2$ 的所有解。
    b) 給定初始條件 $a_1 = 4$，求出 (a) 之遞迴關係的解。

29. a) 求出遞迴關係 $a_n = 2a_{n-1} + 3^n$ 的所有解。
    b) 給定初始條件 $a_1 = 5$，求出 (a) 之遞迴關係的解。

30. a) 求出遞迴關係 $a_n = -5a_{n-1} - 6a_{n-2} + 42 \cdot 4^n$ 的所有解。
    b) 給定初始條件 $a_1 = 56, a_2 = 278$，求出 (a) 之遞迴關係的解。

31. 求出遞迴關係 $a_n = 5a_{n-1} - 6a_{n-2} + 2^n + 3n$ 的所有解。〔提示：尋找下列形式 $qn2^n + p_1 n + p_2$ 的特殊解，其中 q、p_1 與 p_2 皆為常數。〕

32. 求出遞迴關係 $a_n = 2a_{n-1} + 3 \cdot 2^n$ 的所有解。

33. 求出遞迴關係 $a_n = 4a_{n-1} - 4a_{n-2} + (n+1)2^n$ 的所有解。

34. 在初始條件為 $a_0 = -2, a_1 = 0$ 與 $a_2 = 5$ 時，求出遞迴關係 $a_n = 7a_{n-1} - 16a_{n-2} + 12a_{n-3} + n4^n$ 的所有解。

35. 在初始條件為 $a_0 = 1, a_1 = 4$ 時，求出遞迴關係 $a_n = 4a_{n-1} - 3a_{n-2} + 2^n + n + 3$ 的所有解。

36. 令 a_n 為首 n 個完全平方數之和，亦即 $a_n = \sum_{k=1}^{n} k^2$。證明數列 $\{a_n\}$ 滿足線性非齊次遞迴關係 $a_n = a_{n-1} + n^2$，且初始條件為 $a_1 = 1$。利用定理 6 求解這個遞迴關係，以求出 a_n 的公式。

37. 令 a_n 為首 n 個三角數之和，亦即 $a_n = \sum_{k=1}^{n} t_k$，其中 $t_k = k(k+1)/2$。證明數列 $\{a_n\}$ 滿足線性非齊次遞迴關係 $a_n = a_{n-1} + n(n+1)/2$，且初始條件為 $a_1 = 1$。利用定理 6 求解這個遞迴關係以求出 a_n 的公式。

38. a) 求出線性齊次遞迴關係 $a_n = 2a_{n-1} - 2a_{n-2}$ 的特徵根。（注意，它們為複數。）
    b) 當初始條件為 $a_0 = 1, a_1 = 2$ 時，求出 (a) 之遞迴關係的解。

*39. a) 求出線性齊次遞迴關係 $a_n = a_{n-4}$ 的特徵根。（注意，它們有些為複數。）
    b) 當初始條件為 $a_0 = 1, a_1 = 0, a_2 = -1, a_3 = 1$ 時，求出 (a) 之遞迴關係的解。

*40. 求解聯立遞迴關係
$$a_n = 3a_{n-1} + 2b_{n-1}$$
$$b_n = a_{n-1} + 2b_{n-1}$$
初始條件為 $a_0 = 1, b_0 = 2$。

*41. a) 使用在例題 4 中求出第 n 個費氏數 f_n 的公式，證明 f_n 是最接近

$$\frac{1}{\sqrt{5}}\left(\frac{1+\sqrt{5}}{2}\right)^n$$

的整數。

b) 判斷當 n 為何數時，f_n 大於
$$\frac{1}{\sqrt{5}}\left(\frac{1+\sqrt{5}}{2}\right)^n$$
而當 n 為何數時，f_n 小於
$$\frac{1}{\sqrt{5}}\left(\frac{1+\sqrt{5}}{2}\right)^n$$

42. 證明若 $a_n = a_{n-1} + a_{n-2}$，$a_0 = s$ 與 $a_1 = t$，其中 s 與 t 為常數，則對所有的正整數 n，$a_n = sf_{n-1} + tf_n$。

43. 利用費氏數表示線性非齊次遞迴關係 $a_n = a_{n-1} + a_{n-2} + 1$，$n \geq 2$，$a_0 = 0$，$a_1 = 1$ 的解。

*44. （需要線性代數的基礎）令 $\mathbf{A}_n$ 為 $n \times n$ 矩陣，主對角線上的元素皆為 2，次對角線上的元素皆為 1，而其餘元素皆為 0。若 d_n 表示 $\mathbf{A}_n$ 的行列式，求出 d_n 的遞迴關係，並求解此遞迴關係來找出 d_n 的公式。

45. 假設島上每對以遺傳工程培育的兔子，在一個月大時生出兩對兔子。兩個月大後，每個月都生出六對兔子。假設沒有兔子死亡，也沒有兔子離開該島。
    a) 若一開始島上有一對兔子，求出 n 個月後島上之兔子對數目的遞迴關係。
    b) 求解 (a) 之遞迴關係，求出 n 個月後島上的兔子對數目。

46. 假設島上一開始有兩隻山羊，基於自然繁殖，山羊數每年增加一倍。若有些山羊會被加入，也有些會被帶走。
    a) 假設每年有 100 隻山羊加入島上，求出 n 年後島上山羊數的遞迴關係。
    b) 求解 (a) 之遞迴關係，求出 n 個月後島上的山羊數。
    c) 假設第 n 年有 n 隻山羊加入島上，其中 $n \geq 3$，求出 n 年後島上山羊數的遞迴關係。
    d) 求解 (c) 之遞迴關係，求出 n 個月後島上的山羊數。

47. 在一個充滿活力的新軟體公司，某個新進雇員的薪水為 50,000 美元。公司允諾每年的薪水都會是前一年的兩倍，而且只要繼續留在公司，每年都會有 10,000 美元的獎金。
    a) 求出此雇員第 n 年薪水的遞迴關係。
    b) 求解 (a) 之遞迴關係，求出 n 年後此雇員的薪水金額。

7.3 分部擊破演算法與遞迴關係
Divide-and-Conquer Algorithms and Recurrence Relations

引言

有許多遞迴演算法將問題中給定的輸入分割成一個或多個較小的問題，這種分割的過程將持續下去直到更小的問題能很快地解決為止。例如，在介紹二元搜尋時，我們不停地將欲搜尋元素的表列分成一半，直到分出的子表列只剩下一個元素為止。在利用合併排序法為表列中的整數排序時，也是將表列中的元素等分成兩半，將這兩子表列個別

排序，再將兩個排好的子表列合併在一起。另一個這種類型的遞迴演算法是計算兩個整數的乘積，先將兩個二進位表示法的整數之位元分成兩部分，再以三組位元數較少的整數乘積來求出兩個較大整數之積。這類的程序稱為**分部擊破演算法（divide-and-conquer algorithm）**，因為這個方法是將問題分成一個或多個規模較小的相似問題，一一擊破這些較小問題來求解出原始問題，當然或許需要增加一些處理的工作。

本節將說明遞迴關係如何用來分析這種分部擊破演算法的複雜度，我們將使用遞迴關係來估算許多分部擊破演算法使用到的運算次數，包含本節將介紹的數種演算法。

分部擊破遞迴關係

假設將一個規模為 n 的遞迴演算法分成 a 個子問題，則每個子問題的規模為 n/b（為簡化問題，我們假設 n 為 b 的倍數。在實際情況時，經常選擇最接近 n/b 之整數，大於或小於都有可能。）又假設在分部擊破後，將子問題的解組合成原來問題的解時，總共有 $g(n)$ 個多出來的運算次數。若 $f(n)$ 表示規模為 n 之問題所需的總運算次數，則 f 滿足遞迴關係

$$f(n) = af(n/b) + g(n)$$

稱為**分部擊破遞迴關係（divide-and-conquer recurrence relation）**。

我們首先建立研究重要演算法之複雜度的分部擊破遞迴關係，然後再說明如何利用這些分部擊破遞迴關係來估算這些演算法的複雜度。

例題 1 **二元搜尋** 我們已經在 3.1 節介紹二元搜尋演算法。在大小為 n 的數列中搜尋某元素，當 n 為偶數時，約化至大小為 $n/2$ 的數列（所以問題的大小由 n 約化成 $n/2$）。在這個約化的過程需要兩次比較（一次判斷要使用哪一半的子數列，另一次用來判斷這個數列中是否含有元素）。所以，若 $f(n)$ 表示規模為 n 之數列在搜尋某元素所需的總比較次數，則

$$f(n) = f(n/2) + 2$$

其中 n 為偶數。◀

例題 2 **找出數列的最大元素與最小元素** 考慮下面用來找出數列 $a_1, a_2, ..., a_n$ 中最大元素與最小元素的演算法。若 $n = 1$，則 a_1 既為最大元素也是最小元素。若 $n > 1$，將數列分成兩個子數列，兩子數列可以有相同的長度，或是其中一個較另一個多一個元素。此時已將問題約化成找出兩個子數列的最大元素與最小元素，然而原始問題的答案還必須比較兩個子數列所得的結果才能得到。

令 $f(n)$ 為找出長度為 n 之數列的最大元素與最小元素所需的比較次數。當 n 為偶數時，我們已經說明能將問題約化成兩個規模為 $n/2$ 的問題，再加上兩次比較，一次比較兩個子數

列所得之最大元素，一次比較兩子數列所求出之最小元素。可得出下面的遞迴關係，當 n 為偶數時，

$$f(n) = 2f(n/2) + 2$$ ◀

例題 3　合併排序　合併排序演算法（已於 5.4 節介紹）在 n 為偶數時，將要排序的 n 個元素分成各為 $n/2$ 個元素的兩等分。然後，使用少於 n 次的比較將經過排序之兩部分合併，則使用合併排序將 n 個元素排序所需的比較次數少於 $M(n)$，其中函數 $M(n)$ 滿足分部擊破遞迴關係

$$M(n) = 2M(n/2) + n$$ ◀

例題 4　整數之快速乘法　令人驚訝的是，我們能找到比傳統演算法（已於 4.2 節介紹）更有效率的演算法來求出整數乘積，其中一種就是使用分部擊破的技巧。這種快速的乘法演算法將每個 $2n$ 位數二進位表示法的整數分成各有 n 位數的兩個區塊，原始的兩個 $2n$ 位數整數乘法被約化成三個 n 位數整數乘法，加上平移與加法。

假設 a 與 b 為整數，其二進位表示法的長度為 $2n$（為了讓兩個整數的長度相同，在二進位表示法之前加上若干個 0）。令

$$a = (a_{2n-1}a_{2n-2}\cdots a_1 a_0)_2 \quad 和 \quad b = (b_{2n-1}b_{2n-2}\cdots b_1 b_0)_2$$

令

$$a = 2^n A_1 + A_0, \quad b = 2^n B_1 + B_0$$

其中

$$A_1 = (a_{2n-1}\cdots a_{n+1}a_n)_2, \quad A_0 = (a_{n-1}\cdots a_1 a_0)_2,$$
$$B_1 = (b_{2n-1}\cdots b_{n+1}b_n)_2, \quad B_0 = (b_{n-1}\cdots b_1 b_0)_2$$

這個整數的快速乘法演算法是根據 ab 能表示成

$$ab = (2^{2n} + 2^n)A_1 B_1 + 2^n (A_1 - A_0)(B_0 - B_1) + (2^n + 1)A_0 B_0$$

這個等式的重要性在於說明兩個 $2n$ 位數的整數乘法能約化成三個 n 位數的整數乘法，加上平移、減法與加法。因而

$$f(2n) = 3f(n) + Cn$$

在此等式背後呈現的意義為三個 n 位數之整數乘法使用 $3f(n)$ 個位元運算。每個加法、減法和平移使用常數個 n 位元運算，因而 Cn 表現的就是這些位元運算的總次數。　◀

例題 5　快速矩陣乘法　在 3.3 節例題 7 中，我們證明了兩個 $n \times n$ 矩陣利用矩陣乘法的定義需要使用 n^3 個乘法運算與 $n^2(n-1)$ 個加法。所以，計算兩個 $n \times n$ 矩陣的乘法需要 $O(n^3)$ 個運算（乘法與加法）。令人驚訝的是，還有更有效的分部擊破演算法可以計算兩個 $n \times n$ 矩

陣的乘法。這種演算法在 1969 年由史崔森 (Volker Strassen) 所發明，當 n 為偶數時，將兩個 $n \times n$ 矩陣的乘法約化成 7 個 $(n/2) \times (n/2)$ 矩陣的乘法和 15 個 $(n/2) \times (n/2)$ 矩陣的加法。(要了解這種演算法的詳細內容可參見 [CoLeRiSt09]。) 所以，若 $f(n)$ 為需要用到的運算次數 (包括加法與乘法)，則

$$f(n) = 7f(n/2) + 15n^2/4$$

其中 n 是偶數。◀

如例題 1 至例題 5 所示，形如 $f(n) = af(n/b) + g(n)$ 的遞迴關係在許多不同的狀況下都會出現。估算滿足這類遞迴關係之函數的大小是可行的。假設當 n 能被 b 整除時，f 滿足此遞迴關係。令 $n = b^k$，其中 k 為正整數，則

$$\begin{aligned} f(n) &= af(n/b) + g(n) \\ &= a^2 f(n/b^2) + ag(n/b) + g(n) \\ &= a^3 f(n/b^3) + a^2 g(n/b^2) + ag(n/b) + g(n) \\ &\vdots \\ &= a^k f(n/b^k) + \sum_{j=0}^{k-1} a^j g(n/b^j) \end{aligned}$$

因為 $n/b^k = 1$，可得

$$f(n) = a^k f(1) + \sum_{j=0}^{k-1} a^j g(n/b^j)$$

我們能用 $f(n)$ 的方程式來估算滿足分部擊破遞迴關係的函數大小。

定理 1 ■ 令 f 為遞增函數，當 n 能被 b 整除時，滿足
$$f(n) = af(n/b) + c$$
其中 $a \geq 1$，b 為大於 1 的整數，c 為正實數，則

$$f(n) \text{ 為 } \begin{cases} O(n^{\log_b a}) & \text{當 } a > 1 \\ O(\log n) & \text{當 } a = 1 \end{cases}$$

而且，當 $n = b^k$，$a \neq 1$ 且 k 為正整數時，
$$f(n) = C_1 n^{\log_b a} + C_2$$
其中 $C_1 = f(1) + c/(a-1)$ 且 $C_2 = -c/(a-1)$。

證明：首先令 $n = b^k$。由之前的討論以及 $g(n) = c$ 所得的 $f(n)$ 表示式，我們有

$$f(n) = a^k f(1) + \sum_{j=0}^{k-1} a^j c = a^k f(1) + c \sum_{j=0}^{k-1} a^j$$

當 $a = 1$,
$$f(n) = f(1) + ck$$

因為 $n = b^k$,我們有 $k = \log_b n$。所以,
$$f(n) = f(1) + c\log_b n$$

當 n 不為 b 的冪次時,對正整數 k,我們有 $b^k < n < b^{k+1}$。因為 f 是遞增的,可得 $f(n) \le f(b^{k+1}) = f(1) + c(k+1) = (f(1) + c) + ck \le (f(1) + c) + c\log_b n$。因此,在這兩個情況下,當 $a = 1$,$f(n)$ 為 $O(\log n)$。

現在假設 $a > 1$。首先假定 $n = b^k$,其中 k 為正整數。根據幾何級數求和公式(見 2.4 節定理 1),可得

$$\begin{aligned} f(n) &= a^k f(1) + c(a^k - 1)/(a - 1) \\ &= a^k[f(1) + c/(a - 1)] - c/(a - 1) \\ &= C_1 n^{\log_b a} + C_2 \end{aligned}$$

因為 $a^k = a^{\log_b n} = n^{\log_b a}$,其中 $C_1 = f(1) + c/(a - 1)$ 且 $C_2 = -c/(a-1)$。

現在假設 n 不為 b 的冪次時,則 $b^k < n < b^{k+1}$,其中 k 為非負整數。因為 f 是遞增的,

$$\begin{aligned} f(n) &\le f(b^{k+1}) = C_1 a^{k+1} + C_2 \\ &\le (C_1 a) a^{\log_b n} + C_2 \\ &= (C_1 a) n^{\log_b a} + C_2 \end{aligned}$$

因為 $k \le \log_b n \le k + 1$。

所以,可知 $f(n)$ 為 $O(n^{\log_b a})$。 ◁

例題 6 至例題 9 說明如何使用定理 1。

例題 6 令 $f(n) = 5f(n/2) + 3$ 且 $f(1) = 7$。當 k 為正整數,求出 $f(2^k)$。另外,若 f 為遞增函數,估計 $f(n)$。

解:根據定理 1 的證明,當 $a = 5$,$b = 2$ 和 $c = 3$,我們發現若 $n = 2^k$,則

$$\begin{aligned} f(n) &= a^k[f(1) + c/(a - 1)] + [-c/(a - 1)] \\ &= 5^k[7 + (3/4)] - 3/4 \\ &= 5^k(31/4) - 3/4 \end{aligned}$$

另外,若 $f(n)$ 為遞增函數,定理 1 證明 $f(n)$ 為 $O(n^{\log_b a}) = O(n^{\log 5})$。 ◁

我們可以利用定理 1 來估算二元搜尋演算法與例題 2 中尋找數列最大元素和最小元素演算法的複雜度。

例題 7 求出二元搜尋使用之比較次數的大 O 估計。

解：例題 1 證明當 n 為偶數時，$f(n) = f(n/2) + 2$，其中 f 是在大小為 n 之數列上執行二元搜尋所需要的比較次數。因此，根據定理 1，可得 $f(n)$ 為 $O(\log n)$。◀

例題 8 根據例題 2 的演算法，尋找數列最大元素和最小元素演算法所需之比較次數的大 O 估計為何？

解：例題 2 證明當 n 為偶數時，$f(n) = 2f(n/2) + 2$，其中 f 是此演算法所需要的比較次數。因此，根據定理 1，可得 $f(n)$ 為 $O(n^{\log 2}) = O(n)$。◀

我們現在將陳述一個更一般化、更複雜的定理，定理 1 是這個定理的特殊情況。這個定理（或是包含大 Θ 估計之更有效力的版本）有時稱為大師定理（master theorem），因為它在分析許多重要分部擊破演算法的複雜度時非常有用。

定理 2 ■ 大師定理 令 f 為遞增函數，當 $n = b^k$ 時，滿足遞迴關係

$$f(n) = af(n/b) + cn^d$$

其中 k 為正整數，$a \geq 1$，b 為大於 1 的整數，c 為正實數，d 為非負實數，則

$$f(n) \text{ 為} \begin{cases} O(n^d) & \text{當 } a < b^d \\ O(n^d \log n) & \text{當 } a = b^d \\ O(n^{\log_b a}) & \text{當 } a > b^d \end{cases}$$

定理 2 的證明請見習題 29 至 33，留給讀者做為練習。

例題 9 **合併排序的複雜度** 在例題 3 中，我們解釋將 n 個元素以合併排序法來排序時，所需的比較次數少於 $M(n)$，其中 $M(n) = 2M(n/2) + n$。根據大師定理（定理 2），我們發現 $M(n)$ 是 $O(n \log n)$。這個結果與 5.4 節中得到的相同。◀

例題 10 求出例題 4 描述將兩個 $2n$ 位數二進位表示法的整數相乘之快速乘法所需的位元運算次數的大 O 估計。

解：例題 4 證明了當 n 是偶數時，$f(n) = 3f(n/2) + Cn$，其中 $f(n)$ 是使用快速乘法將兩個 $2n$ 位數二進位表示法的整數相乘所需之位元運算次數。因此，根據大師定理（定理 2）可得 $f(n)$ 是 $O(n^{\log 3})$，注意，$\log 3 \sim 1.6$。因為乘法的傳統演算法使用 $O(n^2)$ 的位元運算，所以快速乘法在整數足夠大時（包含出現於某些特殊應用中的大整數），相較於傳統的乘法，在時間複雜度上有本質上的改進。◀

例題 11 求出例題 5 描述之兩個 $n \times n$ 矩陣的乘法所需乘法與加法之運算次數的大 O 估計。

解： 令 $f(n)$ 表示例題 5 描述之兩個 $n \times n$ 矩陣的乘法所需之乘法與加法的運算次數。當 n 為偶數時，我們有 $f(n) = 7f(n/2) + 15n^2/4$。因此，根據大師定理（定理 2）可得 $f(n)$ 是 $O(n^{\log 7})$，注意，$\log 7 \sim 2.8$。因為乘法的傳統演算法使用 $O(n^3)$ 的位元運算，所以快速乘法在整數足夠大時（包含出現於某些特殊應用中的大整數），相較於傳統的乘法，在時間複雜度上有效得多。◀

最近對問題 我們以介紹計算幾何的一個分部擊破演算法來作為本節的結束。計算幾何是離散數學中用來求解幾何問題的演算法。

例題 12 **最近對問題** 考慮下面問題：在平面上有 n 個點 $(x_1, y_2), ..., (x_n, y_n)$，判斷出距離最近的點對，其中兩點 (x_i, y_i) 和 (x_j, y_j) 的距離為常用的歐基里得距離 $\sqrt{(x_i - x_j)^2 + (y_i - y_j)^2}$。這個問題有許多應用，例如，一個航空交通中心想要在某個特定高度中，判斷出兩架最接近的飛機。如何快速地找出所有點中最接近的一對？

解： 要求解此問題，可以先找出每一對點的距離，然後再比較出這些距離中最小者。然而，這種方法需要 $O(n^2)$ 個距離的計算以及比較，因為一共有 $C(n, 2) = n(n-1)/2$ 對點。很令人意外的是，有個簡潔的分部擊破演算法只需要 $O(n \log n)$ 個距離的計算以及比較。這個演算法來自麥克撒摩斯（Michael Samos，見 [PrSa85]）。

為了簡化問題，我們假設 $n = 2^k$，其中 k 為正整數。（這是為了避免當 n 不是 2 的冪次時所需要的一些技術考量。）當 $n = 2$，只有一對點，它們的距離當然就是最短距離。在演算法一開始，我們做兩次合併排序法，一次依各點的 x 座標以遞增方式排序，另一個則依 y 座標。每一次排序需要 $O(n \log n)$ 個運算。我們將在稍後的遞迴步驟中用到這些排序。

此演算法的遞迴部分將問題分成兩個子部分，每個都牽涉到一半的點數。利用根據 x 座標所得的排序，可以建構一條垂直線 ℓ 將 n 個點分成兩部分，使得直線左邊和右邊的點數相等，都是 $n/2$ 個點，見圖 1。（若有點落在分界的直線 ℓ 上，我們可依據需要將其歸類於某一邊。）在後續的遞迴步驟中，不需要針對 x 座標再做排序，因為我們能選擇所有點排序後之子集合對應的排序。這個選擇能以 $O(n)$ 次比較來完成。

考慮最近對的位置有三種必須考慮的情況：(1) 它們都在左邊的區域 L，(2) 它們都在右邊的區域 R，或是 (3) 一個點在左邊區域，而另一點在右邊區域。遞迴的使用此演算法來計算 d_L 和 d_R，其中 d_L 是左半邊區域中點間的最短距離，而 d_R 是右半邊區域中點間的最短距離。令 $d = \min(d_L, d_R)$。為了成功地將找出原始集合中最近對問題分解成找出兩個半邊區域中之點的最短距離，我們必須能處理演算法中合併的部分，也就是，一點在 L 而另一點在 R 的情況。因為有一對距離為 d 的點，同在 L、同在 R 或同時落在分界直線 ℓ 上時，若最近對點分別落在兩個不同區域，則它們的距離必定小於 d。

圖 1 求解最接近對問題的遞迴步驟

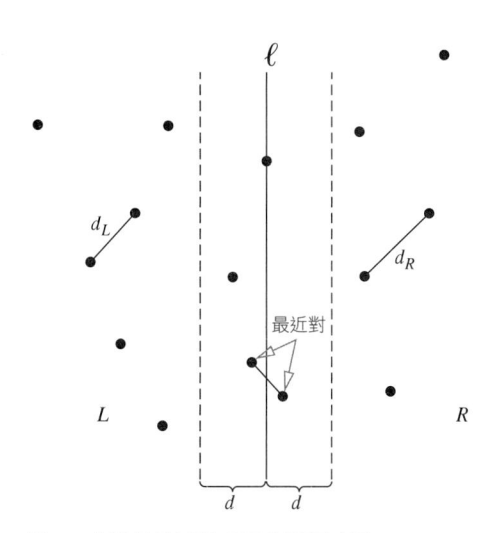

此圖說明了在包含 16 個點的問題能約化成兩個包含 8 個點的最接近對問題，以及判斷在以 ℓ 為中心寬為 $2d$ 的帶狀中是否有存在距離小於 $d = \min(d_L, d_R)$ 的點。

對一點在左、一點在右，而距離小於 d 的兩點，一定會落在以 ℓ 為中線，寬為 $2d$ 的帶狀區域中（否則，此兩點的距離一定大於它們 x 座標之差，也就是 d）。為檢驗落在這條帶狀區域中的點，我們將這些點依其 y 座標由小到大排序。在每個遞迴步驟，不需要針對 y 座標再做排序，因為我們能選擇所有點排序後之子集合對應的排序。這個選擇能以 $O(n)$ 次比較來完成。

由帶狀中 y 座標最小的點開始，我們持續檢驗帶狀中的點，計算這些有較大 y 座標的點與此點的距離是否會小於 d。當我們要檢驗點 p 時，只需要考慮高為 d 且寬為 $2d$，兩邊距離垂直線 ℓ 為 d，而點 p 在底邊之矩形內的點。

我們能證明在這個矩形區域中，包括點 p 至多只有八個點，因為可以發現在每個 $d/2 \times d/2$ 的正方形區域中最多只會有一個點，見圖 2。這是由於正方形區域中相距最遠的點，其距離必小於正方形的對角線 $d/\sqrt{2}$（可用畢氏定理求出），而此數小於 d。同時每個 $d/2 \times d/2$ 正

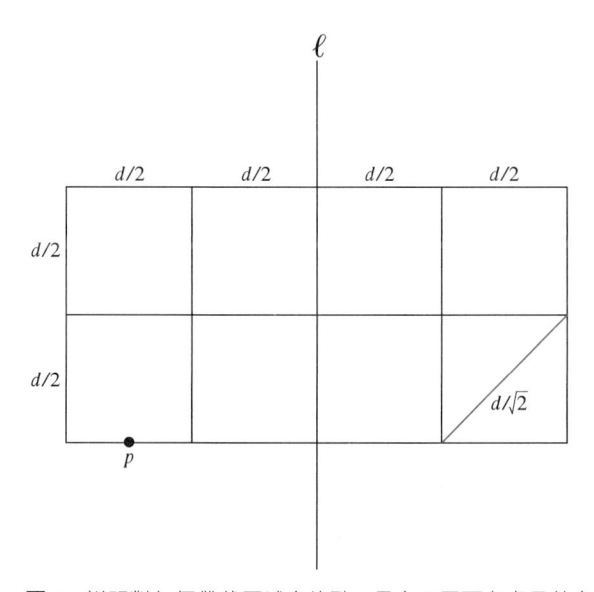

包括點 p 至多只有八個點會落在高為 d 且寬為 $2d$、兩邊距離垂直線 ℓ 為 d，而點 p 在底邊的矩形。因為在每個 $(d/2) \times (d/2)$ 的正方形區域中最多只會有一個點。

圖 2 說明對每個帶狀區域中的點，最多只需要考慮另外七個不同的點

方形區域一定完全落在左邊區域或是右邊區域。因此，在這個階段，我們只需要比較至多七個點到點 p 的距離與 d 的大小。

因為在寬為 $2d$ 的帶狀區域中的點數不會超過 n（集合中的總點數），所以至多有 $7n$ 個距離必須和 d 比較，以找出點間最小距離，亦即只存在 $7n$ 個距離可能小於 d。因而，一旦使用合併排序根據 x 座標排序與根據 y 座標排序後，可得遞增函數 $f(n)$ 滿足遞迴關係

$$f(n) = 2f(n/2) + 7n$$

其中 $f(2) = 1$，超過求解 n 個點之最接近對問題所需的比較次數。根據大師定理（定理 2），$f(n)$ 是 $O(n \log n)$。將點依 x 座標與 y 座標排序分別用到 $O(n \log n)$ 次比較。至於合併排序以及排序那些 $O(\log n)$ 個步驟中所得子集合所需的比較數皆為 $O(n)$。因而，我們得出求解最接近對問題需要 $O(n \log n)$ 次運算。 ◂

習題 Exercises　　*表示為較難的練習；**表示為高度挑戰性的練習；☞ 對應正文。

1. 在有 64 個元素的集合中，做二元搜尋需要多少次比較？
2. 在有 128 個元素的數列中，執行例題 2 的演算法以找出最大元素與最小元素需要多少次比較？
3. 利用快速乘法將 $(1110)_2$ 和 $(1010)_2$ 相乘。
4. 以虛擬碼描述快速乘法。
5. 求出例題 4 中常數 C 的值，並估算兩個有 64 位數的二進位表示法整數利用快速乘法相乘所需的位元運算次數。
6. 利用例題 5 的演算法，求出兩個 32×32 矩陣相乘所需的運算次數。
7. 假設當正整數 n 能被 3 整除時，$f(n) = f(n/3) + 1$，且 $f(1) = 1$。求出下列之值。
   a) $f(3)$ **b)** $f(27)$
   c) $f(729)$
8. 假設當正整數 n 是偶數時，$f(n) = 2f(n/2) + 3$，且 $f(1) = 5$。求出下列之值。
   a) $f(2)$ **b)** $f(8)$
   c) $f(64)$ **d)** $f(1024)$
9. 假設當正整數 n 能被 5 整除時，$f(n) = f(n/5) + 3n^2$，且 $f(1) = 4$。求出下列之值。
   a) $f(5)$ **b)** $f(125)$
   c) $f(3125)$
10. 當 $n = 2^k$，求出 $f(n)$，其中 f 滿足遞迴關係 $f(n) = f(n/2) + 1$ 與 $f(1) = 1$。
11. 若 f 為遞增函數，求出習題 10 中函數 f 的大 O 估計。
12. 當 $n = 3^k$，求出 $f(n)$，其中 f 滿足遞迴關係 $f(n) = 2f(n/3) + 4$ 與 $f(1) = 1$。
13. 若 f 為遞增函數，求出習題 12 中函數 f 的大 O 估計。
14. 假設有 $n = 2^k$ 之隊伍參加一個淘汰賽。第一回合有 $n/2$ 場比賽，贏的 $n/2 = 2^{k-1}$ 支隊伍將進入第二回合，依此方式進行比賽。建構一個比賽回合數的遞迴關係。

15. 依據習題 14 的比賽方式，當有 32 支隊伍參賽時，淘汰賽將有多少回合？

16. 求解習題 14 所得的遞迴關係。

17. 假設有 n 個人針對不同的候選人進行投票（可能有超過兩個以上的候選人），每一張選票都視為數列中的一個元素。獲得最多票數的人將贏得選舉。

  a) 設計一個分部擊破演算法，用來判斷某個候選人是否得到最多的選票，而且決定出這位候選人。〔提示：假設 n 是偶數，而且將投票數列分成兩個各為 $n/2$ 個元素之子序列。我們可知贏得選舉的候選人，一定至少是在某個子數列中獲得最多選票的人。〕

  b) 利用大師定理，求出在 (a) 設計出之演算法其比較次數的大 O 估計。

18. 假設有 n 個人將從候選人中選出兩個人來填補委員會的空缺。每張選票選兩個人，票數最高的兩人只要票數超過 $n/2$ 便能當選。

  a) 設計一個分部擊破演算法，用來判斷得到最多票數的兩個候選人是否超過 $n/2$ 的選票，而且決定出這兩位候選人。

  b) 利用大師定理，求出在 (a) 設計出之演算法其比較次數的大 O 估計。

19. a) 設計一個分部擊破演算法求出計算 x^n 所需的乘法次數，其中 x 為實數，n 為正整數，使用 5.4 節習題 26 的演算法。

  b) 利用 (a) 所得之遞迴關係建構一個使用此演算法計算 x^n 所需乘法次數的大 O 估計。

20. a) 設計一個分部擊破演算法求出計算 $a^n \bmod m$ 所需的模乘法次數，其中 a、m 和 n 為正整數，使用 5.4 節例題 4 的演算法。

  b) 利用 (a) 所得之遞迴關係建構一個使用此演算法計算 $a^n \bmod m$ 所需模乘法次數的大 O 估計。

21. 假設當 n 為大於 1 的完全平方數時，f 滿足遞迴關係 $f(n) = 2f(\sqrt{n}) + 1$ 以及 $f(2) = 1$。

  a) 求出 $f(16)$。

  b) 求出 $f(n)$ 的大 O 估計。〔提示：將 $m = \log n$ 代入。〕

22. 假設當 n 為大於 1 的完全平方數時，f 滿足遞迴關係 $f(n) = 2f(\sqrt{n}) + \log n$ 以及 $f(2) = 1$。

  a) 求出 $f(16)$。

  b) 求出 $f(n)$ 的大 O 估計。〔提示：將 $m = \log n$ 代入。〕

** 23. 本題想要處理求出 n 個實數數列之連續項的最大總和的問題。當所有的項都是正數時，將所有的項相加即為所求。然而，當項數中有負數時，情況便較為複雜。例如，數列 $-2, 3, -1, 6, -7, 4$ 之連續項的最大總和為 $3 + (-1) + 6 = 8$。（本題是基於 [Be86]。）回顧 7.1 節習題 48，我們提供了一個動態規劃演算法來求解這個問題。在此，我們先使用暴力演算法來解這個問題。接下來，再發展出一個分部擊破演算法來求解。

  a) 利用虛擬碼描述一個演算法，求出由第一項開始之連續項最大總和、由第二項開始之連續項最大總和等，而且不斷追蹤演算法過程中所得之連續項的最大總和。

  b) 基於求和所需的加法計算和比較次數來判斷 (a) 所得演算法的複雜度。

  c) 設計一個分部擊破演算法來求解此問題。〔提示：假設數列有偶數個項，然後將它平分成兩部分。當連續項最大總和所需之項同時處於兩個子數列的情況時，解釋應如何處理。〕

d) 利用 (c) 求出之演算法求出數列：−2, 4, −1, 3, 5, −6, 1, 2；4, 1, −3, 7, −1, −5, 3, −2 和 −1, 6, 3, −4, −5, 8, −1, 7 之連續項最大總和。

e) 針對 (c) 求出之分部擊破演算法所需的求和與比較次數，求出其遞迴關係。

f) 利用大師定理估算分部擊破演算法的計算複雜度。與 (a) 得到的演算法比較複雜度。

24. 利用例題 12 描述的演算法，求出下面給定之點的最接近對，兩點間的距離採用歐基里得距離，而給定點為：(1, 3), (1, 7), (2, 4), (2, 9), (3, 1), (3, 5), (4, 3) 和 (4, 7)。

25. 利用例題 12 描述的演算法，求出下面給定之點的最接近對，兩點間的距離採用歐基里得距離，而給定點為：(1, 2), (1, 6), (2, 4), (2, 8), (3, 1), (3, 6), (3, 10), (4, 3), (5, 1), (5, 5), (5, 9), (6, 7), (7, 1), (7, 4), (7, 9) 和 (8, 6)。

* 26. 利用虛擬碼描述例題 12 中求解最接近點問題的遞迴演算法。

27. 若定義兩點的距離為 $d((x_i, y_i), (x_j, y_j)) = \max(|x_i - y_i|, |x_j - y_j|)$ 時，根據例題 12 求解最接近點問題的步驟，依上述之兩點距離定義建構一個變形版本的演算法。

* 28. 假定第一個人從 n 個數字集合中選取出 x，而第二個人不斷選取 n 元素集合的子集合，詢問第一個人 x 是否在這個子集合中，而第一個人的回答皆為「是」或「否」。當第一個人都據實回答時，持續將 n 個數字分成一半，經過 $\log n$ 次分割便能找出 x 來。烏蘭問題（Ulam's problem）是史單尼斯勞・烏蘭（Stanislaw Ulam）在 1976 年提出，此問題允許第一個人說一次謊。

   a) 當給定 n 個元素集合與數字 x，證明問每個問題兩次，以及當發現第一個人說謊時再加問一次，能用 $2 \log n + 1$ 次問題來解決烏蘭問題。

   b) 證明根據將原問題分成四部分，每部分 $n/4$ 個元素，有 1/4 的元素能用兩個問題來將其刪去。〔提示：提出兩個問題，每個問題都要問該元素是否在兩個 $n/4$ 個元素之子集合的聯集中，而且有一個 $n/4$ 個元素之子集合在兩個問題中都要出現。〕

   c) 根據 (b)，證明若 $f(n)$ 為依 (b) 之方法求解烏蘭問題所需的發問次數，則當 n 能被 4 整除時，$f(n) = f(3n/4) + 2$。

   d) 求解 (c) 中遞迴關係的 $f(n)$。

   e) 求解烏蘭問題時，原始方式（見 (a)）與基於 (b) 之分部擊破方式何者較有效率？求解烏蘭問題最有效率的方法已經由派歐克（A. Pelc）提出，見 [Pe87]。

在習題 29 至 33 中，假設 f 為遞增函數滿足 $f(n) = af(n/b) + cn^d$，其中 $a \geq 1$，b 為大於 1 的整數，c 與 d 為正實數。下列習題將提供定理 2 的證明。

* 29. 證明若 $a = b^d$ 且 n 為 b 的冪次，則 $f(n) = f(1)n^d + cn^d \log_b n$。

30. 利用習題 29，證明若 $a = b^d$，則 $f(n)$ 為 $O(n^d \log n)$。

* 31. 證明若 $a \neq b^d$ 且 n 為 b 的冪次，則 $f(n) = C_1 n^d + C_2 n^{\log_b a}$，其中 $C_1 = b^d c/(b^d - a)$ 且 $C_2 = f(1) + b^d c/(a - b^d)$。

32. 利用習題 31，證明若 $a < b^d$，則 $f(n)$ 為 $O(n^d)$。

33. 利用習題 31，證明若 $a > b^d$，則 $f(n)$ 為 $O(n^{\log_b a})$。

34. 當 $n = 4^k$，求出 $f(n)$，其中 f 滿足遞迴關係 $f(n) = 5f(n/4) + 6n$ 與 $f(1) = 1$。
35. 若 f 為遞增函數，求出習題 34 中函數 f 的大 O 估計。
36. 當 $n = 2^k$，求出 $f(n)$，其中 f 滿足遞迴關係 $f(n) = 8f(n/2) + n^2$ 與 $f(1) = 1$。
37. 若 f 為遞增函數，求出習題 36 中函數 f 的大 O 估計。

7.4 生成函數 *Generating Functions*

引言

生成函數是一種有效表示數列的方式，將數列的項當成 x 冪級數的係數。生成函數能用來求解許多形態的計數問題，例如在某些限制下選取或分配不同物件的方法，或是兌換零錢的方法數等。透過將遞迴關係之數列轉換成生成函數，然後利用與生成函數有關的方程式可以求解遞迴關係。這個相關的方程式能求出生成函數的形式，藉由此形式所得冪級數的係數公式即為原始遞迴關係的解數列。藉由某些函數間相對簡單的關聯性，利用比較係數的方式，生成函數也能用來證明組合等式。此外，生成函數是研究數列性質相當有用的工具，能用以建立數列的趨近公式。

我們由定義一個數列的生成函數開始。

定義 1 ■ 實數數列 $a_1, a_2, ..., a_k, ...$ 的生成函數為冪級數

$$G(x) = a_0 + a_1 x + \cdots + a_k x^k + \cdots = \sum_{k=0}^{\infty} a_k x^k$$

注意：定義 1 所給定數列 $\{a_k\}$ 的生成函數有時稱為**一般生成函數（ordinary generating function）**，用來與根據相同數列建立的其他形態生成函數做區別。

例題 1 $a_k = 3$、$a_k = k + 1$ 和 $a_k = 2^k$ 等數列 $\{a_k\}$ 的生成函數分別為 $\sum_{k=0}^{\infty} 3x^k$、$\sum_{k=0}^{\infty} (k+1)x^k$ 與 $\sum_{k=0}^{\infty} 2^k x^k$。 ◀

我們能將有限實數數列 $a_0, a_1, a_2, ..., a_n$ 藉由定義 $a_{n+1} = 0$, $a_{n+2} = 0$ 等的方式擴展成無限數列 $\{a_n\}$，然後再定義生成函數 $G(x)$。此時，$G(x)$ 是個 n 階多項式，因為沒有 $a_j x^j$ 的項（其中 $j > n$），也就是

$$G(x) = a_0 + a_1 x + \cdots + a_n x^n$$

例題 2 數列 $1, 1, 1, 1, 1, 1$ 的生成函數為何？

解：數列 $1, 1, 1, 1, 1, 1$ 的生成函數為

$$1 + x + x^2 + x^3 + x^4 + x^5$$

根據 2.4 節定理 1，當 $x \neq 1$ 時，

$$(x^6 - 1)/(x - 1) = 1 + x + x^2 + x^3 + x^4 + x^5$$

因此 $G(x) = (x^6 - 1)/(x - 1)$ 是數列 $1, 1, 1, 1, 1, 1$ 的生成函數。〔因為 x 的冪次只用來表示數列中項數的順序位置，所以我們不需擔心 $G(1)$ 沒有定義。〕

例題 3 令 m 為正整數且 $a_k = C(m, k)$，$k = 0, 1, 2, ..., m$。數列 $a_0, a_1, a_2, ..., a_m$ 的生成函數為何？

解：數列的生成函數為

$$G(x) = C(m, 0) + C(m, 1)x + C(m, 2)x^2 + \cdots + C(m, m)x^m$$

二項式定理告訴我們，$G(x) = (1 + x)^m$。

有關冪級數的有用事實

當使用生成函數來求解計數問題時，它們通常被視為**形式冪級數（formal power series）**，其收斂性質會被忽略。然而，在使用某些微積分性質時，級數的收斂與否非常重要。一個函數在 $x = 0$ 附近有唯一冪級數的事實也很重要。不過大致來說，我們的討論並不在乎冪級數的收斂性與唯一性。熟悉微積分的讀者可參考詳細討論冪級數的書籍，以了解這些級數的收斂性等性質。

現在我們陳述一些使用生成函數時有關冪級數的重要事實，與這些結果相關的討論可以參見微積分書籍。

例題 4 函數 $f(x) = 1/(1 - x)$ 是數列 $1, 1, 1, 1, ...$ 的生成函數，因為當 $|x| < 1$ 時，

$$1/(1 - x) = 1 + x + x^2 + \cdots$$

例題 5 函數 $f(x) = 1/(1 - ax)$ 是數列 $1, a, a^2, a^3, ...$ 的生成函數，因為當 $|ax| < 1$（等價來說，當 $|x| < 1/|a|$，其中 $a \neq 0$）時，

$$1/(1 - ax) = 1 + ax + a^2x^2 + \cdots$$

我們也需要一些將兩個生成函數相加或相乘的結果，這些結果的證明可參見微積分書籍。

定理 1 ■ 令 $f(x) = \sum_{k=0}^{\infty} a_k x^k$ 與 $g(x) = \sum_{k=0}^{\infty} b_k x^k$，則

$$f(x) + g(x) = \sum_{k=0}^{\infty} (a_k + b_k) x^k \quad \text{且} \quad f(x)g(x) = \sum_{k=0}^{\infty} \left(\sum_{j=0}^{k} a_j b_{k-j} \right) x^k$$

注意： 只有當冪級數在某區間中收斂時，定理 1 方成立，所有在本節中考慮的級數皆相同。然而在生成函數理論中，則不侷限在這類級數。在級數不收斂的情況時，定理 1 可被視為生成函數之加法與乘法的定義。

例題 6 將說明如何使用定理 1。

例題 6 令 $f(x) = 1/(1-x)^2$。利用例題 4 求出 $f(x) = \sum_{k=0}^{\infty} a_k x^k$ 的係數 $a_0, a_1, a_2, \ldots$。

解： 根據例題 4，我們知道

$$1/(1-x) = 1 + x + x^2 + x^3 + \cdots$$

所以，由定理 1 可知

$$1/(1-x)^2 = \sum_{k=0}^{\infty} \left(\sum_{j=0}^{k} 1 \right) x^k = \sum_{k=0}^{\infty} (k+1) x^k$$

◀

注意： 這個結果也能由例題 4 藉由微分來求出。利用導函數是由已知生成函數等式，製造出新等式的重要技巧。

利用生成函數求解許多重要計數問題時，我們需要應用當指數不為正整數時的二項式定理。

定義 2 ■ 令 u 為實數，k 為非負整數，則推廣的二項式係數（extended binomial coefficient）$\binom{u}{k}$ 定義為

$$\binom{u}{k} = \begin{cases} u(u-1) \cdots (u-k+1)/k! & \text{當 } k > 0 \\ 1 & \text{當 } k = 0 \end{cases}$$

例題 7 求出推廣的二項式係數 $\binom{-2}{3}$ 和 $\binom{1/2}{3}$ 之值。

解： 取 $u = -2$ 與 $k = 3$，套用定義 2 得

$$\binom{-2}{3} = \frac{(-2)(-3)(-4)}{3!} = -4$$

同樣地，取 $u = 1/2$ 與 $k = 3$，套用定義 2 得

$$\binom{1/2}{3} = \frac{(1/2)(1/2 - 1)(1/2 - 2)}{3!}$$
$$= (1/2)(-1/2)(-3/2)/6$$
$$= 1/16$$

◀

例題 8 提供一個當二項式係數上面的參數為負整數時非常有用的公式，我們後續的討論中將會用到。

例題 8 當上面的參數為負整數時，推廣的二項式係數能以一般的二項式係數來表現。為證明此種情形，見下面等式：

$$\binom{-n}{r} = \frac{(-n)(-n-1)\cdots(-n-r+1)}{r!} \quad \text{根據推廣的二項式係數的定義}$$

$$= \frac{(-1)^r n(n+1)\cdots(n+r-1)}{r!} \quad \text{將分子中每一項提出 }-1$$

$$= \frac{(-1)^r (n+r-1)(n+r-2)\cdots n}{r!} \quad \text{根據乘法的交換律}$$

$$= \frac{(-1)^r (n+r-1)!}{r!(n-1)!} \quad \text{將分子與分母同乘以 }(n-1)!$$

$$= (-1)^r \binom{n+r-1}{r} \quad \text{根據二項式係數的定義}$$

$$= (-1)^r C(n+r-1, r) \quad \text{利用二項式係數的另一種形式}$$

接下來陳述推廣的二項式定理。 ◀

定理 2 ■ 推廣的二項式定理 令 x 為實數且 $|x| < 1$，u 亦為實數，則

$$(1+x)^u = \sum_{k=0}^{\infty} \binom{u}{k} x^k$$

定理 2 可以使用馬克勞林級數（Maclaurin series）定理來證明，我們將定理 2 的證明留給熟悉微積分的讀者練習。

注意：當 u 為正整數時，推廣的二項式定理便能約化成 6.4 節介紹的二項式定理，因為當 $k > u$ 時，$\binom{u}{k} = 0$。

例題 9 說明將定理 2 應用於當指數是負整數時。

例題 9 利用推廣的二項式定理求出 $(1+x)^{-n}$ 與 $(1-x)^{-n}$ 的生成函數，其中 n 為正整數。

解：利用推廣的二項式定理，

$$(1+x)^{-n} = \sum_{k=0}^{\infty} \binom{-n}{k} x^k$$

使用例題 8 提供 $\binom{-n}{k}$ 的簡單公式，可得

$$(1+x)^{-n} = \sum_{k=0}^{\infty} (-1)^k C(n+k-1, k) x^k$$

以 $-x$ 取代 x，可得

$$(1-x)^{-n} = \sum_{k=0}^{\infty} C(n+k-1, k) x^k$$

◀

表 1 摘要出經常出現的生成函數。

$G(x)$	a_k
$(1+x)^n = \sum_{k=0}^{n} C(n,k)x^k$ $= 1 + C(n,1)x + C(n,2)x^2 + \cdots + x^n$	$C(n,k)$
$(1+ax)^n = \sum_{k=0}^{n} C(n,k)a^k x^k$ $= 1 + C(n,1)ax + C(n,2)a^2 x^2 + \cdots + a^n x^n$	$C(n,k)a^k$
$(1+x^r)^n = \sum_{k=0}^{n} C(n,k)x^{rk}$ $= 1 + C(n,1)x^r + C(n,2)x^{2r} + \cdots + x^{rn}$	若 $r \mid k$ 為 $C(n,k/r)$；否則為 0
$\dfrac{1-x^{n+1}}{1-x} = \sum_{k=0}^{n} x^k = 1 + x + x^2 + \cdots + x^n$	若 $k \le n$ 為 1；否則為 0
$\dfrac{1}{1-x} = \sum_{k=0}^{\infty} x^k = 1 + x + x^2 + \cdots$	1
$\dfrac{1}{1-ax} = \sum_{k=0}^{\infty} a^k x^k = 1 + ax + a^2 x^2 + \cdots$	a^k
$\dfrac{1}{1-x^r} = \sum_{k=0}^{\infty} x^{rk} = 1 + x^r + x^{2r} + \cdots$	若 $r \mid k$ 為 1；否則為 0
$\dfrac{1}{(1-x)^2} = \sum_{k=0}^{\infty} (k+1)x^k = 1 + 2x + 3x^2 + \cdots$	$k+1$
$\dfrac{1}{(1-x)^n} = \sum_{k=0}^{\infty} C(n+k-1,k)x^k$ $= 1 + C(n,1)x + C(n+1,2)x^2 + \cdots$	$C(n+k-1,k) = C(n+k-1,n-1)$
$\dfrac{1}{(1+x)^n} = \sum_{k=0}^{\infty} C(n+k-1,k)(-1)^k x^k$ $= 1 - C(n,1)x + C(n+1,2)x^2 - \cdots$	$(-1)^k C(n+k-1,k)$ $= (-1)^k C(n+k-1,n-1)$
$\dfrac{1}{(1-ax)^n} = \sum_{k=0}^{\infty} C(n+k-1,k)a^k x^k$ $= 1 + C(n,1)ax + C(n+1,2)a^2 x^2 + \cdots$	$C(n+k-1,k)a^k = C(n+k-1,n-1)a^k$
$e^x = \sum_{k=0}^{\infty} \dfrac{x^k}{k!} = 1 + x + \dfrac{x^2}{2!} + \dfrac{x^3}{3!} + \cdots$	$1/k!$
$\ln(1+x) = \sum_{k=1}^{\infty} \dfrac{(-1)^{k+1}}{k} x^k = x - \dfrac{x^2}{2} + \dfrac{x^3}{3} - \dfrac{x^4}{4} + \cdots$	$(-1)^{k+1}/k$

注意： 我們注意到第二個公式與第三個公式能分別以 ax 和 x^r 替代第一個公式中的 x 來求得。同樣地，第六個公式和第七個公式也能以相同的代換方式由第五個公式求出。至於第十個公式與第十一個公式則能以 $-x$ 和 ax 替代第九個公式的 x 來求得。此外，表中的一些公式能夠由其他公式經過微積分的方法（例如微分或積分）來獲得。我們鼓勵學生們熟記表中這些核心公式（也就是能得出其他公式者，例如第一、四、五、八、九、十二和十三個公式），並且了解如何利用這些核心公式求出其他重要公式。

計數問題與生成函數

生成函數能用來求解許多不同類型的計數問題，尤其能用來計算不同形態的組合數目。在第 6 章中，我們引導出計算在 n 個元素集合中，允許重複或有其他限制之 r- 組合數目的技巧。這類問題等價於求出下列方程式之解的個數：

$$e_1 + e_2 + \cdots + e_n = C$$

其中 C 為常數，而每個 e_i 都是可能受到某些限制的非負整數。生成函數能用來求解這種形態的計數問題，見例題 10 至例題 12。

例題 10 求出方程式

$$e_1 + e_2 + e_3 = 17$$

之解的個數，其中 e_1, e_2 和 e_3 為非負整數，滿足 $2 \leq e_1 \leq 5$，$3 \leq e_2 \leq 6$ 和 $4 \leq e_3 \leq 7$。

解： 在這些限制下，解的個數為下式

$$(x^2 + x^3 + x^4 + x^5)(x^3 + x^4 + x^5 + x^6)(x^4 + x^5 + x^6 + x^7)$$

中 x^{17} 項的係數。因為 x^{17} 的係數是由第一個乘式中的 x^{e_1}、第二個乘式中的 x^{e_2} 與第三個乘式中的 x^{e_3} 相乘而得，其中冪次 e_1, e_2 和 e_3 滿足 $e_1 + e_2 + e_3 = 17$ 與給定的限制。

不難發現 x^{17} 的係數為 3。所以，欲求的方程式在限制條件下有三組解。（事實上，計算係數與直接計算有限制之解的個數，兩者需做的工作幾乎相同，但是此處介紹的方法經常用來解決有限制的各類計數問題，稍後我們將會看到。另外，我們也能透過電腦代數系統來進行這類的計算。）◀

例題 11 將八塊相同的餅乾分給三個小孩，若每個小孩至少有兩塊餅乾，但不超過四塊，能有幾種不同的分配方式？

解： 因為每個小孩至少有兩塊餅乾，但不超過四塊，所以每個小孩在數列 $\{c_n\}$ 的生成函數中都能表示成相同的乘式

$$(x^2 + x^3 + x^4)$$

其中 c_n 為分配 n 塊餅乾的方法數。由於有三個小孩，所以生成函數為

$$(x^2 + x^3 + x^4)^3$$

我們必須求出 x^8 的係數。由第一、第二和第三個乘式中選一項將其指數相加得到 x^8 這項的方法，分別對應到第一、第二和第三個小孩分到各項指數塊餅乾。計算之後得到係數為 6，所以有六種方法來分配餅乾，使得每個小孩至少有兩塊餅乾，但不超過四塊。◀

例題 12 使用生成函數來計算將 1 元、2 元和 5 元代幣投入自動販賣機來購買 r 元商品的組合方式。分別計算考慮投入代幣順序與不考慮投入代幣順序兩種狀況（例如，購買 3 元商品時，若不考慮順序有兩種方法：投入三個 1 元代幣，或是一個 1 元代幣加上一個 2 元代幣；若考慮順序則有三種方法：投入三個 1 元代幣，或是先投入一個 1 元代幣再加上一個 2 元代幣，或是先投入一個 2 元代幣再加上一個 1 元代幣）。

解： 先討論不考慮順序的情況：我們只在意投入的總額為 r 元。由於能使用的代幣有 1 元、2 元和 5 元，所以答案為生成函數

$$(1 + x + x^2 + x^3 + \cdots)(1 + x^2 + x^4 + x^6 + \cdots)(1 + x^5 + x^{10} + x^{15} + \cdots)$$

中 x^r 項的係數。（第一個乘式表現的是使用 1 元代幣，第二個乘式表現的是使用 2 元代幣，而第三個乘式表現的是使用 5 元代幣。）例如，使用 1 元、2 元和 5 元代幣購買 7 元商品時，便是求出 x^7 的係數，即 6。

再討論考慮順序的情況：投入 n 個代幣來組合成 r 元時，要求的是

$$(x + x^2 + x^5)^n$$

中 x^r 項的係數。因為使用的是 1 元、2 元和 5 元的代幣，又因為任何數目的代幣數都有可能，所以使用 1 元、2 元和 5 元代幣購買 r 元商品的組合數是

$$1 + (x + x^2 + x^5) + (x + x^2 + x^5)^2 + \cdots = \frac{1}{1 - (x + x^2 + x^5)}$$
$$= \frac{1}{1 - x - x^2 - x^5}$$

中 x^r 項的係數，我們將投入 0 個代幣、1 個代幣、2 個代幣、3 個代幣等方法數加在一起。其中我們以 $x + x^2 + x^5$ 代入等式 $1/(1 - x) = 1 + x + x^2 + \cdots$ 中的 x。例如，考慮代幣投入順序時，使用 1 元、2 元和 5 元代幣購買 7 元商品為 x^7 的係數，即 26。〔提示：要求出係數等於 26，我們必須將 $(x + x^2 + x^5)^k$，$2 \le k \le 7$ 中所有 x^7 的係數加在一起，可以經由紙筆計算或透過電腦計算得到。〕◀

例題 13 說明求解具有不同假設之各類問題時，生成函數的多功能性。

例題 13 利用生成函數來求出 n 個元素集合中 k-組合的可能方法數。假定二項式定理已知。

解： 令 $f(x) = \sum_{k=0}^{n} a_k x^k$ 為數列 $\{a_k\}$ 的生成函數，其中 a_k 表示 n 個元素集合中 k-組合的可能方法數。每個集合中的元素都對應於生成函數 $f(x)$ 中的 $(1 + x)$ 項。所以，

$$f(x) = (1+x)^n$$

根據二項式定理，我們有

$$f(x) = \sum_{k=0}^{n} \binom{n}{k} x^k$$

其中

$$\binom{n}{k} = \frac{n!}{k!(n-k)!}$$

所以，n 個元素集合中 k- 組合的可能方法數 $C(n, k)$ 為

$$\frac{n!}{k!(n-k)!}$$ ◀

注意：我們已在 6.4 節利用 n 個元素集合之 r- 組合數的公式來證明二項式定理。上面的例題說明，可以用數學歸納法證明的二項式定理，也能用來證明 n 個元素集合之 r- 組合數。

例題 14 利用生成函數求出當允許重複時，n 個元素集合之 r- 組合數。

解：令 $G(x)$ 是數列 $\{a_r\}$ 的生成函數，其中 a_r 表示允許重複時 n 個元素集合之 r- 組合數，也就是 $G(x) = \sum_{r=0}^{\infty} a_r x^r$。因為當形成 r- 組合時（總共選出 r 個元素），能選擇任意數目之 n 元素集合中的成員，來作允許重複的 r- 組合。每個元素都對 $G(x)$ 提供了一個 $(1 + x + x^2 + x^3 + \cdots)$ 的乘式，因為每個元素可以選擇 0 次、1 次、2 次、3 次等。由於集合中有 n 個元素，而每個元素提供了 $G(x)$ 一個相同的乘式，所以

$$G(x) = (1 + x + x^2 + \cdots)^n$$

只要 $|x| < 1$，我們有 $1 + x + x^2 + \cdots = 1/(1-x)$，所以

$$G(x) = 1/(1-x)^n = (1-x)^{-n}$$

使用推廣的二項式定理（定理 2），可得

$$(1-x)^{-n} = (1+(-x))^{-n} = \sum_{r=0}^{\infty} \binom{-n}{r}(-x)^r$$

當 r 是正整數時，允許重複之 n 個元素集合的 r- 組合數即為總和中 x^r 的係數 a_r。利用例題 8 能求出 a_r 等於

$$\binom{-n}{r}(-1)^r = (-1)^r C(n+r-1, r) \cdot (-1)^r$$
$$= C(n+r-1, r)$$ ◀

可以發現例題 14 的結果與 6.5 節定理 2 的結果相同。

例題 15 利用生成函數，求出由 n 類不同物件中選出 r 個物件並且每類至少選出一個的方法數。

解：因為每類至少選出一個，每個物件提供數列 $\{a_r\}$ 的生成函數 $G(x)$ 一個 $(x + x^2 + x^3 + \cdots)$ 的乘式，其中 a_r 表示由 n 類不同物件中選出 r 個物件並且每類至少選出一個的方法數。所以，

$$G(x) = (x + x^2 + x^3 + \cdots)^n = x^n(1 + x + x^2 + \cdots)^n = x^n/(1-x)^n$$

利用推廣的二項式定理和例題 8，我們有

$$\begin{aligned}
G(x) &= x^n/(1-x)^n \\
&= x^n \cdot (1-x)^{-n} \\
&= x^n \sum_{r=0}^{\infty} \binom{-n}{r}(-x)^r \\
&= x^n \sum_{r=0}^{\infty} (-1)^r C(n+r-1, r)(-1)^r x^r \\
&= \sum_{r=0}^{\infty} C(n+r-1, r) x^{n+r} \\
&= \sum_{t=n}^{\infty} C(t-1, t-n) x^t \\
&= \sum_{r=n}^{\infty} C(r-1, r-n) x^r
\end{aligned}$$

在倒數第二個等式中，我們令 $t = n + r$，所以當 $r = 0$ 時，$t = n$ 且 $n + r - 1 = t - 1$。然後在最後的等式中以 r 取代 t 為總和之索引，便回到最初的符號。因此，由 n 類不同物件中選出 r 個物件並且每類至少選出一個有 $C(r-1, r-n)$ 種方法。

利用生成函數求解遞迴關係

我們能透過求解相關生成函數的明確公式，來求出滿足某遞迴關係與其初始條件之解，於例題 16 和例題 17 說明。

例題 16 求解遞迴關係 $a_k = 3a_{k-1}$，其中 $k = 1, 2, 3, \ldots$，初始條件為 $a_0 = 2$。

解：令 $G(x)$ 是數列 $\{a_r\}$ 的生成函數，也就是 $G(x) = \sum_{k=0}^{\infty} a_k x^k$。首先注意到

$$xG(x) = \sum_{k=0}^{\infty} a_k x^{k+1} = \sum_{k=1}^{\infty} a_{k-1} x^k$$

利用遞迴關係，我們發現

$$G(x) - 3xG(x) = \sum_{k=0}^{\infty} a_k x^k - 3\sum_{k=1}^{\infty} a_{k-1} x^k$$
$$= a_0 + \sum_{k=1}^{\infty}(a_k - 3a_{k-1})x^k$$
$$= 2$$

因為 $a_0 = 2$ 且 $a_k = 3a_{k-1}$，所以

$$G(x) - 3xG(x) = (1 - 3x)G(x) = 2$$

求解 $G(x)$ 得到 $G(x) = 2/(1-3x)$。利用表 1 的 $1/(1-ax) = \sum_{k=0}^{\infty} a^k x^k$，我們有

$$G(x) = 2\sum_{k=0}^{\infty} 3^k x^k = \sum_{k=0}^{\infty} 2 \cdot 3^k x^k$$

所以，$a_k = 2 \cdot 3^k$。

例題 17 假定一個有效的編碼字是個包含偶數個 0 且長度為 n 之十進位數字字串。令 a_n 表示長度為 n 的有效編碼字數。7.1 節例題 4 已證明數列 $\{a_n\}$ 滿足遞迴關係

$$a_n = 8a_{n-1} + 10^{n-1}$$

初始條件為 $a_1 = 9$。利用生成函數求出 a_n 的明確公式。

解：為簡化推導生成函數的工作，我們假設 $a_0 = 1$。根據遞迴關係，$a_1 = 8a_0 + 10^0 = 8 + 1 = 9$，並不違背原來的初始條件。（這個假設是合理的，因為有一個長度為 0 的有效編碼字──空字串。）

將遞迴關係的等式兩端同乘以 x^n 得到

$$a_n x^n = 8a_{n-1} x^n + 10^{n-1} x^n$$

令 $G(x) = \sum_{n=0}^{\infty} a_n x^n$ 為數列 $a_0, a_1, a_2, \ldots$ 的生成函數。將上面的等式由 $n = 1$ 開始加總，得到

$$G(x) - 1 = \sum_{n=1}^{\infty} a_n x^n = \sum_{n=1}^{\infty}(8a_{n-1}x^n + 10^{n-1}x^n)$$
$$= 8\sum_{n=1}^{\infty} a_{n-1} x^n + \sum_{n=1}^{\infty} 10^{n-1} x^n$$
$$= 8x \sum_{n=1}^{\infty} a_{n-1} x^{n-1} + x\sum_{n=1}^{\infty} 10^{n-1} x^{n-1}$$
$$= 8x \sum_{n=0}^{\infty} a_n x^n + x\sum_{n=0}^{\infty} 10^n x^n$$
$$= 8xG(x) + x/(1-10x)$$

其中使用例題 5 來計算第二個總和。因而，我們有

$$G(x) - 1 = 8xG(x) + x/(1 - 10x)$$

求解 $G(x)$

$$G(x) = \frac{1 - 9x}{(1 - 8x)(1 - 10x)}$$

以部分分式展開等式的右端（如同微積分中有理分式的積分技巧），

$$G(x) = \frac{1}{2}\left(\frac{1}{1 - 8x} + \frac{1}{1 - 10x}\right)$$

利用例題 5 兩次（一次 $a = 8$，一次 $a = 10$）得到

$$G(x) = \frac{1}{2}\left(\sum_{n=0}^{\infty} 8^n x^n + \sum_{n=0}^{\infty} 10^n x^n\right)$$

$$= \sum_{n=0}^{\infty} \frac{1}{2}(8^n + 10^n)x^n$$

結果，我們得到

$$a_n = \frac{1}{2}(8^n + 10^n)$$

◀

等式證明與生成函數

第 6 章說明如何用組合證明法來建立組合等式，此處我們將看到，這些等式與推廣的二項式係數之等式，皆能利用生成函數來證明。有時，生成函數的趨近方式會比其他方式來得簡單，尤其當生成函數形式比數列本身來得容易時。例題 18 將說明如何利用生成函數來證明等式。

例題 18 使用生成函數證明，當 n 是正整數時，

$$\sum_{k=0}^{n} C(n, k)^2 = C(2n, n)$$

解：首先注意到，根據二項式定理，$C(2n, n)$ 為 $(1 + x)^{2n}$ 中 x^n 項的係數。然而，我們有

$$(1 + x)^{2n} = [(1 + x)^n]^2$$
$$= [C(n, 0) + C(n, 1)x + C(n, 2)x^2 + \cdots + C(n, n)x^n]^2$$

在此展開式中，x^n 項的係數為

$$C(n, 0)C(n, n) + C(n, 1)C(n, n - 1) + C(n, 2)C(n, n - 2) + \cdots + C(n, n)C(n, 0)$$

也就是等於 $\sum_{k=0}^{n} C(n, k)^2$，因為 $C(n, n - k) = C(n, k)$。由於 $C(2n, n)$ 與 $\sum_{k=0}^{n} C(n, k)^2$ 皆為 $(1 + x)^{2n}$ 中 x^n 項的係數，它們必然相等。

◀

習題 42 與 43 將要求以生成函數來證明帕斯卡等式與凡德蒙德等式。

習題 Exercises   *表示為較難的練習；**表示為高度挑戰性的練習；☞ 對應正文。

1. 求出有限數列 2, 2, 2, 2, 2, 2 的生成函數。
2. 求出有限數列 1, 4, 16, 64, 256 的生成函數。

在習題 3 至 8 中，所謂**封閉形式**（closed form）是指沒有牽涉到總和或使用省略符號的代數式。

3. 求出下面數列之生成函數的封閉形式。（對每個數列而言，選擇最明顯模式的後續項。）
   a) 0, 2, 2, 2, 2, 2, 2, 0, 0, 0, 0, 0, 0, ...
   b) 0, 0, 0, 1, 1, 1, 1, 1, 1, ...
   c) 0, 1, 0, 0, 1, 0, 0, 1, 0, 0, 1, ...
   d) 2, 4, 8, 16, 32, 64, 128, 256, ...
   e) $\binom{7}{0}, \binom{7}{1}, \binom{7}{2}, \ldots, \binom{7}{7}, 0, 0, 0, 0, 0, \ldots$
   f) 2, −2, 2, −2, 2, −2, 2, −2, ...
   g) 1, 1, 0, 1, 1, 1, 1, 1, 1, 1, ...
   h) 0, 0, 0, 1, 2, 3, 4, ...

4. 求出下面數列之生成函數的封閉形式。（對每個數列而言，選擇最明顯模式的後續項。）
   a) −1, −1, −1, −1, −1, −1, −1, 0, 0, 0, 0, 0, 0, ...
   b) 1, 3, 9, 27, 81, 243, 729, ...
   c) 0, 0, 3, −3, 3, −3, 3, −3, ...
   d) 1, 2, 1, 1, 1, 1, 1, 1, ...
   e) $\binom{7}{0}, 2\binom{7}{1}, 2^2\binom{7}{2}, \ldots, 2^7\binom{7}{7}, 0, 0, 0, 0, \ldots$
   f) −3, 3, −3, 3, −3, 3, ...
   g) 0, 1, −2, 4, −8, 16, −32, 64, ...
   h) 1, 0, 1, 0, 1, 0, 1, 0, ...

5. 求出下面數列 $\{a_n\}$ 之生成函數的封閉形式。
   a) $a_n = 5$，對於所有的 $n = 0, 1, 2, \ldots$
   b) $a_n = 3^n$，對於所有的 $n = 0, 1, 2, \ldots$
   c) $a_n = 2$，對於 $n = 3, 4, 5, \ldots$ 與 $a_0 = a_1 = a_2 = 0$
   d) $a_n = 2n + 3$，對於所有的 $n = 0, 1, 2, \ldots$
   e) $a_n = \binom{8}{n}$，對於所有的 $n = 0, 1, 2, \ldots$
   f) $a_n = \binom{n+4}{n}$，對於所有的 $n = 0, 1, 2, \ldots$

6. 求出下面數列 $\{a_n\}$ 之生成函數的封閉形式。
   a) $a_n = -1$，對於所有的 $n = 0, 1, 2, \ldots$
   b) $a_n = 2^n$，對於 $n = 1, 2, 3, 4, \ldots$ 與 $a_0 = 0$
   c) $a_n = n - 1$，對於 $n = 0, 1, 2, \ldots$
   d) $a_n = 1/(n+1)!$，對於 $n = 0, 1, 2, \ldots$
   e) $a_n = \binom{n}{2}$，對於 $n = 0, 1, 2, \ldots$
   f) $a_n = \binom{10}{n+1}$，對於 $n = 0, 1, 2, \ldots$

7. 對每個生成函數，求出決定此函數之數列的公式。
   a) $(3x - 4)^3$
   b) $(x^3 + 1)^3$
   c) $1/(1 - 5x)$
   d) $x^3/(1 + 3x)$
   e) $x^2 + 3x + 7 + (1/(1 - x^2))$
   f) $(x^4/(1 - x^4)) - x^3 - x^2 - x - 1$
   g) $x^2/(1 - x)^2$
   h) $2e^{2x}$

8. 對每個生成函數，求出決定此函數之數列的公式。
   a) $(x^2 + 1)^3$
   b) $(3x - 1)^3$
   c) $1/(1 - 2x^2)$
   d) $x^2/(1 - x)^3$
   e) $x - 1 + (1/(1 - 3x))$
   f) $(1 + x^3)/(1 + x)^3$
   *g) $x/(1 + x + x^2)$
   h) $e^{3x^2} - 1$

9. 求出下列函數之冪級數中 x^{10} 的係數。
   a) $(1 + x^5 + x^{10} + x^{15} + \cdots)^3$
   b) $(x^3 + x^4 + x^5 + x^6 + x^7 + \cdots)^3$
   c) $(x^4 + x^5 + x^6)(x^3 + x^4 + x^5 + x^6 + x^7)(1 + x + x^2 + x^3 + x^4 + \cdots)$
   d) $(x^2 + x^4 + x^6 + x^8 + \cdots)(x^3 + x^6 + x^9 + \cdots)(x^4 + x^8 + x^{12} + \cdots)$
   e) $(1 + x^2 + x^4 + x^6 + x^8 + \cdots)(1 + x^4 + x^8 + x^{12} + \cdots)(1 + x^6 + x^{12} + x^{18} + \cdots)$

10. 求出下列函數之冪級數中 x^9 的係數。
    a) $(1 + x^3 + x^6 + x^9 + \cdots)^3$
    b) $(x^2 + x^3 + x^4 + x^5 + x^6 + \cdots)^3$
    c) $(x^3 + x^5 + x^6)(x^3 + x^4)(x + x^2 + x^3 + x^4 + \cdots)$
    d) $(x + x^4 + x^7 + x^{10} + \cdots)(x^2 + x^4 + x^6 + x^8 + \cdots)$
    e) $(1 + x + x^2)^3$

11. 求出下列函數之冪級數中 x^{10} 的係數。
    a) $1/(1 - 2x)$
    b) $1/(1 + x)^2$
    c) $1/(1 - x)^3$
    d) $1/(1 + 2x)^4$
    e) $x^4/(1 - 3x)^3$

12. 求出下列函數之冪級數中 x^{12} 的係數。
    a) $1/(1+3x)$
    b) $1/(1-2x)^2$
    c) $1/(1+x)^8$
    d) $1/(1-4x)^3$
    e) $x^3/(1+4x)^2$

13. 利用生成函數，求出將 10 個相同的氣球分給 4 個小孩，每人得到至少 2 個氣球的方法數。

14. 利用生成函數，求出將 12 個相同的人形玩偶分給 5 個小孩，每人得到至多 3 個人形玩偶的方法數。

15. 利用生成函數，求出將 15 個相同的填充動物玩具分給 6 個小孩，每人得到至少 1 個但不多於 3 個的方法數。

16. 利用生成函數，求出在三種口味（雞蛋、鹹味與原味）的貝果中，選出一打貝果，其中每種口味至少 2 個，但鹹味貝果不會超過 3 個，有多少種不同的方法？

17. 將 25 個完全相同的甜甜圈分給 4 個警察，每個警察得到最少 3 個，但不會超過 7 個，有多少種不同的方法？

18. 利用生成函數，求出在一個裝有 100 個紅球、100 個藍球和 100 個綠球的罐子中，選出 14 個球，其中藍球的個數不少於 3 且不多於 10，有多少種選取方法？假設選出球的順序無關。

19. 求出數列 $\{c_k\}$ 的生成函數，其中 c_k 為將 k 元兌換成 1 元、2 元、5 元和 10 元紙鈔的方法數。

20. 求出數列 $\{c_k\}$ 的生成函數，其中 c_k 為將 k 披索（pesos）紙幣兌換成 10 披索、20 披索、50 披索和 100 披索零錢的方法數。

21. 針對 $(1+x+x^2+x^3+\cdots)^3$ 展開式中 x^4 的係數，給出一個組合表示法，根據這種表示法求出這個係數。

22. 針對 $(1+x+x^2+x^3+\cdots)^n$ 展開式中 x^6 的係數，給出一個組合表示法，根據這種表示法求出這個係數。

23. a) 求出數列 $\{a_k\}$ 的生成函數，其中 a_k 為 $x_1+x_2+x_3=k$ 之解的個數，而 x_1、x_2 與 x_3 分別為滿足 $x_1 \geq 2$，$0 \leq x_2 \leq 3$，$2 \leq x_3 \leq 5$ 的整數。
    b) 利用 (a) 的答案求出 a_6。

24. a) 求出數列 $\{a_k\}$ 的生成函數，其中 a_k 為 $x_1+x_2+x_3+x_4=k$ 之解的個數，而 x_1、x_2、x_3 與 x_4 分別為滿足 $x_1 \geq 3$，$1 \leq x_2 \leq 5$，$0 \leq x_3 \leq 4$ 和 $x_4 \geq 1$ 的整數。
    b) 利用 (a) 的答案求出 a_7。

25. 如何使用生成函數求出使用 3 分、4 分和 20 分郵票組成 r 分郵資的方法數？
    a) 假設不考慮郵票的順序。
    b) 假設考慮貼成一列之郵票的順序。
    c) 利用 (a) 的答案，求出使用 3 分、4 分和 20 分郵票來組成 46 分郵資的方法數。（建議使用計算機。）
    d) 利用 (b) 的答案，求出使用 3 分、4 分和 20 分郵票來組成 46 分郵資的方法數。（建議使用計算機。）

26. a) 重複擲一個骰子，考慮點數出現的順序，證明點數和為 n 之可能出現方法數的生成函數為 $1/(1 - x - x^2 - x^3 - x^4 - x^5 - x^6)$。

b) 重複擲一個骰子，考慮點數出現的順序，利用 (a) 求出點數和為 n 之可能出現的方法數。（建議使用計算機。）

27. 使用生成函數（與電腦算術軟體），求出將 1 元換成下列硬幣的方法數。

a) 只用 10 分與 25 分。

b) 使用 5 分、10 分與 25 分。

c) 使用 1 分、10 分與 25 分。

d) 使用 1 分、5 分、10 分與 25 分。

28. 使用生成函數（與電腦算術軟體），使用 1 分、10 分與 25 分硬幣，在滿足下列條件時，求出將 1 元換成下列硬幣的方法數。

a) 不使用超過 10 個 1 分。

b) 不使用超過 10 個 1 分，也不使用超過 10 個 10 分。

*c) 不使用超過 10 個硬幣。

29. 使用生成函數（與電腦算術軟體），求出將 100 元換成下列零錢的方法數。

a) 使用 10 元、20 元與 50 元紙鈔。

b) 使用 5 元、10 元、20 元與 50 元紙鈔。

c) 使用 5 元、10 元、20 元與 50 元紙鈔，而且每種面額的紙鈔至少皆有 1 張。

d) 使用 5 元、10 元與 20 元紙鈔，而且每種面額的紙鈔至少皆有 1 張，但不多於 4 張。

30. 若 $G(x)$ 為數列 $\{a_k\}$ 的生成函數，則下列數列的生成函數為何？

a) $2a_0, 2a_1, 2a_2, 2a_3, \ldots$

b) $0, a_0, a_1, a_2, a_3, \ldots$（假設數列除了第一項外，接下去的項皆依循原數列的規律。）

c) $0, 0, 0, 0, a_2, a_3, \ldots$（假設數列除了前四項外，接下去的項皆依循原數列的規律。）

d) $a_2, a_3, a_4, \ldots$

e) $a_1, 2a_2, 3a_3, 4a_4, \ldots$〔提示：需要微積分的基礎。〕

f) $a_0^2, 2a_0a_1, a_1^2 + 2a_0a_2, 2a_0a_3 + 2a_1a_2, 2a_0a_4 + 2a_1a_3 + a_2^2, \ldots$

31. 若 $G(x)$ 為數列 $\{a_k\}$ 的生成函數，則下列數列的生成函數為何？

a) $0, 0, 0, a_3, a_4, a_5, \ldots$（假設數列除了前三項外，接下去的項皆依循原數列的規律。）

b) $a_0, 0, a_1, 0, a_2, 0, \ldots$

c) $0, 0, 0, 0, a_0, a_1, a_2, \ldots$（假設數列除了前四項外，接下去的項皆依循原數列的規律。）

d) $a_0, 2a_1, 4a_2, 8a_3, 16a_4, \ldots$

d) $0, a_0, a_1/2, a_2/3, a_3/4, \ldots$〔提示：需要微積分的基礎。〕

f) $a_0, a_0 + a_1, a_0 + a_1 + a_2, a_0 + a_1 + a_2 + a_3, \ldots$

32. 利用生成函數，求解滿足初始條件 $a_0 = 5$ 的遞迴關係 $a_k = 7a_{k-1}$。

33. 利用生成函數，求解滿足初始條件 $a_0 = 1$ 的遞迴關係 $a_k = 3a_{k-1} + 2$。

34. 利用生成函數，求解滿足初始條件 $a_0 = 1$ 的遞迴關係 $a_k = 3a_{k-1} + 4^{k-1}$。

35. 利用生成函數，求解滿足初始條件 $a_0 = 6$ 與 $a_1 = 30$ 的遞迴關係 $a_k = 5a_{k-1} - 6a_{k-2}$。

36. 利用生成函數，求解滿足初始條件 $a_0 = 4$ 與 $a_1 = 12$ 的遞迴關係 $a_k = a_{k-1} + 2a_{k-2} + 2^k$。

37. 利用生成函數，求解滿足初始條件 $a_0 = 2$ 與 $a_1 = 5$ 的遞迴關係 $a_k = 4a_{k-1} - 4a_{k-2} + k^2$。

38. 利用生成函數，求解滿足初始條件 $a_0 = 20$ 與 $a_1 = 60$ 的遞迴關係 $a_k = 2a_{k-1} + 3a_{k-2} + 4^k + 6$。

39. 利用生成函數，求出費氏數的明顯公式。

* **40.** **a)** 證明若 n 為正整數，則
$$\binom{-1/2}{n} = \frac{\binom{2n}{n}}{(-4)^n}$$

   b) 利用二項式定理與 (a) 的證明，對所有非負整數，$(1 - 4x)^{-1/2}$ 的展開式中 x^n 的係數為 $\binom{2n}{n}$。

* **41.** （需要微積分的基礎）令 $\{C_n\}$ 為卡塔蘭數，也就是滿足 $C_0 = C_1 = 1$ 之遞迴關係 $C_n = \sum_{k=0}^{n-1} C_k C_{n-k-1}$ 的解（見 7.1 節例題 5）。

   a) 證明若 $G(x)$ 為卡塔蘭數列的生成函數，則 $xG(x)^2 - G(x) + 1 = 0$，而且（利用代入初始條件）$G(x) = (1 - \sqrt{1 - 4x})/(2x)$。

   b) 利用習題 40，推導出
$$G(x) = \sum_{n=0}^{\infty} \frac{1}{n+1} \binom{2n}{n} x^n$$

   所以，
$$C_n = \frac{1}{n+1} \binom{2n}{n}$$

42. 利用生成函數證明帕斯卡等式：當 n 與 r 為正整數且 $r < n$ 時，$C(n, r) = C(n - 1, r) + C(n - 1, r - 1)$。〔提示：利用等式 $(1 + x)^n = (1 + x)^{n-1} + x(1 + x)^{n-1}$。〕

43. 利用生成函數證明凡德蒙德等式：當 m、n 與 r 為非負整數且 r 不大於 m 與 n 時，$C(m + n, r) = \sum_{k=0}^{r} C(m, r - k) C(n, k)$。〔提示：考慮等式 $(1 + x)^{m+n} = (1 + x)^m (1 + x)^n$ 兩邊 x^r 的係數。〕

44. 本題說明如何以生成函數推導出首 n 個完全平方數之和的公式。

   a) 證明 $(x^2 + x)/(1 - x)^4$ 為數列 $\{a_n\}$ 的生成函數，其中 $a_n = 1^2 + 2^2 + \cdots + n^2$。

   b) 利用 (a) 求出 $1^2 + 2^2 + \cdots + n^2$ 的明顯公式。

數列 $\{a_n\}$ 的**指數生成函數**（exponential generating function）為級數
$$\sum_{n=0}^{\infty} \frac{a_n}{n!} x^n$$

例如，數列 1, 1, 1, ... 的指數生成函數為 $\sum_{n=0}^{\infty} x^n/n! = e^x$。（你會發現這個特殊級數在本題中非常有用。）注意，e^x 是數列 1, 1, 1/2!, 1/3!, 1/4!, ... 的（一般）生成函數。

45. 求出下列數列 $\{a_n\}$ 的指數生成函數。

a) $a_n = 2$
b) $a_n = (-1)^n$
c) $a_n = 3^n$
d) $a_n = n + 1$
d) $a_n = 1/(n + 1)$

46. 求出下列數列 $\{a_n\}$ 的指數生成函數。

a) $a_n = (-2)^n$
b) $a_n = -1$
c) $a_n = n$
d) $a_n = n(n - 1)$
e) $a_n = 1/((n + 1)(n + 2))$

47. 求出以下列函數為指數生成函數的數列。

a) $f(x) = e^{-x}$
b) $f(x) = 3x^{2x}$
c) $f(x) = e^{3x} - 3e^{2x}$
d) $f(x) = (1 - x) + e^{-2x}$
e) $f(x) = e^{-2x} - (1/(1-x))$
f) $f(x) = e^{-3x} - (1 + x) + (1/(1 - 2x))$
g) $f(x) = e^{x^2}$

48. 求出以下列函數為指數生成函數的數列。

a) $f(x) = e^{3x}$
b) $f(x) = 2e^{-3x+1}$
c) $f(x) = e^{4x} + e^{-4x}$
d) $f(x) = (1 + 2x) + e^{3x}$
e) $f(x) = e^x - (1/(1 + x))$
f) $f(x) = xe^x$
g) $f(x) = e^{x^3}$

49. 一個編碼系統使用八進位元字串來編碼訊息，一個有效的編碼字必須包含偶數個 7。

a) 求出長度為 n 之有效編碼字個數的線性非齊次遞迴關係。
b) 利用 7.2 節定理 6 求解這個遞迴關係。
c) 利用生成函數求解這個遞迴關係。

*50. 一個編碼系統使用四進位元字串（亦即，位元來自集合 $\{0, 1, 2, 3\}$）來編碼訊息，一個有效的編碼字必須包含偶數個 0 與偶數個 1。令 a_n 為長度為 n 之有效編碼字個數。此外，令 b_n、c_n 與 d_n 分別表示長度為 n 的四進位元字串數目，分別有偶數個 0 與奇數個 1、有奇數個 0 與偶數個 1，以及有奇數個 0 與奇數個 1。

a) 證明 $d_n = 4^n - a_n - b_n - c_n$。利用這個等式證明 $a_{n+1} = 2a_n + b_n + c_n$、$b_{n+1} = b_n - c_n + 4^n$ 和 $c_{n+1} = c_n - b_n + 4^n$。
b) a_1、b_1、c_1 與 d_1 為何？
c) 利用 (a) 與 (b)，求出 a_3、b_3、c_3 與 d_3。
d) 利用 (a) 的遞迴關係以及 (b) 的初始結果，分別建構出與數列 $\{a_n\}$、$\{b_n\}$ 與 $\{c_n\}$ 相關的生成函數 $A(x)$、$B(x)$ 與 $C(x)$。
e) 求解 (d) 的聯立方程式，求出 $A(x)$、$B(x)$ 與 $C(x)$ 的明顯公式，然後利用這些公式求出 a_n、b_n、c_n 與 d_n 的明顯公式。

7.5 排容 *Inclusion-Exclusion*

引言

在一個離散數學班級中有 30 個女生和 50 個二年級學生，則女生或二年級學生共有多少人？這個問題在沒有更多資訊下無法回答。將女生人數和二年級生人數加在一起無法得到正確答案，因為二年級的女學生被加了兩次。這個觀察可知道「班上的女生或二年級學生共有多少人？」這個問題的答案，應該是女生人數和二年級學生人數總和，再減掉二年級的女學生人數。解決這類計數問題的技巧曾在 6.1 節中討論過，現在我們將先前介紹過的概念加以擴展，以求解牽涉到兩個以上集合的問題。

排容原理

兩個有限集合的聯集有多少元素？在 2.2 節中，我們證明兩個有限集合 A 和 B 聯集之元素個數為兩集合元素個數之和減掉其交集元素個數，也就是，

$$|A \cup B| = |A| + |B| - |A \cap B|$$

在 6.1 節中，我們已經看到這個公式應用於許多計數問題，例題 1 至例題 3 將再次說明這個有用公式的概念。

例題 1 在離散數學課中，每個學生不是主修數學就是主修資訊。主修資訊的學生有 25 個，主修數學的有 13 個，同時主修資訊和數學的學生有 8 個，則這個班上共有多少學生？

解：令 A 為主修資訊的學生所形成之集合，B 為主修數學的學生所形成之集合，則 $A \cap B$ 表示同時主修資訊和數學的學生所形成之集合。因為班上的學生不是主修數學就是主修資訊，班上學生數即為 $|A \cup B|$，所以

$$|A \cup B| = |A| + |B| - |A \cap B|$$
$$= 25 + 13 - 8 = 30$$

所以，班上共有 30 個學生。這個計算的說明如圖 1 所示。 ◀

例題 2 有多少個不超過 1000 的正整數能被 7 或 11 整除？

解：令 A 為不超過 1000 且能被 7 整除的正整數所形成之集合，B 為不超過 1000 且能被 11 整除的正整數所形成之集合，則 $A \cup B$ 為不超過 1000 且能被 7 或 11 整除的正整數所形成之集合，而 $A \cap B$ 為不超過 1000 且能同時被 7 與 11 整除的正整數所形成之集合。根據 4.1 節例題 2，不超過 1000 且能被 7 整除的正整數個數為 $\lfloor 1000/7 \rfloor$，不超過 1000 且能被 11 整除的正整數個數為 $\lfloor 1000/11 \rfloor$，不超過 1000 且能同時被 7 與 11 整除的正整數個數為 $\lfloor 1000/(7 \cdot 11) \rfloor$，因此不超過 1000 且能被 7 或 11 整除的正整數個數為

$|A \cup B| = |A| + |B| - |A \cap B| = 25 + 13 - 8 = 30$ $|A \cup B| = |A| + |B| - |A \cap B| = 142 + 90 - 12 = 220$

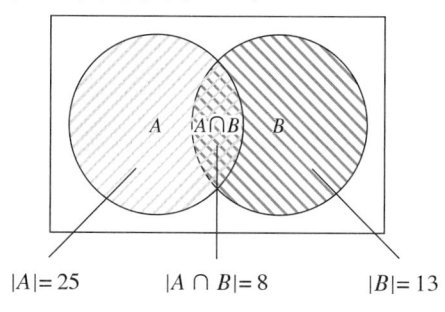

$|A| = 25$ $|A \cap B| = 8$ $|B| = 13$ $|A| = 142$ $|A \cap B| = 12$ $|B| = 90$

圖 1 離散數學班上學生所形成的集合

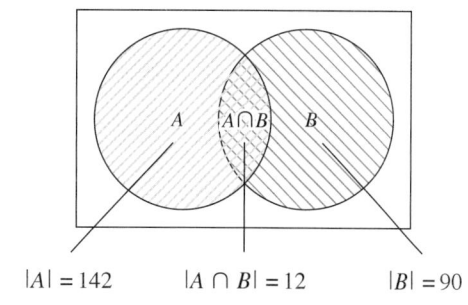

圖 2 不超過 1000 且能被 7 或 11 整除的正整數所形成之集合

$$|A \cup B| = |A| + |B| - |A \cap B|$$
$$= \left\lfloor \frac{1000}{7} \right\rfloor + \left\lfloor \frac{1000}{11} \right\rfloor - \left\lfloor \frac{1000}{7 \cdot 11} \right\rfloor$$
$$= 142 + 90 - 12 = 220$$

計算的說明如圖 2 所示。

例題 3 說明如何求出有限宇集中不在兩個集合聯集內的元素個數。

例題 3 假設學校有 1807 位新生，其中有 453 人選修資訊系的課，567 人選修數學系的課，299 人同時選修資訊與數學系的課。一共有多少人既沒選修數學系的課，也沒選修資訊系的課？

解： 為求出既沒選修數學系課程也沒選修資訊系課程的人數，只要將所有的新生人數減掉有選修數學系或資訊系課程的人數。令 A 為新生中有選修資訊系課程的學生集合，B 為新生中有選修數學系課程的學生集合。根據題目，可知 $|A| = 453$，$|B| = 567$，而 $|A \cap B| = 299$。所以，有選修數學系或資訊系課程的人數為

$$|A \cup B| = |A| + |B| - |A \cap B| = 453 + 567 - 299 = 721$$

因此，既沒選修數學系課程也沒選修資訊系課程的人數為 1807 − 721 = 1086 人。

現在，將上述公式擴展至有限個數的集合聯集，得到的公式稱為**排容原理（principle of inclusion-exclusion）**。在一般化至 n 個集合之前，先考慮三個集合 A、B 與 C。為推導出三個集合聯集之元素個數，我們發現在 $|A| + |B| + |C|$ 中，恰在某一個集合中的元素只算了一次，但是恰在兩個集合中的元素被算了兩次，而同時在三個集合中的元素則算了三次，見圖 3(a)。

移去重複計算的部分，我們減去兩兩相交的交集元素個數，如下：

$$|A| + |B| + |C| - |A \cap B| - |A \cap C| - |B \cap C|$$

(a) 計算
$|A|+|B|+|C|$
中元素個數

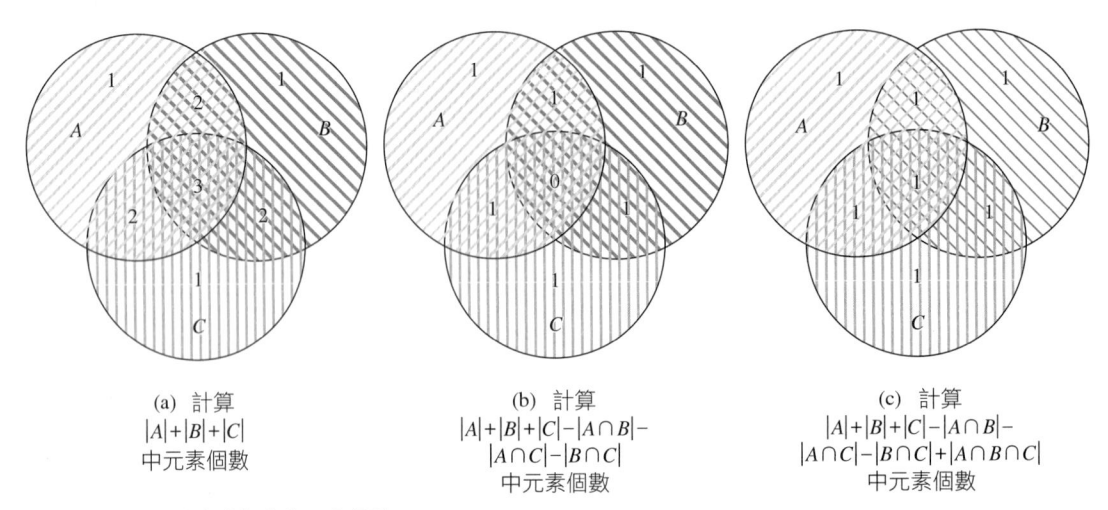

(b) 計算
$|A|+|B|+|C|-|A\cap B|-|A\cap C|-|B\cap C|$
中元素個數

(c) 計算
$|A|+|B|+|C|-|A\cap B|-|A\cap C|-|B\cap C|+|A\cap B\cap C|$
中元素個數

圖 3 求出三個集合聯集中的元素個數

這個式子中,只在一個集合中的元素依然計算在內,而恰在兩集合交集內的元素,原本被計算了兩次,在此減掉一次。然而,同時在三個集合中的元素,原本被計算三次,在式子中又被減了三次,因而沒有計算到,見圖 3(b)。

移去重複計算的部分,再加上被減掉太多次的部分,得到

$$|A \cup B \cup C| = |A| + |B| + |C| - |A \cap B| - |A \cap C| - |B \cap C| + |A \cap B \cap C|$$

見圖 3(c)。

例題 4 說明如何使用這個公式。

例題 4 若有 1232 個學生修西班牙文,879 個學生修法文,114 個學生修俄文。此外,有 103 個學生同時修西班牙文與法文,23 個學生同時修西班牙文和俄文,14 個學生同時修法文和俄文。若有 2092 個學生至少修一門語文課(西班牙文、法文或俄文),則有多少個學生同時修這三門語言課?

解: 令 S 為修西班牙文之學生所形成的集合,F 為修法文之學生所形成的集合,R 為修俄文之學生所形成的集合,則有

$|S| = 1232,\quad |F| = 879,\quad |R| = 114,$
$|S \cap F| = 103, |S \cap R| = 23, |F \cap R| = 14$

且

$|S \cup F \cup R| = 2092$

將所有的數值代入公式

$|S \cup F \cup R| = |S| + |F| + |R| - |S \cap F| - |S \cap R| - |F \cap R| + |S \cap F \cap R|$

第 7 章 ■ 進階計數技巧　437

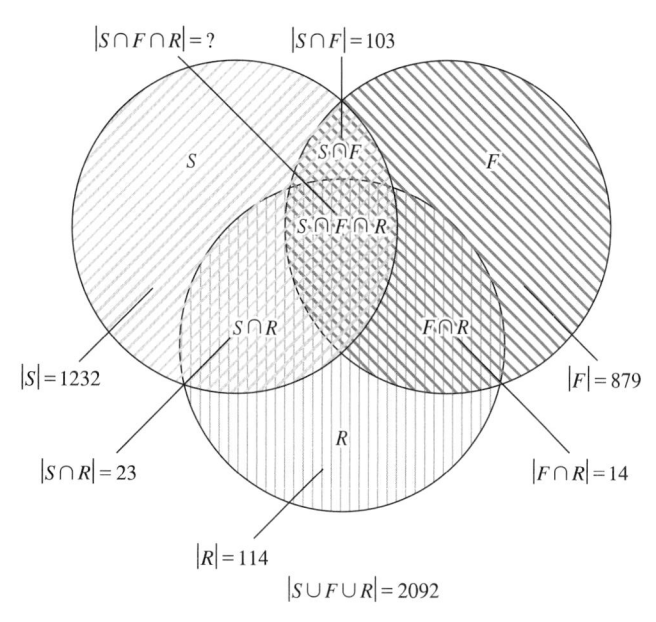

圖 4　選修西班牙語、法語和俄語的學生所形成之集合

得到

$$2092 = 1232 + 879 + 114 - 103 - 23 - 14 + |S \cap F \cap R|$$

求解 $|S \cap F \cap R|$，得到 $|S \cap F \cap R| = 7$，亦即有 7 個學生同時修這三門語言課。上述的說明可見圖 4。　◀

現在將說明排容原理並進行證明，此原理告訴我們如何求得有限個集合聯集的元素個數。

定理 1 ■ 排容原理　令 $A_1, A_2, ..., A_n$ 為有限集合，則

$$|A_1 \cup A_2 \cup \cdots \cup A_n| = \sum_{1 \leq i \leq n} |A_i| - \sum_{1 \leq i < j \leq n} |A_i \cap A_j|$$
$$+ \sum_{1 \leq i < j < k \leq n} |A_i \cap A_j \cap A_k| - \cdots + (-1)^{n+1} |A_1 \cap A_2 \cap \cdots \cap A_n|$$

證明：我們將證明在這個公式中，聯集中的每個元素在等式右端恰巧只算一次。假定 a 是一個正好屬於 $A_1, A_2, ..., A_n$ 中 r 個集合的元素，其中 $1 \leq r \leq n$。這個元素在 $\sum |A_i|$ 中被算了 $C(r, 1)$ 次，在 $\sum |A_i \cap A_j|$ 中被算了 $C(r, 2)$ 次。一般而言，牽涉到 m 個 A_i 集合時被算了 $C(r, m)$ 次。因此，這個元素在公式右端算了 $C(r, 1) - C(r, 2) + C(r, 3) - \cdots + (-1)^{r+1} C(r, r)$ 次。我們的目標是計算這個量。根據 6.4 節系理 2，我們有

$$C(r, 0) - C(r, 1) + C(r, 2) - \cdots + (-1)^r C(r, r) = 0$$

所以，

$$1 = C(r,0) = C(r,1) - C(r,2) + \cdots + (-1)^{r+1}C(r,r)$$

所以，每個元素在右端各被計算一次，如此便證明了排容原理。◁

對所有正整數 n，排容原理提供一個計算 n 個集合聯集之元素個數的公式。對於 n 個集合的任意集合群組的交集，公式中以這些交集元素的數量來計算。所以，此公式中共有 $2^n - 1$ 項。

例題 5 對於 4 個集合的聯集，求出一個計算聯集之元素個數的公式。

解：排容原理證明

$$\begin{aligned}|A_1 \cup A_2 \cup A_3 \cup A_4| &= |A_1| + |A_2| + |A_3| + |A_4| \\ &- |A_1 \cap A_2| - |A_1 \cap A_3| - |A_1 \cap A_4| - |A_2 \cap A_3| - |A_2 \cap A_4| \\ &- |A_3 \cap A_4| + |A_1 \cap A_2 \cap A_3| + |A_1 \cap A_2 \cap A_4| + |A_1 \cap A_3 \cap A_4| \\ &+ |A_2 \cap A_3 \cap A_4| - |A_1 \cap A_2 \cap A_3 \cap A_4|\end{aligned}$$

我們注意到，公式中有 15 個不同的項，包含所有 $\{A_1, A_2, A_3, A_4\}$ 的任意交集組合。◁

習題 Exercises
* 表示為較難的練習；** 表示為高度挑戰性的練習；☞ 對應正文。

1. 若 A_1 有 12 個元素，A_2 有 18 個元素。在下列條件下，$A_1 \cup A_2$ 有多少個元素？
   a) $A_1 \cap A_2 = \emptyset$
   b) $|A_1 \cap A_2| = 1$
   d) $|A_1 \cap A_2| = 6$
   d) $A_1 \subseteq A_2$

2. 某大學中有 345 個學生修微積分，212 個學生修離散數學，188 個學生同時修微積分與離散數學，則共有多少學生不是修微積分就是修離散數學？

3. 一項針對美國家用品的調查發現，96% 以上的美國家庭擁有電視機，98% 以上擁有電話，95% 以上同時擁有電視機與電話。有多少百分比的美國家庭既沒有電視機也沒有電話？

4. 一份個人電腦的市場報告顯示，有 650,000 個擁有者在第二年會購買數據機，1,250,000 個擁有者至少買一套軟體。此外，報告中還顯示，有 1,450,000 個電腦擁有者會買數據機或軟體，則有多少人同時買數據機與軟體？

5. 若每個集合都有 100 個元素，在滿足下列條件時，$A_1 \cup A_2 \cup A_3$ 會有多少元素？
   a) 集合兩兩互斥。
   b) 每兩個集合都有 50 個共同元素，但沒有元素同時在三個集合中。
   c) 每兩個集合都有 50 個共同元素，而且有 25 個元素同時在三個集合中。
   d) 三個集合都相同。

6. 若 A_1 有 100 個元素，A_2 有 1000 個元素，A_3 有 10,000 個元素。在滿足下列條件時，$A_1 \cup A_2 \cup A_3$ 會有多少元素？

   a) $A_1 \subseteq A_2$ 且 $A_2 \subseteq A_3$。　　　　　　b) 集合兩兩互斥。

   c) 任何一對集合都有兩個共同元素，而且三個集合只有一個共同元素。

7. 學校資訊科學系中有 2504 個學生，其中有 1876 個學生修 Java，999 個學生修 Linux，345 個學生修 C 語言。此外，876 人同時修 Java 和 Linux，231 人同時修 Linux 和 C 語言，290 人同時修 Java 和 C 語言。若有 189 個學生同時修這三種電腦語言，則在這 2504 個學生中，有多少人這三種語言都沒有修？

8. 在 270 個大學學生的調查中發現，有 64 個人喜歡甘藍菜，有 94 個人喜歡青花椰菜，58 人喜歡花椰菜，26 個人同時喜歡甘藍菜和青花椰菜，28 個人同時喜歡甘藍菜和花椰菜，22 人同時喜歡青花椰菜和花椰菜，而且有 14 個人三種蔬菜都喜愛。在這 270 個大學生中，有多少人這三種蔬菜都不愛？

9. 若學校中分別有 507、292、312 和 344 個人修微積分、離散數學、資料結構和程式語言，其中 14 個人同時修微積分與資料結構，213 人同時修微積分與程式語言，211 人同時修離散數學與資料結構，43 人同時修離散數學和程式語言，但是沒有人同時修微積分與離散數學，也沒有人同時修資料結構與程式語言。同時修微積分、離散數學、資料結構與程式語言的學生共有多少人？

10. 不大於 100 且不會被 5 或 7 整除的正整數有多少個？

11. 不大於 100 且為奇數或完全平方數的正整數有多少個？

12. 不大於 1000 且為完全平方數或完全立方數的正整數有多少個？

13. 不包含六個連續 0 且長度為 8 的位元字串有多少個？

* 14. 在 26 個英文字母的排列中，有多少個不包含下面任何一個字串：*fish*、*rat* 和 *bird*？

15. 在 10 個十進位數字的排列中，有多少個以 987 開始，或 45 位於第五個和第六個位置，或是以 123 結尾？

16. 若有四個包含 100 個元素的集合，若任兩個集合都有 50 個共同元素，任三個集合都有 25 個共同元素，而四個集合的共同元素則有 5 個，則此四個集合的聯集共有多少元素？

17. 若有四個分別包含 50、60、70 和 80 個元素的集合，若任兩個集合都有 5 個共同元素，任三個集合都有 1 個共同元素，而四個集合沒有共同元素，則此四個集合的聯集共有多少元素？

18. 在排容原理的公式中，若有十個集合，將會有多少項？

19. 寫出五個集合的排容原理公式。

20. 若有五個包含 10,000 個元素的集合，若任兩個集合都有 1000 個共同元素，任三個集合都有 100 個共同元素，任四個集合都有 10 個共同元素，而五個集合的共同元素只有 1 個，則此五個集合的聯集共有多少元素？

21. 若任三個集合都沒有共同元素，寫出六個集合的排容原理公式。

* 22. 利用數學歸納法證明排容原理。

CHAPTER 8 關係 *Relations*

集合間元素的關連性在許多地方都會出現，我們每天都在處理許多不同的關連性，例如商店與其電話號碼、公司雇員與其薪水、某人與其親屬等。在數學中，我們處理的關連性包括正整數與其因數、整數與其模數 5 的整數、實數與比此數大的實數、實數 x 與其函數值 $f(x)$ 等。另外，程式語言與其使用的變數、程式語言和其有效陳述等，都是資訊科學中會討論到的關連性。

研究集合間元素的關連性時，會使用稱為關係的結構，其實就是集合所形成的笛卡兒積的子集合。關係能用來求解下面的問題：判斷飛行航線網路連結哪兩個城市；為複雜計畫中不同階段的工作，找出一個可行的順序；或是產生一個將資訊儲存至電腦資料庫的有用方式。

在一些電腦語言中，只考慮變數的前 31 個字元。當兩個字元字串的前 31 個字元相同，會被視為有關係，這種關係是個特殊的形態，稱為等價關係。等價關係在數學和資訊科學中經常出現，我們在本章將研究等價關係與其他形態的關係。

8.1 關係與其性質 *Relations and Their Properties*

引言

欲表示兩集合之元素間的關係，最直接的方式就是使用有序對。元素之有序對所形成的集合稱為二元關係，本節將介紹描述二元關係的基本術語。本章稍後將利用關係來求解與通訊網路、計畫排程、有相同性質之辨識元等關係問題。

> **定義 1** ■ 令 A 與 B 為集合。一個由 A 到 B 的二元關係（binary relation）是 $A \times B$ 的子集合。

換句話說，由 A 到 B 的二元關係是個有序對集合 R，每個有序對的第一個分量來自 A，第二個分量來自 B。我們使用符號 $a\,R\,b$ 來表示 $(a, b) \in R$，而 $a\,\not R\,b$ 表示 $(a, b) \notin R$。另外，當 (a, b) 屬於 R 時，我們說 a 與 b 有 R 的關係。

二元關係表示兩個集合間元素的關連性，超過兩個集合間元素的關連性以 n 元關係表示，我們將在本章稍後說明。在不會造成混淆誤解的狀況下，我們省略二元這兩個字。

例題 1 至例題 3 說明關係的概念。

例題 1　令 A 為學校中的學生集合，B 為開授課程所形成的集合。令關係 R 包含 (a, b)，表示學生 a 選修課程 b。例如，若傑森和狄波拉都選修了 CS518，則有序對（傑森，CS518）和（狄波拉，CS518）都屬於關係 R。若傑森還選修了 CS510，則（傑森，CS510）也在關係 R 中。然而，若狄波拉沒有選修 CS510，則（狄波拉，CS510）不在關係 R 中。

我們注意到，若有個學生完全沒有選修任何課程，則以此學生為第一分量的有序對將不會在 R 中；同樣地，若以未開設的課程當成第二分量的有序對，也不會出現在 R 中。◀

例題 2　令 A 為美國所有城市所形成的集合，而 B 為美國 50 個州所形成的集合。若城市 a 位於 b 州中，則定義元素 (a, b) 在關係 R 中，例如：（包爾德，科羅拉多）、（班格爾，緬因）、（安那堡，密西根）、（密斗鎮，紐澤西）、（密斗鎮，紐約）、（卡博蒂諾，加州）和（紅岸，紐澤西）都在關係 R 中。◀

例題 3　令 $A = \{0, 1, 2\}$ 和 $B = \{a, b\}$，則 $\{(0, a), (0, b), (1, a), (2, b)\}$ 為由 A 到 B 的關係，亦即 $0\;R\;a$，但 $1\;\cancel{R}\;b$。關係能以圖形來表示，如圖 1 所示，我們使用箭頭來表示有序對。另一種表示關係的方式為列表，亦如圖 1 所示。我們將在 8.3 節詳細討論關係的表示法。◀

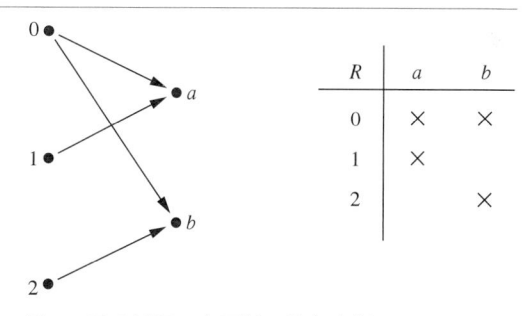

R	a	b
0	×	×
1	×	
2		×

圖 1　呈現例題 3 中關係 R 的有序對

將函數視為一種關係

回顧由集合 A 到集合 B 的函數 f（如 2.3 節的定義），指派唯一一個 B 中的元素給每一個 A 中的元素，f 的圖形即為有序對 (a, b)，其中 $b = f(a)$。因為 f 之圖形為 $A \times B$ 的子集合，所以是一個由 A 到 B 的關係。另外，函數圖形有下列性質：每一個出現在第一個分量之 A 中的元素，只出現在一個有序對中。

反之，若 R 為由 A 到 B 的關係，使得每個 A 中元素只出現在有序對的第一個分量中一次，則可定義出一個函數，使得 R 為其圖形。由指派唯一一個 B 中的元素 b 給每一個 A 中的元素 a，使得 $(a, b) \in R$，便能看出此性質。（注意，例題 2 定義的關係並不是一個函數的圖形，因為密斗鎮在有序對的第一分量中出現了兩次。）

關係能用來呈現集合 A 和 B 元素間一對多的關連性（見例題 2），其中某個 A 的元素對應到多個 B 的元素；而函數表現的是每個 A 的元素只與一個 B 的元素有關係。

關係是函數圖形的延伸，能用來表現更廣泛的集合關連性。（回顧由 A 對應到 B 的函數圖形是有序對 $(a, f(a))$ 的集合，其中 $a \in A$。）

集合上的關係

由集合 A 到本身的關係受到特別的關注。

> **定義 2** ■ 一個在集合 A 上的關係，是指由 A 到 A 的關係。

換言之，一個在集合 A 上的關係是 $A \times A$ 的子集合。

例題 4 令 A 為集合 $\{1, 2, 3, 4\}$。哪些有序對屬於關係 $R = \{(a, b) | a \text{ 整除 } b\}$？

解：因為 (a, b) 在 R 中，若且唯若 a 與 b 都是不大於 4 的正整數，使得 a 整除 b，我們發現

$R = \{(1, 1), (1, 2), (1, 3), (1, 4),$
$\quad\quad (2, 2), (2, 4), (3, 3), (4, 4)\}$

圖 2 以圖形與表格來呈現這個關係的序對。◀

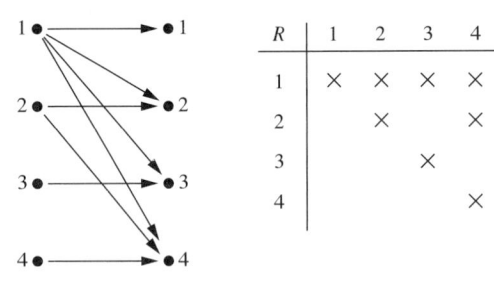

圖 2 呈現例題 4 中關係 R 的有序對

接下來，例題 5 將介紹一些整數集合上的關係。

例題 5 考慮下面整數集合上的關係：

$R_1 = \{(a, b) \mid a \leq b\}$,
$R_2 = \{(a, b) \mid a > b\}$,
$R_3 = \{(a, b) \mid a = b \text{ 或 } a = -b\}$,
$R_4 = \{(a, b) \mid a = b\}$,
$R_5 = \{(a, b) \mid a = b + 1\}$,
$R_6 = \{(a, b) \mid a + b \leq 3\}$

哪一個關係包含下列每一個有序對 $(1, 1), (1, 2), (2, 1), (1, -1)$ 和 $(2, 2)$？

注意：不同於例題 1 至例題 4 中的關係，例題 5 的關係有可能是無限集合。

解：有序對 $(1, 1)$ 在關係 R_1、R_3、R_4 和 R_6；$(1, 2)$ 在關係 R_1 和 R_6；$(2, 1)$ 在關係 R_2、R_5 和 R_6；$(1, -1)$ 在關係 R_2、R_3 和 R_6；最後，$(2, 2)$ 在關係 R_1、R_3 和 R_4。◀

判斷有限集合上的關係數並不困難，因為集合 A 上的關係不過是 $A \times A$ 的子集合罷了。

例題 6 在包含 n 個集合的關係上，共有多少個不同的關係？

解：在集合 A 上的關係是 $A \times A$ 的子集合。因為當 A 有 n 個元素時，$A \times A$ 有 n^2 個元素；而一個包含 m 個元素的集合共有 2^m 個子集合，所以，$A \times A$ 有 2^{n^2} 個子集合。例如，在 $\{a, b, c\}$ 上的關係共有 $2^{3^2} = 2^9 = 512$ 個。◀

關係的性質

有數種性質能用來區分某集合上的關係，我們將在此介紹一些最為重要的性質。

在某些關係中，每個元素都與本身有關係。例如，若 x 與 y 有相同的父母親，則稱 x 與 y 有 R 的關係。則對所有的 x，$x R x$ 成立。

> **定義 3** ■ 集合 A 上的關係 R 稱為反身性的（reflexive），若 $(a, a) \in R$，對所有的 $a \in A$。

注意：利用量詞來表示，我們發現集合 A 上的關係 R 是反身性的，若 $\forall a((a, a) \in R)$，其中論域為 A 中的所有元素。

我們發現集合 A 上的關係 R 是反身性的，若每個 A 的元素都與自身有關係。例題 7 至例題 9 說明反身關係的概念。

例題 7 考慮下面集合 $\{1, 2, 3, 4\}$ 上的關係：

$R_1 = \{(1, 1), (1, 2), (2, 1), (2, 2), (3, 4), (4, 1), (4, 4)\}$，
$R_2 = \{(1, 1), (1, 2), (2, 1)\}$，
$R_3 = \{(1, 1), (1, 2), (1, 4), (2, 1), (2, 2), (3, 3), (4, 1), (4, 4)\}$，
$R_4 = \{(2, 1), (3, 1), (3, 2), (4, 1), (4, 2), (4, 3)\}$，
$R_5 = \{(1, 1), (1, 2), (1, 3), (1, 4), (2, 2), (2, 3), (2, 4), (3, 3), (3, 4), (4, 4)\}$，
$R_6 = \{(3, 4)\}$

哪一個關係是反身性的？

解：關係 R_3 和 R_5 是反身性的，因為它們包含所有 (a, a) 的序對，即 $(1, 1), (2, 2), (3, 3)$, $(4, 4)$。其他關係因為不包含所有這樣的有序對，所以不是反身性的。其中，關係 R_1、R_2、R_4 和 R_6 都不是反身性的，因為 $(3, 3)$ 不在這些關係裡。◀

例題 8 在例題 5 的關係中，有哪些是反身性的？

解：例題 5 的關係中有反身性的是 R_1（因為對所有的整數 a，$a \le a$）、R_3 和 R_4。其餘的關係，非常容易就能找出某個 (a, a) 的序對不在集合中（留給讀者自行練習）。◀

例題 9 正整數上的「整除」關係是否為反身性的？

解：因為對所有的正整數 a 而言，$a|a$，所以「整除」關係是反身性的。（若我們將正整數集合改成整數集合，則「整除」關係便不是反身性的。因為根據定義，0 不能整除 0。）◀

在某些關係中，若一個元素與另一個元素是有關係的，若且唯若第二個元素與第一個元素有關係。例如，在學校學生所形成之集合的關係，當 (x, y) 在此關係中，表示學生 x 與學生 y 選修至少一門相同的課。另一方面，第一個元素與第二個元素是有關係的，

而第二個元素與第一個元素沒有關係的例子如下：在學校學生所形成之集合的關係，當 (x, y) 在此關係中，表示學生 x 的平均分數較學生 y 高。

> **定義 4** ■ 集合 A 上的關係 R 稱為對稱性的（symmetric），若對所有的 $a, b \in A$，當 $(a, b) \in R$ 時，$(b, a) \in R$。集合 A 上的關係 R 稱為反對稱性的（antisymmetric），若對所有的 $a, b \in A$，當 $(a, b) \in R$ 與 $(b, a) \in R$ 時，$a = b$。

注意：利用量詞，我們發現集合 A 上的關係 R 是對稱性的，若 $\forall a \forall b((a, b) \in R \to (b, a) \in R)$。同樣地，集合 A 上的關係 R 是反對稱性的，若 $\forall a \forall b((a, b) \in R \wedge (b, a) \in R \to (a = b))$。

也就是說，一個關係是對稱性的，若且唯若 a 與 b 有關係能推導出 b 與 a 有關係。一個關係是反對稱性的，若且唯若找不到元素相異的有序對，使得 a 與 b 有關係，而且 b 與 a 也有關係。亦即，在 a 與 b 有關係且 b 與 a 也有關係的有序對中，a 與 b 是相同的元素。對稱性的與反對稱性這兩個術語並非完全對立的性質，因為一個關係有可能同時擁有這兩種性質，也可能同時都沒有這兩種性質（見習題 10）。一個包含有序對 (a, b) 的關係（其中 $a \neq b$），不可能同時是對稱性和反對稱性的。

注意：雖然一個 n 元集合之 2^{n^2} 個不同的關係中，能使用計數論證顯示有對稱性或反對稱性的關係相對稀少，但是有許多重要的關係都有對稱性或是反對稱性（見習題 47）。

例題 10 在例題 7 的關係中，有哪些是對稱性的，哪些是反對稱性的？

解：關係 R_2 和 R_3 是對稱性的，因為當 (a, b) 在關係中時，(b, a) 也會在關係中。就 R_2 而言，只要確認 $(2, 1)$ 和 $(1, 2)$ 在關係中即可。就 R_3 而言，除了確認 $(2, 1)$ 和 $(1, 2)$ 在關係中，還要確認 $(1, 4)$ 和 $(4, 1)$ 都在關係中。讀者應自行檢驗其他關係皆無對稱性。

關係 R_4、R_5 和 R_6 都是反對稱性的。在這些關係中，找不到 (a, b) 與 (b, a) 都在關係中，但 $a \neq b$ 的有序對。讀者應自行檢驗其他關係皆無反對稱性；亦即檢驗關係中，是否存在 (a, b) 與 (b, a)，但 $a \neq b$ 的有序對。 ◀

例題 11 在例題 5 的關係中，有哪些是對稱性的，哪些是反對稱性的？

解：關係 R_3、R_4 和 R_6 是對稱性的。R_3 是對稱性的，因為若 $a = b$ 或 $a = -b$，則 $b = a$ 或 $b = -a$。R_4 是對稱性的，因為若 $a = b$，則 $b = a$。R_6 是對稱性的，因為若 $a + b \leq 3$，則 $b + a \leq 3$。讀者應自行檢驗其他關係皆無對稱性。

關係 R_1、R_2、R_4 和 R_5 是反對稱性的。R_1 是反對稱性的，因為不等式 $a \leq b$ 與 $b \leq a$，將得到 $a = b$。R_2 是反對稱性的，因為不可能同時發生 $a < b$ 與 $b < a$。R_4 是反對稱性的，因為兩元素有關係若且唯若兩元素相等。R_5 是反對稱性的，因為不可能找到兩個元素同時滿足 $a = b + 1$ 與 $b = a + 1$。讀者應自行檢驗其他關係皆為反對稱性的。 ◀

> **例題 12** 正整數集合上的「整除」關係是否為對稱性的？是否為反對稱性的？

解：此關係不為對稱性的，因為 $1|2$，但 $2 \nmid 1$。然而此關係是反對稱性的，因為兩個正整數 a 與 b，若同時有 $a|b$ 與 $b|a$，則 $a = b$。（此推論的證明留給讀者當成練習。）

令 R 為學校所有學生所形成的有序對 (x, y) 之關係，其中 x 所修的學分多於 y。假設 x 與 y 有關係，而 y 與 z 有關係，表示 x 所修的學分數多於 y，而 y 所修的學分數多於 z。我們可以知道 x 所修的學分數也會多於 z，所以 x 與 z 有關係。上面我們介紹的是遞移性質，見定義 5。

> **定義 5** ■ 集合 A 上的關係 R 稱為**遞移性的**（transitive），對所有的 $a, b, c \in R$，若當 $(a, b) \in R$ 且 $(b, c) \in R$，則 $(a, c) \in R$。

注意：利用量詞，我們發現集合 A 上的關係 R 是遞移性的，若 $\forall a \forall b \forall c (((a, b) \in R \land (b, c) \in R) \rightarrow (a, c) \in R)$。

> **例題 13** 在例題 7 的關係中，有哪些是遞移性的？

解：關係 R_4、R_5 和 R_6 是遞移性的。在這些關係中，我們能證明若 (a, b) 與 (b, c) 都在關係中，則 (a, c) 也會在關係中。例如，R_4 是遞移性的，$(3, 2)$ 與 $(2, 1)$、$(4, 2)$ 與 $(2, 1)$、$(4, 3)$ 與 $(3, 1)$、$(4, 3)$ 與 $(3, 2)$ 是需要考慮的有序對，而 $(3, 1)$、$(4, 1)$ 和 $(4, 2)$ 都屬於 R_4。讀者應自行檢驗 R_5 和 R_6 是遞移性的。

R_1 不是遞移性的，因為 $(3, 4)$ 和 $(4, 1)$ 屬於 R_1，但是 $(3, 1)$ 不在 R_1 中。R_2 不是遞移性的，因為 $(2, 1)$ 和 $(1, 2)$ 屬於 R_2，但是 $(2, 2)$ 不在 R_2 中。R_3 不是遞移性的，因為 $(4, 1)$ 和 $(1, 2)$ 屬於 R_4，但是 $(4, 2)$ 不在 R_4 中。

> **例題 14** 在例題 5 的關係中，有哪些是遞移性的？

解：關係 R_1、R_2、R_3 和 R_4 是對稱性的。R_1 是遞移性的，因為 $a \leq b$ 且 $b \leq c$，可推導出 $a \leq c$。R_2 是遞移性的，因為 $a > b$ 和 $b > c$，可推導出 $a > c$。R_3 是遞移性的，因為 $a = \pm b$ 且 $b = \pm c$，可推出 $a = \pm c$。R_4 很明顯是遞移性的，讀者可自行檢驗。R_2 是沒有遞移性的，因為 $(2, 1)$ 和 $(1, 0)$ 屬於 R_5，但是 $(2, 0)$ 則否。R_6 是沒有遞移性的，因為 $(2, 1)$ 和 $(1, 2)$ 屬於 R_6，但 $(2, 2)$ 則否。

> **例題 15** 正整數集合上的「整除」關係是否為遞移性的？

解：假設 a 整除 b，b 整除 c，則存在正整數 k 和 l，使得 $b = ak$ 與 $c = bl$。所以，$c = a(kl)$，亦即 a 整除 c。因此，這個關係是遞移性的。

我們能利用計數技巧來判斷含有特殊性質之關係的個數。求出含某有特殊性質的關係個數，能得知含有這種性質的關係多常出現。

例題 16 在含有 n 個元素之集合上的關係中，有多少具反身性？

解：在集合 A 上的關係 R 是一個 $A \times A$ 的子集合，因此 R 中的元素是由 $A \times A$ 的 n^2 個元素中取出。若 R 是反身性的，則 n 個形如 (a, a) 的有序對一定得包含於 R 中，其中 $a \in A$。至於其的 $n(n-1)$ 個元素，即形如 (a, b) 的有序對則不一定要在 R 中，其中 $a \neq b$。根據乘法原理，共有 $2^{n(n-1)}$ 個不同的反身性關係。（這個數字等於一一決定每個 (a, b) 的有序對是否在 R 中，其中 $a \neq b$。）

求出集合上有對稱性和反對稱性的關係個數之方法與例題 16 相似（見習題 47）。然而，現在還沒有計算遞移關係個數的一般化公式。一個包含 n 個元素之集合上有遞移性之關係個數 $T(n)$，目前只知道至 $n \leq 17$。例如，$T(4) = 3{,}994$，$T(5) = 154{,}303$，而 $T(6) = 9{,}415{,}189$。

關係的組合

因為由 A 到 B 的關係是 $A \times B$ 的子集合，因此兩個關係的組合可以使用所有集合間的組合來表示，見例題 17 至例題 19。

例題 17 令 $A = \{1, 2, 3\}$ 和 $B = \{1, 2, 3, 4\}$。關係 $R_1 = \{(1, 1), (2, 2), (3, 3)\}$ 和 $R_2 = \{(1, 1), (1, 2), (1, 3), (1, 4)\}$ 能以下列方式組合：

$R_1 \cup R_2 = \{(1, 1), (1, 2), (1, 3), (1, 4), (2, 2), (3, 3)\}$,
$R_1 \cap R_2 = \{(1, 1)\}$,
$R_1 - R_2 = \{(2, 2), (3, 3)\}$,
$R_2 - R_1 = \{(1, 2), (1, 3), (1, 4)\}$

例題 18 令 A 與 B 分別為學校中的學生集合與學校開授課程所形成的集合。假設關係 R_1 包含所有有序對 (a, b)，表示學生 a 選修課程 b；關係 R_2 包含所有有序對 (a, b)，表示學生 a 必須修課程 b 方能畢業，則下列關係的組合 $R_1 \cup R_2$、$R_1 \cap R_2$、$R_1 \oplus R_2$、$R_1 - R_2$ 與 $R_2 - R_1$ 分別為何？

解：關係 $R_1 \cup R_2$ 包含所有的有序對 (a, b)，其中學生 a 選修課程 b 或是學生 a 必須修課程 b 方能畢業。關係 $R_1 \cap R_2$ 包含所有的有序對 (a, b)，其中學生 a 選修課程 b 而且學生 a 必須修課程 b 方能畢業。關係 $R_1 \oplus R_2$ 包含所有的有序對 (a, b)，其中學生 a 選修無關畢業的課程 b 或是學生 a 必須修課程 b 方能畢業但卻沒選。關係 $R_1 - R_2$ 包含所有的有序對 (a, b)，其中學生 a 選修無關畢業的課程 b。關係 $R_2 - R_1$ 包含所有的有序對 (a, b)，其中學生 a 必須修課程 b 方能畢業但卻沒選。

例題 19 假設關係 R_1 為實數集合中「小於」關係，而關係 R_2 為實數集合中「大於」關係，亦即 $R_1 = \{(x, y) | x < y\}$ 而 $R_2 = \{(x, y) | x > y\}$，則下列關係組合 $R_1 \cup R_2$、$R_1 \cap R_2$、$R_1 - R_2$、$R_2 - R_1$ 與 $R_1 \oplus R_2$ 分別為何？

解： 我們注意到 $(x, y) \in R_1 \cup R_2$ 若且唯若 $(x, y) \in R_1$ 或是 $(x, y) \in R_2$，所以 $(x, y) \in R_1 \cup R_2$ 若且唯若 $x < y$ 或是 $x > y$，其實就是 $x \neq y$。因此，$R_1 \cup R_2 = \{(x, y) | x \neq y\}$。換句話說，「小於」關係與「大於」關係的聯集就是「不等於」關係。

接下來，我們發現不可能有一個有序對 (x, y) 同時在 R_1 又在 R_2 中，因為不可能 $x < y$ 又 $x > y$。所以，$R_1 \cap R_2 = \emptyset$。我們同時發現 $R_1 - R_2 = R_1$，$R_2 - R_1 = R_2$ 與 $R_1 \oplus R_2 = R_1 \cup R_2 - R_1 \cap R_2 = \{(x, y) | x \neq y\}$。◀

另一種關係的組合方式類似於函數的合成。

定義 6 ■ 令 R 為由集合 A 到集合 B 的關係，而 S 為由集合 B 到集合 C 的關係。R 與 S 的合成（composite）也是個關係，包含有序對 (a, c)，其中 $a \in A$，$c \in C$，而且存在一個 $b \in B$，使得 $(a, b) \in R$ 和 $(b, c) \in S$。我們將 R 和 S 的合成記為 $S \circ R$。

計算兩個關係的合成時，我們必須找出一些元素，是第一個關係中有序對的第二個分量，也同時是第二個關係中有序對的第一個分量。見例題 20 和例題 21 的說明。

例題 20 令 R 為由 $\{1, 2, 3\}$ 到 $\{1, 2, 3, 4\}$ 的關係 $R = \{(1, 1), (1, 4), (2, 3), (3, 1), (3, 4)\}$，而 S 為由 $\{1, 2, 3, 4\}$ 到 $\{0, 1, 2\}$ 的關係 $S = \{(1, 0), (2, 0), (3, 1), (3, 2), (4, 1)\}$。$R$ 與 S 的合成為何？

解： 建構 $S \circ R$ 必須檢驗所有 R 與 S 上的有序對，其中 R 中有序對的第二個分量等於 S 中有序對的第一個分量。例如，R 中的 $(2, 3)$ 與 S 中的 $(3, 1)$，便能生成 $S \circ R$ 中的 $(2, 1)$。計算所有這種類型的有序對，得到

$S \circ R = \{(1, 0), (1, 1), (2, 1), (2, 2), (3, 0), (3, 1)\}$ ◀

例題 21 合成親子關係與其本身 如果 a 是 b 的父親或母親，令 R 為所有人所形成的集合上之關係，$(a, b) \in R$，則 $(a, c) \in R \circ R$，若且唯若找得到 b，使得 $(a, b) \in R$ 與 $(b, c) \in R$。也就是說，若且唯若存在某人 b 使得 a 為 b 的父親或母親，而且 b 是 c 的父親或母親。換言之，$(a, c) \in R \circ R$，若且唯若 a 是 c 的祖父或祖母。◀

關係 R 的冪次能以遞迴定義兩個關係的合成來進行定義。

定義 7 ■ 令 R 為集合 A 上的關係。當 $n = 1, 2, 3, \ldots$，冪次 R^n 的遞迴定義如下：

$$R^1 = R \quad \text{而且} \quad R^{n+1} = R^n \circ R$$

根據定義 $R^2 = R \circ R$，$R^3 = R^2 \circ R = (R \circ R) \circ R$ 等等。

例題 22 令 $R = \{(1, 1), (2, 1), (3, 2), (4, 3)\}$。求出冪次 R^n，其中 $n = 1, 2, 3, ...$。

解：因為 $R^2 = R \circ R$，我們得到 $R^2 = \{(1, 1), (2, 1), (3, 1), (4, 2)\}$。接下來，因為 $R^3 = R^2 \circ R$，$R^3 = \{(1, 1), (2, 1), (3, 1), (4, 1)\}$。繼續向下計算，我們發現 R^4 與 R^3 是相同的，即 $R^4 = \{(1, 1), (2, 1), (3, 1), (4, 1)\}$。讀者可驗證出 $R^n = R^3$，$n = 5, 6, 7, ...$。◁

下面的定理證明，遞移關係的冪次為原來關係的子集合。本定理的應用請見 8.4 節。

定理 1 ■ 集合 A 上的關係 R 是遞移性的，若且唯若 $R^n \subseteq R$，$n = 1, 2, 3, ...$。

證明：我們首先證明定理中「若」的部分。假設 $R^n \subseteq R$，$n = 1, 2, 3, ...$，因此 $R^2 \subseteq R$。我們能由此證明 R 是遞移性的。若 $(a, b) \in R$ 和 $(b, c) \in R$，根據合成的定義，$(a, c) \in R^2$。由於 $R^2 \subseteq R$，得到 $(a, c) \in R$，因此 R 是遞移性的。

我們使用數學歸納法來證明「唯若」的部分。當 $n = 1$ 時，定理明顯成立。

假定歸納假說為：$R^n \subseteq R$，其中 n 為正整數，往證 R^{n+1} 亦為 R 的子集合。首先假設 $(a, b) \in R^{n+1} = R^n \circ R$，因而存在 $x \in A$ 使得 $(a, x) \in R$ 且 $(x, b) \in R^n$。根據歸納假說，$R^n \subseteq R$，我們有 $(x, b) \in R$。由於 R 是遞移性的，$(a, x) \in R$ 且 $(x, b) \in R$，可推導出 $(a, b) \in R$。因而 $R^{n+1} \subseteq R$，得證。◁

習題 Exercises　　*表示為較難的練習；**表示為高度挑戰性的練習；☞ 對應正文。

1. 列出由 $A = \{0, 1, 2, 3, 4\}$ 到 $B = \{0, 1, 2, 3\}$ 關係中所有的有序對，其中關係定義如下：
   a) $a = b$
   b) $a + b = 4$
   c) $a > b$
   d) $a | b$
   e) $\gcd(a, b) = 1$
   f) $\text{lcm}(a, b) = 2$

2. a) 列出在集合 $\{1, 2, 3, 4, 5, 6\}$ 上關係 $R = \{(a, b) | a \text{ 整除 } b\}$ 中所有的有序對。
   b) 如同例題 4，將關係以圖形表示。
   c) 如同例題 4，將關係以表格表示。

3. 對下列 $\{1, 2, 3, 4\}$ 上的關係，判斷是否有反身性、對稱性、反對稱性和遞移性。
   a) $\{(2, 2), (2, 3), (2, 4), (3, 2), (3, 3), (3, 4)\}$
   b) $\{(1, 1), (1, 2), (2, 1), (2, 2), (3, 3), (4, 4)\}$
   c) $\{(2, 4), (4, 2)\}$
   d) $\{(1, 2), (2, 3), (3, 4)\}$
   e) $\{(1, 1), (2, 2), (3, 3), (4, 4)\}$
   f) $\{(1, 3), (1, 4), (2, 3), (2, 4), (3, 1), (3, 4)\}$

4. 對下列定義於所有人形成集合上的關係 R，判斷是否有反身性、對稱性、反對稱性和遞移性。當 $(a, b) \in R$ 若且唯若
   a) a 比 b 高
   b) a 與 b 生於同一天
   c) a 與 b 的名字相同
   d) a 與 b 有相同的祖父母

5. 對下列定義於所有網頁形成集合上的關係，判斷是否有反身性、對稱性、反對稱性和遞移性。當 $(a, b) \in R$ 若且唯若
   a) 每個瀏覽網頁 a 的人都會瀏覽網頁 b
   b) 網頁 a 與網頁 b 沒有相同的連結
   c) 在網頁 a 與網頁 b 中至少有一個相同連結
   d) 存在一個網頁同時能連結到網頁 a 與網頁 b

6. 對下列定義於實數集合上的關係，判斷是否有反身性、對稱性、反對稱性和遞移性。當 $(x, y) \in R$ 若且唯若
   a) $x + y = 0$
   b) $x = \pm y$
   c) $x - y$ 是有理數
   d) $x = 2y$
   e) $xy \geq 0$
   f) $xy = 0$
   g) $x = 1$
   h) $x = 1$ 或是 $y = 1$

7. 對下列定義於整數集合上的關係，判斷是否有反身性、對稱性、反對稱性和遞移性。當 $(x, y) \in R$ 若且唯若
   a) $x \neq y$
   b) $xy \geq 1$
   c) $x = y + 1$ 或 $x = y - 1$
   d) $x \equiv y \pmod{7}$
   e) x 是 y 的倍數
   f) x 與 y 同時為正或同時為負
   g) $x = y^2$
   h) $x \geq y^2$

8. 證明在非空集合 S 上的關係 $R = \emptyset$，有對稱性與遞移性，但是沒有反身性。

9. 證明在空集合 $S = \emptyset$ 上的關係 $R = \emptyset$，同時具有反身性、對稱性與遞移性。

10. 對集合上的關係舉出一個例子，滿足下列性質：
    a) 對稱性的與反對稱性的
    b) 既非對稱性的也非反對稱性的

一個集合 A 上的關係 R 稱為**非反身性的**（irreflexive），若每個 $a \in A$，$(a, a) \notin R$。亦即，若沒有一個 A 的元素和自身有關係，則關係 R 為非反身性的。

11. 習題 3 的關係中，何者是非反身性的？
12. 習題 4 的關係中，何者是非反身性的？
13. 習題 5 的關係中，何者是非反身性的？
14. 習題 6 的關係中，何者是非反身性的？
15. 一個集合上的關係，是否可能同時沒有反身性，也沒有非反身性？
16. 使用量詞來描述非反身性的意義。
17. 舉出一個在所有人集合上非反身性關係的例子。

一個關係 R 稱為**非對稱性的**（asymmetric），若 $(a, b) \in R$，則 $(a, b) \notin R$。習題 18 至 24 探討非對稱性關係的概念，其中習題 22 關注在非對稱性與反對稱性的不同。

18. 習題 3 的關係中，何者是非對稱性的？
19. 習題 4 的關係中，何者是非對稱性的？
20. 習題 5 的關係中，何者是非對稱性的？
21. 習題 6 的關係中，何者是非對稱性的？
22. 一個非對稱關係是否一定是反對稱性的？一個反對稱關係是否一定是非對稱性的？寫出你的理由。
23. 使用量詞來描述一個關係是非對稱性的。
24. 舉出一個在所有人集合上非對稱性關係的例子。
25. 在由 m 元集合到 n 元集合中，有多少不同的反對稱性關係？

令 R 為由集合 A 到集合 B 的關係。由 B 到 A 的**逆關係**（inverse relation）記為 R^{-1}，是集合 $\{(b, a) | (a, b) \in R\}$。**補關係**（complementary relation）則是集合 $\{(a, b) | (a, b) \notin R\}$。

26. 令 $R = \{(a, b) | a < b\}$ 為整數集合上的關係。求出
    a) R^{-1}
    b) $\overline{R}$
27. 令 $R = \{(a, b) | a$ 整除 $b\}$ 為整數集合上的關係。求出
    a) R^{-1}
    b) $\overline{R}$
28. 令 R 為美國所有的州所形成集合上的關係，(a, b) 表示 a 州與 b 州有相同的州界。求出
    a) R^{-1}
    b) $\overline{R}$
29. 假設函數 f 為由 A 到 B 的一對一對應關係。令 R 等於 f 圖形的關係，也就是 $R = \{(a, f(a)) | a \in A\}$，$R^{-1}$ 為何？
30. 令 $R_1 = \{(1, 2), (2, 3), (3, 4)\}$ 且 $R_2 = \{(1, 1), (1, 2), (2, 1), (2, 2), (2, 3), (3, 1), (3, 2), (3, 3), (3, 4)\}$ 皆為由 $\{1, 2, 3\}$ 到 $\{1, 2, 3, 4\}$ 的關係。求出
    a) $R_1 \cup R_2$
    b) $R_1 \cap R_2$
    c) $R_1 - R_2$
    d) $R_2 - R_1$
31. 令 A 為學校學生所形成的集合，而 B 為學校圖書館藏書所形成的集合。令關係 R_1 中的有序對 (a, b) 表示課程要求學生 a 閱讀書本 b，關係 R_2 中的有序對 (a, b) 表示學生 a 閱讀書本 b。描述下列關係的有序對。
    a) $R_1 \cup R_2$
    b) $R_1 \cap R_2$
    c) $R_1 \oplus R_2$
    d) $R_1 - R_2$
    e) $R_2 - R_1$
32. 令關係 $R = \{(1, 2), (1, 3), (2, 3), (2, 4), (3, 1)\}$，而關係 $S = \{(2, 1), (3, 1), (3, 2), (4, 2)\}$。求出 $S \circ R$。
33. 若 a 是 b 的父親或母親，令 R 為所有 (a, b) 所形成集合的關係。若 a 與 b 是手足，令 S 為所有 (a, b) 所形成集合的關係。$S \circ R$ 與 $R \circ S$ 為何？

習題 34 至 37 處理實數集合上的關係：

$R_1 = \{(a, b) \in \mathbf{R}^2 | a > b\}$，「大於」關係。

$R_2 = \{(a, b) \in \mathbf{R}^2 | a \geq b\}$，「大於等於」關係。

$R_3 = \{(a, b) \in \mathbf{R}^2 | a < b\}$，「小於」關係。

$R_4 = \{(a, b) \in \mathbf{R}^2 | a \leq b\}$，「小於等於」關係。

$R_5 = \{(a, b) \in \mathbf{R}^2 | a = b\}$，「等於」關係。

$R_6 = \{(a, b) \in \mathbf{R}^2 | a \neq b\}$，「不等於」關係。

34. 求出
    a) $R_1 \cup R_3$
    b) $R_1 \cup R_5$
    c) $R_2 \cap R_4$
    d) $R_3 \cap R_5$
    e) $R_1 - R_2$
    f) $R_2 - R_1$
    g) $R_1 \oplus R_3$
    h) $R_2 \oplus R_4$

35. 求出
    a) $R_2 \cup R_4$
    b) $R_3 \cup R_6$
    c) $R_3 \cap R_6$
    d) $R_4 \cap R_6$
    e) $R_3 - R_6$
    f) $R_6 - R_3$
    g) $R_2 \oplus R_6$
    h) $R_3 \oplus R_5$

36. 求出
    a) $R_1 \circ R_1$
    b) $R_1 \circ R_2$
    c) $R_1 \circ R_3$
    d) $R_1 \circ R_4$
    e) $R_1 \circ R_5$
    f) $R_1 \circ R_6$
    g) $R_2 \circ R_3$
    h) $R_3 \circ R_3$

37. 求出
    a) $R_2 \circ R_1$
    b) $R_2 \circ R_2$
    c) $R_3 \circ R_5$
    d) $R_4 \circ R_1$
    e) $R_5 \circ R_3$
    f) $R_3 \circ R_6$
    g) $R_4 \circ R_6$
    h) $R_6 \circ R_6$

38. 令 R 為定義在所有人形成集合上的親子關係（見例題 21）。在 R^3 中的有序對表示什麼意義？

39. 令 R 為所有有博士學位的人所形成集合上的關係。若 $(a, b) \in R$，表示 a 為 b 的論文指導教授。在哪種情況下，我們會說 (a, b) 在 R^2 中？在哪種情況下，我們會說 (a, b) 在 R^n 中？（注意，假設每位博士的論文指導教授都只有一位。）

40. 令 R_1 與 R_2 分別為正整數集合上的「整除」與「倍數」關係，亦即 $R_1 = \{(a, b) | a$ 整除 $b\}$ 與 $R_2 = \{(a, b) | a$ 是 b 的倍數$\}$。求出
    a) $R_1 \cup R_2$
    b) $R_1 \cap R_2$
    c) $R_1 - R_2$
    d) $R_2 - R_1$
    e) $R_1 \oplus R_2$

41. 令 R_1 與 R_2 分別為正整數集合上的「與 3 同餘」與「與 4 同餘」關係，亦即 $R_1 = \{(a, b)|\ a \equiv b \pmod 3\}$ 與 $R_2 = \{(a, b)|\ a \equiv b \pmod 4\}$。求出

    a) $R_1 \cup R_2$ **b)** $R_1 \cap R_2$

    c) $R_1 - R_2$ **d)** $R_2 - R_1$

    e) $R_1 \oplus R_2$

42. 列出在 $\{0, 1\}$ 上的 16 種不同關係。

43. 在 $\{0, 1\}$ 上的 16 種不同關係中，有幾種包含有序對 $(0, 1)$ ？

44. 在習題 42，$\{0, 1\}$ 的 16 種不同關係中，有哪些滿足下列性質？

    a) 反身性   **b)** 非反身性

    c) 對稱性   **d)** 反對稱性

    e) 非對稱性   **f)** 遞移性

45. a) 在集合 $\{a, b, c, d\}$ 上，能定義多少不同的關係？

    b) 在集合 $\{a, b, c, d\}$ 上，能定義多少不同且包含有序對 (a, a) 的關係？

46. 令 S 為包含 n 個元素的集合，而 a 與 b 為 S 中的相異元素。有多少 S 上的不同關係 R 滿足下面的條件？

    a) $(a, b) \in R$ **b)** $(a, b) \notin R$

    c) 不包含以 a 為第一個分量的有序對   **d)** 至少包含一個有序對，其第一個分量為 a

    e) 不包含以 a 為第一個分量的有序對，或不包含以 b 為第二個分量的有序對

    f) 至少包含一個有序對，其第一個分量為 a，或第二個分量為 b

*47. 在 n 元集合上的所有不同關係中，分別有多少個關係滿足下列性質？

    a) 對稱性   **b)** 反對稱性

    c) 非對稱性   **d)** 非反身性

    e) 反身性與對稱性   **f)** 既不是反身性，也不是非反身性

*48. 當 n 為下列數值時，在 n 元集合上有多少不同的遞移關係？

    a) $n = 1$ **b)** $n = 2$

    c) $n = 3$

49. 找出下面「定理」的「證明」有何錯誤？

「定理」：令集合 A 上的關係 R 是對稱性與遞移性的，則 R 是反身性的。

「證明」：令 $a \in A$。取元素 $b \in A$ 使得 $(a, b) \in R$。因為 R 是對稱性的，我們有 $(b, a) \in R$。然後利用遞移性質 $(a, b) \in R$ 與 $(b, a) \in R$，得到 $(a, a) \in R$，因此 R 是反身性的。

50. 假設 R 與 S 為集合 A 上的反身關係，證明或反證下列陳述。

    a) $R \cup S$ 是反身性的。   **b)** $R \cap S$ 是反身性的。

    c) $R \oplus S$ 是反身性的。   **d)** $R - S$ 是反身性的。

    e) $S \circ R$ 是反身性的。

51. 證明在集合 A 上的關係 R 是對稱性的，若且唯若 $R = R^{-1}$，其中 R^{-1} 為 R 的逆關係。

52. 證明在集合 A 上的關係 R 是反對稱性的，若且唯若 $R \cap R^{-1}$ 為對角關係 $\Delta = \{(a, a) | a \in A\}$ 的子集合。
53. 證明在集合 A 上的關係 R 是反身性的，若且唯若其逆關係 R^{-1} 是反身性的。
54. 證明在集合 A 上的關係 R 是反身性的，若且唯若其補關係 $\overline{R}$ 是非反身性的。
55. 令 R 是反身性與遞移性的。證明對所有的正整數 n，$R^n = R$。
56. 令 R 為集合 $\{1, 2, 3, 4, 5\}$ 上的關係，包含 $(1, 1)$, $(1, 2)$, $(1, 3)$, $(2, 3)$, $(2, 4)$, $(3, 1)$, $(3, 4)$, $(3, 5)$, $(4, 2)$, $(4, 5)$, $(5, 1)$, $(5, 2)$ 和 $(5, 4)$。求出
    a) R^2
    b) R^3
    c) R^4
    d) R^5
57. 令 R 是集合 A 上的反身關係。證明對所有的正整數 n，R^n 也是反身性的。
* 58. 令 R 是對稱性關係。證明對所有的正整數 n，R^n 也是對稱性的。
59. 假定關係 R 是非反身性的，則 R^2 是否一定是非反身性的？寫出你的理由。

8.2 n 元關係及其應用 n-ary Relations and Their Applications

引言

我們經常會討論超過兩個集合之元素的關連性。例如，同時牽涉到學生姓名、主修科系和平均分數的關連性。同樣地，也有同時牽涉到航空公司、航班數、出發地、目的地、出發時間與到達時間的關連性。在數學中，也有牽涉到三個整數的關連性，例如第一個整數大於第二個整數，第二個整數大於第三個整數。另外，牽涉到一條線中三個點的關連性，其中第二個點位於第一和第三個點之間。

本節將討論這類超過兩個集合元素的關連性，稱為 **n 元關係**（**n-ary relation**）。這些關係能用來表示電腦資料庫，而這種表示法能幫助我們回答有關資料庫中的資訊問題，例如，有哪些航班於上午 3 點到 4 點間停降於歐黑爾機場（位於芝加哥的國際機場）？學校中有哪些主修數學或資訊科學的二年級學生，其平均分數高於 3.0？在公司中有多少員工進入公司的時間少於 5 年，但是年薪高於 50,000 美元？

n 元關係

我們將由關連性資料庫理論的基本定義開始。

定義 1 ■ 令 $A_1, A_2, ..., A_n$ 為集合，一個在這些集合上的 n 元關係是 $A_1 \times A_2 \times \cdots \times A_n$ 的子集合。集合 $A_1, A_2, ..., A_n$ 稱為這個關係的域（domain），而 n 稱為這個關係的階（degree）。

例題 1　令 R 為 $\mathbf{N} \times \mathbf{N} \times \mathbf{N}$ 上的關係，由有序三項 (a, b, c) 組成，其中 a、b 和 c 為整數，且 $a < b < c$。$(1, 2, 3) \in R$，但 $(2, 4, 3) \notin R$。此關係的階數為 3，而其域為自然數集合。◀

例題 2　令 R 為 $\mathbf{Z} \times \mathbf{Z} \times \mathbf{Z}$ 上的關係，由有序三項 (a, b, c) 組成，其中 a、b 和 c 形成一個算術數列，亦即 $(a, b, c) \in R$，若且唯若存在整數 k，使得 $b = a + k$ 且 $c = a + 2k$；或是 $b - a = k$ 且 $c - b = k$。我們發現 $(1, 3, 5) \in R$，因為 $3 = 1 + 2$ 且 $5 = 1 + 2 \cdot 2$；但是 $(2, 5, 9) \notin R$，因為 $5 - 2 = 3$，而 $9 - 5 = 4$。此關係的階數為 3，而其域為整數集合。◀

例題 3　令 R 為 $\mathbf{Z} \times \mathbf{Z} \times \mathbf{Z}^+$ 上的關係，由有序三項 (a, b, m) 組成，其中 a、b 和 m 為整數，$m \geq 1$，且 $a \equiv b \pmod{m}$。$(8, 2, 3)$、$(-1, 9, 5)$ 和 $(14, 0, 7)$ 都屬於 R，但是 $(7, 2, 3)$、$(-2, -8, 5)$ 和 $(11, 0, 6)$ 不屬於 R。因為 $8 \equiv 2 \pmod 3$，$-1 \equiv 9 \pmod 5$ 和 $14 \equiv 0 \pmod 7$；然而，$7 \not\equiv 2 \pmod 3$，$-2 \not\equiv -8 \pmod 5$ 與 $11 \not\equiv 0 \pmod 6$。此關係的階數為 3，而其域前兩個為整數集合，第三個為正整數集合。◀

例題 4　令 R 為有序 5 元 (A, N, S, D, T) 所組成的關係，其中 A 為航空公司，N 為航班數，S 是出發地，D 是目的地，T 為起飛時間。例如，那達航空公司的 963 班機在 15:00 由紐沃克機場飛往班格爾，則（那達, 963, 紐沃克, 班格爾, 15:00）屬於 R。此關係的階數為 5，而其域為所有航空公司集合、航班集合、城市集合、城市集合與時間集合。◀

資料庫與關係

在資料庫中進行資訊操作所需的時間與資訊儲存方式有關。在一個大型資料庫中，如插入、刪除、更新、搜索和自重複的資料庫中組合紀錄等，各種運算每天都要執行數百萬次。因為這些運算的重要性，已經開發出許多表示資料庫的方法，我們將討論一種根據關係的概念而來的**關聯式資料模型**（relational data model）。

資料庫由**紀錄**（record）組成，所謂紀錄是由**欄位**（field）形成的有序 n 項。例如，一個學生紀錄資料庫可能包含姓名、學號、主修科系和平均分數等欄位。關聯式資料模型將資料庫的資料以有序 n 項來表示。所以，學生紀錄可以表現成有序 4 元（姓名, 學號, 主修科系, 平均分數）。下列是一個簡單的資料庫，包含六筆資料：

（阿克曼, 231455, 資訊科學, 3.88）
（亞當斯, 888323, 物理, 3.45）
（趙, 102147, 資訊科學, 3.49）
（古德弗瑞德, 453876, 數學, 3.45）
（羅奧, 678543, 數學, 3.90）
（史帝芬斯, 786576, 心理, 2.99）

因為用來表現資料庫的關係經常以表格方式呈現，所以這些關係也稱為**表格**（table）。表格中每一行表示資料庫的一個屬性（attribute）。例如，將上一個學生資料庫表示成表 1。這個資料庫的屬性有姓名、學號、主修科系與平均分數。

表 1　學生

姓名	學號	主修科系	平均分數
阿克曼	231455	資訊科學	3.88
亞當斯	888323	物理	3.45
趙	102147	資訊科學	3.49
古德弗瑞德	453876	數學	3.45
羅奧	678543	數學	3.90
史帝芬斯	786576	心理	2.99

n元關係中稱為**主鍵**（primary key）的域，是指有序n項的值可由這個域來決定；也就是說，關係中沒有兩個不同的有序n項在主鍵的值相同。

資料庫中的紀錄經常需要增加或刪除。基於這點，一個域是否為主鍵的性質會隨著時間改變。所以，選用的主鍵應該是無論資料庫如何改變都能繼續使用的欄位。在一個關係中，現有的有序n項聚集稱為此關係的**擴展**（extension）。資料庫中較固定的部分，包括資料庫的名字和屬性為其**內涵**（intension）。當選擇主鍵時，我們的目標是選一個對所有資料庫的擴展都能適用的鍵來作為主鍵。因此我們必須檢驗資料庫的擴展，以了解出現在擴展中有序n項的集合。

例題 5　假設未來不會再加入有序n項，則呈現於表1的n元關係中，哪些域是主鍵？

解：因為在表中每個學生的姓名皆是唯一的有序4項，所以學生姓名的域是主鍵。同樣地，學號在表中也是唯一的，所以學號也是主鍵。然而，因為主修科系出現不只一次，所以不會是主鍵。同理，平均分數也不是主鍵，因為有兩個有序4項出現相同的平均分數。　◀

在n元關係中，域的組合也可用來唯一地判斷出有序n項。當一組域的值能判斷關係中的有序n項時，這些域的笛卡兒積稱為**複合鍵**（composite key）。

例題 6　假設未來不會再加入有序n項，則呈現於表1的n元關係中，主修科系和平均分數的笛卡兒積是否為複合鍵？

解：因為在表中沒有兩個有序4項同時有相同的主修科系和平均分數，所以，主修科系和平均分數的笛卡兒積是複合鍵。　◀

因為主鍵與複合鍵都是用來確定紀錄在資料庫中的唯一性，當新紀錄一一加入資料庫時，原來的鍵不太可能仍然保持有效。所以，必須檢驗這個新加入的紀錄之值與先前資料庫中某些欄位的值並不相同。例如，若兩個學生不會有相同的學號，則使用學號當成鍵是有意義的。學校不應該以姓名這個欄位為鍵，因為兩個學生可能會有相同的姓名。

n 元關係上的運算

有許多 n 元關係的運算可用來產生新的 n 元關係。同時，使用這些運算，能回答許多資料庫上滿足某些性質的問題。

n 元關係上最基本的運算是找出滿足某些性質的有序 n 項。例如，我們想在學生紀錄資料庫中找出主修科系為資訊科學的所有紀錄，也想要在同一個資料庫中找出主修科系為資訊科學且平均分數大於 3.5 的紀錄。為達成上述目標，我們使用選擇算子。

> **定義 2** ■ 令 R 為一個 n 元關係，而 C 是 R 中元素必須滿足的條件，則選擇算子（selection operator）s_C 將 n 元關係 R 對應至 n 元關係中滿足條件 C 的所有有序 n 項。

例題 7 為找出表 1 呈現的 n 元關係中主修科系為資訊科學的紀錄，我們使用算子，其中 C_1 為條件「主修科系」=「資訊科學」，得到兩個有序 4 項（阿克曼, 231455, 資訊科學, 3.88）和（趙, 102147, 資訊科學, 3.49）。同樣地，為找出學生資料庫中平均分數大於 3.5 的紀錄，我們使用算子，其中 C_2 為條件「平均分數」>「3.5」，同樣得到兩個有序 4 項（阿克曼, 231455, 資訊科學, 3.88）和（羅奧, 678543, 數學, 3.90）。最後，為找出學生資料庫中主修科系為資訊科學且平均分數大於 3.5 的紀錄，我們使用算子，其中 C_3 為條件（「主修科系」=「資訊科學」∧「平均分數」>「3.5」），結果只剩下一個有序 4 項（阿克曼, 231455, 資訊科學, 3.88）。◀

投影是透過刪除關係中每筆紀錄的同一欄位所產生的新 n 元關係。

> **定義 3** ■ 投影（projection）$P_{i_1 i_2, \ldots, i_m}$，其中 $i_1 < i_2 < \cdots < i_m$，將有序 n 項 $(a_1, a_2, \ldots, a_n)$ 對應到有序 m 項 $a_{i_1}, a_{i_2}, \ldots, a_{i_m}$，其中 $m \leq n$。

換言之，投影 $P_{i_1 i_2, \ldots, i_m}$ 刪去有序 n 項中的 n − m 個分量，留下第 i_1 個分量、第 i_2 個分量、……和第 i_m 個分量。

例題 8 執行 $P_{1,3}$ 後，下列有序 4 項 (2, 3, 0, 4)、(珍, 2354111001, 地理, 3.14) 和 (a_1, a_2, a_3, a_4) 會變成什麼？

解：執行投影 $P_{1,3}$ 後，這些有序 4 項將變成 (2, 0)、(珍, 地理) 和 (a_1, a_3)。 ◀

例題 9 說明如何使用投影製造出新的關係。

例題 9 當執行投影 $P_{1,4}$ 後，表 1 的關係會變成什麼？

解：當執行投影 $P_{1,4}$ 後，表中的第二行和第三行將被刪去，剩下表示學生姓名和平均分數的有序對。表 2 呈現執行運算後的關係。◀

表 2	平均分數
姓名	平均分數
阿克曼	3.88
亞當斯	3.45
趙	3.49
古德弗瑞德	3.45
羅奧	3.90
史帝芬斯	2.99

當執行投影運算時，可能會得到較少列的表格。因為在經過投影運算後，關係中有些有序 n 項留下來的分量全都相同，不同的分量已被刪去，見例題 10。

例題 10 當執行投影 $P_{1,2}$ 後，表 3 的關係將會變成什麼？

解：表 4 呈現執行運算後的結果。我們發現執行投影 $P_{1,2}$ 後，表中列的數目變少。◀

表 3	選課	
姓名	主修科系	課程
克勞斯爾	生物	BI 290
克勞斯爾	生物	MS 475
克勞斯爾	生物	PY 410
馬可斯	數學	MS 511
馬可斯	數學	MS 603
馬可斯	數學	CS 322
米勒	資訊科學	MS 575
米勒	資訊科學	CS 455

表 4	主修科系
姓名	主修科系
克勞斯爾	生物
馬可斯	數學
米勒	資訊科學

當表格有相同的欄位時，**連結（join）**運算可用來合併兩個表格。例如，有一個包含航空公司、航班號碼和登機門的表格，以及一個包含航班號碼、登機門和起飛時間的表格，這兩個表格能夠合併成一個，欄位為航空公司、航班號碼、登機門和起飛時間。

定義 4 ■ 令 R 為一個 m 階關係，S 是一個 n 階關係。當 $p \leq m$ 且 $p \leq n$，連結 $J_p(R, S)$ 是一個 $m + n - p$ 階關係，包含所有的有序 $(m + n - p)$ 項 $(a_1, a_2, ..., a_{m-p}, c_1, c_2, ..., c_p, b_1, b_2, ..., b_{n-p})$，其中有序 m 項 $(a_1, a_2, ..., a_{m-p}, c_1, c_2, ..., c_p)$ 屬於 R，而有序 n 項 $(c_1, c_2, ..., c_p, b_1, b_2, ..., b_{n-p})$ 屬於 S。

換言之，連結算子 J_p 從兩個關係產生一個新的關係。把第一個關係中的有序 m 項和第二個關係的有序 n 項組合在一起，其中有序 m 項的後面 p 個分量與有序 n 項的前面 p 個分量相同。

例題 11 利用連結算子 J_2 將表 5 與表 6 的關係連結在一起，會得到什麼結果？

解：連結 J_2 所產生的關係如表 7 所示。◀

表5　授課教師

教授	系別	課程代碼
克魯茲	動物系	335
克魯茲	動物系	412
法柏	心理系	501
法柏	心理系	617
葛羅瑪	物理系	544
葛羅瑪	物理系	551
羅森	資訊科學系	518
羅森	數學系	575

表6　課程表

系別	課程代碼	教室	時間
資訊科學系	518	N521	2:00 P.M.
數學系	575	N502	3:00 P.M.
數學系	611	N521	4:00 P.M.
物理系	544	B505	4:00 P.M.
心理系	501	A100	3:00 P.M.
心理系	617	A110	11:00 A.M.
動物系	335	A100	9:00 A.M.
動物系	412	A100	8:00 A.M.

表7　授課表

教授	系別	課程代碼	教室	時間
克魯茲	動物系	335	A100	9:00 A.M.
克魯茲	動物系	412	A100	8:00 A.M.
法柏	心理系	501	A100	3:00 P.M.
法柏	心理系	617	A110	11:00 A.M.
葛羅瑪	物理系	544	B505	4:00 P.M.
羅森	資訊科學系	518	N521	2:00 P.M.
羅森	數學系	575	N502	3:00 P.M.

除了投影和連結，還有其他運算能從現存關係製造出新的關係，這些運算的介紹可參見資料庫理論書籍。

SQL

資料庫查詢語言 SQL（Structured Query Language）可用來實作本節所描述的運算。例題 12 說明 SQL 指令如何與 n 元關係的運算產生關聯。

例題 12 我們將藉由說明 SQL 如何利用表 8 來查詢飛機航班來描述 SQL 如何進行查詢運算。SQL 陳述如下：

```
SELECT 起飛時間
FROM 飛航行程
WHERE 目的地 =「底特律」
```

以上陳述用來找出投影 P_5（起飛時間的屬性）在飛機航班資料庫滿足條件：「目的地」=「底特律」的有序 5 項，所得結果是一個包含以底特律為目的地之航班的起飛時間列表：08:10、08:47 和 09:44。SQL 使用 FROM 來指定要查詢的欄位所在的 n 元關係，使用 WHERE 來指定選擇運算的條件，使用 SELECT 來指定使用的投影運算。（注意，SQL 使用 SELECT 來表現一個投影運算，而非選擇運算。這是個混淆術語的不幸例子。）

表 8	飛航行程			
航空公司	航班號碼	登機門	目的地	起飛時間
那達	122	34	底特律	08:10
阿克米	221	22	丹佛	08:17
阿克米	122	33	安克拉治	08:22
阿克米	323	34	檀香山	08:30
那達	199	13	底特律	08:47
阿克米	222	22	丹佛	09:10
那達	322	34	底特律	09:44

例題 13 說明 SQL 查詢如何用在超過一個表格的查詢。

例題 13　SQL 陳述如下：

SELECT　教授，時間
FROM　授課教師，課程表
WHERE　系別＝「數學」

以上陳述用來找出資料庫中有序 5 項的投影 $P_{1,5}$（見表 7），此資料庫是利用 J_2 連結表 5 和表 6 呈現的資料庫而來，滿足條件：系別 ＝ 數學，所得結果只有一個有序對（羅森，3:00 P.M.）。此處 SQL 的 FROM 用來尋找兩個不同資料庫的連結。　◀

在本節中，我們只接觸到關連式資料庫的基本概念，更多的資訊可參考 [AhU195]。

習題 Exercises　　*表示為較難的練習；**表示為高度挑戰性的練習；☞ 對應正文。

1. 列出關係 $\{(a, b, c) | a, b$ 和 c 為整數，且 $0 < a < b < c < 5\}$ 中的所有有序 3 項。
2. 列出關係 $\{(a, b, c, d) | a, b, c$ 和 d 為正整數，且 $abcd = 6\}$ 中的所有有序 4 項。
3. 列出表 8 中關係的有序 5 項。
4. 假設不會有新的有序 n 項加入，求出呈現於下列表格之關係的主鍵：
   a) 表 3　　　　　　　　　　　　b) 表 5
   c) 表 6　　　　　　　　　　　　d) 表 8
5. 假設不會有新的有序 n 項加入，找出表 8 之資料庫中包含航空公司欄位之兩個欄位的複合鍵。
6. 假設不會有新的有序 n 項加入，找出表 7 之資料庫中包含教授欄位之兩個欄位的複合鍵。
7. 在 3 元關係的有序 3 項中，顯示學生資料庫的屬性：學號、姓名、電話號碼。
   a) 學號是否能當成主鍵？　　　　b) 姓名是否能當成主鍵？
   c) 電話號碼是否能當成主鍵？

8. 在 4 元關係的有序 4 項中，顯示出版書籍的屬性：書名、ISBN、出版日期、頁數。
   a) 何者可以當成這個關係的主鍵？
   b) 在何種條件下，(書名 , 出版日期) 能當成複合鍵？
   c) 在何種條件下，(書名 , 頁數) 能當成複合鍵？
9. 在 5 元關係的有序 5 項中，顯示美國人資料庫的屬性：姓名、社會安全號碼、地址、城市、州名。
   a) 決定此關係的主鍵。
   b) 在何種條件下，(姓名 , 地址) 能當成複合鍵？
   c) 在何種條件下，(姓名 , 地址 , 城市) 能當成複合鍵？
10. 在表 7 的資料庫中，當使用選擇算子 s_C，其中 C 為條件「教室」=「A100」時，會得到什麼結果？
11. 在表 8 的資料庫中，當使用選擇算子 s_C，其中 C 為條件「目的地」=「底特律」時，會得到什麼結果？
12. 在表 10 的資料庫中，當使用選擇算子 s_C，其中 C 為條件 (「計畫編號」=「2」) ∧ (「數量」≥「50」) 時，會得到什麼結果？
13. 在表 8 的資料庫中，當使用選擇算子 s_C，其中 C 為條件 (「航空公司」=「那達」) ∧ (「目的地」=「底特律」) 時，會得到什麼結果？
14. 將投影運算 $P_{2,3,5}$ 作用在有序 5 項 (a, b, c, d, e) 時，會得到什麼結果？
15. 在有序 6 項中，要刪去第一、第二和第四分量時，應該使用哪個投影運算？
16. 呈現表 8 執行 $P_{1,2,4}$ 投影運算後產生的表格為何？
17. 呈現表 8 執行 $P_{1,4}$ 投影運算後產生的表格為何？
18. 將連結算子 J_2 作用在分別由有序 5 項和有序 8 項所形成的關係上時，所得的關係表格有多少個分量？
19. 由表 9 與表 10 的關係，建構使用連結算子 J_2 後形成之關係表格。

表 9　部門需求

供給者	部門編號	計畫編號
23	1092	1
23	1101	3
23	9048	4
31	4975	3
31	3477	2
32	6984	4
32	9191	2
33	1001	1

表 10　部門存量

部門編號	計畫編號	數量	顏色代碼
1001	1	14	8
1092	1	2	2
1101	3	1	1
3477	2	25	2
4975	3	6	2
6984	4	10	1
9048	4	12	2
9191	2	80	4

20. 證明若 C_1 與 C_2 為 n 元關係之元素所需滿足的條件，則 $s_{C_1 \wedge C_2}(R) = s_{C_1}(s_{C_2}(R))$。
21. 證明若 C_1 與 C_2 為 n 元關係之元素所需滿足的條件，則 $s_{C_1}(s_{C_2}(R)) = s_{C_2}(s_{C_1}(R))$。
22. 證明若 C 為 n 元關係 R 與 S 之元素所需滿足的條件，則 $s_C(R \cup S) = s_C(R) \cup s_C(S)$。
23. 證明若 C 為 n 元關係 R 與 S 之元素所需滿足的條件，則 $s_C(R \cap S) = s_C(R) \cap s_C(S)$。
24. 證明若 C 為 n 元關係 R 與 S 之元素所需滿足的條件，則 $s_C(R - S) = s_C(R) - s_C(S)$。
25. 證明若 R 與 S 皆為 n 元關係，則 $P_{i_1 i_2, \ldots, i_m}(R \cup S) = P_{i_1 i_2, \ldots, i_m}(R) \cup P_{i_1 i_2, \ldots, i_m}(S)$。
26. 舉例證明若 R 與 S 皆為 n 元關係，則 $P_{i_1 i_2, \ldots, i_m}(R \cap S)$ 可能不等於 $P_{i_1 i_2, \ldots, i_m}(R) \cap P_{i_1 i_2, \ldots, i_m}(S)$。
27. 舉例證明若 R 與 S 皆為 n 元關係，則 $P_{i_1 i_2, \ldots, i_m}(R - S)$ 可能不等於 $P_{i_1 i_2, \ldots, i_m}(R) - P_{i_1 i_2, \ldots, i_m}(S)$。
28. a) 哪些運算與使用下列 SQL 查詢有關？

    SELECT 供給者
    FROM 部門需求
    WHERE 1000 ≤ 部門編號 ≤ 5000

    b) 將上述查詢作用於表 9，將得到什麼結果？
29. a) 哪些運算與使用下列 SQL 查詢有關？

    SELECT 供給者, 計畫編號
    FROM 部門需求, 部門存量
    WHERE 數量 ≤ 10

    b) 將上述查詢作用於表 9，將得到什麼結果？
30. 判斷在例題 2 的關係中是否有主鍵？
31. 判斷在例題 3 的關係中是否有主鍵？
32. 證明一個有主鍵的 n 元關係能被視為函數圖形，則此函數將主鍵值對應至由其他域之值所形成的有序 $(n-1)$ 項。

8.3　表現關係 Representing Relations

引言

　　本節與其餘小節討論的都是二元關係，所以接下來在本章中出現的關係都是指二元關係。要表現有限集合間的關係有許多方式。如 8.1 節的介紹，將所有有序對表列出來，就是其中一種。另一種方式是利用表格，如 8.1 節例題 3。本節將再介紹兩種表現關係的方法，一種是使用零－壹矩陣，另一種使用稱為有向圖的圖形方式，我們將在本節稍後再討論。

　　一般而言，矩陣表示法較適合用在電腦程式中。但是，有向圖讓人們容易了解關係的性質。

利用矩陣表現關係

有限集合間的關係能以零－壹矩陣來表現。假設 R 是由集合 $A = \{a_1, a_2, ..., a_m\}$ 到集合 $B = \{b_1, b_2, ..., b_n\}$（此處集合的元素可以任意方式排序，但若 $A = B$ 時，我們使用相同的排列順序）。關係 R 能以矩陣 $\mathbf{M}_R = [m_{ij}]$ 表示，其中

$$m_{ij} = \begin{cases} 1 & \text{若 } (a_i, b_j) \in R \\ 0 & \text{若 } (a_i, b_j) \notin R \end{cases}$$

換句話說，表現關係 R 的零－壹矩陣中，若 a_i 與 b_j 有關係，則第 (i, j) 個位置的元素為 1；若 a_i 與 b_j 沒有關係，則第 (i, j) 個位置的元素為 0。（這種表示法與集合 A 與 B 使用的順序相關。）

使用矩陣來表現關係，可見例題 1 至例題 6。

例題 1 假設 $A = \{1, 2, 3\}$，$B = \{1, 2\}$。令 R 為由 A 到 B 的關係，包含所有的有序對 (a, b)，如果 $a \in A$，$b \in B$，而且 $a > b$。R 的矩陣表示法為何？其中 $a_1 = 1, a_2 = 2, a_3 = 3$，而且 $b_1 = 1, b_2 = 2$。

解：因為 $R = \{(2, 1), (3, 1), (3, 2)\}$，$R$ 的矩陣為

$$\mathbf{M}_R = \begin{bmatrix} 0 & 0 \\ 1 & 0 \\ 1 & 1 \end{bmatrix}$$

$\mathbf{M}_R$ 中的 1 說明 (2, 1)、(3, 1) 和 (3, 2) 屬於 R，而 0 說明沒有其他的有序對屬於 R。◀

例題 2 令 $A = \{a_1, a_2, a_3\}$，$B = \{b_1, b_2, b_3, b_4, b_5\}$。若 R 的矩陣如下，則哪些有序對在關係 R 中？

$$\mathbf{M}_R = \begin{bmatrix} 0 & 1 & 0 & 0 & 0 \\ 1 & 0 & 1 & 1 & 0 \\ 1 & 0 & 1 & 0 & 1 \end{bmatrix}$$

解：因為 R 中包含的有序對 (a_i, b_j) 使得 $m_{ij} = 1$。所以，

$R = \{(a_1, b_2), (a_2, b_1), (a_2, b_3), (a_2, b_4), (a_3, b_1), (a_3, b_3), (a_3, b_5)\}$ ◀

若表示某個集合上之關係的矩陣是一個方陣，則能用來判斷一個關係是否具有某些性質。回顧當關係 R 是反身性的，若 $(a, a) \in R$，當 $a \in A$。所以，R 是反身性的，若且唯若 $(a_i, a_i) \in R$，$i = 1, 2, ..., n$。因而，R 是反身性的，若且唯若 $m_{ii} = 1$，$i = 1, 2, ..., n$。換句話說，R 是反身性的，如果矩陣 $\mathbf{M}_R$ 的主對角線元素都是 1，如圖 1 所示。必須注意的是，對角線以外的元素可以是 0 或 1。

$$\begin{bmatrix} 1 & & & & & \\ & 1 & & & & \\ & & 1 & & & \\ & & & \cdot & & \\ & & & & \cdot & \\ & & & & & 1 \\ & & & & & & 1 \end{bmatrix}$$

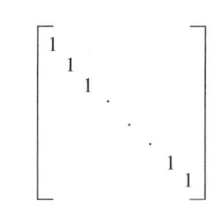

圖 1 反身關係的零－壹矩陣（對角線以外的元素可以是 0 或 1）

關係 R 是對稱性的，若 $(a, b) \in R$，能推導出 $(b, a) \in R$。所以，$A = \{a_1, a_2, ..., a_n\}$ 上的關係 R 是對稱性的，若且唯若當 $(a_i, a_j) \in R$，能推導出 $(a_j, a_i) \in R$。以矩陣的觀點來看，R 是對稱性的，若且唯若當 $m_{ij} = 1$ 時，$m_{ji} = 1$，而且當 $m_{ij} = 0$ 時，$m_{ji} = 0$。也就是說，R 是對稱性的若且唯若對所有的整數對 i 與 j，$m_{ij} = m_{ji}$。回顧 2.5 節矩陣轉置的定義，我們發現 R 是對稱性的若且唯若

$$\mathbf{M}_R = (\mathbf{M}_R)^t$$

也就是說，矩陣 $\mathbf{M}_R$ 是對稱性的。對稱關係的矩陣如圖 2(a) 所示。

關係 R 是反對稱性的，若 $(a, b) \in R$ 且 $(b, a) \in R$，則 $a = b$。因此，反對稱關係的矩陣有下列性質：若 $i \neq j$，有 $m_{ij} = 1$，則 $m_{ji} = 0$。換言之，當 $i \neq j$，要不是 $m_{ij} = 0$，就是 $m_{ji} = 0$。反對稱關係的矩陣如圖 2(b) 所示。

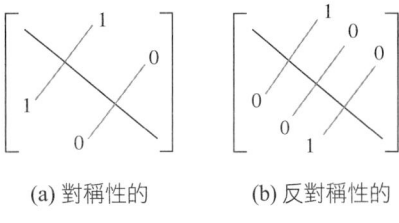

(a) 對稱性的　　(b) 反對稱性的

圖 2　對稱與反對稱關係的零—壹矩陣

例題 3　假設表現關係 R 的矩陣為

$$\mathbf{M}_R = \begin{bmatrix} 1 & 1 & 0 \\ 1 & 1 & 1 \\ 0 & 1 & 1 \end{bmatrix}$$

判斷 R 是否為反身性的？是否為對稱性的？是否為反對稱性的？

解：因為所有對角線的元素都是 1，所以 R 是反身性的。由於 $\mathbf{M}_R$ 是對稱性的，所以 R 是對稱性的。很容易就能看出 R 並不是反對稱性的。◀

布林運算中的聯合（join）和交遇（meet）能夠用來找出表示兩個關係之聯集與交集的矩陣（已於 2.5 節討論）。假設 R_1 和 R_2 為集合 A 上的關係，分別由矩陣 $\mathbf{M}_{R_1}$ 與 $\mathbf{M}_{R_2}$ 表示。如果 $\mathbf{M}_{R_1}$ 或 $\mathbf{M}_{R_2}$ 在某個位置上的元素為 1，則兩個關係之聯集的矩陣在同一位置的元素為 1；如果 $\mathbf{M}_{R_1}$ 和 $\mathbf{M}_{R_2}$ 在某個位置上的元素同時為 1，則兩個關係之交集的矩陣在同一位置的元素為 1。因此，表示兩個關係之聯集與交集的矩陣為

$$\mathbf{M}_{R_1 \cup R_2} = \mathbf{M}_{R_1} \vee \mathbf{M}_{R_2} \qquad 與 \qquad \mathbf{M}_{R_1 \cap R_2} = \mathbf{M}_{R_1} \wedge \mathbf{M}_{R_2}$$

例題 4　假設 R_1 和 R_2 為集合 A 上的關係，其表現矩陣分別為

$$\mathbf{M}_{R_1} = \begin{bmatrix} 1 & 0 & 1 \\ 1 & 0 & 0 \\ 0 & 1 & 0 \end{bmatrix} \qquad 與 \qquad \mathbf{M}_{R_2} = \begin{bmatrix} 1 & 0 & 1 \\ 0 & 1 & 1 \\ 1 & 0 & 0 \end{bmatrix}$$

表現 $R_1 \cup R_2$ 和 $R_1 \cap R_2$ 的矩陣為何？

解：表現關係的矩陣為

$$\mathbf{M}_{R_1 \cup R_2} = \mathbf{M}_{R_1} \vee \mathbf{M}_{R_2} = \begin{bmatrix} 1 & 0 & 1 \\ 1 & 1 & 1 \\ 1 & 1 & 0 \end{bmatrix}$$

$$\mathbf{M}_{R_1 \cap R_2} = \mathbf{M}_{R_1} \wedge \mathbf{M}_{R_2} = \begin{bmatrix} 1 & 0 & 1 \\ 0 & 0 & 0 \\ 0 & 0 & 0 \end{bmatrix}$$

◀

我們現在將注意力放到判斷合成關係的矩陣。這個矩陣能用矩陣的布林積（已於 2.5 節討論）求出。假設 R 為由 A 到 B 的關係，S 為由 B 到 C 的關係，集合 A、B 與 C 分別有 m、n 和 p 個元素。令表現 $S \circ R$、R 和 S 的矩陣分別為 $\mathbf{M}_{S \circ R} = [t_{ij}]$、$\mathbf{M}_R = [r_{ij}]$ 和 $\mathbf{M}_S = [s_{ij}]$（這幾個矩陣的大小分別為 $m \times p$、$m \times n$ 和 $n \times p$）。有序對 (a_i, c_j) 屬於 $S \circ R$，若且唯若存在元素 b_k 使得 (a_i, b_k) 屬於 R，(b_k, c_j) 屬於 S。因此，$t_{ij} = 1$ 若且唯若存在 k 使得 $r_{ik} = s_{kj} = 1$。根據布林積的定義，

$$\mathbf{M}_{S \circ R} = \mathbf{M}_R \odot \mathbf{M}_S$$

例題 5 求出表現關係 $S \circ R$ 的矩陣，其中表現 R 與 S 的矩陣分別為

$$\mathbf{M}_R = \begin{bmatrix} 1 & 0 & 1 \\ 1 & 1 & 0 \\ 0 & 0 & 0 \end{bmatrix} \quad \text{與} \quad \mathbf{M}_S = \begin{bmatrix} 0 & 1 & 0 \\ 0 & 0 & 1 \\ 1 & 0 & 1 \end{bmatrix}$$

解：$S \circ R$ 的表現矩陣為

$$\mathbf{M}_{S \circ R} = \mathbf{M}_R \odot \mathbf{M}_S = \begin{bmatrix} 1 & 1 & 1 \\ 0 & 1 & 1 \\ 0 & 0 & 0 \end{bmatrix}$$

◀

表現兩關係合成的概念能用來找出 $\mathbf{M}_{R^n}$。事實上，能以布林冪次的定義來處理

$$\mathbf{M}_{R^n} = \mathbf{M}_R^{[n]}$$

習題 35 將要求證明此公式。

例題 6 求出表現關係 R^2 的矩陣，其中表現 R 的矩陣為

$$\mathbf{M}_R = \begin{bmatrix} 0 & 1 & 0 \\ 0 & 1 & 1 \\ 1 & 0 & 0 \end{bmatrix}$$

解：表現關係 R^2 的矩陣為

$$\mathbf{M}_{R^2} = \mathbf{M}_R^{[2]} = \begin{bmatrix} 0 & 1 & 1 \\ 1 & 1 & 1 \\ 0 & 1 & 0 \end{bmatrix}$$

◀

利用有向圖表現關係

我們已經知道關係能以列出所有有序對的方式來表現，也能以零－壹矩陣來表現。另一種重要的方法是以圖形方式來表現關係。每個在集合中的元素以一個點來表示，每個有序對使用一個弧，弧上有一個表現方向的箭頭。當我們考慮有限集合上的關係時，這種圖形表現法稱為**有向圖**（**directed graph** 或 **digraph**）。

> **定義 1** ■ 一個有向圖包含一個頂點（vertex）〔或是節點（node）〕的集合 V，以及一個 V 中元素之有序對所形成的集合 E，其元素稱為邊（edge）〔或是弧（arc）〕。頂點 a 稱為邊 (a, b) 的初始點（initial vertex），而頂點 b 稱為終點（terminal vertex）。

由 (a, a) 所形成的邊用一個由頂點 a 到本身的弧來表現，稱為**迴圈**（**loop**）。

例題 7 以 a, b, c 和 d 為頂點，$(a, b), (a, d), (b, b), (b, d), (c, a), (c, b)$ 和 (d, b) 為邊所形成的有向圖如圖 3 所示。 ◀

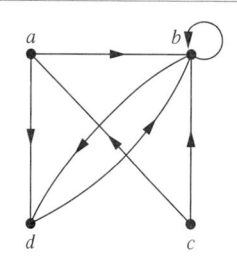

圖3 有向圖

集合 A 上的關係 R 能以有向圖來表示，其中 A 的元素為頂點，有序對 (a, b) 為有向圖的邊，如果 $(a, b) \in R$。這種方式建立了一個集合 A 上的關係 R 與有向圖之間的一對一對應關係。因此，每一個關係上的陳述都應該對應一個有向圖的陳述，反之亦然。有向圖將關係上的資訊以視覺方式呈現，我們經常以此來研究關係及其性質。（從集合 A 到 B 的關係也能以有向圖來表現，頂點集合包含所有 A 與 B 的元素，如 8.1 節中所示。然而當 $A = B$ 時，這樣的表現方式與本節所討論的有些不同，但是其所能表現出關係的資訊要少得多。）例題 8 至例題 10 為利用有向圖表現某些集合上的關係。

例題 8 表現在集合 {1, 2, 3, 4} 上的關係

$R = \{(1, 1), (1, 3), (2, 1), (2, 3), (2, 4), (3, 1), (3, 2), (4, 1)\}$

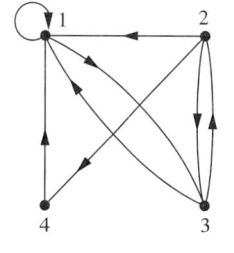

有向圖如圖 4 所示。 ◀ **圖4** 關係 R 的有向圖

例題 9 若表現關係 R 的有向圖如圖 5 所示，則關係中的有序對為何？

解：關係中的有序對 (x, y) 為

$R = \{(1, 3), (1, 4), (2, 1), (2, 2), (2, 3), (3, 1), (3, 3), (4, 1), (4, 3)\}$

每個有序對都對應於一個有向圖的邊，而 $(2, 2)$ 與 $(3, 3)$ 則對應於迴圈。

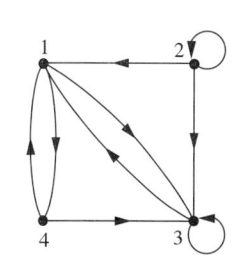

◀ **圖5** 關係 R 的有向圖

利用有向圖來表現關係也能用以判斷關係是否具有某些性質。例如，關係是反身性的，若且唯若有向圖中每個頂點上都有一個迴圈，因為每個形如 (x, x) 的有序對都在關係中。關係是對稱性的，若且唯若每個不同頂點間的有向邊，都存在一個反向的邊，因此若 (x, y) 在關係中，則 (y, x) 也會在關係中。同樣地，關係是反對稱性的，若且唯若兩相異頂點間一定不會同時存在兩個反向邊。最後，關係是遞移性的，若且唯若當有一個邊由 x 指向 y，一個邊由 y 指向 z，則必定會有一個由 x 到 z 的邊（形成三個邊各有正確方向的三角形）。

注意：我們發現對稱關係能夠用無向圖來表現，我們將於第 9 章中進行討論。

例題 10 判斷圖 6 中的兩個有向圖所表現的關係是否為反身性的？是否為對稱性的？是否為反對稱性的？是否為遞移性的？

解：因為 R 的有向圖中，每個頂點上都有迴圈，所以有反身性。R 沒有對稱性，也沒有反對稱性。因為有一個由 a 到 b 的邊，但是沒有由 b 到 a 的邊。此外，還有一個 b 和 c 間的雙向邊。最後，R 也是非遞移性的，因為有由 a 到 b 和 b 到 c 的邊，但是找不到由 a 到 c 的邊。

由於有頂點上沒有迴圈，所以關係 S 並沒有反身性。關係 S 是對稱性的，但不是反對稱性的，因為兩相異頂點間的邊都是雙向的。也不難看出關係 S 並非遞移性的，因為 (c, a) 和 (a, b) 都屬於 S，但 (c, b) 不在 S 中。◀

(a) R 的有向圖　　(b) S 的有向圖

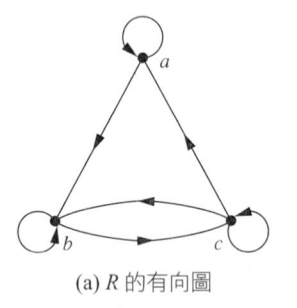

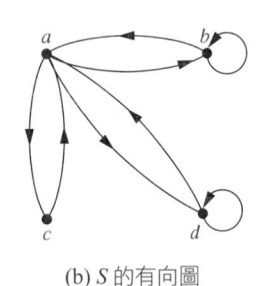

圖 6 關係 R 與 S 的有向圖

習題 Exercises   *表示為較難的練習；**表示為高度挑戰性的練習；☞ 對應正文。

1. 以矩陣方式表現下列定義於 {1, 2, 3} 上的關係（元素以遞增方式排列）。
    a) {(1, 1), (1, 2), (1, 3)}
    b) {(1, 2), (2, 1), (2, 2), (3, 3)}
    c) {(1, 1), (1, 2), (1, 3), (2, 2), (2, 3), (3, 3)}
    d) {(1, 3), (3, 1)}

2. 以矩陣方式表現下列定義於 {1, 2, 3, 4} 上的關係（元素以遞增方式排列）。
    a) {(1, 2), (1, 3), (1, 4), (2, 3), (2, 4), (3, 4)}
    b) {(1, 1), (1, 4), (2, 2), (3, 3), (4, 1)}
    c) {(1, 2), (1, 3), (1, 4), (2, 1), (2, 3), (2, 4), (3, 1), (3, 2), (3, 4), (4, 1), (4, 2), (4, 3)}
    d) {(2, 4), (3, 1), (3, 2), (3, 4)}

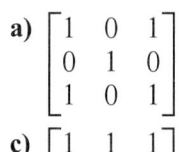

3. 列出集合 {1, 2, 3} 中以下列矩陣表現之關係的所有有序對（行列所對應的整數以遞增方式排列）。

   a) $\begin{bmatrix} 1 & 0 & 1 \\ 0 & 1 & 0 \\ 1 & 0 & 1 \end{bmatrix}$

   b) $\begin{bmatrix} 0 & 1 & 0 \\ 0 & 1 & 0 \\ 0 & 1 & 0 \end{bmatrix}$

   c) $\begin{bmatrix} 1 & 1 & 1 \\ 1 & 0 & 1 \\ 1 & 1 & 1 \end{bmatrix}$

4. 列出集合 {1, 2, 3, 4} 中以下列矩陣表現之關係的所有有序對（行列所對應的整數以遞增方式排列）。

   a) $\begin{bmatrix} 1 & 1 & 0 & 1 \\ 1 & 0 & 1 & 0 \\ 0 & 1 & 1 & 1 \\ 1 & 0 & 1 & 1 \end{bmatrix}$

   b) $\begin{bmatrix} 1 & 1 & 1 & 0 \\ 0 & 1 & 0 & 0 \\ 0 & 0 & 1 & 1 \\ 1 & 0 & 0 & 1 \end{bmatrix}$

   c) $\begin{bmatrix} 0 & 1 & 0 & 1 \\ 1 & 0 & 1 & 0 \\ 0 & 1 & 0 & 1 \\ 1 & 0 & 1 & 0 \end{bmatrix}$

5. 如何使用集合 A 上關係 R 的矩陣表現法來判斷關係是否為非反身性的？

6. 如何使用集合 A 上關係 R 的矩陣表現法來判斷關係是否為非對稱性的？

7. 判斷習題 3 中集合 A 上關係 R 的表現矩陣是否為反身性的？是否為非反身性的？是否為對稱性的？是否為反對稱性的？是否為遞移性的？

8. 判斷習題 4 中集合 A 上關係 R 的表現矩陣是否為反身性的？是否為非反身性的？是否為對稱性的？是否為反對稱性的？是否為遞移性的？

9. 令 $A = \{1, 2, ..., 100\}$ 為首 100 個正整數所形成的集合，若 R 為集合 A 上的關係，其定義如下，則其表現矩陣中有多少個 0 元素？

   a) $\{(a, b) \mid a > b\}$
   b) $\{(a, b) \mid a \neq b\}$
   c) $\{(a, b) \mid a = b + 1\}$
   d) $\{(a, b) \mid a = 1\}$
   e) $\{(a, b) \mid ab = 1\}$

10. 令 $A = \{1, 2, ..., 1000\}$ 為首 1000 個正整數所形成的集合，若 R 為集合 A 上的關係，其定義如下，則其表現矩陣中有多少個 0 元素？

    a) $\{(a, b) \mid a \leq b\}$
    b) $\{(a, b) \mid a = b \pm 1\}$
    c) $\{(a, b) \mid a + b = 1000\}$
    d) $\{(a, b) \mid a + b \leq 1001\}$
    e) $\{(a, b) \mid a \neq 0\}$

11. 如何利用集合 A 上關係 R 的表現矩陣來建立出 R 之補關係 $\overline{R}$ 的表現矩陣？

12. 如何利用集合 A 上關係 R 的表現矩陣來建立出 R 之逆關係 R^{-1} 的表現矩陣？

13. 令表現關係 R 的矩陣為

$$\mathbf{M}_R = \begin{bmatrix} 0 & 1 & 1 \\ 1 & 1 & 0 \\ 1 & 0 & 1 \end{bmatrix}$$

求出表現下列關係的矩陣。

a) R^{-1} b) $\overline{R}$

c) R^2

14. 令 R_1 和 R_2 為集合 A 上的關係，其表現矩陣分別為

$$\mathbf{M}_{R_1} = \begin{bmatrix} 0 & 1 & 0 \\ 1 & 1 & 1 \\ 1 & 0 & 0 \end{bmatrix} \quad 與 \quad \mathbf{M}_{R_2} = \begin{bmatrix} 0 & 1 & 0 \\ 0 & 1 & 1 \\ 1 & 1 & 1 \end{bmatrix}$$

求出表現下列關係的矩陣。

a) $R_1 \cup R_2$ b) $R_1 \cap R_2$

c) $R_2 \circ R_1$ d) $R_1 \circ R_1$

e) $R_1 \oplus R_2$

15. 令表現關係 R 的矩陣為

$$\mathbf{M}_R = \begin{bmatrix} 0 & 1 & 0 \\ 0 & 0 & 1 \\ 1 & 1 & 0 \end{bmatrix}$$

求出表現下列關係的矩陣。

a) R^2 b) R^3

c) R^4

16. 令 R 為 n 元集合 A 上的關係。若在表現 R 的矩陣 $\mathbf{M}_R$ 中有 k 個非零元素，則在矩陣 $\mathbf{M}_{R^{-1}}$ 中有多少非零元素？其中，R^{-1} 為 R 的逆關係。

17. 令 R 為 n 元集合 A 上的關係。若在表現 R 的矩陣 $\mathbf{M}_R$ 中有 k 個非零元素，則在矩陣 $\mathbf{M}_{\overline{R}}$ 中有多少非零元素？其中，$\overline{R}$ 為 R 的補關係。

18. 畫出表現習題 1 中各個關係的有向圖。

19. 畫出表現習題 2 中各個關係的有向圖。

20. 畫出表現習題 3 中各個關係的有向圖。

21. 畫出表現習題 4 中各個關係的有向圖。

22. 畫出表現關係 $\{(a, a), (a, b), (b, c), (c, b), (c, d), (d, a), (d, b)\}$ 的有向圖。

在習題 23 至 28 中，列出下列表現關係之有向圖的有序對。

23.

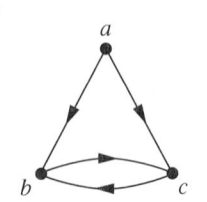

24.

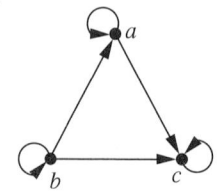

25.

26.

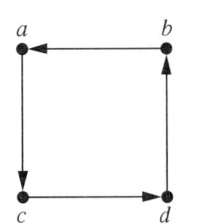

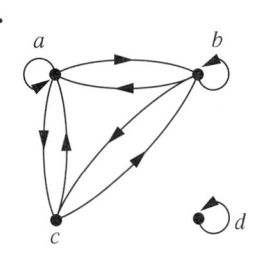

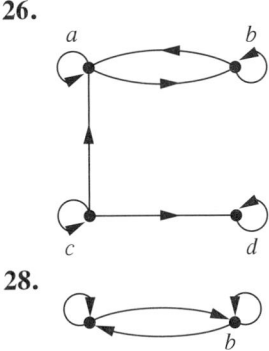

27.

28.

29. 如何使用有限集合 A 上關係 R 的有向圖表現法來判斷關係是否為非對稱性的？
30. 如何使用有限集合 A 上關係 R 的有向圖表現法來判斷關係是否為非反身性的？
31. 判斷習題 23 至 25 中有向圖表現的關係是否為反身性的？是否為非反身性的？是否為對稱性的？是否為反對稱性的？是否為遞移性的？
32. 判斷習題 26 至 28 中有向圖表現的關係是否為反身性的？是否為非反身性的？是否為對稱性的？是否為反對稱性的？是否為遞移性的？
33. 令 R 為集合 A 上的關係。如何使用表現 R 的有向圖來建構表現逆關係 R^{-1} 的有向圖？
34. 令 R 為集合 A 上的關係。如何使用表現 R 的有向圖來建構表現補關係 $\overline{R}$ 的有向圖？
35. 證明若 $\mathbf{M}_R$ 為表現關係 R 的矩陣，則 $\mathbf{M}_R^{[n]}$ 為表現關係 R^n 的矩陣。
36. 給定兩個表現不同關係的有向圖。如何利用這兩個有向圖，建構出表現兩關係的聯集、交集、對稱差集、差集和合成關係的有向圖？

8.4 關係的閉包 *Closures of Relations*

引言

一個電腦網路分別在波士頓、芝加哥、丹佛、底特律、紐約和聖地牙哥設有資料中心。從波士頓到芝加哥、波士頓到底特律、芝加哥到底特律、底特律到丹佛和紐約到聖地牙哥，都有單向的電話線。如果存在一條從資料中心 a 連接到 b 的電話線，(a, b) 就屬於關係 R。如何得知從一個中心是否可以連接（可能不是直接）到另一個中心？由於所有的連接不一定是直接的，例如從波士頓可通過底特律連接到丹佛，因此不能直接使用 R 來回答這個問題。用關係的術語來說，R 不是遞移性的，所以不包含所有被連接的的對。正如將在本節證明的，我們可以通過建構包含 R 的最小遞移關係，來找出每一對有著連線的資料中心。這個關係稱為 R 的**遞移閉包**（**transitive closure**）。

一般來說，令 R 是集合 A 上的關係，可能具有或不具有某種性質 **P**（例如反身性、對稱性或遞移性）。如果存在包含 R 且具有性質 **P** 的關係 S，並且 S 是包含 R 且具有性質 **P** 的每一個關係的子集，則 S 稱為 R 關於 **P** 的**閉包**（closure）。（一個關係對某個性質的閉包可能不存在，見習題 15。）我們將說明如何找出關係的反身閉包、對稱閉包和遞移閉包。

閉包

集合 $A = \{1, 2, 3\}$ 上的關係 $R = \{(1, 2), (1, 2), (2, 1), (3, 2)\}$ 不是反身性的。如何產生一個包含 R 且盡可能小的反身關係呢？可以透過把 $(2, 2)$ 和 $(3, 3)$ 加到 R 中來達成，因為只有它們是不在 R 中的 (a, a) 序對。很清楚地，這個新關係包含 R。此外，其他包含 R 的反身關係也必須包含 $(2, 2)$ 和 $(3, 3)$。因為這個包含 R 的關係是反身性的，而且被包含在每一個包含 R 的反身關係之中，因此稱為 R 的**反身閉包**（reflexive closure）。

正如這個例子所顯示的，已知集合 A 上的關係 R，對所有的 $a \in A$，除了已在 R 中的之外，可以透過將所有如 (a, a) 的序對都加到 R 中，就構成 R 的反身閉包。加入這些序對產生了一個反身性的、包含 R 的關係，並且被包含在任何包含 R 的反身關係之中。我們可以看出 R 的反身閉包等於 $R \cup \Delta$，其中 $\Delta = \{(a, a) \mid a \in A\}$ 是 A 上的**對角線關係**（diagonal relation）。（讀者應自行驗證。）

例題 1　整數集合上的關係 $R = \{(a, b) \mid a < b\}$，其反身閉包為何？

解：R 的反身閉包是

$$R \cup \Delta = \{(a, b) \mid a < b\} \cup \{(a, a) \mid a \in \mathbf{Z}\} = \{(a, b) \mid a \leq b\}$$

◀

$\{1, 2, 3\}$ 上的關係 $\{(1, 1), (1, 2), (2, 2), (2, 3), (3, 1), (3, 2)\}$ 不是對稱性的。如何可以產生一個包含 R 且盡可能小的對稱關係？對此，只需增加 $(2, 1)$ 和 $(1, 3)$，因為只有它們是滿足 $(a, b) \in R$，而 (b, a) 不在 R 中的那些 (b, a)。這個新關係是對稱性的，而且包含 R。此外，任何包含 R 的對稱關係一定包含這個新關係，因為一個包含 R 的對稱關係必須包含 $(2, 1)$ 和 $(1, 3)$。因此這個新關係稱為 R 的**對稱閉包**（symmetric closure）。

如同此例題所顯示的，關係 R 的對稱閉包可以透過增加所有 (a, b) 在關係中而 (b, a) 不在關係中的有序對 (b, a) 來產生。增加這些有序對產生一個對稱關係，包含了 R，而且是任何包含 R 之對稱關係的子集。關係 R 的對稱閉包可以透過原關係及其逆關係的聯集來加以建構（定義可見於 8.1 節習題 26 前的說明），即 $R \cup R^{-1}$ 是 R 的對稱閉包，其中 $R^{-1} = \{(b, a) \mid (a, b) \in R\}$。讀者應自行驗證。

例題 2　正整數集合上的關係 $R = \{(a, b) \mid a > b\}$，其對稱閉包為何？

解：R 的對稱閉包是關係

$$R \cup R^{-1} = \{(a, b) \mid a > b\} \cup \{(b, a) \mid a > b\} = \{(a, b) \mid a \neq b\}$$

第二個等式之所以成立，是因為 R 包含所有第一個分量比第二個分量大的正整數序對，而 R^{-1} 包含的所有的正整數序對，其第一個分量比第二個分量小。◀

假設關係 R 不是遞移性的，如何產生一個包含 R 的遞移關係並使得這個新關係是在任何包含 R 的遞移關係的子集？對於已經在 R 中的 (a, b) 和 (b, c)，可以透過增加所有形如 (a, c) 的序對來構成 R 的遞移閉包嗎？考慮集合 $\{1, 2, 3, 4\}$ 上的關係 $R = \{(1, 3), (1, 4), (2, 1), (3, 2)\}$，這個關係不是遞移性的，因為對於在 R 中的 $(1, 3)$ 和 $(3, 2)$，它並不包含 $(1, 2)$ 的序對。這種不在 R 中的序對有 $(1, 2)$、$(2, 3)$、$(2, 4)$ 和 $(3, 1)$。然而，把這些序對加到 R 中並不能產生一個遞移關係，因為所得的結果關係包含 $(3, 1)$ 和 $(1, 4)$，卻不包含 $(3, 4)$，這說明建構關係的遞移閉包比起建構反身閉包或對稱閉包更複雜。本節將介紹一個建構遞移閉包的演算法。一個關係的遞移閉包可以透過陸續增加那些必須出現的序對來得到；而且這個過程必須重複，直到沒有需增加的序對為止。

有向圖中的路徑

我們將看到以有向圖表現關係會如何幫助建構關係的遞移閉包。為了這個目的，先介紹一些術語。

沿著有向圖的邊（按照邊的方向）移動就能得到一條有向圖的路徑。

定義 1 ■ 在有向圖 G 中，從 a 到 b 的路徑（path）是指 G 中一個邊的序列 (x_0, x_1)、(x_1, x_2)、(x_2, x_3)、$\cdots$、(x_{n-1}, x_n)，其中 n 為正整數，且 $x_0 = a$ 和 $x_n = b$。也就是說，路徑是邊的序列，其中路徑的任一個邊的終點和下一個邊的始點相同；可記為 $x_0, x_1, x_2, \ldots, x_{n-1}, x_n$，長度為 n。我們把不包含邊（長度為 0）的序列視為一條從 a 到 a 的路徑。當 $n \geq 1$，在同一頂點開始和結束的路徑叫做環道（circuit）或環圈（cycle）。

有向圖的路徑可以通過某一個頂點不只一次。此外，有向圖的邊也可以多次出現在一條路徑中。

例題 3 下面哪些序列是圖 1 有向圖中的路徑：a, b, e, d、a, e, c, d, b、b, a, c, b, a, a, b、d, c、c, b, a、e, b, a, b, a, b, e？這些路徑的長度是多少？哪些路徑是環道？

解：因為 (a, b)、(b, e) 和 (e, d) 都是邊，所以 a, b, e, d 是長度為 3 的路徑。因為 (c, d) 不是邊，所以 a, e, c, d, b 不是路徑。因為 (b, a)、(a, c)、(c, b)、(b, a)、(a, a) 和 (a, b) 都是邊，所以 b, a, c, b, a, a, b 是長度為 6 的路徑。因為 (d, c) 是邊，所以 d, c 是長度為 1 的路徑。由於 (c, b) 和 (b, a) 都是邊，所以

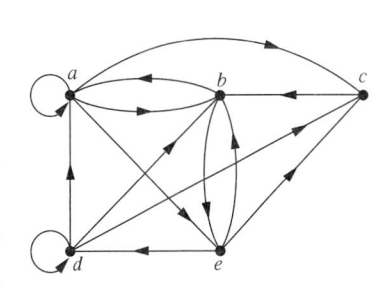

圖 1　有向圖

c, b, a 是長度為 2 的路徑。因為 (e, b)、(b, a)、(a, b)、(b, a)、(a, b) 和 (b, e) 都是邊,所以 e, b, a, b, a, b, e 是長度為 6 的路徑。

b, a, c, b, a, a, b 和 e, b, a, b, a, b, e 這兩條路徑是環道,因為它們在同一頂點開始和結束。路徑 a, b, e, d 和 c, b, a 和 d, c 則不是環道。 ◀

路徑這個術語也用於關係之中。把有向圖的定義推廣到關係,如果存在一個元素的序列 $a, x_1, x_2, ..., x_{n-1}, b$,使得 $(a, x_1) \in R$、$(x_1, x_2) \in R$,$\cdots$,$(x_{n-1}, b) \in R$,則在 R 中存在一條從 a 到 b 的路徑。由關係中的路徑定義可以得到定理 1。

> **定理 1** ■ 令 R 是集合 A 上的關係。從 a 到 b 存在一條長度為 n 的路徑,若且唯若 $(a, b) \in R^n$。

證明:我們將使用數學歸納法來證明。根據定義,從 a 到 b 存在一條長度為 n 的路徑,若且唯若 $(a, b) \in R$。因此當 $n = 1$ 時,定理為真。

假設正整數 n 時定理為真,此即歸納假設。從 a 到 b 存在一條長度為 $n + 1$ 的路徑,若且唯若存在元素 $c \in A$,使得從 a 到 c 存在一條長度為 1 的路徑(亦即 $(a, c) \in R$),以及一條從 c 到 b 的長度為 n 的路徑(亦即 $(c, b) \in R^n$)。因此,由歸納假設,從 a 到 b 存在一條長度為 $n + 1$ 的路徑等價於存在一個元素 c,使得 $(a, c) \in R$ 和 $(c, b) \in R^n$。但是存在這樣一個元素等於 $(a, b) \in R^{n+1}$。因此,從 a 到 b 存在一條長度為 $n + 1$ 的路徑等價於 $(a, b) \in R^{n+1}$,定理得證。 ◁

遞移閉包

現在證明一個關係的遞移閉包與在相關的有向圖中找出哪些頂點間存在路徑連結是等價的。有了這個想法,我們定義一個新的關係。

> **定義 2** ■ 令 R 是集合 A 的關係。連通關係 R^* 由元素對 (a, b) 組合,使得由 a 到 b 之間存在一條長度至少為 1 的路徑於 R 中。

因為 R^n 由元素對 (a, b) 構成,使得存在一條從 a 到 b 長度為 n 的路徑,因此 R^* 是所有集合 R^n 的聯集。換句話說,即

$$R^* = \bigcup_{n=1}^{\infty} R^n$$

許多模型都用到連通關係。

例題 4 令 R 是世界上所有人這個集合上的關係，如果 a 認識 b，則 R 包含 (a, b)。R^n 代表什麼意義？其中 n 是大於 2 的正整數。R^* 又代表什麼？

解：如果存在某人 c，使得 $(a, c) \in R$ 和 $(c, b) \in R$，亦即存在某人 c 使得 a 認識 c 且 c 認識 b，則關係 R^2 包含 (a, b)。同樣地，如果存在 $x_1, x_2, ..., x_{n-1}$ 使得 a 認識 x_1，x_1 認識 x_2，……，x_{n-1} 認識 b，則 R^n 包含 (a, b)。

如果存在一個序列，從 a 開始至 b 終止，使得序列中的每個人都認識序列中的下一個人，則 R^* 包含 (a, b)。（關於 R^* 存在許多有趣的猜想。這個連通關係包含以你作為第一分量、蒙古總統作為第二分量的一對元素嗎？我們將在第 9 章用圖形來模擬這個應用。）◀

例題 5 令 R 是紐約市所有地鐵站的集合上的關係。如果可以從 a 站不換車就前進到 b 站，則 R 包含 (a, b)。當 n 是正整數時，R^n 代表什麼意義？R^* 又代表什麼？

解：令 R 是紐約市所有地鐵站的集合上的關係。如果可以從 a 站轉車 $n - 1$ 次前進到 b 站，關係 R^n 就包含 (a, b)。從 a 站前進到 b 站，如果需要可以換車任意多次，關係 R^* 就由這種序對 (a, b) 組成。（讀者應自行驗證。）◀

例題 6 令 R 是所有美國各州的集合上的關係。如果 a 州和 b 州有共同的邊界，則 R 包含 (a, b)。R^n 代表什麼意義？其中 n 是正整數。R^* 又代表什麼？

解：關係 R^n 由對 (a, b) 構成，其中可以從 a 州恰好跨越 n 個邊界到 b 州。R^* 由對 (a, b) 構成，其中可以從 a 州跨越任意多次的邊界到 b 州。（讀者應自行驗證。）只有不連接到美國大陸的州（亦即阿拉斯加或夏威夷）的序對是不在 R^* 中的。◀

定理 2 證明一個關係的遞移閉包和相關的連通關係是一樣的。

定理 2 ■ 關係 R 的遞移閉包等於連通關係 R^*。

證明：由定義可知 R^* 包含 R。為證明 R^* 是 R 的遞移閉包，必須證明 R^* 是遞移性的，而且對一切包含 R 的遞移關係 S 有 $R^* \subseteq S$。

首先，證明 R^* 是遞移性的。如果 $(a, b) \in R^n$ 和 $(b, c) \in R^n$，則在 R 中分別存在從 a 到 b 和從 b 到 c 的路徑。以從 a 到 b 的路徑開始，接上從 b 到 c 的路徑就得到一條從 a 到 c 的路徑，因此 $(a, c) \in R^*$。所以 R^* 是遞移性的。

現在假設 S 是包含 R 的遞移關係。因為 S 是遞移性的，S^n 也是遞移性的（讀者應該能夠自行驗證），而且 $S^n \subseteq S$（根據 8.1 節定理 1）。此外，因為

$$S^* = \bigcup_{k=1}^{\infty} S^k$$

而且 $S^k \subseteq S$，因此 $S^* \subseteq S$。我們發現如果 $R \subseteq S$，則 $R^* \subseteq S^*$，因為任何 R 中的路徑也是 S 中的路徑，所以 $R^* \subseteq S^* \subseteq S$。於是，任何包含 R 的遞移關係 S 也一定包含 R^*。因此，R^* 是 R 的遞移閉包。 ◁

現在知道遞移閉包等於連通關係，我們考慮這個關係的計算問題。在一個有限的有向圖中，不需要檢測所有長度的路徑來確定兩個頂點間是否存在一條路徑。正如引理 1 所證明的，檢測包含不超過 n 個邊的路徑就足夠了，其中 n 是集合的元素個數。

引理 1 ■ 令 A 是 n 元素集合，R 是 A 上的關係。如果在 R 中存在一條從 a 到 b 的路徑，則存在一條長度不超過 n 的路徑。此外，當 $a \neq b$ 時，如果在 R 中存在一條從 a 到 b 的路徑，則存在一條長度不超過 $n-1$ 的路徑。

證明：假設 R 中存在從 a 到 b 的路徑。令 m 是這種路徑中最短的長度。假設 $x_0, x_1, x_2, ..., x_{m-1}, x_m$ 是一條從 a 到 b 的路徑，其中 $x_0 = a$，$x_m = b$。

假設 $a = b$ 且 $m > n$，則由鴿洞原理知 $m \geq n+1$。因為 A 中有 n 個頂點，在 m 個頂點 $x_0, x_1, x_2, ..., x_{m-1}$ 中，至少有兩個是相同的（見圖 2）。

假設 $x_i = x_j$ 且 $0 \leq i < j \leq m-1$，則這條路徑包含一條從 x_i 到 x_i 的迴路。把這條迴路從由 a 到 b 的路徑中

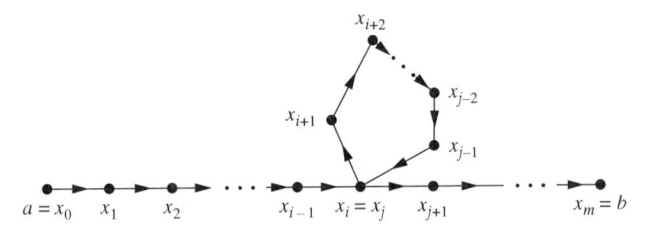

圖 2 產生一條長度不大於 n 的路徑

刪除，剩下的路徑（亦即 $x_0, x_1, ..., x_i, x_{j+1}, ..., x_{m-1}, x_m$）是從 a 到 b 的更短路徑。與 m 是最短的長度予盾，所以 m 不可能大於 n。因此，此種路徑的最短長度一定小於或等於 n。

$a \neq b$ 的情況留給讀者當成練習。 ◁

由引理 1，可以看出 R 的遞移閉包是 R、R^2、R^3、……與 R^n 的聯集。因為在 R^* 的兩個頂點之間存在一條路徑，若且唯若對某個正整數 $i(i \leq n)$ 在 R^i 中此兩頂點之間存在一條路徑。又因為

$$R^* = R \cup R^2 \cup R^3 \cup \cdots \cup R^n$$

而且表現關係聯集的零-壹矩陣是這些關係之零-壹矩陣的聯合（join），因此表現遞移閉包的零-壹矩陣是 R 的零-壹矩陣之前 n 次冪零-壹矩陣的聯合。

定理 3 ■ 令 $\mathbf{M}_R$ 是 n 元素集合上的關係 R 的零-壹矩陣，則遞移閉包 R^* 的零-壹矩陣是

$$\mathbf{M}_{R^*} = \mathbf{M}_R \vee \mathbf{M}_R^{[2]} \vee \mathbf{M}_R^{[3]} \vee \cdots \vee \mathbf{M}_R^{[n]}$$

例題 7 求出關係 R 之遞移閉包的零－壹矩陣，其中

$$\mathbf{M}_R = \begin{bmatrix} 1 & 0 & 1 \\ 0 & 1 & 0 \\ 1 & 1 & 0 \end{bmatrix}$$

解：由定理 3，可知 R^* 是

$$\mathbf{M}_{R^*} = \mathbf{M}_R \vee \mathbf{M}_R^{[2]} \vee \mathbf{M}_R^{[3]}$$

因為

$$\mathbf{M}_R^{[2]} = \begin{bmatrix} 1 & 1 & 1 \\ 0 & 1 & 0 \\ 1 & 1 & 1 \end{bmatrix} \qquad 與 \qquad \mathbf{M}_R^{[3]} = \begin{bmatrix} 1 & 1 & 1 \\ 0 & 1 & 0 \\ 1 & 1 & 1 \end{bmatrix}$$

所以

$$\mathbf{M}_{R^*} = \begin{bmatrix} 1 & 0 & 1 \\ 0 & 1 & 0 \\ 1 & 1 & 0 \end{bmatrix} \vee \begin{bmatrix} 1 & 1 & 1 \\ 0 & 1 & 0 \\ 1 & 1 & 1 \end{bmatrix} \vee \begin{bmatrix} 1 & 1 & 1 \\ 0 & 1 & 0 \\ 1 & 1 & 1 \end{bmatrix} = \begin{bmatrix} 1 & 1 & 1 \\ 0 & 1 & 0 \\ 1 & 1 & 1 \end{bmatrix}$$

◀

定理 3 可以作為計算關係 R^* 之矩陣演算法的基礎。為求出這個矩陣，必須連續計算 $\mathbf{M}_R$ 的布林冪次，直到第 n 次冪為止。這個過程顯示在演算法 1 中。

演算法 1 計算遞移閉包的程序

procedure *transitive closure* ($\mathbf{M}_R$: zero–one $n \times n$ matrix)
$\mathbf{A} := \mathbf{M}_R$
$\mathbf{B} := \mathbf{A}$
for $i := 2$ **to** n
　　$\mathbf{A} := \mathbf{A} \odot \mathbf{M}_R$
　　$\mathbf{B} := \mathbf{B} \vee \mathbf{A}$
return B{**B** is the zero–one matrix for R^*}

我們可以很容易地利用演算法 1 求出關係的遞移閉包所使用的位元運算次數。計算布林冪次需要求出 $n-1$ 個 $n \times n$ 的零－壹矩陣的布林積。每個布林積使用 $n^2(2n-1)$ 次位元運算求得。因此，計算這些乘積需要使用 $n^2(2n-1)(n-1)$ 次位元運算。

為從 n 個 $\mathbf{M}_R$ 的布林冪次求出 $\mathbf{M}_R, \mathbf{M}_R^{[2]}, \cdots, \mathbf{M}_R^{[n]}$，需要求 $n-1$ 個零－壹矩陣的聯合。計算每一個聯合使用 n^2 次位元運算，因此在這部分計算中使用 $(n-1)n^2$ 次位元運算。所以，使用演算法 1 時，需要 $n^2(2n-1)(n-1) + (n-1)n^2 = 2n^3(n-1)$ 次位元運算，亦即 $O(n^4)$ 次位元運算就可求出 n 元素集合上關係的遞移閉包矩陣。下面將描述一個更有效的求遞移閉包的演算法。

華歇爾演算法

華歇爾演算法是依史蒂芬・華歇爾而命名的，他在 1960 年設計出這個演算法。在計算關係的遞移閉包時，此演算法是非常有效率的。在求出 n 元素集合上關係的遞移閉包時，演算法 1 使用 $2n^3(n-1)$ 次位元運算，而華歇爾演算法只需要 $2n^3$ 次位元運算。

注意：華歇爾演算法有時也稱為羅伊 - 華歇爾演算法，因為羅伊（B. Roy）在 1959 年也描述了這個演算法。

假設 R 是 n 元集合上的關係，假設 $v_1, v_2, ..., x_n$ 是這 n 個元素的任意排列。華歇爾演算法使用路徑**內點（interior vertex）**的概念。如果 $a, x_1, x_2, ..., x_{m-1}, b$ 是一個路徑，它的內點是 $x_1, x_2, ..., x_{m-1}$。例如，有向圖的一條路徑 a, c, d, f, g, h, b, j 的內點是 c, d, f, g, h 和 b；a, c, d, a, f, b 的內點是 c, d, a 和 f。

華歇爾演算法的基礎是建構一系列零－壹矩陣。這些矩陣定義為 $\mathbf{W}_0, \mathbf{W}_1, ..., \mathbf{W}_n$，其中 $\mathbf{W}_0 = \mathbf{M}_R$ 是這個關係的零－壹矩陣，而且 $\mathbf{W}_k = [w_{ij}^{(k)}]$。如果存在一條從 v_i 到 v_j 的路徑，使得這條路徑的所有內點都在集合 $\{v_1, v_2, ..., v_k\}$（序列中的前 k 個頂點）之中，則 $w_{ij}^{(k)} = 1$，否則為 0。（這條路徑的始點和終點可能在序列中的前 k 個頂點的集合之外。）而 $\mathbf{W}_n = \mathbf{M}_{R^*}$，因為 $\mathbf{M}_{R^*}$ 的第 (i, j) 項是 1，若且唯若存在一條從 v_i 到 v_j 的路徑，而且全部內點都在集合 $\{v_1, v_2, ..., v_n\}$ 之中（這些頂點即有向圖的所有頂點）。例題 8 說明矩陣 $\mathbf{W}_k$ 所表示的內容。

例題 8 令 R 是一個關係，其有向圖如圖 3 所示。假設 a, b, c, d 是集合元素的排列。求出矩陣 $\mathbf{W}_0$、$\mathbf{W}_1$、$\mathbf{W}_2$、$\mathbf{W}_3$ 和 $\mathbf{W}_4$，其中矩陣 $\mathbf{W}_4$ 是 R 的遞移閉包。

解：令 $v_1 = a$，$v_2 = b$，$v_3 = c$ 且 $v_4 = d$。$\mathbf{W}_0$ 是這個關係的矩陣，因此

$$\mathbf{W}_0 = \begin{bmatrix} 0 & 0 & 0 & 1 \\ 1 & 0 & 1 & 0 \\ 1 & 0 & 0 & 1 \\ 0 & 0 & 1 & 0 \end{bmatrix}$$

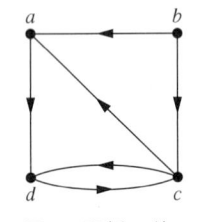

圖 3 關係 R 的有向圖

如果存在一條 v_i 到 v_j 的路徑，且只有 $v_1 = a$ 為內點，則 $\mathbf{W}_1$ 的 (i, j) 項為 1。因為所有長度為 1 的路徑沒有內點，所以仍舊可以使用。此外存在一條 b 到 d 的路徑，亦即 b, a, d。因此

史蒂芬・華歇爾（Stephen Warshall，生於 1935 年）是紐約人，1956 年獲得哈佛大學數學學士學位。此後，因為那個年代在他感興趣的領域裡沒有適合的課程計畫，所以沒有攻讀更高的學位。但是，他在數間大學修習碩士課程，並且對電腦科學和軟體工程的發展做出貢獻。華歇爾在作業系統、編譯器設計、程式語言設計和作業研究領域從事研究和開發工作。

$$\mathbf{W}_1 = \begin{bmatrix} 0 & 0 & 0 & 1 \\ 1 & 0 & 1 & 1 \\ 1 & 0 & 0 & 1 \\ 0 & 0 & 1 & 0 \end{bmatrix}$$

如果存在一條 v_i 到 v_j 的路徑，且只用 $v_1 = a$ 或 $v_2 = b$ 作為內點的路徑，則 $\mathbf{W}_2$ 的 (i, j) 項為 1。因為沒有以 b 作為終點的邊，當以 b 作為內點時不會得到新的路徑。因此，$\mathbf{W}_2 = \mathbf{W}_1$。

若存在一條 v_i 到 v_j 的路徑，且只用 $v_1 = a$、$v_2 = b$ 和 $v_2 = b$ 作為內點的路徑，則 $\mathbf{W}_3$ 的 (i, j) 項為 1。目前只增加了從 d 到 a 的路徑，亦即 d, c, a 與從 d 到 d 的路徑 d, c, d。因此

$$\mathbf{W}_3 = \begin{bmatrix} 0 & 0 & 0 & 1 \\ 1 & 0 & 1 & 1 \\ 1 & 0 & 0 & 1 \\ 1 & 0 & 1 & 1 \end{bmatrix}$$

最後，如果存在一條從 v_i 到 v_j 的路徑且以 $v_1 = a$、$v_2 = b$、$v_3 = c$ 和 $v_4 = d$ 作為內點，則 $\mathbf{W}_4$ 的 (i, j) 項為 1。因為這些是圖形的全部頂點，所以 (i, j) 項為 1 若且唯若存在一條從 v_i 到 v_j 的路徑。因此

$$\mathbf{W}_4 = \begin{bmatrix} 1 & 0 & 1 & 1 \\ 1 & 0 & 1 & 1 \\ 1 & 0 & 1 & 1 \\ 1 & 0 & 1 & 1 \end{bmatrix}$$

矩陣 $\mathbf{W}_4$ 就是遞移閉包的矩陣。 ◀

華歇爾演算法透過有效地計算 $\mathbf{W}_0 = \mathbf{W}_R$、$\mathbf{W}_1$、$\mathbf{W}_2$、$\ldots$、$\mathbf{W}_n = \mathbf{M}_{R^*}$ 來求出。不難看出可以直接從 $\mathbf{W}_{k-1}$ 計算出 $\mathbf{W}_k$：存在一條從 v_i 到 v_j 且只以 $v_1, v_2, \ldots, v_k$ 中的頂點作為內點的路徑，若且唯若存在一條從 v_i 到 v_j 且內點是序列中的前 $k - 1$ 個頂點的路徑，或者存在從 v_i 到 v_k 和從 v_k 到 v_j 的路徑，而這些路徑的內點是表中的前 $k - 1$ 個頂點。也就是說，在 v_k 作為內點之前，從 v_i 到 v_j 已經存在一條路徑，或以 v_k 作為內點產生一條從 v_i 到 v_k 然後從 v_k 到 v_j 的路徑。圖 4 顯示這兩種情況。

第一種類型的路徑存若且唯若 $w_{ij}^{[k-1]} = 1$，第二種類型的路徑存在若且唯若 $w_{ik}^{[k-1]}$ 和 $w_{kj}^{[k-1]}$ 為 1。於是，$w_{ij}^{[k]}$ 是 1 若且唯若 $w_{ij}^{[k-1]} = 1$ 或者 $w_{ik}^{[k-1]}$ 與 $w_{kj}^{[k-1]}$ 為 1。如此一來就得到引理 2。

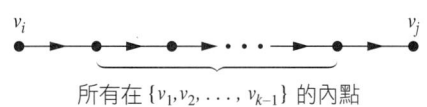

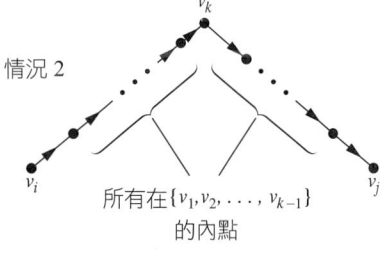

圖 4 加入 v_k 於允許內點集合

引理 2 ■ 令 $\mathbf{W}_k = [w_{ij}^{[k]}]$ 是零－壹矩陣，在 (i, j) 位置的值為 1，若且唯若存在一條從 v_i 到 v_j 內點取自集合 $\{v_1, v_2, ..., v_k\}$ 的路徑，則

$$w_{ij}^{[k]} = w_{ij}^{[k-1]} \vee (w_{ik}^{[k-1]} \wedge w_{kj}^{[k-1]})$$

其中 i、j 和 k 是不超過 n 的正整數。

引理 2 提供有效計算矩陣 $\mathbf{W}_k$，$k = 1, 2, ..., n$ 的方法。我們在演算法 2 描述使用引理 2 的華歇爾演算法虛擬碼。

演算法 2 華歇爾演算法

procedure *Warshall* ($\mathbf{M}_R : n \times n$ zero–one matrix)
$\mathbf{W} := \mathbf{M}_R$
for $k := 1$ **to** n
    for $i := 1$ **to** n
        for $j := 1$ **to** n
            $w_{ij} := w_{ij} \vee (w_{ik} \wedge w_{kj})$
return $\mathbf{W}\{\mathbf{W} = [w_{ij}]$ is $\mathbf{M}_{R^*}\}$

很容易以位元運算次數求出華歇爾演算法的計算複雜度。使用引理 2，從 $w_{ij}^{[k]}$、$w_{ij}^{[k-1]}$ 和 $w_{ik}^{[k-1]}$ 找到 $w_{kj}^{[k-1]}$ 需要 2 次運算。因此，從 $\mathbf{W}_{k-1}$ 找出 $\mathbf{W}_k$ 的所有 n^2 個項需要 $2n^2$ 次位元運算。因為華歇爾演算法從 $\mathbf{W}_0 = \mathbf{W}_R$ 開始，計算 n 個零－壹矩陣的序列 $\mathbf{W}_1$、$\mathbf{W}_2$、⋯、$\mathbf{W}_n = \mathbf{M}_{R^*}$，因此使用的位元運算總數是 $n \cdot 2n^2 = 2n^3$。

習題 Exercises　　*表示為較難的練習；**表示為高度挑戰性的練習；☞ 對應正文。

1. 令 R 是集合 $\{0, 1, 2, 3\}$ 上的關係，包含序對 $(0, 1)$、$(1, 1)$、$(1, 2)$、$(2, 0)$、$(2, 2)$ 和 $(3, 0)$。求出：
   a) R 的反身閉包。　　　　　　　　**b)** R 的對稱閉包。
2. 令 R 是整數集合上的關係 $\{(a, b) \mid a \neq b\}$，R 的反身閉包為何？
3. 令 R 是整數集合上的關係 $\{(a, b) \mid a$ 整除 $b\}$，R 的對稱閉包為何？
4. 給定表現有限集合關係的有向圖，如何畫出表示反身閉包的有向圖？

習題 5 至 7 中，給定有向圖所表示的關係，畫出其反身閉包的有向圖。

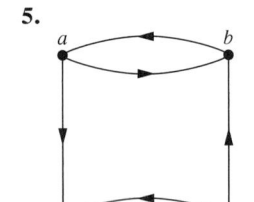

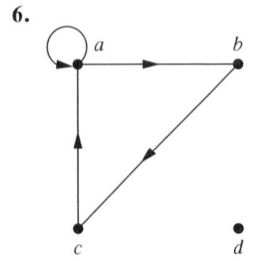

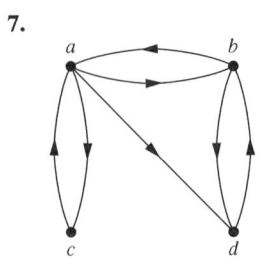

5.
6.
7.

8. 如何從有限集合上關係的有向圖建構出表現其對稱閉包的有向圖？
9. 根據習題 5 至 7 的每個有向圖表示的關係，求出表現關係之對稱閉包的有向圖。
10. 找出包含例題 2 中關係的反身性和對稱性的最小關係。
11. 根據習題 5 至 7 的每個有向圖表示的關係，求出包含其最小反身對稱關係的有向圖。
12. 假設有限集合上 A 的關係 R 由矩陣 $\mathbf{M}_R$ 表示，證明表現 R 之反身閉包的矩陣是 $\mathbf{M}_R \vee \mathbf{I}_n$。
13. 假設有限集合上 A 的關係 R 由矩陣 $\mathbf{M}_R$ 表示，證明表現 R 之對稱閉包的矩陣是 $\mathbf{M}_R \vee \mathbf{M}_R^t$。
14. 證明如果關係 R 對於性質 **P** 的閉包存在，就是所有包含 R 具有性質 **P** 之關係的交集。
15. R 的非反身閉包（irreflexive closure）為包含 R 且被包含在每一個包含 R 的非反身關係之中的關係，如何方能定義一個關係的非反身閉包？
16. 判斷下列頂點序列是否為有向圖中的路徑。

    a) a, b, c, e
    b) b, e, c, b, e
    c) a, a, b, q, d, e
    d) b, c, e, d, a, a, b
    e) b, c, c, b, e, d, e, d
    f) $a, a, b, b, c, c, b, e, d$

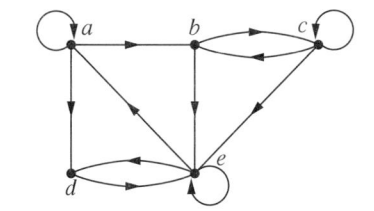

17. 求出習題 16 的有向圖中所有長度為 3 的路徑。
18. 判斷習題 16 的有向圖中是否存在一條以下列第一頂點作為起點和第二頂點作為終點的路徑。

    a) a, b　　　　　　　　　　b) b, a
    c) b, b　　　　　　　　　　d) a, e
    e) b, d　　　　　　　　　　f) c, d
    g) d, d　　　　　　　　　　h) e, a
    i) e, c

19. 令 R 是集合 $\{1, 2, 3, 4, 5\}$ 上的關係，R 包含有序對 $(1, 3)$、$(2, 4)$、$(3, 1)$、$(3, 5)$、$(4, 3)$、$(5, 1)$、$(5, 2)$ 和 $(5, 4)$。求出

    a) R^2　　　　　　　　　　b) R^3
    c) R^4　　　　　　　　　　d) R^5
    e) R^6　　　　　　　　　　f) R^*

20. 令 R 是下列關係：如果存在一條從 a 城到 b 城的直達航班，則 R 包含序對 (a, b)。(a, b) 什麼時候會出現在下面的關係中？

    a) R^2　　　　　　　　　　b) R^3
    c) R^*

21. 令 R 是所有學生形成的集合上的關係，如果 a ≠ b 且 a 和 b 至少共同修一門課，則 R 包含序對 (a, b)。(a, b) 什麼時候會出現在下面的關係中？
    a) R^2
    b) R^3
    c) R^*
22. 假設關係 R 是反身性的，證明 R^* 也是反身性的。
23. 假設關係 R 是對稱性的，證明 R^* 也是對稱性的。
24. 假設關係 R 是非反身性的，則 R^2 一定是非反身性的嗎？
25. 使用演算法 1，求出下列 {1, 2, 3, 4} 上的關係之遞移閉包。
    a) {(1, 2), (2, 1), (2, 3), (3, 4), (4, 1)}
    b) {(2, 1), (2, 3), (3, 1), (3, 4), (4, 1), (4, 3)}
    c) {(1, 2), (1, 3), (1, 4), (2, 3), (2, 4), (3, 4)}
    d) {(1, 1), (1, 4), (2, 1), (2, 3), (3, 1), (3, 2), (3, 4), (4, 2)}
26. 使用演算法 1，求出下列 {a, b, c, d, e} 上的關係之遞移閉包。
    a) {(a, c), (b, d), (c, a), (d, b), (e, d)}
    b) {(b, c), (b, e), (c, e), (d, a), (e, b), (e, c)}
    c) {(a, b), (a, c), (a, e), (b, a), (b, c), (c, a), (c, b), (d, a), (e, d)}
    d) {(a, e), (b, a), (b, d), (c, d), (d, a), (d, c), (e, a), (e, b), (e, c), (e, e)}
27. 利用華歇爾演算法求出習題 25 中關係的遞移閉包。
28. 利用華歇爾演算法求出習題 26 中關係的遞移閉包。
29. 求出包含關係 {{1, 2), (1, 4), (3, 3), (4, 1)} 且滿足下列條件的最小關係。
    a) 反身性與遞移性
    b) 對稱性與遞移性
    c) 反身性、對稱性與遞移性
30. 完成引理 1 中 a ≠ b 情況的證明。

8.5 等價關係 Equivalence Relations

引言

在一些程式語言中，變數的名稱可以包含無個數限制的字元。然而，當編譯器檢查兩變數是否完全相等時，卻只能檢查有限數目的字元。例如，在傳統 C 語言中，編譯器只檢查變數的前八個字元，如果前八個字元相同，編譯器會將這兩個長度大於八的變數當成相同變數。令 R 為字串集合上的關係。如果兩字串 s 與 t 的前八個字元完全一樣或是 s = t，則定義為 s R t。很明顯地，R 是反身性、對稱性和遞移性的，而且將字串集合區分成數個類別，在編譯器中，同一個類別中的字串都視為相同。

當 4 整除 a − b 時，則整數 a 和 b 經由模 4 同餘建立起關係，我們稍後將證明這個關係是反身性、對稱性和遞移性的。不難看出 a 和 b 有關係，若且唯若當除以 4 時，a 和 b

有相同的餘數。這個關係將整數集合分成四類。若僅關心整數除以 4 後的餘數時,只需要知道討論的對象屬於哪一類,不必知道它的特定值。

R 和模 4 同餘這兩個關係是等價關係,即同時為反身、對稱和遞移關係的例子。本節將證明這種關係把集合分割成由等價元素構成之一些不相交的類。當我們僅關心集合的某個元素是否屬於某個類,而不介意它的實際身分時,便能應用等價關係。

等價關係

> **定義 1** ■ 如果集合 A 上的關係是反身性、對稱性和遞移性的,則稱為等價關係(equivalence relation)。

等價關係在數學與資訊科學的領域中皆非常重要,其中一個原因在於,在等價關係中,兩個有關係的元素可視為等價的。

> **定義 2** ■ 在等價關係中,兩個有關係的元素可視為等價的(equivalent),記為 $a \sim b$。

若想讓上述符號有意義,對每個元素而言,應該與本身等價,即 $a \sim a$,在等價關係中的反身性將保證這個性質。同樣地,在等價關係中,若 a 與 b 有關係,根據對稱性,b 與 a 也會有關係。最後,若 a 與 b 有關係,且 b 與 c 有關係,根據遞移性,a 與 c 也會有關係。

例題 1 至例題 5 說明這個等價關係的符號。

例題 1 令 R 是整數集合上的關係,aRb 若且唯若 $a = b$ 或 $a = -b$。在 8.1 節中證明了 R 是反身性、對稱性和遞移性的,因此 R 是等價關係。 ◀

例題 2 令 R 是實數集合上的關係,aRb 若且唯若 $a - b$ 是整數。R 是否為等價關係?

解:對所有的實數 a 來說,$a - a = 0$ 是整數,因此對所有的實數,aRa,亦即 R 是反身性的。假設 aRb,則 $a - b$ 是整數,所以 $b - a$ 也是整數,因此 bRa,故 R 是對稱性的。如果 aRb 和 bRc,則 $a - b$ 和 $b - c$ 是整數,所以 $a - c = (a - b) + (b - c)$ 也是整數,因此 aRc,故 R 是遞移性的。綜合上述,可知 R 是等價關係。 ◀

最常使用的一種等價關係是「模 m 同餘」,其中 m 是大於 1 的整數。

例題 3 **模 m 同餘** 令 m 是大於 1 的正整數。證明關係

$$R = \{(a, b) \mid a \equiv b \pmod{m}\}$$

是整數集合上的等價關係。

解：回顧 4.1 節，$a \equiv b \pmod{m}$ 若且唯若 m 整除 $a - b$。請注意：因為 $0 = 0 \cdot m$，所以 $a - a = 0$ 被 m 整除。因此，$a \equiv a \pmod{m}$，所以模 m 同餘關係是反身性的。假設 $a \equiv b \pmod{m}$，則 $a - b$ 被 m 整除，亦即 $a - b = km$，其中 k 是整數。因此 $b - a = (-k)m$，亦即 $b \equiv a \pmod{m}$，所以模 m 同餘關係是對稱性的。假設 $a \equiv b \pmod{m}$ 和 $b \equiv c \pmod{m}$，可知 m 整除 $a - b$ 和 $b - c$。因此，存在整數 k 和 l，使得 $a - b = km$ 和 $b - c = lm$。將這兩個等式相加，$a - c = (a - b) + (b - c) = km + lm = (k + l)m$，因此 $a \equiv c \pmod{m}$。換言之，模 m 同餘關係是遞移性的。綜合上述，可知模 m 同餘關係是等價關係。◀

例題 4 令 R 是英文字母串集合上的關係，$a R b$ 若且唯若 $l(a) = l(b)$，其中 $l(x)$ 表示字串 x 的長度。R 是否為等價關係？

解：因為 $l(a) = l(a)$，只要 a 是一個字串，就有 $a R a$，所以 R 是反身性的。其次，假設 $a R b$，即 $l(a) = l(b)$，因為 $l(b) = l(a)$，則 $b R a$，因此 R 是對稱性的。最後，假設 $a R b$ 和 $b R c$，則 $l(a) = l(b)$ 和 $l(b) = l(c)$，因此 $l(a) = l(c)$，亦即 $a R c$，所以 R 是遞移性的。由於 R 是反身性、對稱性和遞移性的，所以 R 是等價關係。

例題 5 令 n 為正整數，S 為字串集合。假設 R_n 為 S 上的關係，$s R_n t$ 若且唯若 $s = t$，或是兩個字串 s 與 t 的前 n 個字元完全一樣，所以長度小於 n 的字串只與自身有關係。例如，令 $n = 3$，S 為所有的位元字串，則 $01 R_3 01$ 與 $00111 R_3 00101$，但 $01 \not{R_3} 010$，$01011 \not{R_3} 01110$。

證明對所有的字串集合和所有的正整數 n，R_n 都是 S 上的等價關係。

解：關係 R_n 為反身性的，因為對每個 S 中的字串 s 而言，$s = s$，亦即 $s R_n s$。若 $s R_n t$，則 $s = t$，或是兩字串 s 與 t 的前 n 個字元完全一樣。也可說 $t = s$，或是兩字串 t 與 s 的前 n 個字元完全一樣。所以 $t R_n s$，亦即 R_n 為對稱性的。

現在假設 $s R_n t$ 與 $t R_n u$，則 $s = t$，或是 s 與 t 的前 n 個字元完全一樣；以及 $t = u$，或是 t 與 u 的前 n 個字元完全一樣。所以，我們可推論出 $s = u$（兩字串的長度都不大於 n），或是兩字串 s 與 u 的前 n 個字元完全一樣（兩字串的長度都大於等於 n），所以 $s R_n u$，也就是 R_n 為遞移性的。由上述證明可得 R_n 是等價關係。◀

例題 6 與例題 7 將舉出兩個非等價關係的例子。

例題 6 證明正整數集合上的「整除」關係不是等價關係。

解：利用 8.1 節例題 9 與例題 15，我們知道「整除」關係是具有反身性與遞移性，然而，根據 8.1 節例題 12，可知它並不具對稱性的（例如，$2 | 4$，但 $4 \nmid 2$）。所以，正整數上的「整除」關係不是等價關係。◀

例題 7 令 R 為實數集合上的關係。$x R y$ 若且唯若 x 與 y 的差小於 1，也就是 $|x - y| < 1$。證明 R 不是等價關係。

解：R 是反身性的，因為當 x 為實數，$|x-x| = 0 < 1$。R 是對稱性的，若 $x R y$，則 $|x-y| < 1$，可得 $|y-x| = |x-y| < 1$，因此 $y R x$。然而 R 不是等價關係，因為 R 不是遞移性的。令 $x = 2.8$，$y = 1.9$，$z = 1.1$，因為 $|x-y| = |2.8-1.9| = 0.9 < 1$；$|y-z| = |1.9-1.1| = 0.8 < 1$；但是 $|x-z| = |2.8-1.1| = 1.7 > 1$。也就是說，則 $2.8 R 1.9$，$1.9 R 1.1$，然而 $2.8 \not R 1.1$。 ◀

等價類

令 A 為大學中所有自高中畢業的學生所形成的集合，考慮 A 上的關係 R。若有序對 $(x, y) \in R$，表示 x 和 y 從同一高中畢業。考慮學生 x，我們可以建構對於 R 所有與 x 等價之學生的集合。這個集合由與 x 在同一高中畢業的所有學生構成。這個集合 A 的子集稱為關係的等價類。

> **定義 3** ■ 令 R 是集合 A 上的等價關係。與 A 中元素 a 有關係的所有元素之集合稱為 a 的**等價類**（equivalence class），記作 $[a]_R$，當只考慮一個關係時，可以省去下標 R，記作 $[a]$。

換句話說，如果 R 是集合 A 上的等價關係，元素 a 的等價類是

$$[a]_R = \{s \mid (a, s) \in R\}$$

若 $b \in [a]_R$，則稱 b 為這個等價類的**代表元**（representative）。等價類中的任一個元素都可以當作這個等價類的代表元。

例題 8 在例題 1 的等價關係中，其等價類為何？

解：在這個等價關係中，一個整數等價於自身和它的加法反元素，亦即 $[a] = \{-a, a\}$。這個集合包含兩個不同的整數，除非 $a = 0$。例如，$[7] = \{-7, 7\}$、$[-5] = \{-5, 5\}$、$[0] = \{0\}$。 ◀

例題 9 在模 4 的同餘關係中，0 和 1 的等價類是什麼？

解：0 的等價類包含滿足 $a \equiv 0 \pmod{4}$ 的所有整數 a。這個類中的元素是能被 4 整除的整數。因此，就這個關係而言，0 的等價類是

$$[0] = \{\ldots, -8, -4, 0, 4, 8, \ldots\}$$

1 的等價類包含滿足 $a \equiv 1 \pmod{4}$ 的所有整數 a。這個類中的元素是被 4 除而餘數為 1 的整數。因此，就這個關係而言，1 的等價類是

$$[1] = \{\ldots, -7, -3, 1, 5, 9, \ldots\}$$

◀

例題 9 求出 0 和 1 對模 4 同餘的等價類。用任何正整數 m 代替 4 很容易能把例題 9 加以推廣。模 m 同餘關係的等價類稱為**模 m 同餘類**（congruence classes module m）。

整數 a 之模 m 的同餘類記作 $[a]_m$，因此 $[a]_m = \{..., a - 2m, a - m, a, a + m, a + 2m, ...\}$。例如，例題 9 得出 $[0]_4 = \{..., -8, -4, 0, 4, 8, ...\}$ 和 $[1]_4 = \{..., -7, -3, 1, 5, 8, ...\}$。

例題 10　在例題 5 的關係 R_3 中，字串 0111 的等價類為何？

解：與 0111 等價的字串，其前三個位元與 0111 相同，也就是其前三個位元必須是 011。所以，

$$[1] = \{..., -7, -3, 1, 5, 9, ...\}$$ ◀

例題 11　**在程式語言 C 中的識別元**　在程式語言 C 中，所謂**識別元**（**identifier**）是變數、函數或任何形態的實體。每個辨識元都是一個非空且為任意長度的字元字串（字元可為小寫字母、大寫字母、數字或是下橫線「_」，而第一個字元必須為小寫或大寫的英文字母）。如此可讓程式設計者利用他們想要的字元來命名變數。然而，當編譯器檢查兩變數是否完全相等時，卻只能檢查有限數目的字元，例如在標準 C 語言中，編譯器只檢查變數的前 31 個字元，因此如果長度大於 31 的兩個變數的前 31 個字元相同，編譯器會將它們當成相同的變數。在例題 5 中，我們發現兩個識別元因為 R_{31} 被視為是相同的。

下列辨識元：Number_of_tropical_storms、Number_of_named_tropical_storms 和 Number_of_named_tropical_storms_in_the_Atlantic_in_2005 的等價類為何？

解：我們注意到當某辨識元長度小於 31 時，根據 R_{31} 的定義，其等價類只有辨識元本身。因為辨識元 Number_of_tropical_storms 只有 25 個字元，所以包含此辨識元的等價類只有一個元素，就是此辨識元本身。

辨識元 Number_of_named_tropical_storms 有 31 個字元，所有以這 31 個字元開始的辨識元都屬於同一個等價類。

最後考慮辨識元 Number_of_named_tropical_storms_in_the_Atlantic_in_2005，由於其前 31 個字元與 Number_of_named_tropical_storms 完全相同，所以此兩辨識元屬於同一個等價類。 ◀

等價類與分割

令集合 A 是大學中主修一個科系之學生所組成的集合，R 是 A 上的關係，如果學生 x 和 y 是主修同一科系的學生，則 (x, y) 屬於 R。讀者可以自行驗證 R 是等價關係。我們可以發現等價類將 A 中的所有學生分成不相交的子集合，其中每個子集合包含某個特定科系的學生。例如，一個子集包含所有（只主修）資訊科學系的學生，第二個子集包含所有歷史系的學生。這些子集是 R 的等價類。上述例子說明一個等價關係的等價類如何把一個集合劃分成不相交的非空子集，我們將在下面的討論中進一步把這些概念精確化。

令 R 是集合 A 上的等價關係。定理 1 證明 A 的兩個元素的等價類不是相等，就是不相交。

定理 1 ■ 令 R 是集合 A 上的等價關係。當 a 與 b 是 A 中的元素時，下列命題是等價的：

(i) aRb (ii) $[a] = [b]$ (iii) $[a] \cap [b] \neq \emptyset$

證明： 首先證明 (i) 可推得 (ii)。假設 aRb，我們將透過證明 $[a] \subseteq [b]$ 和 $[b] \subseteq [a]$ 來證明 $[a] = [b]$。假設 $c \in [a]$，則 aRc。因為 aRb 和 R 的對稱性，有 bRa。又由於 R 是遞移性的以及 bRa 和 aRc，得到 bRc，因而有 $c \in [b]$。這就證明了 $[a] \subseteq [b]$。同樣的方式可以證明 $[b] \subseteq [a]$，細節留給讀者作為練習。

其次證明 (ii) 可推得 (iii)。假設 $[a] = [b]$，這就證明了 $[a] \cap [b] \neq \emptyset$，因為 $[a]$ 是非空的（由於 R 的反身性，$a \in [a]$）。

最後證明 (iii) 可推得 (i)。假設 $[a] \cap [b] \neq \emptyset$，則存在元素 c 使得 $c \in [a]$ 和 $c \in [b]$。換句話說，aRc 和 bRc。由對稱性得到 cRb。再根據遞移性，aRc 和 cRb，可得 aRb。

因為 (i) 推得 (ii)，(ii) 推得 (iii)，(iii) 推得 (i)，所以三個命題 (i)、(ii) 和 (iii) 是等價的。 ◁

現在將說明等價關係如何分割一個集合。令 R 是集合 A 上的等價關係。R 所有等價類的聯集就是 A 的全部，因為 A 的每個元素 a 都在它自己的等價類（即 $[a]_R$）中。換句話說，

$$\bigcup_{a \in A} [a]_R = A$$

此外，由定理 1，這些等價類是相等或不相交的，因此當 $[a]_R \neq [b]_R$ 時，

$[a]_R \cap [b]_R = \emptyset$

這兩個觀察證明等價類構成 A 的分割，因為它們將集合 A 分成不相交的子集。更精確地說，集合 S 的**分割（partition）**是一組 S 的不相交非空子集合，而且它們的聯集正好等於 S。換句話說，一組子集 A_i，$i \in I$（其中 I 是一個指標集合）構成 S 的分割，若且唯若

對於 $i \in I$，$A_i \neq \emptyset$

當 $i \neq j$，$A_i \cap A_j = \emptyset$

且

$$\bigcup_{i \in I} A_i = S$$

（符號 $\bigcup_{i \in I} A_i$ 表示對所有 $i \in I$，集合 A_i 的聯集。）圖 1 說明集合分割的概念。

圖 1 集合的分割

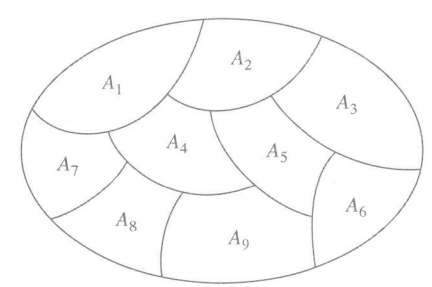

例題 12 　假設 $S = \{1, 2, 3, 4, 5, 6\}$，集合 $A_1 = \{1, 2, 3\}$、$A_2 = \{4, 5\}$ 和 $A_3 = \{6\}$ 構成 S 的一個分割。因為這些集合互不相交，而且聯集是 S。◀

我們已經看到集合上等價關係的等價類構成這個集合的一個分割。分割中的子集就是其等價類；反之，集合的每個分割皆可用來構成一個等價關係。兩個元素對於這個關係是等價的，若且唯若它們在這個分割的同一子集中。

為看出這一點，假設 $\{A_i \mid i \in I\}$ 是 S 的分割。假設 R 是 S 上由有序對 (x, y) 組成的關係，其中 x 和 y 屬於這個分割的同一子集 A_i。為證明 R 是等價關係，我們必須證明 R 是反身性、對稱性和遞移性的。

對於每個 $a \in S$，有 $(a, a) \in R$，因為 a 和它自己在同一子集中，所以 R 是反身性的。如果 $(a, b) \in R$，則 b 和 a 在這個分割的同一子集中，因此有 $(b, a) \in R$，所以 R 是對稱性的。如果 $(a, b) \in R$ 和 $(b, c) \in R$，則 a 和 b 在這個分割的同一子集 X 中，b 和 c 也在這個分割的同一子集 Y 中。因為 b 同時屬於 X 與 Y，即 $X \cap Y \neq \emptyset$，所以必有 $X = Y$。因而 a 和 c 屬於這個分割的同一子集，故 $(a, c) \in R$。於是 R 是具遞移性的。

以上證明 R 是等價關係。R 的等價類由 S 的子集構成，這些子集包含 S 的有關係元素時，根據 R 的定義，它們就是分割的子集。定理 2 總結等價關係和分割之間建立的關聯性。

定理 2 ■ 令 R 是集合 S 上的等價關係，則 R 的等價類構成 S 的分割。反之，設定集合 S 的分割 $\{A_i \mid i \in I\}$，則存在著等價關係 R，它以集合 A_i 作為等價類，其中 $i \in I$。

例題 13 說明如何從一個分割中建構出一個等價關係。

例題 13 　列出等價關係 R 中的有序對，由例題 12 的 $S = \{1, 2, 3, 4, 5, 6\}$ 的 $A_1 = \{1, 2, 3\}$、$A_2 = \{4, 5\}$ 和 $A_3 = \{6\}$ 來產生。

解：在分割中的子集合為 R 的等價類。序對 $(a, b) \in R$ 若且唯若 a 和 b 是在同一個分割子集合內。序對 $(1, 1), (1, 2), (1, 3), (2, 1), (2, 2), (2, 3), (3, 1), (3, 2)$ 和 $(3, 3)$ 屬於 R，這是因為 $A_1 = \{1, 2, 3\}$ 是一個等價類；序對 $(4, 4), (4, 5), (5, 4)$ 和 $(5, 5)$ 屬於 R，這是因為 $A_2 = \{4, 5\}$ 是一個等價類；最後，序對 $(6, 6)$ 屬於 R，這是因為 $A_3 = \{6\}$ 是一個等價類。除了上述列出的序對之外，沒有其他的序對屬於 R。◀

模 m 同餘類對定理 2 提供一個有用的說明。存在 m 個不同的模 m 同餘類，對應於當一個整數除以 m 時可能得到的 m 個不同的餘數。這 m 個同餘類記作 $[0]_m, [1]_m, ..., [m-1]_m$，構成了整數集合的分割。

例題 14 在模 4 同餘產生的整數分割中的集合是什麼？

解：存在 4 個同餘類，分別對應於 $[0]_4$、$[1]_4$、$[2]_4$ 和 $[3]_4$。它們是集合

$$[0]_4 = \{\ldots, -8, -4, 0, 4, 8, \ldots\},$$
$$[1]_4 = \{\ldots, -7, -3, 1, 5, 9, \ldots\},$$
$$[2]_4 = \{\ldots, -6, -2, 2, 6, 10, \ldots\},$$
$$[3]_4 = \{\ldots, -5, -1, 3, 7, 11, \ldots\}$$

這些同餘類是不相交的，並且每個整數恰好在它們之中的一個。換句話說，正如定理 2 所述，這些同餘類構成一個分割。◀

例題 15 令 R_3 為例題 5 中定義的關係，則 R_3 對所有位元字串集合的分割為何？

解：首先注意到，所有長度小於 2 的位元字串，其等價類只包含自己，也就是說，$[\lambda]_{R_3} = \{\lambda\}$，$[0]_{R_3} = \{0\}$，$[1]_{R_3} = \{1\}$，$[00]_{R_3} = \{00\}$，$[01]_{R_3} = \{01\}$，$[10]_{R_3} = \{10\}$ 和 $[11]_{R_3} = \{11\}$。至於其他的等價類如下所示：

$[000]_{R_3} = \{000, 0000, 0001, 00000, 00001, 00010, 00011, \ldots\}$,

$[001]_{R_3} = \{001, 0010, 0011, 00100, 00101, 00110, 00111, \ldots\}$,

$[010]_{R_3} = \{010, 0100, 0101, 01000, 01001, 01010, 01011, \ldots\}$,

$[011]_{R_3} = \{011, 0110, 0111, 01100, 01101, 01110, 01111, \ldots\}$,

$[100]_{R_3} = \{100, 1000, 1001, 10000, 10001, 10010, 10011, \ldots\}$,

$[101]_{R_3} = \{101, 1010, 1011, 10100, 10101, 10110, 10111, \ldots\}$,

$[110]_{R_3} = \{110, 1100, 1101, 11000, 11001, 11010, 11011, \ldots\}$,

$[111]_{R_3} = \{111, 1110, 1111, 11100, 11101, 11110, 11111, \ldots\}$

這 15 個等價類兩兩不相交，而且每個位元字串都只恰巧屬於一個等價類。根據定理 2，上述等價類將所有的位元字串做了分割。◀

習題 Exercises

* 表示為較難的練習；** 表示為高度挑戰性的練習；☞ 對應正文。

1. 下列是 $\{0, 1, 2, 3\}$ 上的關係，其中哪些是等價關係？若不是等價關係，判斷其所缺少的性質。

   a) $\{(0, 0), (1, 1), (2, 2), (3, 3)\}$

   b) $\{(0, 0), (0, 2), (2, 0), (2, 2), (2, 3), (3, 2), (3, 3)\}$

   c) $\{(0, 0), (1, 1), (1, 2), (2, 1), (2, 2), (3, 3)\}$

   d) $\{(0, 0), (1, 1), (1, 3), (2, 2), (2, 3), (3, 1), (3, 2), (3, 3)\}$

   e) $\{(0, 0), (0, 1), (0, 2), (1, 0), (1, 1), (1, 2), (2, 0), (2, 2), (3, 3)\}$

2. 下列是所有人所形成之集合上的關係，其中哪些是等價關係？若不是等價關係，判斷其所缺少的性質。
   a) $\{(a, b) \mid a$ 與 b 有相同的年齡$\}$
   b) $\{(a, b) \mid a$ 與 b 有相同的父母$\}$
   c) $\{(a, b) \mid a$ 與 b 有相同的父親或相同的母親$\}$
   d) $\{(a, b) \mid a$ 與 b 相識$\}$
   e) $\{(a, b) \mid a$ 與 b 說同一種語言$\}$

3. 下列是從 **Z** 到 **Z** 的所有函數所形成之集合上的關係，其中哪些是等價關係？若不是等價關係，判斷其所缺少的性質。
   a) $\{(f, g) \mid f(1) = g(1)\}$
   b) $\{(f, g) \mid f(0) = g(0)$ 或 $f(1) = g(1)\}$
   c) $\{(f, g) \mid f(x) - g(x) = 1$，$x \in \mathbf{Z}\}$
   d) $\{(f, g) \mid f(x) - g(x) = C$，其中 $C \in \mathbf{Z}$，$\forall x \in \mathbf{Z}\}$
   e) $\{(f, g) \mid f(0) = g(1)$ 和 $f(1) = g(0)\}$

4. 定義三種不同於本文中在修習離散數學之學生集合上的等價關係，並判斷所有的等價類。

5. 定義三種在校園中建築物所形成集合上的等價關係，並判斷所有的等價類。

6. 定義三種在學校開設課程所形成集合上的等價關係，並判斷所有的等價類。

7. 證明在所有複合命題所形成集合上的邏輯等值關係是等價關係，並分別列出 **F** 和 **T** 的等價類。

8. 令 R 為定義於所有實數集合所形成集合上的關係。$S\,R\,T$ 若且唯若 S 與 T 有相同的基數，證明 R 是等價關係。包含 $\{0, 1, 2\}$ 和 **Z** 的等價類為何？

9. 假設 A 是非空集合，f 是以 A 為定義域的函數。令 R 是 A 上的關係，若 $f(x) = f(y)$，則 (x, y) 屬於 R。
   a) 證明 R 是 A 上的等價關係。
   b) R 的等價類是什麼？

10. 假設 A 是非空集合，R 是 A 上的等價關係。證明存在以 A 作為定義域的函數 f，使得 $(x, y) \in R$ 屬於 R，若且唯若 $f(x) = f(y)$。

11. 令 R 是長度至少為 3 的所有位元字串所形成集合上的關係，若 $(x, y) \in R$，則 x 和 y 的前 3 位相同。證明 R 是等價關係。

12. 令 R 是長度至少為 3 的所有位元字串所形成集合上的關係，若 $(x, y) \in R$，則 x 和 y 除了前 3 位可以不同外，其他位元都相同。證明 R 是等價關係。

13. 令 R 為定義於所有長度大於等於 3 的位元字串上的關係。(x, y) 屬於 R 若且唯若字串 x 與字串 y 的第一個位置與第三個位置的位元是相同的。證明 R 是等價關係。

14. 令 R 為定義於所有由大寫或小寫英文字母所形成之字串上的關係。(x, y) 屬於 R 若且唯若字串 x 與字串 y 的第 n 個位置的字母（可以是大寫或小寫）是相同的，其中 n 為任意正整數。證明 R 是等價關係。

15. 令 R 為定義於所有正整數數對所形成集合上的關係。$((a, b), (c, d)) \in R$ 若且唯若 $a + d = b + c$。證明 R 是等價關係。

16. 令 R 是正整數之有序對集合上的關係。$((a, b), (c, d)) \in R$ 若且唯若 $ad = bc$。證明 R 是等價關係。

17. （需要微積分的基礎）
    a) 令 R 為定義於所有由 **R** 到 **R** 的可微分函數所形成集合上的關係。$(f, g) \in R$，若且唯若對所有的實數 x，$f'(x) = g'(x)$。證明 R 是等價關係。
    b) 包含 $f(x) = x^2$ 的等價類為何？

18. （需要微積分的基礎）
    a) 令 n 為正整數，而 R 為定義於所有實係數多項式所形成集合上的關係。$(f, g) \in R$，若且唯若 $f^{(n)}(x) = g^{(n)}(x)$。證明 R 是等價關係。〔其中 $f^{(n)}(x)$ 為 $f(x)$ 的第 n 階導函數。〕
    b) 包含 $f(x) = x^2$ 的等價類為何？

19. 令 R 是在所有 URL（或網頁位址）所形成集合上的關係，$x R y$ 若且唯若這個網頁在網址 x 與網址 y 一樣。證明 R 為等價關係。

20. 令 R 為瀏覽過某個網頁的人所形成集合上的關係，$x R y$ 若且唯若 x 與 y 都曾經使用過從這個網頁開始的相同連結的組合。證明 R 為等價關係。

在習題 21 至 23 中，判斷下列有向圖所表現的關係是否為等價關係。

21. 22. 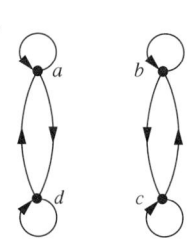 23.

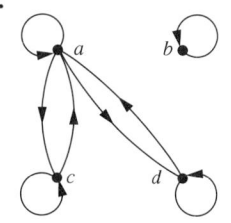

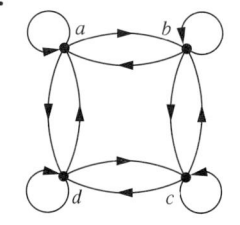

24. 判斷下列零－壹矩陣所表現的關係是否為等價關係。

a) $\begin{bmatrix} 1 & 1 & 1 \\ 0 & 1 & 1 \\ 1 & 1 & 1 \end{bmatrix}$

b) $\begin{bmatrix} 1 & 0 & 1 & 0 \\ 0 & 1 & 0 & 1 \\ 1 & 0 & 1 & 0 \\ 0 & 1 & 0 & 1 \end{bmatrix}$

c) $\begin{bmatrix} 1 & 1 & 1 & 0 \\ 1 & 1 & 1 & 0 \\ 1 & 1 & 1 & 0 \\ 0 & 0 & 0 & 1 \end{bmatrix}$

25. 令 R 是所有位元字串所形成集合上的關係，$s R t$ 若且唯若 s 和 t 包含相同個數的 1，證明 R 為等價關係。

26. 習題 1 中等價關係的等價類為何？

27. 習題 2 中等價關係的等價類為何？

28. 習題 3 中等價關係的等價類為何？

29. 針對習題 25 的等價關係，包含位元字串 011 的等價類為何？

30. 針對習題 11 的等價關係，包含下列位元字串的等價類為何？
    a) 010
    b) 1011
    c) 11111
    d) 01010101
31. 針對習題 12 的等價關係，習題 30 中位元字串的等價類為何？
32. 針對習題 13 的等價關係，習題 30 中位元字串的等價類為何？
33. 針對例題 5 的等價關係 R_4，習題 30 中位元字串的等價類為何？
34. 針對例題 5 的等價關係 R_5，習題 30 中位元字串的等價類為何？
35. 當 n 為下列整數時，同餘類 $[n]_5$ 為何？
    a) 2
    b) 3
    c) 6
    d) −3
36. 當 m 為下列整數時，同餘類 $[4]_m$ 為何？
    a) 2
    b) 3
    c) 6
    d) 8
37. 描述所有模 6 的同餘類。
38. 針對習題 14 的等價關係，包含下列字串的等價類為何？
    a) *No*
    b) *Yes*
    c) *Help*
39. a) 針對習題 15 的等價關係，包含 (1, 2) 的等價類為何？
    b) 說明習題 15 中等價關係的等價類之意義。〔提示：考慮對應於 (a, b) 之差 $a − b$。〕
40. a) 針對習題 16 的等價關係，包含 (1, 2) 的等價類為何？
    b) 說明習題 16 中等價關係的等價類之意義。〔提示：考慮對應於 (a, b) 之比 a/b。〕
41. 下列哪些子集組是 {1, 2, 3, 4, 5, 6} 的分割？
    a) {1, 2}, {2, 3, 4}, {4, 5, 6}
    b) {1}, {2, 3, 6}, {4}, {5}
    c) {2, 4, 6}, {1, 3, 5}
    d) {1, 4, 5}, {2, 6}
42. 下列哪些子集組是 {−3, −2, −1, 0, 1, 2, 3} 的分割？
    a) {−3, −1, 1, 3}, {−2, 0, 2}
    b) {−3, −2, −1, 0}, {0, 1, 2, 3}
    c) {−3, 3}, {−2, 2}, {−1, 1}, {0}
    d) {−3, −2, 2, 3}, {−1, 1}
43. 下列哪些子集組是長度為 8 的位元字串集合的分割？
    a) 位元字串開始為 1 的集合；位元字串開始為 00 的集合；位元字串開始為 01 的集合。
    b) 位元字串包含字串 00 的集合；位元字串包含字串 01 的集合；位元字串包含字串 10 的集合；位元字串包含字串 11 的集合。
    c) 位元字串最後為 00 的集合；位元字串最後為 01 的集合；位元字串最後為 10 的集合；位元字串最後為 11 的集合。
    d) 位元字串最後為 111 的集合；位元字串最後為 011 的集合；位元字串最後為 100 的集合。
    e) 在集合中有 $3k$ 個 1 的位元字串，其中 k 為非負整數；在集合中有 $3k + 1$ 個 1 的位元字串，其中 k 為非負整數；在集合中有 $3k + 2$ 個 1 的位元字串，其中 k 為正整數。

44. 下列哪些子集組是整數集合的分割？
  a) 偶數集合與奇數集合。
  b) 正整數集合與負整數集合。
  c) 被 3 整除的整數集合、當被 3 除時餘數為 1 的整數集合、當被 3 除時餘數為 2 的整數集合。
  d) 小於 −100 的整數集合、絕對值不超過 100 的整數集合、大於 100 的整數集合。
  e) 不能被 3 整除的整數集合、偶數集合、當被 6 除時餘數為 3 的整數集合。

45. 下列哪些是整數有序對集合 **Z** × **Z** 的分割？
  a) 有序對 (x, y) 的集合，其中 x 或 y 是奇數；有序對 (x, y) 的集合，其中 x 是偶數；有序對 (x, y) 的集合，其中是 y 偶數。
  b) 有序對 (x, y) 的集合，其中 x 和 y 是奇數；有序對 (x, y) 的集合，其中 x 和 y 之一為奇數；有序對 (x, y)，其中 x 和 y 都是偶數。
  c) 有序對 (x, y) 的集合，其中 x 是正數；有序對 (x, y) 的集合，其中 y 是負數；有序對 (x, y)，其中 x 和 y 皆為負數。
  d) 有序對 (x, y) 的集合，其中 $3 \mid x$ 和 $3 \mid y$；有序對 (x, y) 的集合，其中 $3 \mid x$ 和 $3 \nmid y$；有序對 (x, y) 的集合，其中 $3 \nmid x$ 和 $3 \mid y$；有序對 (x, y) 的集合，其中 $3 \nmid x$ 和 $3 \nmid y$。
  e) 有序對 (x, y) 的集合，其中 $x > 0$ 和 $y > 0$；有序對 (x, y) 的集合，其中 $x > 0$ 和 $y \leq 0$；有序對 (x, y) 的集合，其中 $x \leq 0$ 和 $y > 0$；有序對 (x, y) 的集合，其中 $x \leq 0$ 和 $y \leq 0$。
  f) 有序對 (x, y) 的集合，其中 $x \neq 0$ 和 $y \neq 0$；有序對 (x, y) 的集合，其中 $x = 0$ 和 $y \neq 0$；有序對 (x, y) 的集合，其中 $x \neq 0$ 和 $y = 0$。

46. 下列哪些是實數集合的分割？
  a) 負整數集合，{0}，正整數集合。
  b) 無理數集合，有理數集合。
  c) 區間 $[k, k + 1]$，$k = ..., -2, -1, 0, 1, 2, ...$。
  d) 區間 $(k, k + 1)$，$k = ..., -2, -1, 0, 1, 2, ...$。
  e) 區間 $(k, k + 1]$，$k = ..., -2, -1, 0, 1, 2, ...$。
  f) 集合 $\{k + n \mid n \in \mathbf{Z}\}$，對所有的 $x \in [0, 1]$。

47. 列出下列在 {0, 1, 2, 3, 4, 5} 分割時產生之等價關係的有序對。
  a) {0}, {1, 2}, {3, 4, 5}   **b)** {0, 1}, {2, 3}, {4, 5}
  c) {0, 1, 2}, {3, 4, 5}   **d)** {0}, {1}, {2}, {3}, {4}, {5}

8.6 偏序 Partial Orderings

引言

我們常常利用關係來對集合的某些元素或全體元素排序。例如，使用包含單字對 (x, y) 的關係來對單字排序，其中 x 按照字典順序排在 y 的前面。使用包含序對 (x, y) 的關係來進行專案排序，其中 x 和 y 是專案中的任務，而且 x 必須在 y 開始之前完成。使用包含數對 (x, y) 的關係排序整數集合，其中 x 小於 y。當我們把所有形如 (x, x) 的序對加到這些關係中時，就得到一個反身性、反對稱性和遞移性的關係。這些都是刻劃關係特徵的性質，用來排序集合中的元素。

> **定義 1** ■ 如果集合 S 上的關係 R 是反身性、反對稱性和遞移性的，就稱為偏序（partial ordering 或 partial order）。一個有偏序 R 的集合 S 稱為偏序集（partially ordered set 或 poset），記作 (S, R)。S 的成員稱為偏序集的元素。

例題 1 至例題 3 是偏序集的例子。

例題 1 證明「大於或等於」關係 ($\geq$) 是整數集合上的偏序。

解：因為對所有整數 a，有 $a \geq a$，所以 $\geq$ 是反身性的。如果 $a \geq b$ 且 $b \geq a$，則 $a = b$，因此 $\geq$ 是反對稱性的。最後，因為 $a \geq b$ 和 $b \geq c$，可推出 $a \geq c$，所以 $\geq$ 是遞移性的。從而 $\geq$ 是整數集合上的偏序，而且 $(\mathbf{Z}, \geq)$ 是個偏序集。◀

例題 2 整除關係 $|$ 是正整數集合上的偏序，因為如 8.1 節所述，它是反身性、反對稱性和遞移性的，所以 $(\mathbf{Z}^+, |)$ 是個偏序集（$\mathbf{Z}^+$ 表示正整數集合）。◀

例題 3 證明包含關係 $\subseteq$ 是集合 S 冪集合上的偏序。

解：因為只要 A 是 S 的子集合就有 $A \subseteq A$，因此 $\subseteq$ 是反身性的。由 $A \subseteq B$ 和 $B \subseteq A$ 可推得 $A = B$，所以它是反對稱性的。最後，因為 $A \subseteq B$ 和 $B \subseteq C$ 可推出 $A \subseteq C$，$\subseteq$ 是遞移性的。因此，$\subseteq$ 是 $P(S)$ 上的偏序，而且 $(P(S), \subseteq)$ 是個偏序集。◀

例題 4 令 R 為由人所形成集合上的關係。當 x 與 y 為兩個人，如果 x 的年紀大於 y，則 $x R y$。證明 R 不是個偏序。

解：我們注意到 R 是反對稱性的，因為若 x 的年紀大於 y，就不會有 y 的年紀大於 x 的情況發生；也就是說，若 $x R y$，則 $y \not R x$。這個關係是遞移性的，若 x 的年紀比 y 大，而且 y 的年紀比 z 大，則 x 的年紀比 z 大，亦即若 $x R y$ 且 $y R z$，則 $x R z$。然而，R 並沒有反身性，因為沒有人的年紀會比自己大，亦即對所有的人 x，$x \not R x$。因此可以判斷 R 並非偏序。◀

在不同的集合中，不同的運算（例如 ≤、⊆ 和 |）都能用在偏序中。然而，我們需要一種能用在所有偏序討論中的符號。在此引進符號 $a \preccurlyeq b$，用於表示任意偏序 (S, R) 中的 $(a, b) \in R$。之所以使用這樣的符號，因為它的用法與實數集合中的「小於等於」（≤）符號相當接近。（不過，與 ≤ 不同的是，$\preccurlyeq$ 是使用於任意偏序。）符號 $a \prec b$ 表示 $a \preccurlyeq b$ 但 $a \neq b$。

當 a 和 b 是偏序集 $(S, \preccurlyeq)$ 的元素時，不一定有 $a \preccurlyeq b$ 或 $b \preccurlyeq a$。例如，在 $(P(\mathbf{Z}), \subseteq)$ 中，$\{1, 2\}$ 和 $\{1, 3\}$ 沒有大小關係；反之亦然。這是因為沒有一個集合被另一個集合包含。類似地，在 $(\mathbf{Z}^+, |)$ 中，2 與 3 沒關係，3 與 2 也沒關係，因為 $2 \nmid 3$ 且 $3 \nmid 2$。由此得到定義 2。

定義 2 ■ 偏序 $(S, \preccurlyeq)$ 的元素 a 和 b，稱為可比的（comparable），如果 $a \preccurlyeq b$ 或 $b \preccurlyeq a$。當 a 和 b 是 S 的元素，而且既沒有 $a \preccurlyeq b$，也沒有 $b \preccurlyeq a$，則 a 和 b 稱為不可比的（incomparable）。

例題 5 在偏序集 $(\mathbf{Z}^+, |)$ 中，整數 3 和 9 是可比的嗎？5 和 7 是可比的嗎？

解：整數 3 和 9 是可比的，因為 $3 | 9$。整數 5 和 7 是不可比的，因為 $5 \nmid 7$ 而且 $7 \nmid 5$。◀

用形容詞「部分的」（偏的）描述偏序，是由於有些元素對可能是不可比的。當集合中的每對元素都可比時，這個關係稱為**全序**（total ordering）。

定義 3 ■ 如果 $(S, \preccurlyeq)$ 是偏序集，且 S 的每兩對元素都是可比的，則 S 稱為全序集（total order set）或線性序集（linearly ordered set），$\preccurlyeq$ 稱為全序（total order）或線性序（linear order）。一個全序集也稱為鏈（chain）。

例題 6 偏序集 $(\mathbf{Z}, \leq)$ 是全序集，因為只要 a 和 b 是整數，就有 $a \leq b$ 或 $b \leq a$。◀

例題 7 偏序集 $(\mathbf{Z}^+, |)$ 不是全序集，因為它包含不可比的元素，例如 5 和 7。◀

在第 6 章，我們注意到 $(\mathbf{Z}^+, \leq)$ 是良序的，其中 ≤ 是一般的「小於或等於」關係。我們現在定良序集。

定義 4 ■ 對於偏序集 $(S, \preccurlyeq)$，如果 $\preccurlyeq$ 是全序，而且 S 的每個非空子集合都有一個最小元素，則 $(S, \preccurlyeq)$ 稱為良序集（well-ordered set）。

例題 8 正整數的有序對集合 $\mathbf{Z}^+ \times \mathbf{Z}^+$ 與關係 $\preccurlyeq$ 構成良序集，對於 (a_1, a_2) 和 (b_1, b_2)，如果 $a_1 < b_1$，或如果 $a_1 = b_1$ 且 $a_2 \leq b_2$（字典順序），則 $(a_1, a_2) \preccurlyeq (b_1, b_2)$。相關的驗證留於習題 53。集合 $\mathbf{Z}$ 有一般的 $\leq$ 序，但其並不是良序的，因為負整數集合是 $\mathbf{Z}$ 的子集，卻沒有最小元素。 ◁

> **定理 1** ■ **良序歸納法原理** 令 S 是一個良序集，則對所有 $x \in S$ 而言，$P(x)$ 為真。
>
> **歸納步驟**：對於每個 $y \in S$，若對所有的 $x \prec y$，$P(x)$ 為真，則 $P(y)$ 為真。

證明：假設對所有的 $x \in S$ 來說，$P(x)$ 皆為真並不永遠成立，則有一個元素 $y \in S$，使得 $P(y)$ 為假。因而，集合 $A = \{x \in S \mid P(x) \text{ 為假}\}$ 是非空的。既然 S 是良序集，集合 A 有一個最小元素 a。由於 a 是使得 $P(a)$ 為假的最小元素，我們知道對於滿足 $x \in S$ 且 $x \prec a$ 的 x，$P(x)$ 皆為真。由歸納法步驟，$P(a)$ 必須為真。如此一來產生矛盾，因此最開始的假設有誤，表示對於所有 $x \in S$，$P(x)$ 為真。 ◁

注意：在利用良序歸納原理證明時，不需要基礎步驟。因為若 x_0 是個良序集合中的最小元素，歸納步驟便能告訴我們 $P(x_0)$ 為真。因為在集合中找不到比 x_0 小的元素，根據空泛證明，$P(x_0)$ 為真。

良序歸納法的規則是一個適用於多方面的技巧，可以證明有關良序集的結果。即使可以使用數學歸納法證明的定理，有時也能使用較簡單的良序歸納法處理，例如 6.2 節的例題 5 與例題 6，其中我們證明良序集 $(\mathbf{N} \times \mathbf{N}, \preccurlyeq)$，其中 $\preccurlyeq$ 是 $\mathbf{N} \times \mathbf{N}$ 的字典順序。

字典順序

字典中的按照字母順序（或字典順序）排列，字典順序是以字母表中的字母順序為基礎的。這是從一個集合上的偏序建構一個集合上的字串排序方式的特例。我們將說明在一個偏序集上如何進行這種建構。

首先，說明如何在兩個偏序集 $(A_1, \preccurlyeq_1)$ 和 $(A_2, \preccurlyeq_2)$ 的笛卡兒積上建構一個偏序。在 $A_1 \times A_2$ 上的**字典順序（lexicographic ordering）** $\prec$ 定義如下：如果第一個序對的第一個分量（在 A_1 中）小於第二個序對的第一個分量，或第一個分量相等，但是第一個序對的第二個分量（在 A_2 中）小於第二個序對的第二個分量，則第一個序對便小於第二個序對。換句話說，(a_1, a_2) 小於 (b_1, b_2)，表示為

$$(a_1, a_2) \prec (b_1, b_2)$$

若 $a_1 \prec_1 b_1$，或 $a_1 = b_1$ 且 $a_2 \prec_2 b_2$。

把相等關係加到 $A_1 \times A_2$ 上的偏序就得到偏序 $\preccurlyeq$。這個證明留作習題。

例題 9 判斷偏序集 $(\mathbf{Z} \times \mathbf{Z}, \preccurlyeq)$ 中是否有 $(3, 5) \prec (4, 8)$、$(3, 8) \prec (4, 5)$、$(4, 9) \prec (4, 11)$，其中 $\preccurlyeq$ 是從 $\mathbf{Z}$ 上一般的 $\leq$ 關係所構成的字典順序。

解：因為 $3 < 4$，所以有 $(3, 5) \prec (4, 8)$ 與 $(3, 8) \prec (4, 5)$。因為 $(4, 9)$ 和 $(4, 11)$ 的第一個分量相同，但是 $9 < 11$，我們有 $(4, 9) \prec (4, 11)$。 ◄

圖 1 標出 $\mathbf{Z}^+ \times \mathbf{Z}^+$ 中比 $(3, 4)$ 小的有序數對，也可以在 n 個偏序集 $(A_1, \preccurlyeq_1), (A_2, \preccurlyeq_2), \ldots, (A_n, \preccurlyeq_n)$ 的笛卡兒積上定義字典順序。在 $A_1 \times A_2 \times \cdots \times A_n$ 上的偏序 $\preccurlyeq$ 定義如下：

$$(a_1, a_2, \ldots, a_n) \prec (b_1, b_2, \ldots, b_n)$$

如果 $a_1 \prec_1 b_1$，或者存在整數 $i > 0$，使得 $a_1 = b_1, \ldots, a_i = b_i$，且 $a_{i+1} \prec_{i+1} b_{i+1}$。換句話說，如果在兩個有序 n 項中第一次出現不同分量的位置上，若第一個有序 n 項的分量小於第二個有序 n 項的分量，則第一個有序 n 項小於第二個有序 n 項。

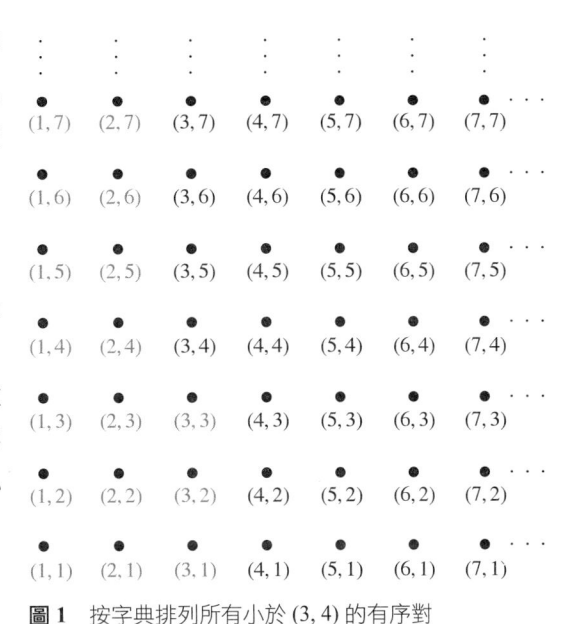

圖 1 按字典排列所有小於 $(3, 4)$ 的有序對

例題 10 我們注意到 $(1, 2, 3, 4) \prec (1, 2, 4, 3)$，因為這些有序 4 項的前兩個分量皆相同，但是第一個有序 4 項的第三分量 3 小於第二個有序 4 項的第三分量 4。 ◄

現在可以定義字串上的字典順序。考慮偏序集 S 上的字串 $a_1 a_2 \ldots a_m$ 和 $b_1 b_2 \ldots b_n$，假定這些字串不相等。令 t 是 m、n 中較小的數。定義字典順序如下：

$a_1 a_2 \ldots a_m$ 小於 $b_1 b_2 \ldots b_n$，若且唯若
$(a_1, a_2, \ldots, a_t) \prec (b_1, b_2, \ldots, b_t)$，或
$(a_1, a_2, \ldots, a_t) = (b_1, b_2, \ldots, b_t)$，其中 $m < n$

其中表示 S^t 中的字典順序。換句話說，為確定兩個不同字串的順序，較長的字串被切成較短的字串的長度 t，亦即 $t = (m, n)$。然後使 S^t 的字典順序比較每個字串前 t 位組成的有序 t 項。如果對應於第一個字串的有序 t 項小於第二個字串的有序 t 項相等，但是第二個字串較長，則第一個字串小於第二個字串。偏序的驗證留於習題 38 作為練習。

例題 11 考慮小寫英語字母的字串構成的集合。使用在字母表中的字母順序可以建構字串集合上的字典順序。如果在兩個字串中出現第一次出現不同字母之處，第一個字串字母的順序在第二個字串中相同位置之字母的前面，或者第一個字串和第二個字串所有位置的字母都相同，但是第二個字串有更多的字母，則第一個字串便小於第二個字串。這個排序法和字典所使用的排序法相同。例如，

discreet ≺ *discrete*

因為第兩個字串在第 7 個位置首次出現不同字母，而且 $e \prec t$。另外，

discreet ≺ *discreetness*

因為這兩個字串前 8 個字母相同，但是第二個字母較長。接著，

discrete ≺ *discretion*

因為

discrete ≺ *discreti*

哈斯圖

在有限偏序集的有向圖中，有許多邊可以不必顯示，因為它們必然存在。例如，考慮在集合 {1, 2, 3, 4} 上的偏序 $\{(a, b) | a \leq b\}$ 的有向圖，如圖 2(a) 所示。因為這個關係是偏序，它是反身性的，所以有向圖在所有的頂點上都有迴圈。因此，我們不必顯示這些迴圈，因為它們必然會出現。圖 2(b) 沒有顯示這些迴圈。由於偏序是遞移性的，我們不必顯示那些由於遞移性而出現的邊。例如，在圖 2(c) 中沒有顯示邊 (1, 3)、(1, 4) 和 (2, 4)，如果我們假設所有邊的方向是向上的（如它們在圖中所示），我們也不必顯示邊的方向；圖 2(c) 沒有顯示出方向。

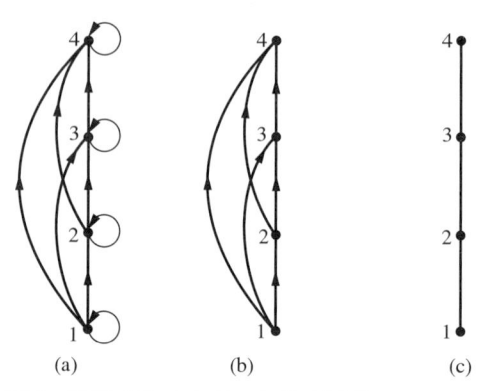

圖 2　建構（{1, 2, 3, 4}, ≤）的哈斯圖

一般來說，我們可以使用下列程序表示有限集上的偏序 $(S, \preccurlyeq)$：從這個關係的有向圖開始。由於偏序是反身性的，每個頂點 a 有一個迴圈 (a, a)，刪去這些迴圈。移走所有因遞移性出現的邊。也就是說，如果存在 $z \in S$，使得 $x \prec z$ 和 $z \prec y$，則刪去邊 (x, y)。最後，排列所有的邊，使得始點在終點的下面（正如在紙上所畫的）。刪去所有有向邊上的箭頭，因為所有邊的箭頭都向上。

這些步驟是良好定義的，並且對於一個有限偏序集，只需要執行有限步驟。稍後我們將解釋，當所有的步驟執行完成以後，就得到一個包含足夠攜帶偏序資訊的 $(S, \preccurlyeq)$ 圖形，稱為**哈斯圖**（**Hasse diagram**），以 20 世紀德國數學家哈斯命名。

赫爾姆・哈斯（Helmut Hasse，1898-1979）出生於德國，大學時接受數論學家 Kurt Hensel 指導。在這段期間，哈斯對代數數論作出重大的貢獻。哈斯擔任著名的德國數學期刊《Crelle 學報》編輯工作長達 50 年。在第二次世界大戰時期，哈斯為德國海軍從事應用數學的研究。他以講課清晰與個人風格而著稱。（哈斯由於與納粹黨的關係而受到非議，調查證明他是強烈的德國民族主義者，但不是狂熱的納粹份子。）

令 $(S, \preccurlyeq)$ 為偏序集。我們稱元素 $y \in S$ **覆蓋**（**cover**）元素 $x \in S$，如果 $x \prec y$，而且找不到 $z \in S$ 使得 $x \prec z \prec y$。序對 (x, y) 所形成的集合，其中 y 覆蓋 x，稱為偏序集 $(S, \preccurlyeq)$ 中的**覆蓋關係**（**covering relation**）。根據哈斯圖描述的偏序，我們可以發現所有箭頭指向上邊都對應於覆蓋關係的序對。此外，我們能利用覆蓋關係來重建偏序集。因為偏序集為其覆蓋關係的反身遞移閉包。（習題 31 將要求證明這個事實。）也就是說，我們能使用哈斯圖來建構一個偏序集。

例題 12 畫出表示 $\{1, 2, 3, 4, 6, 8, 12\}$ 上偏序 $\{(a, b) \mid a \text{ 整除 } b\}$ 的哈斯圖。

解：由這個偏序的有向圖開始，如圖 3(a) 所示。刪去所有迴圈後，即如圖 3(b) 所示。然後刪除所有由遞移性導出的邊，分別是 (1, 4)、(1, 6)、(1, 8)、(1, 12)、(2, 8)、(2, 12) 和 (3, 12)。排列所有的邊使得方向向上，並且刪除所有的箭頭，即得到哈斯圖，如圖 3(c) 所示。◀

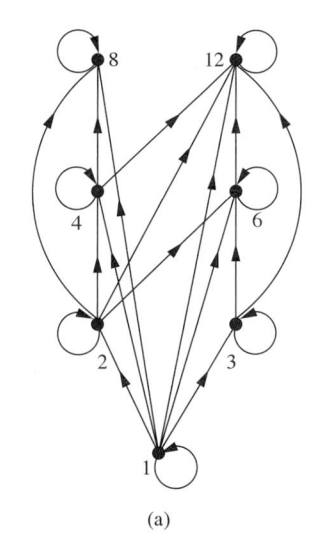

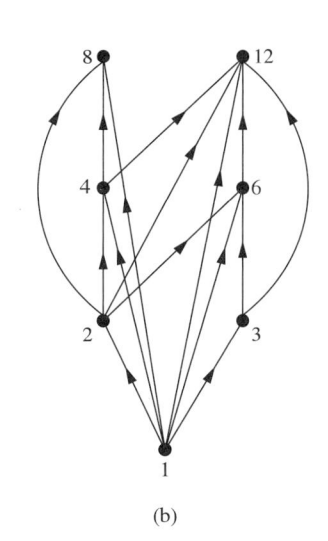

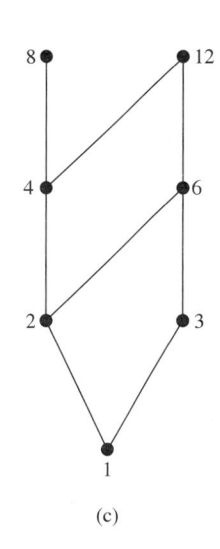

圖 3 建構（$\{1, 2, 3, 4, 6, 8, 12\}$, |）的哈斯圖

例題 13 畫出冪集合 $P(S)$ 上之偏序 $\{(A, B) \mid A \subseteq B\}$ 的哈斯圖，其中 $S = \{a, b, c\}$。

解：這個偏序的哈斯圖可由相關的有向圖得到，先刪除所有迴圈和由遞移性產生的邊，即 $(\emptyset, \{a, b\})$、$(\emptyset, \{a, c\})$、$(\emptyset, \{b, c\})$、$(\emptyset, \{a, b, c\})$、$(\{a\}, \{a, b, c\})$、$(\{b\}, \{a, b, c\})$ 和 $(\{c\}, \{a, b, c\})$。最後，使所有的邊方向向上，刪除箭頭，所得的哈斯圖如圖 4 所示。◀

圖 4 $(P(a, b, c), \subseteq)$ 的哈斯圖

極大元素與極小元素

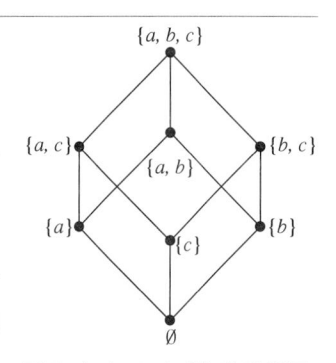

具有某種極大或極小性質的偏序集，其元素對許多應用是很重要的。如果偏序集的某個元素不小於這個偏序集的任何其他元素，即稱為極大的；亦即如果不存在 $b \in S$ 使得

$a \prec b$，則 a 是偏序集 $(S, \preccurlyeq)$ 的**極大元素**（maximal）。類似地，偏序集的一個元素稱為極小的，代表它不大於這個偏序集的任何其他元素；亦即若 a 是偏序集 $(S, \preccurlyeq)$ 的**極小元素**（minimal），代表不存在 $b \in S$ 使得 $b \prec a$。使用哈斯圖可以很容易看出極大元素與極小元素，它們是圖中的「頂」元素與「底」元素。

例題 14 偏序集 $(\{2, 4, 5, 10, 20, 25\}, |)$ 的哪些元素是極大的？哪些是極小的？

解： 由這個偏序集的哈斯圖（圖 5），可以看出極大元素是 12、20 和 25，極小元素是 2 和 5。透過這個例題可知，一個偏序集可以有多個極大元素和多個極小元素。◀

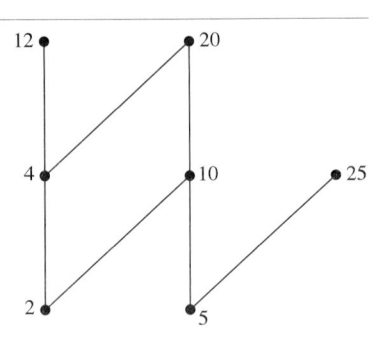

圖 5 一個偏序的哈斯圖

有時在偏序集中恰好存在一個元素大於其他元素，這樣的元素稱為最大元素；亦即如果對所有的 $b \in S$，有 $b \preccurlyeq a$，則 a 是偏序集 $(S, \preccurlyeq)$ 的**最大元素**（greatest element）。當最大元素存在，則必定唯一（見習題 40(a)）。類似地，如果一個元素小於偏序集的所有其他元素，則稱為最小元素；亦即 a 是偏序集 $(S, \preccurlyeq)$ 的**最小元素**（least element），表示對所有的 $b \in S$，有 $a \preccurlyeq b$。當最小元素存在時，它也是唯一的（見習題 40(b)）。

例題 15 判斷圖 6 中哈斯圖所表示的偏序集是否有最大元素和最小元素？

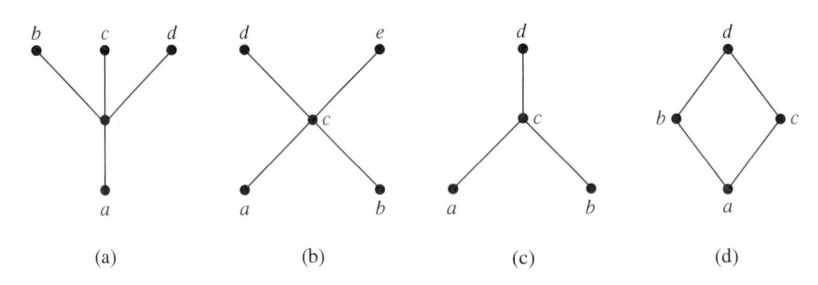

圖 6 四個偏序的哈斯圖

解： 哈斯圖 (a) 的偏序集最小元素是 a，沒有最大元素。哈斯圖 (b) 的偏序集既沒有最小元素也沒有最大元素。哈斯圖 (c) 的偏序集沒有最小元素，最大元素是 d。哈斯圖 (d) 的偏序集有最小元素 a 和最大元素 d。◀

例題 16 令 S 是集合。判斷偏序集 $(P(S), \subseteq)$ 中是否存在最大元素與最小元素？

解： 最小元素是空集合，因為對於 S 的任何子集 T，則 $\emptyset \subseteq T$。集合 S 是這個偏序集的最大元素，因為只要 T 是 S 的子集，就有 $T \subseteq S$。◀

例題 17 在偏序集 $(\mathbf{Z}^+, |)$ 中是否存在最大元素和最小元素？

解： 1 是最小元素，因為只要 n 是正整數，則 $1 | n$。因為沒有能被所有正整數整除的正整數，所以不存在最大元素。◀

有時候可以找到一個元素大於偏序集 $(S, \preccurlyeq)$ 的子集 A 中的所有其他元素。例如 $u \in S$，使得對所有的元素 $a \in A$，$a \preccurlyeq u$，則 u 稱為 A 的**上界**（upper bound）。同樣地，也可能存在一個元素小於 A 中所有其他元素。例如 $l \in S$，使得對所有的元素 $a \in A$，$l \preccurlyeq a$，則 l 稱為 A 的**下界**（lower bound）。

例題 18 在圖 7 所示哈斯圖的偏序集中，求出子集 $\{a, b, c\}$、$\{j, h\}$ 和 $\{a, c, d, f\}$ 的下界和上界。

解：$\{a, b, c\}$ 的上界是 e, f, j 和 h，唯一下界是 a；$\{j, h\}$ 沒有上界，下界是 a, b, c, d, e 和 f；$\{a, c, d, f\}$ 的上界是 f, h 和 j，下界是 a。◁

如果 x 是一個上界而且小於 A 的其他上界，則元素 x 稱為子集 A 的**最小上界**（least upper bound）；亦即若 $a \in A$，$a \preccurlyeq x$，而且若 z 是 A 的上界，就有 $x \preccurlyeq z$。如果這樣的元素存在，則只存在一個（見習題 42(a)）。同樣地，如果 y 是 A 的下界，並且只要 z 是 A 的下界，就有 $z \preccurlyeq y$，y 就稱為 A 的**最大下界**（greatest lower bound）。如果 A 的最大下界存在，則也是唯一的（見習題 42(b)）。一個子集 A 的最大下界和最小上界分別記作 $\mathrm{glb}(A)$ 和 $\mathrm{lub}(A)$。

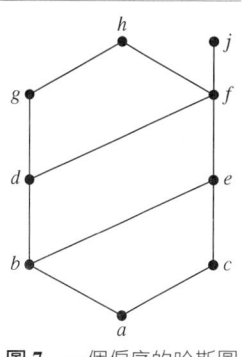

圖 7 一個偏序的哈斯圖

例題 19 圖 7 所示偏序集中，如果 $\{b, d, g\}$ 的最大下界和最小上界存在，求出這個最大下界和最小上界。

解：$\{a, d, g\}$ 的上界是 g 和 h。因為 $g \prec h$，g 是最小上界。$\{a, d, g\}$ 的下界是 a 和 b。因為 $a \prec b$，b 是最大下界。◁

例題 20 在偏序集 $(\mathbf{Z}^+, \mid)$ 中，如果集合 $\{3, 9, 12\}$ 和 $\{1, 2, 4, 5, 10\}$ 的最大下界和最小上界存在，求出最大下界和最小上界。

解：如果一個正整數能同時整除 3、9 和 12，則這個整數就是 $\{3, 9, 12\}$ 的下界。這樣的整數只有 1 和 3。因為 $1 \mid 3$，3 是 $\{3, 9, 12\}$ 的最大下界。集合 $\{1, 2, 4, 5, 10\}$ 對 $\mid$ 而言的下界只有 1，因此，1 是 $\{1, 2, 4, 5, 10\}$ 的最大下界。

一個正整數是 $\{3, 9, 12\}$ 的上界，若且唯若它同時被 3、9 和 12 整除。具有這種性質的整數就是能被 3、9 和 12 的最小公倍數 36 所整除的正整數。因此，36 是 $\{3, 9, 12\}$ 的最小上界。一個正整數是集合 $\{1, 2, 4, 5, 10\}$ 的上界，若且唯若它同時被 1、2、4、5 和 10 整除，也就是能被它們的最小公倍數 20 所整除的正整數。因此，20 是 $\{1, 2, 4, 5, 10\}$ 的最小上界。◁

晶格

如果一個偏序集的每對元素都有最小上界和最大下界，則這個偏序集稱為**晶格**（**lattice**）。晶格有許多特殊的性質。此外，晶格有許多不同的應用，例如在資訊流的模型。同樣地，晶格在布林代數中也有重要的作用。

例題 21　判斷圖 8 的每個哈斯圖所表示的偏序集是否為晶格？

解：在圖 8(a) 和 (c) 中的哈斯圖表示的偏序集是晶格，因為在每個偏序集中每對元素都有最小上界和最大下界，讀者應該能夠驗證這一點。另一方面，圖 8(b) 所示之哈斯圖的偏序集不是晶格，因為元素 b 和 c 沒有最小上界。要看出這點，只要注意 d、e 和 f 中每一個都是它們的上界，但在這個偏序集中，這 3 個元素沒有一個元素會同時小於其他 2 個。

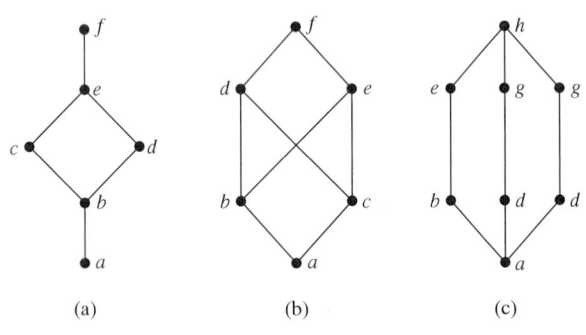

圖 8　三個偏序的哈斯圖

例題 22　偏序集 $\{\mathbf{Z}^+, |\}$ 是晶格嗎？

解：令 a 和 b 是正整數。正整數的最小上界和最大下界分別是它們的最小公倍數和最大公因數，讀者應該能夠驗證這一點。因此，這個偏序集是晶格。

例題 23　判斷偏序集 $(\{1, 2, 3, 4, 5\}, |)$ 和 $(\{1, 2, 4, 8, 16\}, |)$ 是否為晶格？

解：因為 2 和 3 在 $(\{1, 2, 3, 4, 5\}, |)$ 中沒有上界，所以當然沒有最小上界，因此第一個偏序集不是晶格。

第二個偏序集的任兩個元素都有最小上界和最大下界。在這個偏序集中，兩個元素的最小上界是兩者之中較大的元素，而最大下界則是兩者之中較小的元素，讀者應該能夠驗證這一點，因此第二個偏序集是晶格。

例題 24　判斷 $(P(S), \subseteq)$ 是否為晶格？其中 S 是集合。

解：令 A 和 B 是 S 的兩個子集。A 和 B 的最小上界和最大下界分別是 $A \cup B$ 和 $A \cap B$，讀者可以自行驗證。因此，$(P(S), \subseteq)$ 是晶格。

例題 25　**資訊流的晶格模型**　在許多裝置中，從一個人或計算機程式到另一個人或計算機程式的資訊流會因為安全權限而受到限制。可以使用晶格的模型來表示不同的資訊流策略。例如，一種通用的資訊流策略是多級安全政策，常用於政府或軍事系統。每組資訊被指定一個安全級別，每個安全級別用一對 (A, C) 表示，其中 A 是權限級別，C 是類別。然後允許人和計算機程式從一個被特別限制之安全類別的集合中取得資訊。

在美國政府中使用的典型的權限級別是不保密 (0)、祕密 (1)、機密 (2) 和最高機密 (3)（當稱資訊被分類，指的是被歸為祕密、機密或最高機密）。在安全級別中使用的類別是一個集合的子集，這個集合含有與某個特定領域相關的所有分部。每個分部表示一個特定的主題領域。例如，如果分部的集合是 { 間諜，長期潛伏的間諜，雙重間諜 }，則存在 8 個不同的類別，因為分部集合有 8 個子集。例如，{ 間諜，長期潛伏的間諜 } 就是一個類別。

我們可以對安全級別排序，規定 $(A_1, C_1) \preccurlyeq (A_2, C_2)$ 若且唯若 $A_1 \le A_2$ 和 $C_1 \subseteq C_2$。資訊允許從安全級別 (A_1, C_1) 流向安全級別 (A_2, C_2)，若且唯若 $(A_1, C_1) \preccurlyeq (A_2, C_2)$。例如，資訊允許從安全級別（機密，{ 間諜，長期潛伏的間諜 }）流向安全級別（絕對機密，{ 間諜，長期潛伏的間諜，雙重間諜 }）。反之，資訊不允許從安全級別（絕對機密，{ 間諜，長期潛伏的間諜 }）流向安全級別（機密，{ 間諜，長期潛伏的間諜，雙重間諜 }）或（絕對機密，{ 間諜 }）。

所有安全級別的集合與在這個例題中所定義的排序會構成一個晶格，我們留給讀者證明（見習題 48）。 ◀

拓樸排序

假設一個計畫由 20 個不同的任務構成，某些任務只能在其他任務結束之後方能完成。如何找出這些任務的順序？為建構這個問題的模型，我們建立一個任務集合上的偏序：若 a 與 b 是任務，$a \prec b$ 若且唯若直到 a 結束後 b 才能開始。為安排這個計畫，需要一個內含 20 個任務且與這個偏序相容的順序，我們將說明如何做到這一點。

從定義開始。如果當 $a R b$ 就有 $a \preccurlyeq b$，則全序 $\preccurlyeq$ 與偏序 R 稱為**相容的**（compatible）。從某個偏序建構一個相容的全序，稱為**拓樸排序**[*]（topological sorting）。我們需要使用引理 1。

引理 1 ■ 每個有限非空偏序集 $(S, \preccurlyeq)$ 都有至少一個極小元素。

證明：選擇 S 的一個元素 a_0。如果 a_0 不是極小元素，則存在元素 a_1 滿足 $a_1 \prec a_0$。如果 a_1 不是極小元素，則存在元素 a_2 滿足 $a_2 \prec a_1$。繼續這個過程，使得如果 a_n 不是極小元素，則存在元素 a_{n+1} 滿足 $a_{n+1} \prec a_n$。因為在這個偏序集的元素個數有限，這個過程一定會結束於極小元素 a_n。 ◁

拓樸排序演算法對任何有限非空偏集都有效。為了在偏序集 $(A, \preccurlyeq)$ 上定義一個全序，首先選出一個極小元素 a_1；由引理 1 知道這樣的元素存在。接著，讀者可以驗證 $(A - \{a_1\}, \preccurlyeq)$ 也是一個偏序集。如果它是非空的，選擇這個偏序集的一個極小元素 a_2。然

---

[*]「拓樸排序」是資訊科學家所使用的術語；同樣的結構，數學家使用的術語為「線性化偏序」。在數學領域中，拓樸學是幾何學的一支，處理利用雙射轉換間幾何圖形不會改變的性質。在資訊科學中，拓樸是指能夠用邊相連之物件的任意安排。

後刪除 a_2，如果還有其他的元素留下來，在 $A - \{a_1, a_2\}$ 中選擇一個極小元素 a_3。繼續這個過程，只要還有元素留下來，就在 $A - \{a_1, a_2, ..., a_k\}$ 中選擇極小元素 a_{k+1}。

因為 A 是有限集，這個過程一定會終止，並且產生一個元素序列 $a_1, a_2, ..., a_k$。所需要的全序便定義為

$$a_1 \prec_t a_2 \prec_t \cdots \prec_t a_n$$

這個全序與最初的偏序相容。因為，若在初始的偏序中有 $b \prec c$，而 c 在演算法的某個階段被選為極小元素，則此時 b 必然已經被移除，否則 c 就不會是極小元素。演算法 1 描述這個拓樸排序演算法的虛擬碼。

演算法 1 拓樸排序

procedure *topological sort* $((S, \preccurlyeq)$: finite poset)
$k := 1$
while $S \neq \emptyset$
$\quad a_k :=$ a minimal element of S {such an element exists by Lemma 1}
$\quad S := S - \{a_k\}$
$\quad k := k + 1$
return $a_1, a_2, \ldots, a_n$ {$a_1, a_2, \ldots, a_n$ is a compatible total ordering of S}

例題 26 求出一個相容於偏序集 $(\{1, 2, 4, 5, 12, 20\}, |)$ 的全序。

解：第一步是選擇一個極小元素 1，因為它是唯一的極小元素。下一步選擇 $(\{2, 4, 5, 12, 20\}, |)$ 的一個極小元素。在這個偏序集中有兩個極小元素，亦即 2 和 5。若我們選擇 5，剩下的元素是 $\{2, 4, 12, 20\}$，在這個步驟中選擇唯一極小元素 2。下一步選擇 4，因為它是 $(\{4, 12, 20\}, |)$ 的唯一極小元素。因為 12 和 20 都是 $(\{12, 20\}, |)$ 的極小元素，選擇哪一個都可以。若選 20，只剩下 12 作為最後的元素。這產生全序

$$1 \prec 5 \prec 2 \prec 4 \prec 20 \prec 12$$

這個排序演算法所使用的步驟如圖 9 所示。◀

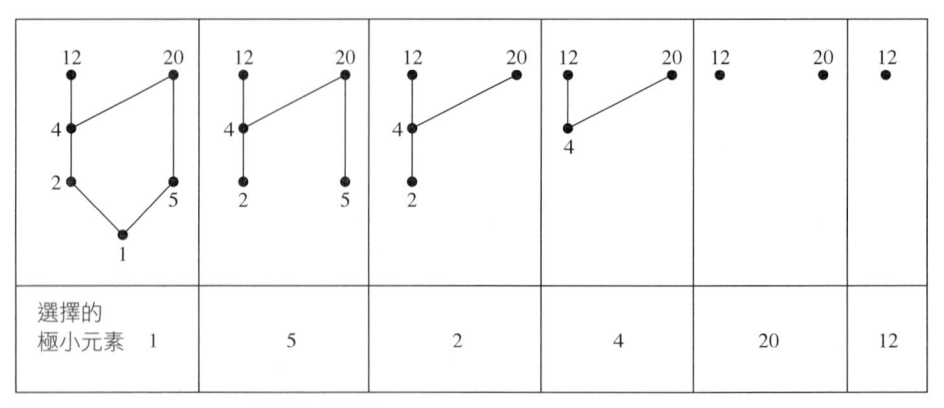

圖 9 $(\{1, 2, 4, 5, 12, 20\}, |)$ 的拓樸排序

計畫的排程是拓樸排序的一種應用。

例題 27 一個電腦公司的開發計畫需要完成 7 個任務，其中某些任務在其他任務結束才能開始。考慮以下面方式建立任務上的偏序：如果任務 Y 在 X 結束後才能開始，則 $X \prec Y$。這個偏序的哈斯圖顯示在圖 10 中。求出一個任務排程以完成這個計畫。

解：可以透過執行拓樸排序得到 7 個任務的排序，步驟如圖 11 所示。排序的結果為 $A \prec C \prec B \prec F \prec D \prec G$，此為完成計畫一種可能的任務排序。◂

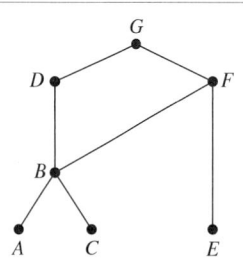

圖 10 七個任務的哈斯圖

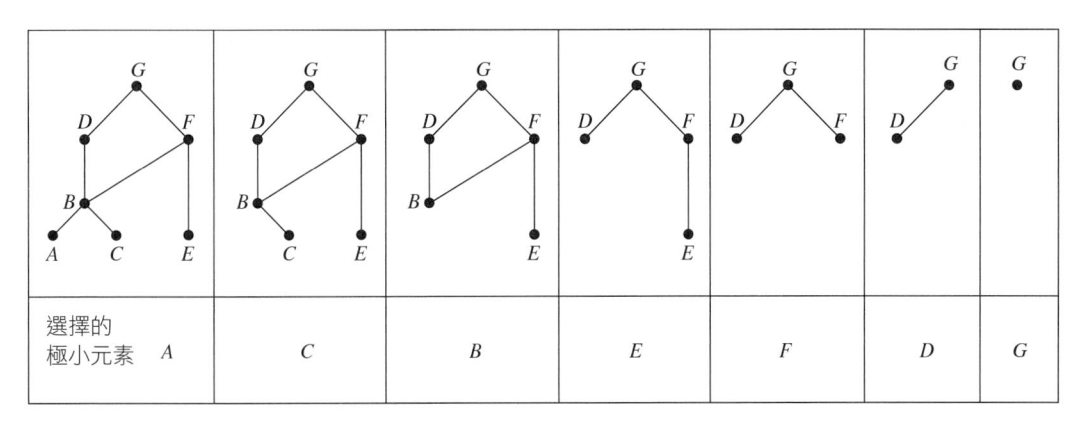

| 選擇的極小元素 | A | C | B | E | F | D | G |

圖 11 計畫任務的拓樸排序

習題 Exercises * 表示為較難的練習；** 表示為高度挑戰性的練習； ☞ 對應正文。

1. 下列集合 $\{0, 1, 2, 3\}$ 上的關係中，何者為偏序？若不是偏序，指出滿足哪一個性質。
   a) $\{(0, 0), (1, 1), (2, 2), (3, 3)\}$
   b) $\{(0, 0), (1, 1), (2, 0), (2, 2), (2, 3), (3, 2), (3, 3)\}$
   c) $\{(0, 0), (1, 1), (1, 2), (2, 2), (3, 3)\}$
   d) $\{(0, 0), (1, 1), (1, 2), (1, 3), (2, 2), (2, 3), (3, 3)\}$
   e) $\{(0, 0), (0, 1), (0, 2), (1, 0), (1, 1), (1, 2), (2, 0), (2, 2), (3, 3)\}$

2. 下列集合 $\{0, 1, 2, 3\}$ 上的關係中，何者為偏序？若不是偏序，指出滿足哪一個性質。
   a) $\{(0, 0), (2, 2), (3, 3)\}$
   b) $\{(0, 0), (1, 1), (2, 0), (2, 2), (2, 3), (3, 3)\}$
   c) $\{(0, 0), (1, 1), (1, 2), (2, 2), (3, 1), (3, 3)\}$
   d) $\{(0, 0), (1, 1), (1, 2), (1, 3), (2, 0), (2, 2), (2, 3), (3, 0), (3, 3)\}$
   e) $\{(0, 0), (0, 1), (0, 2), (0, 3), (1, 0), (1, 1), (1, 2), (1, 3), (2, 0), (2, 2), (3, 3)\}$

3. 令 S 為世界上所有人所形成的集合，R 為 S 上的關係，若 $(a, b) \in R$，定義如下，判斷 (S, R) 是否為偏序？
   a) a 長得比 b 高。
   b) a 長得不比 b 高。
   c) $a = b$ 或者 a 是 b 的祖先。
   d) a 與 b 有一個共同的朋友。

4. 令 S 為世界上所有人所形成的集合，R 為 S 上的關係，若 $(a, b) \in R$，定義如下，判斷 (S, R) 是否為偏序？
   a) a 長得不比 b 矮。
   b) a 的體重比 b 重。
   c) $a = b$ 或者 a 是 b 的後代。
   d) a 與 b 沒有共同的朋友。

5. 下列何者為偏序？
   a) $(\mathbf{Z}, =)$
   b) $(\mathbf{Z}, \neq)$
   c) $(\mathbf{Z}, \geq)$
   d) $(\mathbf{Z}, \nmid)$

6. 下列何者為偏序？
   a) $(\mathbf{R}, =)$
   b) $(\mathbf{R}, <)$
   c) $(\mathbf{R}, \leq)$
   d) $(\mathbf{R}, \neq)$

7. 判斷下列零－壹矩陣所表現的關係是否為偏序？
   a) $\begin{bmatrix} 1 & 1 & 1 \\ 1 & 1 & 0 \\ 0 & 0 & 1 \end{bmatrix}$
   b) $\begin{bmatrix} 1 & 1 & 1 \\ 0 & 1 & 0 \\ 0 & 0 & 1 \end{bmatrix}$
   c) $\begin{bmatrix} 1 & 1 & 1 & 0 \\ 0 & 1 & 1 & 0 \\ 0 & 0 & 1 & 1 \\ 1 & 1 & 0 & 1 \end{bmatrix}$

8. 判斷下列零－壹矩陣所表現的關係是否為偏序？
   a) $\begin{bmatrix} 1 & 0 & 1 \\ 1 & 1 & 0 \\ 0 & 0 & 1 \end{bmatrix}$
   b) $\begin{bmatrix} 1 & 0 & 0 \\ 0 & 1 & 0 \\ 1 & 0 & 1 \end{bmatrix}$
   c) $\begin{bmatrix} 1 & 0 & 1 & 0 \\ 0 & 1 & 1 & 0 \\ 0 & 0 & 1 & 1 \\ 1 & 1 & 0 & 1 \end{bmatrix}$

在習題 9 至 11 中，判斷各個有向圖所表現的關係是否為偏序。

9.

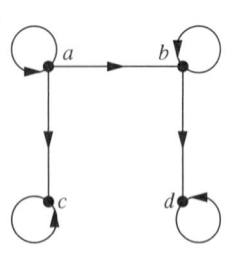

10.

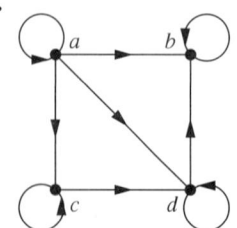

11.

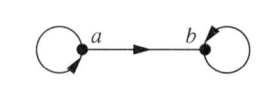

12. 令 (S, R) 是偏序集。證明 (S, R^{-1}) 也是個偏序集，其中 R^{-1} 是 R 的逆關係。偏序集 (S, R^{-1}) 稱為 (S, R) 的**對偶**（**dual**）。

13. 求出下列偏序集的對偶。
    a) $(\{0, 1, 2\}, \leq)$
    b) $(\mathbf{Z}, \geq)$
    c) $(P(\mathbf{Z}), \supseteq)$
    d) $(\mathbf{Z}^+, |)$

14. 在偏序集 $(\mathbf{Z}+, |)$，下列哪對元素是可比的？
    a) 5, 15
    b) 6, 9
    c) 8, 16
    d) 7, 7

15. 在下列偏序集中，找出兩個不可比的元素。
    a) $(P(\{0, 1, 2\}), \subseteq)$
    b) $(\{1, 2, 4, 6, 8\}, |)$

16. 令 $S = \{1, 2, 3, 4\}$。根據一般「小於」關係的字典順序：
    a) 求出在 $S \times S$ 中所有小於 $(2, 3)$ 的數對。
    b) 求出在 $S \times S$ 中所有大於 $(3, 1)$ 的數對。
    c) 畫出偏序集 $(S \times S, \preccurlyeq)$ 的哈斯圖。

17. 求出下列有序 n 項的字典順序。
    a) $(1, 1, 2), (1, 2, 1)$
    b) $(0, 1, 2, 3), (0, 1, 3, 2)$
    c) $(1, 0, 1, 0, 1), (0, 1, 1, 1, 0)$

18. 求出下列小寫英文字母串的字典順序。
    a) *quack, quick, quicksilver, quicksand, quacking*
    b) *open, opener, opera, operand, opened*
    c) *zoo, zero, zoom, zoology, zoological*

19. 求出位元字串 0, 01, 11, 001, 010, 011, 0001 和 0101 的字典順序，其中 0 < 1。

20. 畫出 $\{0, 1, 2, 3, 4, 5\}$ 上「大於或等於」關係的哈斯圖。

21. 畫出 $\{0, 2, 5, 10, 11, 15\}$ 上「小於或等於」關係的哈斯圖。

22. 畫出下列集合之整除關係的哈斯圖。
    a) $\{1, 2, 3, 4, 5, 6\}$
    b) $\{3, 5, 7, 11, 13, 16, 17\}$
    c) $\{2, 3, 5, 10, 11, 15, 25\}$
    d) $\{1, 3, 9, 27, 81, 243\}$

23. 畫出下列集合之整除關係的哈斯圖。
    a) $\{1, 2, 3, 4, 5, 6, 7, 8\}$
    b) $\{1, 2, 3, 5, 7, 11, 13\}$
    c) $\{1, 2, 3, 6, 12, 24, 36, 48\}$
    d) $\{1, 2, 4, 8, 16, 32, 64\}$

24. 畫出在冪集合 $P(S)$ 之包含關係的哈斯圖，其中 $S = \{a, b, c, d\}$。

在習題 25 至 27 中，列出下列哈斯圖的偏序中所有的有序對。

25. **26.** 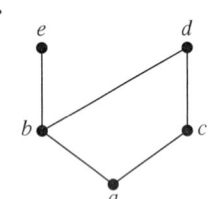 **27.**

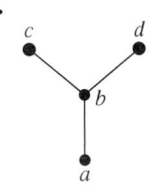

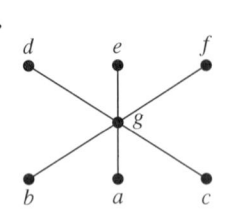

28. 在 $\{1, 2, 3, 4, 6, 12\}$ 上偏序 $\{(a, b) \mid a \text{ 整除 } b\}$ 的覆蓋關係為何？

29. 在 S 的冪集上偏序 $\{(A, B) \mid A \subseteq B\}$ 的覆蓋關係為何？其中 $S = \{a, b, c\}$。

30. 在定義於例題 25 之安全分類的偏序集中，其覆蓋關係為何？

31. 證明一個有限偏序集可以從覆蓋關係中重新建構。〔提示：證明此偏序集是其覆蓋關係的反身遞移閉包。〕

32. 根據右列哈斯圖表示的偏序，回答下列問題。 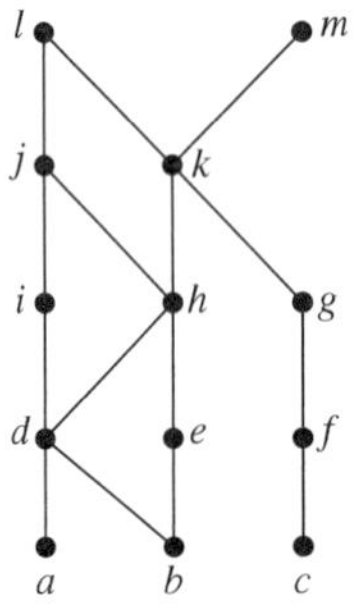
  a) 求出極大元素。
  b) 求出極小元素。
  c) 存在最大元素嗎？
  d) 存在最小元素嗎？
  e) 求出 $\{a, b, c\}$ 的所有上界。
  f) 如果存在的話，求出 $\{a, b, c\}$ 的最小上界。
  g) 求出 $\{f, g, h\}$ 的所有下界。
  h) 如果存在的話，求出 $\{f, g, h\}$ 最大下界。

33. 根據偏序集 $(\{3, 5, 9, 15, 24, 45\}, \mid)$，回答下列問題。
  a) 求出極大元素。 **b)** 求出極小元素。
  c) 存在最大元素嗎？ **d)** 存在最小元素嗎？
  e) 求出 $\{3, 5\}$ 的所有上界。 **f)** 如果存在的話，求出 $\{3, 5\}$ 的最小上界。
  g) 求出 $\{15, 45\}$ 的所有下界。 **h)** 如果存在的話，求出 $\{15, 45\}$ 的最大下界。

34. 根據偏序集 $(\{2, 4, 6, 9, 12, 18, 27, 36, 48, 60, 72\}, \mid)$，回答下列問題。
  a) 求出極大元素。 **b)** 求出極小元素。
  c) 存在最大元素嗎？ **d)** 存在最小元素嗎？
  e) 求出 $\{2, 9\}$ 的所有上界。 **f)** 如果存在的話，求出 $\{2, 9\}$ 的最小上界。
  g) 求出 $\{60, 72\}$ 的所有下界。 **h)** 如果存在的話，求出 $\{60, 72\}$ 的最大下界。

35. 根據偏序集 $(\{\{1\}, \{2\}, \{4\}, \{1, 2\}, \{1, 4\}, \{2, 4\}, \{3, 4\}, \{1, 3, 4\}, \{2, 3, 4\}\}, \subseteq)$，回答下列問題。
  a) 求出極大元素。 **b)** 求出極小元素。
  c) 存在最大元素嗎？ **d)** 存在最小元素嗎？
  e) 求出 $\{\{2\}, \{4\}\}$ 的所有上界。

f) 如果存在的話，求出 {{2}, {4}} 的最小上界。
g) 求出 {{1, 3, 4}, {2, 3, 4}} 的所有下界。
h) 如果存在的話，求出 {{1, 3, 4}, {2, 3, 4}} 的最大下界。

36. 求出滿足下述性質的偏序集。
    a) 有一個極小元素，但沒有極大元素。
    b) 有一個極大元素，但沒有極小元素。
    c) 既沒有極大元素，也沒有極小元素。

37. 證明字典順序是兩個偏序集之笛卡兒積上的偏序。

38. 證明字典順序是一個偏序集的字串集合上的偏序。

39. 假設 $(S, \preccurlyeq_1)$ 和 $(T, \preccurlyeq_2)$ 是偏序集。證明 $(S \times T, \preccurlyeq)$ 也是偏序集，其中 $(s, t) \preccurlyeq (u, v)$，若且唯若 $S \preccurlyeq_1 u$ 和 $t \preccurlyeq_2 v$。

40. **a)** 證明如果偏序集存在最大元素，恰好存在一個最大元素。
    b) 證明如果偏序集存在最小元素，恰好存在一個最小元素。

41. **a)** 證明在一個具有最大元素的偏序集中，恰好存在一個極大元素。
    b) 證明在一個具有最小元素的偏序集中，恰好存在一個極小元素。

42. **a)** 證明如果偏序集的子集存在最小上界，則它是唯一的。
    b) 證明如果偏序集的子集存在最大下界，則它是唯一的。

43. 判斷具有下面哈斯圖的偏序集是否為晶格。

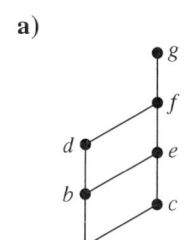

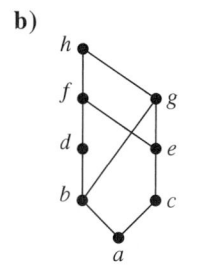

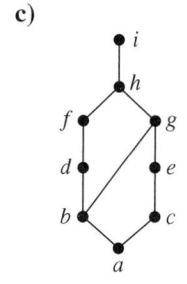

    a)   **b)**   **c)**

44. 判斷下面的偏序集是否為晶格。
    a) $(\{1, 3, 6, 9, 12\}, |)$　　　　　**b)** $(\{1, 5, 25, 125\}, |)$
    c) $(\mathbf{Z}, \geq)$　　　　　　　　　**d)** $(P(S), \supseteq)$，其中 $P(S)$ 是集合 S 的冪集合。

45. 證明一個晶格的每個有限非空子集都有最小上界和最大下界。

46. 證明如果偏序集 (S, R) 是晶格，則對偶偏序 (S, R^{-1}) 也是晶格。

47. 一間公司使用資訊流的晶格模型控制敏感資訊，這些資訊具有由序對 (C, A) 表示的不同安全級別。A 是權限級別，可以是非私有的 (0)、私有的 (1)、受限制的 (2) 或註冊的 (3)。類別 C 是所有項目集合 {印度豹, 黑斑羚, 美洲獅} 的子集。(該公司經常使用動物的名字作為計畫的代碼名字。)
    a) 資訊是否允許從（私有的，{印度豹, 美洲獅}）流向（受限制的，{美洲獅}）？
    b) 資訊是否允許從（受限制的，{印度豹}）流向（受限制的，{印度豹, 黑斑羚}）？
    c) 從哪些類別流出的資訊可以流向安全級別（受限制的，{黑斑羚, 美洲獅}）？

48. 證明安全級別 (A, C) 所成的集合 S 是一個晶格，其中 A 是表示權限級別的正整數，C 是類別之有限集合的子集。$(A_1, C_1) \preccurlyeq (A_2, C_2)$ 若且唯若 $A_1 \leq A_2$ 且 $C_1 \subseteq C_2$。〔提示：首先證明 $(S, \preccurlyeq)$ 是一個偏序集，然後證明 (A_1, C_1) 和 (A_2, C_2) 的最小上界和最大下界分別是 $(\max(A_1, A_2), C_1 \cup C_2)$ 和 $(\min(A_1, A_2), C_1 \cap C_2)$。〕

49. 證明每個全序集都是一個晶格。

50. 證明每個有限元素的晶格都有一個最小元素和一個最大元素。

51. 舉出一個無限晶格的例子，滿足下列條件：
  a) 既沒有最小元素，也沒有最大元素。　**b)** 有一個最小元素，但沒有最大元素。
  c) 有一個最大元素，但沒有最小元素。　**d)** 有一個最小元素，也有一個最大元素。

52. 驗證 $(\mathbf{Z}^+ \times \mathbf{Z}^+, \preccurlyeq)$ 是一個良序集，其中 $\preccurlyeq$ 是例題 8 的字典順序。

53. 判斷下列偏序集何者是良序的？
  a) $(S, \leq)$，其中 $S = \{10, 11, 12, \ldots\}$。
  b) $(\mathbf{Q} \cap [0, 1], \leq)$
  c) $(S, \leq)$，其中 S 是分母不超過 3 的正有理數所形成的集合。
  d) $(\mathbf{Z}^-, \geq)$，其中 $\mathbf{Z}^-$ 是負整數的集合。

54. 如果建築一座房子所需任務的哈斯圖如下圖所示，透過指定這些任務的順序來安排這些任務。

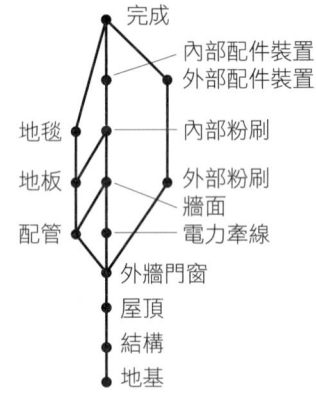

55. 如果一個軟體計畫所需任務的哈斯圖如下圖所示，透過指定這些任務的順序來安排這些任務。

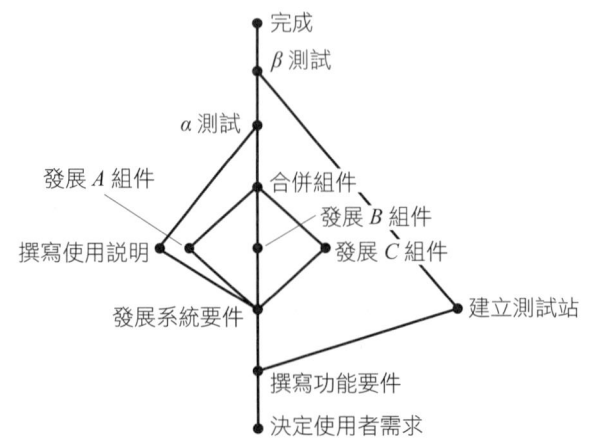

CHAPTER 9 圖形
Graphs

圖形是由頂點與連結頂點之邊所組成的離散結構。幾乎所有想像得到的學科中，都可以用圖形的模型來解決某些問題。圖形的種類有許多種，取決於邊是否有方向性、同一對頂點間是否有重複的邊，或是否允許迴圈等。我們將舉出許多例子來證明圖學的模型廣泛應用於許多不同的範疇。例如，圖形可以用來表現生物鏈中不同物種間的競爭關係、組織中上司與下屬間的關係，也可用來表現循環比賽的結果。我們也會以圖形來展現人與人之間的社交關係、研究者間的合作關係，或者是網路間的連結關係。此外，圖形也被用來架構城市間的公路地圖，或是用來安排組織中雇員的工作。

利用圖形的模型，我們可以判斷一個人是否能走過某城市中的所有街道而不用經過某條路兩次，也可以決定為一個地圖著色需要多少種不同的顏色。圖形也能幫助我們判斷，一個平面迴路板中是否能形成一個迴圈。化學中，我們也能用圖形來區別同分異構物。兩台電腦在某個通訊連結網路中是否能相互連通，也能在圖學的模型中判斷出來。在邊上賦予權數的圖形能用來找出兩個城市在地圖中的最短路徑。我們也能用圖形來協助安排考試的試程與電視台的頻道。本章將介紹圖學的基本概念與數種不同的圖學模型，也將利用許多不同問題的解法來研究圖學的理論。此外，也會介紹一些不同的圖形演算法，以及這些演算法的複雜度。

9.1 圖形與圖學模型 *Graphs and Graph Models*

首先，我們介紹圖形的定義。

> **定義 1** ■ 圖形（graph）$G = (V, E)$ 是由頂點〔vertex，或稱節點（node）〕的非空集合 V，以及邊（edge）的集合 E 所構成。每一個邊都相關於一個或兩個頂點，稱為這個邊的端點（endpoint），而我們稱這個邊連接（connect）它的端點。

注意：圖形 G 中的頂點集合 V 可以是無窮集合。一個由無窮個頂點或者無窮個邊所構成的圖形稱為**無限圖（infinite graph）**，而由有限個頂點和有限個邊所構成的則稱為**有限圖（finite graph）**。在本書中，我們討論的都是有限圖。

現在，假設有一個由資料中心和電腦間的通訊連結所組成的網路。我們能以點來代表各資料中心所在，以線段來表示其間的通訊連結，如圖 1。

圖 1　電腦網路

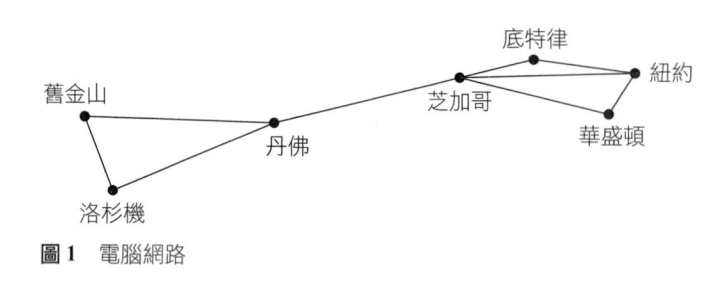

如此一來，電腦網路便形成一個圖形，其中頂點即為資料中心，而邊則為其間的通訊連結。一般而言，在繪製圖形時，我們以點來代表頂點，以線段（可以是彎曲的）來代表邊，而邊的端點即相關於此邊的頂點。此外，我們在繪圖時，會盡量避免讓邊相交，然而有時兩個邊相交是無法避免的（見 9.7 節）。

在電腦網路的圖形中，每一個邊都連接兩個不同的頂點，也就是說，沒有一個頂點和自己相連，而且也沒有兩個邊連接相同的兩個頂點。一個圖形的每個邊都連接兩個不同頂點，也沒有不同的邊相連兩個相同頂點，這類圖形稱為**簡單圖**（simple graph）。注意，在簡單圖中，每個邊都相關於一對無序的頂點，而且沒有其他的邊相關於同一對頂點。所以，當有一個簡單圖的邊相關於頂點 $\{u, v\}$ 時，無疑地，$\{u, v\}$ 是該圖的邊。

在電腦網路中，任兩個資料中心有可能存在重複的通訊連結，如圖 2 所示。想要以圖形來表現這類模型，必須允許超過一個邊連接相同的一對頂點。當一個圖形有**重邊**（multiple edges）連接相同的頂點時，我們稱這類圖形為**多重圖**（multigraph）。當圖形中有 m 個重邊相關於一對無序頂點時，可以假設邊的集合中有 m 個相同的元素 $\{u, v\}$。

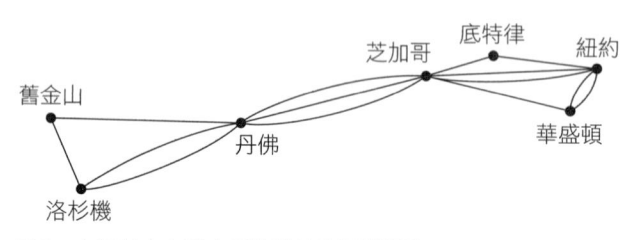

圖 2　在資料中心間有重複連結的電腦網路

有時因為需要反覆診斷，會產生由從某個資料中心連接回同一個中心的通訊連結，如圖 3 所示。這類模型需要包含連接某頂點到同一頂點的邊，稱為**迴圈**（loop），有時甚至允許一個頂點上有數個迴圈，包含重邊與迴圈的圖形有時稱為**偽圖**（pseudograph）。

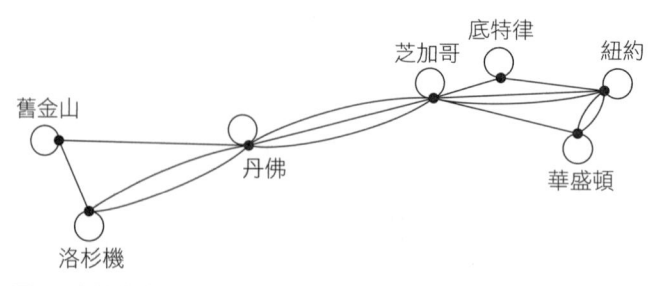

圖 3　有診斷連結的電腦網路

到目前為止，我們介紹的都是**無向圖（undirected graph）**，這類圖的邊都是**沒有方向性的（undirected）**。但是，我們發現建構圖學模型時，在每個邊上設定一個方向有時是必要的。例如，在電腦網路模型中，有些連結只能以單方向來進行，像是有大量的資訊被傳輸至某個資料中心，但是很少或甚至沒有資訊由這個中心傳出。這類圖形如圖 4 所示。

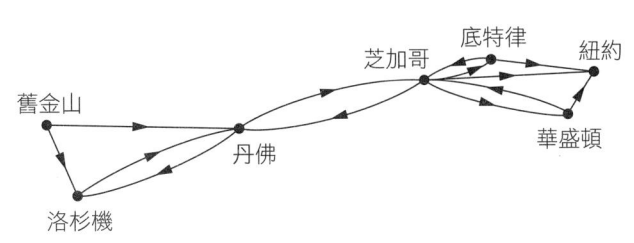

圖 4 有單向連結的電腦網路

為了建構這類的電腦網路模型，我們會使用有向圖。在有向圖中，每一個邊都相關於一對有序的頂點。相較於第 8 章中為了表現關係而定義的有向圖，本章將給一個比較一般化的定義。

> **定義 2** ■ **有向圖（directed graph 或 digraph）**(V, E) 是由一個頂點組成之非空集合 V 和**有向邊（directed edges 或 arcs）**的集合 E 所形成。每一個有方向的邊 (u, v) 相關於一對有序的頂點，始於 u 而終於 v。

當我們描繪有向圖時，經常使用由 u 指向 v 的箭頭來表示邊的方向始於 u 而終於 v。有向圖也有可能包含數個由某個頂點到其自身的迴圈，或是有著相同終頂與始點，或是數個同時擁有由頂點 u 到頂點 v 與由頂點 v 到頂點 u 的重邊。當我們給定無向圖中的每個邊一個方向時，便構成一個有向圖。一個沒有迴圈與重邊的有向圖稱為**簡單有向圖（simple directed graph）**。因為簡單有向圖至多只有一個邊相關於一對有序頂點 (u, v)，因此我們便以 (u, v) 來表示一個有向邊。

在某些電腦網路中，兩個資料中心間存在著數個通訊連結，如圖 5 所示。因此，有向圖可能包含**多重有向邊（multiple directed edges）**，這類圖形稱為**有向多重圖（directed multigraph）**。當有 m 個有向邊對應於相同的有序頂點 (u, v) 時，我們稱這個邊的**重數（multiplicity）**為 m。

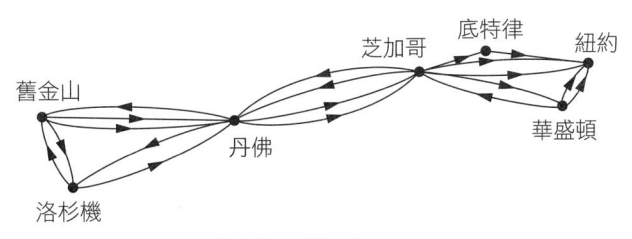

圖 5 存在多個單向連結的電腦網路

有些模型需要同時使用到有向邊與無方向的邊，此類圖形稱為**混合圖（mixed graph）**。例如，在電腦網路中同時存在著雙向（無方向）與單向（有方向）的連結。

上面介紹的數個術語整理於表 1。通常，本書以**圖形（graph）**一詞來通稱所有無迴圈、無重邊的圖（有方向或無方向皆可）。有時，在不會產生誤解的狀況下，也會以「圖形」來稱呼無向圖。

表1	圖表術語		
型態	邊的方向	是否允許重邊？	是否允許迴圈？
簡單圖	無方向	不允許	不允許
多重圖	無方向	允許	不允許
偽圖	無方向	允許	允許
簡單有向圖	有方向	不允許	不允許
有向多重圖	有方向	允許	允許
混合圖	有的有方向，有的無方向	允許	允許

近年來，圖形理論非常廣泛地應用於各種學門，因此有關圖學的術語便依應用範疇而有所不同，讀者必須依研讀對象來決定使用何種名詞較為合宜。在數學中，對圖形術語的形容已經漸漸趨於一致，但在其他應用學門中，依然有很大的差異性。

雖然圖形的用語有很大的差異性，下列三個主要問題能幫助我們了解圖形的結構：

- 圖中的邊有無方向性？
- 若是無向圖，是否出現重邊？若是有向圖，是否出現多重有向邊？
- 圖中是否會產生迴圈？

回答這些問題，能增加我們對圖形的了解，這比記憶某些特定的術語重要得多。

圖學模型

圖形廣泛地利用於架構模型，本節首先描述如何建構連結資料中心通訊網路的圖學模型，以及一些不同圖學模型的有趣應用。這些應用將於稍後第 10 章中再次出現，其他模型則將於接下來的章節討論。此處也將回顧在第 8 章中介紹之有向圖學模型的應用。當架構圖學模型時，必須非常確定我們能正確無誤地回答上述三個結構性問題。

社交網路 圖形廣泛地用來模型化根據不同關係而形成的社交結構。這些社交結構，亦即表現它們的圖形，被稱為**社交網路（social network）**。在這些模型中，個人或是組織以頂點表示，而人與人或是組織間的關係則以邊來表現。研究社交網路在跨領域研究中非常熱絡，許多人類間不同的關係都利用社交網路來研究。在此，我們介紹最常見的社交網路。想進一步了解社交網路的資訊，可參考 [Ne10] 與 [EaKl 10]。

例題 1 　**相識與友誼關係圖**　我們能用圖形來表現兩人是否相識，或者兩人是否為朋友（可以是真實世界中的關係，也可能是虛擬世界中的關係，例如臉書上的好友）。社群中的每個人都是一個頂點。兩頂點之間若是以無向邊連接，代表這兩個人互相認識對方。圖形中不會出現重邊，通常也沒有迴圈（除非要將自我認識包括於其中）。圖 6 是一個小型的社交圖。一個表示全球人類的社交關係圖，將包含超過六十億個頂點，也許超過十兆個邊！我們將在 9.4 節中再次討論這個圖形。　◀

例題 2 　**影響關係圖**　在研究群體行為時，可以發現特定人士能影響其他人的想法。一個稱為**影響關係圖**（influence graph）的有向圖，能用來顯示這種行為的模式。團體中的個人都是一個頂點。一個有向邊從頂點 a 指向頂點 b，表示個人 a 將對個人 b 產生影響。這種圖形不會包含迴圈，也不會有重邊。圖 7 即為某團體的影響關係圖。在這個團體中，黛博拉不會受人影響，但會影響布萊恩、福瑞德和琳達。此外，我們也發現伊凡與布萊恩間會互相影響。　◀

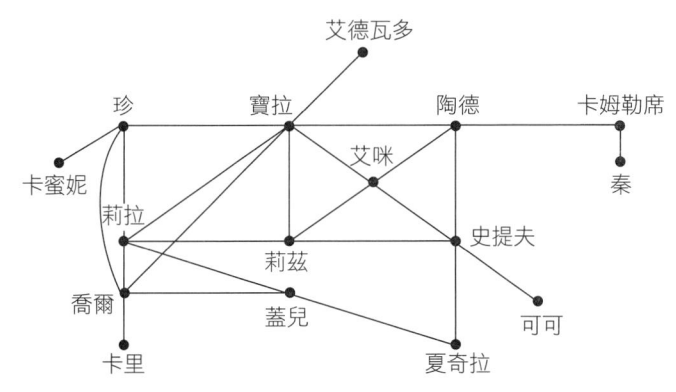

圖 6　相識關係圖 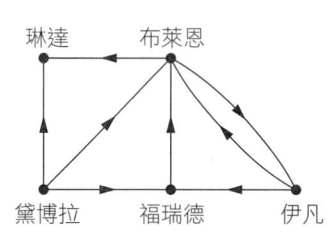　　　　　　　　　　　　**圖 7**　影響關係圖

例題 3 　**合作關係圖**　**合作關係圖**（collaboration graph）用來模型化社交網路中兩個人在某個領域上一起工作的關係。合作關係圖是個簡單圖形，也就是圖形的邊沒有方向性，也不存在重邊和迴圈。圖中的頂點代表人，而邊所連結的兩個人，表示他們曾經一起合作。這種圖沒有方向，也沒有迴圈與重邊。**好萊塢圖**（Hollywood graph）即是合作關係圖，頂點代表的是演員，當兩個演員曾經合作演出同一齣電影時，便在這兩個頂點間連結一個邊。好萊塢關係圖是個非常巨大的圖形，有超過 150 萬個頂點（截至 2011 年年初的資料）。我們將在 9.4 節再次討論好萊塢關係圖的某些面向。

在**學術合作關係圖**（academic collaboration graph）中，圖中的頂點代表人（也許侷限於某個學術領域的成員），而邊所連結的兩個人，表示他們曾經合作發表過論文。在 2004 年時，數學研究領域中所形成的合作關係圖已包含超過 400,000 個頂點和 675,000 個邊。這些數目還在持續增加中。我們將在 9.4 節再次討論這個圖學模型。合作關係圖也使用於運動界，如果兩位職業運動員曾經在某項運動的例行賽季中屬於同一個隊伍，則視他們有合作關係。　◀

通訊網路 我們可以用頂點表示設備，而邊表示兩設備間某種特殊的通訊連結。在本節的一開始我們已經模型化資料網路。

例題 4 **電話通話圖** 圖形也能建構電話通話紀錄的網路模型。以電話號碼為頂點，當由某個號碼打給另一個號碼時，便產生一條連結這兩個頂點的有向邊。這樣一來，就產生一個含多重有向邊的有向圖。

圖 8(a) 是包含七個電話號碼的小型電話通路圖，我們可以自圖形中看出由 732-555-1234 打了三通電話給 732-555-9876，另一個方向則打了兩通。此外，732-555-444 除了 732-555-0011 之外，未打給其他的電話號碼。當我們只關心兩個號碼間是否曾經通話時，可以將圖形轉換成無向圖，如圖 8(b)。

電話通話圖在真實世界中是非常龐大的。根據 AT&T 的研究發現，在 20 天之內，這個圖形將包含 2.9 億個頂點和 40 億個邊。我們將於 9.4 節中再次討論到電話通話圖。◁

資訊網路 圖形也能用來表現多種特殊形態的資訊連結網路。在此，我們以圖形來模型化世界網際網路。我們也將描述如何使用圖形來模型化不同型態之文件間的引用關係。

例題 5 **網路圖** 世界網際網路能以有向圖來呈現。將每個網頁以頂點來表示，如果網頁 a 能連結到網頁 b，則以始於頂點 a 而終於頂點 b 的邊來表現。由於新的網頁不停建立，而且幾乎每一秒鐘都有連結被取消，所以網路圖的面貌會持續變動。有許多人研究網路圖的性質，希望能得以了解網路的本質。我們將在 9.4 節和第 10 章中解釋搜尋引擎用來建立網頁索引的關鍵字，是如何利用網路圖的。◁

例題 6 **引用圖** 圖形能用來表現不同型態之文件間的引用關係，包括學術文章、專利權與法律諮詢。在這種圖形中，文件以頂點來表示，由第一份文件到第二份文件間有邊相連，表示第一份文件中將第二份文件放入其參考表列中。(學術文章中的參考表列可以是目錄、參考文獻；專利權的參考表列是引用的先前專利；而法律諮詢則是引用之先前的法律諮詢。) 引用圖是一個沒有迴圈與重邊的有向圖。◁

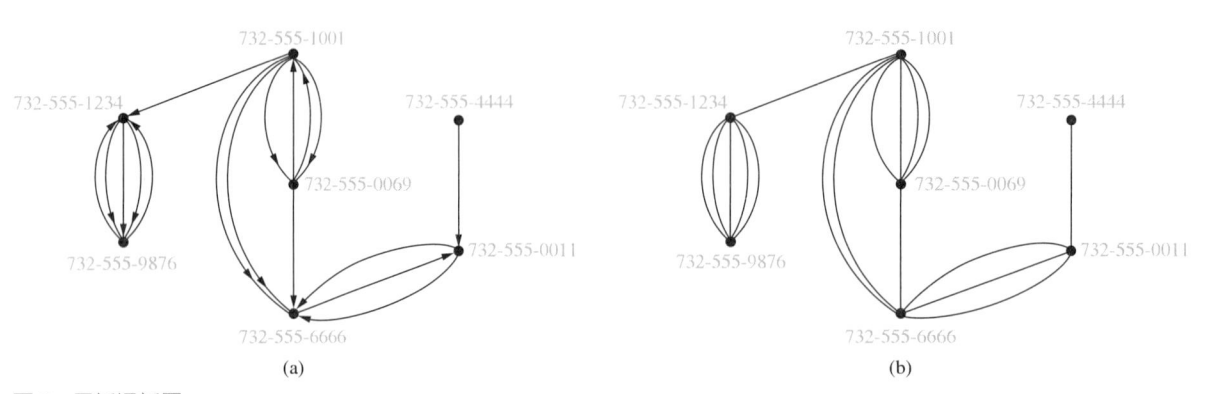

圖 8 電話通話圖

軟體設計應用　圖學模型在軟體設計上是有用的工具。我們簡單地介紹兩種模型。

例題 7　**模組相依圖**　軟體設計中最重要的工作是如何將程式建構成不同的模組。了解程式中不同模組間是如何交互運作，不只是程式設計的本質，也與軟體的測試、維護息息相關。**模組相依圖 (module dependency graph)** 是了解模組間交互作用的重要工具。在模組相依圖中，每個模組以頂點表示。若某個模組必須依賴另一個模組，則一個有向邊由後者指向前者。圖 9 是網路瀏覽器間的模組相依圖。◀

例題 8　**循序圖**　當某些語句能平行處理時，電腦程式的執行便能更加快速。但是，我們必須注意需要執行某些其他語句所得結果的語句。這些電腦語句間的依賴關係可以用有向圖來展現。每一個語句是一個頂點，而若一個有向邊的始點尚未執行，則其終點的頂點（語句）將無法執行。這類圖形稱為**循序圖 (precedence graph)**，如圖 10 所示。圖中可以看出當 S_1、S_2 與 S_4 尚未執行時，S_5 將無法執行。◀

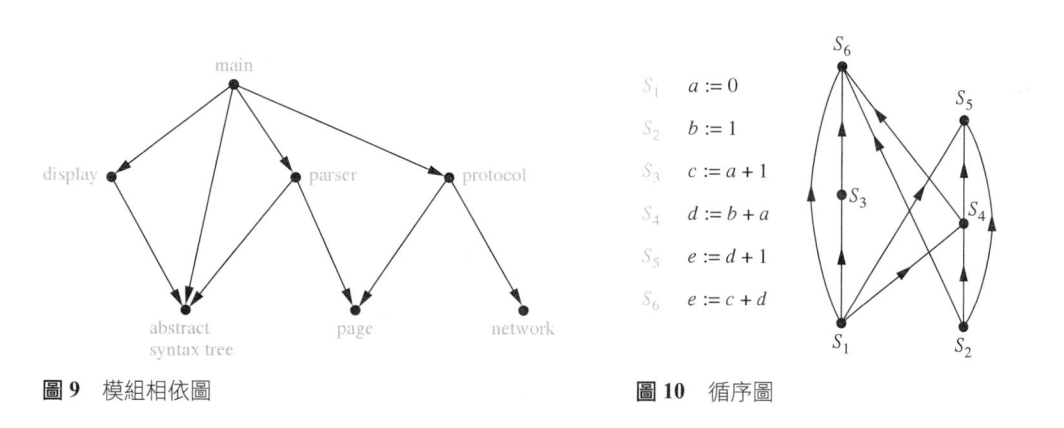

圖 9　模組相依圖

圖 10　循序圖

$S_1 \quad a := 0$
$S_2 \quad b := 1$
$S_3 \quad c := a + 1$
$S_4 \quad d := b + a$
$S_5 \quad e := d + 1$
$S_6 \quad e := c + d$

交通網路　我們可以利用圖形來模型化許多不同型態的交通網路，包括公路、航空和鐵路網，當然還有購物網路。

例題 9　**航線圖**　我們可以模型化航空網路，將每個機場當成頂點。特別是，我們可以將一天中每一個航班都表示成由出發機場指向目的機場的有向邊。這樣一來，圖形將變成一個有重邊的有向圖，因為每天由某機場出發飛向另一個機場的班次可能不只一班。◀

例題 10　**道路圖**　圖形也可用來模型化公路網路。在這類模型中，頂點表示道路間的交叉口，而邊則代表每條道路。當所有的道路都是雙向的，而且兩個路口至多只有一條道路連接時，可以使用簡單無向圖來表現。然而，我們有時也必須模型化有單行道的公路，以及兩路口間有超過一條路的狀況。這時，可用無向邊代表雙向道，而有向邊則表示單行道。無向重邊代表兩交叉口間有數條雙向道路，有向重邊代表兩路口間有數條單行道，而迴圈則表示路口有個迴路。模型化公路網路（包含單行道和雙向道）必須以混合圖來表示。◀

生態網路　生態學的許多面向都能以圖學模型來表現。

例題 11 **生態學中的食物鏈圖** 此圖用於涉及不同種動物間的互動時。例如，生態學中不同物種間的競爭關係，能以**食物鏈圖**（niche overlap graph）來表現。每個頂點代表一個物種。兩個頂點之間的無向邊，代表這兩個物種之間存在著競爭關係（亦即牠們的食物來源會重疊）。食物鏈圖是個簡單圖，沒有迴圈，也沒有重邊。圖 11 表現的是森林中的生態。我們可以從圖中發現松鼠和浣熊間有競爭關係，而烏鴉和鼩鼱間則無。 ◀

例題 12 **蛋白質交互作用圖** 在生物細胞中，當兩種或多種蛋白質為了表現生物功能，便會產生蛋白質交互作用。因為蛋白質的交互作用決定了大部分的生物功能，許多科學家致力於發現新的蛋白質和了解它們間的交互作用。而這些交互作用可以用**蛋白質交互作用圖**〔protein interaction graph，或稱作**蛋白質交互網路**（protein-protein interaction network）〕來表現。在圖形中，蛋白質以頂點來表示，而連通的邊表示兩種蛋白質間有交互作用。判斷細胞中基因蛋白質的交互作用是非常具挑戰性的問題。因為實驗經常得到錯誤的結果，包括兩種蛋白質明明沒有作用，卻被誤判為有作用。蛋白質交互作用圖能用來推論重要的生物功能。例如，指出數個功能中最重要的蛋白質，或是找出新發現之蛋白質的功能性。

由於在一個細胞中就有成千種的蛋白質，蛋白質交互作用圖都非常巨大且複雜。比如，酵素細胞內有超過 6,000 種蛋白質，而已知的交互作用就超過 80,000 種。至於人類細胞有超過 100,000 種蛋白質，而其間或許有 1,000,000 個交互作用。在蛋白質交互作用圖中加入頂點或邊，表示有新發現的蛋白質與交互作用。因為蛋白質交互作用圖太過複雜，經常被分解成較小的圖形，稱為單位模組，用來表現牽涉某個特殊功能的蛋白質交互作用。圖 12 是 [Bo04] 中描述之單位模組的蛋白質交互作用圖，構成的蛋白質綜合體簡化了人類細胞中 RNA。想了解更多蛋白質交互作用圖的內容，請見 [Bo04]、[Ne10] 與 [Hu07]。 ◀

競賽 我們舉出兩個例子來說明，圖學模型如何用來模型化不同型態的比賽。

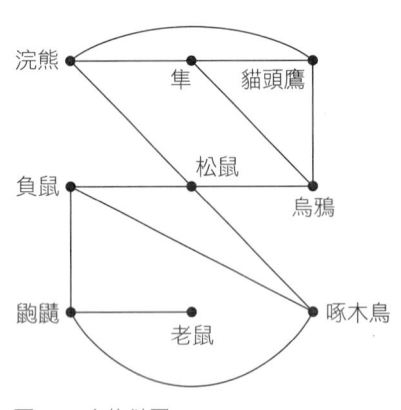

圖 11 食物鏈圖

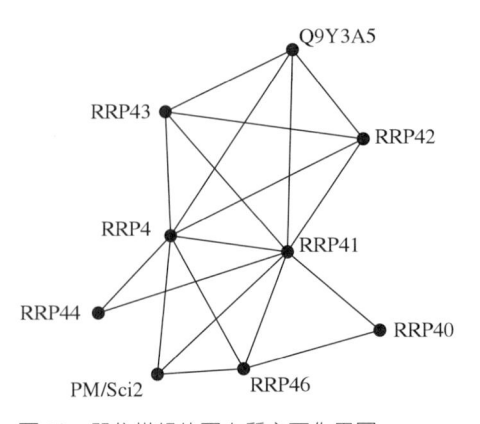

圖 12 單位模組的蛋白質交互作用圖

例題 13 **循環賽** 在賽程中，任意兩個參賽隊伍都將對壘一次且不允許有和局的方式，稱為**循環賽**（round-robin tournament），這種賽程的結果可以用圖形來表示。每個頂點代表一個參賽隊伍，有向邊 (a, b) 表示 a 隊打敗 b 隊。這類圖形是簡單有向圖，沒有迴圈與重邊（因為沒有兩隊對壘超過一次）。圖 13 就是這種有向圖，我們可以觀察到隊伍 1 在整個賽程中是全勝的，而隊伍 3 則完全沒贏過。◀

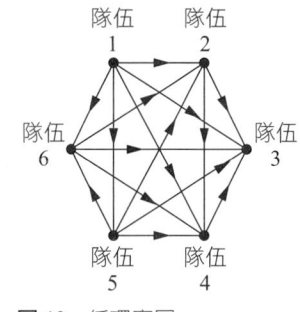

圖 13 循環賽圖

例題 14 **單淘汰圖** 每一場比賽皆將失敗的隊伍淘汰，這樣的賽制稱為**單淘汰賽**（single-elimination tournament）。單淘汰賽在運動比賽中很常見，例如網球冠亞軍賽，還有一年一度的全美大學籃球聯賽。我們能將這種賽制以圖學模型的方式來表現。每場比賽都是個頂點，而一個有向邊指向下一場比賽的頂點，將獲勝的隊伍送過去。圖 14 是 2010 年全美大學女子籃球聯賽的比賽圖（獲勝隊伍以粗體字表示）。◀

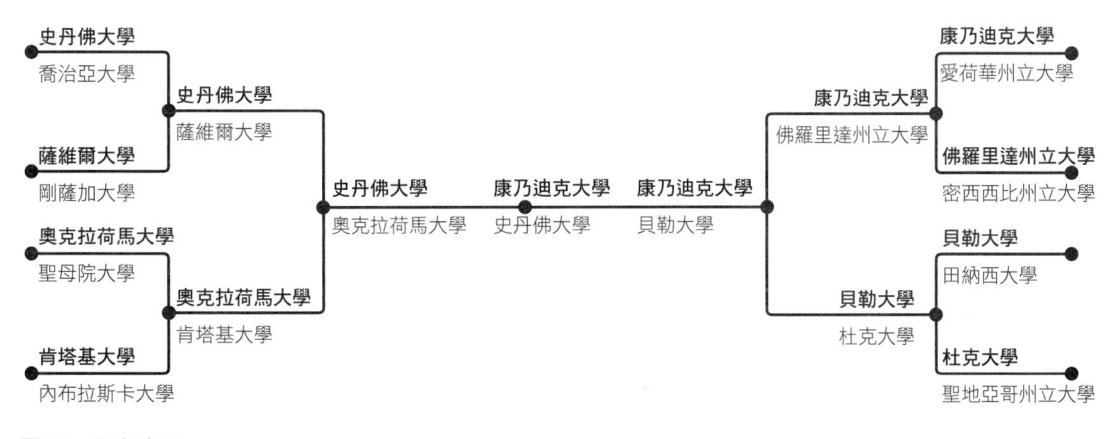

圖 14 單淘汰圖

習題 *Exercises*   * 表示為較難的練習；** 表示為高度挑戰性的練習；☞ 對應正文。

1. 每天有四班飛機由波士頓到紐沃克，兩班由紐沃克至波士頓；三班飛機由紐沃克到邁阿密，兩班由邁阿密飛抵紐沃克；由紐沃克到底特律一天只有一班，但是由底特律則有兩班回到紐沃克；紐沃克到華盛頓一天有三班，華盛頓一天有兩個班次到紐沃克，一個班次到邁阿密。畫出圖學模型，圖中以頂點代表城市，使用表 1 中的圖形種類：

   a) 兩頂點間有一個邊相連，表示這兩個城市間有飛機往來（不論方向）。

   b) 兩頂點間有一個邊相連，表示這兩個城市間有一班飛機往來（不論方向）。

   c) 兩頂點間有一個邊相連，表示這兩個城市間有一班飛機往來（不論方向），再加上一個迴圈代表有一班升降於邁阿密的特別觀光飛機。

d) 兩頂點間有一個有向邊相連，表示有飛機由始點所代表的城市飛向終點所代表的城市。

e) 兩頂點間的每一個有向邊相連，表示有一班飛機由始點所代表的城市飛向終點所代表的城市。

2. 在下列條件中，表 1 中哪一種圖能用來表現主要城市間的高速公路系統圖？其中頂點表示各個城市。

a) 若頂點代表的城市間有高速公路相連結，則兩頂點間有一個邊。

b) 對於頂點代表城市間相連結的每一條高速公路，則兩頂點間有一個邊。

c) 對於頂點代表城市間相連結的每一條高速公路，則兩頂點間有一個邊；若某城市有一條環城的高速公路，則在其頂點上有一個迴圈。

習題 3 至 9，判斷給定的圖形有無方向性、有無重邊、迴圈的數目為何？利用求得的答案來決定圖形屬於表 1 中的哪一類。

3.

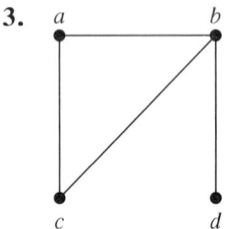

4.

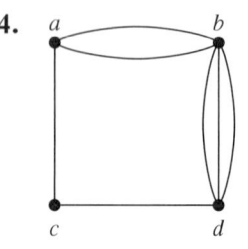

5.

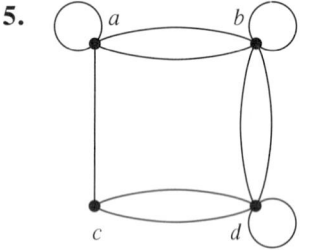

6.

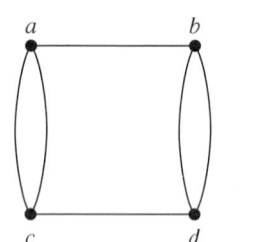

7.

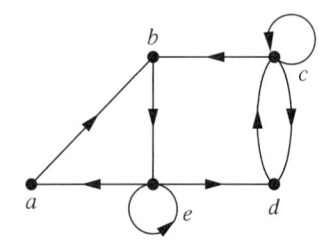

8.

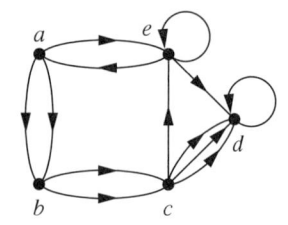

9.

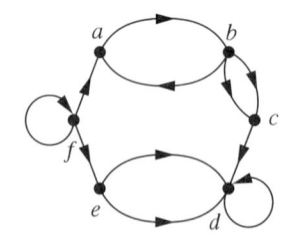

10. 判斷習題 3 至 9 的圖形是否為簡單圖？若不是，找出一組邊的集合，將之移除後，圖形將會變成簡單圖。

11. 令 G 是一個簡單圖。在 G 的頂點集合上定義關係 R 如下：$u\,R\,v$ 若且唯若有一個邊相關於 $\{u, v\}$。證明此關係有對稱性與非反身性。

12. 令 G 為一個無方向性的簡單圖，其中每個頂點都包含一個迴圈。證明定義於 G 之頂點集合上的關係 R（如習題 11）有對稱性與反身性。

13. 一組集合能定義一個**交集圖**（intersection graph）：圖中的頂點代表每一個集合；當兩集合間的交集不為空集合時，兩頂點間有一條邊相連。畫出下列各組集合所形成的交集圖。

    a) $A_1 = \{0, 2, 4, 6, 8\}$, $A_2 = \{0, 1, 2, 3, 4\}$, $A_3 = \{1, 3, 5, 7, 9\}$,
    $A_4 = \{5, 6, 7, 8, 9\}$, $A_5 = \{0, 1, 8, 9\}$

    b) $A_1 = \{..., -4, -3, -2, -1, 0\}$, $A_2 = \{..., -2, -1, 0, 1, 2, ...\}$,
    $A_3 = \{..., -6, -4, -2, 0, 2, 4, 6, ...\}$, $A_4 = \{..., -5, -3, -1, 1, 3, 5, ...\}$,
    $A_5 = \{..., -6, -3, 0, 3, 6, ...\}$

    c) $A_1 = \{x \mid x < 0\}$, $A_2 = \{x \mid -1 < x < 0\}$, $A_3 = \{x \mid 0 < x < 1\}$,
    $A_4 = \{x \mid -1 < x < 1\}$, $A_5 = \{x \mid x > -1\}$, $A_6 = \mathbf{R}$

14. 根據圖 11 的食物鏈圖，哪一個物種與隼存在競爭關係？

15. 根據下列資訊，畫出這六種鳥類的食物鏈圖：畫眉與知更鳥和松鴉間有競爭關係，知更鳥與仿聲鳥有競爭關係，仿聲鳥和松鴉間也有競爭關係，而五十雀則會與啄木鳥競爭。

16. 根據下列資料，畫出社交關係圖：湯姆認識派翠西亞、霍普、珊蒂、艾美和莫妮卡，傑夫認識派翠西亞與瑪莉，派翠西亞和艾美認識霍普。此外，艾美也認識莫妮卡。除此之外，上述六人間沒有兩個人相互認識。

17. 我們可以利用圖形來表現某兩個人是否曾經活在同一年代（即在某年時，兩人都活著）。利用本書前四章的數學家和電腦學家小傳，畫出卒於 1900 年前的數學家和科學家是否曾經活在同一年代的圖形。

18. 在例題 2 的影響關係圖中，誰能影響福瑞德，而福瑞德又能影響誰？

19. 畫出下列的影響關係圖：假設在某公司的主管中，總裁能影響研發、行銷與作業部門的主任；研發部主任和行銷部主任能影響作業部主任；但是財務部門的主管則既不受制於任何人，也不能影響任何人。

20. 根據圖 13，隊伍 4 打敗哪些隊伍？又被哪些隊伍打敗？

21. 在循環賽中，老虎打敗藍鳥、紅雀和金鶯隊；藍鳥打敗紅雀和金鶯隊；而紅雀則打敗金鶯隊。將上述結果畫成一個有向圖。

22. 畫出下面所述包含七個電話號碼的電話通話圖，其中包含下列電話：555-0011、555-1221、555-1333、555-8888、555-2222、555-0091 和 555-1200。555-0011 打了三通電話到 555-8888，從 555-8888 打回兩通給 555-0011，從 555-2222 打了兩通電話給 555-0091，555-1221 打給其他所有號碼各兩通，此外由 555-1333 到 555-0011、555-1221 和 555-1200 則各有一通。

23. 為何比較一月和二月的電話通路圖，便能找出更改電話之用戶的新電話號碼？

24. a) 為何圖形能用來表現網路中電子郵件的傳送？圖形的邊是否有方向性？是否允許重邊？是否允許迴圈？
    b) 在一個特定星期中，描述網路中傳輸電子郵件的圖形模型。
25. 為何電子郵件傳輸圖形模型能用來找出最近曾更改電子郵件住址的使用者？
26. 為何電子郵件傳輸圖形模型能用來找出發送相同信件到許多電子郵件住址的電子郵件寄件清單？
27. 使用圖學模型來描述在一個宴會中，某人是否知道參加與會人士的姓名。此圖形的邊為有向邊或無向邊？是否允許重邊？是否有迴圈？
28. 使用圖學模型來描述一個大都市的地下鐵運輸系統。此圖形的邊為有向邊或無向邊？是否允許重邊？是否有迴圈？
29. 學校裡的課程有些可能要求一門或多門先修課程。如何利用圖學模型來表現課程與先修課程的關係？根據完成的圖形，如何判斷哪些課程不需要任何先修課程？如何找出非其他課程之先修課程的課？
30. 描述一個圖學模型，用來表現影評人對電影的正面評論。利用頂點表示影評人和目前正在上演的電影。
31. 使用圖學模型來描述男人與女人間的傳統婚姻關係。這類圖形有何種特殊的性質？
32. 在例題 8 的程式，哪些語句必須在 S_6 之前執行？（利用圖 10 的循序圖。）
33. 利用下列程式畫出循序圖：

$$S_1: x := 0$$
$$S_2: x := x + 1$$
$$S_3: y := 2$$
$$S_4: z := y$$
$$S_5: x := x + 2$$
$$S_6: y := x + z$$
$$S_7: z := 4$$

34. 利用圖形模型描述一個離散結構，用來同時表現飛機航線與飛行時間的模型。〔提示：將某個結構加入有向圖。〕
35. 利用圖形模型描述一個離散結構，用來同時表現某團體中人與人之間的好、惡或持平的關係。兩個人之間對彼此的好惡可能會不一樣。〔提示：在有向圖中加入某個結構，並將兩頂點間不同方向的邊做一個區隔。〕
36. 使用單一的圖學模型來表現兩人間所有形式的電子通訊方式。必須使用哪一種圖形？

9.2 圖學術語與特殊的圖形
Graph Terminology and Special Types of Graphs

引言

本節將介紹基本的圖學名詞。稍後，我們將試著使用這些詞彙來解決許多不同的問題。例如，一個圖形是否為平面圖，亦即圖形中的任兩個邊都不相交？另一個例子為兩個圖形的頂點間是否能找到一對一對應，而且這種對應會使兩個圖形的邊也產生一對一對應？我們也將介紹一些重要且廣為人知的圖形，當然也會描述這些特殊圖形的重要應用。

基本術語

首先介紹用來描述無向圖之頂點與邊的術語。

> **定義 1** ■ 在無向圖 G 中，若頂點 u 與頂點 v 為同一個邊 e 的兩個端點，則稱這兩個頂點鄰接（adjacent 或 neighbors），而稱邊 e 接合（incident with）頂點 u 與頂點 v，或是邊 e 連通（connect）頂點 u 與頂點 v。

有個常用的術語描述圖形中鄰接於某個特殊頂點的頂點集合。

> **定義 2** ■ 圖形 $G = (V, E)$ 中，頂點 v 的所有鄰接點所成集合，記為 $N(v)$，稱為 v 的鄰域（neighborhood）。若 A 為 V 的子集合，集合 $N(A)$ 中的頂點最少與一個 A 中的頂點鄰接，所以，$N(A) = \bigcup_{v \in A} N(v)$。

想知道某頂點有幾個邊接合，定義如下。

> **定義 3** ■ 一個無向圖之頂點的分支度（degree）為接合著此頂點之邊的數目，而一個迴圈則提供此頂點兩個分支度。頂點 v 的分支度記為 $\deg(v)$。

例題 1 求出圖 1 中圖形 G 與 H 之所有頂點的分支度與鄰域。

解： 在圖形 G 中，$\deg(a) = 2$，$\deg(b) = \deg(c) = \deg(f) = 4$，$\deg(d) = 1$，$\deg(e) = 3$，$\deg(g) = 0$。頂點的鄰域分別為 $N(a) = \{b, f\}$，$N(b) = \{a, c, e, f\}$，$N(c) = \{b, d, e, f\}$，$N(d) = \{c\}$，$N(e) = \{b, c, f\}$，$N(f) = \{a, b, c, e\}$，$N(g) = \emptyset$。在圖形 H 中，$\deg(a) = 4$，$\deg(b) = \deg(e) = 6$，$\deg(c) = 1$，$\deg(d) = 5$。頂點的鄰域分別為 $N(a) = \{b, d, e\}$，$N(b) = \{a, b, c, d, e\}$，$N(c) = \{b\}$，$N(d) = \{a, b, c\}$，$N(e) = \{a, b, d\}$。◀

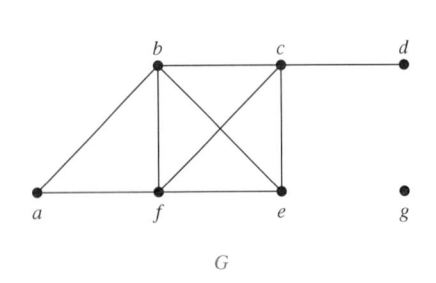

圖1 無向圖 G 與 H

一個頂點的分支度為 0 時，稱為**孤立的**（isolated）。我們可以得知，孤立頂點並未接合任何邊，例題 1 中圖形 G 的頂點 g 就是孤立的。一個頂點稱為**垂懸的**（pendant），若且唯若其分支度為 1；也就是說，一個垂懸頂點只恰恰鄰接另一個頂點。例題 1 中圖形 G 的頂點 d 就是垂懸的。

從例題 2 中可以發現，檢視圖學模型中頂點的分支度能提供此模型一些有用的資訊。

例題 2 在食物鏈圖中（見 9.1 節例題 11），頂點的分支度代表什麼意義？哪些頂點為垂懸的，哪些為孤立的？利用 9.1 節圖 11 來解釋你的答案。

解： 在食物鏈圖中，任兩個頂點有相連的邊，表示這兩個物種會相互競爭食物，所以一個頂點的分支度表示在生態系統中有多少物種會與之競爭。一個垂懸頂點表示在此生態系統中只有一個物種會與之競爭，一個孤立頂點則表示在生態系統中沒有其他物種與之競爭。

例如，9.1 節圖 11 中，代表松鼠之頂點的分支度為 4，因為有 4 種生物（烏鴉、負鼠、浣熊和啄木鳥）將與松鼠競爭食物。老鼠是唯一的垂懸頂點，因為會與老鼠競爭食物的只有鼩鼱，而其他物種都將與兩種以上的生物爭食。圖中沒有孤立的物種，因為在此生態系統中，每個物種都至少和一種不同的生物競爭。

如果將圖形 $G = (V, E)$ 中所有頂點的分支度加總，會得到什麼結果？每一個邊會讓分支度的總和增加 2，因為每個邊的端點恰好為兩個（有可能是同一個頂點）；也就是說，所有頂點的分支度總和剛好為邊數的兩倍，結論即為定理 1，有時稱為握手定理〔handshaking theorem，或握手引理（handshaking lemma）〕，因為能將每個邊的兩端點視為握手時的兩隻手。

定理 1 ■ 握手定理 令 $G = (V, E)$ 為包含 m 個邊的無向圖，則

$$2m = \sum_{v \in V} \deg(v)$$

（注意，即使圖形允許重邊和迴圈存在，此定理依然成立。）

例題 3 若圖形中共有 10 個頂點，而每個頂點的分支度都為 6，則此圖形包含多少邊？

解： 因為所有頂點的分支度總和為 $6 \cdot 10 = 60$，所以 $2m = 60$，即 $m = 30$。 ◀

定理 2 ■ 無向圖中分支度為奇數的頂點有偶數個。

證明： 令 $G = (V, E)$ 為有 m 個邊的圖形，V_1 與 V_2 分別表示圖形 G 中分支度為偶數與分支度為奇數的頂點所形成之集合，則

$$2m = \sum_{v \in V} \deg(v) = \sum_{v \in V_1} \deg(v) + \sum_{v \in V_2} \deg(v)$$

對於 $v \in V_1$，因為 $\deg(v)$ 為偶數，則等式中最後一部分的第一項為偶數。如此一來，比較等式的最左式 ($2m$) 和最右式，我們發現等式中最後一部分的第二項應該也是偶數。由於在 V_2 中每個頂點的分支度皆為奇數，因此可以判斷 V_2 中的頂點個數為偶數。也就是說，分支度為奇數的頂點有偶數個。 ◁

有向圖中的術語多源自於有方向的邊。

定義 4 ■ 當 (u, v) 代表圖形 G 中有方向的邊時，稱 u 鄰接向（adjacent to）v，而 v 鄰接自（adjacent from）u。頂點 u 稱為 (u, v) 的始點（initial vertex），頂點 v 稱為 (u, v) 的終點（terminal 或 end vertex）。一個迴圈則有相同的始點與終點。

因為在有向圖中以有序對來表示有向邊，分支度的定義便可再細分如下。

定義 5 ■ 在有向圖中，頂點 u 的入分支度（in-degree）為以頂點 u 為終點之邊的數目，記為 $\deg^-(u)$。頂點 u 的出分支度（out-degree）為以頂點 u 為始點之邊的數目，記為 $\deg^+(u)$。（注意，一個迴圈對其端點各貢獻一個入分支度和一個出分支度。）

例題 4 求出圖 2 中有向圖 G 各頂點的入分支度和出分支度。

解： 圖形 G 中的入分支度為 $\deg^-(a) = 2$，$\deg^-(b) = 2$，$\deg^-(c) = 3$，$\deg^-(d) = 2$，$\deg^-(e) = 3$，$\deg^-(f) = 0$。出分支度為 $\deg^+(a) = 4$，$\deg^+(b) = 1$，$\deg^+(c) = 2$，$\deg^+(d) = 2$，$\deg^+(e) = 3$，$\deg^+(f) = 0$。 ◁

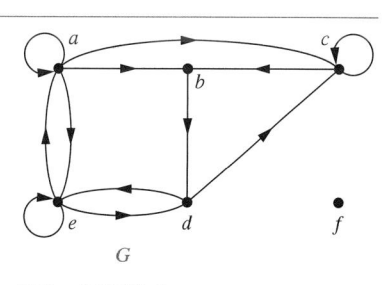

圖 2 有向圖 G

因為每個邊都有一個始點和一個終點，所以圖形中所有頂點的入分支度的總和與出分支度的總和剛好相等，而且恰好等於邊的個數。此結果陳述於定理 3。

定理 3 ■ 令 $G = (V, E)$ 為有向圖，則

$$\sum_{v \in V} \deg^-(v) = \sum_{v \in V} \deg^+(v) = |E|$$

其實，許多有向圖的性質與其有方向的邊並不相關，所以我們經常會忽視邊的方向性。忽視邊之方向性的無向圖，稱為**隱藏性無向圖**（**underlying undirected graph**）。一個包含有方向邊的圖形之邊的數目與其隱藏性無向圖一樣多。

特殊簡單圖形

我們將介紹一些不同種類的簡單圖形，這些圖形在許多應用經常被當成範例。

例題 5 **完全圖** 包含 n 個頂點的完全圖（complete graph on n vertices），記為 K_n，是一個簡單圖，其中任意兩個相異的頂點間都恰巧有一個邊。圖 3 為完全圖 K_n，其中 $n = 1, 2, 3, 4, 5, 6$。在簡單圖中，若有一對頂點間沒有邊連接，則此圖形稱為**非完全的**（**noncomplete**）。◀

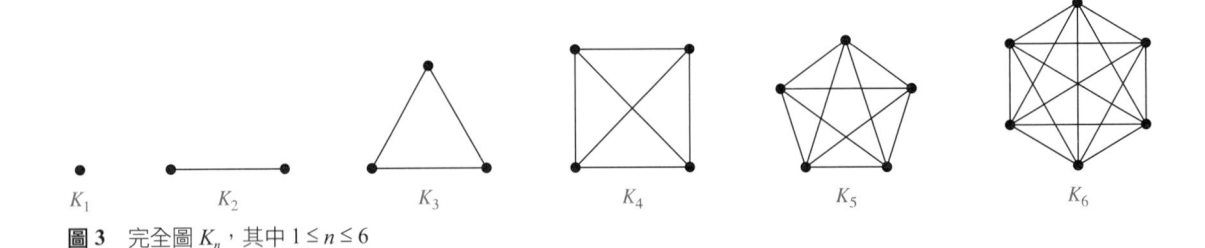

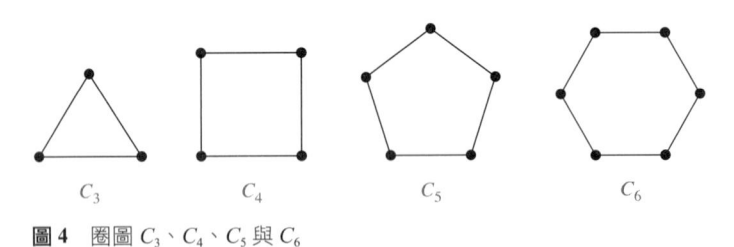

$K_1 \quad K_2 \quad K_3 \quad K_4 \quad K_5 \quad K_6$

圖 3 完全圖 K_n，其中 $1 \leq n \leq 6$

例題 6 **圈圖** 圈圖（cycle）C_n 包含 n 個頂點 $v_1, v_2, ..., v_n$ 和 n 個邊 $\{v_1, v_2\}, \{v_2, v_3\}, ..., \{v_{n-1}, v_n\}, \{v_n, v_1\}$，其中 $n \geq 3$。圖 4 為圈圖 C_3、C_4、C_5 與 C_6。

$C_3 \quad C_4 \quad C_5 \quad C_6$

圖 4 圈圖 C_3、C_4、C_5 與 C_6

例題 7 **輪狀圖** 當我們在圈圖 C_n 中加上一個與其他各頂點都有邊相連的頂點，便形成**輪狀圖**（**wheel**）W_n。圖 5 為輪狀圖 W_3、W_4、W_5 與 W_6。

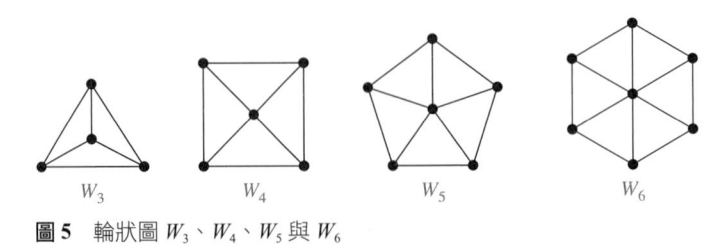

$W_3 \quad W_4 \quad W_5 \quad W_6$

圖 5 輪狀圖 W_3、W_4、W_5 與 W_6

例題 8 *n*-立方圖 *n*-立方圖（*n*-dimensional hypercube, n-cube），記為 Q_n，用來表現長度為 n 之 2^n 位元字串的圖形。兩頂點間有邊相連，若且唯若這兩個頂點所代表的字串中只有一個位元是不一樣的。圖 6 為圖形 Q_1、Q_2 與 Q_3。

我們能利用 Q_n 來產生 Q_{n+1}，只要複製兩個 Q_n，然後重新標示頂點，一個 Q_n 在字串前都加上 0，另一個 Q_n 在字串前都加上 1，最後再用邊連接新字串中相差一個位元的字串頂點，即可形成 Q_{n+1}。圖 6 中的 Q_3 便能以此方法產生：先複製兩個 Q_2，一為頂，一為底。在為底的 Q_2 字串前加上 0，為頂的 Q_2 字串前加上 1，然後再將邊連上即可。

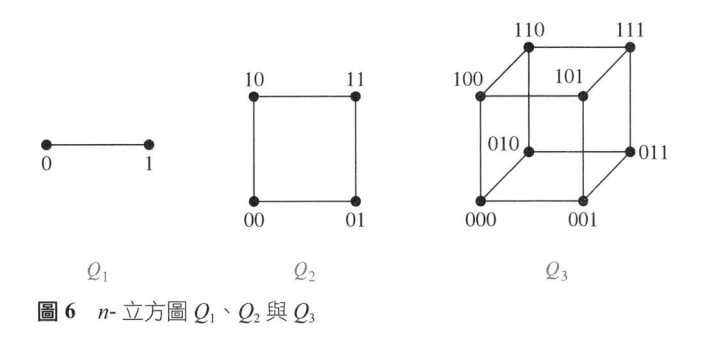

圖 6 *n*-立方圖 Q_1、Q_2 與 Q_3

二分圖

有時可將圖形中的頂點分成兩組，使得一組中的頂點只和另一組的頂點間有邊相連。例如，考慮由村落中男人與女人所形成的兩個集合，其中每一個人表示一個頂點，而相連的邊代表連結的兩人（頂點）有婚姻關係。因此，我們有下面的定義。

> **定義 6** ■ 如果一個簡單圖 G 能將頂點的集合 V 分成兩個不相交的子集 V_1 和 V_2，使得圖中每一個邊都分別連結一個 V_1 的頂點和一個 V_2 的頂點（也就是說，沒有一個邊同時連結 V_1 或 V_2 中的兩個頂點），則稱為二分圖（bipartitle）。當一個圖形擁有這樣的條件時，稱 (V_1, V_2) 為圖形 G 之頂點集合 V 的二分子集（bipartition）。

例題 9 說明 C_6 是二分圖，而例題 10 則說明 K_3 不是二分圖。

例題 9 C_6 是二分圖，如圖 7 所示，因為頂點能分為兩個集合 $V_1 = \{v_1, v_3, v_5\}$ 和 $V_2 = \{v_2, v_4, v_6\}$，而且每一個邊都連結一個 V_1 的頂點和一個 V_2 的頂點。

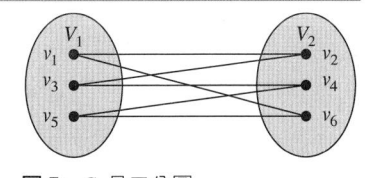

圖 7 C_6 是二分圖

例題 10 K_3 不是二分圖。為了證明這一點，將頂點分為兩個不相交的子集，則其中一個子集必然包含兩個不同的頂點。若圖形是二分圖，則此兩個頂點必然不會相連結。但是在 K_3 中，任意兩個頂點必相連結，因此 K_3 不可能是二分圖。

例題 11　圖 8 中的圖 G 與 H 是否為二分圖？

解：圖 G 是二分圖，因為可將頂點分為兩個不相交子集 $\{a, b, d\}$ 與 $\{c, e, f, g\}$，而且每個邊皆連結位於兩個子集中的兩個頂點。（注意在二分圖 G 中，並非每個 $\{a, b, d\}$ 中的頂點皆與每個 $\{c, e, f, g\}$ 中的頂點相連結，例如 b 和 g 便沒有相連結。）

圖 H 並非二分圖，因為無法將所有的頂點分為兩組子集合，使得沒有邊連結同一子集中的兩個頂點。（讀者可以利用頂點 a、b 和 f 來驗證。）◁

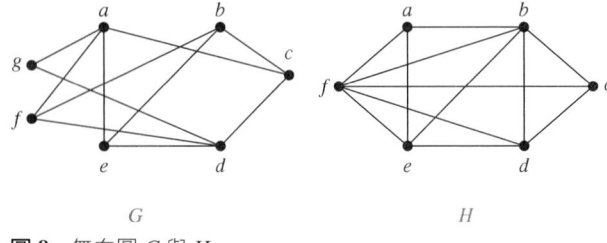

圖 8　無向圖 G 與 H

定理 4 提供了一種判定二分圖的有效檢驗方法。

定理 4 ■ 一個簡單圖為二分圖，若且唯若能利用兩種不同顏色來為所有的頂點著色，使得兩相鄰的頂點皆不同色。

證明：首先，假設 $G = (V, E)$ 為二分簡單圖。$V = V_1 \cup V_2$，其中 V_1 和 V_2 為不相交子集，而且每個 E 中的邊都連結一個 V_1 中的頂點和一個 V_2 中的頂點。若我們將 V_1 的每個頂點都塗上一種顏色，而 V_2 中的頂點塗上另一種顏色。

現在假設能恰好利用兩種顏色為所有的頂點著色，使得任兩相鄰的頂點皆不同色。令其中一種顏色的頂點形成集合 V_1，而另一種顏色的頂點為 V_2，則 V_1 和 V_2 為不相交的集合，而且 $V = V_1 \cup V_2$。不只如此，每個邊都連結一個 V_1 的頂點和一個 V_2 的頂點，因為沒有任何相鄰的頂點同時在 V_1 或在 V_2 中。如此一來，圖 G 即為二分圖。◁

例題 12 說明如何利用定理 4 來判定圖形是否為二分圖。

例題 12　利用定理 4 來判定例題 11 的圖形是否為二分圖。

解：首先考慮圖形 G。我們使用兩種顏色（例如紅色和藍色）來著色，使得每個邊連結一個紅色頂點和一個藍色頂點。任意選擇頂點 a 塗上紅色，則頂點 c、e、f 和 g 必須塗上藍色，因為它們鄰接於 a。為了避免產生一個連結兩個藍色頂點的邊，必須將所有鄰接於頂點 c、e、f 和 g 的頂點（也就是頂點 b 和 d）都塗上紅色，其中 a 已經塗上紅色了。現在，所有的頂點都已塗色，其中 a、b 和 d 為紅色，c、e、f 和 g 為藍色。檢查圖形的邊，發現每個邊都連結一個紅色頂點和一個藍色頂點。根據定理 4，G 為二分圖。

現在試試圖形 H。同樣地，將頂點 a 塗上紅色。如此一來，頂點 b、e 和 f 必須塗上藍色，但是 e 和 f 兩頂點相鄰，不應同時塗上藍色；也就是說，無法只利用兩種顏色將頂點區分，使得每個邊都連結一個紅色和一個藍色頂點。根據定理 4，H 不是二分圖。◁

定理 4 為圖形著色問題中一個例子的結果。著色問題在圖形理論中非常重要，有極重要的應用，我們將在 9.8 節探討。

另一個判別二分圖的方法是使用路徑的概念，將在 9.4 節介紹。圖形是二分圖，若且唯若不可能找到一個路徑由一個頂點出發，經過奇數個不同的邊後又回到出發點。在 9.4 節介紹路徑、迴圈等概念後，將再詳細討論（參考 9.4 節習題 63）。

例題 13　完全二分圖　一個**完全二分圖**（complete bipartite graph）$K_{m,n}$ 將所有頂點分為兩個不相交的子集，分別包含 m 個頂點和 n 個頂點，其中第一個子集中的每一個頂點都和第二個子集中的每個頂點相連結。完全二分圖 $K_{2,3}$、$K_{3,3}$、$K_{3,5}$ 和 $K_{2,6}$ 如圖 9 所示。

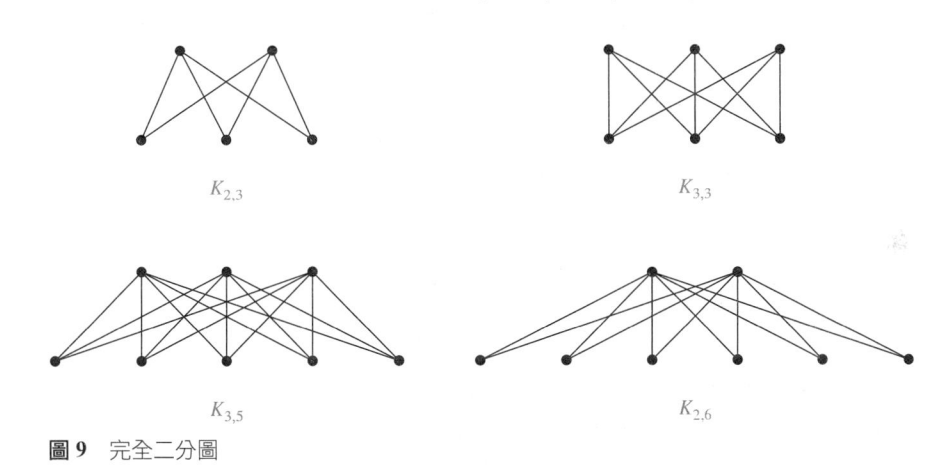

$K_{2,3}$　　　　　　　　　　　　$K_{3,3}$

$K_{3,5}$　　　　　　　　　　　　$K_{2,6}$

圖 9　完全二分圖

二分圖與配對

二分圖能用來模型化許多牽涉到將某個集合配對到另一個集合的應用，見例題 14。

例題 14　工作分派　假設團體中有 m 位雇員和 n 項不同的工作必須完成，其中 $m \geq n$。每位雇員都被訓練成有能力完成一項至多項工作，而我們只會分配工作給有能力完成的雇員。利用圖形來建構雇員的能力：將每位雇員當成一個子集中的頂點，而每項工作為另一個子集的頂點。若某雇員有能力完成某項工作，則此雇員與此工作間有邊相連結，如此便得到一個二分圖 (E, J)，其中 E 為雇員所形成集合，J 為工作所形成集合。現在給定兩種不同情況。

第一種，假設某團體有四位雇員：阿爾發、博科、陳和戴維斯；執行計畫 1 有四項必須完成的工作：基本調查、規劃、執行與測試。其中，阿爾發受過基本調查和測試的訓練；博科受過規劃、執行與測試的訓練；陳受過基本調查、規劃與執行的訓練；戴維斯只會基本調查。我們依每個雇員的能力畫出一個二分圖，如圖 10(a) 所示。

第二種，假設現在有第二個團體，同樣有四個雇員：華盛頓、關、伊芭拉和西格勒，而執行計畫 2 必須完成的工作則相同。其中，華盛頓受過規劃的訓練；關受過基本調查、執行與測試的訓練；伊芭拉只會規劃；西格勒會基本調查、規劃與測試。我們依每個雇員的能力畫出二分圖，如圖 10(b) 所示。

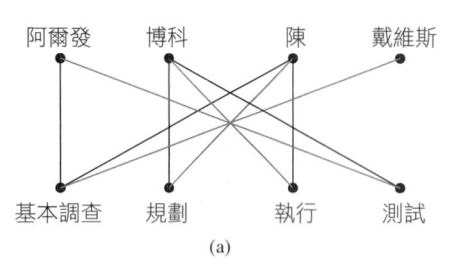

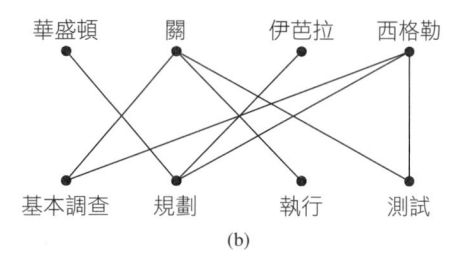

圖 10 工作與雇員間的模型

為了完成計畫 1，每項工作必須由一位雇員負責，而每位雇員只負責一項工作。在上述例子中，我們將測試交給阿爾發，執行交給博科，由陳來作規劃，而戴維斯負責基本調查，如圖 10 所示（灰色的線表示工作配置）。

為了完成計畫 2，每項工作必須由一位雇員負責，而每位雇員只負責一項工作。然而，在上述例子中是不可能完成的，因為只有兩個雇員關和西格勒能做基本調查、執行與測試這三項工作。因而，在這個例子中，我們無法依據每位雇員的能力來分配工作。 ◀

找出將工作分配給雇員的方式可視為圖學模型中找出配對的方法。一個簡單圖 $G = (V, E)$ 的**配對（matching）** M 是 E 之子集合，使得沒有兩個邊接合於同一個頂點；換句話說，一個配對是邊的子集合，若 $\{s, t\}$ 和 $\{u, v\}$ 是配對中相異的邊，則 s, t, u 和 v 皆相異。若頂點是配對 M 中某個邊的端點，則稱此頂點是**被配對的（matched）**，否則稱頂點是**未配對的（unmatched）**。所謂**最大配對（maximum matching）**是所有配對中使用到的邊數最多者。若 $G = (V, E)$ 為二分成 (V_1, V_2) 的二分圖，我們稱配對 M 是由 V_1 到 V_2 的**完全配對（complete matching）**，如果每個 V_1 中的頂點，都是配對中某個邊的端點。這個陳述等價 $|M| = |V_1|$。例如，將工作分配給雇員，使得有最多雇員被分配到工作，我們要找尋的就是雇員能力模型化之圖形上的最大配對。而將所有的工作都指定給某個雇員，就是找出由工作集合到雇員集合的完全配對。在例題 14 中，計畫 1 就是要找出由工作集合到雇員集合的完全配對，而且這個配對是個最大配對。而我們證明了，在計畫 2 中，由工作集合到雇員集合的完全配對並不存在。

下面的例題說明配對如何使用在婚姻模型中。

例題 15 **島上的婚姻** 假設某個島上有 m 個男人和 n 個女人。每個人都有一些願意接受成為配偶的異性。我們能建構一個 (V_1, V_2) 的二分圖 G，其中 V_1 為男人所形成的集合，V_2 為女人所形成的集合。如果一個男人和一個女人都能接受對方為配偶，則他們兩人之間有邊連通。這個圖形的配對是邊的集合，每個配對中的邊都連結一對夫妻。最大配對是最多可能婚姻的集合，而 V_1 的完全配對，指的是每個男人都能結婚，但女人則不盡然。 ◀

完全配對的充要條件 現在，我們想要知道在一個 (V_1, V_2) 的二分圖 G 中，是否存在由 V_1 到 V_2 的完全配對？霍爾於 1935 年提出的定理，提供一個存在完全配對的充要條件。

定理 5 ■ 霍爾婚姻定理 一個 (V_1, V_2) 的二分圖 $G = (V, E)$ 中，存在由 V_1 到 V_2 的完全配對若且唯若對所有 V_1 的子集合 A，$|N(A)| \geq |A|$。

證明：我們首先證明「唯若」的部分。假設存在由 V_1 到 V_2 的完全配對 M，如果 $A \subseteq V_1$，對所有頂點 $v \in A$，都在 M 中找得到一個邊，連通 v 和 V_2 中的一個頂點。因此，V_2 中的頂點都是某個 V_1 之頂點的鄰點，我們得到 $|N(A)| \geq |A|$。

另一個方向比較困難，當 $|N(A)| \geq |A|$ 時，往證存在由 V_1 到 V_2 的完全配對。我們將針對 $|V_1|$ 使用強歸納法。

基礎步驟：若 $|V_1| = 1$，則 V_1 只包含單點 v_0。因為 $|N(\{v_0\})| \geq |\{v_0\}| = 1$，所以找得到邊由 v_0 連通至頂點 $w_0 \in V_2$。這樣的邊便形成由 V_1 到 V_2 的完全配對。

歸納步驟：先陳述歸納假說。

歸納假說：令 k 為正整數。若 $G = (V, E)$ 為一個 (V_1, V_2) 的二分圖，而且 $|V_1| = j \leq k$，則對所有的 $A \subseteq V_1$，當 $|N(A)| \geq |A|$ 時，存在由 V_1 到 V_2 的完全配對。

現在假設 $H = (W, F)$ 是個 (W_1, W_2) 的二分圖，而且 $|W_1| = k + 1$。我們將分成兩種情況來完成歸納步驟。情況 (i)：對所有 $1 \leq j \leq k$ 的整數 j，任意 j 個 W_1 中的頂點都鄰接於至少 $j + 1$ 個 W_2 中的頂點。情況 (ii)：對所有 $1 \leq j \leq k$ 的整數 j，都存在一個包含 j 個頂點之 W_1 的子集合 W_1' 使得這些頂點正好有 j 個鄰接頂點在集合 W_2 中。由於只有這兩種情況會發生，因此只需針對情況 (i) 與情況 (ii) 來討論其歸納步驟。

情況 (i)：對所有 $1 \leq j \leq k$ 的整數 j，任意 j 個 W_1 中的頂點都鄰接於至少 $j + 1$ 個 W_2 中的頂點。對任意頂點 $v \in W_1$，因為 $|N(\{v\})| \geq |\{v\}| = 1$，找得到 $w \in N(\{v\})$。將 v、w 與所有接合的邊都自圖形 H 上刪除，將得到一個 $(W_1 - \{v\}, W_2 - \{w\})$ 的二分圖 H'。此時 $|W_1 - \{v\}| = k$，根據歸納假說，存在由 $W_1 - \{v\}$ 到 $W_2 - \{w\}$ 的完全配對。將連通 v 與 w 的邊加入配對，便形成了由 W_1 到 W_2 的完全配對。

情況 (ii)：假設對所有 $1 \leq j \leq k$ 的整數 j，都存在一個包含 j 個頂點之令子集合 W_1' 使得這些頂點正好有 j 個鄰接頂點在集合 W_2 中。令 W_2' 為這 j 個鄰接頂點所形成的集合。根據歸納假說，存在由 W_1' 到 W_2' 的完全配對。將 W_1 與 W_2 中這 $2j$ 個頂點與接合的邊都移除，便可以得到一個 $(W_1 - W_1', W_2 - W_2')$ 的二分圖 K。

菲利普・霍爾（Philip Hall，1904-1982）在倫敦長大，母親是位服裝設計師。霍爾於 1925 年獲得劍橋大學國王學院的學士學位，1927 年得到獎學金，再度到國王學院就讀。在那段期間，他發表了數個有名的霍爾定理。霍爾的研究大多屬於群論。

接下來證明圖形 K 滿足所有 $W_1 - W_1'$ 的子集合 A，$|N(A)| \geq |A|$。若上述的陳述有誤，則找得到一個 $W_1 - W_1'$ 的子集合包含 t 個頂點，其中 $1 \leq t \leq k+1-j$，使得這些頂點在 $W_2 - W_2'$ 的鄰點個數少於 t。則包含 j 個移除自 W_1 的頂點和這 t 個頂點，形成一個 W_1 的子集合包含 $j+t$ 個頂點，然而這個子集合在 W_2 中的鄰點個數將少於 $j+t$。與歸納假說的前提（對所有的 $A \subseteq W_1$，$|N(A)| \geq |A|$）矛盾。

因此，根據歸納假說，圖形 K 有個完全配對。結合由 W_1' 到 W_2' 的完全配對，便得到由 W_1 到 W_2 的完全配對。

兩種情況都能找到由 W_1 到 W_2 的完全配對，我們便完成了歸納步驟，而整個證明也就完成了。　◁

我們使用了強歸納法來證明霍爾的婚姻定理。證明方式固然典雅，但也有其缺憾。因為無法利用這個證明方式來建構二分圖完全配對的演算法。想要知道能用以建構演算法的證明，請見 [Gi85]。

特殊圖形的應用

在此介紹與本節提到之特殊圖形相關的圖學模型。

例題 16　**區域網路**　一棟建築物內的各種電腦（例如微電腦和個人電腦）以及周邊設備（例如印表機與繪圖機）都能用區域網路連結。有些網路是星形拓樸（star topology），也就是所有的設備都連結於一個中控設備。此類的區域網路能以二分圖 $K_{1,n}$ 表示，如圖 11(a) 所示，所有的資訊都透過中控設備向外傳輸。

也有一些區域網路是環狀拓樸（ring topology），每個設備都恰恰連接另外兩個設備。此類的區域網路以圈圖 C_n 表示，如圖 11(b) 所示。資訊的傳輸將繞經所有設備，直到回到最初的設備為止。

另外有些區域網路混合上述兩種拓樸資訊的傳輸，可以透過中控設備向外，也能繞經所有設備。這樣一來，資訊的傳輸變得更可靠。這種重複的區域網路以輪狀圖 W_n 來表示，如圖 11(c) 所示。

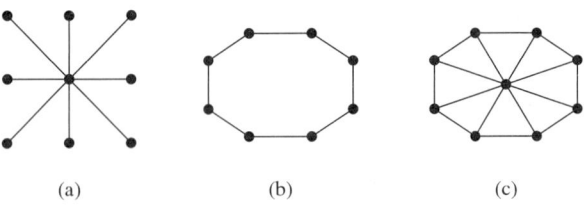

◀　**圖 11**　區域網路的星形、環狀與混合拓樸

例題 17　**平行計算的交互網路**　許多年來，電腦執行程式時一次只能作一個運算。因此，設計演算法時一次只呈現一個步驟，這種演算法稱為**串聯**（**serial**）。（本書所介紹的演算法都是串聯的。）但是，有些需要高度計算的問題，例如，天氣模擬、醫學影像和密碼分析等，就算透過高速電腦，也無法使用串聯的演算法在有效時間內求出答案。

平行處理（**parallel processing**）利用數個擁有各自記憶體的處理器，來解決只有單一處理器之電腦的限制。**平行演算法**（**parallel algorithm**）則將問題拆解成數個能同時解決的子

問題，分別交給擁有多重處理器的電腦同時快速處理。在平行演算法中，有個單獨的指引流程控制整個演算法的執行，將子問題指派至不同處理器，再分別將輸入和輸出送至適當的處理器。

在使用平行演算法時，一個處理器可能需要另一個處理器的輸出；也就是說，處理器間必須交互連結。我們能利用不同型態的圖形，來表現各類擁有數個處理器之電腦間的交互網路。下面的討論將描述數種最常見到的平行處理器交互網路型態。

在最簡單但也最昂貴的網路交互處理器中，每對處理器之間都有雙向的連結，其圖形能以完全圖 K_n 來表現，其中 n 代表處理器的個數。但是這種型態有一個非常嚴重的缺點，其需要的連結數太大。在現實狀況中，有向連結的數目大多會受到限制。當處理器個數很多時，每個處理器便無法連結到所有其他的處理器。例如，當有 64 個處理器時，每個處理器將與 63 個處理器連結，需要的連結便多達 $C(64, 2) = 2016$ 個。

另一方面，相互連通 n 個處理器的最簡單方式為**線性列陣**（**linear array**）。除了 P_1 和 P_n，每個處理器 P_i 都以雙向連結與鄰居 P_{i-1} 及 P_{i+1} 相連接。P_1 只連結 P_2，P_n 只連結 P_{n-1}。六個處理器的線性陣列如圖 12 所示。平均而言，每個處理器只需兩個連結。然而，有時處理器間會需要較多的通訊連結（稱為 **hops**）來分享資訊。

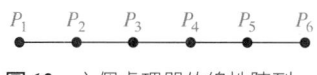

圖 12　六個處理器的線性陣列

網狀網路（**mesh network**）或**二維列陣**（**two-dimensional array**）也經常使用於交互連通網路。在此類網路中，處理器的個數為一個完全平方數，$n = m^2$。每個處理器分別標記為 $P(i, j)$，$0 \leq i \leq m-1$，$0 \leq j \leq m-1$。位於網路內的每個處理器與其四個鄰居 $P(i \pm 1, j)$ 和 $P(i, j \pm 1)$ 間都存在著雙向連結。（位於角落的處理器有兩個鄰居，而其他位於邊上的處理器則有三個鄰居。有時也會有變形網路，每個處理器都恰好有四個鄰居。）網狀網路限制了處理器的連結數。平均而言，每對處理器間的通訊需要 $O(\sqrt{n}) = O(m)$ 個連結。十六個處理器的網狀網路如圖 13 所示。

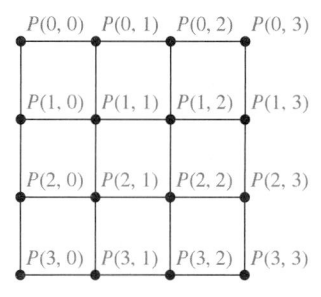

圖 13　十六個處理器的網狀網路

另一種重要的交互連通網路是超立體（hypercube），這類網路包含 2 的次方個處理器，$n = 2^m$。此 n 個處理器標記為 $P_0, P_1, ..., P_{n-1}$，並且以雙向連結至 m 個其他的處理器。處理器 P_i 連結到的處理器為其下標轉換成二進位表示法後，與 i 的二進位表示法只有一個位元是不同的。這個超立體網路在每個處理器的直接連結數目與保證處理器間能夠通信的中間連結數目間做了個平衡。已經有許多電腦使用超立體網路，也已經設計了許多利用超立體網路的平行演算法。這種網路能以 m-立方圖 Q_m 來表現。圖 14 是八個處理器的超立體網路。（圖 14 是 Q_3 的另一種畫法，與圖 6 所示不同。）

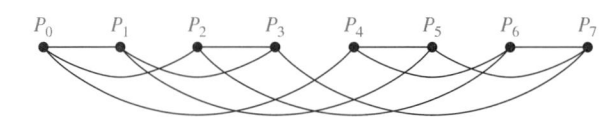

圖 14 八個處理器的超立體網路

從已知圖形得到新圖形

有時，我們只需要圖形的某一部分來求解問題。例如，在一個大型電腦網路中，我們只在乎與紐約、丹佛、底特律和亞特蘭大的電腦中心有直接連結的部分。如此一來，便可忽略其他電腦中心以及所有未與這四個中心相接的連線。也就是說，在大型電腦網路的圖形中，除了代表這四個中心的頂點外，其他的頂點皆可移除，當然連接於其他頂點的邊也會同時移除。這種移除某些頂點與其相連之邊，只保留兩端點都未被移除之邊的較小圖形，稱為原圖形的**子圖**（subgraph）。

> **定義 7** ■ 當圖形 $H = (W, F)$ 為圖形 $G = (V, E)$ 的子圖時，其中 $W \subseteq V$ 且 $F \subseteq E$。如果 $H \neq G$，則子圖 H 稱為圖形 G 的真子圖（proper subgraph）。

給定圖形的頂點集合，我們可以根據圖形的頂點和連通頂點的邊來製造出圖形的子圖。

> **定義 8** ■ 令 $G = (V, E)$ 為簡單圖。若 W 為 V 的子集合，根據 W 所生成的子圖為 (W, F)，其中邊集合 F 中的邊是 E 中的元素，而且邊的兩個端點都在 W 中。

例題 18 圖 15 所示之圖形 G 為 K_5 的子圖。若在 G 中加入連通 c 與 e 的邊，則得到一個根據 $W = \{a, b, c, e\}$ 所生成的子圖。 ◀

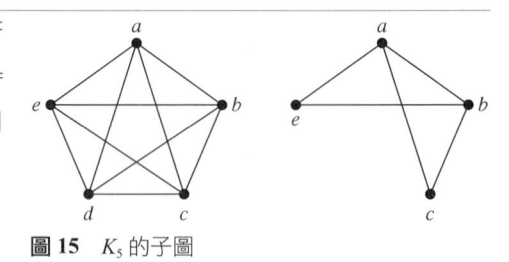

圖 15 K_5 的子圖

自圖形中移除或增加邊 給定圖形 $G = (V, E)$ 以及邊 $e \in E$。移去 e 可以得到一個 G 的子圖，記為 $G - e$，包含與 G 一樣的頂點集合 V，而邊集合為 $E - e$。亦即，

$$G - e = (V, E - \{e\})$$

同樣地，若 E' 為 E 的子集合，移除 E' 中所有的邊，也可以產生一個 G 的子圖。這個子圖與 G 有相同的頂點集合 V，而邊集合為 $E - E'$。

我們也能增加一個連通兩個 G 中不相鄰頂點的邊 e 來產生一個較大的圖形，記為 $G + e$。亦即，

$$G + e = (V, E \cup \{e\})$$

$G + e$ 的頂點集合與 G 的頂點集合相同，而邊集合則為 G 的邊集合聯集 $\{e\}$。

邊的收縮　有時當我們自圖形中移除邊時，不希望其端點變成分離的頂點。此時，便會執行**邊的收縮**（edge contraction）。就是同時移除邊 e 與其端點 u 與 v，將 u 與 v 合併成一個新的頂點 w，而原先接合於 u 與 v 的邊則於新圖形中接合於 w。也就是說，若圖形 $G = (V, E)$ 收縮邊 e 形成新圖形 $G' = (V', E')$（注意，這並非 G 的子圖），其中 $V' = V - \{u, v\} \cup \{w\}$，而 E' 包含 E 中所有不以 u 或 v 為端點的邊，加上連通 w 與所有 u 和 v 之鄰接頂點的邊。例如，若收縮圖 16 中，圖形 G_1 連通 e 和 c 的邊，產生的新圖形 G_1' 包含頂點 a, b, d 和 w。而 G_1' 的邊有：連通 a 與 b，連通 a 與 d，兩個原先在 G_1 的邊；以及連通 b 與 w 和連通 d 與 w 的新邊，因為 b 與 d 在 G_1 中分別鄰接於 c 與 e。

自圖形中移除頂點　當我們從 $G = (V, E)$ 中移除頂點 v 與所有連結於 v 上的邊，便得到一個 G 的子圖，記為 $G - v$。根據觀察，$G - v = (V - v, E')$，其中 E' 是 G 中所有不接合於 v 的邊。同樣地，若 V' 為 V 的子集合，則圖形 $G - V'$ 是子圖 $(V - V', E')$，E' 是 E 中所有不接合於 V' 中頂點的邊。

聯集圖　兩個或更多圖形有許多方法可以連結成一個新的圖形。若新圖形包含原來圖形中所有頂點和邊，則新圖形稱為舊圖形的**聯集**（union）。兩個簡單圖之聯集的正式定義如下。

定義 9 ■ 兩個簡單圖 $G_1 = (V_1, E_1)$ 和 $G_2 = (V_2, E_2)$ 的聯集圖也是簡單圖，其中頂點的集合為 $V_1 \cup V_2$，而邊的集合為 $E_1 \cup E_2$。G_1 和 G_2 的聯集圖記為 $G_1 \cup G_2$。

例題 19　求出圖 16(a) 中圖形 G_1 和 G_2 的聯集圖。

解：聯集圖 $G_1 \cup G_2$ 中頂點集合為兩個頂點集合的聯集，即 $\{a, b, c, d, e, f\}$，而邊集合也是兩個邊集合的聯集。聯集圖呈現於圖 16(b)。

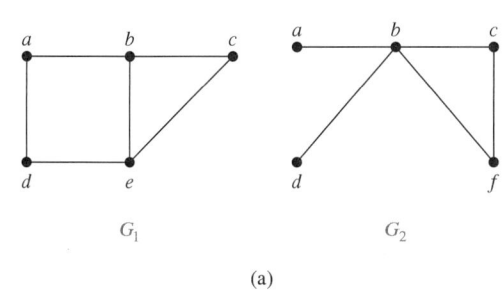

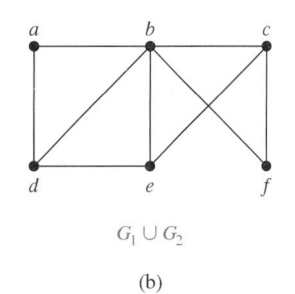

圖 16　(a) 簡單圖 G_1 和 G_2；(b) 聯集圖 $G_1 \cup G_2$

習題 Exercises

* 表示為較難的練習；** 表示為高度挑戰性的練習；☞ 對應正文。

習題 1 至 3，求出無向圖的頂點個數、每個頂點的分支度，並指出所有的孤立點和垂懸點。

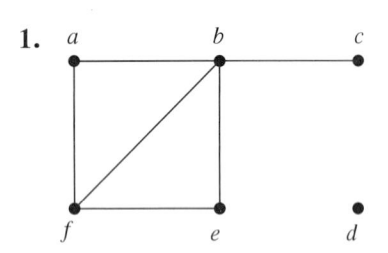

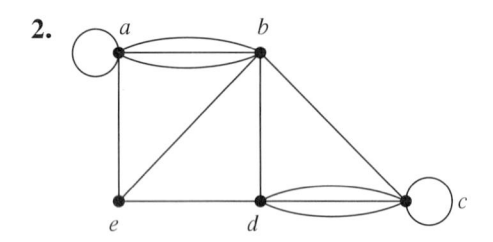

1.

2.

3.

4. 求出圖 1 至圖 3 所有頂點分支度的總和，然後檢驗其數目正好等於邊數的兩倍。

5. 是否存在一個簡單圖，包含 15 個頂點，而且每個頂點的分支度都是 5？

6. 證明在一個宴會中，所有人握手次數的總和為偶數（假設沒有人會與自己握手）。

習題 7 至 9，求出給定之有向多重圖的頂點數與邊數，並找出每個頂點的入分支度與出分支度。

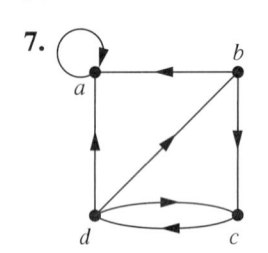

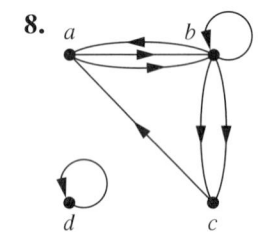

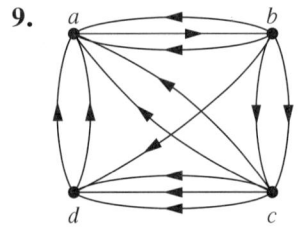

7.

8.

9.

10. 求出圖 7 至 9 所有頂點入分支度的總和與出分支度的總和，並證明其恰等於邊的數目。

11. 畫出圖 2 的隱藏性無向圖。

12. 在一個社交關係圖中，頂點代表世界上所有的人。分支度表示什麼意義？某個頂點的鄰域表示什麼？孤立點和垂懸點又分別表示什麼？在某個研究中顯示，每個頂點的平均分支度為 1000，這又代表什麼意思？

13. 在合作關係圖中，分支度表示什麼意義？某個頂點的鄰域表示什麼？孤立點和垂懸點又分別表示什麼？

14. 在好萊塢圖中，分支度表示什麼意義？某個頂點的鄰域表示什麼？孤立點和垂懸點又分別表示什麼？
15. 在 9.1 節例題 4 的電話通話圖中，頂點的入分支度和出分支度分別代表什麼意義？若以無向圖的觀點來看，分支度代表什麼意義？
16. 在 9.1 節例題 5 的網路圖中，頂點的入分支度和出分支度分別代表什麼意義？
17. 在以有向圖表示的循環賽圖中，頂點的入分支度和出分支度分別代表什麼意義？
18. 證明在包含兩個頂點以上的簡單圖中，一定有兩個頂點的分支度相同。
19. 利用習題 18，證明在一個團體中，一定有兩個人在此團體成員中有相同數目的朋友。
20. 畫出下列圖形。
    a) K_7
    b) $K_{1,8}$
    c) $K_{4,4}$
    d) C_7
    e) W_7
    f) Q_4

習題 21 至 25，判斷下列圖形是否為二分圖。你會發現利用定理 4，使用兩種不同顏色來為所有的頂點著色，使得兩相鄰的頂點皆不同色，是判定二分圖非常有用的方法。

21.

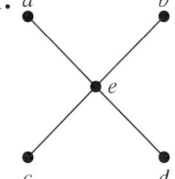

22.

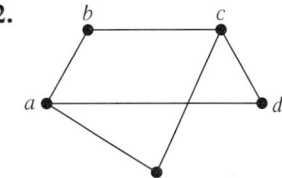

23.

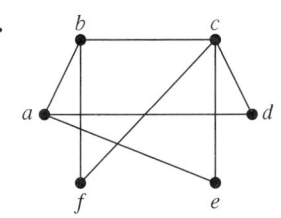

24.

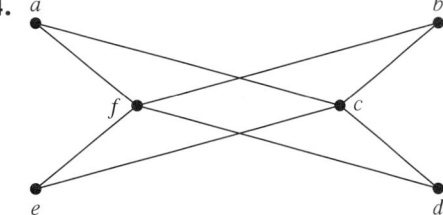

25.

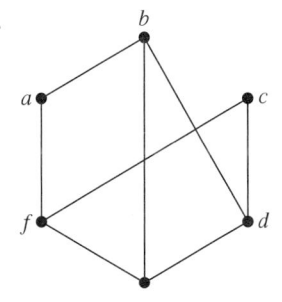

26. 有哪些 n 可使得下列圖形是二分圖？
    a) K_n
    b) C_n
    c) W_n
    d) Q_n
27. 假設工學院的電腦支援小組中有四位雇員。每位雇員都被指派下列四項工作之一：硬體、軟體、網路和無線連結。如果萍能支援硬體、網路和無線連結；圭格利可以支援軟體和網路；魯茲能支援網路和無線連結；西緹雅可以支援硬體和軟體。

a) 做出四位雇員與他們能支援的工作間的二分圖。
b) 使用霍爾定理來判斷是否能安排讓所有的雇員都能做一項有能力支援的工作，而且每一項工作也都有人支援。
c) 若上述之安排方法存在，則找出安排的方式。

28. 假設一個新公司中有五位雇員：薩莫拉、阿葛哈朗、史密斯、周和麥堅泰。每位雇員都被指派下列六項工作之一：規劃、宣傳、業務、行銷、研發和企業關係。每位雇員都有能力擔任一項以上的工作：薩莫拉能擔任規劃、業務、行銷和企業關係；阿葛哈朗能擔任規劃和研發；史密斯能擔任宣傳、業務和企業關係；周能擔任規劃、業務和企業關係；麥堅泰則能擔任規劃、宣傳、業務和企業關係。
a) 將上述關係畫成一個二分圖。
b) 找出一種工作分配方式，使得每位雇員都被指派一項不同的工作。
c) 在 (b) 中找出的工作配對是否為完整配對？是否為最大配對？

29. 假設有五個年輕女人和五個年輕男人在島上。每個男人都有願意娶某幾個女人，而每個女人也都願意嫁給某些願意娶她的男人。假設山迪願意娶蒂娜和范達娜；貝里願意娶蒂娜、謝與烏瑪泰亞願意娶蒂娜和澤姐；安尼爾願意娶范達娜和澤姐；艾彌里歐願意娶蒂娜和澤姐。利用霍爾定理證明在島上無法將這些男女依照他們的意願來配對。

30. 假設有五個年輕女人和六個年輕男人在某島上。每個女人都有一些心儀的男人，而每個男人也都願意娶某些喜歡他的女人。假設安娜願意嫁給傑森、賴利和麥特；芭芭拉願意嫁給凱文和賴利；卡諾願意嫁給傑森、尼克和奧斯卡；戴安願意嫁給傑森、賴利、尼克和奧斯卡；而伊莉莎白願意嫁給傑森和麥特。
a) 利用二分圖表示島上可能形成的婚姻關係。
b) 找出一種配對方式，使得每個女人都能嫁給她心儀的男人。
c) 在 (b) 中找出的婚姻配對是否為完整配對？是否為最大配對？

*31. 假設存在正整數 k，在熱帶荒島上每個男人願意娶的女人恰好有 k 個，而每個女人願意嫁的男人也正好有 k 個。也假定一個男人願意娶某個女人，若且唯若這個女人也願意嫁這個男人。證明在這個島上有可能將男女依他們的意願配對。

*32. 這個習題將證明 Øystein Ore 定理。假設 $G = (V, E)$ 是一個二分圖，頂點集合被二分為 (V_1, V_2) 且 $A \subseteq V_1$。證明 V_1 的頂點中，最多有 $|V_1| - \max_{A \subseteq V_1} \text{def}(A)$ 個頂點會是 G 之某個配對的端點，其中 $\text{def}(A) = |A| - |N(A)|$。〔這裡的 $\text{def}(A)$ 稱為 A 的**缺陷(deficiency)**。〕〔提示：畫出一個較大的圖形，將 $\max_{A \subseteq V_1} \text{def}(A)$ 個頂點加入 V_2，並將這些頂點與所有 V_1 的頂點接合。〕

33. 就習題 1 的圖形 G，找出
a) 由頂點 a, b, c 和 f 所生成的子圖。
b) 由 G 收縮連通 b 與 f 的邊所形成的新圖 G_1。

34. 令 n 為正整數。證明由 K_n 頂點集合之任意非空子集合所生成的子圖都是完全圖。

35. 下列圖形各有多少個頂點和多少個邊？
   a) K_n
   b) C_n
   c) W_n
   d) $K_{m,n}$
   d) Q_n

一個圖形的**分支度序列**（degree sequence）是指將圖形中每個頂點的分支度依非遞增方式排列的數列。例如，例題 1 中圖形 G 的分支度序列為 4, 4, 4, 3, 2, 1, 0。

36. 求出習題 21 至 25 中各個圖形的分支度序列。

37. 求出下列圖形的分支度序列。
   a) K_4
   b) C_4
   c) W_4
   d) $K_{2,3}$
   e) Q_3

38. 當 m 和 n 都是正整數時，二分圖 $K_{m,n}$ 的分支度序列為何？解釋之。

39. 當 n 是正整數時，K_n 的分支度序列為何？解釋之。

40. 若分支度序列為 4, 3, 3, 2, 2 時，此圖有多少個邊？畫出此圖。

41. 若分支度序列為 5, 2, 2, 2, 2, 1 時，此圖有多少個邊？畫出此圖。

42. K_2 有多少個含有一個頂點以上的子圖？

43. K_3 有多少個含有一個頂點以上的子圖？

44. W_3 有多少個含有一個頂點以上的子圖？

45. 畫出此圖的所有子圖。

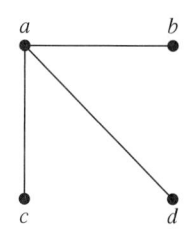

46. 令圖形 G 含有 v 個頂點和 e 個邊。令 M 為圖形 G 之頂點的最大分支度，而 m 為圖形 G 之頂點的最小分支度。證明
   a) $2e/v \geq m$
   b) $2e/v \leq M$

如果一個簡單圖中，每個頂點的分支度都相同，則此簡單圖稱為**正則**（regular）。若每個頂點的分支度都為 n，則稱此正則圖形為 **n- 正則**（n-regular）。

47. 當 n 為哪一個正整數時，下列圖形為正則的？
   a) K_n
   b) C_n
   c) W_n
   d) Q_n

48. 當 m 與 n 為何值時，圖形 $K_{m,n}$ 為正則的？

49. 一個分支度為 4 且包含 10 個邊的正則圖形共有幾個頂點？

習題 50 至 52，求出下列簡單圖形對的聯集圖。（假定有相同端點的邊是相同的。）

50.

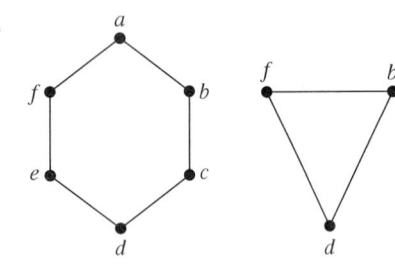

51.

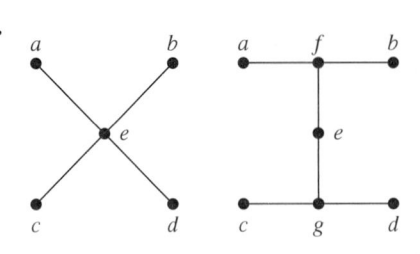

52.

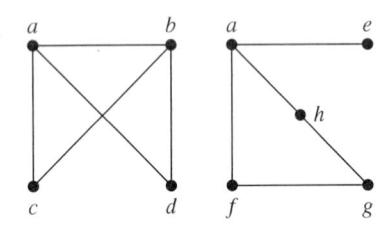

53. 簡單圖 G 的**補圖**（complementary graph）$\overline{G}$ 與 G 有完全相同的頂點。兩個頂點在 $\overline{G}$ 中鄰接，若且唯若這兩個頂點在 G 中並不鄰接。描述下列補圖。
    a) $\overline{K_n}$
    b) $\overline{K_{m,n}}$
    c) $\overline{C_n}$
    d) $\overline{Q_n}$
54. 若圖形 G 為有 15 個邊的簡單圖，而其補圖 $\overline{G}$ 有 13 個邊，則 G 的頂點數為何？
55. 若圖形 G 含有 v 個頂點和 e 個邊，則其補圖 $\overline{G}$ 有多少個邊？
56. 若圖形 G 的分支度序列為 4, 3, 3, 2, 2，則其補圖 $\overline{G}$ 的分支度序列為何？
57. 若圖形 G 的分支度序列為 $d_1, d_2, ..., d_n$，則其補圖 $\overline{G}$ 的分支度序列為何？
* 58. 證明若 G 為包含 v 個頂點和 e 個邊的二分圖，則 $e \leq v^2/4$。
59. 證明若 G 為包含 n 個頂點的簡單圖，則 G 與其補圖 $\overline{G}$ 的聯集圖為 K_n。
* 60. 已知圖形為二分圖若且唯若能將圖形的頂點圖上兩種顏色，使得相鄰的頂點皆不同色。利用上述事實寫出一個演算法來判斷某個圖形是否為二分圖。

9.3 圖形的表現與圖形的同構
Representing Graphs and Graph Isomorphism

引言

有許多方式來表現圖形。我們發現，選擇最適切的圖形表現法，在研究圖形問題時非常有幫助。本節將介紹數種圖形的表現法。

當兩個圖形的頂點與邊可以找到一個一對一的對應關係時，此兩個圖形可以視為完全相同的，稱為**同構**（isomorphic）。判斷兩個圖形是否同構，在圖形理論中是個重要的課題，本節將詳加討論。

表現圖形

當圖形沒有重邊時，一種表現方式為列出所有的邊，類似的方式即利用所謂的**鄰接表列法（adjacency list）**，列出與圖形中每個頂點鄰接的頂點。

例題 1　利用鄰接表列法描述圖 1 中的簡單圖。

解：表 1 列出圖形中每個頂點的鄰接頂點。◀

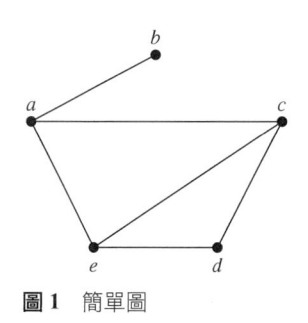

表 1　簡單圖的鄰接表列法

頂點	鄰接頂點
a	b, c, e
b	a
c	a, d, e
d	c, e
e	a, c, d

圖 1　簡單圖

例題 2　利用鄰接表列法來表現圖 2 中的有向圖。對圖形中的每個始點列出其接合之邊的終點。

解：表 2 為圖 2 之有向圖的鄰接表列法。◀

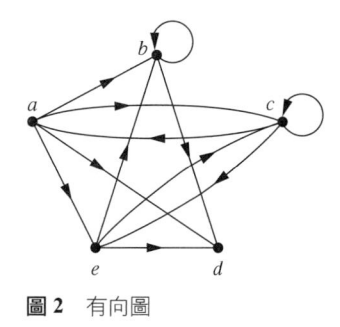

表 2　有向圖的鄰接表列法

始點	終點
a	b, c, d, e
b	b, d
c	a, c, e
d	
e	b, c, d

圖 2　有向圖

鄰接矩陣

在利用列出所有的邊和鄰接表列法處理圖形演算法時，如果邊的數目過多，可能會非常複雜累贅。為了簡化計算，可以使用矩陣來表現圖形。在此介紹兩種常用的矩陣表現方式，一種基於鄰接的頂點，另一種則基於接合的頂點和邊。

假設 $G = (V, E)$ 為簡單圖，其中 $|V| = n$。假定圖形的頂點任意標定為 $v_1, v_2, ..., v_n$。G 的**鄰接矩陣（adjacency matrix）** $\mathbf{A}$，或是 $\mathbf{A}_G$，對應於先前標定的頂點是一個 $n \times n$ 的零－壹矩陣。當頂點 v_i 和頂點 v_j 鄰接時，令第 (i, j) 個元素為 1；反之，當此兩個頂點不相鄰接時，令第 (i, j) 個元素為 0。換句話說，若鄰接矩陣為 $\mathbf{A} = [a_{ij}]$，則

$$a_{ij} = \begin{cases} 1 & \text{若 } \{v_i, v_j\} \text{ 為 } G \text{ 的邊} \\ 0 & \text{其他} \end{cases}$$

例題 3 利用鄰接矩陣來表現圖 3 中的圖形。

解： 標定頂點為 a, b, c, d，則表現圖形的矩陣為

$$\begin{bmatrix} 0 & 1 & 1 & 1 \\ 1 & 0 & 1 & 0 \\ 1 & 1 & 0 & 0 \\ 1 & 0 & 0 & 0 \end{bmatrix}$$

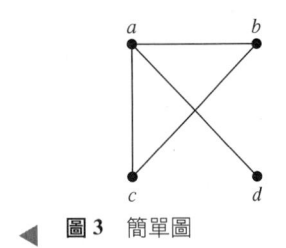

◀ **圖 3** 簡單圖

例題 4 畫出下列鄰接矩陣的圖形

$$\begin{bmatrix} 0 & 1 & 1 & 0 \\ 1 & 0 & 0 & 1 \\ 1 & 0 & 0 & 1 \\ 0 & 1 & 1 & 0 \end{bmatrix}$$

其對應的頂點標定為 a, b, c, d。

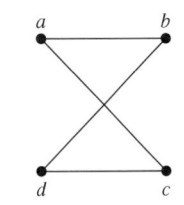

圖 4 給定鄰接矩陣的圖形

解： 圖形如圖 4 所示。

注意，一個圖形的鄰接矩陣與頂點標定的次序有關，所以包含 n 個頂點的圖形，其鄰接矩陣有 $n!$ 種可能性，因為有 $n!$ 種排列頂點的方式。

簡單圖形的鄰接矩陣是對稱的，也就是說，$a_{ij} = a_{ji}$。因為，當 v_i 和 v_j 鄰接時，這兩個元素都為 1；反之，則都為 0。另外，因為簡單圖沒有迴圈，所以每一個 a_{ii} 都為 0，其中 $i = 1, 2, ..., n$。

鄰接矩陣也能用來表現有迴圈和重邊的無向圖。在頂點 v_i 上有迴圈時，令矩陣上的第 (i, i) 個元素為 1。當圖形有重邊連通頂點 v_i 和 v_j 時，鄰接矩陣則不再是零－壹矩陣，因為第 (i, j) 個元素是相關於 $\{v_i, v_j\}$ 上的邊數。所有的無向圖，無論是多重圖或偽圖，其鄰接矩陣皆為對稱的。

例題 5 利用鄰接矩陣來表現圖 5 中的偽圖。

解： 當頂點標定為 a, b, c, d 時，鄰接矩陣為

$$\begin{bmatrix} 0 & 3 & 0 & 2 \\ 3 & 0 & 1 & 1 \\ 0 & 1 & 1 & 2 \\ 2 & 1 & 2 & 0 \end{bmatrix}$$

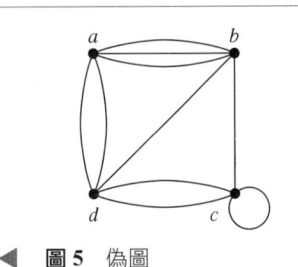

◀ **圖 5** 偽圖

在第 8 章中，我們利用零－壹矩陣來表示有向圖。在有向圖 $G = (V, E)$ 的矩陣中，若存在一個邊從 v_i 到 v_j，令第 (i, j) 個元素為 1，其中 $v_1, v_2, ..., v_n$ 是此有向圖中任意標定的頂點順序。換句話說，若一個有向圖相對應於此頂點順序的鄰接矩陣為 $\mathbf{A} = [a_{ij}]$，則

$$a_{ij} = \begin{cases} 1 & \text{若 } (v_i, v_j) \text{ 為 } G \text{ 的邊} \\ 0 & \text{其他} \end{cases}$$

有向圖的鄰接矩陣不一定是對稱的，因為有一個由 v_i 到 v_j 的邊，不一定會有由 v_j 出發至 v_i 的邊。

鄰接矩陣同樣也能表現有向多重圖。當然，當連結兩頂點的同向邊有好幾個時，這種矩陣並非零－壹矩陣。有向多重圖的鄰接矩陣，其元素 a_{ij} 等於相關於 (v_i, v_j) 的邊數。

鄰接表列法與鄰接矩陣的優劣權衡　當一個簡單圖包含的邊數非常少，也就是當它是**稀疏的**（sparse）時，使用鄰接列表法會比鄰接矩陣合適。例如，若每個頂點的分支度都不大於 c，而常數 c 相對於 n 非常小時，則鄰接列表法的每一列只包含 c 個（甚至更少）頂點。所以，整個列表法中不會超過 cn 個元素；反觀鄰接矩陣則含有 n^2 個元素。此種矩陣稱為**稀疏矩陣**（sparse matrix），亦即矩陣中只有非常少的非零元素。目前已發展出一些稀疏矩陣的表示與計算技巧。

現在，假設一個簡單圖是**稠密的**（dense），亦即包含的邊數相當大，例如一個圖形包含的邊多於可能存在之邊數的一半以上。在這種情況下，使用鄰接矩陣會比鄰接列表法合適。要探究其中原因，我們比較判斷邊 $\{v_i, v_j\}$ 是否存在的複雜度。利用鄰接矩陣，只要檢查矩陣的元素 (i, j)，當它為 1 表示邊存在，當它為 0 則否。所以，只需要做一次比較（和 0 比較）就能得到結果。反觀鄰接列表法，則必須檢驗 v_i 或 v_j 的所有鄰接頂點才行，如此一來就需要 $\Theta(|V|)$ 次比較。

投引矩陣

另一種常用的表現圖形方法是**投引矩陣**（incidence matrix）。令 $G = (V, E)$ 為一無向圖，其中 $v_1, v_2, ..., v_n$ 為其頂點，而 $e_1, e_2, ..., e_m$ 為其邊，則對應於標定順序之頂點與邊的投引矩陣為 $n \times m$ 矩陣 $\mathbf{M} = [m_{ij}]$，其中

$$m_{ij} = \begin{cases} 1 & \text{當邊 } e_j \text{ 接合著頂點 } v_i \text{ 時} \\ 0 & \text{其他} \end{cases}$$

例題 6　利用投引矩陣來表現圖 6。

解：投引矩陣如下：

$$\begin{array}{c} \\ v_1 \\ v_2 \\ v_3 \\ v_4 \\ v_5 \end{array} \begin{array}{c} \begin{matrix} e_1 & e_2 & e_3 & e_4 & e_5 & e_6 \end{matrix} \\ \begin{bmatrix} 1 & 1 & 0 & 0 & 0 & 0 \\ 0 & 0 & 1 & 1 & 0 & 1 \\ 0 & 0 & 0 & 0 & 1 & 1 \\ 1 & 0 & 1 & 0 & 0 & 0 \\ 0 & 1 & 0 & 1 & 1 & 0 \end{bmatrix} \end{array}$$

圖 6　無向圖

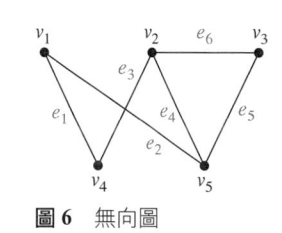

投引矩陣亦可用來表現多重邊和迴圈。重邊能以相同重複的行來表現，因為這些邊接合著相同的頂點對；而迴圈則以只有一個 1 的行來表現，其位置依迴圈接合的頂點來決定。

例題 7　利用投引矩陣來現圖 7 中的偽圖。

解：圖形的投引矩陣如下：

$$\begin{array}{c} & \begin{array}{cccccccc} e_1 & e_2 & e_3 & e_4 & e_5 & e_6 & e_7 & e_8 \end{array} \\ \begin{array}{c} v_1 \\ v_2 \\ v_3 \\ v_4 \\ v_5 \end{array} & \left[\begin{array}{cccccccc} 1 & 1 & 1 & 0 & 0 & 0 & 0 & 0 \\ 0 & 1 & 1 & 1 & 0 & 1 & 1 & 0 \\ 0 & 0 & 0 & 1 & 1 & 0 & 0 & 0 \\ 0 & 0 & 0 & 0 & 0 & 0 & 1 & 1 \\ 0 & 0 & 0 & 0 & 1 & 1 & 0 & 0 \end{array} \right] \end{array}$$

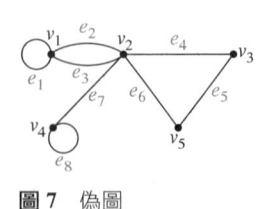

圖 7　偽圖

圖形的同構

我們會想知道能否將兩個圖以相同的方法畫出來，也就是說，當忽略圖形頂點的差異性時，兩圖形是否有相同的結構？例如，在化學中，圖形是化合物的模型。不同的化合物可能有相同的分子，但結構不同。此類化合物在以圖形來表現時，便不可能以相同的方式畫出。這種以圖形來表現化合物的方法，能讓我們了解新的化合物是否已經過分析研究。

下面的定義對相同結構的圖形相當有用。

定義 1 ■ 兩個簡單圖 $G = (V_1, E_1)$ 和 $G = (V_2, E_2)$ 稱為同構的（isomorphic），如果存在一個從 V_1 到 V_2 的一對一函數 f，使得對所有在 V_1 中的頂點 a 到 b，當它們在圖 G_1 中鄰接時，若且唯若 $f(a)$ 和 $f(b)$ 在圖 G_2 中亦相鄰。這個函數稱為同構函數（isomorphism）。兩個簡單圖形不同構時稱為非同構（nonisomorphic）。

換句話說，當兩個簡單圖是同構時，可以找到兩個圖形之頂點集合的一對一對應，保持其鄰接關係。簡單圖的同構函數是等價關係。（此證明留於習題 45 給讀者練習。）

例題 8　證明圖 8 的圖形 $G = (V, E)$ 和 $H = (W, F)$ 為同構的。

解：定義函數 f 如下：$f(u_1) = v_1$，$f(u_2) = v_4$，$f(u_3) = v_3$ 和 $f(u_4) = v_2$。f 為由 V 到 W 的一對一對應。檢驗此函數是否保有頂點的鄰接關係：在 G 中鄰接的頂點對有 u_1 和 u_2，u_1 和 u_3，u_2 和 u_4 以及 u_3 和 u_4；而每一對 $f(u_1) = v_1$ 和 $f(u_2) = v_4$，$f(u_1) = v_1$ 和 $f(u_3) = v_3$，$f(u_2) = v_4$ 和 $f(u_4) = v_2$ 以及 $f(u_3) = v_3$ 和 $f(u_4) = v_2$ 在 H 中也鄰接。

判斷圖形是否同構

判定兩個簡單圖是否同構是相當困難的。因為當圖形有 n 個頂點時，可以找到 $n!$ 種對應方式。如果 n 相當大，要一一檢驗對應後是否仍保持鄰接關係幾乎是不可行的。

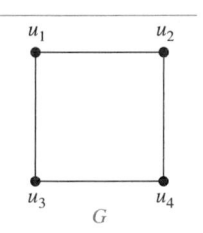

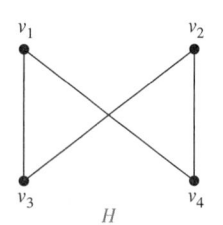

圖 8　圖形 G 與 H

但是，有時並不難看出兩圖形並非同構的，特別在於當我們找出某種同構函數能保持的性質只有其中一個圖形擁有，而另一個並沒有時。圖形的同構函數保持的性質稱為**圖形不變量（graph invariant）**。例如，同構的圖形一定含有相同的頂點數目，因為兩圖形的頂點集合間存在著一對一的對應。

同構的簡單圖擁有相同的邊數，因為頂點間的一對一對應也將建構出邊集合間的一對一對應。此外，同構簡單圖間對應頂點的分支度也必須相同，亦即在圖 G 中，若 v 的分支度為 d，則 H 中對應頂點 $f(v)$ 的分支度也應該是 d。因為在圖 G 中，若頂點 w 鄰接於 v，若且唯若在 H 中頂點 $f(v)$ 和 $f(w)$ 也鄰接。

例題 9 證明圖 9 的兩個圖形不同構。

解：圖形 G 和 H 同樣都有 5 個頂點和 6 個邊。圖 H 中有一個頂點 e 的分支度為 1，但是圖 G 中並不存在分支度為 1 的頂點，所以兩者並不同構。◀

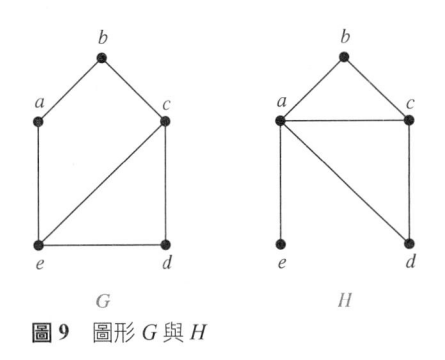

圖 9 圖形 G 與 H

頂點的個數、邊的數目、每個分支度的頂點數目等，這些都是同構函數的不變量。如果兩個簡單圖中，以上任一種項目的數值不同，則此兩個圖不同構。然而，就算這些項目的值都完全一樣，兩個圖形也不必然是同構的。到目前為止，尚未找出一組不變量可以有效地判斷兩個圖形是否同構。

例題 10 判斷圖 10 的兩個圖形是否同構？

解：圖形 G 和 H 同樣都有 8 個頂點和 10 個邊，也一樣擁有 4 個分支度為 2 的頂點和 4 個分支度為 3 的頂點。因為已知的不變量都相符，我們仍無判斷它們是否同構。

其實，G 和 H 是不同構的。在 G 中，$\deg(a) = 2$，而 a 必然對應於 H 中的 t, u, v 或 y。因為在 H 中，它們的分支度都是 2。但是，這四個頂點在 H 中都鄰接一個分支度為 2 的頂點，而在圖形 G 中的頂點 a 並沒有這樣的性質。

另一種方法也能看出 G 和 H 是不同構的。分別考慮 G 和 H 中由分支度是 3 的頂點及其連通的邊所構成的兩個子圖。如果 G 和 H 是同構的，則其子圖也應該同構（讀者可自行證明）。然而，其子圖如圖 11 所示，並不同構。◀

圖 10 圖形 G 與 H

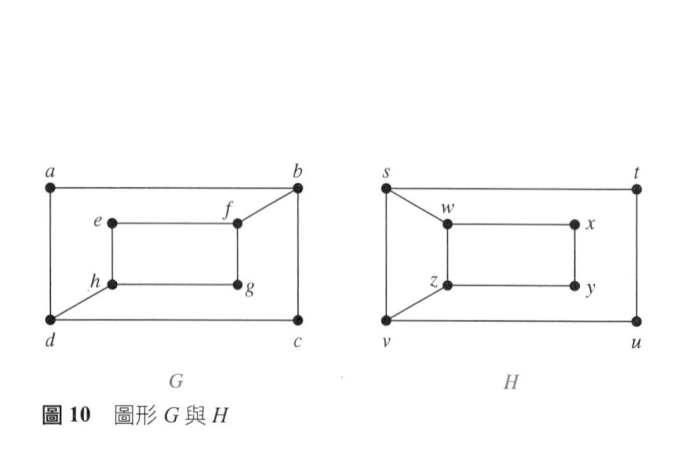

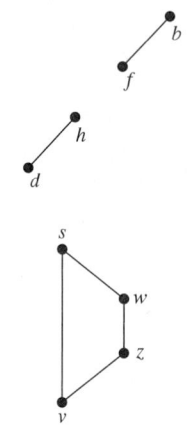

圖 11 G 和 H 中由分支度是 3 的頂點及其連通的邊所構成的兩個子圖

為證明一個由圖形 G 之頂點集合對應到圖形 H 之頂點集合的函數 f 是同構的，我們必須證明 f 保持各個邊的存在與否。一種有助於這個目標的方式為利用鄰接矩陣。特別是為證明兩圖形是同構的，我們能依函數 f 給定之對應的頂點順序安排矩陣的行與列，然後試著證明圖形 G 與 H 的鄰接矩陣是相同的。例題 11 說明此方法。

例題 11 判斷圖 12 的兩個圖形 G 和 H 是否同構？

解：圖形 G 和 H 同樣都有 6 個頂點和 7 個邊，也一樣擁有 4 個分支度為 2 的頂點和 2 個分支度為 3 的頂點。很容易發現 G 和 H 中由分支度是 2 的頂點及其連通的邊所構成的兩個子圖是同構的。因為 G 和 H 在這些不變量上都一樣，所以有理由相信它們是同構的。

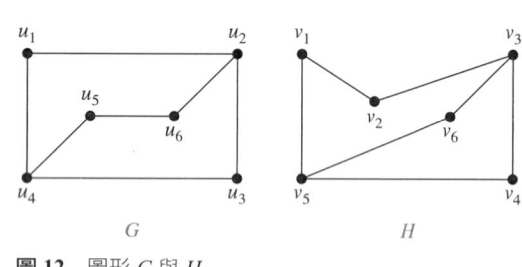

圖 12 圖形 G 與 H

現在，定義函數 f，然後檢驗它是否為同構函數。因為 $\deg(u_1) = 2$，又因為 u_1 不與其他分支度為 2 的頂點鄰接，所以，u_1 的映射應該是 v_4 或 v_6，這兩個是在 H 中唯二不和其他分支度為 2 之頂點相鄰接的頂點。任意假定 $f(u_1) = v_6$。〔若最後發現這種假定不會產生同構函數，則必須試試 $f(u_1) = v_4$。〕因為 u_2 與 u_1 鄰接，u_2 可能的映射為 v_3 或 v_5。任意設定 $f(u_2) = v_3$。繼續這種以相鄰接頂點的分支度為依據的方式，我們可設定 $f(u_3) = v_4$，$f(u_4) = v_5$，$f(u_5) = v_1$ 和 $f(u_6) = v_2$。這樣一來，我們得到 G 和 H 間頂點集合的一對一對應，即 $f(u_1) = v_6$，$f(u_2) = v_3$，$f(u_3) = v_4$，$f(u_4) = v_5$，$f(u_5) = v_1$ 和 $f(u_6) = v_2$。為了看看函數 f 是否保持邊的關係，讓我們檢驗 G 的鄰接矩陣

$$\mathbf{A}_G = \begin{array}{c} \\ u_1 \\ u_2 \\ u_3 \\ u_4 \\ u_5 \\ u_6 \end{array} \begin{array}{c} u_1 \; u_2 \; u_3 \; u_4 \; u_5 \; u_6 \\ \left[\begin{array}{cccccc} 0 & 1 & 0 & 1 & 0 & 0 \\ 1 & 0 & 1 & 0 & 0 & 1 \\ 0 & 1 & 0 & 1 & 0 & 0 \\ 1 & 0 & 1 & 0 & 1 & 0 \\ 0 & 0 & 0 & 1 & 0 & 1 \\ 0 & 1 & 0 & 0 & 1 & 0 \end{array} \right] \end{array}$$

和 H 的鄰接矩陣

$$\mathbf{A}_H = \begin{array}{c} \\ v_6 \\ v_3 \\ v_4 \\ v_5 \\ v_1 \\ v_2 \end{array} \begin{array}{c} v_6 \; v_3 \; v_4 \; v_5 \; v_1 \; v_2 \\ \left[\begin{array}{cccccc} 0 & 1 & 0 & 1 & 0 & 0 \\ 1 & 0 & 1 & 0 & 0 & 1 \\ 0 & 1 & 0 & 1 & 0 & 0 \\ 1 & 0 & 1 & 0 & 1 & 0 \\ 0 & 0 & 0 & 1 & 0 & 1 \\ 0 & 1 & 0 & 0 & 1 & 0 \end{array} \right] \end{array}$$

其行與列的順序必須與對應之 G 的頂點相同。因為 $\mathbf{A}_G = \mathbf{A}_H$，可知 f 保持了邊的關係。因此，得知 f 是同構函數，也就是 G 和 H 是同構的。必須注意的是，就算 f 並非同構函數，也不能因此說 G 和 H 不是同構的，因為或許有另一種頂點間的對應使得 G 和 H 同構。◀

判斷圖形同構的演算法 目前已知判斷兩圖形是否同構最佳的演算法，其最壞狀況的時間複雜度是指數型的（就圖形的頂點數來看）。不過，也有一些線性平均狀況之時間複雜度的演算法能夠解決這類問題。目前仍有希望（也有人持懷疑的態度）發展出多項式形態之最壞狀況時間複雜度的演算法來判定兩圖形是否同構。現今最實用之檢測同構的演算法稱為 NAUTY，能以現代個人電腦在 1 秒內判斷包含 100 個頂點的兩圖形是否同構。NAUTY 的軟體能透過網路下載。對某些有特殊限制的圖形，已經有實用的演算法來判斷兩圖形是否同構，例如，圖形之最大分支度很小。判斷同構問題特別吸引人，因為它是少數 NP 問題中的一個（見習題 72），既非易處理的，也不是 NP-complete 問題（見 3.3 節）。

同構圖形的應用 討論圖形的同構和幾乎是圖形的同構函數，將圖學的應用推展至化學和電子迴路的設計，以及生物資訊學和電腦視覺。化學家利用多重圖，也就是所謂的分子圖，來建構化合物的模型。在這些圖形中，頂點為原子，而邊則為原子間的化學鍵。兩個同分異構物有相同的分子式，但由於鍵結方式不同，故形成不同構的圖形。當合成出一個可能是新的化合物，便可以用來和資料庫中分子圖形比對，看看是否和已經知道的分子相同。

電子迴路的圖學模型中，頂點表示零件設備，而邊則是零件間的連結。現代的積體電路，也就是所謂的晶片，是一種微型的電子迴路，通常包含了百萬個電晶體和它們之間的連結。由於現代晶片具高複雜度，所以必須用自動化的工具來設計。圖形的同構可以用來檢驗自動化工具製造出的佈局和原先的設計是否相同。

習題 Exercises
＊表示為較難的練習；＊＊表示為高度挑戰性的練習；☞ 對應正文。

習題 1 至 4，利用鄰接表列法表現給定的圖形。

1.

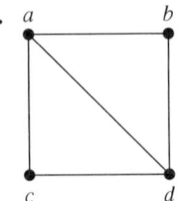

2.

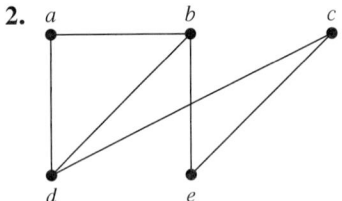

3.

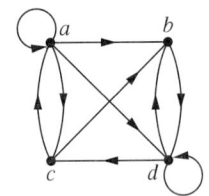

4.

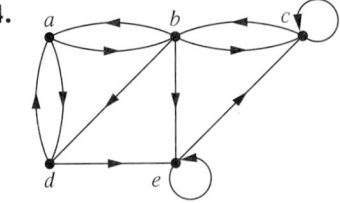

5. 利用鄰接矩陣表現習題 1 的圖形。
6. 利用鄰接矩陣表現習題 2 的圖形。
7. 利用鄰接矩陣表現習題 3 的圖形。
8. 利用鄰接矩陣表現習題 4 的圖形。
9. 利用鄰接矩陣表現下列圖形。

   a) K_4 b) $K_{1,4}$
   c) $K_{2,3}$ d) C_4
   e) W_4 f) Q_3

習題 10 至 12，利用鄰接矩陣繪出圖形。

10. $\begin{bmatrix} 0 & 1 & 0 \\ 1 & 0 & 1 \\ 0 & 1 & 0 \end{bmatrix}$

11. $\begin{bmatrix} 0 & 0 & 1 & 1 \\ 0 & 0 & 1 & 0 \\ 1 & 1 & 0 & 1 \\ 1 & 1 & 1 & 0 \end{bmatrix}$

12. $\begin{bmatrix} 1 & 1 & 1 & 0 \\ 0 & 0 & 1 & 0 \\ 1 & 0 & 1 & 0 \\ 1 & 1 & 1 & 0 \end{bmatrix}$

習題 13 至 15，利用下列圖形求出鄰接矩陣。

13.

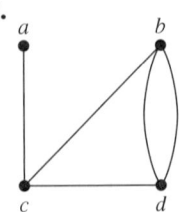

14.

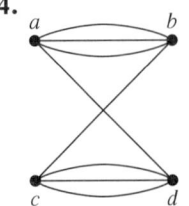

15.

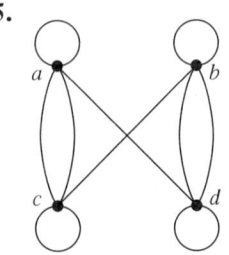

習題 16 至 18，利用鄰接矩陣繪出無向圖。

16. $\begin{bmatrix} 1 & 3 & 2 \\ 3 & 0 & 4 \\ 2 & 4 & 0 \end{bmatrix}$

17. $\begin{bmatrix} 1 & 2 & 0 & 1 \\ 2 & 0 & 3 & 0 \\ 0 & 3 & 1 & 1 \\ 1 & 0 & 1 & 0 \end{bmatrix}$

18. $\begin{bmatrix} 0 & 1 & 3 & 0 & 4 \\ 1 & 2 & 1 & 3 & 0 \\ 3 & 1 & 1 & 0 & 1 \\ 0 & 3 & 0 & 0 & 2 \\ 4 & 0 & 1 & 2 & 3 \end{bmatrix}$

習題 19 至 21，利用下列有向多重圖求出對應於依照字母順序之頂點的鄰接矩陣。

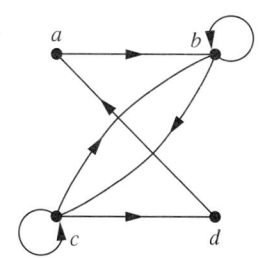

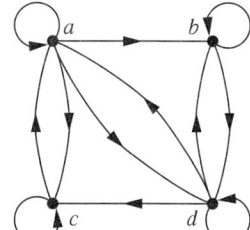

19.

20.

21.

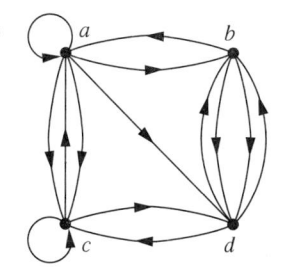

習題 22 至 24，利用鄰接矩陣繪出圖形。

22. $\begin{bmatrix} 1 & 0 & 1 \\ 0 & 0 & 1 \\ 1 & 1 & 1 \end{bmatrix}$

23. $\begin{bmatrix} 1 & 2 & 1 \\ 2 & 0 & 0 \\ 0 & 2 & 2 \end{bmatrix}$

24. $\begin{bmatrix} 0 & 2 & 3 & 0 \\ 1 & 2 & 2 & 1 \\ 2 & 1 & 1 & 0 \\ 1 & 0 & 0 & 2 \end{bmatrix}$

25. 任意一個對稱且對角線元素全為零的零－壹矩陣，是否必然是某個簡單圖的鄰接矩陣？

26. 利用投引矩陣繪出習題 1 和 2 的圖形。

27. 利用投引矩陣繪出習題 13 至 15 的圖形。

* **28.** 無向圖和有向圖之鄰接矩陣其某列所有元素之和有什麼意義？
* **29.** 無向圖和有向圖之鄰接矩陣其某行所有元素之和有什麼意義？
  30. 無向圖和有向圖之投引矩陣其某列所有元素之和有什麼意義？
  31. 無向圖和有向圖之投引矩陣其某行所有元素之和有什麼意義？

* 32. 求出下列圖形的鄰接矩陣。

    a) K_n **b)** C_n

    c) W_n **d)** $K_{m,n}$

    e) Q_n

* 33. 求出習題 32(a) 至 (d) 之圖形的投引矩陣。

習題 34 至 44，給定的圖形對是否為同構的？求出同構函數，或提出嚴謹的論述說明兩者並非同構。

34.

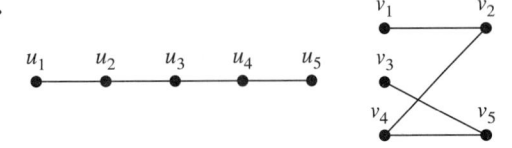

35.

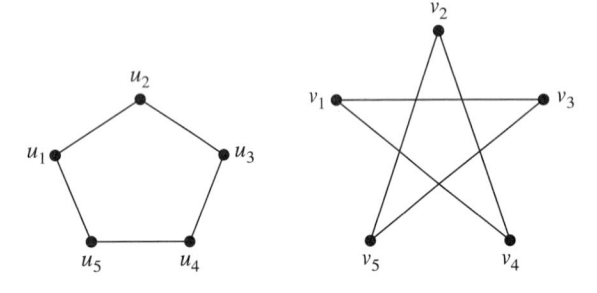

36.

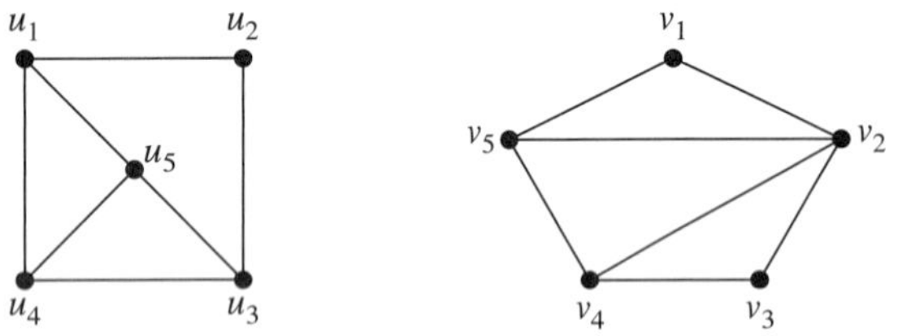

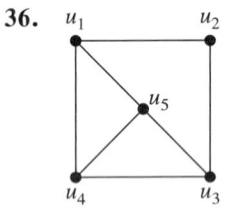

37.

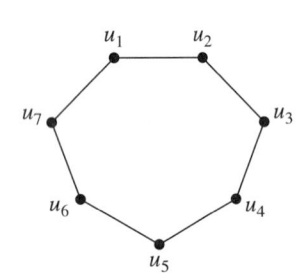

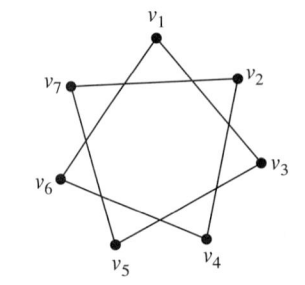

38.

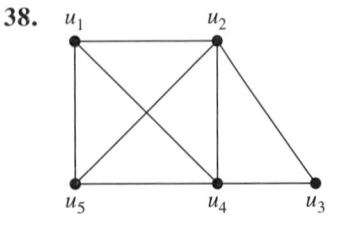

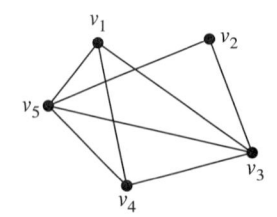

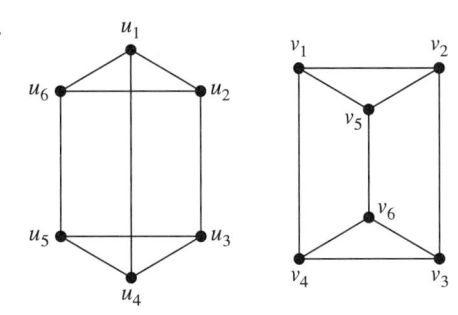

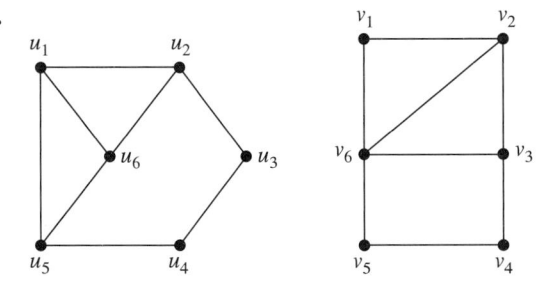

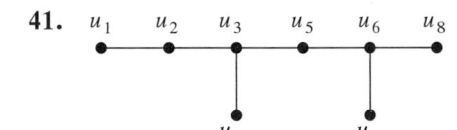

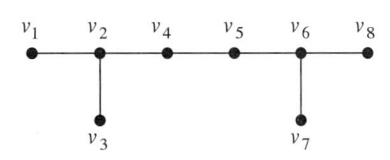

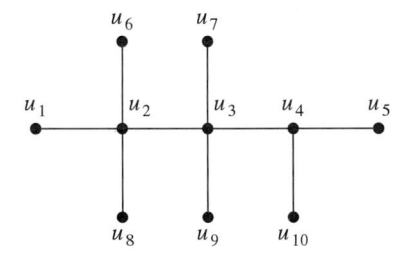

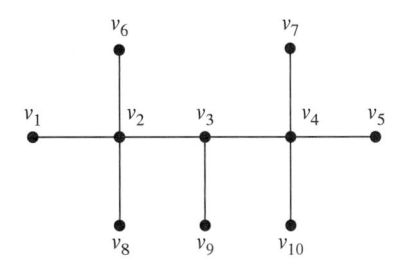

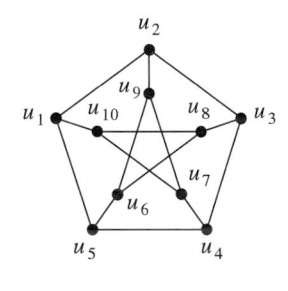

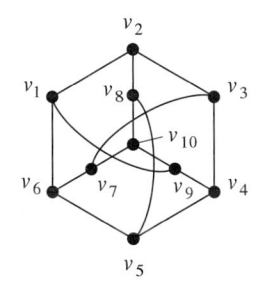

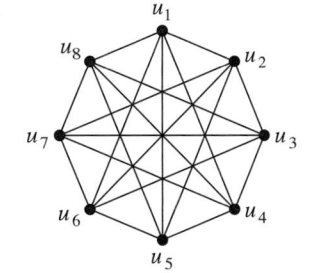

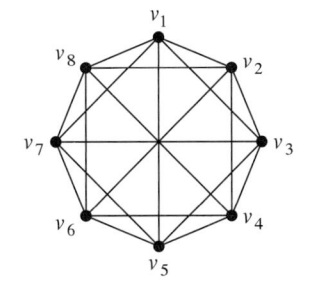

39.

40.

41.

42.

43.

44.

45. 證明簡單圖的同構是等價關係。

46. 假設 G 和 H 是兩個同構的簡單圖，證明其補圖 $\overline{G}$ 和 $\overline{H}$ 亦同構。

47. 描述圖形的孤立點在其鄰接矩陣中相對應的行與列為何。

48. 描述圖形的孤立點在其投引矩陣中相對應的列為何。

49. 證明含兩點以上的二分圖能透過適當的順序安排頂點，使其鄰接矩陣有下列形式：

$$\begin{bmatrix} 0 & A \\ B & 0 \end{bmatrix}$$

其中四個元素皆為矩形區塊。

如果一個簡單圖 G 和 $\overline{G}$ 是同構的，則稱 G 為**自我互補**（self-complementary）。

50. 證明下列圖形是自我互補的。

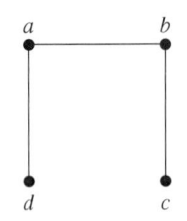

51. 求出一個包含 5 個頂點的自我互補簡單圖。

* 52. 證明當 G 是包含 v 個頂點的自我互補簡單圖時，則 $v \equiv 0$ 或 $1 \pmod{4}$。

53. 當整數 n 為多少時，C_n 為自我互補？

54. 當 n 為下列整數時，能找出多少個不同構的簡單圖？

   a) 2
   b) 3
   c) 4

55. 有多少個不同構的簡單圖包含 5 個頂點和 3 個邊？

56. 有多少個不同構的簡單圖包含 6 個頂點和 4 個邊？

57. 對應於下列鄰接矩陣的圖形是否同構？

   a) $\begin{bmatrix} 0 & 0 & 1 \\ 0 & 0 & 1 \\ 1 & 1 & 0 \end{bmatrix}, \begin{bmatrix} 0 & 1 & 1 \\ 1 & 0 & 0 \\ 1 & 0 & 0 \end{bmatrix}$

   b) $\begin{bmatrix} 0 & 1 & 0 & 1 \\ 1 & 0 & 0 & 1 \\ 0 & 0 & 0 & 1 \\ 1 & 1 & 1 & 0 \end{bmatrix}, \begin{bmatrix} 0 & 1 & 1 & 1 \\ 1 & 0 & 0 & 1 \\ 1 & 0 & 0 & 1 \\ 1 & 1 & 1 & 0 \end{bmatrix}$

   c) $\begin{bmatrix} 0 & 1 & 1 & 0 \\ 1 & 0 & 0 & 1 \\ 1 & 0 & 0 & 1 \\ 0 & 1 & 1 & 0 \end{bmatrix}, \begin{bmatrix} 0 & 1 & 0 & 1 \\ 1 & 0 & 0 & 0 \\ 0 & 0 & 0 & 1 \\ 1 & 0 & 1 & 0 \end{bmatrix}$

58. 對應於下列投引矩陣的無迴圈圖形是否同構？

   a) $\begin{bmatrix} 1 & 0 & 1 \\ 0 & 1 & 1 \\ 1 & 1 & 0 \end{bmatrix}, \begin{bmatrix} 1 & 1 & 0 \\ 1 & 0 & 1 \\ 0 & 1 & 1 \end{bmatrix}$

   b) $\begin{bmatrix} 1 & 1 & 0 & 0 & 0 \\ 1 & 0 & 1 & 0 & 1 \\ 0 & 0 & 0 & 1 & 1 \\ 0 & 1 & 1 & 1 & 0 \end{bmatrix}, \begin{bmatrix} 0 & 1 & 0 & 0 & 1 \\ 0 & 1 & 1 & 1 & 0 \\ 1 & 0 & 0 & 1 & 0 \\ 1 & 0 & 1 & 0 & 1 \end{bmatrix}$

59. 將簡單圖的同構定義擴展至包含迴圈和重邊的無向圖。

60. 定義有向圖的同構。

習題 61 至 64，判斷給定的有向圖對是否同構。

61.

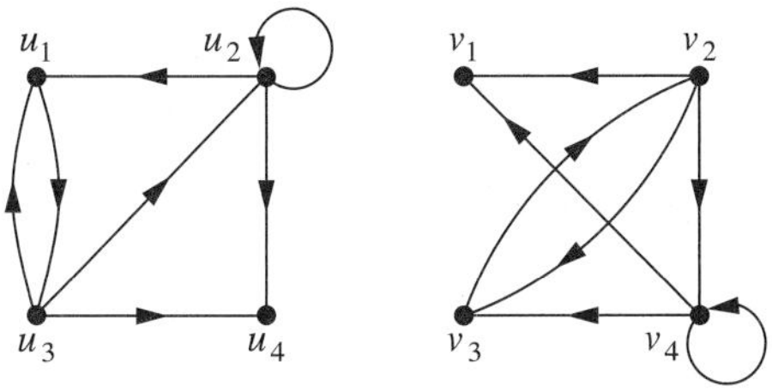

62.

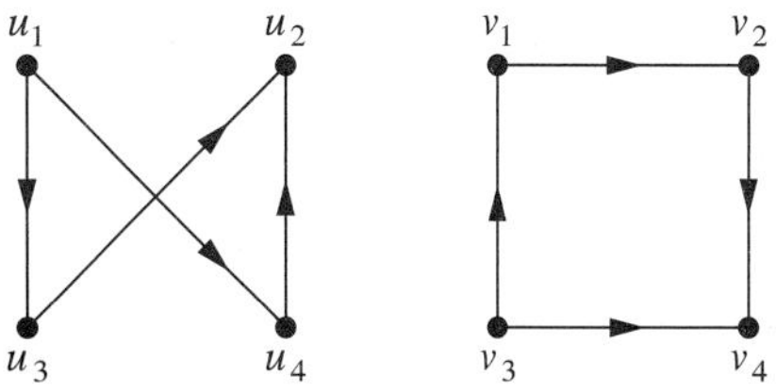

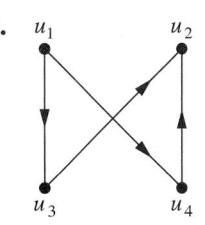

63.

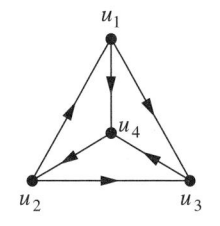

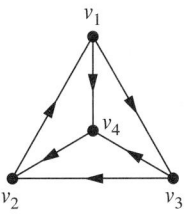

64.

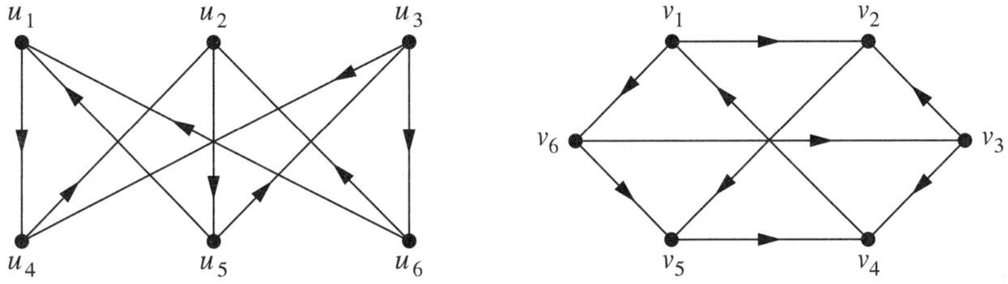

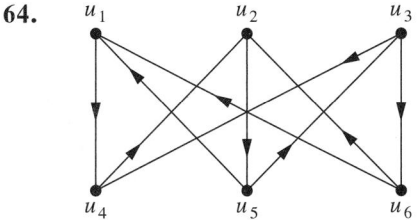

65. 證明當 G 和 H 是兩個同構的有向圖時，其逆向圖亦同構。

66. 證明「圖形是二分的」這個性質是不變量。

67. 求出兩個不同構的圖形，兩圖擁有相同的分支度序列，但其中一個是二分圖，而另一個則否。

* 68. 當 n 等於下列整數時，能找出多少個不同構的有向圖？
  a) 2
  b) 3
  c) 4

* 69. 投引矩陣與其轉置矩陣之積有何意義？

* 70. 以下列方式表現一個包含 v 個頂點和 m 個邊的簡單圖需要多少儲存空間？
  a) 鄰接表列法
  b) 鄰接矩陣
  c) 投引矩陣

對一個假定存在的同構測試法而言，**惡魔對（devil's pair）**是指兩個不同構的圖形，在此測試法下會被判定為是同構的。

71. 若測試法只檢查圖形的分支度數列，找出此法的惡魔對。

72. 假設 f 為圖形 $G_1 = (V_1, E_1)$ 與 $G_2 = (V_2, E_2)$ 的同構函數，由 V_1 對應到 V_2。證明就頂點個數來看，以及就比較次數來看，有可能在多項式時間內檢測出這個事實。

9.4 圖形的連通性 *Connectivity*

引言

有許多問題可以被模型化成沿著圖形之邊移動的路徑。例如,判斷資訊是否能透過某個交換網路在兩部電腦間傳遞的問題;有效率地安排信件分送的問題,以及垃圾收集、電腦網路診斷等問題,在將其以圖型模擬後,都會牽涉到圖形的路徑。

路徑

一般而言,**路徑**(path)是指一個由邊所形成的序列,從圖形中的一個頂點出發。沿著圖形中的邊,經一個頂點移動到下一個頂點;也就是,由一個邊的端點到另一個端點。

以下是路徑在圖學中的正式定義。

> **定義 1** ■ 令 n 為非負整數,G 是無向圖。一條在 G 中由頂點 u 到 v 且長度為 n 的路徑是指一個由 n 個 G 的邊所組成的序列 $e_1, e_2, ..., e_n$,也存在一個頂點序列 $x_0 = u, x_1, ..., x_{n-1}, x_n = v$,使得 e_i 的端點為 x_{i-1} 與 x_i,$i = 1, 2, ..., n$。當圖形為簡單圖時,我們將路徑記為頂點的序列 $x_0, x_1, ..., x_n$(因為這些頂點將由所討論的路徑唯一決定)。如果一條路徑的出發頂點和結束頂點相同(亦即 $u = v$)且長度大於零,則此路徑稱為環道(circuit)。這條路徑或環道稱為通過頂點 $x_1, x_2, ..., x_{n-1}$ 或是行過邊 $e_1, e_2, ..., e_n$。若一個路徑或環道所包含的邊沒有重複,則稱為簡單的(simple)。

當不需要區別重邊時,我們將路徑 $e_1, e_2, ..., e_n$ 記為頂點序列 $x_0, x_1, ..., x_n$,其中 e_i 相關於頂點對 $\{x_{i-1}, x_i\}$,$i = 1, 2, ..., n$。這種符號記法只指出路徑通過的頂點,可能同時代表許多條路徑。因為相鄰的兩頂點間,可能有重邊接合。當一條路徑的長度為零時,此路徑只包含單一頂點。

注意:有些不同的術語其實與定義 1 的概念十分相近。例如,在某些書中使用**步道**(walk)這個術語而非路徑。所謂步道是一個頂點和邊交錯的序列 $v_0, e_1, v_1, e_2, ..., v_{n-1}, e_n, v_n$,其中 v_{i-1} 和 v_i 為邊 e_i 的端點,其中 $i = 1, 2, ..., n$。當使用這種術語時,若出發頂點和結束頂點相同時,便以**閉合步道**(closed walk)來取代環道。當步道沒有重複的邊時,便稱為**行跡**(trail),而非簡單路徑。在使用這組術語時,**路徑**(path)是指沒有重複頂點的步道,此時會與定義 1 有所衝突。因此,讀者必須仔細檢視書籍或文章內使用術語的意義,[GrYe06] 是這類相關術語很好的參考資料。

例題 1 在圖 1 所示的簡單圖中，a, d, c, f, e 為一條長度為 4 的簡單路徑，因為它的邊為 $\{a, d\}$、$\{d, c\}$、$\{c, f\}$ 和 $\{f, e\}$。然而，d, c, e, a 不是路徑，因為 $\{e, c\}$ 不是圖形中的邊。注意，b, c, f, e, b 為長度 4 的環道，因為 $\{b, c\}$、$\{c, f\}$、$\{f, e\}$ 和 $\{e, b\}$ 為邊，而且出發頂點和結束頂點都為 b。路徑 a, b, e, d, a, b 的長度為 5，但不是簡單的，因為邊 $\{a, b\}$ 出現兩次。

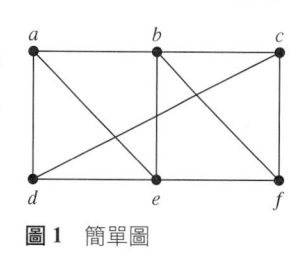

◀ **圖 1** 簡單圖

有向圖的路徑和環道在第 8 章已介紹過，以下提供更一般化的定義。

定義 2 ■ 令 n 為非負整數，G 是無向圖。一條在 G 中由頂點 u 到 v 且長度為 n 的路徑是指一個由 n 個 G 的邊所組成的序列 $e_1, e_2, ..., e_n$，使得 e_1 相關於頂點對 $\{x_0, x_1\}$，e_2 相關於頂點對 $\{x_1, x_2\}$，……，e_n 相關於頂點對 $\{x_{n-1}, x_n\}$，其中 $x_0 = u$ 且 $x_n = v$。當有向圖沒有重邊時，我們將路徑記為頂點的序列 $x_1, x_2, ..., x_n$。如果一條路徑的出發頂點和結束頂點相同且長度大於零，則此路徑稱為環道（circuit）或環圈（cycle）。若一個路徑或環道所包含的邊沒有重複，則稱為簡單的。

注意：與定義 2 相近概念的術語同樣經常在其他書籍中使用，特別是定義 1 下方注意中所提到的步道、閉合步道、行跡和路徑等，也會在有向圖中使用，在 [GrYe06] 中有更詳盡的介紹。

我們注意到路徑中某邊的終點為下一個邊的始點我們將路徑 $e_1, e_2, ..., e_n$ 記為頂點序列 $x_1, x_2, ..., x_n$，其中 e_i 相關於頂點對 (x_{i-1}, x_i)，$i = 1, 2, ..., n$。這種符號記法只指出路徑通過的頂點，可能同時代表許多條路徑。因為相鄰的兩頂點間，可能有重邊接合。

路徑能表現出圖學模型中有用的資訊，如例題 2 至例題 4 所示。

例題 2 **在社交關係圖中的路徑** 在社交關係圖中的路徑是一條將個人串連在一起的鏈索。鏈索中鄰接的兩個人相互認識對方。以 9.1 節圖 6 為例，我們可以找到一條長度為 6 的鏈索，串連凱米拉到卿。許多社會分析學家相信，世界中任意兩個人都能用很小的鏈索（只包含五個甚至更少的人）將之串連起來；也就是說，在包含全世界所有人的社交圖中，幾乎任兩個頂點間都存在一個長度不大於 4 的路徑。約翰‧奎爾（John Guare）的舞臺劇《六度分離》（*Six Degrees of Separation*）就是依據這個假定而來。 ◀

例題 3 **在合作關係圖中的路徑** 在合作關係圖中，兩個人 a 和 b 被一條路徑連通，表示存在一個由人所成的序列，由 a 出發而終於 b。序列中任一個邊的兩端點表示此兩人曾經共事。在此，我們考慮兩種特殊的合作關係圖。首先是學術合作關係圖，表現兩人是否曾共同發表論文。在數學界的合作關係圖中，某數學家的**艾狄胥數（Erdős number）**為 m 表示，由極多產的著名數學家保羅‧艾狄胥（卒於 1996 年）出發，到達此數學家所必須經過的最短

路徑長度為 m。根據艾狄胥數計畫（Erdős Number Project），2006 年初期的數學家數目如表 1 所示。

在好萊塢圖（見 9.1 節例題 3）中，由演員 a 到演員 b 的路徑為一個由演員形成的序列，在路徑中鄰接的兩位演員表示他們曾共同合演過電影。在好萊塢圖中，演員 c 的**貝肯數（Bacon number）** 是指演員 c 到知名演員凱文·貝肯（Kevin Bacon）間的最短路徑長度。由於不斷有新的影片上映，凱文·貝肯也仍舊繼續拍新片，所以演員的貝肯數不停更新。表 2 為 2011 年初期每個貝肯數的演員數目，資料來自於貝肯資料庫（Oracle of Bacon）網站。研究每個演員的貝肯數始於 1990 年代初期。當時認為每位好萊塢的人都曾跟凱文·貝肯，或是曾跟凱文·貝肯合作過的人一起工作。因此，就有人在宴會上玩遊戲，試著將每位演員與凱文·貝肯連結，我們當然也可以將凱文·貝肯的名字換成任何一位演員。◀

無向圖的連通

如果資訊能經由一台或是多台交換網路電腦間傳遞，在何種條件下，任兩台電腦間皆可分享資訊？將電腦網路模型化成圖形，其中頂點代表電腦，而邊代表通訊連線，則這個問題變成：圖形中的任意兩頂點間何時一定存在一條路徑？

> **定義 3** ■ 一個無向圖稱為連通的（connected），如果任兩個相異頂點間一定存在一個路徑。一個無向圖不是連通時，稱作不連通(disconnected)。使一個圖形不連通的意思是，移去圖形中的頂點或邊（可以是一個或多個，也可同時移去頂點和邊），而生成不連通的子圖。

表 1 每個艾狄胥數的數學家數目（2006 年初期）

艾狄胥數	數學家數目
0	1
1	504
2	6,593
3	33,605
4	83,642
5	87,760
6	40,014
7	11,591
8	3,146
9	819
10	244
11	68
12	23
13	5

表 2 每個貝肯數的演員數目（2011 年初期）

貝肯數	演員數目
0	1
1	2,367
2	242,407
3	785,389
4	200,602
5	14,048
6	1,277
7	114
8	16

所以，在網路中任兩台電腦都能通訊，若且唯若這個電腦網路圖形為連通的。

例題 4　圖 2 中的圖形 G_1 為連通的，因為圖形中任兩個相異頂點間都存在一個路徑（請自行檢驗）。然而，圖形 G_2 不是連通的，因為在 G_2 中，頂點 a 和 d 間找不到一條路徑。◀

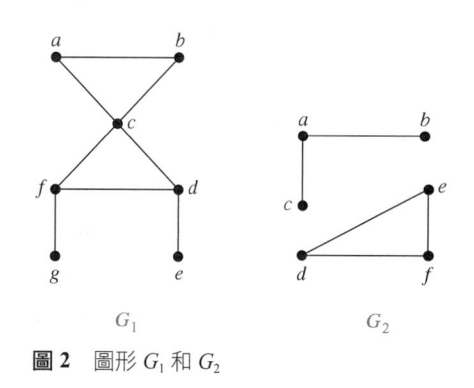

圖 2　圖形 G_1 和 G_2

在第 10 章中，我們將會用到下面這個定理。

定理 1 ■ 在連通的無向圖中，任兩個相異頂點間一定存在著一個簡單路徑。

證明：令頂點 u 和 v 為連通無向圖 $G = (V, E)$ 中的兩個相異頂點。由於 G 是連通的，一定找得到一條介於 u 和 v 間的路徑。令 $x_0, x_1, ..., x_n$ 為其間最短路徑的頂點序列，其中 $x_0 = u$ 且 $x_n = v$，這條路徑一定是簡單的。假定此路徑不是簡單路徑，則存在 i 和 j，$0 \leq i < j$，使得 $x_0 = u$。這樣一來，從 u 到 v 的最短路徑之頂點序列可以是 $x_0, x_1, ..., x_{i-1}, x_j, ..., x_n$，即自原來的頂點序列中刪去 $x_i, ..., x_{j-1}$ 而得。◁

連通分支　一個圖形 G 的**連通分支（connected component）**是指一個 G 的子圖，而且不為其他 G 的連通子圖的子圖；也就是說，G 的連通分支是 G 的最大連通子圖。一個不連通的圖形存在兩個以上的連通分支。

例題 5　圖 3 中圖形 H 的連通分支為何？

解：圖形 H 為三個不相交子圖 H_1、H_2 和 H_3 的聯集圖，如圖 3 所示。此三子圖即為 H 的連通分支。◀

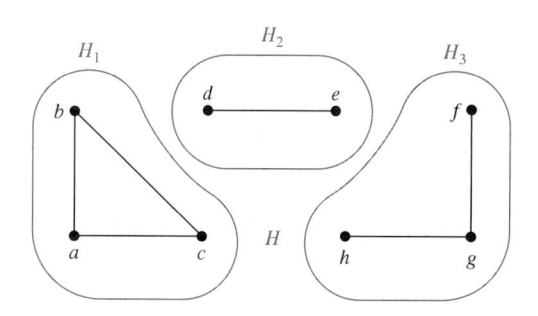

圖 3　圖形 H 與其連通分支 H_1、H_2 和 H_3

例題 6 **電話通話圖的連通分支** 在電話通話圖（見 9.1 節例題 4）中，位於相同分支的兩頂點 x 和 y 間存在一個通話序列，始於 x 而終於 y。分析某天的 AT&T 電話網路時，我們發現有超過 53,767,087 個頂點和 1 億 7,000 萬以上的邊，而且形成 370 萬多個連通分支。大部分的分支都是很小的，大約有四分之三的分支只包含兩個頂點。但此圖形中也有一個巨大的連通分支，包含 44,989,297 個頂點，幾乎超過所有頂點的 80%。更進一步可以發現，在這個連通分支中，任意兩相異頂點都能連成一條小於 20 通電話的鏈索。 ◂

如何連通圖形

假使某圖形表現一個電腦網路。若圖形是連通的，表示網路中任兩個電腦都能通訊。然而，我們會想了解這個網路的真實狀況。例如，當某個路由器或是通訊連結失效後，所有的電腦是否依舊能通訊？為了回答這個問題或是類似問題，必須發展一些新的概念。

有時，自圖形移去某個頂點和與其接合的所有邊，會產生比原圖形更多的連通分支，此時稱該頂點為**斷點（cut vertex）**或**分節點（articulation point）**。從一個連通圖形中移去一個斷點會形成一個非連通的圖形。類似地，若從圖形中移去某個邊，將產生比原圖形更多的連通分支，稱該邊為**斷邊（cut edge）**或**橋（bridge）**。在表現電腦網路的圖形中，斷點指的是一個不可缺少的路由器，而斷邊是條不可少的連結。為了使所有的電腦都能通訊，它們都不能失效。

例題 7 求出圖 4 中圖形 G_1 的所有斷點和斷邊。

解：圖形 G_1 的斷點為 b、c 和 e，移去其中任何一點（與其接合的邊）都將使圖形變得不連通。G_1 的斷邊為 $\{a, b\}$ 和 $\{c, e\}$，刪去其中任何一邊都將形成不連通的圖形。 ◂

頂點連通度 不是所有的圖形都有斷點。例如，完全圖 K_n，$n \geq 3$，就沒有斷點。當移去 K_n 中任何一個頂點和所有接合於此頂點的邊，形成的子圖會是完全圖 K_{n-1}，依舊是連通的。沒有斷點的連通圖稱作**不可分離圖（nonseparable graph）**，可以將它們想成比有斷點的連通圖更連通。可以擴展這樣的概念，利用最少該移去多少頂點方能不連通圖形，來粗略地定義圖形連通性的測度。

圖形 $G = (V, E)$ 之頂點集合 V 的子集合 V' 是個**斷點集（vertex cut）**，或是**分離集合（separating set）**，如果 $G - V'$ 是不連通的。例如，在圖 1 中的圖形裡，$\{b, c, e\}$ 是個包含三個頂點的斷點集（請自行檢驗）。我們留給讀者（習題 51）自行證明除了完全圖，所有的連通圖形都有斷點集。我們定義一個非完全圖 G 的**頂點連通度（vertex connectivity）** $\kappa(G)$ 為斷點集中最小的頂點個數。

當 G 為完全圖時，因為沒有斷點，所以無法以斷點集之最小頂點數來定義 $\kappa(G)$。因此，我們令 $\kappa(K_n) = n - 1$，即移去 $n - 1$ 個點直到剩一個單點圖形為止。

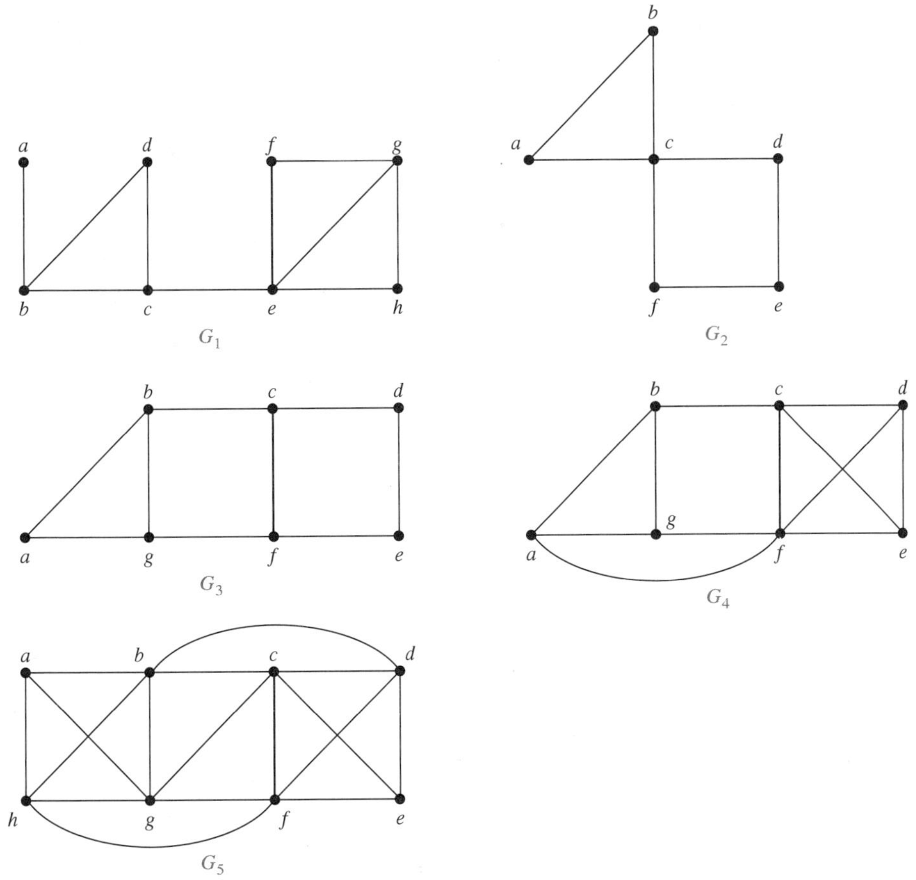

圖 4 連通圖形

所以，對所有的圖形 G，$\kappa(G)$ 可定義為不連通 G 或是成為單點圖形所需移去的最小頂點個數。若 G 有 n 個頂點，則 $0 \le \kappa(G) \le n-1$。$\kappa(G) = 0$ 若且唯若 G 是不連通的，或是 $G = K_1$，而 $\kappa(G) = n-1$ 若且唯若 G 是完全圖（見習題 52(a)）。

$\kappa(G)$ 愈大，可以想像成 G 愈連通。不連通的圖形和 K_1 之 $\kappa(G) = 0$；有斷點的圖形和 K_2 之 $\kappa(G) = 1$；沒有斷點但移去兩個頂點就能不連通的圖形以及 K_3 之 $\kappa(G) = 2$，依此類推。如果 $\kappa(G) \ge k$，則稱圖形是 **k- 連通（k-connected）** 或是 **k- 頂點連通（k-vertex-connected）**。如果圖形 G 是連通的而且不是單點圖形，則 G 是 1- 連通；若圖形是不可分離的，而且至少有三個頂點，則圖形是 2- 連通，或稱**雙連通（biconnected）**。可以注意到，當 $0 \le j \le k$，若 G 是 k- 連通，則 G 也是 j- 連通。

例題 8　找出圖 4 中所有圖形的頂點連通度。

解：圖 4 中的五個圖形都是連通圖而且至少有一個頂點，所以頂點連通度皆為正整數。因為 G_1 有斷點，如例題 7 所示，故 $\kappa(G_1) = 1$。同樣地，$\kappa(G_2) = 1$，因為 c 是 G_2 的斷點。

讀者可以檢驗 G_3 沒有斷點，但是 $\{b, g\}$ 是個斷點集。所以，$\kappa(G_3) = 2$。同樣地，G_4 也有個包含兩個頂點的斷點集 $\{c, f\}$，而且沒有斷點。所以，$\kappa(G_4) = 2$。讀者可以自行檢驗，G_5 沒有大小是 2 的斷點集，但是 $\{b, c, f\}$ 是 G_5 的斷點集，所以，$\kappa(G_5) = 3$。

邊連通度　我們同樣可以使用移去最少邊數來不連通圖形的方式測度連通圖 $G = (V, E)$ 之連通度。若圖形有斷邊，則移出這個邊就能不連通圖形。若圖形沒有斷邊，則我們找出最少之邊的集合，使得移除這些邊時，便能不連通圖形。若 $G - E'$ 是不連通的，則稱邊的集合 E' 為**斷邊集（edge cut）**。圖形 G 的**邊連通度（edge connectivity）**，記為 $\lambda(G)$，定義為 G 之斷邊集中最小的邊數。對於超過一個頂點的連通圖形而言，$\lambda(G)$ 永遠是正整數，因為只要移除所有的邊，都能不連通圖形。若 G 是不連通的，則 $\lambda(G) = 0$。我們同樣注意到，當 G 是個單點圖形時，$\lambda(G) = 0$。所以，若 G 是個包含 n 個頂點的圖形，則 $0 \leq \lambda(G) \leq n - 1$。我們留給讀者證明（習題52(b)）$G$ 是個包含 n 個頂點的圖形且 $\lambda(G) = n - 1$，若且唯若 $G = K_n$。這個陳述等價於當 G 不是完全圖時，$\lambda(G) \leq n - 2$。

例題 9　找出圖 4 中所有圖形的邊連通度。

解：圖 4 中的五個圖形都是連通圖，而且至少有一個頂點，所以邊連通度皆為正整數。因為 G_1 有斷邊，如例題 7 所示，故 $\lambda(G_1) = 1$。

讀者可自行檢驗 G_2 沒有斷邊，但是移除兩個邊 $\{a, b\}$ 與 $\{a, c\}$ 便會不連通，所以，$\lambda(G_2) = 2$。同樣地，$\lambda(G_3) = 2$，因為 G_3 沒有斷邊，但是移除兩個邊 $\{b, c\}$ 與 $\{f, g\}$ 便會不連通。

G_4 移除任兩個邊都還是連通的（請自行檢驗）。但是，移除三個邊 $\{b, c\}$、$\{a, f\}$ 與 $\{f, g\}$ 便會不連通。所以，$\lambda(G_4) = 3$。最後，$\lambda(G_5) = 3$。因為 G_5 移除任兩個邊都還是連通的。但是，移除三個邊 $\{a, b\}$、$\{a, g\}$ 與 $\{a, h\}$ 便會不連通。◀

頂點連通度與邊連通度的不等式　當 $G = (V, E)$ 為非完全連通圖且包含至少三個頂點的圖形，G 的最小頂點分支度同時是頂點連通度和邊連通度的上界。也就是說，$\kappa(G) \leq \min_{v \in V} \deg(v)$ 而且 $\lambda(G) \leq \min_{v \in V} \deg(v)$。要了解這兩個不等式，可以觀察當移除某頂點的所有鄰點時，將不連通圖形。同樣地，移除接合於某頂點上所有的邊，也會不連通圖形。

習題 55 要求讀者證明 $\kappa(G) \leq \lambda(G)$，其中 G 為非完全連通圖。我們還注意到，$\kappa(K_n) = \lambda(K_n) = \min_{v \in V} \deg(v) = n - 1$，其中 n 為正整數，以及當 G 是不連通圖時，$\kappa(G) = \lambda(G) = 0$。整理上述事實，得到若 G 為任意圖形，則

$\kappa(G) \leq \lambda(G) \leq \min_{v \in V} \deg(v)$

頂點連通度和邊連通度的應用　在模擬現實網路的圖形中，連通性質占有相當重要的地位。例如，在資料網路的圖學模型中，頂點代表的是路由器，而邊表示連線。這種圖形的頂點連通度表示，最少有多少個路由器壞了，網路便無法運作；也就是說，只要壞的路由器少於這個數目，則網路依舊能連通。同樣地，圖形的邊連通度表示，最少有多少條光纖連線斷了，網路便無法運作；亦即，只要斷了的光纖連線少於這個數目，網路便依舊能連通。

就公路網的圖形來看，頂點為兩條公路的交會處，而邊則表示連結的道路。圖形的連通度能告訴我們，只要封閉的交會路口少於頂點連通度的數目，則依舊能由一個道路交會處通行到另一個道路交會處；同樣地，只要封閉的道路少於邊連通度的數目，則由一個道路交會處通行到另一個道路交會處是沒有問題的。很明顯地，這對公路管理局在安排道路維修時，是很有用的資料。

有向圖的連通

此處有兩種有向圖之連通的表示法，取決於是否考慮邊的方向性。

> **定義 4** ■ 若一個有向圖中有點點 a 和 b，能找到一條路徑由 a 到 b，也同時能找到一條路徑由 b 到 a，則稱為**強連通**（strongly connected）。

當有向圖為強連通時，一定找得到一個有向邊的序列，由一個頂點到任意另一個頂點。一個有向圖可以沒有強連通的性質，但仍保有「連通」的性質。定義 5 將對此做一個較精確的說明。

> **定義 5** ■ 若一個有向圖在其隱藏性無向圖下，任兩頂點間都存在著一個路徑，則稱為**弱連通**（weakly connected）。

也就是說，如果一個有向圖是弱連通的，若且唯若當邊的方向被忽視時，永遠有路徑介於兩頂點之間。很明顯地，強連通的有向圖一定也是弱連通的。

例題 10 ■ 圖 5 中所示的圖形 G 和 H 是否為強連通？是否為弱連通？

解：G 為強連通，因為在此有向圖中，任意兩頂點間都存在著一條路徑（請自行檢驗），所以 G 亦為弱連通。圖形 H 不為強連通，因為由頂點 a 到頂點 b 找不到一條有向路徑；但是 H 是弱連通的，因為圖形 H 的隱藏性無向圖中，任兩頂點間都存在著一個路徑（請自行檢驗）。

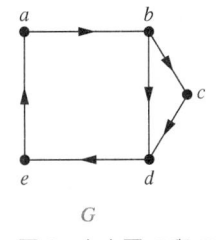

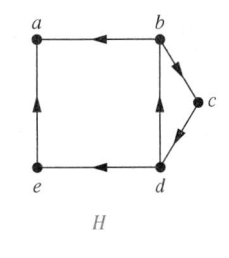

◀ **圖 5** 有向圖 G 與 H

有向圖的強連通分支 當一個圖形 G 的子圖是強連通的，而且不被另一個較大的強連通子圖所包含，也就是當它為最大的強連通子圖時，我們稱之為 G 的**強連通分支**（strongly connected component）或**強分支**（strongly component）。可以注意到，若 a 與 b 為有向圖的兩個頂點，則它們所在的強分支，要不是相同的，就是完全不相交的。（留至習題 17 中證明此事實。）

例題 11　圖 5 的有向圖 H 有三個強連通分支，分別為 (1) 頂點 a；(2) 頂點 e，以及 (3) 包含頂點 b、c、d 和邊 (b, c)、(c, d)、(d, b) 的圖形。 ◀

例題 12　**網路圖的強連通分支**　在 9.1 節例題 5 介紹的網路圖中，頂點為網頁，而其間的連結為有向邊。在 1999 年的某一瞬間，網路圖中含有超過 2 億個頂點及 15 億以上個邊（數字還在持續增加中，參見 [Br00]）。

此網路圖的隱藏性無向圖並非連通的，但有一個包含將近 90% 頂點的連通圖。這個最大連通分支的原始有向子圖有一個非常大的強連通分支〔稱為**巨型強連通分支（giant strongly connected component, GSCC）**〕和許多小型的強連通分支。在這個網路圖中，GSCC 包含 5,300 萬個以上的頂點。至於在這個最大連通分支中，其他的頂點（網頁）則有三種不同的典型：一種能透過 GSCC 連結，但無法經過一連串的網頁而連結到 GSCC；另一種則能連結到 GSCC 中的網頁，但無法自 GSCC 連結過來；最後一種則是既無法由 GSCC 連結而來，也不能透過一連串的連結至 GSCC。在此研究中，這三種網頁大約都有 4,400 萬個。（令人驚訝的是，每一種的數量都相當。） ◀

路徑與同構

有許多方法可以利用路徑和環道來判斷兩個圖形是否同構。例如，在圖形中存在一個固定長度的簡單環道是個相當有用的不變量，可以用來證明兩個圖形並不同構。此外，路徑能用來建構可能是同構函數的對應。

如同先前所述，一種在簡單圖中有用的同構不變量是存在一個長度為 k 的簡單環道，其中 k 是大於 2 的正整數。（此不變量留於習題 60 證明。）例題 13 中展示如何利用這個不變量證明兩個圖形不同構。

例題 13　判斷圖 6 的圖形 G 和 H 是否同構？

解：圖形 G 和 H 同樣都有 6 個頂點和 8 個邊，也一樣擁有 4 個分支度為 3 的頂點和 2 個分支度為 2 的頂點。所以，已知的三個不變量——頂點個數、邊數和頂點分支度——都相符。然而，圖形 H 中有一個長度為 3 的簡單環道 v_1, v_2, v_6, v_1，但是經過檢視，圖形 G 中沒有長度為 3 的簡單環道（所有的簡單環道長度至少為 4）。因為存在固定長度的簡單環道是個不變量，所以 G 和 H 不同構。 ◀

已知存在某種路徑(一個固定長度的簡單環道)，能夠有效證明兩個圖形是不同構的。同樣地，我們能夠利用路徑來找出可能是同構函數的對應。

例題 14　判斷圖 7 的圖形 G 和 H 是否同構？

解：圖形 G 和 H 同樣都有 5 個頂點和 6 個邊，也一樣擁有 2 個分支度為 3 的頂點和 3 個分支度為 2 的頂點。此外，也都同時分別存在一個長度為 3、長度為 4 和長度為 5 的簡單環道。由於這些已知的不變量都相同，G 和 H 有可能是同構的。 ◀

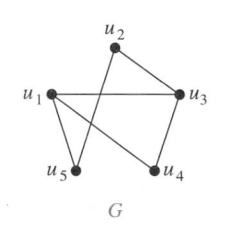

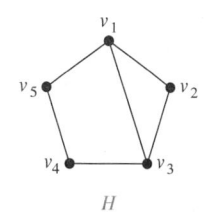

圖 6 圖形 G 與 H

圖 7 圖形 G 與 H

為了找出同構函數，我們在兩個圖形中分別建構通過所有頂點的路徑，讓路徑在兩圖形中所對應的頂點有相同的分支度。例如，在圖形 G 中的路徑 u_1, u_4, u_3, u_2, u_5 和在圖形 H 中的路徑 v_3, v_2, v_1, v_5, v_4，其始點的分支度皆為 3，頂點的分支度分別為 2、3 和 2，而終點的分支度則同時為 2。根據這個路徑，我們能定義函數 f 為 $f(u_1) = v_3$，$f(u_4) = v_2$，$f(u_3) = v_1$，$f(u_2) = v_5$ 和 $f(u_5) = v_4$。讀者可自行證明此函數是同構函數，利用函數保持邊的關係，或是檢驗兩者在適合的頂點順序下鄰接矩陣是相同的。所以，G 和 H 是同構的。

計算頂點間的可能路徑數目

兩頂點間可能路徑的數目能利用圖形的鄰接矩陣來決定。

> **定理 2** ■ 令 G 為一圖形，其相對應於圖形頂點順序 $v_1, v_2, ..., v_n$（可以是有向邊或無向邊，有重邊和迴圈亦可）的鄰接矩陣為 $\mathbf{A}$。從頂點 v_i 出發到頂點 v_j 且長度為 r 的路徑數目等於 $\mathbf{A}^r$ 中的第 (i, j) 個元素，其中 r 為正整數。

證明：以數學歸納法證明這個定理。令 G 的鄰接矩陣為 $\mathbf{A}$（假定頂點的順序為 $v_1, v_2, ..., v_n$）。從頂點 v_i 出發到頂點 v_j 且長度為 1 的之路徑數目等於 $\mathbf{A}$ 中的第 (i, j) 個元素，因為此元素為頂點 v_i 和 v_j 間的邊數。

假設 $\mathbf{A}^r$ 中的第 (i, j) 個元素為從頂點 v_i 出發到頂點 v_j 且長度為 r 的相異路徑數目，此為歸納假說。因為 $\mathbf{A}^{r+1} = \mathbf{A}^r \mathbf{A}$，$\mathbf{A}^{r+1}$ 中的第 (i, j) 個元素等於

$$b_{i1}a_{1j} + b_{i2}a_{2j} + \cdots + b_{in}a_{nj}$$

其中 b_{ik} 為 $\mathbf{A}^r$ 中的第 (i, k) 個元素。根據歸納假說，b_{ik} 為頂點 v_i 出發到頂點 v_j 且長度為 r 的相異路徑數目。

一條由頂點 v_i 出發到頂點 v_j 且長度為 $r + 1$ 的路徑，可以一條由頂點 v_i 出發到頂點 v_j 之鄰點 v_k 且長度為 r 的路徑加上由 v_k 到 v_j 的邊所形成。利用計數的乘積法則，這類路徑的數目為從頂點 v_i 出發到頂點 v_k 且長度為 r 的路徑數 b_{ik}，乘上頂點 v_k 到 v_j 的邊數 a_{kj}。將這個乘積對所有可能的鄰點 v_k 加總，即為所求。

例題 15　在圖 8 的簡單圖 G 中，能找出多少條由頂點 a 到 d 且長度為 4 的路徑？

解：圖形 G 的鄰接矩陣（頂點順序為 a, b, c, d）如下：

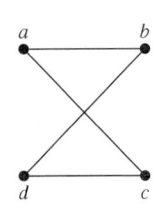

$$\mathbf{A} = \begin{bmatrix} 0 & 1 & 1 & 0 \\ 1 & 0 & 0 & 1 \\ 1 & 0 & 0 & 1 \\ 0 & 1 & 1 & 0 \end{bmatrix}$$

所以由頂點 a 到 d 且長度為 4 的路徑數目等於 $\mathbf{A}^4$ 中的第 $(1, 4)$ 個元素。因為

圖 8　圖形 G

$$\mathbf{A}^4 = \begin{bmatrix} 8 & 0 & 0 & 8 \\ 0 & 8 & 8 & 0 \\ 0 & 8 & 8 & 0 \\ 8 & 0 & 0 & 8 \end{bmatrix}$$

所以正巧存在 8 條由頂點 a 到 d 且長度為 4 的路徑。若直接檢視圖形，我們能找到 a, b, a, b, d；a, b, a, c, d；a, b, d, b, d；a, b, d, c, d；a, c, a, b, d；a, c, a, c, d；a, c, d, b, d；a, c, d, c, d 共 8 條由 a 到 d 且長度為 4 的路徑。◀

定理 2 能用來尋找介於兩頂點間最短路徑的長度（見習題 56），同樣能用來判斷圖形是否為連通的（見習題 61 和 62）。

習題 Exercises　　　* 表示為較難的練習；** 表示為高度挑戰性的練習；☞ 對應正文。

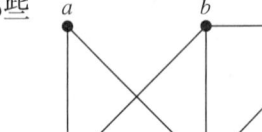

1. 下列頂點序列是否形成一條路徑？哪些路徑是簡單的？哪些是環道？路徑的長度為何？ 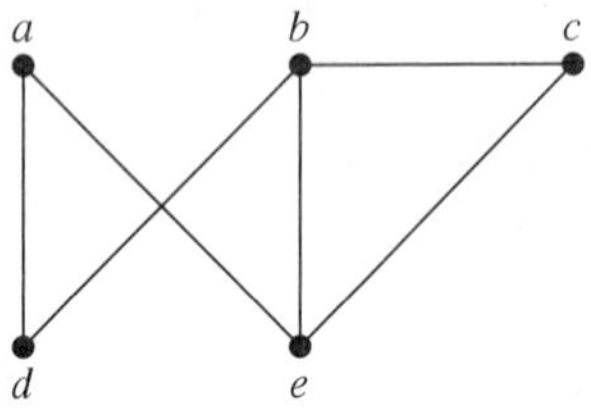
   a) a, e, b, c, b
   b) a, e, a, d, b, c, a
   c) e, b, a, d, b, e
   d) c, b, d, a, e, c

2. 下列頂點序列是否形成一條路徑？哪些路徑是簡單的？哪些是環道？路徑的長度為何？ 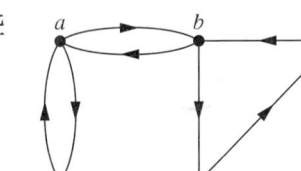
   a) a, b, e, c, b
   b) a, d, a, d, a
   c) a, d, b, e, a
   d) a, b, e, c, b, d, a

習題 3 至 5，判斷給定圖形是否為連通的。

3.

4.

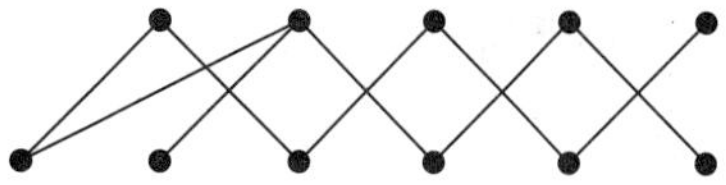

5.

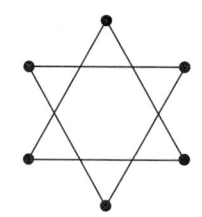

6. 習題 3 至 5 的圖形中，各有多少連通分支？請將每個圖形的連通分支找出來。
7. 社交關係圖中的連通分支代表什麼意義？
8. 合作關係圖中的連通分支代表什麼意義？
9. 解釋為何在數學家的合作關係圖中（見 9.1 節例題 3），代表某數學家的頂點和代表艾狄胥的頂點位於同一個連通分支，若且唯若此數學家的艾狄胥數為有限的。
10. 在好萊塢圖中（見 9.1 節例題 3），一個代表某演員的頂點和代表凱文‧貝肯的頂點何時會位於同一個連通分支？
11. 判斷下列圖形是否為強連通？若答案為否，判斷其是否為弱連通？

a)

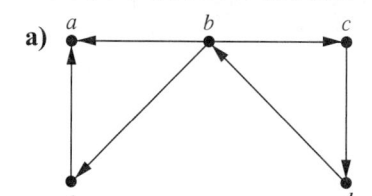

b)

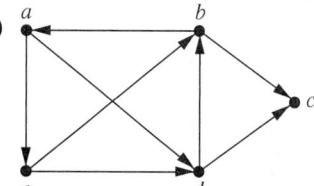

c)

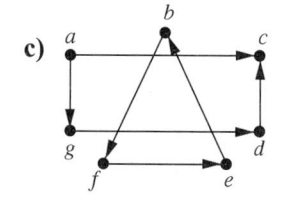

12. 判斷下列圖形是否為強連通？若答案為否，判斷其是否為弱連通？

a)

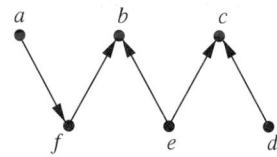

b)

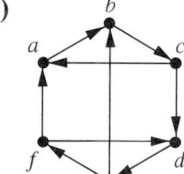

c)

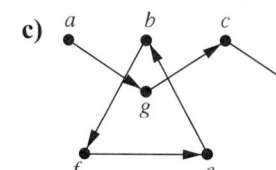

13. 一個電話通話圖的強連通分支代表什麼意義？
14. 求出下列圖形的強連通分支。

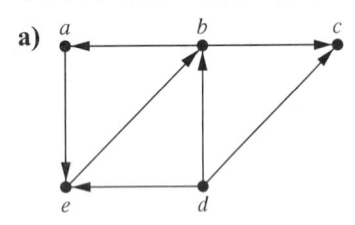

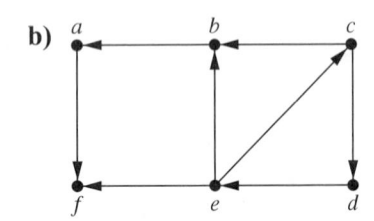

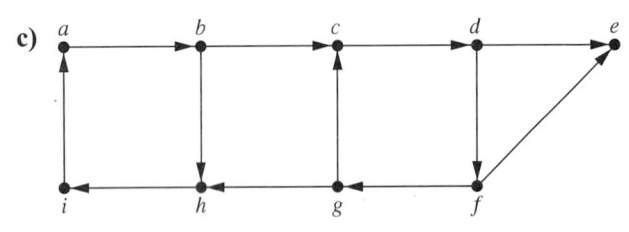

a) [圖] b) [圖]

c) [圖]

15. 求出下列圖形的強連通分支。

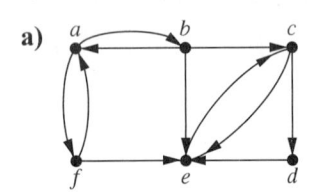

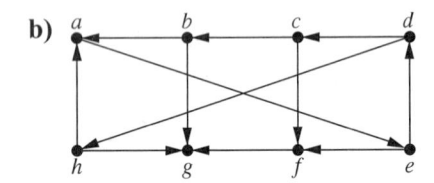

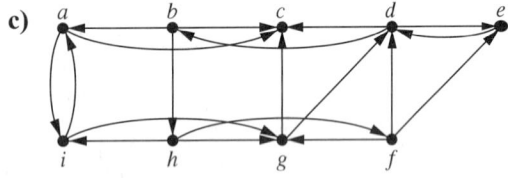

a) [圖] b) [圖]

c) [圖]

假設 $G = (V, E)$ 為有向圖。頂點 $w \in V$ 對頂點 $v \in V$ 而言是**可接觸的**（reachable），如果可以找到一條有方向的路徑由 v 至 w。兩頂點 v 與 w 為**相互可接觸的**（mutually reachable），如果在 G 中可以找到一條有方向的路徑由 v 至 w，也可以找到一條有方向的路徑由 w 至 v。

16. 證明若 $G = (V, E)$ 為有向圖，而 u, v 與 w 為頂點，其中 u 與 v 為相互可接觸的，而 v 與 w 也是相互可接觸的，則 u 與 w 亦為相互可接觸的。

17. 證明若 $G = (V, E)$ 為有向圖，則兩頂點 u 與 v 所在的強分支，要不是相同的，就是完全不相交的。〔提示：見習題 16。〕

18. 證明在有向圖的同一個強連通分支中，連結任兩頂點之有向路徑中的所有頂點也同時位於此強連通分支中。

19. 當 n 為下列正整數時，在 K_4 中找出介於兩頂點間長度為 n 的路徑數目。

   a) 2   b) 3
   c) 4   d) 5

20. 利用路徑，證明給定的兩圖形並不同構，或找出對應於兩者間的同構函數。

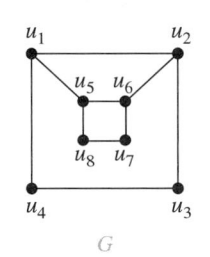

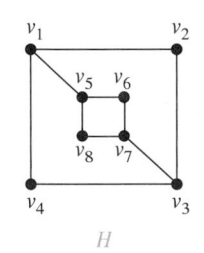

21. 利用路徑，證明給定的兩圖形並不同構，或找出對應於兩者間的同構函數。

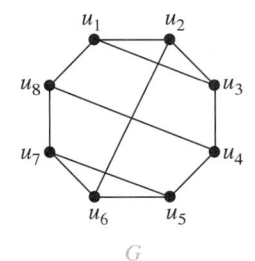

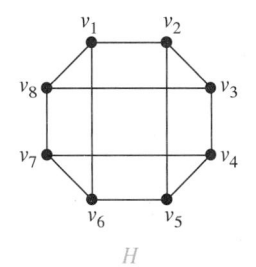

22. 利用路徑，證明給定的兩圖形並不同構，或找出對應於兩者間的同構函數。

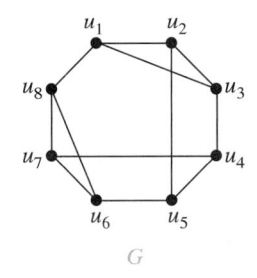

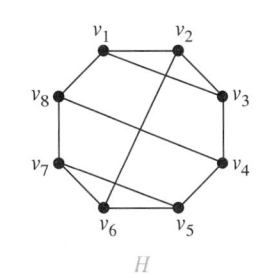

23. 利用路徑，證明給定的兩圖形並不同構，或找出對應於兩者間的同構函數。

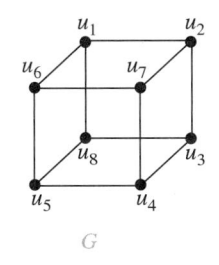

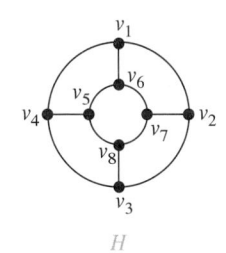

24. 當 n 為習題 19 中的正整數時，在 $K_{3,3}$ 中找出介於兩連通頂點間且長度為 n 的路徑數目。

25. 當 n 為習題 19 中的正整數時，在 $K_{3,3}$ 中找出介於兩非連通頂點間且長度為 n 的路徑數目。

26. 在圖 1 的圖形中，找出介於兩頂點 c 與 d 間且長度為下列正整數的路徑數目。

    a) 2   **b)** 3
    c) 4   **d)** 5
    e) 6   **f)** 7

27. 在習題 2 的有向圖中，找出介於兩頂點 a 與 e 間且長度為下列正整數的路徑數目。

a) 2　　　　　　　　　　　　　　b) 3
c) 4　　　　　　　　　　　　　　d) 5
e) 6　　　　　　　　　　　　　　f) 7

* **28.** 證明一個含有 n 個頂點的連通圖至少含有 $n-1$ 個邊。

29. 令 $G = (V, E)$ 為一個簡單圖。令 R 為 V 上的關係，當有一路徑介於 u 和 v 間或 $u = v$ 時，頂點對 (u, v) 為其元素。證明 R 是等價關係。

* **30.** 證明在每個簡單圖中，都存在一個由任一個奇數分支度的頂點到另一個分支度為奇數的頂點之路徑。

習題 31 至 33，求出給定圖形的所有斷點。

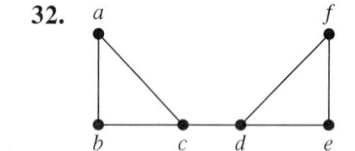

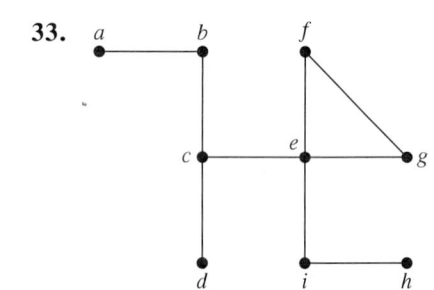

31. 　　　　　　　　　**32.** 　　　　　　　　　**33.**

34. 求出在習題 31 至 33 中給定圖形的所有斷邊。

* **35.** 假設頂點 v 為某一斷邊的端點。證明頂點 v 為斷點，若且唯若其不為垂懸點。

* **36.** 證明在連通簡單圖 G 中的頂點 c 是斷點，若且唯若存在不同於 c 的頂點 u 與 v，使得任意介於 u 與 v 的路徑一定會通過頂點 c。

* **37.** 證明包含兩個頂點以上的簡單圖，一定至少有兩個以上的頂點不是斷點。

* **38.** 證明在連通簡單圖中的某個邊是斷邊，若且唯若此邊不是圖形中任意一個簡單環道的一部分。

39. 當某個訊息無法傳輸時，一個網路的通訊連結能賦予一個回覆連結。在 (a) 與 (b) 的通訊連結中，判斷哪些連結應該有回覆連結？

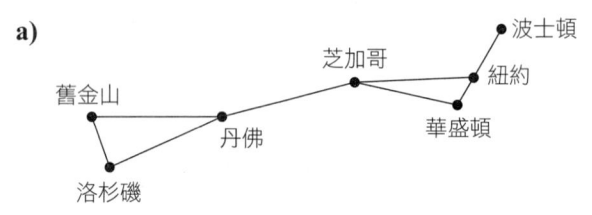

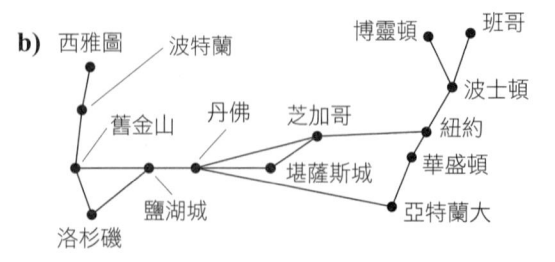

a)

b)

有向圖 G 中的**頂點基底（vertex basis）**為一個圖形 G 之頂點的最小集合 B，使得不在 B 內的任何頂點 v，都能找到一個路徑到達某個 B 中的頂點。

40. 求出 9.2 節習題 7 至 9 中每個有向圖的頂點基底。

41. 在影響關係圖中（見 9.1 節例題 2），頂點基底有何重要性？

42. 證明若連通簡單圖 G 為圖形 G_1 和 G_2 的聯集圖，則圖形 G_1 和 G_2 至少有一個共同的頂點。

* **43.** 證明若一個簡單圖 G 有 k 個連通分支，而這些分支分別包含 $n_1, n_2, ..., n_k$ 個頂點，則圖形 G 中邊的數目不會大於
$$\sum_{i=1}^{k} C(n_i, 2)$$

* **44.** 利用習題 43，證明一個含有 n 個頂點與 k 個連通分支的簡單圖包含至多 $(n-k)(n-k+1)/2$ 個邊。〔提示：首先證明
$$\sum_{i=1}^{k} n_i^2 \leq n^2 - (k-1)(2n-k)$$
其中 n_i 為第 i 個連通分支的頂點個數。〕

* **45.** 證明如果一個含有 n 個頂點的簡單圖 G 包含 $(n-1)(n-2)/2$ 個以上的邊數，則它是連通的。

46. 描述有 n 個連通分支之圖形的鄰接矩陣，其中頂點的順序將使得同一個分支的頂點都相連在一起。

47. 當 n 為下列正整數時，能有幾種含有 n 個頂點之不同構的簡單圖？

 a) 2 **b)** 3
 c) 4 **d)** 5

48. 證明下列的圖形都沒有斷點。

 a) C_n，其中 $n \geq 3$ **b)** W_n，其中 $n \geq 3$
 c) $K_{m,n}$，其中 $m \geq 2$ 且 $n \geq 2$ **d)** Q_n，其中 $n \geq 2$

49. 證明習題 48 中所有的圖形都沒有斷邊。

50. 求出下面圖形的 $\kappa(G)$、$\lambda(G)$ 與 $\min_{v \in V} \deg(v)$。判斷 $\kappa(G) \leq \lambda(G) \leq \min_{v \in V} \deg(v)$ 的兩個不等式中，是否有等號不成立的情況？

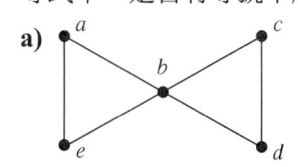

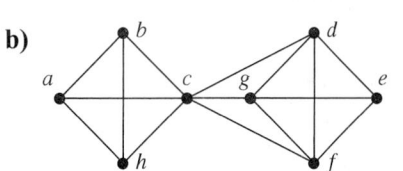

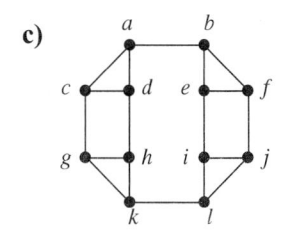

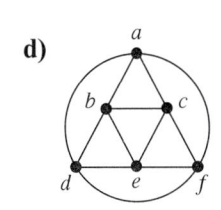

a) **b)**

c) **d)**

51. 令 G 為一個連通集合。證明能移除某些頂點使 G 不連通，若且唯若 G 不是個完全圖。
52. 證明若 G 是一個包含 n 個頂點的連通圖，則
    a) $\kappa(G) = n - 1$ 若且唯若 $G = K_n$。 b) $\lambda(G) = n - 1$ 若且唯若 $G = K_n$。
53. 求出 $\kappa(K_{m,n})$ 與 $\lambda(K_{m,n})$，其中 m 與 n 為正整數。
54. 建構一個 $\kappa(G) = 1$，$\lambda(G) = 2$ 和 $\min_{v \in V} \deg(v) = 3$ 的圖形 G。
* 55. 證明若 G 是一個圖形，則 $\kappa(G) \leq \lambda(G)$。
56. 解釋為何定理 2 能用求出由頂點 v 出發到頂點 w 之最短路徑的長度？
57. 利用定理 2 求出圖 1 中由頂點 a 出發到頂點 f 之最短路徑的長度。
58. 利用定理 2 求出習題 2 之有向圖中由頂點 a 出發到頂點 c 之最短路徑的長度。
☞ 59. 令 P_1 和 P_2 為簡單圖 G 中兩個介於頂點 u 和頂點 v 的路徑，而且兩者沒有相同的邊。證明簡單圖 G 中存在一個簡單環道。
60. 證明圖形中存在一個長度為 k 的簡單環道，其中 k 是大於 2 的整數，此性質為一個同構的不變量。
61. 解釋為何定理 2 能用來判斷圖形是否連通。
62. 利用習題 61，證明圖 2 中的圖形 G_1 為連通的，但是圖形 G_2 則不為連通的。
63. 證明簡單圖 G 是二分圖，若且唯若找不到一個包含奇數個邊的環道。

9.5 尤拉路徑與漢米爾頓路徑 *Euler and Hamilton Paths*

引言

在一個圖形中，是否能由某個頂點出發，經過圖形中每個邊恰巧一次，然後又回到出發頂點？相同地，在圖形中，我們是否能由某個頂點出發，沿著圖形之邊，經過每個頂點恰巧一次，然後又回到出發頂點？雖然這兩個問題看來十分相似，第一個問題是在求圖形中是否存在著尤拉環道（Euler circuit），只需要檢測圖形頂點的分支度便能找到答案；但是第二個問題是要尋找漢米爾頓環道（Hamilton circuit），這個問題對大部分的圖形都難以回答。本節將研究這類問題，並探究解題的困難度。雖然，這兩個問題在許多不同的領域中各有廣泛的應用，但是這兩個問題其實皆源自古老的謎題。我們將同時學習這些古老的問題與其現今的應用。

尤拉路徑與環道

坎尼斯堡（Königsberg）的城鎮普魯西亞（Prussia，現在是俄羅斯共和國的一部分）被培瑞垓河（Pregel River）與其支流切割成四個部分。在十八世紀時，有七座橋連通這四個區域[*]，如圖 1 所示。

---
[*] 現今只剩五座橋連接坎尼斯堡，其中兩座自尤拉的時代留存至今。

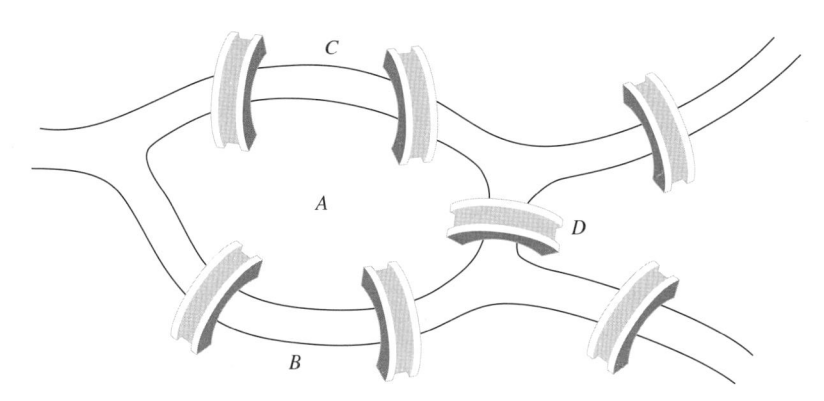

圖 1 坎尼斯堡的七座橋

星期天時，城裡的人們想要在城裡散步。他們想知道是否可能從城裡的某地出發，經過所有的橋恰巧一次，然後又回到出發點？

瑞士數學家尤拉解決了這個問題，其解法發表於 1739 年，可能是第一個使用圖學理論解決的題目（尤拉原始論文的譯本可見 [BiLlWi99]）。尤拉利用多重圖，以頂點代表四個區域，邊表示橋，此多重圖如圖 2 所示。

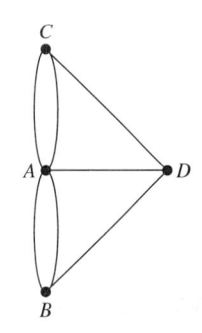

圖 2 坎尼斯堡的多重圖模型

這個經過所有的橋恰巧一次的問題，透過圖學模型可以看成：在此多重圖中，是否存在一個包含所有邊的簡單環道？

> **定義 1** ■ 一個圖形 G 的尤拉環道（Euler circuit）是包含圖形 G 所有邊的簡單環道。一個圖形 G 的尤拉路徑（Euler path）是包含圖形 G 所有邊的簡單路徑。

例題 1 和例題 2 將說明尤拉環道和路徑的概念。

例題 1 圖 3 中哪一個無向圖存在尤拉環道？沒有尤拉環道的圖形中，何者存在尤拉路徑？

解：圖形 G_1 有尤拉環道，例如 a, e, c, d, e, b, a。圖形 G_2 及 G_3 皆無尤拉環道（請自行檢驗）。但是，圖形 G_3 存在一個尤拉路徑 a, c, d, e, b, d, a, b，圖形 G_2 則沒有尤拉路徑（請自行檢驗）。

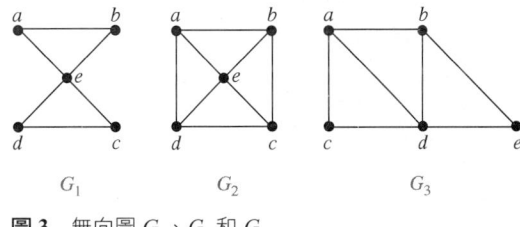

圖 3 無向圖 G_1、G_2 和 G_3

萊昂哈德・尤拉（Leonhard Euler，1707-1783）是瑞士人，是數學史上極為多產的數學家，其貢獻涵括許多數學領域，包括數論、組合學和分析，其理論甚至應用於音樂及軍艦的建造。尤拉一生發表超過 1100 本著作和文章，其去世後未發表的文獻，耗費後人 47 年的時間才整理完畢。

例題 2 　圖 4 中哪一個有向圖存在尤拉環道？沒有尤拉環道的圖形中，何者存在尤拉路徑？

解：圖形 H_2 有尤拉環道，例如 $a, g, c, b, g, e, d, f, a$。圖形 H_1 及 H_3 皆無尤拉環道（請自行檢驗）。但是，圖形 H_3 存在一個尤拉路徑 c, a, b, c, d, b，而圖形 H_1 則無（請自行檢驗）。◀

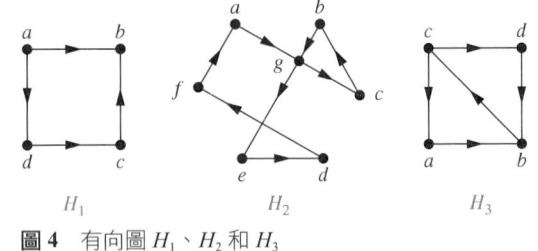

圖 4 　有向圖 H_1、H_2 和 H_3

尤拉環道與路徑的充分必要條件　有個相當簡單的準則可以判斷多重圖中是否存在尤拉環道或尤拉路徑。尤拉在求解坎尼斯堡的七橋問題時發現這些規則。首先，我們假定本節討論到的圖形都只包含有限的頂點和邊數。

若一個連通多重圖包含一個尤拉環道，可以發現什麼特性呢？我們能證明，這時每個頂點的分支度數一定都是偶數。為證明這一點，首先令尤拉環道由某頂點 a 開始，然後通過接合於頂點 a 的邊 $\{a, b\}$。這個邊 $\{a, b\}$ 提供頂點 a 一個分支度。接下來，每經過一個頂點，環道便提供此頂點兩個分支度，因為環道由接合於此頂點的邊進入，再由另一個接合於同一頂點的邊離開。最後，環道結束於出發點 a，又提供一個頂點 a 的分支度。所以，頂點 a 的分支度一定是偶數，一是出發的邊，一是結束的邊，而其間每通過一次頂點 a 便提供兩個分支度。至於其他不是 a 的頂點，其分支度也是偶數，因為每通過一次，進入的邊和離去的邊都個提供一個分支度。因此得到下面的結論：若一個連通多重圖包含一個尤拉環道，則圖形之每個頂點的分支度數一定都是偶數。

這個存在尤拉環道的必要條件是否也是充分條件？也就是說，若圖形中每個頂點的分支度數都是偶數時，是否一定存在尤拉環道？這個問題的答案能以建構環道的方式來證明。

假設圖形 G 為包含兩個頂點以上的連通多重圖，而且每個頂點的分支度數都是偶數。我們從任意頂點 a 出發，一個邊一個邊建構，將會形成一個簡單環道。令 $x_0 = a$。首先，選擇任一個接合於頂點 a 的邊 $\{x_0, x_1\}$，這是做得到的，因為圖形是連通的。接著繼續建構這個簡單環道 $\{x_0, x_1\}, \{x_1, x_2\}, ..., \{x_{n-1}, x_{n-2}\}$，持續為這個路徑加入新的邊，直到無法再增加新的邊為止。這種狀況將發生於我們接觸到一個頂點，而路徑已經包含所有的邊時。例如，圖 5 中的圖形 G，我們由頂點 a 出發，選擇陸續加入的邊為 $\{a, f\}$、$\{f, c\}$、$\{c, b\}$ 和 $\{b, a\}$。

這個建構路徑的過程終將會停止，因為圖形的邊是有限的，所以一定會到達一個頂點，然後無法再加入新的邊。若此路徑開始於頂點 a 和邊 $\{a, x\}$，我們將證明，此路徑將結束於一個 $\{y, a\}$ 的邊。為了證明最後這個邊的終點為 a，注意，每次當路徑通過某個

頂點時，因為進入只使用一個邊，所以一定會有可以離去的邊，因為每個頂點的分支度都是偶數，即大於 2。最後，因為路徑進入任何異於 a 的頂點，必然也會離去；也就是說，此路徑唯一可能結束的頂點只有 a。接下來，我們必須檢視當此路徑回到頂點 a 時，是否使用圖形中所有的邊。

若所有的邊都被使用，則建構出來的便是尤拉環道；否則，刪去使用過的邊和不與留下來的邊接合之頂點，將得到圖形 G 的子圖 H。例如，在圖 5 中，刪去圖形 G 的環道 a, f, c, b, a，我們將得到子圖 H。

因為圖形 G 為連通的，圖形 H 一定和刪去的環道有一個共同的頂點，令 w 為此種共同點。（在這個例子中，此共同頂點為 c。）

每一個 H 的頂點都有偶數的分支度（因為圖形 G 中每個頂點的分支度數都是偶數，而且每個頂點被刪去的邊數一定是偶數個）。必須注意的是，圖形 H 有可能是不連通的。在圖形 H 中，由頂點 w 出發，與先前在圖形 G 中建構環道的方式相同，可以再建構一個回到頂點 w 的環道。在圖 5 中，即可為 c, d, e, c。將圖形 H 中建構出來的環道接到原先在圖形 G 中建構出來的環道上。（這是可以做到的，因為頂點 w 也是圖形 G 的環道通過的頂點。）在圖 5 中，我們得到的便是環道 a, f, c, d, e, c, b, a。

不斷重複這個步驟，直到所有的邊都被使用為止。（因為圖形的邊是有限的，建構的步驟將會停止。）最後的結果即為尤拉環道。此建構法證明，若圖形中每個頂點的分支度數都是偶數時，一定存在尤拉環道。

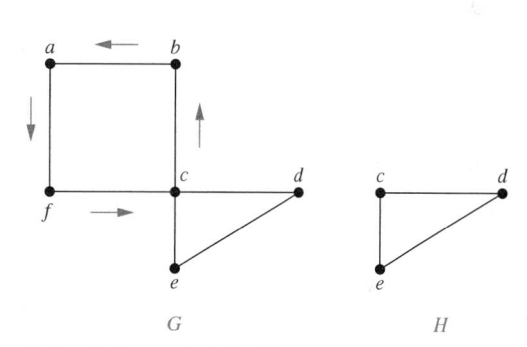

圖 5 建構 G 中的尤拉環道

我們將以上的結果總結成定理 1。

> **定理 1** ■ 一個包含兩個頂點以上的連通多重圖中存在一個尤拉環道，若且唯若圖形中每個頂點的分支度數都是偶數。

現在，我們能求出坎尼斯堡七橋問題的解。此問題的圖形如圖 2 所示，圖中 4 個頂點的分支度皆為奇數，因此不會有尤拉環道存在；也就是不可能由某點出發，經過每一座橋恰恰一次，然後又回到原點。

演算法 1 為定理 1 中建構尤拉環道的演算法。（由於在建構環道過程中，有許多選擇都是隨意的，所以可能會有些模稜兩可、不明確的地方。我們不會為了擔心這些模糊而刻意將建構過程做更明確的指定。）

演算法 1　建構尤拉環道

procedure *Euler*(*G*: connected multigraph with all vertices of
　　　even degree)
circuit := a circuit in *G* beginning at an arbitrarily chosen
　　　vertex with edges successively added to form a path that
　　　returns to this vertex
H := *G* with the edges of this circuit removed
while *H* has edges
　　subcircuit := a circuit in *H* beginning at a vertex in *H* that
　　　　also is an endpoint of an edge of *circuit*
　　H := *H* with edges of *subcircuit* and all isolated vertices
　　　　removed
　　circuit := *circuit* with *subcircuit* inserted at the appropriate
　　　　vertex
return *circuit* {*circuit* is an Euler circuit}

對一個所有頂點都有偶數分支度的連通多重圖，演算法 1 提供了相當有效的方法來找出尤拉環道。

例題 3 證明尤拉路徑與環道的確能解決某些難題。

例題 3　有許多難題要求你在筆尖不離開紙面的情況下，將某些圖形一筆畫繪出，我們能用尤拉路徑與環道來求解這種畫法的可能性。例如，圖 6 的伊斯蘭教彎刀（Mohammed's scimitars）便能用一筆畫繪出。但是，始點和終點應該是哪一個頂點呢？

解： 圖 6 所示的圖形 *G* 中存在尤拉環道，因為圖形中所有頂點的分支度都是偶數。我們能利用演算法 1 找出尤拉環道。首先找出環道 *a, b, d, c, b, e, i, f, e, a*。然後自圖形 *G* 中刪除找出之環道中的所有邊以及形成孤立點的頂點，而得到圖形 *H*。接下來，在圖形 *H* 中找出環道 *d, g, h, j, i, h, k, g, f, d*。此時，已經使用了所有的邊。將自圖形 *H* 中找出環道，於適當的位置接到原先找出的環道上，便得到尤拉環道 *a, b, d, g, h, j, i, h, k, g, f, d, c, b, e, i, f, e, a*。這個環道讓我們能以一筆畫繪出這兩把重疊的彎刀。◀

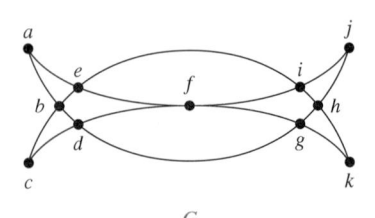

圖 6　伊斯蘭教彎刀

接下來，我們將證明連通多重圖中存在尤拉路徑（而非尤拉環道），若且唯若只恰巧有兩個頂點的分支度是奇數的。首先，假設一個連通多重圖中，存在由頂點 *a* 到頂點 *b* 的尤拉路徑，而且非尤拉環道。此路徑的第一個邊提供頂點 *a* 一個分支度，接下來每通過一次 *a* 便提供頂點 *a* 兩個分支度。最後一個邊提供頂點 *b* 一個分支度，同樣地，每通過一次 *b* 便提供頂點 *b* 兩個分支度。如此一來，頂點 *a* 與頂點 *b* 的分支度皆為奇數。至於其他的頂點，因為路徑經過一次便提供兩個分支度，所以其他頂點的分支度皆為偶數。

現在考慮其逆命題。假設圖形只恰巧有兩個頂點的分支度是奇數，稱為頂點 a 與 b。考慮將原圖加上邊 $\{a, b\}$。我們發現新的圖形中所有頂點的分支度都是偶數，因此存在著尤拉環道。將存在之尤拉環道中的邊 $\{a, b\}$ 除去，即為所求的尤拉路徑。此結果彙整成定理 2。

定理 2 ■ 一個多重圖存在尤拉路徑但不存在尤拉環道，若且唯若圖形中只恰巧有兩個頂點的分支度是奇數。

例題 4　圖 7 所示的圖形中，哪些有尤拉路徑？

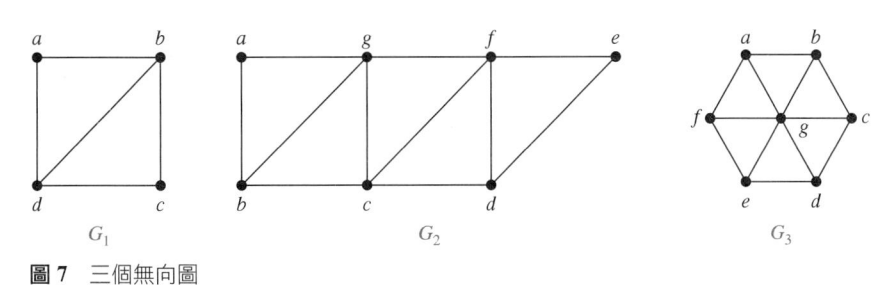

圖 7　三個無向圖

解：圖形 G_1 中恰巧有兩個頂點 b 和 d 的分支度為奇數，所以圖形中有一個尤拉路徑，分別以 b 和 d 為端點。一種可能的尤拉路徑為 d, a, b, c, d, b。相同地，圖形 G_2 中也恰巧有兩個頂點 b 和 d 的分支度為奇數，所以圖形中有一個尤拉路徑，分別以 b 和 d 為端點。一種可能的尤拉路徑為 $b, a, g, f, e, d, c, g, b, c, f, d$。但是圖形 G_3 則無尤拉路徑，因為有六個頂點的分支度都是奇數。　◀

回到十八世紀的坎尼斯堡問題，是否可能由城中某處出發，經過所有的橋一次然後停留於城中的另一處？這個問題能用尋找尤拉路徑來解決。因為多重圖中有四個頂點的分支度為奇數，所以沒有尤拉路徑存在。

判斷有向圖的尤拉環道與尤拉路徑是否存在的充要條件將於習題 16 與 17 中加以討論。

尤拉路徑和環道的應用　尤拉路徑和環道能用來解決某些特定的問題，例如在街道圖形中，想要找尋在鄰近區域中是否存在經過所有街道的路徑或環道。當郵差找出服務區街道圖形的尤拉路徑，也就是找出一條完全不需重複的送信路線。若街道圖形找不出尤拉路徑，則表示有些街道一定得走過兩次以上。在一個圖形中找出經過所有的邊至少一次之最短環道的問題，就是所謂的中國郵差問題（Chinese postman problem），用以紀念於 1962 年發表此問題的管梅穀（Guan Meigu）。在 [MiRo91] 中可以找到更多有關沒有尤拉路徑之街道圖形的解法。

在其他領域，尤拉路徑與環道也可以解決電路問題，或是用於分子生物中處理 DNA 的序列。

漢米爾頓路徑與漢米爾頓環道

我們已經找出在多重圖中存在經過所有邊恰巧一次之路徑和環道的充要條件。對於經過圖形中所有頂點恰巧一次的簡單路徑和環道，是否也能找到類似的判斷條件？

> **定義 2** ■ 一個通過圖形 G 中所有頂點恰巧一次的簡單路徑，稱為漢米爾頓路徑（Hamilton path），而一個通過圖形 G 中所有頂點恰巧一次的簡單環道，稱為漢米爾頓環道（Hamilton circuit）；也就是說，圖形 $G = (V, E)$ 中的簡單路徑 $x_0, x_1, ..., x_{n-1}, x_n$ 是漢米爾頓路徑，如果 $V = \{x_0, x_1, ..., x_{n-1}, x_n\}$ 且 $x_i \neq x_j$，其中 $0 \leq i < j \leq n$。而簡單環道 $x_0, x_1, ..., x_{n-1}, x_n, x_0 (n > 0)$ 是漢米爾頓環道，如果 $x_0, x_1, ..., x_{n-1}, x_n$ 是漢米爾頓路徑。

這個數學名詞來自一個稱為 Icosian Puzzle 的遊戲，於 1857 年由愛爾蘭數學家漢米爾頓爵士所發明。遊戲的道具是一個木製的十二面體，每個面都是個五邊形，如圖 8(a) 所示。在十二面體的二十個頂點上各有一個木釘，分別以世界上二十個城市命名。遊戲的方法是由任何一個城市出發，經由十二面體的邊逐次經過其他十九個城市，最後再回到出發點。

由於作者無法提供每位讀者一個十二面體的木球，因此我們考慮下列這個等價問題：在圖 8(b) 的圖形中，是否存在一個經過所有頂點恰巧一次的環道？因為此圖形同構於十二面體，所以解出此問題自然就能達到遊戲的目的。圖 9 是一個漢米爾頓謎題的解法。

例題 5 圖 10 所示的簡單圖形中，哪些有漢米爾頓環道？沒有漢米爾頓環道的圖形中，是否存在漢米爾頓路徑？

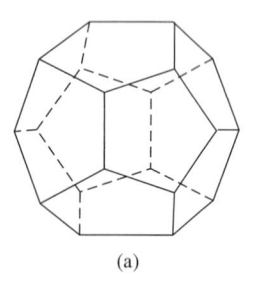

圖 8 漢米爾頓的「環遊世界」謎題

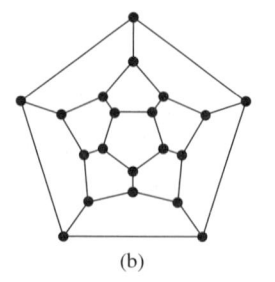

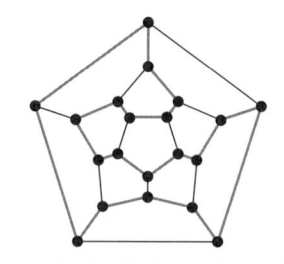

圖 9 一個「環遊世界」謎題的解法

威廉·羅溫·漢米爾頓（William Rowan Hamilton，1805-1865）是愛爾蘭史上最著名的數學家。在光學、抽象代數和動力學上有非常重要的貢獻。

圖 10 三個簡單圖

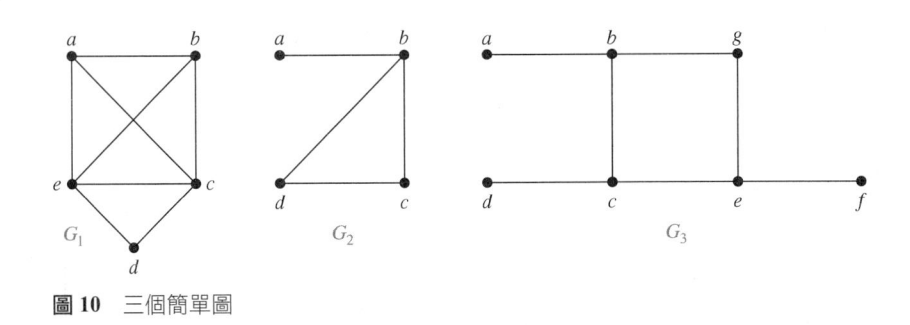

解：圖形 G_1 存在漢米爾頓環道：a, b, c, d, e, a。在圖形 G_2 中，沒有漢米爾頓環道（因為我們發現圖形中任何一個包含所有頂點的環道一定會經過邊 $\{a, b\}$ 兩次），但是有一條漢米爾頓路徑 a, b, c, d。圖形 G_3 既沒有漢米爾頓環道，也沒有漢米爾頓路徑，因為任何包含所有頂點的路徑，必然包含邊 $\{a, b\}$、$\{e, f\}$ 和 $\{c, d\}$ 中的一個邊兩次。◀

存在漢米爾頓環道的條件 是否有一個簡易的方法可以判定某個圖形中存在漢米爾頓環道或路徑呢？一開始，感覺上應該有個簡單的方法，因為對尤拉環道和路徑這個相似的問題，已經知道一個簡單的判斷方法。但是，令人意外的是，至今尚未找出一個充分必要的判定準則。不過，仍然有些定理可以提供決定漢米爾頓環道存在與否的充分條件。當然，有些特殊的條件能用來證明圖形中不會存在漢米爾頓環道，例如圖形中若有分支度為 1 的頂點就不會有漢米爾頓環道。因為在漢米爾頓環道中，任一個頂點都與兩個邊接合。另外，若存在一個分支度為 2 的頂點，則與此頂點鄰接的頂點必須都出現於漢米爾頓環道中。此外，當找出一個漢米爾頓環道時，若與某頂點接合的邊超過 2，刪除環道使用的兩邊並不會影響結果，而且一個漢米爾頓環道中不可能存在更小的環道。

例題 6 證明圖 11 所示的圖形皆不存在漢米爾頓環道。

解：圖形 G 不存在漢米爾頓環道，因為有一個分支度為 1 的頂點 e。在圖形 H 中，頂點 a、b、d 和 e 的分支度都是 2，所以每個接合這些頂點的邊都必須在漢米爾頓環道中使用。如此一來，很明顯不存在漢米爾頓環道，因為接合於頂點 c 的四個邊都被使用到，而這是不可能的。◀

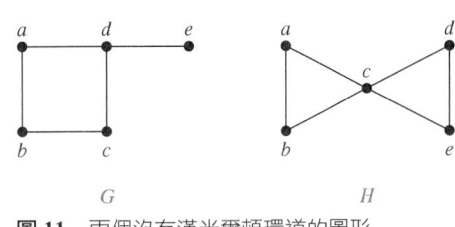

圖 11 兩個沒有漢米爾頓環道的圖形

例題 7 當 $n \geq 3$ 時，證明 K_n 存在漢米爾頓環道。

解：我們能由 K_n 中任何一個頂點開始建構一個漢米爾頓環道。此環道能以任意選擇的頂點順序進行，因為 K_n 中任意兩頂點都有邊相連結。◀

雖然沒有可使用的充要條件來判斷漢米爾頓環道是否存在，但是目前已找出一些充分條件。注意，當圖形中的邊數愈多時，愈有可能形成漢米爾頓環道。此外，對於已經存在漢米爾頓環道的圖形而言，增加邊（不增加頂點）所形成的新圖形中會存在相同的

漢米爾頓環道。所以我們有理由相信，當圖形增加新的邊於原有的頂點上時，漢米爾頓環道存在的可能性也會增加。因此，只要頂點的分支度相當大，應該能找到判斷漢米爾頓環道存在的充分條件。以下將陳述兩個非常重要的充分條件，分別由迪瑞克和歐芮於 1952 年和 1960 年提出。

> **定理 3 ■ 迪瑞克定理**　若 G 為包含 n 個頂點的簡單圖，其中 $n \geq 3$，而且每個頂點的分支度都大於 $n/2$，則 G 中存在一個漢米爾頓環道。

> **定理 4 ■ 歐芮定理**　令 G 為包含 n 個頂點的簡單圖，其中 $n \geq 3$，若任意不鄰接的頂點對 u 和 v 都使得 $\deg(u) + \deg(v) \geq n$，則 G 中存在一個漢米爾頓環道。

這兩個定理都提供了漢米爾頓環道存在的充分條件，但皆非必要條件。例如，圖形 C_5 中包含一個漢米爾頓環道，但可以發現此圖並不滿足兩定理的假設。

現今所知找出漢米爾頓環道或判別漢米爾頓環道不存在的最佳演算法，其時間複雜度為頂點數目的指數。若能找出時間複雜度為頂點的多項式將會是一個巨大的突破，因為已經證明出此問題為 NP-complete（見 3.3 節）。

漢米爾頓環道的應用

漢米爾頓路徑和環道能用來解決某些特定的問題，例如，在許多應用中希望知道能否找到一個路徑或環道經過城中每個交叉路口、每個晶格圖的交點或是通訊網路中的節點恰巧一次。著名的**推銷員問題（traveling salesperson problem, TSP）**便希望能為推銷員在一組城市中，找出造訪所有城市的最短路徑。這個問題能簡化成，在較複雜的圖形（例如權數圖）中找出漢米爾頓環道，使得總權數愈小愈好，我們將於 9.6 節討論這個問題。

下面將介紹一個較不明顯的應用，將漢米爾頓應用於編碼。

例題 8　**格雷碼**　一個旋轉指針的位置能以數位形式呈現，將圓分成 2^n 個等長的弧線，然後每段弧線都分配一個長度為 n 的二位元字串。兩種分配長度為 3 之字串的方式，如圖 12 所示。

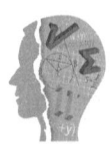

迪瑞克（Gabriel Andrew Dirac，1925-1984）出生於布達佩斯，1937 年由於母親改嫁著名的物理學家諾貝爾得主保羅‧迪瑞克（Paul Adrien Maurice Dirac）而搬至英格蘭，1951 年取得倫敦大學的數學博士學位。迪瑞克在圖學理論上有許多貢獻，包括著色問題與漢米爾頓環道。

歐芮（Øystein Ore，1899-1968）出生於挪威，1925 年獲得克斯提阿尼亞大學的數學博士。歐芮在數論、環論、晶格理論、圖學和機率論上都有貢獻，也曾著有著名的教科書《數論及其歷史》（*Number Theory and its History*）。

旋轉指針位置的數位表示法能由一個包含 n 個接點的集合來決定。每個接點用來讀取一個位置數位表示法的位元。圖 13 即為圖 12 兩種分配的表示法。

當指針正好指向兩段弧線的邊界時，可能會在讀取資料時產生錯誤。例如，若字串的安排如圖 12(a)，指針的些微誤差可能將 011 讀取成 100，三個位元都是錯誤的。為了將這種錯誤降到最低，可以將字串做較適切的安排，使得鄰近兩字串間只有一個位元是不同的，如圖 12(b)。一旦指針的誤差產生，將 011 讀成 010 時，也只有一個位元是錯誤的。

格雷碼（Gray code） 便是將二位元字串做適當安排的方法，使得相鄰弧線的字串間只有一個位元不同。圖 12(b) 的安排就是格雷碼。我們能將所有的格雷碼都排列出來，使得相鄰兩個碼之間只有一個位元不同。此時，能利用 n-立方圖 Q_n 來幫助格雷碼的排列。n-立方圖 Q_n 的漢米爾頓環道非常容易便能找到。圖 14 即為 Q_3 的漢米爾頓環道，字串的安排如下：000, 001, 011, 010, 110, 111, 101, 100。

格雷碼是依其發明者法蘭克格雷而命名，格雷於 1940 年代任職於 AT&T，實驗時發明了這個方法，以減少數位信號傳輸時誤差產生的錯誤。◀

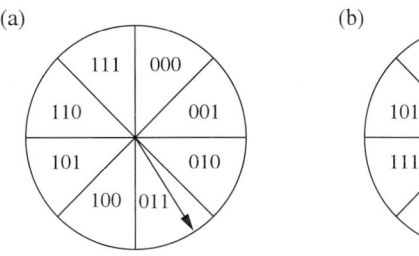

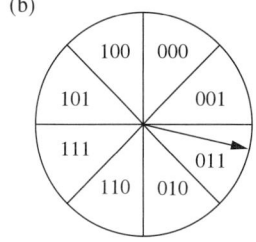

圖 12 將指針的位置轉換成數位形式

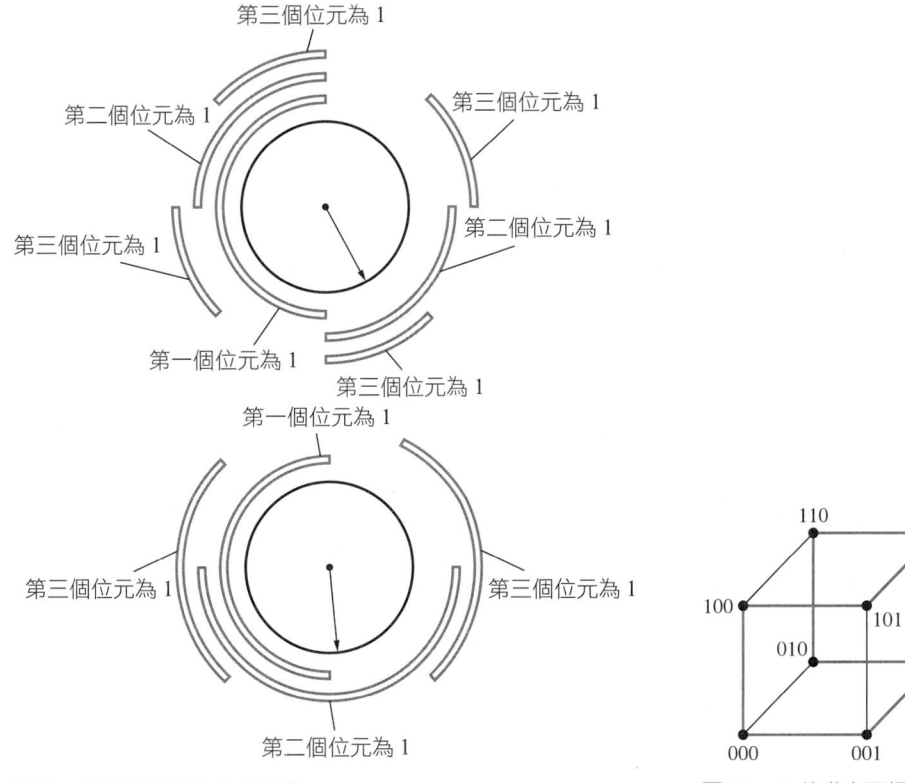

圖 13 指針位置的數位表示法

圖 14 Q_3 的漢米爾頓環道

習題 Exercises

＊表示為較難的練習；＊＊表示為高度挑戰性的練習；☞ 對應正文。

習題 1 至 8，判斷給定圖形中是否存在尤拉環道。若存在，找出一個尤拉環道；若不存在，判斷圖中是否存在尤拉路徑，若存在，找出一個尤拉路徑。

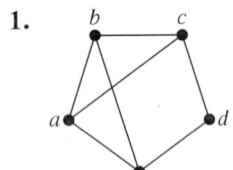

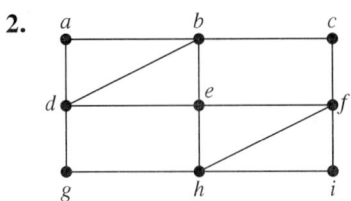

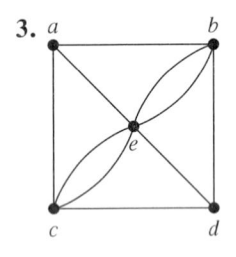

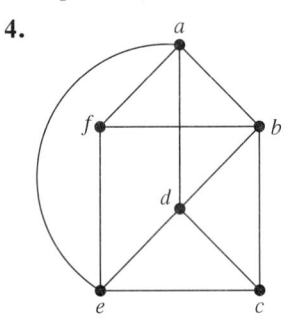

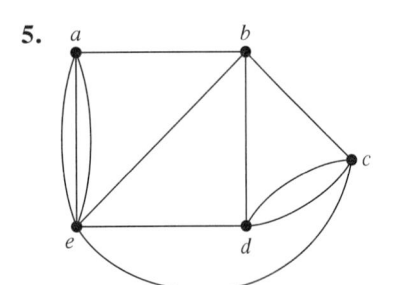

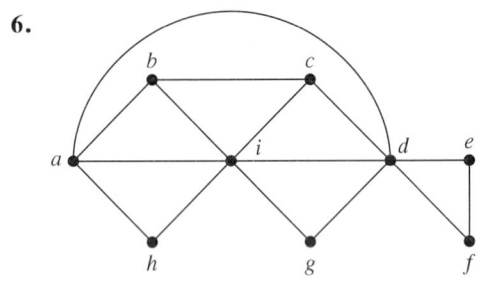

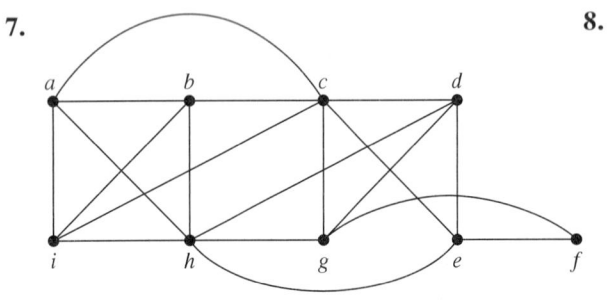

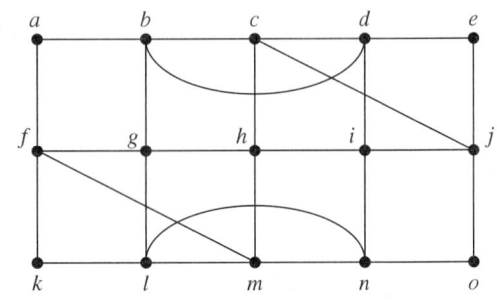

1.

2.

3.

4.

5.

6.

7.

8.

9. 假設坎尼斯堡在七座橋（如圖 1）之外又加建了兩座橋。新橋分別連結區域 B、C 和區域 B、D。如此一來，某人能否經過九座橋恰巧一次，而又回到原來出發之處？

10. 某人能否經過下列地圖中所有的橋恰巧一次，而又回到原來出發之處？

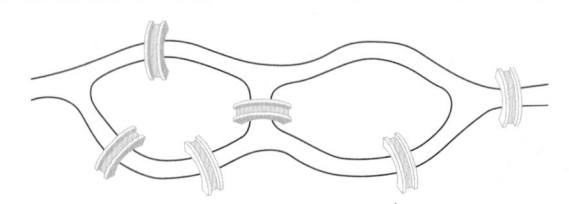

11. 在何種狀況下，能將城中所有的街道都畫上中央分道線，而不會經過某個路段兩次？（假設所有的街道都是雙向道，所以都必須畫上中央分隔線。）

12. 模仿演算法 1，建構多重圖的尤拉路徑。

習題 13 至 15，判斷下列圖形是否能用一筆畫繪出。

13. 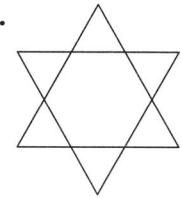
14. 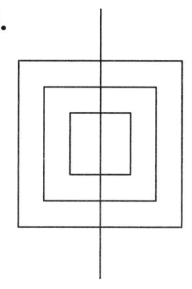
15.

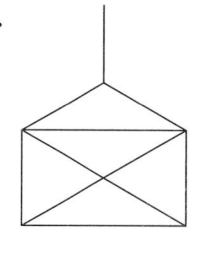

* **16.** 證明一個不含孤立點的有向多重圖中包含尤拉環道，若且唯若此圖形為弱連通，而且每個頂點的入分支度剛好等於它的出分支度。

* **17.** 證明一個不含孤立點的有向多重圖中包含尤拉路徑但沒有尤拉環道，若且唯若此圖形為弱連通，除了兩個頂點外，其他所有頂點的入分支度剛好等於出分支度。另外，這兩個例外的頂點，其中一個的入分支度等於另一個的出分支度，出分支度等於另一個的入分支度。

習題 18 至 23，判斷給定的有向圖是否存在尤拉環道。若存在，找出一個尤拉環道；若不存在，判斷圖中是否存在尤拉路徑，若存在，找出一個尤拉路徑。

18. 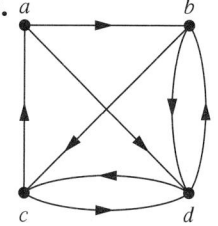
19. 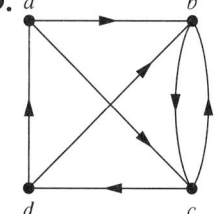
20. 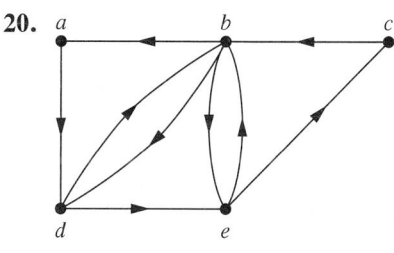
21.

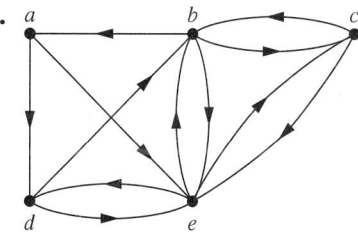

22.

23.

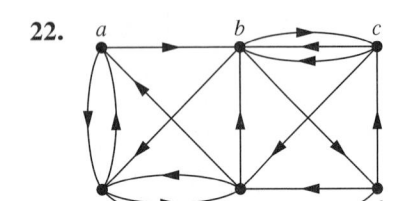

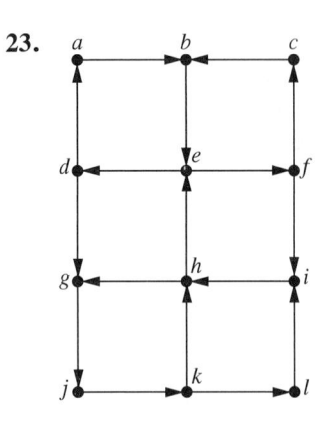

*24. 求出在有向圖中建構尤拉環道的演算法。

25. 找出在有向圖中建構尤拉路徑的演算法。

26. 當 n 為哪些正整數時，下列圖形存在尤拉環道？

    a) K_n **b)** C_n

    c) W_n **d)** Q_n

27. 當 n 為哪些正整數時，習題 26 的圖形中存在尤拉路徑但沒有尤拉環道？

28. 當 n 和 m 分別為哪些正整數時，完全二分圖 $K_{m,n}$ 中存在：

    a) 尤拉環道   **b)** 尤拉路徑

29. 若要不重複邊而畫出習題 1 至 7 的圖形，最少需要幾筆畫？

習題 30 至 36，判斷給定的圖形是否存在漢米爾頓環道。若存在，找出一個漢米爾頓環道；若不存在，說明原因。

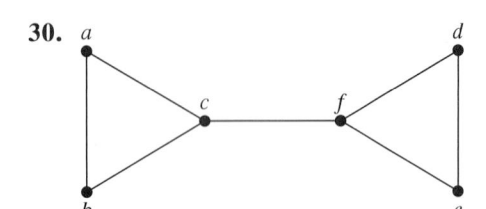

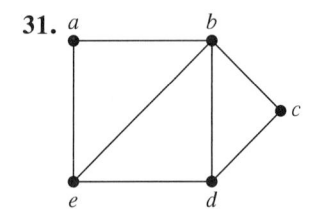

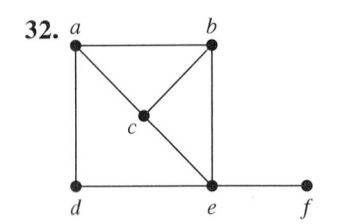

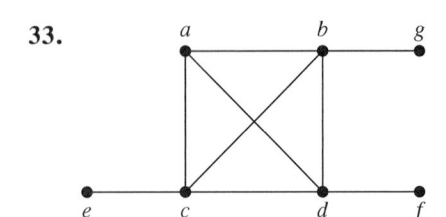

30.

31.

32.

33.

34.

35.

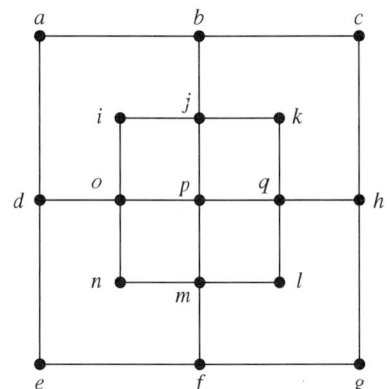

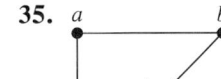

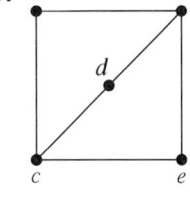

36.

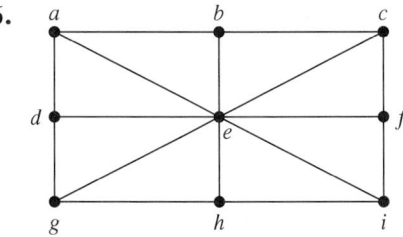

37. 習題 30 的圖形中是否存在漢米爾頓路徑？若存在，找出一個漢米爾頓路徑，否則說明不存在的原因。
38. 習題 31 的圖形中是否存在漢米爾頓路徑？若存在，找出一個漢米爾頓路徑，否則說明不存在的原因。
39. 習題 32 的圖形中是否存在漢米爾頓路徑？若存在，找出一個漢米爾頓路徑，否則說明不存在的原因。
40. 習題 33 的圖形中是否存在漢米爾頓路徑？若存在，找出一個漢米爾頓路徑，否則說明不存在的原因。
* 41. 習題 34 的圖形中是否存在漢米爾頓路徑？若存在，找出一個漢米爾頓路徑，否則說明不存在的原因。
42. 習題 35 的圖形中是否存在漢米爾頓路徑？若存在，找出一個漢米爾頓路徑，否則說明不存在的原因。
43. 習題 36 的圖形中是否存在漢米爾頓路徑？若存在，找出一個漢米爾頓路徑，否則說明不存在的原因。
44. 當 n 為哪些正整數時，習題 26 的圖形中存在一個漢米爾頓環道？
45. 當 n 和 m 分別為哪些正整數時，完全二分圖 $K_{m,n}$ 中存在一個漢米爾頓環道？

46. 證明下列**彼得森圖（Petersen graph）**並不存在漢米爾頓環道，但若將頂點 v 以及與其接合的邊都刪除後，形成的子圖便能找到漢米爾頓環道。

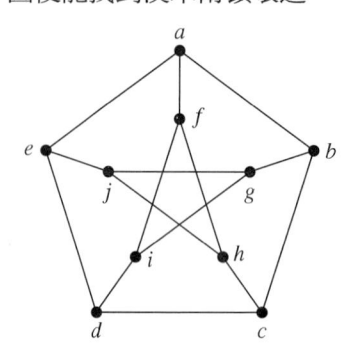

47. 對給定的圖形，判斷 (*i*) 能否利用迪瑞克定理來證明圖形中存在一個漢米爾頓環道；(*ii*) 能否利用歐芮定理來證明圖形中存在一個漢米爾頓環道；(*iii*) 圖形中是否存在一個漢米爾頓環道。

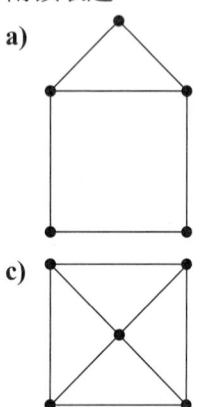

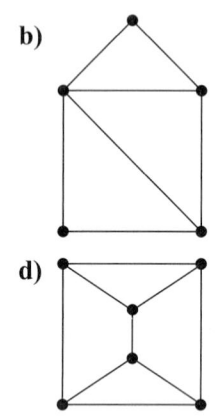

    a)　　　　　　　　　　　b)

    c)　　　　　　　　　　　d)

48. 能否找到一個沒有漢米爾頓環道且頂點數為 n 的簡單圖（其中 $n \geq 3$），使得每個頂點的分支度最少為 $(n-1)/2$？

* 49. 證明存在一個 n 階的格雷碼，其中 n 為正整數；也就是證明立方圖 Q_n 永遠存在漢米爾頓環道，其中 $n > 1$。〔提示：利用數學歸納法，找出如何由 $n-1$ 階的格雷碼產生 n 階的格雷碼。〕

朱理士・彼得森（Julius Petersen，1839-1910）是丹麥數學家，撰有一系列高中與大學的教科書，並翻譯成八種語言。他在學術上的貢獻，廣布於許多數學領域，舉凡代數、分析、密碼學、幾何學、力學、數學經濟和數論到處可見。在圖學理論中，彼得森對正則圖形的貢獻最為著名。

9.6 最短路徑問題 *Shortest-Path Problems*

引言

有許多問題的模型會使用到邊上有權數的圖形。考慮飛機航線的圖學模型，首先建構基本的圖形，以頂點代表城市，邊表示連結的兩城市間有航線直飛。當問題牽涉到飛行距離，便將距離標示在邊上；若考慮的是飛行時間，則將每條航線間的飛行時間加到邊上。如果問題關心的是機票價錢，則可將票價附加於邊上。圖 1 顯示在邊上賦予三種不同權數的圖形，分別為距離、飛行時間和票價。

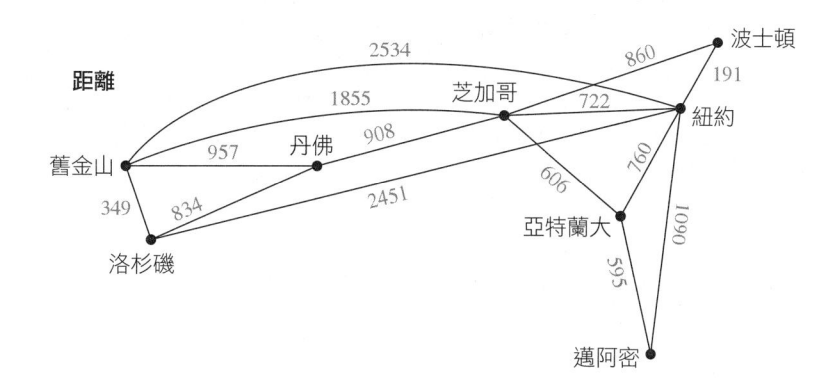

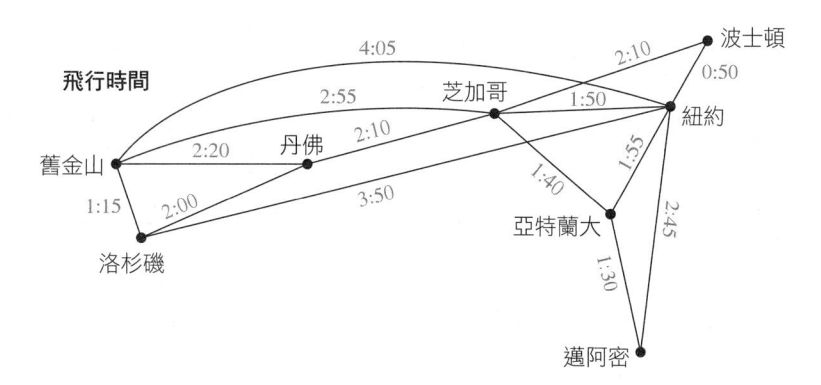

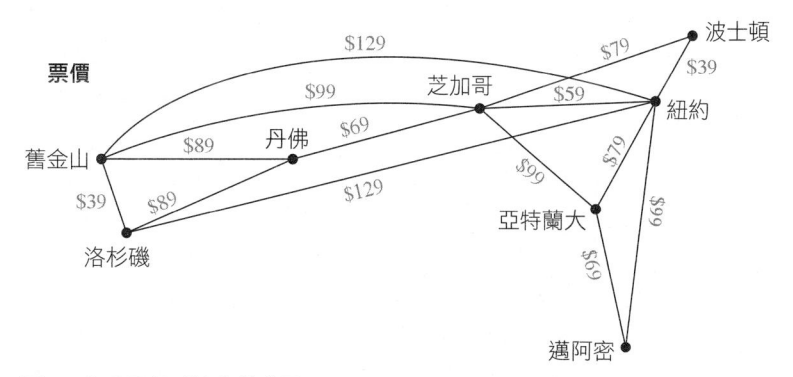

圖 1 表現飛行系統的權數圖

將一個數字附加在邊上的圖形稱作**權數圖（weighted graph）**，可用來模型化電腦網路。通訊成本（例如電話線路的月租費）、電腦連線間所需的反應時間，或是兩電腦間的距離等，都是我們想要研究的對象。圖 2 表現將三種不同權數附加於電腦網路圖的圖學模型。

有愈來愈多問題牽涉到權數圖，判斷圖形兩頂點間的最短路徑便是其中之一。更明確地說，一個路徑的**長度（length）**定義為此路徑所有邊的權數和〔讀者或許會注意到，此處的長度與非權數圖中所指的路徑長度（亦即路徑經過的邊數）是不一樣的〕。問題如下：圖形中給定兩頂點的最短路徑（亦即最短長度的路徑）為何？在圖 1 飛行系統的權數圖中，波士頓和洛杉磯間的最短飛行距離為何？最短的飛行時間為何（不包括轉機等待的時間）？此兩個城市間最便宜的機票價錢為何？同樣地，在圖 2 的電腦網路權數圖中，由舊金山到紐約的連通電話線組合中，最便宜的組合為何？最快的組合以及最短的距離組合分別為何？

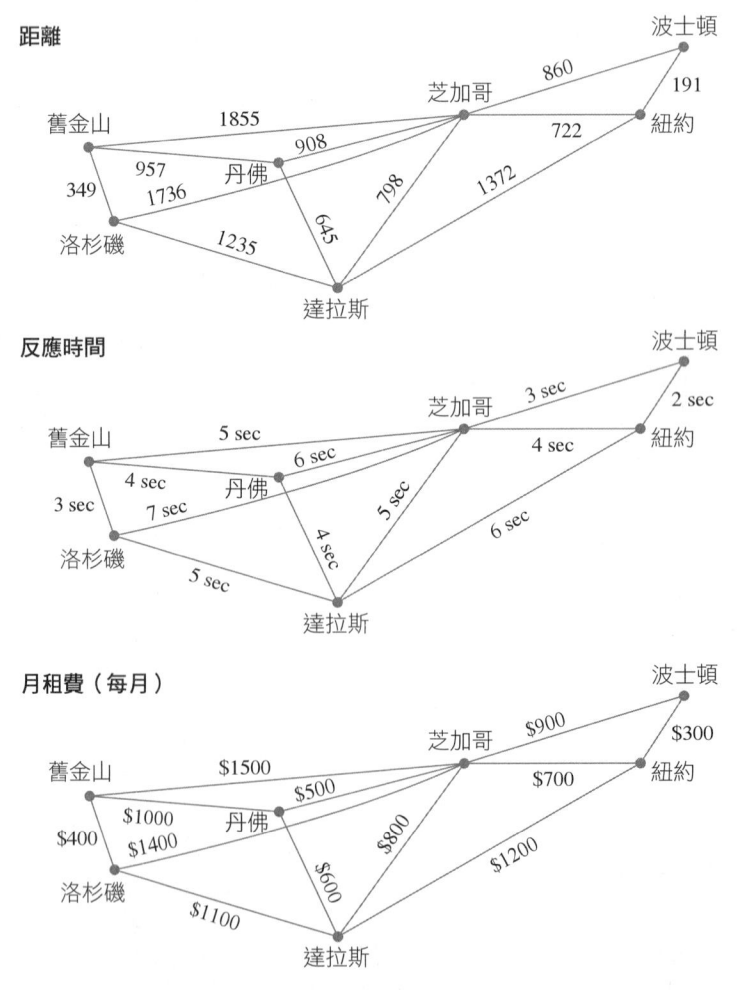

圖 2　表現電腦網路模型化的權數圖

另一個重要的問題與權數圖有關：完全圖中經過每個頂點恰巧一次的環道中，最短的長度為何？此即著名的推銷員問題，我們將在本節稍後介紹這個問題。

最短路徑演算法

有數種不同的演算法可以找出一個權數圖中介於兩頂點間的最短路徑。本節將介紹由荷蘭數學家迪耶卡司楚在 1959 年所發明的貪婪演算法。我們以這個方法來求解無向權數圖中的最短路徑問題，其中所有權數皆為正數。很容易可以將此方法推廣至尋找有向圖的最短路徑。

在正式介紹此演算法前，先介紹一些有趣的例題。

例題 1 在圖 3 的權數圖中，從 a 到 z 之最短路徑的長度為何？

解：雖然直接檢驗圖形便能很快地得出最短路徑，但我們將利用此例題引介出迪耶卡司楚演算法的想法。由頂點 a 出發，持續加入鄰接的最短路徑直到連結至頂點 z 為止。

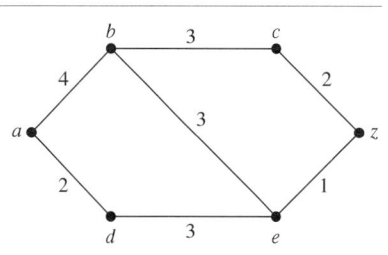

圖 3 權數簡單圖

以 a 為始點的路徑只有長度為一個邊的 ab 和 ad。由於此兩邊的權數分別為 4 與 2，因此頂點 d 是最接近 a 的頂點，而且由 a 到 d 之最短路徑的長度為 2。

接下來找出第二個最短路徑上的頂點。自 a 出發，經過集合 $\{a, d\}$ 中的某個頂點，都過接合於這個頂點的邊到達尚未在集合中的端點。檢查所有這種路徑的長度，此時有兩個路徑需要考慮：長度為 5 的 ade 與長度為 4 的 ab。所以，第二接近 a 的頂點為 b，由 a 到 b 的最短路徑長度為 4。

然後找出第三接近 a 的頂點。我們必須檢驗自 a 出發，端點是集合 $\{a, d, b\}$ 中的一個點，經過一個沒有選取過且另一個端點不在 $\{a, d, b\}$ 中的點的邊。這時有三個路徑需要考慮：長度為 7 的 abc、長度為 7 的 abe 與長度為 5 的 ade。所以，第三接近 a 的頂點為 e。由 a 到 e 的最短路徑長度為 5。

找出第四接近 a 的頂點。我們只檢驗自 a 出發，端點是集合 $\{a, d, b, e\}$ 中的一個點，經過一個沒有選取過且另一個端點不在 $\{a, d, b, e\}$ 中的點的邊。有兩個路徑需要考慮：長度為 7 的 abc 與長度為 6 的 $adez$。由於已經找到 a 到 z 的最短路徑。所以，由 a 到 z 的最短路徑長度為 6。 ◀

艾德斯葛・迪耶卡司楚（Edsger Wybe Dijkstra，1930-2002）出生於荷蘭。早期修習物理，但很快地將興趣轉向程式設計，堅信程式設計為一門科學學門的支持者。迪耶卡司楚於作業系統、程式語言和演算法有相當多貢獻。

例題 1 描述迪耶卡司楚演算法的使用方式。我們當然知道能使用暴力破解法來找出最短路徑，但無論對人類甚至電腦，當圖形的邊數過大時，暴力破解法非常不切實際。

現在考慮找出一般連通簡單無向權數圖由 a 至 z 的最短路徑。先找出距離頂點 a 最接近的點，然後是第二接近的頂點，而後是第三接近的……，直到達到頂點 z 為止。還有個額外的好處，迪耶卡司楚演算法事實上找出了由 a 到其他所有頂點的最短路徑，而非只到 z。

此演算法以迭代的方式進行。在每次迭代，都在頂點集合中加入一個新的頂點。每次迭代都是一個標示數值的過程，頂點 w 被標記為由頂點 a 至 w 通過已被置於頂點集合內的點形成的一個最短路徑長度。將 w 加入頂點集合，然後從不在集合內的頂點中在尋找最短路徑。

現在給定演算法的詳細過程。首先標記 a 為 0，而其他頂點為 ∞，記為 $L_0(a) = 0$ 與 $L_0(v) = \infty$（其中下標 0 表示第 0 次迭代）。標記的數目表示由頂點 a 至此點的最短距離。此時路徑只包含 a 一個頂點。（因為不存在由 a 到其他頂點的路徑，所以這種路徑之間最短的長度為 ∞。）

迪耶卡司楚演算法會產生一個由相異頂點所形成的集合，記為 S_k，下標 k 是指第 k 次迭代。由 $S_0 = \emptyset$ 開始，集合 S_k 由 S_{k-1} 加入一個不在 S_{k-1} 的頂點 u 而產生。

一旦 u 被加入了 S_k，我們就更新所有不在 S_k 中所有頂點的標記，所以在第 k 階段頂點 v 的標記 $L_k(v)$ 就是由 a 到 v 只使用 S_k 中元素的最短路徑長度（也就是說，已經在相異集合中的頂點與頂點 u）。可以注意到，在每一步驟中將選取的頂點 u 加入 S_k 時，都是選擇最好的頂點。所以，這是個貪婪演算法。（我們將簡短地證明此貪婪演算法永遠會產生最佳解。）

令 v 不在 S_k 中。更新頂點 v 的標記，我們注意到 $L_k(v)$ 是由 a 到 v 只使用 S_k 中元素的最短路徑長度。當使用下面的觀察時，更新方式能很有效地求出一個由 a 到 v 且只用到 S_k 內頂點的最短路徑，要不是一個由 a 到 v 且只用到 S_{k-1} 內頂點的最短路徑（也就是說，頂點 u 並不在路徑中），要不就是有一個由 a 到 u 的最短路徑，然後在第 (k − 1) 個步驟中加入邊 (u, v)。換言之，

$$L_k(a, v) = \min\{L_{k-1}(a, v), L_{k-1}(a, u) + w(u, v)\}$$

其中 w(u, v) 是以 u 與 v 為端點之邊的長度。整個迭代過程是不斷加入不同的頂點到集合中，直到加入頂點 z 為止。

迪耶卡司楚演算法如演算法 1 所示，我們將於稍後證明此演算法是正確無誤的。我們注意到演算法在不斷加入新頂點的過程中，找出了由 a 到其他所有頂點的最短路徑。

演算法 1　迪耶卡司楚演算法

procedure *Dijkstra*(*G*: weighted connected simple graph, with
　　all weights positive)
{*G* has vertices $a = v_0, v_1, \ldots, v_n = z$ and lengths $w(v_i, v_j)$
　　where $w(v_i, v_j) = \infty$ if $\{v_i, v_j\}$ is not an edge in *G*}
for $i := 1$ **to** n
　　$L(v_i) := \infty$
$L(a) := 0$
$S := \emptyset$
{the labels are now initialized so that the label of *a* is 0 and all
　　other labels are ∞, and *S* is the empty set}
while $z \notin S$
　　$u :=$ a vertex not in *S* with $L(u)$ minimal
　　$S := S \cup \{u\}$
　　for all vertices *v* not in *S*
　　　　if $L(u) + w(u, v) < L(v)$ **then** $L(v) := L(u) + w(u, v)$
　　　　{this adds a vertex to *S* with minimal label and updates the
　　　　labels of vertices not in *S*}
return $L(z)$ {$L(z) =$ length of a shortest path from *a* to *z*}

例題 2 描述迪耶卡司楚演算法是如何運作的，之後我們將證明此演算法永遠能在權數圖中找出任兩點間的最短路徑。

例題 2　利用迪耶卡司楚演算法，找出圖 4(a) 所示權數圖中由 *a* 至 *z* 的最短路徑。

解： 圖 4 中列出利用迪耶卡司楚演算法找出由 *a* 至 *z* 最短路徑的每一個步驟。在演算法的迭代過程中，每一個 S_k 的頂點都被圈出。利用集合 S_k 中頂點所得由 *a* 出發的最短路徑，也在每個迭代過程中標示。整個演算法將在頂點 *z* 被圈出後停止。得到的最短路徑為 *a, c, b, d, e, z*，其長度是 13。◂

注意： 在展示迪耶卡司楚演算法時，比較方便的方法是在每個步驟中不斷改寫每個頂點的標示數值，而不重複繪製圖形。

接下來，我們用歸納法證明迪耶卡司楚演算法能求出無向圖介於頂點 *a* 與 *z* 間的最短路徑。由歸納假設開始：在第 *k* 個步驟中，

(*i*)　在 *S* 中的每個頂點 *v* 所標示的數值代表由頂點 *a* 到 *v* 的最短路徑。

(*ii*)　不在 *S* 中的頂點 *v* 所標示的數值代表由頂點 *a* 到 *v* 且只通過集合 *S* 中頂點的最短路徑。

當 *k* = 0 時，*S* = ∅，由頂點 *a* 到其他頂點的標示數值都為 ∞，所以基本狀態是成立的。

假設在 *k* 次迭代後，歸納假設是成立的。令 *v* 在第 (*k* + 1) 次迭代中被加入集合 *S*。因此，*v* 為在第 *k* 次迭代後被標示的數值最小者（若被標示的數值最小者有兩個以上的頂點，可以選擇任何一個頂點加入 *S*）。

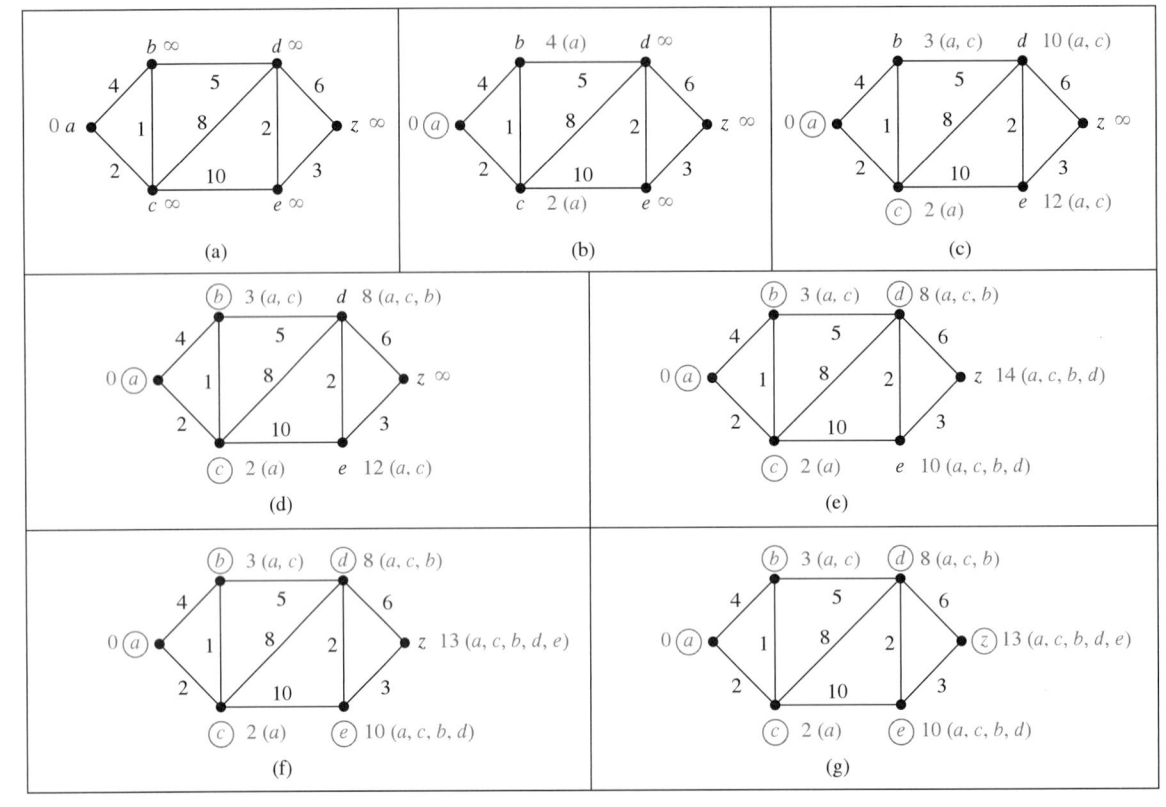

圖 4 利用迪耶卡司楚演算法找出由 a 至 z 的最短路徑

從歸納假設中，我們發現在第 $(k+1)$ 次迭代前被加入集合 S 的頂點，其標示的數值皆為由頂點 a 到此點的最短路徑長度。同時，頂點 v 標示的數值亦為由頂點 a 到 v 的最短路徑長度；否則，在第 k 次迭代後，將存在一個長度小於 $L_k(v)$ 的路徑，使用到不在 S 內的頂點。令 u 為第一個不在 S 內但被最短路徑經過的頂點，則存在一個長度小於 $L_k(v)$ 且由頂點 a 到 u 的路徑，其經過的點皆在 S 內。如此一來，和當初選擇 v 發生矛盾。因此，敘述 (i) 在第 $(k+1)$ 次迭代之後是成立的。

令 u 在第 $(k+1)$ 次迭代後仍不在集合 S 內。一個由頂點 a 到 u 的最短路徑可能通過頂點 v，也可能不通過。若未通過頂點 v，則因為歸納假設其路徑長度為 $L_k(u)$；若是通過頂點 v，則此路徑必然使用到由頂點 a 到 v 的最短路徑，然後加上頂點 v 到頂點 u 的邊。此時，路徑長度為 $L_k(v) + w(u, v)$。如此一來，(ii) 成立，因為 $L_{k+1}(u) = \min\{L_k(u), L_k(v) + w(v, u)\}$。

現在，我們陳述完成證明的定理如下。

定理 1 ■ 迪耶卡司楚演算法能求出連通無向圖中任兩頂點間的最短路徑。

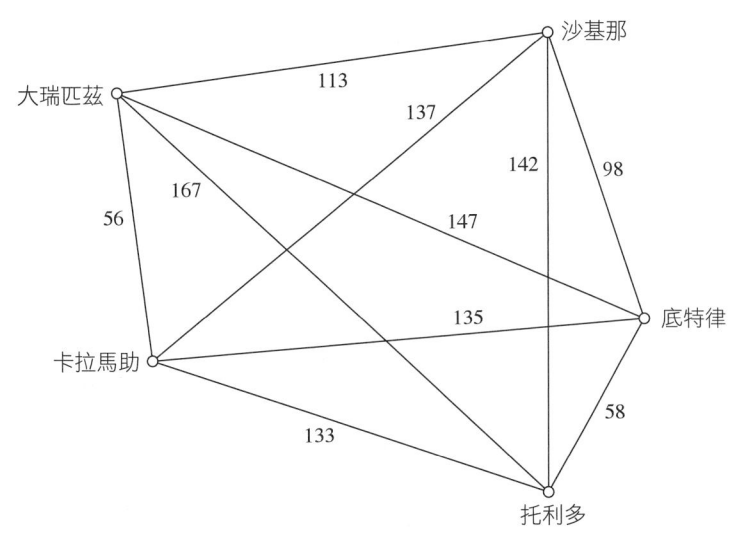

圖5 標示五個城市之間距離的圖形

現在我們來估算迪耶卡司楚演算法的計算複雜度（考慮演算法中加法和比較的次數）。此演算法不會超過 $(n-1)$ 次迭代，其中 n 為圖形中的頂點個數。因為每次迭代的步驟都加入一個頂點，因此我們只要估算每次迭代的運算次數即可。每個不在集合 S 的頂點最多不會超過 $(n-1)$ 次比較。對每個不在集合 S_k 中的頂點，我們會做一次加法和一次比較，所以每次迭代最多做 $2(n-1)$ 次運算。這樣一來，我們得到定理 2。

定理 2 ■ 迪耶卡司楚演算法使用 $O(n^2)$ 次運算來求出含 n 個頂點之連通無向圖中任兩點的最短路徑。

推銷員問題

我們現在要討論一個與權數圖相關的重要問題。考慮下列問題：有個推銷員打算造訪 n 個城市各一次，然後再回到原先出發的地方。例如，假設此推銷員要到底特律、托利多、沙基那、大瑞匹茲和卡拉馬助（見圖5），必須選擇什麼樣的順序方能使整個行程的距離最短？假設此員自底特律出發，檢視所有的可能行程，總共發現有 24 種可能性，但刪去順序完全相反的環道（因為它們的距離完全一樣），我們只需檢視 12 個不同的環道。列出所有可能，計算每個環道的長度，我們發現最短路徑的長度為 458 英里，由底特律－托利多－卡拉馬助－大瑞匹茲－沙基那－底特律（或是逆向）。

行程	總距離（英里）
底特律－托利多－大瑞匹茲－沙基那－卡拉馬助－底特律	610
底特律－托利多－大瑞匹茲－卡拉馬助－沙基那－底特律	516
底特律－托利多－卡拉馬助－沙基那－大瑞匹茲－底特律	588
底特律－托利多－卡拉馬助－大瑞匹茲－沙基那－底特律	458
底特律－托利多－沙基那－卡拉馬助－大瑞匹茲－底特律	540
底特律－托利多－沙基那－大瑞匹茲－卡拉馬助－底特律	504
底特律－沙基那－托利多－大瑞匹茲－卡拉馬助－底特律	598
底特律－沙基那－托利多－卡拉馬助－大瑞匹茲－底特律	576
底特律－沙基那－卡拉馬助－托利多－大瑞匹茲－底特律	682
底特律－沙基那－大瑞匹茲－托利多－卡拉馬助－底特律	646
底特律－大瑞匹茲－沙基那－托利多－卡拉馬助－底特律	670
底特律－大瑞匹茲－托利多－沙基那－卡拉馬助－底特律	728

上面是**推銷員問題（traveling salesperson problem）**的一種。在完全無向權數圖中，求出通過所有頂點之環道的最小總權數的推銷員問題，等價於找出此特定圖形的所有漢米爾頓環道，然後選擇其中總權數最小者。

若圖形中包含 n 個頂點，必須檢視多少環道？選擇出發點後，一共有 $(n-1)!$ 個不同的環道。因為第二個頂點有 $(n-1)$ 種選擇，而第三個頂點有 $(n-2)$ 種選擇，以此類推。刪去完全逆向的環道，總共應該檢視 $(n-1)!/2$ 個不同的環道。所以，只要當頂點數超過 20，一一檢視就變得不可行。想想當 $n = 25$ 時，總共就有 $24!/2$（大約為 3.1×10^{23}）個不同的環道。就算檢驗一個環道只需 1 奈秒（10^{-9} 秒），大概也需要一千萬年才能檢驗完畢。

因為推銷員問題不論在實際或理論上的探討都相當重要，因此值得投入精力尋找一個有效的演算法來求解。然而目前尚未發現複雜度為多項式的演算法。一旦這個問題能夠解決，許多其他問題也能同時求出（例如在第 1 章中談到的，判斷一個含有 n 個變數的邏輯語句是否為恆真句）。

當需要訪問的頂點數相當多時，較實際的解決方式是使用**逼近演算法 (approximation algorithm)**。有些演算法並不必然得出問題的確切解，而是保證找出一個接近確切解的答案。也就是說，此種演算法可得到一個權數為 W' 的漢米爾頓環道，使得 $W \leq W' \leq cW$，其中 W 是確切解的總（權數）長度，而 c 是常數。例如，若權數圖滿足三角不等式，存在具有多項式的最差狀況複雜度之可行的演算法，使得 $c = 3/2$。對每個正實數 k 與一般的權數圖而言，現今尚未有能夠永遠產生至多 k 倍於確切解的演算法。若這樣的演算法存在，將會證明 P 類與 NP 類是相同的，這或許是關於演算法複雜度最著名的未解問題（見 3.3 節）。

實際上，已經發展出演算法能求解多至 1000 個頂點，而且誤差在 2% 之內，只需要耗費數分鐘的電腦時間。若需要知道更多有關推銷員問題的參考資料，包括其歷史、

應用與演算法，可參閱《離散數學應用》（*Applications of Discrete Mathematics*）一書 [MiRo91]。

習題 *Exercises*   ＊表示為較難的練習；＊＊表示為高度挑戰性的練習；☞ 對應正文。

1. 下列有關地下鐵系統的各個問題，描述一個能用來解題的權數圖模型。

   a) 由某站至某站間所需的最短時間？
   b) 由某站至某站間的最短距離為何？
   c) 由某站至某站間所需的最少總票價為何？

習題 2 至 4，求出給定的權數圖中由 a 到 z 的最短路徑長度。

2.

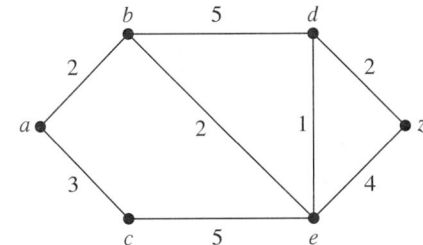

3.

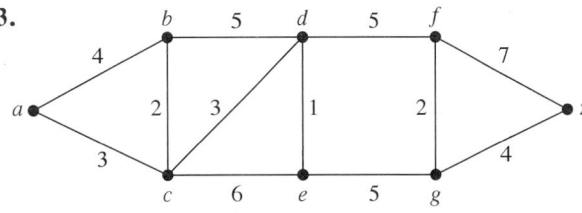

4.

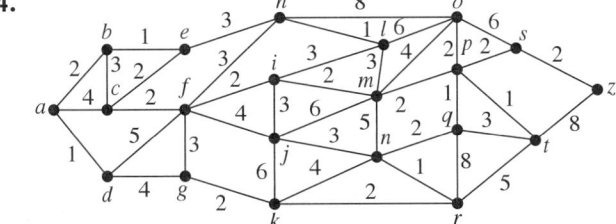

5. 求出習題 2 至 4 給定的權數圖中由 a 到 z 的一條最短路徑。

6. 求出習題 3 給定的權數圖中，下列頂點間的最短路徑長度。

   a) a 和 d
   b) a 和 f
   c) c 和 f
   d) b 和 z

7. 求出習題 3 給定的權數圖中，習題 6 給定之頂點間的最短路徑。

8. 求出圖 1 給定的飛行系統圖中，下列兩城市間的最短路徑（以英里為單位）。

   a) 紐約與洛杉磯
   b) 波士頓與舊金山
   c) 邁阿密與丹佛
   d) 邁阿密與洛杉磯

9. 求出圖 1 給定的飛行系統圖中，習題 8 給定之兩城市間最短的總飛行時間。

10. 求出圖 1 給定的飛行系統圖中，習題 8 給定之兩城市間最便宜的總票價。

11. 求出圖 2 給定的通訊網路圖中，下列兩電腦中心間的最短距離。

    a) 波士頓與洛杉磯
    b) 紐約與洛杉磯
    c) 達拉斯與舊金山
    d) 丹佛與紐約

12. 求出圖 2 給定通訊網路圖中，習題 11 給定之兩電腦中心間最短的反應時間。

13. 求出圖 2 給定通訊網路圖中，習題 11 給定之兩電腦中心間每個月最便宜的路線。

14. 考慮如何利用權數圖求最短路徑的方法，求出無向圖中連接兩頂點間路徑所需之最少的邊數。
15. 解釋為何用來尋找連通簡單權數圖中兩頂點間最短距離長度的迪耶卡司楚演算法，也能求出由頂點 a 到其他各頂點間的最短路徑長度。
16. 解釋為何用來尋找連通簡單權數圖中兩頂點間最短距離長度的迪耶卡司楚演算法，也能架構出任兩頂點間的最短路徑。
17. 下列權數圖展現紐澤西中某些主要的道路系統。(a) 標示城市間的距離，(b) 標示過路費。

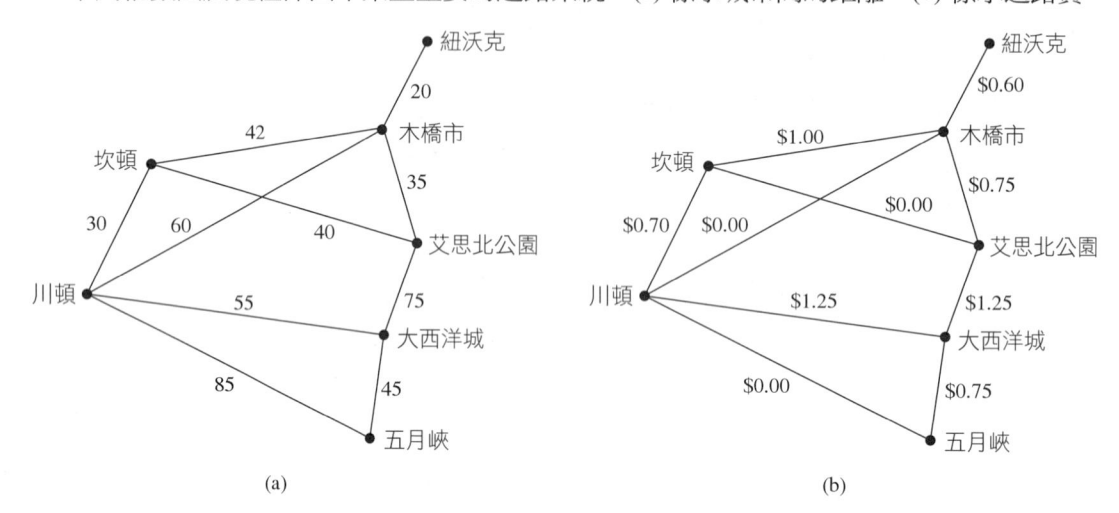

a) 利用給定的圖形，找出介於紐沃克和坎頓，以及介於紐沃克與五月峽間的最短道路距離。
b) 利用給定的圖形，找出介於紐沃克和坎頓，以及介於紐沃克與五月峽間的所需最便宜的過路費。
18. 若權數圖中邊之權數是相異的，兩點間的最短路徑是否是唯一的？
19. 有哪些應用必須找出權數圖中兩頂點間最長簡單路徑的長度？
20. 圖 4 給定的權數圖中，介於 a 和 z 間最長路徑的長度為何？

佛洛依德演算法（Floyd's algorithm）呈現於演算法 2，可以找出一個連通簡單權數圖中所有頂點對間最短路徑的長度。不過，此演算法無法找出最短路徑。（對於不連通的兩頂點，我們設定其最短路徑的長度為無窮大。）

演算法 2 佛洛依德演算法

procedure Floyd(G: weighted simple graph)
{G has vertices $v_1, v_2, \ldots, v_n$ and weights $w(v_i, v_j)$
  with $w(v_i, v_j) = \infty$ if $\{v_i, v_j\}$ is not an edge}
for $i := 1$ **to** n
  for $j := 1$ **to** n
    $d(v_i, v_j) := w(v_i, v_j)$
for $i := 1$ **to** n
  for $j := 1$ **to** n
    for $k := 1$ **to** n
      if $d(v_j, v_i) + d(v_i, v_k) < d(v_j, v_k)$
        then $d(v_j, v_k) := d(v_j, v_i) + d(v_i, v_k)$
return $\bigl[d(v_i, v_j)\bigr]$ {$d(v_i, v_j)$ is the length of a shortest
path between v_i and v_j for $1 \leq i \leq n, 1 \leq j \leq n$}

21. 利用佛洛依德演算法，求出圖 4(a) 權數圖中所有頂點對的距離。

* **22.** 證明佛洛依德演算法能決定一個簡單權數圖中所有頂點對間最短路徑的長度。

* **23.** 利用佛洛依德演算法決定一個含有 n 個頂點之簡單權數圖中所有頂點對間最短路徑的長度時，找出所需要的運算次數（包括比較與加法）的大 O 估計。

* **24.** 證明當邊上的權數可能為負時，利用迪耶卡司楚演算法來求出最短路徑長度可能會失敗。

25. 在下列權數圖中，求出所有漢米爾頓環道的總權數，找出其中最小的權數。如此一來，便能求出有關此圖形的推銷員問題。

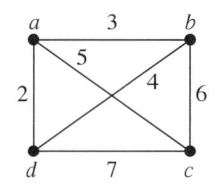

26. 在下列權數圖中，求出所有漢米爾頓環道的總權數，找出其中最小的權數。如此一來，便能求出有關此圖形的推銷員問題。

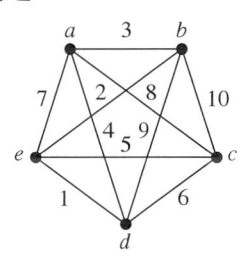

27. 在下列權數圖中，求出經過所有城市所需之最少總票價，其中兩城市間的邊上所標示的權數為飛機的票價。

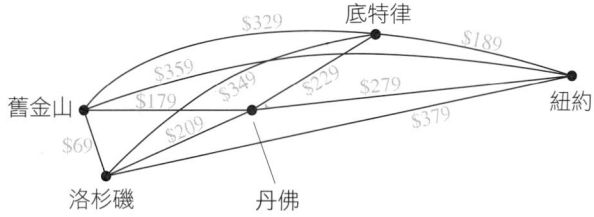

28. 在下列權數圖中，求出經過所有城市所需之最少總票價，其中兩城市間的邊上所標示的權數為飛機的票價。

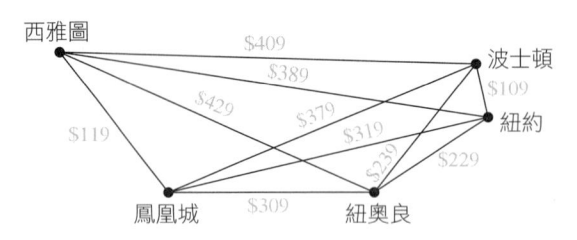

西雅圖　$409　波士頓
　　　　$389　　　$109
　$119　$429　$379　　紐約
　　　　　　　$319
　　　　　　　$239　$229
鳳凰城　$309　紐奧良

29. 建構一個無向的權數圖，使得經過所有頂點至少一次之環道的總權數，是經過某些頂點一次以上之環道中最小的。〔提示：使用三個頂點的圖形為例。〕

30. 證明「尋找一個權數圖中經過所有頂點之環道的最小總權數」的問題能簡化成：尋找一個權數圖中經過所有頂點恰巧一次之環道的最小總權數。為了完成此證明，我們建構一個新的權數圖，與原圖有相同的邊與頂點，但是新圖形連結 u 和 v 之邊的權數改為原圖中連結 u 和 v 之路徑的最短總權數。

*31. 所謂**最長路徑問題**（longest path problem）是指在沒有簡單環道的權重有向圖中，找尋一條最長路徑的問題。設計演算法來求解最長路徑問題。〔提示：找出圖形頂點的拓樸排序。〕

9.7 平面圖 *Planar Graphs*

引言

考慮下列這個問題，要在三個房子中分別接上三種不同的動力，如圖 1 所示。在這種情況下，能否使各種管線都不相交？這個問題能以完全二分圖 $K_{3,3}$ 來表示。最初的問題可以重新思考成，$K_{3,3}$ 能否重繪成一個等價的圖形，其中圖形的邊都不相交？

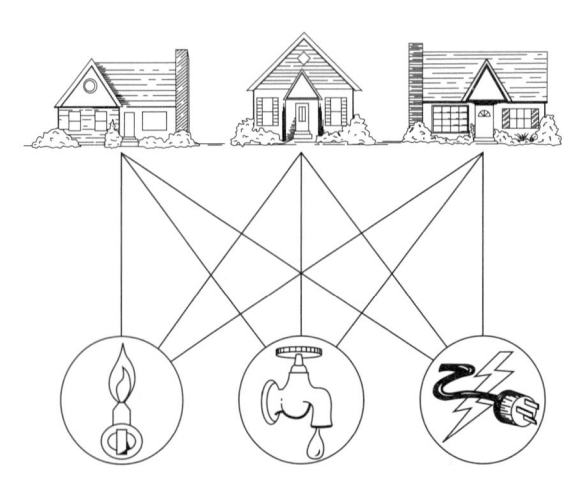

圖 1 三間房屋與三種動力

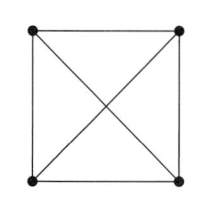

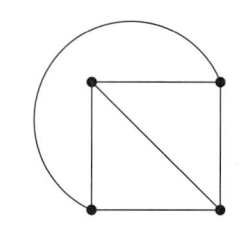

圖 2 完全圖 K_4　　**圖 3** 將 K_4 重畫成沒有相交邊的圖形　　**圖 4** 立方圖 Q_3　　**圖 5** Q_3 的平面表現

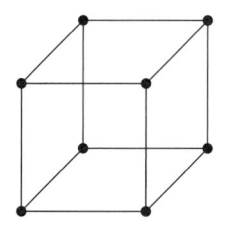

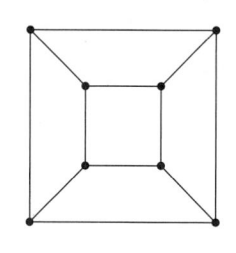

本節將研究一個問題，圖形是否能重新繪成一個沒有相交之邊的圖形？這個研究將幫助我們回答上述的房子動力問題。

繪圖的方式有很多種。能否找到一種畫法，使圖形中沒有相交的邊？

定義 1 ■ 如果一個圖形能在平面上重新繪製成一個沒有相交之邊（兩個邊相交之處只能是邊的端點）的圖形，則稱為平面的（planar）。這種繪法稱為此圖形的平面表現（planar representation）。

一個圖形有可能是平面的，儘管通常的畫法都有相交的邊，但是可能會找到另一種畫法，其邊都不相交。

例題 1　K_4（如圖 2 所示，有兩個邊相交）是否為平面的？

解：K_4 是平面的，因為它能重新繪製成一個沒有相交之邊的圖，如圖 3 所示。◀

例題 2　圖 4 中的圖形 Q_3 是否為平面的？

解：Q_3 是平面的，因為它能重新繪製成一個沒有相交之邊的圖，如圖 5 所示。◀

我們能利用繪出圖形的平面表現來證明此圖為平面的，但要證明一個圖形不是平面的則相當困難。稍後將證明某些例題不是平面的，並介紹一些可用的通則。

例題 3　圖 6 中的圖形 $K_{3,3}$ 是否為平面的？

解：試圖將 $K_{3,3}$ 重繪成無交叉邊的圖並不可行。我們將說明為何並不可行。在任何 $K_{3,3}$ 的平面表現中，頂點 v_1 和 v_2 必須同時與頂點 v_4 和 v_5 相接合。這四個邊形成一個封閉的曲線，將平面分成兩個區域 R_1 和 R_2，如圖 7(a) 所示。所以 v_3 要不在 R_1 內，要不在 R_2 內。當 v_3 在區域 R_2 內（亦即封閉曲線的內部），連結

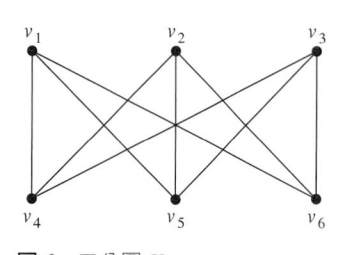

圖 6 二分圖 $K_{3,3}$

v_3 和 v_4 的邊與連結 v_3 和 v_5 的邊會將區域 R_2 再分成兩個子區域 R_{21} 和 R_{22}，如圖 7(b) 所示。

接下來，我們發現無法安置最後一個頂點 v_6，使得所有的邊都不相交。若 v_6 位於區域 R_1 內，則介於 v_6 和 v_3 的邊不可能與其他邊不相交。若 v_6 位於區域 R_{21} 內，則介於 v_2 和 v_6 的邊不可能與其他邊不相交。若 v_6 位於區域 R_{22} 內，則介於 v_1 和 v_6 的邊不可能與其他存在的邊不相交。

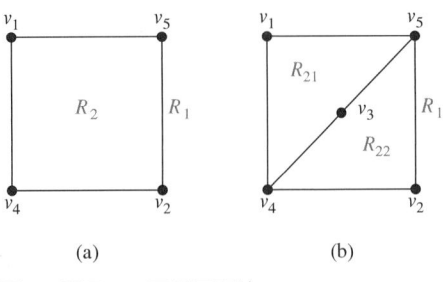

圖 7　顯示 $K_{3,3}$ 不是平面的

同樣的討論也能使用於當頂點 v_1 在區域 R_1 內時，留給讀者自行完成（見習題 10）。因此，$K_{3,3}$ 不是平面的。　◀

例題 3 解決本節一開始談到的房屋－動力問題。三間房子和三種動力間不可能在平面上以完全不相交的管線來連結。類似的討論也適用於證明 K_5 不是平面的（見習題 11）。

平面圖的應用　在電路設計中，圖形的平面性質扮演著重要的角色。我們能將電路中的元件以圖形的頂點及邊來表示。如果圖形是平面的，便能將電路圖印製在平面上，不會有兩條交叉的電線；反之，若圖形不是平面的，則可能需要選擇較昂貴的方式。例如，將圖形中的頂點做區分來產生一個平面的子圖，然後利用重疊的線路來建構所需的電路。最後，相交處再以絕緣的電線來建構。在這種狀況下，我們會希望交叉的地方愈少愈好。

圖形的平面性質在設計公路網上面非常有用。假設要在一組城市間建造連通的道路。我們可以先將城市設為圖形的頂點，想要建造的連通道路當成邊，繪製出一個簡單圖。如果圖形是平面的，則可以不需要建造地下道或是高架道路。

尤拉公式

圖形的平面表現將一個平面分割出許多**區域**（region），其中包括一個無邊際的區域。例如圖 8 中呈現的圖形平面表現，將平面分割成六個區域，在圖中分別標示出來。尤拉證明一個圖形的每個平面表現法都將平面分割出相同數目的區域。為了證明這點，尤拉將區域數以頂點數和邊數的關係來表示。

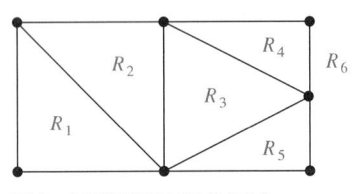

圖 8　圖形平面表現的區域

定理 1 ■ 尤拉公式　令 G 為一個連通平面簡單圖，含有 e 個邊和 v 個頂點。若 r 為此圖形的平面表現所分割出的數目，則 $r = e - v + 2$。

證明：我們先固定一個圖形 G 的平面表現，然後利用建構一序列的子圖 $G_1, G_2, ..., G_e = G$ 來證明此定理。建構子圖序列過程中，每一階段都加入一個新的邊。使用歸納定義法，先選定一個任意的邊設為 G_1，然後再加入一個接合於 G_{n-1} 中的頂點而不在 G_{n-1} 的邊來產生新的圖形 G_n，直到加入第 e 個邊得到 $G_e = G$ 為止。由於圖形 G 是連通的，所以這樣不斷加入連結的邊是可行的。令 r_n、e_n 和 v_n 分別代表由約化 G 平面表現所得之 G_n 平面表現法的區域數、邊數和頂點個數。

接下來，利用數學歸納法來證明。$r_1 = e_1 - v_1 + 2$ 對 G_1 而言是成立的，因為由圖 9 能看出 $e_1 = 1$、$v_1 = 2$ 和 $r_1 = 1$。

現在假設 $r_k = e_k - v_k + 2$，令 $\{a_{k+1}, b_{k+1}\}$ 為加入 G_k 而生成 G_{k+1} 的邊。有兩種可能的情況必須考慮，第一種情況，a_{k+1} 和 b_{k+1} 都同時在 G_k 中，則此兩點一定在某區域 R 的邊界上，否則不可能沒有相交的邊發生。在這種情形下，新加入的邊將會將區域 R 一分為二。如此一來，$r_{k+1} = r_k + 1$，$e_{k+1} = e_k + 1$ 且 $v_{k+1} = v_k$。因此，等式 $r_{k+1} = e_{k+1} - v_{k+1} + 2$ 依然成立，此種情況如圖 10(a) 所示。

第二種狀況，新加入的邊中有一個端點並不在圖形 G_k 中。假設 a_{k+1} 在 G_k 中，而 b_{k+1} 不在。此時，新加入的邊並未產生新的區域，因為 b_{k+1} 位於某邊界上有頂點 a_{k+1} 的區域之中。如此一來，$r_{k+1} = r_k$，$e_{k+1} = e_k + 1$ 且 $v_{k+1} = v_k + 1$。因此，等式 $r_{k+1} = e_{k+1} - v_{k+1} + 2$ 依然成立，如圖 10(b) 所示。

因之，我們完成了數學歸納法的討論，證明出對所有的 n 而言，$r_n = e_n - v_n + 2$。因為最原始的圖形 G_e，在加入了 e 個邊後便能達到。◁

例題 4 說明尤拉公式。

例題 4 假設一個連通的平面簡單圖有 20 個頂點，每個頂點的分支度皆為 3。如此一來，此圖形的平面表現中，將分割出多少個區域？

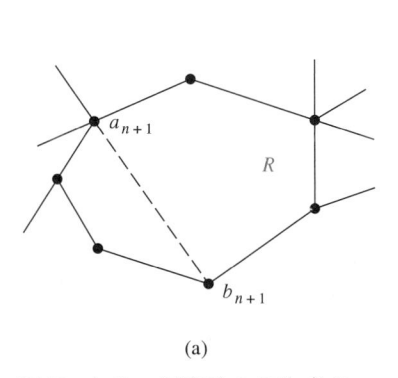

圖 9 證明尤拉公式的基本情況

圖 10 加入一個邊到 G_n 而生成 G_{n+1}

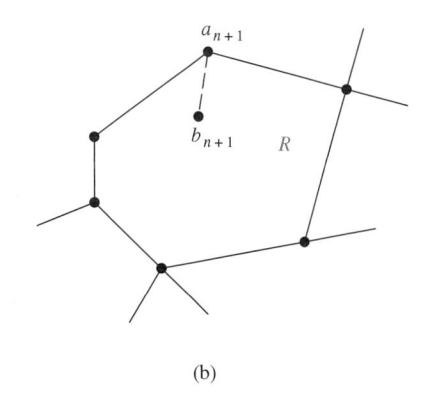

解：圖形有 20 個頂點，所以 $v = 20$。因為每個頂點的分支度為 3，而且所有分支度的總和為邊數的兩倍，因此 $2e = 3 \cdot 20 = 60$，亦即 $e = 30$。利用尤拉公式，區域數為

$$r = e - v + 2 = 30 - 20 + 2 = 12$$

◀

尤拉公式也能用來建立一些在平面圖中必須滿足的不等式。

> **系理 1** ■ 若 G 為一個連通平面簡單圖，包含 e 個邊、v 個頂點，其中 $v \geq 3$，則 $e \leq 3v - 6$。

在證明系理 1 前，先利用它來證明下面這個相當有用的結果。

> **系理 2** ■ 若 G 為一個連通平面簡單圖，則 G 有一個頂點的分支度不大於 5。

證明：若 G 只有 1 個或 2 個頂點，此結果為真。若 G 包含 3 個以上的頂點，利用系理 1，我們知道 $e \leq 3v - 6$，所以 $2e \leq 6v - 12$。若圖形中每個頂點的分支度都大於 6，由於握手定理 $2e = \sum_{v \in V} \deg(v)$，我們會得到 $2e \geq 6v$。由於此不等式與不等式 $2e \leq 6v - 12$ 矛盾，所以一定有一個頂點的分支度不大於 5。 ◀

系理 1 的證明根植於**區域度次（degree of a region）**的概念，亦即區域邊界中邊的數目。因為每個邊都出現在兩個區域的邊界中，因此每個都貢獻兩個度次。我們以 $\deg(R)$ 來表示區域 R 的度次。圖形的區域度次見圖 11。

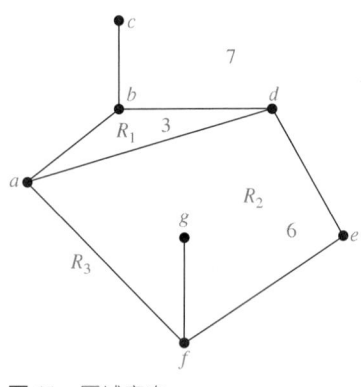

圖 11 區域度次

接下來，我們證明系理 1。

證明：將一個連通平面簡單圖畫在平面上，會分割出數個區域，假設有 r 個區域，每個區域的度次最少為 3。（因為此處討論的是簡單圖，沒有重邊，所以不會有度次為 2 的區域。同樣地，沒有迴圈，所以沒有度次為 1 的區域。）就算是沒有邊界的區域，其度次也至少有 3，因為圖形中至少有三個以上的頂點。

我們也發現所有區域度次的總和剛好是邊數的兩倍，因為每個邊在區域邊界的邊中出現兩次（有些出現於不同區域的邊界，也可能兩次都出現於相同的區域）。又因為每個區域的度次都大於或等於 3，所以

$$2e = \sum_{\text{對所有的區域 } R} \deg(R) \geq 3r$$

因而，

$(2/3)e \geq r$

利用 $r = e - v + 2$（尤拉公式），可得

$e - v + 2 \leq (2/3)e$

因此 $e/3 \leq v - 2$，得證 $e \leq 3v - 6$。 ◁

這個系理能用來說明 K_5 是非平面的。

例題 5 利用系理 1 證明 K_5 為非平面的。

解：圖形 K_5 有 5 個頂點和 10 個邊，因此無法滿足不等式 $e \leq 3v - 6$，因為 $e = 10$，$3v - 6 = 9$。所以，K_5 為非平面的。 ◁

接下來將證明 $K_{3,3}$ 不是平面的。我們注意到這個圖形有 6 個頂點和 9 個邊。所以，不等式 $e = 9 \leq 12 = 3 \cdot 6 - 6$ 是符合的。這個結果告訴我們，滿足不等式 $e \leq 3v - 6$ 並無法推論出圖形是平面的。不過，下面介紹的系理能用來證明 $K_{3,3}$ 是非平面的。

系理 3 ■ 若 G 為一個連通平面簡單圖，包含 e 個邊、v 個頂點，其中 $v \geq 3$，而且沒有長度為 3 的環道，則 $e \leq 2v - 4$。

系理 3 的證明與系理 1 相似，除了沒有長度為 3 的環道的事實，將使得區域度次至少為 4。證明的細節將留給讀者（見習題 15）。

例題 6 利用系理 3 來證明 $K_{3,3}$ 為非平面的。

解：因為 $K_{3,3}$ 沒有長度為 3 的環道（這點是顯而易見的，因為圖形為二分圖），所以系理 3 是可用的。$K_{3,3}$ 有 6 個頂點和 9 個邊。由於 $e = 9$ 和 $2v - 4 = 8$，系理 3 證明 $K_{3,3}$ 是非平面的。 ◁

庫拉托夫斯定理

我們已經知道 $K_{3,3}$ 和 K_5 不是平面的。很清楚地，若上述任何一種圖形為某個圖形的子圖，則此圖形也不是平面的。但令人驚訝的是，任何非平面的圖形在經過某些特定的運算後，上述兩圖有其中之一必為其子圖。

假定某圖形為平面的，若刪去邊 $\{u, v\}$，然後加入一個新的頂點 w 和兩個邊 $\{u, w\}$ 及 $\{w, v\}$，所得新圖形也必然是平面圖。這種運算稱為**基本子分割**（elementary subdivision）。若有兩個圖形，其中一個圖形經過一連串的基本子分割可以得到另一個圖形時，則這兩個圖形 $G_1 = (V_1, E_1)$ 與 $G_2 = (V_2, E_2)$ 稱為**同胚的**（homeomorphic）。

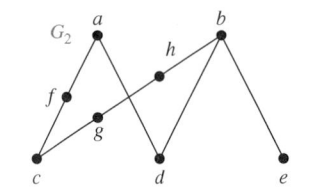

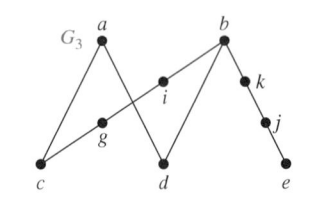

圖 12　同胚圖

例題 7　證明圖 12 中的圖形 G_1、G_2 和 G_3 都是同胚的。

解：此三圖形為同胚的，因為皆能由將圖形 G_1 進行基本子分割而得。G_1 能由其本身，不經任何運算而得。將 G_1 進行下列基本子分割後將得到 G_2：(i) 移去邊 $\{a, c\}$，加入頂點 f，再加上邊 $\{a, f\}$ 和 $\{f, c\}$；(ii) 移去邊 $\{b, c\}$，加入頂點 g，再加上邊 $\{b, g\}$ 和 $\{g, c\}$；(iii) 移去邊 $\{b, g\}$，加入頂點 h，再加上邊 $\{b, h\}$ 和 $\{g, h\}$。由圖形 G_3 得到 G_1 的步驟，留給讀者自行練習。

波蘭數學家庫拉托夫斯基在 1930 年發表定理 2，利用圖形同胚的概念區分平面圖。

定理 2　一個圖形是非平面的，若且唯若此圖形包含一個同胚於 $K_{3,3}$ 和 K_5 的子圖。

很明顯地，圖形包含一個同胚於 $K_{3,3}$ 和 K_5 的子圖是非平面的；然而，其逆向證明，亦即每個非平面圖形都包含一個同胚於 $K_{3,3}$ 和 K_5 的子圖，則相當複雜，因此不在此處介紹。例題 8 和例題 9 將闡述庫拉托夫斯基定理的用法。

例題 8　判斷圖 13 中的圖形 G 是否為平面的。

解：圖形 G 有個子圖 H 同胚於圖形 K_5。將 G 中的頂點 h、j 和 k 以及其接合的邊都刪去，可得圖形 H。至於 H 同胚於 K_5，則可由 K_5（令其頂點為 a、b、c、g 和 i）開始，經由一連

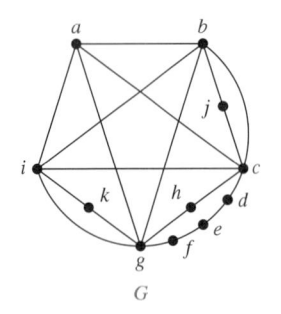

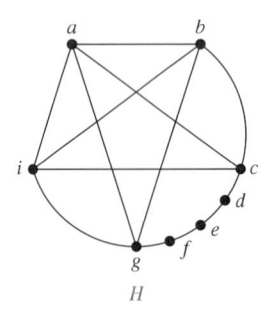

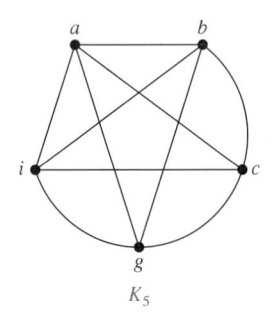

圖 13　無向圖 G、同胚於 K_5 的子圖 H 和圖形 K_5

庫拉托夫斯基（Kazimierz Kuratowski，1896-1980） 是波蘭人，其父親為著名的華沙律師。庫拉托夫斯基於 1919 年發表第一篇論文，1921 年得到博士學位，主要研究領域為集合論與拓樸學。其一生發表的文章超過 180 篇，並著有三本廣為使用的教科書。

串基本子分割，加入頂點 d、e 和 f 而得到 H 來證明。（請自行列出此基本子分割序列。）因此，G 是非平面的。◀

例題 9 圖 14(a) 的彼得森圖是否為平面的？

解：刪去頂點 b 及三個以 b 為端點的邊，可得如圖 14(b) 所示之彼得森圖的子圖 H。此子圖同胚於以 $\{f, d, j\}$ 和 $\{e, i, h\}$ 為頂點集合的二分圖 $K_{3,3}$。因為刪去邊 $\{d, h\}$，加入 $\{c, h\}$ 和 $\{c, d\}$；刪去 $\{e, f\}$，加入 $\{a, e\}$ 和 $\{a, f\}$；最後再刪去 $\{i, j\}$，加入 $\{g, i\}$ 與 $\{g, j\}$，便能產生圖形 H。所以，彼得森圖不是平面圖。◀

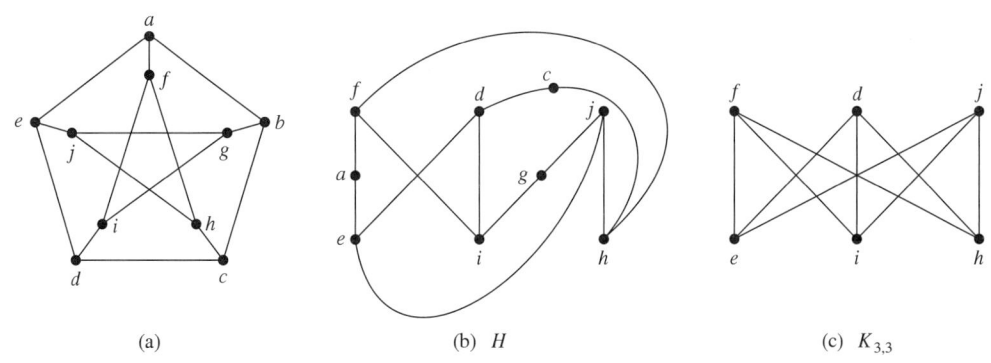

圖 14 (a) 彼得森圖；(b) 同胚於 $K_{3,3}$ 的子圖 H；(c) 二分圖 $K_{3,3}$

習題 Exercises　　＊表示為較難的練習；＊＊表示為高度挑戰性的練習；☞ 對應正文。

1. 五間屋子能夠在不交叉管線的情形下連結兩種動力嗎？

習題 2 至 4，將給定的平面圖繪成沒有交叉邊的圖形。

2.

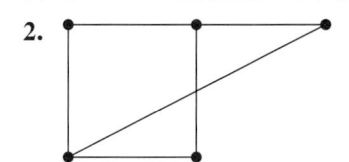

3.

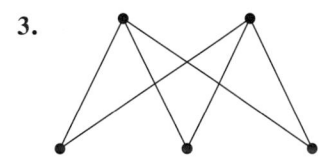

4.

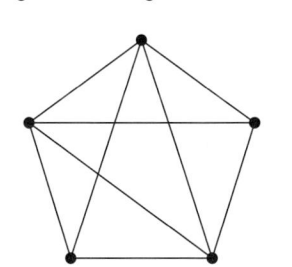

習題 5 至 9，判斷給定的圖形是否為平面的。若是，將其重畫成沒有交叉邊的圖形。

5.

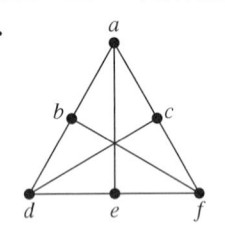

6.

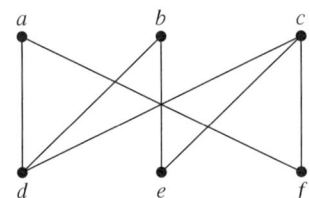

7.

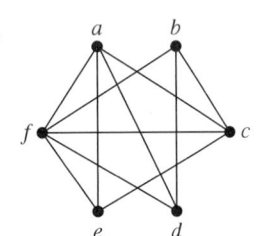

8.

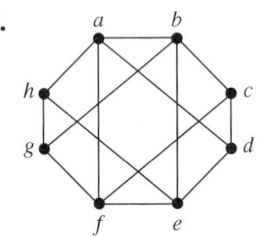

9.

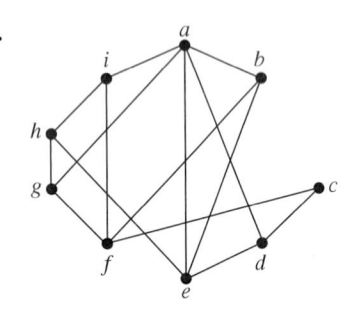

10. 完成例題 3 的討論。

11. 利用類似例題 3 的討論法，證明 K_5 是非平面的。

12. 假設一個連通平面圖有 8 個頂點，每個頂點的分支度為 3，則其平面表現會分割出多少個區域？

13. 假設一個連通平面圖有 6 個頂點，每個頂點的分支度為 4，則其平面表現會分割出多少個區域？

14. 假設一個連通平面圖有 30 個邊，若此圖形的平面表現分割出 20 個區域，則此圖形有多少個頂點？

15. 證明系理 3。

16. 假設一個連通二分平面簡單圖有 e 個邊、v 個頂點。證明若 $v \geq 3$，則 $e \leq 2v - 4$。

* 17. 假設一個連通二分平面簡單圖有 e 個邊、v 個頂點，而且沒有長度少於或等於 4 的簡單環道。證明若 $v \geq 4$，則 $e \leq (5/3)v - (10/3)$。

18. 假定一個平面圖有 k 個連通分支、e 個邊和 v 個頂點，並且假設平面被其平面表現分割出 r 個區域。求出一個以 e、v 和 k 來表示 r 的公式。

19. 下列非平面圖中，何者在刪去某頂點和其接合的所有邊後便是平面的？

   a) K_5
   b) K_6
   c) $K_{3,3}$
   d) $K_{3,4}$

習題 20 至 22，判斷給定的圖形是否同胚於 $K_{3,3}$。

20.

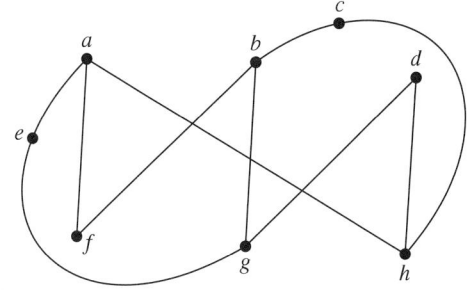

21.

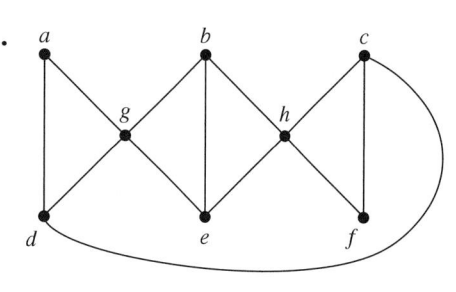

22.

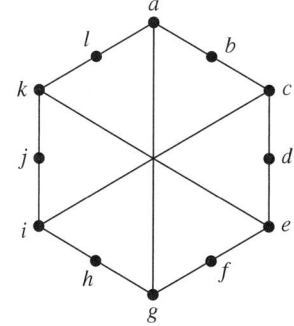

習題 23 至 25，利用庫拉托夫斯基定理，判斷給定的圖形是否為平面的。

23.

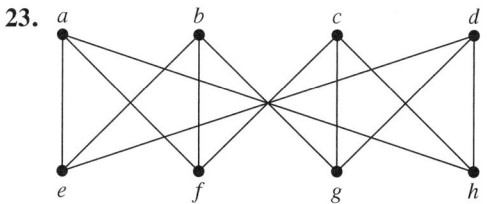

24.

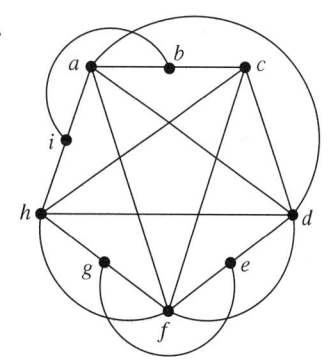

25.

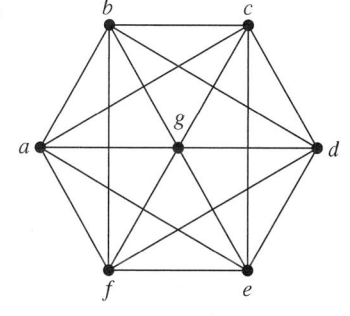

9.8 圖形的著色 Graph Coloring

引言

　　地圖著色的問題在圖形理論中產生許多結果。一般而言，為地圖（此處討論的地圖，每個區域本身皆是連通的）著色時，相鄰的兩個區域會分配不同的顏色。為了確保相鄰的區域不同色，可以給予每個區域不同的顏色。但是這種方法太不經濟了，而

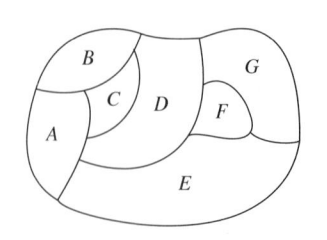

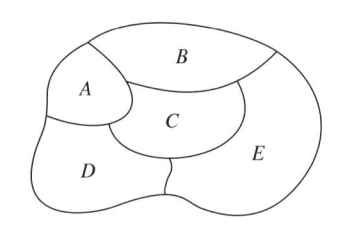

圖1 兩個地圖

且若地圖有許多區域時，有時也很難找出這麼多種不同的顏色。因此，在可能的情況中，應盡量減少使用的顏色數目。我們考慮下列問題：為一個地圖著色，使得相鄰區域皆不同色，如何求出所需之最少的顏色數目？舉例來說，圖1中左邊的地圖，使用四個顏色是可行的，但三個顏色則做不到（請自行檢驗）。但圖1右邊的地圖，三個顏色就足夠了（兩個顏色則不夠）。

平面上的地圖都能以圖形來表現。將每個區域當成圖形中的頂點，若頂點代表的區域間有相同的邊界，則有一邊連結兩個頂點。如果兩區域只相連於一點，不視為相鄰。根據這些法則得到的圖形稱為地圖的**偶圖（dual graph）**。很明顯地，任何平面上的地圖都有平面偶圖。圖2中的偶圖即對應於圖1中的地圖。

將地圖著色使得相鄰區域不同色的問題，等同於將偶圖的頂點著色，使得兩個鄰接的頂點不同色。下面，我們將定義圖形的著色。

> **定義1** ■ 簡單圖的著色（coloring）是將顏色分配給圖形的每個頂點，使得每對相鄰的頂點沒有相同的顏色。

當然可以將圖形的每個頂點都塗上不同的顏色。然而，大部分的圖幾乎都可以找到一種著色方法，使用少於頂點數的顏色。最少需要多少顏色呢？

> **定義2** ■ 一個圖形的色數（chromatic number）是指為圖形著色所需的最少顏色數目。圖形 G 的色數記為 $\chi(G)$。

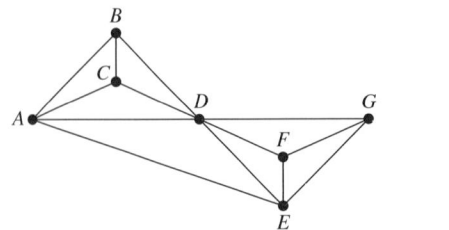

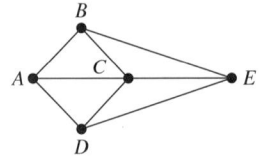

圖2 圖1中地圖的偶圖

求出一個平面圖之色數的問題，等同於求出為一個地圖著色，使得相鄰區域顏色不同所需的最少顏色數目。這個問題在學術界已研究超過 100 年，其結果成為數學界一個相當著名的定理。

定理 1 ■ 四色定理 一個平面圖的色數不會大於 4。

四色定理＊在 1850 年代就被當成一種假說，直到 1976 年才由美國數學家艾帕爾（Kenneth Appel）和哈肯（Wolfgang Haken）證明。在此之前，有許多不正確的證明被發表，而且經常不容易檢驗出來；還有一些徒勞無功的努力，試著尋找必須使用超過四個顏色的平面圖。

其中最引人注目的謬誤，是 1879 年英國業餘數學家肯普的證明。數學界接受這個證明，直到 1890 年希伍得（Percy Heawood）發現錯誤，指出證明中的不足。但是，肯普的證明仍然為後來艾帕爾和哈肯的證明奠下基礎。利用電腦進行各種不同情況的分析，他們證明若四色定理有誤，則其反例必然是近 2000 種型態中的一種，然後利用電腦檢驗這種型態是不存在的。他們的證明使用電腦計算超過 1000 個小時。由於需要檢驗的反例相當多，電腦的計算能力便扮演著重要的角色。因此，必須小心電腦程式的誤差是否會導致不正確的結果。依賴不可信的電腦輸出，是否可以稱為證明？因為他們的證明，使得已經有檢查比較少反例的簡單證明出現，而且自動證明系統也已經被製造出來。然而，目前還沒有發現不需要依賴電腦的證明方式＊。

在此必須注意，四色定理只適用於平面圖。若圖形不是平面的，則其色數有可能是任意大的數，見例題 2。

要證明某圖形的色數為 k，有兩件事必須注意。首先，我們必須證明用 k 個顏色便能將圖形著色；其次，必須證明少於 k 個顏色無法將圖形著色。例題 1 至例題 4 將說明如何找出圖形的色數。

歷史註記：1852 年，笛摩根以前的學生法蘭西斯‧古斯瑞（Francis Guthrie）宣稱他能用四個顏色將英格蘭地圖著色，而相鄰的兩個區域不會使用相同的顏色，因而做出了四色定理的假說。他將這個想法告訴他的弟弟，當時正是笛摩根的學生。笛摩根知道了大感興趣，將此問題帶入數學社群。事實上，四色定理最早出現在笛摩根寫給漢米爾頓的信件中，他以為漢米爾頓也會很有興趣。但顯然並非如此，漢米爾頓對四色定理完全不曾碰觸。

阿佛瑞得‧肯普（Alfred Bary Kempe，1849-1922） 本業為律師，曾於劍橋大學修習數學，將閒暇時間投入數學研究。其貢獻多見於運動力學與數理邏輯，但最令人印象深刻的就是 1879 年發表有關四色定理的錯誤證明。

＊四色定理一個比較簡單的證明在 1996 年，由羅伯森（Robertson）、山德斯（Sanders）、山謬（Seymour）和湯馬斯（Thomas）提出。他們將檢查的反例個數降到 633 個。但是，不依賴計算能力超強之電腦的證明，則尚未被發現。

例題 1　圖 3 中，圖形 G 和 H 的色數為何？

解： 圖形 G 的色數最少為 3，因為頂點 a、b 和 c 必須給定不同的顏色。想要知道三個顏色是否足夠，讓我們假定 a 為紅色、b 為藍色，而 c 為綠色，則頂點 d 必須為紅色，因為它鄰接於頂點 b 和 c。接下來，頂點 e 必須是綠色，然後 f 必須是藍色。最後，頂點 g 必須為紅色。如此一來，只使用三個顏色便能完成著色。圖 4 即為著色後的圖形。

圖形 H 是由圖形 G 加上一個連接頂點 a 和 g 的邊而成。因此，用三個顏色為圖形 G 著色的方法，同樣適用於圖形 H，直到為頂點 g 著色的最後一個階段。因為在圖形 H 上，頂點 g 鄰接於紅色、藍色和綠色的頂點，所以必須使用到第四個顏色，例如棕色。因此，圖形 H 的色數應為 4。著色後的結果呈現於圖 4。

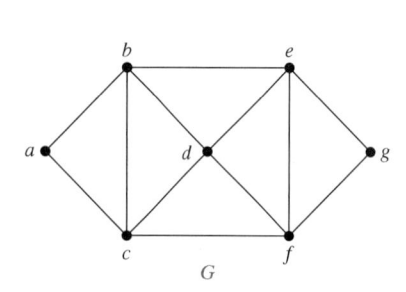

圖 3　簡單圖 G 和 H

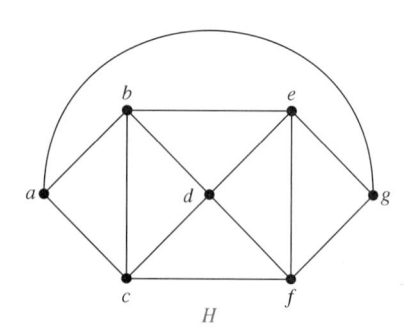

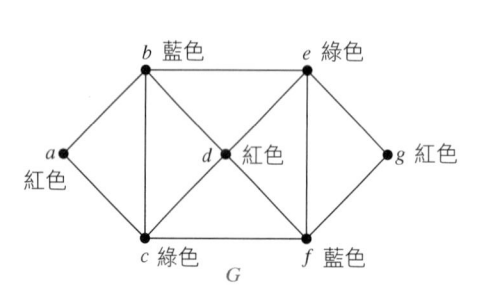

圖 4　圖形 G 和 H 著色後的結果

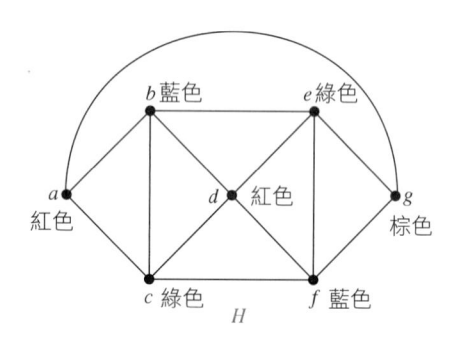

例題 2　圖形 K_n 的色數為何？

解： 完全圖 K_n 能使用 n 個顏色來著色（每個頂點分配一個不同的顏色）。能否使用更少的顏色？答案是不可能。因為圖形中任意兩個頂點都相鄰接，所以 K_n 的色數為 n，即 $\chi(K_n) = n$。（回顧本章先前的討論，當 $n \geq 5$ 時，K_n 並不是平面圖，所以不適用四色定理。）利用 5 個顏色來為 K_5 著色的方法如圖 5 所示。

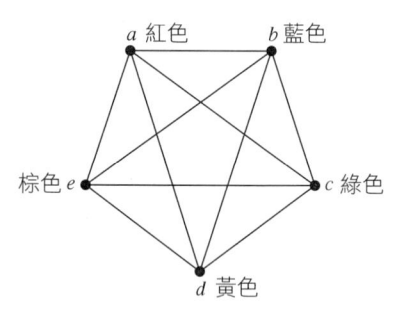

圖 5　完全圖 K_5 的著色方法

例題 3 當 m 和 n 為正整數時，二分圖 $K_{m,n}$ 的色數為何？

解： 所需的顏色數目似乎與 m 和 n 有關。但是 9.2 節定理 4 告訴我們，2 個顏色就已足夠，所以 $\chi(K_{m,n}) = 2$；也就是說，將有 m 個頂點的集合塗上同一種顏色，而有 n 個頂點的集合塗上另一種顏色。如此一來，便不會有兩個相鄰的頂點有相同的顏色。二分圖 $K_{3,4}$ 的著色法如圖 6 所示。◀

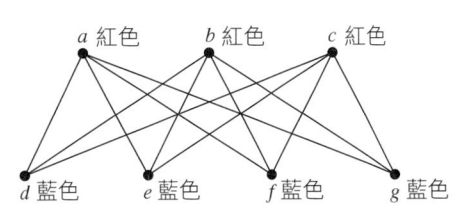

圖 6　二分圖 $K_{3,4}$ 的著色方法

例題 4 當 $n \geq 3$ 時，圖形 C_n 的色數為何？

解： 我們首先考慮一些個別的情況。當 $n = 6$ 時，選擇任意一個點，塗上紅色，沿順時鐘方向找到下一個頂點塗上另一個顏色，例如藍色。接著，陸續交錯塗上紅色和藍色，直到第 6 個頂點塗上藍色為止，由於此頂點鄰接於第一個紅色的頂點，所以我們完成著色。得到 C_6 的色數為 2，如圖 7 所示。

然後，考慮當 $n = 5$ 的情況，與先前相同的方式分別為頂點塗上紅色與藍色，直到第 5 個頂點時，因為它同時鄰接於一個紅色與一個藍色的頂點，因此我們必須使用第三個顏色，例如黃色。結果如圖 7 所示。

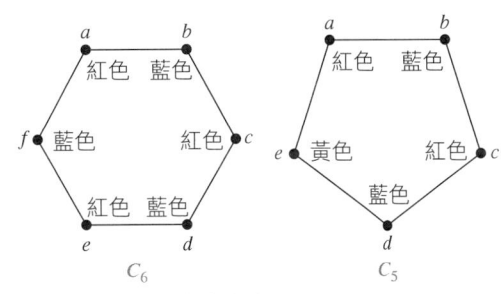

圖 7　C_6 和 C_5 的著色方法

一般而言，當 n 為偶數時，C_n 著色只需要兩個顏色。要完成這種著色，只要選擇一個頂點塗成紅色，沿著順時鐘方向，將連接的頂點依序塗上藍色、紅色。此時，第 n 個頂點會是藍色的，而第 $n + 1$ 個頂點，也就是第 1 個頂點都是紅色的。

當 n 為奇數且大於 1 時，C_n 色數為 3。在建構這樣的著色時，先選擇一個初始頂點，使用兩個顏色，以順時鐘方向依序交錯著色。然而，塗色至第 n 個頂點時，其相鄰的兩個頂點（第 $n - 1$ 個頂點和第 1 個頂點）都以分別塗上不同的顏色，因而必須使用第三種顏色。

我們分別證明了，當 n 為偶數時，$\chi(C_n) = 2$；當 n 為奇數時，則 $\chi(C_n) = 3$。◀

目前所知求解圖形著色問題的演算法，有指數（以圖形的頂點數而言）最差情況時間複雜度。就算只找出近似的圖形色數也相當困難。已經證明存在多項式最差複雜度的演算法，能求出兩倍的近似值（亦即，建構出一個上界不超過圖形色數的兩倍）。也就是說，找出圖形色數之多項式最差複雜度的演算法應該是存在的。

圖形著色的應用

安排行程或分配頻道的這類問題，都能應用到圖形的著色。由於圖形著色問題至今仍沒有有效的演算法，所以上述的應用也沒有什麼有效的演算法可以使用。下面介紹數個例題。

例題 5 **期末考科目的安排** 如何安排大學期末考的時間，才不會讓某個學生該參加考試的科目衝堂？

解：可以將此問題轉化成圖形模型。將每個科目當成圖形的頂點，兩頂點間有相連的邊，若有學生同時修習這兩個科目。期中考的每一個時段都以一個顏色來表示。如此一來，安排考試科目時間的問題，就變成一個圖形的著色問題。

例如，有七個期中考科目必須安排時間，分別以科目 1 到科目 7 來表示。假設下面的科目對表示有學生同時修這兩門課：科目 1 和 2、1 和 3、1 和 4、1 和 7；科目 2 和 3、2 和 4、2 和 5、2 和 7；科目 3 和 4、3 和 6、3 和 7；科目 4 和 5、4 和 6；科目 5 和 6；以及科目 6 和 7。圖 8 呈現上述例題的圖學模型。

圖 8 安排期末考試時間的圖形表示

由於圖形的色數為 4（請自行檢驗），所以需要 4 個考試的時段，如圖 9 所示。

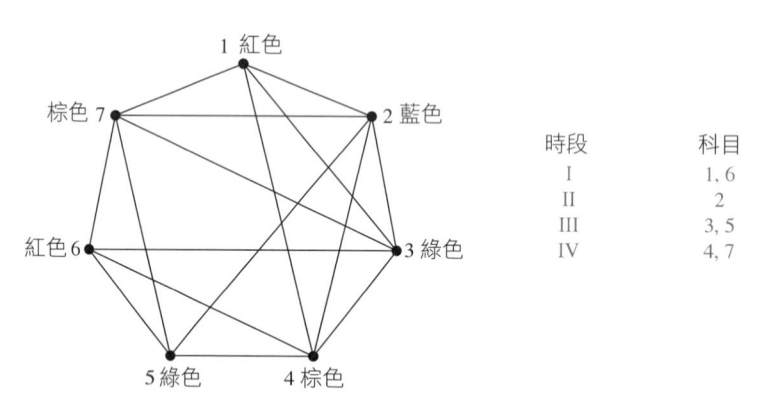

時段	科目
I	1, 6
II	2
III	3, 5
IV	4, 7

圖 9 利用圖形著色安排期末考試時間

例題 6 **頻道安排** 電視頻道 2 到 13 被分配給北美洲的電台。距離小於 150 英里的任意兩個電台不能使用相同的頻道。如何應用圖形著色來安排頻道？

解：建構圖形以電台為頂點，如果代表的電台間距離小於 150 英里，則兩頂點之間有邊相連。不同的顏色代表著不同頻道。當完成圖形的著色，也就找到頻道分配的方法。

習題 Exercises   　*表示為較難的練習；**表示為高度挑戰性的練習；☞ 對應正文。

習題 1 至 4，繪出給定地圖的偶圖。求出讓相鄰區域不同色之著色所需的顏色數目。

1.

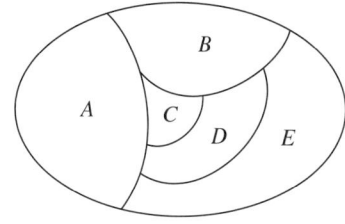

2.

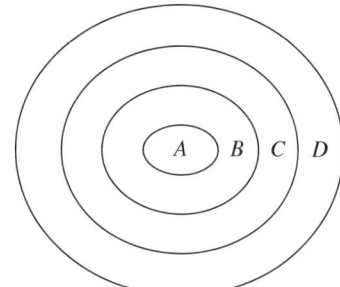

3.

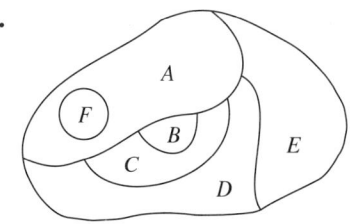

4.

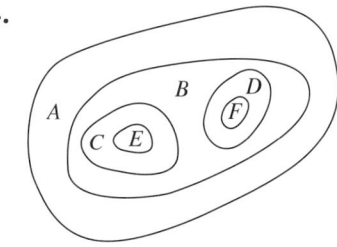

習題 5 至 11，求出給定圖形的色數。

5.

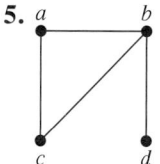

6.

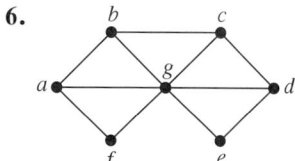

7.

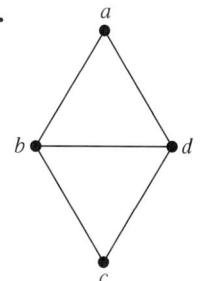

8.

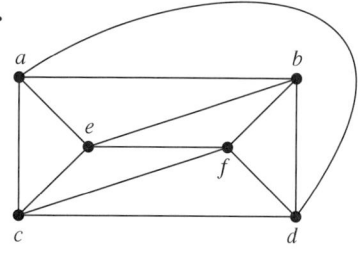

9.

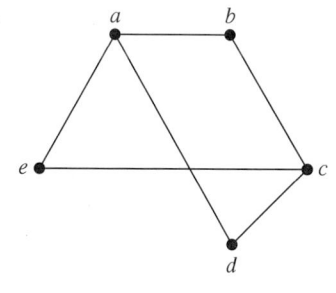

10.

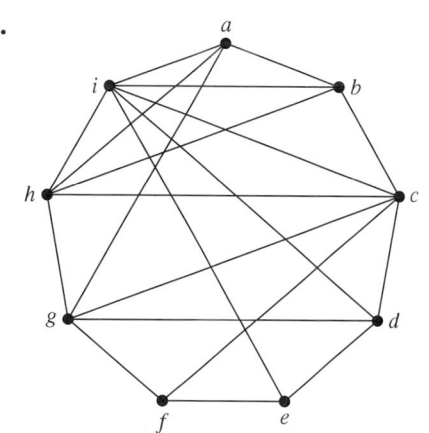

11.

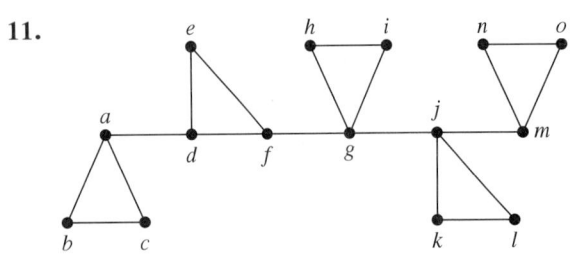

12. 在習題 5 至 11 的圖形中，判斷在移去某個頂點及其所有接合的邊時，圖形的色數是否會減少？

13. 哪些圖形的色數為 1？

14. 若想將美國地圖著色，最少需要多少個顏色？若兩州只相交於一個點，視為兩州不相交。假設密西根州為一個連通的區域，而阿拉斯加和夏威夷視為兩個獨立的頂點。

15. 輪狀圖 W_n 的色數為何？

16. 證明若一個簡單圖中包含長度為奇數的環道，必然無法只用兩個顏色將圖形著色。

17. 利用最少的時段來安排下列科目的期末考時間：數學 115、數學 116、數學 185、數學 195、電腦 101、電腦 102、電腦 273 和電腦 473。沒有學生同時修數學 115 和電腦 473、數學 116 和電腦 473、數學 195 和電腦 101、數學 195 和電腦 102、數學 115 和數學 116、數學 115 和數學 185、數學 185 和數學 195，而其他任兩個科目都有學生同時修習。

18. 如果兩個電台的距離小於 150 英里，則不能使用同一個頻道，必須有多少個不同的頻道才能安排下列六個電台？表中所列為電台間的距離。

	1	*2*	*3*	*4*	*5*	*6*
1	—	85	175	200	50	100
2	85	—	125	175	100	160
3	175	125	—	100	200	250
4	200	175	100	—	210	220
5	50	100	200	210	—	100
6	100	160	250	220	100	—

19. 數學系有六個委員會，每個委員會一個月開一次會。需要有多少個不同的開會時間，方能保證沒有委員同時需要出席兩個會議？其中，六個委員會中的委員名單如下：C_1 = {阿靈格斯，布萊德，查斯拉夫斯基}，C_2 = {布萊德，李，羅森}，C_3 = {阿靈格斯，羅森，查斯拉夫斯基}，C_4 = {李，羅森，查斯拉夫斯基}，C_5 = {阿靈格斯，布萊德} 與 C_6 = {布萊德，羅森，查斯拉夫斯基}。

20. 動物園想要以自然的居住環境來展示園中的動物。但是很遺憾的，有些動物一旦有機會就會吃掉某些動物。如何利用圖學模型和圖形的著色，來決定到底需要幾個不同的陳列環境才能安排展示所有動物？

圖形的**邊著色**（edge coloring）是指為邊指定顏色，使得有一個共同端點的邊有著不同的顏色。圖形的**邊色數**（edge chromatic number）即是為此圖形的邊著色所需的最少顏色數目。圖形 G 的邊色數以 $\chi'(G)$ 來表示。

21. 求出習題 5 至 11 中所有圖形的邊色數。
22. 假設電路板上有 n 個裝置，打算以有顏色的電線相連。每個裝置必須使用不同顏色的電線來連接其他的裝置。以圖形來表現此電路板，並找出圖形的邊色數，用以判斷需要多少種顏色的電線。
23. 求出下列圖形的邊色數。
    a) C_n，其中 $n \geq 3$。
    b) W_n，其中 $n \geq 3$。
24. 證明圖形的邊色數必須至少大於圖形中最大的頂點分支度。
25. 證明若 G 為包含 n 個頂點的圖形，則在邊著色時，不會有多於 $n/2$ 個邊的顏色相同。
* 26. 找出 K_n 的邊色數，其中 n 為正整數。
27. 一個電腦程式的迴圈中有七個變數。變數 t 必須儲存於步驟 1 至 6；變數 u 必須儲存於步驟 2；變數 v 必須儲存於步驟 2 至 4；變數 w 必須儲存於步驟 1、3 和 5；變數 x 必須儲存於步驟 1 和 6；變數 y 必須儲存於步驟 3 至 6；而 z 必須儲存於步驟 4 和 5。在執行程式的過程中，需要多少個索引暫存器來儲存這些變數？
28. 若完全圖 K_n 為某圖形的子圖，則此圖形的色數有何特性？

下列演算法能用來為簡單圖著色：首先，將頂點依分支度大到小排成頂點序列 $v_1, v_2, v_3, \ldots, v_n$，即 $\deg(v_1) \geq \deg(v_2) \geq \cdots \geq \deg(v_n)$。將顏色 1 分配給頂點 v_1，以及接下來的頂點中不鄰接於頂點 v_1 者。接下來將顏色 2 分配給頂點序列中尚未著色之最前面的頂點，假設為 v_i，以及頂點序列中尚未著色且與頂點 v_i 不鄰接者。若頂點序列中尚有未著色者，依相同的方法將顏色 3 分配給剩餘的頂點，直到所有的頂點都塗上顏色為止。

29. 利用上述演算法為下列圖形著色。

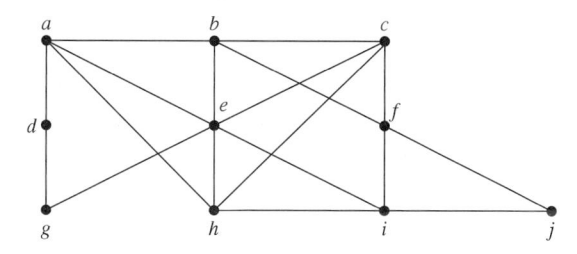

* 30. 利用虛擬碼描述上面介紹的演算法。
* 31. 證明利用上述演算法著色可能會使用到比實際需要更多的顏色。

CHAPTER

10 樹圖
Trees

一個沒有環道的簡單連通圖稱為樹圖。樹圖的應用可以追溯至 1857 年，當時英國數學家亞瑟·凱利（Arthur Cayley）利用樹圖來計算化學分子式的型態個數。此後，樹圖便廣泛地應用於許多學術領域，如同我們將在本章中介紹的。

在電腦科學中，樹圖經常應用在演算法上。例如，建構將一組物件排成一列的演算法時便會用到樹圖。另外，霍夫曼編碼演算法中也用到樹圖。同時，樹圖也能用來幫助分析如西洋棋等遊戲，找出獲勝的方法。此外，在一連串決策過程中，也能用樹圖來模型化整個過程。這些模型可以計算演算法的電腦複雜度。

建構一個包含某圖形中所有頂點的樹圖，例如深度優先搜尋和廣度優先搜尋，有助於系統性地了解圖形頂點的特性。利用深度優先搜尋所求開發的頂點序列，就是所知的回溯法。這種系統性的搜尋能解決相當多問題，例如，決定如何在棋盤上安排八個皇后，使得任何一個皇后都無法攻擊其他皇后棋子。

我們也能在樹圖的邊上定義權數來模型化許多問題。例如，利用權數樹圖能發展出建構包含最少花費之電話線路網路的演算法。

10.1　樹圖簡介 *Introduction to Trees*

引言

在第 9 章中，我們證明圖形如何用來模型化想要求解的問題，進而找出所需的答案。本章將專注於**樹圖**（tree）這類特殊型態的圖形，會如此命名是因為這類圖形與樹的形狀相似。例如，家族樹圖（family tree）用來表現家族世代的圖形，以頂點代表家族成員，以邊表現親子關係。圖 1 是瑞士伯努利家族中的男性數學家成員。表現家族成員的無向圖即為樹圖的例子。

> **定義 1** ■ 樹圖是指一個沒有簡單環道的連通無向圖。

因為樹圖不會有環道，而且不會有重邊與迴圈，所以任何樹圖一定都是簡單圖。

尼可拉斯
(1623-1708)

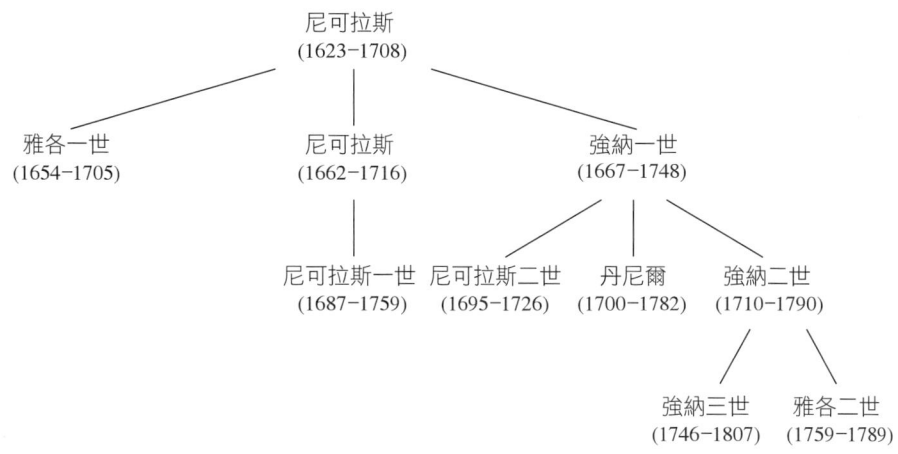

雅各一世　　　尼可拉斯　　　強納一世
(1654-1705)　(1662-1716)　(1667-1748)

尼可拉斯一世　尼可拉斯二世　丹尼爾　　強納二世
(1687-1759)　(1695-1726)　(1700-1782)　(1710-1790)

強納三世　　雅各二世
(1746-1807)　(1759-1789)

圖 1　伯努利家族中的數學家

例題 1　圖 2 的圖形中，哪些是樹圖？

解：G_1 和 G_2 都是樹圖，因為兩者都是沒有簡單環道的連通圖。G_3 不是樹圖，因為 e, b, a, d, e 為簡單環道。最後，G_4 也不是樹圖，因為不連通。◀

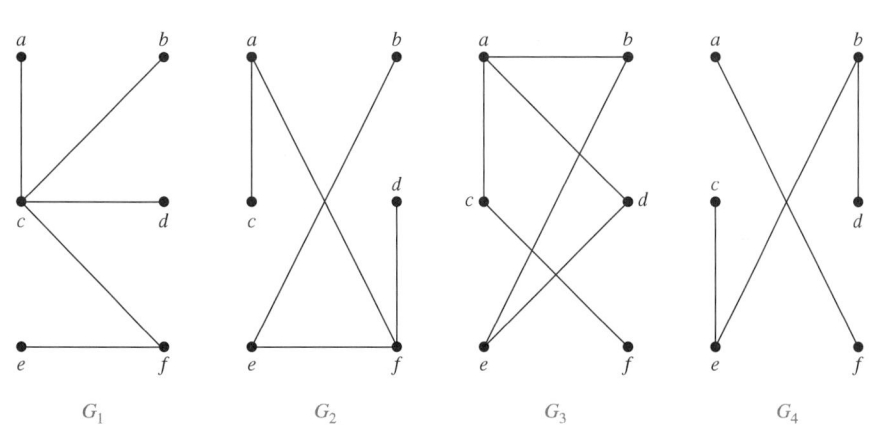

圖 2　樹圖與非樹圖的例子

任何沒有簡單環道的連通圖皆為樹圖。沒有簡單環道的非連通圖為何？這類圖稱為**森林圖（forest）**，其任意連通分支都是樹圖。圖 3 即為一個森林圖。

樹圖通常會定義為一個簡單圖，而且任意兩個頂點間都存在唯一的簡單路徑。定理 1 證明這兩種定義其實是等價的。

定理 1 ■ 一個無向圖為樹圖，若且唯若任意兩個頂點間都存在唯一的簡單路徑。

證明：首先假設 T 為樹圖，則 T 是一個沒有簡單環道的連通圖。令 x 和 y 為 T 的兩個頂點。因為 T 是連通的，利用 9.4 節定理 1，在頂點 x 和 y 間存在一個簡單路徑。此外，此路徑必須是唯一的。若存在另一個簡單環道，則將兩個路徑（一個由頂點 x 到頂點

這是一個有三個連通分支的圖形。

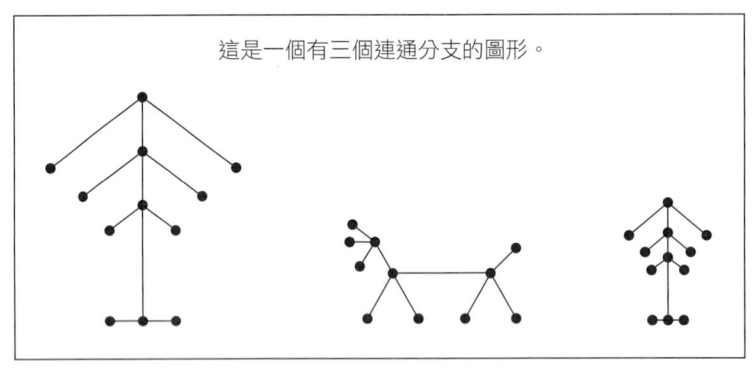

圖 3 森林圖

y，另一個由頂點 y 至頂點 x）結合在一起會形成一個環道。利用 9.4 節習題 59，可以在 T 中找到一個簡單環道。所以，在該樹圖中任意兩個頂點只存在唯一的簡單路徑。

現在假設在圖形 T 中任意兩個頂點間都存在唯一的簡單路徑，則 T 是連通的。因為任兩頂點間都有路徑連結。此外，圖形 T 不能有簡單環道。假設圖形 T 中有簡單環道通過頂點 x 和 y，則可將此環道分成兩個連結 x 和 y 的簡單路徑（一個由頂點 x 到頂點 y，另一個由頂點 y 至頂點 x）。因此，任意兩個頂點間都存在唯一簡單路徑的圖形為樹圖。 ◁

有根樹圖

在許多樹圖的應用中，會指定一個特殊的頂點稱為**根點（root）**。一旦固定根點，我們能以下述方式指派方向給每個邊：由定理 1 得知，每個頂點都存在唯一一個由根點連結到此頂點的路徑。因此，將邊的方向定為離開根點的方向。如此一來，一個樹圖與指定的根點將產生一個有向圖，稱為**有根樹圖（rooted tree）**。

> **定義 2** ■ 一個有根樹圖為一個樹圖，其中一個頂點被指定為根點，而每個邊的方向皆指向離開根點的方向。

有根樹圖能以遞迴方式定義，可以回顧 5.3 節來了解這是如何進行的。我們能任意選擇某頂點當根點，將無根樹圖轉變成有根樹圖。選擇不同的根點將產生不同的有根樹圖。圖 4 即為在圖形 T 中分別選擇頂點 a 和頂點 c 為根點的兩個有根樹圖。通常，繪出有根樹圖時，會將根點畫在最頂端，而表示方向的箭頭則會被省略。因為一旦決定根點，方向即會固定。

樹圖經常使用植物學或是宗譜系的術語。假設 T 為一有根樹圖。若 v 為異於根點的頂點，則其**親點（parent）**是指唯一指向 v 之方向邊的頂點 u（請讀者自行檢驗親點的唯一性），頂點 v 稱為頂點 u 的**子點（child）**。有相同親點的頂點稱為**手足點（sibling）**。一個異於根點的頂點 v，其**祖先點（ancestor）**是指由根點到此頂點的（唯一）路徑上

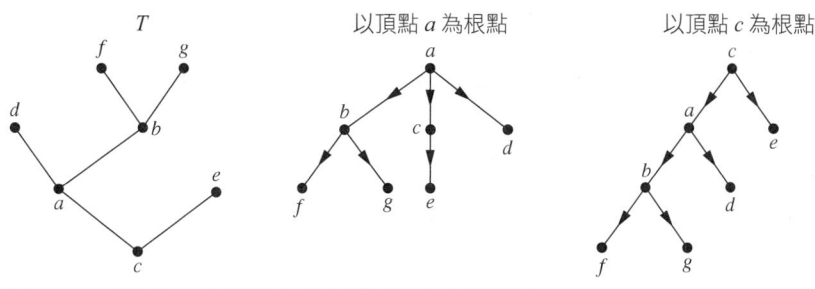

圖 4　一個樹圖和指定兩個不同根點所形成的有根樹圖

所有不同於 v 的頂點（亦即頂點 v 的親點、其親點的親點 …… 等等，直到到達根點為止）。頂點 v 的**後代點（descendants）**是指以頂點 v 為祖先點的頂點。如果一個樹圖中的頂點沒有子點，則稱為此樹圖的**葉子點（leaf）**，而有子點的頂點稱為**內點（internal vertices）**。根點通常為內點，除非此圖中只包含一個頂點，在這種狀況下，根點為葉子點。

若頂點 a 為樹圖中的一個頂點，則以 a 為根點的**子樹圖（subtree）**是指由頂點 a、其所有後代點及相接合之邊所形成的子圖。

例題 2　以頂點 a 為根點的有根樹圖 T 如圖 5 所示。找出 c 的親點、g 的子點、h 的手足點、所有 e 的祖先點、所有 b 的後代點、所有的內點和所有的葉子點。另外，以 g 為根點的子樹圖為何？

解：c 的親點為 b。g 的子點為 h、i 和 j。h 的手足點有 i 和 j。e 的祖先點有 c、b 和 a。b 的後代點為 c、d 和 e。a、b、c、g、h 和 j 為內點。d、e、f、i、k、l 和 m 為葉子點。以 g 為根點的子樹圖如圖 6 所示。　◀

所有內點之子點數都相等的有根樹圖有許多應用。稍後在本章中，我們將利用這類樹圖來解決有關搜尋、排序和編碼的問題。

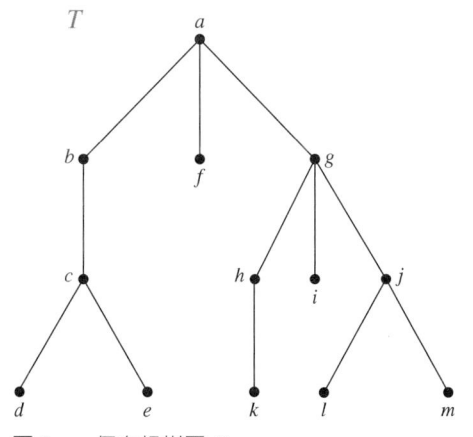

圖 5　一個有根樹圖 T

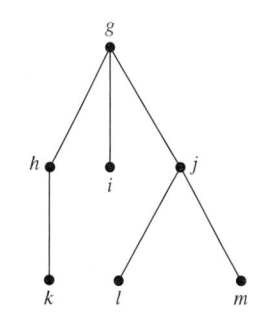

圖 6　以 g 為根點的子樹圖

> **定義 3** ■ 若一個有根樹圖中每個內點的子點數目皆不大於 m，則稱為 m 元樹圖（m-ary tree）。若其每個內點的子點數目皆等於 m，則稱為滿 m 元樹圖（full m-ary tree）。當 $m = 2$ 時，稱為二元樹圖。

例題 3 在圖 7 的有根樹圖中，是否有滿 m 元樹圖？

解：T_1 為滿二元樹圖，因為每個內點都剛好有兩個子點。T_2 為滿 3 元樹圖，因為每個內點都剛好有三個子點。在 T_3 中，每個內點都剛好有五個子點，所以為滿 5 元樹圖。T_4 不為滿 m 元樹圖，因為有些內點有兩個子點，而其他內點卻有三個子點。◀

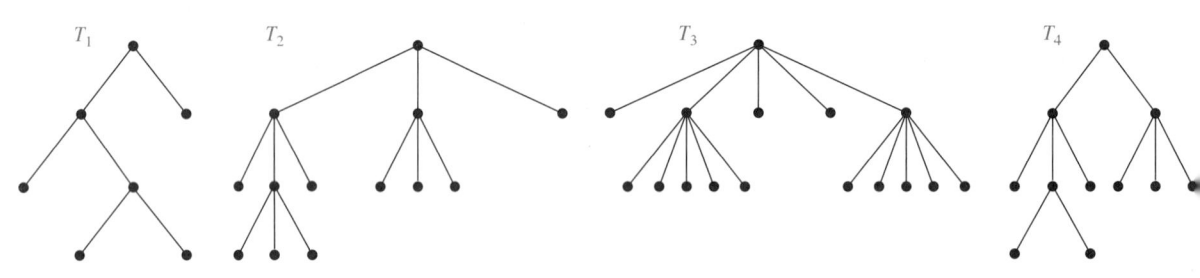

圖 7 四個有根樹圖

排序有根樹圖

一個**排序有根樹圖**（ordered rooted tree）是指一個有根樹圖，其每個內點的子點是有排序的。畫出排序有根樹圖時，其子點的排序依照慣例是由左向右。

在排序二元樹圖〔一般簡稱為**二元樹圖**（binary tree）〕中，一個內點有兩個子點，第一個子點稱為**左子點**（left child），而第二個子點稱為**右子點**（right child）。以左子點為根的子樹圖稱為此內點的**左子樹圖**（left subtree），而以右子點為根的子樹圖稱為此內點的**右子樹圖**（right subtree）。讀者可以發現，在某些二元樹圖的應用中，除了根點外，所有的頂點都可視為其親點的左子點或右子點。就算某頂點只有一個子點，在有需要時也會這樣看待其子點。

排序有根樹圖也能以遞迴定義，二元樹圖在 5.3 節中就以這種方式定義。

例題 4 圖 8(a) 中的二元樹圖 T 中，頂點 d 的左子點和右子點各為何？頂點 c 的左子樹圖和右子樹圖各為何？

解：d 的左子點為 f，而右子點是 g。頂點 c 的左子樹圖和右子樹圖分別如圖 8(b) 與圖 8(c) 所示。◀

就像在討論圖學時一樣，至今尚未有完全一致的術語來敘述樹圖、有根樹圖、排序有根數圖以及二元圖。術語不一致的原因是由於樹圖在電腦這門新興科學中的使用範疇

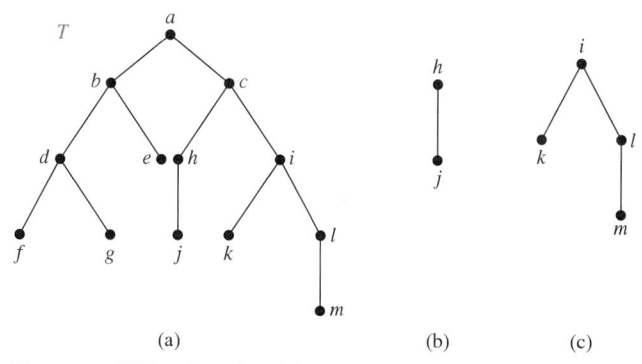

圖 8 二元樹圖 T 與頂點 c 的左子樹圖和右子樹圖

非常廣泛，所以讀者在看到這些概念時，必須非常小心地了解每個術語在所處理的問題中所代表的意義。

樹圖模型

樹圖模型的應用出現於在許多範疇中，例如資訊科學、化學、地質學、植物學和心理學，我們將介紹在這些應用中使用到的樹圖模型。

例題 5 **飽和碳氫化合物和樹圖** 圖形能用來表現分子式，其中以頂點代表原子，而鍵結則以圖形之邊來表示。英國數學家凱利在 1857 年發明樹圖，用來計算飽和碳氫化合物 C_nH_{2n+2} 之同分異構物的種類。

在飽和碳氫化合物的圖學模型中，每個代表碳原子的頂點其分支度為 4，而頂點氫的分支度為 1。在化合物 C_nH_{2n+2} 的圖形中有 $3n+2$ 個頂點，已知邊數為所有分支度總和的一半，所以圖形有 $(4n+2n+2)/2 = 3n+1$ 個邊。又由於圖形為連通的，而且邊數比頂點數少 1，可知圖形為一個樹圖（見習題 15）。

每一個不同構的樹圖，如果有 n 個分支度為 4 和 $2n+2$ 個分支度為 1 的頂點，則代表一種 C_nH_{2n+2} 的同分異構物。當 $n=4$ 時，剛好有兩種不同構的樹圖（請讀者自行檢驗），所以 C_4H_{10} 的同分異構物恰巧有兩種，結構如圖 9 所示，這兩種同分異構物分別為丁烷與類丁烷。

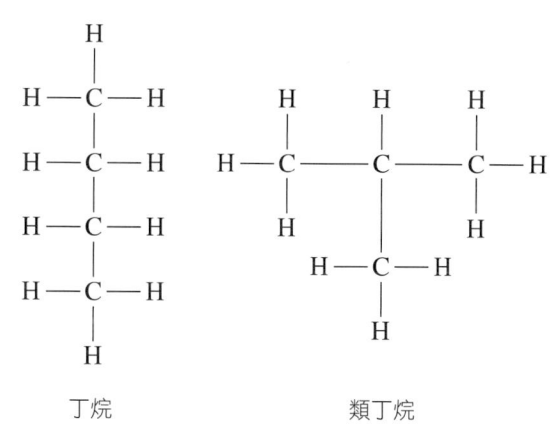

丁烷　　　　　類丁烷

◀ **圖 9** 兩種丁烷的同分異構物

亞瑟・凱利（Arthurs Cayley，1821-1895）為商人之子，幼年時便以驚人的計算能力展現其數學天分。他於 17 歲時進入劍橋的三一學院就讀。這段期間，凱利開始 n 維集合的研究，在幾何學與分析上做出了許多貢獻。因為數學界並沒有保留任何職位給凱利，他離開劍橋後便轉往法律界，並於 1849 年過獲得律師資格。然而，凱利並未中斷數學研究。在任職律師期間，發表了超過 300 篇數學論文。當 1863 年劍橋提供一個職位給凱利時，他馬上就接受了這個薪水遠遠不及律師的工作。

例題 6　表現組織架構　一個大型組織的架構能以有根樹圖模型來表現，其中頂點代表組織中的職位，而方向邊始點的職位為此邊終點之職位的（直屬）上司。圖 10 即為這類圖形，在此樹圖中，軟體研發主任直接隸屬於研發部副總裁。◀

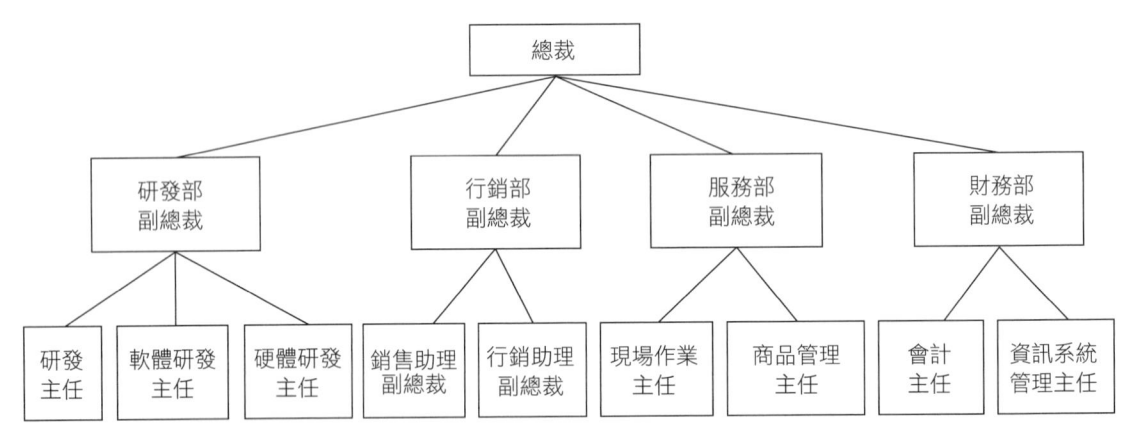

圖 10　一個電腦公司的組織樹圖

例題 7　電腦檔案系統　檔案在電腦記憶裡能以目錄的方式來管理。一個目錄中包含檔案及次目錄，根目錄則包含整個檔案系統。一個檔案系統能用有根樹圖來表現。根點代表根目錄，內點則為次目錄，而葉子點則為原始檔案或是空白目錄。一個這類檔案系統如圖 11 所示。在這個系統中，名為 khr 的檔案在名為 rje 的目錄之下。（在檔案連結中，相同的檔案可能有超過一種連結路徑，也因此在電腦檔案系統中會有環道產生。）◀

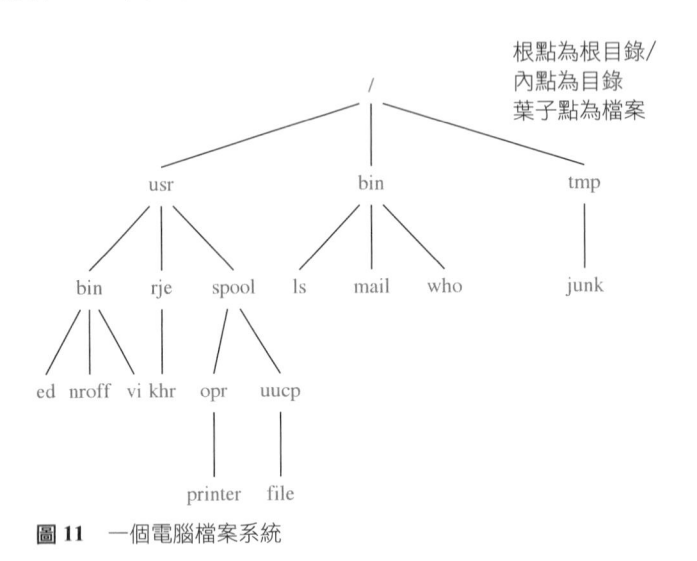

圖 11　一個電腦檔案系統

例題 8　樹狀連通平行處理器　在 9.2 節例題 17 中，我們介紹平行處理的交錯連通網路。一個**樹狀連通網路（tree-connected network）**是另一種將處理器交錯連通的重要方法，表現這種網路的圖形是完全的二元樹圖；也就是每個根點都在相同水平的滿二元樹圖。這種網路交錯連通了 $n = 2^k - 1$ 處理器，其中 k 為正整數。一個由頂點 v 代表的處理器，若不

是根點也不是葉子點,則有三個雙向連通:一個連至 v 之親點所代表的處理器,另兩個連至 v 的子點處理器。根點所代表的處理器則連至兩個子點的雙向連通。至於位於葉子點的處理器,則只有一個連向其親點的雙向連通。一個包含七個處理器的樹狀連通網路如圖 12 所示。

我們將說明一個樹狀連通網路為何能用來處理平行計算,也將特別證明圖 12 中的處理器如何在三個步驟中將八個數相加。在第一個步驟中,利用 P_4 將 x_1 與 x_2 相加,利用 P_5 將 x_3 與 x_4 相加,利用 P_6 將 x_5 與 x_6 相加,利用 P_7 將 x_7 與 x_8 相加。在第二個步驟中,利用 P_2 將 x_1+x_2 與 x_3+x_4 相加,再利用 P_3 將 x_5+x_6 與 x_7+x_8 相加。最後,在第三個步驟中,利用 P_1 將 $x_1+x_2+x_3+x_4$ 與 $x_5+x_6+x_7+x_8$ 相加。比起利用七個步驟累加八個數,這種三個步驟的方式顯然較佳。

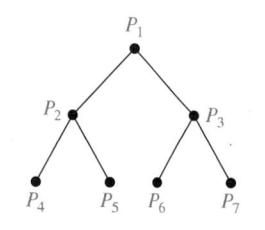

圖 12 一個包含七個處理器的樹狀連通網路

樹圖的性質

在許多不同形態的樹圖中,經常需要用到邊數與頂點數之間的關係。

> **定理 2** ■ 一個包含 n 個頂點的樹圖有 $n-1$ 個邊。

證明:我們將利用數學歸納法來證明這個定理。注意,對所有的樹圖都能任意選取一個頂點成為有根樹圖的根點。

基本步驟:當 $n=1$,只有一個頂點的樹圖是沒有邊的,所以當 $n=1$ 時,此定理成立。

歸納步驟:歸納假說為包含 k 個頂點的樹圖有 $k-1$ 個邊,其中 k 為正整數。假設一個樹圖 T 有 $k+1$ 個頂點。令頂點 v 為一個葉子點(此頂點必定存在,因為樹圖是有限的),而且令 w 為 v 的親點。將頂點 v 與接合於其上(唯一)的邊移去,會得到含有 k 個頂點的新樹圖 T'。根據歸納假說,T' 有 $k-1$ 個邊,所以樹圖 T 應該有 k 個邊,因為它比樹圖 T' 多一個邊。如此便完成歸納法的證明。 ◁

樹圖是個沒有簡單環道的連通無向圖形。所以,當 G 是一個包含 n 個頂點的無向圖時,定理 2 告訴我們條件 (i) G 是連通的,以及 (ii) G 沒有簡單環道。可以推得 (iii) G 有 $n-1$ 個邊。同樣地,若條件 (i) 和 (iii) 成立,則 (ii) 也會成立;同理,若條件 (ii) 和 (iii) 成立,則 (i) 也會成立。也就是說,若 G 是連通的,而且沒有簡單環道,則 G 有 $n-1$ 個邊,所以 G 是個樹圖(見習題 15(a));同時,若 G 沒有簡單環道,而且有 $n-1$ 個邊,則 G 是連通的,所以 G 是個樹圖(見習題 15(b))。總結來說,若 (i)、(ii) 和 (iii) 三個條件中,只要有兩個成立,第三個就必定成立,而 G 就是個樹圖。

計算 m 元樹圖的頂點數 在定理 3 中,一個滿 m 元樹圖的頂點數目能由其內點的數目來求得。與定理 2 相同,我們令 n 為樹圖的頂點數目。

定理 3 ■ 一個有 i 個內點的滿 m 元樹圖，其頂點數目為 $n = mi + 1$。

證明： 在樹圖中，除了根點外，其他頂點都是某個內點的子點。因為每個內點都有 m 個子點，因此除了根點外應該有 mi 個點，所以共有 $n = mi + 1$ 個頂點。 ◁

假設 T 為一個滿 m 元樹圖。令 i 為內點數目，l 為葉子點的數目。一旦知道 n、i 和 l 中任一個數，便能求出其他數目。由定理 4 可知如何由一個已知量求出另兩個量。

定理 4 ■ 一個滿 m 元樹圖，若有

   (i) n 個頂點，則有 $i = (n-1)/m$ 個內點和 $l = [(m-1)n+1]/m$ 個葉子點。

   (ii) i 個內點，則有 $n = mi + 1$ 個內點和 $l = (m-1)i + 1$ 個葉子點。

   (iii) l 個葉子點，則有 $n = (ml-1)/(m-1)$ 頂點和 $i = (l-1)/(m-1)$ 個內點。

證明： 令 n 為頂點數、i 為內點數目，而 l 為葉子點的數目。本定理的三個部分都能用定理 3 中的等式，即 $n = mi + 1$，以及等式 $n = i + l$（任何頂點不是內點就是葉子點）來求得。我們在此證明 (i)，而 (ii) 和 (iii) 則留給讀者自行證明。

由 $n = mi + 1$，求得 $i = (n-1)/m$，代入等式 $n = i + l$，可得 $l = n - i = n - (n-1)/m = [(m-1)n + 1]/m$。 ◁

例題 9 將說明如何使用定理 4。

例題 9   假設某人開始傳遞連鎖信件。每個收到信的人都被要求必須將信件轉寄給 4 個人。有些人會照著做，而有些人則完全不予理會。這個連鎖信件在 100 個人收到信而不寄出任何信件後便會停止。若一個人只收到一次信件，則包括第一個寄信人共有多少人曾看到信件？有多少人寄出信件？

解： 這種連鎖信件能以 4 元樹圖來表現，其中內點代表寄出信件的人，葉子點則是沒有寄出信件的人。因為有 100 個人沒寄出信，所以 $l = 100$。根據定理 4(iii)，所以有 $n = (4 \cdot 100 - 1)/(4-1) = 133$ 個人看過信件，而有 $i = n - 1 = 133 - 100 = 33$ 人寄出信件。 ◁

平衡的 m 元樹圖   在許多狀況下，我們希望使用的有根樹圖是「平衡」的，也就是每個頂點的子樹圖包含的路徑幾乎都有相同的長度。下面的定義會使這個概念較為清楚。在有根樹圖中，頂點 v 的**水平（level）**為由根點到此頂點之唯一路徑的長度，根點的水平定義為零。一個有根樹圖的**高度（height）**為所有頂點之水平中的最大數目。換言之，有根樹圖的高度就是由根點到其他頂點的路徑中的最大長度。

例題 10 求出圖 13 的有根樹圖中所有頂點的水平。此樹圖的高度為何？

解： 根點 a 的水平為 0；頂點 b、j 和 k 的水平為 1；頂點 c、e、f 和 l 的水平為 2；頂點 d、g、i、m 和 n 的水平為 3；最後，頂點 h 的水平是 4。因為最大的水平數目為 4，所以此樹圖的高度為 4。 ◀

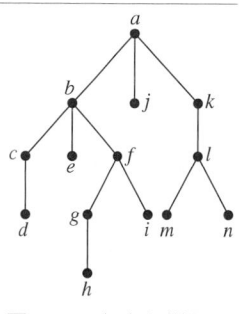

圖 13　一個有根樹圖

若一個高度為 h 的有根 m 元樹圖中，其所有葉子點的水平都為 h 或 $h-1$，則此圖是**平衡的**（balanced）。

例題 11 圖 14 所示的有根樹圖中，哪些是平衡的？

解： T_1 是平衡的，因為其葉子點的水平不是 3 就是 4。但是，T_2 不是平衡的，因為其葉子點的水平有 2、3 和 4。最後，T_3 是平衡的，因為其所有葉子點的水平都是 3。 ◀

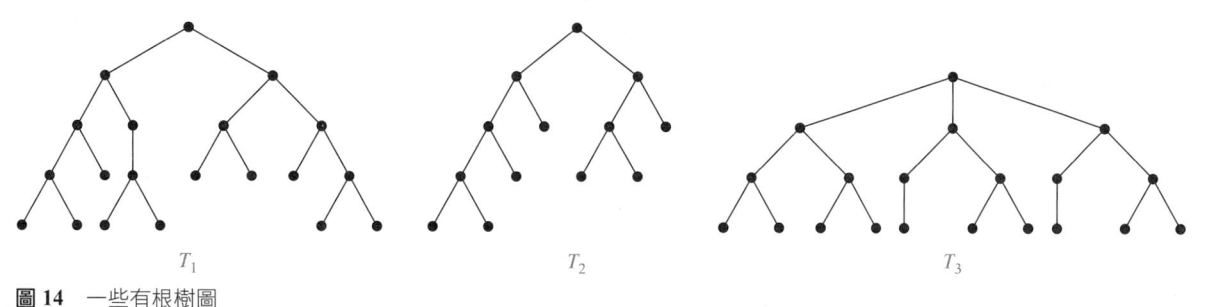

圖 14　一些有根樹圖

m 元樹圖之葉子點數目的界　通常求出 m 元樹圖葉子點數的上下界是有用處的。定理 5 是 m 元樹圖之高度和葉子點數的關係。

定理 5 ■ 在高度為 h 的 m 元樹圖中，至多有 m^h 個葉子點數。

證明： 對樹圖的高度做數學歸納法來證明此定理。首先，考慮 m 元樹圖的高度為 1，則此圖只有根點以及至多 $m^1 = m$ 個葉子點。如此一來，我們完成基本步驟的證明。

假設此定理對所有高度小於 h 的 m 元樹圖都成立，即歸納假設。現在令 T 為高度是 h 的 m 元樹圖，樹圖 T 的葉子點也就是將根點與其接合的邊刪去之子樹圖的葉子點，如圖 15 所示。

刪去根點與邊所得到的各個子樹圖，高度都小於 h。根據歸納假設，每一個子圖至多有 m^{h-1} 個葉子點。由於根點最多只有 m 個子點，所以在原樹圖中至多有 $m \cdot m^{h-1} = m^h$ 個葉子點，所以得證。 ◀

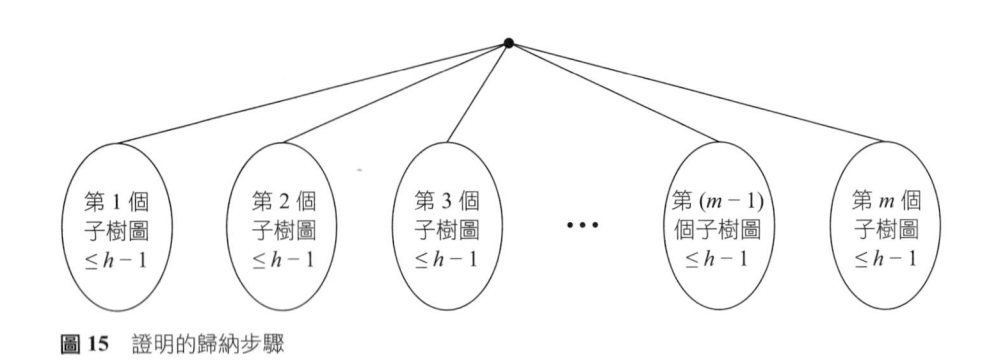

第 1 個子樹圖 ≤ h−1 ， 第 2 個子樹圖 ≤ h−1 ， 第 3 個子樹圖 ≤ h−1 ， ... ， 第 (m−1) 個子樹圖 ≤ h−1 ， 第 m 個子樹圖 ≤ h−1

圖 15　證明的歸納步驟

系理 1 ■ 若一個高度為 h 的 m 元樹圖有 l 個葉子點，則 $h \geq \lceil \log_m l \rceil$。若此樹圖為一個平衡的滿 m 元樹圖，則 $h = \lceil \log_m l \rceil$。〔在此我們使用最小整數函數（ceiling function），$\lceil x \rceil$ 為小於等於 x 的最大整數。〕

證明： 由定理 5 可知 $l \leq m^h$。以 m 為底取對數，可得 $\log_m l \leq h$。因為 h 是整數，$h \geq \lceil \log_m l \rceil$。現在假設樹圖為平衡的，則每個葉子點的水平都為 h 或 $h-1$。由於樹圖的高度為 h，所以最少有一個葉子點的水平為 h。因此，圖中一定包含超過 m^{h-1} 個葉子點（參考習題 30）。因為 $l \leq m^h$，我們有 $m^{h-1} < l \leq m^h$。以 m 為底取對數，可得 $h-1 < \log_m l \leq h$，則 $h = \lceil \log_m l \rceil$。　◁

習題 Exercises　　*表示為較難的練習；**表示為高度挑戰性的練習；☞ 對應正文。

1. 下列哪些圖是樹圖？

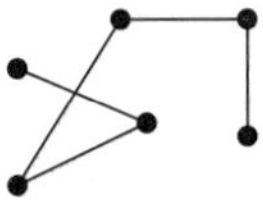

   a)　　　　　　　　　　　　b)

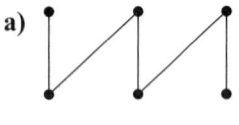

   c)　　　　　　　　　　　　d)

   e) 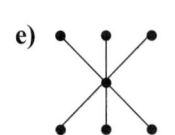　　　　　　　　　　　　f)

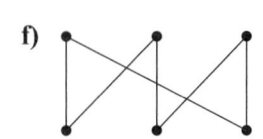

2. 下列哪些圖是樹圖？

   a)　　　　　　　　　　　　b)

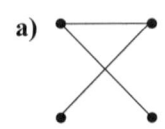

c)

d)

e)

f)

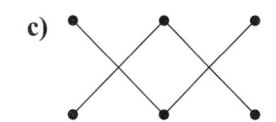

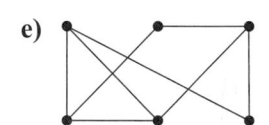

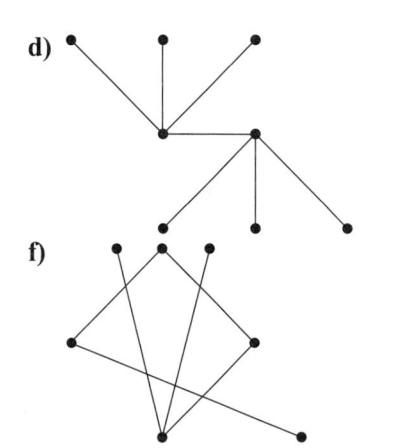

3. 根據下面的有根樹圖，回答下列問題。
   a) 哪一個頂點為根點？
   b) 哪些頂點為內點？
   c) 哪些頂點為葉子點？
   d) 哪些頂點是 j 的子點？
   e) 哪些頂點是 h 的親點？
   f) 哪些頂點是 o 的手足點？
   g) 哪些頂點是 m 的祖先點？
   h) 哪些頂點是 b 的後代點？

4. 根據下面的有根樹圖，回答習題 3 的問題。

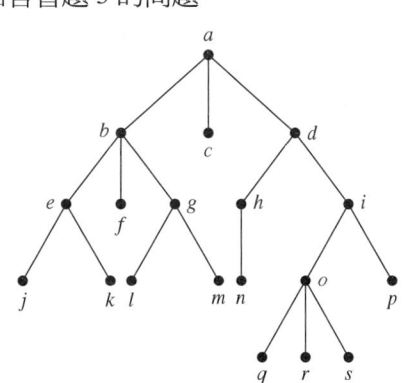

5. 習題 3 的有根樹圖是否為某個正整數 m 的滿 m 元樹圖？
6. 習題 4 的有根樹圖是否為某個正整數 m 的滿 m 元樹圖？
7. 習題 3 的有根樹圖中，每個頂點的水平為何？
8. 習題 4 的有根樹圖中，每個頂點的水平為何？
9. 習題 3 的有根樹圖中，繪出以下列頂點為根點的子樹圖。
   a) a
   b) c
   c) e

10. 習題 4 的有根樹圖中，繪出以下列頂點為根點的子樹圖。
    a) a
    b) c
    c) e

11. a) 包含三個頂點的無根樹圖有多少種不同構的圖形？
    b) 包含三個頂點的有根樹圖有多少種不同構的圖形（利用有向圖的同構）？

*12. a) 包含四個頂點的無根樹圖有多少種不同構的圖形？
    b) 包含四個頂點的有根樹圖有多少種不同構的圖形（利用有向圖的同構）？

*13. a) 包含五個頂點的無根樹圖有多少種不同構的圖形？
    b) 包含五個頂點的有根樹圖有多少種不同構的圖形（利用有向圖的同構）？

*14. 證明當一個簡單圖為樹圖，若且唯若刪去圖中任何一個邊，圖形將變成非連通的。

☞*15. 令 G 為含有 n 個頂點的簡單圖。證明
    a) G 為一個樹圖，若且唯若 G 為連通的並且包含 $n-1$ 個邊。
    b) G 為一個樹圖，若且唯若 G 沒有簡單環道並且包含 $n-1$ 個邊。〔提示：為證明 G 為連通的，如果它沒有簡單環道並且包含 $n-1$ 個邊，可以往證 G 不可能有超過一個連通分支。〕

16. 當 m 與 n 為正整數時，哪些完全二分圖 $K_{m,n}$ 為樹圖？

17. 一個有 10,000 個頂點的樹圖會有多少個邊？

18. 一個有 100 個內點的滿 5 元樹圖會有多少個頂點？

19. 一個有 100 個內點的滿二元樹圖會有多少個頂點？

20. 一個有 100 個內點的滿 3 元樹圖會有多少個頂點？

21. 假設有 1000 個人參加一場棋藝循環賽。利用有根樹圖為此循環賽的模型，判斷決定冠軍需要多少次比賽（參賽者一旦失敗就被淘汰）？

22. 一封連鎖信件由一個人寄給五個人開始。每個收到信的人，要不將信寄給從未收到信的五個人，要不完全不寄出任何信件。假設在連鎖信件停止前有 10,000 個人寄出信件，而且沒有人收到信兩次以上。總共有多少人收到連鎖信件？有多少人沒有寄出信件？

23. 一封連鎖信件由一個人寄給十個人開始。每個收到信的人，要將信寄給十個人，每封信包含此連鎖信中首六位的姓名。除非信中的姓名數少於六人，否則每位收信者都要寄一元給第一個名字的人，然後將這個名字剔除，再將自己的名字遞補到名單的第六位，其他的名字則晉升一位。假設沒有人破壞此規則，而且沒有人收到信兩次以上，則最終連鎖信中的每個人將收到多少錢？

*24. 繪出一個包含 76 個葉子點且高度為 3 的 m 元樹圖，其中 m 為正整數，或是證明此種圖形並不存在。

*25. 繪出一個包含 83 個葉子點且高度為 3 的 m 元樹圖，其中 m 為正整數，或是證明此種圖形並不存在。

*26. 有一個包含 81 個葉子點且高度為 4 的 m 元樹圖 T。
    a) 求出 m 的上界與下界。
    b) 若 T 為平衡的，則 m 為何？

一個**完全 *m* 元樹圖**（complete *m*-ary tree）為滿 *m* 元樹圖，而且其葉子點都在同一個水平。

27. 建構高度為 4 的完全二元樹圖與高度為 3 的完全三元樹圖。
28. 在高度為 h 的完全 m 元樹圖中，含有多少頂點及葉子點？
29. 證明
    a) 定理 4(*ii*)。　　　　　　　　　b) 定理 4(*iii*)。
☞ 30. 證明一個高度為 h 的滿 m 元平衡樹圖包含超過 m^{h-1} 個葉子點。
31. 一個有 t 個樹圖與 n 個頂點的森林圖中，共有多少個邊？
32. 解釋樹圖如何表現一本書的目錄：首先分成章，章下有節，節下再分子節。
33. 下列碳氫化合物各有多少同分異構物？
    a) C_3H_8　　　　　　　　　　b) C_5H_{12}
    c) C_6H_{14}
34. 在組織樹圖中，下列各代表什麼意義？
    a) 某頂點的親點　　　　　　　　b) 某頂點的子點
    c) 某頂點的手足點　　　　　　　d) 某頂點的祖先點
    e) 某頂點的後代點　　　　　　　f) 某頂點的水平
    g) 樹圖的高度
35. 當一個有根樹圖用來表現電腦檔案系統時，回答習題 34 的問題。
36. a) 繪出用來表現含有 15 個處理器的樹狀連通網路的完全二元樹圖。
    b) 證明 (a) 的 15 個處理器，能在 4 個步驟中求出 16 個數字的和。
37. 令 n 為 2 的冪次數。證明利用 $n-1$ 個處理器的樹狀連通網路，能在 $\log n$ 個步驟中求出 n 個數字之和。

10.2 樹圖的應用 Applications of Trees

引言

我們將討論三種以樹圖研究的問題。第一個問題：如何儲存表列中的項目，方能容易找到需要的項目？第二個問題：在某些有相同型態的物件中，要如何做出一系列的決定以找出具有某些特定性質的物件？第三個問題：一組符號如何有效地編碼成二元字串？

二元搜尋樹圖

由資訊科學引發的問題中，在一個表列中搜尋某個項目是非常重要的工作。我們主要的目的是在當所有的項目都是完全有序的時候，提供一個有效的搜尋演算法。要完成這個目標，可以透過**二元搜尋樹圖**（binary search tree）。這是一個二元樹圖，每個頂點的子點都被指定為左子點或右子點。沒有一個頂點有超過一個左子點或右子點，而且每個頂點都被標記成代表某個項目的（有序）線索。此外，頂點上的線索大於其左子樹圖中的所有頂點，而且小於其右子樹圖中的所有頂點。

下述遞迴程序可用來產生一個表現表列中項目的二元搜尋樹圖。首先開始於一個單一頂點的樹圖，此頂點稱為根點。表列中的第一個項目便指定為根點的線索。當加入一個新的項目時，先一一與樹圖中存在的頂點比較。由根點開始，若代表線索比較小，而且左子點存在，則向左移動，繼續比較；反之，若代表線索比較大，而且右子點存在，則向右移動，繼續比較。若代表線索比較小，而左子點不存在時，便加入一個新的頂點當成左子點，並將新加入的子點標記為欲加入之項目。同樣地，若代表線索比較大，而右子點不存在時，便加入一個新的頂點當成右子點，並將新加入的子點標記為欲加入之項目。這個程序在例題 1 中以實例說明。

例題 1 利用下面的字生成一個二元搜尋樹圖：*mathematics, physics, geography, zoology, meteorology, geology, psychology* 和 *chemistry*（根據英文字母的順序）。

解：圖 1 為建構二元搜尋圖的步驟。*mathematics* 為根點的線索，因為 *physics* 的順序大於 *mathematics*，所以增加一個根點的右子點，指定其線索為 *physics*。*geography* 小於 *mathematics*，所以增加一個根點的左子點，指定其線索為 *geography*。接下來，增加一個 *physics* 的右子點為 *zoology*，因為 *zoology* 大於 *mathematics*，也大於 *physics*。然後，增加一個 *physics* 的左子點，指定其線索為 *meteorology*。增加一個 *geography* 的右子點，指定其線索為 *geology*。增加一個 *zoology* 的左子點，指定其線索為 *psychology*。最後，增加一個 *geography* 的左子點，指定其線索為 *chemistry*。如此，便完成二元搜尋樹圖。◀

一旦完成二元搜尋樹圖，我們還需要找出特定項目所在位置，以及加入新項目的方法。演算法 1 為插入演算法（insertion algorithm），能同時完成上面兩個工作，儘管它看來似乎是只是為了在二元搜尋樹圖中添加新的項目。也就是說，演算法 1 的過程，一來能找出已經存在於樹圖中的項目，也能在樹圖中加入新的項目。假設某項目為 x，在演

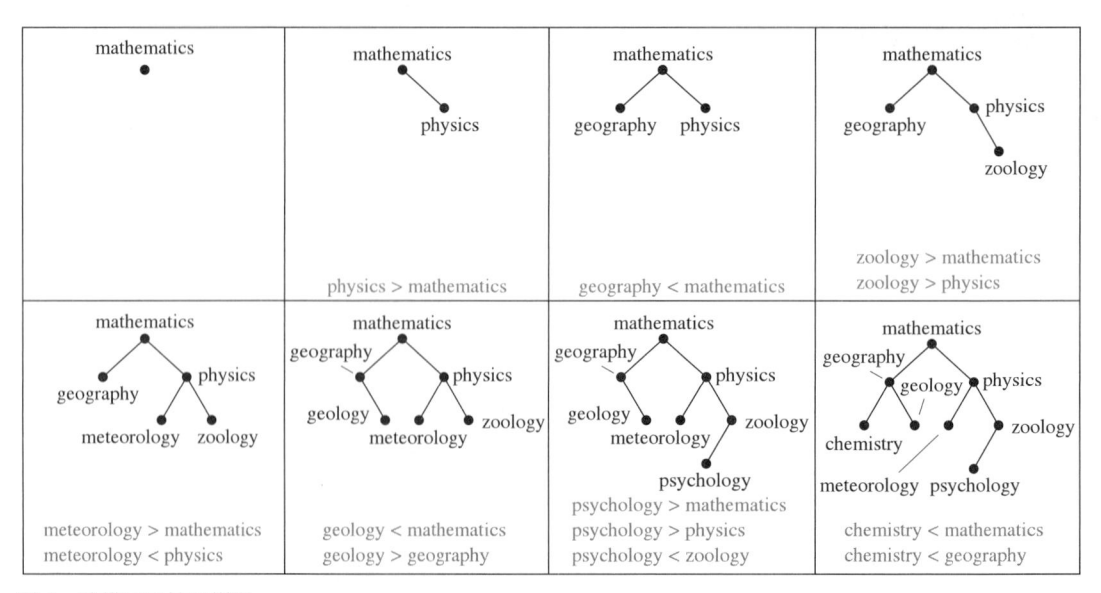

圖 1 建構二元搜尋樹圖

算法中，首先檢驗根點 v，若 x 即為 v 的線索，則我們找到項目 x 所在的位置，終止演算法。若 x 小於 v 的線索，則向 v 的左子點移動，然後重複相同的步驟；反之，若 x 大於 v 的線索，則向 v 的右子點移動，然後重複相同的步驟。如果移動的方向已經沒有子點存在，則在樹圖中加入新的子點，並將 x 指定為新頂點的線索。

例題 2 說明如何利用演算法 1 在一個二元搜尋樹圖中加入新的項目。

例題 2　利用演算法 1 在例題 1 的二元搜尋樹圖中加入新的項目 *oceanography*。

解：演算法 1 中，首先檢驗的是根點 v，也就是說，*label*(v) = *mathematics*。因為 $v \neq null$ 且 *label*(v) = *mathematics* < *oceanography*。接下來檢驗根點的右子點。在這個步驟中，$v \neq null$ 且 *label*(v) = *physics* > *oceanography*。所以，往左子點移動。在這個步驟中，$v \neq null$ 且 *label*(v) = *meteorology* < *oceanography*，檢驗右子點。然而，右子點並不存在，因此加入新的頂點當成 v（此時，頂點 v 的線索為 *meteorology*）的右子點，令 $v := null$。現在我們離開 **while** 迴路，因為 $v = null$。利用演算法尾端的 **else if** 敘述，指定新頂點的線索為 *oceanography*。　◀

演算法 1　定位和增加項目到一個二元搜尋樹圖

procedure *insertion*(T: binary search tree, x: item)
$v :=$ root of T
{a vertex not present in T has the value *null*}
while $v \neq$ *null* and *label*(v) $\neq x$
　if $x <$ *label*(v) **then**
　　if left child of $v \neq$ *null* **then** $v :=$ left child of v
　　else add *new vertex* as a left child of v and set $v :=$ *null*
　else
　　if right child of $v \neq$ *null* **then** $v :=$ right child of v
　　else add *new vertex* as a right child of v and set $v :=$ *null*
if root of $T =$ *null* **then** add a vertex v to the tree and label it with x
else if v is null or *label*(v) $\neq x$ **then** label *new vertex* with x and let v be this new vertex
return v {$v =$ location of x}

接下來，將討論這個過程的複雜度。假設有一個包含 n 個項目的二元搜尋樹圖 T，我們可以在需要的地方加上一些沒有標記的頂點，使 T 變成滿二元樹圖 U，如圖 2 所示。如此一來，便能很容易地加入新的項目而不用加上新的頂點。

添加新項目所需最多的比較次數為樹圖 U 中由根點到葉子點間的最長路徑長度。樹圖 U 的內點皆為樹圖 T 的頂點，所以樹圖 U 有 n 個內點。利用 10.1 節定理 4(ii)，可知樹圖 U 有 $n + 1$ 個葉子點。利用 10.1 節系理 1，樹圖 U 的高度會大於等於 $h = \lceil \log(n + 1) \rceil$。由此可知，加入一個新項目至少需 $\lceil \log(n + 1) \rceil$ 次比較。若樹圖 U 為平衡的，其高度為 $\lceil \log(n + 1) \rceil$（根據 10.1 節系理 1）。因此，若二元搜尋樹圖是平衡的，則定位和加入新項目，至多需要 $\lceil \log(n + 1) \rceil$ 次比較。

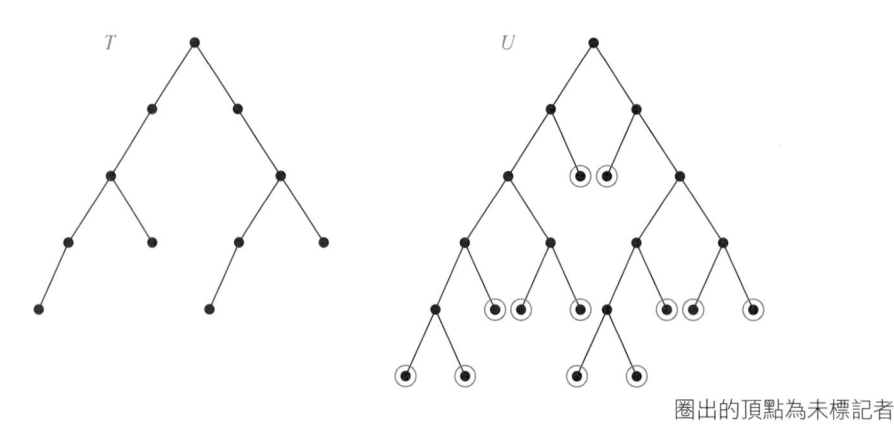

圖 2　增加沒有標記的頂點使其成為滿二元樹圖

決策樹圖

有根樹圖能用來模型化「需要經過一序列的決策來得到結果」這類的問題。例如，二元搜尋樹圖能經過一連串的比較以定位某個項目，其中每一次比較都告訴我們搜尋項目的位置，或是應該向左子樹圖或右子樹圖移動。當一個有根樹圖中，每個內點都是一個決策，而每個頂點的子樹圖表示其決策會出現的結果，我們稱這種樹圖為**決策樹圖**（decision tree）。而可能會出現的結果，則對應於這個有根樹圖中路徑所到達的葉子點。例題 3 將說明決策樹圖的應用。

例題 3　假定有七個重量完全一樣的銅板和一個重量稍輕的假銅板。利用一個天秤要經過幾次秤重，才能判斷八個銅板中哪一個才是假的？寫出找假銅板的演算法。

解：天秤每一次秤重都有三種可能：兩邊一樣重、左邊比較重或是右邊比較重。因此，秤重結果的決策樹圖為一個三元樹圖。樹圖中至少有八個葉子點，因為總共有八種可能出現的結果（八個銅板都有可能是假的）。所需秤重最大的次數就是決策樹圖的高度。由 10.1 節系理 1 可知，決策樹圖的最小高度為 $\lceil \log_3 8 \rceil = 2$。所以，最少需要秤重兩次。

用兩次秤重找出假銅板的方法如圖 3 所示。

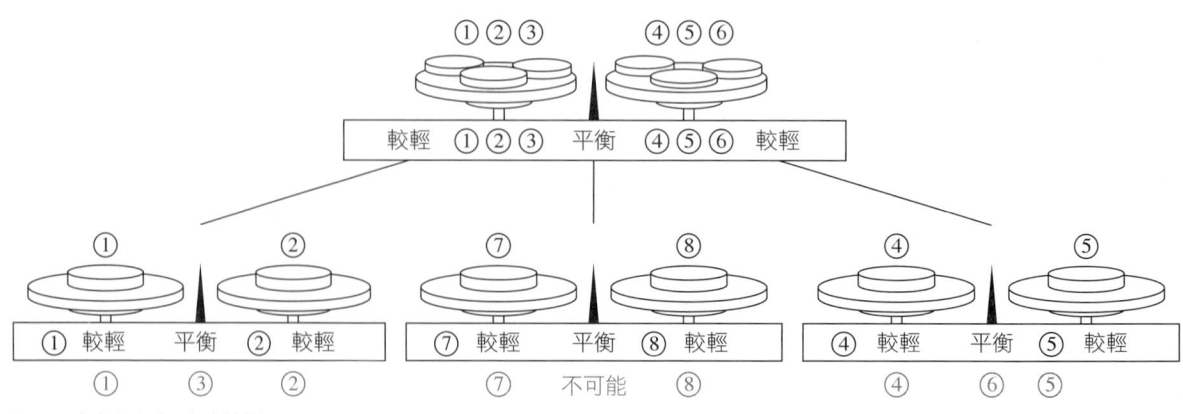

圖 3　決定假銅板的決策樹圖

根據比較之排序演算法的複雜度　現今已經發展出許多不同的排序演算法。要決定某種排序演算法是否有效，其複雜度是重要的關鍵。以決策樹圖為模型，可以找出最壞情況的複雜度下界。

我們以決策樹圖來模型化排序演算法，並估計這些演算法中最壞狀況的複雜度。若有 n 個元素，則有 $n!$ 種方法來排序這些元素，因為這 $n!$ 種排列方式都有可能是正確的。本書所介紹的排序演算法，即最常使用的演算法，利用的是二元比較，也就是每次比較兩個元素。每經過一次比較，就會減少可能排序的數目。因此，利用二元比較的演算法可以用二元決策樹圖來表現。樹圖中每個內點表現的是兩個元素的比較。每個葉子點，則表現一種可能的排列。

例題 4　圖 4 表示 a, b, c 排列的決策樹圖。◀

根據二元比較的排序方式，其複雜度是以比較的次數來度量。排序 n 個元素所需最多的比較次數，也就是這個演算法中的最壞情況。而最多的比較次數，也會等於其決策樹圖中最長路徑的長度。換句話說，排序 n 個元素中所需最多的比較次數等於其決策樹圖的高度。因為其高度至少為 $\lceil \log n! \rceil$（根據 10.1 節系理 1），所以排序 n 個元素至少需要做 $\lceil \log n! \rceil$ 次比較，見定理 1。

定理 1　■　利用二元比較的排序演算法至少需要做 $\lceil \log n! \rceil$ 次比較。

我們能利用定理 1 找出二元比較的排序演算法之比較次數的大 Ω 估計。回顧 3.2 節習題 72，可知 $\lceil \log n! \rceil$ 為 $\Theta(n \log n)$，這是一種經常用來表示演算法計算複雜度的指數函數。系理 1 則與此估計相關。

系理 1　■　利用二元比較的排序演算法排序 n 個元素的比較次數為 $\Omega(n \log n)$。

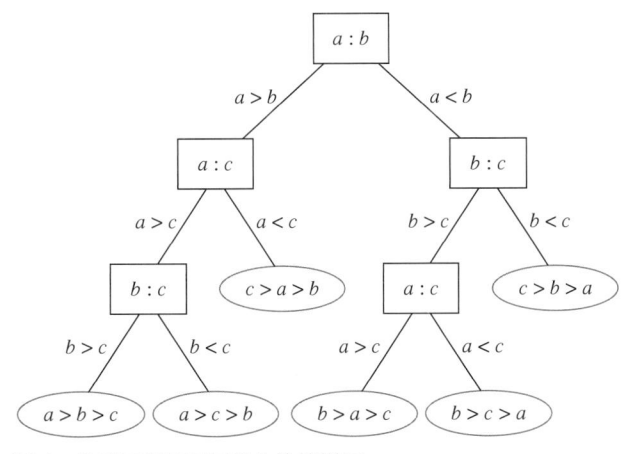

圖 4　排列三個不同元素的決策樹圖

系理 1 告訴我們，在最壞的情形下，二元比較的排序演算法用到 $\Theta(n \log n)$ 個計算次數是最佳狀況；也就是說，沒有其他此類的演算法有更好的最壞狀況複雜度。由 5.4 節定理 1 可知，就這個角度看來，這個併入性排序演算法是最佳的。

對於排序演算法的平均狀況複雜度，我們也能得到相似的結果。利用二元比較的排序演算法，其比較平均次數等於表現此種演算法的決策樹圖其葉子點的平均深度。

定理 2 ■ 利用二元比較的排序演算法排序 n 個元素的平均比較次數為 $\Omega(n \log n)$。

前置編碼

考慮利用二元字串來為英文字母編碼（不考慮大小寫）。每個字母能以長度為 5 的字串來表示，因為字母只有 26 個，而長度為五的字串有 32 個。當每個字元都用 5 個位元編碼時，所需總位元數目為 5 乘上字元的個數。是否可以找到一種編碼方式能利用較少數目的位元數，將這些資料所需的字元編碼？如此一來，便可節省記憶體，減少傳輸時間。

考慮使用不同長度的位元來編碼不同的字元。出現頻率愈高的字元使用愈短位元的長度，而出現頻率較少的字元則可使用較長的位元來編碼。當每個字元使用的位元長度不同時，編碼方法便必須能判斷每個字元的開始與終結；否則，若 e 編碼為 0，a 編碼為 1，t 編碼為 01，則 0101 可能對應於 eat、tea、eaea 或是 tt。

某種能確定區分不同之兩個字元的編碼，必然不會出現其中一者是另一者前段的狀況，這種條件的編碼方法稱為**前置編碼（prefix code）**。例如，e 為 0，a 為 10，t 為 11 即為前置編碼，任何一個字都對應於唯一的位元字串。例如，字串 10110 為 ate 的編碼。因為沒有字元的編碼為 1，而有字元 a 編碼為 01，因此 a 應該為字的第一個字元。而且，沒有字元的編碼為 1，而有字元 t 編碼為 11，因此 t 應該為第二個字元，而最後一個位元 0 則代表 e。

一個前置編碼能以二元樹圖來表現，其中所有字元都是葉子點的標記，而邊標記成指向左子樹圖的為 0，指向右子樹圖的為 1。用來表示某字元的位元字串，則為由根點到某字元所在葉子點的唯一路徑上邊的標記。例如，在圖 5 中 e 編碼為 0，a 編碼為 10，t 的編碼為 110，n 的編碼為 1110，而 s 的編碼則為 1111。

一個編碼的樹圖表現法能用來解碼某個位元字串。例如，考慮圖 5 中字串 11111011100 所表現的字。由根點開始，沿著邊的標記到達第一個葉子點即得到第一個字元，所以初始字元 1111 為 s。接下

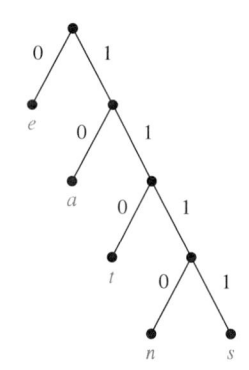

圖 5 有前置編碼的二元樹圖

來，由第五個位元，自根點出發 10 得到的字元為 a。依同樣的方法，由第七個位元開始，1110 為 n。最後的位元 0 則是 e。所以，原始的字為 sane。

我們能利用任意一個二元樹圖來建構一個前置編碼。每個內點左邊的邊標記為 0，右邊的邊標記為 1；而葉子點則標記為一個字元。如此一來，每個字元都將唯一對應於由根點到此字元之路徑所經過的所有邊所標記的位元。

霍夫曼編碼 我們將在此介紹一個演算法：輸入字串中符號的頻率，產生一個使用最少位元的前置編碼。這個演算法稱為**霍夫曼編碼（Huffman coding）**，是由大衛・霍夫曼於 1951 年在麻省理工學院當研究生時發表於期末報告。此演算法是資料壓縮（data compression，以減少資料傳輸量）中的基本演算法，廣泛地應用於壓縮表現文章的位元字串。在壓縮聲音與圖像的檔案中也扮演著重要的角色。

演算法 2 即為霍夫曼編碼演算法（Huffman coding algorithm）。給定所用的符號及其出現的頻率，目的是建構一個有根二元樹圖，而所需的符號出現於葉子點上。演算法由一個森林圖開始，此森林圖中的分支樹圖皆為只包含代表某符號的單一頂點，頂點上給定一個代表符號之頻率的權數。每一個步驟都以一個新的根點結合兩個權數和最小的樹圖，形成一個新的樹圖。根點上賦予新的權數，等於所結合之兩樹圖的權數和。（有時，會出現兩個相同的權數。在此，我們暫且不討論這類問題。）此演算法將建構出一個樹圖，也就是森林圖完全結合成單一樹圖為止。

演算法 2 霍夫曼編碼

procedure *Huffman*(C: symbols a_i with frequencies w_i, $i = 1, \ldots, n$)
$F :=$ forest of n rooted trees, each consisting of the single vertex a_i and assigned weight w_i
while F is not a tree
    Replace the rooted trees T and T' of least weights from F with $w(T) \geq w(T')$ with a tree having a new root that has T as its left subtree and T' as its right subtree. Label the new edge to T with 0 and the new edge to T' with 1.
    Assign $w(T) + w(T')$ as the weight of the new tree.
{the Huffman coding for the symbol a_i is the concatenation of the labels of the edges in the unique path from the root to the vertex a_i}

例題 5 將說明演算法 2 如何編碼一組五個符號的集合。

例題 5 將下列賦予出現頻率的符號做霍夫曼編碼：A: 0.08，B: 0.10，C: 0.12，D: 0.15，E: 0.20，F: 0.35。編碼一個字元的平均位元數目為何？

大衛・霍夫曼（David A. Huffman，1925-1999） 成長於美國俄亥俄州，18 歲時就從俄亥俄州立大學畢業，最後獲得麻省理工學院的工程博士。霍夫曼在資訊理論（information theory）、編碼學、信號設計（signal design）上有相當大的貢獻。

解：圖 6 展示為這些符號編碼的步驟。編碼的結果如下：A 為 111，B 為 110，C 為 011，D 為 010，E 為 10，而 F 為 00。編碼一個字元的平均位元數目為 $3 \cdot 0.08 + 3 \cdot 0.10 + 3 \cdot 0.12 + 3 \cdot 0.15 + 2 \cdot 0.20 + 2 \cdot 0.35 = 2.45$。◀

注意，霍夫曼編碼是貪婪演算法。在每個步驟中，將兩個權數和最小的樹圖替換掉，將會得到一個使用最少位元之最佳二元前置編碼。此證明將留在習題 26 中作為練習。

霍夫曼編碼有許多不同的版本。例如，不只可編碼單一符號，我們也能對一個特定長度之區塊符號（譬例如兩個符號的區塊）編碼。這樣一來可以減少編碼字串所需的位元（見本節習題 24）。我們也能使用超過兩個符號來編碼字串中的原始符號（見本節習

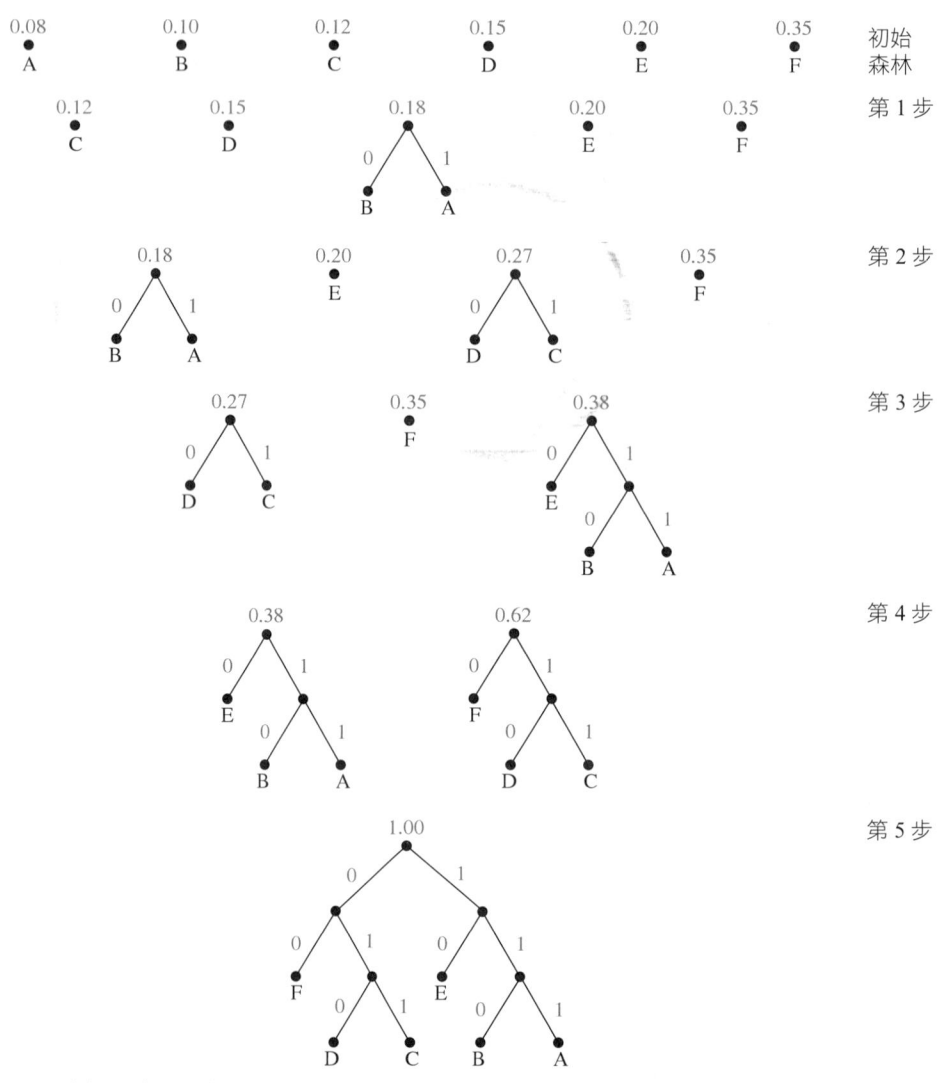

圖 6 例題 5 中的霍夫曼編碼

題 28 前的說明）。此外，一種稱為調適性霍夫曼編碼的版本（見 [Sa00]），當每個字串中符號的頻率事先並不知道的時候，在編碼的同時，也會閱讀此字串。

賽局樹圖

樹圖也能用來分析許多不同的遊戲，例如井字遊戲、捻、跳棋和西洋棋等等。在這些遊戲中，兩個參賽者都輪流行動，也非常清楚對手先前的步驟，除了兩個參賽者外沒有其他因素會影響遊戲的結果。我們將使用**賽局樹圖（game tree）**來模型化這些遊戲。樹圖的頂點表示遊戲中可能發生的情況，而頂點下的邊則表示各種可採行的步驟。因為賽局樹圖通常都非常大，我們一般會將對稱的情況以同一個頂點來代表。不過，有時因為經過的步驟（路徑）不同，相同的情況將出現在兩個不同的頂點上。根點代表的是遊戲最開始的狀態。當遊戲的狀態出現在樹圖偶數水平的頂點上時，表示輪到第一位參賽者行動；反之，當狀態在奇數水平的頂點上時，則由第二位參賽者行動。有時，樹圖會無限延伸，例如當遊戲發生循環時。不過，大部分的遊戲規則都會產生一個有限的樹圖。

樹圖中的葉子點表示遊戲最終的結果，我們將賦予每個葉子點一個數值。當賦予的值為 1 時，表示由第一位參賽者獲勝；當值為 –1 時，表示第二位參賽者贏了；平手時，則以 0 來代表。

在例題 6，我們列出一個很有名的賽局樹圖。

例題 6　**捻**　在**捻（nim）**這個遊戲中，一開始有數堆石頭。遊戲者能自某堆石頭中移去一個或多個石頭，但是不能拿走所有石頭中的最後一個，無法再移動石頭的人便算輸。在圖 7 中，一開始有三堆石頭，分別有 2 個、2 個、1 個。第一個遊戲者有三種可行的方法，如樹

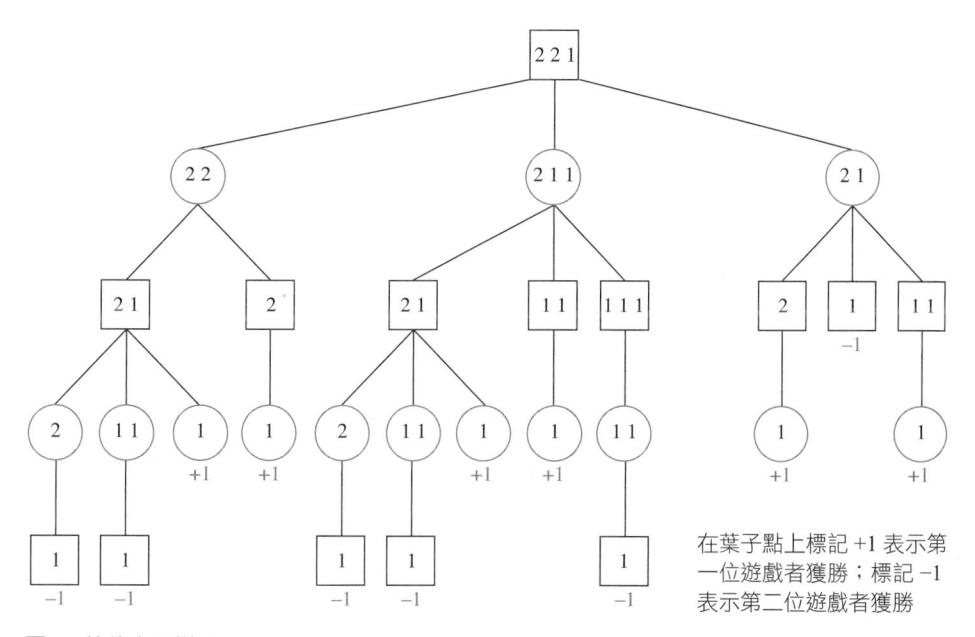

在葉子點上標記 +1 表示第一位遊戲者獲勝；標記 –1 表示第二位遊戲者獲勝

圖 7　捻的賽局樹圖

圖中所示：拿走只有一個石頭的那堆（如水平 1 中最左邊的頂點）、拿走兩個石頭一堆中的一個（由中間的頂點表示，與石頭堆的順序無關），或是直接取走兩個石頭一堆中的兩個（如最右邊的頂點）。接下來的情況如樹圖所示。其中，用方形圍出的頂點表示接下來的行動者為第二位遊戲者；以圓形圈出的頂點，則表示下一步由第一位遊戲者行動。當最後只剩下唯一一顆石頭，遊戲勝負便已決定。 ◀

例題 7　**井字遊戲**　井字遊戲的賽局樹圖非常大，不可能在書中完全畫出。不過，電腦能很容易地建構井字遊戲的樹圖。在圖 8(a) 中，我們畫出整個賽局樹圖開始的一部分；圖 8(b) 中，則是賽局樹圖終結時的一部分。 ◀

我們能用遞迴方式定義賽局樹圖中每個頂點的值，遊戲者能利用這些值來決定自己的最佳策略。所謂**策略（strategy）**是指一連串的法則，讓遊戲者能據以選擇合宜的步驟來贏得遊戲。就第一位遊戲者而言，所謂最佳策略，就是讓**報酬值（payoff）**最大；反之，第二位遊戲者的最佳策略則是讓報酬值最小。現在，我們將定義如何以遞迴方式來定義頂點的報酬值。

定義 1 ■ 在賽局樹圖中，以遞迴方式來定義頂點的值如下：

(i) 葉子點的值為遊戲終結時此葉子點之狀態下，第一位遊戲者的報酬值。

(ii) 在偶數水平上的內點，其值為其子點之值中最大者；奇數水平上的內點，其值為其子點值中最小者。

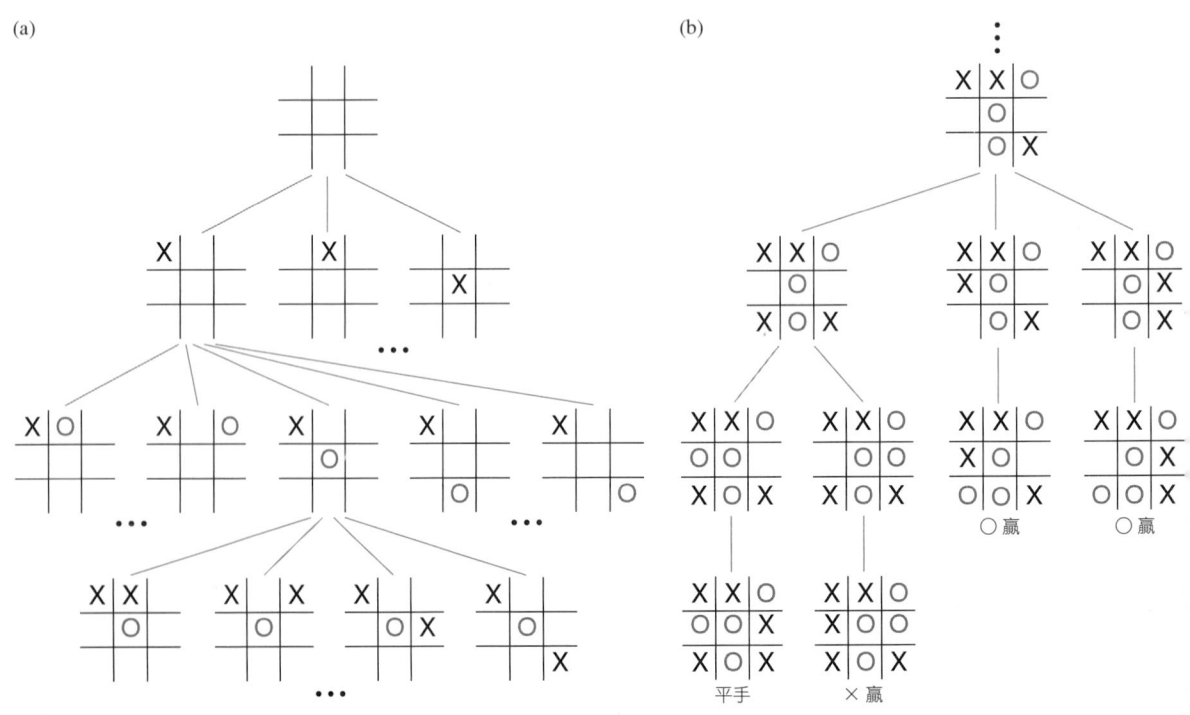

圖 8　井字遊戲的部分賽局樹圖

在此策略中，第一位遊戲者往數值最大的子點移動，而第二位遊戲者則往最小數值的子點移動。這種策略稱為**最小化最大策略（minmax strategy）**。如果每個遊戲者都根據這樣的策略行動，則利用計算根點的值〔稱為此賽局樹圖之**值（value）**〕，便能知道誰是遊戲終結時的贏家。我們將這個結果表示成定理 3。

> **定理 3** ■ 若兩位遊戲者都遵循最小化最大策略，而且由賽局樹圖中某頂點所表示的狀況開始遊戲，則此頂點的值即為第一位遊戲者的報酬值。

證明：我們將利用歸納法證明此定理。

基本步驟：若此頂點為葉子點，則根據賦予此頂點之值的定義，此值即為第一位遊戲者的報酬值。

歸納步驟：歸納假說為「假定某子點的值即為第一位遊戲者的報酬值，而且遊戲開始的各種情況由頂點來表示」。我們需要考慮兩種狀況：當輪到第一位遊戲者行動，或是輪到第二位遊戲者行動。

當輪到第一位遊戲者時，參與者將依循最小化最大策略，選擇向值最大的子點移動。根據歸納假說，當遊戲由那個子點所表示的情況開始，而且遊戲者依循最小化最大策略行動時，此子點的值即為第一位遊戲者的報酬值。利用歸納法定義偶數水平上之內點的值（取其子點之值中最大者），當遊戲由此頂點所表現的狀態開始時，此頂點之值即為報酬值。

當輪到第二位遊戲者時，參與者將依循最小化最大策略，選擇向值最小的子點移動。根據歸納假說，當遊戲由那個子點所表示的情況開始，而且遊戲者依循最小化最大策略行動時，此子點的值即為第一位遊戲者的報酬值。利用歸納法定義奇數水平上之內點的值（取其子點之值中最小者），當遊戲由此頂點所表現的狀態開始時，此頂點之值即為報酬值。◁

注意：將定理 3 的證明延伸，能證明最小化最大策略對兩位遊戲者都是最佳化策略。

例題 8 將說明最小化最大程序如何運作。我們將呈現出例題 6 的賽局樹圖中，內點被賦予的值。我們能縮短勝負比賽所需的比較次數，一旦某方形頂點有個子點其值為 +1 時，則此方形頂點的值也是 +1，因為 +1 是最大的可能報酬值。同樣地，一旦某圓形頂點有個子點其值為 −1 時，則此圓形頂點的值也相同。

例題 8　例題 6 建構一個賽局樹圖，表現在一開始三堆分別有 2 個、2 個、1 個石頭的捻。圖 9 呈現出此樹圖中頂點的值。頂點值的計算由葉子點開始，一次向上移動一個水平。在圖的最右邊，我們對每一個水平標記上最大（max）或是最小（min），用來表示求此水平中內點之值，是要取其子點的最大者，抑或最小者。例如，一旦求出根點的三個子點之值分別為 1、−1 和 −1 時，因為此水平的最右方標記為最大，所以我們將計算 max(1, −1, −1) = 1。因為

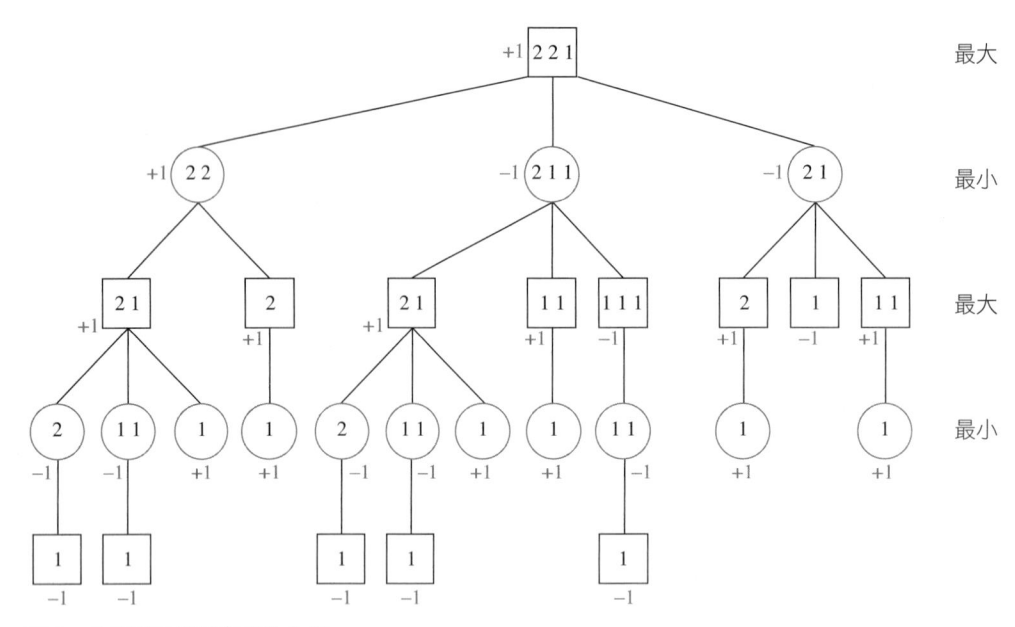

圖 9 捻的賽局樹圖中頂點之值

根點的值為 1，所以我們能推知，當兩位參與者皆遵循最小化最大策略時，第一位遊戲者將會獲勝。◀

習題 Exercises　　*表示為較難的練習；**表示為高度挑戰性的練習；☞ 對應正文。

1. 利用下列單字，根據英文字母的順序建構一個二元搜尋樹圖：*banana, peach, apple, pear, coconut, mango, papaya*。

2. 利用下列單字，根據英文字母的順序建構一個二元搜尋樹圖：*oenology, phrenology, campanology, ornithology, ichthyology, limnology, alchemy, astrology*。

3. 想要定位或加入下列單字到習題 1 的二元搜尋樹圖中，需要做多少次比較？
   a) *pear*　　　　　　　　　　　b) *banana*
   c) *kumquat*　　　　　　　　　d) *orange*

4. 想要定位或加入下列單字到習題 2 的二元搜尋樹圖中，需要做多少次比較？
   a) *palmistry*　　　　　　　　 b) *etymology*
   c) *paleontology*　　　　　　　d) *glaciology*

5. 根據英文字母的順序，為下述句子的單字建構一個二元搜尋樹圖：*The quick brown fox jumps over the lazy dog*。

6. 如果假銅板的重量比其他銅板輕，則使用一個天秤要經過幾次秤重，才能判斷出四個銅板中哪一個才是假的？描述找出這個較輕銅板所需秤重次數的演算法。

7. 如果只知道假銅板的重量與其他銅板不同，則使用一個天秤要經過幾次秤重，才能判斷出四個銅板中哪一個才是假的？描述找出假銅板所需秤重次數的演算法。

* **8.** 如果只知道假銅板的重量與其他銅板不同，則使用一個天秤要經過幾次秤重，才能判斷出八個銅板中哪一個才是假的？描述找出假銅板所需秤重次數的演算法。
* **9.** 如果假銅板的重量比其他銅板輕，則使用一個天秤要經過幾次秤重，才能判斷出十二個銅板中哪一個才是假的？描述找出這個較輕銅板所需秤重次數的演算法。
* **10.** 若四個銅板中有一個可能是假的，而且知道假銅板的重量與其他銅板不同。若其中有一個假銅板，則使用一個天秤要經過幾次秤重，才能判斷出四個銅板中哪一個才是假的？描述找出假銅板所需秤重次數的演算法，此演算法要能判斷假銅板比真的銅板輕還是重。
11. 找出排序四個元素所需之最少比較次數，並設計一個使用這個最小比較次數的演算法。
* **12.** 找出排序五個元素所需之最少比較次數，並設計一個使用這個最小比較次數的演算法。
13. 下列何者為前置編碼？
   a) a: 11, e: 00, t: 10, s: 01
   b) a: 0, e: 1, t: 01, s: 001
   c) a: 101, e: 11, t: 001, s: 011, n: 010
   d) a: 010, e: 11, t: 011, s: 1011, n: 1001, i: 10101
14. 建構表現下列編碼計畫之前置編碼的二元樹圖。
   a) a: 11, e: 0, t: 101, s: 100
   b) a: 1, e: 01, t: 001, s: 0001, n: 00001
   c) a: 1010, e: 0, t: 11, s: 1011, n: 1001, i: 10001
15. 若編碼計畫如右列樹圖所示，則代表 a, e, i, k, o, p, u 的編碼分別為何？
16. 給定編碼計畫：a: 001, b: 0001, e: 1, r: 0000, s: 0100, t: 011, x: 01010。求出下列字串所表示的字。
   a) 01110100011
   b) 0001110000
   c) 0100101010
   d) 01100101010
17. 將下列賦予出現頻率的符號做霍夫曼編碼：a: 0.20, b: 0.10, c: 0.15, d: 0.25, e: 0.30。編碼一個字元的平均位元數目為何？
18. 將下列賦予出現頻率的符號做霍夫曼編碼：A: 0.10, B: 0.25, C: 0.05, D: 0.15, E: 0.30, F: 0.07, G: 0.08。編碼一個符號的平均位元數目為何？
19. 將下列賦予出現頻率的符號建構兩個不同的霍夫曼編碼：t: 0.2, u: 0.3, v: 0.2, w: 0.3。
20. a) 將下列賦予出現頻率的符號依下面的方法建構兩個不同的霍夫曼編碼：a: 0.4, b: 0.2, c: 0.2, d: 0.1, e: 0.1。當發生權數相同時，第一種方法是在最小權數樹圖中，選擇兩個頂點數目最多的樹，結合成一個新的樹圖。第二種方法是選擇兩個頂點數目最少的樹，結合成一個新的樹圖。
   b) 計算上述兩種編碼方法中，編碼一個字元的平均位元數目。何者編碼一個字元的平均位元數目較少？

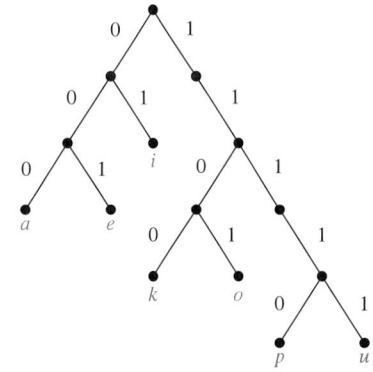

21. 將下表中賦予出現頻率的字母做霍夫曼編碼。

字母	頻率	字母	頻率
A	0.0817	N	0.0662
B	0.0145	O	0.0781
C	0.0248	P	0.0156
D	0.0431	Q	0.0009
E	0.1232	R	0.0572
F	0.0209	S	0.0628
G	0.0182	T	0.0905
H	0.0668	U	0.0304
I	0.0689	V	0.0102
J	0.0010	W	0.0264
K	0.0080	X	0.0015
L	0.0397	Y	0.0211
M	0.0277	Z	0.0005

假設 m 為一個大於等於 2 的正整數。一個包含 N 個符號的 m 元霍夫曼編碼能仿效二元霍夫曼編碼來建構。在最初的步驟中，權數和最小的 $((N-1) \bmod (m-1)) + 1$ 個單一頂點樹圖，結合成一個新的樹圖（增加一個根點，而被連結的頂點為葉子點）。接下來的步驟，則將權術和最小的 m 個樹圖結合成一個 m 元樹圖。

22. 利用虛擬碼描述 m 元霍夫曼編碼演算法。

23. 利用三個符號 0、1 和 2 做三元霍夫曼編碼（$m = 3$），其中字母的頻率如下：A: 0.25, E: 0.30, N: 0.10, R: 0.05, T: 0.12, Z: 0.18。

24. 考慮三個符號的頻率如下：A: 0.80, B: 0.19, C: 0.01。

   a) 建構一個霍夫曼編碼。

   b) 將此三個符號兩兩結合，得到九個符號如下：AA, AB, AC, BA, BB, BC, CA, CB, CC。假定這些新符號發生的情況與原始符號為獨立的。利用這九個新符號建構一個霍夫曼編碼。

   c) 計算上述兩個編碼 (a) 與 (b)，編碼一個字元的平均位元數目。何者比較有效？

25. 若 $n + 1$ 個符號 $x_1, x_2, ..., x_n, x_{n+1}$ 在一個字串中出現的次數分別為 $1, f_1, f_2, ..., f_n$，其中 f_j 為費氏數列中的第 j 個數。在霍夫曼編碼演算法中，當權數相同時的情況都考慮在內時，編碼一個字元的最大可能數目為何？

*26. 在所有二元前置編碼中，證明以表現字串所需之位元數目最小的角度來看，霍夫曼編碼是最佳的。

27. 建構一個賽局樹圖，以表現在一開始有兩堆分別為 2 個、3 個石頭的捻。求出賽局樹圖中所有頂點的值。若兩位參賽者都遵循最佳策略，則何者會獲勝？

28. 建構一個賽局樹圖，以表現在一開始有三堆分別為 1 個、2 個、3 個石頭的捻。求出賽局樹圖中所有頂點的值。若兩位參賽者都遵循最佳策略，則何者會獲勝？

29. 假定更改捻贏家的報酬值為：若在遊戲結束前，一共移去 n 次石頭，則贏家可獲得 n 元。求出賽局樹圖中所有頂點的值。求出第一位遊戲者的報酬值，當一開始的狀況為：
    a) 兩堆石頭，分別為 1 個和 3 個。
    b) 兩堆石頭，分別為 2 個和 4 個。
    c) 三堆石頭，分別為 1 個、2 個和 3 個。

30. 假設在捻中，除了允許參加者自一堆石頭中移去 1 個或多個外，也允許將兩堆石頭合併成一堆。建構這種捻的賽局樹圖，若一開始有三堆，分別為 2 個、2 個、1 個石頭。求出賽局樹圖中所有頂點的值。若兩位參賽者都遵循最佳策略，則何者會獲勝？

31. 就下列給定的情況為始，繪出井字遊戲的賽局子樹圖，並求出每個子樹圖的值。

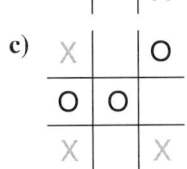

    a) [tic-tac-toe board]
    b) [tic-tac-toe board]
    c) [tic-tac-toe board]
    d) [tic-tac-toe board]

32. 假設井字遊戲的前四個步驟如下面所示，則第一位遊戲者（畫 × 者）是否有必勝的策略？

    a) [tic-tac-toe board]
    b) [tic-tac-toe board]
    c) [tic-tac-toe board]
    d) [tic-tac-toe board]

33. 證明當捻的初始情況為兩堆含相同數目的石頭（石頭數目大於 2），若兩位參賽者都遵循最佳策略，則第二位遊戲者一定會獲勝。

34. 證明當捻的初始情況為兩堆含不同數目的石頭，若兩位參賽者都遵循最佳策略，則第一位遊戲者一定會獲勝。

35. 在西洋跳棋中，根點有多少個子點？多少個孫子點？

36. 在下列的捻遊戲中，根點有多少個子點和多少個孫子點？
    a) 兩堆石頭，分別為 4 個和 5 個。
    b) 三堆石頭，分別為 2 個、3 個和 4 個。
    c) 四堆石頭，分別為 1 個、2 個、3 個和 4 個。
    d) 五堆石頭，分別為 2 個、2 個、3 個、3 個和 5 個。

37. 繪出井字遊戲前兩個步驟的賽局樹圖。利用書中所提的估值函數——將連線中（橫線、直線或是斜線）沒有 ○ 的數目減掉連線中沒有 × 的數目——賦予每一種情況（頂點）一個值，並且計算出樹圖之值。
38. 利用虛擬碼來描述當兩位參賽者都遵循最小化最大策略時，判斷某賽局樹圖之值的演算法。

10.3 樹圖追蹤 Tree Traversal

引言

有序根樹圖經常用來儲存資料。因此，需要找出一種方法能夠搜尋樹圖中所有的頂點，並取出儲存的資料。本節中將介紹數種重要的演算法，能夠拜訪有序根樹圖內所有的頂點。有序根樹圖也能表現數種不同型態的算式，例如有關數字、變數和運算的數學式。不同排列的有序根樹圖頂點能用來表現這些式子，並用來計算這些算式。

普遍性位址標記系統

搜尋有序根樹圖中所有頂點的方法，與樹圖中子點的排序有關。在有序根樹圖中，內點的子點皆由左向右排列。

我們將描述一種方法，能將有序根樹圖中所有的頂點做完全有序排列。為達到此目的，首先，必須標記所有的頂點。我們將使用下列遞迴方式：

1. 將根點標記為 0，然後其 k 個子點（位於水平 1 上）由左至右標記為 1, 2, ..., k。
2. 每個位於水平 n 中的頂點 v，若標記為 A，則其 k_v 個子點由左至右分別標記為 $A.1, A.2, ..., A.k_v$。

依循這種方法，位於水平 n (≥ 1) 中的頂點 v，將被標記為 $x_1.x_2.\ldots.x_n$，其中由根點到此頂點 v 的唯一路徑將經過水平 1 中的第 x_1 個頂點、水平 2 中的第 x_2 個頂點，依此類推。這種標記法稱為有序根樹圖的**普遍性位址標記系統**（universal address system）。

在普遍性位址標記系統中，我們能利用字典順序，將所有的頂點完全排序。標記為 $x_1.x_2.\ldots.x_n$ 的頂點小於標記為 $y_1.y_2.\ldots.y_m$ 的頂點，若存在 i，$0 \leq i \leq n$，其中 $x_1 = y_1$, $x_2 = y_2$, ..., $x_{i-1} = y_{i-1}$ 且 $x_n < y_n$；或是，若 $n < m$，$x_i = y_i$ 對 $i = 1, 2, ..., n$。

例題 1 　圖 1 中展示的有序根樹圖，依循普遍性位址標記系統來標記各個頂點。標記的字典順序為：0 < 1 < 1.1 < 1.2 < 1.3 < 2 < 3 < 3.1 < 3.1.1 < 3.1.2 < 3.1.2.1 < 3.1.2.2 < 3.1.2.3 < 3.1.2.4 < 3.1.3 < 3.2 < 4 < 4.1 < 5 < 5.1 < 5.1.1 < 5.2 < 5.3。　◀

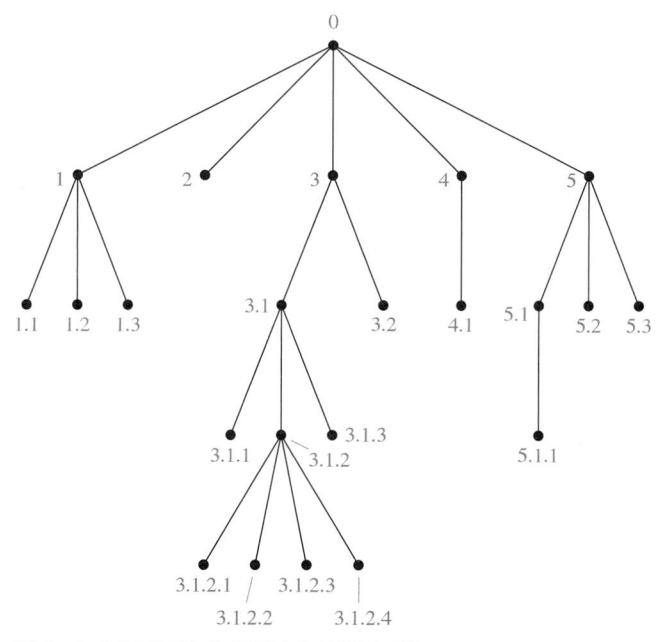

圖 1 有序根樹圖上的普遍性位址標記系統

追蹤演算法

　　有系統地拜訪有序根樹圖中每一個頂點的方法，稱為**追蹤演算法**（traversal algorithm）。我們將描述三種最常見的演算法：**前序追蹤**（preorder traversal）、**中序追蹤**（inorder traversal）與**後序追蹤**（postorder traversal）。每種演算法皆能以遞迴方式定義。首先定義前序追蹤。

> **定義 1** ■ 令 T 為一個有序根樹圖，根點為 r。若 T 只包含頂點 r，則 r 即為 T 的前序追蹤；否則，假設 $T_1, T_2, ..., T_n$ 為 r 由左至右的子樹圖。T 的前序追蹤由拜訪 r 開始，接著依前序來追蹤 T_1，然後依前序來追蹤 T_2，依此類推，直至追蹤完 T_n 為止。

　　讀者可以自行驗證，依前序追蹤一個有序根樹圖所得的結果，與依循普遍性位址標記系統所得的結果相同。圖 2 標明如何得出一個有序根樹圖的前序追蹤。

　　例題 2 將說明前序追蹤。

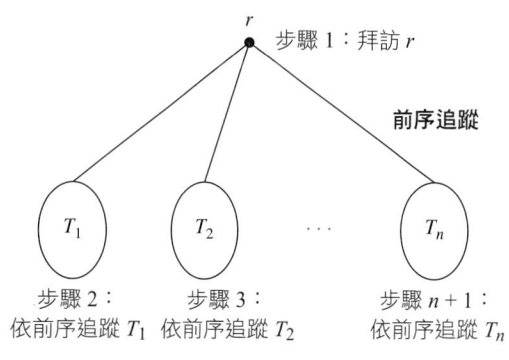

圖 2 前序追蹤

例題 2 如圖 3 所示的有序根樹圖 T，依前序追蹤所得的頂點排序為何？

解：T 的前序追蹤步驟如圖 4 所示。根據前序追蹤 T，首先拜訪根點 a，接下來，依前序追蹤拜訪根點為 b 的子樹圖，然後依前序追蹤拜訪根點為 c 的子樹圖（只有一個頂點 c），再來依前序追蹤拜訪根點為 d 的子樹圖。

根據前序追蹤拜訪根點為 b 的子樹圖，首先拜訪根點 b，接下來，依前序追蹤拜訪根點為 e 的子樹圖，然後依前序追蹤拜訪根點為 f 的子樹圖（只有一個頂點 f）。根據前序追蹤拜訪根點為 d 的子樹圖，首先拜訪根點 d，接下來，依前序追蹤拜

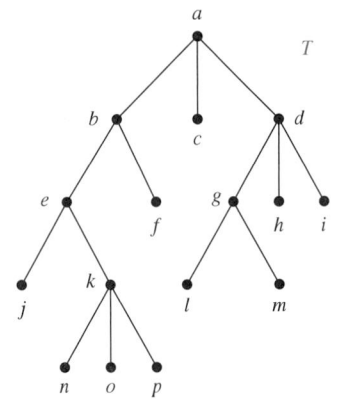

圖 3 一個有序根樹圖 T

前序追蹤：拜訪根點，再由左至右拜訪子樹圖

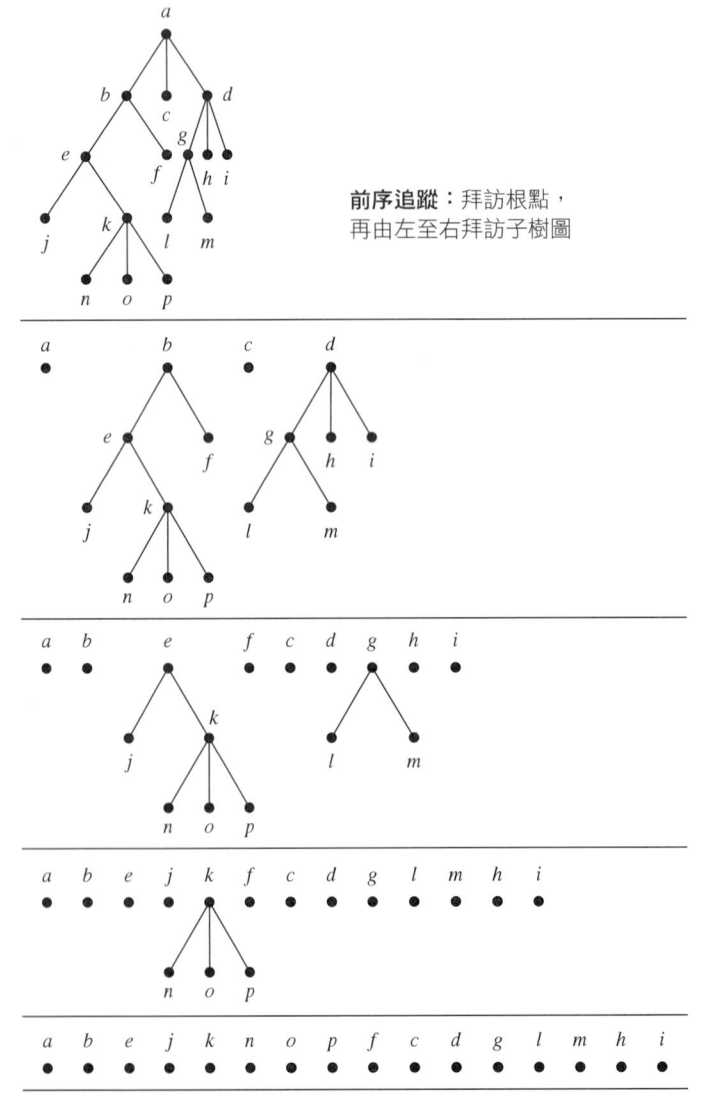

圖 4 T 的前序追蹤

訪根點為 g 的子樹圖，然後依前序追蹤拜訪根點為 h 的子樹圖（只有一個頂點 h），最後則依前序追蹤拜訪根點為 i 的子樹圖（只有一個頂點 i）。

根據前序追蹤拜訪根點為 e 的子樹圖，首先拜訪根點 e，接下來，依前序追蹤拜訪根點為 j 的子樹圖（只有一個頂點 j），然後依前序追蹤拜訪根點為 k 的子樹圖。根據前序追蹤拜訪根點為 g 的子樹圖，首先是 g，接下來是 l，然後是 m。前序追蹤拜訪根點為 k 的子樹圖是 k, n, o, p。最終 T 的前序追蹤為 $a, b, e, j, k, n, o, p, f, c, d, g, l, m, h, i$。◂

現在，定義中序追蹤。

定義 2 ■ 令 T 為一個有序根樹圖，根點為 r。若 T 只包含頂點 r，則 r 即為 T 之中序追蹤；否則，假設 $T_1, T_2, ..., T_n$ 為 r 由左至右的子樹圖。T 的中序追蹤由依中序來追蹤 T_1 開始，接著拜訪根點 r，然後依中序來追蹤 T_2，依中序來追蹤 T_3，依此類推，直至追蹤完 T_n 為止。

圖 5 標明如何得出一個有序根樹圖的中序追蹤。例題 3 將說明給定一個樹圖時，如何找出其中序追蹤。

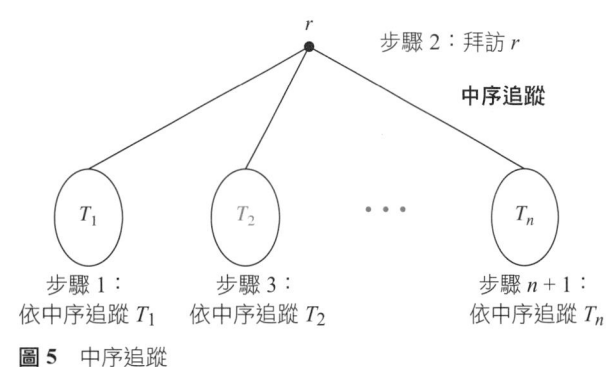

圖 5 中序追蹤

例題 3 如圖 3 所示的有序根樹圖 T，依中序追蹤所得的頂點排序為何？

解：T 的中序追蹤的步驟如圖 6 所示。根據中序追蹤，首先依中序追蹤 b 的子樹圖，根點 a，依中序追蹤 c 的子樹圖（只有一個頂點 c），最後是依中序追蹤根點為 d 的子樹圖。

中序追蹤 b 的子樹圖，首先依中序追蹤 e 的子樹圖，根點 b，依中序追蹤 f 的子樹圖（只有一個頂點 f）。中序追蹤 d 的子樹圖，首先依中序追蹤 g 的子樹圖，根點 d，接下來是 h，然後是 i。

中序追蹤 e 的子樹圖，首先是 j，根點 e，依中序追蹤 k 的子樹圖。中序追蹤拜訪根點為 g 的子樹圖是 l, g, m。中序追蹤拜訪根點為 k 的子樹圖是 n, k, o, p。最終 T 的中序追蹤為 $j, e, n, k, o, p, b, f, a, c, l, g, m, d, h, i$。◂

現在，我們將定義後序追蹤。

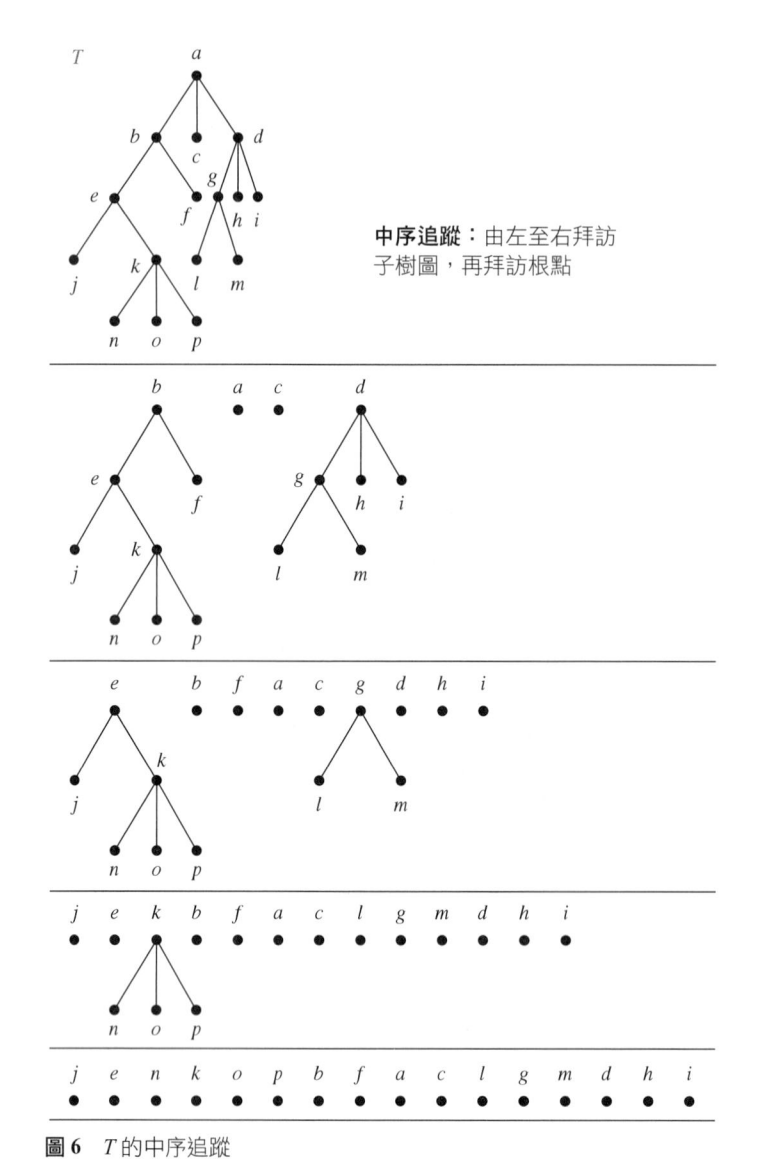

中序追蹤： 由左至右拜訪子樹圖，再拜訪根點

圖 6 T 的中序追蹤

定義 3 ■ 令 T 為一個有序根樹圖，根點為 r。若 T 只包含頂點 r，則 r 即為 T 之後序追蹤；否則，假設 $T_1, T_2, ..., T_n$ 為 r 由左至右的子樹圖。T 的後序追蹤由依後序來追蹤 T_1 開始，接著依後序來追蹤 T_2，依後序來追蹤 T_3，依此類推，直至追蹤完 T_n，最後則拜訪根點 r。

圖 7 標明如何得出一個有序根樹圖的後序追蹤。例題 4 將說明如何找出後序追蹤。

第 10 章 ■ 樹圖　645

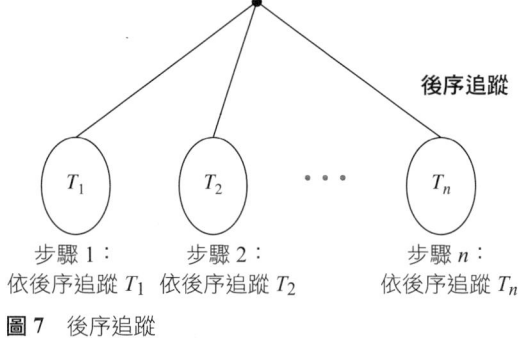

圖 7　後序追蹤

例題 4　如圖 3 所示的有序根樹圖 T，依後序追蹤所得的頂點排序為何？

解：T 的後序追蹤的步驟如圖 8 所示。T 的後序追蹤由依後序追蹤根點為 b 的子樹圖開始，接著依後序追蹤根點為 c 的子樹圖（只有一個頂點 c），然後依後序追蹤根點為 d 的子樹圖，最後則是根點 a。

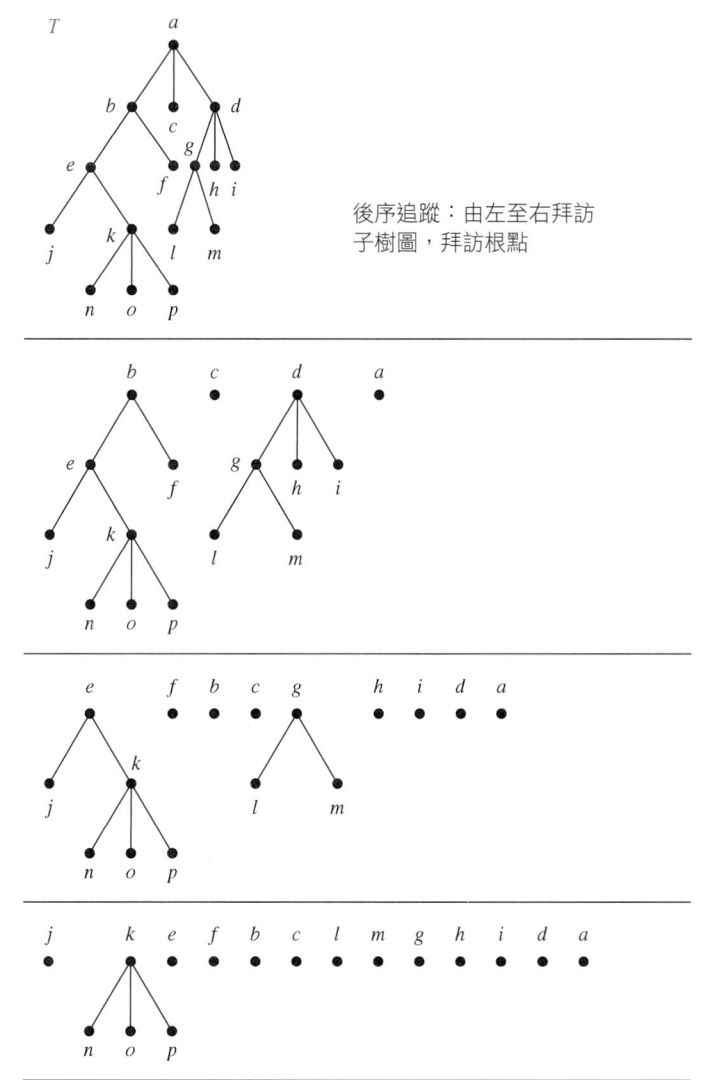

圖 8　T 的後序追蹤

依後序追蹤根點為 b 的子樹圖，由依後序追蹤根點為 e 的子樹圖開始，接著是 f，然後是 b。依後序追蹤根點為 d 的子樹圖，由依後序追蹤根點為 g 的子樹圖開始，接著是 h，然後是 i，最後則是 d。

依後序追蹤根點為 e 的子樹圖，由 j 開始，然後依後序追蹤根點為 k 的子樹圖，最後則是根點 e。依後序追蹤根點為 g 的子樹圖為 l, m, g。依後序追蹤根點為 k 的子樹圖為 n, o, p, k。最終 T 的後序追蹤為 $j, n, o, p, k, e, f, b, c, l, m, g, h, i, d, a$。 ◀

在此將介紹列出依前序、中序和後序排列一個有序根樹圖頂點的簡單方法。首先，由根點出發，向左沿著邊，在樹圖的外緣畫出一個曲線，如圖 9 所示。若欲列出前序追蹤的頂點順序，則依曲線經過的頂點順序來排序。若欲列出中序追蹤的頂點順序，則先列出曲線第一次遇到的葉子點，然後列出曲線第二次通過的內點。若欲列出後序追蹤的頂點順序，則依序列出曲線最後一次通過的頂點。根據圖 9，其前序追蹤為 $a, b, d, h, e, i, j, c, f, g, k$；中序追蹤為 $h, d, b, i, e, j, a, f, c, k, g$；後序追蹤為 $h, d, i, j, e, b, f, k, g, c, a$。

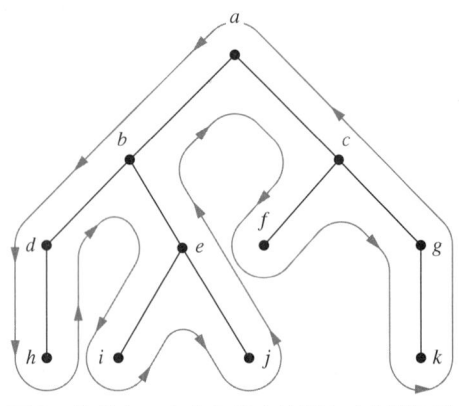

圖 9 依前序、中序和後序追蹤有序根樹圖的快捷法

依前序、中序和後序追蹤有序根樹圖的演算法，非常容易便能以遞迴方式表現。

演算法 1 前序追蹤

procedure *preorder*(T: ordered rooted tree)
$r :=$ root of T
list r
for each child c of r from left to right
    $T(c) :=$ subtree with c as its root
    preorder($T(c)$)

演算法 2 中序追蹤

procedure *inorder*(T: ordered rooted tree)
$r :=$ root of T
if r is a leaf **then** list r
else
    $l :=$ first child of r from left to right
    $T(l) :=$ subtree with l as its root
    inorder($T(l)$)
    list r
    for each child c of r except for l from left to right
        $T(c) :=$ subtree with c as its root
        inorder($T(c)$)

演算法 3　後序追蹤

procedure *postorder*(*T*: ordered rooted tree)
r := root of *T*
for each child *c* of *r* from left to right
　T(*c*) := subtree with *c* as its root
　postorder(*T*(*c*))
list *r*

注意到，當每個頂點子點數目很明確時，有序根樹圖的結構能隱含在前序追蹤與後序追蹤中。也就是說，當我們明確地知道依前序追蹤或後序追蹤之頂點的排序，也知道每個頂點的子點數目時，能唯一能決定的是有序根樹圖（見習題 26 和 27）。尤其，滿有序 *m* 元樹圖的結構能隱含在前序追蹤與後序追蹤中。然而，當每個頂點的子點數目不明確時，則有序根樹圖的結構便無法隱藏在前序追蹤或是後序追蹤中（見習題 28 和 29）。

中序式、前序式、後序式

我們能用有序根樹圖來表現複雜的式子，像是複合命題、集合的組合和數學算式，例如考慮牽涉到加法 (+)、減法 (−)、乘法 (∗)、除法 (/) 和冪次 (↑) 的數學式。我們會用括弧來說明這些運算的次序。一個有序根樹圖能用來表現這類算式，樹圖的內點表示運算，而葉子點表示變數或數字。每一個運算（依次序）運作其左子圖及右子圖。

例題 5　哪一種有序根樹圖能表現算式 $((x+y)\uparrow 2)+((x-4)/3)$ ？

解：我們能由最底層開始建構表現此算式的二元樹圖。首先，建構一個 $x+y$ 的子圖。然後，將之納入一個表現 $(x+y)\uparrow 2$ 的較大子樹圖。同樣地，建構一個 $x-4$ 的子圖。然後，將之納入一個表現 $(x-4)/3$ 的較大子樹圖。最後，再將這兩個較大的子樹圖結合成表現 $((x+y)\uparrow 2)+((x-4)/3)$ 的有序根樹圖。上述步驟如圖 10 所示。◀

表現數學式子的二元樹圖，使用中序追蹤得到的元素、運算排列順序與原始數學式中刪去括弧的順序完全相同，除了一元運算外，運算符號將直接跟在運算對象之後。例

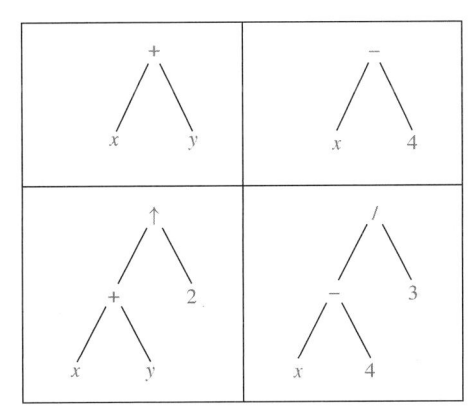

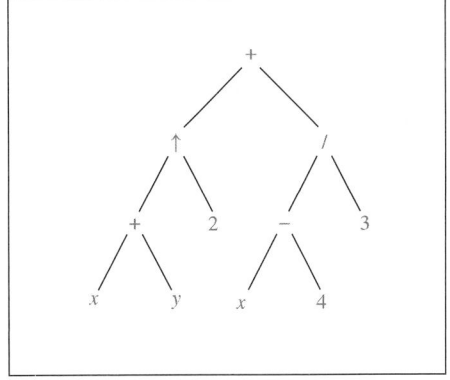

圖 10　表現 $((x+y)\uparrow 2)+((x-4)/3)$ 的二元樹圖

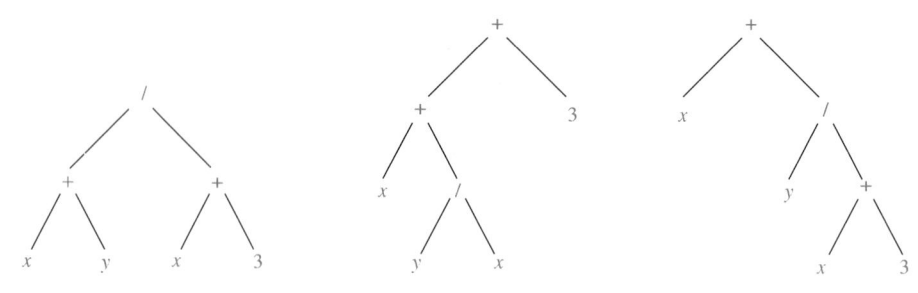

圖 11 表現算式 $(x+y)/(x+3)$、$(x+(y/x))+3$ 和 $x+(y/(x+3))$ 的三個二元樹圖

如，圖 11 為表現算式 $(x+y)/(x+3)$、$(x+(y/x))+3$ 和 $x+(y/(x+3))$ 的三個二元樹圖，其中序追蹤都是 $x+y/x+3$。為了避免造成這種模糊不清的狀況，在進行運算時，中序追蹤必須使用括弧。由這種方式得到之有括弧的完整數學式稱為**中序式（infix form）**。

當我們依前序方式追蹤一個有序根樹圖時，得到的便是這個式子的**前序式（prefix form）**。以依前序式寫出的算式也稱為**波蘭記號（Polish notation）**，用來紀念波蘭邏輯學家卡西維茨。前序的數學式（其中每個運算都有特定數目的運算對象）是不會造成混淆的，所以不需要加入括弧。這個證明留給讀者自行練習。

例題 6 算式 $((x+y)\uparrow 2)+((x-4)/3)$ 的前序式為何？

解：表現此數學式的二元樹圖如圖 10 所示。根據這個二元樹圖所得的前序式為 $+\uparrow +x y 2 / - x 4 3$。◀

在數學算式的前序式中，二元運算（例如加法 +）出現在兩個運算對象之前。所以，在計算前序算式時，可以由右至左計算。當我們遇到一個運算符號，便馬上作用在接下來的兩個運算對象，進而得到一個新的運算對象。

例題 7 前序算式 $+-*2 3 5/\uparrow 2 3 4$ 的值為何？

解：計算此算式之值的步驟，由右至左，且使用右邊的運算元來執行運算。計算的步驟如圖 12 所示，算式的值為 3。◀

依後序追蹤一個表現數學式的二元樹圖時，我們可得到這個式子的**後序式（postfix form）**。以依後序式寫出的算式也稱為**逆波蘭記號（reverse Polish notation）**。後序表示的數學式不會含糊不清，所以同樣也不需要括弧。這個證明也留給讀者自行練習。逆波蘭記號在 1970 和 1980 年代的電子計算機上有相當廣泛的應用。

盧・卡西維茨（Jan Łukasiewicz，1878-1956）是著名華沙邏輯學院的創始人之一。其於 1928 年發表著名的著作《*Elements of Mathematical Logic*》。因為他的影響，數理邏輯成為波蘭大學中數學系和科學相關科系的必修課程。盧・卡西維茨畢生致力於數理邏輯的研究，最為數學和資訊科學界所知的就是必須要括號的波蘭記號。

$$+ \quad - \quad * \quad 2 \quad 3 \quad 5 \quad \underbrace{/ \quad \uparrow \quad 2 \quad 3}_{2\uparrow 3 = 8} \quad 4$$

$$+ \quad - \quad * \quad 2 \quad 3 \quad 5 \quad \underbrace{/ \quad 8 \quad 4}_{8/4 = 2}$$

$$+ \quad - \quad \underbrace{* \quad 2 \quad 3}_{2*3 = 6} \quad 5 \quad 2$$

$$+ \quad \underbrace{- \quad 6 \quad 5}_{6-5 = 1} \quad 2$$

$$\underbrace{+ \quad 1 \quad 2}_{1+2 = 3}$$

算式之值：3

圖 12 計算一個前序算式

例題 8 算式 $((x+y)\uparrow 2) + ((x-4)/3)$ 的後序式為何？

解：表現此數學式的二元樹圖如圖 10 所示。根據這個二元樹圖所得的後序式為 $x\,y+2\uparrow x\,4-3/+$。◀

在數學算式的後序式中，二元運算出現在兩個運算對象之後。所以，在計算後序算式時，可以由左至右計算。當我們遇到一個運算符號，便馬上作用在其前面兩個運算對象，進而得到一個新的運算對象。

例題 9 後序算式 $7\ 2\ 3\ *\ -\ 4\ \uparrow\ 9\ 3\ /\ +$ 的值為何？

解：計算此式之值的步驟，由左邊開始，且當運算元後連接兩數值時便執行運算。計算的步驟如圖 13 所示，算式的值為 4。◀

$$7 \quad \underbrace{2 \quad 3 \quad *}_{2*3 = 6} \quad - \quad 4 \quad \uparrow \quad 9 \quad 3 \quad / \quad +$$

$$\underbrace{7 \quad 6 \quad -}_{7-6 = 1} \quad 4 \quad \uparrow \quad 9 \quad 3 \quad / \quad +$$

$$\underbrace{1 \quad 4 \quad \uparrow}_{1^4 = 1} \quad 9 \quad 3 \quad / \quad +$$

$$1 \quad \underbrace{9 \quad 3 \quad /}_{9/3 = 3} \quad +$$

$$\underbrace{1 \quad 3 \quad +}_{1+3 = 4}$$

算式之值：4

圖 13 計算一個後序算式

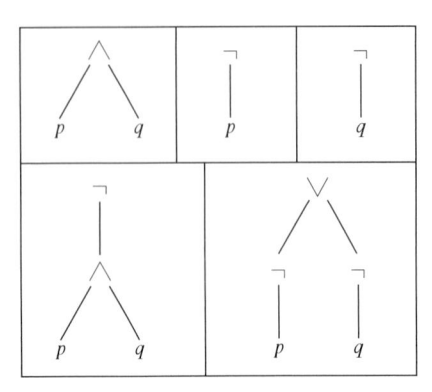

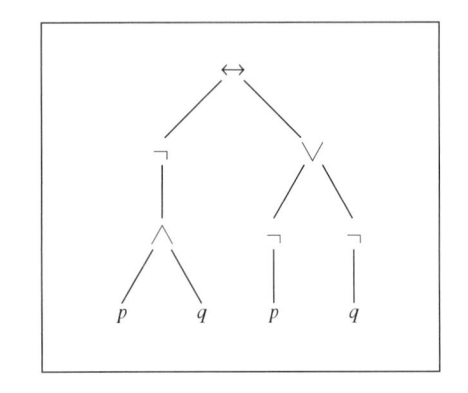

圖 14 建構複合命題的有根樹圖

有根樹圖能用來表現其他種類的表現式，例如複合命題或集合的組合。在這些表現式中會出現一元運算（例如命題的否定句）。為表現這類運算與其運算對象，我們以頂點表示運算，而此頂點的唯一子點則為運算對象。

例題 10 找出一個有序根樹圖來表現複合命題 $(\neg(p \wedge q)) \leftrightarrow (\neg p \vee \neg q)$。然後利用這個有根樹圖找出這個式子的前序式、後序式與中序式。

解： 此複合命題的有根樹圖將由下往上建構。首先，建立子樹圖 $\neg p$ 和 $\neg q$（其中 $\neg$ 被視為一元運算），以及子樹圖 $p \wedge q$。接下來便能建立表現 $\neg(p \wedge q)$ 和 $(\neg p) \vee (\neg q)$ 的兩個子樹圖。最後，將這兩個子樹圖結合成最終的有根樹圖。上述步驟如圖 14 所示。◀

這個式子的前序式、後序式與中序式分別為：$\leftrightarrow \neg \wedge p\, q \vee \neg p\, \neg q$、$p\, q \wedge \neg p\, \neg q\, \vee \leftrightarrow$ 以及 $(\neg(p \wedge q)) \leftrightarrow ((\neg p) \vee (\neg q))$。

因為前序式與後序式不會產生混淆，而且非常容易計算，所以在資訊科學中廣泛使用。這類表現式在建構編譯程式時特別有用。

習題 Exercises　　　*表示為較難的練習；**表示為高度挑戰性的練習；☞ 對應正文。

習題 1 至 3，為給定的有序根樹圖建構一個普遍性位址標記系統。然後，利用字典順序，將所有的頂點完全排序。

1.　　　　　**2.** 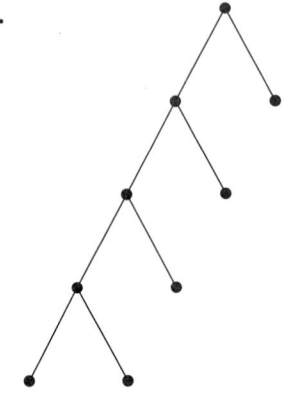　　　　　**3.**

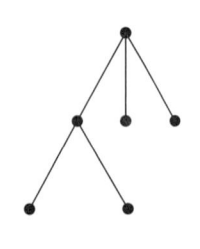

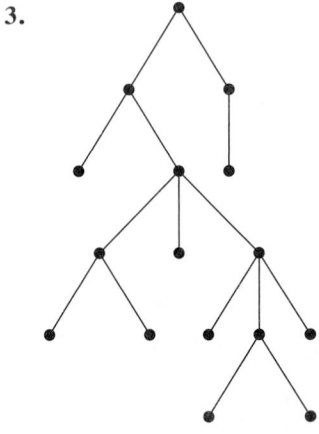

4. 假設頂點 v 在有序根樹圖 T 的位址為 3.4.5.2.4。
   a) v 位於哪一個水平？
   b) v 的親點之位址為何？
   c) v 最少有幾個手足點？
   d) 樹圖 T 最少會有多少個頂點？
   e) 找出其他一定會出現的位址。

5. 假設在有序根樹圖 T 的頂點中，最長的位址是 2.3.4.3.1。有可能判斷出 T 的頂點個數嗎？

6. 一個有序根樹圖的葉子點有可能出現下列普遍性位址嗎？若有可能，建構出這個有序根樹圖。
   a) 1.1.1, 1.1.2, 1.2, 2.1.1.1, 2.1.2, 2.1.3, 2.2, 3.1.1, 3.1.2.1, 3.1.2.2, 3.2
   b) 1.1, 1.2.1, 1.2.2, 1.2.3, 2.1, 2.2.1, 2.3.1, 2.3.2, 2.4.2.1, 2.4.2.2, 3.1, 3.2.1, 3.2.2
   c) 1.1, 1.2.1, 1.2.2, 1.2.2.1, 1.3, 1.4, 2, 3.1, 3.2, 4.1.1.1

習題 7 至 9，判斷給定有序根樹圖中依前序追蹤拜訪所有頂點的順序。

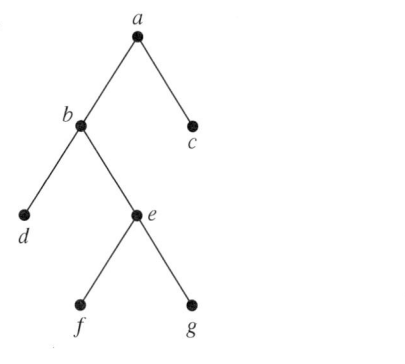

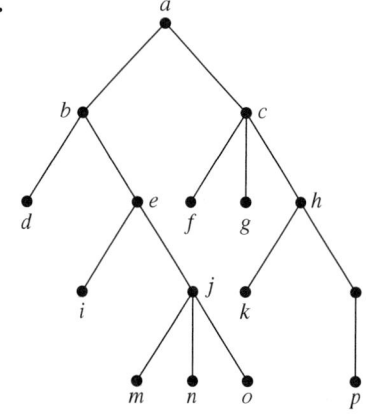

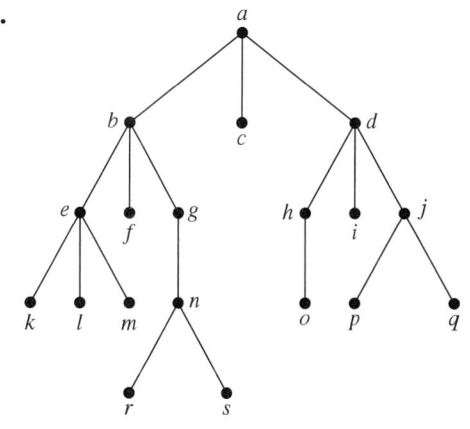

10. 判斷習題 7 中有序根樹圖中依中序追蹤拜訪所有頂點的順序。
11. 判斷習題 8 中有序根樹圖中依中序追蹤拜訪所有頂點的順序。
12. 判斷習題 9 中有序根樹圖中依中序追蹤拜訪所有頂點的順序。
13. 判斷習題 7 中有序根樹圖中依後序追蹤拜訪所有頂點的順序。
14. 判斷習題 8 中有序根樹圖中依後序追蹤拜訪所有頂點的順序。
15. 判斷習題 9 中有序根樹圖中依後序追蹤拜訪所有頂點的順序。

16. a) 利用二元樹圖來表現數學式 $((x+2)\uparrow 3)*(y-(3+x))-5$。

依下列方式寫出這個數學式。

b) 前序式 　　　　　　　　　**c)** 中序式

d) 後序式

17. a) 利用二元樹圖來表現數學式 $(x+xy)+(x/y)$ 與 $x+((xy+x)/y)$。

依下列方式寫出這些數學式。

b) 前序式 　　　　　　　　　**c)** 中序式

d) 後序式

18. a) 利用二元樹圖來表現複合命題 $\neg(p \wedge q) \leftrightarrow (\neg p \vee \neg q)$ 與 $(\neg p \wedge (q \leftrightarrow \neg p)) \vee \neg q$。

依下列方式寫出這些數學式。

b) 前序式 　　　　　　　　　**c)** 中序式

d) 後序式

19. a) 利用二元樹圖來表現 $(A \cap B)-(A \cup (B-A))$。

依下列方式寫出這個數學式。

b) 前序式 　　　　　　　　　**c)** 中序式

d) 後序式

* **20.** 使用括弧時，字串 $\neg p \wedge q \leftrightarrow \neg p \vee \neg q$ 能表示成多少種中序式？

* **21.** 使用括弧時，字串 $A \cap B - A \cap B - A$ 能表示成多少種中序式？

22. 繪出對應於下列前序數學式的有序根樹圖，然後依中序式來表示。

　　a) $+*+-5\,3\,2\,1\,4$ 　　　　**b)** $\uparrow + 2\,3 - 5\,1$

　　c) $*/9\,3++*2\,4-7\,6$

23. 下列前序數學式的值為何？

　　a) $-*2/8\,4\,3$ 　　　　　　**b)** $\uparrow -*3\,3*4\,2\,5$

　　c) $+-\uparrow 3\,2 \uparrow 2\,3/6-4\,2$ 　　**d)** $*+3+3\uparrow 3+3\,3\,3$

24. 下列後序數學式的值為何？

　　a) $5\,2\,1--3\,1\,4++*$ 　　**b)** $9\,3/5+7\,2-*$

　　c) $3\,2*2\uparrow 5\,3-8\,4/*-$

25. 建構一個有序根樹圖，其前序追蹤為 $a, b, f, c, g, h, i, d, e, j, k, l$。而且在樹圖中，$a$ 有四個子點，c 有三個子點，j 有兩個子點，b 與 e 只有一個子點，其餘頂點則為葉子點。

26. 證明當由前序追蹤一個樹圖而得到頂點序列，而且又知道各個頂點的子點個數時，便能唯一決定一個有序根樹圖。

27. 證明當由後序追蹤一個樹圖而得到頂點序列，而且又知道各個頂點的子點個數時，便能唯一決定一個有序根樹圖。

28. 證明依前序追蹤下列兩個有序根樹圖而得到的頂點序列完全相同。但是，這個結果並不違背習題 26 的敘述，因為兩個樹圖中內點的子點數目並不相同。

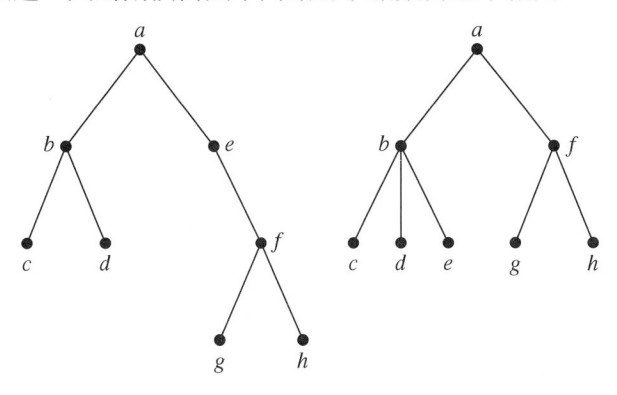

29. 證明依後序追蹤下列兩個有序根樹圖而得到的頂點序列完全相同。但是，這個結果並不違背習題 27 的敘述，因為兩個樹圖中內點的子點數目並不相同。

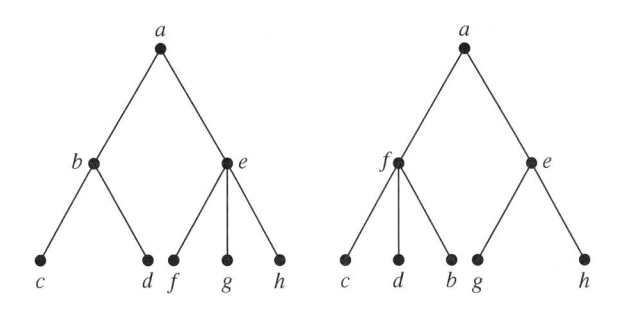

10.4 生成樹圖 Spanning Trees

引言

緬因州的公路系統能以圖 1(a) 的簡單圖來表現。唯一讓冬天時的公路得以暢通的方法就是經常剷雪。在任意兩個市鎮都能連通的狀況下，道路管理局希望剷雪的道路能愈少愈好。要如何才能做到呢？

要使任兩個市鎮都有一條連通的道路，最少有五條道路必須剷雪。圖 1(b) 標出其中一種方法。注意，表現這種方法的圖形是一個樹圖，因為其有六個頂點，五個邊。

這類問題可以等同於在一個簡單圖中，找出最少邊數的子圖，其中包含所有的頂點。這樣的圖應該是樹圖。

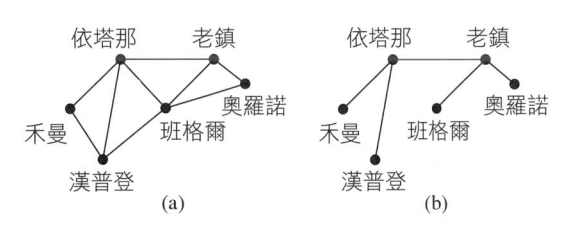

圖 1 (a) 一個公路系統；(b) 一種道路剷雪的方法

定義 1
令 G 為一個簡單圖。**生成樹圖**（spanning tree）為 G 的子圖，此樹圖包含 G 中的所有頂點。

有生成樹圖的簡單圖必須是連通的，因為任兩個頂點間都有一條路徑連結。反過來說，也是對的：每個連通的簡單圖都有一個生成樹圖。在證明此結果之前，我們先看一個例題。

例題 1
找出圖 2 所示之簡單圖的生成樹圖。

解：圖形 G 是連通的，因為包含一個簡單環道。將邊 $\{a, e\}$ 移去，便能消去一個簡單環道。得到的子圖依然是連通的，並且仍然包含所有的頂點。接著刪去邊 $\{e, f\}$ 來消去第二個簡單環道。最後，移去邊 $\{c, g\}$，便得到一個沒有環道的簡單圖。最終的子圖即為生成樹圖，因為此樹圖包含所有 G 的頂點。產生生成樹圖的步驟如圖 3 所示。

圖 2 簡單圖 G

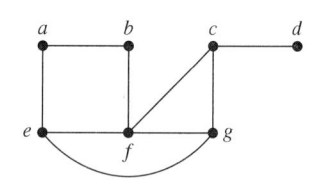

圖 3 中的樹圖並不是圖形 G 的唯一生成樹圖。圖 4 中的樹圖，也都是圖形 G 的生成樹圖。

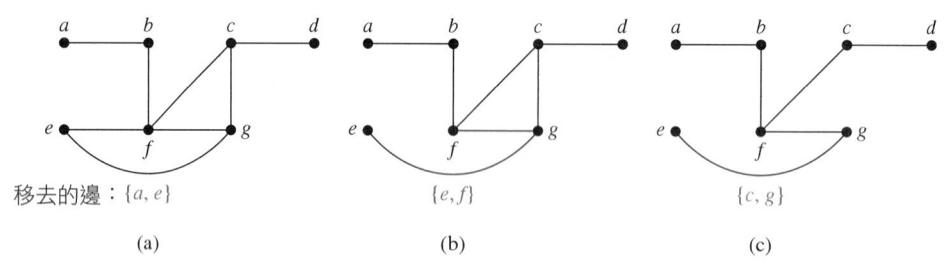

移去的邊：$\{a, e\}$　　　　　　$\{e, f\}$　　　　　　$\{c, g\}$

(a)　　　　　　　　(b)　　　　　　　　(c)

圖 3 利用移去形成簡單環道的邊來製造圖形 G 的生成樹圖

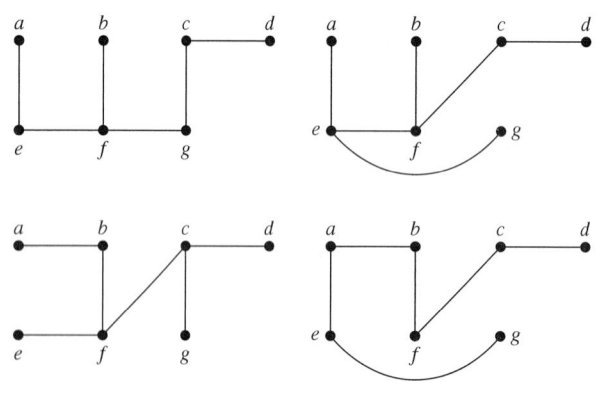

圖 4 圖形 G 的生成樹圖

> **定理 1** ■ 一個簡單圖是連通的，若且唯若此圖有一個生成樹圖。

證明：首先，假設一個簡單圖 G 有一個生成樹圖 T。T 包含 G 中的所有頂點。此外，任兩個頂點間都有一條路徑相連。因為 T 是 G 的子圖，也可以說，圖形 G 中任兩個頂點間都有一條路徑相連。所以，G 是連通的。

現在假設 G 是連通的。若 G 不是樹圖，則必然包含一個簡單環道。移去簡單環道中的一個邊，所得的子圖將會少一個邊，但是依然含有所有的頂點，而且也仍是連通的，因為若兩個頂點間的路徑需要通過被移去的邊時，可以利用經過此邊之簡單環道的其他邊，來找出另一條連接這兩個頂點的路徑。所以，移去邊後的子圖是連通的。若此子圖不是樹圖，則必有一個簡單環道。依相同的方法，刪去簡單環道中的一個邊，得到一個連通且包含所有頂點的子圖。重複這個步驟，直到得到一個連通的子樹圖為止。這個子樹圖即為圖形 G 的生成樹圖。 ◁

生成樹圖在數據網路通訊中是非常重要，見例題 2。

例題 2 **網路協定的多點傳送** 生成樹圖在網際網路協定的網路中扮演相當重要的角色。想要將資料由來源電腦傳輸到每個接收電腦（可視為一個子網路），可以將資料一一分別傳至每一部電腦。這種方法稱為單點傳送（unicasting），是一種相當缺乏效率的方法，因為有許多份相同的資料在網路中傳送。想要以較有效率的方式來傳輸資料，我們通常使用多點傳送的方式。使用這種方式，只會有一份資料在網路中傳送。一旦資料傳到中繼的路由器時，路由器會將資料傳給一個或多個路由器，然後再傳輸給所有的接收電腦。（路由器是負責在子網路間發送資料的電腦。在多點傳送中，路由器使用 D 類位址，代表一個接收電腦能參與的虛擬會議。）

要盡快將資料傳送到每個接收電腦，在資料傳輸過程中便不能有迴圈（在圖學術語中稱為環道或環圈）產生；也就是說，當資料到達某個路由器時，便不應該再回到這個路由器上。為避免環圈的發生，多點傳送路由器利用網路演算法，在一個包含來源電腦、路由器和含有接收電腦之子網路所形成的圖形中，建構一個生成樹圖。其中來源電腦、路由器和含有接收電腦的子網路為圖形中的頂點，而圖形的邊則表示兩電腦（或是路由器）間有聯繫。生成樹圖的根點為來源電腦，包含接收電腦的子網路則為葉子點（在圖中不含接收電腦的子網路則不標示）。以上內容可用圖 5 說明。 ◁

深度優先搜尋

在定理 1 的證明中，給定一個建構生成樹圖的演算法——從每個簡單環道中刪去一個邊。這個演算法效率並不高，因為必須一一找出每個簡單環道。不用刪去邊的方式來建構，生成樹圖也能用持續加入新的邊來建構。接下來將介紹兩個根據這種原則而形成的演算法。

網路協定網路　　　　　　多點傳送生成樹圖
來源電腦　　　　　　　　來源電腦

(a)　　　　　　　　　　　(b)

□ 路由器
● 子網路
⊙ 包含接收電腦的子網路

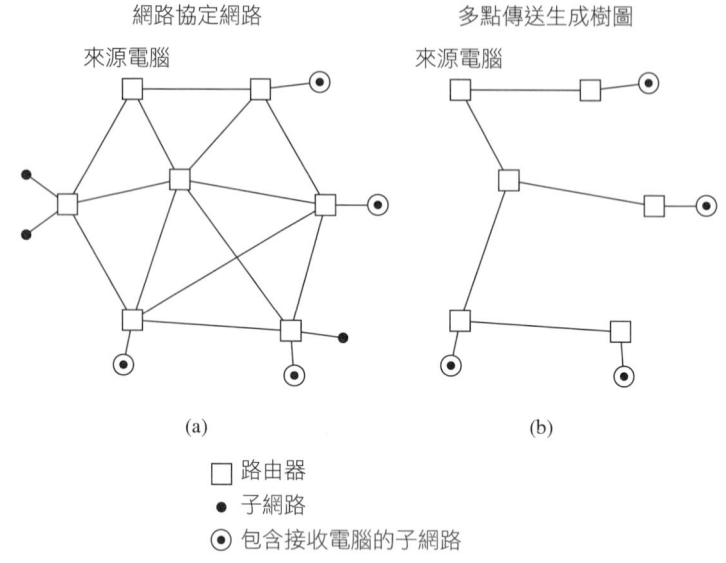

圖 5　一個多點傳送生成樹圖

利用**深度優先搜尋**（**depth-first search**）來建立一個連通簡單圖的生成樹圖。我們將建構一個有根樹圖，而生成樹圖便隱含於這個有根樹圖中。任意選擇一個頂點為有根樹圖的根點，然後陸續加入連結於存在樹圖中頂點之新的邊與連結於此邊而尚未出現在樹圖中之新的頂點。繼續這樣的過程，使得產生的路徑盡可能延長。若此路徑已經包含所有的頂點，生成樹圖便完成；否則，由此路徑的終點回溯至前面先加入的頂點，直至頂點連結於尚未加入的頂點。接下來，將樹圖由此頂點延伸，依相同的方法盡可能繼續加入新的邊與新的頂點。若仍有頂點尚未出現於樹圖中，再沿著第一次形成的路徑向前回溯。重複這個過程，直至所有的頂點都拜訪過為止。

由於圖形中頂點的個數是有限的，因此演算法終將結束，生成樹圖也會建構出來。在每個路徑中的最後一個頂點，即為生成樹圖的葉子點，而路徑通過的所有頂點即為生成樹圖的內點。

讀者應該會注意到這個演算法中的遞迴本質，也會注意到若圖形中的頂點是有序的，而我們選取邊的方式一律選擇連結到所有可能之頂點中次序最優先的，如此一來，當根點決定時，整個生成樹圖也就被決定了。不過，並不需要每次都明確地排序圖形的頂點。

深度優先搜尋是一種**回溯法**（**backtracking**），因為演算法會返回先前拜訪過的頂點。例題 3 將說明回溯法。

例題 3　利用深度優先搜尋，找出圖 6 中圖形 G 的生成樹圖。

解：利用深度優先搜尋，找出圖形 G 之生成樹圖的步驟如圖 7 所示。選擇從任意頂點 f 開始，不斷加入邊和頂點來建立一個盡可能長的路徑，例如 f, g, h, k, j（當然也可能建立出不同的路徑）。接下來回溯至 k，與頂點 k 鄰接的頂點都已經出現在路徑中了。因此，再回溯至頂點 h，

我們能得到新的路徑 h, i。再回到最初的路徑，回溯至頂點 f，建立路徑 f, d, e, c, a。回溯至 c，得到路徑 c, b。此時，所有圖形 G 的頂點都已經拜訪過了，所形成的樹圖即圖形 G 的生成樹圖。◀

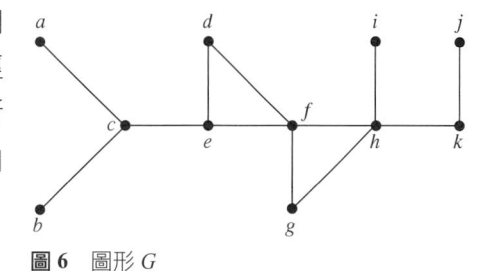

圖 6　圖形 G

(a)　(b)　(c)　(d)　(e)

圖 7　圖形 G 的深度優先搜尋

圖形 G 的生成樹圖中使用到的邊稱為**樹邊**（tree edge），而其他的邊必然鄰接於樹圖頂點到其祖先點或後代點，這些邊稱為**後退邊**（back edge）。（習題 43 將要求讀者證明此事實。）

例題 4　在圖 8 中，我們以較粗的灰色線標示出由頂點 f 開始之深度優先搜尋的樹邊，而後退邊 (e, f) 與 (f, h) 則以較細的黑色線表示。◀

我們已解釋如何利用深度優先搜尋找出生成樹圖，然而，在討論過程中，似乎沒有介紹其遞迴的本質。為了凸顯深度優先搜尋的遞迴本質，我們先介紹一些術語。當完成深度優先搜尋的步驟時，所

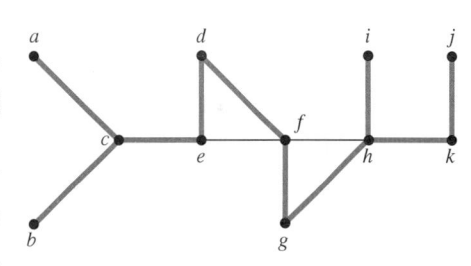

圖 8　例題 4 中深度優先搜尋的樹邊與倒退邊

謂對頂點 v 的探索（explore），是開始於當 v 加入樹圖，而終結於最後一次回溯到頂點 v 的過程。要了解演算法中的遞迴本質，主要的觀察在於，當加入一個邊連結頂點 v 到頂點 w 時，在回到頂點 v 完成探索前，必須先完成對頂點 w 的探索。

在演算法 1 中，我們利用深度優先搜尋建構頂點為 $v_1, ..., v_n$ 之圖形 G 的生成樹圖。首先選擇 v_1 為根點，初始集合 T 為樹圖，此時只有一個頂點。在每一個步驟中，都在 T 中加入一個新的頂點，和一個連結於已存在之頂點與此新頂點的邊。然後，我們將探索這個新頂點。在演算法完成後，可以發現圖形 T 中沒有環道，因為不會有連結兩個已經存在 T 中之頂點的邊加入。此外，在建構圖形時，始終保持著連通性。（上述兩點很容易利用數學歸納法證明。）因為 G 是連通的，圖形 G 中所有的頂點在演算法中都會逐一拜訪過，又加上形成的圖形是一個樹圖（請讀者自行證明），所以 T 是一個 G 的生成樹圖。

> **演算法 1** 深度優先搜尋
>
> **procedure** *DFS*(*G*: connected graph with vertices $v_1, v_2, \ldots, v_n$)
> $T :=$ tree consisting only of the vertex v_1
> *visit*(v_1)
>
> **procedure** *visit*(*v*: vertex of *G*)
> **for** each vertex *w* adjacent to *v* and not yet in *T*
>   add vertex *w* and edge $\{v, w\}$ to *T*
>   *visit*(*w*)

現在分析深度優先搜尋演算法的複雜度。主要觀察點在於第一次遇到頂點 *v* 時，將執行步驟 *visit*(*v*)，而且以後不會再呼叫此步驟。假設手邊有圖形 *G* 的鄰接列表（見 9.3 節），所以不需要計算便可得到頂點 *v* 的鄰接頂點。當依循演算法的步驟，再決定是否將某邊加入樹圖前，至少要檢查兩次。因此，執行 *DFS* 建構生成樹圖需要 $O(e)$ 或 $O(n^2)$ 個步驟，其中 *e* 和 *n* 分別表示邊的數目和頂點數目。〔當我們檢驗是否將某頂點加入生成樹圖時，必須考慮此頂點是否已經出現於樹圖中，以及其相關的邊是否出現，同時也用到對所有簡單圖都成立的不等式：$e \leq n(n-1)/2$。〕

深度優先搜尋能用來當成解決許多不同問題之演算法的根本，例如，能用來找出圖形中的路徑和環道、判斷圖形中的最大連通分支、找出連通圖形中的斷點。我們可以看出，在搜尋計算相當困難的題目時，深度優先搜尋是回溯技巧的基礎。

廣度優先搜尋

我們也能使用**廣度優先搜尋**（breadth-first search）來產生簡單圖的生成樹圖。同樣地，我們將建構一個有根樹圖，而生成樹圖便隱含於這個有根樹圖中。任意選擇一個頂點為有根樹圖的根點，將連結於此頂點的邊通通加入樹圖中，然後在水平 1 中將所有鄰接的頂點依任意的次序加入樹圖。接下來根據頂點排序，在不形成環道的前提下，依次加入其鄰邊與尚未出現於樹圖中的鄰接頂點。這個步驟將找出所有水平 2 的頂點。繼續這種過程直至將所有的頂點加入樹圖為止。由於圖形之邊的數目有限，所以過程終將結束。所形成的會是一個生成樹圖，因為製造出的樹圖包含圖形中的所有頂點。廣度優先搜尋的例子可見例題 5。

例題 5 利用廣度優先搜尋找出圖 9 中圖形 *G* 的生成樹圖。

解：利用廣度優先搜尋找出圖形 *G* 之生成樹圖的步驟如圖 10 所示。選擇頂點 *e* 為根點，然後加入頂點 *e* 所有的鄰邊與鄰點，所以加入鄰接於 *e* 的邊及頂點 *b, d, f* 和 *i*。此四頂點位於水平 1 上。其次，加入鄰接於水平 1 上頂點之鄰邊，與尚未出現於樹圖的鄰點。頂點 *b* 加入頂點 *a, c* 及相連的邊；頂點 *d* 加入 *h* 及相連的邊；頂點 *f* 加入 *j, g* 及相連的邊；頂點 *i* 加入 *k* 及

相連的邊。所以，水平 2 上的頂點為 a, c, h, j, g 與 k。最後加入鄰接的邊與尚未出現的頂點，頂點 g 加入 l 及相連的邊；頂點 k 加入 m 及相連的邊。

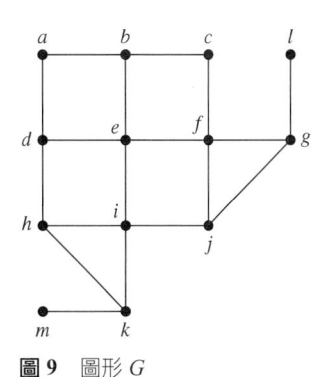

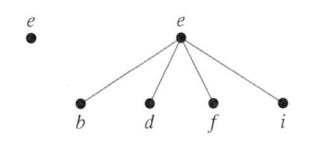

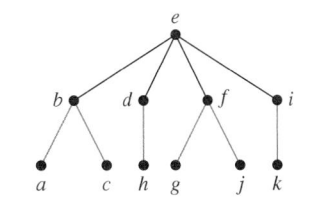

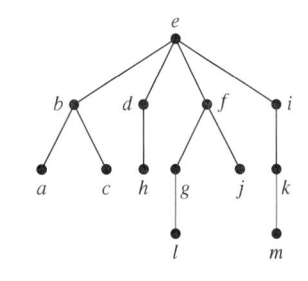

圖 9 圖形 G

圖 10 圖形 G 的廣度優先搜尋

廣度優先搜尋的虛擬碼描述於演算法 2。在此演算法中，我們假定頂點的排序為 $v_1, v_2, ..., v_n$。利用術語「製作法」（process）來描述加入新頂點與相關之邊的過程。

演算法 2 廣度優先搜尋

procedure BFS (G: connected graph with vertices $v_1, v_2, ..., v_n$)
T := tree consisting only of vertex v_1
L := empty list
put v_1 in the list L of unprocessed vertices
while L is not empty
 remove the first vertex, v, from L
 for each neighbor w of v
  if w is not in L and not in T **then**
   add w to the end of the list L
   add w and edge $\{v, w\}$ to T

現在分析深度優先搜尋演算法的複雜度。對每個頂點 v，我們檢驗所有的鄰點，來判斷是否曾出現於樹圖 T 中。同樣假設手邊有圖形 G 的鄰接列表，不需要計算便可得到頂點 v 的鄰點。我們發現，在判斷是否該加入某邊，以及其邊點是否曾出現於樹圖中，此邊必須被檢驗至少兩次。因此，廣度優先搜尋需要 $O(e)$ 或 $O(n^2)$ 個步驟。

廣度優先搜尋在圖學中可以算是最有用的演算法，它是求解許多問題之演算法的根本。例如，找出圖形中連通分支、判斷圖形是否為二分圖、找出圖形中兩頂點間的最短路徑，這些演算法都可以使用廣度優先搜尋建構出來。

回溯法應用

有些問題能以一一搜尋所有可能答案的方式來求解，利用決策樹圖（樹圖的內點代表一個決策，而葉子點則是一個結果）就是其中一種。經由回溯法來找尋解答，首先必須在達到可能解答之前，做出一條盡可能長的決策序列。此處的決策序列便能用決策樹圖中的路徑表示。一旦發現這條決策序列無法達到所要的解答，便回溯至先前的決策，然後看是否能往另一個方向的決策，得到一段新的決策序列。繼續這樣的過程，直到找出所需的解答為止。例題 6 至例題 8 將說明這種相當有用的回溯法。

例題 6　**圖形著色**　回溯法如何決定某圖形是否能用 n 個不同顏色來著色？

解：我們能使用下列回溯法來解決這個問題。首先選定第一個頂點 a 指定為顏色 1。然後選出第二個頂點 b，若與 a 不相鄰，則指定為顏色 1；否則指定為顏色 2。繼續這樣的步驟，先選擇一個未著色的頂點，每回都從顏色 1 開始考慮，若其鄰點已經使用顏色 1，便考慮顏色 2、顏色 3……，以此類推。如果某個點不能用 n 個顏色的其中一種著色，則回溯至前一個頂點，然後改變指定的顏色（指定下一個顏色）。接下來，繼續以相同的方式對頂點著色。若回溯的頂點無法改變顏色，則繼續回溯。如果以 n 個顏色著色是可行的，則回溯法終將找出此方法。（很遺憾的是，整個過程可能極度缺乏效率。）

考慮以三個顏色來為圖 11 中的圖形著色。圖 11 中的樹圖描述如何以回溯法建構一個 3 著色。在程序中，先使用紅色，其次藍色，最後是綠色。這個簡單的圖形不需要回溯法，很明顯就知道可以用 3 個顏色來著色。然而，這是一個說明此技巧很好的例子。

在著色的樹圖中，路徑的始點為根點（假設為頂點 a），所以指定根點 a 為紅色。接下來，指定 b 為藍色，c 為紅色，而 d 為綠色。此時，無法用任何顏色來為頂點 e 著色，回溯至前一個頂點 d。然而，頂點 d 的顏色無法更改，因此繼續回溯至頂點 c，改為綠色。如此一來，我們便達到著色的目標，d 為紅色，而 e 為綠色。

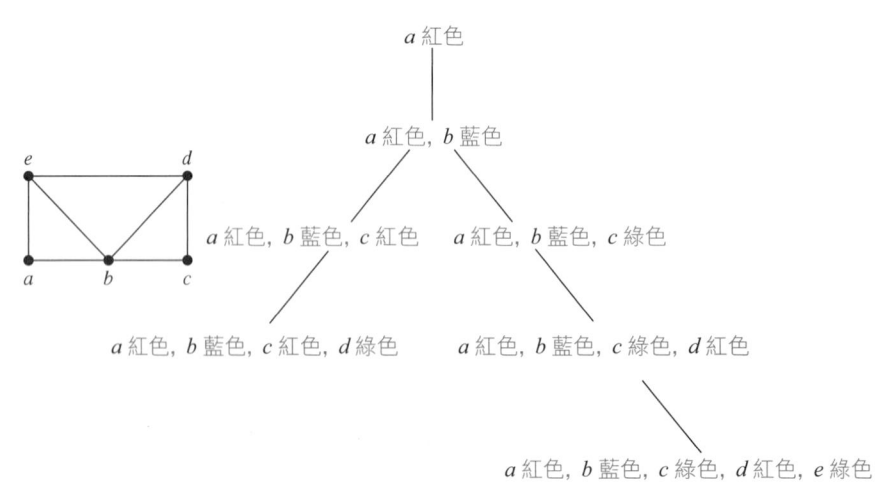

圖 11　以回溯法為圖形著色

例題 7　*n* 個皇后問題
n 個皇后問題是指如何將 *n* 個皇后放置於 $n \times n$ 的棋盤上，使得任一個皇后都無法攻擊其他皇后。回溯法如何求解 *n* 個皇后問題？

解： 欲求解此問題，必須在 $n \times n$ 棋盤上找出 n 個方格，使得同一行、同一列與同一對角線上都只有一個方格。我們將以回溯法來解決這個問題。由一個空白的棋盤開始，在第 $k+1$ 個步驟中，我們企圖在第 $k+1$ 行上放置一個新的皇后，而且必須避開前面 k 行中已經放好的皇后。由第一行的方格開始嘗試，如果皇后放置於此，不會與其他皇后同一列或同一對角線（已經知道在同一行中不會有其他皇后），就選擇第一列的位置，否則一一考慮下一列的位置。如果沒有一個位置能夠放置皇后，則回溯至第 k 行，改變其上皇后的位置，將皇后放置於下面一個可行的列上（如果此列存在的話）。若找不到可以改變的位置，則繼續回溯。

　　圖 12 是四個皇后問題的一種解法。在解法中先將皇后放於第一行第一列上，然後將第二個皇后放於第二行第三列的方格上（若放於第二列上會與第一個皇后衝突）。然而此時第三個皇后將無法放置於第三行的任何一列。回溯至前一個步驟，將第二個皇后向下放至第四列，然後便能將第三行的皇后放在第二列上。不過，第四行的皇后又無法放置。如此一來，必須回溯至最初的空白棋盤。將第一個皇后向下放至第二列，而第二行的皇后只有第四列的位置是可行的。第三行的皇后能放於第一列上，最後將第四個皇后置於第三列，便完成所需。◀

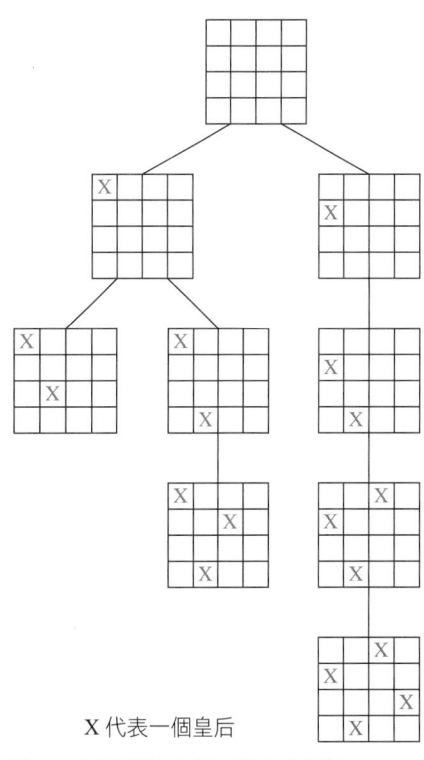

X 代表一個皇后

圖 12　以回溯法求解四個皇后問題

例題 8　子集合之和
給定一組正整數 $x_1, x_2, ..., x_n$ 的集合。找出一組子集合，使子集合內所有正整數之和為 M。回溯法如何解決這個問題？

解： 我們由一個空集合開始。只要集合中數字的和保持小於或等於 M，便將數字一個個加入集合中。一旦加入任何尚未加入的數都會使和大於 M，便移去最後加入的數字，即回溯至前面的階段，然後重複加入數字的方式。

　　圖 13 即為在集合 {31, 27, 15, 11, 7, 5} 中，找出和為 39 的子集合。◀

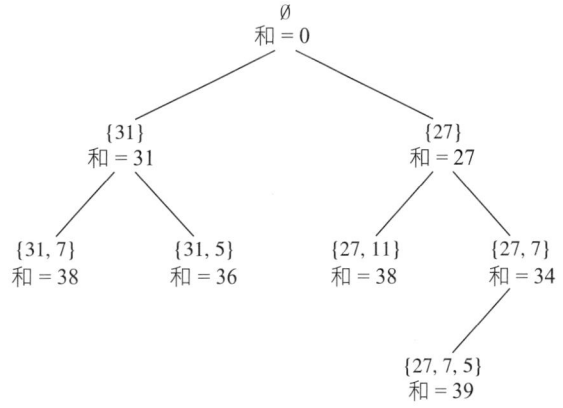

圖 13　以回溯法找出和等於 39 的子集合

有向圖的深度優先搜尋

我們很容易就能修改深度優先搜尋與廣度優先搜尋，使它們適用於有向圖。不過，所得到的結果可能並非生成樹圖，而是生成森林圖。在這兩種演算法中，所加入的邊都只能離開拜訪過的頂點，指向尚未加入的頂點。若在演算法中的某個步驟，我們發現已經無法再加入新的頂點，但是依然有圖形中的頂點未曾訪歷，此時便再選擇一個未曾加入樹圖的頂點設為根點，創造出另一個樹圖。如此一來，便建構出一個生成森林圖，見例題 9。

例題 9 將深度優先搜尋作用在圖 14(a) 的圖形 G 上，會得到什麼結果？

解： 我們先將深度優先搜尋由頂點 a 開始，加入頂點 b, c 與 g 與對應的邊，結果無法繼續。回溯至頂點 c，依然不能繼續。再回溯至頂點 b，加入頂點 f, e 與對應的邊。接下來，一路回溯至頂點 a，依舊無法繼續。因此，選擇一個新的頂點 d，然後加入 h, l, k, j 和對應的邊。一直回溯至頂點 d，發現無法繼續加入新的頂點。最後，唯一尚未加入的頂點 i 自成一個樹圖，如此便完成深度優先搜尋，結果如圖 14(b) 所示。◂

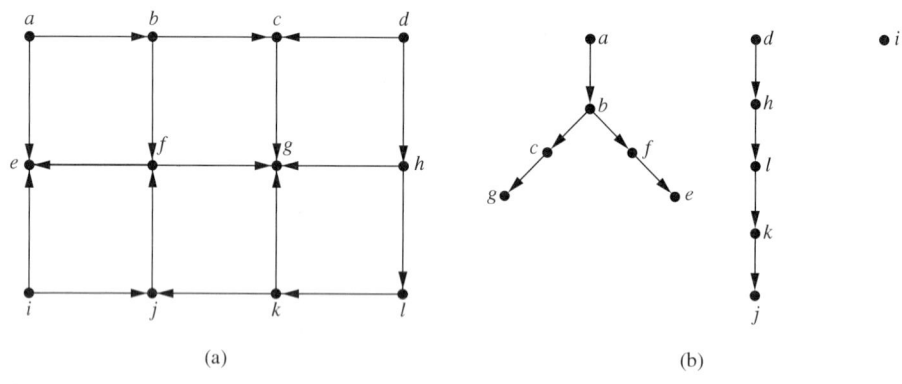

圖 14 深度優先搜尋一個有向圖

深度優先搜尋有向圖是許多演算法的基礎（見 [GrYe05], [Ma89], [CoLeRiSt09]）。它能用來判斷有向圖中是否存在一個環道、完成圖形的拓樸排序、找出有向圖的強連通分支。

本節將介紹深度優先搜尋和廣度優先搜尋在網頁搜尋引擎上的應用。

例題 10 Web Spiders 為了做網站索引，Google 和 Yahoo 等搜尋引擎必須在已知的網站中做有系統的搜尋。這些搜尋引擎利用名為 Web Spiders（或是 crawlers 和 bots）的程式來拜訪網站並分析網站的內容。Web Spiders 同時使用深度優先搜尋和廣度優先搜尋來建立索引。如 9.1 節例題 5 所描述的，網頁與其間的連結能夠以有向圖形來表現。利用深度優先搜尋，先選擇一個初始網頁，經由連結到達第二個網頁（若連結存在），再經連結到第三個網頁，依此類推，直至沒有一個沒有新連結的網頁為止。然後再以回溯法，回到先前拜訪過的網頁，繼續建立先的網頁連結路徑。（由於某些特殊的限制，程式將會侷限深度優先搜尋的長度。）利用廣度優先搜尋，先選擇一個初始網頁，經由連結到達第二個網頁，若初始網頁中還有連

習題 *Exercises*   * 表示為較難的練習；** 表示為高度挑戰性的練習； ☞ 對應正文。

1. 在包含 n 個頂點 m 個邊的連通圖形中，必須刪去幾個邊才能形成一個生成樹圖？

習題 2 至 6，利用刪去簡單環道的邊來找出圖形中的生成樹圖。

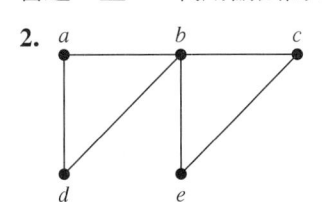

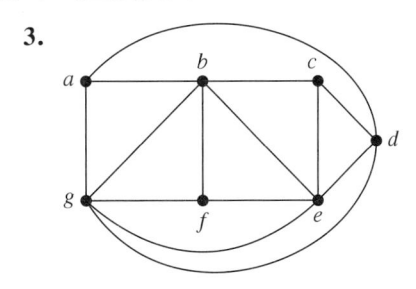

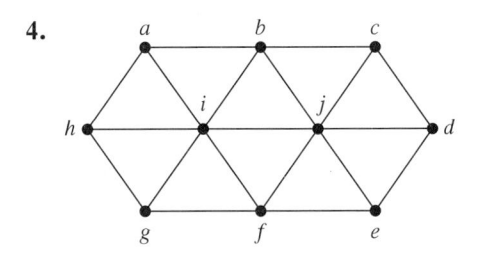

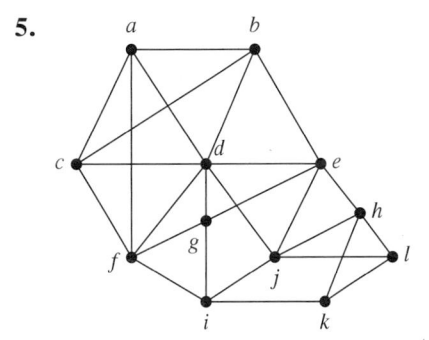

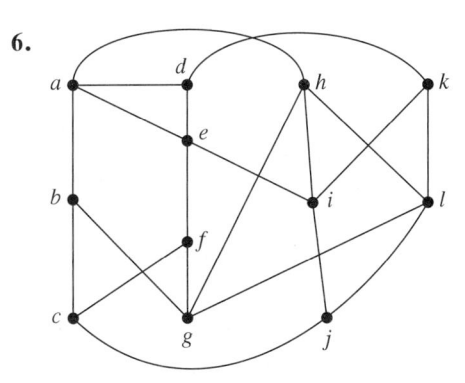

2.

3.

4.

5.

6.

7. 找出下列圖形的生成樹圖。
   a) K_5
   b) $K_{4,4}$
   c) $K_{1,6}$
   d) Q_3
   e) C_5
   f) W_5

習題 8 至 10，繪出給定簡單圖所有的生成樹圖。

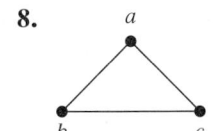

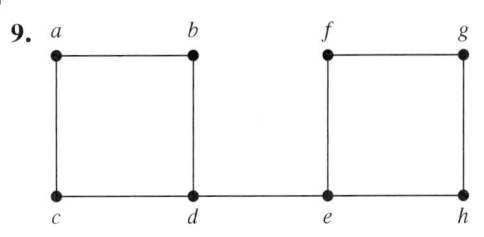

8.

9.

10.

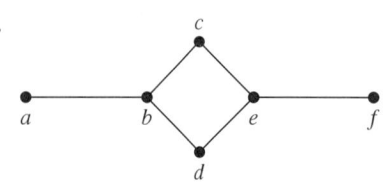

11. 下列簡單圖各有幾個不同的生成樹圖？
    a) K_3
    b) K_4
    c) $K_{2,2}$
    d) C_5

12. 下列簡單圖各有幾個不同構的生成樹圖？
    a) K_3
    b) K_4
    c) K_5

習題 13 至 15，利用深度優先搜尋找出給定簡單圖的生成樹圖。選擇 a 為生成樹圖的根點，並對頂點採用字母順序。

13.

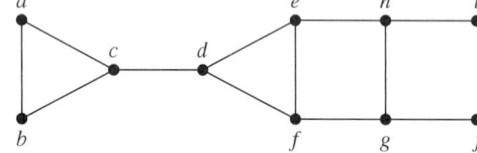

14.

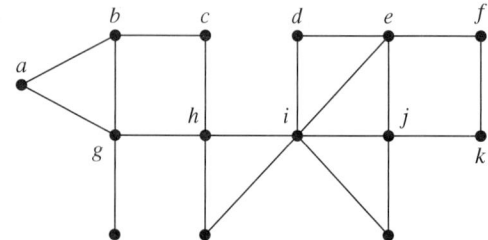

15.

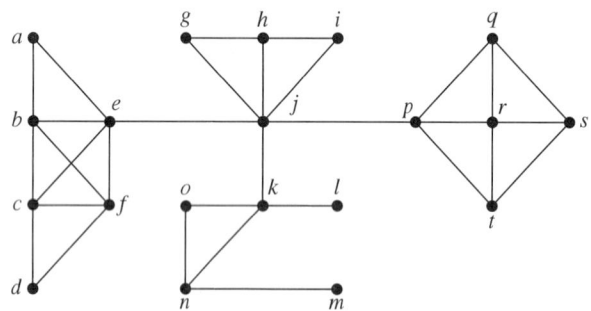

16. 利用廣度優先搜尋找出習題 13 至 15 中給定簡單圖的生成樹圖，選擇 a 為生成樹圖的根點。

17. 利用深度優先搜尋找出下列圖形的生成樹圖。
    a) W_6（見 9.2 節例題 7），開始於分支度為 6 的頂點
    b) K_5
    c) $K_{3,4}$，開始於分支度為 3 的頂點
    d) Q_3

18. 利用廣度優先搜尋找出習題 17 中圖形的生成樹圖。

19. 描述利用深度優先搜尋和廣度優先搜尋，由分支度為 n 之頂點開始所產生 W_n 的生成樹圖，其中 n 為大於等於 3 的整數。（見 9.2 節例題 7。）證明你的結果。

20. 描述利用深度優先搜尋和廣度優先搜尋所產生 K_n 的生成樹圖，其中 n 為大於等於 3 的整數。證明你的結果。

21. 描述利用深度優先搜尋和廣度優先搜尋，由分支度為 m 的頂點開始所產生 $K_{m,n}$ 的生成樹圖，其中 m 與 n 為正整數。證明你的結果。

22. 描述深度優先搜尋和廣度優先搜尋圖形 Q_n 所產生的生成樹圖，其中 n 為正整數。

23. 假定某航空公司必須刪減航線以節省開銷成本。若原始航線如右圖所示，則刪減哪些航線仍能保持原有兩城市間的連結（可以轉機的方式連結兩個城市）？

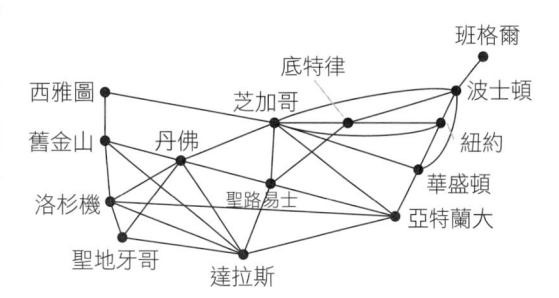

24. 解釋廣度優先搜尋與深度優先搜尋如何用來排序連通圖形的頂點。

* 25. 證明一個連通簡單圖形中，由頂點 v 到頂點 u 之最短路徑長度等於以 v 為根點的生成樹圖中 u 所在的水平數。

26. 利用回溯法，以三個顏色為 9.8 節習題 7 至 9 的圖形著色。

27. 當 n 為下列之值，利用回溯法解決 n 個皇后問題。
    a) $n = 3$ b) $n = 5$
    c) $n = 6$

28. 利用回溯法，在集合 {27, 24, 19, 14, 11, 8} 中，找出和為下列數目的子集合（如果子集合存在）。
    a) 20   b) 41
    c) 60

29. 解釋為何回溯法能找出圖形中的漢米爾頓路徑或環道。

30. a) 當迷宮的起點和出口是給定的，解釋為何回溯法能找出走出迷宮的方法。考慮在迷宮的每個位置都給定一組能移動的集合，集合有一到四個可能性（上、下、左、右）。
    b) 找出由位置 X 開始，走出右圖迷宮的方式。

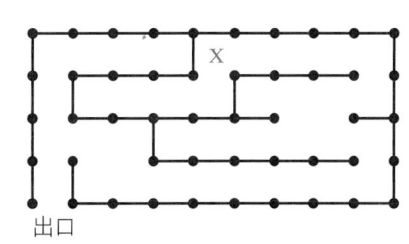

圖形 G 的**生成森林圖（spanning forest）**包含所有圖形 G 的頂點。當任一對頂點之間能找出一個路徑，則這兩個頂點位於森林圖中的同一個樹圖。

31. 證明每一個有限圖都有一個生成森林圖。

32. 一個圖形的生成森林圖中會有多少樹圖？

33. 若圖形含有 n 個頂點、m 個邊和 c 個連通分支。要移去多少個邊才能產生一個生成森林圖？

34. 令圖形 G 為連通圖。證明若 T 是圖形 G 依據廣度優先搜尋建構出的生成樹圖，則圖形 G 中不在 T 內的邊一定連結於樹圖中相同水平上或是水平數差 1 的頂點。

35. 解釋如何使用廣度優先搜尋來找出一個無向圖中兩頂點之最短路徑。

36. 利用廣度優先搜尋推演出一個演算法，用以判斷圖形中有個簡單環道，並能找出此環道。
37. 利用廣度優先搜尋推演出一個演算法，用以找出圖形中的連通分支。
38. 分別解釋深度優先搜尋和廣度優先搜尋如何用來判斷圖形是否為二分圖。
39. 什麼樣的簡單連通圖只恰好有一個生成樹圖？
40. 如何使用設計一個演算法，根據刪去環道之邊的方式來建構圖形的生成森林圖。
41. 依據深度優先搜尋來建構圖形的生成森林圖。
42. 依據廣度優先搜尋來建構圖形的生成森林圖。
43. 令圖形 G 為連通圖。證明若 T 是圖形 G 依據深度優先搜尋建構出的生成樹圖，則圖形 G 中不在 T 內的邊都是倒退邊。
44. 在什麼情況下，簡單連通圖的某個邊一定會在所有生成樹圖中？
45. 哪些圖形無論用深度優先搜尋或廣度優先搜尋，不管選擇哪個頂點為根點都會得到完全相同的生成樹圖？證明你的結論。
46. 利用習題 43，證明若圖形 G 是一個包含 n 個頂點的簡單連通圖且不含長度為 k 的路徑，則包含至多 $(k-1)n$ 個邊。
47. 利用數學歸納法，證明深度優先搜尋中頂點的排序是依據其形成之生成樹圖的水平順序。
48. 利用虛擬碼來描述深度優先搜尋的變化版，當整數 n 為指定於搜尋中第 n 個拜訪的頂點。證明這種標號法將會對應於生成樹圖之前序追蹤的標號方式。
49. 利用虛擬碼來描述廣度優先搜尋的變化版，當整數 m 為指定於搜尋中第 m 個拜訪的頂點。
* 50. 假定 G 為一個有向圖，而 T 為由廣度優先搜尋建立而形成的生成樹圖。證明在 G 中的每個邊，要不是同一水平中的端點，就是較高或較低 1 個水平的端點。

10.5 最小生成樹圖 *Minimum Spanning Trees*

引言

一個公司打算建立一個連通五個電腦中心的通訊網路。這些電腦中心的任意兩個中心，都有一條租用專線。要如何設計租用專線，才能確定任意兩中心連線所需的網路費用最低？我們以圖 1 中的權數圖來模擬這個問題，其中圖形的頂點代表電腦中心，而邊則表示可能的連線，至於邊上的權數則為此連線每個月的費用。要解決這個問題，我們試圖找出一個生成樹圖，使得所有樹圖之邊上權數的總和最低。這樣的生成樹圖稱為**最小生成樹圖**（minimum spanning tree）。

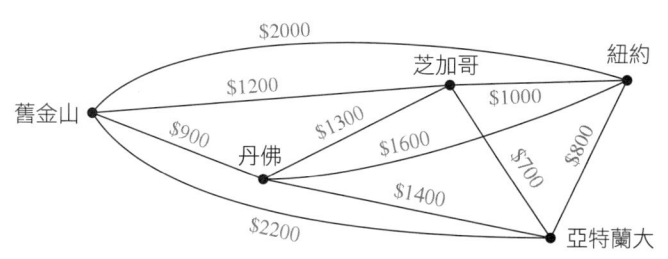

圖 1 　表示電腦連通網路每個月連結費用的權數圖

最小生成樹圖的演算法

有許多問題都能利用權數圖的最小生成樹圖來解決。

> **定義 1** ■ 一個連通權數圖的最小生成樹圖為一個生成樹圖，而其所有邊上之權數的總和最小。

　　本節將介紹兩種產生最小生成樹圖的演算法，都是以某種方式不斷地加入權數最小的邊。這兩個演算法皆為貪婪演算法。回顧 3.1 節，貪婪演算法是一種在每個步驟都做最佳選取的過程，雖然這樣不見得保證找出問題的最佳解，不過下列兩種演算法都會產生最佳結果。

　　第一個演算法最初是由捷克數學家賈尼克（Vojtěch Jarník）於 1930 年提出。他發表在一本不為人知的捷克數學期刊中。直至 1957 年由普林提出後才廣為人知，因而被稱之為**普林演算法（Prim's algorithm）**或**普林－賈尼克演算法（Prim-Jarník algorithm）**。首先任意選取一個權數最小的邊，將之放入生成樹圖。接著在與此邊有共同端點的邊中，選取權數最小而且不會形成環道者加入生成樹圖。當有 $n-1$ 個邊加入生成樹圖時，演算法便完成了。

　　本節稍後將證明這種方法能產生所有連通權數圖的最小生成樹圖。演算法 1 是描述普林演算法的虛擬碼。

演算法 1 　普林演算法

procedure $Prim(G$: weighted connected undirected graph with n vertices$)$
$T :=$ a minimum-weight edge
for $i := 1$ **to** $n-2$
　$e :=$ an edge of minimum weight incident to a vertex in T and not forming a simple circuit in T if added to T
　$T := T$ with e added
return T {T is a minimum spanning tree of G}

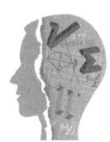

羅勃・克雷・普林（Robert Clay Prim，生於 1921 年）出生於美國德州甜水鎮。1949 年於普林斯頓大學獲得數學博士學位。曾任職於奇異公司、美國海軍軍火實驗室、貝爾電話實驗室數學與機械研究室主任以及聖地雅公司副總裁。目前已經退休。

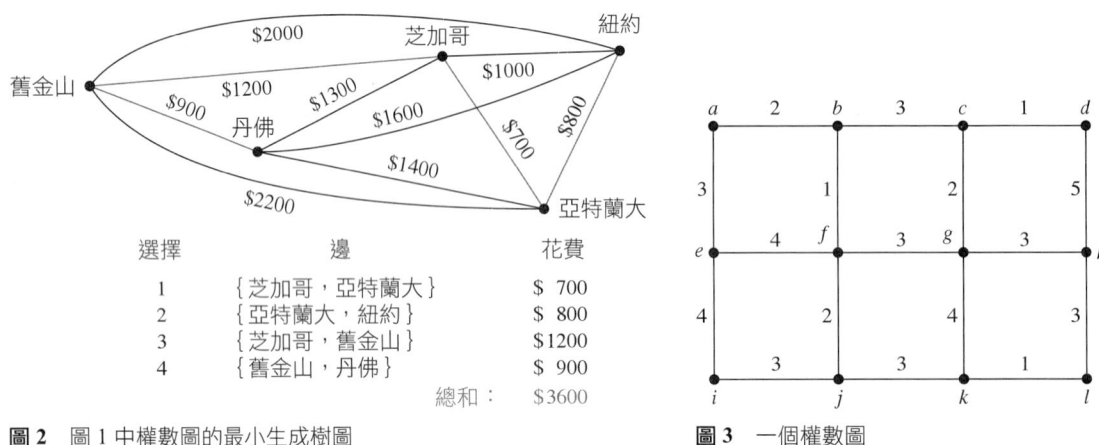

圖 2 圖 1 中權數圖的最小生成樹圖

選擇	邊	花費
1	{芝加哥, 亞特蘭大}	$ 700
2	{亞特蘭大, 紐約}	$ 800
3	{芝加哥, 舊金山}	$1200
4	{舊金山, 丹佛}	$ 900
	總和：	$3600

圖 3 一個權數圖

注意，若在某步驟中存在著超過一個相同權數的邊時，演算法並未指定要選擇何者。為了使選擇能夠判定，必須將邊排序。但在本節，我們並不擔心這個問題。此外，我們也發現一個連通權數圖可能有不只一個最小生成樹圖（見習題 9）。例題 1 與例題 2 將說明如何利用普林演算法來產生最小生成樹圖。

例題 1 利用普林演算法，設計圖 1 之電腦中心連通網路的最小花費通訊網路。

解：以找出圖 1 之權數圖的最小生成樹圖來解決此問題。圖 2 中以灰色標明的生成樹圖，即為利用普林演算法產生的最小生成樹圖，其步驟如圖所示。◀

例題 2 利用普林演算法來製造圖 3 之權數圖的最小生成樹圖。

解：利用普林演算法產生的最小生成樹圖如圖 4 所示。依次選擇之邊，亦表列於旁。◀

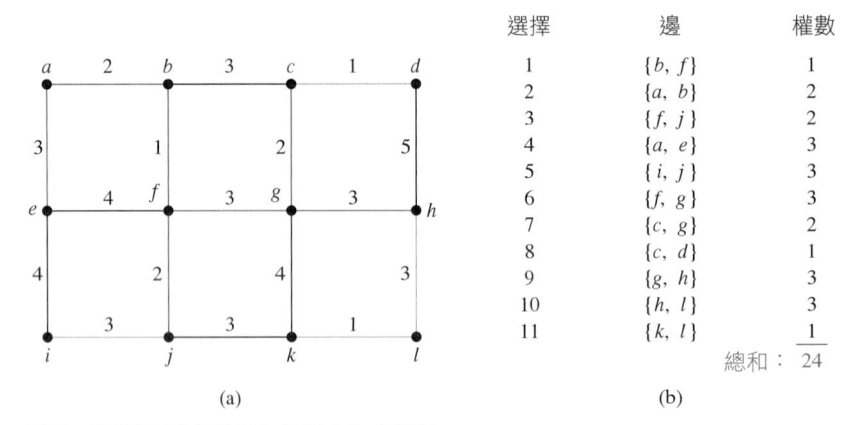

選擇	邊	權數
1	$\{b, f\}$	1
2	$\{a, b\}$	2
3	$\{f, j\}$	2
4	$\{a, e\}$	3
5	$\{i, j\}$	3
6	$\{f, g\}$	3
7	$\{c, g\}$	2
8	$\{c, d\}$	1
9	$\{g, h\}$	3
10	$\{h, l\}$	3
11	$\{k, l\}$	1
	總和：	24

(a)   (b)

圖 4 利用普林演算法產生的最小生成樹圖

第二種演算法是由庫斯卡爾於 1956 年提出,同樣地,其基本想法在許久之前就曾被論及。**庫斯卡爾演算法(Kruskal's algorithm)** 的運作方式是不斷將圖形中權數最小而且不會形成環道的邊加入生成樹圖。當有 $n-1$ 個邊加入生成樹圖時,演算法便完成了。

庫斯卡爾演算法作用於任何連通權數圖都能得到一個最小生成樹圖,這個證明在習題中留給讀者練習。演算法 2 是描述庫斯卡爾演算法的虛擬碼。

演算法 2　庫斯卡爾演算法

procedure *Kruskal*(*G*: weighted connected undirected graph with *n* vertices)
$T :=$ empty graph
for $i := 1$ **to** $n-1$
　　$e :=$ any edge in G with smallest weight that does not form a simple circuit
　　　　when added to T
　　$T := T$ with e added
return T {T is a minimum spanning tree of G}

讀者應該會注意到普林演算法與庫斯卡爾演算法的不同。前者新加入的邊,其端點已經出現在生成樹圖中,而庫斯卡爾演算法則不需要考慮加入之邊的端點是否出現,只要不會形成環道即可。然而,與普林演算法相同的是,若圖形的邊沒有排序,則有些步驟可能有許多不同選擇,因而可能得到不同的最小生成樹圖。例題 3 將說明如何使用庫斯卡爾演算法。

例題 3　利用庫斯卡爾演算法產生圖 3 之權數圖的最小生成樹圖。

解:利用庫斯卡爾演算法產生的最小生成樹圖如圖 5 所示。　◀

現在,我們將證明普林演算法能產生所有連通權數圖的最小生成樹圖。

證明:令 G 為一個連通權數圖。假設普林演算法中,依序加入的邊分別為 $e_1, e_2, ..., e_{n-1}$。令 S 為由 $e_1, e_2, ..., e_{n-1}$ 所組成的樹圖,而 S_k 則為由 $e_1, e_2, ..., e_k$ 所形成的樹圖。若 T 為圖形 G 的最小生成樹圖,包含 $e_1, e_2, ..., e_k$ 等邊,其中 k 為最小生成樹圖中含有經由普林演算法選出之邊的首 k 個邊的最大整數。若能證明 $S = T$,則得證。

假設 $S \neq T$,所以 $k < n-1$,亦即 T 包含邊 $e_1, e_2, ..., e_k$,但不包含 e_{k+1}。考慮 T 與 e_{k+1} 所形成的圖形。因為圖形是連通而且有 n 個邊,超過樹圖應有的邊數,所以必然會形成一個簡單環道。因此,一定會有一個在環道上的邊不屬於 S_{k+1},因為 S_{k+1} 是樹圖。由 e_{k+1}

約瑟夫・庫斯卡爾(Joseph Bernard Kruskal,生於 1928 年)出生於美國紐約市。1954 年獲得普林斯頓大學博士學位。曾任教於普林斯頓大學、威斯康辛大學和芝加哥大學。於 1959 年成為貝爾實驗室的一員至今。

670　離散數學

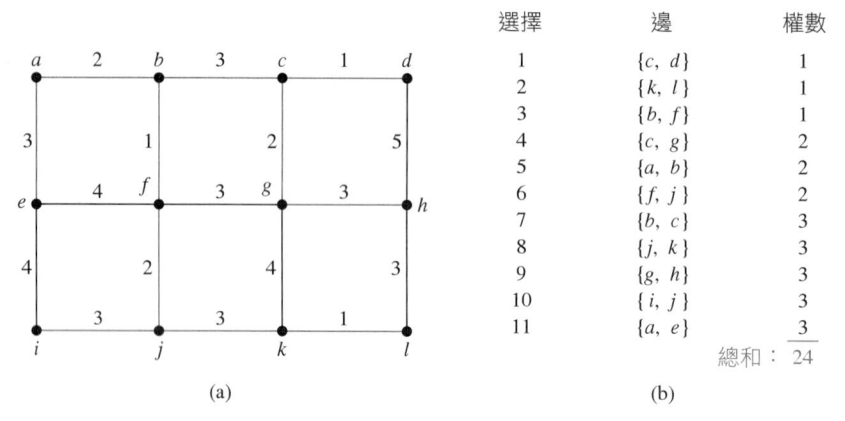

	選擇	邊	權數
	1	$\{c, d\}$	1
	2	$\{k, l\}$	1
	3	$\{b, f\}$	1
	4	$\{c, g\}$	2
	5	$\{a, b\}$	2
	6	$\{f, j\}$	2
	7	$\{b, c\}$	3
	8	$\{j, k\}$	3
	9	$\{g, h\}$	3
	10	$\{i, j\}$	3
	11	$\{a, e\}$	3
		總和：	24

(a)　　　　　　　　　　　　　　(b)

圖 5　利用庫斯卡爾演算法產生的最小生成樹圖

的一個端點 $e_1, e_2, ..., e_k$ 中某邊的端點開始，沿著環道，必然能遇到一個不屬於 S_{k+1} 的邊 e，而其端點一定也是 $e_1, e_2, ..., e_k$ 中某邊的端點。

由 T 中刪去 e 再加入 e_{k+1} 便會形成含有 $n+1$ 個邊的樹圖 T'（因為沒有環道，所以會是樹圖）。在此，我們發現 T' 包含 $e_1, e_2, ..., e_{k+1}$，其中 e_{k+1} 為普林演算法中第 k 步驟所選出的邊，此時邊 e 也在可選擇的邊之中，所以 e_{k+1} 的權數必然小於或等於 e 的權數。由此可知 T' 也會是最小生成樹圖，因為其邊的權數和不會大於 T 的權數。這樣一來，便與當初令 k 是最大正整數的事實矛盾。所以，$k = n - 1$，而且 $S = T$，亦即普林演算法能產生最小生成樹圖。　　◁

能夠證明欲找出一個有 m 個邊 n 個頂點之圖形的最小生成樹圖，使用庫斯卡爾演算法需要使用 $O(m \log m)$ 次的運算，而使用普林演算法則需要使用 $O(m \log n)$ 次的運算（見 [CoLeRiSt01]）。因此，若圖形是**稀疏的（sparse）**——也就是說，當 m 比與 $C(n, 2) = n(n-1)/2$（有 n 個頂點之無向圖可能有的最大邊數）小很多時，使用庫斯卡爾演算法會比較好。否則，此兩個演算法間的複雜度的差別很小。

習題 Exercises　　*表示為較難的練習；**表示為高度挑戰性的練習；☞ 對應正文。

1. 下面圖形中的道路皆尚未整修，圖形之邊上的數字表示兩城市間道路的長度。哪些道路必須先整修，才能使得任兩城市間都有整修過的道路可行，而且整修道路的長度最短？（注意，圖中的城鎮都在內華達州內。）

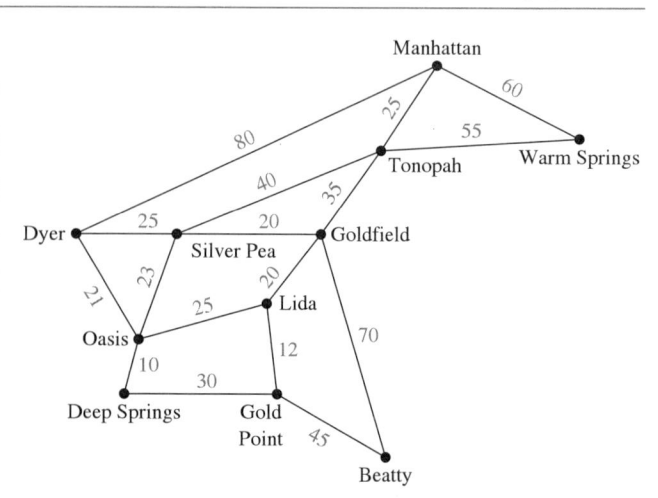

習題 2 至 4，利用普林演算法找出給定權數圖的最小生成樹圖。

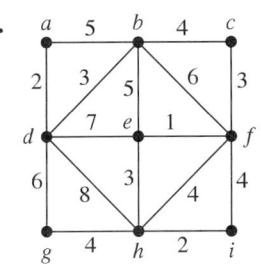

2. [圖：頂點 a, b, c, d, e；邊權 ab=1, ae=2, ac=4, ad=3, be=3, bd=3, cd=1, ce=2]

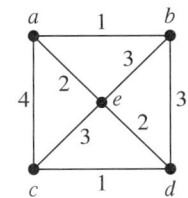

3. [圖：頂點 a, b, c, d, e, f, g, h, i；邊權 ab=5, bc=4, ad=2, db=3, be=5, bf=6, cf=3, de=7, ef=1, fh=4, dg=6, eh=3, gh=4, hi=2, fi=4, eh=8]

4. [圖：4×4 網格 a,b,c,d / e,f,g,h / i,j,k,l / m,n,o,p，邊權如圖所示，外圍權數 2]

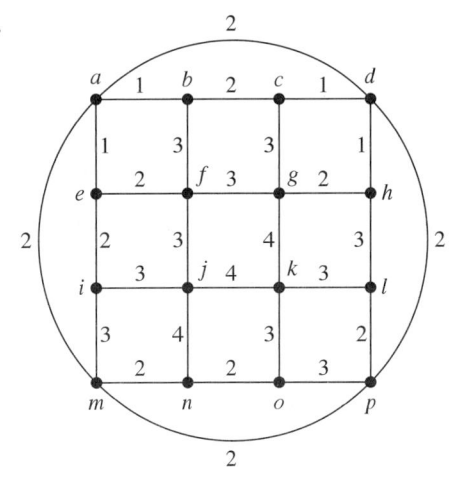

5. 利用庫斯卡爾演算法，設計本節開始之電腦中心連通網路的最小花費通訊網路。
6. 利用庫斯卡爾演算法，找出習題 2 給定之權數圖的最小生成樹圖。
7. 利用庫斯卡爾演算法，找出習題 3 給定之權數圖的最小生成樹圖。
8. 利用庫斯卡爾演算法，找出習題 4 給定之權數圖的最小生成樹圖。
9. 找出邊數最少的連通簡單權數圖，使之包含一個以上的最小生成樹圖。
10. 一個權數圖的**最小生成森林圖**（minimum spanning forest）是有最小權數和的生成森林圖。解釋為何庫斯卡爾演算法也能用來建構最小生成森林圖。

一個連通無向權數圖的**最大生成樹圖**（maximum spanning tree）是有最大權數和的最小生成樹圖。

11. 設計一個類似普林演算法的演算法來建構連通權數圖的最大生成樹圖。
12. 設計一個類似庫斯卡爾演算法的演算法來建構連通權數圖的最大生成樹圖。
13. 找出習題 2 給定之權數圖的最大生成樹圖。
14. 找出習題 3 給定之權數圖的最大生成樹圖。
15. 找出習題 4 給定之權數圖的最大生成樹圖。
* 16. 找出本節開始之電腦中心連通網路的第二小花費通訊網路。
* 17. 設計一個演算法來找出連通權數圖的第二小生成樹圖。
18. 證明連通權數圖中權數最小的邊一定是任何一個最小生成樹圖的一部分。
19. 證明如果每個邊的權數都不相同，則最小生成樹圖是唯一的。
20. 假設圖 1 的電腦網路中一定存在一條直接連結紐約和丹佛的連線。在費用最小的通訊網路中，還有哪些連結必然會存在？
21. 找出圖 3 中包含邊 $\{e, i\}$ 和 $\{g, k\}$ 的最小權數和生成樹圖。
22. 描述一個演算法，用來找出連通權數圖中，包含某些特定邊的最小權數和生成樹圖。
23. 將習題 22 的演算法表示成虛擬碼。

索引

A
academic collaboration graph　學術合作關係圖　513
adjacency list　鄰接表列法　539
adjacency matrix　鄰接矩陣　539
algorithm　演算法　152
algorithm paradigm　演算法典範　188
ancestor　祖先點　614
AND gate　及閘　20
approximation algorithm　逼近演算法　590
argument　論證　55
argument form　論證形式　56
arithmetic mean　算術平均數　285
arithmetic modulo m　模 m 的計算　204
articulation point　分節點　556
associated homogeneous recurrence relation　相關的齊次遞迴關係　399
asymmetric　非對稱性的　450
asymptotic　漸近　182
average-case　平均狀況　184
axiom　公理　69

B
back edge　後退邊　657
back substitution　回溯代換　241
backtracking　回溯法　656
backward difference　後差分　392
backward substitution　回溯替代法　129
Bacon number　貝肯數　554
balanced　平衡的　621
balanced ternary expansion　平衡的三進位表示法　218
base　鹼基　325
base b expansion of n　為 n 以 b 為底的表示法　208
basis step　基礎步驟　270, 301
Bernulli's inequality　伯努利不等式　282
biconnected　雙連通　557
big-O notation　大 O 符號　167
big-Omega notation　大 Ω 符號　176
big-Theta notation　大 Θ 符號　176
binary coded decimal　二元編碼十進位　219
binary expansion　二進位表示法　208
binary insertion sort　二元插入排序法　165
binary search algorithm　二元搜尋演算法　155
binary search tree　二元搜尋樹圖　625
binary tree　二元樹圖　616
binomial　二項　356
binomial coefficient　二項式係數　349, 356
binomial theorem　二項式定理　356
bit　位元　9
bit operation　位元運算　10
bitwise　位元化　10
block ciphers　區塊密碼法　259
Boolean product　布林積　146
Boolean search　布林搜尋　20
Boolean variable　布林變數　10
breadth-first search　廣度優先搜尋　658
breaking code　破解密碼　259
bridge　橋　556
brute-force algorithm　暴力破解演算法　188
bubble sort　氣泡排序法　157
byte　位元組　209

C
carry　進位　212
Catalan numbers　卡塔蘭數　386
celebrity　名流　286
character cipher　字元密碼法　259
characteristic equation　特徵方程式　394
characteristic function　特徵函數　124
characteristic root　特徵根　394
child　子點　614
circular reasoning　循環論證　78

circular *r*-permutation of *n* people　*n* 個人的圓形 *r*- 排列　355
Class A address　A 類位址　328
Class B address　B 類位址　328
Class C address　C 類位址　328
class NP　NP 類　190
class P　P 類　190
clause　分句　60
closed form　封閉形式　428
closed formula　明顯公式　128
closed interval　閉區間　83
closed walk　閉合步道　552
closure　閉包　470
collaboration graph　合作關係圖　513
collision　碰撞　250
commutative group　交換群　204
commutative ring　交換環　204
compatible　能共處的　387
compatible　相容的　501
complement　補集　96
complementary graph　補圖　538
complementary relation　補關係　450
complete bipartite graph　完全二分圖　527
complete graph on *n* vertices　包含 *n* 個頂點的完全圖　524
complete induction　完備歸納法　287
complete *m*-ary tree　完全 *m* 元樹圖　625
complete matching　完全配對　528
composite key　複合鍵　455
compound proposition　複合命題　3
computational complexity　計算複雜度　182
computational geometry　計算幾何　290
congruence　同餘　201
congruence class　同餘類　202
congruence classes module *m*　模 *m* 同餘類　483
conjecture　假說　70
connected component　連通分支　555
connective　連接詞　3
consistent　一致性　19
constant　常數　393
constant complexity　常數複雜度　189

contrapositive　質位互換命題　7
converse　逆命題　7
convex　凸的　290
Cook-Levin theorem　庫克－李文定理　191
counterexample　反例　77
cover　覆蓋　497
covering relation　覆蓋關係　497
cryptanalysis　密碼分析　259
cryptographic protocols　密碼協商　264
cut edge　斷邊　556
cut vertex　斷點　556

D

datagram　資料包　337
De Morgan's law for quantifiers　量詞之笛摩根定律　44
De Morgan's Laws　笛摩根定律　25
decimal expansion　十進位表示法　208
decision tree　決策樹圖　628
decryption　解密　257
deferred acceptance algorithm　延遲接受演算法　166
deficiency　缺陷　536
degree　階　393
degree of a region　區域度次　598
degree sequence　分支度序列　537
dense　稠密的　541
depth-first search　深度優先搜尋　656
descendants　後代點　615
devil's pair　惡魔對　551
diagonal　對角線　290
diagonal matrix　對角矩陣　149
diagonal relation　對角線關係　470
difference equation　差分方程　392
Diffie-Hellman key agreement protocol　迪菲－黑爾曼密鑰協商　265
digital signature　數位簽章　265
direct proof　直接證明　70
directed graph 或 digraph　有向圖　465
directed multigraph　有向多重圖　511
Dirichlet drawer principle　狄利克雷抽屜原理　338

discrete logarithm problem　離散指數問題　246
divide-and-conquer algorithm　分部擊破演算法　407
divide-and-conquer recurrence relation　分部擊破遞迴關係　407
domain　定義域　38
domain of discourse 或 universe of discourse　論域　38
dual　對偶　505
dual graph　偶圖　604
dynamic programming　動態規劃　386

E

edge chromatic number　邊色數　611
edge coloring　邊著色　611
edge connectivity　邊連通度　558
edge contraction　邊的收縮　533
edge cut　斷邊集　558
elementary subdivision　基本子分割　599
empty set　空集合　83
empty string　空字串　127
encryption　加密　257
equal　相等　108
Erdős number　艾狄胥數　553
Euclidean algorithm　歐基里得演算法　228
Euler Ø-function　尤拉函數　234
exclusion rule　排除規則　301
exclusive　互斥性　4
existential generalization　存在通則化　62
existential instantiation　存在個例化　62
existential quantifier　存在量詞　40
exponential complexity　指數複雜度　189
exponential generating function　指數生成函數　432
extended Euclidean algorithm　推廣的歐基里得演算法　230, 235
extension　擴展　455
exterior　外部　290

F

fact　事實　69
factorial complexity　階乘複雜度　190

factorial function　階乘函數　119
fallacy　謬誤　55
fallacy of affirming the conclusion　肯定後件之謬誤　61
fallacy of begging the question　丐題謬誤或乞求論點的謬誤　78
fallacy of denying the hypothesis　否定前件之謬誤　61
Fibonacci sequence　費氏數列　128
field　欄位　454
finite graph　有限圖　509
first difference　首項差分　392
Floyd's algorithm　佛洛依德演算法　592
forest　森林圖　613
formal power series　形式冪級數　418
forward substitution　向前替代法　129

G

game tree　賽局樹圖　633
gate　邏輯閘　20
gene　基因　325
gene sequencing　基因測序法　325
genome　基因組　325
geometric mean　幾何平均數　285
geometric series　幾何級數　134
giant strongly connected component, GSCC　巨型強連通分支　560
gossip problem　八卦問題　286
graph　圖形　116, 512
graph invariant　圖形不變量　543
Gray code　格雷碼　577
greatest element　最大元素　498
greatest lower bound　最大下界　499
greedy algorithm　貪婪演算法　159

H

halting problem　停機問題　161
harmonic number　調和數　181, 275
harmonic series　調和級數　276
hashing function　雜湊函數　249
Hasse diagram　哈斯圖　496
header length field　標頭長度欄位　337

索　引　675

height　高度　620
hexadecimal　十六進位　209
hexagon identity　六邊形等式　362
hockeystick identity　曲棍球棍等式　362
Hollywood graph　好萊塢圖　513
homeomorphic　同胚的　599
homogeneous　齊次的　393
Huffman coding　霍夫曼編碼　631

I
identifier　識別元　484
implication　蘊涵　5
incidence matrix　投引矩陣　541
inclusive　兼容性　4
incomplete induction　不完備歸納法　287
increment　增量　250
index of summation　總和索引　132
indirect proof　間接證明　71
inductive definition　歸納定義　298
inductive hypothesis　歸納假設　270
inductive step　歸納步驟　270
infinite graph　無限圖　509
infix form　中序式　648
influence graph　影響關係圖　513
informal proof　非形式化的證明　69
initial condition　初始條件　128
inorder traversal　中序追蹤　641
insertion sort　插入排序法　158
integer　整數　82
integer-valued function　整數函數　109
intension　內涵　455
interior　內部　290
interior diagonal　內部對角線　290
interior vertex　內點　476, 615
International Standard Book Number, ISBN-10
　國際標準書號　253
International Standard Serial Number, ISSN
　國際標準期刊號　255
intersection graph　交集圖　519
intervals　區間　83
intractable　不易處理的　190

inverse image　逆映像　123
inverse relation　逆關係　450
inverter, NOT gate　反閘　20
invertible　可逆的　114, 149
irreflexive　非反身性的　449
isolated　孤立的　522
isomorphic　同構　538
iteration　迭代法　129
iterative　迭代的　313

J
join　連結　457
Josephus problem　約瑟夫問題　392

K
k-connected　k-連通　557
Kruskal's algorithm　庫斯卡爾演算法　669
k-vertex-connected　k-頂點連通　557

L
Landau symbol　蘭道符號　168
lattice　晶格　500
law of detachment　分離律　57
leaf　葉子點　615
least common multiple　最小公倍數　227
least element　最小元素　498
least upper bound　最小上界　499
left child　左子點　616
left subtree　左子樹圖　616
lemma　引理　70
length　長度　127
length　長度　584
level　水平　620
lexicographic ordering　字典順序　376, 494
linear　線性的　393
linear array　線性列陣　531
linear complexity　線性複雜度　189
linear congruence　線性同餘　237
linear congruential method　線性同餘方法　250
linear nonhomogeneous　recurrence relation with
　constant coefficients　線性非齊次的常係數遞
　迴關係　399

linear probing function　線性探索函數　250
linear search　線性搜尋　155
linearithmic complexity　線性對數複雜度　189
little-o notation　小 o 符號　181
logarithmic complexity　對數複雜度　189
logic circuit　邏輯迴路　20
logically equivalent　邏輯上相等或等值　25
longest path problem　最長路徑問題　594
loop　迴圈　465, 510
lower bound　下界　499
lower limit　下限　133
Lucas number　盧卡司數　403
Lucas sequence　盧卡司數列　131

M

mapping　映射　108
matched　被配對的　528
matching　配對　528
mathematical induction　數學歸納法　270
matrix-chain　矩陣連乘　187
maximal　極大元素　498
maximum matching　最大配對　528
maximum spanning tree　最大生成樹圖　671
mean　平均數　164
median　中位數　164
membership table　成員表　99
merge sort algorithm　合併排序法　314
Mersenne primes　梅遜質數　224
mesh network　網狀網路　531
middle-square method　平方取中法　254
minimal　極小元素　498
minimum spanning forest　最小生成森林圖　671
minimum spanning tree　最小生成樹圖　666
minmax strategy　最小化最大策略　635
mixed graph　混合圖　512
mode　眾數　164
module dependency graph　模組相依圖　515
modulus　模數　201, 250
modus ponens　肯定前件　57
monoalphabetic cipher　單套字母密碼法　259

multigraph　多重圖　510
multinomial coefficient　多項式係數　375
multinomial theorem　多項式定理　375
multiple directed edges　多重有向邊　511
multiple edges　重邊　510
multiplicity　重數　511
multiplier　乘數　250
mutually reachable　為相互可接觸的　564

N

naive set theory　素樸集合論　84
n-ary relation　n 元關係　453
natural number　自然數　82
n-dimensional hypercube, n-cube　n-立方圖　525
negation operator　否定運算符號　3
niche overlap graph　食物鏈圖　516
nim　捻　633
noncomplete　非完全的　524
nonconvex　非凸的　290
nondecreasing　非遞減的　163
nonoverlapping　不重疊　295
nonseparable graph　不可分離圖　556
not invertible　不可逆的　114
NP-complete problems　NP-complete 問題　191
n-ary predicate　n 元述詞　37
n-regular　n-正則　537

O

octal　八進位　209
one's complement representation　整數之 1 的補數表示法　219
one-to-one　一對一　110
onto　映成　112
open interval　開區間　83, 286
optimal　最佳化的　196
optimal for suitors　求婚者的最佳解　296
optimization problem　最佳化問題　159
OR gate　或閘　20
ordered n-tuple　有序 n 項　88
ordered rooted tree　排序有根樹圖　616

P

P versus NP problem　P 對上 NP 問題　191
palindrome　迴文　163, 335
paradox　困境　84
parallel algorithm　平行演算法　530
parallel processing　平行處理　192, 530
parent　親點　614
parity check bit　奇偶檢查位元　252
partition　分割　485
Pascal's triangle　帕斯卡三角形　359
path　路徑　552
payoff　報酬值　634
pendant　垂懸的　522
perfect number　完全數　233
perfect square　完全平方數　71
permutation　排列　347
Petersen graph　彼得森圖　582
Pick's theorem　皮克定理　295
pigeonhole principle　鴿洞原理　338
Polish notation　波蘭記號　648
polygon　多邊形　290
polynomial complexity　多項式複雜度　189
positive integer　正整數　82
postcondition　後置條件　37
postfix form　後序式　648
postorder traversal　後序追蹤　641
power generator　冪次生成器　255
precedence graph　循序圖　515
precondition　先決條件　37
predicate　述詞　36
predicate calculus　述詞演算　38
predicate logic　述詞邏輯　35
prefix code　前置編碼　630
prefix form　前序式　648
premise　前提　55
preorder traversal　前序追蹤　641
Prim's algorithm　普林演算法　667
primary key　主鍵　455
prime　質數　220
Prim-Jarník algorithm　普林－賈尼克演算法　667

principle of inclusion-exclusion　排容原理　95, 329, 435
private key cryptosystem　私密金鑰密碼系統　261
product rule　乘法法則　322
proof　證明　69
proof by contradiction　歸謬證法　74
proof by contraposition　藉由質位互換之證明　71
proper subset　真子集　86
proposition　命題　2, 69
propositional calculus　命題演算　2
propositional function　命題函數　36, 37
propositional logic　命題邏輯　2
propositional variable　命題變數　2
protein interaction graph　蛋白質交互作用圖　516
protein-protein interaction network　蛋白質交互網路　516
pseudocode　虛擬碼　153
pseudograph　偽圖　510
pseudoprime　擬質數　244
pseudorandom number　虛擬隨機數　250
public key cryptosystem　公開金鑰密碼系統　261
pure multiplicative generator　純乘法生成器　251

Q

quantification　量化　38
quick sort　快速排列法　320

R

Ramsey number　蘭姆西數字　343
Ramsey theory　蘭姆西理論　343
rational number　有理數　83
r-combination　r-組合　349
reachable　可接觸的　564
real number　實數　83
real-valued function　實數函數　109
record　紀錄　454

recurrence relation　遞迴關係　380
recursion　遞迴　297
recursive definition　遞迴定義　298
recursive step　遞迴步驟　301
reflexive closure　反身閉包　470
regular　正則　537
relation　關係　90
relational data model　關聯式資料模型　454
representative　代表元　483
resolution　預解律　60
resolvent　預解式　60
result　結果　69
Reve's puzzle　雷夫難題　383
reverse Polish notation　逆波蘭記號　648
right child　右子點　616
right subtree　右子樹圖　616
root　根點　614
rooted tree　有根樹圖　614
roster method　列舉法　82
round-robin tournament　循環賽　517
r-permutation　r-排列　347
RSA system　RSA 密碼系統　261
rules of inference　推論規則　57
Rusell's paradox　羅素悖論　94

S

same order　同階　169
satisfiable　可滿足的　30
searching problem　搜尋問題　155
second principle of mathematical induction　數學歸納法的第二原理　287
seed　種子　250
selection sort　選擇排序法　165
self-complementary　自我互補　550
separating set　分離集合　556
sequential search　序列搜尋　155
serial　串聯　530
set builder　集合建構式　82
shifting　位移　213
sibling　手足點　614
side　邊　290

sieve of Eratosthenes　埃拉托斯特尼篩選法　222
simple　簡單的　290
simple directed graph　簡單有向圖　511
simple graph　簡單圖　510
single error　單一錯誤　253
single elimination tournament　單淘汰賽　517
singleton set　單點集　84
social network　社交網路　512
solution　解　30
solvable　可解的　190
sorting　排序　156
space complexity　空間複雜度　182
spanning forest　生成森林圖　665
sparse　稀疏的　670
sparse matrix　稀疏矩陣　541
stable　穩定的　166
Stirling numbers of the second kind　第二類斯特林數　371
strategy　策略　634
strictly decreasing　嚴格遞減　342
strictly increasing　嚴格遞增　342
string　字串　127
strong induction　強歸納法　286
strongly component　強分支　559
strongly connected component　強連通分支　559
subgraph　子圖　532
subsequence　子序列　342
subtree　子樹圖　615
Sudoku puzzles　數獨謎題　31
suitee　匹配者　166
suitor　求婚者　166
sum rule　加法法則　322
summation notation　總和符號　132
symmetric closure　對稱閉包　470
symmetric difference　對稱差集　105

T

telescoping　套疊式　141
ternary search algorithm　三元搜尋演算法　164

ternary string 三進位字串 390
theorem 定理 69
time complexity 時間複雜度 182
topological sorting 拓樸排序 501
total length field 總長度欄位 337
total ordering 全序 493
tractable 易處理的 190
trail 行跡 552
transformation 轉換 108
transitive closure 遞移閉包 469
transposition error 調換錯誤 253
transposition cipher 轉換密碼法 259
traveling salesperson problem 推銷員問題 590
traveling salesperson problem, TSP 推銷員問題 576
traversal algorithm 追蹤演算法 641
tree 樹圖 612
tree diagram 樹狀圖 331
tree edge 樹邊 657
tree-connected network 樹狀連通網路 618
trial division 除法試驗 221
triangulation 三角剖分 291
trivial proof 平庸證明 73
truth set 真值集合 90
truth table 真值表 3
truth value 真假值 2
two's complement representation 整數之 2 的補數表示法 219
two-dimensional array 二維列陣 531

U

underlying undirected graph 隱藏性無向圖 524
undirected 沒有方向性的 511
undirected graph 無向圖 511
union 聯集 533
uniqueness quantifier 唯一量詞 41
universal address system 普遍性位址標記系統 640

universal generalization 全稱通則化 62
universal instantiation 全稱個例化 62
universal modus ponens 全稱性的肯定前件 63
universal modus tollens 全稱性的否定後件 64
Universal Product Code, UPC 通用商品碼 252
universal set 宇集 84
universal transitivity 全稱之傳遞性 68
unmatched 未配對的 528
unsatisfiable 不可滿足的 30
unsolvable 不可解的 190
upper bound 上界 499
upper limit 上限 133
upper triangular 上三角 197

V

vacuous proof 空泛證明 72
valid 有效的 55, 56
value 值 635
vertex 頂點 290
vertex basis 頂點基底 567
vertex connectivity 頂點連通度 556
vertex cut 斷點集 556
Vigenère cipher 維瓊內爾密碼法 267

W

walk 步道 552
weighted graph 權數圖 584
well defined 良好定義 299
well-formed formula 合式公式 303
well-ordering property 良序原理 292
Wilson's Theorem 威爾森定理 247
witness 證人 168
worst-case 最差狀況 183

Z

zero-one matrix 零－壹矩陣 145